鄱阳湖资源与环境研究

戴星照　胡振鹏　主编

科学出版社

北　京

内 容 简 介

本书旨在揭示鄱阳湖生态与环境演变的客观历程、存在的问题和原因以及重大进展，通过野外考察、定点观测和遥感监测等技术手段，分析鄱阳湖水文情势、生物资源和生态系统现状及动态变化；摸清临湖区的主要污染物排放量，估算鄱阳湖入湖污染物总量；提出符合鄱阳湖实际和江西生态文明示范区建设的相关建议。本书成果对于促进鄱阳湖区可持续发展具有重要的科学价值。

本书可供生态环境领域或生态建设的管理人员以及相关专业的科研人员、高等院校师生阅读与参考。

图书在版编目（CIP）数据

鄱阳湖资源与环境研究 / 戴星照，胡振鹏主编. —北京：科学出版社，2019.8

ISBN 978-7-03-061602-9

Ⅰ. ①鄱… Ⅱ. ①戴… ②胡… Ⅲ. ①鄱阳湖－湿地资源－研究 ②鄱阳湖－生态环境－研究 Ⅳ. ①P942.560.78 ②X321.256

中国版本图书馆 CIP 数据核字（2019）第 111167 号

责任编辑：彭胜潮 白 丹 赵 晶 / 责任校对：樊雅琼
责任印制：肖 兴 / 封面设计：黄华斌

科学出版社出版
北京东黄城根北街 16 号
邮政编码：100717
http：//www.sciencep.com
中国科学院印刷厂印刷
科学出版社发行 各地新华书店经销
*
2019 年 8 月第 一 版 开本：787×1092 1/16
2019 年 8 月第一次印刷 印张：49 3/4
字数：1 179 000

定价：380.00 元

（如有印装质量问题，我社负责调换）

《鄱阳湖资源与环境研究》编委会

鄱阳湖科学考察项目组

科学顾问　孙鸿烈

科学指导　胡振鹏

成　　员　江西省山江湖工程学术委员会委员

鄱阳湖科学考察项目专家组

（按照专题顺序排列）

组　长　戴星照

成　员　陈宇炜　谭晦如　谭国良　张其海　金志农　樊哲文　麻智辉　鄢帮有　方朝阳　方　豫

鄱阳湖科学考察项目办公室

主　任　戴星照

副主任　樊哲文　鄢帮有　张其海

成　员　方　豫　刘梅影　李宇卫　周杨明　任盛明　谢冬明　刘木生

项目主持单位

江西省山江湖开发治理委员会办公室

主要参加单位

课　题　一　**鄱阳湖植物资源及其动态变化考察**

承担单位　南昌大学

中国科学院鄱阳湖湖泊湿地综合研究站

江西省科学院生物资源研究所

江西鄱阳湖南矶湿地国家级自然保护区管理局

江西泽华现代生物技术有限公司

课 题 二　鄱阳湖水生动物资源及其水文过程动态变化考察

承担单位　南昌大学
江西省水产科学研究所
江西省科学院微生物研究所

课 题 三　鄱阳湖鸟类资源及其动态考察

承担单位　江西省野生动植物保护协会
江西鄱阳湖国家级自然保护区管理局
江西鄱阳湖南矶湿地国家级自然保护区管理局
江西省科学院鄱阳湖研究中心

课 题 四　鄱阳湖微生物资源及动态变化考察

承担单位　中国科学院南京地理与湖泊研究所
江西省科学院微生物研究所
江西省科学院生物资源研究所

课 题 五　鄱阳湖湿地类型和各类湿地生物生境意义及其生态水文过程考察

承担单位　江西省科学院生物资源研究所
江西省山江湖开发治理委员会办公室
南昌资环生态科技有限公司

课 题 六　鄱阳湖江湖水文动态变化及江湖关系考察

承担单位　江西省水文局
江西师范大学

课 题 七　鄱阳湖水文水环境考察

承担单位　江西省水利科学研究院

课 题 八　鄱阳湖水环境考察研究

承担单位　江西省环境监测中心站
南昌市环境监测站

九江市环境监测站

上饶市环境监测站

南昌工程学院

江西省水文局

江西省鄱阳湖水文局

课 题 九　鄱阳湖临湖区污水汇流入湖网络考察研究

承担单位　江西农业大学

江西省地质调查研究院

课 题 十　鄱阳湖临湖区农村及农业面源污染考察

承担单位　江西省农业科学院土壤肥料与资源环境研究所

江西农业大学

江西省农业科学院畜牧兽医研究所

江西省水产科学研究所

课题十一　鄱阳湖临湖区城镇化对湖泊环境影响考察研究

承担单位　江西农业大学

课题十二　鄱阳湖临湖区工业水污染状况考察

承担单位　江西省环境监测中心站

南昌市环境监测站

九江市环境监测站

上饶市环境监测站

课题十三　鄱阳湖临湖控制带现状及建设规划考察

承担单位　江西省环境保护科学研究院

课题十四　鄱阳湖生态经济区社会经济发展现状考察

承担单位　江西省社会科学院

江西省鄱阳湖生态经济区建设办公室

课题十五　鄱阳湖生态经济区产业发展与空间布局考察

承担单位　南昌大学

课题十六　鄱阳湖生态经济区人口和城镇化的容量与空间分布考察

承担单位　江西农业大学

课题十七　鄱阳湖生态经济区重要生态空间建设考察

承担单位　江西师范大学

江西省社会科学院

课题十八　鄱阳湖综合数据库系统数据标准规范制定

承担单位　江西省遥感信息系统中心

课题十九　鄱阳湖区生态环境综合数据库服务平台设计和开发

承担单位　江西师范大学

课题二十　鄱阳湖湿地生态水文过程动态变化模拟监测

承担单位　鄱阳湖生态观测研究站

本书各篇章作者名单

第 一 篇

执笔人 戴星照　任盛明

第 二 篇

统稿人 李国文　胡魁德　喻中文　赖格英　胡久伟

第一章

执笔人 胡魁德　喻中文　时建国　陈家霖

参与人 殷国强　张　阳　李慧明　关兴中　郭　铮　李　梅　韦　丽　黎　明　万淑燕　王仕刚　闵　骞　司武卫　曹　美

第二章

执笔人 胡魁德　李国文　时建国　闵　骞　喻中文　付莎莎　胡久伟　王仕刚　曹　美　陈家霖

参与人 殷国强　张　阳　李慧明　关兴中　郭　铮　李　梅　韦　丽　黎　明　万淑燕　司武卫　赵楠芳　李诒路　游文荪　成静清　温天福　邓　坤　贾　磊　牛　娇　刘　林

第三章

执笔人 李国文　喻中文　胡魁德　赖格英　闵　骞　蒋志兵　陈家霖　桂　笑

参与人 时建国　殷国强　张　阳　李慧明　关兴中　郭　铮　李　梅　韦　丽　黎　明　万淑燕　王　鹏　黄小兰　王仕刚　闵　骞　司武卫　曹　美　刘　林

第四章

执笔人 李国文 胡魁德 王仕刚

第 三 篇

统稿人 金志农

第一章

执笔人 谢振东 汪 凡 衷存堤 尹国胜 马逸麟

参与人 谢振东 衷存堤 尹国胜 马逸麟 汪 凡

第二章

执笔人 徐昌旭 黄长干 周泉勇 傅义龙 任盛明

参与人 徐昌旭 黄长干 韦启鹏 傅义龙 任盛明 谢志坚 刘 佳 秦文婧 谢 杰 苏金平 刘光荣 彭春瑞 熊万明 刘长相 刘光斌 曾黎明 周泉勇 季华员 刘林秀 武艳萍 邹志恒 周智勇 赵春来 金秉荣 张爱芳

第三章

执笔人 赖发英 陈美球 李小飞 张 嵚 梁 武 熊江波

参与人 陈美球 赖发英 金志农 张 嵚 熊江波 李小飞 梁 武 刘 馨 李志朋 刘 静 惠志文 杨 婷

第四章

执笔人 万志勇 伍恒赟 杨 辛 杨 斌 刘 艳 陈美芬 张起明 罗 勇

参与人 万志勇 杨 辛 伍恒赟 李 莹 杨 斌 刘 辉 罗小龙 李秀峰 陈晓峰 万明明 徐昌仁 樊少俊 陈 全 章秀华 钟鸿雁 刘 畅 徐文灏 曹 婷 袁语霜 曹旻霞 熊 纬 王 艳 李 鹏 钟 丹 吴晓维 蔡国园 刘 江 兰 岚 舒丽红 刘爱萍 袁卫峰 李惠芳 欧阳春云 袁素珍

顾自强　余旭日　潘　俊　林　岚　李　丽　葛　亮　叶　颖
谢　辉

第五章

执笔人　蔡海生

参与人　蔡海生　金志农　张学玲　陈美球　赖发英　黄宏胜　芮亚松
张　婷　张　盟　陈拾娇　金　伟

第六章

执笔人　刘志刚　冯　明　雷喻杰

参与人　彭昆国　刘志刚　冯　明　雷喻杰　陈宏文　王　伟　戴国飞
李　峰　廖　兵　张　伟　熊　鹏　刘慧丽　许　琴　查东平

第四篇

统稿人　李　莹　伍恒赟　罗　勇　万志勇

第一章

执笔人　李　莹　伍恒赟　罗　勇　万志勇　邢久生　李　梅　张起明
肖南娇　胡　梅　康长安　刘　恋　邓燕青　郭玉银　刘发根
胡久伟　赵楠芳　付莎莎　李诒路

参与人　杨　辛　刘　辉　罗小龙　李秀峰　陈晓峰　万明明　杨　斌
徐昌仁　胡魁德　喻中文　韦　丽　刘忠马　樊孝俊　龚　娴
陈　泉　张美芳　赖新云　戴书浩　姜云娜　魏宝梅　涂晓彬
左　嘉　曹旻霞　熊　纬　刘　加　孙国泉　王　艳　杨珊琳
吴晓帏　钟　丹　顾自强　余旭日　潘　俊　林　岚　李　丽
葛　亮　陶德衡　段彬林　余跑兰　韩淑文　朱新兴　吴新胜
刘建波　王仕刚　曹　美　刘　琨　刘爱玲　曹卫芳　文建宇
游文荪　成静清　温天福　邓　坤　贾　磊　牛　娇

第二章

执笔人 伍恒赟　罗　勇　万志勇　张起明

参与人 杨　辛　刘　辉　罗小龙　李秀峰　陈晓峰　万明明　杨　斌
徐昌仁　肖南娇　胡　梅　刘忠马　樊孝俊　龚　娴　陈　泉
张美芳　赖新云　戴书浩　姜云娜　魏宝梅　涂晓彬　左　嘉
曹旻霞　熊　纬　刘　加　孙国泉　王　艳　杨珊琳　吴晓帏
钟　丹　顾自强　余旭日　潘　俊　林　岚　李　丽　葛　亮
陶德衡　段彬林　余跑兰　韩淑文　朱新兴　吴新胜　刘建波

第三章

执笔人 万志勇　罗　勇　伍恒赟　李　莹

第五篇

统稿人 谭晦如　陈宇炜

第一章

执笔人 陈宇炜　蔡永久　赵中华　刘　霞　吴召仕　徐彩平　钱奎梅

第二章

执笔人 葛　刚　刘以珍　蔡奇英　管毕财　李恩香　王晓龙　余发新
高　柱

第三章

执笔人 吴小平　欧阳珊　徐　亮　刘雄军　宋世超　刘息冕

第四章

执笔人 陈文静　方春林　张燕萍　周辉明　贺　刚　傅培峰　吴　斌
王　生

第五章

执笔人 涂晓斌　刘观华　曾南京　胡斌华　汪凌峰　单继红

第六章

执笔人　王小红　王溪云　胥左阳　吴小平

第七章

执笔人　郑国华　涂祖新　张志红

第八章

执笔人　谭胤静　周杨明　谭晦如　于一尊　丁建南　谢冬明　黄灵光

本书由江西省山江湖开发治理委员会办公室组织编写，江西省重大科技专项“鄱阳湖科学考察”（20114ABG01100）提供出版资助。全书由戴星照、胡振鹏、方豫总统稿。统稿过程中参加稿件、图件和参考文献核对、整理的人员包括刘木生、罗斌华、刘文娟、刘洁、方芸等。

本书内容主要涵盖“鄱阳湖科学考察”项目涉及资源环境领域的1～3专题研究工作。限于作者的学识和水平，书中难免有不足或疏漏之处，敬请读者不吝批评指正。

序

湖泊是自然生态系统的重要组成部分，具有丰富的资源和生物多样性，对于区域生态安全和经济社会可持续发展具有重要作用。鄱阳湖是中国最大的淡水湖，是长江流域的主要生态屏障和生态经济区。1983 年，中国科学院南方山区综合科学考察队曾经与江西同仁一道对鄱阳湖进行了为期 3 年的考察，那次考察解决了鄱阳湖若干综合开发治理问题，为“山江湖工程”的实施奠定了科学基础。

30 年前，鄱阳湖考察的主要目的是探寻鄱阳湖资源利用与开发的科学途径，破解当时鄱阳湖流域水土流失以及洪涝灾害治理之道。受当时科学手段的限制，那次考察主要聚焦在鄱阳湖及其周边主要自然资源上，对环境、经济状况没有开展系统考察，也没有对考察数据进行规范的记录。经过 30 年的发展，鄱阳湖的资源环境状况发生了许多深刻的变化。江西省山江湖开发治理委员会办公室组织的本次鄱阳湖科学考察，系统、全面地摸清了 30 年后鄱阳湖资源、环境、社会经济现状及其动态变化，形成了一套科学、规范的考察成果数据库，特别是对当前鄱阳湖主湖体面临的洪、枯水位过程转换加快及连续枯水现象、水环境、水生态问题，临湖区面源污染、工业污染、农村生活污染问题，鄱阳湖区经济社会发展等切实问题开展了卓有成效的考察，提出了这些问题的根源所在和解决之策。这对我国大江大湖的保护和利用具有示范意义，是对国家提出的“保护好一湖清水”殷切期望的具体行动。

科学考察成果可以服务于鄱阳湖的保护与利用。鄱阳湖是江西人民的“母亲湖”，也是我国“长江之肾”、世界的候鸟天堂，保护和利用好鄱阳湖，是功在当代、利在千秋的大事。本次鄱阳湖科学考察，成果颇丰，总结和利用好考察成果，出版一部规范的科考专著，得出一批扎实的科考结论，形成一系列针对性强、前瞻性好的决策建议，建立一套留案百世的考察数据集，这对当前国家和江西省开展的国家生态文明试验区建设具有重要的科技支撑，科学考察成果可以全面服务于鄱阳湖的保护和利用，科学考察队伍可以为生态文明建设继续建言献策。

科学考察是一件系统工程，需要大量的积累，我听闻本次考察投入了国家和江西省 40 多个部门、近 500 名科技人员，历时 3 年，其付出与努力可以想见。今日诸公成果可以编辑出版，我也认为这是一件额手相庆的好事情，期望该书的出版能够承前启后，为鄱阳湖保护与利用添上浓墨重彩的一页。

中国科学院院士 孙鸿烈

2018 年 10 月

目　录

第一篇　绪　论

第二篇　鄱阳湖水文情势与江湖关系

第三篇　鄱阳湖临湖区环境状况

第四篇　鄱阳湖主湖区水环境质量状况

第五篇　鄱阳湖生物资源及其动态变化

第一篇 绪 论

一、引 言

20世纪80年代，江西省开展了第一次鄱阳湖及其全流域科学考察（以下简称“一次鄱考”），提出并实施了江西省山江湖综合开发治理工程和若干湖泊保护及资源综合开发利用项目，为保护鄱阳湖“一湖清水发挥了重要作用。随着经济社会的不断发展，尤其是近年来工业化和城镇化的快速推进，鄱阳湖生态环境和流域发展面临一系列新的问题和挑战。为此，江西省科学技术厅设立重大科技专项，于2012年年初开展了为期3年的第二次鄱阳湖综合科学考察（以下简称“二次鄱考”）。

二次鄱考重点是查清鄱阳湖资源环境和社会经济现状及过去30年的变化情况，考察研究工作分4个专题展开：①鄱阳湖水文情势、江（长江）湖（鄱阳湖）河（五河）生态-水文关系及其相互影响状况。重点考察气候变化对鄱阳湖-长江水文情势的影响，考察长江干流控制性工程对江-湖水情的影响，综合考察研究新形势下的鄱阳湖-长江水文情势的动态变化和江-湖关系，考察鄱阳湖严重洪、枯水变化及连续枯水现象，研究江（长江）湖（鄱阳湖）及五河水文动态变化对鄱阳湖的影响。②主湖区水环境质量、湿地生物资源、生物多样性，以及湖泊生态、湖泊水文动态变化规律。重点考察鄱阳湖水环境质量状况及其变化趋势、鄱阳湖水环境污染状况（主要污染物、污染分担率、入湖途径、时空分布等）、鄱阳湖主要污染物降解能力和纳污能力，以及鄱阳湖植物资源及其动态变化、动物资源（鱼类、底栖、江豚、钉螺）及其动态变化、鸟类资源及其动态变化、微生物资源及其动态变化、生物资源随生态水文过程的动态变化。③鄱阳湖临湖区污染源及环境污染状况。重点考察临湖区农村生态环境及农业面源污染、城镇化对湖泊环境的影响、工业水污染状况、滨湖控制带现状水土环境质量及污染空间分布。④鄱阳湖生态经济区社会经济发展状况、产业发展与空间布局、人口和城镇化的容量与空间分布状况等。

通过500多位科技人员3年的共同努力，全面查清了当前鄱阳湖资源、环境、生态系统的现状及其动态变化，取得了丰硕的成果。

二、考察研究区概况

鄱阳湖位于江西省的北部，地理位置为东经115°49′～116°46′，北纬28°24′～29°46′，是我国最大的淡水湖泊。它承纳赣江、抚河、信江、饶河、修河五大江河（以下简称五河）及博阳河、漳河、潼河等区间来水，经调蓄后由湖口注入长江，是一个过水性、吞吐型、季节性的湖泊。鄱阳湖南北长173 km，东西平均宽度16.9 km，最宽处约74 km，入江水道最窄处的屏峰卡口，宽约为2.8 km，湖岸线总长1 200 km。湖面以松门山为界，分为南、北两部分，南部宽广，北部狭长，为湖水入长江水道区。湖区地貌由水道、洲滩、岛屿、内湖、汊港组成。洲滩有沙滩、泥滩和草滩三种类型，面积约3 130 km^2，全湖岛屿41个，面积约103 km^2。主要汊港约20处。鄱阳湖水系各河流从东、南、西三面流向中北部注入鄱阳湖，地势南高北低，边缘群山环绕，中部丘陵起伏，北部平原坦荡，四周渐次向鄱阳湖倾斜，形成南窄北宽以鄱阳湖为底部的盆地状地形。

鄱阳湖水位涨落受五河及长江来水的双重影响，每当洪水季节，水位升高，湖面宽阔，一望无际；1949 年水面高程 20 m 时（85 黄海基面）鄱阳湖面积为 5 340 km^2。由于大规模的围湖造田，丰水期鄱阳湖水面面积在 20 世纪七八十年代缩小为 3 993.7 km^2，蓄水量为 295.9×10^8 m^3；在 20 世纪 90 年代缩小至 3 572 km^2，蓄水量为 280.5×10^8 m^3。枯水季节，水位下降，洲滩出露，湖水归槽，蜿蜒一线，洪、枯水的水面面积和容积相差极大，按照水位 10 m（黄海基面）计算，水面面积为 556.6 km^2，蓄水量为 9.2×10^8 m^3。“高水是湖，低水似河”“洪水一片，枯水一线”是鄱阳湖的自然地理特征。

鄱阳湖地处东亚季风区，气候温和，雨量丰沛，属于亚热带温暖湿润气候。湖区主要站多年平均降水量为 1 387～1 795 mm；降水量年际变化较大，最大 2 452.8 mm（1954 年），最小 1 082.6 mm（1978 年）；年内分配不均，最大 4 个月（3～6 月）占全年降水量的 57.2%，最大 6 个月（3～8 月）占全年降水量的 74.4%，冬季降水量全年最少。年平均蒸发量 800～1 200 mm，约有一半集中在温度最高且降水较少的 7～9 月。

根据考察内容不同，二次鄱考各专题考察涉及以下几个湖区范围（图 1-1）。

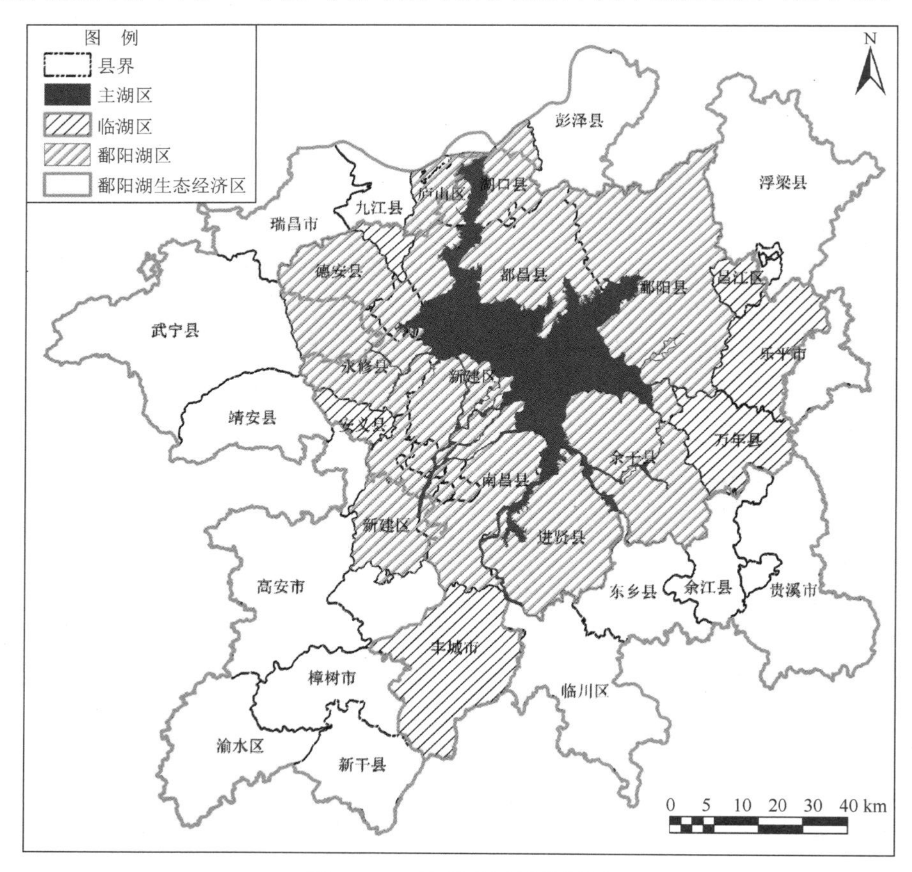

图 1-1　二次鄱考区域范围图

1. 主湖区

按照湖泊学的定义，湖泊的范围以实际出现的最高洪水到达的范围为准，鄱阳湖最高洪水位出现在1998年8月2日，星子站最高水位为20.66 m（1985国家高程基准），面积为5 156 km^2（含军山湖及4个蓄滞洪区）。

2. 临湖区

指进入鄱阳湖的赣江、抚河、信江、饶河、修河五条河流七个水文监测站点（简称“五河七口”，即赣江外洲站、抚河李家渡站、信江梅港站、修河的虬津站、万家埠站，饶河的渡峰坑站、虎山站）以下，以分水岭为基础，结合乡镇完整性划定的江西省范围内临近鄱阳湖的集水区域，涉及23个县（市、区），总面积为23 500 km^2。

3. 鄱阳湖区

鄱阳湖的水域、湖滩洲地分别隶属于沿湖的11个县（市、区）（南昌县、新建县、进贤县、余干县、鄱阳县、都昌县、湖口县、星子县、德安县、永修县，以及九江市市区）的行政区域之内。根据一次鄱考的定义，将这11个县（市、区）行政疆域称为鄱阳湖区，共计面积19 761.5 km^2。

4. 鄱阳湖生态经济区

根据国家发展和改革委员会发布的《鄱阳湖生态经济区规划》，鄱阳湖生态经济区包括南昌县、进贤县、安义县、东湖区、西湖区、青云谱区、湾里区、青山湖区、新建区、浮梁县、珠山区、昌江区、乐平市、余江县、月湖区、贵溪市、九江县、彭泽县、德安县、永修县、湖口县、都昌县、武宁县、浔阳区、濂溪区、瑞昌市、共青城市、庐山市、渝水区、东乡县、临川区、丰城市、樟树市、高安市、鄱阳县、余干县、万年县、新干县，共38个县（市、区），面积为51 200 km^2。

三、鄱阳湖资源环境状况与动态变化

1. 水文情势与江湖关系状况

1）鄱阳湖流域水资源丰富，近10年来水文情势没有发生根本性变化

1956～2012年鄱阳湖水系多年平均年降水量为1 637 mm。1956～2002年、2003～2012年多年平均年降水量分别为1 651.5 mm、1 566.5 mm，期间最大年降水量分别为2 129.6 mm（1975年）、2 201.8 mm（2012年），最小年降水量分别为1 133.8 mm（1963年）、1 253.9 mm（2007年）。2003～2012年，多年平均年降水量较1956～2002年偏少5.15%。

鄱阳湖水系水资源丰富，入湖多年平均流量为4 700 m^3/s，径流量为1 436×10^8 m^3，径流深为914.2 mm，流入长江的多年平均年径流量依然大致相当于黄河、淮河、海河的总和。入湖年径流量以赣江所占比重最大，占鄱阳湖水系年径流量的45.8%，其次为临湖区，占15.6%；年径流深最大的为信江和乐安河，均在1 100 mm以上，最小的为修水虬津以上和赣江，不足900 mm。

星子站可以作为鄱阳湖水情特点的代表站。星子站历年最高水位为20.63 m，历年最

低水位为 5.22 m，多年平均水位为 11.54 m；年最高、最低水位多年平均值分别为 17.25 m 和 6.15 m，历年最高、最低水位变幅为 15.41 m，年内变幅为 7.67～14.19 m，平均为 11.10 m。

从入出湖水量和入湖径流量年际分配来看，近 10 年鄱阳湖水文情势没有发生根本性变化。五河七口控制站 2003～2012 年多年平均年径流量为 1 163×10^8 m^3，比 1956～2002 年多年平均年径流量 1 262×10^8 m^3 仅减少 99×10^8 m^3，占比为 7.84%，而同期鄱阳湖水系赣江、抚河、信江、饶河、修水、鄱阳湖区多年平均年降水量较 1956～2002 年也偏少 1.75%～7.23%，入湖多年平均年径流量与鄱阳湖水系多年平均年降水减少量呈正相关关系，入湖径流情势并没有发生明显改变。

从出湖径流量来看，鄱阳湖出湖控制站湖口站 1956～2002 年多年平均年径流量为 1 480×10^8 m^3，其中 6～8 月占全年径流量的 34.84%；2003～2012 年多年平均年径流量为 1 383×10^8 m^3，其中 6～8 月占全年径流量的 34.80%。2003～2012 年湖口控制站多年平均年径流量较 1956～2002 年减少 97×10^8 m^3，占 6.55%，其中 7～8 月减少 36.3×10^8 m^3，9～10 月减少 8.8×10^8 m^3（占同期径流量的 4.4%），1～3 月增加 13.5×10^8 m^3。出湖减少量与入湖减少量持平，其与鄱阳湖水系多年平均年降水减少量呈正相关关系，出湖径流量也没有发生根本性改变。

从入湖径流量年际分配来看，鄱阳湖水系径流量年内分配规律与降水情况相似，径流量大的时间主要集中在汛期，以 4～7 月为最大，鄱阳湖水系大部分地区连续 4 个月径流量占全年径流量百分比在 60%以上。

2）鄱阳湖入出湖泥沙量变化大，入湖泥沙量减少，出湖泥沙量增加，通江水道冲刷明显

2003～2012 年鄱阳湖多年平均年入湖泥沙量为 710×10^4 t，相比 1956～2002 年（多年平均年入湖泥沙量为 1 714×10^4 t），多年平均年入湖泥沙量减少 1 004×10^4 t，占比减少 58.45%，入湖泥沙量呈现逐年减少的态势。

从出湖泥沙量来看，情况正好相反。2003～2012 年湖口站多年平均年出湖泥沙量为 1 238×10^4 t，相比 1956～2002 年（多年平均出湖泥沙量为 938×10^4 t），多年平均年出湖泥沙量增加 300×10^4 t，占比增加 31.98%，出湖泥沙量呈现逐年增加的趋势，多年平均年出湖泥沙量大于多年平均年入湖泥沙量。

由于 2003～2012 年五河流域年均降水量与 1956～2002 年相比变化不大（减少 5%），入湖径流量也变化不大（减少 7.84%），因此，主要是由于人类活动对河流的含沙量、入湖泥沙量产生了较大的影响，主要包括各类生态建设项目的实施、五河中上游水利工程的修建、基于小流域的综合治理等。此外，由于鄱阳湖出湖泥沙量大于入湖泥沙量，湖盆泥沙冲、淤特性改变，导致通江水道冲刷明显。考察发现，鄱阳湖入江水道区域和赣江等断面冲刷、下切严重，年平均冲刷量达 496×10^4 t。鄱阳湖的冲淤规律按时序划分，2003～2012 年 5～7 月为淤积期，8 月至次年 4 月为冲刷期，冲刷期增长。

3）江湖关系发生变化，鄱阳湖秋季退水提前，枯水期延长，极端枯水位更低

鄱阳湖入江水量年内变化与入湖水量年内变化趋势一致，但由于湖盆的调蓄影响，各

月占年总量的比重不同。1～6 月，多年平均各月入湖流量大于入江流量，湖水位上涨，湖水面面积增大，湖水量相应增大；7 月五河入湖水量减少，入出湖水量基本平衡；8 月以后入江水量大于入湖水量，湖水位逐渐下降，湖水面面积减小，湖容相应减少。

以鄱阳湖水位代表站——星子站为例，枯水（水位 10 m 以下）和严重枯水（水位 8 m 以下、6 m 以下）均出现时间提前、持续时间加长的明显特征。与 1956～2002 年相比，2003～2012 年星子站 10 m 以下、8 m 以下、6 m 以下枯水期分别提前 10 天、16 天、3 天，枯水位平均持续天数分别延长 48 天、34 天、9 天。而对于枯水季节的平均水位，与 1956～2002 年相比，2003～2012 年星子站在枯水季节初期（9～10 月）平均水位分别降低 0.8 m、2.18 m；在枯水季节中期（11～12 月），平均水位分别降低 1.64 m、0.77 m；在枯水季节后期（次年 1～3 月），平均水位分别降低 0.40 m、0.55 m、0.22 m，呈现极端枯水位更低的特点。总的来说，江湖关系的变化使得鄱阳湖秋季退水提前，枯水期延长，极端枯水位更低。

鄱阳湖水位变化是由入湖五河来水和长江干流水位变化共同决定的，入湖五河来水变化和长江干流水位变化的不同组合，造成鄱阳湖水位年内、年际变化极大。影响鄱阳湖水文动态变化的因素可分为两类，即人类活动和自然变化。通过对 2003～2012 年与 1956～2002 年进行比较，长江中上游及鄱阳湖流域天然降水径流均未发生明显的趋势性变化。因此，近些年鄱阳湖枯水期延长，极端枯水位更低，主要是受到长江中上游及鄱阳湖流域人类活动的影响，而三峡水库及长江中上游库群的建设与运行，导致江湖关系发生变化，这是主要影响因素。

2. 临湖区污染源及环境状况

1）农村及农业面源污染量大、面广

临湖区农村与农业面源污染主要包括农村生活垃圾、生活污水、肥料、农药、农膜、畜禽养殖和水产养殖污染等。在临湖区的污染物产生总量方面，农村与农业污染负荷占 23.74%。2012 年，临湖区农村及农业面源总氮（TN）产生量为 9.71×10^4 t、总磷（TP）产生量为 1.96×10^4 t；TN 排放量为 4.04×10^4 t、TP 排放量为 0.54×10^4 t；TN 和 TP 进入鄱阳湖水体的总量分别为 2.10×10^4 t 和 0.29×10^4 t。其中，畜禽养殖、农田径流是农村及农业面源 TN、TP 最大的排放源，TN 分别占 46.2%、22.3%，TP 分别占 30.7%、40.0%。

复杂的地形和雨量丰沛的自然条件，导致农田地表径流 N、P 流失量大。农田 TN 年流失量达 9 479.1 t，TP 年流失量达 2 168.6 t。从种植业种类分析，菜地、棉田和稻田是农田 N、P 的主要排放源；从区域分布分析，农田 TN、TP 流失量分列前四位的县（市）依次为鄱阳县、南昌县、丰城市和永修县。

临湖区农药用量呈上升态势，从 2008 年的 2.63×10^4 t 上升到 2012 年的 3.14×10^4 t。研究表明，对农作物喷洒农药时，只有 10%～20%的农药附着在农作物上，而 80%～90%的农药则流失在土壤、水体和空气中，对环境造成污染。

2012 年，农膜总用量为 1.11×10^4 t，比 2008 年总用量增加 11.9%。废旧农膜残留田间地头的现象比较普遍，尤其是采用高密度聚乙烯（HDPE）、线性低密度聚乙烯（LLDPE）

生产的超薄地膜，使用后易变成碎块，回收难度大，土壤残留量大。据实地考察，蔬菜覆盖地膜栽培 3 年，0～20 cm 深耕层地膜残留量为 17.7 kg/hm^2，20～30 cm 深耕层地膜残留量为 3.45 kg/hm^2，合计残留地膜 21.15 kg/hm^2。

2013 年，临湖区畜禽养殖污染物粪便污染物化学需氧量（COD）、TN、TP、Cu、Zn 分别为 93.2×10^4 t、6.0×10^4 t、1.5×10^4 t、252.1 t 和 705.8 t，与 2007 年相比，依次减少 21.5%、10.0%和增加 23.1%、19.4%、39.5%；养殖污水污染物 COD、TN、TP、Cu 和 Zn 产生量分别为 13.0×10^4 t、2.0×10^4 t、0.18×10^4 t、20.0 t 和 58.1 t，与 2007 年相比，依次增加 4.1%、减少 18.7%、减少 5.7%和增加 16.8%、18.6%。考察表明，临湖区畜禽养殖污染物结构有了新的变化，由 TN、TP 增加转向重金属 Cu、Zn 污染增大。畜禽养殖污染物 TN、TP 产生量分别占农村及农业面源污染物产生总量的 76.2%和 79.3%，生猪养殖是最大的畜禽养殖污染源。

2007～2013 年，临湖区水产养殖污染物产生量随水产养殖产量的增加而增加，草鱼、乌鳢、黄鳝、鳙鱼和鲢鱼等种类是水产养殖的主要污染源。2013 年，水产养殖 TN 产生量为 4 887.9 t、TP 为 891.5 t、COD 为 4.73×10^4 t，依次较 2007 年增加 38.1%、39.0%和 40.6%。按主要养殖水产品品种分析，TN 产生量位居前列的品种为草鱼、乌鳢、黄鳝和鳙鱼，约占总产生量的 65.8%；TP 产生量位居前列的品种为草鱼、黄鳝、乌鳢和鲢鱼，约占总产生量的 67.3%。总之，养殖草鱼、乌鳢、黄鳝、鳙鱼和鲢鱼是水产养殖污染物主要的产生源。水产养殖污染物 TN 排放量为 3 913.5 t、TP 为 696.5 t、COD 为 3.7×10^4 t。

由于农民生活水平提高、农村生活污染治理力度不够，农民生活造成的污染严重。2013 年，临湖区农村生活垃圾产生系数为 0.51～0.8 kg/(天·人)，平均值为 0.62 kg/(天·人)；农村生活垃圾总产生量为 155.32×10^4 t。生活垃圾中，可回收垃圾占 12.8%、可堆肥垃圾占 63.8%、不可回收垃圾占 22.4%、有害垃圾占 1.0%。可堆肥垃圾中 TN 含量均值为 0.38 mg/kg、TP 含量均值为 2.02 mg/kg。农村厕所三级化粪池改造户数仅为农村总户数的 45.2%，农村生活污水污染物 TN、TP 产生量分别为 5 971.4 t 和 612.8 t。村庄前门塘水质状况堪忧。依据Ⅲ类地表水磷含量标准评价，临湖区门塘采样点地表水质全部呈现富营养化，98%为劣Ⅴ类水质。

2）城镇生活污水主要污染物产生量、排放量增大

2000～2012 年，随着城镇化的快速推进与人民生活水平的不断提高，城镇居民用水总量和生活污水产生量也不断增加，生活污水污染物产生量随之逐年增加。生活污水污染物 COD 产生量从 2000 年的 5.05×10^4 t 增加到 2012 年的 7.68×10^4 t，氨氮（NH_3-N）由 0.50×10^4 t 增加到 0.76×10^4 t，TN 由 0.59×10^4 t 增加到 0.92×10^4 t，TP 由 0.27×10^4 t 增加到 0.41×10^4 t。

2012 年，临湖区城镇生活污水污染物 COD、NH_3-N、TN 和 TP 排放量分别为 5.60×10^4 t、0.29×10^4 t、0.50×10^4 t 和 0.36×10^4 t，分别占产生量的 72.9%、37.9%、53.8%、89%，除 NH_3-N 外，均维持在较高水平。生活污水污染物排放量主要取决于污水处理设施的建设和运行情况、污水收集管网是否完善与管网质量。目前，临湖区建成并运行的共有 18 座城镇污水处理厂，其中南昌市管辖区内有 5 座，其他 13 座均分布在各县城镇。由

于污水处理厂投入运行的时间不一，以及运行效果不同，不同年份对城镇生活污水污染物的削减量不一致。目前，临湖区城镇生活污水处理存在两个方面的问题。

（1）污水收集系统不完善，管网建设质量差。通过对16座城镇生活污水处理厂和24个具有代表性的城镇进行考察，县镇和乡镇生活污水收集管网大多没有实行雨污分流，管网建设质量差，防渗漏不够，有些地方还出现管道下沉、管身断裂等损坏现象，因而导致雨天雨水、地下水随着污水管网排到污水处理厂，晴天污水渗漏至地下，管网里见不到污水，致使污水处理厂中进水COD浓度都偏低，其中有9个污水处理厂进水COD浓度小于城镇污水处理厂排放标准60 mg/L。浓度偏低的污水进入污水处理厂，不但加重了污水处理厂的运行负担，还使分解污染物的生化菌群由于营养不足而死亡，从而影响污水生物处理系统的正常运行。

（2）城镇化建设中污水预处理设施不健全。通过对24个具有代表性的城镇的新老居住区进行考察，多数县城居住小区的化粪池形同虚设，渗漏现象严重；乡镇居民小区基本没有化粪池，新建小区符合标准的也很少。居民建（购）房交纳了接管费，是否真正与污水收集管网连接，是否有污水管网可接，均无人监管，也无法查询。许多县城镇和乡镇污水渗漏，浅层地下水已经受到不同程度的污染。

3）工业废水排放导致局部河段污染负荷压力加大

2013年调查的532家重点企业中，65%以上的企业集中在青山湖区、新建县、丰城市、南昌县、乐平市、进贤县、鄱阳县，企业废水通过赣江等河流进入鄱阳湖；55%以上的企业属于化学原料和化学制品制造业、非金属矿物制品业、医药制造业、农副食品加工业、金属制品业、食品制造业6个行业。工业废水排放区域相对集中，赣江和饶河承载了50%以上的工业污染物，2010～2013年，重点调查企业废水流入赣江的企业数占总数的比率分别为32.2%、30.6%、33.1%和33.3%，流入饶河的企业数占重点监控企业总数的比率分别为20.7%、20.1%、19.5%和18.4%。

2010～2013年，临湖区拥有废水处理设施的重点监控企业数增加了42.78%，达297家；临湖区重点监控企业废水排放量增加28.14%，达1.79×10^8 t。2010～2013年，赣江受纳工业废水排放量最大，贡献率为48.4%～54.0%；其次是饶河，贡献率为17.3%～23.0%；在重点调查企业的33个行业中，造纸及纸制品业工业废水排放量最大，贡献率为28.9%～36.7%；其次是化学原料和化学制品制造业，贡献率为17.1%～24.5%。工业废水排放量逐年上升，每年增幅在5%以上。2013年与2010年相比，临湖区重点调查企业工业COD排放量减少了7.4%，工业NH_3-N排放量增加了0.2%。

按照县域统计（2013年），在临湖区可比较的20个县（区）中，7个县（区）工业废水排放量下降，其余13个上升；11个县（区）工业COD排放量下降，其余9个上升；7个县（区）工业NH_3-N排放量下降，其余13个上升。总之，2013年拥有废水处理设施的企业数量、设施数量、处理能力、运行费用均为增长，但工业废水处理量、COD和NH_3-N的排放量下降不明显。

临湖区因自然禀赋和社会经济的发展，在城镇密集区、鄱阳湖南部入湖口、乐安河流域等区域存在土壤砷、镉、汞等污染。深层和表层土壤汞区域地球化学背景值在临湖区都具有北低南高的分布特征，而赣江、抚河、信江等河谷区及其入湖三角洲平原区深层土壤为镍低背景带，含量小于 26.8 mg/kg，但入湖三角洲平原区表层土壤则表现为镍的高背景区。赣江、抚河、信江等河谷区深层土壤中铅含量大于 32 mg/kg，表层土壤大于 36 mg/kg，为区域铅的高值带（区）。赣江、修河、饶河和信江三角洲冲积平原区土壤中锌呈现不同程度的区域聚集，表层土壤中锌的聚集程度及分布范围大于深层土壤。

3. 主湖区水环境质量状况

1）主要入湖河流控制断面总体水质良好，但主要污染物（COD、NH_3-N、TP 和 TN）浓度整体呈上升趋势

2010～2014 年，在赣江等五条主要河流各个分支及清丰山溪、博阳河、潼津河、漳田河和池溪水等直接入湖小河设置的水质断面监测结果表明，2010 年 11 个入湖河流监测断面达标率为 81.8%，水质良好；2011～2013 年，11 个入湖河流监测断面达标率为 100%，水质优；2014 年，18 个入湖河流监测断面达标率为 72.2%，水质轻度污染。

2010～2014 年，赣江主支吴城赣江断面、饶河赵家湾断面、抚河西支新联断面、池溪水下艾村断面、甘溪水下万村断面、潼津河庆丰村断面、杨柳津河尖角村断面出现超标，超标污染物为 COD、NH_3-N、TN、TP 和石油类。

2010～2014 年，入湖河流主要污染物（COD、NH_3-N、TN、TP）浓度整体呈上升趋势，水质类别没有变化，但部分直接入湖小河流轻度污染。COD 浓度年均值整体呈上升趋势（10 条河流 7 条上升）；NH_3-N 浓度年均值整体呈上升趋势（10 条河流 9 条上升）；TN 浓度年均值整体呈上升趋势（10 条河流 7 条上升）；TP 浓度年均值整体无变化趋势（10 条河流 4 条上升、6 条下降）。2010～2014 年，入湖控制断面丰、平、枯水期水质达标率水平相当，未呈现明显变化。

2）入湖污染物总量呈波动变化状态，入湖河流是主要途径，主要受入湖水量大小影响

2010～2014 年的监测结果表明，鄱阳湖污染物入湖总量呈波动变化，主要受到入湖河流水量的影响，直排入湖的农业、工业废水和生活污水等污染负荷较为稳定。丰水年 2010 年和 2012 年处于高值，枯水年 2011 年处于最低值。

2010～2014 年，通过河流入湖污染、直排工业污染、直排生活污染、湖滨面源污染、水产养殖污染和降水降尘 6 种途径进入鄱阳湖污染负荷中的 COD 入湖总量为 93.8×10^4～207.1×10^4 t/a，6 种途径入湖分担率以河流入湖污染最高，达 95.8%～98.3%，其次为湖滨面源污染，分担率为 1.4%～3.0%，其余入湖途径均不足 1%；NH_3-N 入湖总量为 4.1×10^4～7.7×10^4 t/a，6 种途径入湖分担率以河流入湖污染最高，达 90.7%～95.2%，其次为湖滨面源污染，分担率为 4.3%～8.5%，2014 年降水降尘污染分担率为 4.1%，其余 3 种入湖途径均不足 1%；TP 入湖总量为 0.75×10^4～2.6×10^4 t/a，6 种途径入湖分担率以河流入湖污染最高，达 75.2%～93.1%，其次为湖滨面源污染，分担率为 6.3%～22.6%，水产养殖污染分担率为 0.7%～2.3%；TN 入湖总量为 12.8×10^4～27.1×10^4 t/a，6 种途径入湖分担率以

河流入湖污染最高，达 87.7%～94.5%，其次为湖滨面源污染，分担率为 5.1%～11.5%，水产养殖污染分担率为 0.3%～0.7%。

按照污染物种类统计，4 种主要入湖污染物中，COD 为主要污染物，负荷占 85%左右。按照污染物入湖途径统计，赣江主支、饶河、抚河东支、信江西支和赣江中支为入湖污染物主要河流，占入湖总量的 75%以上。

此外，鄱阳湖水质变化与水文情势、水量增减没有明显相关性。采沙对鄱阳湖整体水质状况未呈现显著影响，但采沙区域局部透明度下降，TP 浓度上升，NH_3-N、高锰酸盐指数无明显变化。

3）鄱阳湖水质总体呈下降趋势，主要污染物为 TP、TN、NH_3-N

20 世纪 80 年代，鄱阳湖水质以 I 类、II 类水为主，全年水质 I 类、II 类水占 74.9%～92.3%，平均为 85%；III类水占 7.6%～25.1%，平均为 14.9%；劣III类水占 0.1%，主要超标项目为 NH_3-N，污染区域主要分布于赣江南支口。20 世纪 90 年代至 2002 年，湖体水质仍以 I 类、II 类水为主，全年水质 I 类、II 类水占 42.1%～89.9%，平均为 70%；III类水占 10.1%～57.9%，平均为 29.9%；劣III类水占 0.1%，主要超标项目为 NH_3-N 和 TP，污染区域主要分布于信江东支口和赣江南支口。2003～2007 年，湖体水质急剧下降，虽然 2008～2013 年湖体水质状况有所好转，但全年水质III类水占 15.0%～99.5%，平均为 68.0%，没有监测到 I 类、II 类水质，主要污染物为 TP、NH_3-N、TN，污染的重点区域分布于东部湖域的乐安河口、信江东支口、鄱阳，主湖区的龙口、瓢山、康山，南部湖域的信江西支口等水域。

从整体来看，TP 为鄱阳湖影响最大的主要污染物，其次为 TN 和 NH_3-N。从各水域污染情况来看，东部湖域污染最为严重，各水域污染情况由大至小排序为入江水道区＞东部湖域＞主湖区＞南部湖域＞出湖＞北部湖域。

4）鄱阳湖沉积物重金属污染加重

与一次鄱考（1983～1988 年）相比，鄱阳湖沉积物中除金属镉的平均水平下降外，汞、铜、铅、砷、铬、锌 6 种污染物平均水平均为上升，且上升幅度较大，尤其是铅、铜、锌分别上升了 293.9%、127.4%和 118.1%。

沉积物重金属潜在生态危害属于中等危害，其危害顺序为汞＞铜＞铅＞镉＞砷＞铬＞锌，铜、汞、铅及综合生态风险最高的区域均为东南部的鄱阳湖和饶河交汇处。

4. 生物资源及其动态变化

1）鄱阳湖生物资源丰富，碟形湖是生物多样性保护最关键的区域

鄱阳湖湿地共有高等植物 109 科 308 属 551 种。这些高等植物中，苔藓植物有 16 科 24 属 31 种，蕨类植物有 14 科 15 属 18 种。被子植物种类最多，也是鄱阳湖湿地的优势类群，有 79 科 269 属 502 种。考察中未发现裸子植物分布。

通过定性、定量采集，共记录到底栖动物 117 种。其中，定量记录到的底栖动物有

83 种，分别隶属于环节动物门、软体动物门和节肢动物门 3 门 6 纲 10 目 15 科。其中，环节动物门 2 纲 2 目 2 科 21 种，占底栖动物总种数的 25.3%；软体动物门 2 纲 5 目 8 科 37 种，占底栖动物总种数的 44.6%；节肢动物门 2 纲 3 目 5 科 25 种，占底栖动物总种数的 30.1%。

大型底栖动物物种较丰富的区域主要位于鄱阳湖碟形湖泊及相关河口等区域，如鄱阳湖国家级自然保护区内湖泊及修河和赣江河段等，物种数较多，为 48 种，都昌水域和余干水域分别为 21 种、20 种，湖口水域种类较少，为 16 种。优势种分别为环棱螺、中华沼螺、长角涵螺、颤蚓和褐斑菱跗摇蚊等。

蚌类是鄱阳湖重要的底栖动物。综合历史资料，目前已记录蚌类 53 种。本次鄱考采集到 45 种，包括两个以往未记录的物种翼鳞皮蚌和三角蛏蚌。从蚌的分布看，物种丰富的地区主要在都昌水域、鄱阳县水域（饶河至瓢山）、康山（信江）水域，赣江和修河入鄱阳湖水域，以及青岚湖等。而湖口水域物种单一。蚌类物种有减少的趋势，已经很难采集到一些大型的或有重要经济价值的蚌类活体，如江西楔蚌、巴氏丽蚌和龙骨蛏蚌等。

本次鄱考监测到 89 种鱼类，隶属于 11 目 20 科。其中，鲤科鱼类最多，有 48 种，占鱼类种类数的 53.9%；鲿科、鳅科各 7 种，占 7.9%；鮨科 4 种，占 4.5%；银鱼科 3 种，占 3.4%；鳀科、斗鱼科、鳢科、鲇科和塘鳢科各 2 种，均占 2.2%；鲟科、鳗鲡科、胭脂鱼科、鰕虎科、胡子鲇科、青鳉科、鱵科、合鳃鱼科、刺鳅科、舌鳎科各 1 种，均占 1.1%。主要优势种为鲤、鲫、鲶、黄颡鱼、鳜、鲢等；掌握了主要经济鱼类的产卵场、索饵场和越冬场的面积、分布，以及洄游鱼类的种类、类型及“四大家鱼”的洄游路线、洄游时间。本次考察记录到虾类 7 种、蟹类 2 种。

本次鄱考共记录到鸟类 236 种，隶属于 15 目 52 科。其中，鹛鹛目 1 科 3 种，约占调查区鸟类总种数的 1.27%；鹈形目 2 科 2 种，占总数的 0.85%；鹳形目 3 科 17 种，约占 7.20%；雁形目 1 科 24 种，约占 10.17%；隼形目 2 科 11 种，约占 4.66%；鸡形目 1 科 4 种，约占 1.69%；鹤形目 3 科 14 种，约占 5.93%；鸻形目 7 科 38 种，约占 16.10%；鸽形目 1 科 4 种，约占 1.69%；鹃形目 1 科 6 种，约占 2.54%；鸮形目 1 科 1 种，约占 0.42%；佛法僧目 2 科 6 种，约占 2.54%；戴胜目 1 科 1 种，约占 0.51%；鴷形目 1 科 1 种，约占 0.42%；雀形目 25 科 104 种，约占 44.07%；有国家重点保护鸟类 27 种，其中国家Ⅰ级重点保护鸟类 4 种，国家Ⅱ级重点保护鸟类 23 种，中国特有鸟类 2 种。

2013 年 1 月 18 日，环鄱阳湖水鸟同步调查共统计到水鸟总数量为 26 万多只，其中鄱阳湖保护区、南矶湿地保护区和都昌县，以及鄱阳县水鸟数量均超过 2 万只（都昌县、鄱阳县数量超过 6 万只），是越冬水鸟主要的分布区。

碟形湖是生物多样性保护最关键的区域。碟形湖是指鄱阳湖湖盆区内枯水季节显露于洲滩之中的季节性子湖泊。据统计，目前鄱阳湖共有 102 个碟形湖，总面积为 816.32 km^2，其中 2 km^2 以上季节性碟形湖为 70 个。碟形湖是鄱阳湖最重要的湿地类型，是生物资源分布最集中的区域和生物多样性最丰富的区域，也是鄱阳湖各自然保护区的核心区。该区域是鄱阳湖湿地最复杂、湿地类型最多样化的区域，深水、浅水、沼泽、泥滩、草滩等各类湿地生境依高程分布，为湿地植物繁衍提供了优越的环境，适宜漂浮植物、浮叶植物、沉水植物、挺水植物、湿生植物等生长，植被多呈环带状分布。

碟形湖中有丰富的浮游生物，是鄱阳湖底栖动物和鱼类生活、生长、繁殖的主要场所，也是越冬候鸟主要的觅食和栖息地。

2）丰水期和枯水期植物分布、结构和生态过程有显著差异

1984～1987 年，枯水季节鄱阳湖植被分布总面积为 2 262 km^2。本次鄱考发现，2010～2013 年植被面积下降为 1 661 km^2，减少了 601 km^2。丰水季节鄱阳湖呈大型湖泊形态，植被以沉水、挺水和浮叶植被为主，总面积约为 1 306 km^2。相应地，植被分布高程（1985 国家高程基准）也由 1984～1987 年的 10～16 m 变化为 2010～2013 年的 10～17 m，提高了 1 m。

鄱阳湖湿地植物与植物群落的空间分布与动态变化受年内水淹时长和土壤基质的双重影响。考察发现，水生植被优势种发生了明显的变化，植被带分布较一次鄱考略有下降，在三角洲前沿地段向前推进了 4 km 左右。湿地植被分布格局受湖泊水情变化影响极为明显，北部洲滩湿地植被分布面积与年内 10 m 水位淹没天数关系最为密切，南部洲滩湿地植被分布面积受年内 13 m 水位淹没天数影响最为显著。

近 20 年来，鄱阳湖典型洲滩湿地植被分布呈稳定扩展态势，高滩植被挤占中滩植被分布空间，中滩植被分布呈下延趋势。北部湖区洲滩湿地植被分布演变趋势变化起伏较大；南部湖区湿地植被分布演变态势较为稳定。

赣江冲积三角洲湿地处于稳定扩张趋势，赣江主支口三角洲湿地 2009 年面积达到了 13.21 km^2。2004～2009 年赣江南支口冲积三角洲湿地的平均扩张速度为 0.334 km^2/a，其中 2005～2009 年草洲的扩张速度为 0.64 km^2/a。

蚌湖水生植被面积从 1999 年的 6.925 km^2 猛增至 2001 年的 25 km^2，而撮箕湖在 2003 年仅为 9.9 km^2，2004 年增至 43 km^2，2009 年扩张到 122 km^2。

3）鄱阳湖生态系统出现退行性演变，水生生物多样性呈下降趋势

鄱阳湖枯水季节呈现湖泊-河流-洲滩景观，植被包括水生、湿生和中生性植被；丰水季节呈现湖泊景观，以水生植被为主；两种形态交替出现。

在水生态因子等的驱动下，鄱阳湖湿地植被发生着规律性的变化，在两种形态交替呈现的基础上，随水位波动而进行的植被的年内波动和年际波动，也包括发生在局部地段植物群落的演替；主要表现为生物量波动、优势种波动、群落数量结构波动、草洲季相波动。

与一次鄱考相比，本次鄱考发现鄱阳湖水生高等植物种类中苔藓植物、蕨类植物、种子植物的科、属、种均出现增长，群落组成从 1984 年的 8 种下降为 2013 年的 3～4 种。

2013 年湿地植物优势种马来眼子菜仅零星出现，未见有以马来眼子菜为优势种的群落，而苦草常以单优势种存在，菹草逐渐取代马来眼子菜成为优势种。菰已成为面积较大的一个类群，荆三棱已是春季十分常见的挺水群落类型，以虉草为优势种的群落面积占总面积的 9.6%，并发现有大面积的狗牙根、牛鞭草群落，大量的中生植物侵入。

根据 2010～2013 年植物资源考察资料，对照一次鄱考文献，鄱阳湖植被分布范围、高程及群落组分均发生变化，大量中生性植物侵入湖泊高滩地；沼泽植被面积不断扩大，

植被带下延 2～3 m；水生植物优势种改变，群落组成简单化；菰群落急剧扩张，对湖泊生态将产生重要影响。从以上植被变化来看，鄱阳湖湿地生态状况已出现退化的趋势，严重影响到湖泊物质循环、污染物转化、承载生物多样性的功能。

从 20 世纪 80～90 年代到 2013 年的近 30 年间，鄱阳湖大型底栖动物的栖息密度和生物量逐渐减少，尽管浅水碟形湖泊等水域维持有较高的生物量和栖息密度。大型蚌类和螺类密度大大减少，但螺类生物量未见明显减少，表明底栖动物的群落结构发生变化，一些个体较小的种类，如沼螺、长角涵螺等种群数量减少，而个体较大的种类受影响较小。大型蚌类优势种发生明显改变，1965 年、1966 年文献记载优势种为大型蚌类背瘤丽蚌、洞穴丽蚌、天津丽蚌、三角帆蚌等，本次鄱考优势种为小型蚌类圆顶珠蚌和河蚬（47.9%）；螺类常见种为梨形环棱螺（8.3%）、铜锈环棱螺（8.0%）、纹沼螺（4.3%），寡毛类为苏氏尾鳃蚓（13.1%）等。据初步评估，鄱阳湖淡水蚌类有 25 种处于濒危状态。蛏蚌和丽蚌等一些经济价值大的种应被优先保护。

鱼类资源呈减少趋势：一是种类减少。截至 2013 年鄱阳湖已记录到鱼类 134 种，隶属于 12 目 26 科。其中，定居性鱼类 64 种，占总种类数的 47.8%；江湖洄游性鱼类 19 种，占总种类数的 14.2%；河海洄游性鱼类 9 种，占总种类数的 6.7%；河流性鱼类 42 种，占总种类数的 31.3%。而本次鄱考共记录鱼类 89 种，隶属于 11 目 20 科，且优势种以鲤、鲫、鲶、黄颡鱼、鳜和鲢等中、小型种类为主体，以草鱼和鳙等大型种类为次主体。二是渔业产量减少。1996～2002 年鄱阳湖渔业多年平均捕捞量由 4.52×10^4 t 减少为 2.92×10^4 t。2003～2009 年及 2011 年连续多年的枯水年已导致鄱阳湖包括亲鱼在内的渔业资源衰退。鄱阳湖鱼类渔获物主要是当龄鱼、小型鱼，甚至是鱼苗；渔获物“三化”（小型化、低龄化、低质化）严重。近 5 年资料表明，渔获物种群结构以 1 龄幼鱼为主。通江水道洄游鱼类种数下降，2012～2013 年调查到 43 种鱼类，隶属于 4 目 8 科，鲤形目最多，当龄幼鱼数量占渔获物的绝对优势。在年龄结构上，以 1 龄幼鱼占绝大多数，占 90%以上。2000 年以后，鄱阳湖年渔获量呈下降趋势，经济鱼类种群资源量下降趋势明显，如刀鲚、短颌鲚和银鱼是鄱阳湖传统的捕捞对象和经济鱼类，目前已不能形成商业性渔获量，鲥是中国名贵的洄游性经济鱼类，已有 20 多年未在鄱阳湖看见。虾蟹类渔获物中以虾为主，克氏原螯虾（俗名小龙虾）为优势种群，2013 年产量达 3 万 t，而青虾年产量不足 1 万 t。克氏原螯虾为鄱阳湖外来种，已成功入侵鄱阳湖并占据一定的生态位，在鄱阳湖全湖广泛分布。

4）湖泊生物资源改变的主要影响因素是人类活动干扰和水情情势变化

鄱阳湖各年涨水过程、高水位维持过程、退水过程在时间起止、水位高低、维持时间等方面均存在明显的差异化，各类湿地空间结构也随之出现明显的变化。一些年份出现长时间的潴水情况，一些年份出现长时间的枯水或低枯水情况，造成湿地长期淹水或长期干涸，对生物的生活、生长、繁殖产生严重影响或抑制作用，其主要体现在以下方面。

（1）湿地类型随湖泊湖相和河相的交替变化，如前所述，湿地植被出现波动和演替，导致鄱阳湖植物组成和植被结构的周期性变化，甚至造成植物或植被组成、分布、生物量等内涵的改变。

（2）生物组分的改变。鄱阳湖生态系统由生物组分和水环境组成，生物组分也就是生物的组分结构。水情情势的变化，已导致鄱阳湖植物或植被组分的改变，植被群落种类、分布的变化，也就是植物或植被结构的改变，加上鱼类、底栖动物等数量、年龄、组成的改变，已导致鄱阳湖生态系统的改变，系统组分趋向简单化，生物多样性降低。

（3）初级生产者（水生植物、浮游植物等）数量和生物量的减少，造成鱼类、候鸟、底栖动物等消费者食物减少，其不仅影响这些动物生长生存，还导致一些动物食物结构的改变，如白鹤会食用不喜食的草类根茎和芽。

（4）水情情势的变化直接导致鸟类在湖泊中分布的变化，还导致底栖动物（含钉螺）等动物栖息数量、分布，甚至优势种群的变化。

5）阳性钉螺大幅度减少，基本没有发现血吸虫急感病人

鄱阳湖区的有螺面积没有太大的变化，仅是稍有增加，由63 095 hm^2增至79 150 hm^2。钉螺个体大小则因草洲高程、水淹时间、植被覆盖度、土壤湿度和环境的不同而不同，也与气温和草洲植被覆盖度相关，干旱对钉螺产卵力影响较大。受鄱阳湖低枯水位延长的影响，草洲钉螺出现侏儒化现象。过去钉螺个体壳长一般为7.5～9.5 mm，2012年在梅溪湖抽样调查发现，壳长5 mm以下的钉螺占41%，壳长7 mm以下的钉螺占64%，5 mm以下钉螺均失去产卵能力，同时受血吸虫感染的阳性螺大幅度减低。由此可见，以控制传染源为主的血防策略可以达到降低钉螺感染率的目的，从而控制血吸虫病传播。

鄱阳湖血吸虫病已接近传播控制阶段，钉螺是一种水陆两栖的低等底栖生物，是血吸虫病的传播媒介，要想彻底消灭难度很大，且影响生态环境和生物多样性；只要严格实施以控制传染源为主的血防策略，就可以减少阳性钉螺，做到有螺无害，彻底阻断血吸虫病的传播。

四、加强鄱阳湖保护，促进湖区社会经济生态协调发展对策

1. 加大资源保护力度，保持湖泊生物多样性

加强对鱼类资源的保护。一要建立主要经济鱼类繁殖保护区，确定禁渔区；二要完善禁渔期制度，分段实施2～5年、5～10年休渔期制度；三要鼓励和引导从事天然水产捕捞的渔民转产，大幅度削减天然水产捕捞渔船数量；四要全面实施捕捞许可制度，制定逐年降低捕捞强度计划，从法治的层面制定出限制网目尺寸、限捕规格和限额捕捞许可制度，坚决取缔目前盛行的“电拖网”和小网目的有害网具；五要重视保护鄱阳湖的主要经济鱼类、珍稀及濒危鱼类的生境，建立鄱阳湖鱼类生境保护区，适度控制人类活动对鱼类的干扰，尽量恢复其栖息地的自然性属性；六要有计划地开展人工放流经济鱼类种苗，增加经济鱼类资源中低、幼龄鱼类数量，扩大群体规模，储备足够量的繁殖后备群体，从根本上解决天然经济鱼类资源量不足的问题，以遏制渔业资源的衰退。

加强对底栖动物和其他水生动物的保护。鄱阳湖流域是长江中下游地区贝类物种最丰富的地区，属于我国特有种贝类物种多样性热点地区。要优先保护濒危物种和重要分布区。

通过调查、论证，划定 2～3 处自然保护区，实施栖息地保护措施。同时，要严格控制吸螺采蚌活动，特别要禁止在碟形湖内开展螺丝的捕捞，吸螺采蚌不但吸走了大量螺蚌，断绝了水生动物和鸟类的食物链，同时严重破坏了湖底的水草和水质。

科学规划湖区采沙。坚持“定量、定点、定时”原则，确定可采区、可采期、禁采区和禁采期。严禁在鱼类“三场”及洄游通道采沙挖泥，严禁在通江水道采沙，坚决杜绝无序采沙行为，严厉打击非法采沙活动。

加强江、河、湖水文水资源科学管理和调控，遏制鄱阳湖湿地生态系统退化。受人类活动、天然降水径流变化、江湖冲淤等因素影响，鄱阳湖枯水时间延长、枯水季节提前，鄱阳湖湿地生态系统呈退化趋势，建议适时建设鄱阳湖水利枢纽，对鄱阳湖实施科学调控，实现鄱阳湖入、出湖水量的合理调配，保持生产生活及湿地生态系统的必要水位，维护鄱阳湖生态系统健康。

2. 控制主要河流污染物排放

根据“五河”流域的社会经济状况和水污染特点，以及对鄱阳湖水环境的影响，河流污染治理应该坚持统一规划、突出重点、标本兼治、分步实施的原则，采取多种措施进行综合治理。

首先，应重点加强“五河”流域生活、工业污染源和农村面源污染控制。各城镇应根据经济社会发展规划，因地制宜地建立生活污水处理厂，提高生活污水处理率，最大限度地降低城镇生活污水对“五河”水质的影响。其次，应科学布局污水处理厂，其选址应按污水汇流集中到各污染源产生点距离最小的原则优化选择，这样既可以减少污水管道建设，又能保证处理后的中水就近利用。最后，开展节水型城镇建设，提倡绿色消费、节约用水。

3. 加强流域环境综合治理

完善污水收集管网建设，提高城镇污水处理设施效率。加强城市新区雨污分流和污水管网的建设，新城区建设必须做到雨污分流，住宅小区必须建设化粪池等污水净化设施；完善老城区雨污分流和污水收集管网，进一步提高污水收集率，加强对城市污水管网各级系统污水浓度的监控，及时了解污水收集系统的变化。在乡镇和不具备接入污水管网的小区建设分散式污水处理系统，提倡污水处理服务机构进入污水处理市场；加强对城镇生活污水处理厂的监管，严格遵守规章制度，提高技术水平，增强污水处理效率。

严格控制工业、生活污水直排鄱阳湖。要加强沿湖城镇分散排放污染源管理，完善污水收集管网，加快城镇污水处理厂建设进程，提高污水处理效率和处理深度；巩固工业污染源处理达标成果，加强管理，提高工业废水集中处理水平。另外，还应该开展鄱阳湖全流域工业结构调整，实施清洁生产、绿色发展，坚持总量控制管理，最终减少污染物入湖总量。

加强临湖区畜禽养殖污染源管理，控制种植业污染。采取综合措施，防控畜禽养殖业污染。一是合理布局、控制规模，严格划定临湖区畜禽养殖禁养区，控制养殖规模。二是推行绿色健康养殖、源头减量，改进饲料营养方式，提高饲料转化率，减少粪便中 N、P 和 Cu 等污染物负荷。三是资源化利用，推广畜禽粪污干湿分离、雨污分流，大力推广“种养加”相结合的循环生态农业，实现养殖废弃物资源化利用。四是推行第三方治理模式，对于中小规模养殖场分布较多的区域，引入相关环保企业，建设集中处理的沼气工程、有机肥料厂，促进废弃物资源化利用。

大力控制种植业污染。一是优化耕作制度，对于易发生水土流失的区域要采取保护性耕作，减少冬闲田（地），增加生物覆盖。二是实施精准施肥、科学用药，大力推广测土配方施肥。在农药施用上，要选用高效低残留农药品种，推广应用超低容量新型喷雾器，混合交替使用农药种类，添加农药助剂，对症用药、适时用药。三是生态种植、过程阻控，因地制宜布局小流域生态农业，形成土壤侵蚀和径流复合防控体系，减少流域土壤养分的流失量。合理进行间种、套种、混种、复种、轮种，形成多种作物、多层次、多时序的立体交叉种植结构，减少土地全年和单位面积裸露率，有效控制水土流失。

4. 加强鄱阳湖水环境监测，完善监测监管机制

应以水功能区为单元，整合各方面的监测力量，进行鄱阳湖水环境监测。要对地表水体的污染物质及渗透到地下水中的污染物质进行经常性监测，掌握水质现状及其发展规律；要对排放的各类废水进行监视性监测，为污染源管理和排污收费提供依据；要对水环境污染事故进行应急监测，为分析判断事故原因、危害及采取对策提供依据。

深化鄱阳湖水环境监测，增加入湖控制例行监测断面。大力整合鄱阳湖水环境监测资源，深化鄱阳湖水环境监测。在监测内容上，应增加生物监测、沉积物监测、放射性监测等；在监测项目上，应增加常规监测项目外的监测项目，如生物毒性监测、有机污染物监测。

建设鄱阳湖生态监测网络体系，开展对湿地、水生动植物的长期动态监测。为统筹鄱阳湖生态系统监测，建议建设鄱阳湖生态监测网络体系，对鄱阳湖生态环境开展全面、系统的长期监测、监管，确保鄱阳湖生态安全。

完善鄱阳湖湿地、江豚等水生动植物生态监测站网，整合江西省内相关科研单位和有关保护机构监测力量，建立长期定点的湿地生态系统、水生动植物监测体系。

建设鄱阳湖资源环境大数据平台。制定鄱阳湖资源环境各类数据标准与规范，实现部门数据库和市县数据库的互联互通和数据共享，形成体系完整、时间跨度长、专业覆盖全面、科学系统的鄱阳湖资源环境大数据库，为鄱阳湖资源环境监管、规划、决策等提供数据服务和信息共享支撑。

加大鄱阳湖研究的投入，整合江西省鄱阳湖研究相关资源，建立鄱阳湖研究协同开放平台，对湖泊水文、生态、生物资源等开展系统研究，通过人才培养和项目带动，形成一支专业化的鄱阳湖研究队伍。

5. 加快发展转型升级，促进湖区社会经济生态协调发展

要以昌九为龙头，积极推进湖区融入长江经济带和对接“一带一路”。一是积极争取长江经济带国家重大基础设施建设布局，提升湖区在长江经济带和国家发展规划中的战略地位；二是充分发挥湖区在古代海上丝绸之路始发地的优势，加快研究区域参与“一带一路”建设的定位、作用、布局和主要任务，建立“一带一路”的领导体制和工作推进机制，参与21世纪海上丝绸之路建设。

推进创新驱动发展，加快湖区协调发展。依托湖区南昌、景德镇、鹰潭等国家级高新区的科技集聚优势，着力推动传统产业向中高端迈进，集中优势资源重点打造航空、新能源、新材料、电子信息、生物医药等战略性新兴产业，大力发展飞机高端制造、智能装备制造、节能汽车等先进制造业，使其迅速做大做强，成为产业的引爆点。

加大对鄱阳湖东部滨湖地区的扶贫和区域发展支持力度，湖区产业发展要树立循环和绿色理念，探索发展湖区特色的循环经济有效途径，积极发展生态农业、生态工业、现代服务业，实现产业经济生态化和生态经济产业化。

促进湖区新型城镇化提质加速。一是着力构建宜居紧凑型城镇化发展格局。根据不同区域的资源环境承载能力、现有开发密度和发展潜力，深入实施主体功能区发展战略，充分挖掘现有城镇用地的潜力，严格控制城镇新增用地规模，有效遏制“摊大饼”的城市发展模式，走用地内涵式挖潜的城市用地发展道路。二是加快建设城乡一体化的社会保障机制，切实解决进城人员的就业、医疗和子女教育等问题，建设宜居宜业城市。三是大力发展生态城市，建设一批具有湖区文化和资源特色的生态小镇。

创新体制机制，建设湖区生态文明示范区。一要制定湖区主体功能区规划和相配套的政策体系，设计并建立湖区生态保护红线体系和相配套的管控措施。二要进一步完善鄱阳湖湿地生态补偿制度，完善生态环境损害赔偿制度，建立社会力量参与湖泊保护治理的机制，建立独立公正的生态环境损害评估机制。三要编制湖区主要自然资源负债表，开展湖区自然资源核算与环境核算，建立湖区自然资源资产离任审计制度，并把自然资源评价纳入市县领导干部考核体系。

6. 建立统一的鄱阳湖流域协调管理机制

成立统一的鄱阳湖流域综合管理机构。继续推进山江湖综合开发治理，完善“河长”“湖长”制，形成统筹协调、分工合理的工作机制，协调好湖泊流域上下游地区的发展与保护。

第二篇　鄱阳湖水文情势与江湖关系

第一章　鄱阳湖水文情势

第一节　鄱阳湖水文背景

鄱阳湖位于长江中下游南岸，地处东经 115°49′～116°46′，北纬 28°24′～29°46′，是目前我国最大的淡水湖泊。它承纳赣江、抚河、信江、饶河、修河五大江河（五河）及博阳河、漳田河、潼津河等区间来水，经调蓄后由湖口注入长江，是一个过水性、吞吐型、季节性的湖泊。流域面积为 16.22 万 km^2，约占长江流域面积的 9%。

鄱阳湖水系各河流从东、南、西三面流向中北部，注入鄱阳湖，鄱阳湖区内地势南高北低，边缘群山环绕，中部丘陵起伏，北部平原坦荡，四周渐次向鄱阳湖区倾斜，形成南窄北宽、以鄱阳湖为底部的盆地状地形。其山地面积占 36%、丘陵占 42%、平原岗地占 12%、水面占 10%。山地大部分在江西省境的边缘，一般分水岭即为省界，其东部及东北部有武夷山脉、雩山山脉、怀玉山脉，西部和西北部有武功山脉、九岭山脉、幕埠山脉等，南部及西南部有九连山脉、大庾山脉、罗霄山脉，海拔为 500～1 500 m。丘陵地区地势起伏较大，近山丘陵高程一般为 200 m 左右，沿河两岸丘陵区高程为 50～100 m。各河下游尾闾进入鄱阳湖冲积平原区，地势低洼，高程一般为 15～20 m。

鄱阳湖南北长 173 km，东西平均宽 16.9 km，最宽处约为 74 km，入江水道最窄处的屏峰卡口宽约为 2.8 km，湖岸线总长 1 200 km。湖面以松门山为界，分为南北两部分，南部宽广，为主湖区，北部狭长，为湖水入长江水道区。湖区地貌由水道、洲滩、岛屿、内湖、汊港组成。洲滩有沙滩、泥滩和草滩 3 种类型，面积约为 3 130 km^2，全湖岛屿 41 个，面积约为 103 km^2。主要汊港约为 20 处。

鄱阳湖水位涨落受五河及长江来水的双重影响，每当洪水季节，水位升高，湖面宽阔，一望无际，1949 年鄱阳湖面积为 5 340 km^2（水面高程 22 m，吴淞基面），以后主要受人类活动影响，鄱阳湖湖泊面积在 20 世纪七八十年代缩小为 3 993.7 km^2，湖泊容积为 295.9×10^8 m^3；在 90 年代缩小至 3 572 km^2，湖泊容积为 280.5×10^8 m^3。1998 年大洪水后，江西省在鄱阳湖实施退田还湖政策，当鄱阳湖洪水位为 22.5 m 时（吴松基面），湖泊面积恢复到 5 156 km^2，湖泊容积为 404.2×10^8 m^3。

鄱阳湖区枯水季节水位下降，洲滩出露，湖水归槽，蜿蜒一线，洪、枯水的水面、容积相差极大。“高水是湖，低水似河”“洪水一片，枯水一线”是鄱阳湖的自然地理特征。

鄱阳湖地处东亚季风区，气候温和，雨量丰沛，属于亚热带温暖湿润气候。湖区主要站多年平均降水量为 1 387～1 795 mm；降水量年际变化较大，最大为 2 452.8 mm（1954 年），最小为 1 082.6 mm（1978 年）；年内分配不均，最大 4 个月（3～6 月）占全年降水量的 57.2%，最大 6 个月（3～8 月）占全年降水量的 74.4%，冬季降水量全年最少。

鄱阳湖区年平均蒸发量为 800～1 200 mm，约有一半集中在温度最高且降水量较少的

7～9 月。年平均气温为 16～20 ℃。无霜期为 240～300 天。湖区风向的年内变化随季节而异，6～8 月多南风或偏南风，冬季和春秋季（9 月至次年 5 月）多北风或偏北风，多年平均风速为 3 m/s，历年最大风速达 34 m/s，相应风向为 NNE。

鄱阳湖水系赣江、抚河、信江、饶河、修河五河河口主要测站及湖口水文站简况如下。

赣江外洲站：外洲站原名丁家渡站，设立于 1949 年 10 月，1965 年基本水尺断面上迁 400 m，由左岸迁至右岸，并更名为外洲水文站。该站测验河段不够顺直，在下游右岸约 1 000 m 处有两座大型丁坝，改变了原水流方向，枯水水面流向呈 S 型，且流向随水位而变化，很不稳定。

抚河李家渡站：李家渡站于 1952 年 8 月设立为水位站，1953 年改为水文站，增测流量、含沙量等。1956 年 1 月基本水尺断面上迁 1 100 m。1983 年 1 月 1 日基本水尺断面下迁 5 m。本站测验河段尚顺直，上游 4 000 m 处有焦石滚水坝，坝上左岸有西干渠引水，上游右岸 9 000 m 处有柴埠口东干渠引水，下游约 1 300 m 处有一江心洲小岛。河床系由细沙组成，不甚稳定。断面上游右岸有一沙洲，水位在 27.50 m 以下有死水或回水现象发生。

信江梅港站：梅港水文站设立于 1952 年 4 月，观测水位、流量至今，1953 年增测悬移质输沙率。该站测验河段较顺直，上下游有弯道，河床尚稳定，断面左岸系岩石陡岸，右岸边为泥沙滩，水位在 25.5 m 时右岸漫滩，1968 年以来右岸为圩堤控制。下游 800 m 处有一江心洲，将主流分成两支，右支为主河槽，左支 22.5 m 开始漫流。上游 10 km 处炭埠村边，有白塔河汇入。

昌江渡峰坑站：1941 年 4 月设立浮梁水位站，基本水尺设在景德镇市右岸十八渡上首，观测水位等项目，资料时断时续。1952 年下迁约 4 km 至左岸渡峰坑铁路桥下游约 50 m 处，观测水位、流量和含沙量。1957 年改名渡峰坑站，1979 年 1 月基本水尺下移 580 m，和缆道测流断面基本重合为渡峰坑（二）站。测验河道顺直，左岸河床为岩石，右岸河床为乱石、瓷渣，断面较稳定。20 世纪 90 年代在下游修建水利工程，低水时对水位流量关系有一定影响。

乐安河虎山站：该站设立于 1952 年 4 月，观测水位、流量、含沙量等项目。该站测验河段大致顺直，河床尚稳定，下游约 700 m 处有一深潭，深潭上首有一石咀伸入河心。中低水两岸均有回流。测流断面左岸上首有沙洲，并逐渐增高和向下延伸，低水洲咀距测流断面约 70 m，影响断面变化，当水位达 27.0 m 时左岸漫滩宽约 270 m，增设漫滩测流断面，与主槽测流断面成一夹角。

修河虬津（三共滩、柘林）站：1953 年 1 月设立三共滩水文站，主要观测项目有水位、流量、泥沙，1959 年年底三共滩水文站撤销迁往柘林；1960～1981 年 9 月柘林水文站主要观测项目有水位、流量；1981 年 10 月柘林水文站撤销迁往虬津，1982 年 1 月 1 日正式观测水位、水温、水化、降水量、蒸发量等，同年 6 月开始测流。测验断面位于虬津公路大桥下游 180 m 处，河段顺直长约 500 m，略呈喇叭形，断面下游 60 m 为一折回右大弯道，左岸桥上约 30 m 有一支流汇入，断面中间有一沙洲对低水位测流影响很大。

潦河万家埠站：1952 年 1 月设立水位站，观测水位、降水量、蒸发量等。1953 年 1 月改为水文站，增测流量、含沙量。测验河段大致顺直，上下游均有弯道。河床由细沙、卵石组成。洪水期河宽约 500 m，枯水期一般在 100 m 左右，两岸均有圩堤，出现大洪水时，圩堤可能缺口泛滥两岸。

湖口水文站：湖口站位于江西省湖口县石钟山脚鄱阳湖出口处，为鄱阳湖出口控制站，上距长江干流九江水文站 32.1 km，下距长江干流大通水文站 212 km。本站设立于 1922 年 10 月，观测水位，但测验时断时续。1951 年改为水文站，观测水位、流量、含沙量至今。本站测验河段在鄱阳湖水道的末端，呈一收缩河段，向上游湖面渐宽。测流断面位于上、下石钟山之间，为复式河床，河床较为稳定，左岸有一宽达 3.0 km 的滩地，右岸为砾石，略有黏土，高水最大河宽达 4.7 km，中高水测流断面距河口 5 km，中低水测流断面控制条件较差而移至距河口 0.7 km 处。因测流断面距河口很近，受长江顶托影响显著，水流紊乱，当长江水位较高时，江水常倒灌入鄱阳湖，断面出现倒流，流向有正有负，有时产生横流，有时垂线流速分布上为正下为负，较为复杂。水位观测为自记水位计。测流用流速仪精简法或积深浮标法，洪水期选用高水测流断面。

第二节 降 水

鄱阳湖水系 1956～2012 年、2003～2012 年年降水量均值分别为 1 636.6 mm、1 566.5 mm，2003～2012 年多年平均年降水量较 1956～2012 年偏少 4.28%。其中，最大年降水量分别为 2 129.6 mm（1975 年）、2 201.8 mm（2012 年），最小年降水量分别为 1 133.8 mm（1963 年）、1 253.9 mm（2007 年），极值比分别为 1.88、1.76。统计情况见表 2-1-1、图 2-1-1。

表 2-1-1 鄱阳湖流域年降水量统计特征表 （单位：mm）

时段	统计特征		赣江	赣江上游	赣江中游	赣江下游	抚河	信江	饶河	修河	鄱阳湖区	鄱阳湖水系
1956～2002 年	均值		1 600.2	1 597.4	1 584.5	1 625.6	1 751.4	1 855.2	1 828.3	1 630.9	1 538.5	1 651.5
	最大值	降水量	2 106.9	2 282.9	2 150.7	2 062.2	2 289.2	2 733.4	2 647.4	2 336.3	2 141.9	2 129.6
		年份	1961	1961	2002	1970	1970	1998	1998	1998	1998	1975
	最小值	降水量	1 091.6	1 089.4	1 034.4	1 151.3	1 127.6	1 201.6	1 136.4	1 181.7	1 007.0	1 133.8
		年份	1963	1963	1963	1978	1963	1971	1978	1978	1978	1963
2003～2012 年	均值		1 506.8	1 483.8	1 484.6	1 583.2	1 692.9	1 822.7	1 724.3	1 513.0	1 463.5	1 566.5
	最大值	降水量	2 049.6	2 046.3	1 986.0	2 166.0	2 480.0	2 832.2	2 524.8	2 084.8	2 051.3	2 201.8
		年份	2012	2012	2010	2012	2012	2012	2010	2012	2010	2012
	最小值	降水量	1 160.9	1 110.7	1 087.1	1 114.7	1 173.7	1 374.1	1 318.6	1 162.6	1 067.3	1 253.9
		年份	2003	2003	2003	2007	2003	2007	2007	2011	2007	2007
1956～2012 年	均值		1 583.8	1 577.5	1 566.9	1 618.2	1 741.1	1 849.5	1 810.1	1 610.2	1 525.3	1 636.6
	最大值	降水量	2 106.9	2 282.9	2 150.7	2 166.0	2 480.0	2 832.2	2 647.4	2 336.3	2 141.9	2 201.8
		年份	1961	1961	2002	2012	2012	2012	1998	1998	1998	2012
	最小值	降水量	1 091.6	1 089.4	1 034.4	1 114.7	1 127.6	1 201.6	1 136.4	1 162.6	1 007.0	1 133.8
		年份	1963	1963	1963	2007	1963	1971	1978	2011	1978	1963

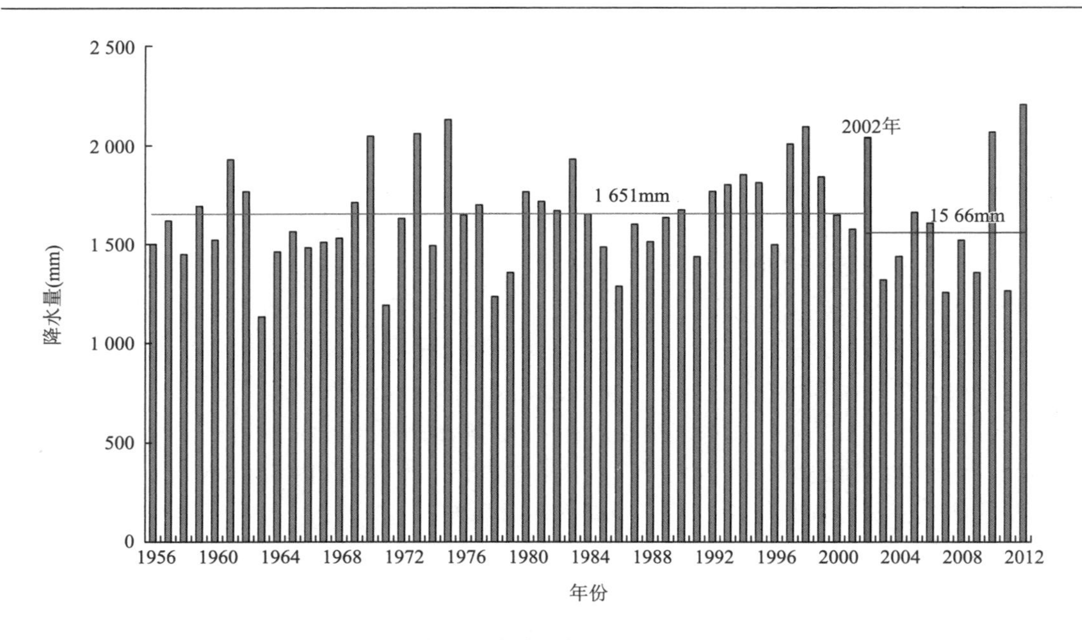

图 2-1-1　鄱阳湖流域历年降水量柱状分布图

由表 2-1-1 可以看出，2003～2012 年赣江、抚河、信江、饶河、修河、鄱阳湖区多年平均年降水量较 1956～2012 年偏少 1.45%～6.04%，各子流域年降水量均偏少，赣江、饶河、修河年平均降水量约少 100 mm。

第三节　水　　位

鄱阳湖水位变化受五河和长江来水的双重影响，汛期长达半年之久（4～9 月）。其中，4～6 月为五河主汛期，7～8 月为长江主汛期，湖区水位受长江洪水顶托或倒灌影响而壅高，水位长期维持高水位，如图 2-1-2 所示，湖面年最高水位一般出现在 7～8 月。进入 10 月，受长江稳定退水影响，湖区水位持续下降，湖区年最低水位一般出现在 1～2 月。

根据湖口站 1959～2012 年实测资料，历年最高水位为 20.70 m（1985 国家高程基准，下同），出现在 1998 年 7 月 31 日，最高水位平均值为 17.14 m；历年最低水位为 4.01 m，出现在 1963 年 2 月 6 日，最低水位平均值为 5.15 m；年平均水位为 9.9～13.73 m，多年平均水位为 10.96 m。

一般以星子站作为鄱阳湖水情特点的代表站。在实测资料中，星子站历年最高水位为 20.66 m，出现在 1998 年 8 月 2 日；历年最低水位为 5.25 m，出现在 2004 年 2 月 4 日；多年平均水位为 11.54 m；年最高、最低水位多年平均值分别为 17.25 m 和 6.15 m，历年最高、最低水位变幅为 15.41 m，年内变幅为 7.67～14.19 m，平均为 11.10 m。星子站年最高水位主要出现在 6～8 月，占 89.1%（其中，7 月占 58.0%、6 月占 20.0%）。年最低水位主要出现在 12 月至次年 2 月，占 94.5%（其中，12 月占 36.4%、1 月占 34.5%）。

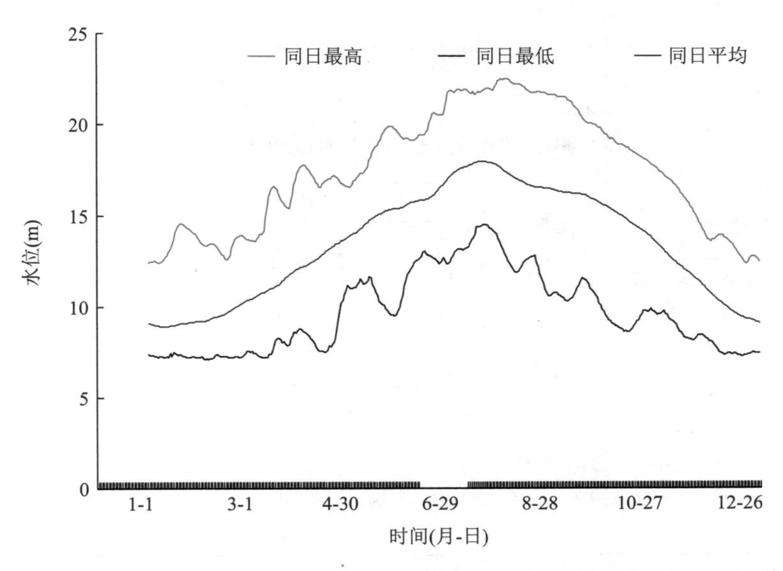

图 2-1-2　鄱阳湖星子站历年日平均、最高、最低水位过程线

第四节　流　　量

鄱阳湖水系径流主要有降水补给，径流的地区分布基本上与降水一致。年径流的分布受气候、降水、地形、地质条件综合影响，既有地带性变化和垂直变化，也有局部地区的特殊变化。鄱阳湖水系水资源丰富，1956～2012 年入湖多年平均流量为 4 550 m^3/s，年径流量为 1 434×10^8 m^3，年径流深为 884.1 mm，最大为信江和乐安河，年径流深在 1 100 mm 以上，最小为修水虬津以上和赣江，年径流深不足 900 mm。

鄱阳湖水系主要控制站及区间多年平均径流量和汛期 3～8 月径流量见表 2-1-2。

表 2-1-2　鄱阳湖水系主要控制站多年平均径流量（1956～2012 年）

河名	站名	集水面积（km^2）	年径流量（10^8 m^3）	年平均流量（m^3/s）	年径流深（mm）	3～8 月径流量（10^8 m^3）
赣江	外洲	80 948	674.9	2 140	833.7	510.3
抚河	李家渡	15 811	154.2	489	975.3	117.8
信江	梅港	15 535	177.9	564	1 144.9	141.5
乐安河	虎山	6 374	70.00	222	1 098.4	59.10
昌江	渡峰坑	5 013	44.20	140	880.7	39.70
修河	虬津	9 914	92.70	294	935.2	62.30
潦河	万家埠	3 548	34.10	108	959.9	27.10
湖区区间		25 082	186.4	591	743.1	180.5
鄱阳湖	湖口	162 225	1 434	4 550	884.1	1 138.2

注：由于李家渡水文站实测径流受上游赣抚平原灌区引水影响，本次采用娄家村、廖家湾水文站实测水文资料，应用水文比拟法计算李家渡水文站多年平均径流量。

鄱阳湖水系径流量年内分配规律同降水量相似，径流量主要集中在汛期，以 4～7 月为最大，见表 2-1-3。

表 2-1-3　鄱阳湖水系主要控制站径流量年内分配统计表

站名	集水面积（km^2）	年径流量月分配（%）											
		1 月	2 月	3 月	4 月	5 月	6 月	7 月	8 月	9 月	10 月	11 月	12 月
外洲	80 948	3.3	4.4	8.6	13.6	16.9	18.6	10.4	7.0	5.9	4.3	3.7	3.1
李家渡	15 811	3.6	5.1	9.3	14.0	16.9	19.8	10.4	5.7	4.5	3.8	3.7	3.2
梅港	15 535	3.2	5.1	9.8	14.6	17.6	22.1	10.6	5.0	3.9	2.8	2.8	2.5
虎山	6 374	2.9	4.7	9.3	15.1	18.7	21.6	13.7	5.0	2.9	2.2	2.0	2.0
渡峰坑	5 013	2.3	3.9	8.4	14.3	18.3	22.5	16.3	6.2	2.6	2.0	1.7	1.5
虬津	9 914	4.9	5.1	8.9	11.8	16.0	15.0	11.9	7.0	5.8	4.3	4.7	4.5
万家埠	3 548	3.2	4.2	7.4	11.9	16.3	19.5	13.5	8.3	5.6	3.8	3.6	2.8
湖区区间	25 082	3.4	4.5	8.1	12.9	17.3	20.6	12.0	7.1	4.4	3.1	3.5	2.9
入湖	162 225	3.4	4.6	8.7	13.6	17.1	19.5	11.2	6.6	5.0	3.7	3.5	3.0
湖口站	162 225	3.3	4.2	8.0	12.1	14.7	15.6	10.8	8.7	6.8	7.1	5.3	3.4

连续 4 个月最大径流量占全年径流量的百分比，鄱阳湖水系大部分地区在 60%以上，最大渡峰坑站可达 71.3%，最小虬津站达 54.7%，其他均在 60%～70%。

鄱阳湖水系径流量年际变化较大，年最大径流量与年最小径流量的比值为 4.07～5.76，最大为李家渡站，最小为万家埠站。

鄱阳湖水系主要控制站集水面积组成见表 2-1-4。鄱阳湖水系以赣江所占面积比重最大，占鄱阳湖水系的 45.8%，其次为湖区区间，占 15.6%。

表 2-1-4　鄱阳湖水系多年平均年径流地区组成表

河名	站名	集水面积（km^2）	占比（%）
赣江	外洲	80 948	45.8
抚河	李家渡	15 811	10.4
信江	梅港	15 535	12.0
乐安河	虎山	6 374	4.8
昌江	渡峰坑	5 013	3.1
修河	虬津	9 914	6.0
潦河	万家埠	3 548	2.4
湖区区间	湖区区间	25 082	15.6
鄱阳湖水系	湖口	162 225	100.0

第五节　泥　　沙

赣江外洲站多年平均输沙量为 838×10^4 t，占入湖沙量的 54.4%，其中 4～7 月占年输沙量的 74.8%；年最大输沙量为 1 860×10^4 t，出现在 1961 年；年最小输沙量为 111×10^4 t，出现在 2011 年。

抚河李家渡站多年平均输沙量为 139×10^4 t，占入湖沙量的 9.0%，其中 4～7 月占年输沙量的 80.6%；年最大输沙量为 352×10^4 t，出现在 1998 年；年最小输沙量为 26.1×10^4 t，出现在 1963 年。

信江梅港站多年平均输沙量为 201×10^4 t，占入湖沙量的 13.1%，其中 4～7 月占年输沙量的 80.1%；年最大输沙量为 501×10^4 t，出现在 1973 年；年最小输沙量为 26.3×10^4 t，出现在 2007 年。

饶河虎山站多年平均输沙量为 59.9×10^4 t，占入湖沙量的 3.9%，4～7 月占年输沙量的 84.1%；年最大输沙量为 184×10^4 t，出现在 1995 年；年最小输沙量为 4.32×10^4 t，出现在 2007 年。

饶河支流昌江渡峰坑站多年平均输沙量为 41.3×10^4 t，占入湖沙量的 2.7%，4～7 月占年输沙量的 88.4%；年最大输沙量为 155×10^4 t，出现在 1998 年；年最小输沙量为 3.73×10^4 t，出现在 2005 年。

修河支流潦河万家埠水文站多年平均输沙量为 34.9×10^4 t，占入湖沙量的 2.3%，4～7 月占年输沙量的 75.4%；年最大输沙量为 112×10^4 t，出现在 1973 年；年最小输沙量为 6.37×10^4 t，出现在 2008 年。

鄱阳湖出口控制站湖口水文站多年平均输沙量为 991×10^4 t，2～5 月占年输沙量的 71.2%；年最大输沙量为 2 170×10^4 t，出现在 1969 年；年最小输沙量为 372×10^4 t，出现在 1963 年。

湖口水文站输沙量主要受五河及长江洪水顶托共同影响，长江洪水期，当长江水倒灌入湖时，长江泥沙随江水倒灌入湖。根据湖口水文站历年沙量资料分析，长江多年平均倒灌沙量为 161×10^4 t，年最大倒灌沙量为 693×10^4 t，出现在 1963 年，倒灌时间集中在 7～9 月。

参 考 文 献

《鄱阳湖研究》编委会. 1988. 鄱阳湖研究. 上海：科学出版社.

季学武，王俊，等. 2008. 水文分析计算与水资源评价. 北京：中国水利水电出版社.

江西省水利规划设计院. 2010. 江西省水资源综合规划报告.

江西省水文局. 2008. 鄱阳湖生态水利枢纽工程对湖区防洪、泥沙、水质、枯水期水量补充的影响及对策研究.

刘光文. 1989. 水文分析与计算. 北京：中国水利电力出版社.

闵骞. 1995. 鄱阳湖水位变化规律的研究. 湖泊科学，7（3）：281-288.

芮孝芳. 2004. 水文学原理. 北京：中国水利水电出版社.

水利部长江水利委员会. 2010. 鄱阳湖区综合规划报告.

水利部长江水利委员会水文局. 1999. 水文资料整编规范（SL2471999）. 北京：中国水利水电出版社.

谭国良，郭生练，王俊，等. 2013. 鄱阳湖生态经济区水文水资源演变规律研究. 北京：中国水利水电出版社.

武汉大学水资源与水电工程科学国家重点实验室，长江水利委员会水文局. 2011. 鄱阳湖区间流域水资源分析模拟研究技术报告.

朱海虹，张本. 1997. 鄱阳湖.合肥：中国科学技术大学出版社.

第二章　鄱阳湖水文动态变化

第一节　鄱阳湖湖流状况

1. 湖流监测

鄱阳湖湖区水流监测断面和监测垂线布设与水质监测断面和监测垂线同步。在全国大湖流域首创采用网格法布设监测断面。横向沿湖盆南北向每 5 km 布设一个断面，遇河流入湖口、水利枢纽工程闸址等特殊湖域则适当调整，测区范围为东经 115°39′～117°12′，北纬 28°12′～29°45′，全湖 173 km 共布设断面 34 个；垂线布设最多 68 条，最少 46 条。

采用流动船测的方法，监测各垂线的流速、流向、水位、水深、水温、水质、部分断面流量，以及各入湖河流控制站流量、水质。垂线平面位置采用动态 GPS 定位，流速、流向采用走航式声学多普勒流速剖面仪（ADCP）测流系统施测。

监测期间，对五河及西河、博阳河 8 个控制水文站（外洲、李家渡、梅港、渡峰坑、石镇街、永修、石门街、梓坊）同时施测流量和水质，同步监测鄱阳湖区各断面垂线流速、流向、水深及部分断面流量，监测各入湖河流控制站流量。

2010 年 10 月～2013 年 3 月共开展了 5 次监测，所有监测垂线都测定水面流速、流向，当水深小于等于 5 m 时，采用二点法（0.2、0.8）测定流速、流向；当水深大于 5 m 时，采用三点法（0.2、0.6、0.8）测定流速、流向。选定 1 号、11 号、都昌、45 号、31 号、60 号垂线为典型垂线，分别代表湖口、星子、都昌、棠荫、吴城、康山湖域，用五点法（水面、0.2、0.6、0.8、水底）测定流速、流向，以分析湖流在垂线上的分布。

湖流监测断面与垂线布设如图 2-2-1 所示。

2. 湖流的空间分布

鄱阳湖湖流随地形、水位的高低、水势的涨退、风力等因素而变化。其变化特征主要如下：①以松门山为界，北部湖区（入江水道）流速大于南部湖区（主湖体）。据统计，5 次监测中，北部湖区平均流速分别为 0.25 m/s、0.92 m/s、0.67 m/s、0.35 m/s、0.57 m/s，南部湖区平均流速分别为 0.18 m/s、0.69 m/s、0.55 m/s、0.55 m/s、0.73 m/s。②主航道流速大于洲滩、湖湾和碟形湖区。5 次监测中，主航道最大测点流速为 0.74～1.79 m/s；洲滩、湖湾和碟形湖区流速一般不超过 0.3 m/s，最小测点流速为 0。③主航道流向主要受水流动力制约，湖水沿航道走向流动；湖湾洲滩流向主要受地形、风力等因素影响，流向各异。

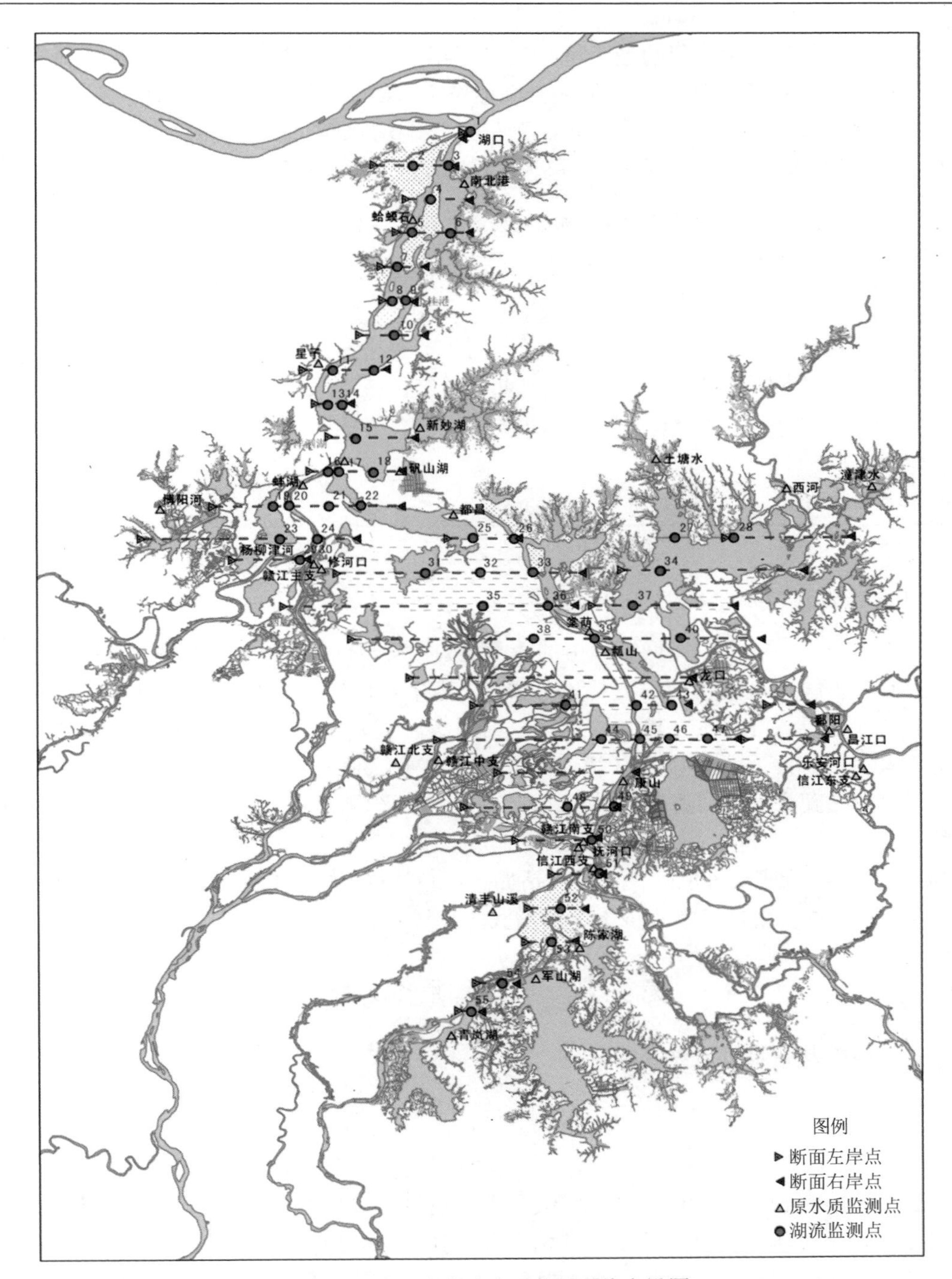

图 2-2-1　鄱阳湖湖流水质监测垂线布设图

3. 湖流与水位的关系

1）全湖平均流速随水位的变化

从表 2-2-1 可以看出，第一次监测平均水位为 12.52 m，高于漫滩水位，全湖平均流速为 0.21 m/s，为 5 次监测的最小值；第二、第三、第五次监测，水位均在漫滩水位以下，湖水归槽，全湖平均流速随水位的升高而增大，第二次监测期间，平均水位为 8.68 m，全湖平均流速为 0.83 m/s，第三次监测期间，平均水位为 8.53 m，全湖平均流速为 0.64 m/s，第五次监测期间，平均水位为 8.09 m，全湖平均流速为 0.62 m/s。

表 2-2-1　典型垂线水位-湖流变化分析表

监测时间	平均水位（m）	湖口（1）流速（m/s）	星子（11）流速（m/s）	吴城（31）流速（m/s）	康山（60）流速（m/s）
2010 年 10 月 9～12 日	12.52	0.74	0.40	0.40	0.27
2010 年 12 月 19～20 日	8.68	1.01	1.23	1.22	0.76
2010 年 12 月 28～29 日	8.53	0.76	0.94	1.19	0.43
2012 年 5 月 17～18 日	15.22	0.7	0.39	0.39	0.84
2013 年 3 月 11～12 日	8.09	0.48	0.95	0.95	0.32

注：表中（1）、（11）、（31）、（60）为垂线号。

2）垂线流速随水位的变化

以代表湖口、星子、吴城、康山的 1 号、11 号、31 号、60 号垂线的水面流速为例，分析湖流的垂线流速随水位的变化。从表 2-2-1 中可以看出，对各条典型垂线的 5 次监测结果进行分析，漫滩水位以上（第一、第四次监测），除上游康山（60）垂线外，其余垂线变幅不大；漫滩水位以下（第二、第三、第五次监测），以第二次流速为最大，第三次次之，第五次最小。流速随水位的变化和全湖平均流速随水位的变化规律呈对应的关系。

综上所述，流速与水位的关系可概括如下：①漫滩水位以上流速小于漫滩水位以下流速；②漫滩水位以下流速随水位上涨而增大。

第二节　江河湖水文特征

1. 五河控制站水位流量基本特征

1）赣江

赣江是鄱阳湖水系中最大的河流，纵贯江西省南部和中部，其径流由降水补给，径流特征与降水特征相应。1956～2013 年赣江入湖控制水文站外洲站年平均水位为 18.10 m（表 2-2-2），水位年内变化，从 1 月开始上升，到 6 月达最大值，7 月开始下降，至 12 月为最低。月最高水位有 3 个峰值点，即 3 月受冷空气影响的桃花汛、6 月的锋面雨、8～10 月的台风雨。

外洲站历年最高水位为 25.60 m（1982 年 6 月 20 日），最低水位为 11.94 m（2013 年 11 月 18 日），水位年际变幅达 13.66 m，年内最大变幅为 11.25 m（2010 年），最小变幅为 3.42 m（1963 年），平均变幅为 6.78 m。历年年最高水位均值为 22.83 m，变幅为 7.15 m。历年年最低水位变幅为 5.23 m，年最低水位从 2000 年后有明显的下降趋势。历年最大流量为 21 500 m^3/s（2010 年 6 月 22 日），最小流量为 172 m^3/s（1963 年 11 月 3 日），历年最大、最小流量比值为 125。1956～2013 年，赣江外洲站多年平均年径流量为 674×10^8 m^3。最大年径流量为 1 150×10^8 m^3（1973 年），最小年径流量为 237×10^8 m^3（1963 年），最大年径流量与最小年径流量比值为 4.85。径流主要集中在汛期，4～9 月径流量占年径流量的 71.9%，其中 4～6 月占 48.7%，见表 2-2-2。

表 2-2-2　1956～2013 年外洲站特征水位、特征流量表

月份	1	2	3	4	5	6	7	8	9	10	11	12	年
最高水位（m）	21.33	21.73	24.64	24.53	24.34	25.6	24.71	23.68	24.11	22.01	22.68	20.44	25.6
最低水位（m）	12.43	13.24	13.58	13.20	13.19	14.39	15.28	14.71	13.52	12.07	11.94	12.34	11.94
平均水位（m）	16.76	17.15	18.02	19.02	19.50	19.86	19.21	18.41	17.95	17.16	16.89	16.67	18.10
最大流量（m^3/s）	7 440	8 210	17 200	15 600	15 600	21 500	15 600	12 100	13 700	9 250	12 300	5 330	21 500
最小流量（m^3/s）	240	223	265	245	484	395	368	229	210	202	172	195	172
平均流量（m^3/s)	856	1 230	2 210	3 550	4 230	4 760	2 600	1 750	1 520	1 100	1 010	835	2 140

2）抚河

1956～2013 年抚河入湖控制水文站李家渡站年平均水位为 25.74 m，水位年内变化，从 1 月开始上升，到 6 月达最大值，7 月开始下降，至 12 月为最低。月最高水位有 3 个峰值点，即 3 月受冷空气影响的桃花汛、6 月的锋面雨、8～9 月的台风雨。李家渡站历年最高水位为 33.08 m（1998 年 6 月 23 日）、历年最低水位为 22.37 m（2013 年 8 月 18 日），水位年际变幅达 10.71 m，年内最大变幅为 9.63 m（2010 年），最小变幅为 3.08 m（1963 年），平均变幅为 5.84 m。历年年最高水位均值为 30.31 m，变幅为 5.76 m，年最低水位变幅为 3.28 m。历年最大流量为 11 100 m^3/s（2010 年 6 月 21 日），最小流量为 0.059 m^3/s（1967 年 9 月 3 日），历年最大、最小流量比值达 185 000，见表 2-2-3。

表 2-2-3　1956～2013 年李家渡站特征水位、特征流量表

月份	1	2	3	4	5	6	7	8	9	10	11	12	年
最高水位（m）	29.32	29.25	30.94	31.15	32.09	33.08	32.35	29.93	30.25	29.15	29.01	28.52	33.08
最低水位（m）	22.81	23.29	23.01	22.67	22.74	22.71	22.54	22.37	22.44	22.44	22.41	22.52	22.37
平均水位（m）	25.26	25.55	26.06	26.46	26.59	26.78	25.78	25.29	25.13	25.08	25.24	25.21	25.74
最大流量（m^3/s）	3 150	2 650	5 590	5 820	7 640	11 100	8 490	3 680	4 240	2 490	2 610	2 080	11 100
最小流量（m^3/s）	0.82	0.45	0.715	0.79	4.00	1.00	0.61	0.065	0.059	0.61	1.03	0.72	0.059
平均流量（m^3/s）	152	260	479	711	830	1 030	458	192	151	122	163	146	392

3）信江

1956～2013 年信江入湖控制水文站梅港站年平均水位为 19.19 m，水位年内变化，从 1 月开始上升，到 6 月达最大值，7 月开始下降，至 12 月为最低。月最高水位有两个峰值点，即 6 月的锋面雨、10 月的台风雨。受 2007 年 5～6 月降水偏少 50%及信江水利枢纽的影响，7 月发生有记录以来的最低水位。梅港站历年最高水位为 29.84 m（1998 年 6 月 23 日），最低水位为 16.5 m（2013 年 11 月 8 日），水位年际变幅达 13.34 m，年内最大变幅为 12.76 m（2010 年），最小变幅为 5.32 m（2001 年），平均变幅为 8.61 m。历年年最高水位均值为 26.36 m，变幅为 7.45 m。历年最大流量为 13 800 m^3/s（2010 年 6 月 20 日），最小流量为 4.14 m^3/s（1997 年 1 月 15 日），历年最大、最小流量比值为 3 333，见表 2-2-4。

表 2-2-4 1956～2013 年梅港站特征水位、特征流量表

月份	1	2	3	4	5	6	7	8	9	10	11	12	年
最高水位（m）	25.43	24.72	25.61	26.7	27.12	29.84	29.14	26.2	25.35	23.29	26.46	24.5	29.84
最低水位（m）	16.96	17.09	17.22	17.22	17.10	17.18	17.09	16.88	16.8	16.59	16.50	16.50	16.50
平均水位（m）	18.34	18.79	19.48	20.10	20.33	20.73	19.83	19.07	18.75	18.35	18.31	18.24	19.19
最大流量（m^3/s）	4 860	4 500	5 600	6 830	8 060	13 800	11 200	6 730	4 840	3 080	6 200	3 870	13 800
最小流量（m^3/s）	4.14	14.1	18.2	25.3	67.8	66.6	22.1	11.5	10.4	24.2	17.0	13.0	4.14
平均流量（m^3/s）	210	378	678	998	1 133	1 488	693	344	276	188	207	182	564

4）饶河

1956～2013 年昌江入湖控制水文站渡峰坑站年平均水位为 22.78 m，水位年内变化，从 1 月开始上升，到 6 月达最大值，7 月开始下降，至 12 月为最低。月最高水位有 3 个较大的峰值点，即 3 月的桃花汛、6 月的锋面雨、8～9 月的台风雨。渡峰坑站历年最高水位为 34.27 m（1998 年 6 月 26 日），最低水位为 20.83 m（1958 年 8 月 23 日），水位年际变幅达 13.44 m，年内最大变幅为 12.7 m（1998 年），最小变幅为 3.42 m（2001 年），平均变幅为 7.42 m。历年年最高水位均值为 29.12 m，最大变幅为 9.24 m。历年最大流量为 8 600 m^3/s（1998 年 6 月 26 日），最小流量为 1.28 m^3/s（1978 年 8 月 27 日），历年最大、最小流量比值为 6 719，见表 2-2-5。

表 2-2-5 1956～2013 年渡峰坑站特征水位、特征流量表

月份	1	2	3	4	5	6	7	8	9	10	11	12	年
最高水位（m）	25.58	26.98	28.39	31.42	30.62	34.27	33.18	32.29	26.57	26.9	24.98	25.12	34.27
最低水位（m）	20.9	20.99	20.94	21.05	21.37	21.26	20.93	20.83	20.84	20.84	20.93	20.85	20.83
平均水位（m）	22.34	22.58	22.9	23.26	23.38	23.46	23.17	22.71	22.49	22.37	22.36	22.35	22.78

续表

月份	1	2	3	4	5	6	7	8	9	10	11	12	年
最大流量（m^3/s）	1 040	2 190	2 880	5 870	4 740	8 600	7 580	5 670	1 970	2 180	920	635	8 600
最小流量（m^3/s）	1.65	3.95	4.32	6.22	4.79	14.8	6.55	1.28	1.28	2.43	2.06	1.33	1.28
平均流量（m^3/s）	34.2	75.8	151	246	297	385	276	111	47.3	35.2	30.9	25.5	143

1956～2013 年乐安河入湖控制水文站虎山站年平均水位为 20.82 m，水位年内变化，从 1 月开始上升，到 6 月达最大值，7 月开始下降，至 12 月为最低。月最高水位有两个峰值点，即 6 月的锋面雨、9～10 月的台风雨。虎山站历年最高水位为 31.18 m（2011 年 6 月 16 日），最低水位为 19.53 m（1978 年 9 月 5 日），水位年际最大变幅达 11.65 m，年内最大变幅为 11.15 m（1967 年），最小变幅为 3.64 m（2007 年），平均变幅为 6.89 m。历年年最高水位均值为 26.88 m，最大变幅为 7.57 m。年最低水位与年平均水位变化趋势比较一致，年最低水位最大变幅为 1.31 m。历年最大流量为 10 100 m^3/s（1967 年 6 月 20 日），最小流量为 4.80 m^3/s（1967 年 10 月 10 日），历年最大、最小流量比值为 2 104，见表 2-2-6。

表 2-2-6　1956～2013 年虎山站特征水位、特征流量表

月份	1	2	3	4	5	6	7	8	9	10	11	12	年
最高水位（m）	24.51	25.11	27.47	27.2	27.73	31.18	30.33	29.16	24.98	25.88	24.99	23.48	31.18
最低水位（m）	19.57	19.62	19.59	19.60	19.91	19.80	19.73	19.55	19.53	19.57	19.59	19.56	19.53
平均水位（m）	20.40	20.66	21.05	21.40	21.53	21.67	21.14	20.62	20.45	20.32	20.31	20.32	20.82
最大流量（m^3/s）	2 000	2 530	3 360	4 800	5 520	10 100	7 640	5 640	2 160	3 580	2 400	1 380	10 100
最小流量（m^3/s）	6.98	7.50	11.0	11.5	33.9	29.4	13.5	6.80	5.28	4.80	7.28	6.03	4.80
平均流量（m^3/s）	69.5	136	256	401	470	576	349	137	81.5	59.1	60	57.2	221

5）修河

修河干流控制水文站虬津站，其水位、流量完全受上游柘林水库调节控制，1983～2013 年年平均水位为 17.97 m，水位年内变化，从 1 月开始上升，到 7 月达最大值，8 月开始下降。月最高水位有 2 个峰值点，即 6 月的锋面雨、10 月的台风雨。虬津站历年最高水位为 25.29 m（1993 年 7 月 5 日），最低水位为 15.75 m（2008 年 10 月 16 日），水位年际变幅达 9.54 m，年内最大变幅为 8.62 m（1993 年），最小变幅为 2.33 m（1985 年），平均变幅为 4.95 m。历年年最高水位均值为 21.37 m，最大变幅为 6.24 m。历年最大流量为 4 070 m^3/s（1993 年 7 月 5 日），最小流量为 0.013 m^3/s（2007 年 8 月 21 日），见表 2-2-7。

表 2-2-7　1983～2013 虬津站年特征水位、特征流量表

月份	1	2	3	4	5	6	7	8	9	10	11	12	年
最高水位（m）	20.33	20.64	21.88	22.14	23.61	24.92	25.29	24.71	22.45	20.29	20.47	20.33	25.29
最低水位（m）	15.75	15.82	16.04	15.97	15.76	15.98	15.88	16.03	15.96	15.75	15.75	15.75	15.75
平均水位（m）	17.71	17.54	18	18.04	18.31	18.31	18.75	18.31	17.99	17.51	17.53	17.55	17.97
最大流量（m^3/s）	1 290	1 190	1 820	1 900	2 770	3 860	4 070	3 420	1 910	1 330	1 060	1 110	4 070
最小流量（m^3/s）	4.00	4.70	6.31	4.98	11.0	0.50	0.064	0.013	0.090	11.0	8.00	4.80	0.013
平均流量（m^3/s）	258	211	334	334	422	374	386	281	256	189	199	208	288

注：虬津站建于 1983 年，从 1983 年起才有实测水位、流量观测资料。

1956～2013 年修河支流潦河入湖控制水文站万家埠站年平均水位为 22.62 m，水位年内变化，从 1 月开始上升，到 6 月达最大值，7 月开始下降，至 12 月为最低。月最高水位有 3 个峰值点，即 3 月冷空气影响的桃花汛、6 月的锋面雨、8～10 月的台风雨。万家埠站历年最高水位为 29.68 m（2005 年 9 月 4 日），最低水位为 19.45 m（2013 年 12 月 10 日），水位年际变幅达 10.23 m，年内最大变幅为 8.10 m（2005 年），最小变幅为 2.88 m（1965 年），平均变幅为 4.90 m。历年年最高水位均值为 26.91 m，最大变幅为 4.79 m。历年最大流量为 5 600 m^3/s（1977 年 6 月 15 日），最小流量为 0（2009 年 1 月 11 日）（主要原因是受上游水利工程蓄水影响），见表 2-2-8。

表 2-2-8　1956～2013 年万家埠站特征水位、特征流量表

月份	1	2	3	4	5	6	7	8	9	10	11	12	年
最高水位（m）	24.28	24.79	26.6	27.77	28.02	29.63	29.07	29.04	29.68	25.36	26.33	24.07	29.68
最低水位（m）	20.11	19.99	20.26	20.25	20.14	20.26	20.15	19.70	19.80	19.68	19.57	19.45	19.45
平均水位（m）	22.29	22.41	22.66	22.9	23.09	23.2	22.89	22.64	22.49	22.34	22.32	22.24	22.62
最大流量（m^3/s）	498	588	1 490	2 630	2 910	5 600	4 260	4 000	5 550	802	1 560	498	5 600
最小流量（m^3/s）	0	8.26	3.92	2.12	10.7	10.2	7.00	5.56	2.60	5.50	9.58	8.80	0
平均流量（m^3/s）	40.2	59.2	101	160	207	250	166	105	77.5	50.1	50.3	38.4	108

2. 鄱阳湖水位基本特征

五河尾闾各站水位从 1 月开始上涨，至 6 月达最高值，6 月后逐月下降；湖区各站水位从 1 月开始上涨，至 7 月达最高值，7 月后逐月下降，说明湖区水位受五河及长江来水的双重影响。鄱阳湖水位变化受五河和长江来水的双重影响，汛期（4～9 月）长达半年之久。其中，4～6 月为五河主汛期，7～8 月为长江主汛期，入湖年最大流量出现在 4～6 月，分别占 13.5%、18.4%、52.6%。这期间，当五河出现大洪水时，长江上游尚未进入主汛期，7～9 月五河来水减少，但长江进入主汛期，湖区水位受长江洪水顶托或倒灌影响而壅高，水位缓慢上升，长期维持高水位。因此，湖区的年最高水位多出现在 7～9 月；

进入 10 月，长江水位下降，湖口河段比降增大，出湖流量增大，湖区水位下降，湖区各站最低水位一般出现在 1～2 月。

以位于鄱阳湖北部湖口水道进口处的星子站为代表，叙述鄱阳湖水文特征。在实测资料（1 956～2013 年）中，星子站历年最高水位为 22.52 m（冻结基面，下同），出现在 1998 年 8 月 2 日；历年最低水位为 7.11 m，出现在 2004 年 2 月 4 日；多年平均水位为 13.25 m；年最高、最低水位多年平均值分别为 19.06 m 和 7.95 m，历年最高、最低水位变幅为 15.41 m，年内变幅为 7.67～14.19 m，平均为 11.12 m，鄱阳湖水位的多年变幅居长江中下游各大湖泊之首。星子站年最高水位主要出现在 6～8 月，占 89.1%（其中，7 月占 58.0%、6 月占 20.0%）。年最低水位主要出现在 12 月至次年 2 月，占 94.5%（其中，12 月占 36.4%、1 月占 34.5%）。

星子站水位年过程线可以概化为单峰型和双峰型两种基本形式，单峰型年水位过程是在江西五河洪水推迟、长江洪水提前、两者相遇，或是在五河洪水很大、长江洪水较小的情况下出现的，洪峰水位即是年最高水位，一般出现在 6～7 月（其中，出现在 7 月的约占 80%）；双峰型水位过程是在江西五河洪水较早、长江洪水较迟、两者不相遇的情况下出现的，第 1 个峰是由江西五河洪水入湖造成的，一般出现在 5～6 月；第 2 个峰是由长江洪水倒灌入湖造成的，一般出现在 7～9 月，见表 2-2-9。

表 2-2-9　1956～2013 年星子站各月特征水位表

月份	1	2	3	4	5	6	7	8	9	10	11	12	年
最高水位（m）	14.57	13.94	17.60	17.77	19.88	21.86	22.51	22.52	21.58	18.73	17.40	13.94	22.52
出现年份	1998	1959	1992	1992	1975	1998	1998	1998	1998	1988	1983	1982	1998
最低水位（m）	7.19	7.11	7.20	7.51	8.65	10.00	12.79	10.62	9.46	8.10	8.00	7.27	7.11
出现年份	1957	2004	1963	1963	2011	2011	1963	2006	2006	2013	2013	2007	2004
变幅水位（m）	7.38	6.83	10.40	10.26	11.23	11.86	9.72	11.90	12.12	10.63	9.40	6.67	15.41
平均水位（m）	8.97	9.56	11.09	12.82	14.68	16.03	17.65	16.64	15.80	14.14	11.81	9.64	13.25

湖盆水位的空间变化与水位高低呈反相关，湖周各站同时最高水位的差异远远小于同时最低水位的差异。经分析，星子站水位在 18 m 以上时，湖盆各站水位空间变化小；星子站水位在 13 m 以下时，宽阔，湖盆的调蓄作用大，且受长江的顶托或倒灌影响，湖面平坦；枯水时湖水落槽，近似河流，水位空间变化大，尤其是星子站水位在 9 m 以下时，滁槎至湖口的水面落差在 5 m 以上。高水位时湖面随主槽坡降重力作用而变化，湖面落差增大，见表 2-2-10。

表 2-2-10　鄱阳湖湖面多站水位变化统计表

站名	湖口	星子	都昌	棠荫	康山	吴城	滁槎	三阳
最高水位（m）	22.59	22.52	22.43	22.57	22.43	22.98	23.17	23.16
出现年份	1998	1998	1998	1998	1998	1998	1998	1998
最低水位（m）	5.9	7.11	7.53	9.64	11.97	9.12	12.35	14.86

续表

站名	湖口	星子	都昌	棠荫	康山	吴城	滁槎	三阳
出现年份	1963	2004	2013	2007	2004	2013	2013	2013
变幅水位（m）	16.69	15.41	14.90	12.93	10.46	13.86	10.82	8.30
平均水位（m）	12.73	13.25	13.66	14.52	15.10	14.56	17.31	17.08

鄱阳湖周围各水文站的多年水位变幅和年水位变幅均有自上（南）至下（北）逐渐加大的空间变化规律，如湖口站多年水位变幅（16.69 m）为滁槎站多年水位变幅（7.55 m）的 2.21 倍，1992 年星子站年水位变幅（12.35 m）为康山站年水位变幅（7.91 m）的 1.55 倍。

通过对鄱阳湖换水周期进行分析，鄱阳湖湖泊补给系数为 46.1（湖泊补给系数是湖泊流域面积与湖水面积之比），湖泊补给系数越大，湖泊受补给区内河流水情的影响越大，湖水水位和湖水面积变化越剧烈。所以，鄱阳湖有“大水一片，枯水一线”之称。湖泊换水周期是指某湖泊湖水交换更新一次所需要的时间，通常以多年平均水位下的湖泊容积除以多年平均出湖水量而得。出湖水量一般不考虑水面蒸发量。鄱阳湖星子站多年平均水位为 13.25 m，相应容积为 41.67×10^8 m^3，湖口多年出湖水量为 1436×10^8 m^3，鄱阳湖年平均换水周期为 10 天，见表 2-2-11。一般情况下，低水位平均换水周期短，高水位平均换水周期长，入湖、出湖流量差异，鄱阳湖换水周期还受长江顶托和倒灌影响，如 1962 年 8 月、1991 年 7 月倒灌连续时间超过 16 天。

表 2-2-11　鄱阳湖换水周期表（1956～2013 年各月均值）

月份	星子水位（m）	湖盆容积（10^8 m^{3}综合线）	出湖水量（10^8 m^3）	换水周期（d）
1	8.97	10.90	44.3	8
2	9.56	12.98	58.5	7
3	11.09	21.03	117.6	6
4	12.82	36.14	178.74	6
5	14.68	63.48	214.41	9
6	16.03	93.23	224.4	13
7	17.65	133.45	154.1	27
8	16.64	107.39	125	27
9	15.8	87.75	93.1	29
10	14.14	54.38	101.0	17
11	11.81	25.77	76.8	10
12	9.64	13.25	48.1	9
年平均	13.25	41.67	1 436	10

3. 长江干流九江站、大通站水位流量特征

以位于长江干流的九江站、大通站为代表，叙述长江水文特征。

九江站历年（1904～2013 年）最高水位为 23.01 m（吴淞基面，下同），出现在 1998 年 8 月 2 日；历年最低水位为 6.48 m，出现在 1901 年；水位多年变幅达 16.53 m。

九江站多年（1957～2013 年）平均水位为 13.45 m，月平均水位以 7 月的 18.17 m 最高，其次是 8 月的 17.2 m 和 9 月的 16.35 m；月平均水位最低值出现在 1 月，为 8.95 m，其次是 2 月的 9.08 m；月平均水位 1～7 月逐月升高，7 月至次年 1 月逐月降低。1988～2013 年九江站最大流量为 74 000 m^3/s，出现在 1996 年 7 月 23 日；最小流量为 5 860 m^3/s，出现在 1999 年 3 月 11 日；多年平均流量为 22 900 m^3/s。月平均流量以 7 月的 43 200 m^3/s 最大；其次是 8 月的 38 000 m^3/s 和 9 月的 33 500 m^3/s，与月平均水位最高值出现的时间一致。月平均流量的最小值出现在 1 月，为 10 250 m^3/s，其次是 2 月的 10 500 m^3/s，与月最低水位出现的时间也一致，见表 2-2-12。

表 2-2-12　九江站特征水位、特征流量表

月份	1	2	3	4	5	6	7	8	9	10	11	12	年
最高水位（m）	14.27	13.84	17.32	17.45	19.93	22.08	22.99	23.00	22.21	18.93	17.86	14.48	23.00
最低水位（m）	7.06	6.84	6.96	8.02	9.13	10.65	13.1	11.05	10.04	8.80	8.65	7.81	6.84
平均水位（m）	8.95	9.08	10.45	12.49	14.85	16.33	18.17	17.20	16.35	14.80	12.40	10.10	13.45
最大流量（m^3/s）	19 000	20 500	29 600	31 300	54 600	54 800	74 000	72 800	67 100	41 100	38 800	21 300	74 000
最小流量（m^3/s）	6 430	5 910	5 860	6 190	11 200	15 500	21 800	14 800	12 400	10 600	8 850	6 460	5 860
平均流量（m^3/s）	10 250	10 500	13 500	17 300	24 400	31 100	43 200	38 000	33 500	23 800	17 200	11 600	22 900

注：水位系列为 1957～2013 年，流量系列为 1988～2013 年。

星子站历年最高水位、平均水位、最低水位年内变化过程线的形状与九江站基本一致，最高水位、最低水位的过程线为多峰型，平均水位的过程线为单峰型，但最高水位、平均水位、最低水位过程线顶峰出现的时间与九江站有所不同。

九江站历年最高水位、最低水位的年内变化均呈多峰型，如图 2-2-2 所示。而历年平均水位的年内变化则呈单峰型，先后出现最高顶峰的依次为最低水位过程线、平均水位过程线和最高水位过程线，表明总体上长江的大洪水出现的时间比小洪水更迟。

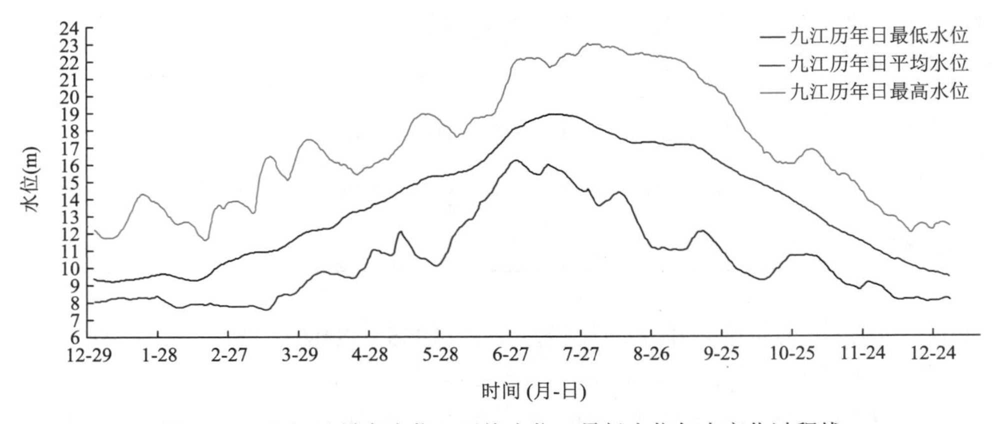

图 2-2-2　九江站最高水位、平均水位、最低水位年内变化过程线

大通站控制流域面积为 170.5×10⁴ km²。1956～2002 年多年平均年径流量为 8 917×10⁸ m³，其中 6～8 月占全年径流量的 39.8%，见表 2-2-13。12 月至次年 2 月仅占全年径流量的 10.6%。在 47 年系列中，1998 年年径流量最大，为 12 445×10⁸ m³；1978 年最小，为 6 759×10⁸ m³；极值比为 1.8。

表 2-2-13　大通站径流特征统计分析表（1956～2002 年）

月份	1	2	3	4	5	6	7	8	9	10	11	12
平均流量（m^3/s）	10.700	11.500	15.800	24.000	33.800	39.900	50.600	43.300	39.200	32.500	22.600	14.100
平均径流量（$10^8\ m^3$）	287	281	423	622	905	1 034	1 355	1 160	1 016	870	586	378
年内分配（%）	3.2	3.2	4.7	7.0	10.1	11.6	15.2	13	11.4	9.8	6.6	4.2
最大月平均流量（m^3/s）	24 700	22 500	32 500	39 500	51 800	54 600	75 100	77 100	63 800	49 700	33 700	23 100
出现年份	1998	1998	1998	1992	1975	1973	1998	1998	1998	1964	1964	1982
最小月平均流量（m^3/s）	7 220	6 730	7 980	12 800	22 600	27 200	32 800	25 900	21 600	16 800	13 200	8 310
出现年份	1979	1963	1963	1963	2000	1969	1972	1970	1972	1959	1956	1956

大通站（2003～2012 年）多年平均年径流量为 8 379×10⁸ m³，其中 6～8 月占全年径流量的 39.4%，见表 2-2-14。12 月至次年 2 月仅占全年径流量的 12.5%。在 10 年系列中，2012 年年径流量最大，为 10 220×10⁸ m³；2006 年最小，为 6 666×10⁸ m³；极值比为 1.5。

表 2-2-14　大通站径流特征统计分析表（2003～2012 年）

月份	1	2	3	4	5	6	7	8	9	10	11	12
平均流量（m^3/s）	12 500	13 800	19 300	22 000	30 400	39 000	44 300	41 100	36 800	25 700	18 800	14 100
平均径流量（$10^8\ m^3$）	335	337	517	570	814	1 011	1 187	1 101	954	688	487	378
年内分配（%）	4.0	4.0	6.2	6.8	9.7	12.1	14.2	13.1	11.4	8.2	5.8	4.5
最大月平均流量（m^3/s）	17 500	19 200	25 500	30 300	42 500	50 800	61 400	52 700	48 000	32 000	29 900	19 100
出现年份	2003	2005	2012	2010	2012	2010	2010	2012	2005	2003	2009	2012
最小月平均流量（m^3/s）	10 200	9 170	13 000	15 800	16 500	31 000	36 900	27 000	18 900	15 000	13 400	10 900
出现年份	2004	2004	2008	2011	2011	2007	2011	2006	2006	2006	2006	2007

2003～2012 年大通站多年平均年径流量较 1956～2002 年减少 538×10⁸ m³（减少 6.1%），其中 7～8 月减少 227×10⁸ m³，见表 2-2-15。9～10 月减少 244×10⁸ m³（占同期径流量的 12.9%），1～3 月增加 198×10⁸ m³。最大月平均径流各月均减小；最小月平均径流除 5 月、9 月、10 月减小外，其他月均增加。

表 2-2-15　大通站 2003 年前后系列径流特征值变化表

月份	1	2	3	4	5	6	7	8	9	10	11	12
平均流量(m^3/s)	1 800	2 300	3 500	−2 000	−3 400	−900	−6 300	−2 200	−2 400	−6 800	−3 800	0
平均径流量（$10^8\ m^3$）	48	56	94	−52	−91	−23	−168	−59	−62	−182	−99	0
最大月平均流量（m^3/s）	−7 200	−3 300	−7 000	−9 200	−9 300	−3 800	−13 700	−24 400	−15 800	−17 700	−3 800	−4 000
最小月平均流量（m^3/s）	2 980	2 440	5 020	3 000	−6 100	3 800	4 100	1 100	−2 700	−1 800	200	2 590

注：表中值为 2003～2012 年系列特征值减 1956～2002 年系列特征值。

4. 入湖、入江水量变化

1）入湖水量

鄱阳湖的入湖水量由五河和湖区区间径流组成。将五河七口控制站相加合并成一个站分析入湖径流特征。鄱阳湖流域面积为 162 225 km^2，据 1956～2000 年水文资料统计，多年平均年径流量为 1 436×$10^8\ m^3$，以 1998 年 2429×$10^8\ m^3$ 为最大，1963 年 558.3×$10^8\ m^3$ 为最小，最大值与最小值的比值为 4.35 倍。出湖水量集中在 4～7 月，占年总量的 53.7%，其中 5～6 月占年总量的 30.6%。1～7 月入江出湖水量小于同期入湖水量，9～12 月各月出湖水量大于同期入湖水量。6 月出湖水量最多，达 224.4×$10^8\ m^3$；1 月最少，只有 44.2×$10^8\ m^3$；出湖水量最大值、最小值相差 108.1×$10^8\ m^3$，最多、最少月出湖水量比值为 5.1 倍，小于入湖水量的比值，见表 2-2-16。

表 2-2-16　1956～2000 年鄱阳湖流域多年平均入湖水量组成表

水系	赣江	抚河	信江	饶河	修河	五河合计	湖区	入湖
面积（km^2）	80 948	15 811	15 535	11 387	13 462	137 143	25 082	162 225
年平均径流量（$10^4\ m^3$）	675.6	155.1	178.2	118.0	123.1	1250	186.0	1436
占五河（%）	54.05	12.41	14.25	9.44	9.85	100.00		
占入湖总水量（%）	47.05	10.80	12.41	8.22	8.57	87.05	12.95	100.00
最大年径流量（$10^4\ m^3$）	1149	232.9	344.4	242.4	271.6	205.6	373.2	2429
出现年份	1973	1970	1998	1998	1998	1998	1998	1998
最小年径流量（$10^4\ m^3$）	236.7	58.34	79.96	49.49	54.49	486.7	72.54	558.3
出现年份	1963	1963	1963	1963	1968	1963	1963	1963
最大与最小值比	4.85	3.99	4.31	4.90	4.98	5.46	5.14	4.35
年平均流量（m^3/s）	2.142	492	565	374	390	3 964	590	4 553
最大值（m^3/s）	3.643	739	1.092	769	861	842 2	118 3	770 3
最小值（m^3/s）	750	185	254	157	173	1.543	230	1.770

入湖水量的年内变化很大。鄱阳湖流域4月进入汛期，暴雨频繁，洪水不断。入湖水量主要集中在4～7月，占全年总量的61.4%，其中，5～6月占36.3%。7月雨季基本结束，转入干旱季节，入湖水量急剧减少，9月至次年2月各月占全年总量的比重都小于5%。最大出现于6月，占全年19.3%，最小出现于12月，只占2.9%，最大与最小的比值为6.7倍。

1956～2002年五河七口控制站多年平均年径流量为1 262×10^8 m^3，其中4～6月占全年径流量的49.8%，见表2-2-17。11月至次年1月仅占全年径流量的9.8%。2003～2012年五河七口控制站多年平均年径流量为1 163×10^8 m^3，其中4～6月占全年径流量的48.4%，见表2-2-18。11月至次年1月仅占全年径流量的12.0%。

表2-2-17　五河七口出口控制站径流特征统计分析表（1956～2002年）

月份	1	2	3	4	5	6	7	8	9	10	11	12
平均流量（m^3/s）	1 530	2 350	4 230	6 790	7 980	9 230	5 280	3 050	2 510	1 890	1 740	1 440
平均径流量（10^8 m^3）	41.0	56.8	113.2	176	213.7	239.2	141.4	81.8	65.0	50.6	45.2	38.4
年内分配（%）	3.2	4.5	9.0	13.9	16.9	19.0	11.2	6.5	5.2	4.0	3.6	3.0
最大月平均流量（m^3/s）	7 400	7 800	12 140	14 280	15 560	19 840	11 180	8 380	8 830	4 130	5 760	4 890
出现年份	1998	1998	1998	1973	1975	1998	1997	1997	1961	2002	2002	1997
最小月平均流量（m^3/s）	441	682	1 230	2 100	3 860	3 340	1 130	925	691	449	552	409
出现年份	1968	1963	1977	1963	1985	1991	1971	1963	1963	1963	1958	1958

表2-2-18　五河七口出口控制站径流特征统计分析表（2003～2012年）

月份	1	2	3	4	5	6	7	8	9	10	11	12
平均流量（m^3/s）	1 700	2 480	4 340	5 690	7 020	8 730	4 100	2 880	2 350	1 430	1 870	1 690
平均径流量（10^8 m^3）	45.5	60.1	116.1	147.5	188.0	226.4	109.8	77.1	60.9	38.3	48.4	45.2
年内分配（%）	3.9	5.2	10	12.7	16.2	19.5	9.4	6.6	5.2	3.3	4.2	3.9
最大月平均流量（m^3/s）	3 070	4 790	8 850	11 650	11 670	15 340	7 010	5 130	3 190	1 780	3 960	4 030
出现年份	2003	2005	2012	2010	2010	2010	2010	2012	2012	2010	2012	2012
最小月平均流量（m^3/s）	821	1 280	2 170	1 860	3 090	4 370	2 050	1 840	1 440	935	912	982
出现年份	2004	2004	2011	2011	2011	2004	2003	2003	2009	2004	2003	2003

2003～2012年五河七口控制站多年平均年径流量较1956～2002年减少99×10^8 m^3，其中4～7月减少98.6×10^8 m^3，8月减少4.7×10^8 m^3，见表2-2-19。9～10月减少16.4×10^8 m^3，1～3月增加10.7×10^8 m^3。最大月平均径流均减小；最小月平均径流除4～5月减小外，其他月均增加。

表 2-2-19　2003 年前后系列五河七口出口控制站径流特征值变化表

月份	1	2	3	4	5	6	7	8	9	10	11	12
平均流量（m^3/s）	170	130	110	−1 100	−960	−500	−1 180	−170	−160	−460	130	250
平均径流量（$10^8\ m^3$）	4.5	3.3	2.9	−28.5	−25.7	−12.8	−31.6	−4.7	−4.1	−12.3	3.2	6.8
最大月平均流量（m^3/s）	−4 330	−3 010	−3 290	−2 630	−3 890	−4 500	−4 170	−3 250	−5 640	−2 350	−1 800	−860
最小月平均流量（m^3/s）	380	598	940	−240	−770	1 030	920	915	749	486	360	573

注：表中值为 2003～2012 年系列特征值减 1956～2002 年系列特征值。

2）入江水量

1956～2002 年鄱阳湖出湖控制站湖口站多年平均年径流量为 1480×10^8 m^3，其中 4～6 月占全年径流量的 42.47%，见表 2-2-20。12 月至次年 2 月仅占全年径流量的 10.84%。在 47 年系列中，1998 年年径流量最大，为 2 645×10^8 m^3；1986 年最小，为 566×10^8 m^3；极值比为 4.7。

表 2-2-20　湖口站径流特征统计分析表（1956～2002 年）

月份	1	2	3	4	5	6	7	8	9	10	11	12
平均流量（m^3/s）	1 770	2 530	4 490	7 050	8 170	8 750	6 000	4 780	3 800	3 850	3 100	1 910
平均径流量（$10^8\ m^3$）	47.4	61.8	120.3	182.7	218.8	226.8	160.7	128.0	98.5	103.1	80.4	51.2
年内分配（%）	3.20	4.18	8.13	12.35	14.79	15.33	10.86	8.65	6.66	6.97	5.43	3.46
最大月平均流量（m^3/s）	8 920	9 140	13 500	13 800	14 900	14 900	14 000	12 600	11 700	7 800	6 560	6 840
出现年份	1998	1998	1998	1992	1975	1977/1998	1995	1997	1999	1998	2002	1997
最小月平均流量（m^3/s）	536	644	1 100	1 140	4 000	3 200	−1 450	−111	−2 300	901	748	394
出现年份	1979	1963	1963	1963	1985	1979	1991	1963	1964	1959	1978	1958

2003～2012 年湖口站多年平均年径流量为 1 383×10^8 m^3，其中 4～6 月占全年径流量的 41.34%，见表 2-2-21。12 月至次年 2 月仅占全年径流量的 12.34%。在 10 年系列中，2010 年年径流量最大，为 2 217×10^8 m^3；2011 年最小，为 928×10^8 m^3；极值比为 2.4。

表 2-2-21　湖口站径流特征统计分析表（2003～2012 年）

月份	1	2	3	4	5	6	7	8	9	10	11	12
平均流量（m^3/s）	1 760	2 600	4 940	5 980	7 090	8 750	4 800	4 700	3 800	3 520	2 360	2 240
平均径流量（$10^8\ m^3$）	47.1	63.5	132.3	155.0	189.9	226.8	128.6	125.9	98.5	94.3	61.2	60.0
年内分配（%）	3.41	4.59	9.57	11.21	13.73	16.40	9.30	9.10	7.12	6.82	4.42	4.34
最大月平均流量（m^3/s）	4 050	5 120	9 990	11 500	13 200	13 600	9 900	8 900	7 520	5 050	4 200	5 480
出现年份	2003	2005	2012	2010	2010	2010	2010	2012	2005	2010	2012	2012
最小月平均流量（m^3/s）	903	895	2 390	2 170	3 080	3 130	628	328	388	1 670	1 390	1 120
出现年份	2004	2004	2004	2011	2011	2004	2007	2005	2003	2006	2007	2007

2003～2012 年湖口站多年平均年径流量较 1956～2002 年减少 $96.5\times10^8\ m^3$（减少 6.6%），其中 7～8 月减少 $34.2\times10^8\ m^3$，见表 2-2-22。9 月持平（长江拉动明显），10 月减少 $8.8\times10^8\ m^3$（占同期径流量的 4.4%），1 月持平，2～3 月增加 $13.8\times10^8\ m^3$。最大月平均径流各月均减小；最小月平均径流除 5～6 月减小外，其他月均增加。

表 2-2-22　2003 年前后系列湖口站径流特征值变化表

月份	1	2	3	4	5	6	7	8	9	10	11	12
平均流量（m^3/s）	−10	70	450	−1 070	−1 080	0	−1 200	−80	0	−330	−740	330
平均径流量（$10^8\ m^3$）	−0.3	1.7	12.1	−27.7	−28.9	0.0	−32.1	−2.1	0.0	−8.8	−19.2	8.8
最大月平均流量（m^3/s）	−4 870	−4 020	−3 510	−2 300	−1 700	−1 300	−4 100	−3 700	−4 180	−2 750	−2 360	−1 360
最小月平均流量（m^3/s）	367	251	1 290	1 030	−920	−70	2 078	439	2 688	769	642	726

注：表中值为 2003～2012 年系列特征值减 1956～2002 年系列特征值。

入江水量年内变化与入湖水量年内变化趋势一致，但由于湖盆的调蓄影响，各月占全年总量的比重不同。入江水量集中在 4～7 月，占全年总量的 53.74%，其中 5～6 月占全年总量的 30.56%。1～7 月入江水量小于同期入湖水量，9～12 月各月入江水量大于同期入湖水量。6 月入江水量最多，达 $224.4\times10^8\ m^3$，1 月最少，只有 $44.2\times10^8\ m^3$。见表 2-2-23。

表 2-2-23　鄱阳湖流域入湖、入江水量月分配

	项目	1 月	2 月	3 月	4 月	5 月	6 月	7 月
径流量	入湖水量（$10^8\ m^3$）	47.64	68.90	134.04	203.01	245.16	276.53	156.84
	占全年（%）	3.32	4.80	9.34	14.14	17.07	19.26	10.92
	其中：五河（$10^8\ m^3$）	39.86	57.15	113.6	175.0	213.5	239.8	139.3
	占全年（%）	3.19	4.57	9.09	14.00	17.08	19.18	11.15
	湖区（$10^8\ m^3$）	7.77	11.75	20.44	27.97	31.68	36.74	17.56
	占全年（%）	4.18	6.32	10.99	15.04	17.04	19.76	9.44
	入江水量（$10^8\ m^3$）	44.24	58.49	117.64	178.74	214.41	224.38	154.09
	占全年（%）	3.08	4.07	8.19	12.45	14.93	15.63	10.73
	鄱阳湖调蓄量（$10^8\ m^3$）	3.40	10.41	16.40	24.28	30.75	52.15	2.75
	占入江（%）	0.24	0.73	1.14	1.69	2.14	3.63	0.19
流量	入湖（m^3/s）	1 779	2 848	5 005	7 832	9 153	10 668	5 856
	其中：五河（m^3/s）	1 488	2 362	4 241	6 753	7 970	9 251	5 200
	湖区（m^3/s）	290	486	763	1.079	1.183	1.417	656
	入江（m^3/s）	1 652	2 418	4 392	6 896	8 005	8 657	5 753

	项目	8 月	9 月	10 月	11 月	12 月	全年
径流量	入湖水量（$10^8\ m^3$）	89.33	70.13	55.12	48.00	41.20	1436
	占全年（%）	6.22	4.88	3.84	3.34	2.87	100.00
	其中：五河（$10^8\ m^3$）	78.63	64.67	49.57	42.12	36.77	1250

续表

项目		8月	9月	10月	11月	12月	全年
径流量	占全年（%）	6.29	5.17	3.97	3.37	2.94	100
	湖区（10^8 m^3）	10.70	5.458	5.544	5.876	4.438	185.9
	占全年（%）	5.76	2.94	2.98	3.16	2.39	100.00
	入江水量（10^8 m^3）	125.0	93.07	101.0	76.82	48.13	1 436
	占全年（%）	8.70	6.48	7.03	5.35	3.35	100.00
	鄱阳湖调蓄量（10^8 m^3）	−35.63	−22.9	−45.8	−28.82	−6.927	
	占入江（%）	−2.48	−1.60	−3.19	−2.01	−0.48	
流量	入湖（m^3/s）	3 335	2 705	2 058	1 852	1 538	4 553
	其中：五河（m^3/s）	2 936	2 495	1 851	1 625	1 373	3 964
	湖区（m^3/s）	400	211	207	227	166	590
	入江（m^3/s）	4 665	3 590	3 769	2 964	1 797	4 553

鄱阳湖湖口的水位平时高于长江，江水不倒灌入湖，当长江上、中游来水增加时，则江水倒灌入湖。鄱阳湖对五河和区间来水起调蓄作用，在1956～2000年系列中，以1998年的6 745 m^3/s为最大，以1963年的1 586 m^3/s为最小。湖区入湖流量以1998年的985 m^3/s为最大，以1978年的175 m^3/s为最小。多年平均入江流量为4 550 m^3/s，其中五河入湖流量为4 074 m^3/s，湖区入湖流量为476 m^3/s。

第三节　入出湖泥沙与水沙特性分析及湖区冲淤变化

鄱阳湖湖泊径流、泥沙主要来源于赣江、抚河、信江、饶河、修河五大河流，直入鄱阳湖诸河及湖区区间。

主要采用五河控制站（外洲、李家渡、梅港、渡峰坑、虎山、虬津、万家埠）及湖口站历年实测流量、悬移质泥沙资料，各站资料系列长度不尽相同，除修水虬津站无泥沙资料外，其他各站资料均有1956～2012年相同长度资料系列，湖区区间年径流量采用五河七口控制面积与湖区面积比推求，湖区区间年输沙量采用五河六口控制面积与湖区面积比推求。

1. 入出湖泥沙

1）五河控制站及湖口站输沙量特征

五河控制站年输沙量年内分配不均，各站输沙量主要集中在4～7月，占年输沙量的74%以上。湖口站主要集中在2～5月，占年输沙量的71.2%。7～9月受长江洪水倒灌影响，多年平均倒灌输沙量为161×10^4 t，占年输沙量的16.2%。鄱阳湖五河控制站及湖口站月（年）平均输沙率、流量、含沙量统计，见表2-2-24。

表 2-2-24　出、入湖多年月（年）平均输沙率、流量、含沙量特征值统计表

站名	项目	1月	2月	3月	4月	5月	6月	7月
外洲	输沙率（kg/s）	31.7	82.8	273	585	690	829	279
	流量（m^3/s）	838	1 225	2 215	3 554	4 228	4 777	2 608
	含沙量（kg/m^3）	0.027	0.051	0.106	0.149	0.15	0.159	0.087
李家渡	输沙率（kg/s）	5.30	17.3	44.6	93.2	108	168	58.9
	流量（m^3/s）	148	259	476	713	830	1 036	463
	含沙量（kg/m^3）	0.025	0.05	0.081	0.115	0.114	0.136	0.083
梅港	输沙率（kg/s）	6.53	26.2	67.1	132	148	254	82.2
	流量（m^3/s）	207	376	673	998	1 134	1 490	692
	含沙量（kg/m^3）	0.020	0.046	0.087	0.117	0.111	0.147	0.074
渡峰坑	输沙率（kg/s）	0.470	2.44	7.15	18.0	24.0	59.0	37.8
	流量（m^3/s）	33.7	74.9	152.1	248.5	294.2	379.3	278.7
	含沙量（kg/m^3）	0.009	0.021	0.036	0.061	0.064	0.11	0.08
虎山	输沙率（kg/s）	1.33	5.29	16.7	32.9	36.0	82.9	40.1
	流量（m^3/s）	68.3	135	254.7	403.2	471.3	574.2	351.4
	含沙量（kg/m^3）	0.013	0.027	0.049	0.067	0.071	0.106	0.061
万家埠	输沙率（kg/s）	1.10	3.64	8.35	18.6	24.6	37.6	19.3
	流量（m^3/s）	39.3	58.8	98.9	159.6	205.9	248.3	165.8
	含沙量（kg/m^3）	0.021	0.049	0.074	0.104	0.107	0.127	0.082
虬津	流量（m^3/s）	193	195	309	367	476	429	369
五河七口合计	输沙率（kg/s）	46.4	138	417	880	1 030	1 430	517
	流量（m^3/s）	1340	2130	3 870	6080	7160	8500	4 560
	含沙量（kg/m^3）	0.114	0.244	0.433	0.612	0.617	0.786	0.468
湖口站	输沙率（kg/s）	272.7	535.5	934.6	833.6	409.8	305.9	–84
	流量（m^3/s）	1 766	2 542	4 561	6 883	8 001	8 753	5 787
	含沙量（kg/m^3）	0.137	0.184	0.202	0.127	0.055	0.039	0.082

站名	项目	8月	9月	10月	11月	12月	年平均
外洲	输沙率（kg/s）	156	134	64	40.3	24.1	266
	流量（m^3/s）	1 761	1 532	1 104	1 011	829	2 140
	含沙量（kg/m^3）	0.080	0.064	0.044	0.031	0.021	0.123
李家渡	输沙率（kg/s）	13.3	10.7	5.56	6.53	4.30	41.6
	流量（m^3/s）	195	154	124	165	146	392
	含沙量（kg/m^3）	0.051	0.042	0.027	0.022	0.017	0.107
梅港	输沙率（kg/s）	21.7	12.8	5.00	7.32	5.44	63.8
	流量（m^3/s）	347	279	190	208	183	564
	含沙量（kg/m^3）	0.051	0.038	0.018	0.018	0.015	0.11
渡峰坑	输沙率（kg/s）	10.8	1.17	0.87	0.400	0.200	13.4
	流量（m^3/s）	113.6	48.9	36	32.6	25.8	143
	含沙量（kg/m^3）	0.037	0.012	0.01	0.007	0.006	0.081

续表

站名	项目	8月	9月	10月	11月	12月	年平均
虎山	输沙率（kg/s）	7.34	1.37	1.27	1.28	1.04	18.8
	流量（m^3/s）	139	82.4	59.9	60.9	57.7	221
	含沙量（kg/m^3）	0.025	0.012	0.01	0.01	0.009	0.079
万家埠	输沙率（kg/s）	10.03	4.89	1.72	2.01	0.800	10.8
	流量（m^3/s）	105.3	77.6	50.1	50.4	38.4	108
	含沙量（kg/m^3）	0.066	0.043	0.027	0.029	0.016	0.093
虬津	流量（m^3/s）	244	211	152	163	169	273
五河七口合计	输沙率（kg/s）	219	165	78.4	57.9	35.9	414
	流量（m^3/s）	2 661	2 173	1 564	1 528	1 280	3 569
	含沙量（kg/m^3）	0.310	0.210	0.136	0.117	0.084	0.592
湖口站	输沙率（kg/s）	−31.6	−71.2	150	271	266	314
	流量（m^3/s）	4 766	3 805	3 797	2 972	1 972	4 638
	含沙量（kg/m^3）	0.084	0.112	0.067	0.104	0.127	0.109

注：表内数据系根据 1956～2012 年资料统计。

各站占总入湖输沙量的百分比见表 2-2-25。

表 2-2-25　五河控制站占总入湖输沙量的百分比　（单位：%）

控制站	外洲	李家渡	梅港	渡峰坑	虎山	万家埠	区间
占比	54.5	9.1	13.1	2.7	3.9	2.3	14.5

2）出、入湖输沙量年际变化

根据 1956～2012 年历年实测水文资料统计，五河六口及区间多年平均输沙量为 1 538×10^4 t，其中五河六口多年平均输沙量为 1315×10^4 t，占入湖沙量的 85.5%，区间为 223.4×10^4 t，占 14.5%。入湖沙量集中在 4～9 月，占年输沙量的 84.6%。五河控制站多年平均、最大、最小输沙量见表 2-2-26。

表 2-2-26　1956～2012 年出、入湖多年平均、最大、最小输沙量统计表　（单位：10^4 t）

时段	输沙量							
	外洲	李家渡	梅港	渡峰坑	虎山	万家埠	六口＋区间	湖口
1956～2012 年均值	837.9	139.2	201.4	41.3	59.9	34.9	1 538	991
历年最大	1 860	352	501	155	184	112	3 304	2 170
出现年份	1961	1998	1973	1998	1995	1973	1973	1969
历年最小	111	26.1	26.30	3.73	4.32	6.37	343	−372
出现年份	2011	1963	2007	2005	2007	2008	2007	1963

根据 1956～2002 年历年实测输沙量资料统计，五河六口及区间多年平均输沙量为 1 714×10^4 t，其中五河六口多年平均输沙量为 1 465×10^4 t，占入湖沙量的 85.5%，区间为 248.8×10^4 t，占 14.5%。入湖沙量集中在 4～9 月，占年输沙量的 84.9%。五河控制站多年平均、最大、最小输沙量见表 2-2-27。

表 2-2-27　1956～2002 年出、入湖多年平均、最大、最小输沙量统计表　（单位：10^4 t）

时段	输沙量							
	外洲	李家渡	梅港	渡峰坑	虎山	万家埠	六口＋区间	湖口
1956～2002 年均值	954.5	148.1	221.3	43.4	59.5	38.4	1 714	938
历年最大	1 860	352	501	155	184	112	3 304	2 170
出现年份	1961	1998	1973	1998	1995	1973	1973	1969
历年最小	222	26.1	67.0	5.3	14.9	11.2	454	–372
出现年份	1963	1963	2001	1968	1963	2001	1963	1963

根据 2003～2012 年历年实测输沙量资料统计，五河六口及区间多年平均输沙量为 710×10^4 t，其中五河六口多年平均输沙量为 606.6×10^4 t，占入湖沙量的 85.4%，区间为 103.4×10^4 t，占 14.5%。入湖沙量集中在 4～9 月，占年输沙量的 83.1%。五河控制站多年平均、最大、最小输沙量见表 2-2-28。

表 2-2-28　2003～2012 年出、入湖多年平均、最大、最小输沙量统计表　（单位：10^4 t）

时段	输沙量							
	外洲	李家渡	梅港	渡峰坑	虎山	万家埠	六口＋区间	湖口
2003～2012 年均值	290.0	97.2	107.8	31.1	61.8	18.7	710	1 238
历年最大	484	278	346	70.0	156	35.0	1 580	1 760
出现年份	2010	2010	2010	2010	2011	2005	2010	2003
历年最小	111	27.30	26.30	3.73	4.32	6.37	343	572
出现年份	2011	2007	2007	2005	2007	2008	2007	2009

3）出、入湖历年输沙量对比分析

根据 1956～2012 年历年年输沙量资料统计，1956～2000 年出湖输沙量均小于入湖输沙量，鄱阳湖总体为淤积，2001～2012 年出湖输沙量均大于入湖输沙量，鄱阳湖总体为冲刷。1956～2002 年多年平均输沙量入湖大于出湖，为 776×10^4 t，鄱阳湖为淤积，2003～2012 年多年平均输沙量入湖小于出湖，为–528×10^4 t，鄱阳湖为冲刷，见表 2-2-29 和表 2-2-30。

表 2-2-29　出、入湖多年平均输沙量比较表　　（单位：10^4 t）

时段	输沙量			备注
	入湖	出湖	入湖-出湖	
1956～2012 年均值	1 538	991	547	淤
1956～2002 年均值	1 714	938	776	淤
2003～2012 年均值	710	1 238	−528	冲

表 2-2-30　出、入湖历年输沙量统计表　　（单位：10^4 t）

年份	输沙量 (10^4 t)			备注	年份	输沙量 (10^4 t)			备注	年份	输沙量 (10^4 t)			备注
	入湖	出湖	出湖-入湖			入湖	出湖	出湖-入湖			入湖	出湖	出湖-入湖	
1956	1 519	572	−947	淤	1975	2 748	1 540	−1 208	淤	1994	1 602	844	−758	淤
1957	1 516	1 180	−336	淤	1976	2 335	1 030	−1 305	淤	1995	1 613	596	−1 017	淤
1958	1 978	1 440	−538	淤	1977	2 403	583	−1 820	淤	1996	1 029	453	−576	淤
1959	1 992	1 500	−492	淤	1978	1 283	1 130	−153	淤	1997	1 243	761	−482	淤
1960	1 833	1 270	−563	淤	1979	1 080	903	−177	淤	1998	2 048	800	−1 248	淤
1961	2 600	1 820	−780	淤	1980	2 273	1 220	−1 053	淤	1999	1 015	541	−474	淤
1962	2 801	1 320	−1 481	淤	1981	2 074	609	−1 465	淤	2000	638	580	−58	淤
1963	454	−372	−826	淤	1982	2 037	757	−1 280	淤	2001	621	1 080	459	冲
1964	1 812	470	−1 342	淤	1983	2 799	1 360	−1 439	淤	2002	1 195	1 410	215	冲
1965	1 240	640	−600	淤	1984	2 291	857	−1 434	淤	2003	630	1 760	1 130	冲
1966	1 557	1 270	−287	淤	1985	1 274	937	−337	淤	2004	364	1 372	1 008	冲
1967	1 674	1 040	−634	淤	1986	1 063	833	−230	淤	2005	788	1 548	760	冲
1968	2 276	465	−1 811	淤	1987	1 344	990	−354	淤	2006	871	1 410	539	冲
1969	2 331	2 170	−161	淤	1988	1 653	1 160	−493	淤	2007	343	1 230	887	冲
1970	3 184	1 770	−1 414	淤	1989	1 752	817	−935	淤	2008	513	731	218	冲
1971	977	382	−595	淤	1990	1 204	630	−574	淤	2009	359	572	213	冲
1972	1 256	1 120	−136	淤	1991	788	47	−741	淤	2010	1 580	1 590	10	冲
1973	3 304	1 290	−2 014	淤	1992	2 210	991	−1 219	淤	2011	535	765	230	冲
1974	1 260	693	−567	淤	1993	1 365	610	−755	淤	2012	1 112	1 400	288	冲

4）出、入湖年输沙量过程线对比分析

根据 1956～2012 年出、入湖年输沙量资料，点绘历年年输沙量过程线，如图 2-2-3 所示。各站历年年最大输沙量发生在 1961 年、1973 年、1995 年、1998 年，这些年五河均发生大洪水，输沙量也最大。1956～2002 年多年平均入湖输沙量 1 714×10^4 t，1956～

2012 年多年均值 1 538×10^4 t，2003～2012 年多年平均入湖输沙量 710×10^4 t，2003～2012 年多年平均入湖输沙量比 1956～2012 年多年均值减少 828×10^4 t，比 1956～2002 年多年平均入湖输沙量减少 1 004×10^4 t。入湖输沙量年际变化呈下降趋势。

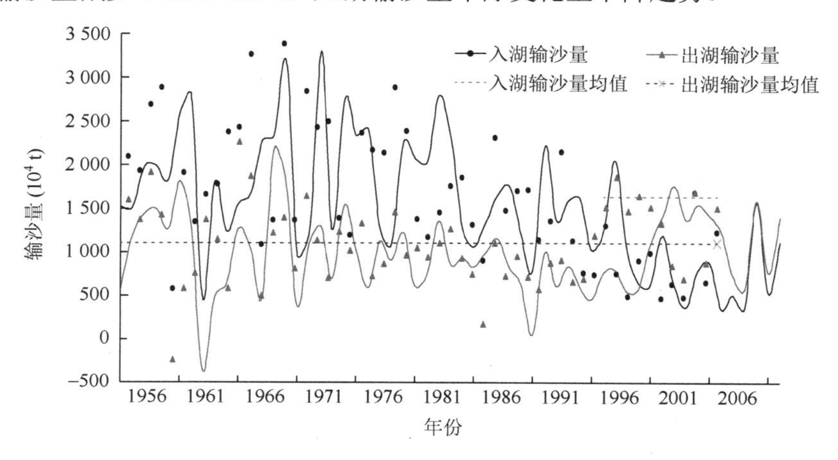

图 2-2-3　1956～2012 年出、入湖年输沙量过程线

相反，2003～2012 年湖口站多年平均出湖输沙量 1 238×10^4 t，1956～2012 年多年均值 991×10^4 t，1956～2002 年多年平均出湖输沙量 938×10^4 t，2003～2012 年多年平均出湖输沙量比 1956～2012 年多 247×10^4 t，比 1956～2002 年多年平均输沙量多 300×10^4 t。出湖输沙量年际变化呈上升趋势。

由图 2-2-3 可以看出，入湖历年输沙量总体呈下降趋势。自 2000 年以后，下降趋势更加明显，基本维持在平均线下方；出湖输沙量自 2000 年以后，基本维持在平均线上方，且入湖输沙量均小于出湖输沙量。

综上所述，鄱阳湖入湖输沙量年际变化规律为 2003～2012 年多年平均入湖输沙量呈下降趋势，出湖输沙量呈上升趋势，鄱阳湖为冲刷。

5）出、入湖输沙量年内变化

鄱阳湖入湖径流、输沙量年内分布不均匀，多年平均径流量为 1 412×10^8 m^3，4～9 月径流量为 1 019×10^8 m^3，占全年径流总量的 72.2%，而输沙量的年内分配较径流更为集中，多年平均输沙量为 1 538×10^4 t，主汛期 4～7 月的输沙量为 1 183×10^4 t，占年输沙量的 76.8%，可见泥沙主要集中在主汛期，月最大输沙量一般与洪水的大小对应，表明悬移质泥沙的输移主要以较强的水流动力为载体。

鄱阳湖湖口站年径流、输沙量年内分布不均匀，多年平均径流量为 1 463×10^8 m^3，3～8 月径流量为 1 024×10^8 m^3，占全年径流总量的 70%，而输沙量的年内分配主要集中在 2～5 月，多年平均输沙量为 991×10^4 t，2～5 月为 706×10^4 t，占年输沙量的 71.3%。7～9 月湖口站受长江洪水顶托影响严重，长江沙量倒灌，月最大输沙量与径流量不完全对应，见表 2-2-31。

表 2-2-31　出、入湖多年平均月径流量及月输沙量统计表

月份	入湖				出湖			
	多年平均径流量（10^8 m^3）	百分比（%）	多年平均输沙量（10^4 t）	百分比（%）	多年平均径流量（10^8 m^3）	百分比（%）	多年平均输沙量（10^4 t）	百分比（%）
1	47.68	3.4	14.5	0.9	47.30	3.2	73	7.4
2	65.49	4.6	38.9	2.5	61.49	4.2	130	13.1
3	130.4	9.2	130	8.5	122.2	8.4	250	25.3
4	194.6	13.8	266	17.3	178.4	12.2	216	21.8
5	238.4	16.9	322	20.9	214.3	14.6	110	11.1
6	269.8	19.1	433	28.1	226.9	15.5	79.30	8.0
7	153.8	10.9	162	10.5	155.0	10.6	−22.5	−2.3
8	90.64	6.4	68.5	4.5	127.7	8.7	−8.45	−0.9
9	71.99	5.1	49.9	3.2	98.63	6.7	−18.5	−1.9
10	53.55	3.8	24.5	1.6	101.7	7.0	40.2	4.1
11	51.06	3.6	17.5	1.1	77.03	5.3	70.3	7.1
12	45.19	3.2	11.2	0.7	52.81	3.6	71.4	7.2
全年	1412	100	1538	100	1463	100	991	100

6）不同时段出、入湖输沙量对比分析

根据历年出、入湖月平均输沙量统计对比分析，1956～2012 年 1～3 月、10～12 月输沙量出湖大于入湖，4～9 月输沙量出湖小于入湖。1956～2002 年 1～3 月、10～12 月输沙量出湖大于入湖，4～9 月输沙量出湖小于入湖。2003～2012 年 1～4 月、8～12 月输沙量出湖大于入湖，5～7 月输沙量出湖小于入湖，见表 2-2-32 及图 2-2-4。

表 2-2-32　出、入湖月平均输沙量统计表　（单位：10^4 t）

时段	项目	1月	2月	3月	4月	5月	6月	7月	8月	9月	10月	11月	12月	年平均
1956～2012 年	湖口输沙量	73.0	129.6	250.3	216.1	109.8	79.3	−22.5	−8.50	−18.5	40.2	70.3	71.4	991
	入湖输沙量	14.5	38.9	130.7	266.6	322.7	433.5	162.0	68.7	50.0	24.6	17.5	11.2	1538
	入湖-出湖	−58.5	−90.6	−119.7	50.6	212.9	354.2	184.5	77.1	68.4	−15.6	−52.7	−60.1	553
1956～2002 年	湖口输沙量	70.1	133	257	224	109	73.1	−33.8	−17.1	−28.7	30.0	60.4	60.4	938
	入湖输沙量	15.9	42.8	145.8	303.1	360.7	473.3	184.3	76.6	57.6	28.3	18.6	11.4	1718
	入湖-出湖	−54.2	−90.2	−111.3	79.1	251.3	400.2	218.1	93.8	86.3	−1.7	−41.8	−49.0	780
2003～2012 年	湖口输沙量	86.9	112	219	179	111	108.4	30.6	32.4	29.7	88.4	116.7	123.0	1237
	入湖输沙量	7.99	21.0	59.6	95.8	144.0	247.2	58.2	31.1	14.1	7.23	12.8	10.6	710
	入湖-出湖	−78.87	−91.2	−159	−83.2	33	138.8	27.6	−1.3	−15.6	−81.17	−104.2	−112.4	−527

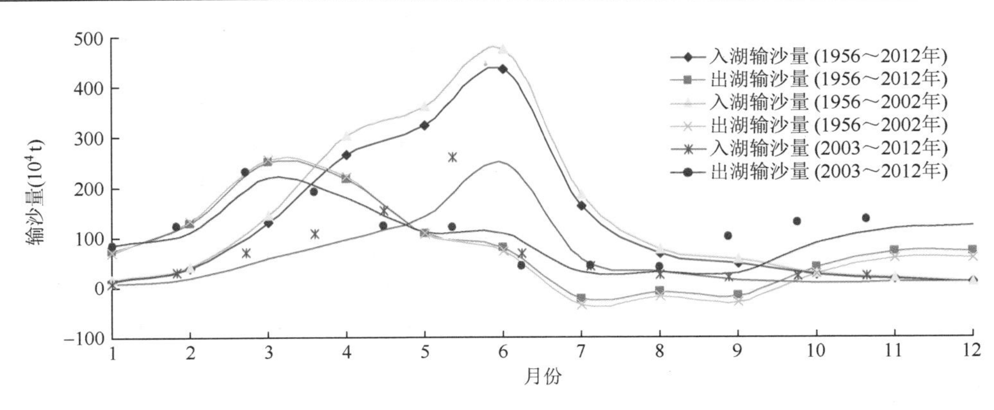

图 2-2-4　出入湖多年月平均输沙量过程线

2. 水沙特性分析

1）五河控制站水沙关系分析

含沙量、输沙量除受流域内气象、下垫面等自然因素影响外，大规模的人类活动对河流的含沙量、输沙量也产生较大影响。自然条件下，河流输沙量主要受降水特性的影响，输沙量通常与河流的径流特性相似，具有与径流量类似的年内、年际变化特征。水利工程建设、流域综合治理等人类活动的影响，改变了河流天然的水沙规律，使得径流量与输沙量关系的年际变化特征出现了明显改变，如 1972 年修河柘林水库建成蓄水、1990 年赣江上游流域的治理、1993 年赣江万安水库的正式运行、1997 年以来江西省对水土保持生态建设力度的加大等，均对入湖水沙关系产生了显著影响。根据统计分析，1956～2002 年年平均五河入湖沙量为 1714×10^4 t，2003～2012 年年平均入湖沙量为 710×10^4 t。由此可见，五河入湖沙量呈逐年减小趋势，特别是 1997 年以来变化最为显著。

五河中，赣江、信江水沙关系变化最明显，1956～2012 年赣江水沙关系主要可分为 4 个系列，时段分别为 1956～1968 年、1969～1989 年、1990～1996 年、1997～2012 年，对应上述 4 个时段的年平均输沙量分别为 1125×10^4 t、1090×10^4 t、658×10^4 t、353×10^4 t，呈明显减小趋势；信江的水沙关系变化分为 3 个系列，时段分别为 1956～1989 年、1990～1996 年、1997～2012 年，对应上述 3 个时段的年平均输沙量分别为 233×10^4 t、210×10^4 t、131×10^4 t，呈明显减小趋势；其主要原因是上游水利工程的修建、流域综合治理及水土保持生态建设等，河道水质清澈，大部分泥沙在库内淤积，下泄沙量变小。

通过对五河控制站的水沙关系进行分析，除饶河渡峰坑站、虎山站水沙关系未发生变化外，2003～2012 年赣江、抚河、信江、修河潦河输沙量减小明显，点绘入湖年径流量与输沙量的关系图，入湖水沙关系呈 3 个系列，时段分别是 1956～1989 年、1990～1996 年、1997～2012 年，在水沙关系图中，同一径流量对应的年输沙量，近十年来输沙量为历年最小值。若以入湖年径流量 1000×10^8 m^3 计算，其 3 个系列对应的入湖沙量为 1370×10^4 t、834×10^4 t、546×10^4 t，呈明显减小趋势，如图 2-2-5～图 2-2-11 所示。

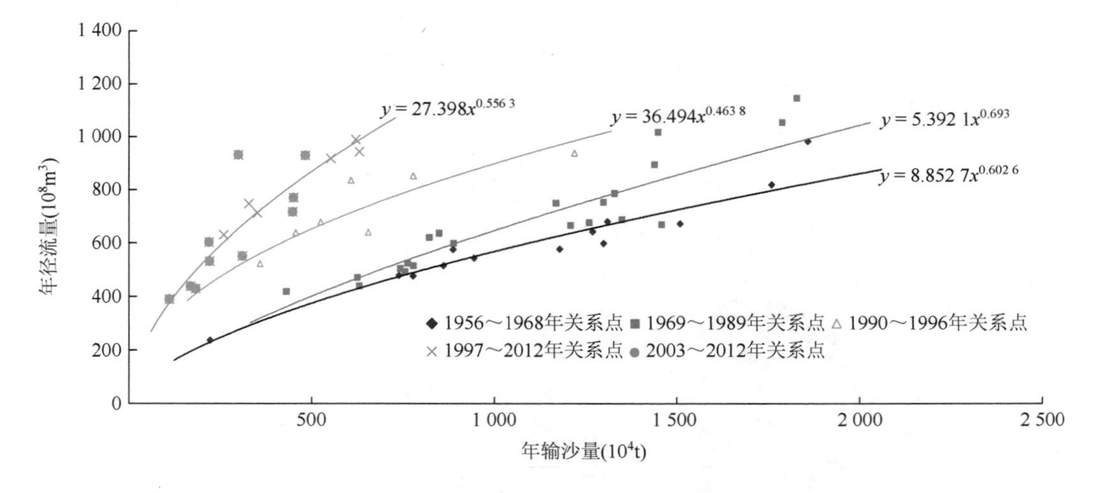

图 2-2-5　外洲站年径流量-年输沙量关系线

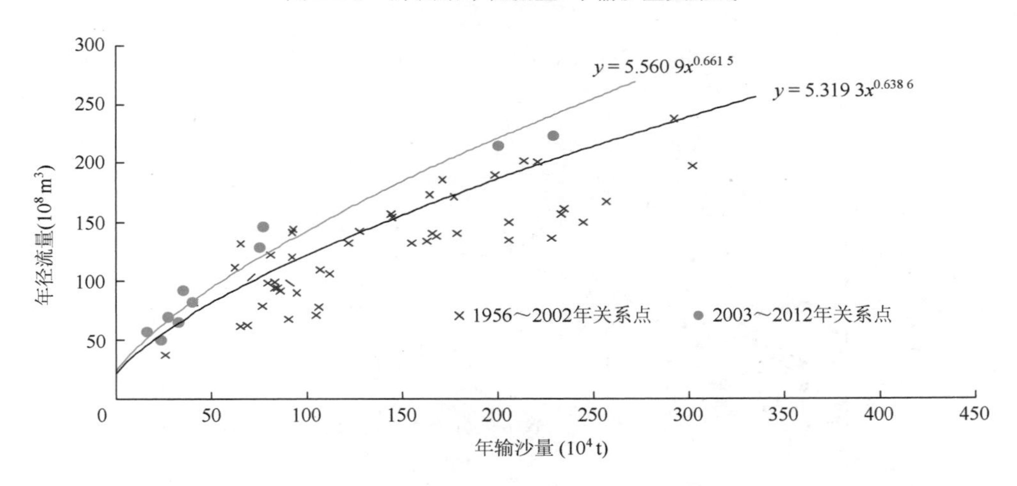

图 2-2-6　李家渡站年径流量-年输沙量关系线

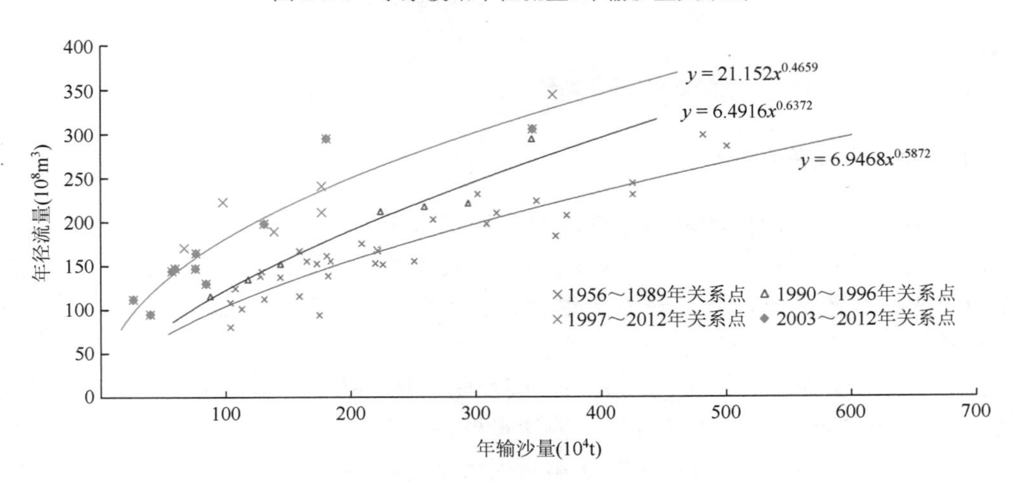

图 2-2-7　梅港站年径流量-年输沙量关系线

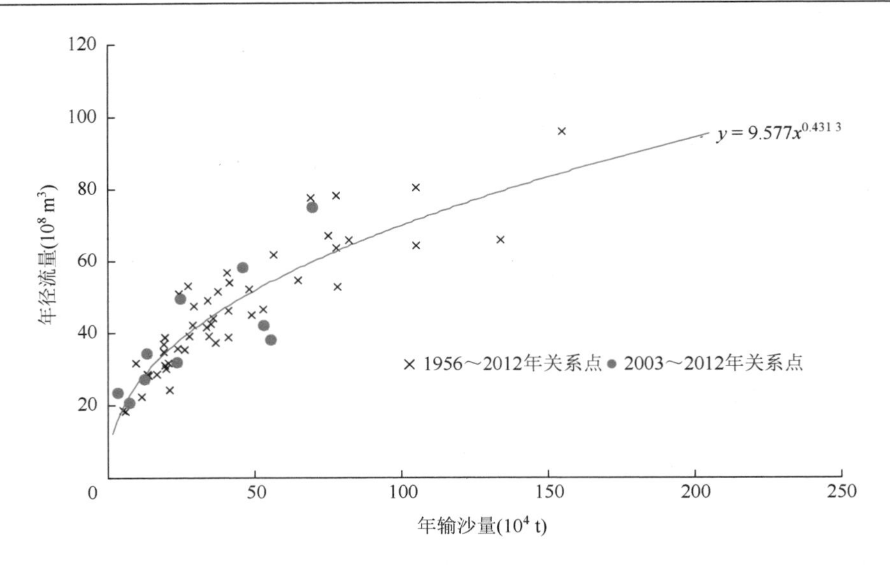

图 2-2-8　渡峰坑站年径流量-年输沙量关系线

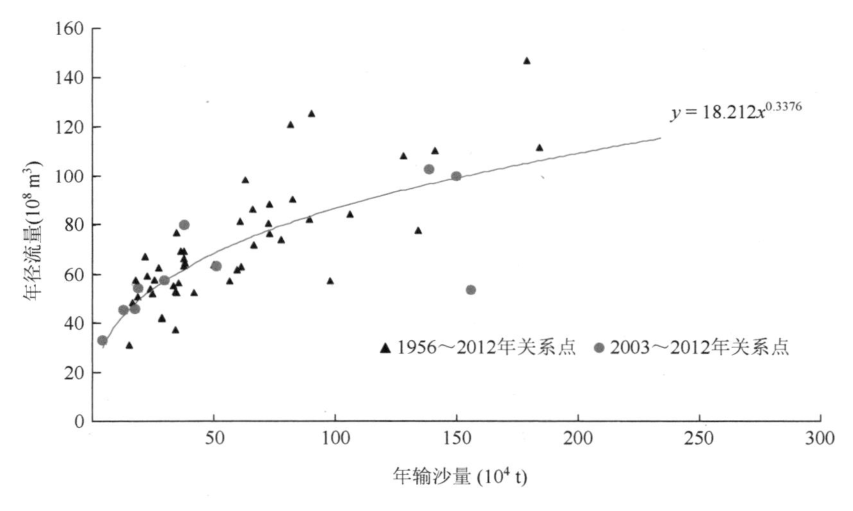

图 2-2-9　虎山站年径流量-年输沙量关系线

2）湖口站水沙关系分析

湖口站河段洪水的挟沙能力主要取决于湖口水道的洪水坡降、流量、泥沙颗粒特征、河床组成及长江水位等因素，影响因素比较复杂。在相同条件情况下，洪水的挟沙能力越大，水流的含沙量、输沙率也越大，因此流速、流量、输沙率在一定条件下存在相关关系。对于同一稳定断面，断面平均流速取决于断面流量、水位两要素，因此水位、流量、输沙量三者之间的关系能够反映流速、流量、输沙率三者之间的关系。根据 1956～2012 年湖口站出湖径流、输沙量资料，湖口站水沙关系点据比较散乱，虽然水沙关系无明显规律，但 2003～2012 年系列水沙关系点据偏大，如图 2-2-12～图 2-2-14 所示。

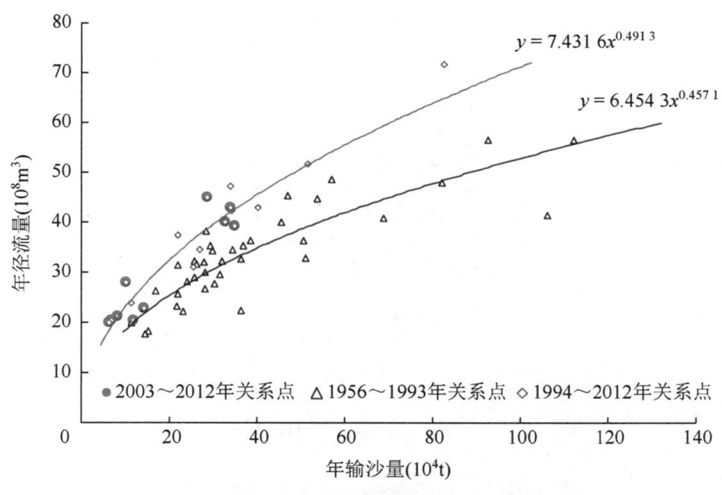

图 2-2-10　万家埠站年径流量-年输沙量关系线

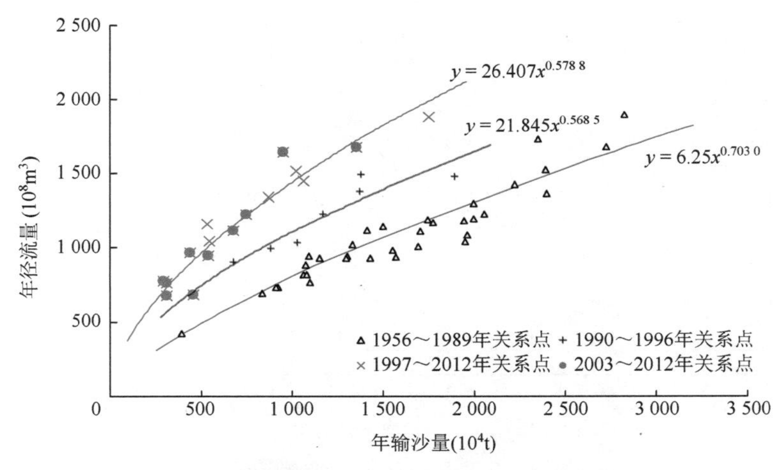

图 2-2-11　五河六口年径流量-年输沙量关系线

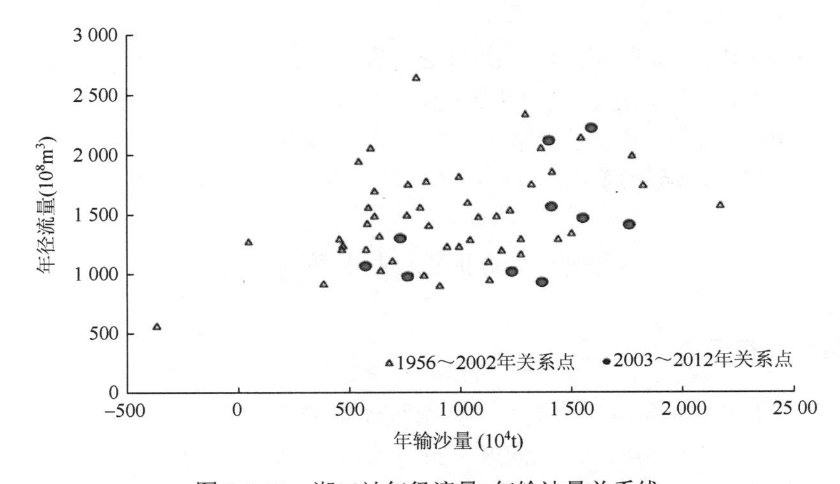

图 2-2-12　湖口站年径流量-年输沙量关系线

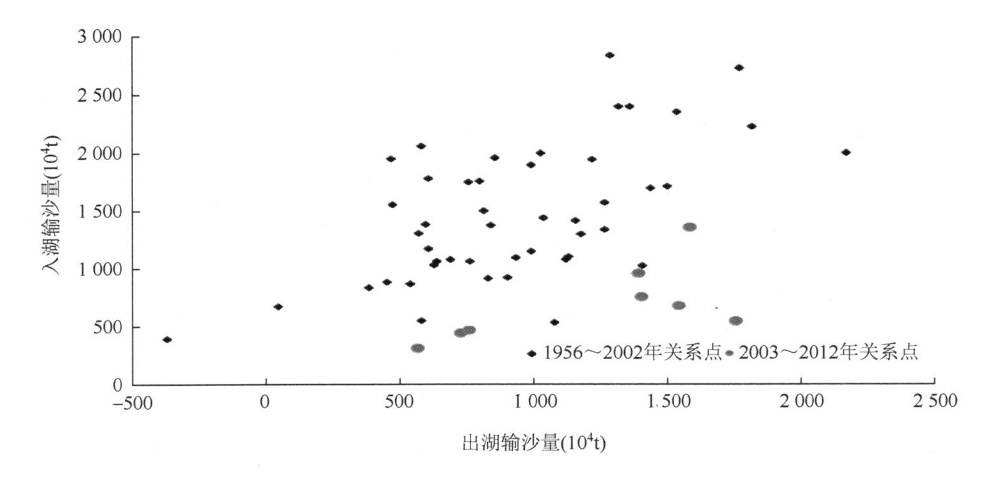

图 2-2-13　鄱阳湖出、入湖输沙量相关线

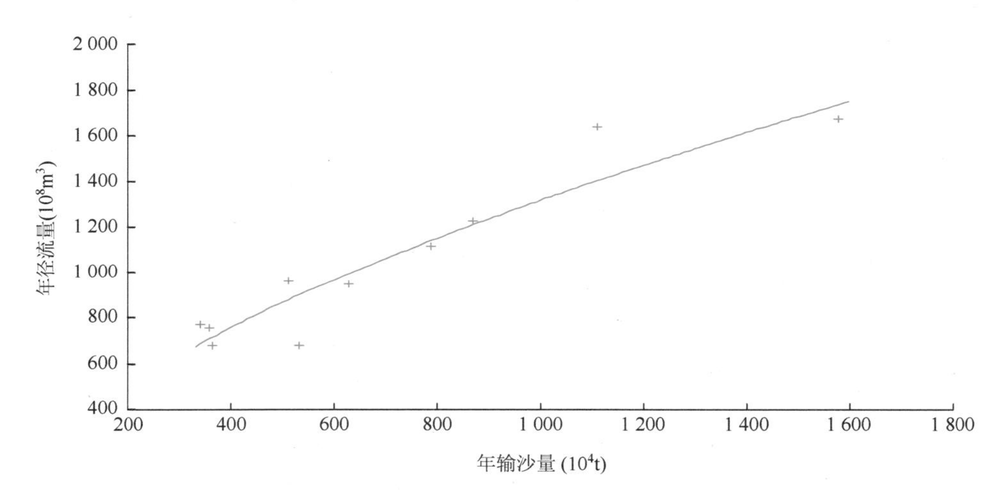

图 2-2-14　2003～2012 年入湖年径流量、输沙量关系线

根据 1956～2012 年鄱阳湖入湖、出湖泥沙的监测资料分析，1956～2000 年鄱阳湖的入湖沙量大于出湖，年平均淤积量为 825×10^4 t。2001～2012 年入湖沙量小于出湖，平均每年冲刷量达 496×10^4 t。鄱阳湖湖盆泥沙的冲、淤特性改变与人类活动的影响有着密切关系，如水土保持、流域治理、水利工程及河道、湖区采沙等。

第四节　鄱阳湖枯水变化趋势

1. 湖区枯水特征分析

（1）鄱阳湖年平均水位呈下降趋势。分别统计鄱阳湖星子站、湖口站 1956～2013 年、1956～2002 年、2003～2013 年、2008～2013 年 4 个系列年月平均水位，见表 2-2-33 和表 2-2-34。从表 2-2-33 中可以看出，2003～2013 年、2008～2013 年两个系列年月平均水位均低于1956～2002年、1956～2013年两个系列，年平均水位分别低0.97 m、0.78 m，年平均水位明显下降；月平均水位差值最大为10月，两个系列10月平均水位较1956～2002年系列低2.49 m、2.78 m，较1956～2013年低1.87 m、2.25 m。

表2-2-33　星子站月平均水位表　（单位：m）

月份	1	2	3	4	5	6	7	8	9	10	11	12	年平均
1950～2013年	7.14	7.74	9.23	11.00	12.85	14.22	15.75	14.85	14.05	12.45	10.12	7.84	11.43
月平均最大	11.56	11.39	13.11	14.33	16.56	17.95	19.58	20.07	18.38	16.61	14.04	10.83	14.23
最大年份	1998	1998	1998	1992	1975	1954	1954	1998	1998	1954	1954	1982	1954
月平均最小	5.50	5.39	6.12	7.05	7.79	11.72	12.62	11.08	8.83	7.40	6.95	5.65	9.07
最小年份	1979	2004	1963	1963	2011	1951	1963	1971	2006	2006	2009	2007	2011
月最大	12.68	12.05	15.71	15.88	17.99	19.97	20.62	20.63	19.69	17.50	15.63	12.05	20.63
最大年份	1998	1959	1992	1992	1975	1998	1998	1998	1998	1954	1954	1982	1998
月最小	5.30	5.22	5.31	5.62	6.76	8.11	10.90	8.73	7.57	6.71	6.22	5.38	5.22
最小年份	1957	2004	1963	1963	2011	2011	1963	2006	2006	2006	2006	2007	2004
1956～2013年	7.08	7.67	9.20	10.93	12.78	14.14	15.76	14.75	13.91	12.26	9.92	7.75	11.36
月平均最大	11.56	11.39	13.11	14.33	16.56	16.92	19.51	20.07	18.38	15.90	13.10	10.83	13.72
最大年份	1998	1998	1998	1992	1975	1973	1998	1998	1998	1964	1964	1982	1998
月平均最小	5.50	5.39	6.12	7.05	7.79	11.82	12.62	11.08	8.83	7.40	6.50	5.65	9.07
最小年份	1979	2004	1963	1963	2011	1979	1963	1971	2006	2006	2013	2007	2011
1956～2002年	7.20	7.85	9.28	11.22	13.05	14.29	15.93	14.97	14.26	12.88	10.47	8.00	11.61
月平均最大	11.56	11.39	13.11	14.33	16.56	17.95	19.58	20.07	18.38	16.61	14.04	10.83	14.23
最大年份	1998	1998	1998	1992	1975	1973	1998	1998	1998	1964	1964	1982	1998
月平均最小	5.50	5.56	6.12	7.05	10.22	11.72	12.62	11.08	9.84	8.17	7.24	5.77	10.09
最小年份	1979	1963	1963	1963	2000	1969	1963	1971	1972	1959	1956	1956	1978
2003～2013年	6.89	7.24	8.99	9.91	11.86	13.88	14.87	14.23	13.04	10.39	8.42	7.05	10.58
月平均最大	9.23	9.46	10.96	11.99	14.61	16.10	17.90	16.68	15.53	12.48	11.71	9.02	11.95
最大年份	2003	2003	2012	2010	2012	2010	2010	2012	2005	2003	2008	2012	2010
月平均最小	5.76	5.39	6.72	7.42	7.79	12.00	13.55	11.30	8.83	7.40	6.50	5.65	9.07
最小年份	2004	2004	2008	2011	2011	2007	2011	2006	2006	2006	2013	2007	2011
2008～2013年	6.82	7.07	8.85	10.08	11.90	14.07	14.93	14.44	12.76	10.01	8.58	7.26	10.58
月平均最大	8.58	7.90	10.96	11.99	14.61	16.10	17.90	16.68	15.12	12.14	11.71	9.02	11.95
最大年份	2013	2010	2012	2010	2012	2010	2010	2012	2008	2010	2008	2012	2010
月平均最小	5.83	6.01	6.72	7.42	7.79	12.44	13.55	11.80	9.82	7.90	6.50	6.17	9.07
最小年份	2008	2009	2008	2011	2011	2011	2011	2011	2011	2009	2013	2009	2011

表 2-2-34　湖口站月平均水位表　　（单位：m）

月份	1	2	3	4	5	6	7	8	9	10	11	12	年平均
1950～2013 年	6.20	6.43	7.92	10.09	12.48	14.01	15.69	14.77	13.95	12.32	9.88	7.32	10.94
月平均最大	10.47	9.97	12.18	13.86	16.30	17.73	19.56	20.12	18.38	16.55	13.90	10.52	13.73
最大年份	1998	1998	1998	1992	1975	1954	1998	1998	1998	1954	1954	1982	1954
月平均最小	4.50	4.18	4.77	6.54	7.42	11.33	12.50	10.97	8.54	7.19	6.68	5.21	8.86
最小年份	1979	1963	1963	1963	2011	1969	1963	2006	2006	2006	2009	1956	2011
月最大	11.92	11.26	15.07	15.25	17.69	19.87	20.64	20.70	19.72	16.37	15.37	11.85	20.70
最大年份	1998	2005	1992	1992	1975	1998	1998	1998	1998	1982	1983	1982	1998
月最小	4.18	4.01	4.20	5.15	7.38	8.57	10.53	8.40	7.37	6.51	6.03	4.59	4.01
最小年份	1979	1963	1963	1963	2007	2007	1963	2006	2006	2006	2006	1956	1963
1956～2013 年	6.12	6.35	7.86	10.01	12.42	13.93	15.69	14.66	13.79	12.12	9.68	7.23	10.84
月平均最大	10.47	9.97	12.18	13.86	16.30	16.70	19.56	20.12	18.38	15.82	12.94	10.52	13.28
最大年份	1998	1998	1998	1992	1975	1973	1998	1998	1998	1964	1964	1982	1998
月平均最小	4.50	4.18	4.77	6.54	7.42	11.33	12.50	10.97	8.54	7.19	6.36	5.21	8.86
最小年份	1979	1963	1963	1963	2011	1969	1963	2006	2006	2006	2013	1956	2011
1956～2002 年	6.15	6.38	7.82	10.25	12.67	14.08	15.87	14.90	14.16	12.76	10.22	7.44	11.08
月平均最大	10.47	9.97	12.18	13.86	16.30	17.73	19.56	20.12	18.38	16.55	13.90	10.52	13.73
最大年份	1998	1998	1998	1992	1975	1954	1998	1998	1998	1954	1954	1982	1954
月平均最小	4.50	4.18	4.77	6.54	9.50	11.33	12.50	11.02	9.65	8.01	7.08	5.21	9.34
最小年份	1979	1963	1963	1963	2000	1969	1963	1971	1972	1959	1956	1956	1978
2003～2013 年	6.44	6.68	8.37	9.31	11.55	13.68	14.79	14.13	12.92	10.23	8.23	6.73	10.27
月平均最大	8.07	8.59	10.13	11.29	14.27	15.85	17.79	16.55	15.42	12.37	11.59	8.37	11.58
最大年份	2003	2005	2012	2010	2012	2010	2010	2012	2005	2003	2008	2012	2010
月平均最小	5.46	4.93	6.32	7.19	7.42	11.77	13.42	10.97	8.54	7.19	6.36	5.48	8.86
最小年份	2004	2004	2008	2011	2011	2007	2011	2006	2006	2006	2013	2007	2011
2008～2013 年	6.50	6.62	8.23	9.56	11.62	13.85	14.83	14.35	12.64	9.85	8.40	6.94	10.30
月平均最大	8.00	7.11	10.13	11.29	14.27	15.85	17.79	16.55	15.00	11.96	11.59	8.37	11.58
最大年份	2013	2012	2012	2010	2012	2010	2010	2012	2008	2010	2008	2012	2010
月平均最小	5.55	5.82	6.32	7.19	7.42	12.16	13.42	11.72	9.67	7.77	6.36	5.94	8.86
最小年份	2008	2009	2008	2011	2011	2011	2011	2011	2011	2009	2013	2013	2011

湖口站的 2003～2013 年、2008～2013 年两个系列 4～12 月平均水位和年平均水位低于 1956～2002 年、1956～2013 年平均水位；2003～2013 年年平均水位分别较 1956～2002 年、1956～2013 年低 0.81 m、0.57 m；2008～2013 年年平均水位分别较 1956～2002 年、1956～2013 年低 0.78 m、0.54 m，低于幅度均小于星子站。月平均水位差值最大也为 10

月，两个系列 10 月平均水位较 1956～2002 年系列低 2.53 m、2.91 m，较 1956～2013 年低 1.89 m、2.27 m，差值与星子站基本一致，说明江湖水位均受长江来水影响。

（2）湖区主要站最低水位分析。分别统计湖区主要控制站湖口站、星子站、都昌站、棠荫站和康山站的年最低水位，成果见表 2-2-35。

表 2-2-35　湖区及尾闾各站年最低水位表　（单位：m）

年份	湖口站	星子站	都昌站	棠荫站	康山站
2003 年以前最低	4.02	5.29	6.97	9.25	10.38
2003	5.72	6.07	7.20	8.27	10.34
2004	4.74	5.25	7.07	8.24	10.26
2005	5.94	6.34	7.82	9.92	11.17
2006	5.46	5.94	7.45	9.60	10.88
2007	5.27	5.41	6.53	7.92	10.48
2008	5.28	5.51	6.40	8.13	10.59
2009	5.41	5.63	6.34	9.25	10.64
2010	5.65	5.88	6.50	9.50	10.82
2011	6.08	6.19	6.46	9.48	10.87
2012	5.79	5.93	6.27	9.59	10.77

从表 2-2-35 中可以看出，星子站、康山站均在 2004 年出现历史最低水位，湖口站历史最低水位出现在 2003 年以前（1963 年），都昌站在 2012 年出现历史最低水位，棠荫站在 2007 年出现历史最低水位，即除湖口站外，湖区各个主要控制站实测最低水位均发生在 2003 年以后，即便是湖口站 2004 年也出现较枯水位 4.74 m。鄱阳湖各站年最低水位呈下降趋势，湖区主要控制站出现实测最低水位。

（3）湖区主要站枯水期水位变化分析。取 1～2 月平均水位进行枯水期分析，计算结果见表 2-2-36 和表 2-2-37。

表 2-2-36　历年 1～2 月鄱阳湖各站平均水位分段均值与湖口站比较表　（单位：m）

站名	1956～2002 年		1956～2012 年		2003～2012 年		
	平均	与湖口站比较	平均	与湖口站比较	平均	与湖口站比较	与 1956～2002 年比较
李家渡	23.71	17.56	23.47	17.26	22.36	15.89	−1.35
渡峰坑	20.43	14.28	20.71	14.5	21.99	15.52	1.56
万家埠	20.59	14.44	20.36	14.15	19.31	12.84	−1.28
虎山	18.53	12.38	18.68	12.47	19.39	12.92	0.86
梅港	15.94	9.79	15.86	9.65	15.47	9.00	−0.47
虬津	15.99	9.84	15.80	9.59	15.41	8.94	−0.58
外洲	15.00	8.85	14.61	8.4	12.78	6.31	−2.22
鄱阳	12.07	5.92	12.06	5.85	12.05	5.58	−0.02

续表

站名	1956～2002年		1956～2012年		2003～2012年		
	平均	与湖口站比较	平均	与湖口站比较	平均	与湖口站比较	与1956～2002年比较
昌邑	12.21	6.06	11.95	5.74	11.03	4.56	−1.18
康山	11.97	5.82	11.92	5.71	11.66	5.19	−0.31
棠荫	10.81	4.66	10.73	4.52	10.4	3.93	−0.41
吴城	9.78	3.63	9.64	3.43	8.99	2.52	−0.79
都昌	9.2	3.05	9.01	2.8	8.15	1.68	−1.05
星子	7.44	1.29	7.36	1.15	6.97	0.50	−0.47
湖口	6.15	0	6.21	0	6.47	0	0.32

表 2-2-37　历年 1～2 月鄱阳湖各站平均水位分段表　（单位：m）

站名	1956～1970年	1971～1980年	1981～1990年	1991～2002年	2003～2012年
李家渡	24.02	23.95	23.53	23.25	22.36
渡峰坑	19.75	19.89	20.36	21.57	21.76
虎山	18.18	18.21	18.38	19.25	19.27
梅港	15.79	15.92	16.01	16.84	16.23
鄱阳	11.80	11.96	12.06	12.16	11.98
万家埠	20.61	20.71	20.66	20.45	19.37
虬津	15.94	15.94	15.94	15.90	15.28
外洲	14.89	15.14	15.11	15.36	13.20
昌邑	12.08	12.31	12.24	12.00	10.89
吴城	9.38	9.67	9.99	10.50	9.29
康山	11.88	12.02	11.87	11.87	11.41
棠荫	10.56	10.78	10.82	10.79	10.16
都昌	8.77	9.19	9.26	9.37	7.84
星子	6.84	7.35	7.61	8.07	6.90
湖口	5.54	5.88	6.40	6.87	6.40

从统计结果可以看出，2003～2012 年平均水位低于 1956～2002 年平均值 0.02～2.22 m，其中外洲站、万家埠站、昌邑站、都昌站、星子站平均水位下降幅度较大，分别为 2.22 m、1.28 m、1.18 m、1.05 m、0.47 m，湖区棠荫、康山两站水位下降幅度为 0.41 m、0.31 m，星子站下降幅度比这两站大，星子站水位在 1～2 月基本不受长江中上游水库影响，原因是枯水期星子站至湖口段表现为河道特性，星子站至湖口段河道长有 40 km，有一定的河底比降。由此说明，近年来湖区枯季水位降低，且下降幅度较大。

对 1956～1970 年、1971～1980 年、1981～1990 年、1991～2002 年、2003～2012 年

5 个时段进行统计分析，结果表明，2003 年以前各段均值变化很小，2003 年后变化相对较大，均值偏小 0.02～2.22 m，其中东北部及尾闾各站变化小，湖区各站变化大。

从湖口-星子站枯水水位相关图（图 2-2-15）可以看出，2003 年前两站低水落差大，2003 年后两站低水落差减小，星子站水位为 7 m 左右，湖口站水位变幅可达 1 m。

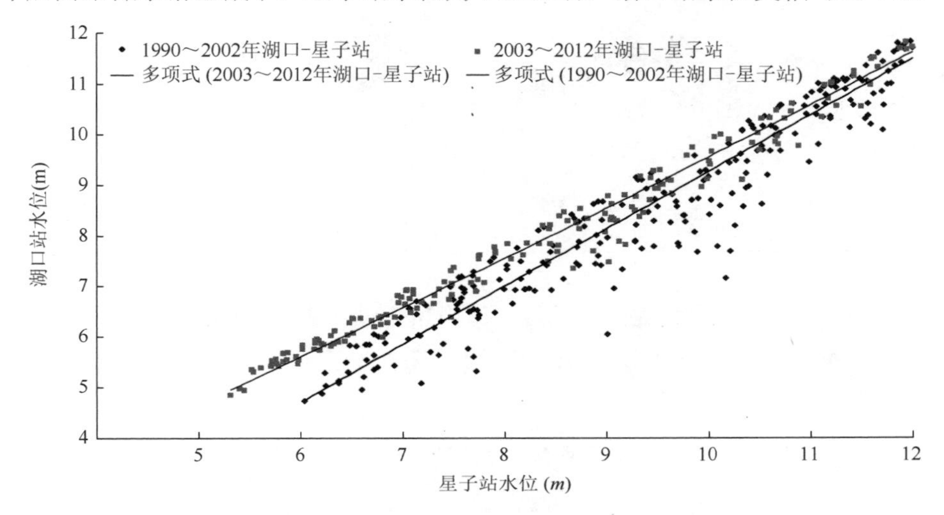

图 2-2-15　湖口-星子站枯水水位相关图

2. 9 月至次年 3 月各月鄱阳湖水位变化及趋势性分析

1）2003 年以来鄱阳湖 9 月至次年 3 月各月水位变化

以星子站为代表，分析湖区枯水的变化。在 1956～2012 年 57 年资料系列中，有的年份鄱阳湖枯水期 8～9 月就开始了，一般到次年 2～3 月结束，特殊年份枯水期要延长到次年 4～5 月才结束。为了准确地了解鄱阳湖枯水特征，以 7 月至次年 6 月划分年度，统计星子站各级枯水位出现时间和持续天数，见表 2-2-38。结果表明，星子站枯水（水位 10 m 以下）和严重枯水（水位 8 m 以下、6 m 以下）出现时间提前、持续时间加长的特征明显，1956～2012 年平均为 136 d 和 79 d、12 d，而 2003～2012 年平均达 175 d 和 106 d、20 d，若按年代统计，则居 6 个年代的平均值之首位。2006 年 10 m 以下和 8 m 以下持续时间分别达到 277 d 和 156 d，2010 年 10 m 以下和 8 m 以下持续时间分别达到 216 d 和 166 d，分别列在 57 年系列中枯水持续时间最长的前两位。

表 2-2-38　鄱阳湖星子站不同等级枯水位平均持续天数及出现时间多年统计表

时段	10 m		8 m		6 m	
	天数（d）	初日	天数（d）	初日	天数（d）	初日
1960～1969 年	132	11 月 7 日	81	11 月 22 日	22	12 月 26 日
1970～1979 年	139	9 月 1 日	80	10 月 24 日	13	12 月 11 日
1980～1989 年	109	10 月 16 日	65	11 月 25 日	3	1 月 15 日
1990～2002 年	117	9 月 19 日	54	11 月 13 日	1	2 月 27 日

续表

时段	10 m		8 m		6 m	
	天数（d）	初日	天数（d）	初日	天数（d）	初日
1956～2002 年	127	9 月 1 日	72	10 月 14 日	11	12 月 9 日
2003～2012 年	175	8 月 22 日	106	9 月 28 日	20	12 月 11 日
1956～2012 年	136	8 月 22 日	79	9 月 28 日	12	12 月 9 日
最多	277		166		70	
发生年份	2006		2010		1963	
次多	216		156		64	
发生年份	2010		2006		2007	

以湖口站、星子站、都昌站、棠荫站、康山站为湖区水位代表站，分析湖区主要水位代表站在 9 月至次年 3 月各月水位的变化，见表 2-2-39。分别对各个月份水位的变化进行分析。

表 2-2-39　鄱阳湖区各站 9 月至次年 3 月平均水位变化表　（单位：m）

站名	9 月	10 月	11 月	12 月	1 月	2 月	3 月
湖口	−0.8	−2.2	−1.6	−0.54	0.25	0.38	0.67
星子	−0.8	−2.18	−1.64	−0.77	−0.4	−0.55	−0.22
都昌	−0.81	−2.14	−1.67	−1.12	−1.03	−1.06	−0.6
棠荫	−0.77	−1.81	−1.05	−0.64	−0.63	−0.38	−0.05
康山	−0.52	−1.27	−0.58	−0.29	−0.32	−0.29	−0.08

注：表中数值为 2003～2012 年系列月平均值减 1956～2002 年系列月平均值。

9～10 月，由于上游水库的蓄水，长江干流水位降低，这也在一定程度上加大了鄱阳湖水位下降的速度。相较于 1956～2002 年，2003～2012 年湖口站、星子站、都昌站、棠荫站、康山站 9 月平均水位的降低值分别是 0.80 m、0.80 m、0.81 m、0.77 m、0.52 m，10 月平均水位的降低值分别为 2.20 m、2.18 m、2.14 m、1.81 m、1.27 m，基本上遵循着入江水道水位整体下降较大，而都昌站以上距离都昌站越远其下降值越小的规律。2003～2012 年星子站 9～10 月均值均较 1956～2002 年低，水位均值分别低 0.8 m、2.18 m。

1～3 月，由于长江上游水库的补水，长江干流水位抬升，使得湖口水位也相应抬升，但补水量并不大，仅影响到湖口站。相较于 1956～2002 年，2003～2012 年湖口站 1 月、2 月、3 月平均水位分别抬升了 0.25 m、0.38 m、0.67 m；星子站、都昌站、棠荫站、康山站 1 月平均水位的降低值分别为 0.40 m、1.03 m、0.63 m、0.32 m，2 月平均水位的降低值分别为 0.55 m、1.06 m、0.38 m、0.29 m，3 月平均水位的降低值分别为 0.22 m、0.60 m、0.05 m、0.08 m。从水位变化值可以看出，在枯水期，由于五河来水较小，从上游到下游水位降低值越来越大，而由于长江中上游水库的补水，长江干流水位有所抬高，也对湖口站水道水位有一定的顶托作用，使得在都昌站附近水位降低值达到最大。

11 月和 12 月，长江中上游水库在 11 月中旬以后基本不会蓄水，而此时五河来水也较小，随着长江中上游水库对枯水补给的逐渐增加，湖口站水位较 1956～2002 年有一定抬升，使得 2003～2012 年与 1956～2002 年水位的差值略低于星子站，湖口站、星子站、都昌站、棠荫站、康山站 11 月、12 月平均水位的降低值分别是 1.60 m、1.64 m、1.67 m、1.05 m、0.58 m 及 0.54 m、0.77 m、1.12 m、0.64 m、0.29 m，从水位变化值可以看出，由于五河来水较小，从上游至下游水位降低值越来越大，而中上游水库的补水，使得在都昌站附近水位降低值达到最大。

综上，长江中上游水库蓄水对鄱阳湖 9 月至次年 3 月水位产生一定影响，其中 10 月、11 月影响最大，空间分布上都昌站附近影响幅度最大。

2）鄱阳湖 9 月至次年 3 月各月水位变化趋势性分析

以湖口站、星子站、都昌站、棠荫站、康山站为湖区水位代表站，分析湖区主要水位代表站在 9 月至次年 3 月不同年代各月平均水位的变化，见表 2-2-40～表 2-2-46，下面分别对各个月份水位的变化进行分析。

表 2-2-40 鄱阳湖区各水位代表站 9 月平均水位比较表 （单位：m）

时段	湖口站	星子站	都昌站	棠荫站	康山站
1960～1969 年	14.14	14.23	14.29	14.47	14.36
1970～1979 年	12.98	13.08	13.19	13.38	13.53
1980～1989 年	15.08	15.15	15.20	15.29	15.24
1990～1999 年	14.20	14.34	14.50	14.69	14.84
1956～2002 年	13.99	14.11	14.23	14.47	14.45
2003～2012 年	13.19	13.31	13.42	13.70	13.93

表 2-2-41 鄱阳湖区各水位代表站 10 月平均水位比较表 （单位：m）

时段	湖口站	星子站	都昌站	棠荫站	康山站
1960～1969 年	12.92	13.03	13.14	13.56	13.44
1970～1979 年	12.60	12.71	12.82	13.05	13.35
1980～1989 年	13.53	13.68	13.76	13.89	13.93
1990～1999 年	12.23	12.36	12.52	12.74	13.05
1956～2002 年	12.56	12.69	12.84	13.27	13.33
2003～2012 年	10.36	10.52	10.70	11.46	12.06

表 2-2-42 鄱阳湖区各水位代表站 11 月平均水位比较表 （单位：m）

时段	湖口站	星子站	都昌站	棠荫站	康山站
1960～1969 年	10.38	10.54	10.81	11.44	12.14
1970～1979 年	10.00	10.20	10.56	11.29	12.07
1980～1989 年	10.75	10.99	11.33	11.84	12.47

续表

时段	湖口站	星子站	都昌站	棠荫站	康山站
1990～1999 年	9.48	9.78	10.31	11.09	11.98
1956～2002 年	10.02	10.26	10.68	11.48	12.20
2003～2012 年	8.42	8.62	9.01	10.43	11.62

表 2-2-43　鄱阳湖区各水位代表站 12 月平均水位比较表　（单位：m）

时段	湖口站	星子站	都昌站	棠荫站	康山站
1960～1969 年	7.46	7.86	8.86	10.40	11.67
1970～1979 年	7.09	7.66	8.90	10.56	11.65
1980～1989 年	7.61	8.14	9.21	10.52	11.61
1990～1999 年	7.51	8.18	9.35	10.67	11.84
1956～2002 年	7.35	7.91	9.08	10.61	11.73
2003～2012 年	6.81	7.14	7.96	9.97	11.44

表 2-2-44　鄱阳湖区各水位代表站 1 月平均水位比较表　（单位：m）

时段	湖口站	星子站	都昌站	棠荫站	康山站
1960～1969 年	5.72	6.67	8.46	10.33	11.71
1970～1979 年	5.80	7.06	8.89	10.61	11.85
1980～1989 年	6.01	7.06	8.68	10.30	11.46
1990～1999 年	6.93	7.98	9.46	10.84	11.98
1956～2002 年	6.04	7.12	8.84	10.55	11.74
2003～2012 年	6.29	6.72	7.81	9.92	11.42

表 2-2-45　鄱阳湖区各水位代表站 2 月平均水位比较表　（单位：m）

时段	湖口站	星子站	都昌站	棠荫站	康山站
1960～1969 年	5.47	7.03	9.00	10.64	11.99
1970～1979 年	6.06	7.71	9.58	11.06	12.29
1980～1989 年	6.29	7.76	9.53	10.95	12.13
1990～1999 年	7.22	8.48	9.95	11.21	12.28
1956～2002 年	6.27	7.77	9.55	10.98	12.20
2003～2012 年	6.65	7.22	8.49	10.60	11.91

表 2-2-46　鄱阳湖区各水位代表站 3 月平均水位比较表　（单位：m）

时段	湖口站	星子站	都昌站	棠荫站	康山站
1960～1969 年	6.88	8.36	9.96	11.20	12.51
1970～1979 年	7.08	8.83	10.42	11.62	12.73
1980～1989 年	8.40	9.87	11.11	12.03	13.01

续表

时段	湖口站	星子站	都昌站	棠荫站	康山站
1990～1999 年	8.58	9.83	11.00	11.96	12.91
1956～2002 年	7.74	9.25	10.65	11.72	12.80
2003～2012 年	8.41	9.03	10.05	11.67	12.72

从 1 月、2 月、3 月、9 月、12 月各水位代表站不同年代月平均水位比较表可以看出，不同年代水位丰枯交替变化，2003～2012 年各月平均水位虽然低于 1956～2002 年，但仍然属于各站水位丰枯变化周期中的枯水期；从 10 月各站不同年代水位比较表可以看出，各站 2003～2012 年 10 月平均水位不仅远低于 1956～2002 年平均水位，而且远低于历史出现的最枯年代水位，说明各站 10 月平均水位出现了显著减少的变化趋势；从 11 月各站不同年代水位比较表及星子站 11 月水位变化可以看出，都昌站以下各站 2003～2012 年 11 月水位不仅远低于 1956～2002 年平均水位，而且远低于历史出现的最枯年代水位，而在都昌站以上水位降低幅度则相对较小，说明 11 月平均水位同样出现了显著减少的变化趋势，但越往上游减少的趋势越小。

综上所述，湖区各站平均水位受长江中上游水库蓄水的影响，其中 10 月和 11 月出现显著减少趋势，其他月份受到的影响相对较小。

3. 小结

（1）鄱阳湖年平均水位呈下降趋势。2003～2013 年、2008～2013 年两个系列年平均水位均低于 1956～2002 年、1956～2013 年两个系列，年平均水位分别低 0.97 m、0.78 m，年平均水位明显下降。

（2）鄱阳湖各站年最低水位呈下降趋势，湖区主要控制站出现实测最低水位。星子站、康山站均在 2004 年出现历史最低水位，湖口站历史最低水位出现在 2003 年以前（1963 年），都昌站在 2012 年出现历史最低水位，棠荫站在 2007 年出现历史最低水位，即除湖口站外，湖区各个主要控制站实测最低水位均发生在 2003 年以后，即便是湖口站，2004 年也出现较枯水位 4.74 m。

（3）对 1956～1970 年、1971～1980 年、1981～1990 年、1991～2002 年、2003～2012 年 5 个时段进行统计分析，结果表明，2003 年以前各段均值变化很小，2003 年后变化相对较大，均值偏小 0.02～2.22 m，其中东北部及尾闾各站变化小，湖区各站变化大。

（4）鄱阳湖的枯水期提前，枯水期时间延长。星子站枯水（水位 10 m 以下）和严重枯水（水位 8 m 以下、6 m 以下）出现时间提前、持续时间加长的特征明显，1956～2012 年平均为 136 天和 79 天、12 天，而 2003～2012 年平均达 175 天和 106 天、20 天，分别提前 39 天、27 天、8 天。2006 年 10 m 以下和 8 m 以下持续时间分别达到 277 天和 156 天，2010 年 10 m 以下和 8 m 以下持续时间分别达到 216 天和 166 天，分别列在 57 年系列中枯水持续时间最长的前两位。

（5）在枯水期，由于五河来水较小，从上游到下游水位降低值越来越大，而由于长江中上游水库的补水，长江干流水位有所抬升，也对湖口水道水位有一定的顶托作用，但对湖区水位顶托作用不明显。长江中上游水库蓄水会对鄱阳湖9月至次年3月水位会产生一定影响，其中10月、11月影响最大，空间分布上都昌站附近影响幅度最大。

第五节　长江干流控制性水库运用对鄱阳湖水文情势影响分析

近几十年来，长江中下游干旱的10月，长江上中游来水量呈显著减少趋势，而五河入湖水量基本保持不变。长江上中游来水量减少导致长江中下游水位明显下降，湖口站10月平均水位平均以每10年0.237 m的速度下降。尤其是进入1998年之后，长江干流中下游水位下降速度更快，湖口站1998～2011年14年中，10月平均水位下降速度达平均每年0.461 m。

长江上游控制性水库对中下游及鄱阳湖区水情的影响主要集中在汛后蓄水及枯期补水阶段，本书的研究结合南水北调中线水源工程——丹江口水库对鄱阳湖的影响一并进行了分析。

1. 蓄水期对湖口站水位的影响

根据长江上游控制性水库调度方式，在纳入本书研究的11座水库中，除锦屏一级、二滩、亭子口在8月上旬开始蓄水外，其余水库均在9月上旬开始蓄水，三峡水库于9月15日开始蓄水。在三峡及上游各水库蓄水期间，三峡水库的下泄流量将减少，从而对下游的水位产生影响。

本书的研究根据长江中下游的水文情势，采用典型年（丰水年、平水年、枯水年和特枯水年）和典型枯水时段的方法，初步估算长江上游控制性水库运用蓄水期对鄱阳湖水位的影响。

根据大通站径流系列，并考虑资料一致性要求，按照年径流量选取了丰、平、枯和特枯代表性典型年，根据9月至次年3月径流量选取了代表性典型枯水时段，共8个分析计算条件，见表2-2-47。

表2-2-47　选取的丰、平、枯、特枯典型年和典型枯水时段

频率	典型年	典型枯水时段（9月至次年3月）
$P=25\%$	1989年	1965～1966年
$P=50\%$	1981年	1973～1974年
$P=75\%$	2001年	1995～1996年
$P=95\%$	1972年	1959～1960年

1）上游干支流水库和南水北调中线工程运用的影响

根据2009年国务院批准的《三峡水库优化调度方案》，对典型年和典型枯水时段进行径流调节计算，得到三峡水库出库流量，利用长江中下游水文学数学模型，对选定的各典型年进行径流演进模拟，得到上游干支流 11 座水库和南水北调中线一期工程运用后蓄水期对湖口站水位影响的计算成果，见表 2-2-48。

表 2-2-48　不考虑干流河道冲刷，长江上游 11 座水库和南水北调中线一期工程运用蓄水期对湖口站水位影响表

典型年	时段	8月			9月			10月			11月		
		上旬	中旬	下旬	上旬	中旬	下旬	上旬	中旬	下旬	上旬	中旬	下旬
1959年（特枯时段）	湖口站实测平均水位	12.15	11.94	12.97	11.82	9.56	8.53	8.8	7.49	7.76	7.98	8.2	7.24
	水位降低最大值	−0.45	−0.54	−0.49	−0.52	−0.97	−1.49	−1.85	−1.75	−2.18	−2.04	−1.87	−1.41
	水位变化平均值	−0.37	−0.48	−0.46	−0.46	−0.65	−1.35	−1.69	−1.53	−2.06	−1.98	−1.71	−0.92
1965年（丰水时段）	湖口站实测平均水位	15.15	14.81	14.8	14.31	14.75	14.45	13.91	14.35	13.73	12.44	11.61	10.32
	水位降低最大值	−0.65	−0.67	−0.46	−0.43	−0.90	−1.67	−1.75	−1.38	−2.30	−2.11	−0.87	−0.43
	水位变化平均值	−0.57	−0.60	−0.41	−0.37	−0.53	−1.40	−1.63	−1.33	−1.93	−1.51	−0.60	−0.32
1972年（特枯年）	湖口站实测平均水位	12.16	11.93	10.61	8.94	9.4	10.48	10.95	10.6	12.06	10.92	11.29	11.94
	水位降低最大值	−0.74	−0.94	−1.13	−0.88	−0.91	−1.93	−2.65	−2.55	−2.84	−2.99	−1.35	−0.54
	水位变化平均值	−0.59	−0.81	−1.06	−0.58	−0.37	−1.67	−2.45	−2.17	−2.27	−2.57	−0.55	−0.28
1973年（平水年）	湖口站实测平均水位	16.07	15.01	14.63	14.1	14.95	15.82	15.85	15.11	14.02	12.33	10.32	8.79
	水位降低最大值	−0.42	−0.58	−0.72	−0.85	−0.79	−1.18	−1.48	−2.09	−2.60	−2.62	−0.99	−0.24
	水位变化平均值	−0.36	−0.47	−0.51	−0.75	−0.63	−0.96	−1.32	−1.74	−2.46	−1.94	−0.51	−0.16
1981年（平水年）	湖口站实测平均水位	15.4	13.96	14.15	14.93	15.18	14.75	13.7	12.96	12.18	11	11.4	10.26
	水位降低最大值	−0.21	−0.10	−0.21	−0.59	−0.99	−1.42	−2.12	−2.29	−2.45	−2.46	−0.62	−0.52
	水位变化平均值	−0.17	−0.07	−0.09	−0.45	−0.75	−1.24	−1.91	−2.15	−2.26	−1.69	−0.51	−0.25
1989年（丰水年）	湖口站实测平均水位	15.97	14.96	14.62	15.24	15.74	14.82	13.94	13.04	13.23	12.85	12.61	11.31
	水位降低最大值	−0.29	−0.29	−0.29	−0.49	−1.23	−2.00	−1.99	−2.00	−1.88	−1.67	−0.73	−0.27
	水位变化平均值	−0.27	−0.26	−0.26	−0.37	−0.78	−1.82	−1.87	−1.95	−1.79	−1.25	−0.49	−0.21
1995年（枯水时段）	湖口站实测平均水位	16.15	14.97	14.95	14.33	12.93	11.96	11.7	12.11	11.75	10.63	8.7	7.79
	水位降低最大值	−0.35	−0.29	−0.45	−0.84	−1.36	−1.72	−1.94	−2.28	−2.29	−2.02	−1.08	−0.29
	水位变化平均值	−0.32	−0.24	−0.33	−0.66	−1.05	−1.60	−1.91	−2.03	−2.14	−1.60	−0.56	−0.20
2001年（枯水年）	湖口站实测平均水位	11.2	11.7	12.26	13.07	13.54	12.96	13	12.1	10.38	10.21	10.36	8.29
	水位降低最大值	−0.05	−0.13	−0.40	−0.67	−1.02	−1.40	−1.47	−1.93	−2.76	−2.07	−0.58	−0.49
	水位变化平均值	0.00	−0.10	−0.25	−0.58	−0.64	−1.32	−1.35	−1.74	−2.48	−1.09	−0.43	−0.29
平均	湖口站实测平均水位	14.28	13.66	13.62	13.34	13.26	12.97	12.73	12.22	11.89	11.05	10.56	9.49
	水位降低最大值	−0.40	−0.44	−0.52	−0.66	−1.02	−1.60	−1.91	−2.03	−2.41	−2.25	−1.01	−0.52
	水位变化平均值	−0.33	−0.38	−0.42	−0.53	−0.67	−1.42	−1.76	−1.83	−2.17	−1.70	−0.67	−0.33

在上游干支流控制性水库和南水北调中线工程运用的条件下，蓄水期减少下泄流量对湖口站水位的影响一般将持续到12月初。表2-2-48表明，在8～10月水库蓄水期间，各典型年湖口站水位降低的最大值基本上出现在10月下旬和11月上旬（为1.67～2.99 m）；9月下旬，10月上、中、下旬，11月上旬水位降低最大值的平均值分别为1.60 m、1.91 m、2.03 m、2.41 m和2.25 m，水位降低平均值分别为1.42 m、1.76 m、1.83 m、2.17 m和1.70 m。

2）进一步考虑干流河道冲刷的影响

在三峡及上游干支流水库（11座水库），以及南水北调中线工程蓄水调度的基础上，进一步考虑中下游干流河道冲刷对水位的影响，至2032年年末冲刷情况下对湖口站水位的影响见表2-2-49。

表2-2-49　考虑河道冲刷成果，上游干支流控制性水库运用至2032年年末蓄水期对湖口站水位影响表

典型年	时段	8月			9月			10月			11月		
		上旬	中旬	下旬	上旬	中旬	下旬	上旬	中旬	下旬	上旬	中旬	下旬
1959年	水位降低最大值	−0.69	−0.90	−0.84	−0.95	−1.86	−2.16	−2.67	−2.57	−3.02	−2.93	−2.72	−2.24
	水位变化平均值	−0.55	−0.81	−0.76	−0.87	−1.29	−2.08	−2.45	−2.35	−2.90	−2.85	−2.53	−1.66
1965年	水位降低最大值	−0.87	−0.91	−0.74	−0.80	−1.24	−2.16	−2.25	−1.89	−3.11	−2.95	−1.47	−1.18
	水位变化平均值	−0.72	−0.86	−0.69	−0.72	−0.84	−1.85	−2.14	−1.77	−2.52	−2.16	−1.37	−0.94
1972年	水位降低最大值	−1.18	−1.40	−1.83	−1.80	−1.60	−2.70	−3.46	−3.33	−3.63	−3.78	−2.24	−1.42
	水位变化平均值	−1.03	−1.25	−1.58	−1.38	−1.00	−2.41	−3.25	−2.91	−2.94	−3.43	−1.08	−0.85
1973年	水位降低最大值	−0.85	−1.04	−1.54	−2.19	−2.27	−1.46	−1.60	−2.08	−2.57	−2.72	−1.55	−0.75
	水位变化平均值	−0.75	−0.93	−1.12	−1.94	−1.87	−1.37	−1.48	−1.79	−2.44	−2.38	−1.05	−0.72
1981年	水位降低最大值	−0.55	−0.51	−0.52	−0.95	−1.41	−1.92	−2.74	−3.23	−3.18	−3.20	−1.21	−1.06
	水位变化平均值	−0.53	−0.49	−0.45	−0.79	−1.12	−1.71	−2.48	−2.93	−3.06	−2.52	−1.09	−0.81
1989年	水位降低最大值	−0.66	−0.70	−0.71	−0.84	−1.66	−2.59	−2.60	−2.84	−2.43	−2.25	−1.32	−1.10
	水位变化平均值	−0.63	−0.68	−0.65	−0.73	−1.17	−2.36	−2.49	−2.64	−2.37	−1.83	−1.05	−0.95
1995年	水位降低最大值	−0.74	−0.71	−0.81	−1.30	−1.89	−2.31	−2.58	−3.16	−3.12	−2.72	−1.81	−0.81
	水位变化平均值	−0.72	−0.65	−0.69	−1.06	−1.54	−2.18	−2.52	−2.85	−2.86	−2.33	−1.17	−0.79
2001年	水位降低最大值	−0.50	−0.53	−0.79	−1.07	−1.41	−1.89	−2.01	−2.81	−3.66	−3.04	−1.27	−1.16
	水位变化平均值	−0.49	−0.51	−0.64	−0.97	−1.00	−1.79	−1.86	−2.33	−3.45	−1.73	−1.12	−0.86
平均	湖口站实测平均水位	14.28	13.66	13.62	13.34	13.26	12.97	12.73	12.22	11.89	11.05	10.56	9.49
	水位降低最大值	−0.76	−0.84	−0.97	−1.24	−1.67	−2.15	−2.49	−2.74	−3.09	−2.95	−1.70	−1.22
	水位变化平均值	−0.68	−0.77	−0.82	−1.06	−1.23	−1.97	−2.33	−2.45	−2.82	−2.40	−1.31	−0.95

从表2-2-49中看出，考虑上游11个水库运行及河道冲刷影响，至2032年年末，湖口站9月下旬，10月上、中、下旬，11月上旬水位降低最大值的平均值分别为2.15 m、

2.49 m、2.74 m、3.09 m 和 2.95 m，比不考虑河道冲刷的 11 座水库成果再降低 0.55 m、0.58 m、0.71 m、0.68 m 和 0.70 m；水位降低平均值分别为 1.97 m、2.33 m、2.45 m、2.82 m 和 2.40 m，比不考虑冲刷的 11 库方案再降低 0.55 m、0.57 m、0.62 m、0.65 m 和 0.70 m。由此可见，考虑河道冲刷预测成果，长江上游控制性水库蓄水期运用对湖口站水位的降低影响将进一步加大。

2. 补水期对湖口站水位的影响

在枯水季节（1～3 月），为满足发电、下游航运等综合利用要求，上游干支流控制性水库的下泄流量一般不会小于天然流量，即在枯水季节，水库对下游有补水作用。长江上游控制性水库运用枯水期（1～3 月）对湖口站月平均水位的影响计算，见表 2-2-50。

表 2-2-50　长江上游控制性水库运用 1～3 月对湖口站月平均水位影响表　（单位：m）

典型年	时段	实测水位	上游 11 座水库+南水北调	11 座水库 + 南水北调+ 河道冲刷
特枯水年（1959～1960 年）	1 月	5.36	0.59	−0.37
	2 月	4.56	1.11	−0.09
	3 月	6.94	0.88	−0.03
丰水年（1965～1966 年）	1 月	6.69	0.33	−0.06
	2 月	6.35	0.76	0.31
	3 月	6.55	0.83	0.37
特枯水年（1972 年）	1 月	4.69	0.41	0.09
	2 月	5.45	0.90	0.29
	3 月	6.45	0.93	0.31
平水年（1973～1974 年）	1 月	5.40	0.48	−0.15
	2 月	6.98	0.85	0.15
	3 月	6.22	0.87	0.14
平水年（1981 年）	1 月	5.95	0.37	0.19
	2 月	6.23	0.72	0.09
	3 月	8.03	0.69	0.49
丰水年（1989 年）	1 月	6.53	0.22	−0.16
	2 月	7.31	0.65	0.09
	3 月	8.03	0.69	0.17
枯水年（1995～1996 年）	1 月	6.11	0.29	−0.41
	2 月	5.68	0.67	−0.09
	3 月	5.84	0.76	−0.12
枯水年（2001 年）	1 月	7.52	0.13	−0.12
	2 月	7.95	0.46	0.13
	3 月	7.60	0.47	0.17

续表

典型年	时段	实测水位	上游 11 座水库+南水北调	11 座水库＋南水北调＋河道冲刷
平均	1 月	6.03	0.35	–0.37
	2 月	6.31	0.77	–0.09
	3 月	6.96	0.76	–0.03

从计算成果可见，长江上游控制性水库运用后，在枯水季节 1～3 月，下泄流量增加，导致湖口水位相应抬升。1 月、2 月、3 月，上游 11 座水库方案湖口站水位分别平均抬高 0.35 m、0.77 m 和 0.76 m，考虑河道冲刷成果的相应值分别为–0.37 m、–0.09 m 和–0.03 m，即上游水库补水期对下游河道水位的抬升作用难以抵消河道冲刷的影响，湖口站年最低水位仍将明显降低。

3. 对鄱阳湖枯水变化趋势分析

前面计算了丰、平、枯典型年上游干支流控制性水库联合调度运用和考虑河道冲刷等情况下对湖口站水位的影响。为了更直观地反映并分析三峡等水库运用对鄱阳湖枯水位变化的影响，将上述计算的丰、平、枯典型年对湖口站的水位影响均值叠加到湖口站 1956～2002 年日平均系列上。各时间节点湖口站水位变化情况见表 2-2-51。

表 2-2-51　不同时间节点各方案对湖口站水位影响均值　　（单位：m）

时间节点	1956～2002 年实测均值	11 座水库方案影响	11 座水库＋河道冲刷成果影响	2003～2012 年实测均值
8 月 1 日	15.47	–0.30	–0.62	15.04
8 月 10 日	14.94	–0.37	–0.74	14.60
8 月 20 日	14.57	–0.37	–0.75	14.11
8 月 31 日	14.42	–0.49	–0.96	13.48
9 月 10 日	14.18	–0.49	–1.05	13.4
9 月 20 日	13.91	–1.02	–1.56	13.18
9 月 30 日	13.50	–1.59	–2.13	12.40
10 月 10 日	13.00	–1.84	–2.42	10.92
10 月 20 日	12.36	–1.91	–2.54	10.00
10 月 31 日	11.48	–2.29	–2.97	8.73
11 月 10 日	10.48	–1.14	–1.83	8.41
11 月 20 日	9.62	–0.47	–1.13	8.57
11 月 30 日	8.66	–0.25	–0.89	7.89
12 月 10 日	7.74	–0.04	–0.68	6.89
12 月 20 日	6.97	0.06	–0.57	6.60
12 月 31 日	6.44	0.15	–0.42	6.27

由上述湖口站叠加上游干支流控制性水库运用不同方案的影响计算成果可见，由于1956～2002年系列中包含了丰、平、枯各周期，11～12月的枯水期水位降低值小于处于枯水周期中的2003～2012年系列，但反映了三峡及上游干支流控制性水库建成后对湖口站枯期水位的降低影响；相比于1956～2002年多年平均情况，湖口站低于12 m的时间，11座水库方案均提前28天，进一步考虑干流冲刷影响成果的方案则提前33天。

根据近年来星子站与湖口站水位相关关系，上述时间节点星子站水位变化情况见表2-2-52和表2-2-53。

表2-2-52　各方案不同时间节点对星子站水位影响　（单位：m）

时间节点	星子站1956～2002年实测均值	11座水库方案	11座水库＋河道冲刷方案
8月1日	15.59	−0.24	−0.50
8月10日	15.10	−0.30	−0.60
8月20日	14.77	−0.29	−0.60
8月31日	14.64	−0.39	−0.77
9月10日	14.41	−0.40	−0.85
9月20日	14.21	−0.82	−1.26
9月30日	13.78	−1.28	−1.71
10月10日	13.29	−1.48	−2.07
10月20日	12.67	−1.68	−2.32
10月31日	11.83	−2.25	−2.94
11月10日	10.90	−1.15	−1.85
11月20日	10.12	−0.47	−1.14
11月30日	9.16	−0.25	−0.90
12月10日	8.30	−0.04	−0.68
12月20日	7.68	0.06	−0.58
12月31日	7.31	0.18	−0.42

表2-2-53　长江上游控制性水库蓄水期对星子站水位提前变化影响表

典型年	水位（m）	实测出现日期（月·日）	各水位出现时间提前天数（d）	
			11座水库方案	11座水库＋河道冲刷
特枯水年（1959～1960年）	12	9.70	33	35
	11	9.11	27	32
	10	9.14	1	6
丰水年（1965～1966年）	12	11.14	28	31
	11	11.22	24	25
	10	11.30	1	26
特枯水（1972年）	12	8.16	22	23
	11	8.27	11	17
	10	8.31	4	14

续表

典型年	水位（m）	实测出现日期（月·日）	各水位出现时间提前天数（d）	
			11 座水库方案	11 座水库＋河道冲刷
平水年（1973～1974 年）	12	11.80	18	22
	11	11.13	13	16
	10	11.18	2	16
平水年（1981 年）	12	10.29	25	27
	11	11.22	38	42
	10	12.04	37	46
丰水年（1989 年）	12	11.22	45	54
	11	11.28	45	45
	10	12.10	1	44
枯水年（1995～1996 年）	12	9.26	10	17
	11	11.50	46	49
	10	11.90	40	47
枯水年（2001 年）	12	10.17	27	29
	11	10.23	11	15
	10	10.29	11	13
平均	12	10.12	26	30
	11	10.23	27	30
	10	10.30	12	26

从表 2-2-53 中可以看出，上游干支流控制性水库及丹江口水库运用后，蓄水期 8～10 月对星子站水位降低的影响规律与湖口站基本一致。同时，通过对长江上游控制性水库调度运用后星子站不同枯水位出现时间、持续时间变化的统计，由表 2-2-53 可以看出，由于蓄水期长江干流下泄流量减少，11 座水库联合调度方案下星子站 12 m、11 m、10 m 水位出现的时间分别平均提前了 26 天、27 天、12 天；进一步考虑下游河道冲刷预测成果条件下，上述各水位出现时间提前天数分别为 30 天、30 天、26 天，影响更大。综合表 2-2-50、表 2-2-53 和表 2-2-54 的计算结果可以看出，相较于各典型年多年平均情况，上游干支流控制性水库蓄水期星子站 12 m、11 m、10 m 水位出现的时间明显提前；而 1～3 月上游水库的补水作用，对湖口水位有一定抬升作用，但星子站水位仍然降低；11 座水库方案星子站 12 m 以下、11 m 以下、10 m 以下水位持续时间分别延长了 13 天、18 天和 10 天，考虑河道冲刷成果方案相应水位的延长时间分别为 27 天、31 天和 25 天。

表 2-2-54　长江上游控制性水库蓄水期对星子站水位持续时间变化影响表

典型年	水位（m）	持续时间（d）	低于各水位持续时间变化（d）	
			11 座水库方案	11 座水库＋河道冲刷
特枯年（1959～1960 年）	≤12	248	2	17
	≤11	227	2	7
	≤10	191	4	8

续表

典型年	水位（m）	持续时间（d）	低于各水位持续时间变化（d）	
			11 座水库方案	11 座水库 + 河道冲刷
丰水年（1965～1966 年）	≤12	151	14	48
	≤11	140	12	41
	≤10	127	3	34
平水年（1973～1974 年）	≤12	184	16	18
	≤11	177	12	17
	≤10	158	3	12
枯水年（1995～1996 年）	≤12	244	19	25
	≤11	182	45	58
	≤10	152	31	44
平均	≤12	228	13	27
	≤11	158	18	31
	≤10	136	10	25

从宜昌、汉口、大通站长系列年径流量看，2003～2012 年为一个枯水时段。鉴于 2003～2012 年湖口站水位基本反映了三峡工程等长江中上游水库的初步影响，进一步计算了金沙江溪洛渡、向家坝两座水库投运对该系列湖口水位的影响，见表 2-2-55。

表 2-2-55 金沙江溪洛渡、向家坝投运对湖口站水位的影响表 （单位：m）

时间节点	2003～2012 年实测均值	叠加金沙江两座水库影响	再叠加河道冲刷影响
8 月 1 日	15.04	0	−0.12
8 月 10 日	14.6	0	−0.15
8 月 20 日	14.11	0	−0.18
8 月 31 日	13.48	0	−0.35
9 月 10 日	13.38	−0.04	−0.54
9 月 20 日	13.18	−0.10	−1.03
9 月 30 日	12.40	−0.61	−1.12
10 月 10 日	10.92	−0.69	−0.78
10 月 20 日	10.00	−0.28	−0.75
10 月 31 日	8.73	−0.10	−0.78
11 月 10 日	8.41	−0.03	−0.86
11 月 20 日	8.57	−0.05	−0.87
11 月 30 日	7.89	0	−0.85

由表 2-2-55 可见，对于类似 2003～2012 年的枯水系列年份，上游干支流控制性水库正常蓄水会进一步加剧下游的枯水局面。

第六节　严重洪、枯水变化及连续枯水分析

1. 严重洪枯水变化分析

1）严重洪水变化分析

（1）鄱阳湖湖区洪水变化分析。

A. 湖口站年最高洪水位序列分析

鄱阳湖入出湖洪峰、洪量、湖盆调蓄洪量等水文要素在各控制站实测值之间的量级相差较大，实测资料同步性也难以控制。相比较而言，洪峰水位更具有代表性：一方面，它不仅综合反映了洪水量级、长江洪水顶托程度，以及湖盆调蓄过程，还可以直观地显示洪水对湖泊周围圩堤的危险性大小（郭家力等，2011）；另一方面，洪水位的高低是江河来水、湖区地形及人为调控后的综合结果，也是鄱阳湖防汛的重要指标。因此，选取洪峰水位进行鄱阳湖湖区洪水变化分析。

湖口站既是鄱阳湖洪水的出湖控制站，也是长江干流和鄱阳湖区的防洪代表站，在汛期高水位时湖口站水位既代表长江干流水位，同时也能表示鄱阳湖区的水位。一次鄱考时，选取了该站1953～1983年的洪峰水位资料进行分析，得出了该站出现高水位概率增多的结论，并给出了最高水位频率分析计算成果。鉴于1984～2013年资料序列满足有关水文序列年限的技术要求，且便于与一次鄱考进行对比分析，选择这30年的实测最高洪水位序列进行分析。

从图2-2-16可以看出，20世纪八九十年代实测洪水位与一次鄱考得出的结论一致，有逐年抬升的趋势，至1998年达到22.59 m，为历史实测最高洪水位。但是，进入21世纪后，湖口站年实测最高洪水位却呈现逐年下降趋势，2013年仅为16.73 m，为近30来实测最低值。

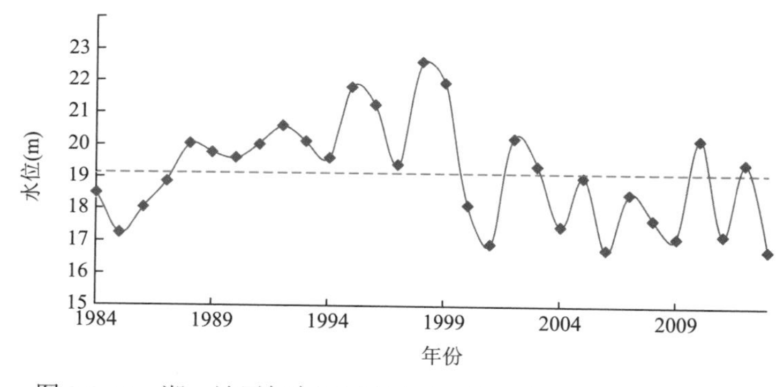

图2-2-16　湖口站历年实测最高洪水位变化图（1984～2013年）

采用皮尔逊罗文型曲线对湖口站年实测最高洪水位序列进行频率分析[①]，如图2-2-17所示，得到了部分典型频率年设计洪水位，见表2-2-56。与一次鄱阳湖考察相比，各频率

① 水文计算中是以水深数据进行频率分析。在利用水位数据时，可将各年实测最高水位减去历年最低水位（5.9m）之后再进行频率分析，以减小确定性影响因素。这里直接用水位进行频率分析，一是为了与一次鄱考数据对比，二是因湖口站水位高程小，确定性不变的部分比例不大，影响较小。下同。

年设计洪水位均有所降低，幅度为0.33～0.54 m，平均降低0.41 m。

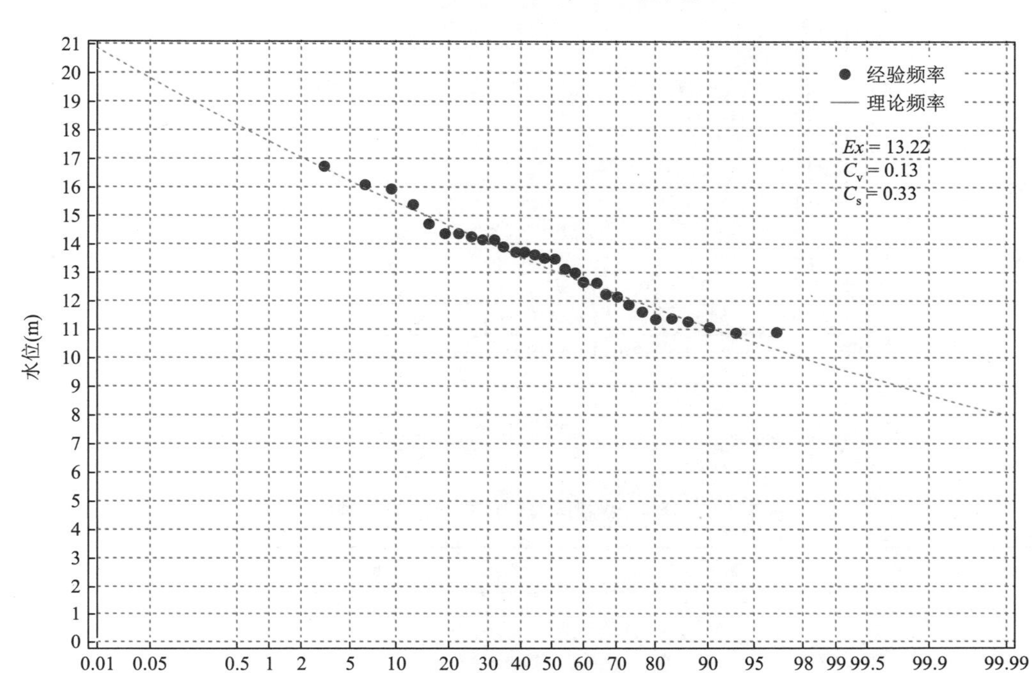

图2-2-17　湖口站历年最高洪水位频率曲线图（1984～2013年）

表2-2-56　湖口站年最高水位频率分析计算成果表　（单位：m）

项目	序列（年份）	均值	1%	2%	5%	10%
一次鄱考	1953～1983	19.56	23.86	23.28	22.49	21.91
本次鄱考	1984～2013	19.12	23.53	22.95	22.10	21.37
两次鄱考差值	—	−0.44	−0.33	−0.33	−0.39	−0.54

B. 湖口站历年实测日平均水位分析

为进一步分析鄱阳湖洪水形势，对湖口站历年实测日平均水位超出该站警戒水位（19.5 m）天数进行了统计，如图2-2-18所示。1954年、1998年、1999年、1996年、1983年、2010年、1995年、1980年等年份超警戒水位天数达到一个月以上，尤以1954年和1998年为甚，维持高水位达3个月。进入21世纪后，湖口站大致进入了低水位期，除2002年和2010年外，其他年份实测最高水位均未超出警戒水位。

C. 典型严重洪水年确定（以1984～2013年为限）

洪水位高低及其持续时间长短是确定洪水严重程度的重要参数，也是考验湖区圩堤防汛能力的关键指标。因此，根据上文分析成果，综合考虑年最高洪峰水位及洪水位超警戒水位天数（≥30天），确定了湖区典型严重洪水年为1998年、1999年、1995年、1996年和2010年。各年的最高洪水位和超警戒水位天数情况见表2-2-57。

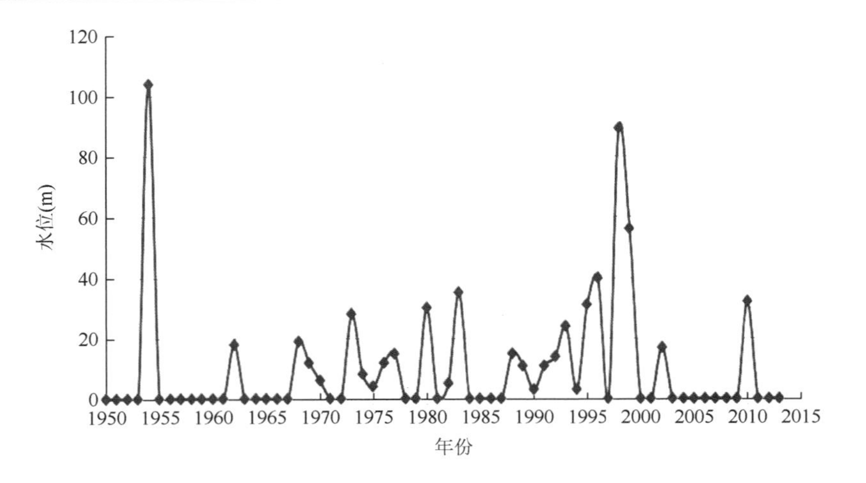

图 2-2-18　湖口站历年实测日均水位超出警戒水位时间统计图

表 2-2-57　鄱阳湖湖区典型严重洪水年水情统计表

典型年份	1998	1999	1995	1996	2010
实测最高洪水位（m）	22.59	21.93	21.8	21.23	20.19
超警戒水位天数（d）	89	56	31	40	32

（2）五河尾闾区洪水分析

A. 五河七口控制站年最大洪峰流量频率分析

收集赣江（外洲站）、抚河（李家渡站）、信江（梅港站）、饶河（虎山站与渡峰坑站）、修水（万家埠站和虬津站）出口控制站历年实测最大洪峰流量序列资料，采用皮尔逊III型曲线进行频率分析（图 2-2-19）。除修水万家埠站资料为 1956～2012 年、虬津站（1983 年建站）资料为 1983～2013 年外，其余各站均为 1956～2013 年实测洪峰流量资料。

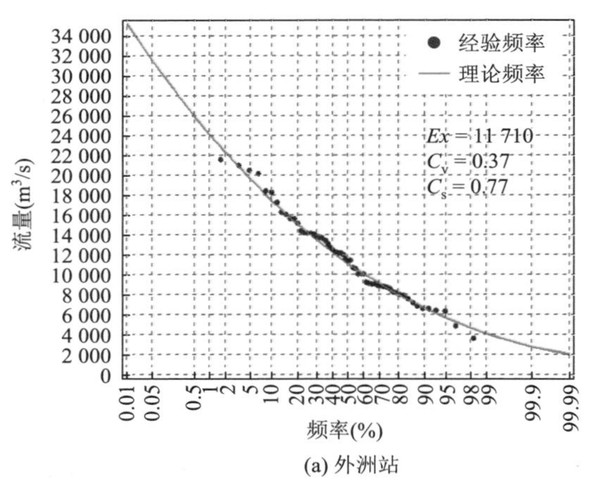

(a) 外洲站

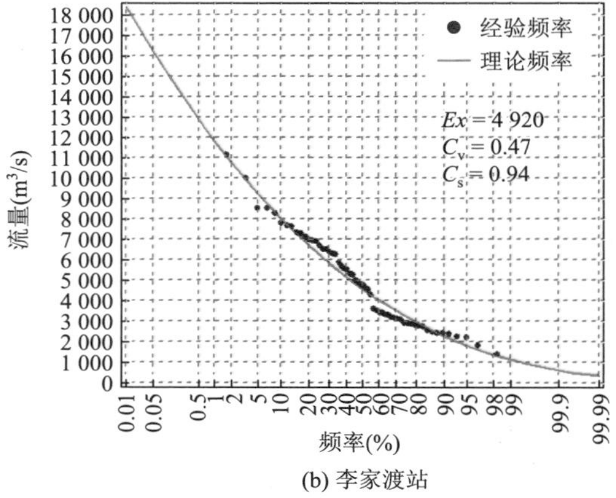

(b) 李家渡站

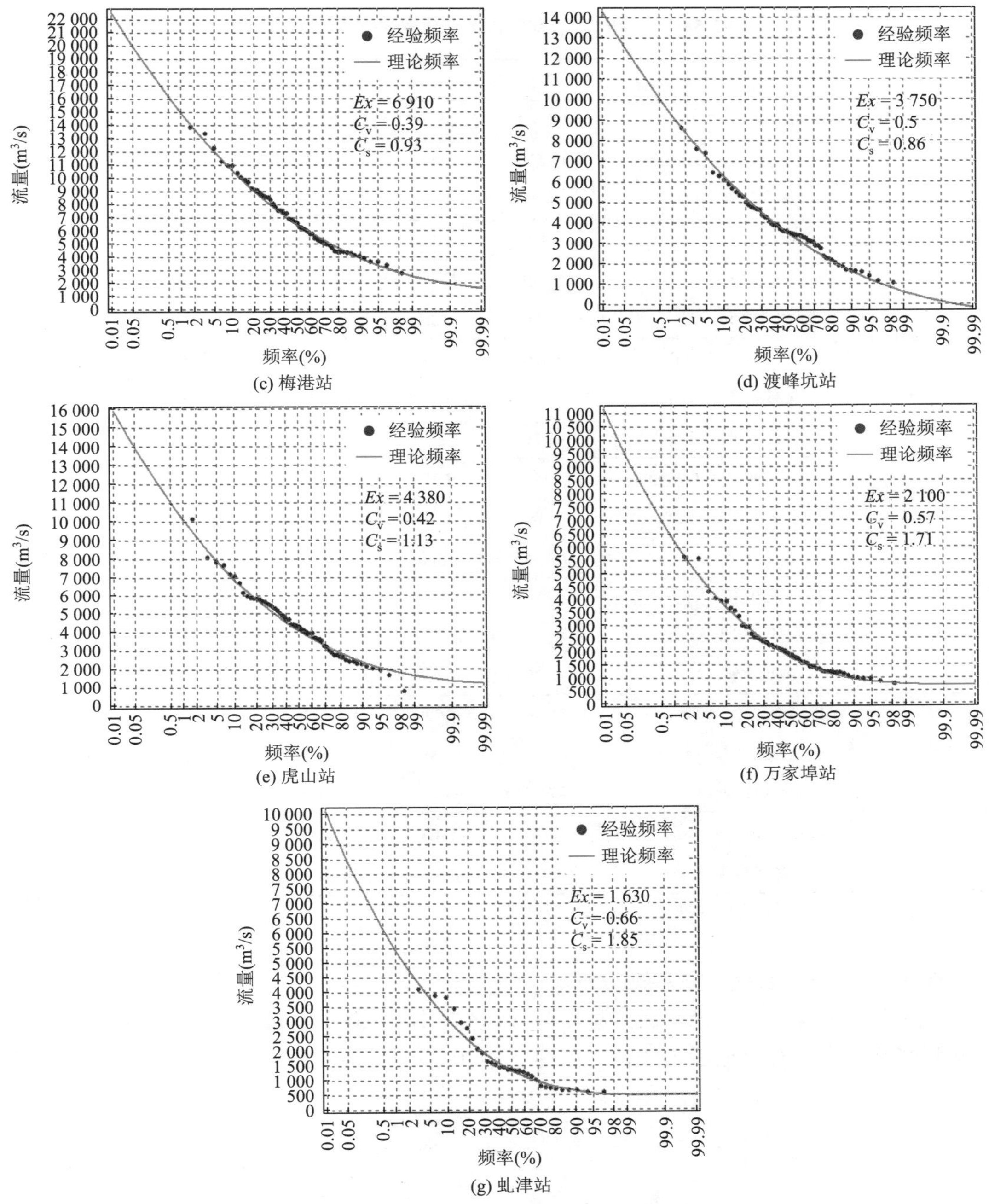

图 2-2-19　五河七口控制站年最大洪峰流量频率曲线图

频率分析计算成果汇总见表 2-2-58。不考虑历史洪水因素，各站历年最大洪峰流量均值和各频率设计洪峰流量较一次鄱考均有所减少，但减少幅度不一，以外洲站为最少，万家埠站变化最为显著。除外洲站外，其他各站减少比例随频率递增而逐步降低，即稀遇洪水减少比例比常见洪水更大。

表 2-2-58　五河七口控制站最大流量频率分析计算成果表

站名	序列	均值	1%	2%	5%	10%
外洲	1956～2013 年（m^3/s）	11 700	24 100	22 300	19 600	17 500
	一次鄱考成果（m^3/s）	12 600	24 600	22 700	20 300	18 200
	减少比例（%）	−7.09	−1.86	−1.89	−3.22	−3.90
李家渡	1956～2013 年（m^3/s）	4 920	11 800	10 700	9 230	8 010
	一次鄱考成果（m^3/s）	5 350	13 600	12 300	10 400	8 880
	减少比例（%）	−8.09	−13.14	−12.75	−11.25	−9.76
梅港	1956～2013 年（m^3/s）	6 910	14 900	13 700	11 900	10 500
	一次鄱考成果（m^3/s）	7 140	16 100	14 600	12 600	11 000
	减少比例（%）	−3.19	−7.22	−6.29	−5.26	−4.34
渡峰坑	1956～2013 年（m^3/s）	3 750	9 250	8 400	7 220	6 260
	一次鄱考成果（m^3/s）	4 100	10 700	9 600	8 000	6 800
	减少比例（%）	−8.54	−13.60	−12.50	−9.75	−7.96
虎山	1956～2013 年（m^3/s）	4 380	10 100	9 160	7 880	6 850
	一次鄱考成果（m^3/s）	4 700	11 750	10 520	8 880	7 560
	减少比例（%）	−6.79	−14.08	−12.92	−11.32	−9.41
万家埠	1956～2012 年（m^3/s）	2 100	6 220	5 470	4 460	3 680
	一次鄱考成果（m^3/s）	2 280	8 000	6 880	5 420	4 300
	减少比例（%）	−7.97	−22.20	−20.51	−17.75	−14.40
虬津	1983～2013 年（m^3/s）	1 630	5 420	4 710	3 760	3 040
	一次鄱考成果（m^3/s）	该站 1983 年建站，一次鄱考无该站成果				

注：第一次鄱考资料年限截至 1983 年，且纳入了历史洪水。

B. 五河入湖年最大流量序列分析

收集的五河年最大入湖合成流量序列（1956～2008 年）是对各河流出口断面控制站实测日平均流量进行合成后再统计，如图 2-2-20 所示，图中虚线为均值。可以看出，合

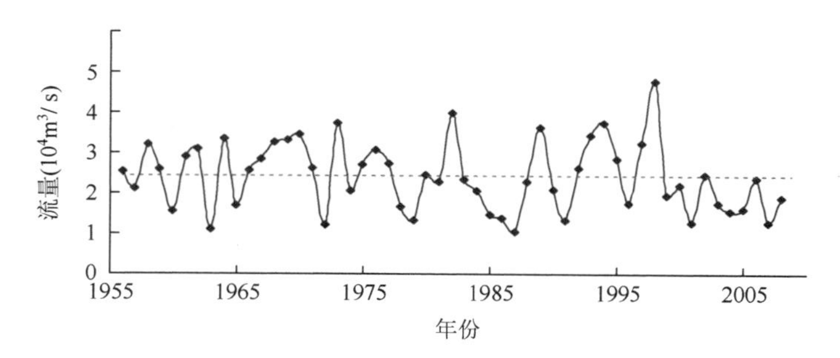

图 2-2-20　五河入湖年最大流量序列

成流量序列围绕均值线上下不规则波动，1987～1999 年震荡较为剧烈，1998 年达到历史最高，发生了 1954 年以来最大的洪水。进入 21 世纪后，五河入湖流量在均值线以下小幅震荡。

采用 Mann-Kendall 非参数检验法（Gerstengarbe and Werner，1999；Zhang et al.，2006）对五河入湖年最大流量序列进行趋势分析，如图 2-2-21 所示。图 2-2-21 中 UF(*k*)值代表增加趋势，UB(*k*)值代表减少趋势。可以看出，最大流量序列存在周期性升降波动，1970 年以前波动上升，之后不断下滑。20 世纪 80 年代中期 UF(*k*)和 UB(*k*)曲线发生交叉，流量序列发生突变，入湖流量开始震荡上升，直至发生 1998 年历史性大洪水。20 世纪末 21 世纪初两条曲线再次发生交叉，表明流量序列可能进入下一个变化周期。

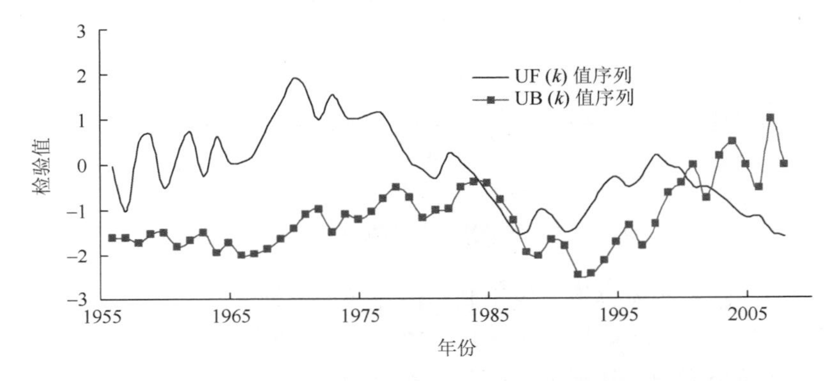

图 2-2-21　五河入湖年最大流量 Mann-Kendall 检验计算结果图

2）严重枯水变化分析

（1）星子站严重枯水分析。如前文所述，选取星子站作为鄱阳湖枯水代表站。以该站水位低于 8 m（黄海基面）作为鄱阳湖严重枯水标准。图 2-2-22 为星子站 1953～2014 年实测年最低水位变化图，虚线为平均值。20 世纪 50 年代后期至 70 年代初期，星子站实测最低水位处于平均线附近及以下，进入 80 年代后维持在平均线以上，直至 21 世纪初。2002 年该站实测年最低水位再次进入低位波动，基本维持在均值以下，2004 年更是下降到历年最低水位 5.22 m。

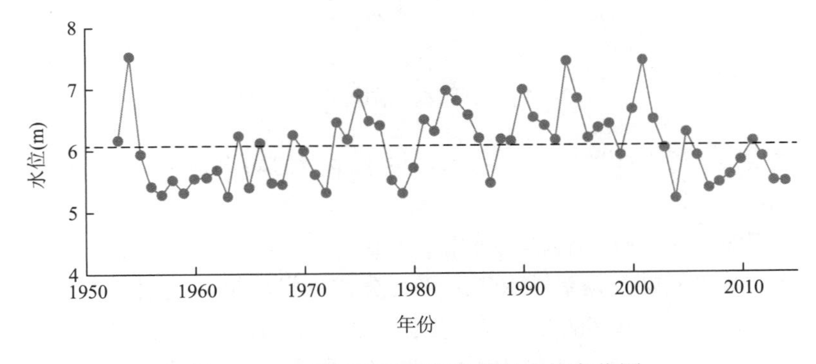

图 2-2-22　星子站历年实测最低水位变化图

从星子站历年实测日平均水位低于 8 m 的天数的统计情况来看（图 2-2-23），进入 21 世纪以来，严重枯水历时有逐渐增多的趋势，与该站历年实测最低水位基本相对应，即枯水位维持低位的同时，枯水天数也在高位。

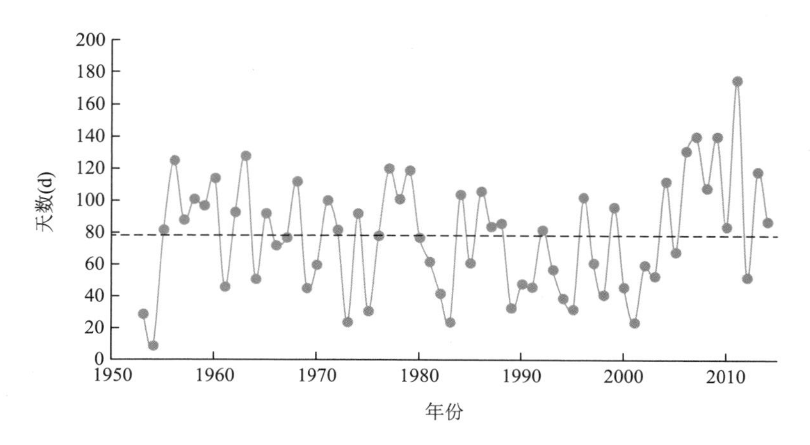

图 2-2-23　星子站历年严重枯水天数变化图

（2）鄱阳湖入湖年径流分析。鉴于鄱阳湖流域的五河入湖径流约占总入湖的 87%，选取五河入湖控制站年径流资料（1956～2012 年）分析历年鄱阳湖入湖年径流特点。

从图 2-2-24 可以看出，历年入湖径流无明显的趋势性变化。

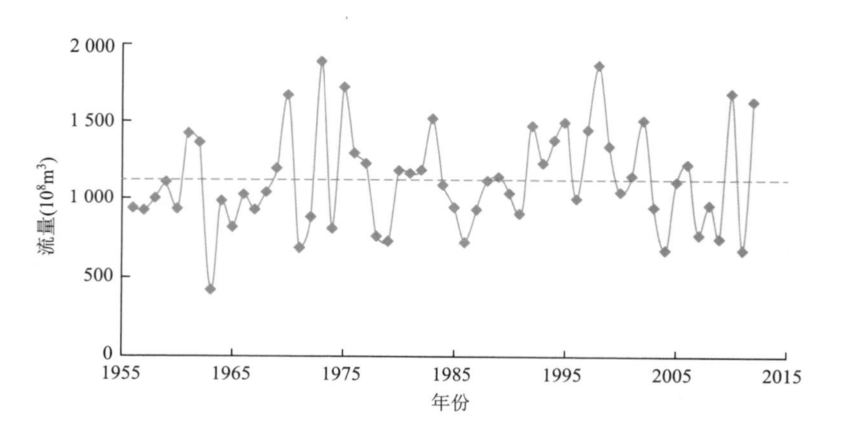

图 2-2-24　鄱阳湖入湖年径流变化图

通过频率分析计算，如图 2-2-25 所示，样本序列的均值为 1 130×10^8 m^3，变差系数 C_v 仅为 0.29。

为分析鄱阳湖枯水变化情况，对各年入湖径流量距平百分比进行频率分析，如图 2-2-26 所示，得到了典型频率枯水年距平百分比计算成果，见表 2-2-59。

统计距平百分比大于 20%的枯水年，如图 2-2-27 所示，可知 1963 年、1971 年、2004 年和 2011 年均大于五年一遇，其中 1963 年枯水年约为 30 年一遇，属特枯年份。

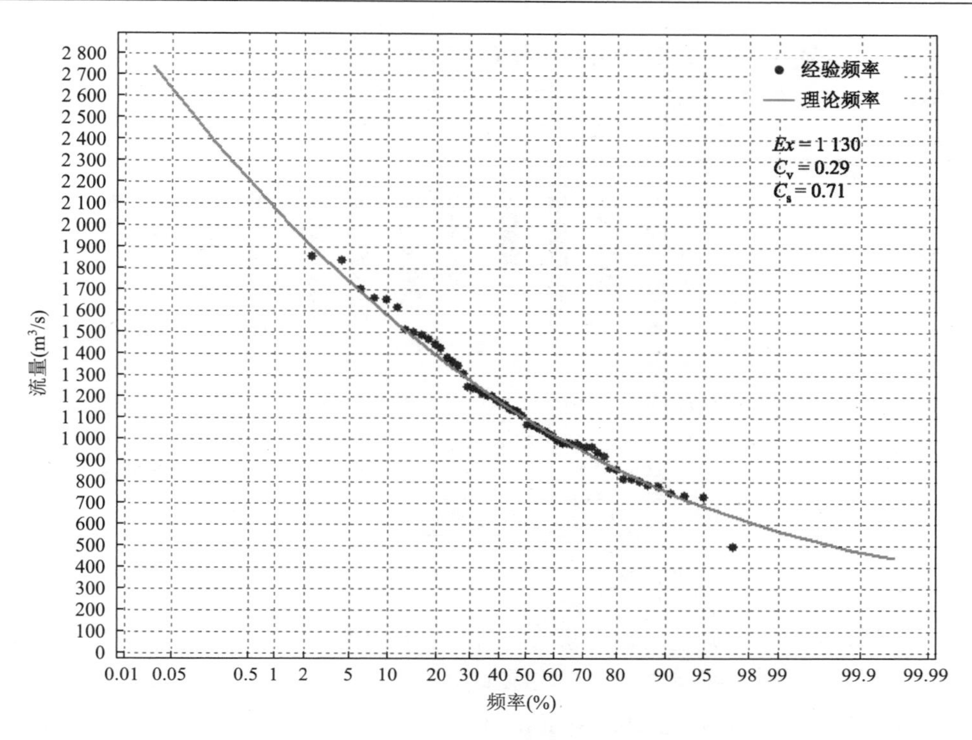

图 2-2-25　五河入湖年径流量频率曲线图

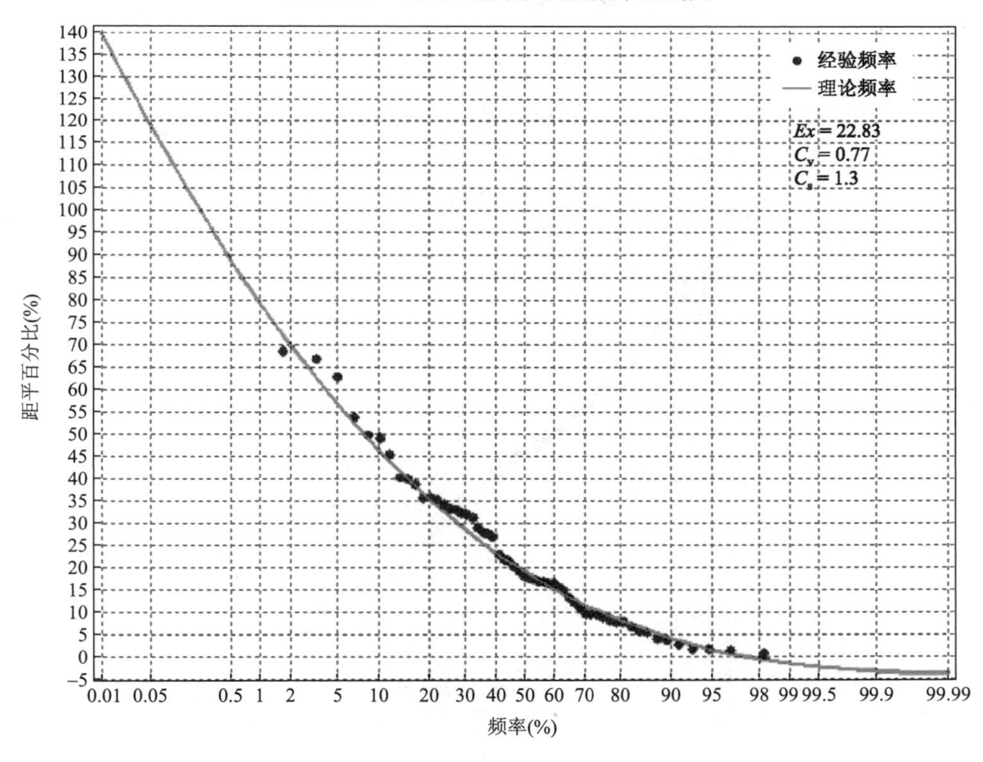

图 2-2-26　五河入湖年径流量距平百分比频率曲线图

表 2-2-59　五河入湖年径流量距平百分比频率分析计算成果表　（单位：%）

序列	均值	1%	2%	5%	10%	20%
1956～2012 年	22.83	77.87	68.78	56.32	46.4	35.78

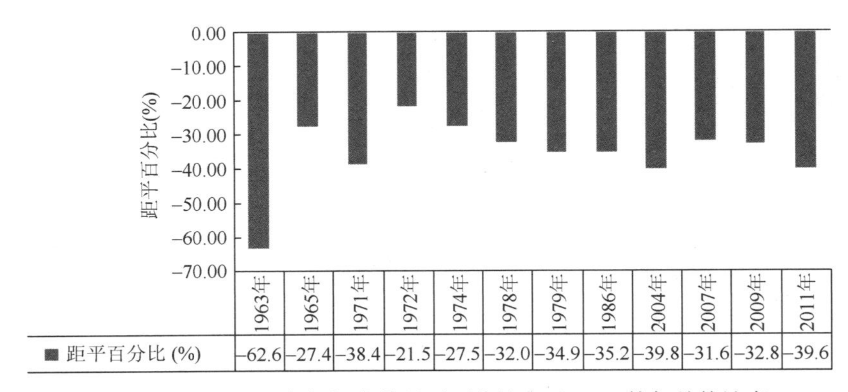

图 2-2-27　五河入湖年径流量距平百分比小于–20%的年份统计表

（3）典型严重枯水年筛选。鄱阳湖水位高低是五河上游来水量大小、河湖地形演变及江河湖关系等影响因素的综合表征。相比流量和径流，水位更能代表湖泊枯水特征。因此，选择水位指标进行严重枯水年的筛选。借鉴水文频率分析经验，对星子站历年低于 8 m 水位的严重枯水天数进行频率分析，如图 2-2-28 所示，得出各频率典型年设计枯水天数，见表 2-2-60。

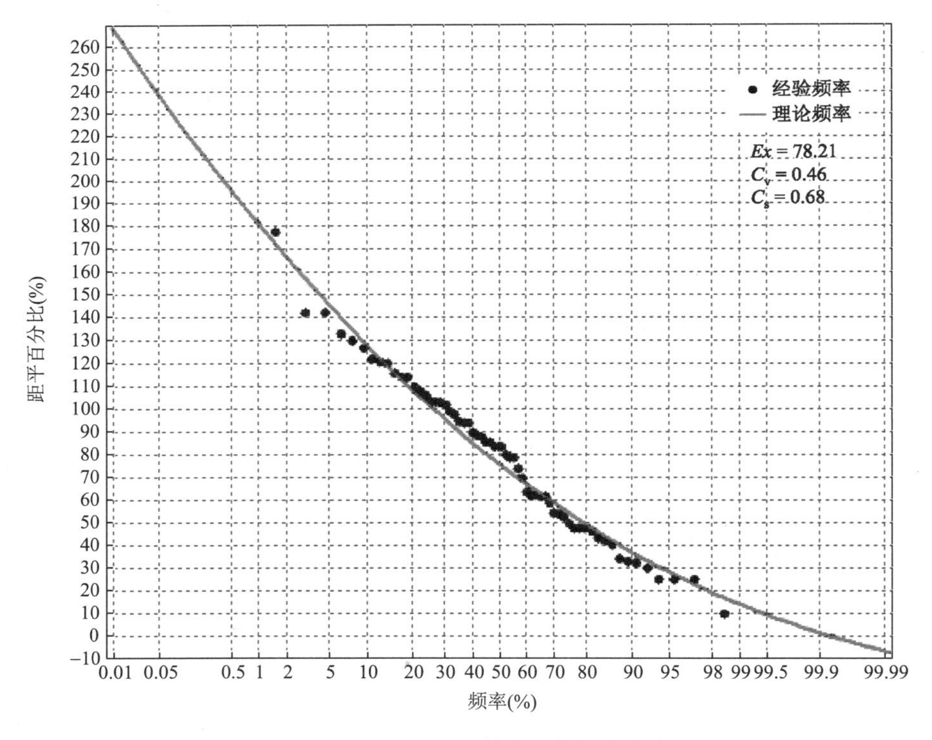

图 2-2-28　星子站严重枯水天数频率曲线图

表 2-2-60　星子站严重枯水天数频率分析计算成果表　（单位：d）

序列	均值	1%	2%	5%	10%
1953～2014 年	78.2	179	165	144	126

以十年一遇为标准，选取严重枯水天数≥126 天的年份为典型严重枯水年。据此，筛选出鄱阳湖典型枯水年为 2011 年、2007 年、2009 年、2006 年和 1963 年。考虑到 1956 年严重枯水天数达 125 天，也将其纳入典型枯水年（表 2-2-61）。

表 2-2-61　星子站典型枯水年水情统计表　（单位：d）

年份	2011	2007	2009	2006	1963	1956
严重枯水天数	175	140	140	131	128	125

2. 连续枯水分析

1）连续枯水情况

综合以上对星子站水位的分析可以发现，进入 21 世纪以来，鄱阳湖年均严重干旱天数持续增加。2007～2009 年鄱阳湖连续三年出现严重干旱，2011 年严重枯水天数近半年之久（表 2-2-62）。

表 2-2-62　近年来鄱阳湖连续枯水分析表

年份	严重枯水天数（d）	实测最低水位（m）	五河入湖径流量（10^8 m^3）*	五河入湖径流量距平比例（%）
2007	140	5.38	770	–31.6
2008	108	5.48	962	–14.6
2009	140	5.60	756	–32.9
2011	175	6.16	679	–39.7
2013	118	5.51	—	—

* 不含修河支流修河径流量。

与 20 世纪 60 年代的连续枯水相比（表 2-2-63），鄱阳湖近年来枯水天数显著增加，星子站实测最低水位也呈现一定的降低趋势。

表 2-2-63　20 世 60 年代鄱阳湖连续枯水分析表

年份	严重枯水天数（d）	星子站实测最低水位（m）
1960	114	5.57
1962	93	5.70
1963	128	5.26
1965	92	5.41

2）连续枯水原因浅析

近年来，鄱阳湖出现连续枯水的影响因素较多，初步分析后可将其归纳为以下两个方面。

（1）气候变化的影响。近年来，受气候变化等因素影响，长江上中游及鄱阳湖流域年降水量有所减少。长江来水与五河入湖流量减少的双重影响在一定程度上导致了连续枯水的出现（徐照明等，2014）。

（2）人类活动的影响。人类活动的影响主要体现在水库径流调节与河湖泥沙变化两个方面。

水库径流调节方面，随着三峡等长江中上游水库群和鄱阳湖流域五河水库群的建设和运行，水库群对水资源的调控在一定程度上影响了鄱阳湖时段性、季节性枯水的情势。

河湖泥沙变化方面，长江和五河水库群清水下泄导致江河湖关系调整和河床、湖床冲淤变化，以及湖区持续的采沙和流域水土保持工程建设，这都将深刻影响到流域水沙变化和江河湖蓄水量变化。具体分析见其他章节。

3. 洪枯水演变趋势及应对策略

1）洪枯水演变趋势分析

利用 Mann-Kendall 非参数检验法，对湖口站历年最高洪水位和星子站历年最低枯水位进行趋势分析。

（1）洪水趋势分析。从图 2-2-29 可以看出，湖口站年最高水位序列存在周期性升降波动现象，20 世纪 50 年代初期到中期震荡上升，之后急速下滑。自 60 年代起水位波动上升，经过 70～80 年代曲线交叉震荡调整期，90 年代水位发生突变，其上升趋势明显。

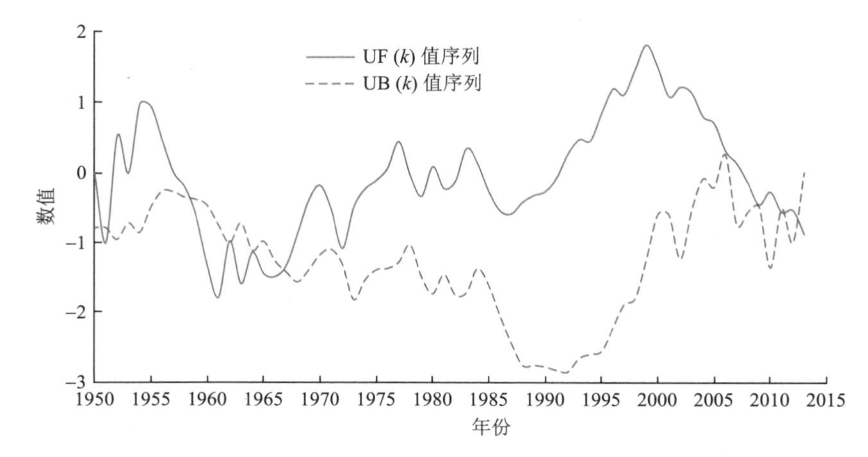

图 2-2-29　湖口站年最高洪水位序列 Mann-Kendall 检验计算结果图

进入 21 世纪，水位下降趋势较为明显。至 10 年代后期，两条曲线又出现相互交叉，说明湖口站水位又进入一个新的震荡调整期。

（2）枯水趋势分析。自20世纪年代初期至1970年左右，星子站年最低水位处于波动下降期。经过曲线交叉调整，80年代开始其水位进入上升期，直至21世纪初达到最高。

之后，星子站年最低枯水位便开始迅速下滑，枯水天数也有所增加。与此同时，两条曲线开始有交叉的趋势（图2-2-30），预计该站年最低水位将进入新的调整期。

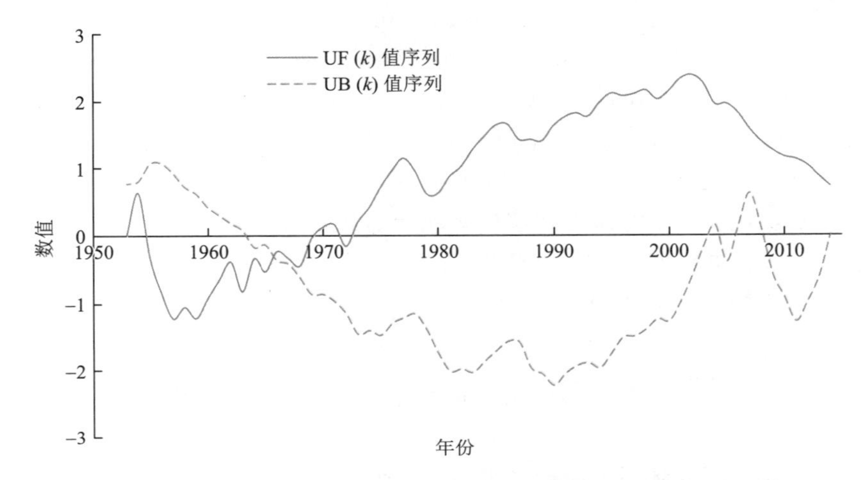

图2-2-30　星子站年最低水位序列Mann-Kendall检验计算结果图

2）洪枯水应对策略

（1）加强工程调控能力建设。工程调控是应对极端洪枯水的有效手段，需进一步加强湖区圩堤除险加固，统筹圩区排涝和取供水能力体系建设；加强五河上中游水库、生态林及水土保持工程建设，提高水资源调控、涵养水平；适时启动鄱阳湖水利枢纽工程建设，从根本上解决湖区枯水期生产生活取水及生态环境恶化等问题。

（2）提高湖区综合抗灾能力。极端洪枯水受全球变化及人类活动的综合影响，除了加强监测预报能力外，还应主动提高适应能力，即落实最严格的水资源管理制度，加大节水力度，调整产业结构，优化人口布局和农业种植结构，建立适水发展的经济社会格局；加强洪旱灾害风险分析与管理，规范洪泛区和分蓄洪区管理，建立预警预报信息系统，推动长江干流、五河及湖区信息互通，实现统一调度与管理；提高河道管理及洪水资源化利用水平，逐步提高湖区综合防灾抗灾能力。

（3）加强洪枯水时空变化规律研究。加强洪枯水时空分布和历史演变变化规律、气候变化与人类活动影响评估及洪旱灾害适应性管理等方面的研究。做好顶层设计，顺应水沙规律，规范采沙、圩区经济社会发展，加快生态文明建设，协调发展与生态的关系，以科技进步为支撑，保障鄱阳湖经济生态复合系统的和谐、持续、健康发展。

4. 小结

（1）一次鄱考后，鄱阳湖先后经历了1995年、1996年、1998年、1999年和2010年等典型严重洪水年。其中，尤以1998年为甚，为1954年以来最大洪水，湖口站实测最大洪水位达 22.59 m，超警戒水位天数近 3 个月之久。然而，与一鄱考相比，湖口站各典型频率年设计最高洪水位却有所降低，五河入湖控制站设计洪峰流量也有所减少。进入 21 世纪后，受多种因素影响，鄱阳湖洪水量级明显减少，除 2010 年等个别年份外，湖区很少出现超警戒水位的洪水位。

（2）一次鄱考以来，鄱阳湖先后经历了 2011 年、2007 年、2009 年、2006 年、1963 年和 1956 年等典型枯水年。湖区星子站 2011 年低于 8 m 严重枯水位的天数达 175 天，2004 年枯水位更是下降到历年最低的 5.22 m。与洪水变化相对应，进入 21 世纪以来鄱阳湖干旱天数明显增多，典型水文站的年最低枯水位下降明显，年均严重枯水天数屡创新高。

（3）受气候变化及人类活动加剧等的影响， 2007～2009 年鄱阳湖出现连续枯水年，2011 年严重枯水天数近半年之久。与 20 世纪 60 年代的连续枯水相比，近年来鄱阳湖枯水天数显著增加，星子站实测最低水位也呈现一定的降低趋势。

（4）针对鄱阳湖洪枯水变化分析成果，提出 3 方面的应对策略：①加强工程调控能力建设；②提高湖区综合抗灾能力；③加强洪枯水时空变化规律研究。

第七节　水文动态变化的影响因素

鄱阳湖水情受长江及鄱阳湖流域来水的双重影响，洪涝与干旱交替出现，年内时有旱涝急转的情势。2003 年以来，鄱阳湖区水文情势发生了较明显的变化，尤其是近年来湖区连年发生了枯水，主要控制站出现了历年实测最低水位，低水位出现时间大幅度提前且持续时间延长。本小节将分析影响鄱阳湖水文动态变化的主要因素。

一般来说，影响水文动态变化的因素可分为两类，即人类活动和自然变化，以下即从这两方面对鄱阳湖水文动态变化进行分析。

1. 人类活动影响

1）三峡水库及长江中上游水库群的影响

三峡水库及长江中上游水库群的建设与运行的影响主要体现在水库群蓄水期下泄量减少、枯水期下泄量增加，以及拦蓄泥沙、清水下泄导致的下游河道冲淤再平衡等对鄱阳湖水情的影响。

2003 年以来，鄱阳湖区枯水位显著降低、枯水出现时间大幅提前、枯水持续时间显著延长，湖区控制站普遍出现历史最低水位。2003～2012 年系列 10 月至次年 1 月星子站各月平均水位比 1956～2002 年系列分别降低 0.8 m、2.17 m、1.64 m 和 0.77 m，10 m 以下水位出现时间从 1956～2002 年系列的 127 天延长至 2003～2012 年系列的 175 天。2003～2012 年系列湖口站、星子站、都昌站 10 月和 11 月的平均水位超出了同期水文长序列周期变动范围，均低于之前的枯水系列水位。对 1956～2012 年水位资料系列的趋势性分析表明，湖口站、星子站、都昌站 10 月和 11 月水位均已出现趋势性降低变化。

自三峡水库蓄水以来，长江中下游干流河道发生了显著的冲刷，九江河段锁江楼至八里江口段平滩以下河槽冲刷 $1.2\times10^8 m^3$，冲刷主要集中在枯水河槽。鄱阳湖区在 2003 年前呈缓慢淤积态势，之后入江水道段冲刷下切明显，湖区冲淤变化不大。鄱阳湖区入江水道段的河床下切，导致湖口站至星子站段的水面比降减小，平均水位落差从 1956～2002 年的 0.57 m 减小至 2003～2012 年的 0.28 m，湖口站 12 m 以下水位的平均落差从 0.85 m 减小至 0.35 m，湖口站相同水位下的星子站水位明显下降，对湖区枯水位有降低的影响。随着长江上游干支流水库的建设及其逐渐投入运行，湖口站上游水沙发生变化，清水下泄，干流河道冲刷范围和幅度逐渐发展，在达到新的冲淤平衡前其影响可能进一步扩大。

2）五河流域水库群的影响

五河流域水库群建设与运行的影响，主要体现在库群对入湖径流的调节及其对入湖泥沙的影响。

据统计，至 2012 年，鄱阳湖流域已建成各类蓄水工程 24.2 万座，总库容为 $769.4\times10^8 m^3$，其中大型水库共 27 座，总库容为 $175.2\times10^8 m^3$，兴利库容为 $80.5\times10^8 m^3$；中型水库有 232 座，总库容为 $56.1\times10^8 m^3$，兴利库容为 $34.8\times10^8 m^3$；小型水库有 9 230 座，总库容为 $60.6\times10^8 m^3$，兴利库容为 $39.3\times10^8 m^3$；塘坝有 23.2 万座，总库容为 $25.8\times10^8 m^3$。

考虑到已建蓄水工程中具有一定调节性能的流域控制性水库较少，对径流的调节能力较差。赣江的万安水库、峡江水库（在建）及支流袁河上的江口水库，抚河的廖坊水库及支流黎滩河上的洪门水库，饶河的浯溪口水库（在建）及修河的柘林水库等五河控制性水库在 7～8 月基本完成蓄水任务，9 月以后对下游和湖区具有一定的补水作用，但由于此时鄱阳湖区水位已降低，其补水作用较小。

根据 2003～2012 年五河控制站的水沙特性分析，五河的入湖沙量呈减少趋势。近 10 年，年平均入湖沙量为 710×10^4 t，比多年均值 1 538×10^4 t 减少 828×10^4 t。入湖泥沙的减少一方面是流域综合治理及水土保持等生态建设的结果；另一方面，五大河流上游水利工程建设的不断增加导致下泄河水的含沙量减少也是重要原因。五河入湖泥沙的减少将减缓鄱阳湖湖区泥沙的淤积速度，并在一定程度上降低枯水期湖区的水位。

3）城镇化建设的影响

城镇化建设的影响主要体现在下垫面条件的变化引起的流域产汇流机制调整，以及流域水资源利用量增加带来的影响。

江西省城镇化进程经历了 1949～1978 年缓慢起步、1978～2000 年平稳发展和 2001 年至今快速发展 3 个阶段（马懿莉，2014）。一次鄱考之后，城镇化率从 1985 年的不到 20% 增长到 2012 年的 47.51%，增长了近 1.4 倍。快速的城镇化带来了建成区的大幅度扩大、不透水地面大量增加，从而导致流域产汇流速度加快、流域蓄水量及地下水补给有所减少，这在一定程度上对鄱阳湖洪旱水情起到推波助澜的作用。

另外，随着鄱阳湖流域经济社会的发展，城镇人口和 GDP 的增长也会带来流域水资源利用量的增加。据预计，流域 2030 年耗水量将比 2008 年约增加 8.02 亿 m^3，相当于年平均减少入湖流量 25.3 m^3/s，减少的入湖水量约占多年平均入湖量的 0.6%（徐照明等，2014）。由于增加的耗水量较小，总体对尾闾河道及湖区枯水期各月的水位降低影响较小。

4）水土保持工程、流域综合治理及采沙的影响

水土保持工程、流域综合治理及采沙的影响体现在泥沙输入和输出引起鄱阳湖的冲淤变化，从而导致湖区水文动态变化。

1998 年洪水以来，国家和江西省加大了全省水土保持生态建设的投入力度，加快了水土流失的治理步伐，治理面积和工程量都有显著增加。与此同时，一次鄱考提出的山江湖治理工程强化了流域综合治理，利用系统原理加强了流域生态建设。水土保持工程建设及流域综合治理措施从泥沙的外源输入方面影响到了湖区泥沙冲淤变化，对湖区水情变化存在一定影响。

此外，城镇化建设的加快发展也导致了人类采砂活动急剧增多，大量的河沙开采从内源输出方面影响了湖区泥沙淤积，其在一定程度上加剧了鄱阳湖枯水期水位下降的趋势。

2. 自然变化影响

自然变化的影响主要体现于全球变化在区域的响应，即降水量和气温变化（蒸发量）导致的径流量变化。

鄱阳湖水文动态变化受长江和鄱阳湖流域来水双重影响，因此需对两者予以分析。2003～2012 年系列与 1956～2002 年系列相比，鄱阳湖和长江湖口以上流域的年降水量分别偏少 5.15%和 3.62%，9 月至次年 3 月降水量分别偏少 3.02%和 5.98%，宜昌站、汉口站、大通站、鄱阳湖五河七口控制站、湖口站实测径流量分别偏少 8.1%、5.3%、6.1%、7.8%和 6.6%。天然降水资料系列的趋势性分析表明，9 月至次年 3 月降水量没有显著变化趋势，考虑三峡水库蓄放水还原后的长江干流控制站宜昌站、汉口站、大通站的年径流量，9 月至次年 3 月径流量均没有显著变化趋势，鄱阳湖出入湖五河七口控制站和湖口站的年径流量没有显著变化趋势，但 9 月至次年 3 月来水总量均表现出一定的增加趋势。

综上所述，长江中上游及鄱阳湖流域天然降雨径流均未发生明显的趋势性变化，近些年鄱阳湖水文动态变化的主要影响因素是人类活动。

参 考 文 献

长江水利委员会水文局. 2010. 三峡工程蓄水后长江中下游水文情势变化专题研究报告.

程时长，卢兵. 2003. 鄱阳湖湖流特征. 江西水利科技，29（2）：105-108.

郭家力，郭生练，徐高洪，等. 2011. 鄱阳湖流域洪水遭遇规律和危险度初步研究. 水文，31（2）：1-5.

江西省水文局. 2008. 五大水系对鄱阳湖生态影响研究.

马懿莉. 2014. 江西省新型城镇化建设研究. 华中师范大学硕士学位论文.

王红瑞，刘昌明. 2010. 水文过程周期分析方法及其应用. 北京：中国水利水电出版社.

谢冬明，郑鹏，邓红兵，等. 2011. 鄱阳湖湿地水位变化的景观响应. 生态学报，31（5）：1269-1276.

熊道光. 1991. 鄱阳湖湖流特性分析与研究. 海洋与湖沼，22（3）：200-207.

徐照明，胡维忠，游中琼. 2014. 三峡水库运用后鄱阳湖区枯水情势及成因分析. 人民长江，45（7）：18-22.

喻中文，胡魁德. 2014. 鄱阳湖低枯水位变化及趋势性分析研究，江西水利科技，40（4）：253-257.

喻中文，司武卫，关兴中. 2014. 鄱阳湖湖流监测与分析，水文水资源，35（11）：20-23.

中国水利水电科学研究院. 2010. 三峡工程运用后下游河道冲淤与鄱阳湖江湖关系变化.

Gerstengarbe F W，Werner P C. 1999. Estimation of the beginning and end of recurrent events within a climate regime. Climate Research，11：97-107.

Zhang Q，C L，C Y，et al. 2006. Observed trends of annual maximum water level and streamflow during past 130 years in the Yangtze River basin，China. Journal of Hydrology，324：255-265.

第三章　江湖水文关系

第一节　鄱阳湖水位-面积-蓄水量

1. 问题的提出和分析计算内容

1）问题的提出

鄱阳湖是开敞湖泊，湖区水情既受五河来水影响，同时还受长江水位影响，江湖、河湖水文关系复杂多变。具体地说，鄱阳湖水位涨、落既受五河入湖水量多少控制，也受长江顶托强弱的影响，由此可见，鄱阳湖水位变化是由入湖五河来水和长江干流水位变化共同决定的，入湖五河来水变化和长江干流水位变化的不同组合造成鄱阳湖水位年内、年际变化大。以位于鄱阳湖北部的星子站为例，其水位年内变幅为 7.67～14.19 m，平均为 11.10 m；水位多年变幅达 15.41 m，但是越往上游（鄱阳湖南部）水位年内变幅越小，如图 2-3-1 所示。

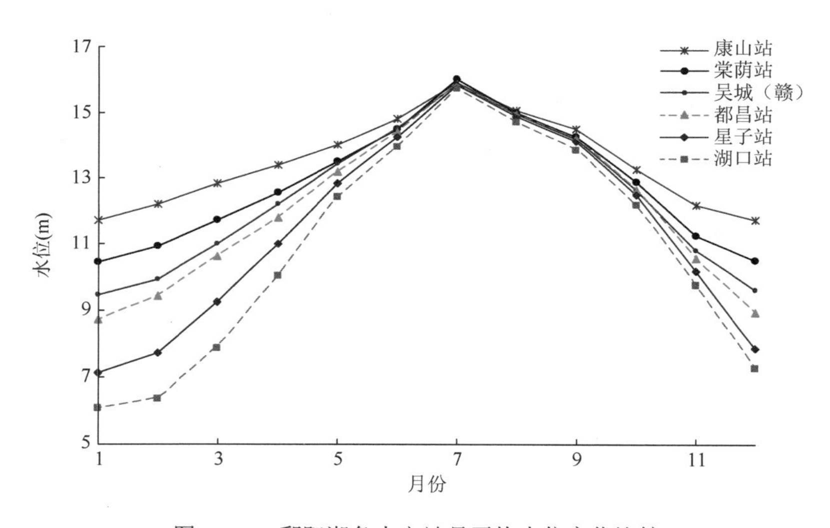

图 2-3-1　鄱阳湖各水文站月平均水位变化比较

在开敞式湖泊，通常只建立高程-面积、高程-容积关系，没有建立水位-面积、水位-蓄水量关系的先例。从图 2-3-1 可以看出，水位越低，湖面各站水位差别越大，在不同来水情况下，一个水位数据对应不同面积、蓄水量。湖面落差越大，湖面形状越复杂，建立符合实际的水位-面积、水位-蓄水量关系的难度越大，使得鄱阳湖湖面实际面积和湖体实际水量的推算存在很大的不确定性。然而，对于洪水、枯水演算和预报，防汛抗旱指挥决策和水资源利用管理，以及水生态、水环境保护，都迫切需要了解鄱阳湖真实面积与水量。因此，本书尝试建立水文条件下鄱阳湖水位-面积和水位-蓄水量关系，以满足当前各项工作的需求。

2）分析计算内容

鄱阳湖高程-面积、高程-容积关系计算，一是利用鄱阳湖基础地理测量取得的1∶10 000数字高程模型（DEM）进行基本地形因子计算；二是利用鄱阳湖基础地理测量取得的1∶10 000数字地形图、MapGIS线画图分图幅量算。最终成果采用DEM计算结果。MapGIS分图幅，逐级量算各等高线所包围的面积，其成果用于与DEM计算结果的校验和合理性分析。

2. 技术路线和计算方法

1）不同水位对应的鄱阳湖面积和蓄水量的确定

主要考虑鄱阳湖各处湖面变化，即不同水情变化产生的湖面各处水位差异，尤其是低水位时期湖面各处水位的显著差异，采用泰森多边形，结合现有水文（水位）站数量和分布、鄱阳湖湖盆特征和不同时期出入流特点，将鄱阳湖分成9个区域（每个区域代表1个水文站或水位站）。运用各分区水文（水位）站同一时间的水位，通过各分区高程-面积、高程-容积关系，推求同一时刻星子站水位对应的鄱阳湖面积和蓄水量。

2）鄱阳湖（湖盆区）分区

依据入湖河水和湖区水面的变化，以及鄱阳湖现有水文（水位）站分布，拟将鄱阳湖（湖盆区）分成9个区域，每个区域选择1个代表水文（水位）站，分别如下。

湖口水道北部区域：湖口水文站；
湖口水道南部区域：星子水位站；
北部湖面开阔区域：都昌水位站；
西部入湖河口区域：吴城水位站；
南部湖面开阔区域：棠荫（蛇山）水文站；
东北部湖湾区域：龙口水位站；
南部入湖河口区域：康山水文站；
东部入湖河口区域：鄱阳水位站；
南部湖湾区域：三阳水位站。

每个区域的边界分为两种类型：一是鄱阳湖（湖盆区）的边界；二是区域之间的分界线。

鄱阳湖（湖盆区）边界，即湖盆与入湖河流尾闾的边界，在前面鄱阳湖高程-面积、高程-容积计算中已经确定。鄱阳湖水位-面积、水位-蓄水量计算分区如图2-3-2所示。

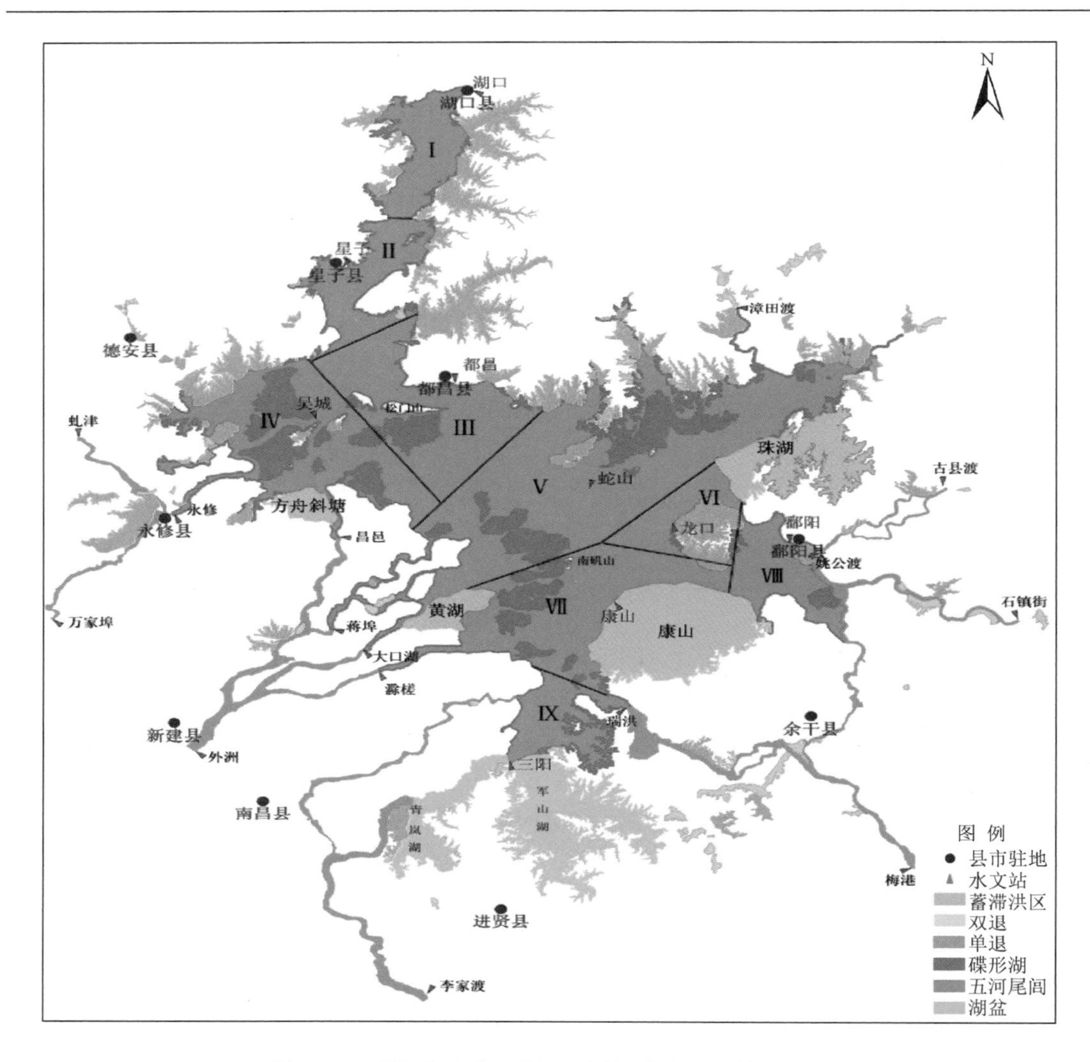

图 2-3-2　鄱阳湖水位-面积、水位-蓄水量计算分区图

3）分析计算方法

（1）鄱阳湖水文特征分析。应用鄱阳湖水准测量成果，将各水文站水位统一到 1985 国家高程基准，对湖面各站水位及其关系进行深入分析。

（2）鄱阳湖（指鄱阳湖湖盆区）分区。根据入湖河水和湖区水面的变化，以及鄱阳湖水文（水位）站的分布，决定分区数量（宜分成的区域个数）；采用水文学中的泰森多边形，结合水流和下垫面特点，确定各区域的边界线。

（3）建立水位相关关系。对星子站水位与湖口站、都昌站、棠荫站、康山站、龙口站、鄱阳站、三阳站、吴城站 8 个站不同时段水位进行相关分析。根据鄱阳湖水文（水位）站实测水位资料，将各站水位资料换算统一的 1985 国家高程基准，分别建立不同时段星子站水位与湖区其他 8 个站水位的相关关系。

（4）建立各区高程-面积、高程-积关系。各区域高程-面积、高程-容积关系的确定：

根据确定的鄱阳湖湖盆边界和区域边界线，利用本次高程-面积、高程-容积关系计算成果，建立各个区域的高程-面积、高程-容积关系。

（5）建立湖盆区水位-面积、水位-蓄水量关系。以星子站水位为代表的鄱阳湖（湖盆区）水位-面积、水位-蓄水量关系的建立：以星子站水位为代表，用星子站和其他8个站同时段水位，利用各区域高程-面积、高程-容积关系计算其面积和容积，以9个分区的累加值作为星子站水位对应的湖盆区面积和蓄水量，并进行星子站水位与湖盆区面积和蓄水量的相关分析，即可建立湖盆区水位-面积、水位-蓄水量关系。

4）说明

在分析计算水位-面积、水位-蓄水量时，单双退圩堤仅在计算全湖区综合的水位-面积、水位-蓄水量关系时纳入计算，并且根据双退圩区、万亩以下单退圩区和万亩以上单退圩区3类的还湖控制水位高程，控制水位高程以上纳入计算，否则扣除。

3. 鄱阳湖水位-面积-蓄水量关系分析

1）鄱阳湖（湖盆区）水文（水位）站水位基面的统一

根据鄱阳湖基础地理测量各水文（水位）站水准点Ⅲ、Ⅳ等水准测量连测结果，计算鄱阳湖（湖盆区）9个代表水文（水位）站水位的基面换算系数，即各站水位起算基准点国家1985高程基准与冻结高程基准的差值，见表2-3-1。

表2-3-1　鄱阳湖各水文（水位）站基面换算系数

站名	湖口	星子	都昌	棠荫	康山	龙口	鄱阳	三阳	吴城
系数	−1.836	−1.859	−1.653	−1.716	−1.707	−1.705	−1.892	−2.018	−2.260

2）以星子站为代表的鄱阳湖湖盆区、通江水体水位-面积、水位-蓄水量关系的建立

根据鄱阳湖水文（水位）站实测水位资料，将各站水位资料换算统一的国家1985高程基准，分别建立不同时段星子站水位与湖区其他8个站水位的相关关系。分析结果表明，星子站水位与其他8个站水位的相关关系以逐月各旬平均水位关系最好。

利用9个分区代表水文（水位）站1990～2010年逐月各旬平均水位，通过各分区高程-面积、高程-容积关系，推算逐月各旬各分区的面积、蓄水量和鄱阳湖（湖盆区）的面积、蓄水量，将逐月各旬鄱阳湖（湖盆区）的面积和蓄水量与其对应的星子站旬平均水位进行相关关系分析，也可以得出以星子站为代表的鄱阳湖（湖盆区）水位-面积和水位-蓄水量关系。

分别点绘星子站水位与鄱阳湖湖盆区面积、蓄水量相关关系点群图，对点群图分析表明，水位16 m以上时，点群集中呈带状；7 m水位以下的点群逐渐向5 m左右位置集中；5～16 m的点群比较分散，但呈季节性分层分布，3～6月的点据位于下层，7～9月的点据位于中层，10月至次年2月的点据位于上层，如图2-3-3～图2-3-6所示。

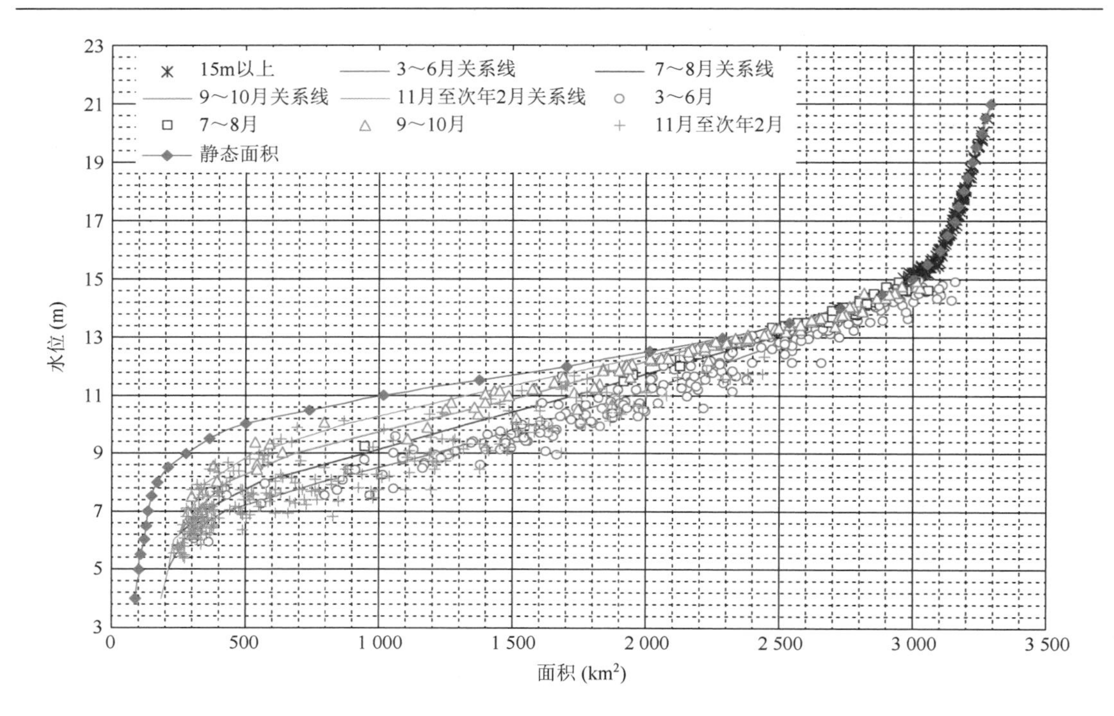

图 2-3-3　星子站水位-鄱阳湖湖盆区面积关系

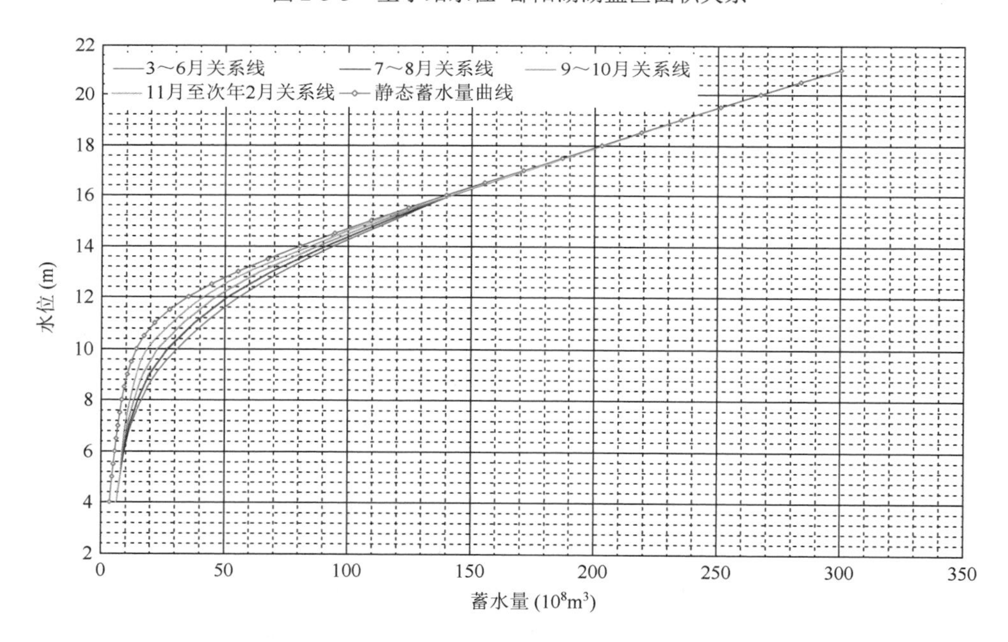

图 2-3-4　星子站水位-鄱阳湖湖盆区蓄水量关系

鄱阳湖湖盆区水位-面积和水位-蓄水量关系相关点群的这种分层分布规律与鄱阳湖水情变化受长江与五河双重影响的水文规律是一致的。7 m 水位以下的点群逐渐趋于 5 m 左右位置集中，反映出水位 7 m 水位以下时湖水完全归槽，鄱阳湖呈河相，湖面绝大部分区域水情受五河来水控制，受长江干流来水影响的区域极小，湖盆区水位-面积和水位-蓄水量关系基本由主航道槽蓄特性决定。水位-面积和水位-蓄水量关系相关点群的上述季节性分层分布规律基本反映了鄱阳湖、长江及五河的江湖、河湖关系特征。

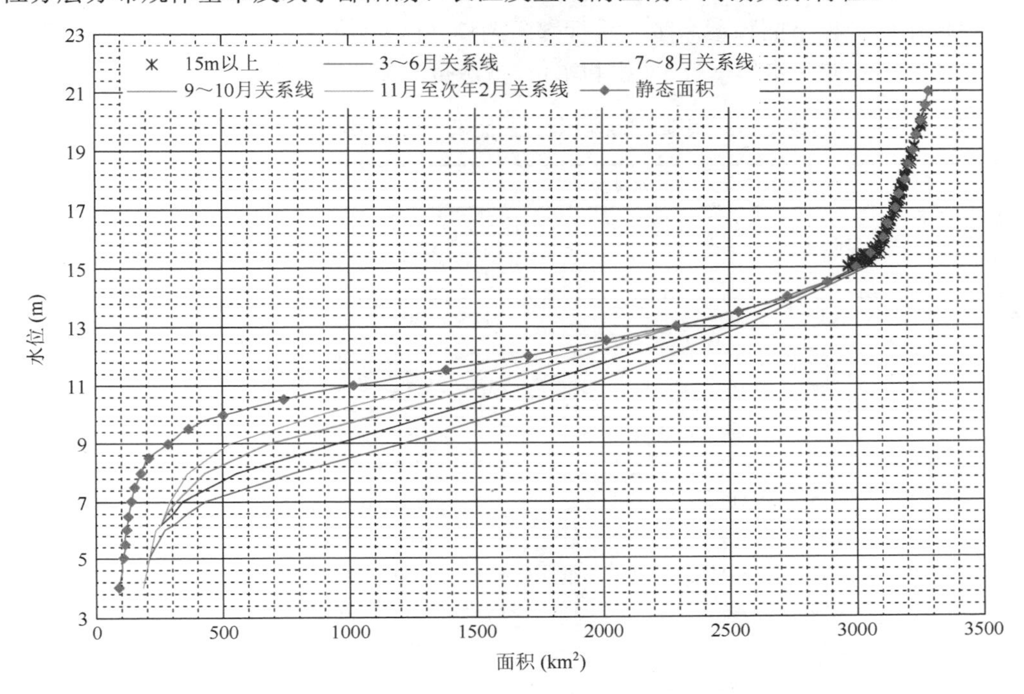

图 2-3-5　星子站水位-鄱阳湖湖盆区面积关系

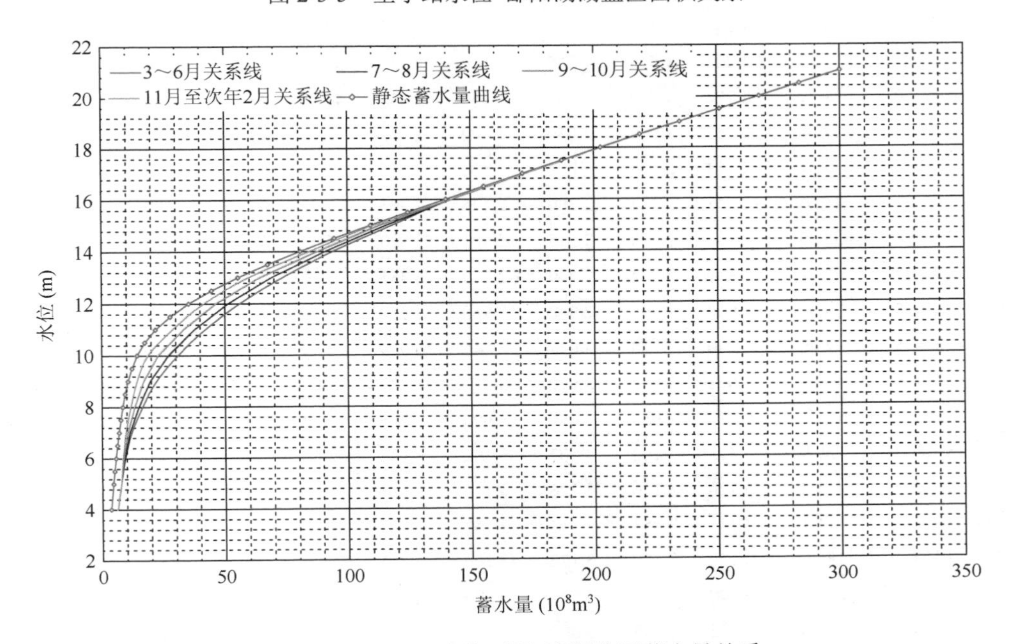

图 2-3-6　星子站水位-鄱阳湖湖盆区蓄水量关系

根据鄱阳湖水情变化受长江与五河双重影响的水文规律和鄱阳湖多年各月入湖流湖口、出流变化情况，并结合星子站水位与鄱阳湖湖盆区面积、蓄水量相关关系点群图规律，分 3～6 月、7～8 月、9～10 月、11 月至次年 2 月 4 个时段，本成果按不考虑碟形湖影响（包括碟形湖门槛以下面积蓄水量）进行鄱阳湖湖盆区水位-面积和水位-蓄水量分析，见表 2-3-2。鄱阳湖通江水体水位-面积和水位-蓄水量成果见表 2-3-3。

表 2-3-2 鄱阳湖湖盆区水位-面积、水位-蓄水量关系表

水位（m）	面积（km^2）	容积（10^8 m^3）	水位-面积（km^2）					水位-蓄水量（10^8 m^3）				
			3～6月	7～8月	9～10月	11月至次年2月	综合线	3～6月	7～8月	9～10月	11月至次年2月	综合线
4	88.4	3.41	200			200	200	6.00			6.00	6.20
4.5	95.1	3.87	205			205	210	6.75			6.40	6.60
5	104.1	4.37	215			210	215	7.5			7.00	7.00
5.5	111.0	4.91	250			222	220	8.38			7.60	7.90
6	120.0	5.48	290			233	260	9.25			8.25	8.50
6.5	127.3	6.10	370			260	320	10.57			8.83	9.30
7	139.0	6.76	470		315	291	400	11.89		10.24	9.41	10.50
7.5	150.0	7.48	602		370	323	500	14.13		11.66	10.42	12.30
8	173.0	8.29	785		435	360	630	16.37		13.08	11.44	14.00
8.5	208.1	9.24	994		555	439	795	19.18		14.87	12.72	16.80
9	280.5	10.46	1 208		682	522	980	22.00		16.67	14.00	19.50
9.5	265.1	12.07	1 399		890	703	1 165	26.44		19.66	16.27	22.82
10	504.4	14.23	1 590	1 333	1 122	877	1 355	30.95	27.00	22.72	19.00	26.50
10.5	742.1	17.33	1 781	1 535	1 360	1 110	1 545	36.50	32.00	28.00	23.50	31.80
11	1 018.0	21.71	1 972	1 739	1 598	1 340	1 735	42.02	37.45	32.89	28.32	36.52
11.5	1 377.3	27.68	2 163	1 950	1 836	1 600	1 925	49.13	44.40	39.66	34.93	43.13
12	1 704.6	35.37	2 354	2 162	2 074	1 861	2 115	56.33	51.43	46.53	41.63	49.83
12.5	2 012.1	44.65	2 545	2 374	2 300	2 125	2 305	64.91	60.09	55.28	50.46	57.96
13	2 287.8	55.39	2 736	2 596	2 515	2 421	2 520	74.09	69.36	64.62	59.89	66.59
13.5	2 535.2	67.44	2 900	2 802	2 730	2 700	2 735	85.10	81.08	77.08	73.08	77.83
14	2 727.5	80.60	3 010	2 966	2 940	2 950	2 950	96.50	93.00	89.57	86.30	89.10
14.5	2 884.5	94.62	3 040	3 050	3 049	3 045	3 050	107.9	105.0	102.0	99.00	101.2
15	3 000.8	109.3	3 062	3 070	3 070	3 070	3 070	119.0	117.0	113.8	112.0	113.0
15.5	3 053.7	124.5	3 084	3 089	3 090	3 090	3 090	130.0	128.7	127.0	124.6	124.6
16	3 102.0	139.9	3 102	3 102	3 102	3 102	3 102	139.9	139.9	139.9	139.9	139.9
16.5	3 125.8	155.4	3 126	3 126	3 126	3 126	3 126	155.4	155.4	155.4	155.4	155.4
17	3 152.7	171.1	3 153	3 153	3 153	3 153	3 153	171.1	171.1	171.1	171.1	171.1
17.5	3 170.2	186.9	3 170	3 170	3 170	3 170	3 170	186.9	186.9	186.9	186.9	186.9
18	3 189.9	202.8	3 190	3 190	3 190	3 190	3 190	202.8	202.8	202.8	202.8	202.8
18.5	3 204.7	218.8	3 205	3 205	3 205	3 205	3 205	218.8	218.8	218.8	218.8	218.8
19	3 223.5	234.9	3 224	3 224	3 224	3 224	3 224	234.9	234.9	234.9	234.9	234.9

续表

水位（m）	面积（km²）	容积（10^8 m³）	水位-面积（km²）					水位-蓄水量（10^8 m³）				
			3～6月	7～8月	9～10月	11月至次年2月	综合线	3～6月	7～8月	9～10月	11月至次年2月	综合线
19.5	3 237.8	251.0	3 238	3 238	3 238	3 238	3 238	251.0	251.0	251.0	251.0	251.0
20	3 256.4	267.3	3 256	3 256	3 256	3 256	3 256	267.3	267.3	267.3	267.3	267.3
20.5	3 271.5	283.6	3 272	3 272	3 272	3 272	3 272	283.6	283.6	283.6	283.6	283.6
21	3 286.9	300	3 287	3 287	3 287	3 287	3 287	300	300	300	300	300

表 2-3-3　鄱阳湖通江水体水位-面积、水位-蓄水量关系表

水位（m）	面积（km²）	容积（10^8 m³）	水位-面积（km²）					水位-蓄水量（10^8 m³）				
			3～6月	7～8月	9～10月	11月至次年2月	综合线	3～6月	7～8月	9～10月	11月至次年2月	综合线
4	98.7	3.60	210			210	210	6.19			6.19	6.39
4.5	107.7	4.12	218			218	223	7.00			6.65	6.85
5	120.4	4.69	231			226	231	7.82			7.32	7.32
5.5	130	5.31	269			241	239	8.79			8.01	8.31
6	142.5	5.99	313			256	283	9.76			8.76	9.01
6.5	153.4	6.73	396			286	346	11.20		11.01	9.46	9.93
7	168.9	7.54	500		345	321	430	12.66		12.59	10.18	11.27
7.5	183.3	8.42	635		403	356	533	15.06		14.19	11.35	13.23
8	209.6	9.40	822		472	397	667	17.48		16.17	12.55	15.11
8.5	249	10.54	1 034		595	479	835	20.48		18.19	14.02	18.10
9	326	11.97	1 254		728	568	1 026	23.52		21.42	15.52	21.02
9.5	415	13.82	1 449		940	753	1 215	28.20		24.74	18.03	24.58
10	561	16.25	1 647	1 390	1 179	934	1 412	32.97	29.02	30.32	21.02	28.52
10.5	804	19.65	1 843	1 597	1 422	1 172	1 607	38.82	34.32	35.54	25.82	34.12
11	1 087	24.36	2 041	1 808	1 667	1 409	1 804	44.67	40.10	42.70	30.97	39.17
11.5	1 469	30.72	2 255	2 042	1 928	1 692	2 017	52.17	47.44	50.10	37.97	46.17
12	1 825	38.94	2 474	2 282	2 194	1 981	2 235	59.90	55.00	59.50	45.2	53.4
12.5	2 154	48.87	2 687	2 516	2 442	2 267	2 447	69.13	64.31	69.59	54.68	62.18
13	2 447	60.36	2 895	2 755	2 674	2 580	2 679	79.06	74.33	82.89	64.86	71.56
13.5	2 711	73.25	3 076	2 978	2 906	2 876	2 911	90.91	86.89	96.32	78.89	83.64
14	2 926	87.34	3 209	3 165	3 139	3 149	3 149	103.3	99.75	109.8	93.05	95.85
14.5	3 102	102.4	3 257	3 267	3 266	3 262	3 267	115.7	112.8	122.8	106.8	109.0
15	3 240	118.3	3 301	3 309	3 309	3 309	3 309	128.0	125.9	137.2	120.9	121.9
15.5	3 314	134.7	3 345	3 350	3 351	3 351	3 351	140.2	138.9	151.4	134.8	134.8
16	3 384	151.4	3 384	3 384	3 384	3 384	3 384	151.4	151.4	168.4	151.4	151.4
16.5	3 423	168.4	3 423	3 423	3 423	3 423	3 423	168.4	168.4	185.6	168.4	168.4
17	3 466	185.6	3 465	3 465	3 465	3 465	3 465	185.6	185.6	203.0	185.6	185.6
17.5	3 494	203.0	3 494	3 494	3 494	3 494	3 494	203.0	203.0	220.6	203	203.0
18	3 528	220.6	3 528	3 528	3 528	3 528	3 528	220.6	220.6	238.3	220.6	220.6
18.5	3 553	238.3	3 553	3 553	3 553	3 553	3 553	238.3	238.3	256.1	238.3	238.3

续表

水位（m）	面积（km^2）	容积（10^8 m^3）	水位-面积（km^2）					水位-蓄水量（10^8 m^3）				
			3～6月	7～8月	9～10月	11月至次年2月	综合线	3～6月	7～8月	9～10月	11月至次年2月	综合线
19	3 582	256.1	3 582	3 582	3 582	3 582	3 582	256.1	256.1	274.1	256.1	256.1
19.5	3 605	274.1	3 605	3 605	3 605	3 605	3 605	274.1	274.1	292.2	274.1	274.1
20	3 632	292.2	3 632	3 632	3 632	3 632	3 632	292.2	292.2	310.4	292.2	292.2
20.5	3 654	310.4	3 654	3 654	3 654	3 654	3 654	310.4	310.4	328.7	310.4	310.4
21	3 676	328.7	3 676	3 676	3 676	3 676	3 676	328.7	328.7	328.7	328.7	328.7

3）全鄱阳湖区（不含军山湖）综合星子站水位-面积、水位-蓄水量

全鄱阳湖区（不含军山湖）综合星子站水位-面积、水位-蓄水量成果见表 2-3-4。

表 2-3-4　全鄱阳湖（不含军山湖）水位-面积、水位-蓄水量关系表

水位（m）	静态		动态面积（km^2）					动态蓄水量（10^8 m^3）				
	面积（km^2）	容积（10^8 m^3）	3～6月	7～8月	9～10月	11月至次年2月	综合线	3～6月	7～8月	9～10月	11月至次年2月	综合线
4	98.7	3.60	210			210	210	6.19			6.19	6.39
4.5	108	4.12	218			218	223	7.00			6.65	6.85
5	120	4.69	231			226	231	7.82			7.32	7.32
5.5	130	5.31	269			241	239	8.79			8.01	8.31
6	143	6.0	313			256	283	9.76			8.76	9.01
6.5	153	6.7	396			286	346	11.2			9.46	9.93
7	169	7.5	500		345	321	430	12.66		11.01	10.18	11.27
7.5	183	8.4	635		403	356	533	15.06		12.59	11.35	13.23
8	210	9.4	822		472	397	667	17.48		14.19	12.55	15.11
8.5	249	10.5	1 034		595	479	835	20.48		16.17	14.02	18.1
9	326	12.0	1 254		728	568	1 026	23.52		18.19	15.52	21.02
9.5	416	13.8	1 449		940	753	1 215	28.20		21.42	18.03	24.58
10	576	16.3	1 661	1 404	1 193	948	1 426	33.01	29.06	24.78	21.06	28.56
10.5	835	19.8	1 874	1 628	1 453	1 203	1 638	38.97	34.47	30.47	25.97	34.27
11	1 139	24.7	2 093	1 860	1 719	1 461	1 856	45.02	40.45	35.89	31.32	39.52
11.5	1 583	31.5	2 369	2 156	2 042	1 806	2 131	52.95	48.22	43.48	38.75	46.95
12	2 014	40.6	2 663	2 471	2 383	2 170	2 424	61.57	56.67	51.77	46.87	55.07
12.5	2 409	51.7	2 942	2 771	2 697	2 522	2 702	71.99	67.17	62.36	57.54	65.04
13	2 767	64.7	3 215	3 075	2 994	2 900	2 999	83.36	78.63	73.89	69.16	75.86
13.5	3 128	79.5	3 492	3 394	3 322	3 292	3 327	97.14	93.12	89.12	85.12	89.87
14	3 414	96.0	3 696	3 652	3 626	3 636	3 636	111.9	108.4	104.9	101.7	104.5
14.5	3 660	114.7	3 816	3 826	3 825	3 821	3 826	127.0	124.1	121.1	118.1	120.3
15	3 893	132.9	3 954	3 962	3 962	3 962	3 962	143.0	140.5	137.3	135.5	136.5

续表

水位（m）	静态		动态面积（km²）					动态蓄水量（10^8 m³）				
	面积（km²）	容积（10^8 m³）	3～6月	7～8月	9～10月	11月至次年2月	综合线	3～6月	7～8月	9～10月	11月至次年2月	综合线
15.5	4 030	152.7	4 060	4 065	4 066	4 066	4 066	158.2	156.9	155.2	152.8	152.8
16	4 152	173.2	4 152	4 152	4 152	4 152	4 152	173.2	173.2	173.2	173.2	173.2
16.5	4 257	194.7	4 257	4 257	4 257	4 257	4 257	195.0	194.7	194.7	194.7	194.7
17	4 347	216.2	4 347	4 347	4 347	4 347	4 347	216.2	216.2	216.2	216.2	216.2
17.5	4 425	238.2	4 425	4 425	4 425	4 425	4 425	238.2	238.2	238.2	238.2	238.2
18	4 519	261.2	4 519	4 519	4 519	4 519	4 519	261.2	261.2	261.2	261.2	261.2
18.5	4 589	284.0	4 589	4 589	4 589	4 589	4 589	284.0	284.0	284.0	284.0	284.0
19	4 664	307.2	4 664	4 664	4 664	4 664	4 664	307.2	307.2	307.2	307.2	307.2
19.5	4 726	330.7	4 726	4 726	4 726	4 726	4 726	330.6	330.7	330.6	330.6	330.6
20	4 812	354.9	4 812	4 812	4 812	4 812	4 812	354.9	354.9	354.9	354.9	354.9
20.5	4 884	379.6	4 884	4 884	4 884	4 884	4 884	379.6	379.6	379.6	379.6	379.6
21	4 950	404.5	4 950	4 950	4 950	4 950	4 950	404.5	404.5	404.5	404.5	404.5

4）特征水位鄱阳湖面积和蓄水量

鄱阳湖历年最高水位、最低水位、平均水位对应的面积和蓄水量成果见表 2-3-5。

表 2-3-5　历年最高、最低、平均水位对应的鄱阳湖面积和蓄水量

水位类型	水位（m）	面积（km²）	蓄水量（10^8 m³）	备注
星子站最高	20.66	5 156	404.2	含军山湖，含 4 个蓄滞洪区
		4 905	387.2	不含军山湖，含 4 个蓄滞洪区
		4 384	351.2	不含军山湖及 4 个蓄滞洪区
星子站最低	5.25	239	7.82	通江水体
星子站平均	11.57	2 028	47.19	通江水体
湖口站最低	4.06	211	6.44	通江水体

第二节　湖口附近长江干流河道与鄱阳湖冲淤变化及对水情的影响

1. 近年来湖口附近长江干流河道冲淤及形态变化

三峡工程运用以来，长江中下游干流河道发生了显著的冲刷。以九江河段分析湖口附近长江干流河道冲淤变化情况，并简要介绍湖口至江阴河段的冲淤变化情况。九江河段上起大树下，下至小孤山，全长约 91 km，鄱阳湖于张家洲右汊出口汇入长江干流。采用长江中上游水库运行前的 2001 年和运行后的 2006 年、2011 年 3 年资料进行分析，并用 2001 年代表长江中上游水库运用前的情况。

1）九江河段

九江河段按其平面形态可划分为上、中、下三段，上段为人民洲分汊段，自大树下至锁江楼，长约 21 km；中段为张家洲分汊段，自锁江楼至八里江口，长约 30 km；下段为上下三号洲分汊段，自八里江口至小孤山，长约 40 km。三段均属分汊型河道。由于上段距湖口较远，本次九江河段分析范围包括张家洲和上下三号洲两段（锁江楼-小孤山，长约 70 km）。

长江中上游水库蓄水前，九江河段总体以淤积为主，枯水河槽有所冲刷。长江中上游水库蓄水后（2001～2011 年），九江河段平滩河槽累积冲刷泥沙 1.20×10^8 m^3，冲刷主要集中在枯水河槽，其冲刷量为 1.09×10^8 m^3，占冲淤总量的 90.8%。从沿程分布来看，张家洲河段冲刷强度显著大于上下三号洲河段，张家洲河段冲刷强度与河段已实施的航道整治工程存在一定关系；上下三号洲河段系鄱阳湖入汇后的河段，河段汇入了鄱阳湖的来沙，加上近几年出湖沙量偏大，因此其冲刷量较上段偏小。从平滩河槽冲淤量分布情况来看，张家洲河段占九江河段总冲刷量的 82.4%。从时间分布来看，九江河段冲刷主要集中在蓄水初期的 2001～2006 年，其平滩河槽冲刷量占总量的 86.9%，见表 2-3-6。

表 2-3-6　长江中上游水库蓄水后九江河段河道冲淤统计表

河段名称	河长（km）	计算流量	冲淤量（10^4 m^3）		
			2001～2006 年	2006～2011 年	2001～2011 年
张家洲河段	30	枯水河槽	−6 481	−764	−7 245
		基本河槽	−8 894	−711	−9 605
		平滩河槽	−9 364	−532	−9896
上下三号洲河段	40	枯水河槽	111	−836	−725
		基本河槽	−95	−1 082	−1 177
		平滩河槽	−1 069	−1 065	−2 134
九江河段中下段	70	枯水河槽	−6 370	−1 600	−10 891
		基本河槽	−8 989	−1 793	−10 782
		平滩河槽	−10 433	−1 597	−12 030

2）湖口至江荫河段

长江中上游水库蓄水运用前，1981～2002 年湖口至江荫段（长约 643 km）冲刷量为 0.8×10^8 m^3。河段总体表现为“冲槽淤滩”，枯水河槽冲刷 5.71×10^8 m^3，枯水位以上河槽则淤积泥沙 4.86×10^8 m^3。从时间分布来看，1981～1998 年总体冲淤平衡，1998 年大水后，湖口-江荫段河床冲刷 0.997×10^8 m^3。

长江中上游水库蓄水运用后的 2003～2011 年，湖口-江荫段冲刷泥沙 6.88×10^8 m^3，其中湖口-大通段冲刷量为 1.56×10^8 m^3，大通-江荫段冲刷量为 5.32×10^8 m^3。

2. 河道冲淤及形态变化对水情影响

从前面分析可知，长江中上游水库运用以来的10年中，九江河段枯水河槽冲刷了约$1.09\times10^8\ m^3$，其中张家洲河段冲刷了约$0.72\times10^8\ m^3$，占总冲刷量的66.5%。为了分析河道冲淤变化对水情的影响，采用1998～2002年、2003～2007年和2008～2012年3段实测水文资料（1998～2002年代表长江中上游水库运用前，2003～2007年代表长江中上游水库运用初期，2008～2012年代表长江中上游水库试验性蓄水期）分别点绘九江、大通站的水位流量关系，见表2-3-7、图2-3-7和图2-3-8。分析长江中上游水库运行前后上游清水下泄、河道冲刷对湖口附近九江站、大通站中低水水位流量关系的影响。

表2-3-7　九江站和大通站水位流量关系表

序号	九江站流量（m^3/s）	九江站水位（黄海，m）			大通站流量（m^3/s）	大通站水位（黄海，m）		
		1998～2002年综合线	2003～2007年综合线	2008～2013年综合线		1998～2002年综合线	2003～2007年综合线	2008～2013年综合线
1	8 000	6.91	5.76	5.67	8 000	2.10	1.96	
2	10 000	7.80	6.89	6.84	10 000	2.65	2.57	2.33
3	12 000	8.62	7.92	7.87	12 000	3.17	3.12	2.92
4	14 000	9.39	8.86	8.80	14 000	3.68	3.62	3.45
5	16 000	10.14	9.72	9.64	16 000	4.18	4.10	3.95
6	18 000	10.86	10.5	10.42	18 000	4.67	4.57	4.43
7	20 000	11.54	11.22	11.14	20 000	5.14	5.03	4.90
8	22 000	12.18	11.88	11.81	22 000	5.61	5.49	5.37
9	24 000	12.78	12.48	12.44	24 000	6.07	5.95	5.83
10	26 000	13.33	13.02	13.02	26 000	6.52	6.4	6.29
11					28 000	6.95	6.85	6.75
12					30 000	7.38	7.29	7.19

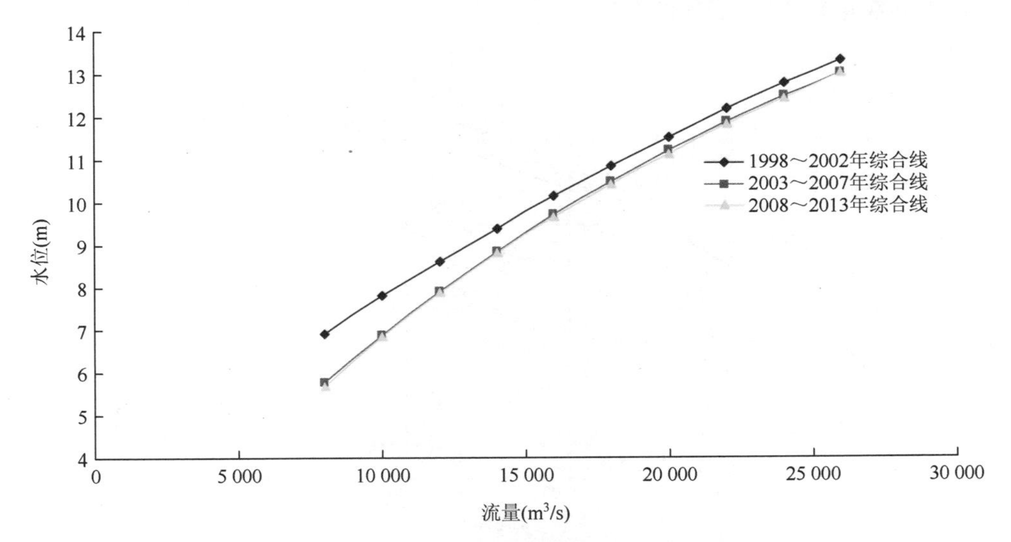

图2-3-7　九江站不同时期综合水位流量关系图

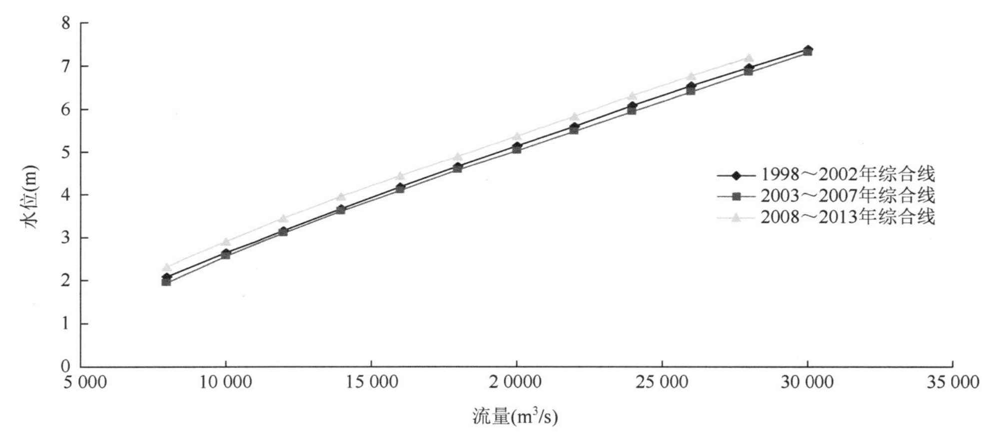

图 2-3-8　大通站不同时期综合水位流量关系图

3. 近年来鄱阳湖冲淤与形态变化及其对水情的影响

1）控制站断面冲淤分析

（1）赣江外洲水文站。外洲水文站为赣江入湖控制站，测验河段不够顺直，上游左岸陈家村建一大型丁坝，下游右岸距站房 1 000 m 左右有两座大型丁坝，枯水水面流向呈 S 形，河床由细沙、粗沙组成，断面冲淤变化较大，主流摆动频繁、河床逐年下切，特别是 2002 年以后，断面变化急剧。

A. 水位面积曲线分析

点绘 1966～2012 年水位面积曲线图，各年水位面积曲线呈右移趋势，如图 2-3-9 所示，即过水面积逐年增大。各级水位与 2003 年的面积偏差见表 2-3-8。2003 年前高、中、低各级水位过水面积分别增大 3 610 m^2、3 260 m^2、2 460 m^2，2003 年后高、中、低各级水位过水面积分别增大 7 910 m^2、7 670 m^2、6 780 m^2；2003 年至今 10 年面积变化绝对数值相当于 2003 年前 37 年变化的两倍。

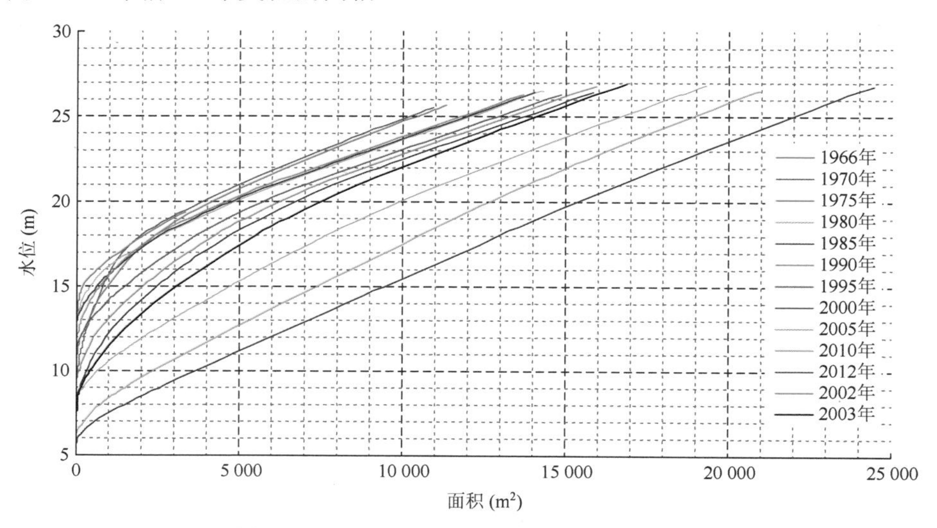

图 2-3-9　外洲水文站历年水位面积关系曲线

表 2-3-8　外洲水文站历年同级水位面积变化统计表

年份	低水（16.00 m）			中水（19.00 m）			高水（23.00 m）		
	面积（m^2）	差值（m^2）	变化率（%）	面积（m^2）	差值（m^2）	变化率（%）	面积（m^2）	差值（m^2）	变化率（%）
1966	1 350	−2 460	−182	3 220	−3 260	−101	7 680	−3 610	−47.0
1970	1 080	−2 730	−253	2 880	−3 600	−125	7 460	−3 830	−51.3
1975	636	−3 174	−499	2 950	−3 530	−119			
1980	887	−2 923	−330	3 740	−2 740	−73.3	9 060	−2 230	−24.6
1985	1 160	−2 650	−228	3 630	−2 850	−78.5	8 950	−2 340	−26.1
1990	1 170	−2 640	−226	3 470	−3 010	−86.7	8 770	−2 520	−28.7
1995	2 140	−1 670	−78	4 650	−1 830	−39.4	9 900	−1 390	−14.0
2000	3 120	−690	−22.1	5 700	−780	−13.7	10 730	−560	−5.2
2002	2 660	−1 150	−43.2	5 220	−1 260		10 270	−1 020	−9.9
2003	3 810			6 480			11 290		
2005	5 630	1 820	32.3	8 770	2 290	26.1	13 840	2 550	18.4
2010	8 390	4 580	54.6	11 590	5 110	44.1	16 250	4 960	30.5
2012	10 590	6 780	64.0	14 150	7 670	54.2	19 200	7 910	41.2

B. 平均河底高程及断面最低点分析

采用面积包围法计算平均河底高程，见表 2-3-9。从表 2-3-9 可以看出，在 2003 年前后平均河底高程年际变化最大，分别为 1.75 m（1970～1975 年）、2.47 m（2010～2012 年），断面最低点变化最大，分别为 4.09 m（1995～2000 年）、2.18 m（2005～2010 年），2003 年后变化急剧，河床下切 5.71 m，年均下降 0.57 m。从河底高程及断面最低点变化趋势图（图 2-3-10）可以看出，平均河底高程在 1990～2002 年均在均值附近，河床变化小，而 2002 年以后变化更加明显。而断面最低点的拐点在 1995 年，1995～2000 年断面最低点下降了 4.09 m，平均河底高程下降了 0.31 m。

表 2-3-9　外洲水文站历年平均河底高程及断面最低点统计表

年份	平均河底高程（m）	年际变化		与 2003 年比较		断面最低点（m）	年际变化		与 2003 年比较	
		差值（m）	变化率（%）	差值（m）	变化率（%）		差值（m）	变化率（%）	差值（m）	变化率（%）
1966	17.54			1.91	10.9	10.21			3.92	38.4
1970	17.72	0.18	1.0	2.09	11.8	9.14	−1.07	−11.7	2.85	31.2
1975	15.97	−1.75	−11.0	0.34	2.1	12.70	3.56	28.0	6.41	50.5
1980	17.10	1.13	6.6	1.47	8.6	11.98	−0.72	−6.0	5.69	47.5
1985	17.16	0.06	0.3	1.53	8.9	12.52	0.54	4.3	6.23	49.8
1990	17.16	0.00	0.0	1.53	8.9	11.40	−1.12	−9.8	5.11	44.8
1995	16.46	−0.70	−4.3	0.83	5.0	11.22	−0.18	−1.6	4.93	43.9
2000	16.15	−0.31	−1.9	0.52	3.2	7.13	−4.09	−57.4	0.84	11.8

续表

年份	平均河底高程（m）	年际变化		与 2003 年比较		断面最低点（m）	年际变化		与 2003 年比较	
		差值（m）	变化率（%）	差值（m）	变化率（%）		差值（m）	变化率（%）	差值（m）	变化率（%）
2002	16.48	0.33	2.0	0.85	5.2	9.08	1.95	21.5	2.79	30.7
2003	15.63	−0.85	−5.4			6.29	−2.79	−44.4		
2005	14.24	−1.39	−9.8	−1.39	−9.8	7.71	1.42	18.4	1.42	18.4
2010	12.39	−1.85	−14.9	−3.24	−26.2	5.53	−2.18	−39.4	−0.76	−13.7
2012	9.92	−2.47	−24.9	−5.71	−57.6	5.20	−0.33	−6.3	−1.09	−21.0

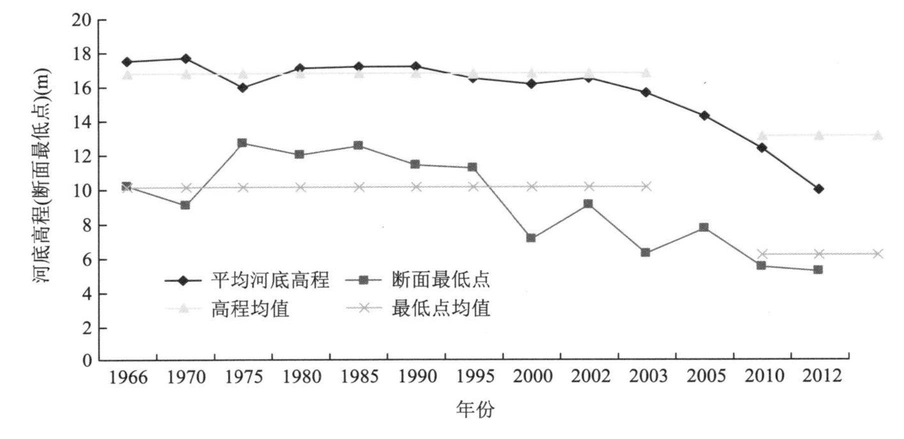

图 2-3-10　外洲水文站历年平均河底高程及断面最低点变化趋势图

（2）抚河李家渡水文站。李家渡水文站为抚河入湖控制站，测验河段尚顺直，下游 1 300 m 处有一中心小岛，河床由粗沙、细沙组成，断面上游右岸有一沙洲。2010 年基本水尺断面迁移。断面冲刷中泓比两岸大，整个河床较稳定。

A. 水位面积曲线分析

点绘 1965～2011 年水位面积曲线图，各年水面面积曲线呈右移趋势，如图 2-3-11 所示，即过水面积逐年增大。计算历年各级相同水位下的面积并统计各年与 2003 年的变化值，见表 2-3-10。2003 年前高、中、低各级水位过水面积分别增大 50 m^2、260 m^2、345 m^2，随着水位级的增高，面积变化越来越小。从迁移断面后的两年资料来看，迁移后断面较稳定。

B. 平均河底高程及断面最低点趋势分析

计算历年平均河底高程，见表 2-3-11。从表 2-3-11 可以看出，平均河底高程年际变化最大，为 0.62 m（1965～1970 年），断面最低点变化最大，为 0.94 m（1965～1970 年），历年平均河底高程变化较小，点绘平均河底高程及断面最低点趋势图，从 1975 年以后平均河底高程与多年平均值相近。断面最低点呈逐年下降趋势，1980～1985 年趋于多年平均值，如图 2-3-12 所示。

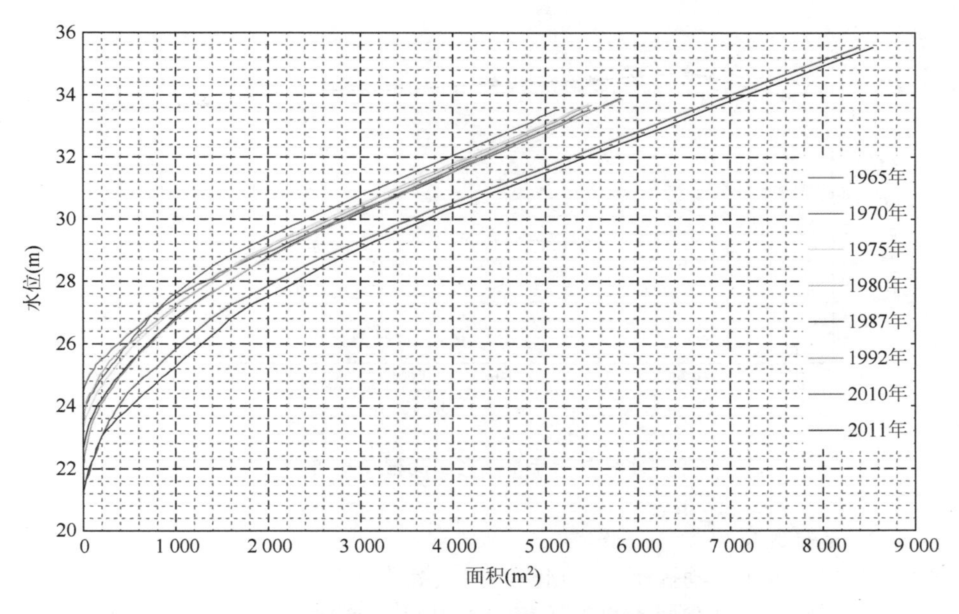

图 2-3-11　李家渡水文站历年水位面积关系曲线

表 2-3-10　李家渡水文站历年同级水位面积变化统计表

年份	低水（25.00 m）			中水（28.00 m）			高水（31.00 m）		
	面积（m²）	差值（m²）	变化率(%)	面积（m²）	差值（m²）	变化率(%)	面积（m²）	差值（m²）	变化率（%）
1965	77	−345	−448	1 320	−260	−19.7	3 560	−50	−1.4
1970	239	−183	−77	1 160	−420	−36.2	3 200	−410	−12.8
1975	290	−132	−46	1 400	−180	−12.9	3 420	−190	−5.6
1980	193	−229	−119	1 390	−190	−13.7	3 460	−150	−4.3
1987	397	−25	−6	1 580	0	0	3 620	10	0.3
1992	422			1 580			3 610		
2010	694			2 090		212	4 430		
2011	897	203	22.6	2 310	220	9.5	4 580	150	3.3

表 2-3-11　李家渡水文站历年平均河底高程及断面最低点统计表

年份	平均河底高程（m）	年际变化		断面最低点（m）	年际变化	
		差值（m）	变化率（%）		差值（m）	变化率（%）
1965	26.45			24.21		
1970	27.07	0.62	2.3	23.27	−0.94	−4.0
1975	26.85	−0.22	−0.8	22.90	−0.37	−1.6
1980	26.79	−0.06	−0.2	23.03	0.13	0.6
1987	26.60	−0.19	−0.7	22.33	−0.70	−3.1
1992	26.61	0.01	0.0	21.77	−0.56	−2.6
2010	26.30			21.08		
2011	26.12	−0.18	−0.7	21.14	0.06	0.3

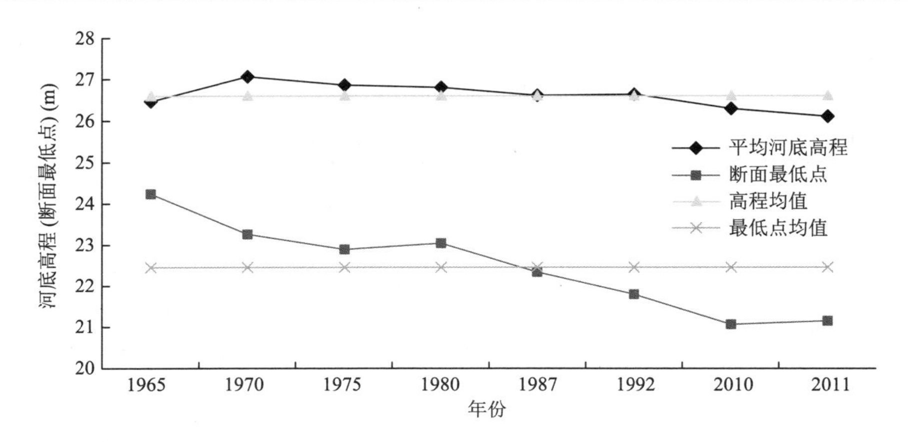

图 2-3-12　李家渡水文站历年平均河底高程及断面最低点变化趋势图

（3）信江梅港水文站

梅港水文站为信江入湖控制站，测验河段较顺直，上下游有弯道，河床稳定，断面左边多乱石，右边为泥沙，左岸为岩石，河床由岩石、细沙、淤泥组成。2010 年前断面较稳定，无明显冲淤变化，2010～2012 年断面变化较大。

A. 水位面积曲线分析

点绘 1965～2012 年水位面积曲线图，如图 2-3-13 所示。2010 年前历年面积曲线在 1985～2000 年的面积曲线之间摆动。计算历年各级相同水位下的面积并统计各年与 2003 年的变化值，见表 2-3-12。2010 年前高、中、低各级水位面积摆动幅度分别为 5%、9.6%、18%。

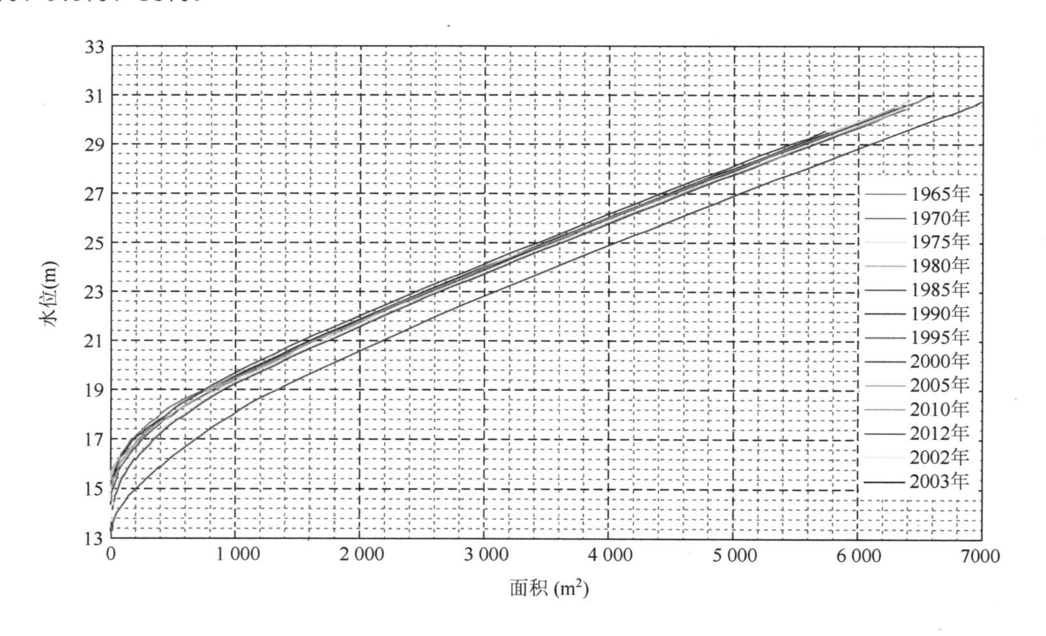

图 2-3-13　梅港水文站历年水位面积关系曲线

表 2-3-12　梅港水文站历年同级水位面积变化统计表

年份	低水（19.00 m）			中水（22.00 m）			高水（25.00 m）		
	面积（m^2）	差值（m^2）	变化率(%)	面积（m^2）	差值（m^2）	变化率(%)	面积（m^2）	差值（m^2）	变化率(%)
1965	842	−41	−4.9	2 140	−30	−1.4	3 550	−50	−1.4
1970	749	−134	−17.9	2 070	−100	−4.8	3 520	−80	−2.3
1975	755	−128	−17.0	2 040	−130	−6.4	3 480	−120	
1980	766	−117	−15.3	2 060	−110	−5.3	3 500	−100	−2.9
1985	748	−135	−18.0	1 980	−190	−9.6	3 430	−170	−5.0
1990	801	−82	−10.2	2 050	−120	−5.9	3 490	−110	−3.2
1995	802	−81	−10.1	2 080	−90	−4.3	3 520	−80	−2.3
2000	894	11	1.2	2 180	10	0.5	3 620	20	0.6
2002	867	−16	−1.8	2 140			3 580	−20	−0.6
2003	883			2 170			3 600		
2005	800	−83	−10.4	2 080	−90	−4.3	3 510	−90	−2.6
2010	836	−47	−5.6	2 130	−40	−1.9	3 580	−20	−0.6
2012	1 320	437	33.1	2 610	440	16.9	4 060	460	11.3

B. 平均河底高程及断面最低点趋势分析

计算历年平均河底高程，见表 2-3-13。从表 2-3-13 中可以看出，2010 年以前历年平均河底高程年际变化在 0.3 m 以内，断面最低点 1965～2010 年变化 0.25 m，从历年平均河底高程及断面最低点趋势图（图 2-3-14）可以看出，年平均河底高程变化呈周期性变化，周期为 10 年左右，断面最低点 1990 年以前较稳定，1990 年后变化较频繁。

表 2-3-13　梅港水文站历年平均河底高程及断面最低点统计表

年份	平均河底高程（m）	年际变化		与 2003 年比较		断面最低点（m）	年际变化		与 2003 年比较	
		差值（m）	变化率（%）	差值（m）	变化率（%）		差值（m）	变化率（%）	差值（m）	变化率（%）
1965	18.36			−0.11	−0.6	15.11			1.43	9.5
1970	18.62	0.26	1.4	0.15	0.8	15.18	0.07	0.5	1.50	9.9
1975	18.63	0.01	0.1	0.16	0.9	15.15	−0.03	−0.2	1.47	9.7
1980	18.41	−0.22	−1.2	−0.06	−0.3	15.30	0.15	1.0	1.62	10.6
1985	18.56	0.15	0.8	0.09	0.5	15.12	−0.18	−1.2	1.44	9.5
1990	18.62	0.06	0.3	0.15	0.8	14.93	−0.19	−1.3	1.25	8.4
1995	18.62	0.00	0.0	0.15	0.8	14.48	−0.45	−3.1	0.80	5.5
2000	18.43	−0.19	−1.0	−0.04	−0.2	13.43	−1.05	−7.8	−0.25	−1.9
2002	18.50	0.07	0.4	0.03	0.2	13.70	0.27	2.0	0.02	0.1
2003	18.47	−0.03	−0.2			13.68	−0.02	−0.1		
2005	18.63	0.16	0.9	0.16	0.9	14.88	1.20	8.1	1.20	8.1
2010	18.74	0.11	0.6	0.27	1.4	15.38	0.50	3.3	1.70	11.1
2012	17.78	−0.96	−5.4	−0.69	−3.9	13.01	−2.37	−18.2	−0.67	−5.1

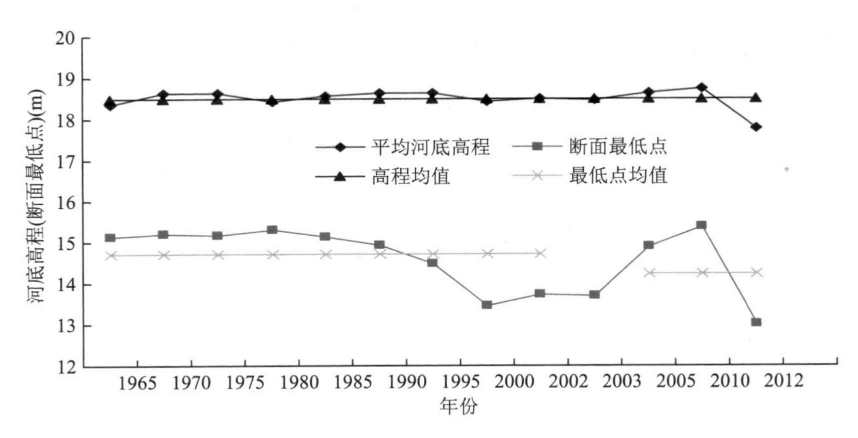

图 2-3-14　梅港水文站历年平均河底高程及断面最低点变化趋势图

（4）饶河水系昌江渡峰坑水文站。渡峰坑水文站是饶河支流昌江控制站，测验河段顺直，左岸为山脚陡岸，河床由岩石组成；右岸为卵石和瓷渣浅滩。历年断面稳定，无明显冲淤变化。

A. 水位面积曲线分析

点绘 1980～2012 年水位面积曲线图（图 2-3-15），历年面积曲线在 9%以内摆动。计算历年各级相同水位下的面积并统计各年与 2003 年的变化值，见表 2-3-14。2003 年前高、中、低各级水位面积最大偏差分别为 2.7%（1965 年）、2.6%（1965 年）、2.8%（1965 年）。2003 年后最大偏差分别为 2.2%（2012 年）、2.5%（2012 年）、6.1%（2012 年）。

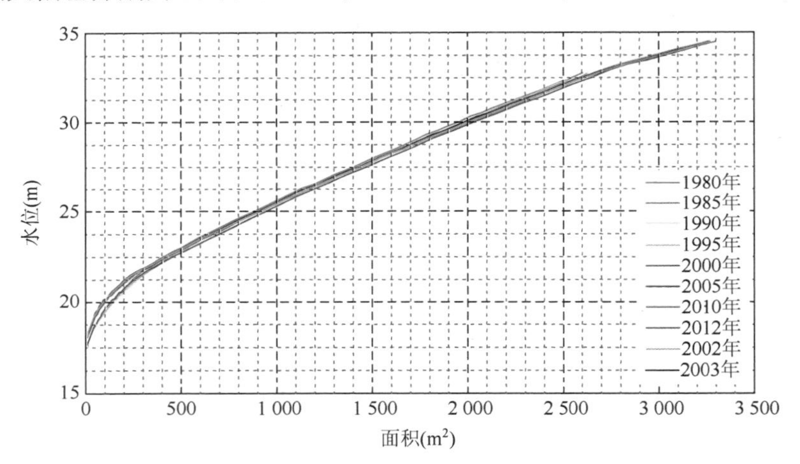

图 2-3-15　渡峰坑水文站历年水位面积关系曲线

表 2-3-14　渡峰坑水文站历年同级水位面积变化统计表

年份	低水（24.00 m）			中水（28.00 m）			高水（31.00 m）		
	面积（m^2）	差值（m^2）	变化率（%）	面积（m^2）	差值（m^2）	变化率（%）	面积（m^2）	差值（m^2）	变化率（%）
1980	677	−19	−2.8	1 510	−40	−2.6	2 190	−60	−2.7
1985	692	−4	−0.6	1 530	−20	−1.3	2 210	−40	−1.8
1990	700	4	0.6	1 530	−20	−1.3	2 220	−30	−1.4

续表

年份	低水（24.00 m）			中水（28.00 m）			高水（31.00 m）		
	面积（m^2）	差值（m^2）	变化率（%）	面积（m^2）	差值（m^2）	变化率（%）	面积（m^2）	差值（m^2）	变化率（%）
1995	697	1	0.1	1 530	–20	–1.3	2 210	–40	–1.8
2000	691	–5	–0.7	1 530	–20	–1.3	2 230	–20	–0.9
2002	704	8	1.1	1 550			2 250		
2003	696			1 540			2 230		
2005	696	0	0.0	1 540	0.00	0.0	2 230	0	0.0
2010	709	13	1.8	1 550	10.00	0.6	2 250	20	0.9
2012	741	45	6.1	1 580	40.00	2.5	2 280	50	2.2

B. 平均河底高程及断面最低点趋势分析

计算历年平均河底高程，见表 2-3-15。从表 2-3-15 中可以看出，历年平均河底高程年际变化为–0.15～0.15 m，断面最低点变化最大为 0.68 m（1995～2000 年），从历年平均河底高程及断面最低点趋势图（图 2-3-16）可以看出，历年平均河底高程在年均线附近上下摆动，摆动幅度较小。

表 2-3-15　渡峰坑水文站历年平均河底高程及断面最低点统计表

年份	平均河底高程（m）	年际变化		与 2003 年变化		断面最低点（m）	年际变化		与 2003 年变化	
		差值（m）	变化率（%）	差值（m）	变化率（%）		差值（m）	变化率（%）	差值（m）	变化率（%）
1980	22.50			0.25	1.1	17.13			–0.58	–3.4
1985	22.35	–0.15	–0.7	0.10	0.4	17.42	0.29	1.7	–0.29	–1.7
1990	22.33	–0.02	–0.1	0.08	0.4	17.42	0.00	0.0	–0.29	–1.7
1995	22.25	–0.08	–0.4	0.00	0.0	17.05	–0.37	–2.2	–0.66	–3.9
2000	22.35	0.10	0.4	0.10	0.4	17.73	0.68	3.8	0.02	0.1
2002	22.37	0.02	0.1	0.12	0.5	17.66	–0.07	–0.4	–0.05	–0.3
2003	22.25	–0.12	–0.5			17.71	0.05	0.3		
2005	22.39	0.14	0.6	0.14	0.6	17.79	0.08	0.4	0.08	0.4
2010	22.33	–0.06	–0.3	0.08	0.4	17.76	–0.03	–0.2	0.05	0.3
2012	22.21	–0.12	–0.5	–0.04	–0.2	17.33	–0.43	–2.5	–0.38	–2.2

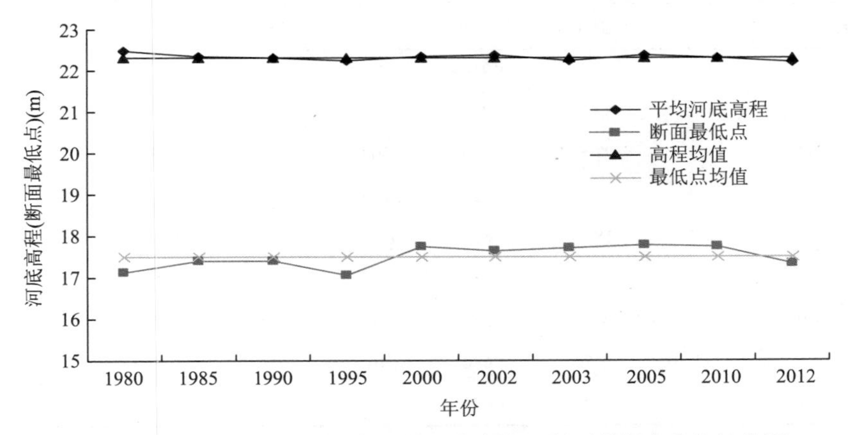

图 2-3-16　渡峰坑水文站历年平均河底高程及断面最低点变化趋势图

（5）饶河水系乐安河虎山水文站。虎山水文站是饶河支流乐安河控制站，测验河段顺直长约 300 m，左岸上游有一沙洲，且逐年增高并向下延伸，河床右岸为岩石，左岸为卵石，断面基本稳定。2003 年前断面淤积较大，河床抬高，2003 年以后断面稳定。

A. 水位面积曲线分析

点绘 1965～2012 年水位面积曲线图（图 2-3-17），历年面积曲线呈左移趋势。计算历年各级相同水位下的面积并统计各年与 2003 年的变化值，见表 2-3-16。1965～2003 年高、中、低各级水位面积分别减少了 260 m^2、290 m^2、412 m^2。2003 年以后高、中、低各级水位面积分别减少了 30 m^2、30 m^2、20 m^2。

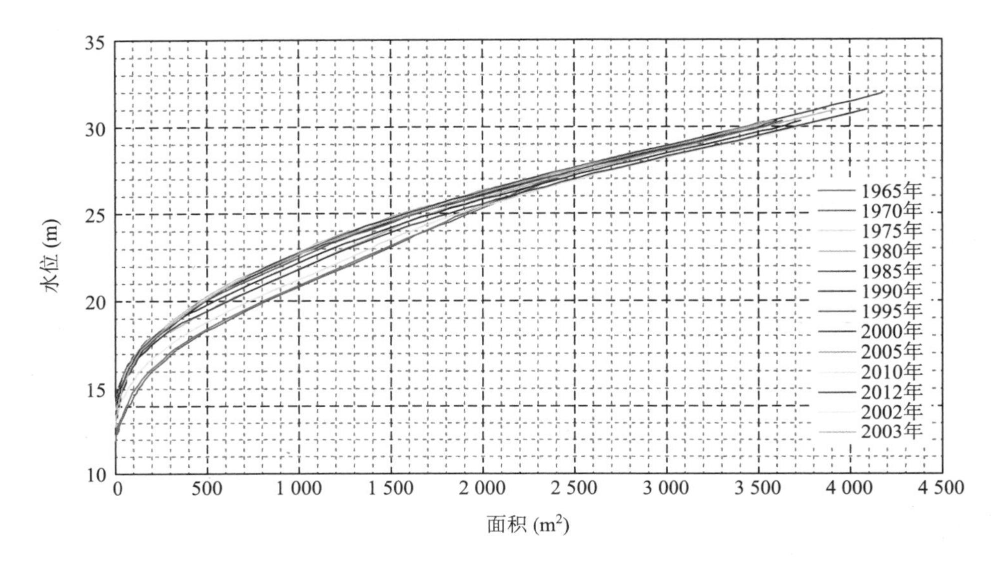

图 2-3-17　虎山水文站历年水位面积关系曲线

表 2-3-16　虎山水文站历年同级水位面积变化统计表

年份	低水（22.00 m）			中水（25.00 m）			高水（29.00 m）		
	面积（m^2）	差值（m^2）	变化率（%）	面积（m^2）	差值（m^2）	变化率（%）	面积（m^2）	差值（m^2）	变化率（%）
1965	1 240	392	31.6	1 910	290	15.2			
1970	1 260	412	32.7	1 930	310	16.1			
1975	1 170	322	27.5	1 880	260	13.8	3 320	260	7.8
1980	1 030	182	17.7	1 720	100	5.8	3 140	80	2.5
1985	1 040	192	18.5	1 820	200	11.0	3 290	230	7.0
1990	953	105	11.0	1 750	130	7.4	3 210	150	4.7
1995	891	43	4.8	1 650	30	1.8	3 110	50	1.6
2000	863	15	1.7	1 630	10	0.6	3 090	30	1.0
2002	848	0	0.0	1 620	0	0.0	3 060	0	0.0

续表

年份	低水（22.00 m）			中水（25.00 m）			高水（29.00 m）		
	面积（m^2）	差值（m^2）	变化率（%）	面积（m^2）	差值（m^2）	变化率（%）	面积（m^2）	差值（m^2）	变化率（%）
2003	848			1 620			3 060		
2005	817	−31	−3.8	1 560	−60	−3.8	3 020	−40	−1.3
2010	825	−23	−2.8	1 580	−40	−2.5	3 030	−30	−1.0
2012	828	−20	−2.4	1 590	−30	−1.9	3 030	−30	−1.0

B. 平均河底高程及断面最低点趋势分析

计算历年平均河底高程，见表 2-3-17。

表 2-3-17　虎山水文站历年平均河底高程及断面最低点统计表

年份	平均河底高程（m）	年际变化		与 2003 年比较		断面最低点（m）	年际变化		与 2003 年比较	
		差值（m）	变化率（%）	差值（m）	变化率（%）		差值（m）	变化率（%）	差值（m）	变化率（%）
1965	18.53			−2.78	−15.0	11.98			−0.80	−6.7
1970	17.45	−1.08	−6.2	−3.86	−22.1	11.97	−0.01	−0.1	−0.81	−6.8
1975	20.78	3.33	16.0	−0.53	−2.6	13.12	1.15	8.8	0.34	2.6
1980	21.21	0.43	2.0	−0.10	−0.5	13.33	0.21	1.6	0.55	4.1
1985	20.79	−0.42	−2.0	−0.52	−2.5	13.40	0.07	0.5	0.62	4.6
1990	20.95	0.16	0.8	−0.36	−1.7	13.80	0.40	2.9	1.02	7.4
1995	21.20	0.25	1.2	−0.11	−0.5	13.51	−0.29	−2.1	0.73	5.4
2000	21.25	0.05	0.2	−0.06	−0.3	12.81	−0.70	−5.5	0.03	0.2
2002	21.30	0.05	0.2	−0.01	0.0	12.89	0.08	0.6	0.11	0.9
2003	21.31	0.01	0.0			12.78	−0.11	−0.9		
2005	21.43	0.12	0.6	0.12	0.6	13.01	0.23	1.8	0.23	1.8
2010	21.45	0.02	0.1	0.14	0.7	13.00	−0.01	−0.1	0.22	1.7
2012	21.45	0.00	0.0	0.14	0.7	12.95	−0.05	−0.4	0.17	1.3

从表 2-3-17 可以看出，2003 年前后平均河底高程年际变化最大，分别为 3.33 m（1970～1975 年）、0.12 m（2003～2005 年），断面最低点变化最大，分别为 1.15 m（1970～1975 年）、0.23 m（2003～2005 年）；1965～2003 年平均河底高程抬高了 2.78 m，2003 年以后平均河底高程无变化。从历年平均河底高程及断面最低点趋势图（图 2-3-18）可以看出，2003 年以前平均河底高程呈上升趋势，断面最低点逐渐抬高；2003 年以后平均河底高程与多年均值相近，最低点变化仅 0.06 m。

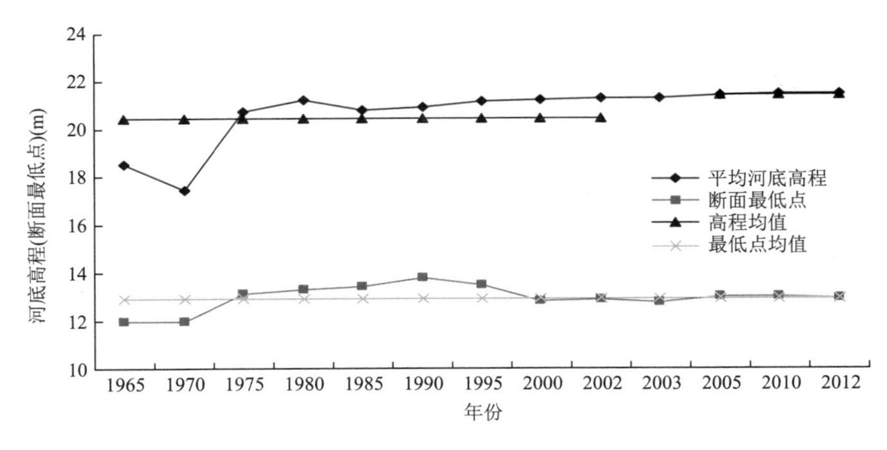

图 2-3-18　虎山水文站历年平均河底高程及断面最低点变化趋势图

（6）修河潦河万家埠水文站。万家埠水文站是修水支流潦河控制站，测验河段大致顺直，上、下游均有弯道，河床由砾石、细沙组成，断面有冲淤现象，两岸均有圩堤。2003年前断面逐年下降冲刷，河床下降，2003～2005 年断面变化较小，2005 年后断面变化加剧。

A. 水位面积曲线分析

点绘 1965～2012 年水位面积曲线图，历年面积曲线逐年右移（图 2-3-19），2010 年前后曲线呈两个系列。计算历年各级相同水位下的面积并统计各年与 2003 年的变化值，见表 2-3-18。1965～2003 年高、中、低各级水位面积分别增加了 350 m^2、340 m^2、113 m^2。2003 年以后高、中、低各级水位面积分别增加了 1 020 m^2、1 010 m^2、943 m^2。2003 年后的变化量相当于 2003 年前的 3 倍。

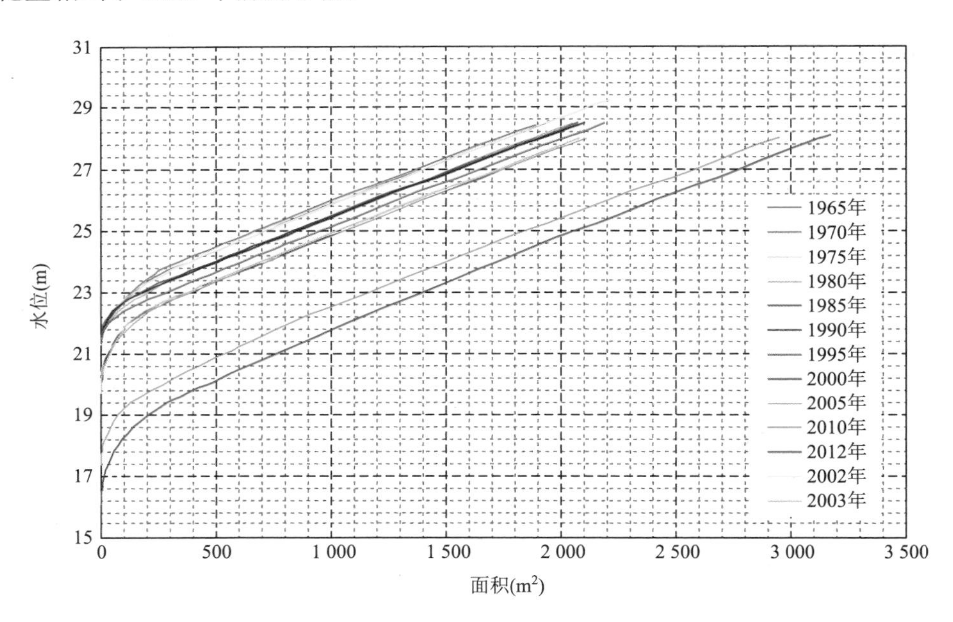

图 2-3-19　万家埠水文站历年水位-面积关系曲线

表 2-3-18　万家埠水文站历年同级水位面积变化统计表

年份	低水（22.00 m）			中水（25.00 m）			高水（28.00 m）		
	面积（m^2）	差值（m^2）	变化率(%)	面积（m^2）	差值（m^2）	变化率(%)	面积（m^2）	差值（m^2）	变化率(%)
1965	13.2	−113	−862	710	−340	−47.9	1760	−350	−19.9
1970	24.8	−102	−412	669	−381	−57.0	1730	−380	−22.0
1975	19.6	−107	−548	712	−338	−47.5	1760	−350	−19.9
1980	26.7	−100	−376	821	−229	−27.9	1870	−240	−12.8
1985	23.1	−103	−450	833	−217	−26.1	1900	−210	−11.1
1990	17.0	−110	−647	850	−200	−23.5	1920	−190	−9.9
1995	32.8	−94.2	−287	945	−105	−11.1	2010	−100	−5.0
2000	118	−9	−7.6	1 050	0	0.0	2110	0	0.0
2002	117	−10	−8.5	1 020	−30	−2.9	2080	−30	−1.4
2003	127			1 050			2110		
2005	139	12	8.6	1 050	0	0.0	2110	0	0.0
2010	827	700	84.6	1 850	800	43.2	2950	840	28.5
2012	1 070	943	88.1	2 060	1 010	49.0	3 130	1 020	32.6

B. 平均河底高程及断面最低点趋势分析

计算历年平均河底高程，见表 2-3-19。

表 2-3-19　万家埠水文站历年平均河底高程及断面最低点统计表

年份	平均河底高程（m）	年际变化		与 2003 年比较		断面最低点（m）	年际变化		与 2003 年比较	
		差值（m）	变化率（%）	差值（m）	变化率（%）		差值(m)	变化率（%）	差值(m)	变化率（%）
1965	23.18			0.36	1.6	21.37			1.24	5.8
1970	23.31	0.13	0.6	0.49	2.1	21.30	−0.07	−0.3	1.17	5.5
1975	23.24	−0.07	−0.3	0.42	1.8	21.35	0.05	0.2	1.22	5.7
1980	23.13	−0.11	−0.5	0.31	1.3	21.31	−0.04	−0.2	1.18	5.5
1985	23.20	0.07	0.3	0.38	1.6	21.34	0.03	0.1	1.21	5.7
1990	23.14	−0.06	−0.3	0.32	1.4	21.58	0.24	1.1	1.45	6.7
1995	22.71	−0.43	−1.9	−0.11	−0.5	21.43	−0.15	−0.7	1.30	6.1
2000	22.81	0.10	0.4	−0.01	0.0	19.88	−1.55	−7.8	−0.25	−1.3
2002	22.87	0.06	0.3	0.05	0.2	19.71	−0.17	−0.9	−0.42	−2.1
2003	22.82	−0.05	−0.2			20.13	0.42	2.1		
2005	22.82	0.00	0.0	0.00	0.0	20.32	0.19	0.9	0.19	0.9
2010	20.56	−2.26	−11.0	−2.26	−11.0	17.40	−2.92	−16.8	−2.73	−15.7
2012	20.22	−0.34	−1.7	−2.60	−12.9	16.11	−1.29	−8.0	−4.02	−25.0

从表 2-3-19 中可以看出，平均河底高程及断面最低点在 2010 年前年际变化在 0.15 m 以内，1995～2003 年河底高程下降 0.36 m，最低点下切 1.24 m；2003 年后河底高程下降 2.60 m，最低点下切 4.02 m。历年平均河底高程及断面最低点变化趋势图如图 2-3-20 所示。平均河底高程在 2003 年前趋于稳定，断面最低点自 1995 年起下切。

（7）修河虬津水文站。虬津水文站是修河控制站，测验河段顺直长约 500 m，略呈上小下大喇叭形，上游约 190 m 处左岸有一小支流汇入，下游 600 m 处有一右转的弯道。河床由细沙、粗沙及卵石沙组成，易受冲淤。断面逐年冲刷，河床下降，2003 年后断面变化较 2003 年以前剧烈。

A. 水位面积曲线分析

点绘 1965～2012 年水位面积曲线图，如图 2-3-21 所示，历年面积曲线逐年右移。计算历年各级相同水位下的面积并统计各年与 2003 年的变化值，见表 2-3-20。1965～2003 年高、中、低各级水位水面积分别增加了 210 m^2、200 m^2、370 m^2。2003 年以后高、中、低各级水位水面积分别增加了 270 m^2、270 m^2、276 m^2。

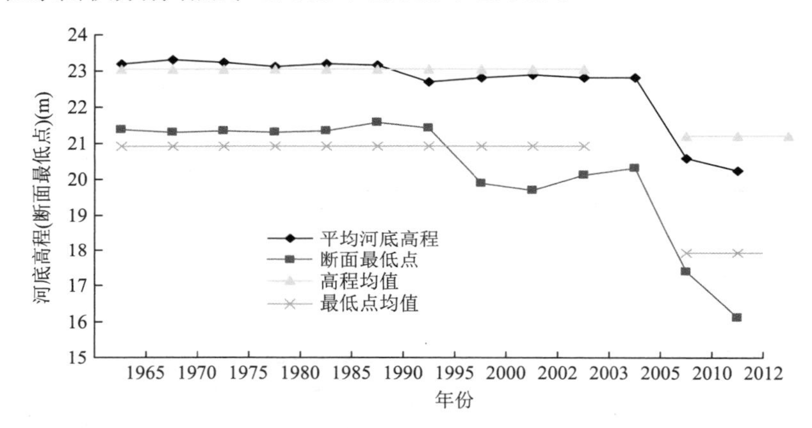

图 2-3-20　万家埠水文站历年平均河底高程及断面最低点变化趋势图

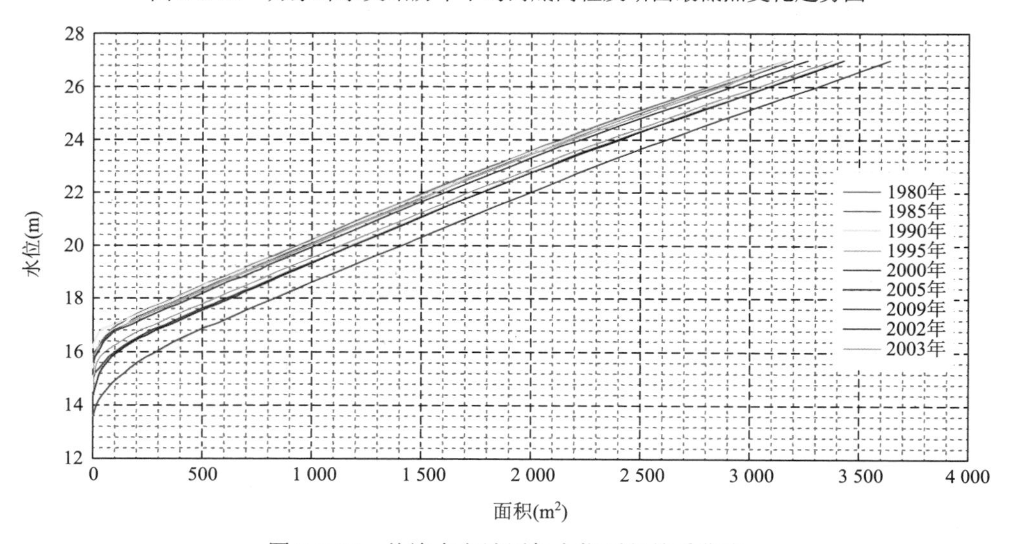

图 2-3-21　虬津水文站历年水位面积关系曲线

表 2-3-20　虬津水文站历年同级水位面积变化统计表

年份	低水（18.00 m）			中水（21.00 m）			高水（24.00 m）		
	面积（m^2）	差值（m^2）	变化率（%）	面积（m^2）	差值（m^2）	变化率（%）	面积（m^2）	差值（m^2）	变化率（%）
1982	370	−182	−49.2	1 230	−200	−16.3	1 820	−210	−11.5
1985	404	−148	−36.6	1 270	−160	−12.6	1 860	−170	−9.1
1990	378	−174	−46.0	1 240	−190	−15.3	1 840	−190	−10.3
1995	418	−134	−32.1	1 280	−150	−11.7	1 870	−160	−8.6
2000	609	57	9.4	1 480	50	3.4	2 080	50	2.4
2002	446	−106	−23.8	1 310	−120	−9.2	1 910	−120	−6.3
2003	552			1 430			2 030		
2005	627	75	12.0	1 490	60	4.0	2 090	60	2.9
2009	828	276	33.3	1 700	270	15.9	2 300	270	11.7

B. 平均河底高程及断面最低点趋势分析

计算历年平均河底高程，见表 2-3-21。从表 2-3-21 中可以看出，在 2003 年前后平均河底高程年际变化最大，分别为 0.64 m（1995～2000 年）、0.62 m（2005～2009 年），断面最低点变化最大，分别为 0.76 m（2000～2002 年）、1.08 m（2002～2003 年），1982～2003 年河底高程下降 0.70 m，最低点下切 1.36 m；2003 年后河底高程下降 0.62 m，最低点下切 0.93 m。从历年平均河底高程及断面最低点变化趋势图（图 2-3-22）可以看出，平均河底高程在 1995 年前趋于稳定，在 1995 年后河床下降。

表 2-3-21　虬津水文站历年平均河底高程及断面最低点统计表

年份	平均河底高程（m）	年际变化		与 2003 年比较		断面最低点（m）	年际变化		与 2003 年比较	
		差值（m）	变化率（%）	差值（m）	变化率（%）		差值（m）	变化率（%）	差值（m）	变化率（%）
1982	18.08			0.70	3.9	15.88			1.36	8.6
1985	17.99	−0.09	−0.5	0.61	3.4	15.57	−0.31	−2.0	1.05	6.7
1990	17.88	−0.11	−0.6	0.50	2.8	16.14	0.57	3.5	1.62	10.0
1995	17.93	0.05	0.3	0.55	3.1	15.39	−0.75	−4.9	0.87	5.7
2000	17.29	−0.64	−3.7	−0.09	−0.5	14.84	−0.55	−3.7	0.32	2.2
2002	17.72	0.43	2.4	0.34	1.9	15.60	0.76	4.9	1.08	6.9
2003	17.38	−0.34	−2.0			14.52	−1.08	−7.4		
2005	17.32	−0.06	−0.3	−0.06	−0.3	14.37	−0.15	−1.0	−0.15	−1.0
2009	16.70	−0.62	−3.7	−0.68	−4.1	13.59	−0.78	−5.7	−0.93	−6.8

（8）鄱阳湖水道湖口水文站。湖口水文站为鄱阳湖出湖控制站，河床左岸由细沙及淤泥组成，右岸由粗沙组成。历年断面冲淤变化较大，河床呈下切趋势。

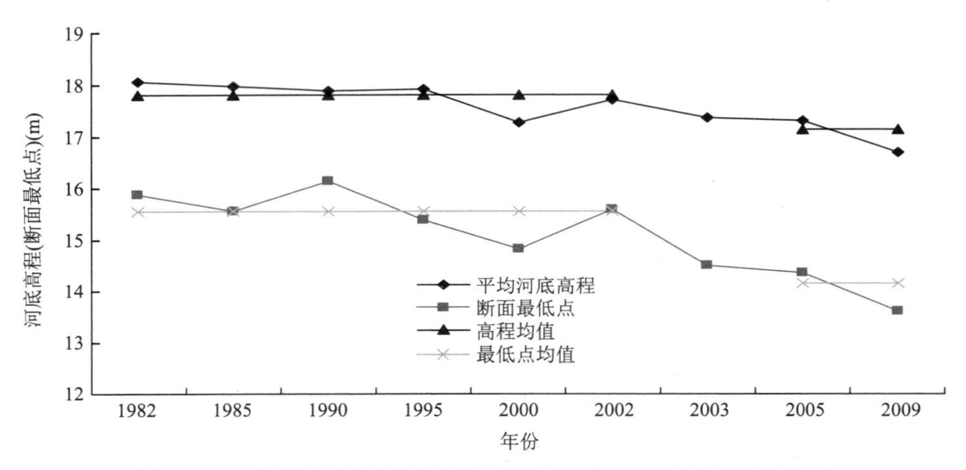

图 2-3-22　虬津水文站历年平均河底高程及断面最低点变化趋势图

A. 水位面积曲线分析

点绘 1965～2012 年水位面积曲线图，历年面积曲线呈左移趋势，如图 2-3-23 所示。计算历年各级相同水位下的面积并统计各年与 2003 年的变化值，见表 2-3-22。2003 年后高、中、低各级水位面积分别增加 600 m^2、610 m^2、600 m^2。

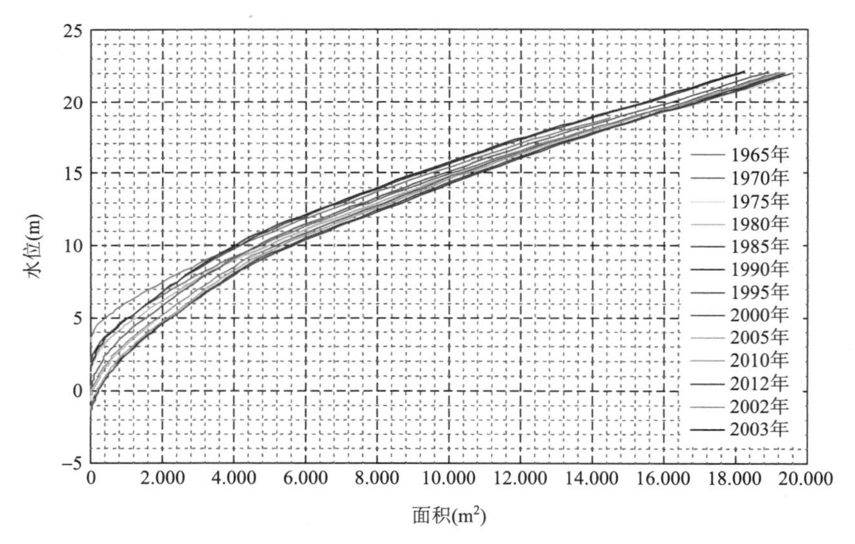

图 2-3-23　湖口水文站历年水位-面积关系曲线

表 2-3-22　湖口水文站历年同级水位面积变化统计表

年份	低水（10.00 m）			中水（15.00 m）			高水（19.00 m）		
	面积（m^2）	差值（m^2）	变化率（%）	面积（m^2）	差值（m^2）	变化率（%）	面积（m^2）	差值（m^2）	变化率（%）
1965	4 150	−740	−17.8	9 510	−870	−9.1			
1970	4 710	−180	−3.8	10 090	−290	−2.9	15 290	330	2.2
1975	4 920	30	0.6	10 400	20	0.2	15 640	680	4.3
1980	4 870	−20	−0.4	10 260	−120	−1.2	15 220	260	1.7

续表

年份	低水（10.00 m）			中水（15.00 m）			高水（19.00 m）		
	面积（m²）	差值（m²）	变化率（%）	面积（m²）	差值（m²）	变化率（%）	面积（m²）	差值（m²）	变化率（%）
1985	4 130	−760	−18.4	9 240	−1 140	−12.3	14 210	−750	−5.3
1990	4 000	−890	−22.3	9 130	−1 250	−13.7	14 100	−860	−6.1
1995	4 630	−260	−5.6	9 850	−530	−5.4	14 830	−130	−0.9
2000	5 610	720	12.8	10 850	470	4.3	15 650	690	4.4
2002	5 170	280	5.4	10 380			15 240	280	1.8
2003	4 890			10 110			14 960		
2005	5 120	230	4.5	10 320	210	2.0	15 180	220	1.4
2010	5 310	420	7.9	10 520	410	3.9	15 340	380	2.5
2012	5 490	600	10.9	10 720	610	5.7	15 560	600	3.9

B. 平均河底高程及断面最低点趋势分析

计算历年平均河底高程，见表 2-3-23。

表 2-3-23　湖口水文站历年平均河底高程及断面最低点统计表

年份	平均河底高程（m）	年际变化		与 2003 年比较		断面最低点（m）	年际变化		与 2003 年比较	
		差值（m）	变化率（%）	差值（m）	变化率（%）		差值（m）	变化率（%）	差值（m）	变化率（%）
1965	8.43			0.90	10.7	3.35			3.01	89.9
1970	7.97	−0.46	−5.8	0.44	5.5	1.84	−1.51	−82.1	1.50	81.5
1975	7.73	−0.24	−3.1	0.20	2.6	1.23	−0.61	−49.6	0.89	72.4
1980	8.15	0.42	5.2	0.62	7.6	1.52	0.29	19.1	1.18	77.6
1985	8.19	0.04	0.5	0.66	8.1	1.98	0.46	23.2	1.64	82.8
1990	8.27	0.08	1.0	0.74	8.9	1.34	−0.64	−47.8	1.00	74.6
1995	7.71	−0.56	−7.3	0.18	2.3	−0.35	−1.69	482.9	−0.69	197
2000	7.08	−0.63	−8.9	−0.45	−6.4	−1.41	−1.06	75.2	−1.75	124
2002	7.31	0.23	3.1	−0.22	−3.0	−0.32	1.09	−341	−0.66	206
2003	7.53	0.22	2.9			0.34	0.66	194.1	0.00	
2005	7.50	−0.03	−0.4	−0.03	−0.4	−0.73	−1.07	146.6	−1.07	147
2010	7.35	−0.15	−2.0	−0.18	−2.4	−1.65	−0.92	55.8	−1.99	121
2012	7.16	−0.19	−2.7	−0.37	−5.2	−1.73	−0.08	4.6	−2.07	120

从表 2-3-23 中可以看出，在 2003 年前后平均河底高程年际变化最大，分别为 0.63 m（1995～2000 年）、0.19 m（2010～2012 年），断面最低点变化最大，分别为 1.51 m（1965～1970 年）、1.07 m（2003～2005 年），1965～2003 年河底高程下降 0.90 m，最低点下切 3.01 m；2003 年后河底高程下降 0.37 m，最低点下切 2.07 m。从历年平均河底高程及断面最低点

变化趋势图（图 2-3-24）中可以看出，平均河底高程变化 2003 年前较 2003 年后变化剧烈，断面最低点逐年下降。

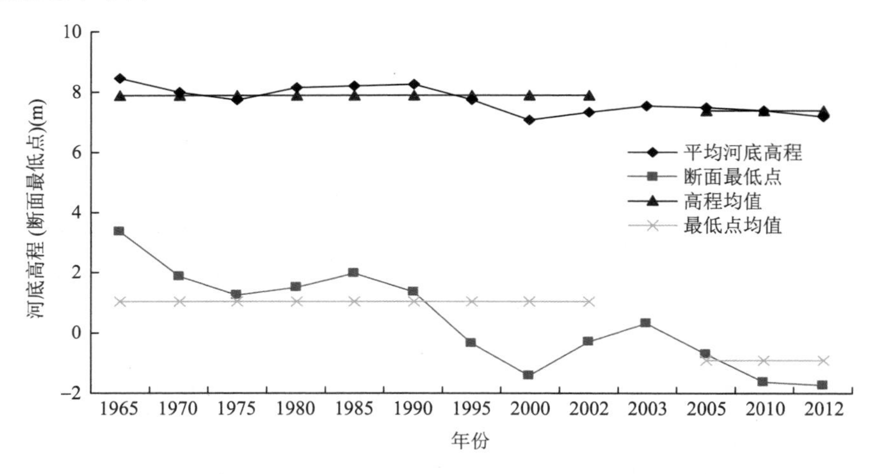

图 2-3-24　湖口水文站历年平均河底高程及断面最低点变化趋势图

2）鄱阳湖区冲淤变化

（1）冲淤量变化。鄱阳湖入湖径流、泥沙主要来源于赣江、抚河、信江、饶河、修河五大河流，直入鄱阳湖诸河及湖区区间。

据实测资料统计，1956～2002 年鄱阳湖入湖、出湖年均输沙量分别为 1 465×10^8 t、938×10^8 t；2003～2012 年鄱阳湖入湖年均输沙量为 607×10^4 t，较 1956～2002 年多年均值偏小 58.6%；2003～2012 年出湖年均输沙量为 1 238×10^4 t，较 1956～2002 年多年均值偏大 31.9%（含采砂活动影响）。比较 2010 年、1998 年湖区实测地形可知，1998～2010 年，湖区总体处于冲刷状态，尤其是窄长的入江水道河段，断面变化较大，湖口站断面深槽平均下切约 2 m，见表 2-3-24。

表 2-3-24　鄱阳湖出入湖悬移质泥沙统计表

年份	湖口站年均输沙量（10^4 t/a）	鄱阳湖入湖年均输沙量（10^4 t/a）	湖口站含沙量（kg/m^3）	鄱阳湖入湖含沙量（kg/m^3）
1956～2012	991	1 315	0.109	0.115
1956～2002	938	1 465	0.106	0.128
2003～2012	1 238	607	0.126	0.056
2003～2007	1 464	512	0.172	0.052
2008	731	439	0.079	0.046
2009	572	307	0.074	0.041
2010	1 590	1 351	0.093	0.081
2011	765	458	0.090	0.067
2012	1 400	951	0.066	0.058

鄱阳湖出口控制站湖口站（1956～2012 年）多年平均输沙量为 991×10^4t，其中 2～4 月占年输沙量的 60.2%。在长江 7～9 月洪水期，有时长江水倒灌入湖，泥沙也随江水倒灌入湖，多年平均倒灌泥沙量为 132×10^4t。

1956～2012 年，在不考虑五河控制站以下水网区入湖沙量的情况下，湖区年均淤积泥沙 324×10^4t，占总入湖泥沙量的 24.6%。

分时段来看，1971 年以来，五河入湖泥沙量一直呈递减趋势，且减小速度逐渐加快，进入 21 世纪以来，五河年均入湖泥沙量较 1971～1980 年减少了一半以上，使得鄱阳湖淤积逐渐减缓。2003 年前，五河年均入湖泥沙 1465×10^4t，出湖悬移质泥沙 938×10^4t，湖区年均淤积泥沙 527×10^4t；2003～2012 年五河年均入湖泥沙 607×10^4t，出湖悬移质泥沙明显增多，达到 1238×10^4t。

从年内冲淤规律来看，鄱阳湖 4 月之前为河相，比降较大，流速相对较快，且五河处于涨水阶段，入湖流量增加，流域来沙能顺利通过鄱阳湖进入长江，主要冲刷主航道附近的淤积泥沙，出湖沙量大于入湖沙量；4 月开始，五河进入汛期，流域入湖的水、沙骤增，湖水位升高，洲滩逐渐被淹没，鄱阳湖呈湖相景观，比降减小，流速减缓，泥沙落淤，出湖沙量小于入湖沙量；7 月之前长江水位不高，五河流量大，虽然湖内大量淤沙，但出湖沙量的比重仍较大；7～9 月为长江干流汛期，湖水受顶托或发生江水倒灌，入湖泥沙大部分淤积在湖内，江沙倒灌则更增加泥沙淤积幅度；10 月以后，湖水随长江洪水退落而快速下泄，洲滩逐渐显露，鄱阳湖再成河相，湖区泥沙开始冲刷。可见，鄱阳湖泥沙年内冲淤变化规律一般为低水冲、高水淤。

（2）冲淤分布特征。从湖区淤积形态来看，五河来沙量、时程分配不同，流态变化复杂，且河段地形差异较大，使泥沙淤积在平面上和高度上的分布都不同，导致对某些河段和水域的影响仍很严重。这是鄱阳湖泥沙运动的又一特征。流域来沙主要淤积在水网区的分支口、扩散段、弯曲段凸岸和湖盆区的东南部、南部、西南部的各河入湖扩散区。在水网区河道的淤积表现为中洲（心滩）、浅滩、拦门沙等形态，在湖盆表现为扇形三角洲、“自然湖堤”等形态。

A. 分析数据来源及方法

鄱阳湖不同时期的冲淤变化分析方法主要采用典型断面法，横向沿湖盆南北向约每 5 km 布设一个断面，全湖共布设横断面 32 个。采用 2010 年鄱阳湖地理信息测量成果及 1998 年长江水利委员会鄱阳湖测量成果分析断面数据，两成果均通过有关部门的验收，成果质量可靠。典型断面范围主要为湖盆区，南起青岚湖下游（南昌县幽兰乡北涂村）、北至湖口（湖口县城）。典型断面的布设如图 2-3-25 所示。分析比较 1998 年与 2010 年实测大断面图、断面面积、平均河底高程、断面最低点、湖区自北向南纵断面（深泓线）的变化情况等。

B. 典型断面图分析比较

根据鄱阳湖区地形图及断面布设情况，将湖区划分为 6 个区域，套绘 1998 年与 2010 年实测的 32 个湖区典型断面图，对典型断面进行分析比较。

湖盆入江水道区域（1～10 号断面）：

由图 2-3-26～图 2-3-35 可以看出，1998～2010 年，鄱阳湖湖盆入江水道区域除 1 号

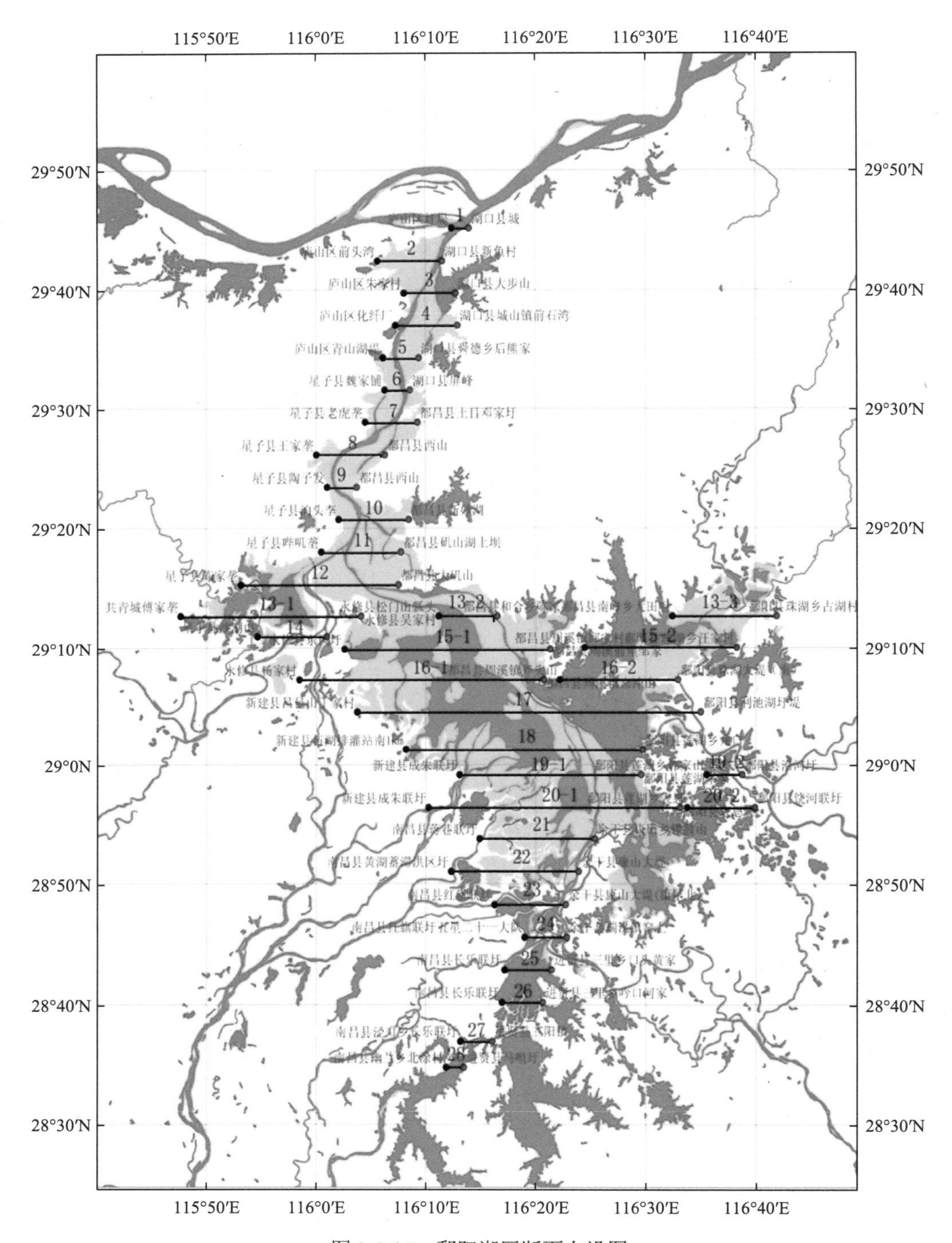

图 2-3-25　鄱阳湖区断面布设图

断面发生轻微淤积外，其他断面均发生下切，下切均在 10 m 高程以下河床，10 m 以上变化较小，断面变化最大的为 9 号断面，湖底平均高程下降 7.91 m。该区域总体为下切，主流摆动不大，主流河床冲刷下切明显。

赣江、修水河口湖盆区域（11 号、12 号、13-1 号、14 号断面）：

由图 2-3-36～图 2-3-39 可以看出，1998～2010 年，鄱阳湖赣江、修水河口湖盆区域

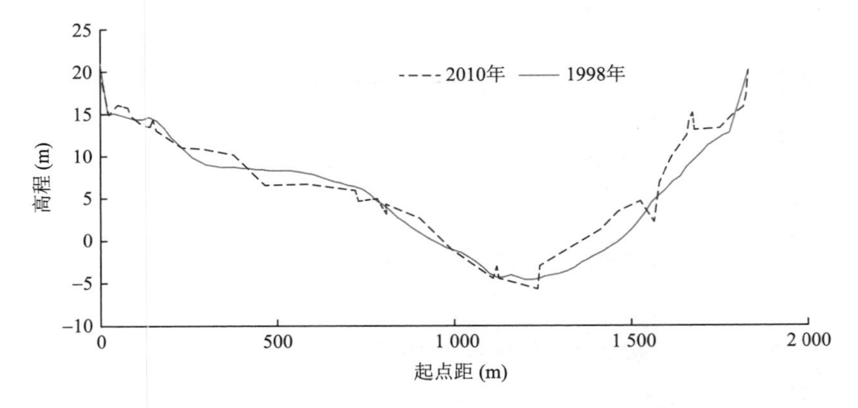

图 2-3-26　1998 年、2010 年 1 号断面对比图

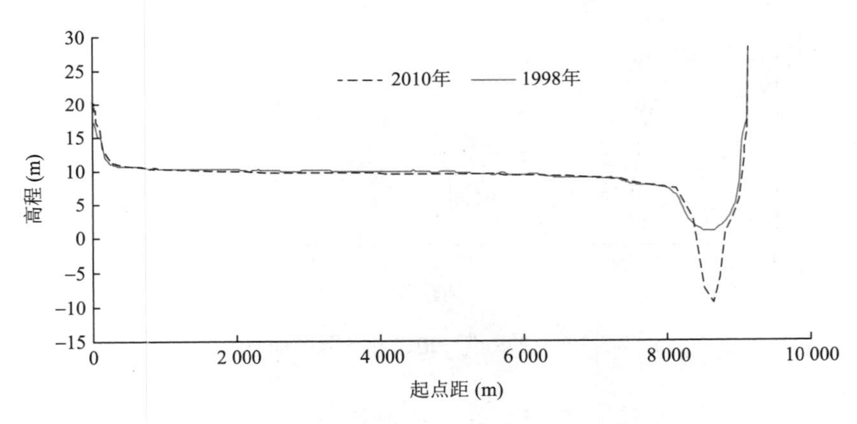

图 2-3-27　1998 年、2010 年 2 号断面对比图

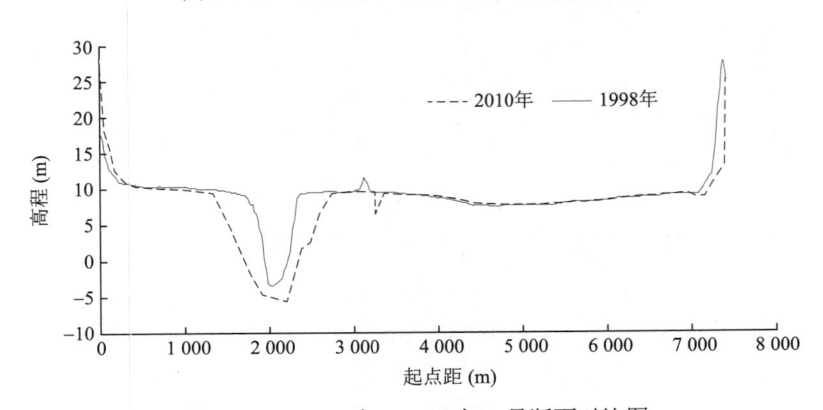

图 2-3-28　1998 年、2010 年 3 号断面对比图

典型断面均发生冲刷，冲刷均在 15 m 高程以下河床，15 m 以上变化较小，最大变化发生在 12 号断面，15 m 以下河床平均高程下切 0.16 m，断面最低点下切幅度达到 4.5 m 左右。该区域总体为冲刷，但冲刷强度小于入江水道区域。

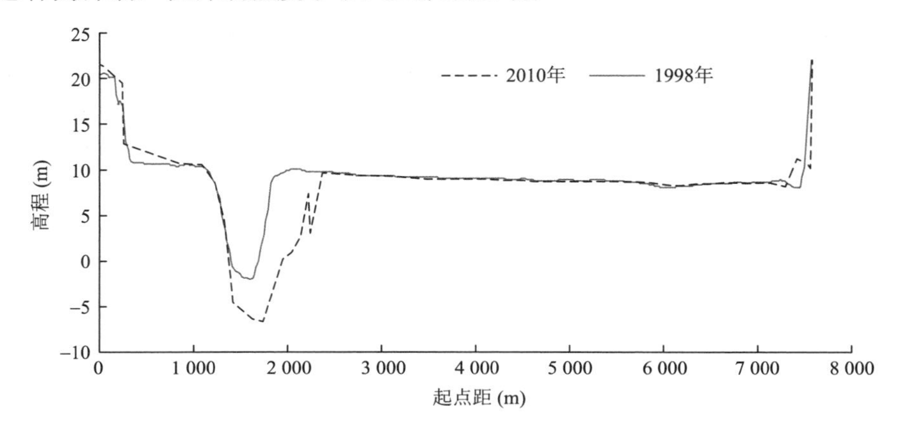

图 2-3-29　1998 年、2010 年 4 号断面对比图

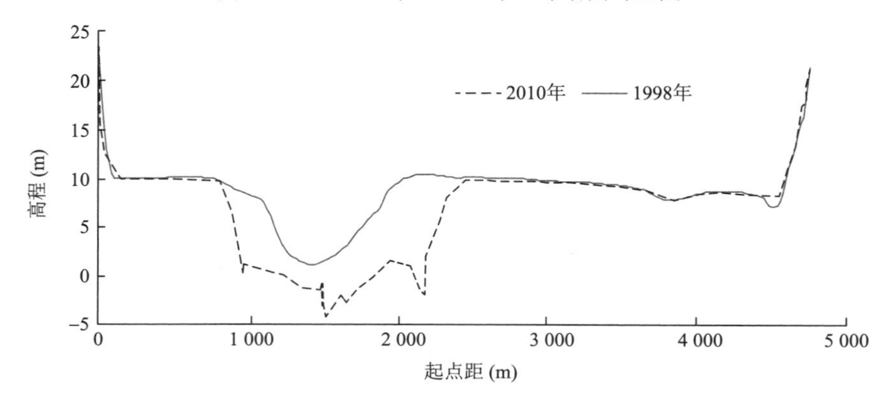

图 2-3-30　1998 年、2010 年 5 号断面对比图

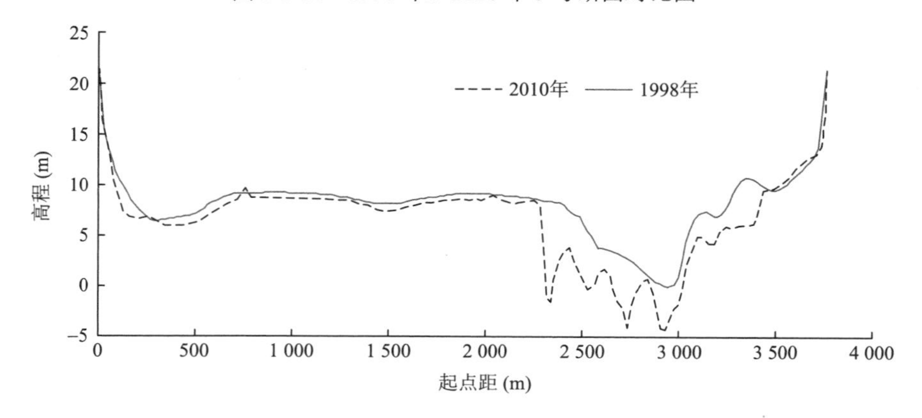

图 2-3-31　1998 年、2010 年 6 号断面对比图

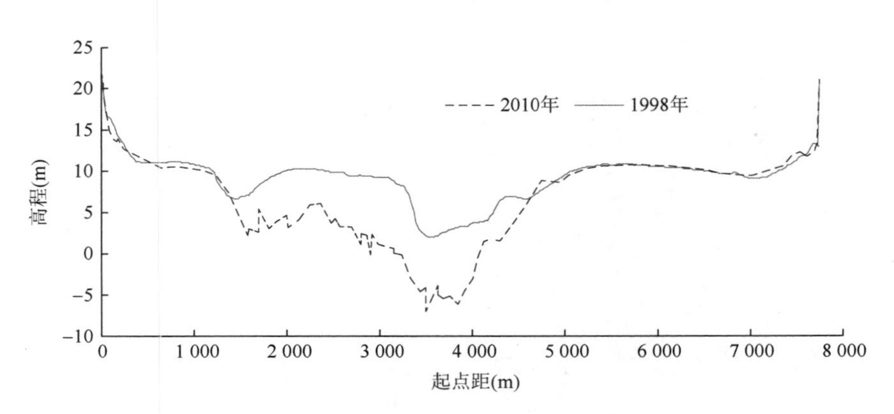

图 2-3-32　1998 年、2010 年 7 号断面对比图

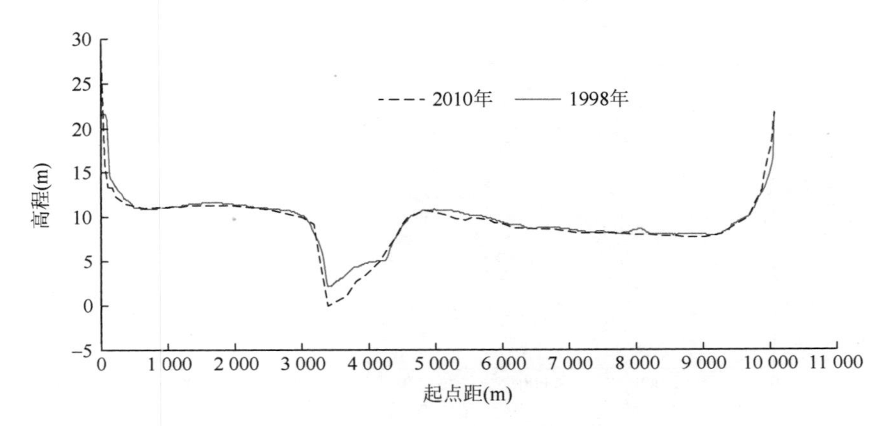

图 2-3-33　1998 年、2010 年 8 号断面对比图

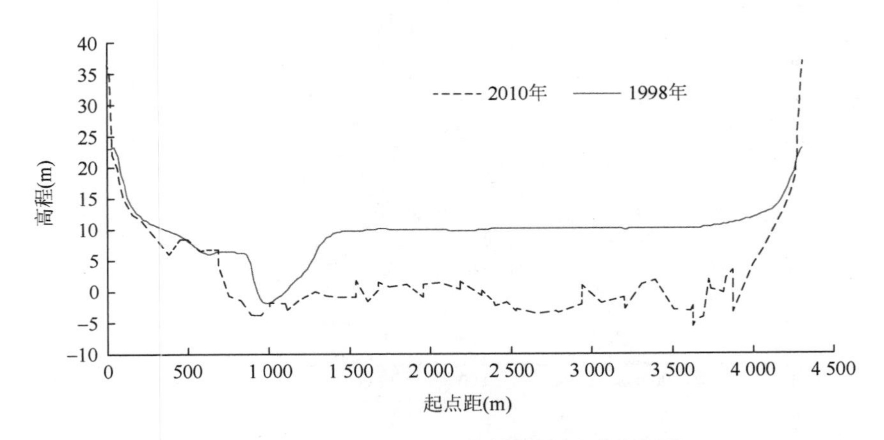

图 2-3-34　1998 年、2010 年 9 号断面对比图

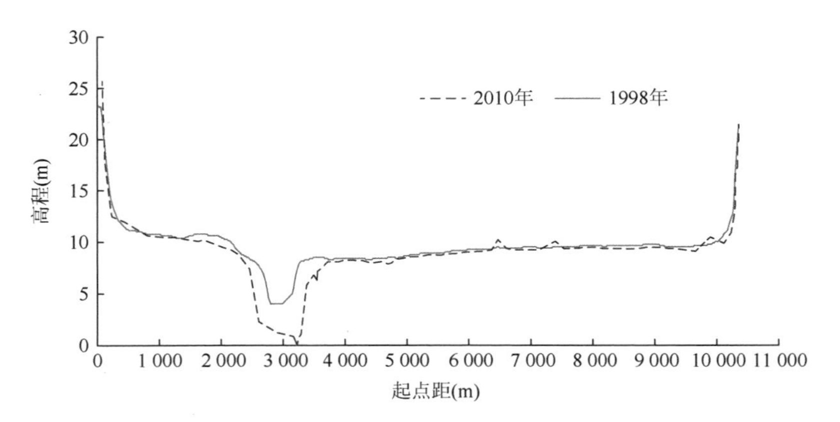

图 2-3-35　1998 年、2010 年 10 号断面对比图

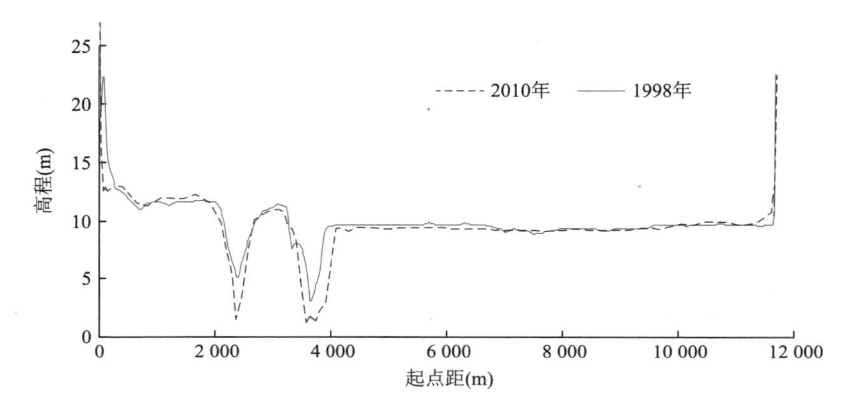

图 2-3-36　1998 年、2010 年 11 号断面对比图

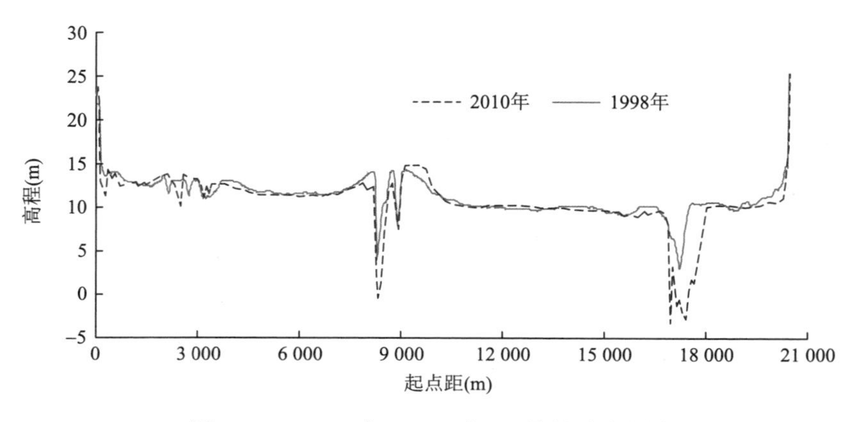

图 2-3-37　1998 年、2010 年 12 号断面对比图

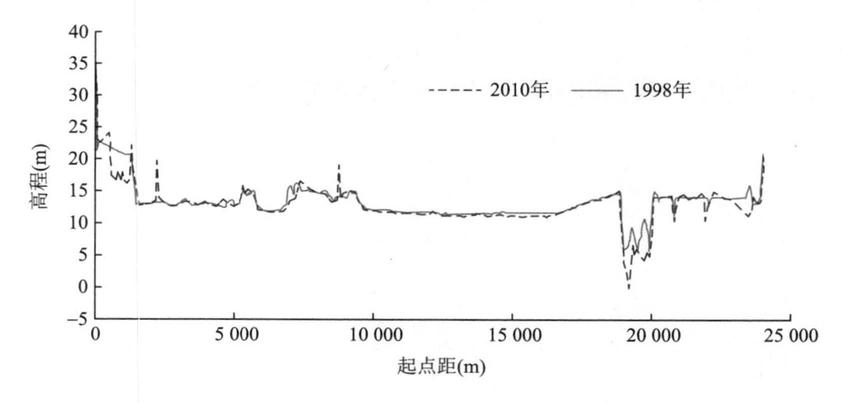

图 2-3-38　1998 年、2010 年 13-1 号断面对比图

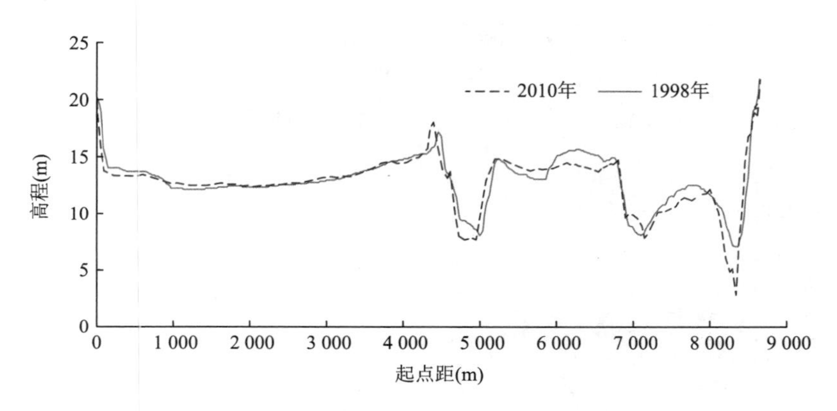

图 2-3-39　1998 年、2010 年 14 号断面对比图

湖盆中部区域（13-2 号、15-1 号、16-1 号、17～18 号、19-1 号、20-1 号、21～23 号断面）：

由图 2-3-40～图 2-3-49 可以看出，1998～2010 年，鄱阳湖湖盆中部区域除 13-2 号断面主流区冲刷较大、16-1 号断面发生轻微冲刷外，其他断面均发生淤积，但淤积强度较

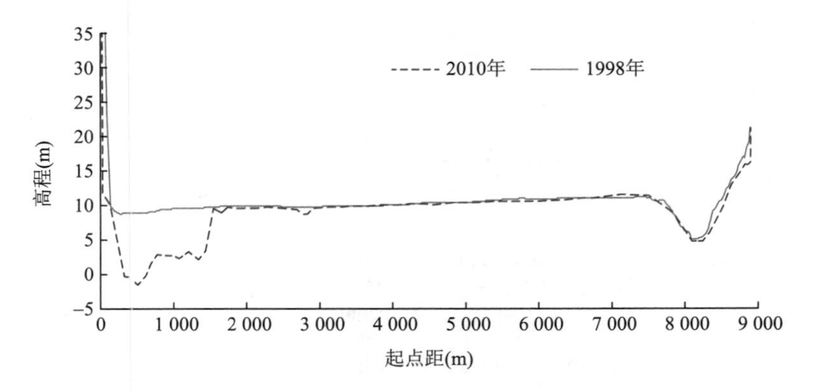

图 2-3-40　1998 年、2010 年 13-2 号断面对比图

小，淤积基本集中在 16 m 高程以下河床，以上变化较小，断面变化最大的为 20-1 号断面。可见，近十几年来，鄱阳湖中部区域总体仍以淤积为主，与三峡工程运用前基本一致。

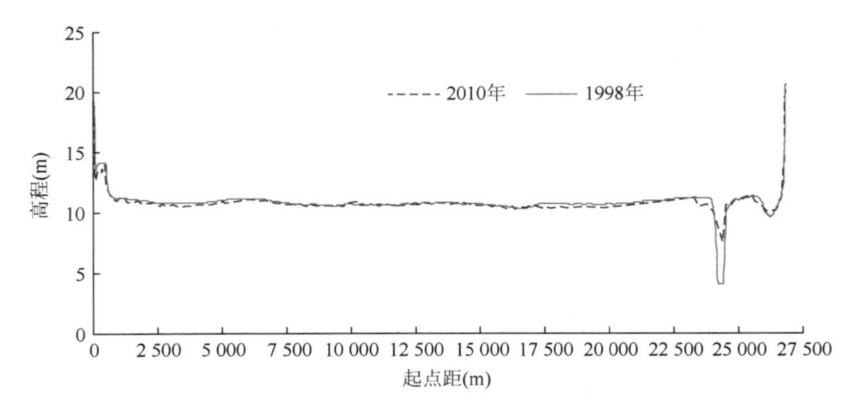

图 2-3-41　1998 年、2010 年 15-1 号断面对比图

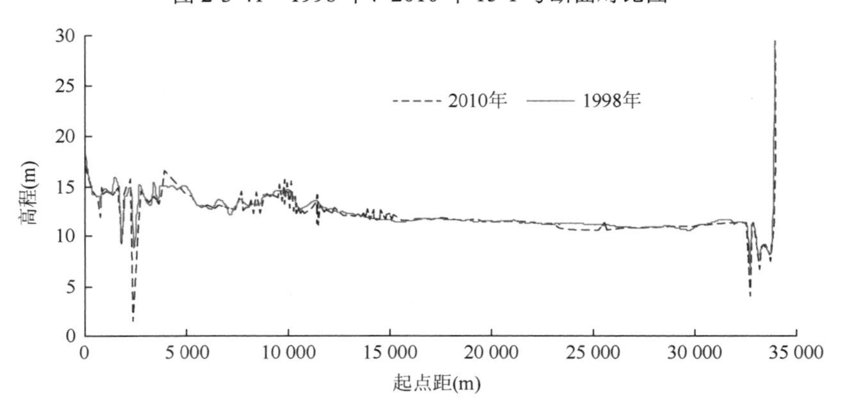

图 2-3-42　1998 年、2010 年 16-1 号断面对比图

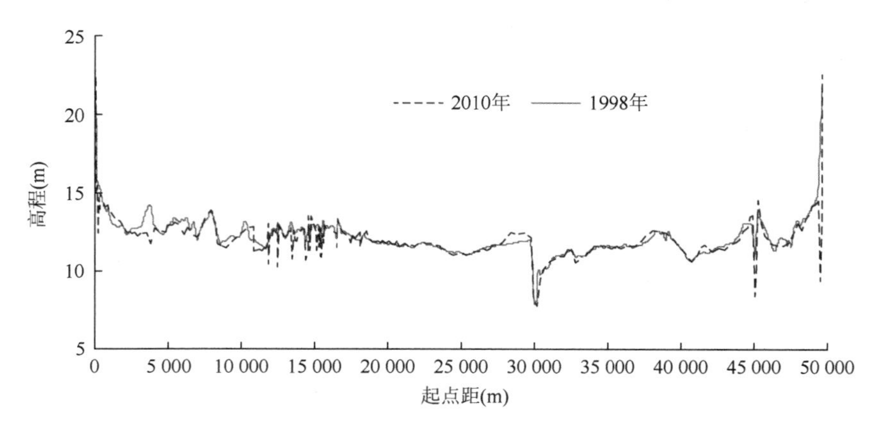

图 2-3-43　1998 年、2010 年 17 号断面对比图

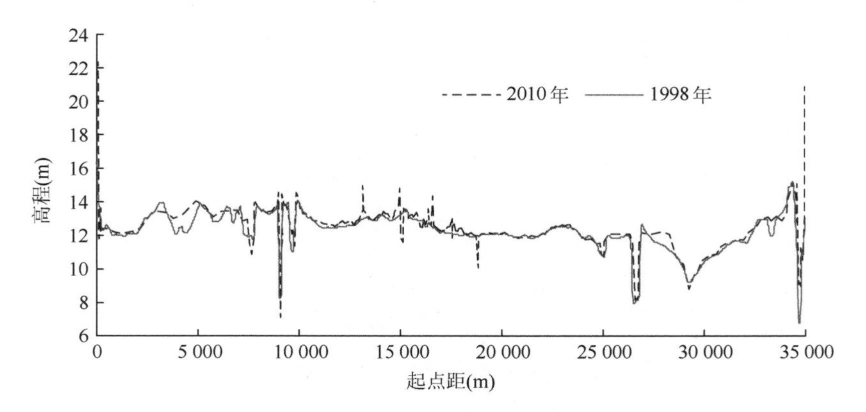

图 2-3-44 1998 年、2010 年 18 号断面对比图

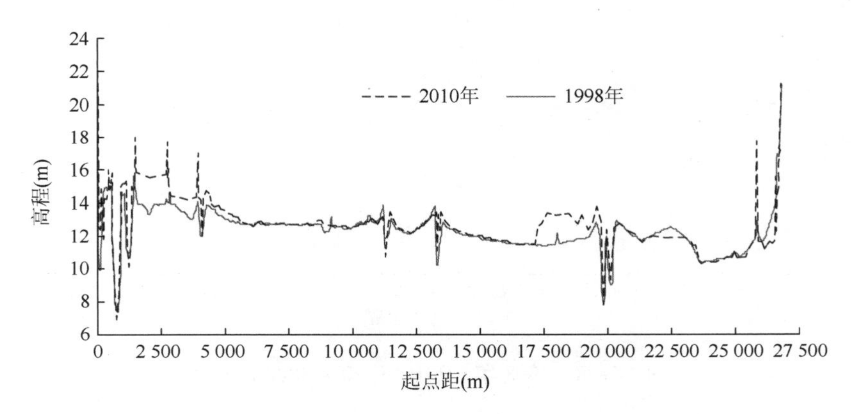

图 2-3-45 1998 年、2010 年 19-1 号断面对比图

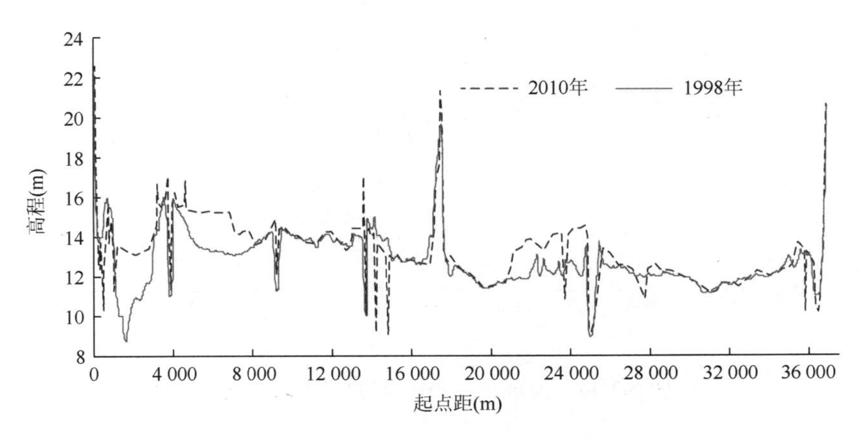

图 2-3-46 1998 年、2010 年 20-1 号断面对比图

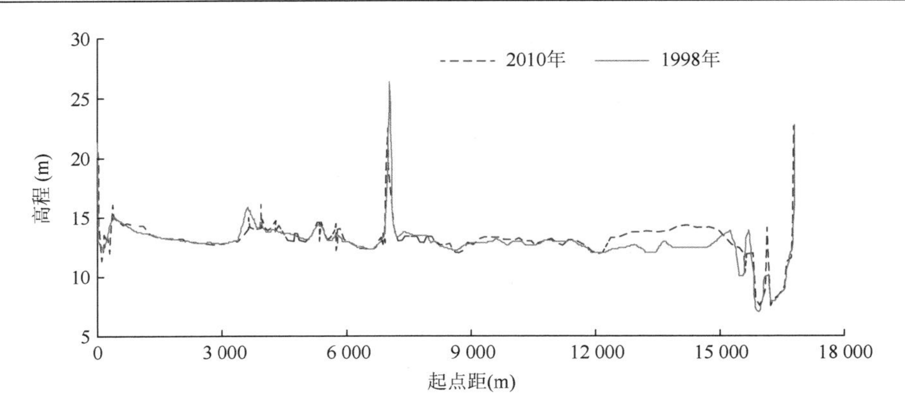

图 2-3-47　1998 年、2010 年 21 号断面对比图

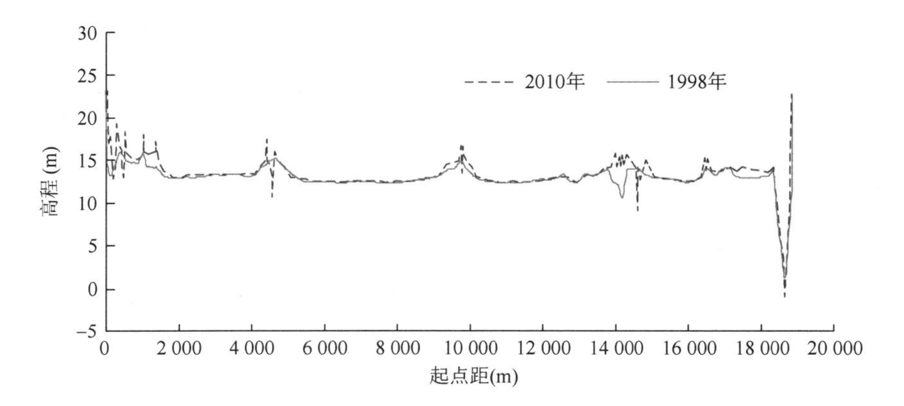

图 2-3-48　1998 年、2010 年 22 号断面对比图

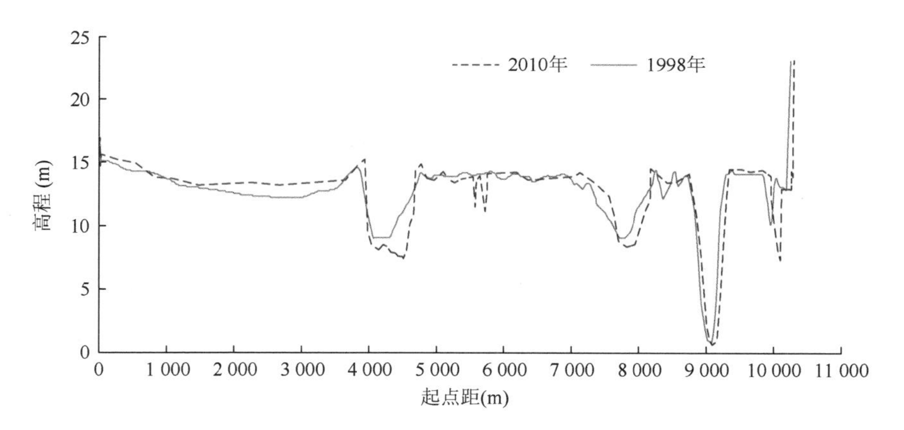

图 2-3-49　1998 年、2010 年 23 号断面对比图

湖盆东北部区域（13-3 号、15-2 号、16-2 号断面）：

由图 2-3-50～图 2-3-52 可以看出，1998～2010 年，鄱阳湖湖盆东北部区域在 14 m 高程以下有冲有淤，14 m 以上较为稳定。该区域冲淤变化基本维持平衡，断面变化较小。

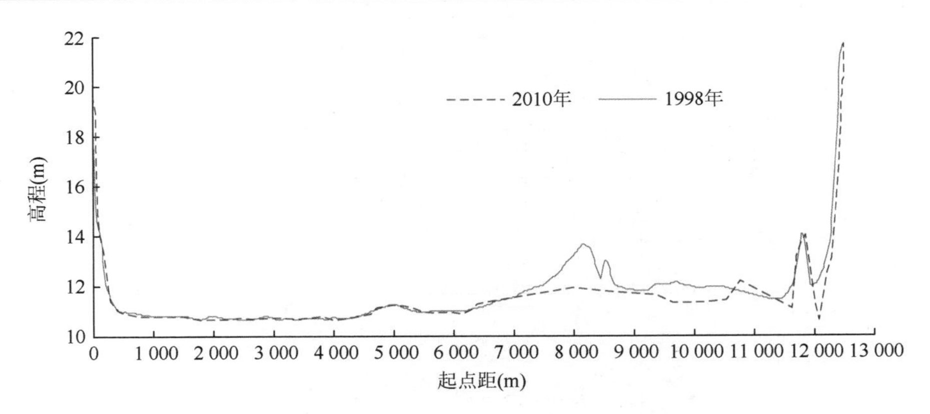

图 2-3-50　1998 年、2010 年 13-3 号断面对比图

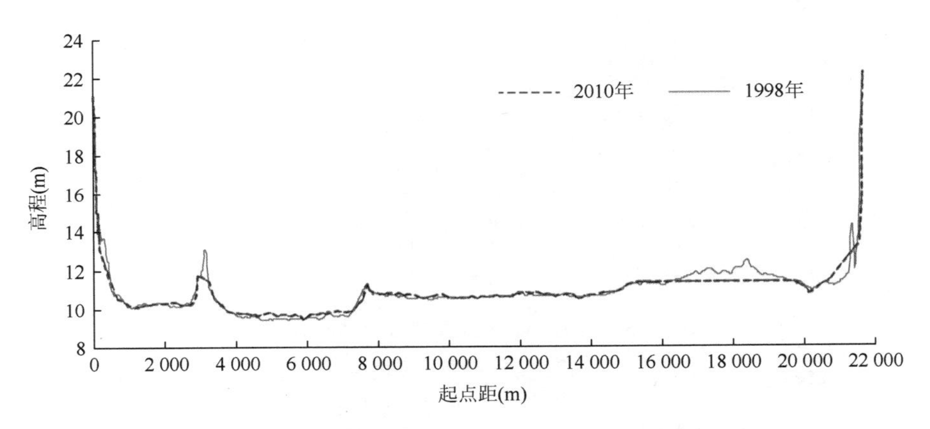

图 2-3-51　1998 年、2010 年 15-2 号断面对比图

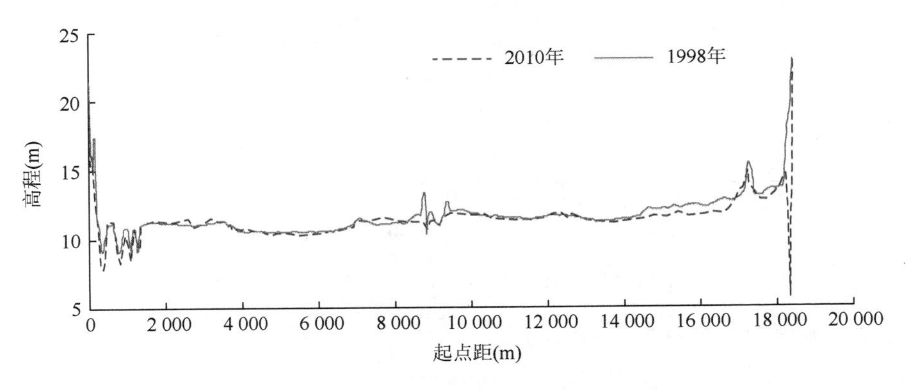

图 2-3-52　1998 年、2010 年 16-2 号断面对比图

湖盆南部区域（24～26 号断面）：

由图 2-3-53～图 2-3-55 可以看出，1998～2010 年，湖盆南部区域 15 m 高程以下断面发生冲刷，但总体冲刷强度较入江水道区域仍是偏小的，断面变化最大的为 24 号断面，15 m 高程以下河床平均下切 1.35 m，断面最大冲刷深度接近 7 m 左右。

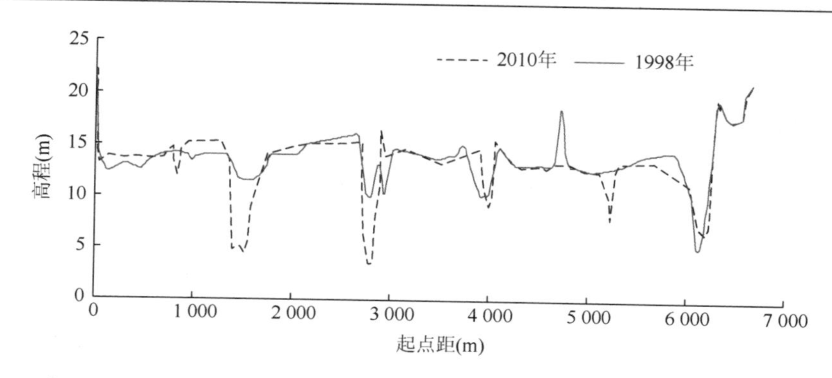

图 2-3-53　1998 年、2010 年 24 号断面对比图

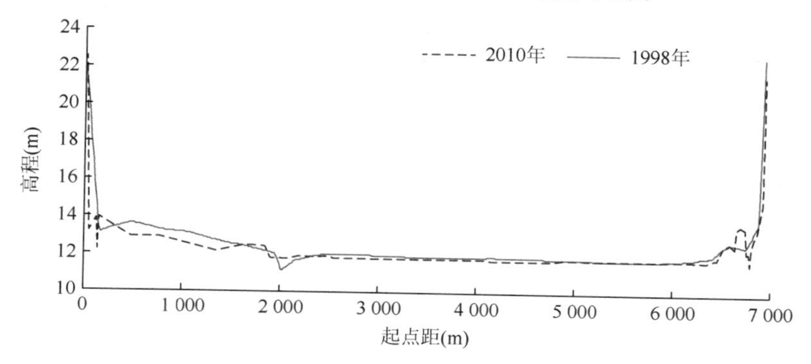

图 2-3-54　1998 年、2010 年 25 号断面对比图

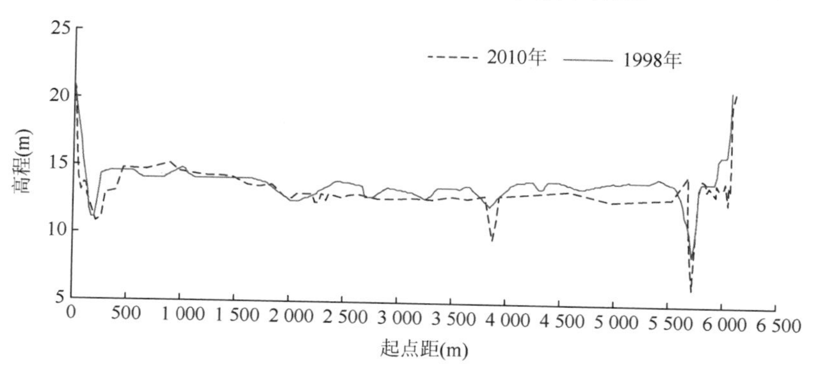

图 2-3-55　1998 年、2010 年 26 号断面对比图

青岚湖下游区域（27～28 号断面）：

由图 2-3-56 和图 2-3-57 可以看出，1998～2010 年，鄱阳湖区青岚湖下游区域 27 号断面在 17 m 高程以下发生冲刷，17 m 以下河床平均高程下切 0.4 m，28 号断面变化较小。

综上所述，1998～2010 年鄱阳湖入江水道区域冲刷下切较为显著，断面变化最大，最大冲刷深度为 10.57 m（出现在入江水道 2 号断面）。赣江、修水河口区域断面总体表现为冲刷，但冲刷强度较小。湖区中部区域断面总体表现为淤积，但强度较小。东北部、南部、青岚湖下游区域断面有冲有淤，断面总体变化不大。

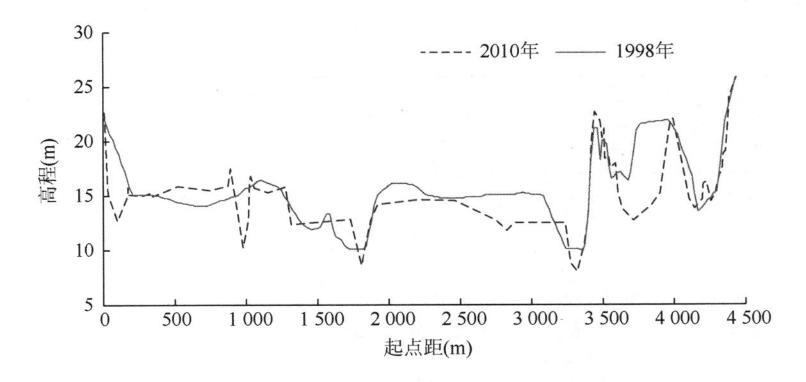

图 2-3-56　1998 年、2010 年 27 号断面对比图

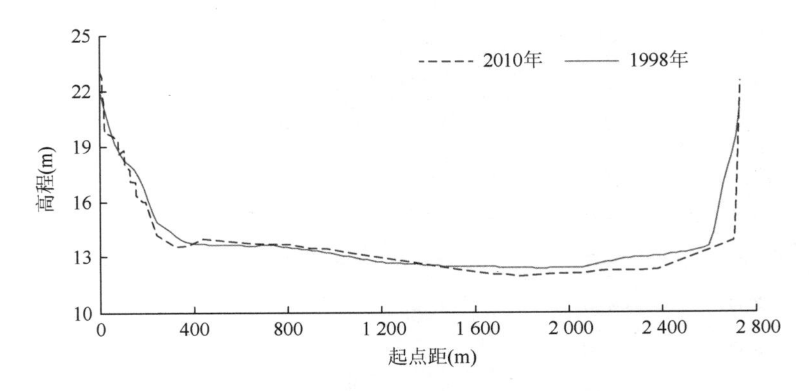

图 2-3-57　1998 年、2010 年 28 号断面对比图

（3）平均河底高程及断面最低点分析。根据 1998 年、2010 年实测大断面资料统计分析，计算各断面最低点，并计算 15 m 高程下平均河底高程，见表 2-3-25。鄱阳湖自北向南湖床最低点高程变化如图 2-3-58 所示。

表 2-3-25　鄱阳湖自北向南断面最低点及河底平均高程统计表

断面号	断面最低点（m）		1998～2010 年变化值（m）	平均河底高程（m）		1998～2010 年变化值
	1998 年	2010 年		1998 年	2010 年	
1	−4.71	−5.90	−1.18	4.72	5.08	0.36
2	0.97	−9.60	−10.57	9.07	8.64	−0.44
3	−3.36	−5.82	−2.45	8.53	7.45	−1.08
4	−2.00	−6.79	−4.79	8.48	7.76	−0.72
5	1.01	−4.31	−5.32	8.40	6.58	−1.83
6	−0.14	−4.50	−4.36	7.71	6.32	−1.39
7	1.85	−7.33	−9.17	8.86	6.51	−2.35
8	2.00	−0.15	−2.15	9.15	8.89	−0.26

续表

断面号	断面最低点（m）		1998～2010 年变化值（m）	平均河底高程（m）		1998～2010 年变化值
	1998 年	2010 年		1998 年	2010 年	
9	−1.96	−5.69	−3.73	8.87	0.96	−7.91
10	3.87	0.10	−3.77	9.18	8.67	−0.51
11	2.96	1.09	−1.87	9.64	9.42	−0.22
12	2.70	−3.26	−5.96	11.01	10.53	−0.48
13-1	5.61	−0.30	−5.91	12.54	12.24	−0.30
13-2	5.00	−1.54	−6.54	9.99	8.76	−1.23
13-3	10.61	10.56	−0.05	11.46	11.31	−0.15
14	7.00	2.80	−4.20	12.35	12.51	0.16
15-1	4.00	7.40	3.40	10.68	10.69	0.01
15-2	9.40	9.46	0.06	10.74	10.78	0.04
16-1	5.11	1.48	−3.63	11.95	11.80	−0.15
16-2	9.00	5.69	−3.31	11.40	11.32	−0.07
17	7.59	7.82	0.23	11.94	11.98	0.03
18	6.82	6.94	0.12	12.34	12.42	0.08
19-1	7.39	6.90	−0.49	12.37	12.40	0.03
19-2	4.65	10.36	5.71	13.18	13.90	0.72
20-1	−1.27	9.10	10.37	12.62	12.90	0.28
20-2	8.77	11.50	2.73	12.90	13.04	0.15
21	11.14	7.40	−3.74	12.79	13.00	0.21
22	7.05	−1.20	−8.25	12.95	13.00	0.05
23	1.38	0.60	−0.78	12.50	12.55	0.05
24	0.72	3.40	2.68	13.00	12.57	−0.43
25	5.00	11.60	6.60	12.18	12.13	−0.05
26	11.09	6.23	−4.86	13.52	13.11	−0.41
27	8.54	8.00	−0.54	13.38	13.08	−0.30
28	9.85	11.90	2.05	12.97	12.88	−0.09
平均			−1.87			−0.54

从表 2-3-25 中可以看出，2010 年湖区河底最低点平均下切 1.87 m，最大下切深度为 10.57 m（出现在 2 号断面），河底平均高程平均下切 0.54 m，最大下切深度为 7.91 m（出现在入江水道 9 号断面）。北部入江水道区域 1998～2010 年河底下切，冲刷较严重，年冲

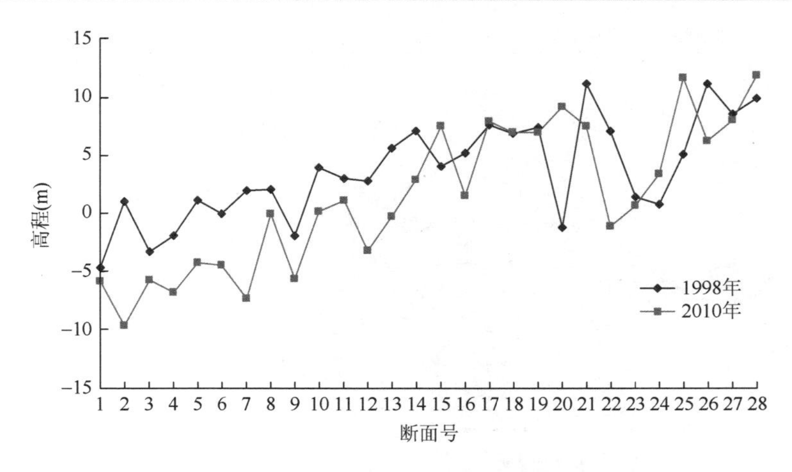

图 2-3-58　鄱阳湖自北向南河底最低点高程变化图

刷速率最大为 0.61 m（出现在 9 号断面），平均冲刷速率为 0.09 m；中部区域呈缓慢淤积，年淤积速率最大为 0.06 m，平均淤积速率为 0.01 m；南部区域为轻度冲刷，年冲刷速率最大为 0.03 m，平均冲刷速率为 0.02 m。其中，1～14 号断面（湖盆入江水道区域，赣江、修水河口湖盆区域）平均河底高程呈下切趋势，下切深度为 7.91 m，平均下切深度为 1.15 m；15～23 号断面（湖盆区中部、东北部区域）平均河底高程呈淤高趋势，最大淤积深度为 0.72 m，平均淤积深度为 0.11 m；24～28 号断面（湖盆南部、青岚湖下游区域）平均河底高程呈下切趋势，最大下切深度为 0.43 m，平均下切深度为 0.26 m。鄱阳湖区冲淤分布示意图如图 2-3-59 所示。

4. 鄱阳湖冲淤及形态变化对水情影响

为研究鄱阳湖的冲淤变化（特别是入江水道段的大幅度下切）对湖区水情的影响，采用湖区实测水位数据分析湖口与湖区各站水位的相关关系变化。

1）湖口站与星子站的落差分析

一般情况下，星子站水位高于湖口站水位。1956～2002 年星子站与湖口站日平均水位落差为0.57 m，其中最大落差为3.37 m，当湖口站水位在12 m以下时平均落差为0.80 m；2003～2012 年星子站日平均水位比湖口站高 0.28 m，其中最大落差为 1.59 m，当湖口站水位在 12 m 以下时平均落差为 0.35 m，见表 2-3-26。

表 2-3-26　星子站与湖口站日平均水位落差分析表　（单位：m）

项目	1956～2002 年	2003～2012 年
最大落差	3.37	1.59
平均落差	0.57	0.28
湖口站 12 m 水位以下平均落差	0.80	0.35

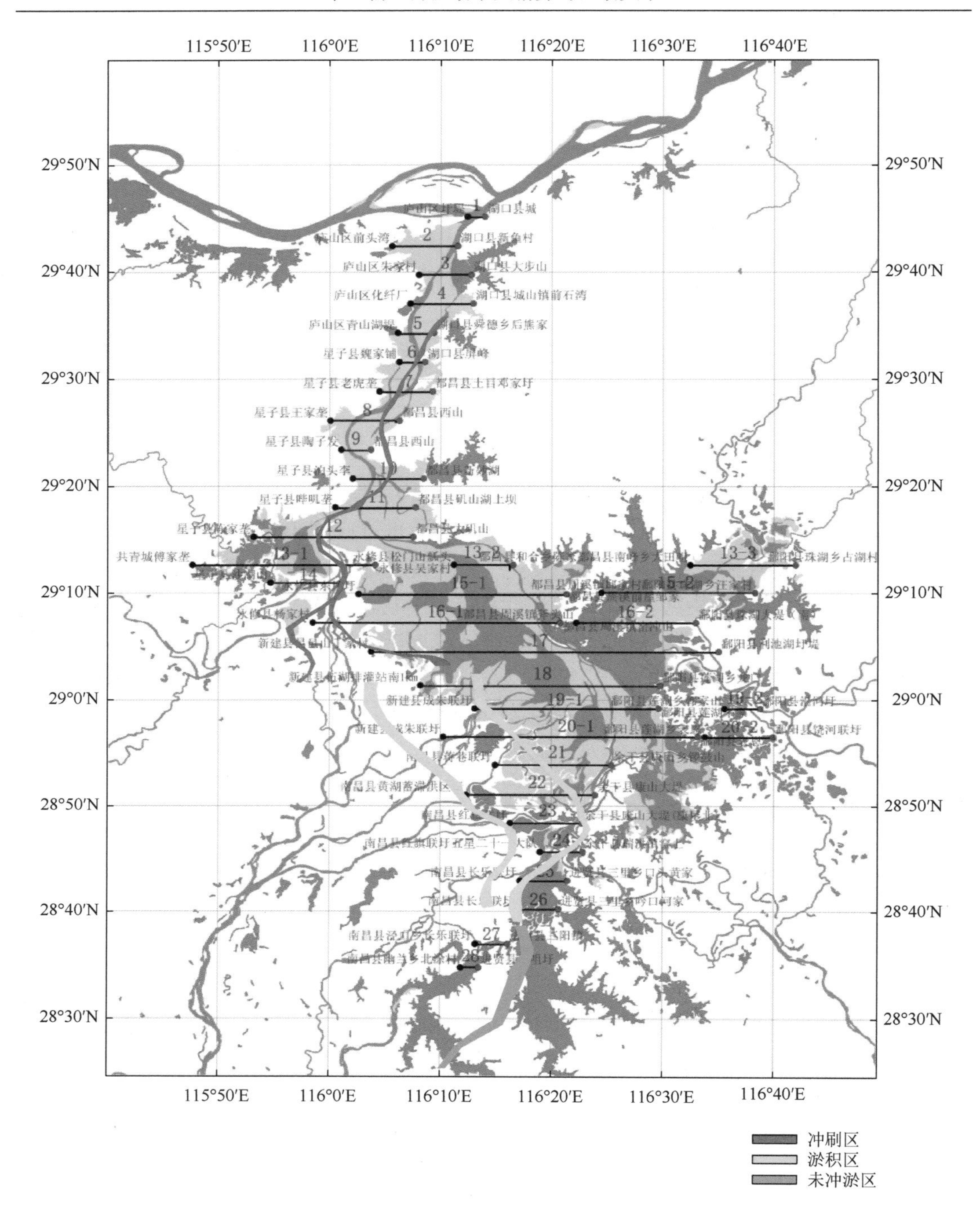

图 2-3-59　鄱阳湖区冲淤分布示意图

从表 2-3-26 可以看出，2003～2012 年星子站与湖口站的日平均水位落差比 1956～2002 年明显减小，特别是湖口站水位 12 m 以下平均落差减小更为明显，这应该是由入江水道星子站附近河道大幅度下切、枯水河槽断面面积大幅度增加所造成的。

2）湖区各站水位相关分析

分别以2002年和2012年水位资料建立湖口站与星子站、星子站与都昌站、都昌站与棠荫站、棠荫站与康山站的相关关系（表2-3-27）。其中，湖口站与星子站、星子站与都昌站、都昌站与棠荫站、棠荫站与康山站水位相关图，如图2-3-60～图2-3-63。

表2-3-27　2002年及2012年湖区各站日平均水位相关关系表

湖口站水位（m）	星子站线性相关水位（m）			星子站水位（m）	都昌站线性相关水位（m）		
	2002年	2012年	水位差		2002年	2012年	水位差
5.3	6.96	5.69	−1.27	5.00	7.86	5.62	−2.24
6	7.49	6.44	−1.05	6.00	8.51	6.59	−1.92
7	8.26	7.49	−0.77	7.00	9.16	7.56	−1.60
8	9.05	8.51	−0.54	8.00	9.81	8.53	−1.28
9	9.86	9.50	−0.36	9.00	10.46	9.50	−0.96
10	10.68	10.48	−0.2	10.00	11.11	10.47	−0.64
11	11.52	11.42	−0.1	11.00	11.76	11.44	−0.32
12	12.37	12.34	−0.03	12.00	12.41	12.41	0

都昌站水位（m）	棠荫站线性相关水位（m）	棠荫站水位（m）	康山站线性相关水位（m）
	单一线		单一线
5.00	9.15	5.00	7.18
6.00	9.76	6.00	8.01
7.00	10.36	7.00	8.84
8.00	10.97	8.00	9.67
9.00	11.58	9.00	10.50
10.00	12.18	10.00	11.33
11.00	12.79	11.00	12.16
12.00	13.39	12.00	12.99

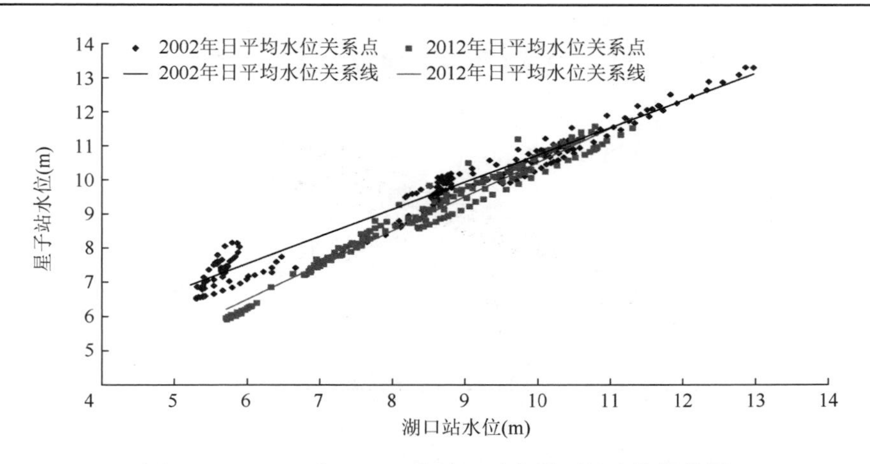

图2-3-60　2002年、2012年湖口站与星子站水位相关图

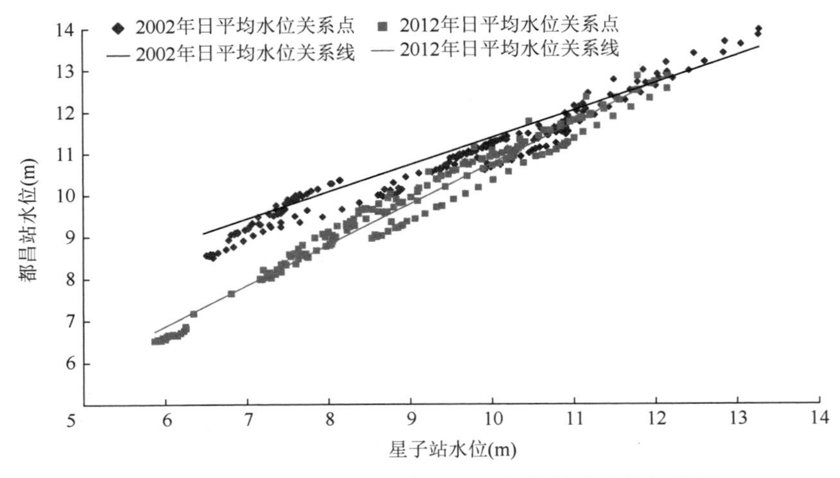

图 2-3-61　2002 年、2012 年星子站与都昌站水位相关图

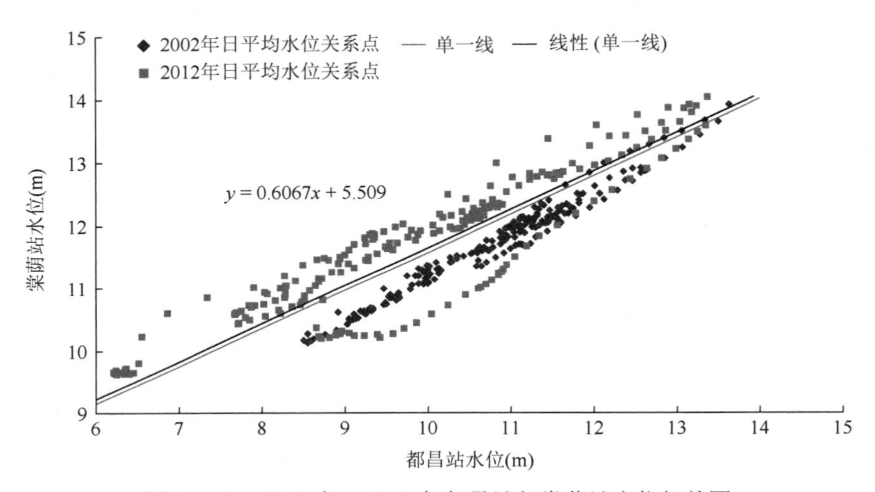

图 2-3-62　2002 年、2012 年都昌站与棠荫站水位相关图

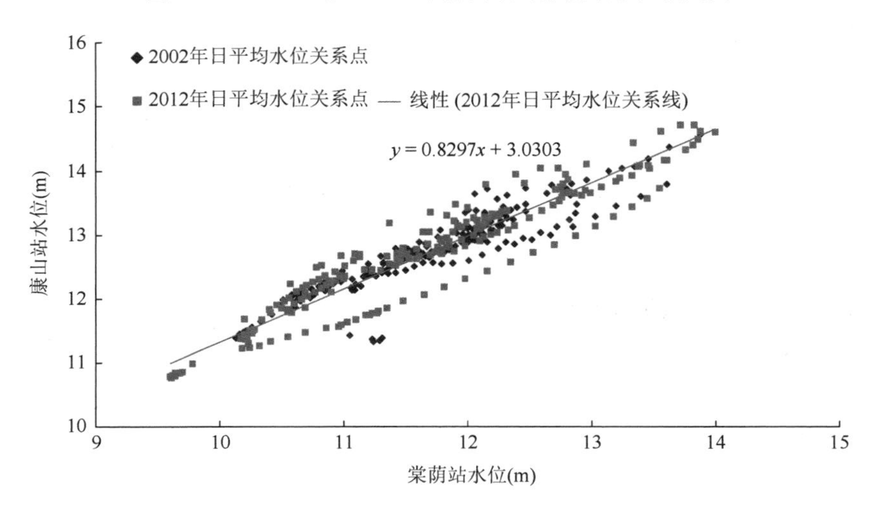

图 2-3-63　2002 年、2012 年棠荫站与康山站水位相关图

从表 2-3-27 和图 2-3-60～图 2-3-63 可以看出：

（1）湖区各站之间相关关系与彼此之间距离有关，距离越近，相关关系越好；

（2）从上游到下游，湖区各站之间相关关系越来越好，而且越往下游，2002 年和 2012 年各自的点群分开越明显；

（3）从湖口站与星子站、星子站与都昌站的水位相关关系来看，2002 年以后星子站和都昌站水位均出现低枯水位且明显的下降，说明湖床下切的影响较为明显；

（4）从都昌站与棠荫站、棠荫站与康山站的水位相关关系来看，棠荫站以上水位基本不受鄱阳湖冲淤变化的影响。

综上所述，棠荫站以上水位受湖区冲淤变化影响不大，都昌站以下水位受湖区下切影响较大。

第三节　鄱阳湖与长江干流水位相关分析

1. 水位相关关系变化及成因

1）长江干流水位特征分析

通过分析汉口站、大通站及湖口站 3 个站 1956～2012 年逐日水位资料可知，1956～2002 年汉口站、大通站及湖口站 3 个站多年平均水位分别为 16.92 m、6.99 m、10.97 m，2003～2012 年相应站点的多年平均水位分别为 16.63 m、6.26 m、10.23 m，即 2003 年以来各站多年平均水位均有不同程度的降低，减少值分别为 0.29 m、0.73 m、0.74 m，水位下降主要与流量减少息息相关，也与沿程的断面变化有一定关系（表 2-3-28）。

表 2-3-28　汉口站、大通站和湖口站水位特征统计表　（单位：m）

站名	年份	项目	1月	2月	3月	4月	5月	6月	7月	8月	9月	10月	11月	12月	年
汉口站	1956～2002	平均	11.95	11.95	13.18	15.53	18.25	19.75	22.24	21.19	20.44	18.85	16.15	13.38	16.92
		最高	16.84	17.04	19.91	20.17	22.96	25.19	27.01	27.34	26.89	23.63	21.23	18.28	27.34
		最低	9.69	9.61	9.75	10.92	12.67	14.81	16.50	14.84	14.61	13.47	12.15	10.69	9.61
	2003～2012	平均	12.48	12.60	14.06	14.98	17.35	19.77	21.51	20.95	19.89	16.82	15.01	13.10	16.63
		最高	13.84	16.62	16.34	19.33	21.38	23.66	25.22	25.14	23.53	20.77	20.68	17.01	25.22
		最低	11.57	11.45	11.70	12.94	12.77	14.71	18.26	14.99	13.77	13.06	12.12	11.59	11.45
大通站	1956～2002	平均	2.88	3.05	4.17	5.95	7.94	9.06	10.71	9.81	9.15	8.00	5.99	3.84	6.99
		最高	7.31	6.98	9.86	10.08	11.93	13.81	14.36	14.39	13.68	11.22	10.31	7.29	14.39
		最低	1.30	1.21	1.52	2.21	4.12	4.94	6.07	5.59	4.45	3.76	2.90	1.82	1.21
	2003～2012	平均	2.99	3.30	4.56	5.17	6.83	8.70	9.86	9.47	8.58	6.42	4.81	3.58	6.26
		最高	4.28	6.81	7.40	9.31	10.28	12.23	12.66	12.41	11.77	9.46	8.75	6.99	12.66
		最低	2.16	1.86	2.15	3.31	3.32	4.37	7.51	4.64	4.01	3.28	2.96	2.37	1.86
湖口站	1956～2002	平均	6.09	6.31	7.79	10.18	12.63	13.99	15.90	14.79	13.99	12.56	10.02	7.35	10.97
		最高	11.92	11.25	15.07	15.25	17.69	19.87	20.64	20.64	19.72	16.37	15.37	11.85	20.64
		最低	4.18	4.02	4.20	5.15	7.77	9.05	10.53	9.52	8.45	7.09	6.09	4.59	4.02

续表

站名	年份	项目	1月	2月	3月	4月	5月	6月	7月	8月	9月	10月	11月	12月	年
湖口站	2003～2012	平均	6.09	6.59	8.23	9.09	11.25	13.62	14.83	14.29	13.19	10.36	8.41	6.81	10.23
		最高	7.66	11.26	11.97	14.30	15.57	18.01	18.30	18.12	17.09	14.17	13.50	10.98	18.30
		最低	5.14	4.74	5.20	6.75	6.53	8.01	11.83	8.40	7.37	6.51	6.03	5.27	4.74

从各站逐月水位统计结果（表 2-3-28）可以看出，逐月水位表现出与逐月流量基本一致的特性，月最高水位和月最低水位也发生了较大的变化。

2）鄱阳湖水位特征分析

鄱阳湖水位变化受五河和长江来水的双重影响，汛期长达半年之久（4～9 月）。其中，4～6 月为五河主汛期，7～8 月为长江主汛期，湖区水位受长江洪水顶托或倒灌影响而壅高，水位长期维持高水位，湖面年最高水位一般出现在 7～8 月。进入 10 月，受长江稳定退水影响，湖区水位持续下降，湖区年最低水位一般出现在 1～2 月。

一般以星子站为鄱阳湖水情特点代表站。在实测资料中，星子站历年最高水位为 20.63 m，出现在 1998 年 8 月 2 日；历年最低水位为 5.22 m，出现在 2004 年 2 月 4 日；多年平均水位为 11.38 m；年最高、最低水位多年平均值分别为 17.21 m 和 6.07 m，历年最高、最低水位变幅为 15.41 m，年内变幅为 7.67～14.19 m，平均为 11.10 m。星子站年最高水位主要出现在 6～8 月，占 89.1%（其中，7 月占 58.0%、6 月占 20.0%）。年最低水位主要出现在 12 月至次年 2 月，占 94.5%（其中，12 月占 36.4%、1 月占 34.5%）。

星子站年最高水位、年平均水位、年最低水位、9～10 月旬平均水位、1～2 月月平均水位等统计情况，见表 2-3-29 和图 2-3-64～图 2-3-66。

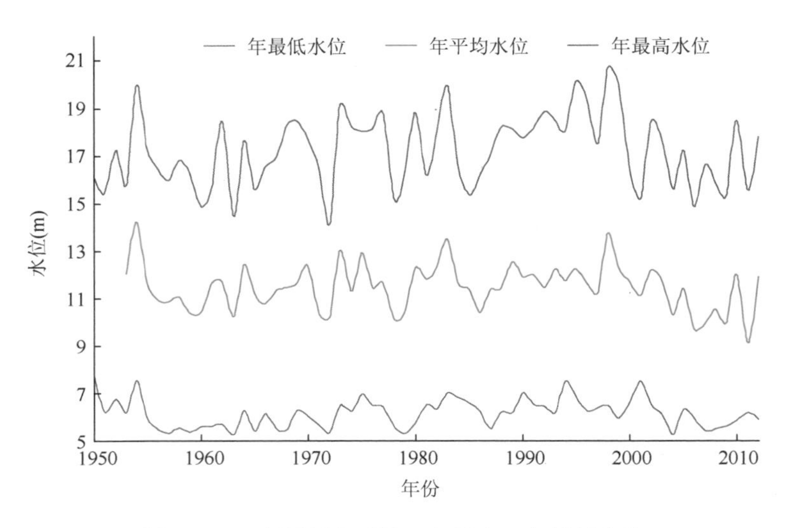

图 2-3-64　星子站年平均、年最高、年最低水位

表 2-3-29　星子站历年特征水位统计表

（单位：m）

年份	1月月平均	2月月平均	9月				10月				年水位				
			上旬平均	中旬平均	下旬平均	月平均	上旬平均	中旬平均	下旬平均	月平均	最高水位	日期	最低水位	日期	平均水位
1956	6.02	6.44	14.68	14.59	14.26	14.51	13.28	11.32	9.14	11.18	16.39	606	5.43	1220	10.88
1957	6.06	7.76	14.29	12.15	10.14	12.19	10.95	11.05	10.63	10.87	15.97	815	5.30	110	10.84
1958	6.26	7.42	15.37	14.94	14.10	14.80	12.82	11.39	12.15	12.12	16.77	523	5.54	1221	11.06
1959	5.59	9.27	12.15	10.06	8.98	10.40	8.95	7.68	7.91	8.17	16.27	709	5.33	126	10.36
1960	6.85	6.36	13.03	13.06	13.18	13.09	12.16	11.11	9.52	10.88	14.83	817	5.57	228	10.41
1961	6.01	8.42	14.55	15.10	14.49	14.72	13.09	12.16	11.90	12.37	15.66	619	5.58	130	11.61
1962	7.11	5.95	15.75	15.53	14.48	15.25	13.58	13.07	12.37	12.98	18.43	708	5.70	302	11.69
1963	6.00	5.56	14.38	14.11	13.83	14.10	13.69	12.99	12.41	13.01	14.43	907	5.26	208	10.21
1964	7.32	8.39	13.98	14.35	15.56	14.63	16.11	16.12	15.53	15.90	17.64	707	6.25	103	12.39
1965	5.92	6.11	14.37	14.79	14.51	14.56	13.99	14.39	13.82	14.06	15.57	729	5.41	206	11.17
1966	7.99	8.28	12.47	13.73	13.24	13.15	11.99	11.49	10.91	11.45	16.49	715	6.14	1211	10.74
1967	5.88	6.95	12.82	12.56	12.75	12.71	12.73	12.50	11.74	12.30	16.92	708	5.49	128	11.34
1968	5.79	6.07	15.00	14.81	15.41	15.07	15.58	14.66	13.57	14.57	18.23	721	5.46	127	11.41
1969	7.82	8.24	15.30	15.33	14.46	15.03	13.86	12.81	11.85	12.81	18.46	720	6.27	1231	11.62
1970	6.24	7.03	14.24	13.88	13.88	14.00	14.73	14.09	13.69	14.16	17.73	725	6.00	112	12.36
1971	7.66	7.42	12.30	11.69	11.81	11.93	12.37	12.64	10.94	11.95	16.38	608	5.62	1224	10.30
1972	5.79	7.51	9.20	9.67	10.66	9.84	11.00	10.81	12.19	11.36	14.11	608	5.32	125	10.15
1973	9.09	8.92	14.21	15.00	15.87	15.03	15.94	15.22	14.14	15.07	19.09	701	6.47	1231	13.00
1974	6.48	8.54	15.26	14.95	15.14	15.12	14.91	14.97	13.61	14.47	18.21	720	6.20	115	11.30
1975	7.53	9.10	13.98	13.40	13.63	13.67	14.12	15.13	14.54	14.59	17.99	525	6.93	120	12.88
1976	7.40	7.20	12.58	12.76	11.37	12.24	11.11	10.84	11.57	11.19	18.09	717	6.48	216	11.42
1977	7.05	7.44	14.01	12.99	12.32	13.10	12.00	11.65	10.68	11.42	18.80	701	6.42	1224	11.62
1978	7.82	7.35	10.56	11.06	11.09	10.90	10.30	8.95	7.98	9.04	15.15	617	5.53	1228	10.09

续表

年份	1月月平均	2月月平均	9月				10月				年水位				
			上旬平均	中旬平均	下旬平均	月平均	上旬平均	中旬平均	下旬平均	月平均	最高水位	日期	最低水位	日期	平均水位
1979	5.50	6.60	13.98	14.96	15.90	14.95	15.59	13.80	12.17	13.80	16.32	930	5.31	129	10.42
1980	5.87	6.74	18.62	17.38	15.90	17.30	14.65	14.29	14.20	14.37	18.77	904	5.73	102	12.28
1981	6.80	7.50	14.99	15.22	14.85	15.02	13.83	13.10	12.36	13.07	16.14	729	6.51	103	11.77
1982	6.79	8.76	15.52	15.47	16.32	15.77	16.05	14.84	13.33	14.70	18.01	626	6.31	202	12.32
1983	8.48	9.08	16.08	15.82	16.20	16.03	15.70	16.09	15.86	15.88	19.90	713	6.99	1231	13.47
1984	6.98	7.28	14.86	14.67	13.83	14.45	14.58	14.24	12.85	13.85	16.61	804	6.81	116	11.64
1985	7.27	8.51	12.83	13.18	14.21	13.41	14.15	12.69	11.05	12.58	15.33	717	6.58	203	11.32
1986	6.77	6.91	10.91	12.44	13.03	12.12	11.79	10.24	10.49	10.83	16.16	712	6.21	204	10.34
1987	6.17	5.77	15.58	15.25	14.01	14.94	13.48	13.82	14.14	13.82	16.96	731	5.47	213	11.34
1988	7.26	8.05	15.82	17.86	17.70	17.12	15.75	14.12	12.75	14.16	18.17	920	6.19	1231	11.37
1989	8.19	9.03	15.29	15.84	14.93	15.35	14.08	13.18	13.31	13.51	18.08	707	6.16	101	12.50
1990	7.65	8.98	12.30	12.70	13.20	12.73	12.81	12.18	11.91	12.29	17.73	709	7.00	109	11.85
1991	8.59	9.72	15.50	14.71	13.59	14.60	12.72	11.98	10.96	11.86	18.12	720	6.53	1228	11.96
1992	7.46	8.69	11.36	10.33	9.86	10.52	10.71	11.01	9.31	10.31	18.84	711	6.41	1205	11.45
1993	7.35	6.79	17.70	17.13	16.28	17.04	15.12	13.79	12.60	13.80	18.43	710	6.18	218	12.21
1994	7.78	8.85	12.77	12.79	12.22	12.59	12.02	12.85	13.27	12.73	18.03	626	7.47	204	11.70
1995	9.23	8.92	14.43	13.13	12.09	13.22	11.85	12.23	11.88	11.98	20.04	704	6.85	1231	12.21
1996	7.10	6.82	16.18	14.69	13.50	14.79	12.57	11.85	10.71	11.68	19.25	724	6.20	226	11.58
1997	6.65	8.04	13.34	12.18	10.53	12.02	11.08	11.59	11.20	11.29	17.46	726	6.38	121	11.18
1998	11.56	11.39	19.54	18.59	17.01	18.38	15.38	13.88	12.52	13.88	20.63	802	6.44	1229	13.72
1999	6.39	6.60	18.33	17.53	16.55	17.47	15.17	13.69	12.48	13.74	20.12	721	5.93	302	12.26
2000	7.51	7.69	15.10	14.93	14.04	14.69	14.07	13.77	13.77	13.87	16.24	711	6.67	107	11.64
2001	8.37	9.30	13.19	13.65	13.08	13.30	13.07	12.25	10.55	11.91	15.16	629	7.49	1209	11.10
2002	7.21	7.33	17.23	15.13	13.21	15.19	11.25	10.20	10.66	10.70	18.38	828	6.51	114	12.14

续表

年份	1月月平均	2月月平均	9月				10月				年水位				
			上旬平均	中旬平均	下旬平均	月平均	上旬平均	中旬平均	下旬平均	月平均	最高水位	日期	最低水位	日期	平均水位
2003	9.23	9.46	13.26	14.74	14.52	14.17	13.60	12.83	11.14	12.48	17.51	718	6.04	1231	11.64
2004	5.76	5.39	13.43	14.50	13.95	13.96	12.64	11.60	10.06	11.39	15.57	729	5.22	204	10.27
2005	6.83	9.29	16.67	15.99	13.95	15.53	12.76	12.93	11.43	12.34	17.16	907	6.31	1231	11.38
2006	6.88	6.70	8.62	9.44	8.44	8.83	7.11	6.99	8.04	7.40	14.84	621	5.91	214	9.68
2007	6.17	6.39	14.52	14.36	14.34	14.40	12.88	10.52	8.54	10.58	16.61	808	5.38	1220	9.94
2008	5.83	6.61	15.59	15.43	14.34	15.12	12.95	11.20	9.02	10.99	15.80	910	5.48	106	10.51
2009	5.96	6.01	13.98	12.54	11.14	12.55	9.34	7.51	6.95	7.90	15.29	815	5.60	126	9.92
2010	6.17	7.90	15.09	15.05	14.49	14.86	13.40	11.91	11.25	12.14	18.42	628	5.85	102	11.95
2011	7.51	6.91	9.90	8.79	10.75	9.82	10.27	8.49	8.16	8.93	15.53	622	6.16	1231	9.07
2012	6.85	7.55	14.44	13.77	13.53	12.51	11.01	10.48	11.33	11.01	17.76	813	5.90	106	11.87
1956～2012年平均	7.05	7.67	14.24	14.05	13.63	13.94	13.03	12.34	11.63	12.31	17.21		6.07		11.38
1956～2002年平均	7.12	7.77	14.38	14.17	13.77	14.11	13.33	12.74	12.07	12.69	17.37		6.13		11.55
2003～2012年平均	6.72	7.22	13.55	13.46	12.95	13.18	11.60	10.45	9.59	10.52	16.45		5.79		10.62

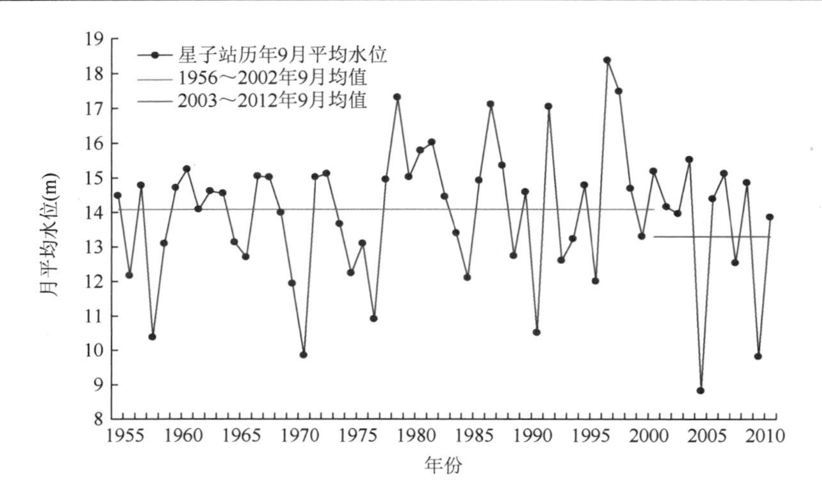

图 2-3-65　星子站 9 月平均水位情况统计图

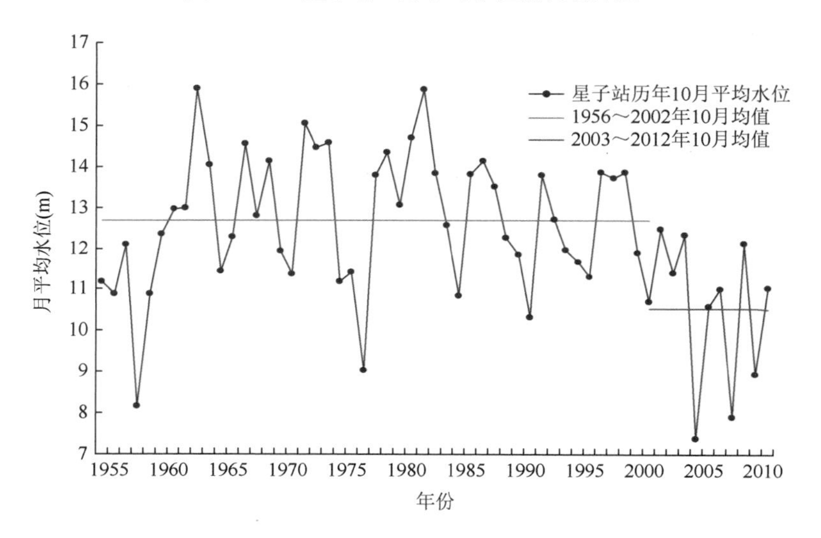

图 2-3-66　星子站 10 月平均水位情况统计图

从图 2-3-64～图 2-3-66 及表 2-3-39 中可以看出，2003～2012 年星子站年最高水位、年平均水位、年最低水位、9～10 月旬平均水位、1～2 月月平均水位均较 1956～2002 年低，其中 9～10 月水位分别低 0.93 m、2.17 m。

2. 长江干流水文特征分析

长江流域径流以降水补给为主，汉口站、大通站及各支流控制站的径流年内分配与降水的年内分配大致相同。

1）汉口站径流特征分析

汉口站控制流域面积为 148.8×10^4 km^2，多年（1956～2002 年）平均年径流量为

$7\ 060\times10^8\ m^3$，其中 7～9 月占全年径流量的 42.7%，见表 2-3-30。1～3 月（或 12 月至次年 2 月）仅占全年径流量的 10.1%。在 47 年系列中，1998 年年径流量最大，为 $9\ 065\times10^8\ m^3$；1972 年最小，为 $5\ 670\times10^8\ m^3$。最大、最小极值比达 1.60。

表 2-3-30　汉口站（断面）径流特征统计分析表（1956～2002 年）

月份	1	2	3	4	5	6	7	8	9	10	11	12
平均流量（m^3/s）	8 150	8 370	10 840	16 570	24 900	30 400	42 900	36 900	33 900	26 800	17 230	10 730
平均径流量（$10^8\ m^3$）	218	202	290	429	667	788	1 148	988	879	717	447	287
年内分配（%）	3.1	2.9	4.1	6.1	9.4	11.2	16.3	14.0	12.4	10.2	6.3	4.1
最大月平均流量（m^3/s）	14 700	13 600	18 300	25 400	39 400	39 500	63 600	67 200	54 900	45 700	25 200	17 200
出现年份	1998	1991	1998	1964	2002	1995	1999	1998	1988	1964	1961	1982
最小月平均流量（m^3/s）	5 970	5 320	5 890	8 270	15 500	18 500	29 000	21 300	16 200	13 800	11 500	7 040
出现年份	1961	1963	1999	1979	2000	1969	1988	1972	1959	1959	1956/1992	1992

汉口站（2003～2012 年）多年平均年径流量为 $6\ 692\times10^8\ m^3$，其中 7～9 月占全年径流量的 41.3%，见表 2-3-31。12 月至次年 2 月仅占全年径流量的 12.2%。在 10 年系列中，2012 年年径流量最大，为 $7\ 577\times10^8\ m^3$；2006 年最小，为 $5\ 341\times10^8\ m^3$。最大、最小极值比达 1.42。

表 2-3-31　汉口站（断面）径流特征统计分析表（2003～2012 年）

月份	1	2	3	4	5	6	7	8	9	10	11	12
平均流量（m^3/s）	10 220	10 520	13 420	15 820	23 100	30 000	38 100	35 100	31 300	19 900	15 550	10 830
平均径流量（$10^8\ m^3$）	274	255	359	410	620	778	1 020	939	811	533	403	290
年内分配（%）	4.1	3.8	5.4	6.1	9.3	11.6	15.2	14.0	12.1	8.0	6.0	4.3
最大月平均流量（m^3/s）	12 800	14 000	16 300	19 000	30 100	36 600	48 900	42 100	40 600	26 600	26 900	12 300
出现年份	2011	2005	2006	2010	2012	2010	2003	2007	2003	2005	2008	2008
最小月平均流量（m^3/s）	8 510	7 590	11 000	12 000	13 900	25 400	28 700	19 800	16 100	13 100	11 100	8 960
出现年份	2004	2004	2010	2007	2011	2008	2011	2006	2006	2006	2009	2007

2003～2012 年汉口站多年平均年径流量较 1956～2002 年减少 $368\times10^8\ m^3$，其中 7～8 月减少 $177\times10^8\ m^3$，9～10 月减少 $252\times10^8\ m^3$，1～3 月增加 $178\times10^8\ m^3$。最大月平均流量 2 月、11 月增加，其他月减小；最小月平均流量 7～11 月减小，其他月增加。

2）大通站径流特征分析

大通站控制流域面积为 $170.5\times10^4\ km^2$，大通站（1956～2002 年）多年平均年径流量为 $8\ 914\times10^8\ m^3$，其中 6～8 月占全年径流量的 39.8%，见表 2-3-32。12 月至次年 2 月仅占全年径流量的 10.5%。在 47 年系列中，1998 年年径流量最大，为 $12\ 445\times10^8\ m^3$；1978 年最小，为 $6\ 759\times10^8\ m^3$。最大、最小极值比达 1.8 倍。

表 2-3-32　大通站（断面）径流特征统计分析表（1956～2002 年）

月份	1	2	3	4	5	6	7	8	9	10	11	12
平均流量（m^3/s）	10 740	11 480	15 840	24 020	33 800	39 900	50 600	43 300	39 200	32 500	22 560	14 090
平均径流量（$10^8\ m^3$）	288	278	424	623	904	1 034	1 356	1 160	1 016	869	585	377
年内分配（%）	3.2	3.1	4.8	7.0	10.1	11.6	15.2	13.0	11.4	9.8	6.6	4.2
最大月平均流量（m^3/s）	24 700	22 500	32 500	39 500	51 800	54 600	75 100	77 100	63 800	49 700	33 700	23 100
出现年份	1998	1998	1998	1992	1975	1973	1998	1998	1998	1964	1964	1982
最小月平均流量（m^3/s）	7 220	6 730	7 980	12 800	22 600	27 200	32 800	25 900	21 600	16 800	13 200	8 310
出现年份	1979	1963	1963	1963	2000	1969	1972	1970	1972	1959	1956	1956

大通站（2003～2012 年）多年平均年径流量为 8 372×$10^8\ m^3$，其中 6～8 月占全年径流量的 39.4%，见表 2-3-33。12 月至次年 2 月仅占全年径流量的 12.5%。在 10 年系列中，2012 年年径流量最大，为 10 220×$10^8\ m^3$；2006 年最小，为 6 666×$10^8\ m^3$。最大、最小极值比达 1.5 倍。

表 2-3-33　大通站（断面）径流特征统计分析表（2003～2012 年）

月份	1	2	3	4	5	6
平均流量（m^3/s）	12 510	13 810	19 250	21 950	30 400	39 100
平均径流量（$10^8\ m^3$）	335	334	516	569	815	1 012
年内分配（%）	4.0	4.0	6.2	6.8	9.7	12.1
最大月平均流量（m^3/s）	17 500	19 200	25 500	30 300	42 500	50 800
出现年份	2003	2005	2012	2010	2012	2010
最小月平均流量（m^3/s）	10 200	9 170	13 000	15 800	16 500	31 000
出现年份	2004	2004	2008	2011	2011	2007

月份	7	8	9	10	11	12
平均流量（m^3/s）	44 300	41 100	36 800	25 700	18 830	14 070
平均径流量（$10^8\ m^3$）	1.185	1.101	953	687	488	377
年内分配（%）	14.2	13.1	11.4	8.2	5.8	4.5
最大月平均流量（m^3/s）	61 400	52 700	48 000	32 000	29 900	19 100
出现年份	2010	2012	2005	2003	2009	2012
最小月平均流量（m^3/s）	36 900	27 000	18 900	15 000	13 400	10 900
出现年份	2011	2006	2006	2006	2006	2007

2003～2012 年大通站多年平均年径流量较 1956～2002 年减少 542×$10^8\ m^3$，其中 7～

8 月减少 230×10^8 m³，9～10 月减少 245×10^8 m³，1～3 月增加 195×10^8 m³。最大月平均径流各月均减小；最小月平均径流除 5 月、9 月、10 月减小外，其他月增加。

第四节　鄱阳湖出入湖流量与长江流量关系

1. 湖口站水位流量变化分析

湖口站位于鄱阳湖出口段末端，距入汇长江点约只有 1 km。此段河道窄深，过水面积大，湖口站断面如图 2-3-67 所示。由于湖口站至长江干流入汇段距离短，水流阻力不大，水头损失一般只有几厘米。因此，湖口站的水位基本是由入汇点长江干流的水位决定的，湖口站水位与长江干流水位基本呈直线相关。

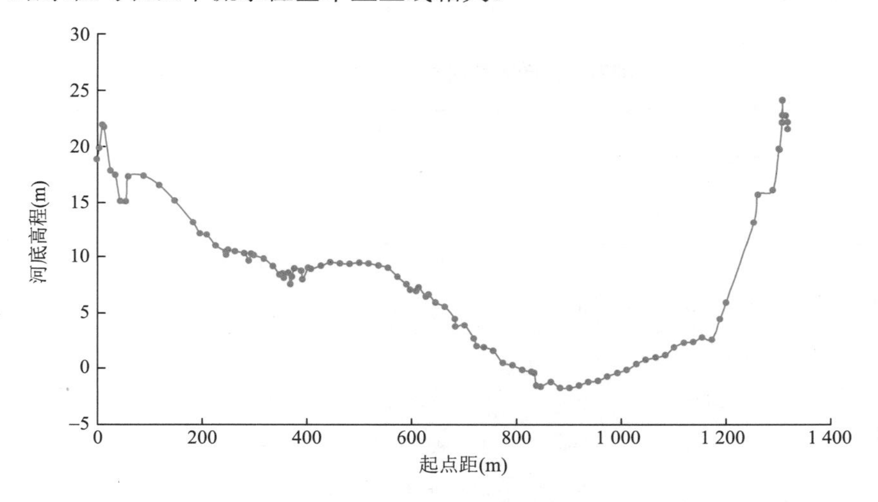

图 2-3-67　湖口站断面图

由于湖口站水位由长江干流水位决定，因此湖口站水位与长江干流流量有较好的相关关系，而湖口站水位与湖口站流量则很难建立关系。建立湖口站水位与大通站流量的关系是相关专家比较认同的做法，长江防洪规划中采用的湖口站水位流量关系也是这一曲线。

湖口站水位与长江干流流量相关，而长江干流流量由上游九江方向来的流量和鄱阳湖湖口站流量合成，可表示为

$$Z_{湖口}=f(Q)=f(Q_{湖口}+Q_{九江})$$

则湖口站水位变化与湖口站流量变化之间只是部分相关，可表示成

$$\frac{\partial Z_{湖口}}{\partial Q_{湖口}}=\frac{\partial f(Q_{湖口}+Q_{九江})}{\partial Q_{湖口}}$$

2. 鄱阳湖出口河段水流条件分析

鄱阳湖汛期湖面面积很大，但出口渚溪河口至湖口段相对窄长。该段上下分别设有星子水位站和湖口水文站。水位较低时，鄱阳湖湖水汇入长江或长江水流倒灌入鄱阳湖

时，该段水流阻力相对湖区其他地方来说较大，具有一定的水头差，可按水流阻力公式估算如下：

$$\Delta Z = \frac{(nQ)^2}{B^2 H^{10/3}} \cdot L \tag{2-3-1}$$

式中，n 为糙率系数；L 为该河段长度（星子站至湖口站的距离约为 34 km）。该河段河宽在低水时和高水时相差很大，水位低于 10 m 时，水流归于深槽，平均河宽在 900 m 左右，河底高程多在 0 m 左右。水位高于 10 m 时，水流出槽，河宽迅速增加到 4 km 左右，水位高于 15 m 时河宽在 5 km 左右。

根据式（2-3-1），计算不同流量和水位时鄱阳湖出口段星子站和湖口站之间的水流阻力（水头差）估算值，见表 2-3-34。

表 2-3-34　不同水位和流量时星子站与湖口站之间的水头差

湖口水位（m）	流量（m^3/s）　水头差（m）					
9	流量（m^3/s）	1 000	2 000	4 000		
	水头差（m）	0.10	0.41	1.63		
10	流量（m^3/s）	1 000	2 000	4 000	6 000	
	水头差（m）	0.05	0.21	0.83	1.86	
12	流量（m^3/s）	2 000	4 000	6 000	8 000	10 000
	水头差（m）	0.06	0.24	0.54	0.95	1.49
15	流量（m^3/s）	2 000	4 000	8 000	12 000	15 000
	水头差（m）	0.01	0.04	0.17	0.38	0.60
18	流量（m^3/s）	4 000	8 000	12 000	15 000	20 000
	水头差（m）	0.01	0.05	0.11	0.17	0.30
21	流量（m^3/s）	4 000	8 000	15 000	20 000	30 000
	水头差（m）	0.01	0.02	0.07	0.13	0.30

由表 2-3-34 的估算值可见，鄱阳湖出口段水流阻力（水头差）在低水位和较大流量时较大；在高水位时较小，水位高于 18 m 时，基本不超过 0.3 m（图 2-3-68）。鄱阳湖出口段出现倒流时，水流阻力（水头差）满足相同的规律。根据实测资料，倒流多发生在高水位期间，流量基本不超过负 13 000 m^3/s，则需要的水头差很少超过负 0.2 m，当倒流流量较小时，则需要的水头差很小。

3. 长江干流来水对湖口站出流的顶托作用

相对于鄱阳湖来说，长江干流河道比降较大，河道槽蓄能力较小。因此，长江干流来水对湖口站出流的顶托作用很大，可分析如下。

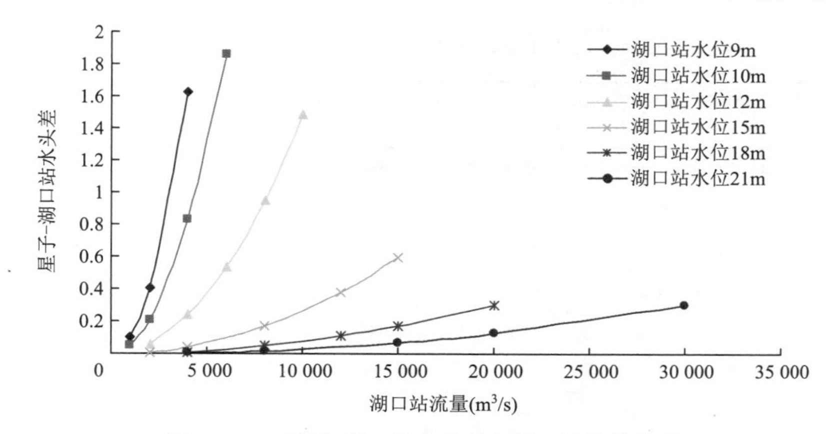

图 2-3-68　星子-湖口站水头差与湖口站流量关系

设某一时刻长江干流鄱阳湖入汇处水位为 Z^0，对应干流流量为 Q^0（指交汇点以下干流），其中九江方向来流为 $Q^0_{九}$，湖口站入流为 $Q^0_{湖}$。当九江方向来流发生快速变化，变化量为 $\Delta Q^0_{九}$ 时，则干流水位相应发生变化，对湖口站入流产生顶托作用，使湖口站入流发生变化，设变化量为 $\Delta Q^0_{湖}$。

根据湖口站水位与干流流量关系，则入汇处水位变化后为

$$Z^t = f(Q) \;= f(Q^0 + \Delta Q_{九} + \Delta Q_{湖}) \tag{2-3-2}$$

当流量变化 $\Delta Q_{九} + \Delta Q_{湖}$ 相对于原来流量 Q_0 较小时，式（2-3-2）可化为

$$Z^t \approx f(Q^0) \;+ \frac{\partial f(Q)}{\partial Q}\Big|_{Q=Q^0} \times (\Delta Q_{九} + \Delta Q_{湖}) \tag{2-3-3}$$

即

$$\Delta Z = Z^t - Z^0 \approx \frac{\partial f(Q)}{\partial Q}\Big|_{Q=Q^0} \times (\Delta Q_{九} + \Delta Q_{湖}) \tag{2-3-4}$$

由前面的分析已经说明，湖口站水位与入汇处干流水位是接近的，因此干流水位变化也是湖口站水位变化，即式（2-3-4）可化为

$$\Delta Z_{湖} \approx \frac{\partial f(Q)}{\partial Q}\Big|_{Q=Q^0} \times (\Delta Q_{九} + \Delta Q_{湖}) \tag{2-3-5}$$

在 Q^0 和 $\Delta Q_{九}$ 给定的情况下，式（2-3-5）即建立了九江来流变化对湖口站产生顶托作用时，其引起的湖口站水位与流量变化应满足的关系。式（2-3-5）中有两个未知量 $\Delta Q_{湖}$ 和 $\Delta Z_{湖}$，需要结合前一部分分析得到的湖口段出流能力才能求解。

由于星子站接近鄱阳湖主湖区，高水位时其水位与主湖区接近，而鄱阳湖水面大，水位短时间内变化小，则可近似认为 $\Delta Z_{湖}$ 变化转化为星子站与湖口站水位差变化，则式（2-3-5）结合表 2-3-34 可以求解 $\Delta Q_{湖}$ 和 $\Delta Z_{湖}$。

表 2-3-35 是针对几种不同的九江与湖口流量组合，计算得到的九江流量每变化 1 个流量时引起湖口出流流量的变化。由表 2-3-35 可见，在九江流量较大时，九江流量每增加 1 个流量，其顶托作用使湖口出流流量相应减小也接近 1 个流量。反之，关系也成立，即九江流量每减小 1 个流量，相应使湖口出流流量增加也接近 1 个流量。

表 2-3-35　九江流量每增加 1 个流量时引起湖口流量的变化

九江流量（m^3/s）	湖口流量 顶托引起湖口流量变化					
20 000	湖口流量（m^3/s）	2 000	4 000	6 000	10 000	15 000
	流量变化（m^3/s）	−0.96	−0.93	−0.91	−0.89	−0.93
30 000	湖口流量（m^3/s）	2 000	4 000	8 000	15 000	25 000
	流量变化（m^3/s）	−0.98	−0.98	−0.97	−0.96	−0.95
40 000	湖口流量（m^3/s）	2 000	4 000	8 000	15 000	25 000
	流量变化（m^3/s）	−0.99	−0.99	−0.98	−0.98	−0.97
50 000	湖口流量（m^3/s）	2 000	4 000	8 000	15 000	25 000
	流量变化（m^3/s）	−0.99	−0.99	−0.99	−0.98	−0.98
60 000	湖口流量（m^3/s）	2 000	4 000	8 000	15 000	25 000
	流量变化（m^3/s）	−0.99	−0.99	−0.99	−0.98	−0.98

4. 湖口站流量倒灌分析

1）湖口站流量倒灌统计

通常情况下，鄱阳湖湖口站水位高于长江干流湖口站附近水位，江水不倒灌入湖。当长江上中游来水增多，且湖内水位较低时，江水倒灌入湖，湖口站实测流量为负值。

据湖口站 1950～2012 年共 63 年资料统计，除 1950 年、1954 年、1972 年、1977 年、1992 年、1993 年、1995 年、1997 年、1998 年、1999 年、2001 年、2006 年、2010 年 13 年未倒灌外，其余 50 年均发生倒灌，长江倒灌入湖总水量为 1 421.5×10^8 m^3，平均每年为 28.43×10^8 m^3，20 世纪 50～90 年代倒灌水量分别为 174.8×10^8 m^3、356.6×10^8 m^3、112.7×10^8 m^3、350.3×10^8 m^3、157.8×10^8 m^3，2000 年以来总倒灌水量为 230.9×10^8 m^3。长江倒灌入湖的 50 年间共 739 天出现倒灌。最大倒灌流量为 1991 年 7 月 11 日的 13 600 m^3/s，当时的水位为 16.67 m，年最大倒灌水量为 1991 年的 113.87×10^8 m^3，见表 2-3-36。

表 2-3-36　长江大水年份（大通水位超过 12.57 m）鄱阳湖倒灌统计表

年份	倒灌次数	倒灌天数	倒灌时间	倒灌时间	倒灌时间	倒灌时间	倒灌时间	最大倒灌流量（m^3/s）	倒灌总水量（10^8 m^3）
1954	0								
1962	1	17	8.21～9.6					5 160	43.96
1968	1	11	9.20～9.30					5 170	30.34
1969	2	5	7.16～7.17	9.8～9.10				5 090	7.68
1973	3	6	9.15～9.17	9.23～9.24	10.5			1 540	5.47
1977	0								
1980	5	19	6.26～7.2	7.9～7.12	8.4～8.9	10.13	10.18	2 820	21.76
1983	3	13	7.4～7.6	9.14～9.19	10.11～10.14			5 640	23.35

续表

年份	倒灌次数	倒灌天数	倒灌时间	倒灌时间	倒灌时间	倒灌时间	倒灌时间	最大倒灌流量（m^3/s）	倒灌总水量（$10^8\ m^3$）
1991	3	27	7.3～7.19	8.10～8.11	8.14～8.21			13 600	113.87
1992	0								
1993	0								
1995	0								
1996	3	19	7.7～7.11	7.15～7.22	11.10～11.15			3 670	35.16
1998	0								
2002	1	4	8.23～8.26					1 490	2.66

从倒灌发生的时间来看，倒灌主要发生在 7～9 月，1950～2012 年的 63 年中，7～9 月共有 645 天发生倒灌，占总倒灌天数的 87.2%；6 月共有 14 天发生倒灌，占 1.9%；10 月发生倒灌的时间为 60 天，占 8.1%；11～12 月发生倒灌 20 天，占 2.7%。

湖口站发生倒灌时，湖口站最低水位为 9.27 m，最高水位为 19.23 m，平均水位为 14.25 m。从长系列水位来看，发生倒灌时，湖口站水位大都在警戒水位 17.61 m 以下，仅有 26 天水位高于此水位，占发生倒灌总天数的 3.6%。

对大通站水位超过警戒水位 12.57 m 以上的 1954 年、1962 年、1968 年、1969 年、1973 年、1977 年、1980 年、1983 年、1991 年、1992 年、1995 年、1996 年、1998 年、1999 年和 2002 年 15 个大水年进行分析，倒灌时间和倒灌水量见表 2-3-36。15 个年份中，除 1962 年、1968 年、1980 年、1983 年、1991 年、1996 年倒灌天数大于 10 天外，其余各年倒灌天数很少。像 1954 年、1998 年长江大水，湖口站全年没有发生倒灌。湖口站发生倒流时星子站水位都在 12 m 以上，对应长江干流流量在 22 000 m^3/s 以上。其中，12～15 m 时发生的次数很少，发生倒流时的水位以 15 m 以上占极大部分。

鄱阳湖水位 12 m 以上开始由河道特性转为湖泊特性，水位 13 m 以上完全为湖泊特性。13 m 以下很少发生倒流，说明鄱阳湖只有具有湖泊特性以后才容易发生倒流。

以每 10 年为统计时段（将 1952～2011 年分成 1952～1961 年、1962～1971 年、1972～1981 年、1982～1991 年、1992～2001 年和 2002～2011 年 6 个统计时段）而论，1992～2001 年倒灌最少，其次是 2002～2011 年，说明长江对鄱阳湖倒灌呈减少趋势，见表 2-3-37。

表 2-3-37　长江对鄱阳湖倒灌年代变化统计

时段	倒灌年数	倒灌次数	倒灌天数	最大倒灌流量（m^3/s）	总倒灌水量（$10^8\ m^3$）
1952～1961 年	8	13	98	3 770	203.61
1962～1971 年	10	31	189	5 060	378.21
1972～1981 年	8	31	121	2 760	168.19
1982～1991 年	10	28	198	4 430	374.64
1992～2001 年	3	9	34	790	49.69
2002～2011 年	7	15	91	2 160	185.78

分析历年长江对鄱阳湖倒灌次数、倒灌天数、最大倒灌流量和总倒灌水量，表明无论是年倒灌次数和年倒灌天数，还是年最大倒灌流量和年倒灌水量，都呈现逐渐减少（或减小）态势，尤其是年最大倒灌流量和年倒灌水量单向性减小趋势更加明显。

从湖口站实测倒灌情况来看，长江倒灌一般发生在长江进入主汛期的 7～9 月，且湖口水位一般不超过警戒水位 17.61 m，1954 年、1998 年长江流域大水，湖口站全年没有发生倒灌。长江对鄱阳湖倒灌呈减少趋势。

2）湖口站发生倒流时星子站与湖口站水位差

通过湖口站与星子站水位差来分析湖口站发生倒流的条件可知，湖口站发生倒流时水位差有正有负，以负居多。其中，倒流量小于 4 000 m^3/s 时，两站水位差有正有负，倒流量大于 4 000 m^3/s 时，水位差基本都是负。除个别点外，发生倒流时星子站与湖口站水位差都在–0.2～0.2 m。

鄱阳湖发生倒流时，为了克服水流阻力，出口河段星子站与湖口站的水位差应该为负。15 m 以上，倒流流量小于 6 000 m^3/s 时，两站水位差应在–0.1～0 m。湖口站发生倒流时出现星子站水位有时仍高于湖口站水位的现象，这是由于受到了其他因素的影响。这一影响因素不但能使星子站与湖口站的水位差为正时发生倒流，也能使星子站与湖口站水位差为负时发生顺流，且以顺流居多。

湖口站水流流向与水位差出现反向，其影响因素可能不止一个，其中长江干流与鄱阳湖的泥沙浓度差和风等都是可能的影响因素。长江干流与鄱阳湖的泥沙浓度差一般不超过 1 kg/m^3，出湖河段水深按 20 m 考虑，其附加水头不超过 1.3 cm，泥沙浓度差影响较小。因此，最主要的影响因素应该是风。

鄱阳湖为江西省大风集中的区域，湖区风力资源丰富，年平均风速为 2.4～4.8 m/s。从星子站向水域延伸，成为高值区，年平均风速为 3.5 m/s 以上，庐山、星子、棠荫、康山全年各月平均风速都在 3.0 m/s 以上，其中庐山有 11 个月大于 4.0 m/s，为风能资源丰富区。

风会造成湖区风浪和湖面附加水位差。主要大风浪区在鞋山、老爷庙、瓢山 3 个湖域。这些湖域水较深、吹程长、成浪条件好。实测最大浪高达 2.0 m，在 45°斜坡上测到波浪的最大爬高为 4.81 m。大风还会引起风壅水现象，使湖面倾斜。北风引起北岸水位降低，南岸水位升高；南风则相反。1981 年 5 月 2 日，鄱阳湖南部余干县康山水文气象站实测到 9 级偏北风，风壅增高水位 0.35 m。

由于鄱阳湖出湖段为南北走向，湖口站距离星子站约 34 km，且汛期水深一般在 15 m 以上，因此风壅增高水位较大，经常会比水流阻力水头大，这是造成湖口水流流向与该河段水位差发生反向的主要原因。因此，采用星子站与湖口站的水头差来分析湖口流量必须考虑风壅水位差，否则难以得到合理结果。由于倒流所需要的水头差一般都很小，而风速风向变化快，变化大，对水位差影响也大，因此要根据星子站与湖口站的水位差分析湖口倒流是困难的。

3）湖口站倒流时九江与湖口站水位差

通过九江与湖口站水位差来分析湖口站发生倒流的条件表明，湖口站发生倒流时，九江与湖口站水位差基本都在 0.6 m 以上，但两者相差 0.6 m 以上时，湖口站水流也有顺流的，且顺流的情况远多于倒流情况。因此，九江与湖口站水位差在 0.6 m 以上并不能作为湖口站发生倒流的判断条件。

4）湖口站倒流的判别条件

（1）判别条件机理分析。前面的分析已经说明，当九江来流流量快速增加时，其对湖口站出游的顶托作用很大，其引起湖口站出现倒流的判别条件可分析如下：

设初始时刻九江方向来流为 $Q_{九}^{0}$，湖口流量为 $Q_{湖}^{0}$，则湖口站对应水位为

$$Z^{0}=f(Q_{九}^{0}+Q_{湖}^{0}) \tag{2-3-6}$$

经过时间 Δt 后，九江流量增加 $\Delta Q_{九}$，其顶托作用使湖口站流量正好处于发生倒流的临界状态，即湖口站流量为 0，则此时干流流量为 $Q_{九}^{0}+\Delta Q_{九}$，期间流量变化为 $\Delta Q_{九}-Q_{湖}^{0}$，对应湖口站水位变化为

$$\Delta Z \approx \frac{\partial f(Q)}{\partial Q}\Big|_{Q=Q^{0}} \times (\Delta Q_{九}-Q_{湖}^{0}) \tag{2-3-7}$$

设期间鄱阳湖由五河和区间而来的入湖流量为 $Q_{五}$，则 Δt 时段内鄱阳湖的入出湖水量差近似为

$$V=(Q_{五}-\frac{1}{2}Q_{湖}^{0})\times \Delta t \tag{2-3-8}$$

设 $A(z)$为鄱阳湖的面积曲线，则 Δt 时段内鄱阳湖的平均水位增加近似为

$$\Delta Z_{湖面}=(Q_{五}-\frac{1}{2}Q_{湖}^{0})\times \Delta t/A(Z_{0}) \tag{2-3-9}$$

式（2-3-7）中的 ΔZ 大于式（2-3-9）中的 $\Delta Z_{湖面}$ 可以作为湖口站出现倒流的判断条件（称为水位差倒流指标），即

$$Z_{倒流指标}=\frac{\partial f(Q)}{\partial Q}\Big|_{Q=Q^{0}} \times (\Delta Q_{九}-Q_{湖}^{0})-\left(Q_{五}-\frac{1}{2}Q_{湖}^{0}\right)\times \Delta t/A(Z_{0})>0 \tag{2-3-10}$$

（2）简化判别条件。因鄱阳湖面积很大，式（2-3-10）中，如果时间 Δt 不取太长，则 $(Q_{五}-\frac{1}{2}Q_{湖}^{0})\times \Delta t / A(Z_{0})$ 相对于 $\frac{\partial f(Q)}{\partial Q}\big|_{Q=Q^{0}} \times (\Delta Q_{九}-Q_{湖}^{0})$ 就较小，当忽略这一项时，倒流判别条件就简化为

$$\frac{\partial f(Q)}{\partial Q}\Big|_{Q=Q^{0}} \times (\Delta Q_{九}-Q_{湖}^{0})>0$$

即

$$Q_{倒流指标}=\Delta Q_{九}-Q_{湖}^{0}>0 \tag{2-3-11}$$

这一条件可称为流量差倒流指标。

前面九江来流对湖口站出流顶托作用的分析已经说明，在九江流量较大时，九江流量每增加 1 个流量，其顶托作用使湖口站出游流量也相应减小接近 1 个流量。反之，关系

也成立。流量差倒流指标与前面的长江干流流量对湖口站出流的顶托作用的分析结果是一致的。

5. 鄱阳湖入湖流量与出湖流量的关系

1）出入湖流量基本情况

鄱阳湖多年平均径流量为 1 436×10^8 m^3，入湖水量主要来自赣江、抚河、信江、饶河、修河这 5 条河流，占总入湖水量的近 87%，其他湖区入湖水量约占 13%，基本情况见表 2-3-38。

表 2-3-38　五大河流基本情况表（1956～2000 年）

河名	控制水文站	水文站控制面积（km^2）	天然径流量（10^8 m^3）	径流深（mm）
赣江	外洲	80 948	675.6	834.6
抚河	李家渡	15 811	155.1	981.0
信江	梅港	15 535	178.2	1 146.9
饶河	虎山、渡峰坑	11 387	118.0	1 036.2
修河	虬津、万家埠	13 462	123.1	914.2
湖区区间	七口至湖口	25 082	185.9	741.3
合计	湖口	162 225	1 436	885.1

入湖水量的年内变化很大。鄱阳湖流域 4 月进入汛期，暴雨频繁，洪水不断。入湖水量主要集中在 4～7 月，占全年总量的 61.4%，其中，5～6 月占 36.3%。7 月雨季基本结束，转入干旱季节，入湖水量急剧减少，9 月至次年 2 月各月占年总量的比重都小于 5%。最大出现于 6 月，占全年 19.3%，最小出现于 12 月，只占 2.9%，最大与最小的比值为 6.7 倍。

1～6 月，多年平均各月入湖流量大于入江流量，湖水水位上涨，湖水面积增大，湖水量相应增大；7 月五河入湖水量减少，入、出湖水量基本平衡；8 月以后入江水量大于入湖水量，湖水水位逐渐下降，湖水面积减小，湖水量相应减少。

鄱阳湖对五河和区间来水起调蓄作用，对洪水流量的减小作用很大。例如，1998 年 6 月 26 日，鄱阳湖水系总入湖流量达 60 200 m^3/s，湖口站出湖流量为 31 900 m^3/s，比入湖流量减小了 28 300 m^3/s。其原因是出湖流量除受入湖流量的影响外，还受长江干流九江方面流量涨落的影响，后面将对其进行分析。

2）鄱阳湖入湖流量与出湖流量的关系分析

设 $Q_{五}$ 为五河进鄱阳湖的流量，$Q_{湖口}$ 为鄱阳湖出口的流量，$A(Z)$ 为鄱阳湖面积曲线，Z 为鄱阳湖代表水位。由于鄱阳湖在低水时有类似于河道的属性，沿程比降较大，取不同的测站水位代表鄱阳湖水位相差较大，但在高水时（15 m 以上）沿程比降较小，各测站水位涨落大体是同步的，取不同的测站水位代表鄱阳湖水位影响不大。为了分析方便，本书忽略鄱阳湖内及出口段的水流阻力，高水位时取湖口站水位代表鄱阳湖水位。鄱阳湖的入湖流量主要来自五河，它们基本不受鄱阳湖水位变化的影响，长江九江方向的来流流量受鄱阳湖水位变化的影响也不大。

由鄱阳湖水量平衡可知：

$$Q_{五}-Q_{湖口}=A(Z)\cdot\frac{\partial Z_{湖口}}{\partial t} \tag{2-3-12}$$

即

$$Q_{湖口}=Q_{五}-A(Z)\cdot\frac{\partial Z_{湖口}}{\partial t} \tag{2-3-13}$$

式（2-3-13）说明，当湖水位上涨时，湖口站的出流流量比五河的入湖流量小；当湖水下降时，湖口站的出流流量比五河的入湖流量大。

湖口站水位与干流流量关系：$Z_{湖口}=f(Q)=f(Q_{湖口}+Q_{九江})$代入式（2-3-12）得

$$Q_{五}-Q_{湖口}=A(Z)\cdot\frac{\partial f(Q)}{\partial t}=A(Z)\cdot\frac{\partial f(Q)}{\partial Q}\left(\frac{\partial Q_{湖口}}{\partial t}+\frac{\partial Q_{九江}}{\partial t}\right) \tag{2-3-14}$$

设$Q_{五}^{0}$、$Q_{湖}^{0}$、$Q_{九}^{0}$分别为五河、湖口和九江t_0时刻的流量，假定五河和九江来流随时间的变化是线性的，即

$$\begin{cases}Q_{五}(t)=Q_{五}^{0}+q_{五}t\\Q_{九}(t)=Q_{九}^{0}+q_{九}t\end{cases} \tag{2-3-15}$$

并令

$$K(Z)=A(Z)\cdot\frac{\partial f(Q)}{\partial Q} \tag{2-3-16}$$

将式（2-3-15）代入式（2-3-14）可得

$$Q_{湖口}=-K(Z)\frac{\partial Q_{湖口}}{\partial t}-K(Z)\cdot q_{九}+Q_{五}^{0}+q_{五}t \tag{2-3-17}$$

由于水位Z也是随时间变化的，因此式（2-3-17）是非线性的，难以求解析解。作为简化分析，如果分析的时段不长，则Z变化不大，式（2-3-17）的简化解为

$$Q_{湖口}(t)=Q_{五}(t)+(Q_{湖口}^{0}-Q_{五}^{0})\cdot\mathrm{e}^{-\frac{t}{k}}-K\cdot(q_{五}+q_{九})\cdot(1-\mathrm{e}^{-\frac{t}{k}}) \tag{2-3-18}$$

鄱阳湖面积曲线和湖口站水位流量关系：

$$A(Z)=(1.2649\times Z_{湖口}^{4}-86.3967)\times Z_{湖口}^{3}+2129.72\times Z_{湖口}^{2}-21975.1\times Z_{湖口}+80.655\times 10^{6}$$

$$\frac{\partial f(Q)}{\partial Q}=7.07\times 10^{-8}\times Z^{3}{}_{湖口}-2.64\times 10^{-6}\times Z^{2}{}_{湖口}+1.052\times 10^{-5}\times Z_{湖口}+\ 0.00042$$

取t为1天，对由式（2-3-17）计算的湖口流量与观测结果进行比较，两者关系较好，说明式（2-3-18）虽然是简化的估算，但仍然比较准确。

6. 鄱阳湖对洪水的调节作用

本书把五河入湖流量减去湖口站出流流量看作是鄱阳湖的调洪作用，可得

$$\Delta Q=Q_{五}(t)-Q_{湖口}(t)=(Q_{五}^{0}-Q_{湖口}^{0})\cdot\mathrm{e}^{-\frac{t}{k}}+K\cdot(q_{五}+q_{九})\cdot(1-\mathrm{e}^{-\frac{t}{k}})$$

式中等号右边第一项，即

$$\Delta Q = (Q_{五}^{0} - Q_{湖口}^{0}) \cdot e^{-\frac{t}{k}}$$

其反映了五河来流和湖口站出流不平衡时，鄱阳湖对洪水调节能力衰减的过程，$e^{-\frac{t}{k}}$可称为调节系数，它随时间而减小，见表2-3-39。由表2-3-39可见，水位为17 m左右时，鄱阳湖对洪水的调节能力最大。水位为17 m以下时，由于鄱阳湖面积随水位增加较快，鄱阳湖对洪水的调节能力随水位而增大；水位为17 m以上时，鄱阳湖面积随水位增加较慢，而干流的出流能力随水位增加较快，因此鄱阳湖对洪水的调节能力随水位的增大而有所减小。

表2-3-39 鄱阳湖对洪水的调节系数估算值

水位（m）	第1天K_1	第2天 $K_2=K_{12}$	第4天 $K_4=K_{14}$	第7天 $K_{10}=K_{17}$	第15天 $K_{15}=K_{115}$	第30天 $K_{30}=K_{130}$	15天平均	30天平均	45天平均
12	0.59	0.35	0.12	0.03	0.00	0.00	0.10	0.05	0.03
13	0.77	0.59	0.34	0.15	0.02	0.00	0.21	0.11	0.07
14	0.83	0.70	0.48	0.28	0.07	0.00	0.31	0.17	0.11
15	0.86	0.75	0.56	0.36	0.11	0.01	0.38	0.21	0.14
16	0.88	0.77	0.59	0.40	0.14	0.02	0.41	0.23	0.16
17	0.88	0.78	0.60	0.41	0.15	0.02	0.42	0.24	0.17
18	0.88	0.77	0.60	0.41	0.15	0.02	0.42	0.24	0.16
20	0.87	0.75	0.56	0.36	0.11	0.01	0.38	0.21	0.14
22	0.85	0.73	0.53	0.33	0.10	0.01	0.36	0.19	0.13

鄱阳湖水位变化受五河和长江来水的双重影响，汛期（4～9月）长达半年之久。其中，4～6月为五河主汛期，入湖年最大流量出现在4～6月的概率分别占13.5%、18.4%、52.6%。4～6月当五河出现大洪水时，长江上游尚未进入主汛期，鄱阳湖水位一般不高；7～9月五河来水减少，但长江进入主汛期，湖区水位受长江洪水顶托或倒灌影响而壅高，水位缓慢上升，维持较高水位。因此，鄱阳湖区的年最高水位多出现在7～9月。

鄱阳湖对长江洪水的调蓄主要有两种形式：第一种形式是顶托影响，即长江洪水对鄱阳湖出湖水量的顶托。顶托影响发生较为普遍，一般当长江水位涨率高于鄱阳湖水位涨率时就会发生顶托或部分顶托。长江发生大洪水时，长江对鄱阳湖产生部分顶托，鄱阳湖部分水量在湖体升壅，部分水量经湖口流入长江。例如，1954年长江大洪水湖口站最高洪水位为19.79 m，鄱阳湖出湖流量为18 500 m^3/s；1998年长江大洪水湖口站最高洪水位为20.70 m，鄱阳湖出湖流量为13 000 m^3/s；1999年长江大洪水湖口站最高洪水位为20.02 m，鄱阳湖出湖流量为12 800 m^3/s。第二种形式是倒灌影响，即长江洪水倒灌流入鄱阳湖。长江洪水倒灌入湖主要是由江湖暴雨洪水不同步而干流洪水较大所致，倒灌一般发生在7～9月，因为此时五河汛期已过，鄱阳湖水位由长江洪水顶托倒灌，湖水面基本保持水平，鄱阳湖入江水道呈现负比降。

第五节 鄱阳湖水文水动力及水位波动

本节内容主要是在水动力模型的基础上，结合常规的数理统计方法和简单的模型方法开展的鄱阳湖水文水动力及水位波动研究。由于模型的模拟结果存在一定误差，因此结果分析会有一定的局限性。作为常规水文观测及分析的一种补充，本节内容可提供某种程度的参考。

1. 鄱阳湖二维水动力模型的构建

鄱阳湖二维水动力模型是以EFDC模型为基础的水动力模型，该模型在水平方向采用直角坐标或正交曲线坐标，垂直方向采用σ坐标。动力学方程采用有限差分法求解，水平方向采用交错网格离散，时间积分采用二阶精度的有限差分法，以及内外模式分裂技术（即采用剪切应力或斜压力的内部模块和自由表面重力波或正压力的外模块分开计算）。外模块采用半隐式计算方法，允许较大的时间步长，且可采用自适应时间步长模式。内模块采用了垂直扩散的隐式格式，期间水陆漫滩带区域采用干湿格网技术。

以1998年鄱阳湖洪水期间的遥感影像为参照，结合鄱阳湖圩堤GIS数据，确定鄱阳湖的最大水面范围；采用正交曲线格网对鄱阳湖进行了格网化；格网总数为96004，格网分辨率为178～205 m，格网的正交性参数小于0.2。鄱阳湖水底地形采用最新实测的数据，比例尺为1∶1万。模型的上边界为鄱阳湖虬津、万家埠、外洲、李家渡、梅港、虎山、渡峰坑五河七口的逐日实测流量数据（m^3/s），下边界为湖口的逐日实测水位数据。

模拟的主要参数为时间步长采用自适应时间步长模式，其基本时间步长为1 s。格网为干的最小水深为0.1 m，格网为湿的最大水深为0.15 m，干湿判断的时间步长为16 s。

表2-3-40给出了模型验证的误差分析表，包括实测平均水位、模拟平均水位、实测最低水位、模拟最低水位、实测最高水位、模拟最高水位、平均绝对误差、平均相对误差、RMS误差和Nash-Stucliffe效率系数10个变量，图2-3-69绘制了模型参数率定以后模拟的1999年1月1日～2003年12月1日4个验证站点的实测水位与模拟水位对照图。

表2-3-40 模型验证的误差分析表

站名	实测平均水位（m）	模拟平均水位（m）	实测最低水位（m）	模拟最低水位（m）	实测最高水位（m）
星子	11.66	11.85	5.86	5.52	20.00
都昌	12.34	12.27	7.09	7.13	20.00
棠荫	12.97	12.65	8.17	8.71	20.08
康山	13.52	13.42	10.23	10.50	19.98

站名	模拟最高水位（m）	平均绝对误差（m）	平均相对误差（%）	RMS误差	Nash-Stucliffe效率系数
星子	20.05	0.23	2.48	0.351	0.989
都昌	20.07	0.22	2.06	0.303	0.988
棠荫	20.07	0.39	3.35	0.513	0.950
康山	20.07	0.32	2.48	0.412	0.951

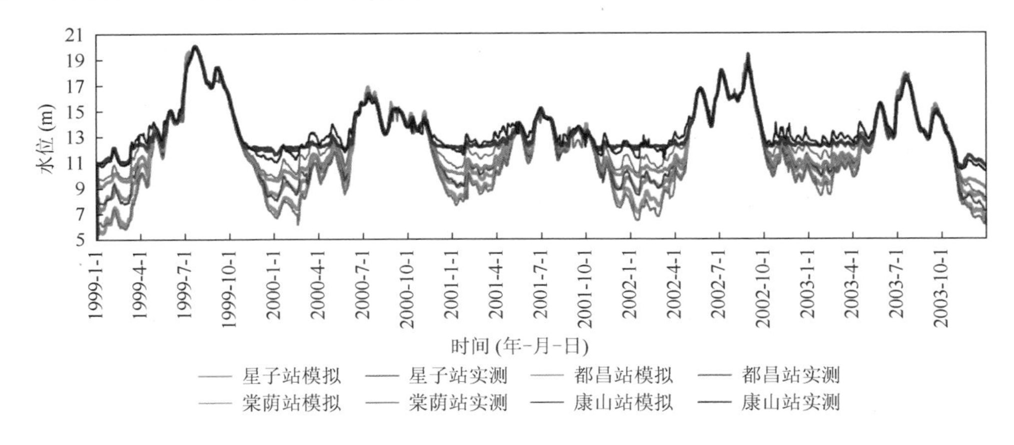

图 2-3-69　模型验证的逐日水位实测值与模拟值

从图 2-3-69 和表 2-3-40 可以看出，4 个验证点的平均绝对误差为 0.234～0.393 m，平均相对误差为 2.062%～3.353%，RMS 误差为 0.303～0.513，Nash-Stucliffe 效率系数为 0.950～0.989。其中，星子站、都昌站 2 个验证点的误差比较接近，棠荫站和康山站误差相对较大。

为了更好地验证模拟结果的可靠性，尤其是验证模拟的湖泊水面与实际湖泊水面的对应情况，图 2-3-70 呈示了枯水期和丰水期两组模拟的湖泊水深分布与遥感影像中的湖泊水面对照图。其中，图 2-3-70（a）和 2-3-70（b）分别为 1999 年 12 月 10 日的模拟水深分布与遥感影像的水面对照图，反映的是枯水期模拟水面与实际水面的对应情况；图 2-3-70（c）和 2-3-70（d）分别为 2000 年 9 月 23 日的模拟水深分布与遥感影像的水面对照图，反映的是丰水期模拟水面与实际水面的对应情况。由于模拟过程中干湿判断参数网格为干的水深为 0.16 m，图 2-3-70（a）和图 2-3-70（c）图例中的第一等级水深为 0～0.16 m，因此两图的模拟水面实际上是水深 0.17 m 以上的分布区域。对照图 2-3-70（a）、2-3-70（b）和图 2-3-70（c）、2-3-70（d）可以看出，模拟的水面与实际水面有较好的对应关系。

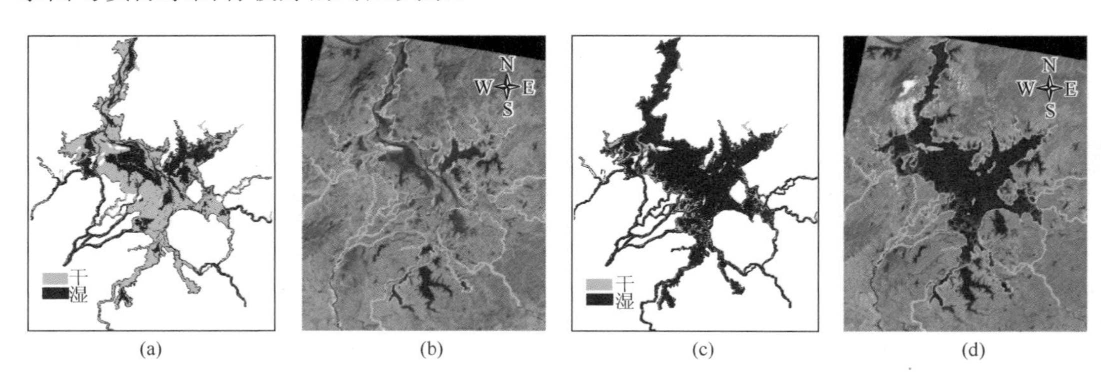

图 2-3-70　模拟的湖泊水面与遥感影像中的水面对照

（a）1999 年 12 月 10 日模拟水面；（b）1999 年 12 月 10 日遥感水面；（c）2000 年 9 月 23 日模拟水面；（d）2000 年 9 月 23 日遥感水面

2. 鄱阳湖典型年份的水动力流场特征

1）典型年份基本湖流特征

鄱阳湖是一个吞吐型湖泊，其湖流的主要形态为吞吐流，密度流和异重流较为少见。在吞吐流中，根据流势、流向及江湖水文关系可分为重力型、倒灌型和顶托型 3 种湖流类型。3 种湖流类型的划分标准在参照相关文献（谭国良等，2013）的基础上，其定义见表 2-3-41。

表 2-3-41　鄱阳湖吞吐型湖流的分类

类型	水位落差（cm）	湖口流量（m^3/s）	湖口流向	湖口流速（m/s）
重力型	≥7	＞1 000	NE	＞0.5
倒灌型	＜7	＜0.0	SW	＜0.0
顶托型	＜7	≥0.0	NE	≤0.5 且≥0.0

注：表中水位落差为星子站与湖口站水位之差。

在表 2-3-41 中，之所以将倒灌型和顶托型湖流的星子站与湖口站水位落差都定义为小于 0.07 m，主要是因为在实际考察中，倒灌型和顶托型湖流都可能发生水位落差小于 0.07 m 的情况，但倒灌发生的必要条件是湖口站流量小于 0 且湖口站流速小于 0。

利用典型年份（2005 年、2006 年和 2010 年）的湖口站实测水位、流量和模拟的湖口站流向及湖口站流速，对这些典型年份不同类型的湖流进行分析，分析结果见表 2-3-42。

表 2-3-42　鄱阳湖典型年份不同湖流类型出现的天数　（单位：d）

类型	重力型	倒灌型	顶托型
2005 年	259	17	89
2006 年	344	0	21
2010 年	256	0	109

由表 2-3-42 可以发现，不同年型中鄱阳湖湖流以重力型为主，占全年天数的 70%以上；其次为顶托型；倒灌型最少，有些年份不发生。在考察的典型年份中，重力型湖流以枯水年 2006 年最多，平水年 2005 年和丰水年 2010 年次之，并大致相当。但丰水年 2010 年的顶托型湖流天数最多，为 109 天，而平水年 2005 年共 89 天，枯水年 2006 年发生顶托的天数最少，为 21 天；倒灌型湖流平水年 2005 年发生 17 天，而枯水年和丰水年均没有发生。

图 2-3-71 显示了鄱阳湖重力型、倒灌型和顶托型 3 种典型流场，从图 2-3-71 可以看出，重力型流场中，从南到北主河道维持较大流速，且以由南向北流向为主；顶托型流场中除入江水道外，主湖区流速相对比较均匀，且维持较小的流速，流向以由南至北为主；而倒灌型流场中，棠荫站以北至湖口站主河道流速相对较大，且基本维持由北向南流向。值得注意的是，在不同类型的流场格局中，棠荫站东北方向汉池湖附近湖区都可能存在回流场。

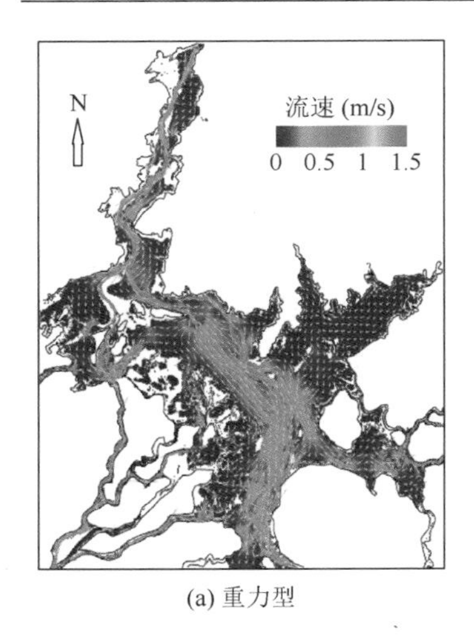

(a) 重力型

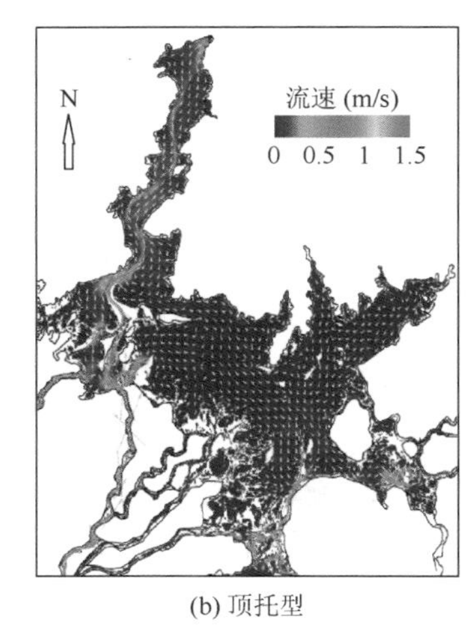

(b) 顶托型

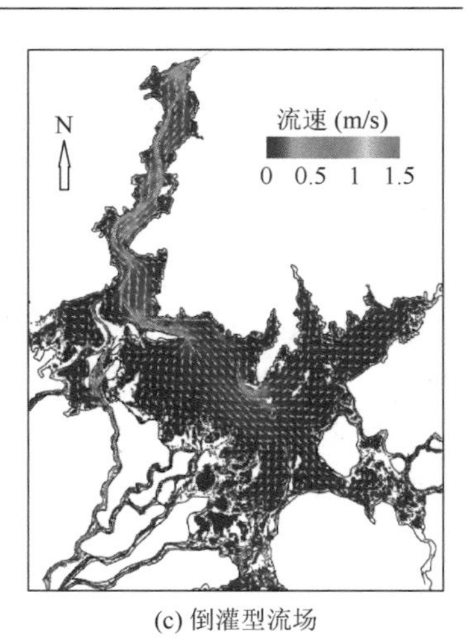

(c) 倒灌型流场

图 2-3-71　鄱阳湖重力型、顶托型和倒灌型流场的基本空间格局

2）典型年份基本湖流格局下的局部流场特征

鄱阳湖整个湖区在维持上述基本类型流场格局的情况下，局部湖区仍会出现不同特征的湖流。为此，在模拟高分辨率湖流矢量场数据的支持下，对不同年型下鄱阳湖不同湖区的局部流场进行了特征分析，得出了鄱阳湖不同湖区相对比较大的 6 种局部流场特征，即松门山南部的顺时针和反时针半环流场、主湖区的局部回流场、汉池湖附近的回流场和汉池湖附近的反时针半环流场，典型年份的上述各种局部流场特征统计结果见表 2-3-43。

表 2-3-43　典型年份基本流场格局下不同局部流场出现的次数

流场类型	松门山南部的顺时针环流场	松门山南部的反时针环流场	主湖区的局部回流场	汉池湖附近的回流场	汉池湖附近的反时针半环流场
2005 年	4	1	10	93	82
2006 年	18	0	3	65	104
2010 年	3	3	3	64	81

（1）松门山南部的反时针与顺时针环流场。虽然松门山南部的顺时针与反时针环流场发生的次数不多，但影响的范围相对比较大，该环流的东西及南北范围一般都在 18～20 km，流速较小，小于 0.2 m/s。顺时针环流场多半为半环型流场，环型流场南部不闭合，而反时针环流场一般是闭合的。此种局部流场基本上发生在顶托型和倒灌型流场格局下。

图 2-3-72（a）显示了模拟的 2005 年 7 月 27 日主湖区流场，当日星子站与湖口站水位落差为 0.05 m，湖口流量为 2 370 m^3/s，从表 2-3-43 中可知，这个湖区的湖流属于典型的顶托型湖流。从图 2-3-72 可以看出，在这种顶托型湖流格局下松门山南部存在弱（半）环流场；图 2-3-72（b）绘制的是 2005 年 8 月 18 日发生的倒灌型湖流格局下松门山南部的（半）环流场，当日星子站与湖口站水位落差为 0.01 m，湖口站流量为负 2 550 m^3/s。

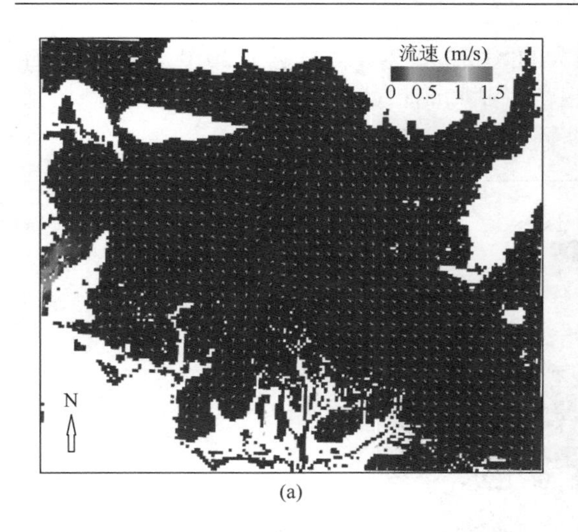

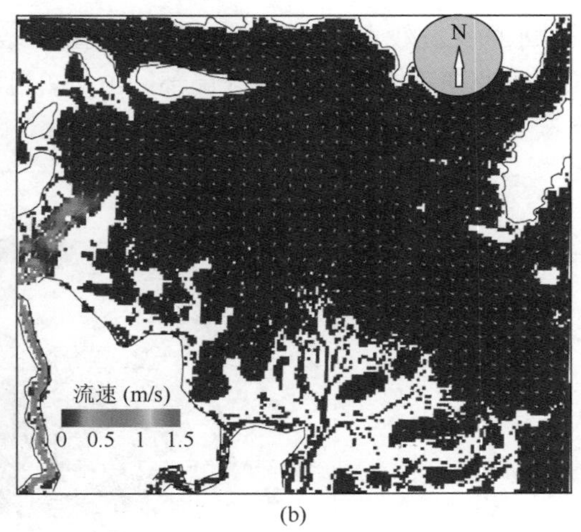

(a) (b)

图 2-3-72 顶托型格局下松门山南部的环流场（a）和倒灌型格局下松门山南部的环流场（b）

图 2-3-73 给出的是 2010 年 9 月 3 日出现的松门山南部的反时针环流场，环流呈闭合型，跨度为 18～20 km。当日湖口流量为 4 010 m³/s 时，星子站水位为 15.03 m，星子站与湖口站水位落差为 0.02 m，水面比降较小，湖口站的出口流量明显减小，鄱阳湖基本流场格局应该属于弱的顶托型流场格局。

（2）顶托型湖流格局下的主湖区局部回流场。顶托型湖流格局下的主湖区局部回流场多半发生在顶托型湖流格局下，由于入江水道外排水不畅，如遇修河及赣江北支来水较大，易造成主湖区回流，此时入江水道仍然是顺流。这种局部流场是除倒灌型流场外，波及范围最大的一种局部流场，影响范围可达整个主湖区，包括汉池湖湖区。这种局部流场在主湖区的流速不大，一般小于 0.2 m/s，但局部流速可达 0.30～0.35 m/s，如在棠荫站以南附

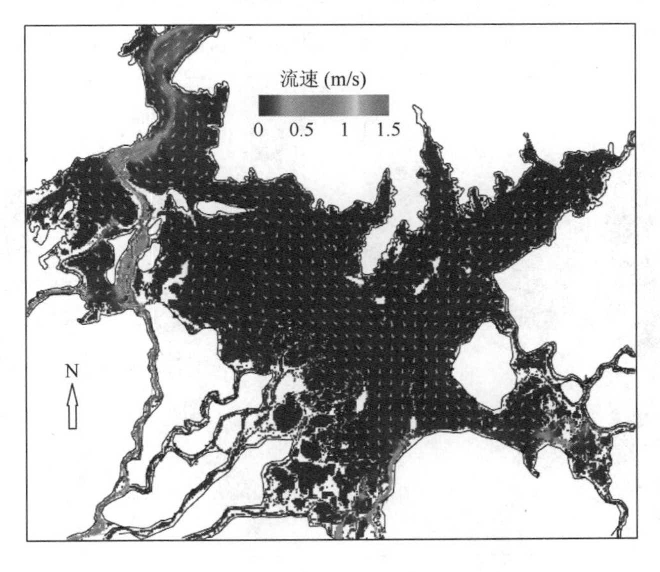

图 2-3-73 顶托型湖流格局下松门山南部的（半）环流场

近，水面比降较大，局部流速也会出现相对较大的区域。图 2-3-74 呈示了 2010 年 8 月 28 日的顶托型湖流格局下主湖区局部回流场，当日星子站与湖口站水位落差为 0.01 m，湖口站流量为 4 930 m^3/s，星子站水位为 14.92 m。

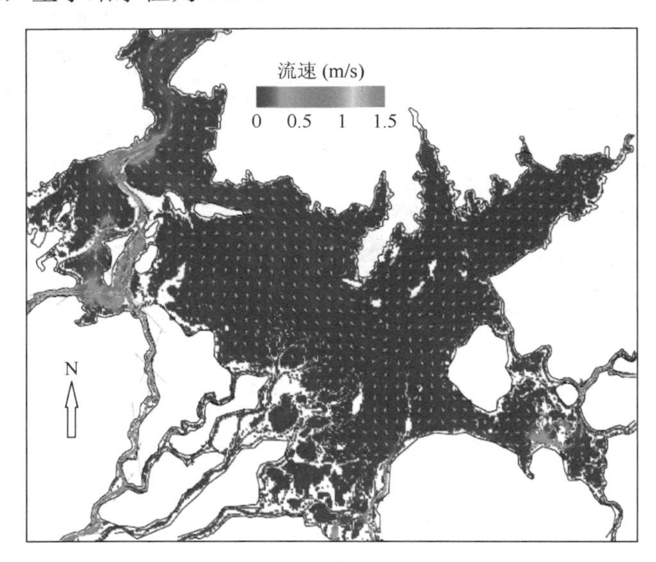

图 2-3-74　顶托型湖流格局下主湖区回流场

（3）棠荫站东北部汉池湖湖区的回流和半环流场。棠荫站东北部汉池湖湖区的回流和半环流场是一种比较常见的局部流场，通过对 2005 年、2006 年和 2010 年模拟的湖流矢量场数据的统计分析，该湖区的这两种局部流场可发生在重力型、顶托型和倒灌型流场格局下，且不同月份都有发生。该局部流场的流速一般也比较慢，大致维持在 2.0～3.0 m/s 或 0.2 m/s 以下，环流呈反时针方向，且在环流南部不闭合，呈半环流形态。

图 2-3-75 和图 2-3-76 分别给出了发生在 2005 年 11 月 13 日和 2005 年 11 月 20 的汉

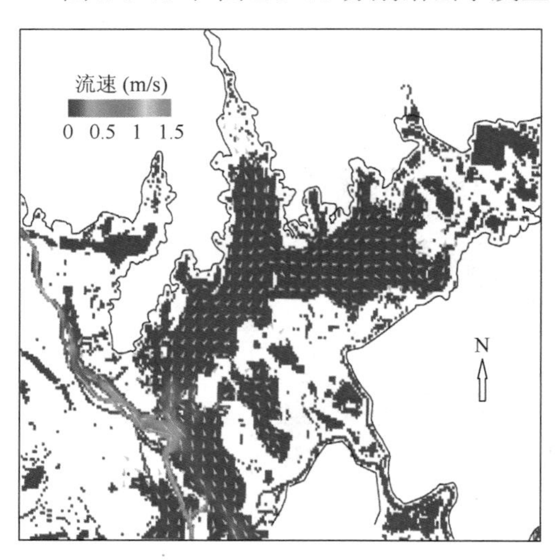

图 2-3-75　重力型湖流格局下汉池湖湖区的回流场

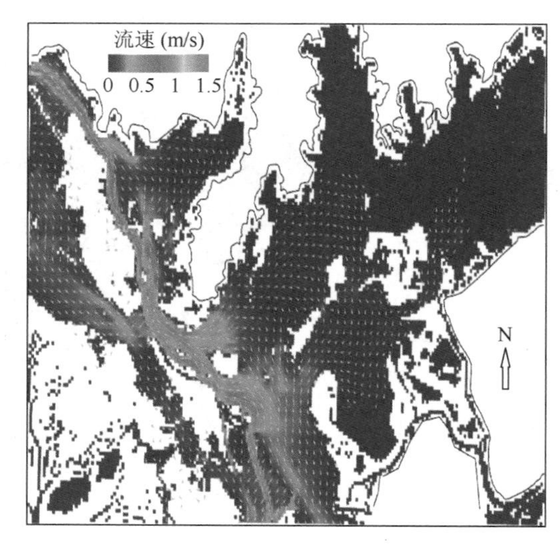

图 2-3-76　重力型湖流格局下汉池湖湖区的环流场

池湖湖区的局部回流场和半环流场，其基本流场格局均为重力型流场，星子站与湖口站的水位落差分别为 0.25 m 和 0.26 m，湖口站流量均大于 4 500 m^3/s，是典型的重力型流场。

3. 鄱阳湖典型年份的换水周期特征

湖泊的换水周期是反映湖泊水文与水动力的重要参数，也是反映湖泊生态的重要变量。它的大小直接反映了水在湖泊中的驻留时间，一般湖泊换水周期越大，即水在湖泊中的驻留时间就越久，反之则越短。由于湖泊的换水周期与湖泊的库容有关，而库容也难以估算，且湖泊库容还是一个动态变量。因此，要准确获取或估算湖泊的动态换水周期是比较困难的事。

本书采用动力机制模型，通过将湖泊空间格网化为 96004 个格网，并在此基础上，对鄱阳湖典型年份的水文与水动力进行数值模拟，得到了高时间和空间分辨率在不同空间位置上的水位、流速和流量等数据，同时利用这些模拟结果衍生出湖泊库容高时间分辨率数据，从而为准确计算湖泊的换水周期提供了主要数据支撑。

利用模拟结果，根据换水周期的概念，计算了不同情景年型控水期间的月换水周期，其计算公式如下：

$$P_1 = \frac{\sum_{i=1}^{T}\sum_{j=1}^{n}\xi_j H_{ij}}{86.400 \times \sum_{i=1}^{T}\sum_{k=1}^{m} Q_{ik}}, \quad \text{if} \quad Q_{ik} < 0, \quad Q_{ik} = 0 \tag{2-3-19}$$

式中，P_1 为第 l 月的换水周期；ξ_j 为格网 j 的面积（m^2）；H_{ij} 为格网 j 第 i 天的模拟平均水深（m）；n 为整个湖泊计算域的格网数量（大小为 96.004）；Q_{ik} 为出口断面处格网 k 的模拟流量（m^3/s）；m 为出口断面处格网数量；T 为第 l 月的天数；86.400 为将时间单位“s”转换为“d”的转换系数。发生倒灌时，出口断面流量 Q_{ik} 为负值，而此时的湖泊库容是在 Q_{ik} 为负值时形成的。在数值模拟条件下，对于换水周期来说，$Q_{ik}<0$ 与 $Q_{ik}=0$ 是等效的。因此，按式（2-3-19）计算换水周期时，当 $Q_{ik}<0$ 时，即令 $Q_{ik}=0$。

表 2-3-44 列出了 2005 年、2006 年和 2010 年 3 个典型年份各月的换水周期和年平均换水周期。2005 年的月换水周期最大值出现在 8 月，其值为 88.8 d。8 月换水周期较长的原因是发生了倒灌，且倒灌的天数较多。该年份的最短换水周期为 8.8 d，对应的月份为 5 月。该年份年平均换水周期由于 8 月换水周期较长，因而年平均换水周期是 3 年中最长的。2006 年为枯水年份，其年平均换水周期为 16.0 d，是 3 年中年平均换水周期最短的。该年中最长的月换水周期为 11 月的 29.8 d，最短的月换水周期发生在 6 月，其值为 7.9 d。2010 年虽为丰水年，但其年平均换水周期并不长，其值为 17.9 d，比枯水年 2006 年只略长一些，比平水年小 22%，其原因是 2010 年的 2～5 月，月换水周期都偏短，不足 10 d。丰水期的 7～9 月，虽然其月换水周期比其他年份的大（不包括 2005 年 8 月），但期间未发生倒灌，所以该年的年平均换水周期比 2005 年长，但比 2006 年短。

表 2-3-44　典型年份湖泊月换水周期和年平均换水周期表　　　（单位：d）

年份	1 月	2 月	3 月	4 月	5 月	6 月	7 月	8 月	9 月	10 月	11 月	12 月	年平均
2005	19.8	10.2	12.0	10.8	8.8	11.6	16.5	88.8	20.5	22.6	15.8	25.3	21.9
2006	18.0	24.2	10.2	8.8	8.2	7.9	12.2	11.1	16.3	29.0	29.8	17.7	16.0
2010	19.2	9.6	8.4	7.4	7.8	11.2	28.3	22.8	28.0	15.9	33.5	22.1	17.9

4. 鄱阳湖水位周期性波动与风涌水特征的分析

湖泊水位波动（或脉动）的时间尺度可以在几秒到数百年不等，水位波动的原因主要是由气象条件和水文过程导致的不稳定的水平衡，如降水、蒸发、出入流条件等因素，这些因素造成的水位波动属于长波系列，而由流域尺度的振荡和水表波动的传递等水文过程所造成的水位波动周期一般在数秒到数小时之间，是水位波动的短波系列。水位波动对湖泊生态系统有重要影响，其长波系列不仅改变了由短波系列造成的物理应力环境与性状，而且长短波的相互作用也会对湖泊形态及湿地植被演替和沉积颗粒大小分布造成综合影响。

鄱阳湖是具有高度动态性的湖泊，其水位年际和年内变化很大，多在数米到十几米之间。本书主要针对鄱阳湖水位振荡周期从“分”到“小时”时间尺度范围内的水位变化特征进行研究，从水位波动和风涌水两个方面进行探讨，前者主要探讨水位变化的周期性规律，后者主要探讨水位变化的风胁迫和风影响。

为了分析鄱阳湖的水位波动特征和风涌水特征，选择星子站、都昌站、棠荫站和康山站 4 站 2013 年 5 min 实测水位数据和星子站实测的每小时气象风速与风向数据。

1）鄱阳湖水位周期性波动特征分析

由于水位的波动存在多种振荡周期，其中包括水位的年变化和日变化等，因此水位时间序列数据属于非平稳时间序列。为了消除这些时间序列的趋势变化，需要对水位数据进行滤波处理，以消除水位时间序列的时间变化趋势项。将水位时间序列减去该时间变化趋势项，即得到消除了趋势变化的平稳时间序列，其中包含了周期相对比较小的振荡周期，而相对较大的波动周期，如年变化和日变化等都经过滤波处理掉了。消除趋势变化的滤波方法一般有平滑滤波、累积滤波、方差分析滤波和函数滤波等（王红瑞等，2010）。本书采用平滑滤波，即采用移动平均方法进行滤波，移动平均的间隔为 11 个时间步长，大约 55 min 的时间间隔。将原始水位数据减去移动平均结果，即得到经过滤波以后的数据，该数据用于波谱分析，以分析水位数据振荡周期相对较小的波动特征。

波谱分析原理是傅里叶级数或傅立叶变换，利用傅里叶级数能够将周期函数展开成无穷多个频率为基频整数倍的谐振动之和，而傅里叶变换则能将非周期函数表示为无穷连续频域区间上的积分和，对周期函数做傅里叶级数展开得到离散谱，一般称为谐波分析（或称为调和分析）。而对已知函数做傅里叶变换可以得到连续谱，称为功率谱（或波谱分析）（王红瑞等，2010）。波谱分析在水文气象资料分析中应用非常广泛。

Hofmann 在研究德国 Contance 湖的水位波动时发现，湖泊由船或风引起的波动一般为秒级的振荡周期，如由双体船造成的波动周期为 6.3 s，客船造成的周期为 3.3 s，而风所造成的周期为 2 s（Hofmann et al.，2008）。此外，在对鄱阳湖水位波动分析时，由于所用水位数据为 5 min 实测数据，考虑到数据的有效性和研究的意义，在分析振荡周期时，小于 20 min 的周期将不予考虑。由于湖区天气过程的影响，以及五河入流和湖口出流流量的变化，鄱阳湖的水位呈现复杂的周期性振荡，多种周期叠加产生复杂的波动现象，图 2-3-77 给出了滤波后棠荫站 5 月水位波动的时间变化曲线图，从图 2-3-77 中可以看出，棠荫站的水位波动序列存在多种周期的复合现象。

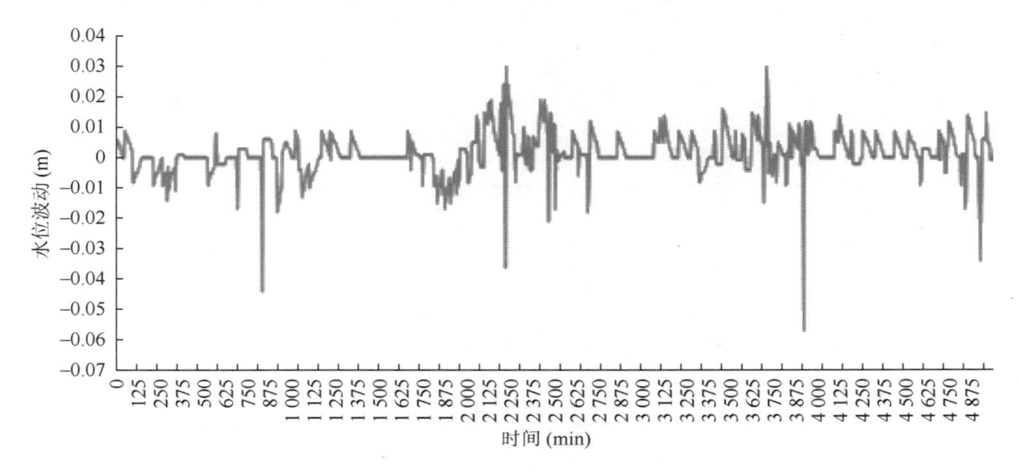

图 2-3-77　滤波后棠荫站 5 月水位周期性波动

利用滤波处理后的星子站、都昌站、棠荫站和康山站 4 站的水位波动数据，对 4～9 月的水位波动数据进行波谱分析。图 2-3-78 分别给出了康山站 4 月和棠荫站 5 月的周期图，图中红线为 95%的马尔可夫过程置信水平。从图 2-3-78 可以看出，康山站有 5 个周期的置信水平大于 95%，它们分别为 111 min、144.8 min、97.9 min、74 min 和 61.7 min，而棠荫站则有 2 个周期的置信水平大于 95%，由此可得棠荫站的水位波动周期为 832.5 min 和 95.1 min。

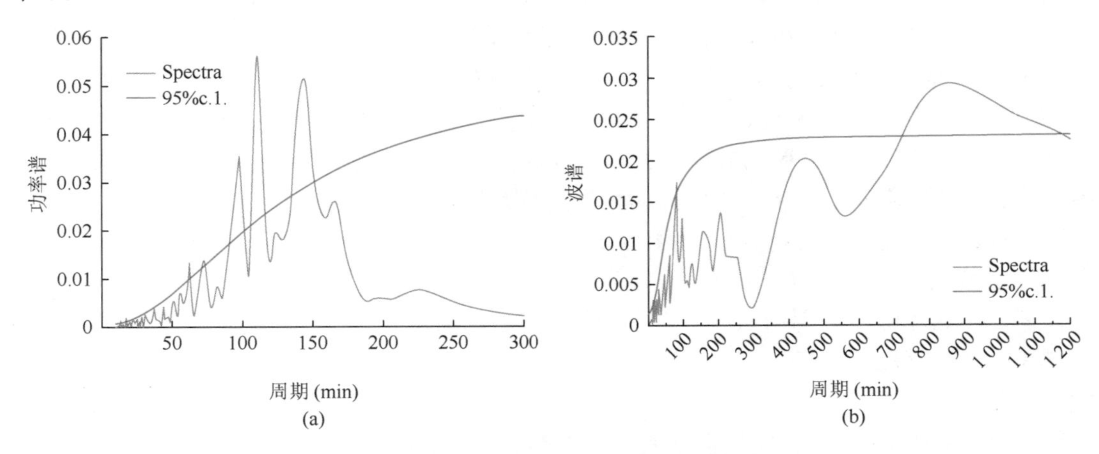

图 2-3-78　康山站 4 月的波谱（a）和棠荫站 5 月的波谱（b）

星子站、都昌站、棠荫站和康山站 4 站 4～9 月的水位波动数据波谱分析结果见表 2-3-45。从表 2-3-45 可以看出，不同站点不同月份的水位波动周期各不相同。除了棠荫站 5 月的波动周期为 832.5 min 外，其余波动周期都在 208.1 min 以下。但据有关文献介绍的梅良公式可以推断出，周期为 832.5 min 的波动不可能是鄱阳湖的定振波，且周期小于 100 min 的水位波动为定振波的可能性也比较小。

表 2-3-45　2013 年星子站、都昌站、棠荫站和康山站 4 站不同月份水位波动周期及同期平均水位

月份	星子站		都昌站		棠荫站		康山站	
	周期（min）	平均水位（m）	周期（min）	平均水位（m）	周期（min）	平均水位（m）	周期（min）	平均水位（m）
4	166.5 111.0 70.9	13.0	27.0	13.2	138.8 54.6	14.4	144.8 111.0 97.9 74.0 61.7	15.3
5	128.1 92.5 79.3 60.5	12.6	185 81.2	12.9	832.5 95.1	14.1	107.4 83.3	15.0
6	138.8 118.9 107.4	16.3	100.9 90.0 65.3	16.1	100.9 24.5	16.3	118.9 95.1	16.4
7	133.2 22.0	16.6	135.0	16.7	134.0 61.7	16.8	156.4 72.4 37.0	17.1
8	208.1 158.6 23.3	15.7	107.4 66.6	15.4	128.1 107.4 29.2	15.6	208.1 151.4 55.5	15.5
9	95.1 77.4 55.5	13.5	185.0 114.8 77.4	13.3	208.1 79.3 114.8	13.6	ND	ND

注：表中 ND 表示无水位数据。

2）鄱阳湖风涌水及其水位增减特征分析

以经过滤波处理后的 4 个站点水位数据作为风涌水分析的基本资料，风涌水造成的水位增减按闵骞推求鄱阳湖增减水的方法（闵骞和喻安远，2000），在都昌站数据的基础上对该方法的系数做了适当的调整。首先在星子自动气象站 2013 年的每小时风速数据的基础上筛选出每次的风变过程，风变幅度为 0～12 m/s。将风速按照风向分解为东西方向和南北方向，正北向及正东向为正，反之为负。对于湖泊北岸的站点（如都昌）和偏东的站点（如棠荫），正风造成水位增量，负风造成水位减量，而西岸站点或南部站点则以此类推。然后，将同期经过滤波的水位波动数据与分解以后的风速数据做相关分析。风的吹程 S 为东西方向或南北方向计算位置沿风向到远岸的距离（km），该距离由水动力模拟所得的水面宽度数据进行估算。

表 2-3-46 列出了上述 4 站 6～9 月的水位增量和水位减量情况及同期的平均水位。由表 2-3-46 可以得出，鄱阳湖 6～9 月，由风涌水造成的南北水位增量最大值为 0.225 m，发生在棠荫站的 7 月，南北最大水位减量为 0.155 m，发生在都昌站的 8 月，其次为康山站的水位减量为 0.139 m，发生在 7 月。而东西最大水位增量为 0.130 m，发生在棠荫站的 6 月；东西最大水位减量为 0.113 m，也发生在棠荫站的 6 月。由此可以看出，东西方向的水位增量和水位减量均小于南北方向的水位增量和水位减量。从各站来看，星子站的水位增减最小，这与该处水面的开阔程度有关。

表 2-3-46　星子站、都昌站、棠荫站和康山站 6～9 月水位增量和水位减量情况及同期的平均水位　（单位：m）

站名	项目	6 月	7 月	8 月	9 月
星子	平均水位	16.32	16.39	14.53	12.27
	南北平均水位增量	0.007	0.010	0.015	0.014
	南北最大水位增量	0.039	0.068	0.104	0.085
	南北平均水位减量	0.003	0.005	0.003	0.001
	南北最大水位减量	0.029	0.044	0.026	0.005
	东西平均水位增量	0.002	0.003	0.002	0.001
	东西最大水位增量	0.033	0.017	0.016	0.021
	东西平均水位减量	0.006	0.002	0.005	0.005
	东西最大水位减量	0.056	0.029	0.062	0.045
都昌	平均水位	16.13	16.16	14.33	13.08
	南北平均水位增量	0.010	0.015	0.022	0.022
	南北最大水位增量	0.058	0.101	0.155	0.107
	南北平均水位减量	0.004	0.007	0.005	0.000
	南北最大水位减量	0.043	0.065	0.039	0.000
	东西平均水位增量	0.005	0.002	0.004	0.005
	东西最大水位增量	0.055	0.029	0.062	0.045
	东西平均水位减量	0.002	0.003	0.002	0.000
	东西最大水位减量	0.033	0.016	0.016	0.000
棠荫	平均水位	16.32	16.29	15.07	ND
	南北平均水位增量	0.023	0.031	0.001	ND
	南北最大水位增量	0.146	0.225	0.015	ND
	南北平均水位减量	0.008	0.015	0.010	ND
	南北最大水位减量	0.082	0.124	0.065	ND
	东西平均水位增量	0.017	0.006	0.002	ND
	东西最大水位增量	0.130	0.088	0.065	ND
	东西平均水位减量	0.006	0.010	0.005	ND
	东西最大水位减量	0.113	0.053	0.026	ND
康山	平均水位	16.38	16.26	14.76	ND
	南北平均水位增量	0.004	0.009	0.004	ND
	南北最大水位增量	0.039	0.099	0.044	ND
	南北平均水位减量	0.015	0.022	0.002	ND
	南北最大水位减量	0.102	0.139	0.031	ND
	东西平均水位增量	0.007	0.003	0.000	ND
	东西最大水位增量	0.080	0.034	0.013	ND
	东西平均水位减量	0.003	0.004	0.001	ND
	东西最大水位减量	0.054	0.025	0.008	ND

注：表中 ND 表示无水位数据。

5. 小结

针对近年来鄱阳湖江湖水文动态变化及江湖水文关系问题，在实测水文数据的基础上，通过水动力模型的数值模拟，考察了近年来鄱阳湖典型年份水动力场的基本特征和在湖泊自然形态下风涌水及定振波对湖泊水位的叠加效应，并得到了以下主要结论。

（1）采用水动力模型模拟出高分辨率的水动力场数据，并在此基础上分析了鄱阳湖重力型、顶托型和倒灌型 3 种基本湖流格局下局部流场的特征，通过分析与考察发现，不同年型下鄱阳湖不同湖区的局部流场中存在 6 种比较典型的特征，即松门山南部的顺时针和反时针半环流场、主湖区的局部回流场、汉池湖附近的回流场和汉池湖附近的反时针半环流场，得出了典型年份下上述各种局部流场的统计特征。

（2）利用建立的鄱阳湖二维水动力模型模拟的高时间和空间分辨率数值结果，分析与考察了鄱阳湖典型年份的月换水周期和年平均换水周期，考察发现，鄱阳湖在不发生倒灌的前提下，其年平均换水周期一般为 17～19 d，但如果发生倒灌，则换水周期将大于 20 d；考察还发现，鄱阳湖在不同月份的月换水周期为 7～40 d，发生倒灌时，月换水周期将大于 40 d，甚至有大于 80 d 的情况。

（3）利用实测的鄱阳湖 4 个部位高分辨率水位数据，通过水位的波谱分析，分析与考察了鄱阳湖水位周期性波动特征，分析与考察发现，鄱阳湖在高水位月份中，水位波动存在多种振荡周期，其周期为 20～850 min，多数为 100～200 min。由于定振波受多种因素影响，其中影响最大的是湖面宽度，其次为水深。而湖面宽度又随湖泊水位变化较大，因而定振波的周期呈动态变化，而非常数，合理的定振波周期应该在 100～200 min。鄱阳湖的周期性水位波动带来的水位变幅小于 0.09 m。

（4）利用实测的鄱阳湖 4 个部位高分辨率水位数据，结合数值模拟的湖泊水面数据，分析与考察了鄱阳湖风涌水特征和由此带来的水位增减，分析与考察发现，鄱阳湖 6～9 月的 3 个高水位月份中，在小于 12～13 m/s 风速的情况下，风涌水带来的湖泊水位增减一般南北方向大于东西方向，南北方向的水位增量一般小于 0.30 m，东西方向的水位增量一般小于 0.20 m，而南北方向的水位减量一般小于 0.20 m，东西方向的水位减量小于 0.15 m。

由于鄱阳湖是一个高动态的湖泊，湖盆形态复杂、水底地形高程变差大，湖泊出入流数据不完全，导致湖泊存在水平衡问题，加上目前的计算条件限制等因素，由水动力模型模拟的湖泊水位、水深及流速、流向和流量等结果与湖泊实际情况会存在一定误差，尤其在低枯水位时，模拟结果会有较大误差。因此，通过模拟结果所进行的定量分析及所构建的统计学模式都可能存在比较大的不确定性。

参 考 文 献

丁志雄. 2010. DEM 与遥感相结合的水库水位面积曲线测定方法研究. 水利水电技术，（1）：83-86.

逢勇，淮培民. 1999. 太湖表面定振波的数值计算和最大熵谱分析. 海洋与湖沼，27（2）：157-162.

江西省水文局. 2011. 鄱阳湖动态水位-面积、水位-容积计算技术报告.

李辉，李长安，张利华，等. 2008. 基于 MODIS 影像的鄱阳湖湖面积与水位关系研究. 第四纪研究，28（2）：332-337.

刘东，李艳. 2012. 基于遥感技术的鄱阳湖面积库容估算. 遥感信息，(2)：57-61.
刘芳，张新，樊建勇，等. 2011. 鄱阳湖水域面积与湖口水位关系模型的改进. 气象与减灾研究，34（4）：45-49.
闵骞. 2000. 近50年鄱阳湖形态和水情的变化及其围垦的关系. 水科学进展，11（1）：76-81.
闵骞，喻安远. 2000. 鄱阳湖增减水及其计算. 水文水资源，21（2）：14-16.
齐述华，龚俊，舒晓波，等. 2010. 鄱阳湖淹没范围、水深和库容的遥感研究. 人民长江，41（9）：35-38.
张楠楠，王文，王胤. 2012. 鄱阳湖面积的卫星遥感估计及其与水位关系分析. 遥感技术与应用，27（6）：947-953.

第四章　建议与对策

1. 加快推进鄱阳湖水利枢纽的建设

（1）长江中上游水库蓄水运用以来，鄱阳湖区枯水位降低、枯水期提前、枯水历时加长的情况呈常态化趋势。

自 2003 年长江中上游水库蓄水运用以来，鄱阳湖区枯水位显著降低、枯水出现时间明显提前、枯水持续时间显著延长，长江干流九江、湖区各站和五河控制站多年平均水位明显下降，湖区各站普遍出现历史最低水位。2003～2012 年水文系列 10 月至次年 1 月星子站各月平均水位比 1956～2002 年系列分别降低 2.18 m、1.64 m、0.77 m 和 0.40 m，10 m 以下水位平均出现时间从 1956～2002 年系列的 127 天延长至 2003～2012 年系列的 175 天。

（2）2003 年以来，鄱阳湖区枯水的影响因素主要有长江中上游水库蓄水、天然降水径流变化、江湖冲淤等，它们均为趋势性影响因素。

三峡蓄水期导致宜昌、汉口径流发生趋势性减小，降低了湖口和湖区枯水位，尽管补水期湖口站水位有所抬高，但难以抬升鄱阳湖区水位。宜昌、汉口、大通站 9 月实测径流量和大通站 10 月实测径流量没有显著变化趋势，宜昌、汉口站 10 月实测径流量表现出明显降低的趋势，这主要是由长江中上游水库蓄水引起的；9 月湖口站径流量表现出显著增加趋势，主要是由五河来流增加和干流水位降低后鄱阳湖水位过快降低、湖水被快速拉出所致。蓄水期干流径流量减少降低了湖口水位，使鄱阳湖出流加大，从而降低了湖区枯水位，使枯水位出现时间提前。长江中上游水库在 1～3 月可增加干流径流量，2003～2012 年湖口站各月平均水位较 1956～2002 年分别抬升 0.25 m、0.38 m 和 0.67 m，但难以抬高星子站及以上湖区水位。

三峡蓄水运用以来干流河道冲刷对干流九江站、大通站枯水位降低的影响逐步呈现，鄱阳湖入江水道段大幅度冲刷下切导致湖口站与星子站水位落差显著降低。自长江中上游水库蓄水运用以来，长江中下游干流河道发生了显著的冲刷，九江河段锁江楼至八里江口段平滩以下河槽冲刷 1.2 亿 m^3，冲刷主要集中在枯水河槽。鄱阳湖区在 2003 年前呈缓慢淤积态势，三峡蓄水运用以来入江水道段冲刷下切明显，湖区冲淤变化不大。长江干流河道冲刷尚未对大通站低枯水位造成明显影响，而对九江站造成了一定的影响，2008～2013 年九江站综合水位流量关系线比长江中上游水库运用前（1998～2002 年）有所降低，流量为 10000 m^3/s 和 26000 m^3/s 时水位分别降低 0.96 m 和 0.31 m。鄱阳湖区入江水道段的河床下切导致湖口至星子段的水面比降减小，平均水位落差从 1956～2002 年的 0.57 m 减小至 2003～2012 年的 0.28 m，湖口站相同水位下的星子站水位明显下降，对湖区枯水位有降低的影响。

（3）三峡及上游控制性水库运用后蓄水期径流的减少，以及干流河道冲刷的加大，将进一步恶化鄱阳湖区枯水情势。

考虑上游三峡、溪洛渡、向家坝、二滩等 11 座水库和南水调度中线一期工程的影响，在水库蓄水期，长江干流流量的减少导致湖口水位明显降低，各典型年 9 月下旬，10 月上旬、中旬、下旬，11 月上旬水位降低最大值的平均值分别为 1.60 m、1.91 m、2.03 m、2.41 m 和 2.25 m，水位降低平均值分别为 1.42 m、1.76 m、1.83 m、2.17 m 和 1.70 m。考虑干流河道冲刷下切的影响，湖口站水位降低的幅度进一步加大，在三峡运用后 30 年的情况下，湖口站 9 月下旬，10 月上旬、中旬、下旬，11 月上旬水位降低最大值的平均值分别为 2.15 m、2.49 m、2.74 m、3.09 m 和 2.95 m，比不考虑冲刷进一步降低了 0.55 m、0.58 m、0.71 m、0.68 m 和 0.70 m；水位降低平均值分别为 1.97 m、2.33 m、2.45 m、2.82 m 和 2.40 m，比不考虑冲刷进一步降低了 0.55 m、0.57 m、0.62 m、0.65 m 和 0.70 m。

水库群的补水作用难以抵消干流河道冲刷下切的影响。三峡及上游干支流控制性水库运用后，补水期（1～3 月）加大干流泄量对湖口站水位有一定的抬升作用，在不考虑干流河道冲刷的情况下，1～3 月各月平均水位抬高 0.35 m、0.77 m 和 0.76 m，若考虑 2032 年干流河道冲刷，各月平均水位的变化值为–0.37 m、–0.09 m 和–0.03 m，即上游水库补水期对下游河道水位的抬升作用难以抵消河道冲刷的影响，补水期湖口站水位仍将降低。

2. 加强鄱阳湖水文生态监测研究

随着长江上游干支流水库逐步投入运行，径流调节过程将进一步发生变化，河道冲刷下切将进一步发展，对下游及鄱阳湖区水文情势的影响也将进一步显现；五河的开发利用治理也将加大，江湖水文变化及江湖水文关系也将继续发生变化。目前，鄱阳湖区水文监测站网、监测项目要素尚不能完全满足研究分析江湖水文动态变化及江湖水文关系的需求，必须加强鄱阳湖水文生态监测研究工作。

鄱阳湖是我国最大的淡水湖，需要切实加强鄱阳湖水文生态监测、研究。鄱阳湖生态经济区规划建设需要实现地区社会经济健康、持续发展，生态环境良性循环，生物多样性的有效保护。保持鄱阳湖生态系统平衡与健康是鄱阳湖生态经济区建设的主要依托，发展经济和保护生态是生态经济区建设必须面临的主要矛盾。如何减少鄱阳湖生态经济区建设对鄱阳湖生态系统平衡与健康的不利影响，为鄱阳湖区生态经济区建设提供可靠保障，需要经过大量的监测、分析、评估与实验研究，也必须加强鄱阳湖水文生态监测研究工作。

3. 加强洪枯水时空变化规律研究

加强洪枯水时空分布和历史演变变化规律、气候变化与人类活动影响评估及洪旱灾害适应性管理等方面的研究。做好顶层设计，顺应水沙规律，规范采砂、圩区经济社会发展，加快生态文明建设，协调发展与生态的关系，以科技进步为支撑，保障鄱阳湖经济生态复合系统的和谐、持续、健康发展。

参 考 文 献

河南黄河水文勘测设计院，江西省水文局. 2010. 鄱阳湖水文生态监测研究基地可行性研究报告.
江西省水利学会水文专业委员会. 2010. 鄱阳湖水利枢纽工程对长江下游水资源影响研究报告.
江西省水文局. 2008. 鄱阳湖生态水利枢纽工程水文分析论证报告.

第三篇　鄱阳湖临湖区环境状况

第一章　临湖区土壤地球化学环境特征

土壤重金属元素是重要的环境化学指标，临湖区土壤重金属元素含量分布情况直接记载和反映了土壤健康信息。本次鄱考重点考察了临湖区土壤（表层和深层）和水（浅层地下水和地表水）中8种主要重金属的自然来源和分布特征，着重研究了其地质地球化学综合背景。

依据江西省地质调查研究院2002～2006年完成的《江西省鄱阳湖及周边经济区农业地质调查》中有关临湖区 1∶25 万比例尺的土壤与水的双层地球化学数据，辅助少量的野外调查，研究了区域土壤与水的地球化学环境与质量现状和空间分布规律，重金属元素在区域土壤第一和第二环境要素中元素地球化学空间分布、分配、组合特征及规律；确定了土壤重金属元素密度、储量和潜在供给量；提出了临湖区和各县土壤8种重金属元素与pH地球化学基准值、背景值和储量参数，共获得各类参数7 020项，确定了临湖区 8 种重金属元素的地球化学基准值与背景值，编制了临湖区重金属元素的表层土壤、深层土壤、地表水、浅层地下水、土壤重金属元素储量密度，以及基础地质等图件63张。

第一节　临湖区地质背景特征

1. 第四纪地质特征

临湖区第四纪地层分布十分广泛，出露面积占临湖区总面积的50%以上(附图3-1-1)。地层总体特点如下：在岩性上从河谷到滨湖平原，由二元构相逐渐过渡到多元构相，在垂直方向上由粗变细；成因类型复杂，除庐山为冰碛、冰水堆积外，其他地区主要为冲积、洪积、冲湖积和湖积；地层厚度从支流到“五河”主流河谷再至滨湖平原逐渐增大，如朱港一带地层厚度为76 m，而梅家洲地层厚度达154 m。

2. 前第四纪地质

临湖区地处江西省北部，横跨扬子陆块和华南陆块两个一级构造单元，系省域地壳活动较频繁的地区。以萍乡乐平拗陷带为界，南北的地质构造演化存在明显的差异性。区内地层发育，岩浆作用频繁，构造作用强烈。

本区由新元古界星子岩群和新元古界双桥山群组成双重基底，星子岩群为角闪变质岩系，为结晶基底；双桥山群岩性为一套浅变质的千枚岩、板岩夹变质火山碎屑岩、火山熔岩，为褶皱基底。沉积盖层由震旦系—中三叠统组成。下震旦统下部为河流滨海相砂砾岩及砂岩，构成庐山山体的主要岩石类型。下震旦统上部—奥陶系，由冰水相含砾泥岩主要发展为硅质岩、碳酸盐岩，中夹泥岩、炭质页岩。寒武系下统为海湾潟湖相的黑色页岩夹白云质泥晶灰岩，浅水陆架相的粉砂质页岩；寒武系中统为广海陆架相的纹层灰岩夹钙质页岩及瘤状灰岩；寒武系上统为深水陆架相的薄层纹层灰岩与瘤状灰岩互层，上部夹砾屑灰岩或角砾灰岩，浅水陆架相的泥晶灰岩夹泥质页岩。志留系由浅海潮坪相泥砂岩组成，构成完整的海退层序。泥盆系本区仅发育上统，为河流相碎屑岩建造。石炭系—下二叠统以浅海相碳酸盐岩为主，中夹含煤碎屑岩。上二叠统—中三叠统，主要为浅海相碳酸盐岩，夹少量泥岩和砂岩。受晚三叠世印支运动的影响，基本结束了大规模的海侵历史，进入滨太平洋大陆边缘活动发展阶段，形成了一系列中新生代陆相沉积盆地。

3. 岩浆岩

区内岩浆活动频繁，从新元古代—新生代均有不同规模的岩浆喷溢和上侵活动，并呈现了多旋回特点，中新元古代和侏罗纪—白垩纪是岩浆活动最强烈的时期。

新元古代发生了大规模以基性-超基性岩浆为主的喷溢，其赋存于双桥山群地层中，呈层状、似层状产出。主要岩石类型有细碧岩、玄武岩、蛇纹石化橄榄岩、变辉绿岩、流纹岩和石英角斑岩等，具多旋回特征。中、晚侏罗世发生了广泛的酸性岩浆上侵活动，以岩株、岩瘤、岩滴状产出，形成了中小规模不等的复式花岗岩侵入体，主要岩石类型有花岗闪长岩、花岗闪长玢岩、黑云母花岗岩和二长花岗岩等，同时在晚侏罗世出现了强烈的酸性岩浆喷溢活动，形成了层状流纹岩、碎斑酸性熔岩和少量的英安玢岩、安山玢岩、粗面安山岩等。早白垩世又发生了一次较强的基性-超基性岩浆的喷溢活动，形成了呈层状产出的玄武岩、橄榄玄武岩、苦橄玢岩、安山玄武岩和安山岩等，同时在早、中白垩世伴随有一次较强的酸偏碱性岩浆上侵，形成了空间分布具有一定线型性的复式花岗岩岩株和岩瘤。

新近纪，沿北北东向断裂构造带，发生了一次较强的基性-超基性岩浆的超浅成定位，形成了具线型分布的岩墙、岩脉状产出的辉绿岩、辉长辉绿岩、橄榄辉长岩等。

4. 构造

临湖区经历了长期的构造活动，形成了区内复杂的构造面貌。主要构造线方向为北东向，其次为近东西向、北西向和北北东向。西部地区以宽型褶皱为主，而东部地区则以线型褶皱发育为特点。褶皱轴向为北东向及近东西向。盖层褶皱和基底褶皱均具有较强的继承性特征。

区内断裂构造十分发育。总体上处在近东西向和北东向伸展构造环境。鄱阳湖西部区断裂构造以近东西向和北北东向为主，以逆冲推覆构造发育为特点，东部区以北东向逆冲断裂和滑覆断裂发育为特点。

第四纪以来，临湖区构造进入一个新的发展时期。地壳以垂直升降运动为主，差异断块活动明显。早更新世，地壳处于挤压松弛阶段，以垂直沉降活动为主，沿五河古河道和河漫滩发育早更新世地层。到了中、晚更新世，差异性断块活动明显，地壳以隆升作用为主，发育多期山岳冰川及其冰积物（如北部庐山地区）和中、晚更新世地层中广泛分布的黏性土层。进入全新世，地壳活动较弱，处于稳定抬升的过程。

第二节　临湖区土壤 pH 和重金属元素地球化学特征

根据江西省 1∶25 万多目标区域地球化学调查数据（截止日期为 2008 年），选取临湖区表层（0～20 cm）土壤样 4 771 件、深层土壤样（1.5～2 m）1 204 件进行分析，样点位置如图 3-1-1、图 3-1-2 所示，对临湖区土壤中 pH 和砷（As）、镉（Cd）、铬（Cr）、铜（Cu）、汞（Hg）、镍（Ni）、铅（Pb）、锌（Zn）的地球化学分布特征进行阐述（因景德镇市无样品，所以采用克里格插值法成图）。

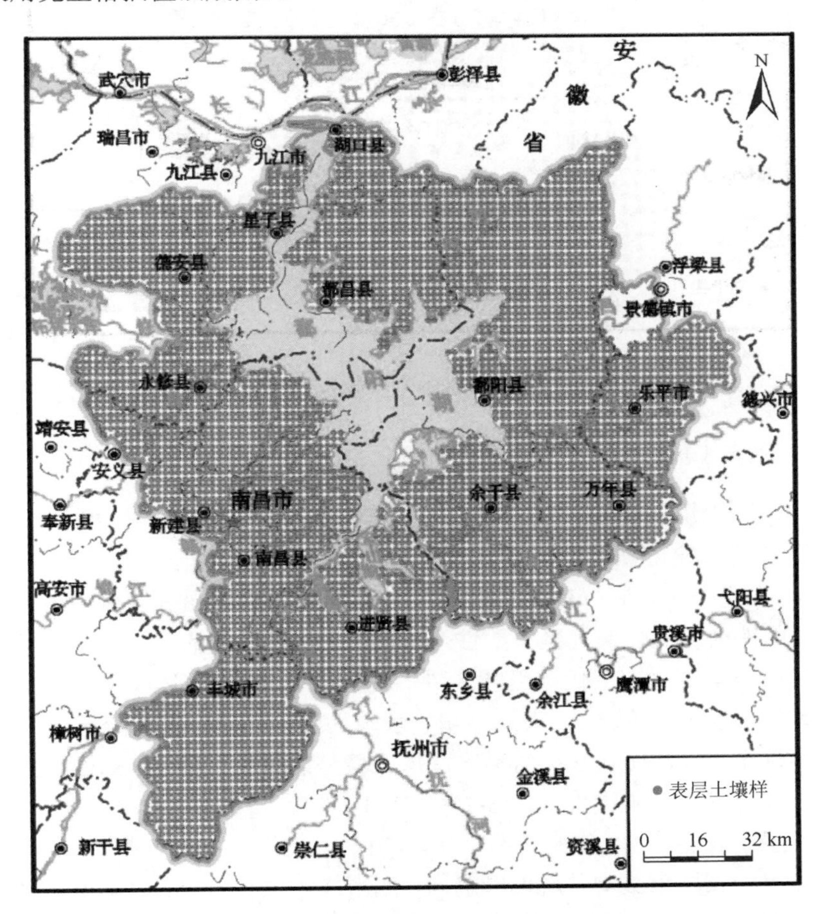

图 3-1-1　临湖区表层土壤组合样点位图

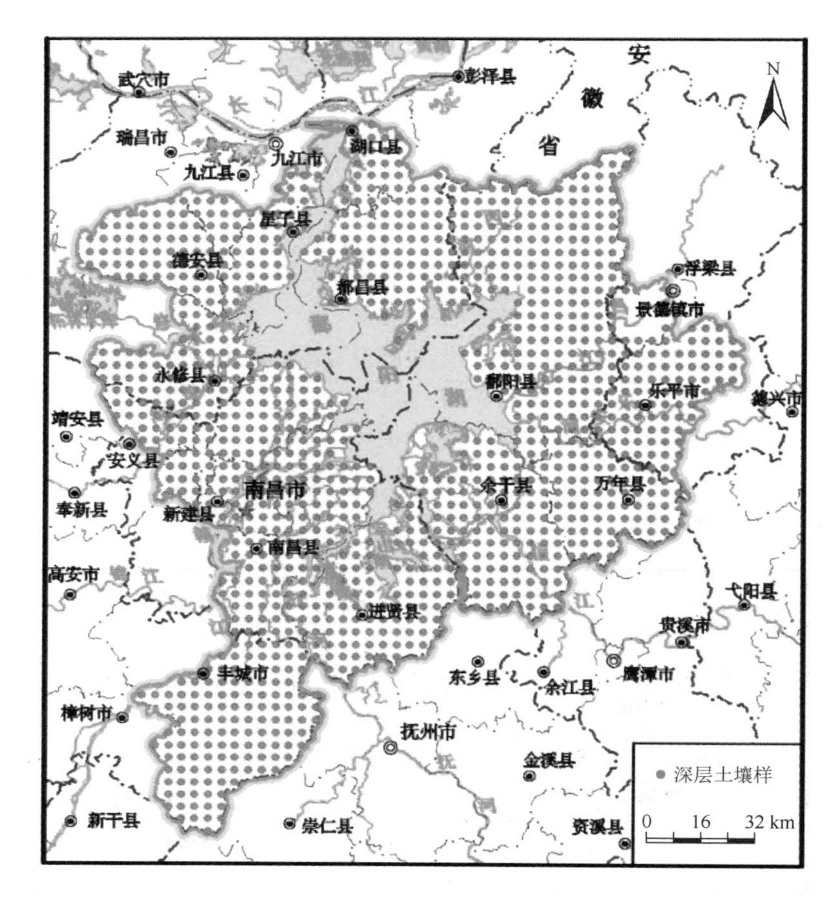

图 3-1-2　临湖区深层土壤组合样点位图

1. 土壤酸碱度（pH）

临湖区深层和表层土壤 pH 具有相似的分布特征，深层土壤呈弱酸性，表层土壤呈酸性，从深层至表层酸度增强。在区域分布上，北部早古生代拗陷区深层土壤呈中性（pH 为 6.5～7.5），局部为弱碱性（pH 为 7.5～8.5）；东部和东南部元古代地层区深层土壤呈弱碱性，局部高山地区和低丘岗地区呈酸性，而表层土壤表现为酸性，局部出现了点式强酸性（pH＜4.5）；西南部晚古生代拗陷区深层土壤呈弱碱性，局部呈现酸性（煤岩分布区）和中性至弱碱性（灰岩分布区），表层土壤则表现为酸性，局部灰岩分布区为弱酸性及呈点式分布的中性至碱性壤土。花岗岩类区深层土壤呈弱酸性，图 3-1 局部呈酸性，而表层土壤呈酸性，局部呈点式强酸性（图 3-1-3，图 3-1-4）。

河谷区深层和表层土壤 pH 变化不明显，与区域一致。

城市区深层和表层土壤均呈现偏碱趋向，如南昌市区和万年县、丰城城区等，其中以南昌市区土壤碱性化最强，深层和表层土壤均为弱碱性至碱性。这与城市基础设施建设中碱性建材（如水泥等）的大量使用有关。

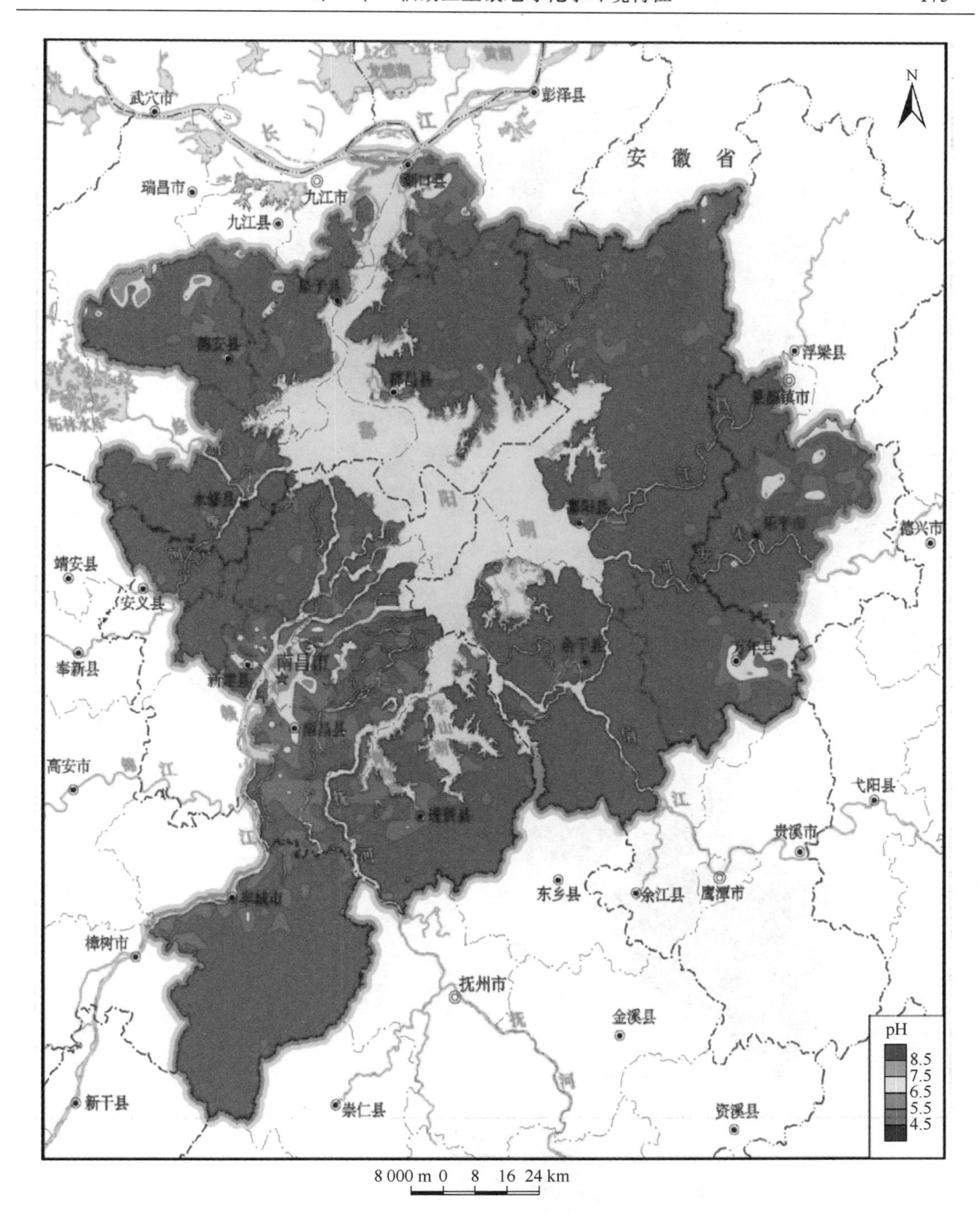

图 3-1-3　临湖区表层土壤 pH 地球化学分布图

2. 砷（As）

As 的区域地球化学场十分复杂。深层和表层土壤 As 具有相似的地球化学分布特征，从深层至表层，土壤 As 含量趋向减少的态势显著（图 3-1-5，图 3-1-6）。

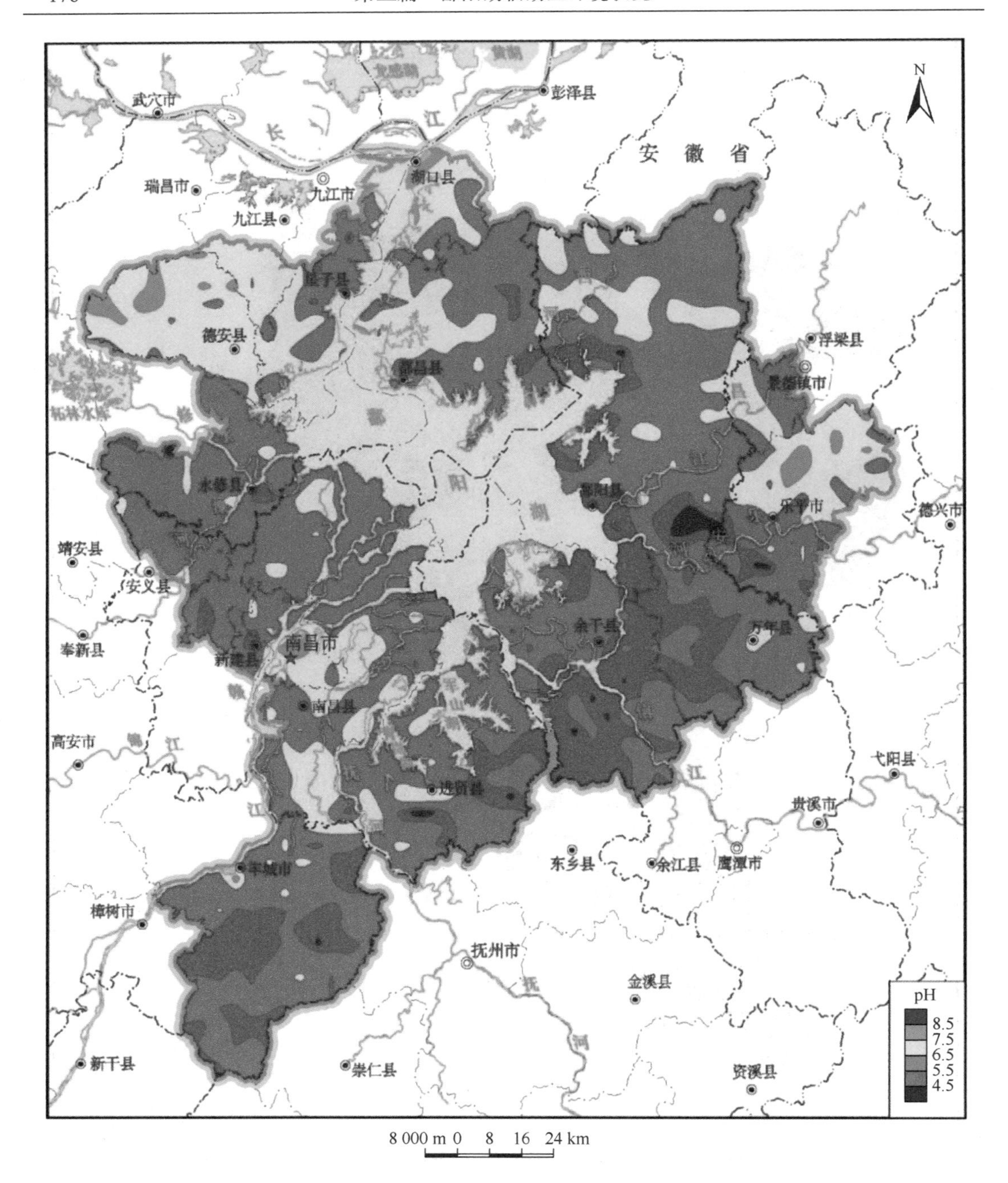

图 3-1-4　临湖区深层土壤 pH 地球化学分布图

由于 As 具有亲硫和亲氧双重性，在多变的表生环境中，其可以形成多种形式的化合物迁移和析出，从而构成一幅复杂的地球化学图案。As 的地球化学背景与不同时代的母岩存在一定的成生联系。东部元古代地层区深层土壤中 As 含量一般为 9.5～15.8 mg/kg，表层土壤为 7.3～11.7 mg/kg，呈现以高背景为主体；北部早古生代地层区深层土壤 As 含量为 7.4～12.5 mg/kg，表层土壤 As 含量为 6.3～8.0 mg/kg，地球化学背景明显偏低；西南部晚古生代地层区深层土壤 As 含量为 9.5～13.7 mg/kg，表层土壤为 9.5～12.5 mg/kg，表现为 As 的高地球化学背景。

一般来说，海洋环境沉积的变质岩区土壤 As 地球化学背景略高于陆海过渡环境形成的沉积岩区。但是，土壤 As 的聚集和贫化与成土母岩中特征的岩石类型含 As 水平的关系十分显著。早寒武世炭硅质岩发育区深层土壤 As 含量大于 15.8 mg/kg，表层土壤大于

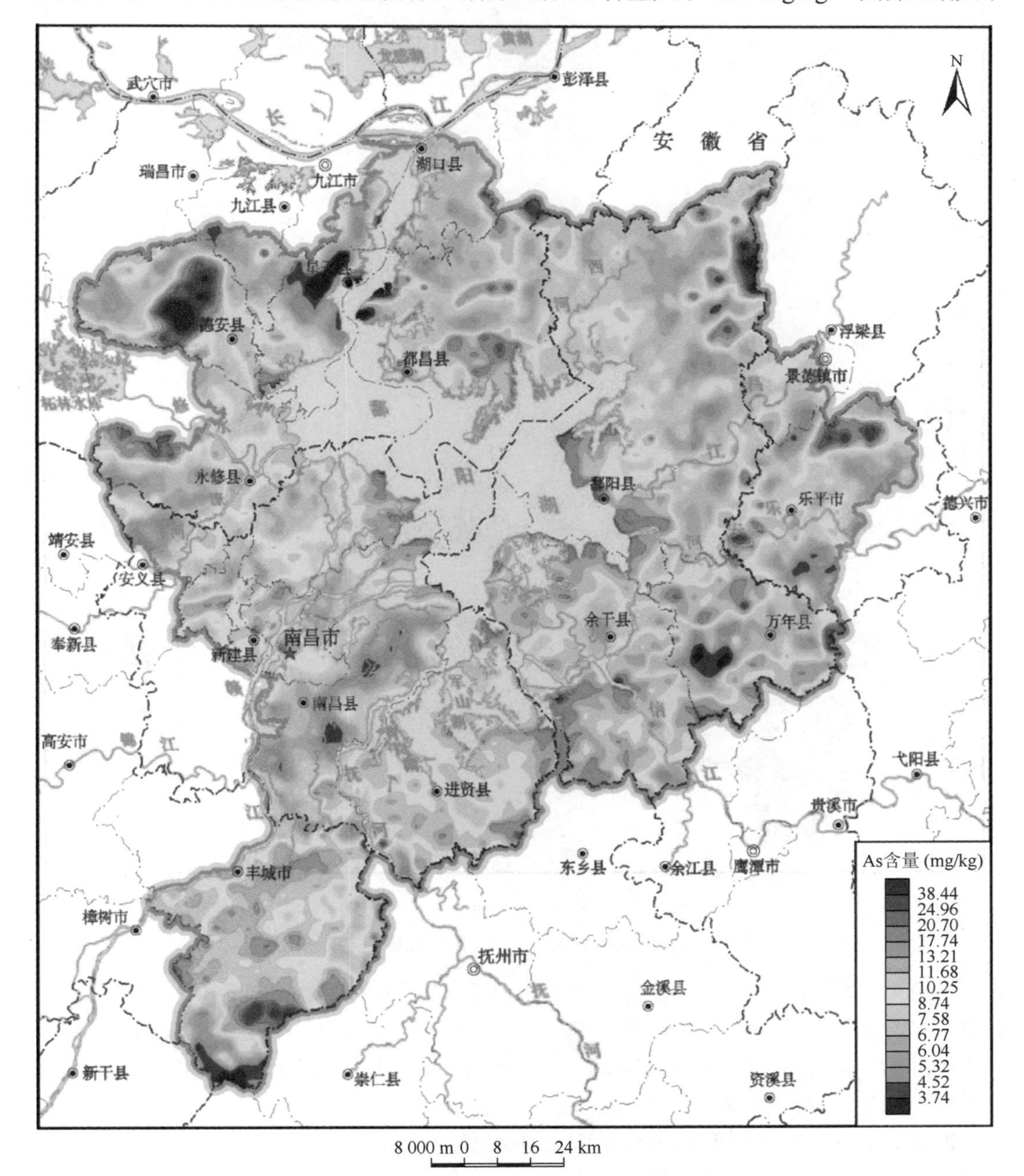

图 3-1-5　临湖区表层土壤 As 元素地球化学分布图

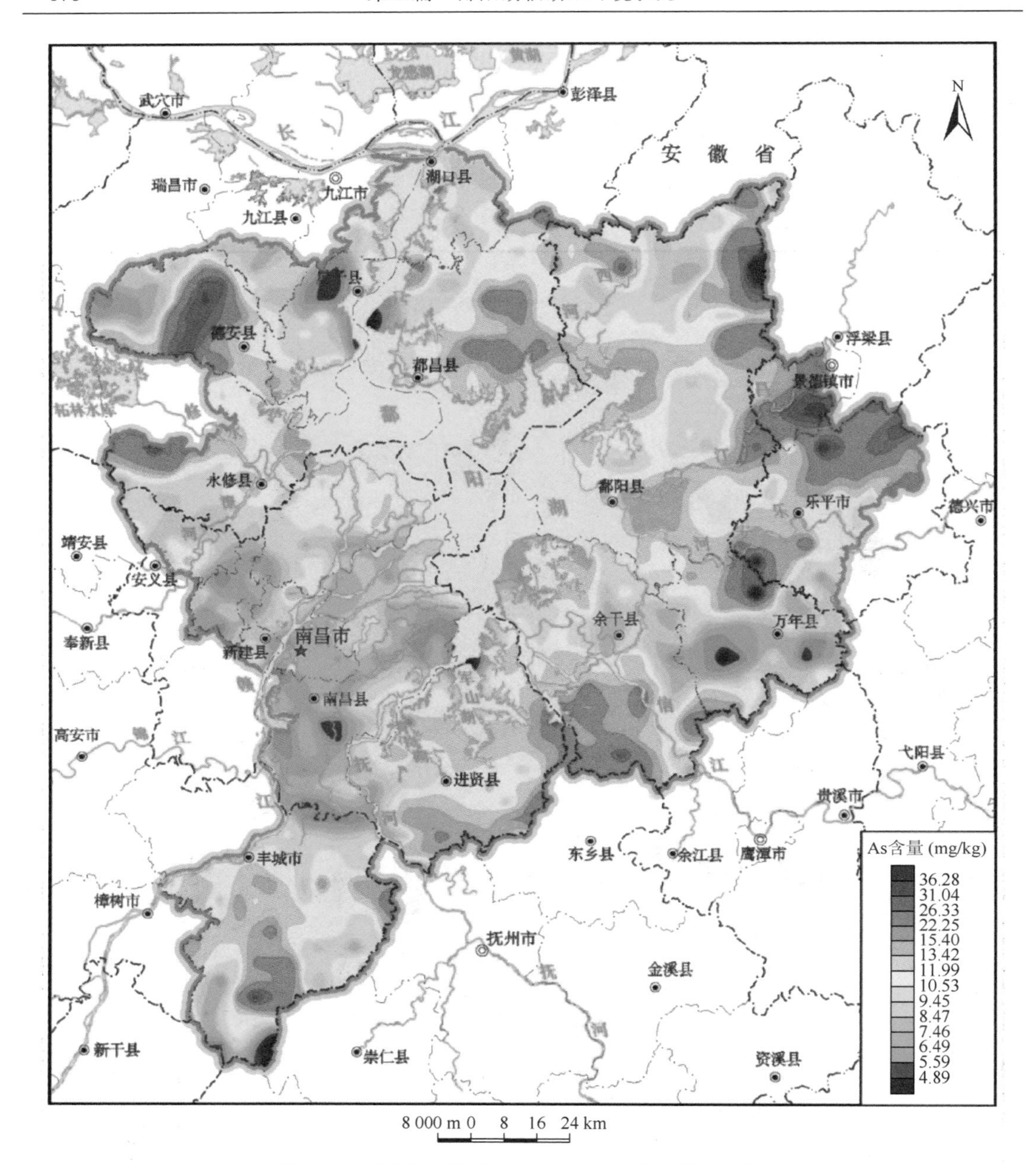

图 3-1-6　临湖区深层土壤 As 元素地球化学分布图

13.9 mg/kg，母岩中炭质岩 As 含量为 49.2 mg/kg，硅质岩为 28.2 mg/kg；晚古生代及晚三叠世煤岩分布区土壤 As 呈现轻度聚集，特别是晚三叠世煤岩区深层土壤 As 含量高达 48.1 mg/kg，母岩煤中 As 含量约为 20.2 mg/kg；在中生代红色碎屑岩区深层土壤 As 含量小于 9.5 mg/kg，表层土壤小于 7.3 mg/kg，呈现低地球化学背景。

此外，深层和表层土壤 As 的含量变化与金属矿产资源的空间分布也有一定关联，如德安彭山、东乡枫林、万年虎家尖和乐平涌山等矿区及外围深层土壤 As 含量大于 15.8 mg/kg、表层土壤大于 13.9 mg/kg，呈现出 As 的高度聚集。

3. 镉（Cd）

深层和表层土壤Cd具有相近的区域地球化学分布特征，在表层富集现象显著。深层土壤Cd的地球化学场比较稳定，以高值区分布广为特征，而表层土壤中Cd的地球化学场变化十分复杂，高值区范围明显减少（图3-1-7，图3-1-8）。

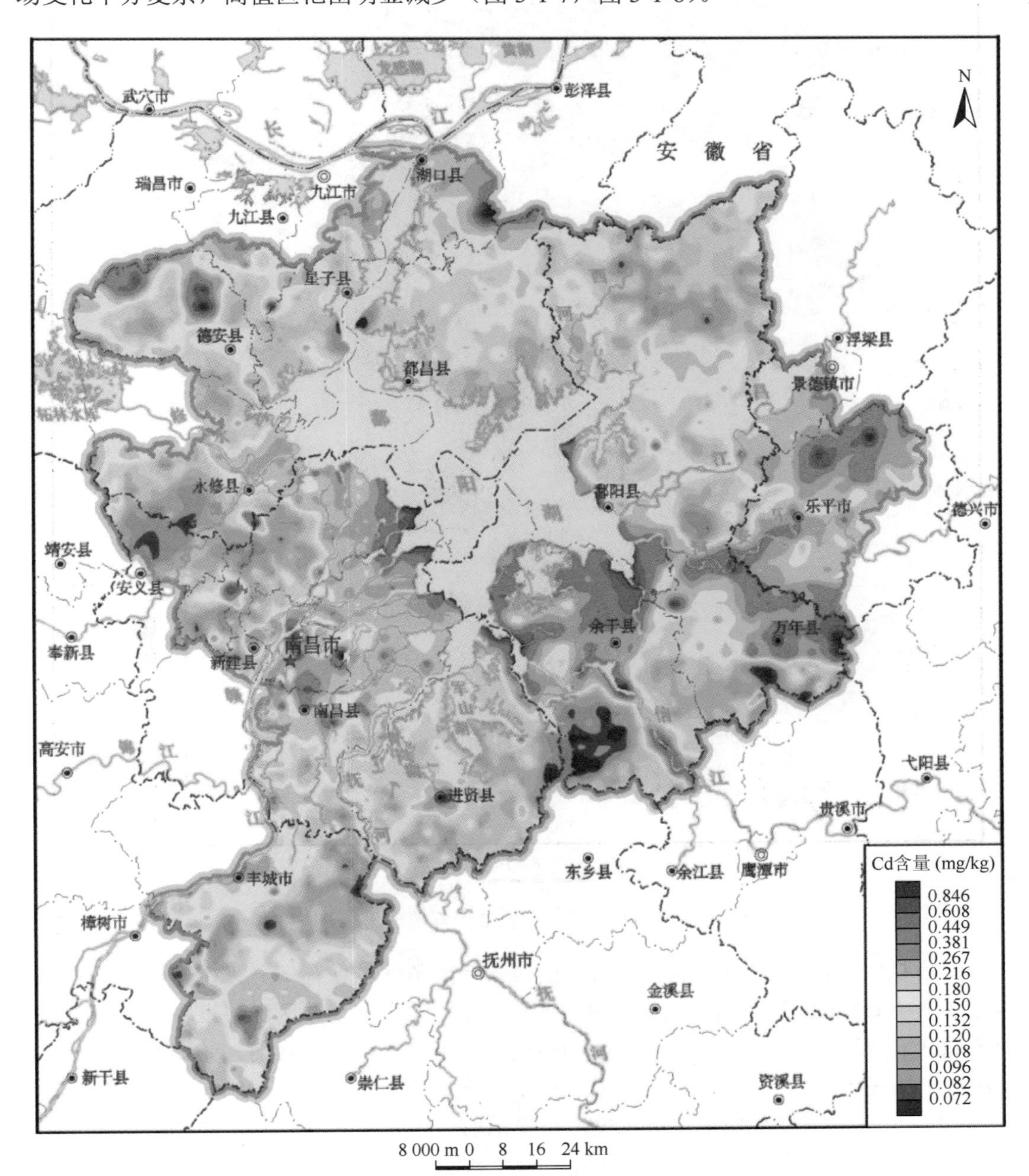

图3-1-7　临湖区表层土壤Cd元素地球化学分布图

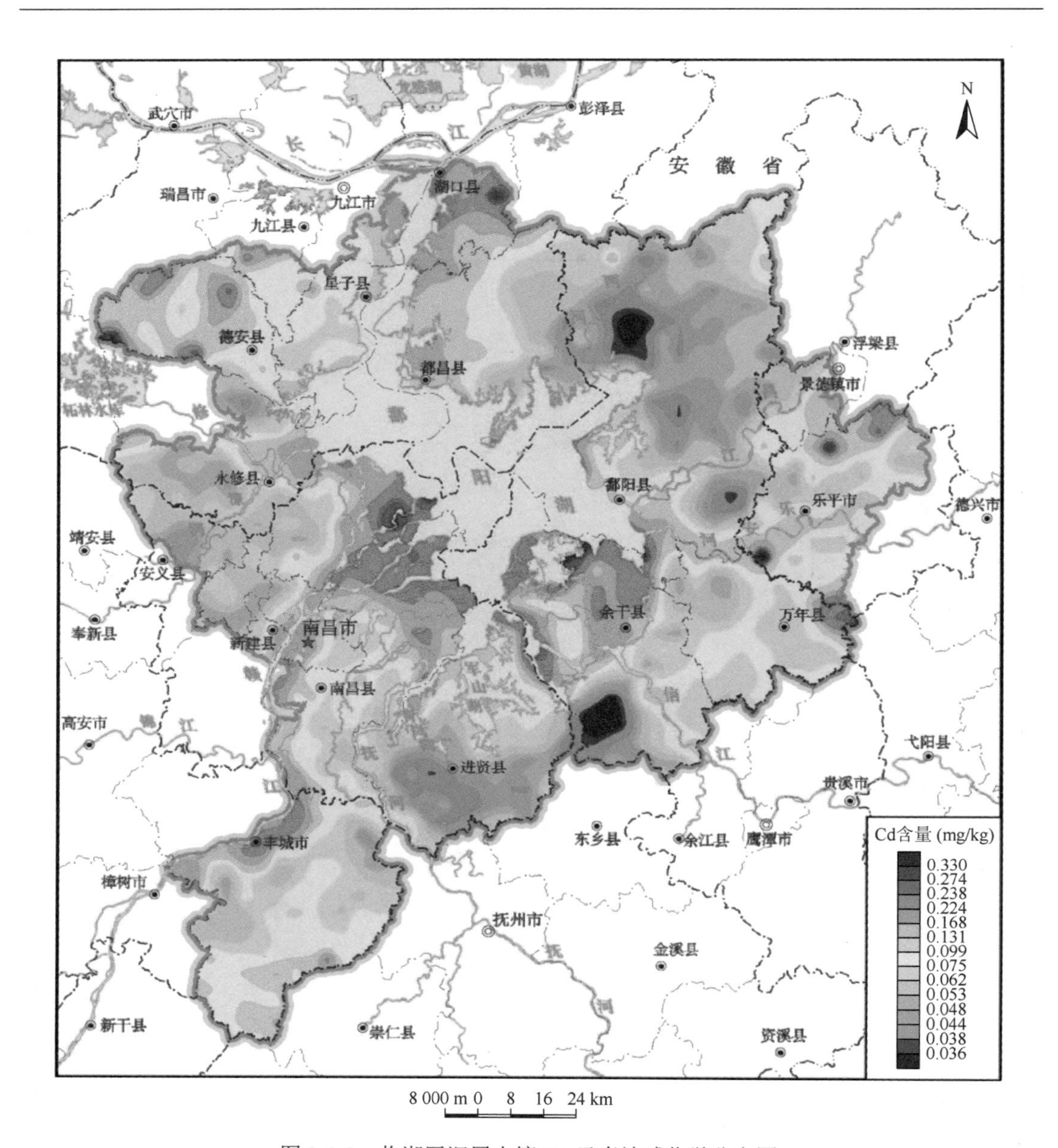

图 3-1-8 临湖区深层土壤 Cd 元素地球化学分布图

土壤 Cd 的区域地球化学背景与母岩的成岩环境条件也具有一定关系，一般在古生代地层区土壤 Cd 的背景要高于元古代地层区。北部早古生代地层区深层土壤 Cd 含量大于 0.98 mg/kg，表层土壤大于 0.22 mg/kg，出现了大范围 Cd 的高度聚集。南部晚古生代地层区深层土壤 Cd 含量一般为 0.05～0.08 mg/kg，表层土壤为 0.10～0.15 mg/kg，表层土壤 Cd 的地球化学背景明显低于深层土壤。在煤系地层区局部出现了 Cd 的中度聚集，该地区母岩煤中 Cd 的平均含量为 2.13 mg/kg，高于其他地层岩石。

临湖区东部及东南部元古代地层区深层土壤 Cd 含量一般为 0.04～0.08 mg/kg，为低地球化学背景，局部的聚集和贫化比较普遍。

临湖区中生代红盆区多数深层土壤Cd含量小于0.05 mg/kg，表层土壤小于0.12 mg/kg，呈现低背景区。但近纪临江盆地区Cd元素表现为高背景，乐平红层地区也出现了Cd的轻度聚集。

在河谷区深层土壤和表层土壤，Cd表现为高地球化学背景带，局部出现了Cd的聚集，特别是在赣江、饶河、修河、信江河谷及三角洲冲积平原区表层土壤呈现出不同程度的Cd聚集。

4. 铬（Cr）

深层和表层土壤Cr具有相似的地球化学分布特征，深层至表层土壤Cr含量略呈降低趋势（图3-1-9，图3-1-10）。

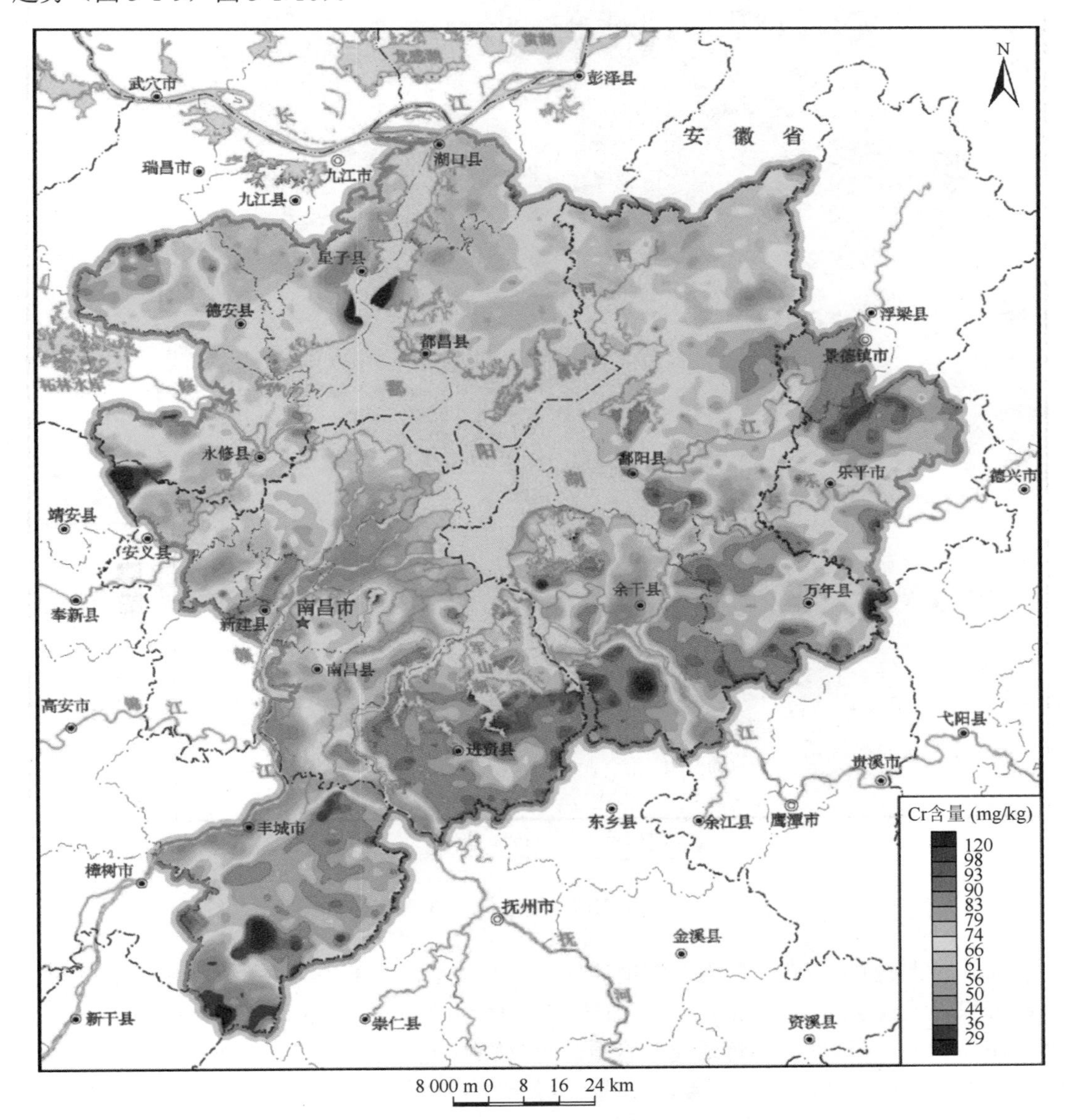

图3-1-9　临湖区表层土壤Cr元素地球化学图

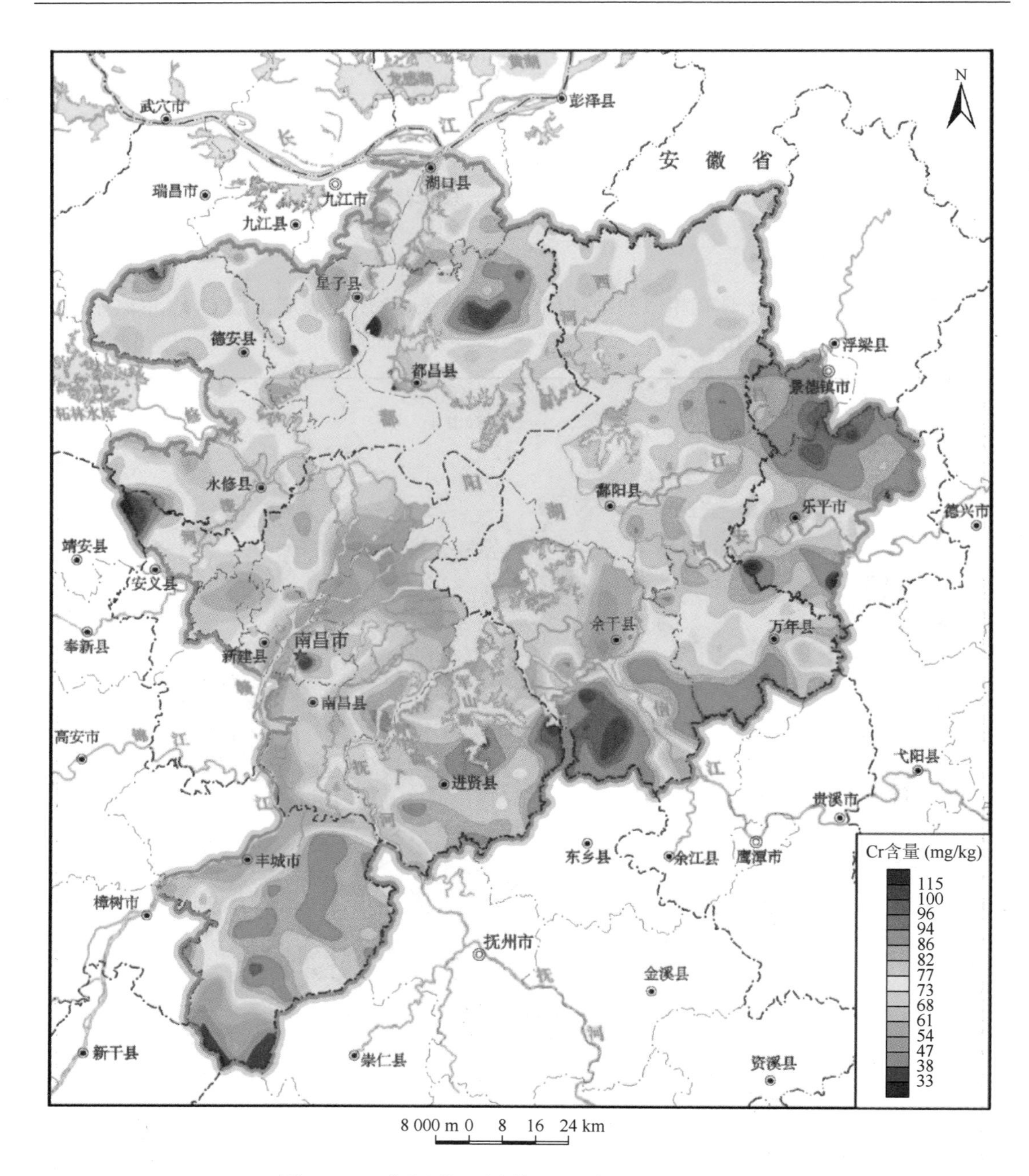

图 3-1-10　临湖区深层土壤 Cr 元素地球化分布学图

临湖区土壤 Cr 具有北低南高的地球化学分布特征。北部由早中元古代变质岩和早古生代沉积岩组成的地层区，深层土壤 Cr 含量一般为 63～81 mg/kg，表层土壤中 Cr 含量为 55～76 mg/kg，呈现偏低的地球化学背景。南部由中晚元古代变质岩和晚古生代及中生代沉积岩组成的地层区，深层土壤 Cr 含量一般为 72～89 mg/kg，表层土壤 Cr 含量为 65～86 mg/kg，为 Cr 的高背景区。在炭质岩及变基性火山岩和煤岩分布区，土壤 Cr 呈现局部聚集。但是中生代碎屑岩及火山岩区深层土壤Cr含量小于72 mg/kg、表层土壤小于65 mg/kg，表现为低地球化学背景。母岩中Cr含量：晚元古代变质岩116 mg/kg，晚古生代（包括三叠纪）沉积岩71 mg/kg（其中，煤系地层岩石Cr平均含量为89 mg/kg）、中生代红砂岩35 mg/kg、中生代火山岩2～17 mg/kg。

花岗岩类区深层土壤Cr含量小于72 mg/kg、表层土壤小于65 mg/kg，一般呈现低地球化学背景，只有云山花岗岩区土壤Cr地球化学背景略有偏高现象。

河谷区及三角洲冲积平原区深层土壤Cr含量小于72 mg/kg，表层土壤小于65 mg/kg，呈Cr的低值区域（带）。

5. 铜（Cu）

深层和表层土壤Cu具有相似的地球化学分布特征。深层至表层土壤Cu含量变化较小（图3-1-11，图3-1-12）。

Cu在不同时代地层区均有分布，略显示差异性变化。临湖区东部及东南部元古代变质岩区深层土壤Cu含量为23～30 mg/kg，表层土壤Cu含量为22～29 mg/kg，呈现高地球化学背景，局部出现Cu的聚集。母岩中Cu平均含量为66.19 mg/kg；北部早古生代沉积岩区深层土壤Cu含量为23～26 mg/kg，表层土壤Cu含量为22～26 mg/kg，Cu的地球化学背景略低于元古代地层区。在早寒武世炭硅质岩发育区出现了铜的局部聚集，母岩中Cu的平均含量为43 mg/kg，其中寒武纪地层岩石中Cu含量为56 mg/kg（炭质岩为59 mg/kg、硅质岩为61 mg/kg）；临湖区中生代地层区土壤Cu含量变化大，三叠纪煤层区深层土壤Cu含量大于34 mg/kg，表层土壤大于33 mg/kg，为Cu的聚集区，母岩中Cu含量为73 mg/kg。而侏罗纪至白垩纪碎屑岩及酸性火山岩区深层土壤中Cu含量小于23 mg/kg、表层土壤小于22 mg/kg，呈现Cu的低背景区，母岩中Cu含量为14～20 mg/kg。

花岗岩类区土壤中Cu存在两种不同的地球化学背景，梅岭与云山二长花岗岩和花岗闪长岩区土壤Cu表现为高背景，局部出现Cu的初始聚集。母岩中Cu平均含量为28 mg/kg。甘坊、焦坑等酸偏碱性花岗岩区土壤Cu呈现低地球化学背景，母岩中Cu含量小于17 mg/kg。

河谷区土壤Cu含量与汇水域地质矿产的背景条件密切相关。赣江、抚河等河谷区深层土壤Cu呈现低背景，而饶河、信江、修河等河谷区及三角洲平原区土壤Cu表现为高地球化学背景，局部聚集现象显著。表层土壤Cu继承了深层土壤的分布特征，但饶河三角洲平原区表层土壤Cu的聚集程度更高、分布范围更广。

6. 汞（Hg）

深层和表层土壤Hg具有相近的区域地球化学分布特征，深层土壤Hg的背景值大大低于表层土壤（图3-1-13，图3-1-14）。

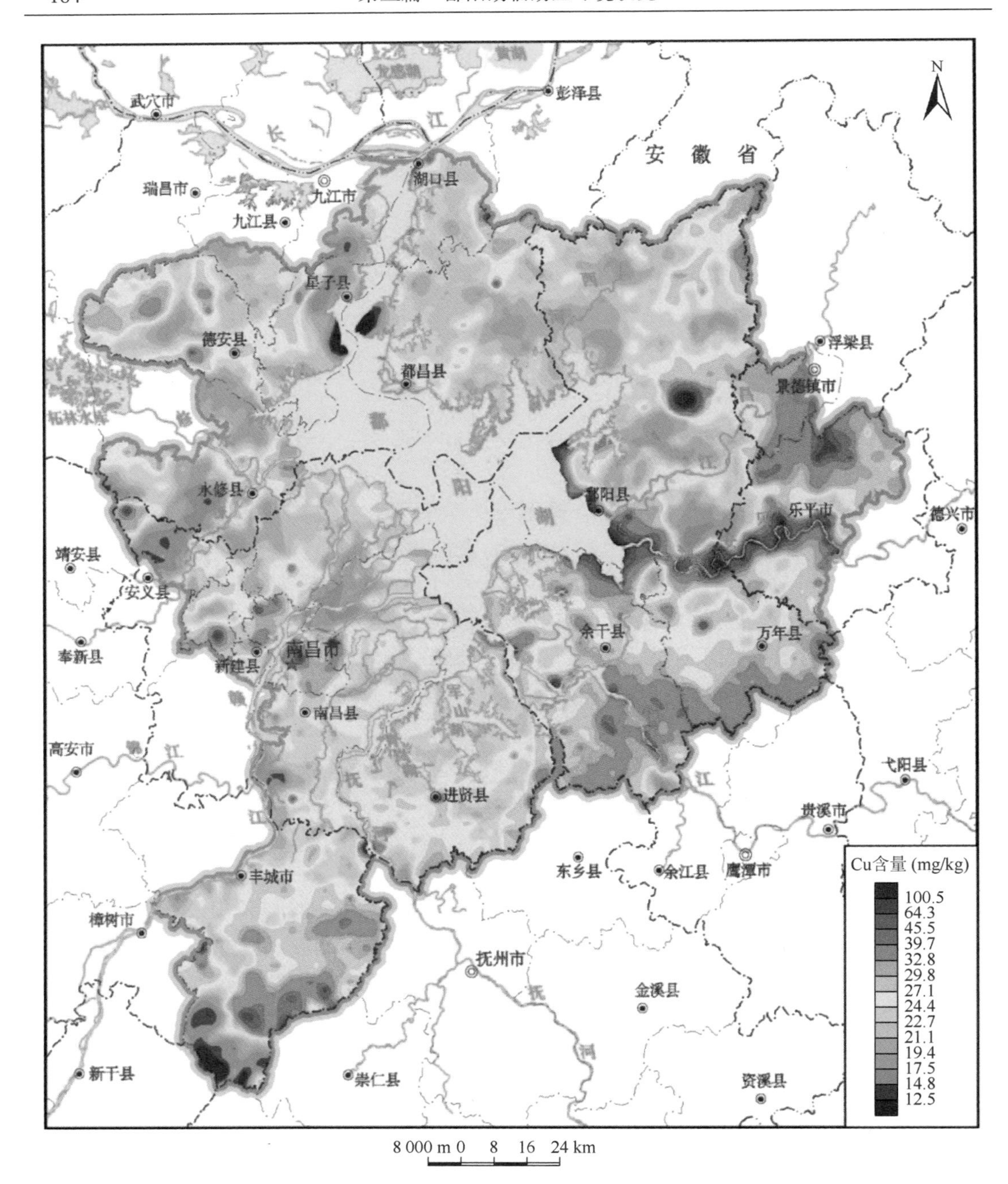

图 3-1-11　临湖区表层土壤 Cu 元素地球化学分布图

在空间上，深层和表层土壤 Hg 的地球化学背景均具有北低南高的分布特征，但其表现程度存在明显差异，表层土壤显现得更加清晰。新建至鄱阳以北深层土壤中 Hg 含量一般为 0.032～0.052 mg/kg，表层土壤为 0.047～0.085 mg/kg，地球化学背景略为偏低。母岩由早中元古代变质岩和早古生代及中生代沉积岩组成。在早寒武世炭硅质岩发育区土壤 Hg 呈轻度聚集（如德安西南地区），深层土壤 Hg 含量大于 0.076 mg/kg，表层土壤大于

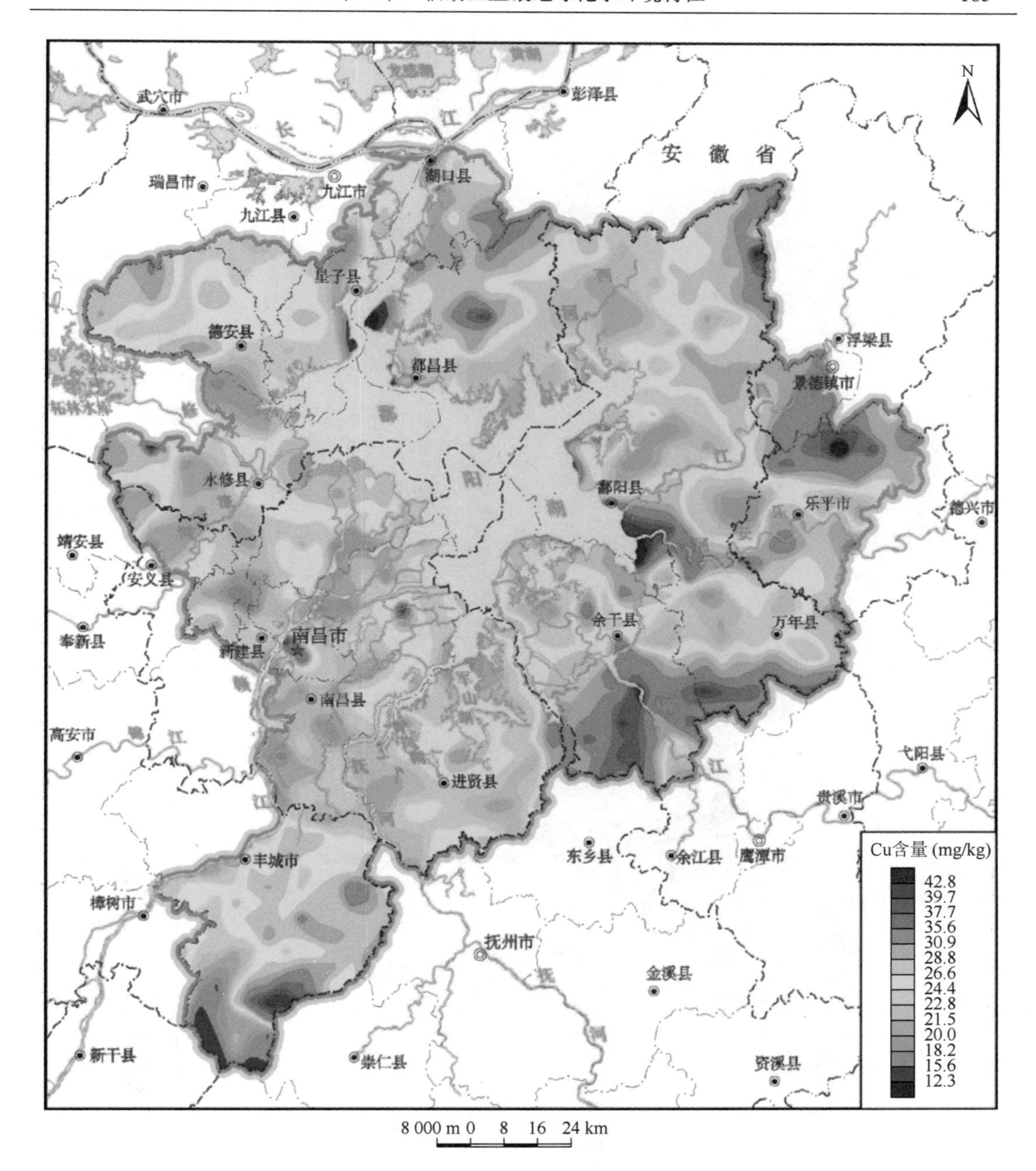

图 3-1-12 临湖区深层土壤 Cu 元素地球化学分布图

0.123 mg/kg。庐山元古代古火山岩发育区土壤中也出现了 Hg 的初始聚集，而在中生代地层区土壤呈现低地球化学背景。南部土壤表现为 Hg 的高地球化学背景，深层土壤 Hg 含量为 0.040～0.064 mg/kg、表层土壤为 0.066～0.104 mg/kg，局部出现 Hg 的初始聚集，如丰城晚元古代炭质岩及基性火山岩发育区，其成土母岩由中新元古代变质岩和晚古生代及中生代沉积岩组成。新元古代地层岩石中 Hg 含量为 0.048 mg/kg，煤系地层（二叠纪和三叠纪）岩石中 Hg 平均含量为 0.074 mg/kg。

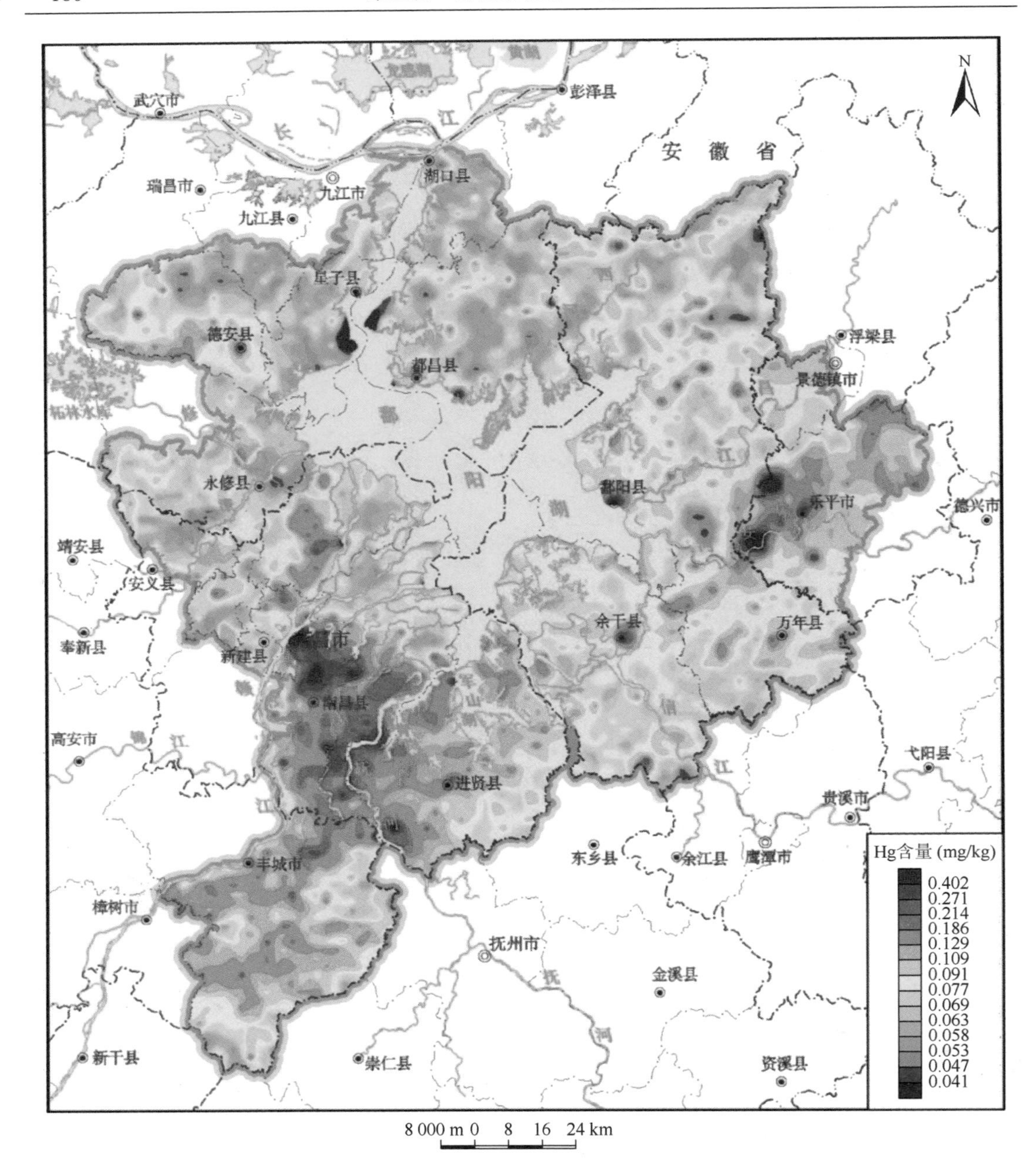

图 3-1-13　临湖区表层土壤 Hg 元素地球化学分布图

滨湖三角洲冲积平原区土壤呈现出明显的 Hg 聚集，特别是深层土壤。由于 Hg 的化合物在表生环境中稳定性强，只有少部分可溶性化合物迁移，当介质 pH 条件发生改变时，会引起这些 Hg 的化合物沉淀，同时黏土和有机物质对 Hg 具有强的吸附能力，从而促使 Hg 聚集。

另外，南昌和丰城等城区土壤中出现了不同程度的 Hg 聚集，尤其是南昌城区，这其可能与“三废”排放有关。

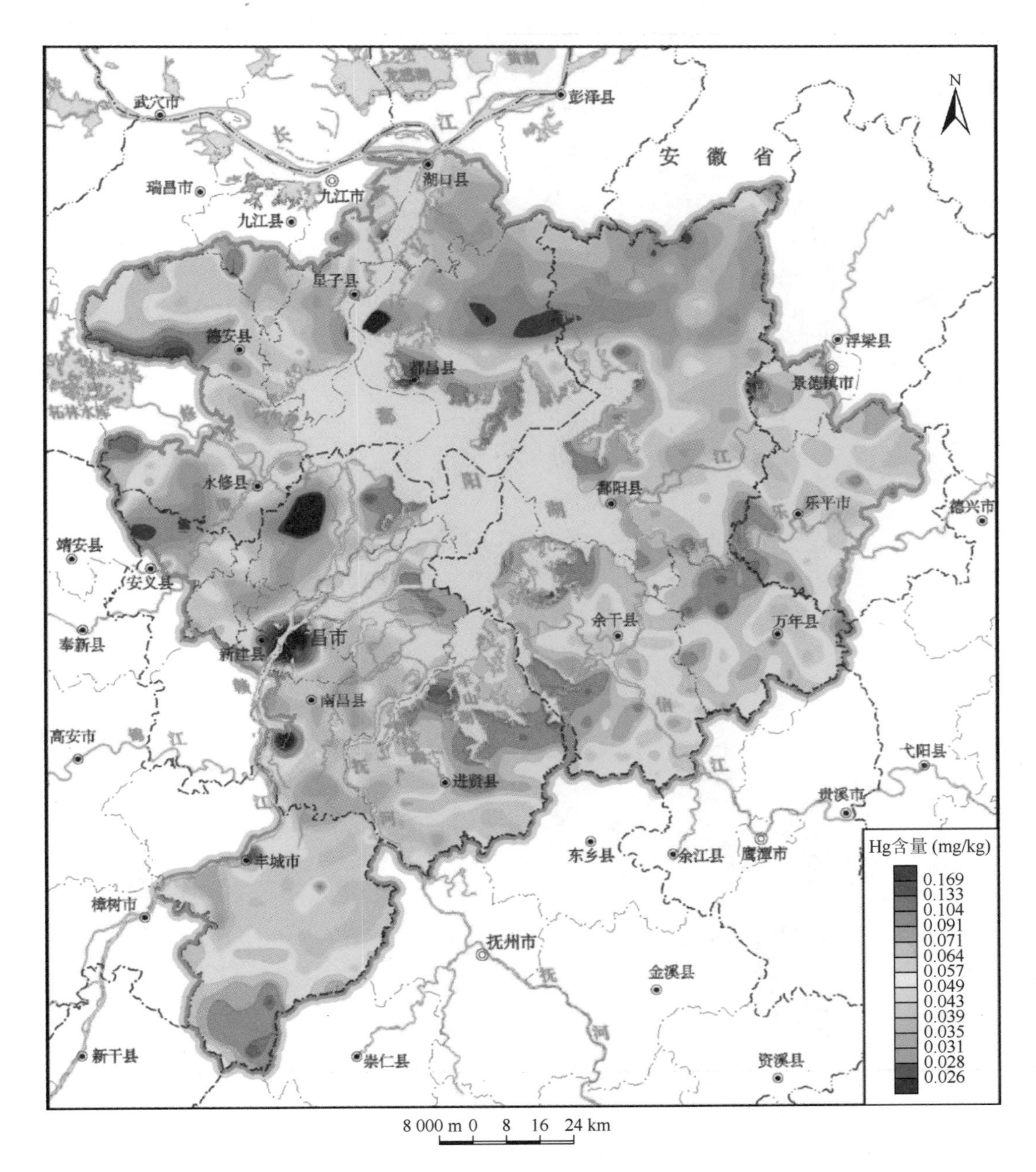

图 3-1-14　临湖区深层土壤 Hg 元素地球化学分布图

7. 镍（Ni）

深层和表层土壤 Ni 具有相似的地球化学分布特征（图 3-1-15，图 3-1-16）。深层土壤 Ni 含量高于表层土壤，表现为向上减少的变化趋向。在酸性介质条件下，Ni 易形成可溶性化合物，造成表层土壤中部分 Ni 流失。

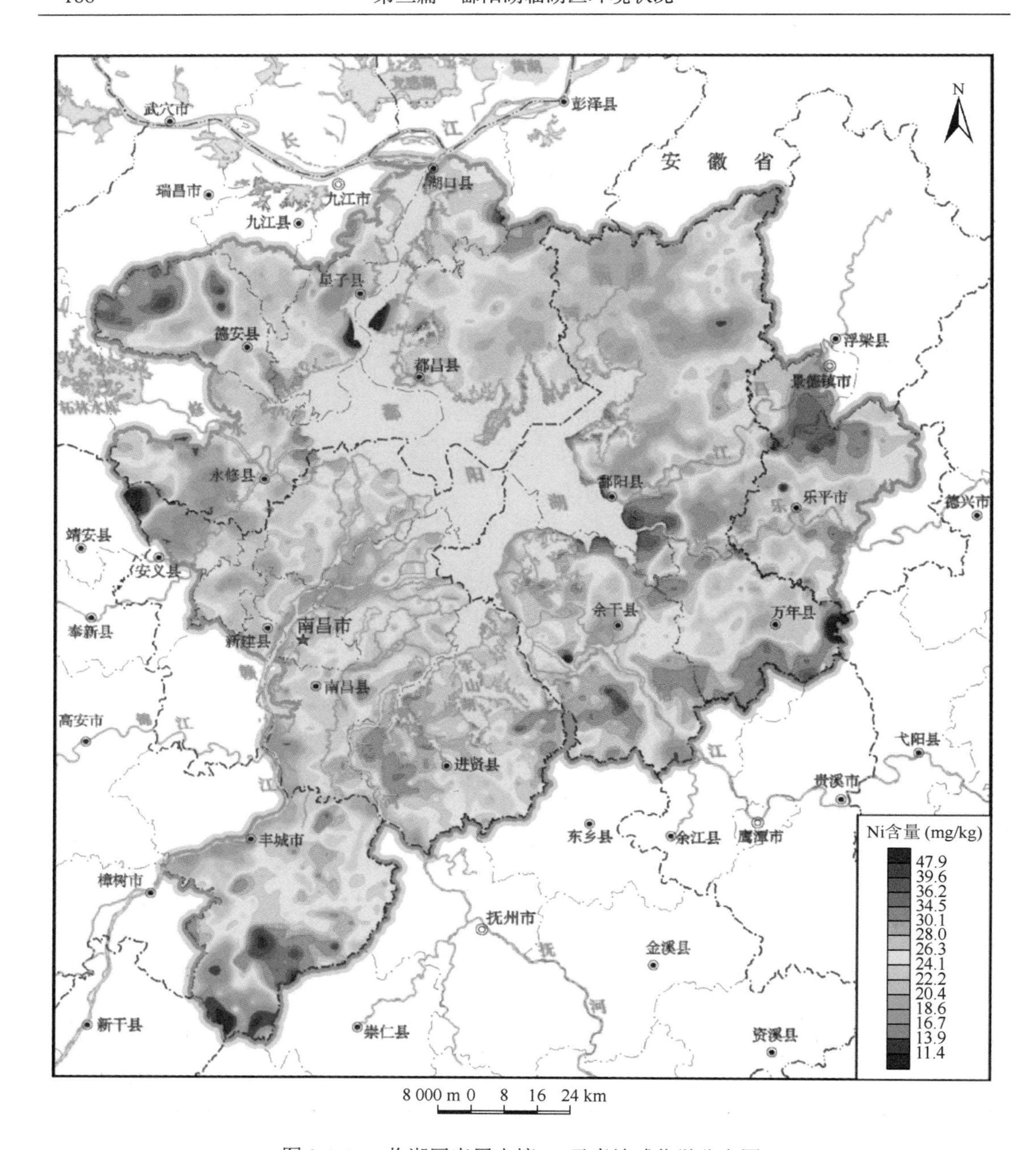

图 3-1-15　临湖区表层土壤 Ni 元素地球化学分布图

不同时代地层区土壤 Ni 含量变化并不十分明显，而其受特征岩石类型影响却显得非常显著。临湖区东部及东南部元古代变质岩区深层土壤 Ni 含量一般为 26.8～35.2 mg/kg，表层土壤为 22.5～30.1 mg/kg，为高地球化学背景。但是，在乐平塔前至涌山以北地段和南段，Ni 的地球化学背景存在明显差异，北段深层和表层土壤 Ni 的低背景区分布广，含量变化比较稳定，呈现偏低的地球化学背景，母岩以泥砂质岩为主；而南段 Ni 的地球化学背景明显增高，局部出现了聚集，母岩中炭质岩和古火山岩发育。北部早古生代地层区

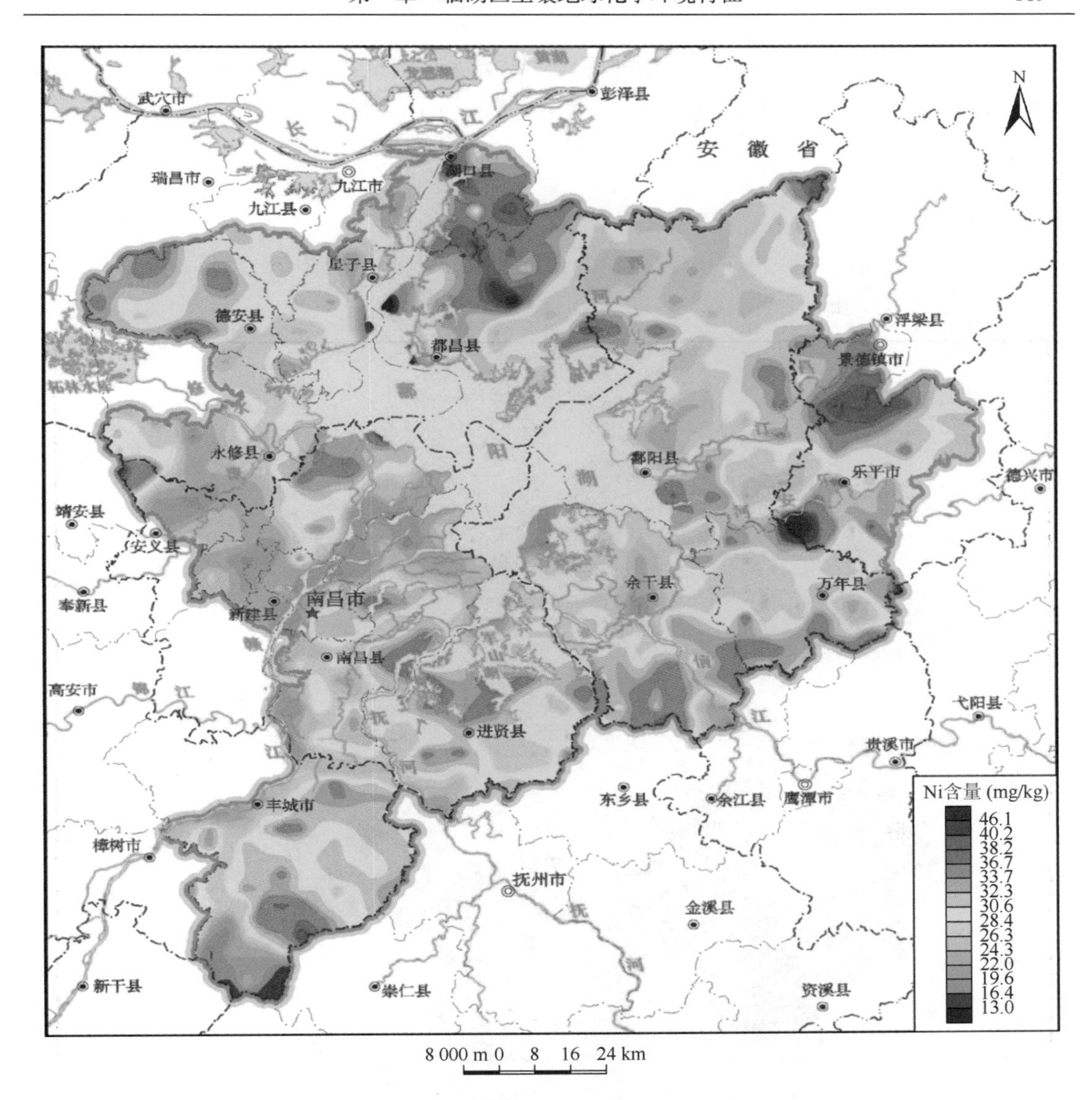

图 3-1-16　临湖区深层土壤 Ni 元素地球化学分布图

深层土壤 Ni 含量一般为 26.8～35.2 mg/kg，表层土壤为 22.5～30.1 mg/kg，Ni 地球化学背景稍高于元古代变质岩区，在炭泥质岩发育区出现了 Ni 的局部聚集现象。临湖区西南部晚古生代地层区土壤 Ni 含量变化较大，总体为高背景，在煤岩分布区土壤中呈现 Ni 的局部聚集，而在钙、硅质岩发育区出现了 Ni 地球化学洼地。中生代碎屑和火山岩区深层土壤 Ni 含量小于 26.8 mg/kg，表层土壤小于 22.5 mg/kg，为 Ni 的低背景区。

花岗岩类区土壤 Ni 存在两种截然不同的地球化学背景，都昌阳储岭酸偏中性花岗岩区深层土壤 Ni 含量一般为 26.8～35.2 mg/kg，表层土壤为 22.5～30.1 mg/kg，呈现高地球化学背景，局部出现聚集。其他花岗岩区深层土壤 Ni 含量小于 26.8 mg/kg，表层土壤小于 22.5 mg/kg，为低背景区。

赣江、抚河、信江等河谷区及三角洲平原区深层土壤为Ni低背景带，含量小于26.8 mg/kg，而在河谷区表层土壤中仍显低背景，但三角洲平原区却呈现了Ni的高背景。乐安江和昌江汇源于赣北变基性超基性岩发育区与Cu多金属矿集区，Ni的来源丰富，为Ni的高背景区。

8. 铅（Pb）

区域深层和表层土壤Pb的地球化学分布近一致，背景含量值十分接近，从深层至表层土壤Pb略有升高的趋势（图3-1-17，图3-1-18）。

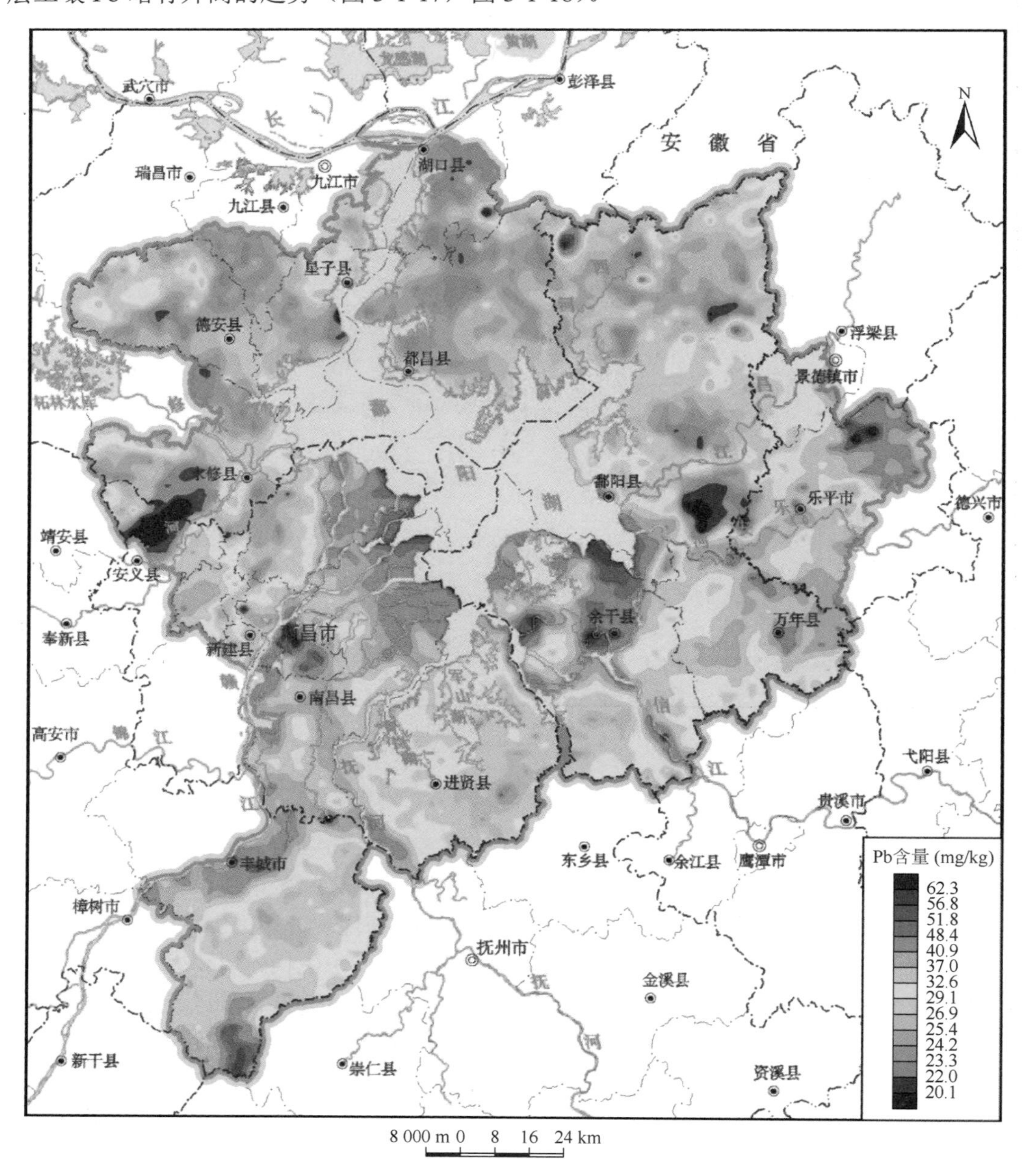

图3-1-17　临湖区表层土壤Pb元素地球化学分布图

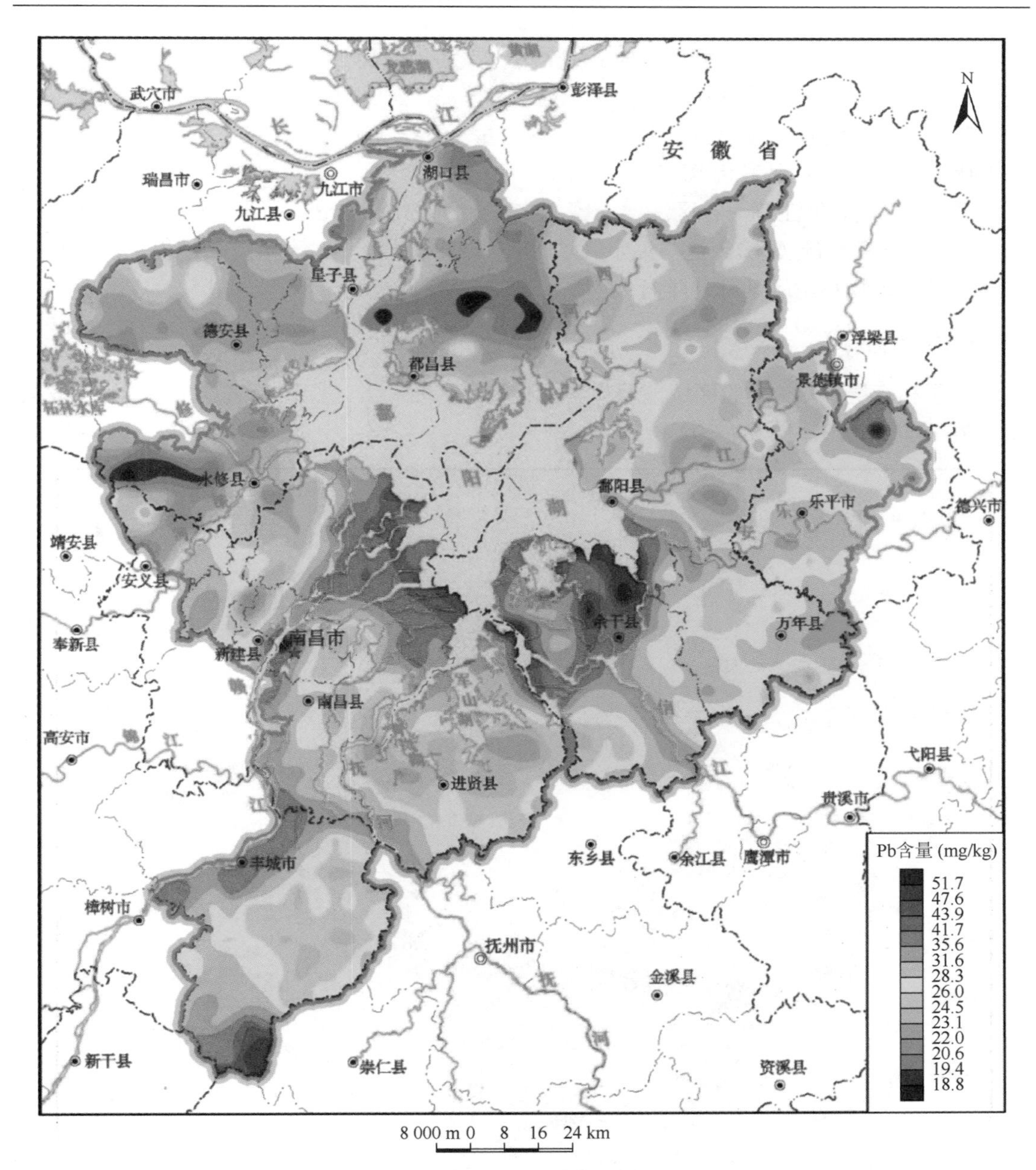

图 3-1-18　临湖区深层土壤 Pb 元素地球化学分布图

Pb 的地球化学分布与地质背景条件的关系比较密切。东部元古代地层区深层土壤中 Pb 含量为 23～29 mg/kg、表层土壤为 26～33 mg/kg，总体以高背景为特征。北部早古生代地层区深层土壤 Pb 含量为 21～26 mg/kg、表层土壤为 22～29 mg/kg，以低背景区分布为特征。西南部晚古生代地层区深层土壤 Pb 含量为 21～29 mg/kg、表层土壤为 22～33 mg/kg，Pb 地球化学背景高于北部早古生代地层区，以高背景为主，并在碳酸盐岩分布区局部出现了 Pb 的聚集。中生代地层区深层土壤 Pb 含量小于 23 mg/kg、表层土壤小于 26 mg/kg，呈现低背景区。但临江盆地 Pb 的背景明显偏高，这与该盆地有机物质丰富、对 Pb 的吸附作用有关。

花岗岩类区和酸性火山岩区为 Pb 的聚集区，其中深层土壤 Pb 含量大于 32 mg/kg、表层土壤大于 36 mg/kg，特别是酸性火山岩区。但是，云山花岗岩区深层土壤与表层土壤存在截然不同的地球化学背景，深层土壤 Pb 含量小于 23 mg/kg、表层土壤大于 29 mg/kg，局部出现了聚集，表现为高地球化学背景。

赣江、抚河、信江等河谷区深层土壤 Pb 含量大于 32 mg/kg、表层土壤大于 36 mg/kg，为区域 Pb 的高值带（区）。这与汇水区域 Pb 来源丰富和 Pb 在表层迁移过程中易被有机物质及黏土矿物吸附等地球化学行为有关。

9. 锌（Zn）

深层和表层土壤 Zn 的区域地球化学分布特征基本一致，深层至表层土壤 Zn 略呈减少趋势（图 3-1-19，图 3-1-20）。

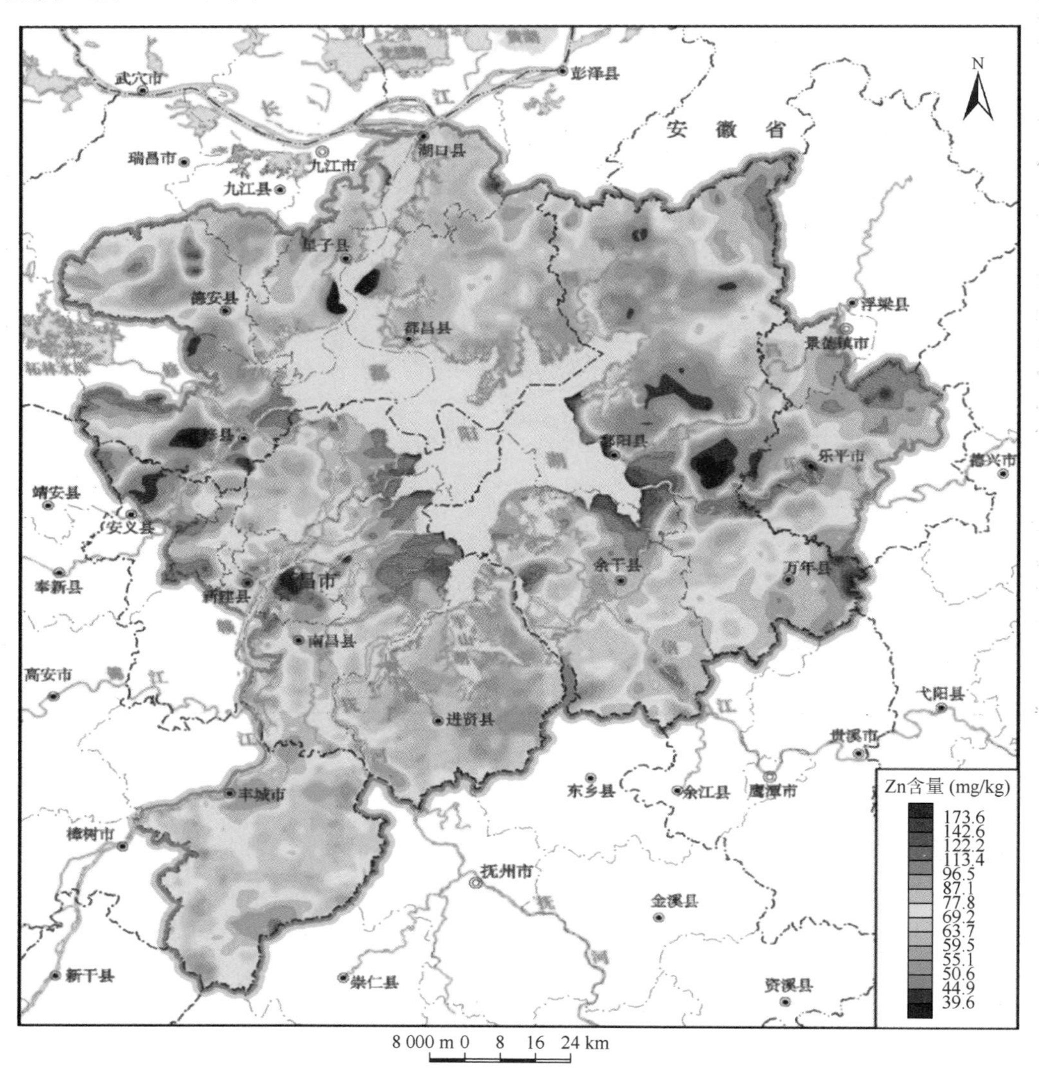

图 3-1-19　临湖区表层土壤 Zn 元素地球化学分布图

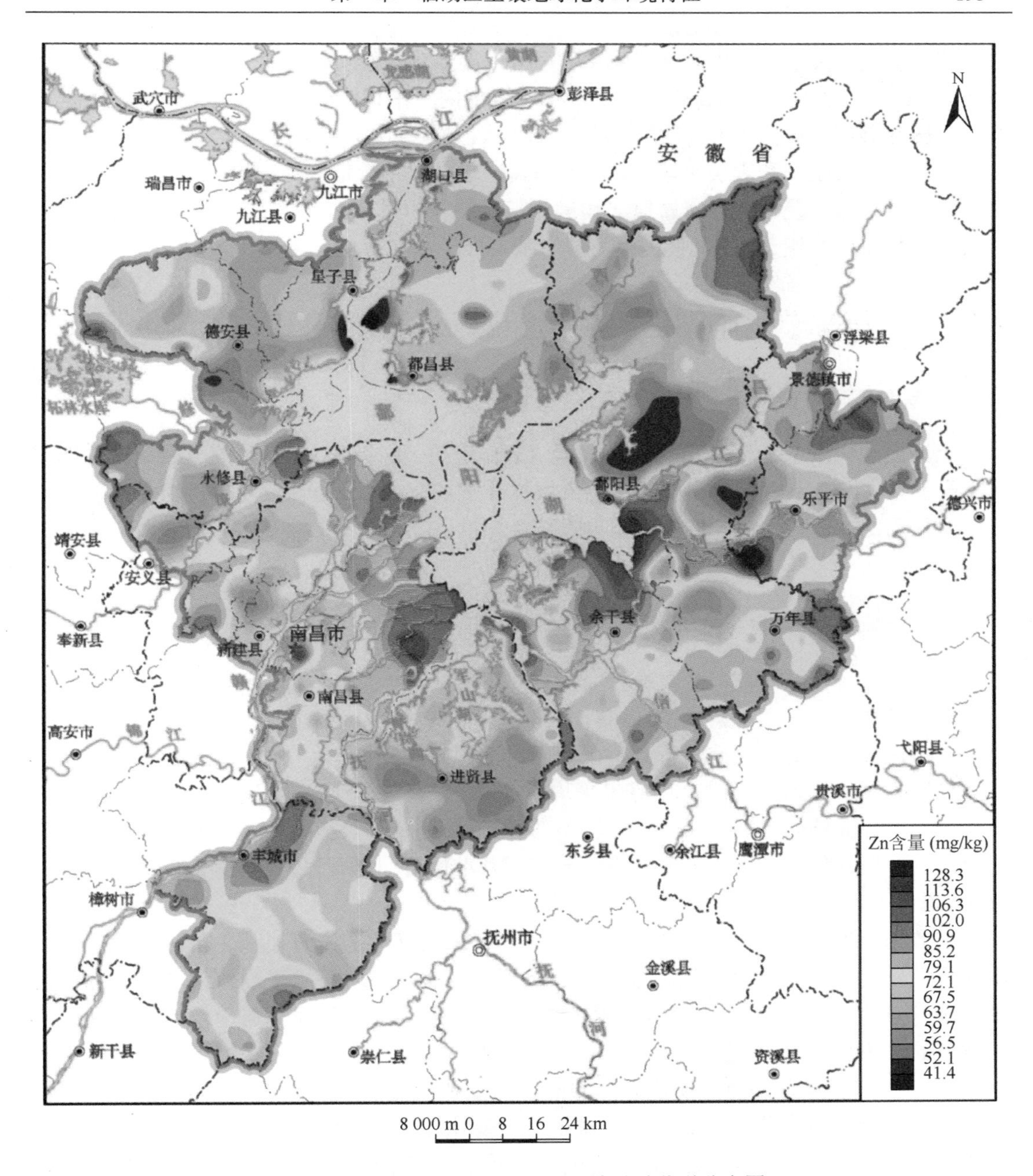

图 3-1-20　临湖区深层土壤 Zn 元素地球化学分布图

区域土壤 Zn 总体表现为高地球化学背景，不同时代地层区土壤 Zn 含量变化不大。深层土壤中 Zn 含量一般为 65～88 mg/kg，表层土壤为 61～83 mg/kg，其中元古代和早古生代地层略高于晚古生代地层区。土壤 Zn 含量与特征岩层关系明显，在变沉凝灰岩、炭硅质岩和煤岩发育区，土壤 Zn 的地球化学背景显著升高，局部出现了聚集。同时，表层土壤 Zn 的局部聚集和流失程度比深层土壤强。临湖区中生代碎屑岩区深层土壤 Zn 含量小于 65 mg/kg，表层土壤小于 61 mg/kg，表现为 Zn 的低背景区。

花岗岩类区及酸性火山岩区土壤中 Zn 呈现高地球化学背景。深层土壤 Zn 含量大于 76 mg/kg，表层土壤大于 72 mg/kg。Zn 在土壤中的聚集程度与母岩遭受风化剥蚀的程度有关。酸性火山岩区由于 Pb、Zn 的矿化作用，呈现 Zn 的局部高度聚集。

河谷区深层土壤和表层土壤 Zn 表现为高地球化学背景带，局部出现了 Zn 的聚集，特别是表层土壤。赣江、修河、饶河和信江三角洲冲积平原区土壤 Zn 呈现不同程度的区域聚集，且表层土壤 Zn 的聚集程度及分布范围大于深层土壤。

第三节　临湖区土壤重金属元素基准值和背景值

1. 基准值和背景值研究方法

土壤地球化学基准值是指未经过人类明显作用的、更接近自然背景的第四纪原生地球化学含量，从代表土壤第一环境的深层土壤样品中求取；土壤地球化学背景值是指包含人类明显作用的、更接近现代工业化影响的综合含量，它从代表土壤第二环境的表层土壤样品中获得。

1）各指标数据频率分布检验及参数确定原则

在各参数统计计算前，首先对数据频率分布形态进行正态检验，检验依据《数据的统计处理和解释正态性检验》（GB/T4881—2001），经检验后，根据各指标数据不同的频率分布形态进行合理的基准值与背景值确定。有关确定原则如下。

当数据服从正态分布时，用算术平均值（X）代表背景值（基准值），算术平均值加减 2 倍算术标准偏差（$X \pm 2S$）代表背景值（基准值）的变化范围。统计数据服从对数正态分布时，用几何平均值（X_g）代表背景值（基准值），几何平均值乘除几何标准偏差平方（$X_g S_g^{\pm 2}$）代表背景值（基准值）的变化范围。

当数据不服从正态分布或对数正态分布时，按照算术平均值加减 3 倍标准偏差进行剔除，经反复剔除后，服从正态分布或对数正态分布时，用算术平均值或几何平均值代表土壤背景值（基准值），算术平均值加减 2 倍算术标准偏差或几何平均值乘除几何标准偏差的平方代表背景值（基准值）的变化范围。统计数据经反复剔除后仍不服从正态分布或对数正态分布，当呈现偏态分布时，以众值代表土壤背景值（基准值），众值加减 2 倍算术标准偏差代表背景值（基准值）的变化范围；当呈现双峰或多峰分布时，以中位值代表土壤背景值（基准值）。中位值加减 2 倍算术标准偏差代表背景值（基准值）的变化范围。

2）土壤地球化学基准值和背景值计算方法

土壤基准值和背景值由一系列参数组成，包括算术平均值、几何平均值、算术标准偏差、几何标准偏差、变异系数、众值、中位数、最大值、最小值、累积频率分段值及统计样本数、分布面积等。根据中国地质调查局颁布的《土壤（湖积物）地球化学基准值与背景值研究若干要求函》，相关统计计算方法如下。

（1）算术平均值$=\frac{1}{n}\sum_{i=1}^{n}x_i$。统计数据中，离群数据剔除前和剔除后的算术平均值分别用X和X'表示。

（2）几何平均值$=n\sqrt{\prod_{i=1}^{n}x_i}=\exp\left(\frac{1}{n}\sum_{i=1}^{n}\ln x_i\right)$。统计数据中，离群数据剔除前和剔除后的几何平均值分别用X_g和X'_g表示。

（3）算术标准偏差$=\sqrt{\frac{\sum_{i=1}^{n}(x_i-X)^2}{n}}$。统计数据中，离群数据剔除前和剔除后的算术标准偏差分别用S和S'表示。

（4）几何标准偏差$=\exp\left(\sqrt{\frac{\sum_{i=1}^{n}(\ln x_i-\ln X_g)^2}{n}}\right)$。统计数据中，离群数据剔除前和剔除后的几何标准偏差分别用S_g和S'_g表示。

（5）变异系数$=\frac{S}{X}\times 100\%$。统计数据中，离群数据剔除前和剔除后的变异系数分别用C_V和C'_V表示。

（6）众值。统计数据中，出现频数最多的那个数值为众值，离群数据剔除前和剔除后的众值分别用X_{mo}和X'_{mo}表示。

（7）中位值。将统计数据排序后，位于中间的数值为中位值。当样本数为奇数时，中位数为第（$N+1$）/2 位数的值；当样本数为偶数时，中位数为第$N/2$位数与第（$1+N$）/2 位数的平均值。离群数据剔除前和剔除后的中位值分别用X_{me}和X'_{me}表示。

（8）最大值。统计数据中，数值最大的为最大值。离群数据剔除前和剔除后的最大值分别用X_{max}和X'_{max}表示。

（9）最小值。统计数据中，数值最小的为最小值。离群数据剔除前和剔除后的最小值分别用X_{min}和X'_{min}表示。

（10）累积频率分段值。一组数值累积频率分别为 10%、25%、75%和 90%时所对应的数值。统计数据中，离群数据剔除前和剔除后的 10%、25%、75%和 90%累积分布值分别用$X_{10\%}$、$X_{25\%}$、$X_{75\%}$、$X_{90\%}$和$X'_{10\%}$、$X'_{25\%}$、$X'_{75\%}$、$X'_{90\%}$表示。

（11）统计样本数。统计数据中，离群数据剔除前和剔除后参加统计的样品数，分别用N和N_0表示。

（12）分布面积。未进行离群数据剔除时，样品数与代表面积（表层土壤为 4 km^2，深层土壤为 16 km^2）的乘积。

2. 临湖区土壤重金属元素基准值和背景值

参照《数据的统计处理和解释正态性检验》（GB/T4881—2001）标准，对临湖区表层土壤样（4 771 件）、深层土壤样（1 204 件）中 8 种重金属元素数据进行正态性检验，同时结合各元素直方图，确定各指标数据频率分布类型。再根据所述各参数计算方法及背景值、基准值的有关确定原则，最终确定临湖区表层和深层土壤重金属元素地球化学背景值及基准值，结果列于表 3-1-1～表 3-1-3。

表 3-1-1　临湖区表层土壤重金属元素主要地球化学特征参数表

元素	剔除前各项参数统计值					剔除后各项参数统计值						数据频率分布类型	背景值
	X	X_g	X_{mo}	X_{me}	N（件）	X'	X_g'	X_{mo}'	X_{me}'	C_v	N_0（件）		
As	9.5	8.6	10.2	8.6	4 771	8.8	8.2	10.2	8.5	0.33	4 603	偏态	10.2
Cd	0.174	0.157	0.140	0.150	4 771	0.156	0.147	0.140	0.150	0.34	4 485	双峰	0.15
Cr	70.3	68.3	71.4	69.9	4 771	69.9	68.4	71.4	69.9	0.20	4 701	偏态	71.4
Cu	26.4	25.0	22.5	24.6	4 771	25.0	24.4	22.5	24.4	0.22	4 609	偏态	22.5
Hg	0.101	0.086	0.110	0.080	4 771	0.082	0.077	0.110	0.076	0.34	4 341	双峰	0.076
Ni	24.7	24.0	25.2	24.4	4 771	24.5	23.9	25.2	24.4	0.21	4 698	偏态	25.2
Pb	31.4	30.4	27.3	29.3	4 771	30.7	29.9	27.3	29.1	0.22	4 657	偏态	27.3
Zn	72.3	69.8	59.4	68.8	4 771	71.2	69.2	59.4	68.5	0.24	4 695	偏态	59.4

注：元素含量单位为 mg/kg；X 为算术平均值；X_g 为几何平均值；X_{mo} 为众值；X_{me} 为中位值；C_v 为变异系数。

表 3-1-2　临湖区深层土壤重金属元素主要地球化学特征参数表

元素	剔除前各项参数统计值					剔除后各项参数统计值						数据频率分布类型	基准值
	X	X_g	X_{mo}	X_{me}	N(件)	X'	X_g'	X_{mo}'	X_{me}'	C_v	N_0(件)		
As	11.8	10.8	10.2	10.8	1 204	10.7	10.2	10.2	10.6	0.30	1 139	剔除后正态分布	10.7
Cd	0.088	0.075	0.070	0.070	1 204	0.077	0.069	0.070	0.067	0.46	1 128	多峰	0.067
Cr	75.2	73.6	71.8	75.8	1 204	75.2	74.0	71.8	75.8	0.17	1 172	偏态	71.8
Cu	25.7	25.1	24.5	25.0	1 204	25.7	25.2	24.5	25.0	0.20	1 173	剔除后对数正态分布	25.2
Hg	0.053	0.048	0.047	0.047	1 204	0.048	0.045	0.047	0.046	0.33	1 147	多峰	0.046
Ni	29.4	28.7	28.6	29.3	1 204	29.3	28.8	28.6	29.3	0.18	1 194	剔除后正态分布	29.3
Pb	27.6	26.9	24.3	25.8	1 204	26.4	26.0	24.3	25.5	0.18	1 131	偏态	24.3
Zn	74.3	72.3	64.0	72.1	1 204	74.0	72.4	64.0	72.1	0.21	1 196	剔除后对数正态分布	72.4

注：元素含量单位为 mg/kg；X 为算术平均值；X_g 为几何平均值；X_{mo} 为众值；X_{me} 为中位值；C_v 为变异系数。

表 3-1-3　临湖区土壤重金属元素背景值和基准值及对比

元素	本次推荐背景值	本次推荐基准值	背景值/基准值
As	10.2	10.7	0.95
Cd	0.15	0.067	2.24
Cr	71.4	71.8	0.99
Cu	22.5	25.2	0.89
Hg	0.076	0.046	1.65
Ni	25.2	29.3	0.86
Pb	27.3	24.3	1.12
Zn	59.4	72.4	0.82

注：元素含量单位为 mg/kg。

8 种重金属元素原始数据经过加减 3 倍标准离差反复剔除多余数据后，变异系数（C_v）表层土壤 As、Hg 和 Cd 大于 0.3 小于 0.4，而其他元素均小于 0.3；深层土壤变异系数 Cd 大于 0.4 小于 0.5，Hg 大于 0.3 小于 0.4，而其他元素均小于或等于 0.3。由此看来，绝大多数元素经过剔除异常数据后的变异系数均小于 0.5，且大部分小于 0.3，说明数据趋于分布均一，代表性强。

对比土壤 8 种重金属元素背景值与基准值后发现，As、Cr、Cu、Ni、Pb、Zn 等元素双层土壤背景含量基本持平，比值为 0.82～1.12，说明以上 6 种元素在调查区内表层土壤主要继承了深层土壤特性；而 Cd、Hg 表层土壤背景含量明显高于深层土壤（表、深层土壤含量比值分别为 2.24、1.65），说明表层土壤受相关的工农业生产等人类干扰较大，需注意是否存在环境污染。

3. 临湖区各县（区、市）土壤重金属元素基准值和背景值

各县（区、市）的地质背景、自然环境、人为景观、工农业生产等发展差异，导致不同区域土壤重金属元素含量分布呈现差异。

1）表层土壤重金属元素背景值

各县（区、市）表层土壤酸碱度平均值和重金属元素背景值列于表 3-1-4。

表 3-1-4　临湖区各县（区、市）表层土壤元素背景值对比表

县（区、市）	样品数（件）	As	Cd	Cr	Cu	Hg	Ni	Pb	Zn	pH（平均值）
全区	4 771	10.2	0.150	71.4	22.5	0.076	25.2	27.3	59.4	5.26
安义县	80	7.7	0.102	62.4	21.2	0.069	20.2	26.6	69.5	5.14
德安县	229	8.3	0.150	69.5	24.7	0.071	21.9	26.0	67.8	5.48
都昌县	355	9.0	0.143	61.4	21.6	0.058	24.1	24.3	59.2	5.25
丰城市	509	10.2	0.140	76.3	26.0	0.104	23.0	28.6	69.7	5.12
湖口县	102	6.6	0.160	60.8	22.5	0.061	25.7	23.7	68.3	5.65
进贤县	386	9.8	0.130	82.6	24.3	0.110	26.4	27.8	57.8	5.21
九江市	38	6.9	0.180	61.3	21.3	0.074	24.7	27.1	67.2	5.50
九江县	53	6.8	0.145	62.2	22.0	0.059	22.4	24.2	60.8	5.28
乐平市	303	7.4	0.222	77.7	29.6	0.098	25.8	34.6	79.8	5.36
南昌市	148	8.7	0.140	64.5	26.6	0.089	19.4	35.4	83.3	5.73
南昌县	407	7.2	0.179	60.7	23.5	0.096	23.7	37.9	80.2	5.52
鄱阳县	867	10.1	0.140	68.9	24.5	0.075	22.5	24.8	47.0	5.12
万年县	278	8.7	0.176	77.8	28.8	0.110	26.0	34.0	76.6	5.29
新建县	227	9.0	0.162	66.4	23.7	0.071	24.3	33.2	75.0	5.32
星子县	120	6.7	0.132	65.7	21.6	0.063	22.7	25.1	67.8	5.23
永修县	244	8.4	0.135	67.1	21.9	0.067	22.6	25.8	68.9	5.16
余干县	425	10.8	0.173	84.6	29.5	0.110	26.0	30.1	62.4	5.09

注：元素含量单位为 mg/kg；pH 无量纲。

由表 3-1-4 可见，九江市市辖区、南昌县、湖口县、南昌市市辖区表层土壤 pH 为 5.50～5.73，整体呈弱酸性，其余各县（区、市）表层土壤 pH 为 5.09～5.48，呈酸性到弱酸性。

不同县（区、市）表层土壤重金属背景值变化幅度较大，以 Ni 背景含量极差比值 1.36 最小，Cd、Hg 背景含量极差比值较大，分别达到 2.19、1.90。丰城市和余干县土壤 As 背景值分别为 10.2 mg/kg、10.8 mg/kg，明显高于其他区域，湖口县土壤 As 背景值仅 6.6 mg/kg，相对其他县（区、市）最低。乐平市土壤 Cd 背景值为 0.222 mg/kg，相对最高，而安义县土壤 Cd 背景值为 0.102 mg/kg，相对最低。进贤县、余干县土壤 Cr 背景值相对较高，均大于 80.0 mg/kg，而南昌县、湖口县土壤 Cr 背景值为 60.7 mg/kg 和 60.8 mg/kg，相对较低。乐平市土壤 Cu 背景值为 29.6 mg/kg，相对最高，而安义县、九江市土壤 Cu 背景值分别为 21.2 mg/kg、21.3 mg/kg，相对较低。进贤县、万年县、余干县土壤 Hg 背景值均为 0.110 mg/kg，相对最高，而都昌县土壤 Hg 背景值为 0.058 mg/kg，相对最低。土壤 Ni 背景含量变化在大多数县（区、市）与 Cu 相似，其背景值以进贤县 26.4 mg/kg 相对最高，以南昌市 19.4 mg/kg 相对最低。南昌县土壤 Pb 背景值为 37.9 mg/kg，相对最高，以湖口县土壤 Pb 背景值 23.7 mg/kg 相对最低。南昌市土壤 Zn 背景值为 83.3 mg/kg，相对最高，鄱阳县土壤 Zn 背景值 47.0 mg/kg，相对最低。

总的来看，余干县、乐平市土壤背景值相对较高，而在湖口县、九江县、鄱阳县土壤重金属元素背景值相对较低。

2）深层土壤重金属元素基准值

各县（区、市）深层土壤 pH 平均值和重金属元素基准值列于表 3-1-5。

表 3-1-5 临湖区各县（区、市）深层土壤元素基准值对比表

县（区、市）	样品数（件）	As	Cd	Cr	Cu	Hg	Ni	Pb	Zn	pH（平均值）
全区	1 204	10.7	0.067	71.8	25.2	0.046	29.3	24.3	72.4	6.09
安义县	19	9.7	0.057	76.5	23.8	0.031	25.1	25.8	71.1	6.05
德安县	59	10.9	0.093	73.6	25.1	0.048	30.4	23.0	65.9	7.06
都昌县	89	11.0	0.077	76.7	25.6	0.040	31.7	21.8	69.6	6.16
丰城市	129	10.7	0.072	79.0	26.0	0.049	29.5	27.0	65.9	5.72
湖口县	23	9.8	0.141	76.7	27.6	0.037	39.4	22.1	78.0	6.67
进贤县	96	12.0	0.053	78.0	23.1	0.054	30.1	21.9	63.4	5.94
九江市	12	10.5	0.103	76.3	23.4	0.048	31.5	22.6	71.4	6.37
九江县	10	9.3	0.084	73.3	24.4	0.050	30.1	23.2	62.0	6.94
乐平市	80	12.9	0.080	83.1	29.0	0.049	31.3	27.3	79.2	6.44
南昌市	37	7.5	0.061	65.7	22.5	0.042	25.8	28.3	74.8	6.36
南昌县	99	8.1	0.104	64.4	23.3	0.045	27.3	32.8	81.8	6.25
鄱阳县	221	11.1	0.051	75.9	24.9	0.043	28.3	25.2	68.4	6.08
万年县	70	9.8	0.071	80.6	26.8	0.056	30.1	28.2	77.5	5.74

续表

县（区、市）	样品数（件）	As	Cd	Cr	Cu	Hg	Ni	Pb	Zn	pH（平均值）
新建县	59	10.4	0.103	69.2	24.7	0.040	27.6	29.5	76.1	6.04
星子县	32	9.0	0.075	74.1	24.2	0.040	28.9	23.5	66.3	6.33
永修县	62	11.1	0.067	73.5	24.1	0.045	27.2	22.4	75.2	6.07
余干县	107	11.4	0.077	76.9	28.1	0.055	29.3	24.7	77.5	5.50

注：元素含量单位为 mg/kg，pH 无量纲。

由表 3-1-5 可见，湖口县、九江县、德安县深层土壤 pH 平均值为 6.67～7.06，整体呈中性；其余 14 个县（区、市）深层土壤 pH 平均值为 5.50～6.37，整体呈弱酸性。

乐平市土壤 As 基准值为 12.9 mg/kg，明显高于其他区域，而南昌市、南昌县土壤 As 基准值仅分别为 7.5 mg/kg 和 8.1 mg/kg，相对其他县（区、市）较低。湖口县土壤 Cd 基准值为0.141 mg/kg，相对最高，而进贤县和鄱阳县土壤Cd基准值分别为0.053 mg/kg、0.051 mg/kg，相对较低。乐平市土壤 Cr 基准值为 83.1 mg/kg，远高于其他区域，而南昌县土壤 Cr 基准值为 64.4 mg/kg，相对最低。乐平市土壤 Cu 基准值为 29.0 mg/kg，相对最高，南昌市土壤 Cu 基准值为 22.5 mg/kg，相对最低。万年县、余干县土壤 Hg 基准值分别为 0.056 mg/kg、0.055 mg/kg，相对偏高，安义县、湖口县土壤 Hg 基准值分别为 0.031 mg/kg、0.037 mg/kg，相对最低。湖口县土壤 Ni 基准值为 39.4 mg/kg，相对最高，安义县、南昌市土壤 Ni 基准值为 25.1 mg/kg 和 25.8 mg/kg，相对较低。南昌县土壤 Pb 基准值相对最高，为 32.8 mg/kg，而都昌县土壤 Pb 基准值为 21.8 mg/kg，相对最低。南昌县土壤 Zn 基准值为 81.8 mg/kg，相对最高，而九江县、进贤县土壤 Zn 基准值分别为 62.0 mg/kg、63.4 mg/kg，相对较低。

总的来说，乐平市、余干县土壤重金属基准值相对较高，而南昌市、星子县，以及永修县土壤重金属基准值相对较低，总体与在表层土壤分布类似。

各县（区、市）双层土壤中酸碱度和重金属元素背景值与基准值比值列于表 3-1-6。

表 3-1-6　临湖区各县（区、市）土壤元素背景值与基准值比值表

县(区、市)	As	Cd	Cr	Cu	Hg	Ni	Pb	Zn	pH
全区	0.95	2.24	0.99	0.89	1.65	0.86	1.12	0.82	0.93
安义县	0.79	1.79	0.82	0.89	2.23	0.81	1.03	0.98	0.89
德安县	0.76	1.61	0.94	0.98	1.48	0.72	1.13	1.03	0.89
都昌县	0.81	1.86	0.80	0.84	1.45	0.76	1.12	0.85	0.87
丰城市	0.95	1.94	0.97	1.00	2.13	0.78	1.06	1.06	0.85
湖口县	0.68	1.13	0.79	0.82	1.63	0.65	1.08	0.88	0.86
进贤县	0.82	2.47	1.06	1.05	2.03	0.88	1.27	0.91	0.86
九江市	0.65	1.75	0.80	0.91	1.55	0.79	1.20	0.94	0.86
九江县	0.73	1.72	0.85	0.90	1.18	0.74	1.04	0.98	0.86
乐平市	0.57	2.78	0.93	1.02	2.00	0.83	1.27	1.01	0.86
南昌市	1.16	2.30	0.98	1.18	2.11	0.75	1.25	1.11	0.85

续表

县(区、市)	As	Cd	Cr	Cu	Hg	Ni	Pb	Zn	pH
南昌县	0.88	1.72	0.94	1.01	2.12	0.87	1.16	0.98	0.84
鄱阳县	0.91	2.75	0.91	0.98	1.75	0.79	0.98	0.69	0.84
万年县	0.89	2.50	0.97	1.07	1.97	0.86	1.20	0.99	0.86
新建县	0.86	1.58	0.96	0.96	1.79	0.88	1.12	0.99	0.85
星子县	0.75	1.76	0.89	0.89	1.55	0.78	1.07	1.02	0.83
永修县	0.76	2.01	0.91	0.91	1.48	0.83	1.15	0.92	0.81
余干县	0.95	2.24	1.10	1.05	1.99	0.89	1.22	0.81	0.81

注：pH 为表层、深层土壤平均值比值。

各县（区、市）表层、深层土壤 pH 比值均小于 1，说明区内表层土壤相对深层土壤均有不同程度的酸化。Cd、Hg、Pb（除鄱阳县外）在各县（区、市）的背景值与基准值比值大于 1，呈高背景分布；Ni、As（除南昌市外）、Cr（除进贤县和余干县外）在各县（区、市）的背景值与基准值比值小于 1，呈低背景分布。不同县（区、市）Cu 和 Zn 的背景值与基准值比值分别介于 0.82～1.18 和 0.69～1.11，虽各县（区、市）双层土壤 Cu 和 Zn 含量有所波动，但总体幅度较小。

第四节　临湖区土壤重金属元素环境质量评价

1. 土壤环境质量等级划分

参照《土壤环境质量标准》(GB15618—1995)，并结合实际情况，选取各指标分级临界值（表 3-1-7)，选取 Cd、Hg、As、Cu、Pb、Cr、Zn、Ni 8 项指标，采用单指标评价，确定各单因子污染等级，其计算公式如下。

$$Z_i = X_i/C_{\text{I}} \quad (\text{当 } X_i \leqslant C_{\text{I}} \text{时})$$
$$Z_i = 1 + (X_i - C_{\text{I}})/(C_{\text{II}}a - C_{\text{I}}) \quad (C_{\text{I}} < X_i \leqslant C_{\text{II}}a,\ \text{pH} \leqslant 6.5)$$
$$Z_i = 1 + (X_i - C_{\text{I}})/(C_{\text{II}}b - C_{\text{I}}) \quad (C_{\text{I}} < X_i \leqslant C_{\text{II}}b,\ 6.5 < \text{pH} \leqslant 7.5)$$
$$Z_i = 1 + (X_i - C_{\text{I}})/(C_{\text{II}}c - C_{\text{I}}) \quad (C_{\text{I}} < X_i \leqslant C_{\text{II}}c,\ \text{pH} > 7.5)$$
$$Z_i = 2 + (X_i - C_{\text{II}}a)/(C_{\text{III}} - C_{\text{II}}a) \quad (C_{\text{II}}a < X_i \leqslant C_{\text{III}},\ \text{pH} \leqslant 6.5)$$
$$Z_i = 2 + (X_i - C_{\text{II}}b)/(C_{\text{III}} - C_{\text{II}}b) \quad (C_{\text{II}}b < X_i \leqslant C_{\text{III}},\ 6.5 < \text{pH} \leqslant 7.5)$$
$$Z_i = 2 + (X_i - C_{\text{II}}c)/(C_{\text{III}} - C_{\text{II}}c) \quad (C_{\text{II}}c < X_i \leqslant C_{\text{III}},\ \text{pH} > 7.5)$$
$$Z_i = 3 + (X_i - C_{\text{III}})/C_{\text{III}} \quad (\text{当 } X_i > C_{\text{III}} \text{时})$$

式中，Z_i 为土壤单指标环境质量指数；X_i 为实测数据；C_{I} 为一级土壤临界值上限；$C_{\text{II}}a$ 为土壤 pH≤6.5 时，二级土壤临界值上限；$C_{\text{II}}b$ 为土壤 6.5＜pH≤7.5 时，二级土壤临界值上限；$C_{\text{II}}c$ 为土壤 pH＞7.5 时，二级土壤临界值上限；C_{III}为三级土壤临界值上限。

表 3-1-7　土壤环境质量标准值表　（单位：mg/kg）

指标	一级土壤	二级土壤			三级土壤
		pH≤6.5	6.5＜pH≤7.5	pH＞7.5	
Cd≤	0.20	0.30	0.30	0.60	1.0
Hg≤	0.15	0.30	0.50	1.0	1.5
As≤	15	25	25	20	30
Cu≤	35	50	100	100	400
Pb≤	35	250	300	350	500
Cr≤	90	150	200	250	300
Zn≤	100	200	250	300	500
Ni≤	40	40	50	60	200

注：参照《土壤环境质量标准》（GB15618—1995）。

采用“一票否决法”评价法，计算土壤中各主要污染物的综合污染指数（P），以确定土壤环境综合污染程度。“一票否决法”计算公式为

$$P = Z_{i\max}$$

式中，$Z_{i\max}$为土壤中各污染物污染指数最大值。

$P \leqslant 1$ 为Ⅰ类土壤（未污染土壤）；$1 < P \leqslant 2$ 为Ⅱ类土壤（轻度污染土壤）；$2 < P \leqslant 3$ 为Ⅲ类土壤（中度污染土壤）；$P > 3$ 为（劣）Ⅲ类土壤（严重污染土壤）。

2. 土壤重金属元素环境质量评价

由于此次未能获取景德镇市辖区的多目标土壤分析数据，因而只对临湖区内 19 832.6 km^2 土壤（不含鄱阳湖湖区及景德镇市市辖区面积）进行环境质量评价。

按单指标评价方法，计算各指标的环境质量指数，确定表层土壤各重金属元素超标等级、面积及占比，统计结果见表 3-1-8。

表 3-1-8　临湖区表层土壤重金属元素环境质量统计表

指标项目		Ⅰ类土壤	Ⅱ类土壤	Ⅲ类土壤	劣Ⅲ类土壤
As	面积（km^2）	18 196.49	1 243.94	284.13	108.04
	比例（%）	91.76	6.27	1.43	0.54
Cd	面积（km^2）	13 902.26	5 158.81	752.51	19.02
	比例（%）	70.10	26.01	3.79	0.10
Cr	面积（km^2）	18 358.54	1 447.44	26.25	0.37
	比例（%）	92.57	7.30	0.13	0.00
Cu	面积（km^2）	18 051.42	1 725.93	52.88	2.37
	比例（%）	91.02	8.70	0.27	0.01
Hg	面积（km^2）	17 835.66	1 912.27	79.73	4.94
	比例（%）	89.94	9.64	0.40	0.02

续表

指标项目		Ⅰ类土壤	Ⅱ类土壤	Ⅲ类土壤	劣Ⅲ类土壤
Ni	面积（km^2）	19 447.04	334.06	51.50	0
	比例（%）	98.06	1.68	0.26	0
Pb	面积（km^2）	15 357.02	4 475.58	0	0
	比例（%）	77.43	22.57	0	0
Zn	面积（km^2）	18 285.81	1 545.29	1.50	0
	比例（%）	92.20	7.79	0.01	0

临湖区表层土壤As在4类土壤均有出露。在德安县中部、鄱阳县东北部、丰城市南部地区，表层土壤As环境质量较差，为Ⅲ类和劣Ⅲ类土壤；其余98.03%面积的表层土壤As环境质量较好，为Ⅰ类、Ⅱ类土壤。表层土壤Cd为Ⅰ类土壤的仅占区域总面积的70.10%，在乐平市、万年县，以及鄱阳湖周边，大面积表层土壤出现不同程度的超标，超标土壤占总面积的29.90%。表层土壤Cr环境质量较好，Ⅰ类、Ⅱ类土壤占总面积的99.87%；其余0.13%面积的土壤Cr超标，主要零星分布在安义县北部、丰城市南部，以及余干县区域。表层土壤Cu总体质量较好，超标土壤主要分布在乐安河一带、鄱阳县中部，以及丰城市南部，其中Ⅲ类土壤和劣Ⅲ类土壤占区内总面积的0.28%。表层土壤Hg为Ⅰ类和Ⅱ类土壤的占总面积的99.58%，Ⅲ类和劣Ⅲ类土壤主要在南昌市、南昌县、丰城市等城镇密集分布，此外在乐平市表层土壤中也出现小面积的Hg严重超标。表层土壤未出现Ni严重超标，仅1.94%的面积为轻度、中度Ni超标，零星分布在德安县、安义县、乐平市、万年县、丰城市等地。表层土壤Pb无Ⅲ类和劣Ⅲ类土壤，77.43%的面积为Ⅰ类土壤，22.57%的面积为Ⅱ类土壤，存在轻度Pb超标。表层土壤Zn无劣Ⅲ类土壤，Ⅰ类土壤占总面积的92.20%，Ⅱ类、Ⅲ类土壤占总面积的7.80%，超标土壤主要分布在鄱阳湖湖区周边、乐平市及万年县等区域。

根据单指标评价结果，采用“一票否决法”，对临湖区表层土壤环境质量进行综合评价，评价结果见表3-1-9、图3-1-21。

表3-1-9　临湖区表层土壤综合环境质量统计表

环境质量项目		Ⅰ类土壤	Ⅱ类土壤	Ⅲ类土壤	劣Ⅲ类土壤
综合环境质量	面积（km^2）	7 340.97	11 069.57	1 276.04	146.02
	比例（%）	37.01	55.82	6.43	0.74

统计结果显示，受自然高背景和人类活动的双重影响，区内7.17%的表层土壤存在不同程度的重金属超标，尤其是在城镇密集区、鄱阳湖南部入湖口、乐安河流域等区域，土壤多为Ⅲ类和劣Ⅲ类土壤，主要由土壤As、Cd、Hg等指标超标所致，需重视并推进相关区域土壤重金属超标的治理工作。

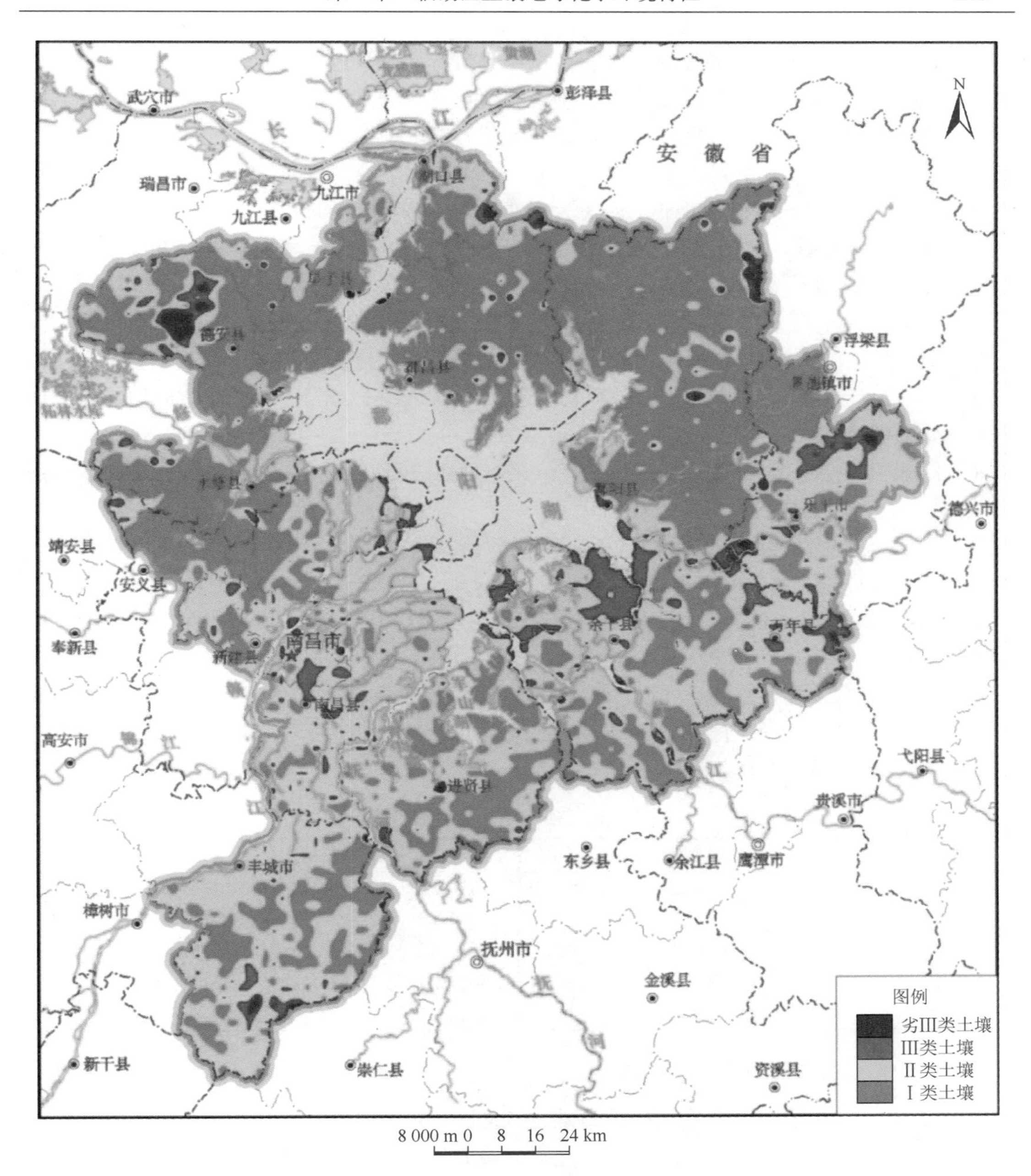

图 3-1-21　临湖区表层土壤环境质量综合评价图

第五节　临湖区土壤重金属元素密度及储量研究

1. 土壤重金属元素储量及密度计算方法

1）土壤重金属元素储量计算方法

土壤元素储量是指一定面积和深度土体中该元素的总量，根据中国地质调查局《全国土壤碳储量及各类元素（氧化物）储量实测计算暂行要求》规定的计算模式，以 4 km^2 为基础计算单元，利用工作区调查分析数据结果进行该区域土壤重金属元素储量估算。

土壤元素储量以单位土壤元素含量为单元进行加和计算。单位土壤元素储量用 USEA 表示，要求按照表层（0～0.2 m）、中层（0～1.0 m）和深层（0～1.8 m）3 种深度分别计算土壤元素储量，表示为 USEAxx，*h*（xx 为元素符号，*h* 为深度）。例如，As 表示为 USCAAs，0～0.2 m；USCAAs，0～1.0 m；USCAAs，0～1.8 m。在计算土壤重金属元素储量时，元素的含量单位需统一换算为%后再进行计算。

（1）表层土壤元素储量计算。计算公式：USEAAs，0～0.20 m = As 表 $\times D\times 4\times 10^4\times \rho$
式中，As 表为表层土壤 As 含量（%）；D 为 0.2 m；ρ 为土壤容重（t/m^3）。

（2）中层土壤元素储量计算。计算公式：USEAAs，0～1.0 m = [（As 表 + As1.0 m）÷2] $\times D\times 4\times 10^4\times \rho$
式中，As 表为表层土壤 As 含量（%）；As1.0 m 采用内插法确定，As1.0 m = 5/9As 深 + 4/9As 表；D 为 1.0 m；ρ 为土壤容重（t/m^3）。

（3）深层土壤元素储量计算。以 As 为例，计算公式如下：

USEAAs，0～1.8 m = [（As 表 + As 深）÷2×D] $\times 4\times 10^4\times \rho$

式中，As 表为表层土壤 As 含量；As 深为深层土壤 As 含量（%）；D 为 1.8 m；ρ 为土壤容重（t/m^3）。

粘盘黄褐土土壤容重（ρ）取自《各种不同类型粘盘黄褐土的水分特性研究》（袁东海和李道林，1999），其余均引自《江西土壤》（江西省土地利用管理局，江西省土壤普查办公室，1991）见表 3-1-10。

表 3-1-10　各土壤类型容重值表

土壤类型	容重（t/m^3）	土壤类型	容重（t/m^3）	土壤类型	容重（t/m^3）	土壤类型	容重（t/m^3）
红壤	1.30	暗黄棕壤	1.20	湿潮土	1.32	粘盘黄褐土	1.26
红壤性土	1.24	酸灰潮土	1.32	中性粗骨土	1.30	棕色石灰土	1.28
黄红壤	1.24	潜育型水稻土	1.12	中性紫色土	1.50	水系沉积物	1.40
黄壤	1.30	潴育型水稻土	1.28	山间草甸土	1.16	湖积物	1.32
棕红壤	1.30	淹育型水稻土	1.39	新积土	1.34		

2）土壤元素储量密度计算方法

以土壤元素储量统计结果数据为基础，完成土壤元素储量密度计算。各统计单位储量除以其对应的统计面积，即为统计单位元素储量密度。元素平均储量密度单位为 t/km^2。

2. 土壤重金属元素储量及密度特征

土壤元素储量计算模式为指数（线性）模型，随着深度的增加，土壤元素储量逐渐增大，相应地，土壤元素储量密度也逐层增加，但表、中、深三层土壤元素储量密度变化特征却基本一致。因此，仅对表层土壤元素储量密度变化特征进行详细描述，中、深层土壤元素储量密度变化特征不再赘述。同时，由于本次计算缺少景德镇市辖区分析数据，但为确保图面完整性，选取了区域周边数据进行克里格插值，因而在本节图中景德镇市辖区图不反映真实情况。

1）砷（As）

临湖区表层土壤 As 平均储量密度为 2.45 t/km^2，如图 3-1-22 所示。

土壤 As 储量密度主要受成土母岩控制，高值区主要集中在晚寒武纪页岩、灰岩区（As 平均储量密度为 7.41 t/km^2），奥陶纪灰岩、硅质岩区（As 平均储量密度为 7.36 t/km^2），早寒武纪页岩、灰岩区（As 平均储量密度为 6.95 t/km^2），而在星子县青白口纪观音桥片麻状花岗岩区（As 平均储量密度为 0.66 t/km^2）、柘矶组砂岩区（As 平均储量密度为 1.04 t/km^2）、元古代正变质岩区（As 平均储量密度为 1.30 t/km^2）土壤 As 储量密度相对较低。

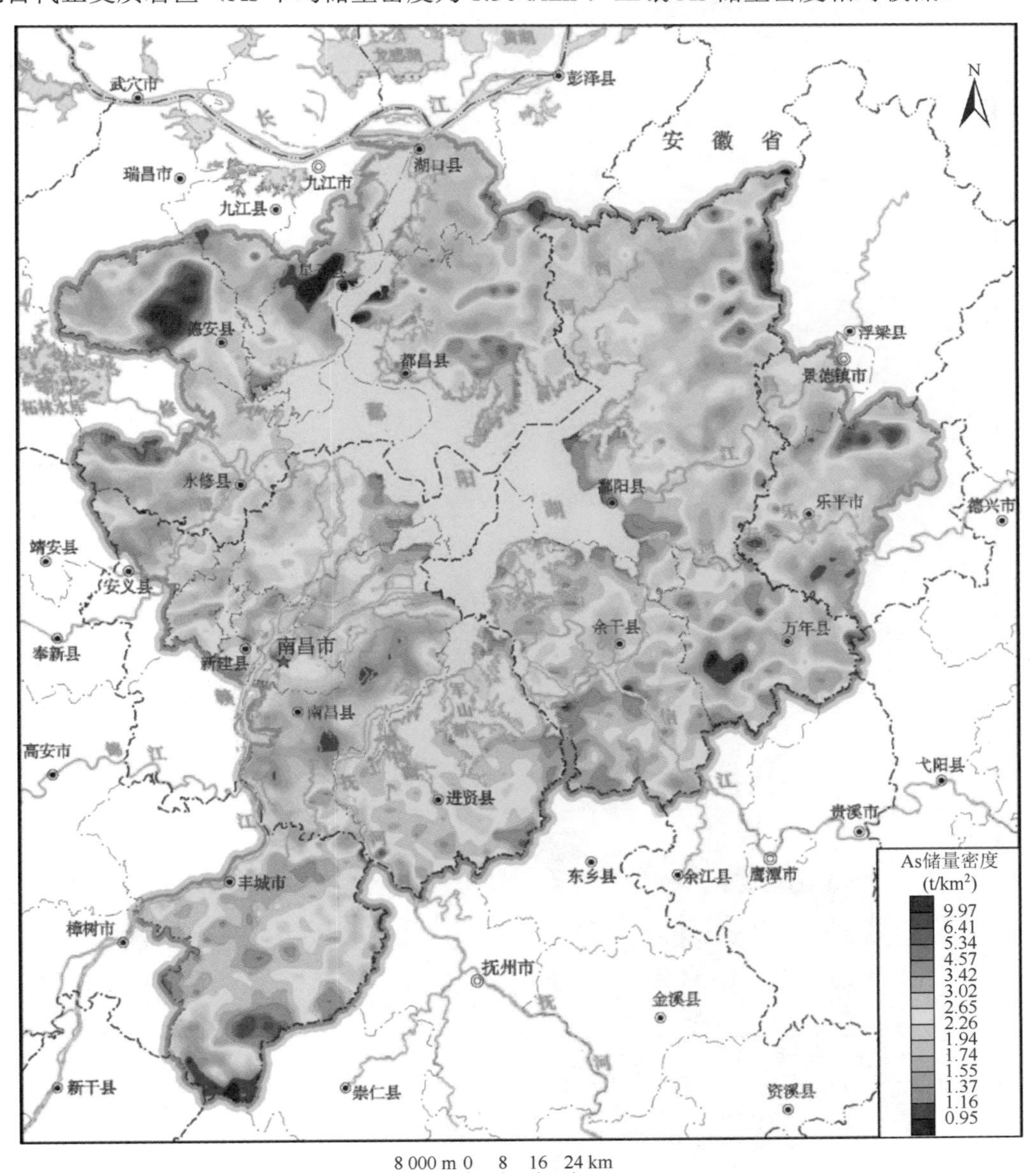

图 3-1-22　临湖区表层土壤 As 储量密度图

中层土壤 As 平均储量密度为 13.06 t/km²，以晚寒武纪页岩、灰岩区 As 平均储量密度 35.56 t/km² 为最高，青白口纪观音桥片麻状花岗岩区 As 平均储量密度 3.93 t/km² 为最低。深层土壤 As 平均储量密度为 24.65 t/km²，以二叠纪小江边组灰岩区 As 平均储量密度 76.38 t/km² 为最高，青白口纪观音桥片麻状花岗岩区 As 平均储量密度 8.00 t/km² 为最低。中、深层土壤 As 储量密度变化趋势与表层土壤基本一致。

2）镉（Cd）

临湖区表层土壤 Cd 储量密度在中部偏高，南部偏低，如图 3-1-23 所示。表层土壤 Cd 平均储量密度为 0.045 t/km²。表层土壤 Cd 储量密度在余干县和乐平市，以及万年县冲

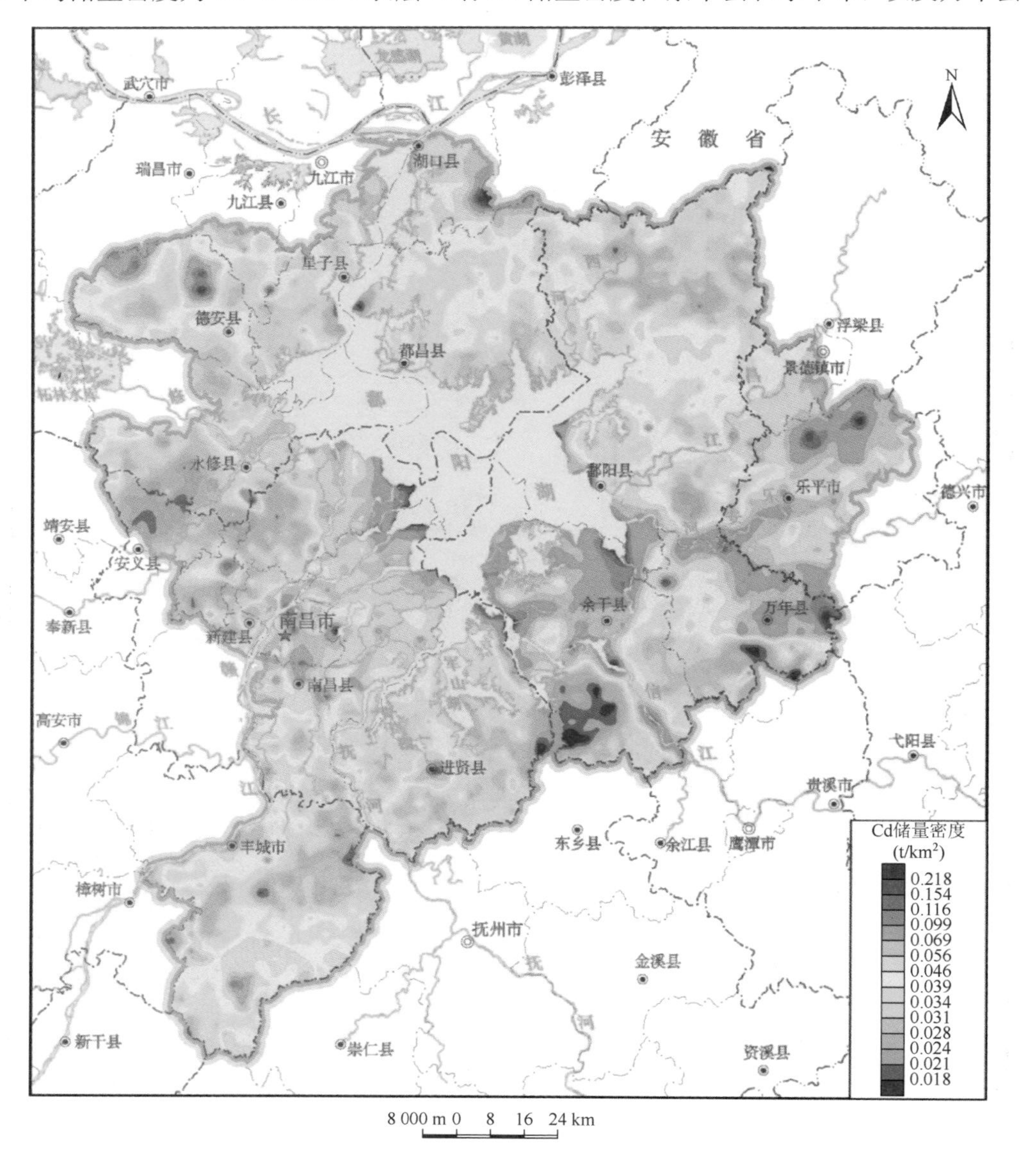

图 3-1-23　临湖区表层土壤 Cd 储量密度图

湖积平原、冲积平原等地势较低、土壤酸性较弱区相对较高，Cd 储量密度多大于为 0.069 t/km^2。而在余干县南部和万年县南部丘陵区 Cd 储量密度多小于 0.024 t/km^2。

中层土壤 Cd 平均储量密度为 0.194 t/km^2，以冲湖积平原区 Cd 平均储量密度 0.293 t/km^2 为最高，中低山 Cd 平均储量密度 0.156 t/km^2 为最低。深层土壤 Cd 平均储量密度为 0.304 t/km^2，以冲湖积平原区 Cd 平均储量密度 0.469 t/km^2 为最高，中低山 Cd 平均储量密度 0.251 t/km^2 为最低。中、深层土壤 Cd 储量密度总体变化趋势与表层土壤基本一致，仅在差值程度上依次有所增加。

3）铬（Cr）

临湖区表层土壤 Cr 储量密度呈南高北低分布，在区内河流流域内密度值相对最低。密度图如图 3-1-24 所示。土壤 Cr 平均储量密度为 18.12 t/km^2。Cr 储量密度高值区主要沿

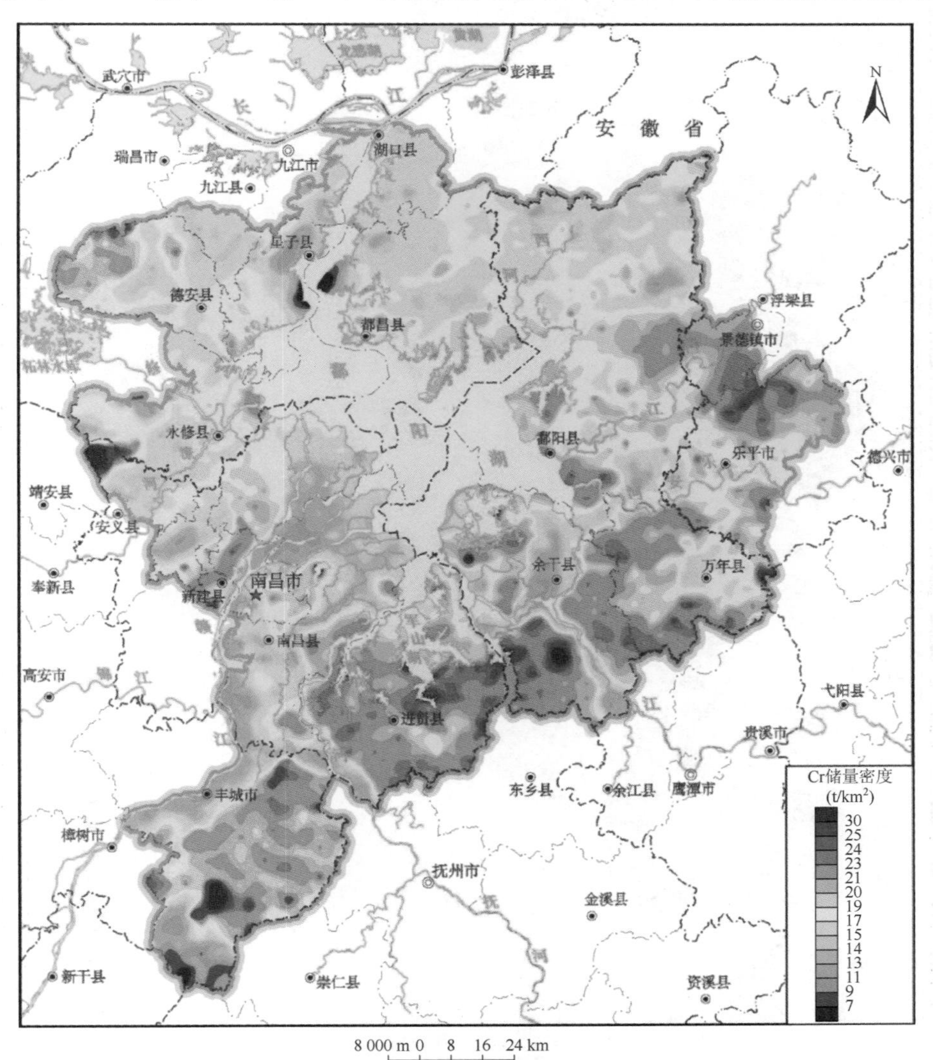

图 3-1-24　临湖区表层土壤 Cr 储量密度图

区内元古代地层分布，Cr 储量密度大于 23.20 t/km^2。而 Cr 储量密度低值区则主要沿河流分布，在区内赣江、抚河和信江流经区域表层土壤中 Cr 储量密度值小于 12.56 t/km^2。

中层土壤 Cr 平均储量密度为 92.31 t/km^2，以始新统支家桥组合橄榄辉长岩区 261.81 t/km^2 相对最高，柘矶组砂岩区 27.53 t/km^2 相对最低。深层土壤 Cr 平均储量密度为 168.64 t/km^2，以始新统支家桥组合橄榄辉长岩区 398.97 t/km^2 相对最高，柘矶组砂岩区 52.29 t/km^2 相对最低。中、深层土壤 Cr 储量密度变化趋势与表层土壤基本一致。

4）铜（Cu）

临湖区表层土壤 Cu 平均储量密度为 6.8 t/km^2，在乐安河流域 Cu 储量密度明显偏高，而在星子县和丰城市南部出现低密度区，如图 3-1-25 所示。

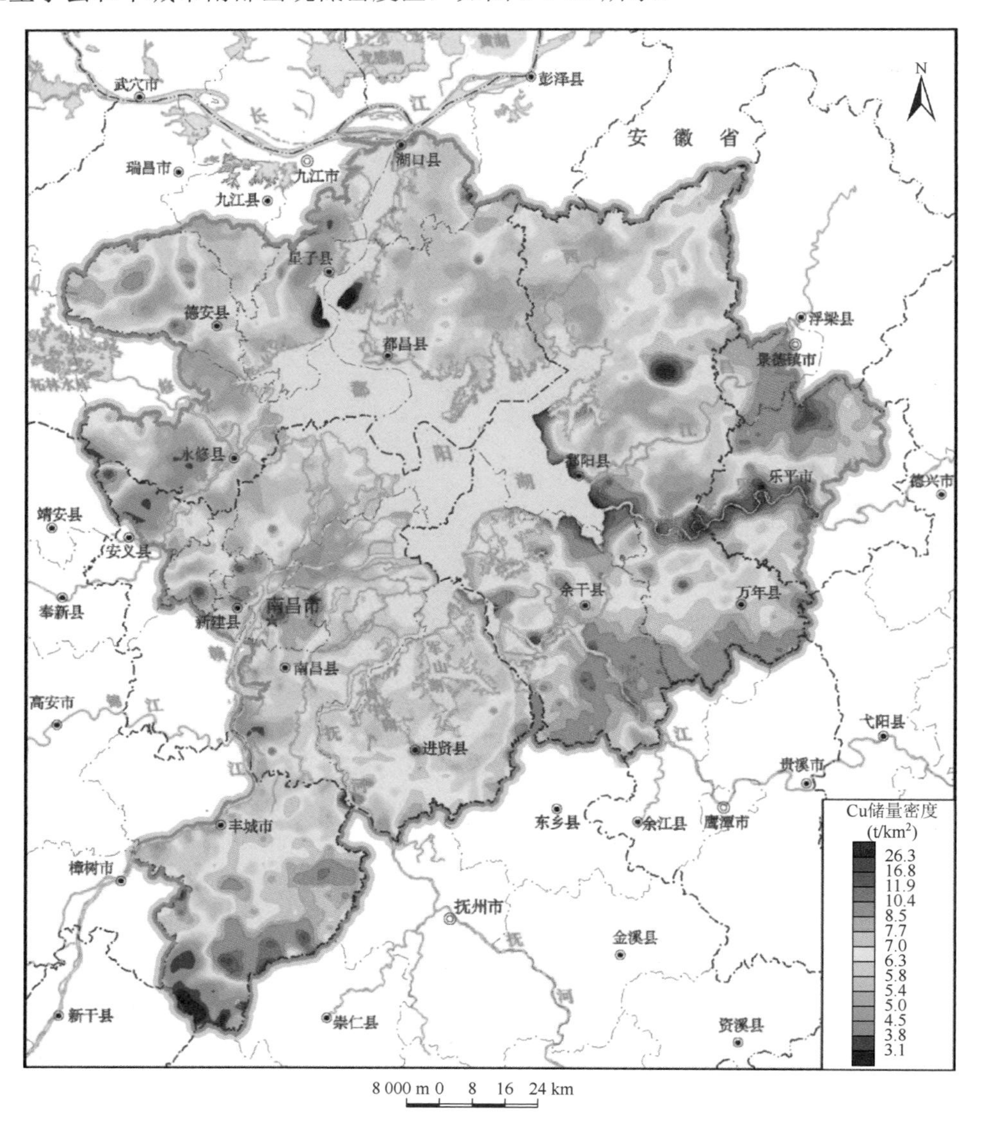

图 3-1-25　临湖区表层土壤 Cu 储量密度图

乐安河周边的鄱阳湖组砂质果黏土区表层土壤 Cu 平均储量密度为 37.9 t/km^2、联圩组黏土区表层土壤 Cu 平均储量密度为 33.5 t/km^2，分别是全区平均值的 5.57 倍和 4.93 倍。其次是区内始新统支家桥组合橄榄辉长岩区土壤 Cu 平均储量密度大于 14.6 t/km^2，相对偏高。而柘矶组砂岩区表层土壤 Cu 平均储量密度为 2.3 t/km^2，丰城市南部岩浆岩区表层土壤 Cu 平均储量密度为 3.5 t/km^2，这些地区相对其他区域密度值较低。

中层土壤 Cu 平均储量密度为 33.8 t/km^2，以始新统支家桥组合橄榄辉长岩区 66.9 t/km^2 相对最高，柘矶组砂岩区 11.0 t/km^2 相对最低。深层土壤 Cu 平均储量密度为 60.5 t/km^2，以始新统支家桥组合橄榄辉长岩区 111.7 t/km^2 相对最高，柘矶组砂岩区 19.4 t/km^2 相对最低。中、深层土壤 Cu 储量密度变化趋势与表层土壤基本一致。

5）汞（Hg）

临湖区表层土壤 Hg 平均储量密度为 0.026 t/km^2，如图 3-1-26 所示。

南昌市、乐平市表层土壤 Hg 平均储量密度分别为 0.040 t/km^2、0.039 t/km^2、0.036 t/km^2，是全区平均值的 1.50 倍以上；南昌县、进贤县和丰城市表层土壤 Hg 平均储量密度分别为 0.036 t/km^2、0.033 t/km^2 和 0.030 t/km^2，密度值相对较高；九江县、星子县、湖口县和都昌县表层土壤 Hg 平均储量密度分别为 0.016 t/km^2、0.018 t/km^2、0.018 t/km^2、0.018 t/km^2，密度值相对较低；其他县（市、区）表层土壤 Hg 平均储量密度为 0.019～0.024 t/km^2。

中层土壤 Hg 平均储量密度为 0.113 t/km^2，以南昌市平均储量密度 0.175 t/km^2 为最高，九江县平均储量密度 0.076 t/km^2 为最低。深层土壤 Hg 平均储量密度为 0.178 t/km^2，以南昌市平均储量密度 0.277 t/km^2 为最高，湖口县平均储量密度 0.125 t/km^2 为最低。中、深层土壤 Hg 储量密度变化趋势与表层土壤基本一致。

6）镍（Ni）

临湖区表层土壤 Ni 平均储量密度为 6.37 t/km^2，各县（市、区）Ni 平均储量密度为 5.77～7.17 t/km^2，变化幅度较小，如图 3-1-27 所示。

临湖区表层土壤 Ni 储量密度变化幅度虽然不大，但在德安县西北部志留纪碎屑岩区、鄱阳县的鄱阳湖组砂质黏土区，以及区域南部副变质砂岩区表层土壤 Ni 储量密度相对较大，多在 8.9 t/km^2 以上，而星子县和都昌县的柘矶组砂岩区、永修县早白垩世花岗岩区、赣江冲积平原区、丰城晚侏罗世花岗岩区表层土壤 Ni 储量密度相对较小，多小于 4.8 t/km^2。

中层土壤 Ni 平均储量密度为 33.5 t/km^2，以乐平市平均储量密度 37.2 t/km^2 为最高，南昌市平均储量密度 30.3 t/km^2 为最低。深层土壤 Ni 平均储量密度为 62.8 t/km^2，以湖口县平均储量密度 75.5 t/km^2 为最高，南昌市平均储量密度 545.6 t/km^2 为最低。中、深层土壤 Ni 储量密度除在都昌县高值区范围有所扩大外，其余变化趋势与表层土壤基本一致。

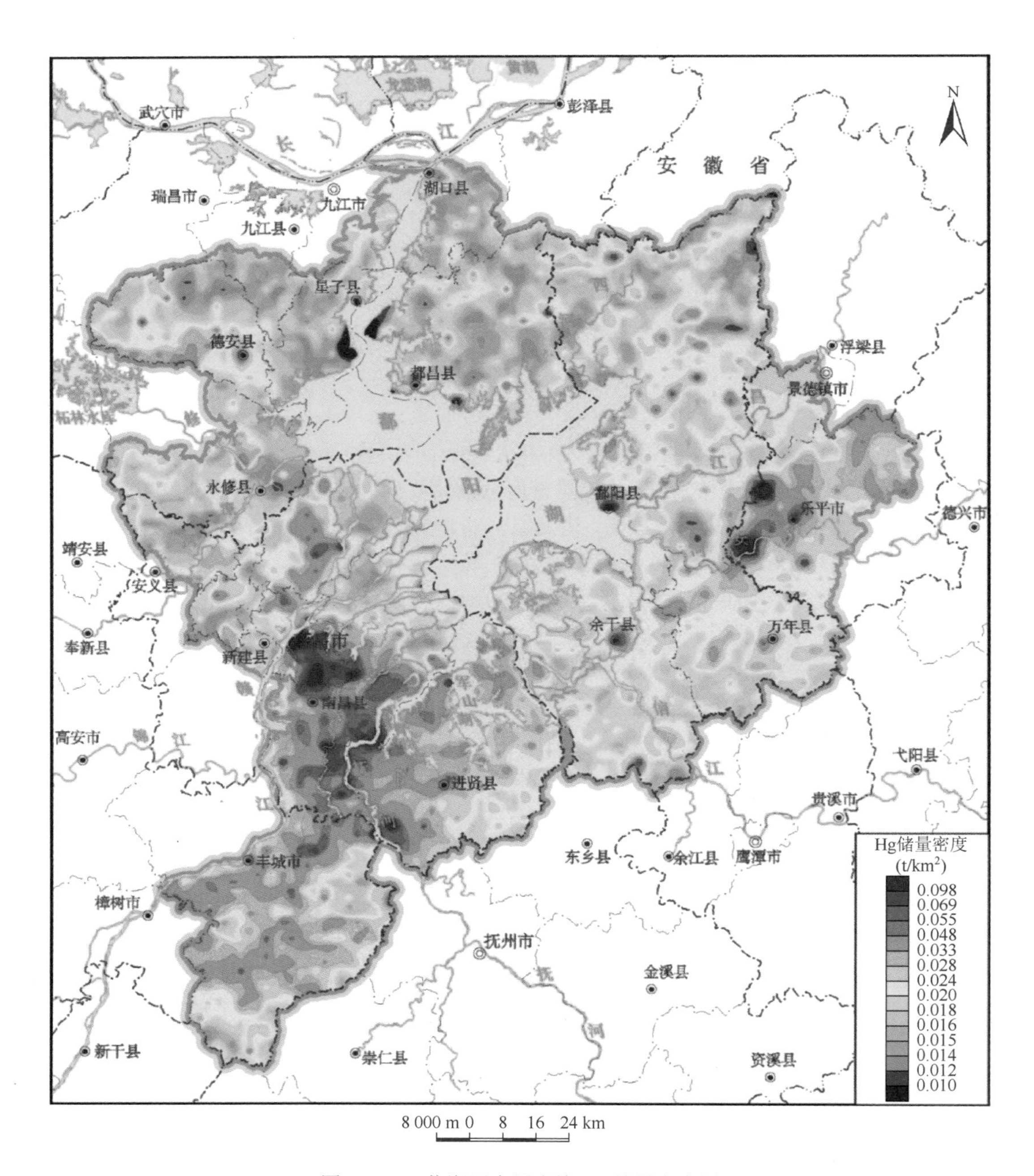

图 3-1-26　临湖区表层土壤 Hg 储量密度图

7）铅（Pb）

临湖区表层土壤 Pb 密度高值区主要集中在三角洲、平原区，如图 3-1-28 所示。

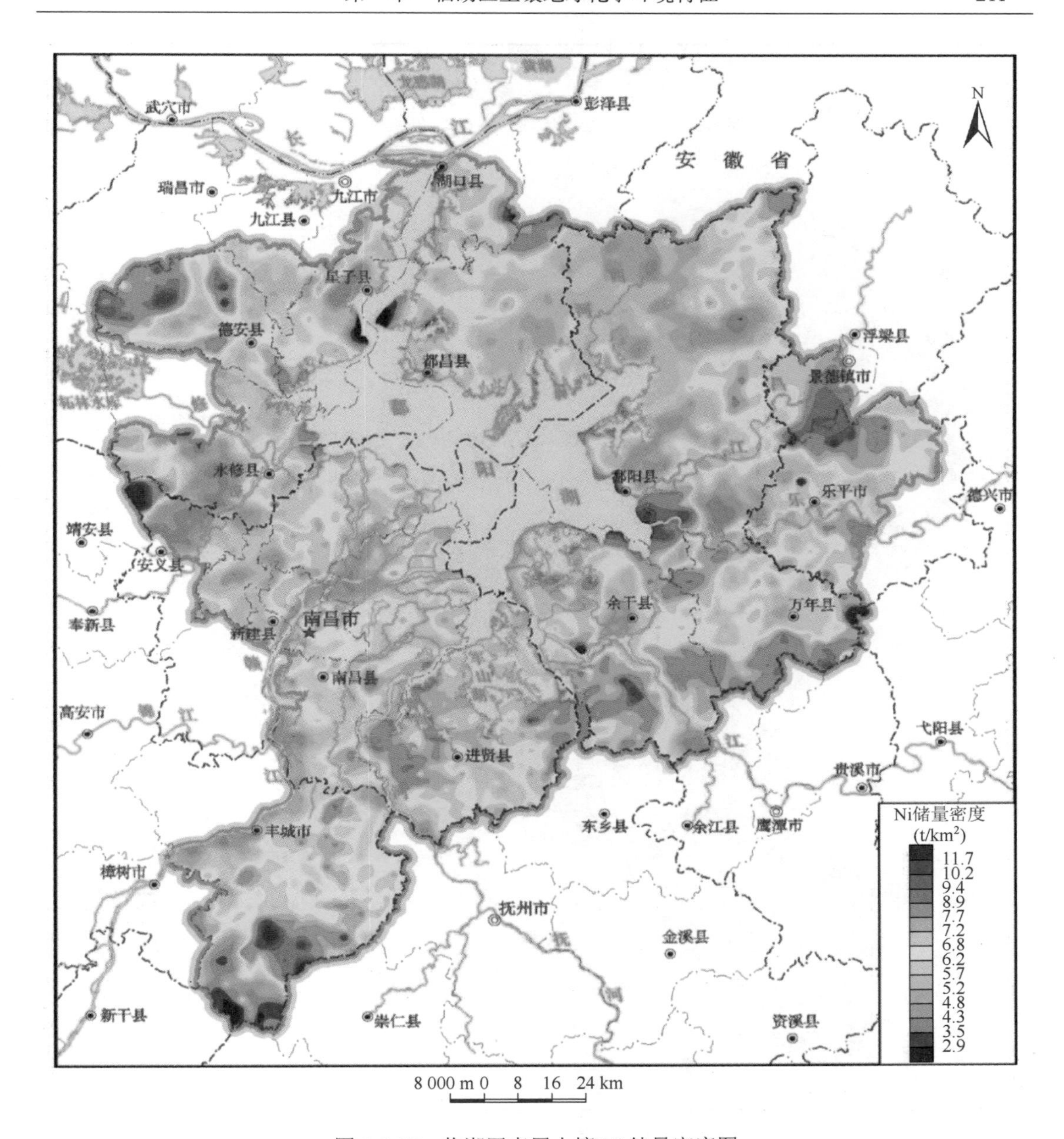

图 3-1-27 临湖区表层土壤 Ni 储量密度图

临湖区表层土壤 Pb 平均储量密度为 8.1 t/km^2。冲湖积平原区为 10.6 t/km^2、水域为 10.2 t/km^2、三角洲区为 10.0 t/km^2、冲积平原区为 8.8 t/km^2，Pb 储量密度相对较高；岗地区为 7.4 t/km^2，Pb 储量密度相对较低；丘陵、低山、中低山和中山区为 7.7～8.3 t/km^2。

中层土壤 Pb 平均储量密度为 39.2 t/km^2，以冲湖积平原区平均储量密度 52.0 t/km^2 为最高，岗地平均储量密度 35.9 t/km^2 为最低。深层土壤 Pb 平均储量密度为 68.6 t/km^2，以冲湖积平原区平均储量密度 91.9 t/km^2 为最高，岗地平均储量密度 63.2 t/km^2 为最低。中、深层土壤 Pb 储量密度分布特征与表层土壤基本一致。

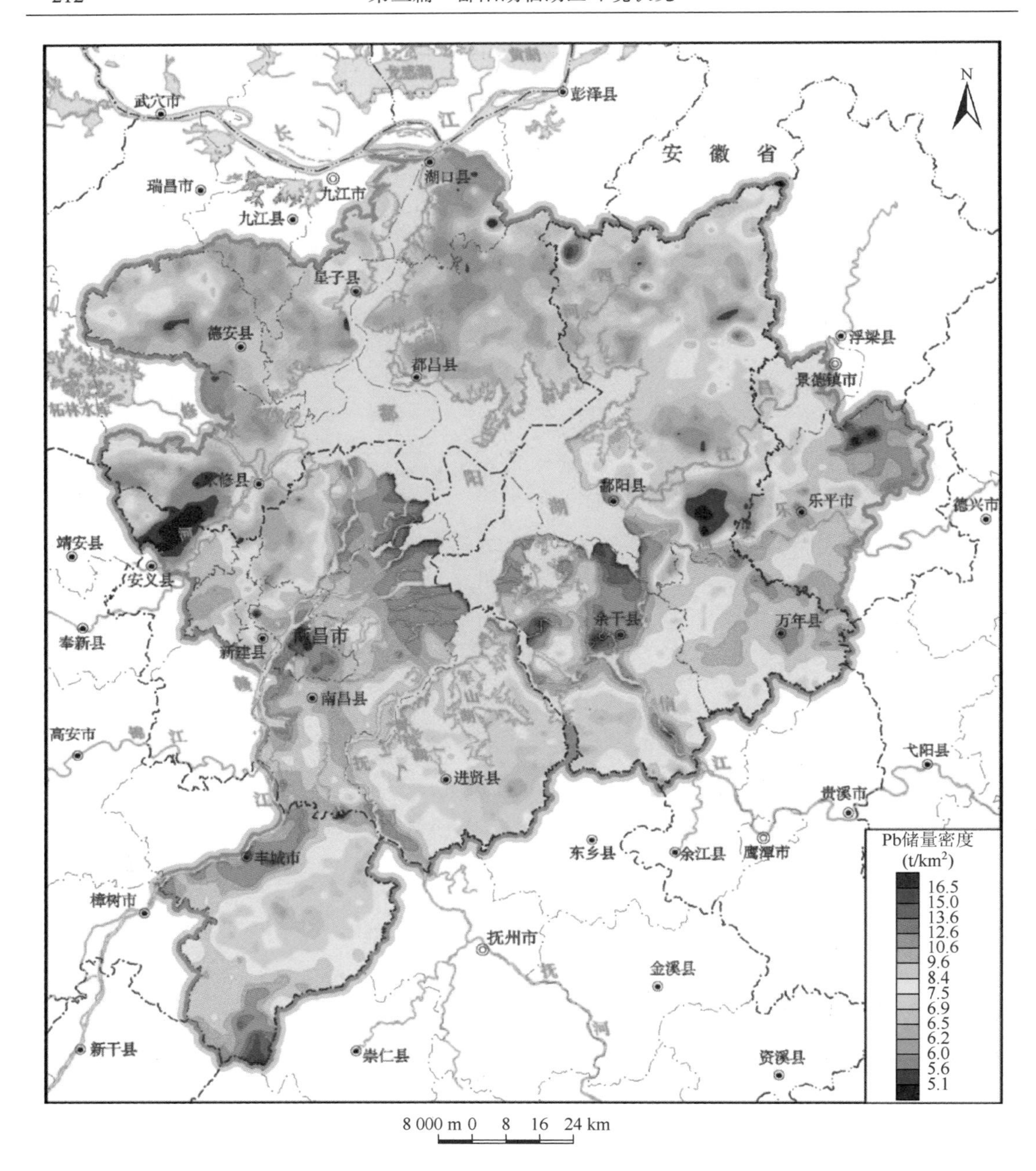

图 3-1-28　临湖区表层土壤 Pb 储量密度图

8）锌（Zn）

临湖区表层土壤 Zn 储量密度变化特征与 Pb 较为类似，如图 3-1-29 所示。

临湖区表层土壤 Zn 平均储量密度为 18.6 t/km^2，冲湖积平原区为 23.6 t/km^2、三角洲区为 22.5 t/km^2，Zn 储量密度相对较高；岗地区为 16.2 t/km^2，Zn 储量密度相对较低。

中层土壤 Zn 平均储量密度为 94.0 t/km^2，以冲湖积平原区平均储量密度 117.9 t/km^2 为

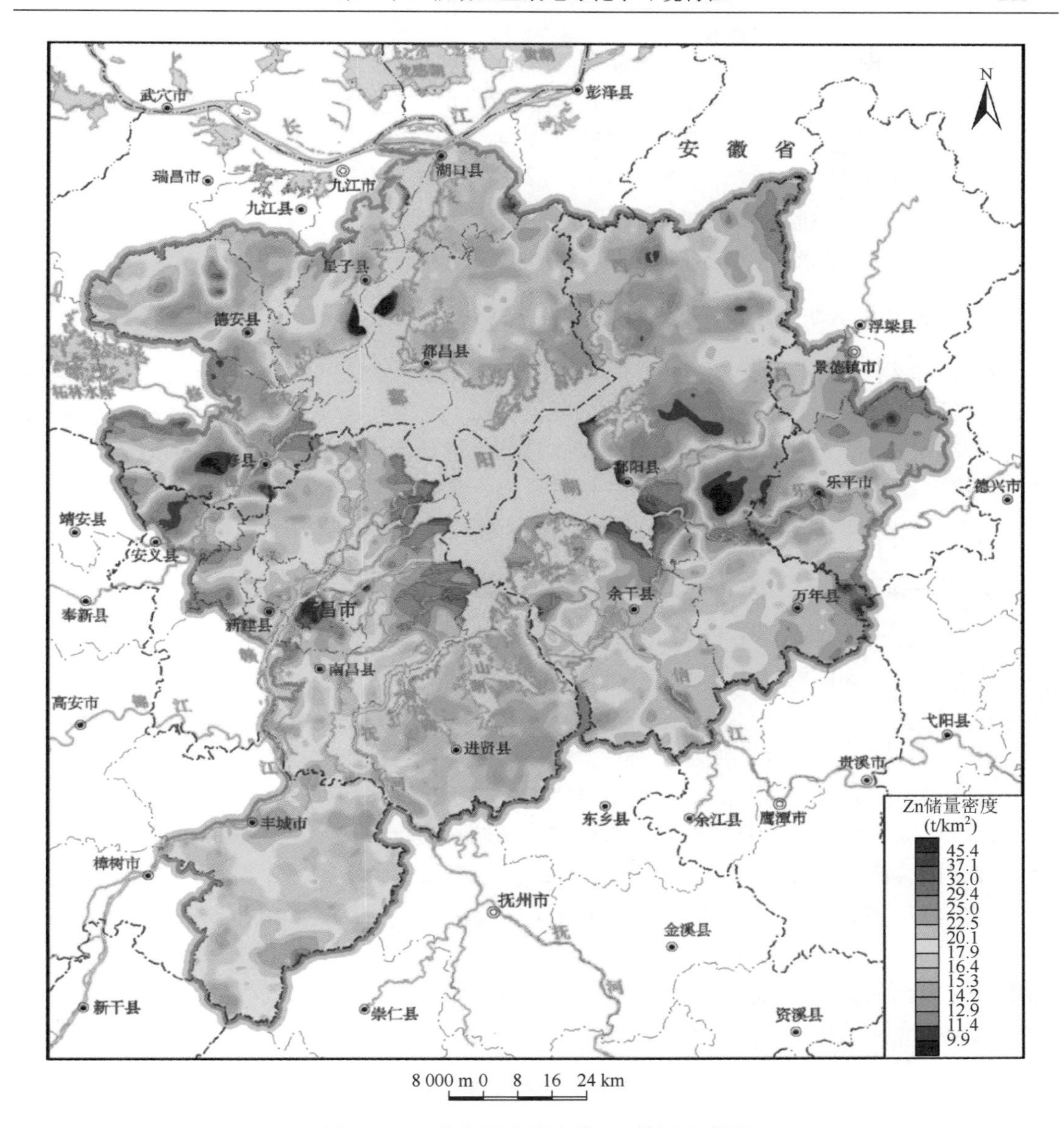

图 3-1-29　临湖区表层土壤 Zn 储量密度图

最高，岗地区平均储量密度 82.3 t/km^2 为最低。深层土壤 Zn 平均储量密度为 170.2 t/km^2，以冲湖积平原区平均储量密度 211.9 t/km^2 为最高，岗地区平均储量密度 150.2 t/km^2 为最低。

第六节　临湖区土壤污染防治对策

临湖区土壤存在一定面积的重金属元素超标区，其原因主要有两个方面：一是土壤高背景，部分区域土壤重金属元素超标与高异常成土母岩分布密切相关；二是人为因素，与涉矿企业的“三废”排放有关，既受本区域内也受区域外的影响。当前土壤重金属污染治理存在一定困难：一是目前基础科学研究薄弱，土壤中各类重金属元素之间协同和拮抗及其内在机理并不完全清楚；二是优选对重金属低生物吸收积累的作物品种的研究工作也相对较弱；三是土壤修复标准和基准值滞后，国内至今仍未发布土壤重金属污染修复技术规范；四是现有修复技术存在局限性，无论是物理修复、化学修复或生物修复技术均存在大规模推广应用的局限。因此，土壤重金属污染治理防治需要采取综合措施。

应当进一步加强监控鄱阳湖临湖区，以及鄱阳湖流域上游地区涉矿企业的“三废”污染物达标排放工作。此外，应从以下几个方面开展工作。

1. 加强基础研究，建立地方性土壤环境质量标准

加强区域土壤-水-大气-作物体系不同有益、有害元素之间的协同和拮抗基础理论研究，为防治技术方法和提高治理效果提供理论支持。土壤环境基准值和背景值是土壤环境质量评价，特别是土壤超标综合评价的基本依据，也是确定土壤环境容量的依据，充分利用本次调研数据成果做进一步研究，依据重金属元素自然背景的分布情况，科学制定临湖区地方性土壤环境质量标准，为临湖区土壤环境治理提供规范依据。

2. 摸清详细情况，排查风险区，建立修复技术储备

土壤重金属修复是一个复杂的系统工程。土壤重金属元素超标问题需要分类采用不同的方式方法处理和应对，其主要是技术修复、工程措施和农作物种植调整三大类。目前主要存在以下几个方面的挑战：一是资金需求巨大。以湖南地区为例，资金量均以数亿、数十亿计。二是修复难度高，修复时间长。虽然当前技术方法很多，但目前尚未有完全成熟的技术方法。三是涉及面广，对社会稳定管控能力和组织协调能力要求高。

同时，确定具体的修复地块，需要开展大比例尺土壤环境地球化学调查工作。要尽快开展详尽的基础调查工作，主要是对已发现的重金属元素土壤超标农耕区开展大比例尺的乡-村级（1∶10 000～1∶2 000）土地环境质量调查，详细查明土壤、水、农作物、大气干湿沉降物中相关重金属元素的含量及超标情况，查明重金属元素的主要迁移途径；开展该地区人口重金属元素地方性流行病学的详细摸排工作，查明重金属元素中毒人群数量；开展重金属元素超标土壤修复技术试验科研工作等。

3. 编制治理规划，实施综合治理，开展公众科学知识普及

在详尽调查基础之上开展多专业、多领域的专业技术会商，编制治理和防治规划。应当编制重金属元素土壤超标治理的规划、编制预防人群重金属元素中毒的地方病防治计划、编制重金属元素土壤超标区种植业调整规划、编制改水工程规划等。同时，要对社会公众进行重金属元素科学知识的普及，消除社会公众的恐慌，避免产生社会公众事件。

此外，由于工作中涉及地矿、国土、环保、卫生、农业、科技、水利等多部门、多行业的专业技术力量和行政执法力量，要加强各部门之间工作的协同配合。

参考文献

江西省土地利用管理局，江西省土壤普查办公室. 1991. 江西土壤. 北京：中国农业科技出版社.

袁东海，李道林. 1999. 各种不同类型粘盘黄褐土的水分特性研究. 安徽农业大学学报，(2)：200-204.

中国地质调查局. 2005. 多目标区域地球化学调查规范（DD2005-01）. 中国地质调查局地质调查技术标准.

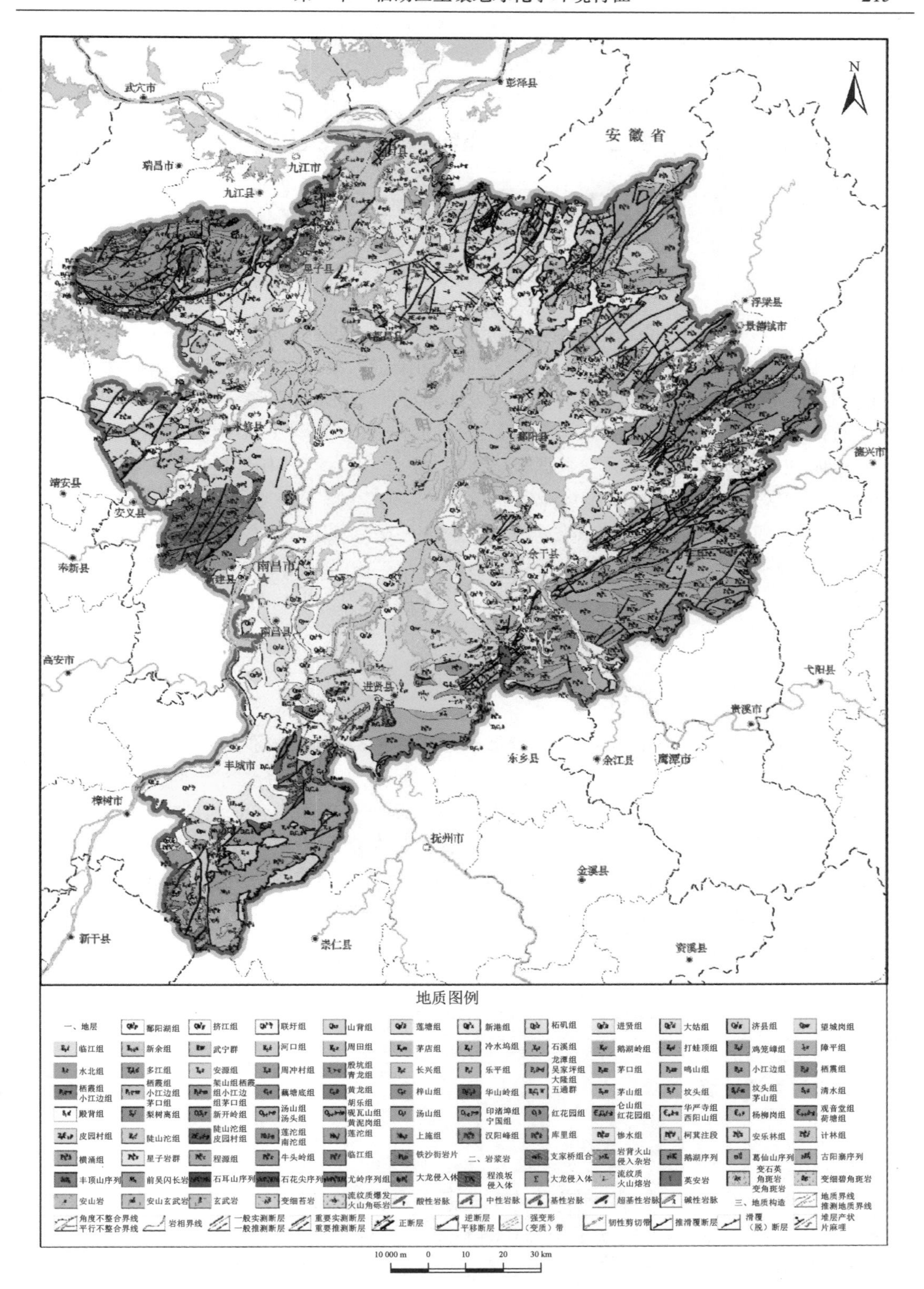

附图 3-1-1　临湖区区域地质简图

第二章　临湖区农村及农业面源污染状况

临湖区作为鄱阳湖核心水体与五河之间的衔接带和缓冲区，是鄱阳湖核心水体重要的生态屏障。区域内河网密布，农村生活及农业面源污染物入湖迁移路径复杂，迁移距离较近。然而，该区农村生活及农业面源污染物源强识别和对鄱阳湖水体污染负荷的贡献长期以来解析不明。自2012年1月开始至2014年6月结束，对临湖区农村生态环境及农业面源污染进行了历时2年多的科学考察，采用数据收集整理、实地入户调查、田间定位监测的考察方法，基本掌握了农村生活、种植业、畜禽养殖业和水产养殖业氮、磷主要污染物产生量、排放量，明确了其时间和空间分布，核算了农村生活及农业面源对鄱阳湖水体污染的贡献。由于无法完整获取乡镇单元的统计数据，在计算临湖区农村及农业面源污染物产生及排放量时，只能采用各县（区、市）临湖区占该县（区、市）国土面积的比例进行换算。

第一节　农村生活污染

农村生活污染主要是生活污水和生活垃圾，考察方法是随机在调查的县（区、市）选取1个乡镇的1个自然村10户农户，每天统计生活垃圾和生活污水的产生量，连续10天，以此作为该县（区、市）的生活垃圾和生活污水人均产生量系数。农村门塘作为农村生活污染的直接受纳水体，其地表水环境质量现状评价是在夏季丰水期随机采集了11个县（每1个县3个乡镇，每个乡镇3个自然村）99个自然村门塘地表水样品进行检测，冬季则在夏季采样点的基础上随机采集11个县13个自然村门塘地表水样品，依据《地表水环境质量标准》中Ⅲ类水质进行。

一、农村生活污染现状

1. 农村生活垃圾

1）生活垃圾产生及排放系数

通过对临湖区13个县（区、市）农村进行入户监测，经统计分析后生活垃圾人均产生量范围为0.511～0.801 kg/d，平均为0.64 kg/d（图3-2-1），略低于全国平均水平（全国农村人均生活垃圾排放量为0.76 kg/d）。各县（区、市）之间，以南昌县0.801 kg/d为最高；其次是鄱阳县0.767 kg/d，最低为新建县的0.511 kg/d。

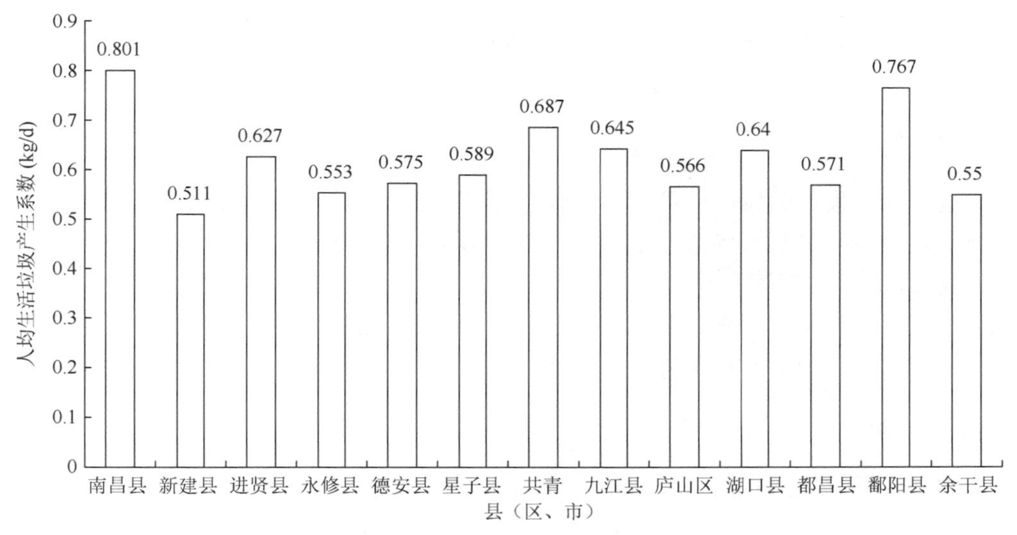

图 3-2-1　临湖区农村人均生活垃圾产生系数（2013 年）

生活垃圾除少数因新农村建设而设有简单的垃圾集中收集和处理（填埋和焚烧）设施外，绝大多数农村没有垃圾处理设施，生活垃圾随处排放，产生多少直接排放多少。确定农村人均生活垃圾排放系数为 0.51～0.80 kg/d，平均为 0.62 kg/d。

2）生活垃圾产生量和排放量

以实地调查得到的临湖区 13 个县（区、市）农村生活垃圾产生系数均值，推算了临湖区其余 6 个县（区、市）的农村生活垃圾产生量，从而核算出 2013 年临湖区生活垃圾产生总量（不包括城镇建筑垃圾等向农村转移的量）为 166.0×10^4 t（图 3-2-2）。考虑到农村常住人口的比例为 70%，估计农村生活垃圾实际产生量可能要低。一般情况下，生活水平高的家庭其生活垃圾产生量相对也高。通过对农村生活垃圾产生量与当地农民人均年收入的关系进行分析，尽管有随着生活水平的提高，垃圾产生量有增加趋势，但其相关性并不显著。

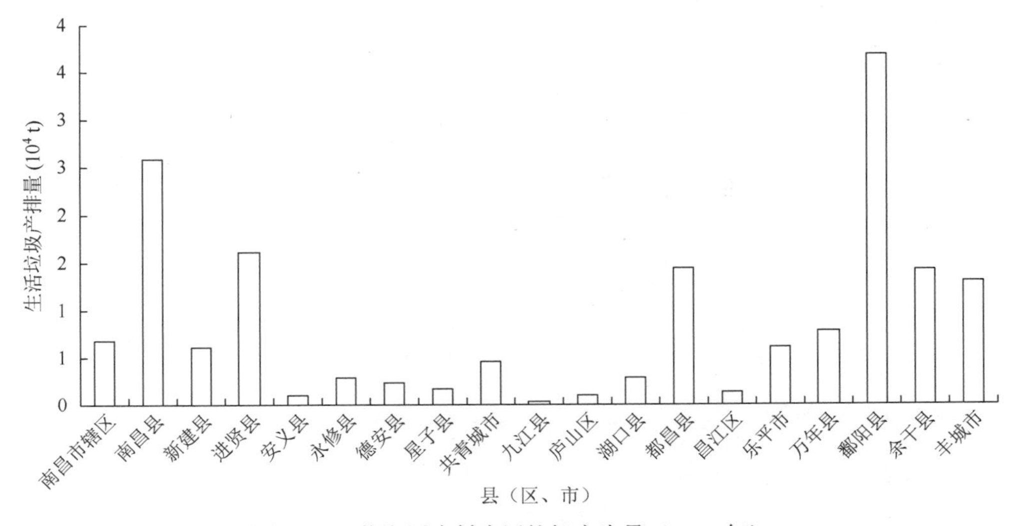

图 3-2-2　临湖区农村生活垃圾产生量（2013 年）

由于生活垃圾产生后基本上直接排放，根据估算 2013 年临湖区农村生活垃圾排放量，约为 166.0×10^4 t。

3）生活垃圾组分

通过对入户采集的垃圾样品进行筛分，临湖区农村生活垃圾可分为可堆肥垃圾（即有机垃圾：菜帮菜叶、剩饭剩菜、果皮果核、杂草树叶等）占 63.8%，可回收垃圾（废纸、塑料、玻璃、金属、废家具、电器零件等）占 12.8%，不可回收垃圾（橡胶制品、废木料、扫地尘土、废弃砖瓦等）占 22.4%，有害垃圾（农药、化肥、除草剂等包装的瓶和袋、废旧电池、旧灯管灯泡等）占 1.0%。

4）生活垃圾的 N、P 含量

对农村生活垃圾进行污染物含量分析，其 TN 含量范围为 1.89～2.12 g/kg，均值为 2.02 g/kg；TP 含量范围为 0.36～0.40 g/kg，均值为 0.38 g/kg。

5）可堆肥垃圾 N、P 产生量

尽管生活垃圾中可堆肥垃圾（即有机垃圾）占 63.8%，但贡献了生活垃圾中 90%的 N 量，P 含量与其他垃圾持平，基于此测算出临湖区各县（区、市）可堆肥垃圾 N、P 的产生量。2013 年，临湖区农村生活垃圾中的可堆肥垃圾 TN、TP 产生量分别为 3 018.7 t 和 402.6 t，其中以鄱阳县、南昌县和进贤县居前三位，分别占总量的 19.9%、14.5%和 9.7%（图 3-2-3）。

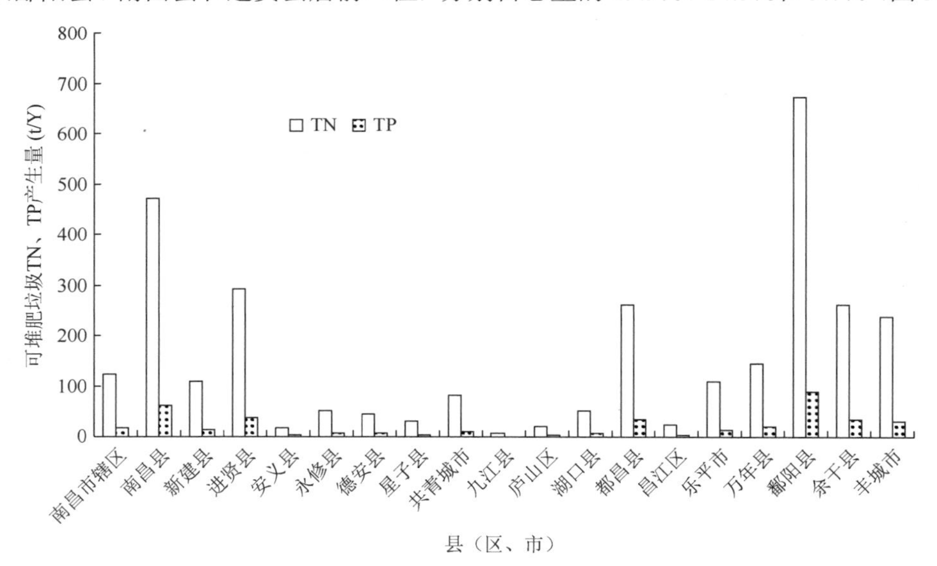

图 3-2-3　临湖区农村可堆肥垃圾 TN、TP 产生量

2. 农村生活污水

1）生活污水产生及排放系数

农村生活污水主要由泔水、洗菜水、淘米水、洗衣水和洗澡水等组成（此次考察未将

家庭厕所污水计入）。通过对 13 个县（区、市）的农户进行入户调查，夏季人均生活污水产生量系数为 32.5～52.6 L/d，平均值为 42.1 L/d。各县（区、市）之间进行比较，以南昌县农村夏季人均生活污水产生系数 52.6 L/d 为最高，新建县 36.4 L/d 为最低。

冬春季生活污水产生系数为 12.4～27.5 L/d，平均值为 19.9 L/d，产生系数大幅度低于夏季。各县（区、市）之间进行比较，以南昌县农村冬春季生活污水产生系数 27.5 L/d 为最高，余干县 12.4 L/d 为最低（图 3-2-4）。

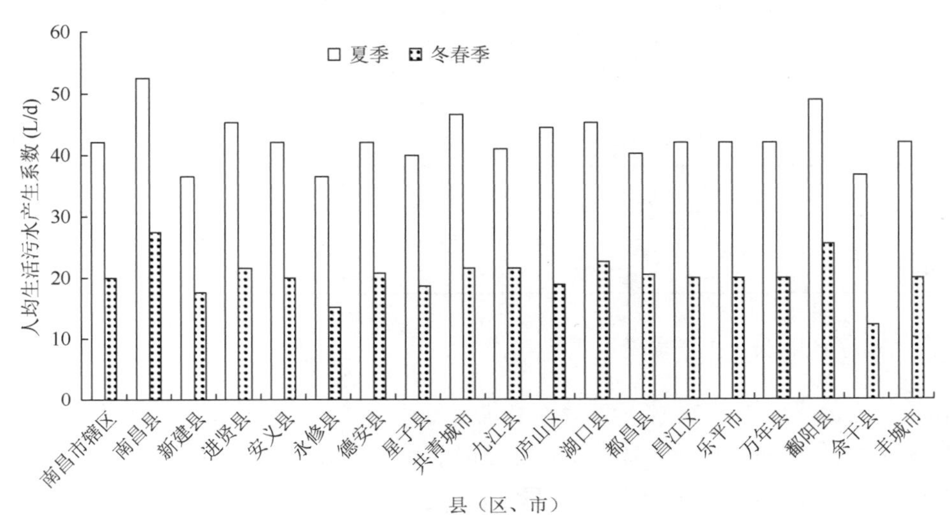

图 3-2-4　临湖区农村人均生活污水产生系数（2013 年）

2）生活污水产生量与排放量

在实地调查上述 13 个县（区、市）的基础上，利用其生活污水产生系数的均值，推算了临湖区其余 6 个县（区、市）的生活污水产生量，核算出鄱阳湖区农村生活污水产生总量。2013 年，临湖区污水产生总量为 7 783.5×10^4 t；产生量居前三位的分别是鄱阳县、南昌县和进贤县，依次为 1 702.2×10^4 t、1 230.4×10^4 t 和 811.1×10^4 t（图 3-2-5）。

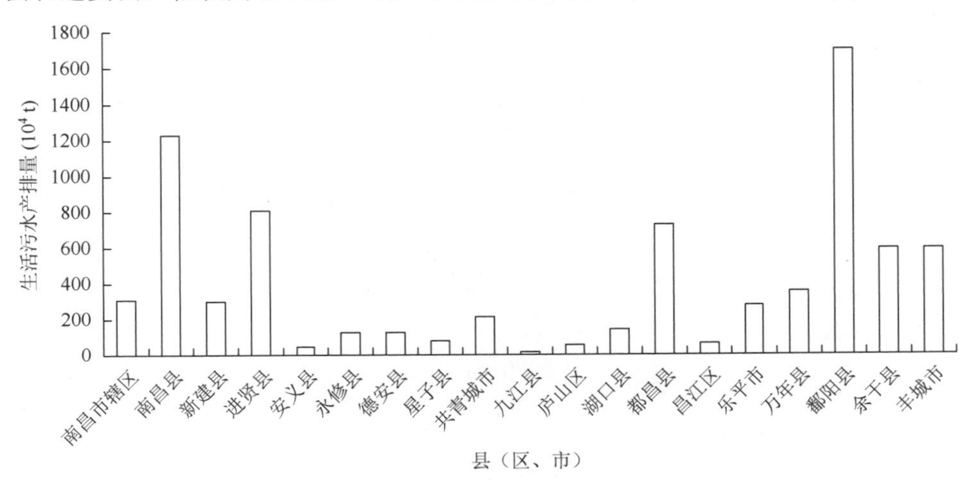

图 3-2-5　临湖区各县（区、市）农村生活污水产生与排放量（2013 年）

由于调查区域内的农村缺少生活污水处理设施，生活污水基本上未经处理就直接外排，排放量等于产生量，因此 2013 年临湖区农村生活污水的排放量为 7 783.5×10^4 t。

3）生活污水污染物含量

对 13 个县（区、市）的农村生活污水采样进行分析的结果表明，农村生活污水中 COD 浓度范围为 33.7～52.8 mg/L，均值为 43.68 mg/L；TN 浓度范围为 2.3～6.6 mg/L，均值为 4.04 mg/L；TP 浓度范围为 0.22～0.63 mg/L，均值为 0.41 mg/L，各具体污染物浓度见表 3-2-1。

表 3-2-1　临湖区农村生活污水中污染物浓度　（单位：mg/L）

指标	pH	DO	TDS	COD	BOD	TP	TN	NH_4^+-N
浓度范围	5.67～6.86	6.43～8.44	57.9～89.2	33.7～52.8	22.6～36.8	0.22～0.63	2.3～6.6	0.11～0.36
浓度均值	6.38	7.13	72.09	43.68	29.03	0.41	4.04	0.19

4）生活污水中 N、P 产生量

由于实地入户监测的农村生活污水不包含厕所污水，为真实反映农村生活污水中污染物的实际情况，以第一次全国污染源普查时滇池、太湖和巢湖流域农村生活污水污染物产生系数均值［TN 2.368 g/(d·人)，TP 0.243 g/(d·人)］为基数，测算临湖区农村生活污水中 N、P 污染物量，得出 2013 年生活污水中的 N、P 污染物产生量分别为 TN 5 971.41 t、TP 612.79 t（表 3-2-2）。

表 3-2-2　临湖区农村生活污水 N、P 产生量

县（区、市）	生活污水污染物产生量（t）	
	TN 产生量	TP 产生量
南昌县	766.89	78.70
新建县	282.15	28.95
进贤县	608.48	62.44
安义县	35.46	3.64
南昌市辖区	251.52	25.81
永修县	125.12	12.84
德安县	100.26	10.29
星子县	155.58	15.97
共青城市	70.87	7.27
九江县	12.31	1.26
庐山区	43.70	4.49
湖口县	105.52	10.83
都昌县	598.11	61.38
昌江区	50.98	5.23

续表

县（区、市）	生活污水污染物产生量（t）	
	TN 产生量	TP 产生量
乐平市	227.45	23.34
万年县	292.14	29.98
鄱阳县	1 140.90	117.08
余干县	618.85	63.51
丰城市	485.12	49.78
合计	5 971.41	612.79

5）农村厕所改造情况

通过实地调查，2013 年临湖区农村厕所通过三级化粪池改造的户数有 74.1×10^4 户，占农村总户数的 45.2%，还有一半以上的农村家庭沿用传统的厕所类型，卫生状况脏、乱、差。改厕率超过 50%的县（区、市）有南昌县、永修县、庐山区和共青城市（表 3-2-3）。

表 3-2-3　临湖区农村厕所改造现状

县（区、市）	户籍总数（10^4 户）	厕所改造户数（10^4 户）	改厕率（%）
南昌县	23.23	11.85	51
新建县	17.14	8.23	48
进贤县	17.60	7.92	45
永修县	7.11	3.56	50
德安县	2.86	1.40	49
星子县	4.46	2.01	45
九江县	6.11	2.50	41
湖口县	4.95	2.18	44
都昌县	16.88	6.75	40
鄱阳县	32.35	13.67	42
共青城市	2.05	1.07	52
庐山区	2.99	1.52	51
余干县	17.72	7.44	42
临湖区合计	163.87	74.06	45

二、农村地表水环境现状

门塘是村庄、周边农田污染物的受纳水体，直接反映当地农村生活污染状况。由于农村集体经济薄弱，加之环境保护和集体意识淡薄，致使门塘地表水质状况总体情况堪忧。

1. 门塘夏季地表水质量

2013 年夏季随机采集了临湖区 11 个县 99 个自然村门塘地表水样品进行检测，并采用《地表水环境质量标准》（GB 3838—2002）中的Ⅲ类地表水标准和单因子进行评价。结果表明，地表水 pH 均值为 6.35，超标率为 19.2%；溶解氧（DO）浓度均值为 5.95 mg/L，超标率为 22.2%；COD 浓度均值为 19.69 mg/L，超标率为 34.3%，最大超标 2.30 倍；五日生化需氧量（BOD）浓度均值为 10.81 mg/L，超标率为 88.9%，最大超标 8.53 倍；TP 浓度均值为 0.73 mg/L，超标率为 100%；TN 浓度均值为 1.27 mg/L，超标率为 43.4%，最大超标 9.56 倍（表 3-2-4）。以水体富营养化关键因子 P 含量来评价，采集样点门塘地表水全部富营养化，最大超标达到 110 倍。

表 3-2-4 临湖区农村门塘夏季地表水质量状况

项目（$n=99$）	pH	DO（mg/L）	TDS（mg/L）	COD（mg/L）	BOD（mg/L）	TP（mg/L）	TN（mg/L）	NH_4^+-N（mg/L）
浓度范围	4.9～7.2	3.8～9.6	6.5～79.5	3.0～46	1.12～34.12	0.16～5.53	0.2～9.56	0.01～0.2
浓度均值	6.35	5.95	32.09	19.69	10.81	0.73	1.27	0.05
Ⅲ类超标数	19	22	—	34	88	99	43	—
Ⅲ类超标率（%）	19.2	22	—	34.3	88.9	100	43.4	—
最大超标倍数	1.22	1.32	—	2.30	8.53	110.60	9.56	—
Ⅲ类标准值	6～9	≥5	—	≤20	≤4	≤0.05	≤1	—

2. 门塘冬季地表水质量

在原取样点抽样检测了 13 个县（区、市）的 13 个门塘的水质。以Ⅲ类地表水为评价标准，冬季门塘水体 TP 浓度超标率为 100%；TN 浓度超标率高于夏季，达到 69.2%（表 3-2-5）。若以Ⅴ类地表水标准评价，就 TP 而言，有 61.5%农村门塘冬季地表水体质量达到劣Ⅴ类。

表 3-2-5 临湖区农村门塘冬季地表水质量状况

项目（$n=13$）	pH	DO（mg/L）	TDS（mg/L）	COD（mg/L）	BOD（mg/L）	TP（mg/L）	TN（mg/L）	NH_4^+-N（mg/L）
浓度范围	4.53～7.39	2.94～8.37	44.9～455	2～196	1.3～41.8	0.1～5.86	0.4～9.3	0.01～0.18
浓度均值	6.14	5.11	160.60	30.77	9.34	0.75	2.34	0.05
Ⅲ类超标数	4	6		3	7	13	9	
Ⅲ类超标率（%）	30.8	46.2		23.1	53.8	100.0	69.2	
最大超标倍数	1.3	1.7		9.8	10.5	117.2	9.3	

3. 不同县（区、市）农村门塘地表水质量

以 TP 为评价指标，以Ⅴ类地表水为评价标准，不同县（区、市）之间，除星子县和永修县超标率分别为 88.89%和 90%外，区域内其余 9 个县（区、市）TP 超标率均达到 100%，属于劣Ⅴ类水质（表 3-2-6），反映了农村门塘地表水富营养化程度较为严重，已经影响到农村居民的日常生活，应当引起足够的重视。

表 3-2-6 夏季不同县（区、市）农村门塘夏季地表质量现状

县（区、市）（样本数）	项目	pH	DO（mg/L）	TDS（mg/L）	COD（mg/L）	BOD（mg/L）	TP（mg/L）	TN（mg/L）
南昌县（10）	浓度范围	4.9～6.1	4.1～5.4	34.5～54.6	26.5～41.5	14.3～24.1	1.12～5.53	2.04～9.56
	浓度均值	5.54	4.63	45.57	34.83	18.07	1.89	3.45
	超标率（%）				22.22	33.33	100	66.67
	最大超标倍				1.04	2.41	27.65	4.78
新建县（9）	浓度范围	5.8～7.1	4.5～6.3	14.6～36.1	8～25	4～9.8	0.23～0.72	0.27～1.17
	浓度均值	6.34	5.57	27.01	16.00	7.69	0.47	0.74
	超标率（%）				0	0	100	0
	最大超标倍				—	—	3.6	—
进贤县（9）	浓度范围	5.7～6.8	4.8～6.7	14.5～42.6	6～32	3～16.5	0.25～0.61	0.64～1.54
	浓度均值	6.37	5.78	26.32	16.83	7.57	0.48	0.96
	超标率（%）				0	77.78	100	0
	最大超标倍				—	1.65	3.05	—
永修县（9）	浓度范围	5～6.7	4.6～8.9	11.2～55.6	3.5～45	1.12～28.6	0.16～2.4	0.2～2.47
	浓度均值	6.09	6.92	29.28	18.95	12.06	0.73	0.98
	超标率（%）				10	50	90	10
	最大超标倍				1.13	2.86	12	1.24
德安县（9）	浓度范围	5.7～7	3.8～8.7	14.5～79.5	4.5～46	1.33～34.12	0.27～2.41	0.54～3.24
	浓度均值	6.46	5.59	45.91	24.50	16.78	0.86	1.48
	超标率（%）				22.22	66.67	100	22.22
	最大超标倍				1.15	3.41	12.05	1.62
星子县（9）	浓度范围	4.9～7.1	5.1～9.6	13.8～55.2	4～33.5	2.3～22.3	0.17～1.54	0.51～2.52
	浓度均值	6.30	6.88	35.42	20.33	12.08	0.69	1.30
	超标率（%）				0	55.56	88.89	11.11
	最大超标倍				—	2.23	7.7	1.26
九江县（9）	浓度范围	6.3～7.2	4.6～7.8	6.5～41.8	3～24	1.3～16.7	0.17～0.8	0.63～1.6
	浓度均值	6.71	6.23	25.57	12.78	7.43	0.51	1.02
	超标率（%）				0	11.11	100	0
	最大超标倍				—	1.67	4	—
湖口县（8）	浓度范围	6.5～6.9	4.5～8.5	18.9～56.9	7～40	4.5～26.3	0.53～1.53	0.75～1.75
	浓度均值	6.68	6.13	34.70	20.88	12.30	0.89	1.10
	超标率（%）				0	12.5	100	0
	最大超标倍				—	2.63	7.65	—
都昌县（9）	浓度范围	6.2～6.9	5.4～8.4	15.7～41.2	8～29.5	4.2～18.3	0.37～0.73	0.58～2.41
	浓度均值	6.54	6.58	33.28	17.89	12.08	0.53	1.19
	超标率（%）				0	22.22	100	11.11
	最大超标倍				—	1.83	3.65	1.21

续表

县（区、市）（样本数）	项目	pH	DO（mg/L）	TDS（mg/L）	COD（mg/L）	BOD（mg/L）	TP（mg/L）	TN（mg/L）
鄱阳县（9）	浓度范围	6.1～6.8	4.3～6.6	16.4～46.1	9～36	3.4～16.5	0.21～0.81	0.23～1.43
	浓度均值	6.43	5.23	29.04	20.67	9.29	0.47	0.81
	超标率（%）				0	44.44	100	0
	最大超标倍				—	1.65	4.05	—
余干县（9）	浓度范围	6.1～6.9	4.6～6.8	10.2～30.8	4.5～19.5	2.3～8.4	0.21～1.01	0.27～2.46
	浓度均值	6.44	5.86	21.5	13.11	5.38	0.56	0.93
	超标率（%）				0	0	100	11.11
	最大超标倍				—	—	5.05	1.23

三、农产品加工业污染现状

对农产品加工业污染状况考察，主要是针对具有一定规模的农产品加工企业，未考察家庭作坊式的加工企业。

1. 大米加工业污染

对 14 个县（区、市）大米加工业考察的结果表明，调查的 123 家大米加工企业，总生产规模为 473.9×10^4 t，其中固体废物产生量为 170.8×10^4 t，固体废物排放量仅仅为 3 t（表 3-2-7）。产生的固体废物主要是谷壳和碎米，绝大部分用于精炼米糠油、饲料、活性炭加工和有机肥料原料，基本不对外排放，对区域内环境的影响很小。

表 3-2-7 临湖区大米加工业固体废物产生和排放现状 （单位：10^3 t）

县（区、市）	企业数量（个）	加工规模	固体废物产生量	固体废物排放量
南昌县	12	369.2	184.45	3
新建县	10	347.8	163.68	0
进贤县	8	315.0	148.24	0
安义县	6	180.0	57.60	0
永修县	5	176.5	56.50	0
德安县	2	38.0	12.00	0
星子县	4	58.0	18.60	0
湖口县	5	176.5	56.50	0
都昌县	13	276.0	88.32	0
乐平市	8	320.0	102.40	0
鄱阳县	15	956 0	306.00	0
余干县	14	546.0	175.00	0
万年县	5	165.0	52.80	0
丰城市	9	650.0	208.00	0
合计	88	3 259.0	1 209.29	3

2. 植物油脂加工业污染

在考察区域，有植物油脂加工企业 30 家，总生产规模为 608.300 t。其中，江西绿源油脂实业有限公司（新建县）2/3 加工原料为茶油、九江宝利粮油有限公司（九江县）5%生产棉籽油、鄱湖油脂有限公司（鄱阳县）100%生产棉籽油，其余均生产菜籽油。油脂加工企业固废主要是压榨或萃取油脂后的饼粕，产生量为 40.2×10^4 t，主要用于化工产品加工、饲料加工、有机肥料生产等，已全部实现废弃物资源再利用（表 3-2-8）。

表 3-2-8　植物油脂加工业固体废物产生和排放现状　（单位：10^3 t）

县（区、市）	企业数量（个）	加工规模	固体废物产生量	固体废物排放量
南昌县	5	108.000	72.000	0
新建县	4	105.000	75.000	0
进贤县	3	27.000	18.000	0
安义县	0	0	0	0
永修县	2	30.000	20.000	0
德安县	2	24.000	8.000	0
星子县	2	8.500	5.600	0
九江县	1	72.000	48.000	0
彭泽县	2	44.300	29.500	0
都昌县	5	10.500	7.000	0
鄱阳县	6	90.000	60.000	0
余干县	2	20.000	13.000	0
乐平市	3	26.000	17.300	0
丰城市	4	43.000	28.600	0
合计	41	608.300	402.000	0

3. 副食品加工业污染考察

在九江县、湖口县和都昌县调查了 3 家副食品加工企业的污染状况，分别生产腐竹、豆豉和红薯淀粉，其产品加工过程中产生的豆渣和薯渣等固体废物全都作饲料利用，不对外排放；腐竹加工和红薯淀粉加工的废水作有机肥农用，但豆豉加工废水基本上是外排（表 3-2-9）。

表 3-2-9　临湖区副食品加工业污染现状　（单位：10^3 t）

县名	产品种类	生产规模	固体废物				废水			
			种类	产生量	排放量	利用方式	种类	产生量	排放量	利用方式
九江县	腐竹	3.600	豆渣	1.548	0	饲料	洗泡水	3.960	0	肥用
湖口县	豆豉	5.400					洗泡水	2.700	2.700	外排
都昌县	红薯淀粉	16.050	薯渣	14.050	0	饲料	洗泡水	4.680	0	肥用

4. 棉花加工业污染考察

九江市是江西省棉花主要产区。在3个棉花主产县调查了8家棉花粗加工企业，产品类型是将棉籽加工成皮棉，加工过程中产生的固体废物为棉籽，棉籽产生量约为加工籽棉的2/3。棉籽主要用于加工棉籽油，压榨棉籽油产生的棉籽饼主要作有机肥料利用，因此棉花加工企业对环境的影响很小（表3-2-10）。

表3-2-10　临湖区棉花加工业固体废物产生及利用情况　（单位：10^3 t）

县名	企业数量	生产规模	固体废物			
			种类	产生量	排放量	利用方式
湖口县	3	27.000	棉籽	18.000	0	外加工
都昌县	3	27.000	棉籽	18.000	0	外加工
鄱阳县	2	30.000	棉籽	20.000	0	榨油，油饼作肥料

第二节　种植业污染

临湖区地势平坦开阔，土地肥沃，农业开发历史较早，是江西省粮食、棉花、油料和蔬菜的主要产区，种植业在全省具有举足轻重的地位。江西省粮食作物播种面积最大的10个县（区、市）有6个在临湖区，6个县稻谷产量占江西省的25%以上。江西省十大油料作物生产大县也有6个在临湖区；十大棉花主产区7个在临湖区，7个县棉花产量占江西省总产量的65%以上。乐平市、永修县、南昌县和丰城市是重点商品蔬菜基地。

江西省十大化肥用量大县5个在临湖区；十大农药用量大县6个在临湖区。施肥水平高，农药用量大，农业集约化、规模化程度高，加之湖区地形复杂，河网密布和地下水位高，种植业污染也相对较为严重。

一、农用化学品投入

1）农用化肥总投入量

化肥是农业生产的重要物资，如果农作物不施用化肥，农作物产量将降低40%～50%，根据各县（区、市）统计年鉴，2012年，临湖区农用化肥实物量为103.2×10^4 t，占江西省总量的24.2%；化肥施用量为34.7×10^4 t，占江西省化肥施用量的24.6%（表3-2-11）；较之2008年，化肥总用量增加9.7%，其中氮肥用量增加5.0%、磷肥用量增加3.4%、钾肥用量增加8.9%、复混肥用量增加20.0%；按施用量计，化肥总施用量增加13.4%，其中氮肥减少4.93%、磷肥减少8.2%、钾肥减少0.1%、复混肥则增加57.6%。氮肥主要是尿素，其次是磷铵（磷酸一铵、磷酸二铵）；磷肥主要是磷铵，其次是普钙（过磷酸钙）和钙镁磷肥；钾肥主要是氯化钾和硫酸钾；根据统计数据分析，复混肥尤其是高浓度复混肥已逐渐成为临湖区农用化肥的主要种类。

表 3-2-11　临湖区农用化肥投入总量及构成　（单位：10^4 t）

类型		2008 年	2009 年	2010 年	2011 年	2012 年
实物量	总量	94.1	99.8	103.2	104.1	103.2
	其中：氮肥	30.1	31.3	33.0	32.5	31.7
	磷肥	22.5	23.9	23.9	23.4	23.3
	钾肥	12.9	13.7	13.8	14.0	14.0
	复合肥	28.6	30.9	32.5	34.2	34.3
折纯量	总量	30.6	32.4	34.4	35.0	34.7
	其中：氮肥	9.9	9.9	10.7	9.6	9.5
	磷肥	6.2	5.9	5.8	5.8	5.7
	钾肥	5.5	5.2	5.4	5.6	5.5
	复合肥	8.9	11.3	12.6	14.0	14.0

衡量作物施肥水平高低的是单位面积养分投入量的多少。但要获得各县（区、市）单位面积不同养分投入量比较艰难，因为复混肥种类较多，其养分配比不一，难以用同一养分标准进行换算。区域化肥养分总量的计算方法：先将各县（区、市）的尿素、磷肥、氯化钾等单质肥料按照其养分含量计算 N、P_2O_5、K_2O 量；再按照各地统计部门对其复混肥养分折算方式而获得总养分量，后根据复混肥的大致配方确定各县（区、市）复混肥中 N、P_2O_5、K_2O 量，再分别将其加入单质肥料的 N、P_2O_5、K_2O 养分中，从而得出各县（区、市）农用化肥的 N、P_2O_5、K_2O 养分总量，最终合计为临湖区农用化肥的氮、磷、钾养分总量（表 3-2-12）。从表 3-2-12 可以看出，2012 年临湖区氮（N）养分总量为 15.19×10^4 t、磷（P_2O_5）为 9.29×10^4 t、钾（K_2O）为 10.32×10^4 t，N∶P_2O_5∶K_2O = 1∶0.61：0.68，施肥结构总体是磷有余而钾不足。

表 3-2-12　临湖区农用化肥养分投入总量　（单位：10^4 t）

养分	2008 年	2009 年	2010 年	2011 年	2012 年
N	13.58	14.17	15.44	15.42	15.19
P_2O_5	8.50	8.89	9.11	9.32	9.29
K_2O	8.53	9.35	9.97	10.29	10.32

2）单位耕地化肥投入量

（1）耕地氮（N）投入量。施肥造成的面源污染主要是通过地表径流和淋溶途径造成的氮磷养分流失。在一定程度上，氮磷养分流失量与氮磷投入量正相关，近年来，在施肥环境安全方面，欧洲国家普遍从土壤养分平衡的角度确定作物需 N 量，并提出耕地年施 N 量 225 kg/hm^2 为环境安全上限。我国也有专家提出，水稻一季的施 N 量不宜超过 180 kg/hm^2。但我国人多地少，基础地力差，要保障粮食安全和农产品有效供给，大量使用化肥难以避免。

将各县（区、市）农用化肥 N、P 养分投入量除以其耕地面积，得到各县（区、市）耕地 N、P 投入量。2008 年，临湖区单位耕地 N 投入量范围为 150.2～620.5 kg/hm^2，平均为 241.9 kg/hm^2；2010 年耕地 N 投入量为 184.7～662.8 kg/hm^2，平均为 263.5 kg/hm^2；2012 年耕地 N 投入量范围为 167.7～541.0 kg/hm^2，平均为 235.8 kg/hm^2。2008～2012 年，单位耕地 N 投入量平均达到 245.8 kg/hm^2。如果以年施 N 量 225 kg/hm^2 为环境安全上限，则临湖区 2008～2012 年年均超过了国际上公认的耕地 N 施用环境安全上限（表 3-2-13）。

表 3-2-13 临湖区耕地 N 投入量 （单位：kg/hm^2）

县（区、市）	2008 年	2009 年	2010 年	2011 年	2012 年
南昌县	292.5	291.4	293.4	265.3	264.9
新建县	266.5	226.6	227.4	161.5	167.7
进贤县	227.8	221.0	238.3	184.4	185.6
安义县	373.3	379.3	385.1	264.9	254.2
南昌市辖区	215.2	212.1	223.0	201.4	188.9
湖口县	620.5	617.5	662.8	547.0	541.0
都昌县	354.2	357.9	404.4	351.8	347.0
九江县	491.9	278.2	287.8	248.9	245.8
星子县	367.7	355.6	310.0	314.6	290.9
德安县	290.5	294.5	304.8	277.5	294.3
共青城市	384.9	381.6	355.4	377.4	286.6
永修县	536.4	494.2	515.2	524.5	525.1
庐山区	155.3	228.9	234.1	231.3	207.5
余干县	219.4	282.4	292.2	311.0	310.0
鄱阳县	150.2	179.5	186.8	188.3	170.1
万年县	177.4	177.6	184.7	176.3	175.9
乐平市	260.8	257.9	271.0	269.7	271.9
昌江区	392.4	391.3	397.5	401.3	398.8
丰城市	151.9	182.1	240.4	285.1	273.4
临湖区均值	241.9	247.2	263.5	240.4	235.8

不同县（区、市）之间，单位耕地 N 投入量以永修县、湖口县和昌江区居前三位，分别为 597.8 kg/hm^2、519.1 kg/hm^2 和 396.3 kg/hm^2，主要是棉花、蔬菜和果树种植面积相对较大。尽管临湖区耕地 N 养分投入总量每年均在递增，而单位耕地 N 投入量至 2010 年达到峰值后就逐年下降，这只是从统计数据的角度进行分析，但在生产实际中养分投入量仍在逐年增加。

（2）耕地磷（P_2O_5）投入量。P 是农作物生长的必需元素之一，也是水体富营养化的限制因子。2008 年，临湖区单位耕地 P_2O_5 投入量为 54.1～343.0 kg/hm^2，平均为 150.1 kg/hm^2；2010 年投入 $P_2O_5$58.3～354.4 kg/hm^2，平均为 157.3 kg/hm^2；2012 年投入 P_2O_5 61.5～330.6 kg/hm^2，平均为 145.7 kg/hm^2（表 3-2-14）。2008～2012 年，单位耕地平均投入 P_2O_5 151.1 kg/hm^2，其中永修县、安义县、南昌县分别高达 324.7 kg/hm^2、303.9 kg/hm^2、273.2 kg/hm^2。国内也有研究结果指出，水田全年施用 P_2O_5 量不宜超过 60 kg/hm^2。据此，临湖区大部分

县（区、市）耕地投入 P_2O_5 量超过此限，加之因土壤对磷的固定导致磷当季利用率不高，致使部分耕地土壤 P 富集，其环境风险加大。

表 3-2-14　临湖区耕地 P_2O_5 投入量　　（单位：kg/hm^2）

县（区、市）	2008 年	2009 年	2010 年	2011 年	2012 年
南昌县	288.2	290.8	280.9	252.7	253.3
新建县	163.0	161.6	162.3	116.4	119.9
进贤县	121.4	120.8	121.9	95.7	96.0
安义县	343.0	352.5	354.4	244.3	225.4
南昌市辖区	137.7	154.4	169.1	151.1	141.8
湖口县	257.7	258.1	275.8	242.3	245.8
都昌县	133.6	131.1	135.3	117.8	118.3
九江县	178.6	88.9	106.7	116.4	118.0
星子县	90.5	99.0	93.8	102.7	108.7
德安县	150.4	148.2	150.1	146.6	153.7
共青城市	217.6	185.2	199.4	211.5	179.4
永修县	333.2	305.4	326.4	328.0	330.6
庐山区	104.4	137.8	153.3	135.3	133.8
余干县	186.9	201.2	181.4	182.5	179.5
鄱阳县	89.6	97.3	88.5	106.1	102.8
万年县	54.1	56.0	58.3	60.2	61.5
乐平市	154.2	163.1	168.2	176.7	183.5
昌江区	241.7	257.8	263.6	270.1	273.7
丰城市	102.4	129.7	149.3	167.3	157.6
临湖区均值	150.1	155.6	157.3	147.0	145.7

3）主要农作物化肥养分投入量

（1）水稻化肥养分投入量。水稻是临湖区主要的农作物，播种面积占粮食作物播种面积的92%。根据实地入户调查和结合统计数据分析，临湖区水稻N投入量为75～216 kg/hm^2，平均为 109.9 kg/hm^2；P_2O_5 投入量为 30～135 kg/hm^2，平均为 66.2 kg/hm^2；K_2O 投入量为 40～138 kg/hm^2，平均为 77.7 kg/km^2（表 3-2-15）。不同县（区、市）之间差异较大，这主要与当地农民经济收入、农业科技水平和对水稻生产的重视程度有关，在水稻生产实践中盲目施肥和偏施氮肥的农户不在少数。

表 3-2-15　临湖区水稻化肥养分投入量　　（单位：kg/hm^2）

县（区、市）	养分投入量		
	N	P_2O_5	K_2O
南昌县	125	112	117
新建县	112	75	89

续表

县（区、市）	养分投入量		
	N	P_2O_5	K_2O
进贤县	110	60	70
安义县	135	105	90
南昌市辖区	110	65	90
湖口县	135	67	90
都昌县	115	50	53
九江县	80	45	55
星子县	90	45	60
德安县	90	45	60
共青城市	112	65	90
永修县	216	135	138
庐山区	80	65	75
余干县	107	60	75
鄱阳县	81	40	49
万年县	75	35	40
乐平市	80	56	65
昌江区	113	67	90
丰城市	122	65	80
临湖区均值	109.9	66.2	77.7

（2）油料作物化肥养分投入量。油菜和花生是临湖区主要的油料作物。根据实地调查和结合统计数据得出，临湖区油菜 N 投入量为 44～235 kg/hm^2，平均为 119.8 kg/hm^2；P_2O_5 投入量为 25～145 kg/hm^2，平均为 82.1 kg/hm^2；K_2O 投入量为 30～150 kg/hm^2，平均为 83.6 kg/hm^2；永修县、湖口县等油菜重点产区化肥养分投入量较大，稻田油菜施肥量大于旱地油菜施肥量（表 3-2-16）。

表 3-2-16　临湖区主要油料作物化肥施用量　（单位：kg/hm^2）

县（区、市）	油菜养分投入量			花生养分投入量		
	N	P_2O_5	K_2O	N	P_2O_5	K_2O
南昌县	120	125	115	80	108	75
新建县	80	75	60	60	75	55
进贤县	85	60	55	82	50	45
安义县	120	115	90	90	90	80
南昌市辖区	92	105	90	90	75	85
湖口县	185	115	125	95	75	70
都昌县	155	65	45	90	50	40
九江县	90	50	60	60	45	35

续表

县（区、市）	油菜养分投入量			花生养分投入量		
	N	P_2O_5	K_2O	N	P_2O_5	K_2O
星子县	180	90	105	90	70	60
德安县	150	80	90	75	90	60
共青城市	180	130	135	90	90	90
永修县	235	145	150	85	95	70
庐山区	105	70	60	60	70	40
余干县	90	50	60	45	45	60
鄱阳县	44	30	60	45	30	45
万年县	45	25	30	105	35	45
乐平市	60	60	60	75	60	55
昌江区	92	60	105	90	90	90
丰城市	92	60	65	45	90	50
临湖区均值	119.8	82.1	83.6	79.4	73.0	63.8

花生 N 投入量为 45～125 kg/hm^2，平均为 79.4 kg/hm^2；P_2O_5 投入量为 30～130 kg/hm^2，平均为 73.0 kg/hm^2；K_2O 投入量为 35～105 kg/hm^2，平均为 63.8 kg/hm^2。花生属于豆科作物，过多施用氮肥不合理，没有充分发挥豆科根瘤菌的共生固氮作用：一是因为土著根瘤菌退化导致其共生固氮能力下降；二是当氮肥施用过多时，土壤无机氮积累，也会抑制共生固氮菌的固氮活性。对花生等豆科作物大量施用氮肥，既不经济，也失去了豆科作物的固氮优势。

（3）大田经济作物化肥养分投入量。棉花和蔬菜是临湖区主要的经济作物。根据实地调查结果，棉花 N 投入量为 150～325 kg/hm^2，平均为 226.4 kg/hm^2；P_2O_5 投入量为 70～180 kg/hm^2，平均为 110.7 kg/hm^2；K_2O 投入量为 80～245 kg/hm^2，平均为 138.5 kg/hm^2；湖口县、星子县和永修县等主产区棉花化肥投入量较大（表 3-2-17）。

表 3-2-17 临湖区大田经济作物化肥施用量 （单位：kg/hm^2）

县(区、市)	棉花养分投入量			蔬菜养分投入量		
	N	P_2O_5	K_2O	N	P_2O_5	K_2O
南昌县				245	285	165
新建县	165	120	150	135	85	160
进贤县	185	90	135	160	45	95
安义县	215	90	110	225	215	180
南昌市辖区	215	125	150	175	205	180
湖口县	315	130	150	265	115	165
都昌县	230	85	90	270	65	50
九江县	210	70	80	105	30	45
星子县	325	120	135	180	65	105

续表

县(区、市)	棉花养分投入量			蔬菜养分投入量		
	N	P_2O_5	K_2O	N	P_2O_5	K_2O
德安县	205	115	120	105	45	75
共青城市	325	138	165	180	90	180
永修县	295	180	245	420	235	180
庐山区	150	105	95	105	65	50
余干县	215	90	125	100	60	60
鄱阳县	210	90	135	100	60	60
万年县	180	90	130	60	35	35
乐平市	205	115	118	165	75	125
昌江区	215	120	180	180	90	180
丰城市	215	120	180	180	80	135
临湖区均值	226.4	110.7	138.5	176.6	102.4	117.1

蔬菜N投入量为60～420 kg/hm^2，平均为176.6 kg/hm^2；P_2O_5投入量为30～285 kg/hm^2，平均为102.4 kg/hm^2；K_2O投入量为35～180 kg/hm^2，平均为117.1 kg/hm^2。商品蔬菜化肥施用量较大；而农民自用的蔬菜以施用人畜粪便为主，化肥施用量较少。

（4）果树化肥养分投入量。临湖区果树种类主要是柑橘、梨和桃等。通过调查，化肥N投入量为75～330 kg/hm^2，平均为181.3 kg/hm^2；P_2O_5投入量为30～195 kg/hm^2，平均为100.8 kg/hm^2；K_2O投入量为35～205 kg/hm^2，平均为116.1 kg/hm^2（表3-2-18）。规模较大的商品果园化肥施用量较大；而农民自用的果园基本不施肥，或是以施用人畜粪便为主，化肥施用量相对较少。

表3-2-18　临湖区果园化肥施用量　（单位：kg/hm^2）

县（区、市）	养分投入量		
	N	P_2O_5	K_2O
南昌县	190	175	165
新建县	135	105	155
进贤县	195	90	85
安义县	225	195	180
南昌市辖区	225	145	180
湖口县	230	120	180
都昌县	205	65	50
九江县	90	40	45
星子县	225	60	105
德安县	165	75	75
共青城市	225	120	180
永修县	330	185	205

续表

县（区、市）	养分投入量		
	N	P_2O_5	K_2O
庐山区	75	45	50
余干县	135	85	60
鄱阳县	135	70	60
万年县	90	30	35
乐平市	150	90	80
昌江区	225	120	180
丰城市	195	100	135
临湖区均值	181.3	100.8	116.1

4）水稻化肥肥效及利用率

（1）水稻氮肥肥效及利用率。从图 3-2-6 临湖区不同时期水稻氮肥施用报酬（农学效率）可以看出，氮肥施用报酬由 20 世纪 60 年代的 15 kg/kg 降至 2010 年的 5.6 kg/kg，下降了 63%。氮肥施用报酬降低，主要是由单位面积氮肥用量不断增加所致，其加剧耕地养分不平衡，同时因有机肥用量不断减少，土壤缓冲性能和保肥能力下降，致使养分流失量增加。

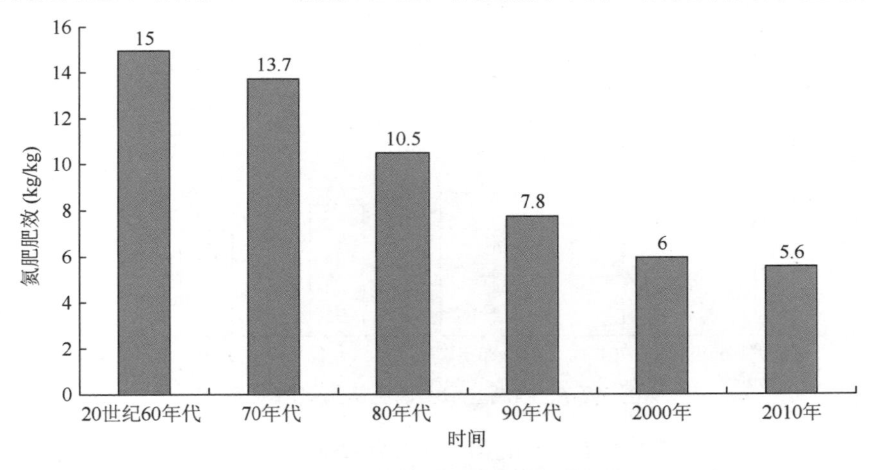

图 3-2-6　临湖区水稻氮肥肥效演变

江西省农业科学院土壤肥料与资源环境研究所

水稻氮养分利用率在不同时期变化较小，为 30%～40%（表 3-2-19）；随着氮用量的增加，水稻氮养分利用率降低。

表 3-2-19　临湖区不同时期水稻氮养分利用率

时间	氮肥种类及施氮量（N，kg/hm^2）	氮养分利用率（%）
20 世纪 80 年代	碳铵 N	32.19±9.03
	尿素 N	42.2±13.04
	氯化铵 N	34.56±8.76

续表

时间	氮肥种类及施氮量（N，kg/hm²）	氮养分利用率（%）
20 世纪 90 年代后期	尿素（60）	43.53
	尿素（120）	33.47
	尿素（180）	26.46
2005 年	尿素（165）	33.30
2010 年	尿素（165）	35.14

数据来源：江西省农业科学院土壤肥料与资源环境研究所。

（2）水稻磷肥肥效及利用率。随着水稻磷肥的不断较多，磷肥肥效下降更多。水稻磷肥施用报酬由 20 世纪 60 年代的 18.6 kg/kg 降至 2010 年的 5.5 kg/kg，下降了 70%（图 3-2-7）。水稻磷肥当季肥效的下降主要是由于长期使用钙镁磷肥或过磷酸钙，土壤对磷的固定而积累，致使水稻施磷增产效应渐次降低。虽然磷肥当季利用率低，但在土壤不断酸化条件下，其后效趋于明显。

目前，水稻磷养分利用率较 20 世纪 80 年代有逐渐提高的趋势。80 年代水稻磷养分利用率在 16%左右，2010 年水稻磷养分利用率已达到 28%左右（表 3-2-20）。水稻磷养分利用率提高，可能由于土壤酸化减少了土壤对磷的吸附固定。

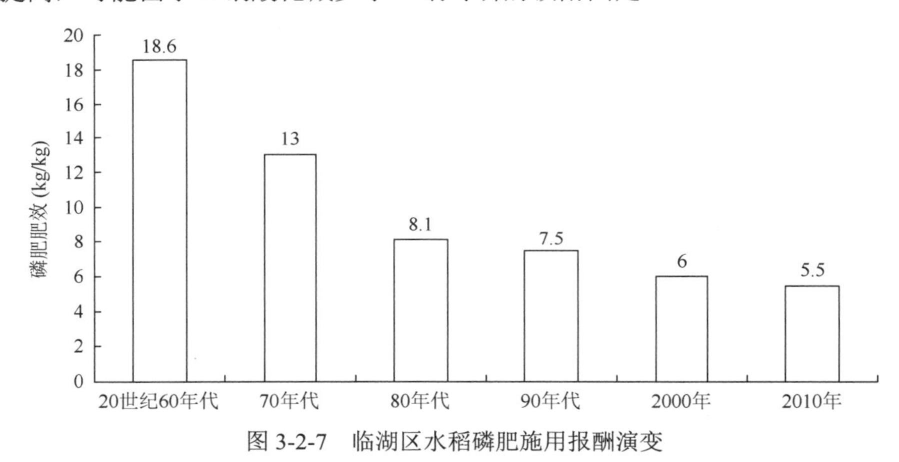

图 3-2-7　临湖区水稻磷肥施用报酬演变

表 3-2-20　临湖区不同时期水稻磷养分利用率

时间	施磷量（P_2O_5，kg/hm²）	磷养分利用率（%）
20 世纪 80 年代中期	60	15.85±6.7
2005～2006 年	60	27.57±8.7
2010 年	60	28.13±9.0

数据来源：江西省农业科学院土壤肥料与资源环境研究所。

二、农 药 施 用

1. 农药施用总量

农药是农作物产量的保证。如果不施用农药，农作物产量将降低 30%，甚至更多。

农药包括杀虫剂、杀菌剂和除草剂，随着规模化、集约化种植业的发展，加上冬季气温的升高，农药用量呈上升态势。2008～2012 年，临湖区农作物农药施用量（实物量）分别为 2.21×10^4 t、2.56×10^4 t、3.85×10^4 t、2.76×10^4 t 和 2.74×10^4 t，占江西省农药用量的比例由 2008 年的 22.8%上升至 2012 年的 27.3%，表明临湖区农药用量增速高于江西省其他地区。从农药用量年度演变看，2008～2010 年，农药用量快速增长，而 2010 年后，由于施药器械进步、精准施药技术和统防统治方式的推广应用，农作物农药施用量下降。但是，根据江西省统计年鉴，2008～2012 年江西省农药用量仍在逐年增加。

2. 主要农作物农药使用种类及用量

根据调查，早稻农药用量平均为 7.5 kg/hm^2，晚稻农药用量平均为 10.5 kg/hm^2，棉花农药用量平均为 33.0 kg/hm^2，露地蔬菜每季农药用量平均为 7.5 kg/hm^2，果树农药用量平均为 45 kg/hm^2（表 3-2-21）。随着农作物轻简化种植技术的应用，除草剂施用范围越来越广泛，种类也越来越多样，除草剂用量已占农药总用量的 50%以上。除草剂施用对土壤环境的影响相对比较突出，加之杂草对除草剂抗性增强，用量也越来越大，减少除草剂用量，提高除草剂防效尤为重要。

表 3-2-21　临湖区主要农作物农药种类及用量

作物	农药品种及施用概率	农药用量（kg/hm^2）	农药投入（元/hm^2）
早稻	甲胺磷 50%，杀虫双 90%，复配及菊酯类 80%，除草剂 90%，杀菌剂 80%	7.5	150
晚稻	甲胺磷 50%，杀虫双 80%，复配及菊酯类 80%，除草剂 80%，杀菌剂 100%	10.5	270
棉花	甲胺磷 80%，复配及菊酯类 100%，除草剂 100%，杀菌剂 100%	33.0	900
油菜	杀虫剂 20%，杀菌剂 70%，除草剂 50%	1.5	75
花生	除草剂 70%，杀菌剂 100%	1.5	75
露地蔬菜 1 季	甲胺磷 20%，复配及菊酯类 90%，杀菌剂 100%	7.5	300
大棚蔬菜 1 年	甲胺磷 20%，复配及菊酯类 100%，杀菌剂 100%	22.5	2 400
果树	杀虫剂（大多数复配药）100%，杀菌剂 100%，除草剂 80%	45	1 200

数据来源：江西省农业科学院土壤肥料与资源环境研究所。

三、农 用 塑 料

1. 农膜总用量

农膜包括棚膜和地膜等。随着设施农业、反季节农业和轻简化种植技术的推广应用，农业塑料应用范围日趋普遍，用量逐年增加。根据各县（区、市）统计年鉴，2008 年，临湖区农膜总用量为 7 250.1 t，占江西省用量的 17.4%；2012 年，农膜总用量为 8 006.0 t，占江西省用量的 15.9%（表 3-2-22）。2012 年与 2008 年相比，农膜用量增加 11.9%。农膜用量较大的县（市）有丰城市、鄱阳县、余干县、南昌县，主要是因大棚蔬菜和瓜果类发展较快。农膜用量增长较多的是德安县、安义县，这与其棉花和蔬菜地膜覆盖种植面积较大因而地膜用量较多有关。

表 3-2-22　临湖区农膜总用量　（单位：t）

县（区、市）	2008 年	2009 年	2010 年	2011 年	2012 年
南昌县	926.5	932.2	983.8	1 011.6	1 040.3
新建县	177.7	175.8	181.4	183.3	185.8
进贤县	422.0	444.0	447.0	455.0	461.0
安义县	41.3	45.7	47.6	50.1	50.5
南昌市辖区	229.0	184.0	157.0	108.0	62.0
湖口县	254.9	270.3	190.4	172.0	182.7
都昌县	225.0	233.0	241.0	277.0	294.0
九江县	146.2	58.1	54.0	75.0	88.1
星子县	61.0	64.0	61.0	58.0	62.0
德安县	78.0	68.0	79.0	94.0	110.0
共青城市	8.0	9.0	11.0	10.0	9.0
永修县	158.5	168.1	168.1	185.9	196.2
庐山区	94.2	95.4	90.4	96.9	96.9
余干县	1 237.0	1 348.0	1 349.0	1 338.0	1 341.0
鄱阳县	1 429.0	1 694.0	1 832.0	1 759.0	1 788.0
万年县	71.0	73.0	75.0	76.0	76.0
乐平市	489.5	491.9	504.9	514.1	520.3
昌江区	115.8	120.1	125.9	132.4	136.0
丰城市	1 085.5	1 276.5	1 306.2	1 276.5	1 306.2
临湖区合计	7 250.1	7 751.2	7 904.8	7 872.8	8 006.0

2. 地膜用量

2008 年，临湖区地膜用量为 3 935.8 t；2012 年，地膜用量为 4 291.8 t。2012 年与 2008 年相比，地膜用量增加 9.0%（表 3-2-23）。地膜用量较大的县（市）有丰城市、乐平市、鄱阳县和南昌县，用量增长较多的是德安县。地膜覆盖的作物主要有蔬菜、棉花、花生、瓜果类作物。

表 3-2-23　临湖区地膜用量　（单位：t）

县（区、市）	2008 年	2009 年	2010 年	2011 年	2012 年
南昌县	443.6	436.0	478.1	502.9	515.3
新建县	118.1	118.1	116.8	119.9	123.6
进贤县	310.0	321.0	322.0	331.0	336.0
安义县	15.6	17.5	18.5	18.5	19.4
南昌市辖区	203.0	171.0	133.0	92.0	53.0
湖口县	132.8	133.6	104.4	92.9	101.4
都昌县	182.0	186.0	170.0	197.0	219.0
九江县	53.5	41.2	49.9	67.6	80.9

续表

县（区、市）	2008 年	2009 年	2010 年	2011 年	2012 年
星子县	43.0	55.0	55.0	51.0	53.0
德安县	35.0	34.0	44.0	48.0	59.0
共青城市	4.0	4.0	6.0	6.0	4.0
永修县	142.7	150.9	149.6	166.7	175.6
庐山区	81.6	85.8	80.8	87.7	87.0
余干县	203.0	307.0	308.0	326.0	331.0
鄱阳县	760.0	617.0	733.0	727.0	735.0
万年县	18.0	19.0	20.0	20.0	20.0
乐平市	359.0	360.2	364.5	368.8	372.5
昌江区	84.2	88.5	90.6	95.7	98.6
丰城市	746.8	935.7	907.5	935.7	907.5
临湖区合计	3 935.8	4 081.5	4 151.7	4 254.4	4 291.8

根据部分县（区、市）统计年鉴给出的地膜用量和地膜覆盖面积，发现大多地膜覆盖面积不符合实际。作物覆盖地膜一般用量为 60～80 kg/hm²，如果按照统计数据核算，单位面积覆盖地膜用量达到 600 kg/hm² 以上，显然不符合实际。

3. 水稻秧盘塑料用量

随着水稻抛秧栽培技术的逐渐应用，塑料秧盘用量也随之增加。塑料秧盘一般可用 2～3 年，但大部分农民只用一年就废弃，成为新的污染源。秧盘用量是根据秧盘孔数和抛秧密度来确定的。1 亩[①]水稻秧苗，若每片 561 孔秧盘需要 45 片，365 孔秧盘则需要 60 片。秧盘主要是以聚氯乙烯为原料经吸塑而形成的，每片秧盘重量为 45～50 g。由于没有统计数据确定临湖区的水稻抛秧栽培面积，只能从江西省农业厅有关资料中获取 2009 年和 2012 年的水稻抛秧面积，估算出临湖区水稻抛秧面积，从而计算出秧盘的大致用量。2009 年，临湖区塑料秧盘用量为 13.912 t；2012 年快速增加到 25.485 t，增长了 83.1%。其中，用量大的有丰城市、鄱阳县、南昌县和余干县等（表 3-2-24）。

表 3-2-24　临湖区水稻秧盘塑料用量　（单位：t）

县（区、市）	2009 年	2012 年
南昌县	1 903.6	3 522.3
新建县	946.3	1 619.8
进贤县	1 273.0	2 255.0
安义县	205.1	415.1
南昌市辖区	506.0	852.0
湖口县	221.9	403.9

① 1 亩≈666.7 m²。

续表

县（区、市）	2009 年	2012 年
都昌县	903.0	1 606.0
九江县	38.9	58.6
星子县	176.0	313.0
德安县	99.0	185.0
共青城市	46.0	92.0
永修县	368.4	647.6
庐山区	34.1	50.2
余干县	1 907.0	3 463.0
鄱阳县	2 407.0	4 707.0
万年县	597.0	1 041.0
乐平市	573.8	1 039.9
昌江区	58.3	105.0
丰城市	1 647.8	3 108.8
临湖区	13 912	25 485

四、种植业源污染物产生量

农田是开放的人工生态系统。作物产地环境质量既受到农田生态系统外的干扰，例如工矿业“三废”和城市生活污染，以及大气沉降，同时其生产过程中的肥料、农药、农用塑料和秸秆等也对水环境造成负面影响，形成种植业源污染。种植业源污染物主要包括地表径流和地下淋溶流失的氮磷、农药、农田残留的农药、农用塑料、废弃的农作物秸秆等。

1. 农田氮磷流失量

在降水或灌溉水的驱动下，农田发生地表径流和地下淋溶，造成氮磷流失。临湖区降水量大，稻田以地表径流为主，而旱地则存在氮磷淋溶损失大于地表径流损失。地表径流产生量受到降水量、降水强度、降水历时、农田地形、土壤养分含量、地表作物覆盖度、作物施肥量和农事活动等诸多因子的影响，因此地表径流量及地表径流挟带的氮磷养分量在不同区域、不同年度、不同农田利用方式和不同田块之间差异很大，要准确估算农田地表径流氮磷流失量需要进行长期的实地监测。

1）农田养分流失系数

要准确估算农田氮磷流失量，首先要定位监测不同条件下田块尺度在常规耕作下氮磷地表径流量和淋溶损失量，即农田氮磷流失系数，并以此为基数估算区域农田氮磷流失总量。2008 年开始，农业部在全国根据不同气候、地形条件、种植制度布置了种植业源污染物流失监测点。对利用江西省实地监测数据或同类型条件下的湖南、湖北、安徽等省监测点得出的数据进行类比分析，经过适度修正，提出了临湖区农田地表氮磷流失系数（表 3-2-25）。

表 3-2-25 农田地表径流氮磷流失系数 （单位：kg/hm^2）

作物种植制度	TN 流失系数		TP 流失系数	
	流失范围	均值	流失范围	均值
双季稻	4.9～10.67	7.48	0.63～1.44	0.88
菜-稻轮作	45.3～50.76	45.3	0.75～4.7	2.73
油-稻轮作	6.17～36.45	21.74	0.53～0.91	0.73
油-棉轮作	—	2.13	—	0.435
旱坡地	3.1～8.29	5.37	0.35～1.03	0.49
棉田	31.83～89.52	50.57	10.07～16.4	13.23
蔬菜地	35.8～60.45	47.33	2.67～11.7	6.11
桔园	9.2～11.2	10.2	3.6～4.05	3.82
茶园	0.90～3.99	2.44	0.08～3.10	1.17

2）稻田氮磷流失量

将各县（区、市）不同种植制度下的稻田氮磷流失量叠加，得出各县（区、市）稻田氮磷流失量，最后汇总得出临湖区稻田总的氮磷流失量（表 3-2-26）。由表 3-2-26 可以看出，临湖区稻田年 TN 流失 4 126.6 t，TP 流失 388.1 t。N、P 流失量较大的县有鄱阳县、丰城市、南昌县、余干县、进贤县和新建县。

表 3-2-26 临湖区不同县（区、市）稻田氮磷流失量 （单位：t/a）

县（区、市）	TN 流失量	TP 流失量
南昌县	561.1	56.7
新建县	233.9	24.9
进贤县	330.3	35.0
安义县	61.5	5.4
南昌市辖区	28.9	2.6
湖口县	100.2	7.2
都昌县	251.5	24.6
九江县	16.5	1.0
星子县	77.2	5.0
德安县	28.6	1.7
共青城市	15.3	1.3
永修县	115.3	7.5
庐山区	16.0	0.8
余干县	584.7	57.4
鄱阳县	864.8	77.3
万年县	203.6	17.7

续表

县（区、市）	TN 流失量	TP 流失量
乐平市	192.8	16.1
昌江区	16.3	1.3
丰城市	427.9	44.4
临湖区合计	4 126.6	388.1

3）棉田氮磷流失量

临湖区是江西省棉花的主要产区，棉花播种面积占江西省的 60%以上。由于棉田施肥量大，土壤类型主要是沙壤土，且中耕除草较为频繁，对表土扰动较多，因此棉田氮磷流失量大。经测算，临湖区棉田每年地表径流 TN 流失 1 476.1 t；TP 流失 662.7 t。棉田 N、P 流失量较大的县（区、市）有都昌县、湖口县、德安县和永修县（表 3-2-27）。

表 3-2-27　临湖区棉田氮磷流失量　　（单位：t/a）

县（区、市）	TN 流失量	TP 流失量
南昌县	—	—
新建县	7.5	1.7
进贤县	19.7	3.3
安义县	28.5	21.7
南昌市辖区	1.5	0.7
湖口县	285.4	100.8
都昌县	343.9	98.3
九江县	116.5	76.4
星子县	99.6	49.4
德安县	171.9	106.7
共青城市	28.3	16.0
永修县	159.6	73.8
庐山区	46.5	20.9
余干县	4.0	0.5
鄱阳县	121.4	72.9
万年县	11.1	3.9
乐平市	21.5	11.1
昌江区	1.8	1.6
丰城市	7.3	3.0
临湖区合计	1 476.1	662.7

4）旱坡地氮磷流失量

临湖区地形条件复杂，旱地地形有缓坡地和梯田，作物种植制度包括油菜-花生、油菜-豆类、油菜-红薯、油菜-芝麻、油菜-瓜类、冬闲-油菜（红薯、豆类、花生、芝麻）等，要准确估算旱坡地氮磷流失量难度较大。利用多年的实地监测数据测算出临湖区旱坡地每年地表径流 TN 流失 692.0 t、TP 流失 63.2 t（表 3-2-28）。地表径流主要发生在 4～7 月，该时期降水量强度大、降水历时长，降水量及降水强度与地表径流量呈显著正相关。

表 3-2-28 临湖区旱坡地氮磷流失量 （单位：t/a）

县（区、市）	TN 流失量	TP 流失量
南昌县	28.8	2.6
新建县	36.3	3.3
进贤县	123.5	11.3
安义县	20.9	1.9
南昌市辖区	9.5	0.9
湖口县	7.8	0.7
都昌县	79.7	7.3
九江县	4.4	0.4
星子县	15.3	1.4
德安县	5.7	0.5
共青城市	4.0	0.4
永修县	12.1	1.1
庐山区	2.6	0.2
余干县	55.7	5.1
鄱阳县	114.9	10.5
万年县	14.0	1.3
乐平市	29.1	2.6
昌江区	2.9	0.3
丰城市	124.8	11.4
临湖区合计	692.0	63.2

5）菜地氮磷流失量

菜地包括设施菜地和大田菜地。尽管设施菜地地表径流氮磷流失量不低，因为设施菜地面积占菜地总面积的比例很低，此次科学考察主要测算大田菜地氮磷流失量。蔬菜种类多，包括叶菜类、豆类、茄果类和根茎类蔬菜。尤其是叶菜类，其生长周期短，氮肥施用量大。不同的蔬菜地，尤其是商品菜地和农户自用蔬菜地，菜地基础肥力水平、施肥种类、施肥量和施肥方式有很大不同，地表径流氮磷流失量差距较大。经测算，临湖区菜地每年 TN 流失量为 2 921.3 t，TP 流失量为 954.8 t。鄱阳县、南昌县、丰城市和乐平市菜地 N、P 流失量较大（表 3-2-29）。

表 3-2-29　临湖区菜地氮磷流失量　　（单位：t/a）

县（区、市）	TN 流失量	TP 流失量
南昌县	390.2	127.5
新建县	95.6	31.3
进贤县	223.7	73.1
安义县	47.0	15.4
南昌市辖区	128.8	42.1
湖口县	46.8	15.3
都昌县	153.9	50.3
九江县	48.6	15.9
星子县	46.5	15.2
德安县	57.3	18.7
共青城市	4.7	1.5
永修县	117.9	38.6
庐山区	37.0	12.1
余干县	268.5	87.8
鄱阳县	386.6	126.4
万年县	35.8	11.7
乐平市	376.9	123.2
昌江区	74.7	24.4
丰城市	380.9	124.4
临湖区合计	2 921.3	954.8

6）园地氮磷流失量

经过测算，临湖区果园每年地表径流 TN 流失 251.03 t，TP 流失 94.01 t。果园 N、P 流失量较大的县有永修县、九江县、进贤县和德安县。

临湖区茶园主要是老茶园，地表覆盖度较高，施肥及对土壤的扰动较小，所以地表径流 N、P 流失量较小。经测算，茶园每年地表径流 TN 流失 12.17 t，TP 流失 5.84 t(表 3-2-30)。

表 3-2-30　临湖区果茶园氮磷流失量　　（单位：t/a）

县（区、市）	果园		茶园	
	TN 流失量	TP 流失量	TN 流失量	TP 流失量
南昌县	5.38	2.02	0.87	0.42
新建县	2.49	0.93	0.05	0.02
进贤县	31.98	11.98	1.67	0.80
安义县	8.02	3.00	0.00	0.00
南昌市辖区	3.35	1.25	1.12	0.54
湖口县	14.13	5.29	0.31	0.15
都昌县	19.35	7.25	0.22	0.10

续表

县（区、市）	果园		茶园	
	TN 流失量	TP 流失量	TN 流失量	TP 流失量
九江县	7.27	2.72	0.38	0.18
星子县	4.59	1.72	0.52	0.25
德安县	10.50	3.93	0.23	0.11
共青城市	1.31	0.49	0.06	0.03
永修县	37.34	13.98	1.13	0.54
庐山区	2.69	1.01	0.72	0.35
余干县	28.13	10.54	1.34	0.64
鄱阳县	14.87	5.57	0.72	0.35
万年县	29.26	10.96	1.68	0.80
乐平市	16.70	6.25	0.63	0.30
昌江区	3.63	1.36	0.25	0.12
丰城市	10.05	3.77	0.27	0.13
临湖区合计	251.03	94.01	12.17	5.84

7）农田氮磷流失总量

将临湖区稻田、棉田、旱地、菜地、果园和茶园氮磷流失量合计后，即为农田氮磷流失总量，从表 3-2-31 可以看出，临湖区农田每年地表径流 TN 流失量为 9 479.1 t，农田 TP 流失量为 2 168.6 t。从种植业不同来源分析，TN 流失量最大的分别为稻田、菜地、棉田，TP 流失量最大的分别为菜地、棉田、稻田。农田 N、P 流失量分列前四位的依次为鄱阳县、南昌县、丰城市和永修县。

表 3-2-31　临湖区农田氮磷总流失量　（单位：t/a）

县（区、市）	TN 流失量	TP 流失量
南昌县	986.4	189.3
新建县	375.9	62.2
进贤县	730.8	135.5
安义县	166.0	47.4
南昌市辖区	173.2	48.1
湖口县	454.6	129.4
都昌县	848.6	187.9
九江县	193.7	96.6
星子县	243.7	73.0
德安县	274.2	131.6
共青城市	53.7	19.7
永修县	443.3	135.5

续表

县（区、市）	TN 流失量	TP 流失量
庐山区	105.6	35.4
余干县	942.4	162.0
鄱阳县	1 503.3	293.0
万年县	295.4	46.4
乐平市	637.7	159.7
昌江区	99.5	29.0
丰城市	951.2	187.1
临湖区合计	9 479.1	2 168.6

2. 农药污染

1）土壤农药残留

气候变暖及农田生态环境退化等多种因素诱发农业生物灾害的频繁发生和灾害的加重，从而刺激了农药用量的剧增。同时，因长期使用单一农药，病虫草害抗药性增强，也进一步加大了农药用量。一般情况下，农作物喷洒农药时，只有 10%～20%的农药附着在农作物上，而 80%～90%则流失在土壤、水体和空气中，对环境造成污染。

20 世纪 80 年代以前大量使用了六六六（HCHs）、滴滴涕（DDTs）、六氯苯（HCB）等有机氯农药，其具有毒性强、难降解、易于在生物体内富集等特性，至今仍可在土壤、水体、沉积物、蔬菜中测出。

胡春华等（2010，2011）研究结果表明，环鄱阳湖地区 11 个县（区、市）蔬菜地土壤中 HCHs、DDTs、氯丹和 HCB 等总有机氯农药含量范围为 2.39～47.28 μg/kg，且工业分布区域土壤的有机氯农药含量高于其他区域，但土壤中 HCHs 残留对于土壤生物的风险较低，而 DDTs 可能对鸟类和土壤生物具有一定的生态风险，除个别采样点有机氯农药主要来自于早期残留外，大部分地区有新的污染源输入。环鄱阳湖地区蔬菜中有机氯农药（OCPs）的平均残留量为 4.84～81.22 μg/kg，虽然对人体健康的风险处于较低水平，但 HCHs 远高于 DDTs，而且北部地区蔬菜中 DDTs 和 HCHs 的人均风险度均高于南部。另外，HCHs 和 DDTs 残留量表现为九江市＞南昌市＞鄱阳余干。龙智勇等（2009）研究鄱阳湖流域入湖口和湖区表层沉积物中有机氯农药的残留特征的结果表明，有机氯农药浓度范围为 1.22～32.19 μg/g。其中，HCHs、DDTs、HCB 含量分别是未检出～12.95 μg/g、0.75～12.57 μg/g、未检出～10.8 μg/g。值得注意的是，湖区有新的 DDTs 输入源，HCHs 主要为长时间降解后的农药残留。鄱阳湖流域沉积物中 DDTs、DDD 和 DDE 含量绝大部分生态风险介于 10%～50%。

2）稻田除草剂残留

谢志坚等（2014）利用盆栽模拟研究了不同种类除草剂残留对土壤环境及冬季作物紫

云英生长发育的影响。结果表明，低剂量（推荐用量）二氯喹啉酸能显著抑制土壤过氧化氢酶的活性，高剂量苄·丁和二氯喹啉酸则显著抑制了土壤中过氧化氢酶和脲酶的活性（表 3-2-32）。低剂量和高剂量苄·丁均能增加土壤中的细菌数量，而二氯喹啉酸则相反；两种剂量的苄·丁和二氯喹啉酸均减少了土壤中放线菌的数量（表 3-2-33）。低剂量或高剂量苄·丁和二氯喹啉酸均降低了土壤有效 N、K 的含量，且高剂量苄·丁和二氯喹啉酸还降低了土壤有效 P 的含量（表 3-2-34）。低剂量苄·丁显著降低紫云英植株对 N 素养分吸收的累积量，而二氯喹啉酸降低紫云英植株中 N 和 K 的累积量；高剂量苄·丁和二氯喹啉酸降低紫云英植株中 N、P 和 K 的累积量。因此，施用除草剂苄·丁和二氯喹啉酸均不利于后茬紫云英植株干物质的累积，并随着除草剂剂量的增加，紫云英干物质累积越来越少（图 3-2-8）。同样地，施用乙草胺和吡嘧磺隆也不利于后茬紫云英对 N、P、K 养分的吸收及其干物质的累积（图 3-2-9）。

表 3-2-32 除草剂二氯喹啉酸和苄·丁对土壤酶活性的影响

处理	过氧化氢酶[mL/(g·h)]	蔗糖酶[mg/(g·d)]	脲酶[mg/(g·d)]
CK	32.6±3.6a	4.18±0.41a	453.7±10.5a
Q-H	26.5±0.6c	4.08±0.16a	224.2±12.4c
Q-L	29.2±0.8b	4.11±0.15a	441.3±13.5a
DB-H	27.7±3.5c	3.97±0.18a	304.7±19.0b
DB-L	30.7±1.8ab	4.17±0.11a	447.2±40.1a

注：CK 代表对照；Q 代表二氯喹啉酸；DB 代表苄·丁；H 代表高剂量；L 代表低剂量。不同字母表示在 $p<0.05$ 水平上存在显著差异。

表 3-2-33 除草剂二氯喹啉酸和苄·丁对土壤微生物种群数量的影响

处理	细菌（10^6 CFU/g）	放线菌（10^6 CFU/g）	真菌（10^5 CFU/g）
CK	5.62±0.14c	2.32±0.40a	1.82±0.33a
Q-H	3.90±0.08d	1.12±0.07c	1.75±0.14a
Q-L	4.72±0.09cd	1.17±0.13c	1.85±0.20a
DB-H	9.99±0.79b	1.14±0.11c	1.77±0.18a
DB-L	10.40±1.53a	1.59±0.24b	1.88±0.09a

表 3-2-34 除草剂二氯喹啉酸和苄·丁对土壤养分有效性的影响

处理	pH	有效 N（mg/kg）	有效 P（mg/kg）	速效 K（mg/kg）
CK	4.61±0.18a	152.9±13.1a	13.0±0.5a	44.9±3.3a
Q-H	4.46±0.40a	133.3±15.7b	12.2±0.6b	31.6±1.7b
Q-L	4.58±0.15a	135.4±32.6b	13.4±0.2a	33.0±2.0b
DB-H	4.65±0.31a	134.3±13.9b	12.3±0.2b	32.0±1.2b
DB-L	4.70±0.19a	138.8±23.5b	13.6±0.8a	33.3±2.3b

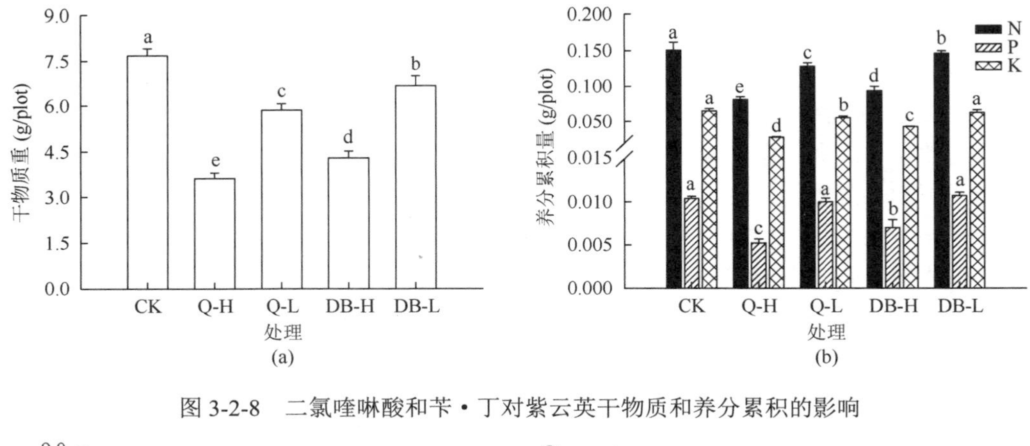

图 3-2-8　二氯喹啉酸和苄·丁对紫云英干物质和养分累积的影响

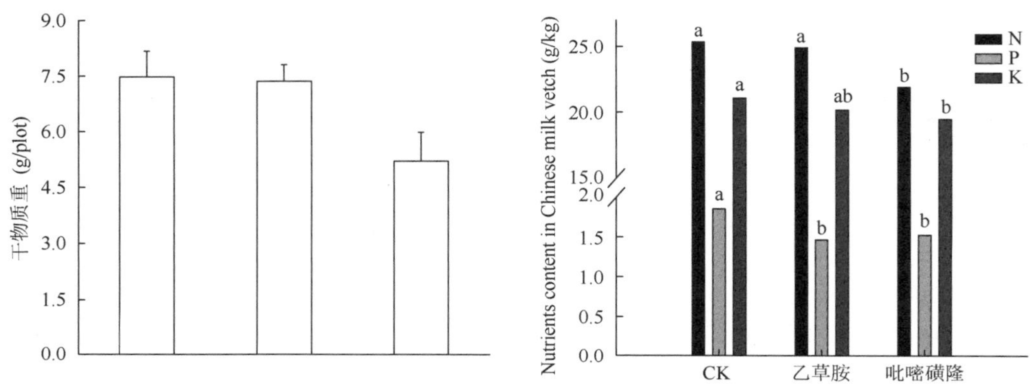

图 3-2-9　乙草胺（AC）和吡嘧磺隆（PY）对紫云英养分含量和干物质累积的影响

3. 农用塑料污染

随着地膜覆盖栽培蔬菜、瓜果、花生和棉花等技术的推广应用，废旧地膜残留田间地头的现象比较普遍，尤其是采用 HDPE、LLDPE 生产的超薄地膜，使用后易变成碎块，回收难度大，土壤残留量多，残膜率高达 35%～50%。据实地考察，蔬菜覆盖地膜栽培 3 年，0～20 cm 耕层地膜残留量为 17.70 g/hm^2、20～30 cm 层地膜残留量为 3.45 kg/hm^2，合计残留地膜 21.15 kg/hm^2，地膜残留率（地膜残留量/3 年覆盖地膜总量）为 11.75%（表 3-2-35）。地膜残留量随连续覆盖年限的增加而增多，随间隔时间的增加而减少。

表 3-2-35　临湖区农田地膜残留量

地膜覆盖作物	覆盖年限（a）	采样深度（cm）	残留量（kg/hm^2）	合计残留率（%）
蔬菜	3	0～20	17.70	11.75
		20～30	3.45	
		合计	21.15	
	7	0～20	105.00	27.21
		20～30	9.30	
		合计	114.30	

续表

地膜覆盖作物	覆盖年限（a）	采样深度（cm）	残留量（kg/hm^2）	合计残留率（%）
蔬菜	15	0～20	160.95	24.85
		20～30	14.10	
		合计	175.05	
棉花	12	0～20	207.00	24.32
		20～30	16.65	
		合计	223.65	

4. 农作物秸秆污染

1）农作物秸秆系数

参考各种文献，确定了临湖区不同作物的秸秆系数（表 3-2-36），再根据作物产量，计算得出临湖区作物秸秆产量。

表 3-2-36 临湖区农作物秸秆系数

作物及作物秸秆类型	秸秆系数	
	系数范围	系数均值
水稻	0.89～1.08	1.00
玉米	1.08～1.13	1.10
小麦	0.89～1.38	1.08
大豆	1.33～1.37	1.35
甘薯	0.28～0.56	0.41
油菜	3.0～3.17	3.08
花生	0.89～1.38	1.23
芝麻	—	2.23
棉花	—	4.09
甘蔗	—	0.43
蔬菜、瓜果	—	0.30

2）农作物秸秆产生量

经过测算，临湖区 2012 年农作物秸秆总量为 792.2×10^4 t（表 3-2-37），其中水稻秸秆总量为 560.3×10^4 t，占农作物秸秆总量的 70.73%，其次是蔬菜秸秆占 9.73%，油菜秸秆占 8.48%、棉花秸秆占 2.99%、花生秸秆占 1.95%。不同县（区、市）之间，鄱阳县、南昌县、丰城市、余干县、进贤县和都昌县分别占临湖区秸秆总量的 18.2%、13.4%、11.9%、11.7%、8.9%和 6.1%，合计占临湖区农作物秸秆总量的 64.5%（图 3-2-10）。

表 3-2-37　2012 年临湖区农作物秸秆产生量

作物秸秆类型	秸秆产生量（10^4 t）	占秸秆总量（%）
水稻	560.3	70.73
杂谷	15.7	1.98
豆类	5.8	0.73
薯类	6.2	0.78
棉花	23.7	2.99
花生	15.5	1.95
油菜	67.2	8.48
芝麻	4.1	0.52
甘蔗	7.4	0.94
蔬菜	77.0	9.73
瓜果	9.2	1.17
合计	792.2	100.0

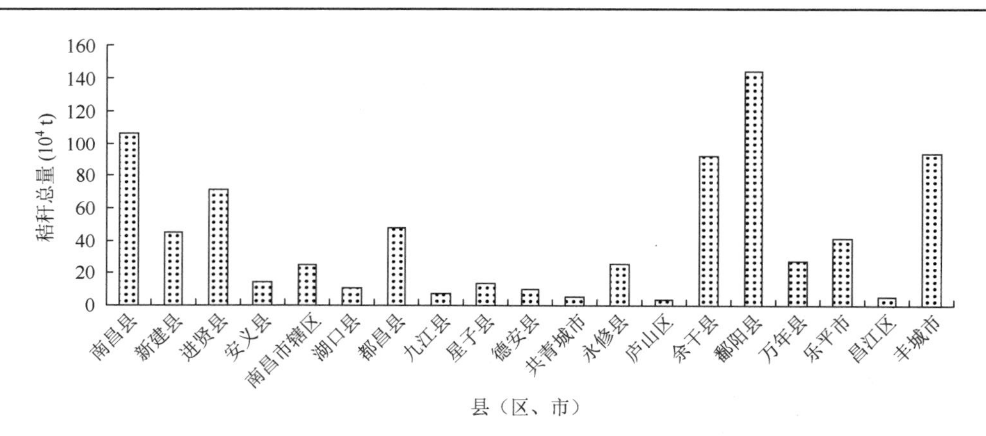

图 3-2-10　临湖区各县（区、市）农作物秸秆产生量

3）农作物秸秆利用

（1）水稻秸秆利用。水稻秸秆是临湖区主要的作物秸秆，利用方式较多。对临湖区 6 个县（区、市）1 000 户农村家庭进行入户调查，种植水稻的有 960（$n=960$）户，秸秆利用方式有燃料、饲草、牲畜垫栏、直接还田和就地燃烧等。早稻秸秆，100%用于燃料的只占水稻种植户的 7.1%、100%用于饲草的占 1.0%、100%直接还田的占 21.5%、100%就地燃烧的占 24.7%；也就是说因为季节矛盾和翻耕机械问题，有近 1/4 农户早稻草就地燃烧，短暂地大气环境影响不小。晚稻草就地全部燃烧的也有 23.2%。将不同程度利用稻草的方式相加，早稻秸秆全部或部分燃料利用占 36.1%、饲草利用占 25.6%、牲畜垫栏占 8.8%、直接还田占 48.3%、就地燃烧占 47.7%；晚稻秸秆燃料利用占 19.8%、饲草占 22.3%、牲畜垫栏占 12.3%、直接还田占 41.6%、就地燃烧占 37.9%（表 3-2-38）。

表 3-2-38　临湖区水稻秸秆利用现状

利用程度 $n=960$（%）		早稻秸秆利用方式					晚稻秸秆利用方式				
		燃料	饲草	牲畜垫栏	直接还田	就地燃烧	燃料	饲草	牲畜垫栏	直接还田	就地燃烧
≤30	农户数（户）	143	118	59	213	44	85	87	115	214	53
	占农户数（%）	14.9	12.3	6.1	22.2	4.6	8.9	9.1	12.0	22.3	5.5
31～50	农户数（户）	97	79	18	34	79	28	75	8	30	46
	占农户数（%）	10.1	8.2	1.9	3.5	8.2	2.9	7.8	0.8	3.1	4.8
51～80	农户数（户）	39	39	7	11	96	46	47	4	3	39
	占农户数（%）	4.1	4.1	0.7	1.1	10.0	4.8	4.9	0.4	0.3	4.1
81～99	农户数（户）	0	0	0	0	2	1	0	0	0	3
	占农户数（%）	0	0	0	0	0.2	0.1	0	0	0	0.3
100	农户数（户）	68	10	0	206	237	30	5	0	152	223
	占农户数（%）	7.1	1.0	0.0	21.5	24.7	3.1	0.5	0.0	15.8	23.2
合计	农户数（户）	347	246	84	464	458	190	214	127	399	364
	占农户数（%）	36.1	25.6	8.8	48.3	47.7	19.8	22.3	13.2	41.6	37.9

（2）油菜秸秆利用。通过对 332 户（$n=332$）油菜种植户的入户调查，100%用于燃料利用的占 41.6%、还田利用占 9.0%。不同利用程度和方式合计，油菜秸秆有 100%的农户全部或部分用于燃料利用，还田利用的有 67.0%，其他利用方式的有 2.4%（表 3-2-39）。

表 3-2-39　临湖区油菜秸秆利用现状

利用程度（%）	$n=332$	燃料利用	还田利用	其他利用
≤30	农户数（户）	7	112	7
	占农户数（%）	2.1	33.7	2.1
31～50	农户数（户）	19	70	1
	占农户数（%）	5.7	21.1	0.3
51～80	农户数（户）	168	7	0
	占农户数（%）	50.6	2.1	0.0
81～99	农户数（户）	0	0	0
	占农户数（%）	0	0	0
100	农户数（户）	138	30	0
	占农户数（%）	41.6	9.0	0.0
合计	农户数（户）	332	219	8
	占农户数（%）	100	67.0	2.4

（3）其他作物秸秆利用。据调查，棉花、花生、芝麻等秸秆基本上用于燃料利用。甘薯、蔬菜秸秆部分用于饲料，绝大部分用于燃料，花生，芝麻因为存在运作障碍，其秸秆不宜就地还田利用，建议异地还田或其它方式利用。

第三节　畜禽养殖污染

一、畜禽养殖结构及规模

1. 畜禽养殖数量

1）主要家畜养殖量

通过统计数据收集和实地考察，获取了2007～2013年临湖区各县（区、市）生猪、肉牛、肉鸡、肉鸭、肉鹅、蛋鸡、蛋鸭的养殖数量。

统计生猪和肉牛养殖量发现，临湖区生猪养殖量基本上是逐年增加；肉牛养殖量在2007～2009年逐年减少，在2009～2013年缓慢回升。2013年，生猪出栏量577.0×10^4头，较2007年出栏量增加14.9%、存栏量增加7.1%；肉牛出栏量16.3×10^4头，较之2007年下降33.5%，存栏量则下降42.4%。

2）主要家禽养殖量

近几年，临湖区家禽养殖数量逐年增加。2013年，肉鸡出栏量为2 201.2×10^4只，较之2007年，出栏量增加37.1%、存栏量增加125.8%；蛋鸡存栏量为971.3×10^4只，较之2007年增加28.5%；肉鸭养殖快速发展，肉鸭出栏量为3 961.9×10^4只，较之2007年增加153.2%，存栏量则增加311.8%；鹅出栏量为284.4×10^4只，较之2007年增加11.2%，存栏量则增加49.5%。

2. 畜禽养殖规模情况

统计临湖区畜禽养殖规模化情况发现，2007～2012年，在畜禽养殖出栏量增长的情况下，畜禽养殖场的总数量减少，但规模化养殖场的数量增加，规模化养殖场畜禽出栏量占区域总畜禽出栏量的比例上升（表3-2-40）。

表3-2-40　临湖区畜禽规模化养殖情况

畜禽种类	养殖场与出栏量		2007年	2012年
生猪	养殖场	总数（个）	739.167	194.945
		＞500头规模养殖场数（个）	1.080	2.096
		规模化养殖场比例（%）	0.15	1.08
	出栏量	总出栏量（头）	5 820.796	6 681.182
		＞500头规模养殖场出栏量（头）	2 418.175	4 153.157
		规模化养殖场出栏量比例（%）	41.54	62.16
肉牛	养殖场	总数（个）	98.056	52.612
		＞50头规模养殖场数（个）	151	204
		规模化养殖场比例（%）	0.15	0.39

续表

畜禽种类	养殖场与出栏量		2007 年	2012 年
肉牛	出栏量	总出栏量（头）	253.976	164.444
		＞50 头规模养殖场出栏量（头）	16.703	29.688
		规模化养殖场出栏量比例（%）	6.58	18.05
肉鸡	养殖场	总数（个）	166.987	150.729
		＞2 000 只规模养殖场数（个）	2.728	2.017
		规模化养殖场比例（%）	1.63	1.34
	出栏量	总出栏量（只）	16 583.997	21 592.026
		＞2 000 只规模养殖场出栏量（只）	9 604.523	15 593.254
		规模化养殖场出栏量比例（%）	57.91	72.22
蛋鸡	养殖场	总数（个）	230.104	182.570
		＞2 000 只规模养殖场数（个）	636	698
		规模化养殖场比例（%）	0.28	0.38
	出栏量	总出栏量（只）	7 621.059	8 884.547
		＞2 000 只规模养殖场出栏量（只）	3 808.978	4 604.022
		规模化养殖场出栏量比例（%）	49.98	51.82

二、畜禽养殖投入品

1. 畜禽饲料投入量

统计临湖区 2007～2012 年生猪、肉鸡、肉鸭、蛋鸡、蛋鸭等畜禽品种的饲料用量（肉牛为食草畜禽品种，散养户多，未统计）发现，随着畜禽养殖数量的增加，饲料用量也增加（表 3-2-41）。2012 年，畜禽饲料总用量为 231.6×10^4 t，较之 2007 年增长 18.2%，其中生猪、鹅、肉鸡、肉鸭和蛋鸡饲料依次分别增长 11.7%、189.3%、266.8%、116.8%和 13.2%，家禽饲料量增加迅猛。在畜禽养殖饲料总量中，生猪饲料占 75%以上。

表 3-2-41　临湖区畜禽养殖饲料用量　（单位：10^4 t）

项目	2007 年	2008 年	2009 年	2010 年	2011 年	2012 年
生猪饲料用量	150.6	166.3	157.4	158.1	161.3	168.3
鹅饲料用量	3.0	5.5	2.4	3.0	3.2	8.7
肉鸡饲料用量	8.0	8.6	7.5	9.4	9.9	29.5
肉鸭饲料用量	10.2	23.0	19.8	19.8	22.0	22.0
蛋鸡饲料用量	24.2	31.7	32.5	29.4	29.0	3.2
合计	196.0	235.1	219.6	219.5	225.5	231.6

选取部分畜禽养殖场，收集生猪妊娠、生猪哺乳、生猪生长早中晚期、肉鸡肉鸭生长早中晚期、蛋鸡蛋鸭产蛋高峰期等不同畜禽生长时期的饲料样本进行 N、P 等养分检

测，结果显示，各畜禽品种不同生长时期饲料中的 N 存在较大差异，含 N 量为 2.4%～3.4%，以肉鸡饲料中平均含量最高；P 含量水平为 0.50%～0.88%，各畜禽饲料品种间相差较小。

2. 畜禽兽药使用

药品使用方面，整个临湖区，各地区畜禽养殖场的药品使用情况基本相同，主要有消毒药品，如火碱、生石灰、福尔马林、漂白粉、高锰酸钾、酒精、碘酒等；抗菌消毒药品，如磺胺类药物、恩诺沙星、庆大霉素、卡那霉素、苄青霉素钾、氟苯尼考、地塞米松磷酸钠注射液等；抗寄生虫药品，如伊维菌素、阿维菌素、左旋咪唑、丙硫苯咪唑、吡喹酮、地克珠利、妥曲珠利、盐酸氨丙啉、孔雀石绿、克死螨等，其中在生猪和肉牛养殖过程中使用生殖系统疾病的相关药品较多，如黄体酮、促性腺激素释放激素类似物、缩宫素等。

三、畜禽养殖业污染

1. 主要畜禽粪便及污染物产生量

1）主要畜禽粪便产生量

依据国家环境保护部给出的畜禽养殖污染物产生系数（表 3-2-42），对临湖区 2007～2013 年生猪、肉牛、肉鸡、肉鸭、蛋鸡等畜禽品种养殖过程中的粪便及污染物产生量进行估算。统计分析后发现，2007～2013 年，临湖区畜禽粪便产生总量逐年下降。2013 年畜禽粪便产生总量为 516.1×10^4 t，较之 2007 年下降 11.8%，但生猪和肉鸭粪便产生量逐年增加，而肉牛粪便产生量则逐年显著下降（图 3-2-11）。

表 3-2-42 临湖区畜禽粪便及污染物产生系数

动物种类	污染物	计量单位	产污系数
生猪	粪便量	kg/(头·d)	0.80
	COD	g/(头·d)	241.78
	TN	g/(头·d)	17.59
	TP	g/(头·d)	2.23
	Cu	mg/(头·d)	174.19
	Zn	mg/(头·d)	210.82
肉牛	粪便量	kg/(头·d)	14.80
	COD	g/(头·d)	3 114
	TN	g/(头·d)	153.47
	TP	g/(头·d)	19.85
	Cu	mg/(头·d)	102.95
	Zn	mg/(头·d)	468.41

续表

动物种类	污染物	计量单位	产污系数
肉鸡	粪便量	kg/(头·d)	0.22
	COD	g/(头·d)	42.33
	TN	g/(头·d)	1.02
	TP	g/(头·d)	0.50
	Cu	mg/(头·d)	2.43
	Zn	mg/(头·d)	16.03
肉鸭	粪便量	kg/(头·d)	27.20
	COD	g/kg	46.30
	TN	g/kg	11.00
	TP	g/kg	6.20
	Cu	mg/(头·d)	40.37
	Zn	mg/(头·d)	317.76
蛋鸡	粪便量	kg/(头·d)	0.15
	COD	g/(头·d)	18.50
	TN	g/(头·d)	1.06
	TP	g/(头·d)	0.51
	Cu	mg/(头·d)	1.95
	Zn	mg/(头·d)	11.35

注：生猪、肉牛、肉鸡、蛋鸡的产污系数来源于第一次全国污染源普查领导小组办公室给出的华东区畜禽养殖产物系数，其中生猪按 180 d 出栏计算，肉鸡按 90 d 出栏计算；肉鸭的产污系数来源于国家环境保护部推荐的畜禽排泄系数和《肉鸭饲料及粪便中主要成分的调查分析》。

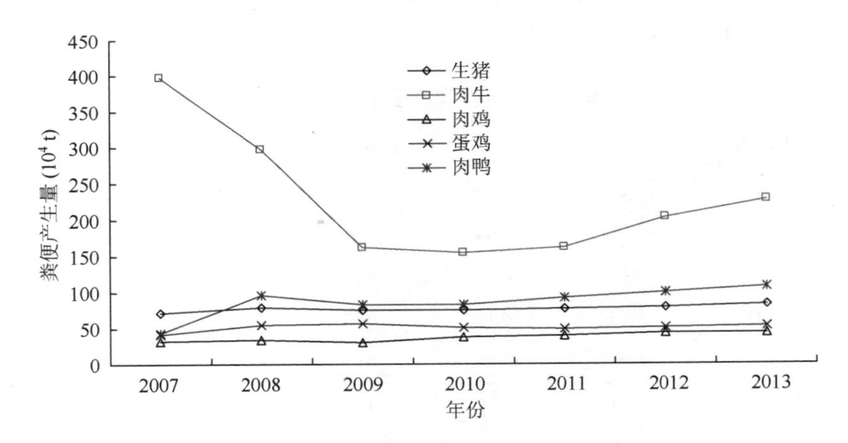

图 3-2-11　临湖区畜禽粪便产生量年度变化

生猪和肉牛的粪便是临湖区畜禽粪便的主体，2013 年两者合计占畜禽粪便总量的 60.4%。生猪粪便由 2007 年占畜禽粪便总量的 12.3%上升到 2013 年的 16.1%，而肉牛粪便则由 2007 年的 67.9%降至 2013 年的 44.3%。

2）畜禽粪便污染物产生量

（1）粪便 COD 产生量。表 3-2-43 数据显示，2007～2013 年，临湖区畜禽粪便 COD 产生量总体上呈逐年下降趋势。2007 年，畜禽粪便 COD 产生量为 118.7×10^4 t，2013 年为 93.2×10^4 t，相比下降了 21.5%，其中肉牛粪便 COD 显著降低了 42.4%，生猪、肉鸡、蛋鸡和肉鸭粪便 COD 产生量分别增加了 14.9%、37.1%、28.5%和 153.2%。2013 年，不同畜禽粪便 COD 负荷贡献，肉牛占 51.7%、生猪占 27.0%、肉鸡占 9.0%、蛋鸡占 7.0%、肉鸭占 5.41%。

表 3-2-43　临湖区畜禽粪便 COD 产生量　（单位：10^4 t）

畜禽种类	2007 年	2008 年	2009 年	2010 年	2011 年	2012 年	2013 年
生猪	21.9	24.1	22.8	22.9	23.4	24.2	25.1
肉牛	83.6	62.5	34.2	32.4	33.9	42.9	48.1
蛋鸡	5.1	6.7	6.9	6.2	6.1	6.2	6.6
肉鸡	6.1	6.5	5.7	7.1	7.6	8.2	8.4
肉鸭	2.0	4.5	3.8	3.8	4.3	4.6	5.0
合计	118.7	104.4	73.4	72.5	75.3	86.1	93.2

（2）粪便 TN 产生量。氮（N）是导致水体富营养化的主要营养元素之一。2007 年，畜禽粪便总氮（TN）产生量为 6.62×10^4 t，2013 年为 6.0×10^4 t，下降了 9.9%，主要是由肉牛粪便 TN 产生量下降所致（表 3-2-44）。2013 年，尽管肉牛粪便 TN 产生量显著降低，但对畜禽粪便 TN 负荷总体贡献仍然最大，达到 39.8%；其次是生猪粪便贡献达 30.6%；再次是肉鸭贡献达 19.9%，蛋鸡占 6.3%、肉鸡占 3.4%。

表 3-2-44　临湖区畜禽粪便 TN 产生量　（单位：10^4 t）

畜禽种类	2007 年	2008 年	2009 年	2010 年	2011 年	2012 年	2013 年
生猪	1.59	1.76	1.66	1.67	1.70	1.76	1.83
肉牛	4.12	3.08	1.68	1.60	1.67	2.11	2.37
蛋鸡	0.29	0.38	0.39	0.36	0.35	0.36	0.38
肉鸡	0.15	0.16	0.14	0.17	0.18	0.20	0.20
肉鸭	0.47	1.06	0.91	0.91	1.01	1.10	1.19
合计	6.62	6.44	4.79	4.70	4.92	5.53	5.96

（3）粪便 TP 产生量。磷（P）是水体富营养化的主要限制因子。2007 年，临湖区畜禽粪便总磷（TP）产生量为 1.20×10^4 t，2013 年为 1.49×10^4 t，相比增加了 22.7%，尽管肉牛粪便总磷（TP）产生量显著减少，但生猪、肉鸡、肉鸭和蛋鸡粪便有较大幅度增加，尤其是肉鸭增加了 153.2%（表 3-2-45）。

表 3-2-45　临湖区畜禽粪便 TP 产生量　（单位：10^4 t）

畜禽种类	2007 年	2008 年	2009 年	2010 年	2011 年	2012 年	2013 年
生猪	0.20	0.22	0.21	0.21	0.22	0.22	0.23
肉牛	0.53	0.40	0.22	0.21	0.22	0.27	0.31
肉鸡	0.14	0.18	0.19	0.17	0.17	0.17	0.18
蛋鸡	0.07	0.08	0.07	0.08	0.09	0.10	0.10
肉鸭	0.26	0.60	0.51	0.51	0.57	0.62	0.67
合计	1.20	1.48	1.20	1.19	1.26	1.38	1.49

与粪便 TN 负荷贡献不同，2013 年不同畜禽粪便 TP 负荷贡献最大的为肉鸭占比 45.0%，其次是肉牛粪便贡献 20.6%，生猪贡献 15.6%，蛋鸡占 6.7%、肉鸡占 12.2%。

（4）粪便 Cu 产生量。畜禽粪便中的铜（Cu）是水体和土壤 Cu 污染的来源之一。2007 年，临湖区畜禽粪便 Cu 产生量为 211.2 t，2013 年较之 2007 年增加了 19.4%，主要是因生猪、肉鸡、肉鸭和蛋鸡粪便 Cu 产生量有所增加，尤其是肉鸭粪便 Cu 产生量增长了 153.2%（表 3-2-46）。

表 3-2-46　临湖区畜禽粪便 Cu 产生量　（单位：t）

畜禽种类	2007 年	2008 年	2009 年	2010 年	2011 年	2012 年	2013 年
生猪	157.4	173.8	164.5	165.2	168.6	174.6	180.9
肉牛	27.6	20.7	11.3	10.7	11.2	14.2	15.9
肉鸡	5.4	7.1	7.2	6.5	6.5	6.6	6.9
蛋鸡	3.5	3.7	3.3	4.1	4.3	4.7	4.8
肉鸭	17.2	38.9	33.5	33.4	37.2	40.3	43.5
合计	211.2	244.2	219.8	220.0	227.9	240.4	252.1

2013 年，不同畜禽粪便 Cu 负荷贡献，生猪粪便占 71.8%，居绝对地位，为畜禽养殖 Cu 污染物的主要产生源；其次是肉鸭粪便占 17.3%；肉牛、蛋鸡和肉鸡粪便分别占 6.3%、1.9%和 2.7%。

（5）粪便 Zn 产生量。2007 年，临湖区畜禽粪便锌（Zn）产生量为 506.1 t，2013 年则为 705.8 t，相比增加了 39.5%，同样主要是因生猪、肉鸡、肉鸭和蛋鸡粪便 Zn 产生量较大幅度增加，尤其是肉鸭粪便 Zn 产生量增长了 153.2%（表 3-2-47）。

表 3-2-47　临湖区畜禽粪便 Zn 产生量　（单位：t）

畜禽种类	2007 年	2008 年	2009 年	2010 年	2011 年	2012 年	2013 年
生猪	190.5	210.4	199.1	199.9	204.0	211.3	219.0
肉牛	125.8	94.1	51.4	48.7	51.0	64.5	72.4
肉鸡	31.3	41.1	42.1	38.1	37.6	38.2	40.2
蛋鸡	23.2	24.7	21.6	27.0	28.7	30.9	31.8
肉鸭	135.2	306.0	263.5	263.0	293.2	317.5	342.4
合计	506.1	676.2	577.7	576.7	614.5	662.4	705.8

2013 年，不同畜禽粪便 Zn 负荷贡献，肉鸭粪便占 48.5%，为最大，其次是生猪粪便贡献 31.0%，两者之和贡献 79.5%；肉牛、蛋鸡和肉鸡粪便分别贡献 10.3%、4.5%和 5.7%。

3）各县（区、市）畜禽粪便污染物产生量

（1）粪便 COD 产生量。2013 年，各县（区、市）畜禽粪便中 COD 产生总量排在前三位的分别是进贤县、南昌县和丰城市，依次为 15.6×10^4 t、15.1×10^4 t 和 14.2×10^4 t（图 3-2-12），分别占总量的 16.8%、16.2%和 15.3%；与 2007 年比较，有 8 个县（区、市）增加，增长幅度较大的是乐平市、昌江区和南昌县；11 个县（区、市）下降，下降幅度最大的为南昌市辖区和丰城市。

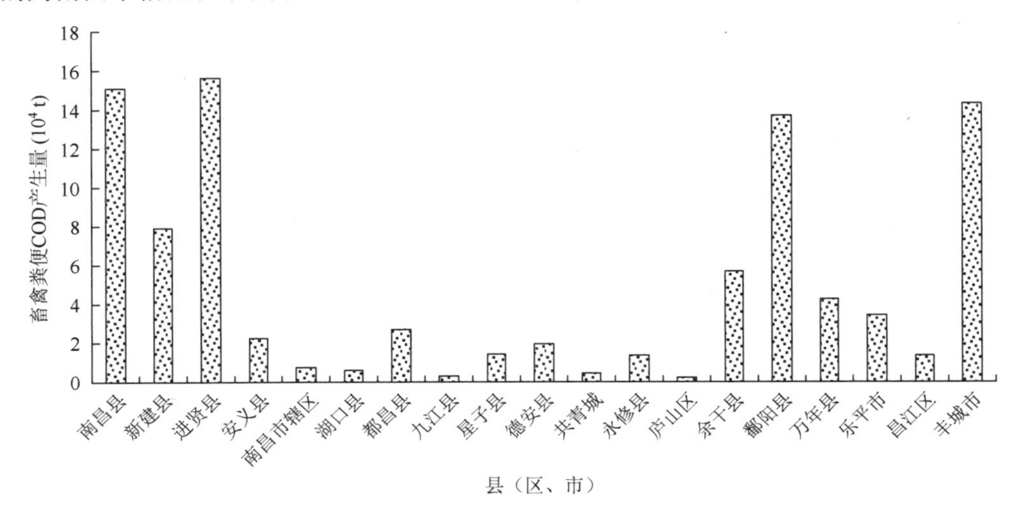

图 3-2-12　2013 年各县（区、市）畜禽粪便 COD 产生量

（2）粪便 TN 产生量。2013 年，各县（区、市）畜禽粪便中 TN 产生量排在前三位的分别是南昌县、进贤县和丰城市，依次为 1.17×10^4 t、0.91×10^4 t 和 0.85×10^4 t（图 3-2-13），

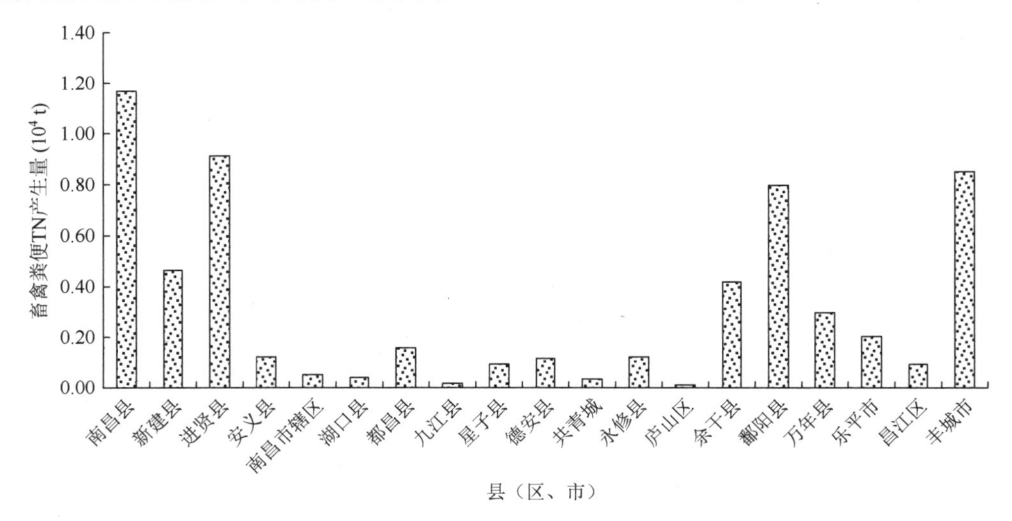

图 3-2-13　2013 年各县（区、市）畜禽粪便 TN 产生量

分别占总量的 19.5%、15.3%和 14.2%；与 2007 年比较，有 10 个县（区、市）增加、9 个县（区、市）下降；增长幅度较大的是昌江区、乐平市和南昌县，依次分别增长 109.0%、101.7%和 48.6%；下降幅度最大的为余干县、南昌市辖区和丰城市。

（3）粪便 TP 产生量。2013 年，各县（区、市）畜禽粪便 TP 产生量排在前三位的分别是南昌县、进贤县和丰城市，依次为 3 953 t、2 241 t 和 1 842 t（图 3-2-14），分别占总量的 26.6%、15.1%和 12.4%；有 11 个县（区、市）增加、8 个县（区、市）下降，增加幅度较大的分别是昌江区、永修县、乐平市和南昌县，依次增加 170.1%、147.3%、94.7%和 94.3%；下降幅度较大的分别为南昌市辖区、共青城市和余干县，分别下降 61.8%、31.6%和 31.0%。

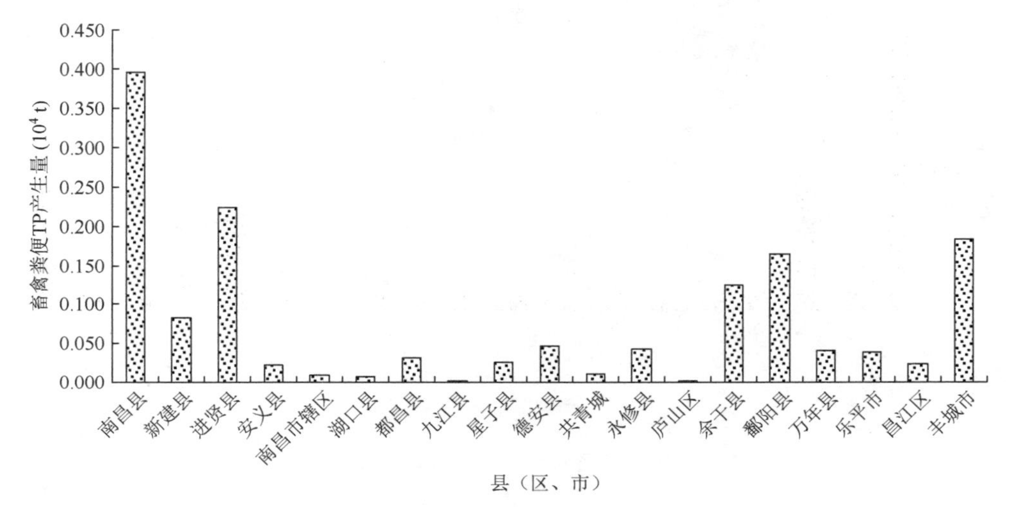

图 3-2-14　2013 年各县（区、市）畜禽粪便 TP 产生量

（4）粪便 Cu 产生量。2013 年，各县（区、市）畜禽粪便 Cu 排在前三位的分别是南昌县、进贤县和丰城市，依次为 57.6 t、37.2 t 和 29.0 t（图 3-2-15），分别占总量的 22.9%、

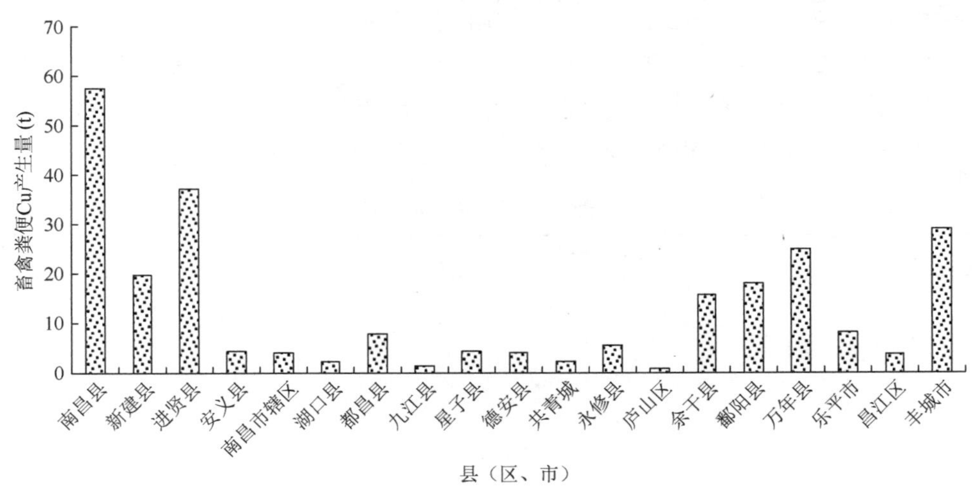

图 3-2-15　2013 年各县（区、市）畜禽粪便 Cu 产生总量

14.8%和 11.5%；有 13 个县（区、市）增加，6 个县（区、市）下降；增加幅度较大的有永修县、昌江区、进贤县和万年县，依次增加 64.0%、63.1%、53.6%和 51.0%；下降幅度较大的是南昌市辖区和余干县，分别下降 49.7%和 26.8%。

（5）粪便 Zn 产生量。2013 年，各县（区、市）畜禽粪便锌 Zn 产生量排在前三位的分别是南昌县、进贤县和丰城市，依次为 194.3 t、101.8 t 和 84.0 t，分别占总量的 27.5%、14.4%和 11.9%（图 3-2-16）；较之 2007 年，增加的有 14 个县（区、市），下降的有 5 个县（区、市）；增加幅度较大的是永修县、昌江区、南昌和进贤县，依次增加 163.1%、148.7%、89.6%和 69.2%；下降幅度较大为南昌市辖区和共青城市，分别下降 53.1%和 20.4%。

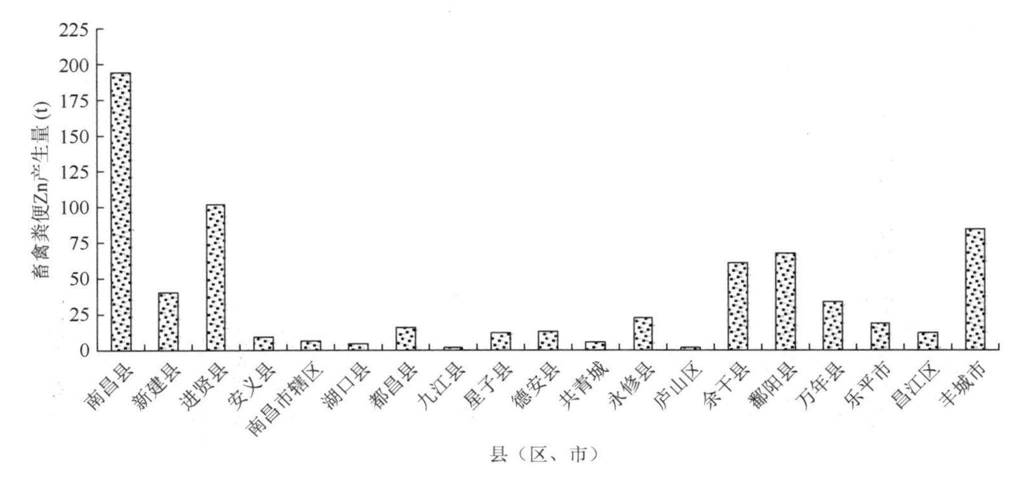

图 3-2-16　2013 年各县（区、市）畜禽粪便 Zn 产生量

2. 主要畜禽养殖污水污染物产生量

1）畜禽养殖污水污染物产生量

家畜养殖过程中的尿液基本没有回收利用，而是在冲栏后随水排出栏舍；家禽养殖过程也存在一定量的冲栏废水。家畜及家禽养殖尿液及废水合并构成畜禽养殖污水。根据第一次全国污染源普查领导小组办公室给出的畜禽养殖污水污染物产生系数（表 3-2-48），计算得出了临湖区 2007～2013 年畜禽养殖污染物产生量。

表 3-2-48　临湖区畜禽养殖污水污染物产生系数

动物种类	污染物指标	计量单位	产污系数
生猪	尿液量	L/(头·d)	1.70
	COD	g/(头·d)	53.01
	TN	g/(头·d)	9.55
	TP	g/(头·d)	0.54
	Cu	mg/(头·d)	17.16
	Zn	mg/(头·d)	43.37

续表

动物种类	污染物指标	计量单位	产污系数
肉牛	尿液量	L/(头·d)	8.91
	COD	g/(头·d)	141.15
	TN	g/(头·d)	55.24
	TP	g/(头·d)	3.20
	Cu	mg/(头·d)	0.12
	Zn	mg/(头·d)	0.93
肉鸡	COD	g/(头·d)	24.05
	TN	g/(头·d)	0.70
	TP	g/(头·d)	0.30
	Cu	mg/(头·d)	0.98
	Zn	mg/(头·d)	5.17
蛋鸡	COD	g/(头·d)	1.55
	TN	g/(头·d)	0.05
	TP	g/(头·d)	0.03
	Cu	mg/(头·d)	0.06
	Zn	mg/(头·d)	0.76

注：产污系数来源于第一次全国污染源普查领导小组办公室给出的华东区畜禽养殖专业户排污系数，其中生猪按 180 d 出栏计算，肉鸡按 90 d 出栏计算。

（1）养殖污水 COD 产生量。通过核算，2007～2013 年临湖区畜禽养殖污水 COD 产生量（图 3-2-17）年度变化呈“V”形态势，2009 年降至谷底，而后逐年增长。2007 年，畜禽养殖污水 COD 产生量为 12.49×10^4 t。2013 年，尽管肉牛养殖量下降，但生猪、肉鸡和蛋鸡养殖量增加，所以畜禽养殖污水 COD 产生量仍然达到 13.00×10^4 t，较之 2007 年增加 4.1%；其中，生猪养殖污水 COD 产生量增长 14.9%，肉牛养殖污水 COD 产生量减少 42.4%，肉鸡养殖污水 COD 产生量增长 37.1%，蛋鸡养殖污水 COD 产生量增长 28.5%。

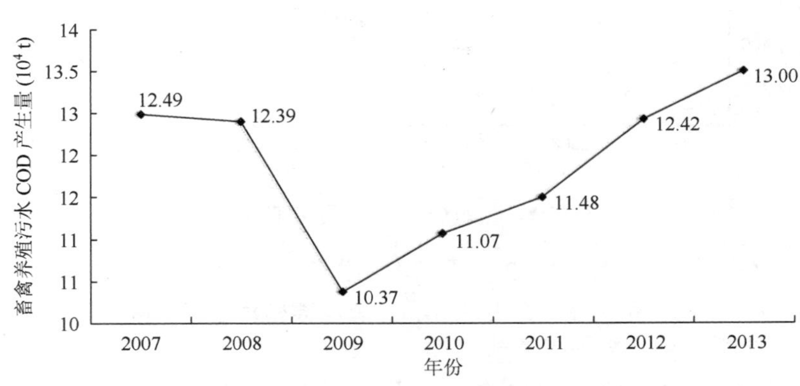

图 3-2-17　临湖区畜禽养殖污水 COD 产生量

2013 年，不同畜禽养殖污水 COD 的贡献率，生猪养殖污水 COD 占 42.3%、肉鸡养殖污水 COD 占 36.7%、肉牛养殖污水 COD 占 16.8%、蛋鸡养殖污水 COD 占 4.2%。生猪和肉鸡养殖对养殖污水 COD 贡献占主要地位，占总量的 79.0%。

（2）养殖污水 TN 产生量。2007 年，临湖区畜禽养殖污水 TN 产生量为 2.46×10^4 t。2013 年，因肉牛养殖量下降，畜禽养殖污水 TN 产生量降至 2.00×10^4 t，较之 2007 年下降 18.7%（图 3-2-18）。

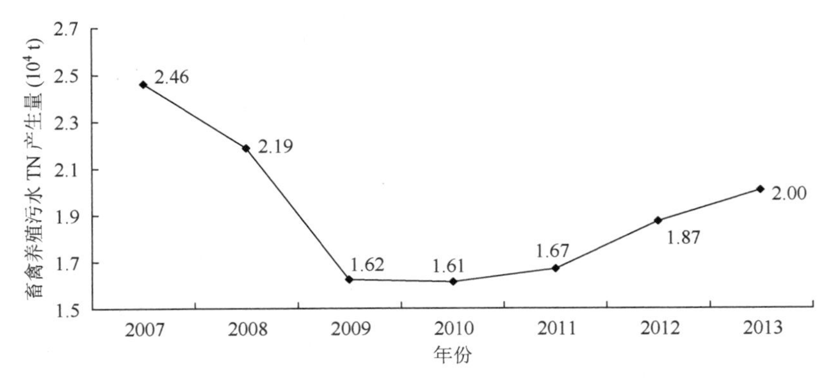

图 3-2-18　临湖区畜禽养殖污水 TN 产生量

2013 年，不同畜禽养殖污水 TN 的贡献率，生猪养殖污水 TN 占 49.5%、肉牛养殖污水 TN 占 42.7%、肉鸡养殖污水 TN 占 6.9%、蛋鸡养殖污水 TN 占 0.9%；生猪和肉牛养殖对畜禽养殖污水 TN 的贡献占绝对地位。

（3）养殖污水 TP 产生量。2007 年，临湖区畜禽养殖污水 TP 产生量为 1 867.8 t。2013 年，畜禽养殖污水 TP 产生量为 1 760.9 t，较之 2007 年下降 5.7%（图 3-2-19）。

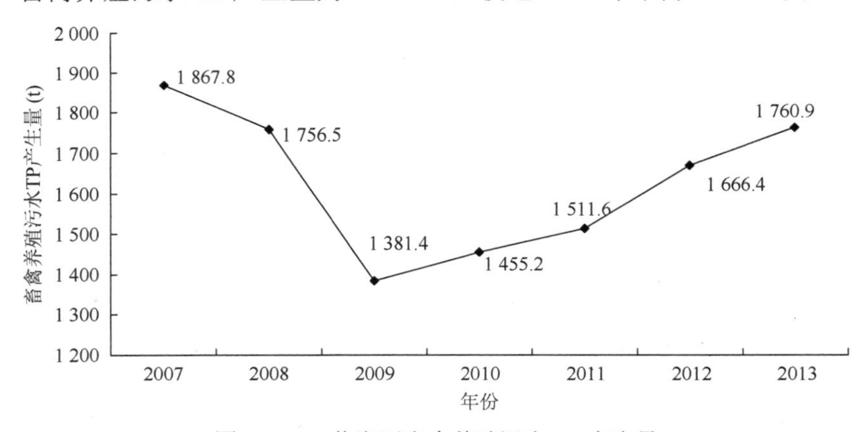

图 3-2-19　临湖区畜禽养殖污水 TP 产生量

2013 年，不同畜禽养殖污水 TP 的贡献率，生猪养殖污水 TP 占 32.1%、肉牛养殖污水 TP 占 28.1%、肉鸡养殖污水 TP 占 33.8%、蛋鸡养殖污水 TP 占 6.0%；畜禽养殖污水 TP 主要来源于生猪、肉鸡和肉牛养殖。

（4）养殖污水 Cu 产生量。2007 年，临湖区养殖污水 Cu 产生量为 17.1 t。2013 年，畜禽养殖污水 Cu 产生量增加至 20.0 t，较之 2007 年增长 16.8%（图 3-2-20）。

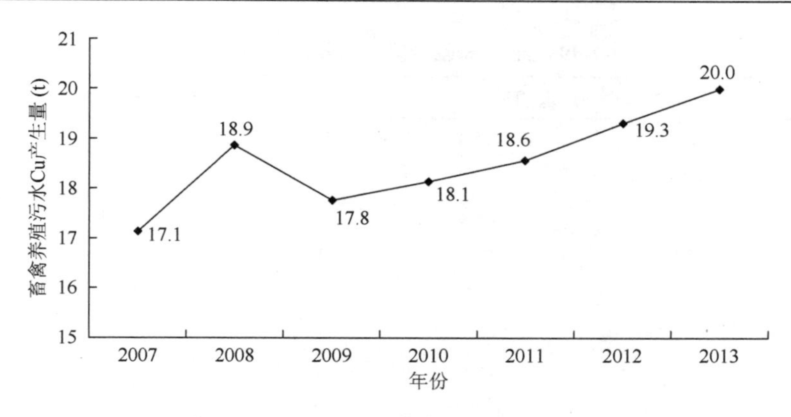

图 3-2-20　临湖区畜禽养殖污水 Cu 产生量

2013 年，不同畜禽养殖污水 Cu 的贡献率，生猪养殖污水 Cu 占 89.1%、肉牛养殖污水 Cu 占 0.1%、肉鸡养殖污水 Cu 占 9.7%、蛋鸡养殖污水 Cu 占 1.1%；表明畜禽养殖污水 Cu 基本上是由生猪养殖贡献。

（5）养殖污水 Zn 产生量。2007 年，临湖区畜禽养殖污水 Zn 产生量为 49.0 t。2013 年，畜禽养殖污水 Zn 排放量增加至 58.1 t，较之 2007 年增长 18.6%（图 3-2-21）。

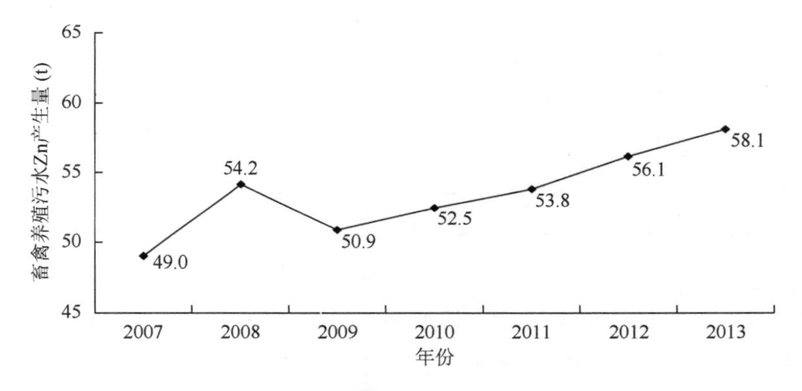

图 3-2-21　临湖区畜禽养殖污水 Zn 产生量

2013 年，不同畜禽养殖污水 Zn 的贡献率，生猪养殖污水 Zn 占 77.5%、牛养殖污水 Zn 占 0.2%、肉鸡养殖污水 Zn 占 17.6%、蛋鸡养殖污水 Zn 占 4.2%；表明畜禽养殖污水 Zn 主要来源于生猪养殖和肉鸡养殖。

2）不同区域畜禽养殖污水污染物产生量

（1）养殖污水 COD 产生量。2013 年，不同县（区、市）畜禽养殖污水中 COD 产生量居前三位的依次是进贤县、南昌县和丰城市，分别为 2.80×10^4 t、2.79×10^4 t 和 1.71×10^4 t，分别占区域 COD 总量的 21.5%、20.7%和 13.1%（表 3-2-49）；有 13 个县（区、市）COD 产生量增加、6 个县（区、市）下降，增加幅度较大的是昌江区、庐山区和进贤县，分别增加 79.0%、59.2%和 53.4%；下降幅度较大的分别是余干县 57.8%、南昌市辖区 54.0%和湖口县 31.0%。

表 3-2-49　2013 年临湖区畜禽养殖污染物排放量

县（区、市）	COD（t）	TN（t）	TP（t）	Cu（kg）	Zn（kg）
南昌县	26 930.3	3 135.9	341.3	4 240.1	12 785.6
新建县	9 758.7	1 847.7	134.1	1 731.4	4 697.8
进贤县	27 965.4	3 278.8	371.6	3 311.4	10 471.4
安义县	2 813.7	477.8	39.8	397.2	1 153.3
南昌市辖区	1 529.1	243.5	17.2	397.6	1 046.3
湖口县	989.9	159.2	12.1	226.1	615.3
都昌县	4 496.0	642.0	58.0	738.7	2 110.9
九江县	675.5	87.0	7.7	148.0	404.4
星子县	2 903.5	315.9	37.2	364.6	1 129.2
德安县	2 126.5	191.1	34.1	284.7	1 224.6
共青城	946.6	111.7	11.3	195.3	564.7
永修县	1 398.6	279.3	18.2	325.3	857.4
庐山区	775.2	64.6	9.1	110.2	338.0
余干县	6 254.4	1 117.0	88.7	933.5	2 655.0
鄱阳县	10 210.5	2 555.4	174.9	1 017.2	2 949.5
万年县	7 864.7	1 488.7	85.6	2 414.9	6 115.4
乐平市	3 633.3	761.3	51.9	663.2	1 787.6
昌江区	1 702.1	291.7	23.4	263.8	741.5
丰城市	17 051.6	2 967.8	244.8	2 234.9	6 481.1
合计	130 025.5	20 016.3	1 760.9	19 998.3	58 129.1

（2）养殖污水 TN 产生量。2013 年，不同县（区、市）养殖污水中 TN 排放量居前三位的依次是进贤县、南昌县和丰城市，依次为 0.33×10^4 t、0.31×10^4 t 和 0.30×10^4 t，分别占 TN 总量的 16.4%、15.7%和 14.8%；有 11 个县（区、市）TN 产生量增加、9 个县（区、市）下降，增加幅度较大的是乐平市 76.7%、昌江区 68.9%和万年县 28.2%；下降幅度较大的分别是余干县 72.0%、南昌市辖区 53.7%和丰城市 36.7%。

（3）养殖污水 TP 产生量。2013 年，不同县（区、市）养殖污水中 TP 产生量居前三位的依次是进贤县、南昌县和丰城市，分别为 371.6 t、341.3 t 和 244.8 t，分别占区域 TP 总量的 21.1%、19.4%和 3.9%；有 12 个县（区、市）TP 产生量增加、7 个县（区、市）TP 排放量下降，增加幅度较大的是昌江区 90%、乐平市 58.5%和进贤县 36.7%，下降幅度较大的分别是余干县 66.2%、南昌市辖区 57.2%和湖口县 33.5%。

（4）养殖污水 Cu 产生量。2013 年，不同县（区、市）养殖污水中 Cu 排放量居前三位的依次是南昌县、进贤县和万年县，依次为 4.24 t、3.31 t 和 2.44 t，分别占区域 Cu 产生总量的 21.2%、16.6%和 12.1%；有 15 个县（区、市）Cu 排放量增加、仅 4 个县（区、市）下降，增加幅度较大是进贤县 62.4%、万年县 55.3%和九江县 38.4%，下降幅度较大的依次是南昌市辖区 48.8%、鄱阳县 31.1%和余干县 29.8%。万年县畜禽养殖 Cu 污染增加是因为生猪养殖量大。

（5）养殖污水 Zn 产生量。2013 年，不同县（区、市）养殖污水中 Zn 产生量居前三位的是南昌县、进贤县和丰城市，依次为 12.8 t、10.5 t 和 6.5 t，分别占区域 Zn 产生总量的 22.0%、18.0%和 11.1%；有 15 个县（区、市）Zn 排放量增加、仅 4 个县（区、市）下降，增加幅度较大是进贤县 64.0%、万年县 50.2%和昌江区 41.8%，下降幅度较大的依次是南昌市辖区 50.5%、余干县 29.8%和鄱阳县 25.6%。

3. 主要畜禽养殖污染物排放量

因绝大部分畜禽养殖场采用干清粪工艺，粪便基本实现了资源化利用，污染物排放主要是养殖污水中污染物排放，因此仅以养殖污水污染物排放量为畜禽养殖污染物排放量。由于无法获取乡镇单元的畜禽养殖数据，临湖区畜禽养殖污染物排放量以临湖区各县（区、市）占该县（区、市）国土面积的比例进行换算而得出。

经过核算，2013 年，临湖区畜禽养殖污染物 COD 排放量为 130 025.5 t、TN 排放量为 20 016.3 t、TP 排放 1 760.9 t、Cu 排放 19 998.3 kg、Zn 排放 58 129.1 kg（表 3-2-49）。不同县（市、区）之间比较，各类污染排放物排放量最大的分别为进贤县、南昌县。

四、畜禽养殖污染物治理

1. 畜禽养殖污染处理

1）畜禽污染处理方式

（1）畜禽粪便处理。当前，临湖区畜禽粪便多采用干清粪工艺，固体粪便的处理方式多为自然发酵堆肥和有机肥加工等，合作社养殖户和散养户主要采用直接还田和还林处理。

（2）畜禽养殖污水处理。畜禽养殖场污水处理方式基本相同，主要为还林处理、还田处理、三级沉淀自然发酵处理、沉淀—沼气发酵处理、沉淀—沼气发酵—沉淀—水生植物塘处理，以及粪水沉淀（水生植物塘）后直接排放养鱼处理等方式。其中，生猪、肉牛、蛋鸡、肉鸭、肉鸡规模化养殖场的处理方式主要为三级沉淀自然发酵处理、沉淀—沼气发酵处理、沉淀—沼气发酵—沉淀—水生植物塘处理及粪水沉淀（水生植物塘）后直接排放养鱼处理等，其占据了绝大部分比例，合作社养殖户和散养户主要采用还田还林和养鱼，少部分存在直排现象。

2）生猪养殖污染处理方式对污染物的消减

随着临湖区生猪养殖量的逐年增多，粪便产生量和养殖污水排放量均逐渐增加，占畜禽养殖污染物排放总量的比重也越来越大。至 2013 年，生猪养殖污水中 COD、TN、TP、Cu 和 Zn 排放量占畜禽养殖污水总排放量的比例分别为 42.3%、49.5%、32.1%、89.1%、77.5%，已成为临湖区畜禽养殖最大的污染源。下列为江西省农科院调查不同处理方式下典型案例的养殖污染物消减量。

（1）粪便堆肥发酵处理。在生猪粪便自然堆肥发酵过程中，生猪粪便的氨态氮含量变化较平缓，至第 25 天仍达到 916 mg/kg。碳氮比方面，第 20 天时，碳氮比为 23.2∶1，第

25 天时，碳氮比为 21.0∶1；新鲜粪便初始粪大肠菌群值为 8.6×10^6 个/g，随着堆肥时间的延长，粪大肠菌群值逐渐减少，至第 25 天，为 9.6×10^3 个/g，仍然高于粪便无害化卫生标准中规定的粪大肠菌群值 101～102 个/g。可见，生猪粪便自然堆肥发酵处理至第 25 天，各个指标方面均未达到腐熟要求，也未达到粪便无害化卫生标准要求。

（2）污水三级沉淀自然发酵处理。规模化生猪养殖场三级沉淀自然发酵处理方式中，污水排放经三次沉降后，溶解性总固体（TSS）降低 5.2 倍，至 556 mg/L；生化需氧量 BOD 降低 15.4 倍，至 45 mg/L；COD 降低至 120 mg/L；TN 降低 34.7 倍，至 22.0 mg/L；TP 降低 67 倍，含量低于 0.1 mg/L；Zn 降低 7.6 倍，至 0.076 mg/L；Cu 降低 11.5 倍，至 0.034 mg/L；这些指标均达到国标二级以上排放标准，其中粪大肠菌群数达到国标三级以上排放标准。

（3）污水沉淀—沼气发酵处理。猪场粪污水经过沉淀—沼气发酵处理后，出口液中 TSS 降低至 2 458 mg/L，BOD 降低至 600 mg/L，COD 降低至 2 048 mg/L，TN 略有提高，至 639 mg/L，TP 降低至 0.46 mg/L；Zn 下降了 1.6 倍，至 1.67 mg/L；Cu 下降了 1.93 倍，至 0.60 mg/L。显然，猪场粪污水经过沼气发酵后，部分有害指标均明显下降了，但均达不到排放的要求，也达不到农田灌溉用水的要求，但可以作肥料进行总量控制使用。

（4）污水沉淀—沼气发酵—沉淀—水生植物塘处理。猪场污水经沉淀—沼气发酵—沉淀—水生植物塘处理后，出口液中 TSS 降低至 874 mg/L，BOD 降低至 80 mg/L，COD 降低至 269 mg/L，TN 降低至 161 mg/L，TP 降低至 0.70 mg/L，Zn 下降至 0.16 mg/L，Cu 下降至 0.06 mg/L。猪场粪污水经过沼气发酵后，再经过水生植物塘处理，除总氮和溶解性总固体超标外，其他各项指标均达到了三级排放标准。

（5）污水水生植物塘—三级养鱼塘处理。生猪养殖污水经过水生植物塘沉淀后直接排放进行养鱼处理，二级养鱼塘出口水样中溶解性总固体降低至 304 mg/L，BOD 降低至 70 mg/L，COD 降低至 269 mg/L，TN 含量接近于 0，TP 降低至 0.13 mg/L，Zn 下降至 0.04 mg/L，Cu 下降至 0.03 mg/L。经过二级养鱼后的水质能够达到污水综合排放一级标准，而 TSS、BOD、COD 只达到国标污水综合排放三级标准，但达到了农田灌溉水质要求。显然，在生猪养殖过程中，选取不同的污水处理方式，污染物消减量不同，处理后的污水达到的标准也不相同。养殖生产过程中需要根据当地的实际情况，选取不同的处理方式，从而有效处理粪污，减少养殖过程中对周边环境的影响。

3）水禽粪污处理情况

水禽养殖作为畜禽养殖中的一个重要组成部分，虽然近些年来政府大力推广蛋鸭笼养、网床养殖等养殖方式，但传统的水域放牧、半放牧饲养方式仍然是水禽养殖的主要方式。对临湖区鸭、鹅的养殖情况进行调查发现，鸭、鹅的养殖方式主要有三种：第一种是“鸭（鹅）-渔”养殖模式，以鱼塘、湖泊、湖滩作为水禽养殖带来的污水和排泄物的载体，以水禽排泄物和未消化完的饲料残渣作为鱼的饵料进行养殖。这种养殖方式是目前临湖区主要的水禽养殖方式，占据了水禽养殖的六成以上。该种方式容易造成养殖水体富营养化，水体中 N、P 含量容易超标。选取临湖区部分水面养殖的鸭、鹅养殖场，收集水样进行污染物及大肠杆菌等指标的检测后发现，在宽阔的湖面和塘面养殖的鸭场和鹅场，其水体中COD、BOD和大肠杆菌值的指标没有超过《地表水环境质量标准》中的Ⅵ类标准，但TN、TP、NH_3-N等指标则超标较为严重。而选择戏水池提供水面的养殖方式养殖的鹅，其戏水池中COD、BOD、TN、TP、NH_3-N等指标则远远超过《地表水环境质量标准》中的Ⅵ类标准，最高值超过了标准的30倍。第二种是种（水稻）养（鸭、鹅）模式，主要是在稻田中放养肉鸭，利用稻田直接消纳水禽排泄出的粪便，或者利用田间、湖滩的野青草进行肉鹅的养殖。该种方式对于环境的污染较小。其中，景德镇市采用该种养殖方式的较多。第三种就是水禽的栏舍养殖，对养殖过程中产生的粪污进行收集，集中处理。该种方式对环境的污染主要取决于养殖场建设的粪污处理设施条件与设施运行情况。目前，大部分规模场建有相应的粪污处理措施，对环境的污染影响较小，但在散养户和规模较小的养殖场中存在污水直排现象。

2. 畜禽养殖污染治理现状

为了加强对畜禽养殖业污染排放的控制，我国先后发布了《畜禽养殖业污染物排放标准》（GB18596—2001）、《畜禽养殖业污染防治技术规范》（HJ/T81—2001）、《规模化畜禽养殖场沼气工程设计规范》（NY/T1222—2006）、《畜禽养殖污染防治管理办法》（国家环境保护总局令第9号）、《畜禽规模养殖污染防治条例》（国务院令第643号）等文件，对畜禽养殖场污染物排放总量及各种污染物的浓度进行了严格的规定，并制定了相关的防治技术规范。为贯彻落实国家相关文件精神，加强江西省畜禽养殖污染治理工作，保护和改善全省生态环境，江西省也先后出台了《江西省畜禽养殖管理办法》《关于加强畜禽养殖污染治理工作的实施意见》。

江西省划定了各县（市）的畜禽养殖区域，结合各地实际情况，划定了畜禽禁养区、限养区和可养区。对禁养区内已有的各类畜禽养殖场实行搬迁或转产，停止了养殖活动。对限养区内畜禽养殖规模实行严格限制，不得新建和扩建畜禽养殖场。对可养区内畜禽养殖场实行了合理规划布局，对养殖规模实行上限控制，不得超出环境承载能力。同时，实施了畜禽养殖污染治理工程。通过政策激励、资金扶持、技术指导等措施，积极引导畜禽养殖场开展了以畜禽粪污处理与利用为主要内容的标准化改造。至2013年，江西省先后共创建部、省、市级畜禽养殖标准化示范场408家，对4 300多家养殖场进行了粪污治理和标准化改造，年减少粪污排放量2 000多万吨。在畜禽养殖较为集中的区域，合理规划建设了一批畜禽粪污集中处理中心和有机肥加工厂，为无法自行建设无害化处理和综合利用设施的畜禽养殖场开展社会化畜禽粪污处理服务。要求各地要结合当地畜牧业发展实际，在编制种植业、林果业发展和农田基本建设规划中，把田间畜禽粪污储存与利用设施设备纳入设计建设内容，形成畜禽养殖场处理设施与田间利用工程相互配套的粪污处理与利用系统。

此外，各级政府和各有关部门立足当前，着眼长远，建立了畜禽养殖污染防治长效机制，编制了畜禽养殖污染防治规划，严格执行畜禽养殖环境准入。对新建、改建、扩建畜禽养殖场执行环境影响评价制度，猪常年存栏量3 000头以上、肉牛常年存栏量600头以上、奶牛常年存栏量500头以上、家禽常年存栏量10万羽以上的大型养殖场或涉及环境敏感区的养殖场需编制环境影响报告书，其他畜禽养殖场要填报环境影响登记表。新建、改建、扩建畜禽养殖场的污染防治工程必须与主体工程同时设计、同时施工、同时投入使用，畜禽粪污综合利用措施必须在畜禽养殖场投入运营的同时予以落实，执行备案管理，对达到法定养殖规模标准的畜禽规模养殖场要向县级农牧部门申请备案，对场址、畜禽类别、规模、工艺、主要设施设备、业主简介等基本信息进行登记，并发放养殖场备案号，其为养殖场身份识别码。同时，要求畜禽养殖场应当定期将养殖品种、规模，以及养殖废弃物的产生、排放和综合利用情况等报当地环保部门备案。环保、农业等部门应当定期互相通报备案情况，实现信息共享，及时掌握污染防治动态。

第四节　水产养殖污染

一、水产养殖结构及规模

1. 水产养殖方式

临湖区水产养殖方式多样，可以分为池塘、水库、湖泊、河沟及其他，涵盖江西省主要养殖方式。从集约化程度，可将水产养殖划分为网箱养殖、工厂化养殖等。2013 年，临湖区水产养殖总面积为 16.58×10^4 hm^2，按照养殖水域性质，池塘养殖面积为 4.58×10^4 hm^2，占 27.6%；湖泊养殖面积为 8.43×10^4 hm^2，占 50.9%；水库养殖面积为 2.83×10^4 hm^2，占 17.1%；河沟养殖面积为 0.67×10^4 hm^2，占 4.1%；其他养殖面积为 0.06×10^4 hm^2，占 0.4%；稻田养殖面积为 0.28×10^4 hm^2，占 1.7%。

自 2007 年起，临湖区养殖总面积逐年增加，但不同养殖水域类型有增有减。2013 年与 2007 年相比，养殖总面积增加 11.3%，其中池塘养殖面积增幅达 36.1%，湖泊养殖面积增加 17.4%、水库养殖面积增加 0.2%、河沟养殖面积减少 20.7%、其他水域养殖面积大幅度减少 89.7%。稻田养鱼有起有落，高峰面积的 2010 年达 0.40×10^4 hm^2，低谷期 2011 年仅 0.19×10^4 hm^2。2007～2013 年，各县（区、市）的养殖面积与临湖区总体情况一致，呈增加趋势，但不同县（区、市）、不同类型养殖水域的面积变化有所差异。

2013 年，临湖区水产养殖中，鄱阳县、进贤县、余干县、都昌县和丰城市的水产养殖面积位列前五位，分别占区域总面积的 19.0%、18.6%、16.6%、7.6%和 7.0%，合占区域水产养殖面积的 68.8%。

2. 水产养殖产量

2007～2013 年，临湖区水产养殖产量逐年增加。2013 年，水产养殖总产量为 80.6×10^4 t，较 2007 年增长 25.3%，其中池塘养殖产量为 41.18×10^4 t，占水产总量的 51.3%；湖泊养殖产量为 23.98×10^4 t，占总量的 29.9%；水库养殖产量为 10.69×10^4 t，占 13.3%；河沟养殖产量为 3.41×10^4 t，占 4.2%；其他水域养殖产量为 0.41×10^4 t，占 0.5%；稻田养鱼产量为 0.62×10^4 t，占总量的 0.8%。

分析 2013 年不同县（区、市）水产养殖产量，鄱阳县、余干县、南昌县、进贤县和丰城市位列产量前五位，分别占鄱阳湖区水产养殖产量的 17.1%、15.1%、13.6%、11.4%和 8.3%，合占 65.5%。

3. 水产养殖品种

临湖区水产养殖品种大类上分为鱼类、甲壳类（虾蟹）、贝类（螺蚬等）、龟鳖蛙类及珍珠。依据传统习惯、产品产量和养殖特性，可将水产养殖品种分为大宗水产品和特种水产品。目前，大宗水产品在临湖区水产养殖中仍占主导地位，品种主要包括草、鲢、鳙、鲫、鲤、鳊（鲂）、青等。特种水产品则种类较多，有30多种左右，包括鳜鱼、乌鳢、黄颡鱼、黄鳝、泥鳅、虾蟹类、贝类（螺蚬类）、龟鳖类和珍珠等。

1）大宗水产品

2013年，临湖区大宗水产品养殖产量为54.8×10^4 t，占养殖水产总量的68.0%，较2007年增加14.3%。其中，草鱼为14.3×10^4 t，增长23.1%；鳙鱼为12.7×10^4 t，增长30.3%；鲢鱼为1.20×10^4 t，增长4.6%；鲫鱼为7.2×10^4 t，增长7.6%；鲤鱼产量下降13.0%。

大宗水产养殖结构，草鱼、鳙鱼、鲢鱼和鲫鱼位居前四位，占比分别为26.1%、23.2%、22.0%和13.2%，合占大宗水产品产量的84.5%。

2）特种水产品

2007～2013年，临湖区特种水产养殖发展较快，黄鳝、泥鳅、虾类、鲈鱼和乌鳢等特种水产产量逐年增加。2013年特种水产品的产量达25.8×10^4 t，较2007年增加57.3%。其中，黄鳝增长151.2%、泥鳅增长143.4%、虾类增长81.3%、黄颡增长73.3%、鲈鱼增长71.5%、鳜鱼增长62.6%。

特种水产养殖以虾类、黄鳝、乌鳢和泥鳅为主，其2013年产量依次为40.692 t、37.976 t、35.525 t和21.114 t，分别占特种水产总量的15.8%、14.7%、13.8%和8.2%，虾类（主要是克氏原螯虾）产量多年来一直占据特种水产品的首位。

3）大宗和特种水产品所占比重变化

2007～2013年，临湖区养殖产量逐年增加，大宗、特种（鱼类、非鱼类）水产品的养殖产量也不断增加，但增加幅度有所差别，大宗水产品增加较缓，特种水产品增幅稍大。大宗水产品占养殖总产量的比重逐年下降，由2007年的74.5%下降至2013年的68.0%；特种水产品的比重在上升，由2007年的25.5%升至2013年的32.0%。

二、水产养殖水体环境

1. 水产养殖水质现状

1）不同水域类型养殖水质现状

2012～2013年，对临湖区各县（区、市）的不同类型养殖水体（池塘、湖泊、水库）各选择5个地点进行定点采样，测定TN、TP、NH_3-N和COD 4个指标，结果见表3-2-50～表3-2-52，显示湖泊、水库的水质明显优于池塘水质。

表 3-2-50　池塘养殖水质指标均值　（单位：mg/L）

采样点	污染物含量			
	TN	TP	NH_3-N	COD
南昌三洞湖	3.16	0.43	0.55	26.91
永修立新	6.13	0.63	0.90	37.22
湖口三里	3.83	0.15	0.64	26.31
乐平共库养殖池	5.99	0.34	0.65	29.04
丰城剑南	6.84	0.28	0.79	34.38

表 3-2-51　湖泊养殖水质指标均值　（单位：mg/L）

采样点	污染物含量			
	TN	TP	NH_3-N	COD
南昌太子河	0.97	0.04	0.50	6.27
永修金畈湖	3.99	0.18	0.19	7.53
湖口南北港	3.36	0.22	0.07	3.51
鄱阳鸦鹊湖	6.98	0.37	0.35	10.01
进贤陈家湖	4.72	0.20	0.78	16.52

表 3-2-52　水库养殖水质指标均值　（单位：mg/L）

采样点	污染物含量			
	TN	TP	NH_3-N	COD
新建梦山水库	1.83	0.07	0.12	2.55
九江马头水库	4.83	0.72	0.26	5.12
昌江焦坑水库	4.77	0.29	0.19	4.62
余干神岭水库	4.03	0.39	0.22	5.77
丰城梅林水库	5.33	0.59	0.31	13.41

2）养殖池塘进水水质

2012～2013 年，对临湖区大部分县（区、市）的主要池塘养殖集中区的水质进行了监测，结果见表 3-2-53、表 3-2-54。

表 3-2-53　部分县（区、市）养殖池塘进水水质（2012 年）　（单位：mg/L）

指标	南昌县	新建县	进贤县	南昌市辖区	庐山区	九江县	永修县	德安县	星子县
TN	0.90	0.80	0.68	0.83	0.56	0.61	0.58	0.44	0.51
TP	0.05	0.04	0.06	0.11	0.07	0.05	0.11	0.10	0.11
NH_3-N	0.32	0.28	0.44	0.51	0.33	0.42	0.36	0.31	0.41
COD	11.36	9.56	14.83	16.21	13.66	13.84	14.35	13.74	15.22
BOD_5	3.47	3.51	3.84	3.53	3.24	3.38	3.08	2.87	3.05

续表

指标	都昌县	湖口县	共青城市	昌江区	乐平市	余干县	鄱阳县	万年县	丰城市
TN	0.73	0.88	0.52	0.68	0.66	0.72	0.73	0.91	0.81
TP	0.09	0.12	0.10	0.12	0.11	0.09	0.08	0.12	0.05
NH_3-N	0.50	0.62	0.36	0.31	0.33	0.36	0.36	0.74	0.33
COD	16.18	16.27	15.82	16.54	17.52	15.28	15.42	15.68	10.27
BOD_5	3.12	3.01	2.94	3.04	3.24	2.95	3.11	3.64	3.05

表 3-2-54　部分县（区、市）养殖池塘进水水质（2013 年）　（单位：mg/L）

指标	南昌县	新建县	进贤县	南昌市辖区	庐山区	九江县	永修县	德安县	星子县
TN	0.85	0.81	0.76	0.77	0.58	0.60	0.63	0.45	0.54
TP	0.05	0.04	0.08	0.07	0.06	0.05	0.08	0.10	0.11
NH_3-N	0.35	0.30	0.42	0.52	0.35	0.40	0.46	0.28	0.51
COD	11.08	10.25	16.27	15.84	14.38	12.57	15.03	13.55	15.88
BOD_5	3.53	3.15	3.37	3.15	3.31	3.19	2.97	2.91	3.16
指标	都昌县	湖口县	共青城市	昌江区	乐平市	余干县	鄱阳县	万年县	丰城市
TN	0.73	0.84	0.61	0.61	0.55	0.75	0.76	0.94	0.80
TP	0.09	0.10	0.11	0.11	0.10	0.09	0.09	0.11	0.06
NH_3-N	0.50	0.56	0.37	0.36	0.44	0.38	0.42	0.68	0.38
COD	16.18	14.28	14.85	14.24	15.28	16.24	14.53	13.24	9.62
BOD_5	3.12	3.24	3.16	3.07	2.97	3.02	3.15	3.36	3.17

3）养殖池塘排水水质

2012～2013 年，对临湖区大部分县（区、市）的主要池塘养殖集中区的排水水质进行了监测，结果见表 3-2-55、表 3-2-56。

表 3-2-55　部分县（区、市）养殖池塘排水水质（2012 年）　（单位：mg/L）

指标	南昌县	新建县	进贤县	南昌市辖区	庐山区	九江县	永修县	德安县	星子县
TN	3.04	3.54	4.79	5.27	4.21	5.46	6.75	4.82	5.74
TP	0.42	0.41	0.51	0.40	0.51	0.63	0.68	0.55	0.62
NH_3-N	0.84	0.93	1.09	0.99	1.23	1.10	1.24	1.14	1.28
COD	30.27	29.38	34.22	36.26	35.66	31.48	27.73	30.76	33.24
BOD_5	5.86	5.79	5.96	6.08	5.67	6.02	6.11	6.15	6.57
指标	都昌县	湖口县	共青城市	昌江区	乐平市	余干县	鄱阳县	万年县	丰城市
TN	6.24	3.85	3.46	5.12	6.12	7.10	6.97	6.68	6.55
TP	0.63	0.25	0.21	0.32	0.33	0.41	0.36	0.31	0.28
NH_3-N	1.35	0.98	0.90	1.11	1.21	1.37	1.27	1.15	1.09
COD	38.77	31.26	32.42	32.65	31.07	35.48	33.57	32.31	33.45
BOD_5	7.34	6.52	5.57	6.27	7.03	7.24	7.31	7.47	7.22

表 3-2-56　部分县（区、市）养殖池塘排水水质（2013 年）　（单位：mg/L）

指标	南昌县	新建县	进贤县	南昌市辖区	庐山区	九江县	永修县	德安县	星子县
TN	3.26	3.56	4.89	5.77	4.06	3.74	5.24	4.74	5.48
TP	0.40	0.49	0.54	0.50	0.42	0.42	0.58	0.43	0.60
NH_3-N	0.82	0.95	0.97	1.01	1.12	1.01	1.35	1.01	1.21
COD	32.56	30.25	35.46	34.32	29.66	30.47	38.25	29.73	33.19
BOD_5	5.97	6.04	5.79	6.11	5.87	5.36	6.22	5.87	6.75
指标	都昌县	湖口县	共青城市	昌江区	乐平市	余干县	鄱阳县	万年县	丰城市
TN	6.63	3.68	3.63	4.75	6.06	7.11	7.04	6.76	5.89
TP	0.54	0.32	0.30	0.39	0.33	0.47	0.45	0.34	0.27
NH_3-N	1.31	1.00	0.86	1.05	1.21	1.26	1.20	1.29	1.09
COD	36.27	32.34	31.65	32.38	31.85	34.38	32.85	30.54	28.76
BOD_5	7.06	6.17	5.87	5.43	5.78	7.24	7.31	6.14	5.25

2. 水产养殖水体环境质量评价

我国现行的《渔业水质标准》（GB11607-89）中，对 Cu（≤0.01 mg/L）、非离子氨（≤0.02 mg/L）、凯氏氮（≤0.05 mg/L）和黄磷（≤0.001 mg/L）等有明确的指标限定，对 BOD_5 提出了≤5 mg/L 的要求，但对 TN、TP 没有限定。此次考察则依据《地表水环境质量标准》（GB3838—2012）确定的指标，对各县（区、市）的采样池塘养殖进水水质、排水水质做简要评价。

1）进水质量评价

（1）总氮（TN）。大多数县（区、市）池塘养殖进水水体中的 TN 含量均属于《地表水环境质量标准》III类，仅德安县为II类。

（2）氨氮（NH_3-N）。各县（区、市）池塘养殖进水水体中 NH_3-N 含量均属于《地表水环境质量标准》II～III类。

（3）总磷（TP）。各县（区、市）池塘养殖进水水体中 TP 含量均在《地表水环境质量标准》II～III类。

（4）化学需氧量（COD）。各县（区、市）池塘养殖进水水体中 COD 含量均在《地表水环境质量标准》I～III类。

（5）生化需氧量（BOD_5）。各县（区、市）池塘养殖进水水体中 BOD_5 多属于《地表水环境质量标准》III类，部分为II类。

2）排水质量评价

（1）总氮（TN）。监测的所有县（区、市）池塘养殖排水水体中的 TN 含量指标均超过《地表水环境质量标准》V类，为劣V类。

（2）氨氮（NH_3-N）。各县（区、市）池塘养殖进水水体中 NH_3-N 含量均在《地表水环境质量标准》III～IV类。

（3）总磷（TP）。多数县（区、市）池塘养殖进水水体中 TP 含量超过《地表水环境质量标准》V类，为劣V类，仅部分在IV～V类。

（4）化学需氧量（COD）。各县（区、市）池塘养殖进水水体中COD含量均在《地表水环境质量标准》Ⅳ～Ⅴ类。

（5）生化需氧量（BOD_5）。各县（区、市）池塘养殖进水水体中BOD_5含量多数在《地表水环境质量标准》Ⅳ～Ⅴ类。

综上所述，临湖区各县（区、市）池塘养殖的进水水体（水源）质量总体良好，多在Ⅱ～Ⅲ类，但排水水质质量较差，特别是总氮指标均为劣Ⅴ类。

三、水产养殖投入品

水产养殖常用的投入品主要包括饲料、肥料及渔用药品等。

1. 饲料投入

1）水产养殖饲料种类

鄱阳湖区水产养殖饲料主要分为三大类：配合饲料、单一饲料与青饲料。

配合饲料是用多种饲料原料与各种必需的微量元素添加剂合理配比，经过一定的加工工艺生产而成的，其使用数量最多。从饲料生产工艺可将配合饲料分为硬颗粒饲料、膨化饲料、破碎饲料、粉状饲料等，还有少量养殖单位（户）使用多种饲料原料自行配制的混合饲料；从饲料成分性质可分为单一养殖品种专用料与多品种混养料等。

单一饲料是指直接使用某一饲料原料进行投喂，包括玉米粉、豆粕、菜粕等植物性饲料和野杂鱼、动物内脏等动物性饲料，其中植物性饲料原料的使用量较少，在一些特种水产品（如鳜鱼、乌鳢等）的养殖过程中，动物性饲料的使用较多。

青饲料主要包括天然牧草、栽培牧草、田间杂草、菜叶类、水生植物、嫩枝树叶等。比较常见的青饲料有黑麦草、苏丹草、浮萍等。

2）饲料投入量

2013年，临湖区的配合饲料、单一饲料和青饲料的使用量分别为34.26×10^4 t、4 114.78 t和11.33×10^4 t；较之2012年分别增加15.0%、1.8%和3.9%（表3-2-57）。饲料投入量前三位的分别为鄱阳县、南昌县、余干县。

表3-2-57　临湖区各县（区、市）饲料投入量

县（区、市）	2012年			2013年		
	配合饲料（10^4 t）	单一饲料（t）	青饲料（10^4 t）	配合饲料（10^4 t）	单一饲料（t）	青饲料（10^4 t）
南昌县	4.67	338.47	1.52	5.04	313.61	1.62
新建县	1.57	127.37	0.40	1.85	116.19	0.47
进贤县	3.13	286.00	0.72	3.72	294.00	0.71
安义县	0.55	96.24	0.13	0.57	102.56	0.15
南昌市辖区	0.85	58.00	0.07	0.86	49.00	0.07

续表

县（区、市）	2012 年			2013 年		
	配合饲料（10^4 t）	单一饲料（t）	青饲料（10^4 t）	配合饲料（10^4 t）	单一饲料（t）	青饲料（10^4 t）
庐山区	0.12	13.02	0.02	0.13	10.34	0.02
九江县	0.34	49.42	0.23	0.42	48.14	0.23
永修县	1.28	230.52	0.85	1.31	242.87	0.95
德安县	0.25	23.00	0.05	0.28	24.00	0.05
星子县	0.86	47.00	0.17	1.12	45.00	0.17
都昌县	2.45	418.00	1.53	2.86	484.00	1.63
湖口县	0.81	193.49	0.73	0.93	237.26	0.68
共青城市	0.39	52.00	0.07	0.47	47.00	0.07
昌江区	0.11	11.51	0.01	0.13	12.95	0.02
乐平市	0.54	33.86	0.04	0.57	34.48	0.05
余干县	4.12	658.00	1.32	4.84	705.00	1.29
鄱阳县	4.21	864.00	1.46	5.17	858.00	1.45
万年县	0.98	215.00	0.53	1.16	206.00	0.57
丰城市	2.57	306.11	1.06	2.83	284.40	1.14
临湖区合计	29.79	4 021.01	10.92	34.26	4 114.78	11.33

3）饲料主要成分

水产养殖污染物主要来源于饲料。通过对不同饲料抽样测定其主要成分见表 3-2-58，结果显示，不同种类或品种饲料中的 TN、TP、Cu 等含量差异较大。在复合饲料中，黄颡鱼 0 号含 N、Cu 量比较高；在单一饲料中，豆粕中 N、P 含量最高，其次是菜粕饲料，青饲料中，以紫花苜宿含 N 量最高。

表 3-2-58　不同饲料的主要成分含量　（单位：mg/kg）

饲料种类	品名	TN	TP	Cu
配合饲料	1030	48.400	70	18.45
	草鱼膨化料	47.967	103	22.14
	黄颡鱼 0 号	67.776	113	25.53
	水产饲料	50.354	132	21.36
	混养鱼饲料	49.667	126	19.88
单一饲料	玉米	13.524	1.960	3.52
	麦麸	27.241	6.822	20.34
	次粉	27.662	3.562	18.51
	豆粕	70.845	283	11.62
	棉粕	67.158	4.174	13.26
	菜粕	61.383	7.245	12.85

续表

饲料种类	品名	TN	TP	Cu
青饲料	特高黑麦草	18.823	6.435	6.79
	紫花苜宿	40.352	5.822	10.24
	苏丹草	17.684	5.568	8.67
	甜高粱	41.109	3.125	9.23

2. 肥料投入

在水产养殖中投入饲料主要是培养浮游生物，以减少饲料的投入，常用的肥料有有机肥和无机肥。有机肥主要包括沼液、堆沤发酵的动物粪肥、植物沤肥和商品生物肥等；无机肥主要有碳酸氢铵、尿素、磷酸二氢铵和复混肥等。由于肥料的过度使用导致水体富营养化，在不同程度上会对养殖水体产生污染，2012 年 7 月 1 日施行的《江西省渔业条例》已明令禁止“不得在江河、湖泊、水库使用无机肥、有机肥、生物复合肥等进行水产养殖”，水产养殖肥料的使用量已大大减少，但在少部分地区仍有使用。

1）肥料投入量

统计 2012～2013 年的有机肥使用情况，2013 年临湖区水产养殖有机肥料的投入总量为 46.596 t，较 2012 年的 69.655 t 减少了 33.5%。鄱阳县、余干县、进贤县水产养殖有机肥使用量较大，依次为 11.648 t、11.025 t 和 9.673 t，分别占临湖区水产有机肥使用量的 26.5%、25.1%和 22.0%（表 3-2-59）。

表 3-2-59　临湖区各县（区、市）水产养殖有机肥使用量　（单位：t）

县（区、市）	2012 年	2013 年
南昌县	0.430	0.367
新建县	1.665	1.134
进贤县	18.545	9.673
安义县	0.156	0.164
南昌市辖区	1.108	0.886
庐山区	0.196	0.144
九江县	1.362	0.637
永修县	2.240	0.874
德安县	0.654	0.468
星子县	0.985	0.437
都昌县	3.568	2.675
湖口县	1.417	0.958
共青城市	1.022	0.976
昌江区	0.096	0.076
乐平市	0.300	0.200

续表

县（区、市）	2012 年	2013 年
余干县	13.548	11.025
鄱阳县	15.960	11.648
万年县	2.657	1.543
丰城市	3.746	2.711
临湖区合计	69.655	46.596

2）有机肥主要成分

2013 年，对 3 种有机肥抽样 3 次并进行了主要成分测定，结果表明，发酵鸡粪和生物有机肥的 N、P、Cu 含量极显著高于沼液（表 3-2-60）。

表 3-2-60　不同有机肥养分含量　（单位：mg/kg）

有机肥种类	TN	TP	Cu
沼液	1.356	317.000	0.01
发酵鸡粪	45.863	23.546	18.86
生物有机肥	78.664	26.558	20.15

3. 渔用药品投入

渔用药物种类很多，大体分为杀菌类、杀虫类和水质改良类。杀菌类主要有氯制剂、碘制剂及抗生素类；杀虫类则以菊酯类、敌百虫、硫酸铜等为主；水质改良类包括微生物制剂（如光合细菌、芽孢杆菌等）和化学药物配制的水质改良剂。

由于渔药的实际使用和销售市场情况比较复杂，渔业部门对此也没有专门统计，通过对养殖企业（大户）实地抽样调查，并结合常规养殖过程中用药次数等情况进行推算。表 3-2-61 列出了各县（区、市）2012～2013 临湖区水产养殖药物的使用情况［未考虑用于池塘清塘消毒的生石灰和中草药（主要用于防病）的使用情况］。数据显示，2013 年临湖区杀菌剂用量 1 517 t，杀虫剂用量 1 480 t，水质改良类药品用量 736 t。渔用药品投入数量中，杀菌剂＞杀虫剂＞水质改良剂。

表 3-2-61　临湖区渔用药物使用情况　（单位：t）

县（区、市）	2012 年			2013 年		
	杀菌类	杀虫类	水质改良类	杀菌类	杀虫类	水质改良类
南昌县	237	191	81	251	228	100
新建县	50	47	20	49	51	25
进贤县	65	70	30	69	74	36
安义县	18	16	12	19	17	12
南昌市辖区	42	38	22	45	36	23
庐山区	6	7	4	6	7	4
九江县	18	19	10	18	18	10

续表

县（区、市）	2012 年			2013 年		
	杀菌类	杀虫类	水质改良类	杀菌类	杀虫类	水质改良类
永修县	71	80	46	77	86	47
德安县	20	17	9	22	21	13
星子县	35	26	10	38	32	15
都昌县	171	164	86	165	174	93
湖口县	63	64	29	68	62	33
共青城市	35	42	18	43	44	19
昌江区	9	6	4	6	8	4
乐平市	87	83	42	85	90	45
余干县	156	148	53	154	158	82
鄱阳县	154	159	65	177	162	79
万年县	56	48	14	54	51	15
丰城市	163	167	77	171	162	81
临湖区合计	1 456	1 392	632	1 517	1 480	736

四、水产养殖污染

1. 水产养殖污染源与污染物种类

随着人们对水产品需求的增加，水产养殖正从传统的粗放式养殖模式向高密度、集约化、工厂化模式转变，伴随着水产养殖投入品的增加，水产养殖的污染效应也在增加。这些养殖模式中，大量投喂的人工饲料、有机肥料、渔用药品及生物排泄物和残骸构成了水中有机物来源的主体。水产养殖污染物来源主要有两类：一类是养殖生产投入品，主要为饵料、渔药和肥料的溶失；另一类是养殖生物的排泄物、残饵和养殖生物的死亡尸体等。

水产养殖涉及的污染物种类较多，主要以 TN、TP、COD、Cu 等为衡量指标。根据临湖区各县（区、市）池塘养殖的品种与产量，结合考察抽样测定的数据适当进行微调校正，依据第一次全国农业面源污染普查结果中的产排污系数，采用物料平衡法计算得出临湖区 2007～2013 年的污染物产生量与排放量。

2. 临湖区水产养殖污染物产生量

1）水产养殖污染产生系数

水产养殖污染物产生系数即水产产污系数，是指在正常养殖生产条件下，养殖生产 1 kg 水产品在水体中所产生的污染物量，不含底泥沉降部分，单位为 g/kg。

水产产污系数因水产养殖种类的不同而不同。表 3-2-62 是一些主要养殖种类的产污系数，未列出的水产种类归总计入其他类。可以看出，鲈鱼、乌鳝、乌鳢、黄鳝、珍珠产污系数较高，青鱼、鲤鱼产污系数较低。

表 3-2-62　水产养殖种类的产污系数　（单位：g/kg）

种类	TN	TP	COD	Cu
草鱼	7.975	1.569	90.877	0.003 1
青鱼	1.388	0.256	20.67	0.001 3
鲢鱼	3.501	0.607	26.462	0.025 2
鳙鱼	4.035	0.455	22.204	0.002 6
鲤鱼	1.388	0.256	20.67	0.001 3
鲫鱼	2.321	1.089	24.18	0.019 5
鳊（鲂）鱼	1.636	0.125	6.347	0
鳜鱼	5.755	2.219	125.824	0
黄鳝	22.319	5.431	276.005	0.017 7
泥鳅	8.216	0.601	72.664	0.009 4
黄颡鱼	8.216	0.601	72.664	0.009 4
鲶鱼	8.216	0.601	72.664	0.009 4
鲈鱼	27.237	4.417	253.077	0
乌鳢	27.237	4.417	253.077	0
虾类	2.713	0.577	2.54	0.026 9
河蟹	2.679	0.472	56.715	–0.001
龟鳖蛙	6.73	0.814	41.54	0.02
其他	5.821	0.994	54.39	0.009
珍珠	12.264	1.055	60.938	0

2）水产养殖污染物产生量

水产养殖污染物产生量是指在正常养殖生产条件下水体中的污染物产生量，不含底泥沉降部分，单位为 kg。污染物产生量的计算：污染物产生量 = 产污系数×养殖增产量；养殖增产量 = 商品水产产量一种苗投入量。

（1）临湖区水产养殖污染物产生量。2007～2013 年，临湖区水产养殖主要污染物产生量见表 3-2-63。随着养殖产量的增加，TN、TP、COD、Cu 等污染物产生量有升有降也有逐年增加。2013 年，水产养殖 TN 产生量为 4 787.90 t、TP 为 891.52 t、COD 为 4.73×10^4 t、Cu 为 6.93 kg，依次较 2007 年增加 38.1%、39.0%、40.6%和 25.4%。

表 3-2-63　临湖区不同年度水产养殖污染物产生量

项目	2007 年	2008 年	2009 年	2010 年	2011 年	2012 年	2013 年
TN（t）	3 465.38	3 704.95	3 862.78	3 997.90	4 465.56	4 646.16	4 787.90
TP（t）	641.48	682.48	718.11	760.10	839.84	866.38	891.52
COD（10^4 t）	3.36	3.60	3.77	3.97	4.42	4.58	4.73
Cu（kg）	5.53	5.60	5.84	6.14	6.59	6.83	6.93

（2）各县（区、市）水产养殖污染物产生量。2013 年，各县（区、市）水产养殖 TN、TP 产生量居前五位的依次是余干县、鄱阳县、南昌县、进贤县和丰城市，TN 产生量依次为 975.9 t、874.9 t、632.5 t、509.8 t 和 341.6 t，分别占总产生量的 23.0%、21.0%、15.2%、12.2%和 8.2%；TP 产生量依次为 181.8 t、146.7 t、126.9 t、100.8 t 和 63.6 t，分别占总产生量的 21.8%、17.6%、15.2%、12.1%和 7.6%（图 3-2-22）。

（3）不同养殖品种污染物产生量。通过核算，2013 年临湖区主要养殖水产品种的污染物产生量见表 3-2-64。对水产养殖污染物 TN 贡献居前四位的分别是草鱼、乌鳢、黄鳝和鳙鱼，其贡献率分别为 22.6%、18.2%、15.9%和 9.1%，合计贡献 65.8%。对水产养殖污染物 TP 贡献居前四位的分别是草鱼、黄鳝、乌鳢和鲢鱼，2013 年其贡献率分别为 23.9%、20.8%、15.8%和 6.8%，合计贡献 67.3%。草鱼尽管产污系数小，但由于生产量大，故其对 TN、TP 的贡献率依然很大。上述结果表明，草鱼、乌鳢、黄鳝、鳙鱼和鲢鱼等品种养殖是临湖区水产污染物的主要来源。

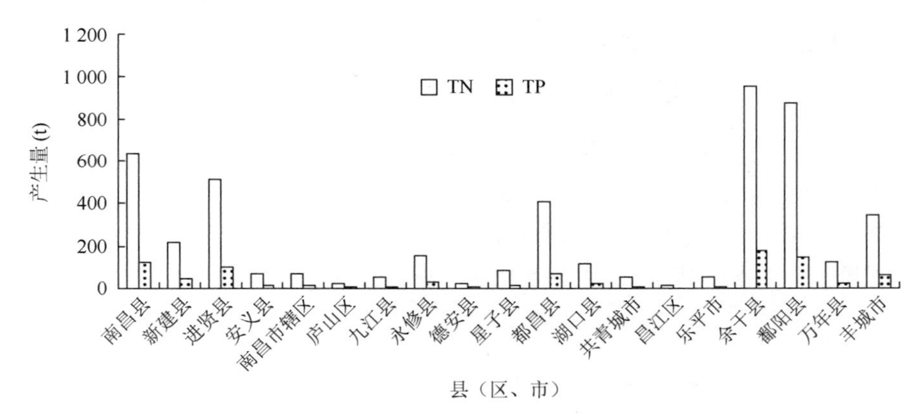

图 3-2-22　各县(区、市)水产养殖污染物产生量

表 3-2-64　2013 年不同水产品种养殖污染物产生量

水产种类	TN（t）	TP（t）	COD（t）	Cu（kg）
草鱼	1 082.75	213.02	1.234	0.421
青鱼	25.14	4.64	0.037	0.024
鲢鱼	349.98	60.68	0.265	2.519
鳙鱼	435.32	49.09	0.240	0.281
鲤鱼	47.92	8.84	0.071	0.045
鲫鱼	142.69	66.95	0.149	1.199
鳊鱼	35.66	2.72	0.014	0.000
鳜鱼	91.19	35.16	0.173	0.000
黄鳝	762.83	185.62	0.943	0.605
泥鳅	156.13	11.42	0.138	0.179
黄颡鱼	105.66	7.73	0.093	0.121
鲶鱼	115.81	8.47	0.102	0.133

续表

水产种类	TN（t）	TP（t）	COD（t）	Cu（kg）
鲈鱼	147.47	23.92	0.137	0.000
乌鳢	870.77	141.22	0.809	0.000
虾类	88.32	18.78	0.008	0.876
河蟹	19.88	3.50	0.042	–0.007
龟鳖蛙	51.25	6.20	0.032	0.152
其他	250.92	42.85	0.234	0.388
珍珠	8.21	0.71	0.004	0.000
合计	4 787.90	891.52	4.73	6.93

3. 临湖区水产养殖污染物排放量

1）水产养殖污染物排放系数

水产污染物排放系数即水产排污系数，指在正常养殖生产条件下，养殖生产 1 kg 水产品所产生的污染物量中，经不同排放渠道直接排放到湖泊、河流及海洋等（不包括排放到农田及水产养殖再利用等部分）外部水体环境中的污染物量，单位为 g/kg。

水产排污系数因养殖品种的不同而不同，表 3-2-65 是一些主要养殖品种的排污系数，未列出的一些养殖品种归总计入其他类。排污系数较小的水产品种有：鲈鱼、乌鳝、珍珠等。

表 3-2-65　2013 年各水产养殖品种的排污系数　（单位：g/kg）

水产种类	TN	TP	COD	Cu
草鱼	6.259	1.231	71.321	0.002 4
青鱼	1.22	0.225	18.157	0.001 2
鲢鱼	2.605	0.452	19.69	0.018 8
鳙鱼	2.865	0.323	15.768	0.001 8
鲤鱼	1.307	0.241	19.459	0.001 3
鲫鱼	1.754	0.823	18.271	0.014 8
鳊（鲂）鱼	1.017	0.078	3.943	0
鳜鱼	4.763	1.836	104.14	0
黄鳝	1.515	0.369	18.734	0.001 2
泥鳅	8.216	0.601	72.664	0.009 4
黄颡鱼	8.216	0.601	72.664	0.009 4
鲶鱼	7.055	0.516	62.391	0.008 1
鲈鱼	27.237	4.417	253.077	0
乌鳢	23.224	3.766	215.793	0
虾类	2.71	0.577	2.537	0.026 9

续表

水产种类	TN	TP	COD	Cu
河蟹	2.679	0.472	56.715	−0.001
龟鳖蛙	6.255	0.756	38.61	0.018 6
其他	5.192	0.886	48.513	0.008
珍珠	11.93	1.026	59.28	0

2）主要污染物排放量

污染物排放量是指在正常养殖生产条件下，水产养殖导致的水体中污染物，经不同排放渠道直接排放到湖泊、河流及海洋等（不包括排放到农田及水产养殖再利用等部分）外部水体环境中的污染物量，单位为 kg 或 t。污染物排放量的计算：污染物排放量＝排污系数×养殖增产量。

（1）临湖区水产养殖污染物排放量。2007～2013 年，鄱阳湖区水产养殖主要污染物排放见表 3-2-66。随着养殖产量的增加，TN、TP、COD 和 Cu 的排放量除 2010 年较 2009 年略有减少外，其他年份均较上一年有所增加。2013 年 TN 排放量为 3 382.52 t、TP 排放量为 591.23 t、COD 排放量为 32 026.86 t、Cu 排放量为 5.19 t，较之 2007 年分别增加 29.7%、26.7%、29.0%和 22.8%。

表 3-2-66　临湖区水产养殖污染物排放量　（单位：t）

年份	TN	TP	COD	Cu
2007	2 608.81	466.51	24 819.35	4.22
2008	2 796.24	497.02	26 584.92	4.30
2009	2 857.46	508.64	27 096.56	4.47
2010	2 762.32	493.73	26 227.09	4.54
2011	3 098.47	545.56	29 285.96	4.89
2012	3 272.58	572.60	30 882.24	5.11
2013	3 382.52	591.23	32 026.86	5.19

（2）各县（区、市）水产养殖污染物排放量。临湖区各县（区、市）污染物排放量的总体趋势是随着养殖产量的增加而增加，且与养殖品种结构和产量比重关系密切。表 3-2-67 列出不同县（区、市）2013 年水产养殖主要污染物排放量。

表 3-2-67　2013 年各县（区、市）水产养殖污染物排放量

县（区、市）	TN（t）	TP（t）	COD（t）	Cu（kg）
南昌县	440.3	84.5	4 362.4	721.9
新建县	154.4	28.4	1 517.3	256.0
进贤县	319.0	57.2	3 155.3	585.2
安义县	49.8	8.8	484.9	85.7
南昌市辖区	51.4	9.5	502.5	89.9
庐山区	18.2	3.3	172.7	37.9

续表

县（区、市）	TN（t）	TP（t）	COD（t）	Cu（kg）
九江县	38.8	7.2	336.5	120.9
永修县	119.4	23.2	1 216.3	209.2
德安县	19.9	3.5	192.2	35.4
星子县	69.4	12.5	657.5	165.1
都昌县	340.1	58.2	3 228.6	337.0
湖口县	85.8	14.7	789.6	169.7
共青城	45.6	7.7	412.3	81.3
昌江区	9.3	1.7	87.8	16.0
乐平市	37.5	7.4	351.4	93.3
余干县	549.2	90.9	5 142.2	624.5
鄱阳县	688.8	112.8	6 101.8	1 001.7
万年县	96.8	16.2	908.5	136.0
丰城市	248.8	43.7	2 407.0	418.7
临湖区合计	3 382.5	591.2	32 026.9	5 185.4

2013 年，各县（区、市）水产养殖污染物排放量居前五位的依次是鄱阳县、余干县、南昌县、都昌县和进贤县，其 TN 贡献率分别为 20.4%、16.2%、13.0%、10.1%和 9.4%，合计贡献 69.1%；其 TP 贡献率分别为 19.1%、15.4%、14.3%、9.8%和 9.7%，合计贡献 68.3%。

（3）不同水产种类主要污染物排放量。通过核算，2013 年临湖区不同水产品种养殖污染物排放量见表 3-2-68。数据显示，不同水产品种养殖污染物 TN 排放量居前四位的依次是草鱼、乌鳢、鳙鱼和鲢鱼，其对 TN 排放量贡献率分别为 25.1%、22.0%、9.1%和 7.7%，合计贡献 63.9%；TP 排放量居前四位的水产品种依次是草鱼、乌鳢、鲫鱼和鲢鱼，对 TP 排放贡献率分别为 28.3%、20.4%、8.6%和 7.6%，合计贡献 64.9%。这表明临湖区草鱼、乌鳢、鲢鱼、鳙鱼和鲫鱼等品种的养殖是水产污染物的主要排放源。

表 3-2-68　2013 年不同水产品种养殖污染物排放量

品种	TN（t）	TP（t）	COD（t）	Cu（kg）
草鱼	849.8	167.1	9 683.1	325.8
青鱼	22.1	4.1	328.9	21.7
鲢鱼	260.4	45.2	1 968.3	1 879.3
鳙鱼	309.1	34.8	1 701.1	194.2
鲤鱼	45.1	8.3	671.8	44.9
鲫鱼	107.8	50.6	1 123.2	909.9
鳊鱼	22.2	1.7	85.9	0.0
鳜鱼	75.5	29.1	1 431.3	0.0
黄鳝	51.8	12.6	640.3	41.0

续表

品种	TN（t）	TP（t）	COD（t）	Cu（kg）
泥鳅	156.1	11.4	1 380.8	178.6
黄颡鱼	105.7	7.7	934.5	120.9
鲶鱼	99.4	7.3	879.5	114.2
鲈鱼	147.5	23.9	1 370.3	0.0
乌鳢	742.5	120.4	6 899.5	0.0
虾类	88.2	18.8	82.6	875.7
河蟹	19.9	3.5	420.8	−7.4
龟鳖蛙	47.6	5.8	294.0	141.7
其他	223.8	38.2	2 091.2	344.9
珍珠	8.0	0.7	39.7	0.0
合计	3 382.5	591.2	32 026.9	5 185.4

4. 临湖区珍珠养殖产量与水体环境状况

珍珠是特色水产品，其养殖具有较高的经济效益。由于珍珠养殖行为不规范，高密度养殖、过量投饵投肥以增加浮游生物，以及大量蚌肉、蚌壳随意废弃而造成水环境污染。从水产品种的产污系数和排污系数看，珍珠是产排污系数较大的水产品种类。为明确临湖区珍珠养殖对区域水环境的影响，开展了珍珠养殖污染考察。

1）珍珠养殖产量年度变化

2007～2013 年的 7 年间，临湖区珍珠养殖总产量由 423 t 增加至 670 t，增幅 58.2%。都昌县、湖口县为主要生产县，2013 年分别占总产量的 40.3%、27.6%，二者相加超过区域珍珠总产量的 67.9%；传统的珍珠养殖地万年县多年来一直维持在 70 t 上下的产量水平。

2）珍珠养殖池塘水体环境质量

2013 年，选择 5 个珍珠养殖产量较高的县（区、市），分 4 次（基本每季度 1 次）对珍珠养殖池塘进行了水体环境的采样测定（表 3-2-69），同时测定了珍珠养殖池塘的进水水源及排放水体的水质（表 3-2-70）。通过比较珍珠养殖池塘水质与鱼塘养殖水质，发现珍珠养殖池塘水质明显劣于鱼塘养殖水质，TN、NH_3-N 和 COD 浓度明显偏高。

表 3-2-69　珍珠养殖池塘水质现状　（单位：mg/L）

采样地点	污染物含量				
	TN	TP	NH_3-N	COD	BOD_5
新建县	7.41	0.52	1.16	43.18	14.15
湖口县	7.07	0.70	1.13	41.25	12.56
都昌县	8.45	0.64	1.20	45.53	14.68
万年县	8.88	0.62	1.34	43.17	14.86
丰城市	8.97	0.68	1.32	46.27	14.44

表 3-2-70　珍珠养殖进出水水质状况（2013 年）　　（单位：mg/L）

采样点	污染物	新建县	湖口县	都昌县	万年县	丰城市
进水	TN	0.89	0.15	0.13	0.12	0.14
	TP	0.08	0.09	0.08	0.11	0.13
	NH_3-N	0.53	0.63	0.62	0.56	0.75
	COD	14.46	15.03	14.87	15.72	16.55
	BOD_5	3.58	3.89	4.12	4.23	4.54
排水	TN	6.15	6.84	7.86	8.76	8.96
	TP	0.53	0.63	0.68	0.71	0.68
	NH_3-N	1.22	1.24	1.13	1.05	1.19
	COD	41.54	40.86	43.25	41.54	43.05
	BOD_5	13.36	13.27	14.52	13.87	14.14

通过比较珍珠养殖排水与池塘养鱼排水中 N、P 浓度，珍珠养殖排水 TN 浓度均值为 7.714 mg/L、TP 浓度均值为 0.646 mg/L，分别比池塘养鱼排水 TN 浓度均值高 83.1%、比 TP 浓度均值高 48.8%，表明单位面积下的珍珠养殖排水对鄱阳湖水体的污染程度大于池塘养鱼。

3）珍珠养殖对水产养殖污染的贡献

2013 年，临湖区珍珠养殖 TN 产生量为 8.21 t、TP 产生量为 0.71 t、COD 产生量为 40.81 t、Cu 产生量为 0，依次分别占临湖区水产养殖总产污量的 0.2%、0.1%、0.1%、0，同期珍珠养殖产量占临湖区养殖总产量的比重为 0.08%，污染程度略高于水产养殖污染的总体平均水平（表 3-2-71）。

表 3-2-71　珍珠养殖污染物产生量　　（单位：t）

年份	TN	TP	COD	Cu
2007	5.19	0.45	25.80	0
2008	6.33	0.54	31.46	0
2009	6.90	0.59	34.30	0
2010	7.15	0.61	35.52	0
2011	7.62	0.66	37.84	0
2012	8.23	0.71	40.88	0
2013	8.21	0.71	40.81	0

2013 年，临湖区珍珠养殖 TN 排放量为 7.99 t、TP 排放量为 0.69 t、COD 排放量为 39.70 t、Cu 排放量为 0，分别占鄱阳湖区水产养殖总排污量的 0.24%、0.12%、0.13%、0，同期珍珠养殖产量占临湖区养殖总产量的比重为 0.08%，排污程度也略高于水产养殖污染排放总体平均水平（表 3-2-72）。因珍珠养殖面积和产量较其他水产种类小，总体上对临湖区水产养殖污染贡献较低，但在局部珍珠养殖规模较大的区域，污染风险也不可忽视。

表 3-2-72　不同年度珍珠养殖污染物排放量　（单位：t）

年份	TN	TP	COD	Cu
2007	5.05	0.43	25.10	0
2008	6.16	0.53	30.60	0
2009	6.72	0.58	33.37	0
2010	6.95	0.60	34.56	0
2011	7.41	0.64	36.81	0
2012	8.00	0.69	39.77	0
2013	7.99	0.69	39.70	0

第五节　农村及农业面源污染源强解析及控制策略

一、农村生活及农业面源污染源强解析

以 2012 年数据为基准年进行测算。在农村生活污染方面，用 2013 年实地调查得出的农村生活垃圾 N、P 产生系数反推 2012 年农村生活垃圾 N、P 产生量，以第一次全国污染源普查得出的农村生活污水污染物产生系数的均值测算生活污水中 N、P 产生量。

首先将 2012 年的农村生活垃圾、生活污水、农田地表径流、畜禽养殖和水产养殖 N、P 污染物产生量和排放量叠加，计算鄱阳湖区农村及农业面源 N、P 污染物产生量和排放量，再根据各县（区、市）临湖区所占国土面积比例，测算临湖区农村及农业面源 N、P 污染产生量和排放量。

1. 农村及农业面源污染物产生量

1）农村及农业面源 TN 产生量

表 3-2-73 显示，2012 年临湖区农村及农业面源 TN 产生量为 97 096.12 t。

表 3-2-73　2012 年临湖区农村及农业面源 TN 产生量　（单位：t）

县（区、市）	生活污水	生活垃圾	农田径流	畜禽养殖	水产养殖	县（区、市）合计
南昌县	471.60	766.89	986.37	13 512.54	613.2	16 350.62
新建县	110.69	282.15	375.90	6 209.27	215.5	7 193.54
进贤县	292.91	608.48	730.84	12 037.84	493.5	14 163.54
安义县	17.42	35.46	165.99	1 281.13	66.2	1 566.19
南昌市辖区	123.58	251.52	173.16	831.45	70.1	1 449.83
永修县	53.12	125.12	443.32	1 759.94	150.5	2 531.96
德安县	44.26	100.26	274.23	1 337.75	26.9	1 783.38
星子县	32.05	155.58	243.71	1 081.91	90.9	1 604.20
共青城市	82.06	70.87	53.66	500.28	49.6	756.44
九江县	6.09	12.31	193.70	66.31	48.7	327.11
庐山区	18.99	43.70	105.61	189.45	24.2	381.98

续表

县（区、市）	生活污水	生活垃圾	农田径流	畜禽养殖	水产养殖	县（区、市）合计
湖口县	51.85	105.52	454.63	540.27	113.3	1 265.61
都昌县	262.20	598.11	848.57	2 216.81	388.2	4 313.84
昌江区	25.05	50.98	99.49	1 208.81	11.3	1 395.65
乐平市	111.76	227.45	637.71	2 751.54	50.0	3 778.40
余干县	261.31	618.85	942.37	4 919.93	936.7	7 679.13
鄱阳县	671.82	1 140.90	1 503.29	10 034.34	845.3	14 195.64
万年县	143.54	292.14	295.44	4 743.37	120.0	5 594.52
丰城市	238.36	485.12	951.15	8 757.78	332.1	10 764.54
临湖区合计	3 018.68	5 971.41	9 479.15	73 980.73	4 646.16	97 096.12

不同种类污染源对农村及农业面源 TN 产生量的贡献，畜禽养殖占 76.2%、农田径流占 9.8%、生活污水占 3.1%、生活垃圾占 6.1%、水产养殖占 4.8%。临湖区不同县（市、区）比较，南昌县、鄱阳县、丰城市和进贤县贡献较大，九江县、共青城市贡献较小。

2）农村及农业面源 TP 产生量

表 3-2-74 显示，2012 年临湖区农村及农业面源 TP 产生量为 19 557.27 t。

表 3-2-74　2012 年临湖区农村及农业面源 TP 产生量　（单位：t）

县（区、市）	生活污水	生活垃圾	农田径流	畜禽养殖	水产养殖	县（区、市）合计
南昌县	62.89	78.70	189.26	4 141.85	123.16	4 595.85
新建县	14.76	28.95	62.16	914.30	42.60	1 062.77
进贤县	39.06	62.44	135.47	2 526.30	98.13	2 861.40
安义县	2.32	3.64	47.38	214.34	12.58	280.26
南昌市辖区	16.48	25.81	48.09	113.95	13.21	217.54
永修县	7.08	12.84	135.48	472.73	30.29	658.42
德安县	5.90	10.29	131.64	485.23	5.04	638.11
星子县	4.27	15.97	72.97	213.23	16.23	322.67
共青城市	10.94	7.27	19.72	121.81	8.36	168.10
九江县	0.81	1.26	96.62	17.33	9.54	125.56
庐山区	2.53	4.49	35.37	35.25	4.30	81.94
湖口县	6.91	10.83	129.44	88.42	20.73	256.33
都昌县	34.97	61.38	187.85	363.89	67.22	715.31
昌江区	3.34	5.23	29.03	266.96	2.07	306.63
乐平市	14.90	23.34	159.68	435.68	10.12	643.73
余干县	34.85	63.51	161.98	1 211.13	177.73	1 649.20

续表

县（区、市）	生活污水	生活垃圾	农田径流	畜禽养殖	水产养殖	县（区、市）合计
鄱阳县	89.59	117.08	293.02	1 598.09	141.91	2 239.69
万年县	19.14	29.98	46.36	524.64	21.13	641.26
丰城市	31.79	49.78	187.05	1 761.85	62.04	2 092.51
临湖区合计	402.56	612.78	2 168.58	15 506.97	866.38	19 557.27

不同种类污染源对农村及农业面源TP产生量的贡献，畜禽养殖占79.3%、农田径流占11.1%、生活污水占2.1%、生活垃圾占3.1%、水产养殖占4.4%。临湖区不同县（市、区）之间，南昌县、进贤县、鄱阳县和丰城市贡献较大，庐山区、九江县贡献较小。

2. 农村及农业面源污染物排放量

1）农村及农业面源TN排放量

表3-2-75显示，2012年临湖区农村及农业面源TN排放量为40 433.54 t。

表3-2-75　2012年临湖区农村及农业面源TN排放量　（单位：t）

县（区、市）	生活污水	生活垃圾	农田径流	畜禽养殖	水产养殖	县（区、市）合计
南昌县	471.60	766.89	986.37	2 765.09	424.69	5 414.64
新建县	110.69	282.15	375.90	1 777.11	148.31	2 694.16
进贤县	292.91	608.48	730.84	3 199.87	307.70	5 139.80
安义县	17.42	35.46	165.99	364.91	46.00	629.77
南昌市辖区	123.58	251.52	173.16	270.18	53.44	871.88
永修县	53.12	125.12	443.32	346.46	116.29	1 084.31
德安县	44.26	100.26	274.23	189.53	19.56	627.84
星子县	32.05	155.58	243.71	311.73	70.18	813.25
共青城市	82.06	70.87	53.66	124.10	40.34	371.03
九江县	6.09	12.31	193.70	19.08	36.59	267.78
庐山区	18.99	43.70	105.61	65.43	19.00	252.73
湖口县	51.85	105.52	454.63	162.32	83.42	857.74
都昌县	262.20	598.11	848.57	649.26	327.33	2 685.46
昌江区	25.05	50.98	99.49	287.46	8.70	471.68
乐平市	111.76	227.45	637.71	744.17	35.70	1 756.79
余干县	261.31	618.85	942.37	1 058.29	537.95	3 418.78
鄱阳县	671.82	1 140.90	1 503.29	2 533.04	664.43	6 513.49
万年县	143.54	292.14	295.44	1 567.20	91.67	2 390.01
丰城市	238.36	485.12	951.15	2 256.49	241.27	4 172.40
临湖区合计	3 018.68	5 971.41	9 479.15	18 691.73	3 272.58	40 433.54

不同污染源对 TN 排放量的贡献，畜禽养殖占 46.2%、农田径流占 22.3%、生活污水占 7.5%、生活垃圾占 14.8%、水产养殖占 8.1%。畜禽养殖为农业污染面源 TN 第一大排放源，其次是农田径流。临湖区不同县（市、区）之间，鄱阳县、南昌县、进贤县和丰城市贡献较大，庐山区、九江县贡献较小。

2）农村及农业面源 TP 排放量

表 3-2-76 数据显示，2012 年，临湖区农村及农业面源 TP 排放量为 5 422.87 t。

表 3-2-76　2012 年临湖区农村及农业面源 TP 排放量　（单位：t）

县（区、市）	生活污水	生活垃圾	农田径流	畜禽养殖	水产养殖	县（区、市）合计
南昌县	62.89	78.70	189.26	307.04	81.5	719.39
新建县	14.76	28.95	62.16	131.18	27.6	264.67
进贤县	39.06	62.44	135.47	363.35	55.5	655.83
安义县	2.32	3.64	47.38	33.14	8.0	94.51
南昌市辖区	16.48	25.81	48.09	18.17	9.8	118.39
永修县	7.08	12.84	135.48	22.13	22.6	200.17
德安县	5.90	10.29	131.64	33.38	3.5	184.67
星子县	4.27	15.97	72.97	36.60	12.2	142.00
共青城市	10.94	7.27	19.72	11.58	6.7	56.23
九江县	0.81	1.26	96.62	3.91	6.9	109.49
庐山区	2.53	4.49	35.37	9.00	3.3	54.67
湖口县	6.91	10.83	129.44	14.29	14.3	175.79
都昌县	34.97	61.38	187.85	58.89	55.8	398.86
昌江区	3.34	5.23	29.03	23.20	1.6	62.36
乐平市	14.90	23.34	159.68	50.29	7.1	255.30
余干县	34.85	63.51	161.98	84.80	89.1	434.22
鄱阳县	89.59	117.08	293.02	175.13	109.1	783.91
万年县	19.14	29.98	46.36	89.99	15.5	200.94
丰城市	31.79	49.78	187.05	200.28	42.6	511.45
临湖区合计	402.56	612.78	2 168.58	1 666.36	572.60	5 422.87

不同排放源对 TP 排放量的贡献，农田径流占 40.0%、畜禽养殖占 30.7%、生活污水占 7.4%、生活垃圾占 11.3%、水产养殖占 10.6%。农田径流是农业面源 TP 第一大排放源，其次是畜禽养殖。临湖区不同县（市、区）比较，鄱阳县、南昌县、进贤县和丰城市贡献较大，庐山区、共青城市贡献较小。

3. 农村及农业面源污染物入湖量

根据有关研究结果，农业面源 N、P 污染物排入农田沟渠、水塘等自然湿地，通过拦截净化后能够逐步消减 50%左右。由于污染物来源各异，迁移途径不一，迁移距离不同，难以准确估算入户污染物量。因此，在计算临湖区农村及农业面源污染物入湖量时，农村生活垃圾、生活污水、农田径流和畜禽养殖 N、P 在入湖前设定消减 50%；但考虑到湖泊水产养殖占水产养殖总量的 48%，湖泊养殖产生的污染物全部入湖，而其他池塘、水库、河沟等水域养殖在入湖前消减 50%，所以水产养殖入湖量总体按照消减 25%计算。基于此，估算 2012 年临湖区农村及农业面源 N、P 进入鄱阳湖水体的量分别为 21 034.91 t 和 2 854.58 t（表 3-2-77）。

表 3-2-77 2012 年临湖区农村及农业面源污染物入湖量 （单位：t）

县（区、市）	TN 入湖量	TP 入湖量
南昌县	2 813.49	380.07
新建县	1 384.16	139.24
进贤县	2 646.82	341.79
安义县	326.38	49.26
南昌市辖区	449.30	61.65
永修县	571.23	105.75
德安县	318.81	93.20
星子县	424.17	74.05
共青城市	195.60	29.79
九江县	143.04	56.47
庐山区	131.11	28.16
湖口县	449.73	91.48
都昌县	1 424.56	213.38
昌江区	238.02	31.57
乐平市	887.32	129.42
余干县	1 843.88	239.38
鄱阳县	3 422.85	419.23
万年县	1 217.92	104.34
丰城市	2 146.51	266.37
临湖区合计	21 034.91	2 854.58

临湖区不同农业排放源入湖 TN 贡献率，畜禽养殖占 44.4%、农田径流占 22.5%、生活污水占 7.2%、生活垃圾占 14.2%、水产养殖占 11.7%，畜禽养殖为临湖区最大的入湖 TN 污染源，其次为农田径流。

不同农业排放源入湖 TP 贡献率，畜禽养殖占 29.2%、农田径流占 38.0%、生活污水占 7.1%、生活垃圾占 10.7%、水产养殖占 15.0%，农田径流为临湖区最大的入湖 TP 污染源，其次为畜禽养殖。在不同县（市、区）之间，鄱阳县、南昌县、进贤县入湖污染物较大，庐山区、共青城市入湖污染物较小。

二、农村生态环境及农业面源污染宏观控制策略

1. 健全法规，规范行为

完善法律、法规建设，规范农业面源污染排放行为，是控制农业面源污染的根本。只有将农业面源污染的防控措施上升到国家和地方法律、法规的层面，才能强制性地执行，使农业面源污染防控的措施得到落实。农村及农业面源污染由于其复杂性和被重视程度不够，相应的防控法规体系尚未完成。现有的法律法规尽管涉及，但操作性不强。建立和健全农业面源污染综合防控法律体系，形成依法控制农业面源污染的保障规范，对农业面源污染的控制至关重要。农业面源污染法律体系包括法律、法规、条例、强制性技术标准等，如有机废弃物排放法律法规、化肥及地膜使用控制标准、农田水污染物排放标准等。同时，要强力推动法律、法规的实施，做到有法必依、执法必严。

2. 政策引导，资金扶持

制定一系列促进农业面源污染综合防控的政策并有效实施，是控制农业面源污染的基础。在政策引导、资金扶助等方面出台一系列政策措施，引导和鼓励农村生态环境建设和发展环境友好型农业。其具体包括加强新农村建设，强化农村生活垃圾分类分拣，鼓励垃圾中可利用资源的再利用，推动生活垃圾处理方式创新；建立农业面源污染防控的监测评估考核体系、农产品产地环境与产品安全的监测体系、农业生产资料安全使用技术规范等体系与标准；制定环保型农业生产资料生产和使用的补贴政策、绿色农产品生产的认定与市场准入及价格调控政策等；制定与实施生态补偿政策、税费奖惩政策、排污权交易政策等，实施环境污染与保护的经济奖惩政策；制定和鼓励科技创新及新技术、新产品研究与推广应用的科技政策，促进农业面源污染控制技术的创新。

3. 提高认识，监管到位

加强行政监管是防控农业面源污染的重要手段。监管措施主要包括建立与完善宣传、教育、培训体系，提高大家的环境意识，增加农业面源污染及其防控知识，调动全社会关注与参与农业面源污染防控的积极性；建立农业面源污染的监测预警与评价体系，及时掌握不同地区、不同农业生产领域、不同生产者的农业污染物排放现状，将农业面源污染物排放作为地方政府绩效考核指标；形成引导农业发展方式转变的激励体系，引导农民与农业生产企业减少农用化学品投入量，提高资源利用效率，发展绿色食品与无公害食品，鼓励农业生产资料生产企业开发环境友好型的肥料、农药、地膜、饲料、兽药等绿色生产资料；建立农业面源污染控制的科技支撑体系，加大对农业面源污染综合防控技术的创新研究与集成示范，提高科技对农业面源污染控制的支撑能力。

4. 转变方式，绿色发展

改变主要依赖外部投入增加农产品产出的农业增长方式。通过农业生态系统内部物质和能量的循环，如秸秆还田、畜禽粪便资源化利用等，以及提高养分利用率和农药使用效

率等，来增加农业产出，大力推广生态循环农业、绿色农业等替代农业发展模式，推行农业清洁生产，实现生产与环境的友好协调发展，这是从源头上控制农业面源污染的重要途径。为此，宏观层面要根据不同区域的实际，确定好不同区域的农业发展模式与低污染的农业结构，科学调整种养结构及种植业内部结构，集约化养殖区要充分考虑有机废弃物自身无害化处理率与区域土地承载力，在环境脆弱区要限制畜禽养殖业与棉、菜、果等高污染作物的发展，同时，在农业生产系统中要考虑增加绿肥、豆科作物等养地作物种植，提高基础地力；并在农业生态系统中多应用一些生态措施控制截流氮磷污染物，实现污染物在系统内部的资源化循环利用，减少外源化肥农药的投入，降低农业面源污染，达到生产持续化、环境友好化、产品绿色化的目的。

三、农村生态环境及农业面源污染治理技术措施

推广应用科学有效的技术是控制农业面源污染的核心，不断创新技术并推广应用是解决农业高产高效与农业面源污染矛盾的根本出路。遵循“源头削减、过程阻控、末端治理”的技术原则，采取与农艺、生物、工程、物理、化学措施相配套的农业面源污染综合防控技术途径，对农村生活及农业面源污染实行综合防控。

1. 农村生态环境治理技术措施

遵循“谁污染、谁负责”的原则，采取“农户、乡村、县级政府”共同出资的运营方式，成立专业化、社会化服务机构，或者引导社会资金参与，政府购买服务，在“源头消减、资源化利用、污染控制”的基础上，采用“分散处理为主、分散与集中处理结合”的技术路线，对农村生活污染进行综合治理。

1）生活垃圾处理

在每个农户家中设置垃圾分类收集容器，对纸张、金属、塑料、玻璃等进行回收利用，对危险废物单独收集、集中处置；禁止随意丢弃、堆放和焚烧垃圾。对砖瓦、余土、灰尘等进行集中收集，用于废弃坑塘填埋或铺路。

有机垃圾则采取在村庄旁建立防渗堆积池，利用静态生物堆肥（接种腐熟菌、蚯蚓等）方式生产有机肥料。

对于经济条件较好、交通方便的村庄，则以自然村为基础，定点收集，镇为枢纽中转运输，县为中心集中处置（高温焚烧、卫生填埋）。

2）生活污水处理

鼓励农户实施“三改三池”或“四改三池”，结合改水、改圈、改卫、改厨，建设三级化粪池，使人、畜粪便，厨卫污水不断进行厌氧发酵。

分散居住的农户，建设庭院式小型湿地，化粪池出水经小型湿地净化后排放。在人口相对集中的村庄，在村庄污水总排放口下部建设复合人工湿地（填料床-植物床），污水经过湿地净化后汇入村前的池塘。

农村门塘，在冬闲时进行清淤，疏通进水口与出水口，保持池塘水的流动，同时在门塘边种植净水植物（沉水、挺水）净化水质。

2. 种植业污染防控技术措施

1）分类指导，总量控制

在农田耕作方式上，对于易发生侵蚀和地表径流的区域，要采取保护性耕作；减少冬闲季节性休闲，增加生物覆盖。化肥施用要综合考虑种植制度、作物种类、产量目标、土壤养分供应状况、环境养分投入和环境敏感程度，区域总量控制，田块适当调整。

2）精准施用，源头消减

在农作物施肥技术方面，在测土的基础上，推行氮肥实时实地管理、磷钾恒量控制、补充中微量元素，改进施肥方法，推广机械施肥。其核心技术是选择适宜的化肥品种，在适宜的时机，以适宜的数量和适宜的方法将化肥施到作物适宜的位置。例如，稻田宜选用尿素、氯化铵，而不宜选用硫酸铵和硝态氮肥。氮肥磷肥混合集中施用在作物根区，以提高作物利用率；增施氮肥增效剂，施用缓控释肥料。

在农作物病虫草害控制方面，推广应用生态控制，物理防治和生物防治技术。在农药施用上，要选用高效低残留农药品种，推广应用超低容量新型喷雾器，混合交替使用农药种类，添加农药助剂，对症用药、适时用药。

3）生态布局，过程阻控

因地制宜布局小流域生态农业，形成土壤侵蚀和径流复合防控体系，减少流域土壤养分的流失量。合理进行间种、套种、混种、复种、轮种，形成多种作物、多层次、多时序的立体交叉种植结构，减少土地全年和单位面积裸露率，有效控制水土流失。在农田休闲期种植豆科绿肥等覆盖作物。旱坡地尽量采取横坡耕作，在坡下部种植植物篱拦截径流；改善农田沟渠，疏浚农田水塘，形成生态沟渠塘网络，吸附净化农田流失的污染物。

通过品种、耕作、栽培、施肥等农业技术措施，调控农田生态环境，改变农作物病虫草害的生存环境条件，控制其发生和危害，减少农药用量。在作物生长后期减少氮肥用量，合理管理水分，控制田间小气候，以减少病虫害发生。

3. 畜禽养殖业污染防控技术措施

1）以地定畜，控制规模

对于水源地和环境敏感区建设的养殖场，应限期搬迁关闭或控制畜禽的发展速度和饲养密度，并落实污染治理。对于新建的养殖场，应考虑当地的土地承载和消化能力，并进行环境影响评价，严格畜禽养殖场的环保审批，确保对周边环境不造成污染。

2）绿色养殖，源头减量

畜禽粪便中氮、磷、铜等污染物来源于饲料，因此在不影响畜禽正常生长的前提下，通过改进饲料营养方式提高饲料转化率，减少粪便中的氮磷和铜等污染物负荷是从源头控制畜禽养殖污染的有效途径。根据“理想蛋白质模式”，从氨基酸平衡着手，降低饲料粗蛋白水平，提高日粮中氮的利用率，减少粪尿中氮的排泄量。添加植酸酶，提高饲料磷利用率。合理控制铜、锌等添加剂的用量。推广生物发酵床养猪技术，减少污染物排放。

3）资源利用，土地消纳

采用干清粪工艺，减少污水排放负荷，粪便堆肥发酵后用于种植业肥料，实现资源化利用。在养殖模式上，实行种养结合、立体养殖，如林（果）园养鸡，稻鸭共栖，猪-微-鱼，鸡-猪-鱼、鸭（鹅）-鱼-果-草、鱼-蛙-畜-禽等。沼渣、沼液和养殖污水经过自然或湿地处理后回用农田，最终利用土地消纳养殖污染物。

4. 水产养殖污染防控的技术措施

水产养殖的发展应兼顾生态安全、环境保护的要求，实现可持续发展。要严格执行《江西省渔业条例》等有关法规，因地制宜地发展水产养殖生产，开展水产养殖污染综合整治，推广生态健康养殖技术、养殖废水循环利用技术，减少污染物产生和排放，大力提高水产养殖业污染防控水平。贯彻“控制总量、合理投饵、规范用药、因地制宜、治管并重”的污染控制技术原则，推行“清洁生产、全过程控制、资源化利用、强化管理”的技术路线。

1）合理规划，规模适度

根据不同养殖水域的条件，合理规划布局，控制适度规模，规范养殖活动。池塘养殖推行“鱼-草”“鱼-菜”、科学混养等生态养殖模式；围网（网箱）应根据养殖水域容量确定养殖密度和混养形式，确保不降低养殖水域水质；湖泊、水库等大水面养殖要根据水生态功能和环境容量确定养殖种类、养殖结构和规模，取缔网箱养殖，规范围网养殖；流水型养殖应发展循环水养殖模式，提高水资源利用率。

2）单元自净，循环用水

加强水质调控和管理，合理使用消毒剂、酸碱度调控剂、高效复合微生物制剂、底质改良剂和养殖水生植物等方法调节养殖水质，保持养殖水体生态系统平衡，增强自净能力，减少污染物排放。养殖池塘配置人工湿地、生态沟渠等设施进行废水处理和循环利用养殖废水，避免直接外排周边水体。工厂化养殖采用过滤、沉淀、吸附，以及与生物生态组合等技术净化水质，推广先进、高效、低成本的工厂化水产养殖废水处理和回用的新技术与设备。

3）精准投喂，源头控制

使用全价饲料，实行“定时、定位、定质、定量”投喂，加强投饲管理，提高饲料利用率和转化率，减少饲料流失和浪费，从源头上实现固体废物减量化。及时清除池塘养殖和网箱围网养殖产生的淤泥、粪便及未利用饲料，采用固体废物收集系统，通过堆肥、厌氧消化等技术进行处理和资源化利用。

4）规范施药，减少药残

根据养殖对象、药物的特性、水环境特征等合理使用药物，规范药物使用与管理，减少药物残留，并禁止使用违禁药物。

参考文献

丰城市统计局. 2008. 丰城统计年鉴（内部资料）.

丰城市统计局. 2009. 丰城统计年鉴（内部资料）.

丰城市统计局. 2010. 丰城统计年鉴（内部资料）.

丰城市统计局. 2011. 丰城统计年鉴（内部资料）.

丰城市统计局. 2012. 丰城统计年鉴（内部资料）.

丰城市统计局. 2013. 丰城统计年鉴（内部资料）.

宫桂芬. 2014. 中国肉鸡产业发展现状及未来发展趋势. 今日畜牧兽医，6：40-43.

郝秀珍，周东美. 2007. 畜禽粪中重金属环境行为研究进展. 土壤，39（4）：509-513.

胡春华，等. 2011. 环鄱阳湖区蔬菜地土壤中有机氯农药分布特征及生态风险评价. 农业环境科学学报，30（3）：487-491.

贾超，史术光. 2013. 鄱阳湖生态经济区环境保护问题与对策探讨. 老区建设，8：14-16.

江西省农业厅国际国内市场与合作处. 2009. 统计资料（内部资料）.

江西省农业厅国际国内市场与合作处. 2010. 统计资料（内部资料）.

江西省农业厅国际国内市场与合作处. 2011. 统计资料（内部资料）.

江西省农业厅国际国内市场与合作处. 2012. 统计资料（内部资料）.

江西省统计局. 2014. 江西省 2013 年国民经济和社会发展统计公报. http：//www.jxstj.gov.cn.

九江市统计局，国家统计局九江统计调查队. 2008. 九江统计年鉴（内部资料）.

九江市统计局，国家统计局九江统计调查队. 2009. 九江统计年鉴（内部资料）.

九江市统计局，国家统计局九江统计调查队. 2010. 九江统计年鉴（内部资料）.

九江市统计局，国家统计局九江统计调查队. 2011. 九江统计年鉴（内部资料）.

九江市统计局，国家统计局九江统计调查队. 2012. 九江统计年鉴（内部资料）.

九江市统计局，国家统计局九江统计调查队. 2013. 九江统计年鉴（内部资料）.

李娜. 2014. 畜禽规模化养殖污染危害及治理策略. 畜禽业，2：40-41.

龙智勇，等. 2009. 鄱阳湖流域沉积物中有机氯农药的残留特征及风险评价. 南昌大学学报（理科版），33（6）：576-560.

鲁友友，等. 2012. 鄱阳湖生态经济区畜牧业污染现状及防治对策. 湖北农业科学，51（20）：4583-4585.

马群，张贤忠，刘立进. 2012. 我国水体重金属污染现状及处理方法. 中国化工贸易，4（6）：287-293.

南昌市统计局，国家统计局南昌调查队. 2008. 南昌市统计年鉴. 北京：中国统计出版社.

南昌市统计局，国家统计局南昌调查队. 2009. 南昌市统计年鉴. 北京：中国统计出版社.

南昌市统计局，国家统计局南昌调查队. 2010. 南昌市统计年鉴. 北京：中国统计出版社.

南昌市统计局，国家统计局南昌调查队. 2011. 南昌市统计年鉴. 北京：中国统计出版社.

南昌市统计局，国家统计局南昌调查队. 2012. 南昌市统计年鉴. 北京：中国统计出版社.

南昌市统计局，国家统计局南昌调查队. 2013. 南昌市统计年鉴. 北京：中国统计出版社.

上饶市统计局. 2008. 上饶统计年鉴（内部资料）.

上饶市统计局. 2009. 上饶统计年鉴（内部资料）.

上饶市统计局. 2010. 上饶统计年鉴（内部资料）.

上饶市统计局. 2011. 上饶统计年鉴（内部资料）.

上饶市统计局. 2012. 上饶统计年鉴（内部资料）.

上饶市统计局. 2013. 上饶统计年鉴（内部资料）.

石守定，赵一宁，韩玉国，等. 2014. 2013 年我国养猪业概况. 成都：第十二届（2014）中国猪业发展大会.
孙艳朋，王利华，吕娟. 2011. 减少畜禽粪便氮磷污染的营养调控措施. 中国饲料，20：14-16.
陶汝宪，查飞，陶鑫. 2011. 论畜牧业生产中的环境污染及治理对策. 云南畜牧兽医，5：33-34.
谢志坚，李海蓝，徐昌旭，等. 2014a. 两种除草剂的土壤生态效应及其对后茬作物生长的影响. 土壤学报，51（4）：880-887.
谢志坚，徐昌旭，刘光荣，等. 2014b. 不同剂量苄·丁和二氯喹啉酸对紫云英生长环境及其养分吸收累积的影响. 草业学报，232（5）：201-207.
邢廷铣. 2001. 畜牧业生产对生态环境的污染及其防治. 云南环境科学，20（1）：39-43.
赵航，程玛丽，刘强德. 2014. 2013 年中国肉牛产业形势分析及 2014 年发展预测//中国畜牧业协会牛业分会. 第九届（2014）中国牛业发展大会论文集. 中国牛业科学，3-14.
赵燕，付晓梅，张辉. 2009. 浅谈如何强化畜禽养殖投入品监管. 畜禽业，4：57-58.
中国环境保护总局. 2001. 2000 年中国环境状况公报. 环境保护，7：3-9.
中华人民共和国统计局. 2014. 2013 年国民经济和社会发展统计公报. http：//www.stats.gov.cn/tjsj/.

第三章　临湖区城镇生活污水状况

为了客观地反映鄱阳湖临湖区城镇化的进程及其对湖泊水环境的影响，重点考察了临湖区城镇生活污水及主要污染物产生量、污水处理厂削减量和排放量状况。

第一节　临湖区城镇化进程

一、异地城镇化

临湖区中心城区常住人口数据来源于当地公安机关对行政区内常住人口的登记数据（表 3-3-1）。由表 3-3-1 可知，临湖区中心城区的常住人口由 1990 年的 149.10 万人增加至 2012 年的 293.13 万人，23 年间增长了 96.60%；其中，乐平市市区增长最快，增幅为 113.81%，丰城市市区增长最慢，增幅为 90.14%；从不同年段看，2000～2005 年中心城区常住人口数量的增长速度最快，年增幅达到 3.72%。

表 3-3-1　1990～2012 年临湖区中心城区常住人口数据　　（单位：万人）

地区	1990 年	1995 年	2000 年	2005 年	2010 年	2012 年
南昌市市区	125.41	141.08	165.22	195.53	228.78	245.16
丰城市市区	10.07	11.22	13.11	15.50	18.11	19.14
乐平市市区	7.25	8.16	9.79	11.90	14.53	15.51
庐山区	6.37	7.05	8.20	9.95	12.46	13.32
合计	149.10	167.51	196.32	232.88	273.88	293.13

二、就地城镇化

对小城镇常住城镇人口的调查采取典型抽样调查的方法，即根据建制镇的地理位置、社会经济发展水平和自然条件，对建制镇进行分类，并根据分类结果选取典型样区进行城镇常住人口的调查，在典型样区调查的基础上，建立建制镇常住城镇人口与社会经济发展水平和自然条件的模型，并根据模型推算出其他建制镇的常住城镇人口。

1. 建制镇分类

综合考虑建制镇的政治经济地位、人均 GDP、人口密度、地形地貌等因素，将临湖区的 150 个建制镇分为 10 类：城关镇作为县域社会经济的中心，单独作为一类，然后依据人口和地形地貌，分别将经济发达地区、经济较发达地区、经济欠发达地区各分为 3 类（表 3-3-2）。

表 3-3-2 临湖区建制镇分类表

类别		建制镇	个数
城关镇		长埈镇、莲塘镇、龙津镇、民和镇、蒲亭镇、双钟镇、南康镇、沙河街镇、涂埠镇、都昌镇、鄱阳镇、玉亭镇、陈营镇	13
经济发达地区	1	望城镇、向塘镇、武阳镇、昌东镇、麻丘镇、马影镇、金湖镇、甘露镇、乐化镇、溪霞镇	10
	2	聂桥镇、丰林镇、江益镇、燕坊镇、流泗镇、城山镇、石埠镇、樵舍镇、联圩镇、三江镇、塘南镇、幽兰镇、蒋巷镇	13
	3	吴山镇、车桥镇、武山镇、松湖镇、象山镇、西山镇、石岗镇、广福镇、冈上镇	9
经济较发达地区	1	东阳镇、鼎湖镇、罗溪镇、张公镇、江洲镇、艾城镇、燕坊镇、乐港镇、双田镇、后港镇、接渡镇、涺口镇、镇桥镇、曲江镇、泉港镇、小港镇、拖船镇、荣塘镇、石滩镇、梅林镇、上塘镇	21
	2	长埠镇、文港镇、前坊镇、架桥镇、白鹿镇、蛟塘镇、狮子镇、港口街镇、新合镇、虬津镇、马口镇、白槎镇、青云镇、梓埠镇、石镇镇、塔前镇、礼林镇、白土镇、袁渡镇、桥东镇、淘沙镇、张巷镇、洛市镇、董家镇、隍城镇、杜市镇	26
	3	石鼻镇、万埠镇、黄洲镇、李渡镇、梅庄镇、温泉镇、横塘镇、蓼花镇、华林镇、马回岭镇、城子镇、柘林镇、三溪桥镇、梅棠镇、吴城镇、滩溪镇、裴梅镇、大源镇、涌山镇、众埠镇、洪岩镇、高家镇、临港镇、名口镇、丽村镇、秀市镇、铁路镇	27
经济欠发达地区	1	南峰镇、周溪镇、万户镇、大沙镇、三汊港镇、四十里街镇、古县渡镇、饶丰镇、古埠镇、乌泥镇	10
	2	徐埠镇、左里镇、中馆镇、油墩街镇、双港镇、高家岭镇、凰岗镇、乐丰镇、饶埠镇、瑞洪镇、石口镇、九龙镇	12
	3	大港镇、蔡岭镇、土塘镇、谢家滩镇、石门街镇、田畈街镇、金盘岭镇、黄金埠镇、杨埠镇	9

注：1 代表地形低平人口密度大地区；2 代表地形较为平坦人口密度较大地区；3 代表丘林山区人口密度小地区。

2. 典型建制镇调查

根据上述建制镇的分类结果，选取了长埈镇、民和镇、鄱阳镇、望城镇、向塘镇、丰林镇、蒋巷镇、吴山镇、车桥镇、拖船镇、张公镇、接渡镇、杜市镇、前坊镇、塔前镇、秀市镇、梅庄镇、洪岩镇、乌泥镇、周溪镇、徐埠镇、高家岭镇、大港镇、金盘岭镇 24 个建制镇进行 2012 年常住城镇人口的实地调查，调查结果见表 3-3-3。

表 3-3-3 2012 年典型样区调查结果表

镇名	城镇人口（人）	总人口（人）	人口密度（人/hm^2）	地形地貌	人均 GDP（元）
长埈镇	56.736	62.907	13.24	3	35 032
民和镇	125.588	173.993	11.57	3	29 504
鄱阳镇	124.041	178.374	17.61	3	6.162
望城镇	13.131	19.246	5.89	3	35 032
向塘镇	84.609	118.784	7.66	3	43 369

续表

镇名	城镇人口（人）	总人口（人）	人口密度（人/hm²）	地形地貌	人均 GDP（元）
丰林镇	7.377	14.992	2.60	2	36 404
蒋巷镇	47.327	92.909	3.49	3	43 369
吴山镇	5.707	13.510	1.05	1	36 404
车桥镇	5.795	10.977	0.96	1	36 404
拖船镇	31.830	55.697	8.23	3	22 572
张公镇	20.894	35.164	6.96	3	29 504
接渡镇	39.761	76.289	10.44	3	22 089
杜市镇	18.834	34.263	3.58	2	22 572
前坊镇	17.562	35.878	4.12	3	29 504
塔前镇	24.882	44.688	4.07	2	22 089
秀市镇	24 971	60.523	2.44	1	22 572
梅庄镇	20.047	39.294	4.71	3	29 504
洪岩镇	9.010	16.934	1.46	1	22 089
乌泥镇	7.078	10.870	6.64	3	8 886
周溪镇	27.494	51.401	9.70	3	7 809
徐埠镇	16.659	34.948	3.77	2	7 809
高家岭镇	18.219	41.071	4.65	2	6 162
大港镇	11.151	25.849	1.99	1	7 809
金盘岭镇	17.492	38.787	1.97	1	6 162

注：地形地貌 1 代表平原；2 代表低丘；3 代表高丘山地。

3. 小城镇常住人口推算

根据典型小城镇调查的结果，应用 SPSS 软件建立常住城镇人口与地形地貌、总人口、人口密度、人均 GDP 之间的线性回归模型。模型如下：

$$Y = 0.708X_1 + 195.230X_2 + 3\,734.894X_3 + 0.092X_4 - 15\,150.188$$

式中，Y 为常住城镇人口；X_1 为总人口；X_2 为人口密度；X_3 为地形地貌；X_4 为人均 GDP。

根据小城镇常住城镇人口与地形地貌、总人口、人口密度、人均 GDP 之间的线性回归模型，计算出其他小城镇的常住城镇人口，从而得到鄱阳湖临湖区小城镇常住城镇人口数，并进行汇总，从而获取临湖区小城镇常住城镇人口总数（表 3-3-4），由表 3-3-4 可知，小城镇常住城镇人口由 1990 年的 110.67 万人增加至 2012 年的 386.70 万人，23 年间增长了 249.43%，从不同年段看，1995～2000 年小城镇常住城镇人口数量的增长速度最快，年增幅达到 8.87%。

表 3-3-4　1990～2012 年临湖区小城镇常住城镇人口数　（单位：万人）

年份	1990	1995	2000	2005	2010	2012
小城镇常住人口	110.67	133.28	192.42	265.97	350.67	386.70

第二节　临湖区城镇生活污水处理现状

一、城镇生活污水处理厂概况

据调查，在临湖区范围内建成并运行的共有 18 座城镇污水处理厂（尾水排入长江的污水处理厂除外）。调查期间，共青城市污水处理厂在进行管网改造，所以只调查了 17 座污水处理厂，见表 3-3-5。在南昌市辖区内共有 5 座污水处理厂，县辖区内有生活污水处理厂 12 座。对以上 17 座污水处理厂尾水去向、设计规模、运行时间、处理工艺等进行考察，具体成果见表 3-3-5。为了解污水处理厂进出水水质状况，在 2013～2014 年的不同时间段对各污水处理厂进水和出水水质进行一次取样监测。

表 3-3-5　临湖区城镇污水处理厂基本概况

污水处理厂代码	污水处理厂	尾水流向	运行时间（年.月）	设计规模（万 t）	处理工艺
W1	都昌县污水处理厂	鄱阳湖	一期 2010.3 二期 2013.12	一期 1.0 二期 1.0	氧化沟
W2	星子县污水处理厂	鄱阳湖	2010.3	1.0	氧化沟
W3	德安县污水处理厂	博阳河	2010.8	1.5（2010.8～2013.11 为 0.75）	氧化沟
W4	永修县污水处理厂	修河	2010.3	1.0	改良型氧化沟
W5	红谷滩污水处理厂	乌沙河流入赣江	2007.7	20.0	A/A/O
W6	南昌青山湖污水处理有限公司	赣江南支	2004.9	46.0	氧化沟 + CASS
W7	南昌瑶湖污水处理厂	赣江南支	2012.10*	一期 4.0 二期 20.0	氧化沟
W8	象湖污水处理厂	桃花河流入赣江	2007.11	20.0	氧化沟
W9	朝阳污水处理厂	抚河流入赣江	2000.7	8.0	氧化沟 + 二沉池
W10	南昌县污水处理厂	抚河	2009.11	3.0	氧化沟
W11	进贤县污水处理厂	青岚湖	2010.4	2.0	氧化沟
W12	丰城新区污水处理厂	清丰溪流入赣江	2013.7	1.0	氧化沟
W13	丰城老城区污水处理厂	丰产河流入抚河流入赣江	2010.3	4.0	氧化沟
W14	余干县污水处理厂	信江	2011.7	2.0	改良型氧化沟
W15	万年县污水处理厂	珠溪河入乐安河	2009.3	1.5	改良型氧化沟
W16	鄱阳县污水处理厂	饶河	一期 2010.4 二期 2014.12	一期 2.0 二期 2.0	改良型氧化沟
	乐平市污水处理厂	护城河流入乐安江	一期 2010.4 二期 2014.8	一期 2.0 二期 2.0	改良型氧化沟

* 表示调查时还未验收。

南昌市的朝阳污水处理厂和青山湖污水处理有限公司两个污水处理厂运行得比较早，分别于 2000 年 7 月和 2004 年 9 月投入运行。其他城镇污水处理厂大部分是在 2009 年前后投入并正常运行。县级污水处理厂基本采用的都是氧化沟工艺，只有南昌市的红谷滩污水处理厂采用 A/A/O 工艺，以及南昌青山湖污水处理有限公司采用了氧化沟 + CASS 工艺。这 17 座污水处理厂的污水经过处理后排放至附近河流，但最终均汇入鄱阳湖。因此，污水收集状况和污水处理厂对污水中 COD、NH_3-N、TN、TP 的削减效率和排放量对鄱阳湖水质有很大影响。

二、城镇生活污水处理厂理论削减量

为了解污水处理厂的理论处理能力，本书对 16 座正常运行的城镇污水水质标准要求进行了调查，污水处理厂的进水要求大多数是 COD 220 mg/L、NH_3-N 25 mg/L、TN 35 mg/L、TP 3 mg/L，但在临湖区已投入运行的 16 座污水处理厂中，永修县污水处理厂进水标准是 COD 280 mg/L，红谷滩污水处理厂、象湖污水处理厂、南昌青山湖污水处理有限公司进水 COD 为 250 mg/L，南昌市 4 座污水处理厂进水 NH_3-N 和 TP 分别是 20 mg/L 和 2 mg/L，红谷滩污水处理厂进水 TN 是 40 mg/L。出水标准大多数执行《城镇污水处理厂污染物排放标准》(GB18918—2002)，即 COD 60 mg/L、NH_3-N 8(15)mg/L、TN 20 mg/L、TP1 mg/L。由于朝阳污水处理厂和南昌青山湖污水处理有限公司建立运行时间较早，其执行的是《污水综合排放标准》(GB8978—1996)，即 COD 70 mg/L、NH_3-N 8（15）mg/L、TN 20 mg/L、TP 1 mg/L。从表 3-3-6 可以看出，南昌青山湖污水处理有限公司设计处理能力最大，其污染物理论削减量也最大，分别为 COD 30 222.00 t/a、NH_3-N 2 014.80 t/a、TN 2 518.50 t/a、TP 167.90 t/a，德安县污水处理厂最小。每个污水处理厂对污染物的理论削减量与进出水标准、理论处理水量和处理工艺有关。其计算方法如下：

$$L = \frac{(A - B) \times C}{100}$$

式中，L 为理论削减量（t/a）；A 为进水浓度（mg/L）；B 为出水浓度（mg/L）；C 为理论年平均处理量（万 t）

计算结果见表 3-3-6。

表 3-3-6 临湖区城镇污水处理厂理论削减量

污水处理厂代码	接管标准（mg/L）				出水标准（mg/L）				理论削减量（t/a）			
	COD	NH_3-N	TN	TP	COD	NH_3-N	TN	TP	COD	NH_3-N	TN	TP
W1	220	25	35	3	60	8（15）	20	1	584.00	62.05	54.75	7.30
W2	220	25	35	3	60	8（15）	20	1	584.00	62.05	54.75	7.30
W3	220	25	35	3	60	8（15）	20	1	438.00	46.54	41.06	5.48
W4	280	25	35	3	60	8（15）	20	1	803.00	62.05	54.75	7.30
W5	250	20	40	2	60	8（15）	20	1	13 870.00	876.00	1 460.00	73.00
W6	250	20	35	2	70	8（15）	20	1	30 222.00	2 014.80	2 518.50	167.90
W7	250	20	35	2	60	8（15）	20	1	13 870.00	876.00	1 095.00	73.00
W8	200	20	35	2	70	8（15）	20	1	3 796.00	350.40	438.00	29.20

续表

污水处理厂代码	接管标准（mg/L）				出水标准（mg/L）				理论削减量（t/a）			
	COD	NH_3-N	TN	TP	COD	NH_3-N	TN	TP	COD	NH_3-N	TN	TP
W9	220	25	35	3	60	8（15）	20	1	1 752.00	186.15	164.25	21.90
W10	220	25	35	3	60	8（15）	20	1	1 168.00	124.10	109.50	14.60
W11	220	25	35	3	60	8（15）	20	1	584.00	62.05	54.75	7.30
W12	220	25	35	3	60	8（15）	20	1	2 336.00	248.20	219.00	29.20
W13	220	25	35	3	60	8（15）	20	1	1 168.00	124.10	109.50	14.60
W14	220	25	35	3	60	8（15）	20	1	1 168.00	124.10	109.50	14.60
W15	220	25	35	3	60	8（15）	20	1	876.00	93.08	82.13	10.95
W16	220	25	35	3	60	8（15）	20	1	1 168.00	124.10	109.50	14.60
总计									74 387.00	5 435.77	6 674.94	498.23

三、城镇污水处理厂实际削减量

1. 城镇污水处理厂水质监测分析

为了解临湖区16座城镇污水处理厂对生活污水的实际处理效果，对各污水处理厂进出水进行取样监测分析，具体监测数据见表3-3-7。

表3-3-7　临湖区城镇生活污水处理厂水质监测数据表　（单位：mg/L）

污水处理厂代码	进水COD	出水COD	进水NH_3-N	出水NH_3-N	进水TN	出水TN	进水TP	出水TP	取样时间
W1	67.00	15.00	12.18	0.80	17.40	2.50	3.72	0.83	2014年8月5日
W2	84.00	19.00	20.70	3.00	19.60	5.20	5.82	5.27	2013年12月9日
W3	132.00	21.00	11.00	0.35	11.71	6.07	1.81	1.48	2013年12月9日
W4	114.00	19.00	17.30	1.80	20.80	5.90	5.62	2.06	2014年1月16日
W5	62.00	12.00	10.10	0.10	14.30	4.58	4.30	1.58	2014年5月22日
W6	97.00	32.30	11.60	4.71	22.34	7.34	1.66	0.38	2014年4月15日
W7	45.50	9.40	12.30	6.20	14.30	7.60	8.35	5.02	2014年5月20日
W8	33.60	22.00	5.00	0.10	7.80	5.60	3.86	3.83	2014年5月20日
W9	52.00	24.00	8.64	1.22	9.30	1.45	1.42	0.17	2014年8月13日
W10	45.00	25.00	8.50	8.10	11.00	9.80	3.62	2.54	2014年7月23日
W11	44.00	24.00	8.80	8.40	11.20	10.00	3.73	2.65	2014年7月23日
W12	16.00	14.00	7.10	0.10	9.00	2.00	2.83	2.77	2014年7月22日
W13	80.00	17.00	11.90	8.20	11.50	7.80	5.15	1.65	2014年4月23日
W14	35.80	21.90	11.78	4.85	13.80	4.57	1.41	0.54	2013年7月11日
W15	52.00	10.00	11.70	9.60	15.50	11.60	0.90	−1.70	2013年11月4日
W16	27.00	10.00	6.20	3.70	9.80	8.00	−0.50	−2.20	2013年11月4日

监测数据显示，大部分县级城镇污水处理厂进水COD大多数小于60 mg/L，低于排放标准，说明生活污水收集和雨污分流情况相对较差。南昌市污水处理厂进水COD浓度

都大于 60 mg/L，并且南昌市污水处理厂进水中其他污染指标 NH_3-N、TN 和 TP 较其他县（市）污水处理厂进水要高，这是因为南昌市人口密度大，产生污水浓度高，市政污水管网铺设相对完善，生活污水收集和雨污分流情况相对较好。另外，已调查的大部分南昌市污水处理厂的 TP 排放不达标，使排放到环境中的 TP 增加，对水环境存在影响。

2. 城镇污水处理厂实际削减量

计算方法如下：

$$L=\frac{(A-B)\times C}{100}$$

式中，L 为实际削减量（t/a）；A 为进水浓度（mg/L）；B 为出水浓度（mg/L）；C 为实际年平均处理量（万 t）。

计算结果见表 3-3-8 临湖区城镇污水处理厂实际削减量。

表 3-3-8　临湖区城镇污水处理厂实际削减量表　　（单位：万 t/a）

污水处理厂代码	实际处理水量	COD 实际削减量	NH_3-N 实际削减量	TN 实际削减量	TP 实际削减量
W1	371.02	74.20	1.48	4.45	4.01
W2	400.88	80.18	1.60	4.81	4.33
W3	273.06	5.46	19.11	19.11	0.16
W4	255.50	160.97	9.45	9.45	8.94
W5	5 045.87	2 623.85	574.22	751.84	145.83
W6	17 993.70	11 695.89	3 184.88	2 591.09	98.97
W7	1 445.14	1 604.09	153.91	81.51	4.77
W8	3 105.06	2 949.79	481.28	462.65	110.54
W9	1 093.43	546.71	109.34	106.28	29.74
W10	717.92	464.49	49.47	107.66	9.22
W11	300.54	108.50	18.33	20.14	10.01
W12	983.09	114.04	48.17	21.63	0.30
W13	378.54	52.62	26.23	34.94	3.29
W14	538.81	226.30	11.32	21.01	14.01
W15	559.95	95.19	13.99	10.08	9.52
W16	501.58	140.44	37.22	39.37	6.29

结合表 3-3-6 和表 3-3-8 可知，城镇污水处理厂 COD 实际削减量都小于理论削减量，但其它的指标，如 NH_3-N 和 TN，有 2 座污水处理厂的实际削减量是大于理论削减量的。6 座的 TP 实际削减量是大于理论削减量。城镇污水处理厂的实际处理量（污水量）已经达到最大负荷，但大部分实际削减污染物的量远远小于理论削减量，说明污水处理厂处理的生活污水并非纯正的居民生活污水，已混入雨水和地下水，处理效率低（见表 3-3-8）。

3. 城镇污水处理厂处理效果分析

调查发现，临湖区各城镇雨污没有分流，致使雨水随着污水管网排到污水处理厂，这无形中稀释了进入污水处理厂时污水的浓度，同时增加了进入污水处理厂的水量。加之南方水量充足，居民用水量比较大，不会反复使用，这也致使污水浓度较低。而浓度偏低的污水进入污水处理厂处理，不但加重了污水厂的运行负担，还破坏了污泥活性，进而影响到污水生物处理系统的运行效能和处理效率。因此，相对于处理水量来说，大部分污水处理厂已经处于满负荷运行，导致县城污水处理厂需要进行二期扩建。但是相对于污染物的处理效果来说，实际处理效果远远低于理论效果。

有 6 座污水处理厂 TP 的实际削减量超过污水处理厂理论设计的削减量，但 TP 的处理效果并不是很理想，结合表 3-3-7 可知，在调查的污水处理厂中，有 10 座污水处理厂出水 TP 高于设计标准 1 mg/L。除磷效果跟污水处理厂的曝气量、污泥龄（SRT）、碳源、污泥浓度（MLLS）、pH、温度等有关。多数污水处理厂对 COD 的处理效果不是很理想，除个别污水处理厂外，其余污水处理厂 COD 实际削减量占理论削减量的百分比都小于 50%。这是由于污水处理厂的 COD 进水浓度很低，甚至有的进水浓度已经达标，小于 60 mg/L。62.5%的污水处理厂对于 TN 的处理效果比 NH_3-N 的处理效果明显。

4. 各污水处理厂削减量对比

临湖区城镇污水处理厂削减量与当地城镇的常住人口、城市管网建设、污水收集有关。常住人口越多，废水的排放会越多，当地城镇污水处理厂的削减量也会越多。当然，在居民常住人口一样的情况下，削减量与当地的居民生活习惯、污水处理厂的处理工艺，以及运行管理有关。表 3-3-9 反映的是 2013～2014 年调查的 COD、NH_3-N、TN 和 TP 指标分析出来的临湖区各污水处理厂的年削减量占整个临湖区年削减总量的比例。

表 3-3-9　临湖区各污水处理厂 COD、NH_3-N、TN 和 TP 削减量占总削减量的百分比

（单位：%）

污水处理厂代码	COD	NH_3-N	TN	TP
W1	0.35	0.03	0.1	0.87
W2	0.38	0.03	0.11	0.94
W3	0.03	0.40	0.45	0.04
W4	0.77	0.20	0.22	1.94
W5	12.53	12.11	12.54	31.71
W6	55.85	67.19	60.45	21.52
W7	7.66	3.25	1.9	1.04
W8	14.09	10.15	10.79	24.03
W9	2.61	2.31	2.48	6.47
W10	2.22	1.04	2.51	2.0
W11	0.52	0.39	0.47	0.06
W12	0.54	1.02	0.50	2.18
W13	0.25	0.55	0.82	0.72
W14	0.45	0.30	0.24	2.07
W15	1.08	0.24	0.49	3.05
W16	0.67	0.79	0.92	1.37

第三节　临湖区城镇生活污水产生及排放总量

一、城镇生活污水水质

选取临湖区范围内的 24 个样点镇生活污水进行监测，南昌市布局 3 个样点，分别为南昌市新城区、南昌市老城区和商业居民混合区，乡镇共 21 个监测点［7 个县（市）镇和 14 个乡镇］。

由表 3-3-10 可知，蔡岭镇 COD 高达 1 375 mg/L，不具有代表性，这是由于取水样时，正值镇上居民淘米烧饭时排放的淘米水，所以 COD 偏高，TP 正常，稍偏大。吴城镇生活污水取样点因为污水经过化粪池处理后有 PVC 管网收集，没有雨水进入影响，污染物各项指标比较合理，具有代表性。据调查，除城关镇以外，其他乡镇有一半居民生活污水中的厕所污水进入到公共厕所，用作肥料进入菜地，一般只外排生活洗涤用水，以及没有污水管网收集，或者直接是雨污混流，造成浓度偏低。另一半居民生活污水中的厕所污水，没有经过化粪池预处理就直接排放至环境当中，导致污水浓度偏高。所以乡镇的污染物排放浓度由抽样调查的生活污水直排和污粪浇灌两种代表样点的监测浓度和两种排放方式的占比确定。

表 3-3-10　临湖区城镇生活污水水质监测数据表　（单位：mg/L）

名称	取样点坐标		COD	NH_3-N	TN	TP
万埠镇	28°53′19″N	115°49′35″E	25.00	1.50	3.55	4.20
蒲亭镇	29°18′38″N	115°45′18″E	175.00	12.80	46.00	11.88
都昌镇	29°16′13″N	116°11′58″E	260.00	40.60	44.00	3.08
蔡岭镇	29°28′35″N	116°23′53″E	1 375.00*	23.20	56.00	6.04
河洲街办	27°59′37″N	115°46′36″E	210.00	32.00	35.00	13.60
洛市镇	28°9′32″N	115°49′32″E	31.80	0.80	4.30	2.10
洎阳街道办	28°57′56″N	117°7′26″E	19.00*	4.80	7.30	2.14
接渡镇	28°57′0″N	117°9′34″E	9.00*	0.60	0.90	0.68
乐港镇	28°57′24″N	117°6′13″E	21.00	4.50	6.90	2.12
南昌市新城区	28°41′45″N	115°51′28″E	380.00	49.00	55.00	23.00
南昌市商业居民混合区	28°41′46″N	115°51′37″E	420.00	40.00	44.00	23.40
南昌市老城区	28°38′22″N	115°55′1″E	440.00	25.00	31.00	21.10
蛟桥镇	28°45′46″N	115°50′3″E	53.00	8.80	10.40	3.04
莲塘镇	28°35′16″N	115°55′6″E	309.00	52.00	78.00	20.85
向塘镇	28°26′17″N	115°58′34″E	28.00	2.20	6.00	1.22
溪霞镇	28°51′24″N	115°50′51″E	31.00	9.45	13.25	4.66
南康镇	29°28′32″N	116°2′17″E	55.00	6.37	16.60	4.72
白鹿镇	29°29′1″N	116°2′44″E	470.00	42.70	80.40	22.30
吴城镇	29°10′56″N	116°0′18″E	126.00	19.80	20.20	7.20

续表

名称	取样点坐标		COD	NH_3-N	TN	TP
玉亭镇	28°42′37″N	116°41′51″E	55.70	11.17	11.62	1.32
瑞洪镇	28°44′22″N	116°25′2″E	52.00	7.09	8.56	2.70
乌泥镇	28°47′36″N	116°24′45″E	19.85*	0.16	1.5	0.14
鄱阳湿地公园	29°7′55″N	116°40′32″E	305.50	87.40	102.90	19.80
长埈镇	28°40′48″N	115°48′45″E	227.20	9.00	37.60	3.10

* 表示异常数据。

根据城镇污染物的指标特点、生活水平和城镇居民生活习惯，对3种不同类型的城镇居民生活污水进行随机调查：一是南昌市城镇生活污水；二是县（市）所在镇生活污水；三是乡镇合计的生活污水。结合表3-3-9得出临湖区城镇污水特征，见表3-3-11。

表3-3-11　临湖区城镇污水特征　（单位：mg/L）

项目	COD			NH_3-N			TN			TP		
	均值	最大值	最小值	均值	最大值	最小值	均值	最大值	最小值	均值	最大值	最小值
南昌市	413.33	440.00	380.00	38.00	49.00	25.00	43.33	55.00	31.00	22.50	23.40	21.10
县（市）镇	239.00	360.00	175.00	34.00	52.00	13.00	51.00	78.00	35.00	12.00	20.90	3.10
乡镇	250.13	470.00	21.00	23.50	43.00	0.80	43.60	80.00	3.60	12.50	22.30	1.20

从表3-3-11可知，南昌市城镇居民污水中COD最大，这是因为南昌市居民用水重复率高，乡镇城镇的污水污染物指标中COD比县（市）所在镇的还要高，则是因为乡镇有一部分污水没有经过化粪池处理直接进入环境，将这部分没有经过化粪池处理的污水和进入化粪池的污水进行平均后，结果比县（市）镇的偏高。

二、生活污水产生量

临湖区城镇生活污水产生量是在临湖区城镇生活用水量调查的基础上进行计算的。由于临湖区内不同级别城镇居民的用水习惯不同，因此临湖区城镇用水量分成3种城市类型，抽取具有代表性的居民进行用水量调查，分别为南昌市居民用水量、县（市）所在镇居民生活用水量和乡镇城镇居民用水量。根据《城市排水工程规划规范》（GB 50318—2000）中规定的城市综合生活污水的排水系数为0.8～0.9。污水排水系数是在一定的计量时间（年）内的污水排放量与用水量（平均日）的比值，计算获得城镇生活污水的产生量。由于临湖区处于南方地区，排水蒸发量相对较大，所以本书中排水系数取0.8计算。

1. 生活用水量

2013年，通过样本抽查方式调查19个县（市）居民平均每月用水吨数和用水户数，然后根据从当地公安局收集的每户人均数资料，计算人均用水量，计算公式如下：

$$L = \frac{T \times 10^3}{A \times K \times 30}$$

式中，L 为人均用水量[L/(人 · d)]；T 为每月用水总量（t）；H 为用水户数；K 为每户人均数。

调查 19 个样本地区的人均用水量，每个样本调查的户数也不等，德安县蒲亭镇的用水量偏小是因为当地居民大多数购买桶装水饮用，不纳入计算。统计结果见表 3-3-12。

表 3-3-12　临湖区城镇居民生活用水量表

调查点	总用水量（t）	用水户数（户）	每户人均数（人）	人均用水量[L/(人·d)]
玉亭镇新区	12.681	1.064	2.50	161.64
玉亭镇老区	9.110	1.013	2.50	119.90
涂埠镇老区	26.436	259	3.00	113.41
涂埠镇新区	41.360	281	3.00	163.54
洛市镇小区 1	364	41	3.50	84.55
洛市镇小区 2	601	93	3.50	87.15
洛市镇小区 3	514	61	3.50	80.25
丰城市老城	979	93	3.50	100.27
丰城市旧城	837	98	3.50	85.77
南昌市西湖区	1 219.4	152	2.40	111.42
南昌市青云谱区	1.880	189	2.40	138.15
南昌市高新区	4.963	261	2.40	264.09
南昌市东湖区	1.686	200	2.40	117.10
南昌市红谷滩区	3.623	284	2.40	177.18
吴城镇	15.000	1 420	4.00	88.03
都昌镇	9.099	453	2.07	161.74
南康镇	5.859	400	2.81	173.75
蒲亭镇	5.302	645	2.86	95.82
洎阳街道办	2.300	166	3.30	139.96

由表 3-3-12 可知，根据临湖区内城镇居民用水习惯的不同，南昌市居民用水量最大，最高达到了 264.09 L/(人 · d)，最低也有 111.42 L/(人 · d)，其次是县（市）镇居民生活用水量，最高达到了 173.75 L/(人 · d)，最低也有 100.27 L/(人 · d)，乡镇居民用水量最小，最高达到了 88.03 L/(人 · d)，最低也有 83.96 L/(人 · d)。南昌市人均用水量为 171.8 L/(人 · d)，县（市）镇人均用水量为 138.32 L/(人 · d)，乡镇人均用水量为 86.01 L/(人 · d)。

2. 生活污水产生量

全国污染源普查中的排水系数为 0.8～0.85，由于临湖区处于南方地区，排水蒸发量大，排水系数取值 0.8，根据表 3-3-12 得出不同类型城镇人均排水水量，结果见表 3-3-13。

表 3-3-13　临湖区城镇居民生活污水排水量

	人均用水量	排水系数	人均排污水量［L/(人・d)］
南昌市	171.80	0.8	137.44
县（市）镇	138.32	0.8	110.66
乡镇	86.01	0.8	68.81

由表 3-3-13 可知，南昌市的人均排水量为 137.44 L/(人・d)，大于县（市）镇的人均居民排水量 110.66 L/(人・d)，大于乡镇的人均排水量 68.81 L/(人・d)。

3. 城镇生活污水中主要污染物产生量估算

1）主要污染物计算

考察临湖区 1990 年以来城镇居民生活污水污染物的变化规律，选取 1990 年、1995 年、2000 年、2005 年、2010 年和 2012 年 6 个典型年份做详细分析。城镇生活污水对湖泊的影响主要是由生活污水中大量污染物排放造成的。参考国内外学者对生活污水的研究，选取城镇生活污水中对湖泊影响较大的 COD、NH_3-N、TP、TN 四种污染物进行研究。污染物产生总量计算方法如下：

$$T=\frac{365\times N\times C\times P}{10^9}$$

式中，T 为产生量（t）；N 为常住人口（个）；C 为居民生活污水浓度（mg/L）；P 为居民排水量（L）。

计算结果见表 3-3-14。

表 3-3-14　临湖区城镇居民生活污水污染物排放总量　　（单位：t/a）

名称	1990 年				1995 年				2000 年			
	COD	NH_3-N	TN	TP	COD	NH_3-N	TN	TP	COD	NH_3-N	TN	TP
新建县	110.5	10.4	19.3	5.6	219.7	20.6	38.3	11.0	410.8	38.6	71.6	20.6
南昌县	858.1	92.5	159.2	43.1	1 519.0	161.7	280.1	76.3	2 442.6	258.3	449.1	122.6
安义县	37.3	3.5	6.5	1.9	65.7	6.2	11.5	3.3	96.6	9.1	16.8	4.8
进贤县	541.3	65.3	106.1	27.2	809.3	95.7	157.0	40.6	1 221.6	140.3	233.6	61.3
德安县	216.9	28.2	44.1	10.9	273.4	35.6	55.7	13.7	350.6	45.4	71.2	17.6
湖口县	51.8	4.9	9.0	2.6	82.8	7.8	14.4	4.2	137.0	12.9	23.9	6.9
星子县	243.2	29.2	47.6	12.2	346.0	40.8	67.0	17.4	516.5	60.0	99.3	25.9
九江县	21.4	2.0	3.7	1.1	36.7	3.5	6.4	1.8	63.7	6.0	11.1	3.2
永修县	353.4	44.7	70.9	17.7	423.8	52.7	84.3	21.3	578.5	71.3	114.6	29.0
都昌县	388.0	46.4	75.7	19.5	645.8	74.7	123.9	32.4	1 024.0	115.1	193.8	51.4
共青城市	67.0	6.3	11.7	3.4	89.0	8.4	15.5	4.5	127.4	12.0	22.2	6.4
鄱阳县	744.2	90.4	146.3	37.4	1 101.0	128.0	211.8	55.3	1 667.3	186.1	314.5	83.7
余干县	360.6	43.4	70.6	18.1	597.6	69.2	114.7	30.0	921.3	101.5	172.7	46.3

续表

名称	1990 年				1995 年				2000 年			
	COD	NH_3-N	TN	TP	COD	NH_3-N	TN	TP	COD	NH_3-N	TN	TP
万年县	379.2	48.6	76.6	19.0	533.4	66.7	106.4	26.8	803.2	98.3	158.5	40.3
乐平市	719.7	92.1	145.3	36.1	1 194.9	146.6	236.1	60.0	1 972.7	234.3	383.4	99.1
丰城市	1 348.7	173.7	273.1	67.7	2 053.5	256.5	409.3	103.1	2 878.6	343.3	560.7	144.5
南昌市	28 077.2	2 581.3	2 369.8	1 528.4	31 326.4	2 880.0	2 644.0	1 705.3	35 295.0	3 244.9	2 979.0	1 921.3

名称	2005 年				2010 年				2012 年			
	COD	NH_3-N	TN	TP	COD	NH_3-N	TN	TP	COD	NH_3-N	TN	TP
新建县	521.3	49.0	90.9	26.2	656.4	61.7	114.4	33.0	680.3	63.9	118.6	34.2
南昌县	3 151.2	330.0	576.8	158.2	4 017.3	417.6	732.8	201.7	4 109.3	427.2	749.6	206.3
安义县	133.8	12.6	23.3	6.7	179.3	16.8	31.3	9.0	185.9	17.5	32.4	9.3
进贤县	1 726.1	202.3	333.3	86.7	2 243.8	264.0	434.1	112.7	2 393.5	283.4	464.6	120.2
德安县	401.8	51.5	81.1	20.2	464.4	58.8	93.2	23.3	478.1	60.7	96.1	24.0
湖口县	168.4	15.8	29.4	8.5	206.7	19.4	36.0	10.4	213.5	20.1	37.2	10.7
星子县	643.4	73.3	122.6	32.3	820.0	92.7	155.6	41.2	850.0	96.1	161.3	42.7
九江县	79.2	7.4	13.8	4.0	98.2	9.2	17.1	4.9	101.8	9.6	17.8	5.1
永修县	676.2	83.2	133.8	34.0	795.5	97.8	157.3	39.9	817.1	100.3	161.4	41.0
都昌县	1 461.3	166.2	278.1	73.4	1 995.7	228.6	381.2	100.2	2 047.9	234.1	390.7	102.8
共青城市	149.6	14.1	26.1	7.5	176.8	16.6	30.8	8.9	181.7	17.1	31.7	9.1
鄱阳县	2 446.3	271.8	460.3	122.8	3 398.5	376.5	638.6	170.6	3 467.9	383.7	651.3	174.1
余干县	1 425.8	161.1	270.5	71.6	2 042.5	234.0	390.1	102.6	2 082.1	238.3	397.5	104.5
万年县	959.4	116.6	188.7	48.2	1 150.2	139.0	225.5	57.8	1 177.3	141.9	230.6	59.1
乐平市	2 509.8	297.4	487.3	126.0	3 012.9	352.7	581.5	151.3	3 118.7	365.3	602.1	156.6
丰城市	3 465.7	409.1	671.6	174.0	4 001.7	463.7	768.5	200.9	4 096.0	474.1	786.2	205.7
南昌市	44 688.0	4 108.4	3 771.8	2 432.6	48 888.9	4 494.7	4 126.3	2 661.3	50 834.2	4 673.5	4 290.5	2 767.2

由表 3-3-14 可知，南昌市城镇产生的生活污水的污染物总量远远大于县城镇污水污染物的总量。在城镇居民生活污水污染物中，南昌市大于周边县（市）的，大于其他县的污染物总量。南昌市＞丰城市＞南昌县＞鄱阳县＞乐平市＞进贤县＞都昌县＞万年县＞余干县＞永修县＞星子县＞德安县＞新建县＞共青城市＞湖口县＞安义县＞九江县。鄱阳县排放总量排在前面是由于其人口数量大。每个地区污染物排放总量是逐年增加的，这是由于临湖区城镇居民生活水平提高，以及人口数量的增加。

2）主要污染物产生量变化趋势

随着临湖区城镇居民人口的变化和生活水平的提高，COD 自 1990 年以来的变化规律如图 3-3-1。

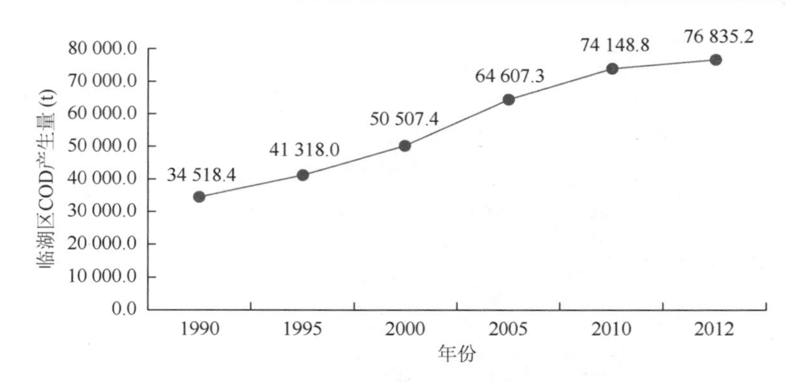

图 3-3-1　临湖区城镇生活污水 COD 产生量年度变化

从图 3-3-1 可知，临湖区自 1990 年以来生活污水中 COD 产生量的变化规律是逐年增加的，但变化速率是逐年减小的，主要表现在 3 个阶段：1990～2005 年，COD 产生量增加的速率最大，年平均增加 5.8%；2005～2010 年，COD 增加的速率有所减缓，年平均增加 3.0%；2010～2012 年，COD 年平均增长率减小为 1.8%。

NH_3-N 自 1990 年以来的变化规律如图 3-3-2。

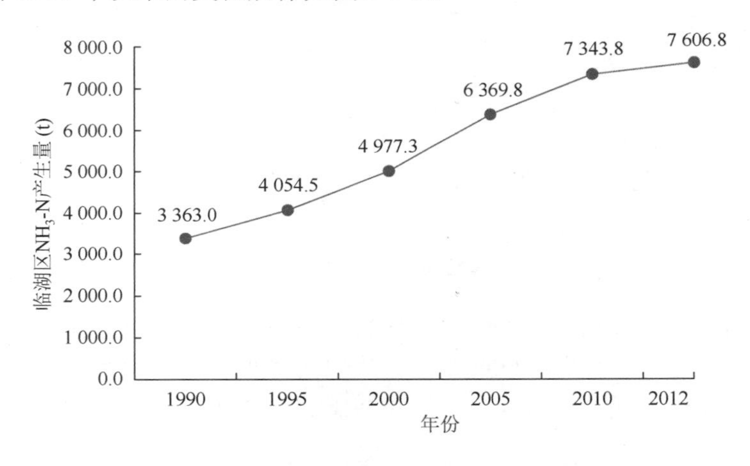

图 3-3-2　临湖区城镇生活污水 NH_3-N 产生量年度变化

从图 3-3-2 可知，临湖区自 1990 年以来 NH_3-N 产生量的变化规律与 COD 大致相似。1990～2005 年，NH_3-N 产生量增加的速率最大，年平均增加 5.96%；2005～2010 年，增加的速率有所减缓，年平均增加 3.1%；2010～2012 年，年平均增长率减小为 1.8%。

TN 自 1990 年以来的变化规律如图 3-3-3。

从图 3-3-3 可知，临湖区自 1990 年以来 TN 产生量的变化规律也是逐年增加的，变化速率呈逐年减缓的规律。1990～2005 年，TN 产生量增加的速率最大，年平均增加 7.2%；2005～2010 年，增加的速率有所减缓，年平均增加 3.6%；2010～2012 年，年平均增长率减小为 1.7%。

随着临湖区城镇居民的人口变化和生活水平的提高，TP 自 1990 年以来的变化规律如图 3-3-4。

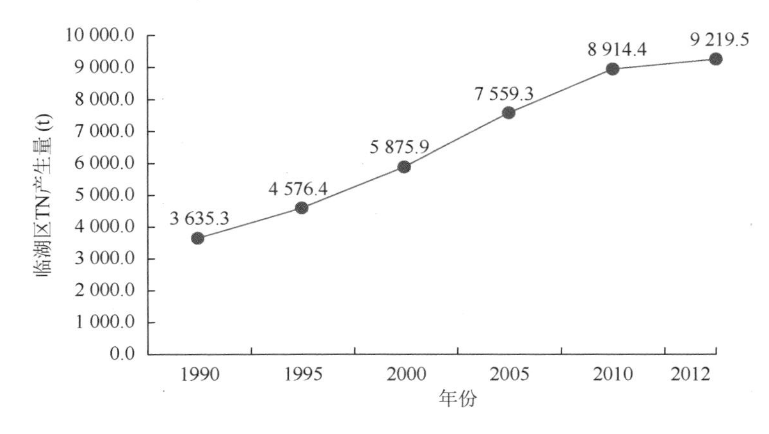

图 3-3-3　临湖区城镇生活污水 TN 产生量年度变化

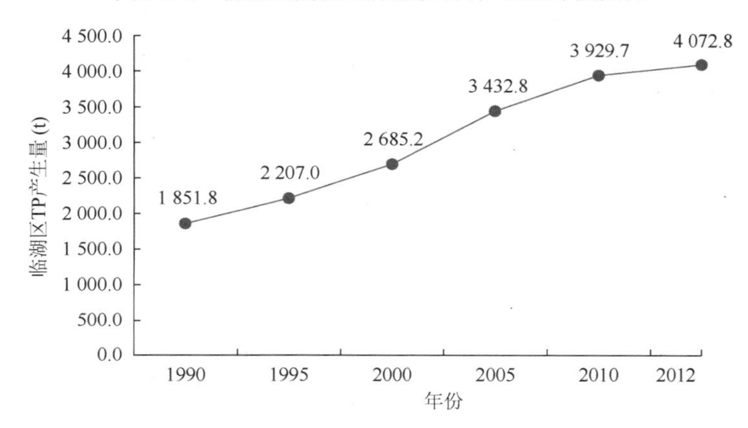

图 3-3-4　临湖区城镇生活污水 TP 产生量年度变化

从图 3-3-4 可知，临湖区自 1990 年以来 TP 产生量的变化规律也是逐年增加的，变化速率呈逐年减缓的规律。1990～2005 年，TP 产生量增加的速率最大，年平均增加 5.7%；2005～2010 年，TP 增加的速率有所减缓，年平均增加 2.9%；2010～2012 年，TP 年平均增长率减小为 1.8%。

综观上述 4 种污染物产生量随时间的变化趋势图可以看出，临湖区自 1990 年以来 COD、NH_3-N、TN 和 TP 产生量的变化规律是相似的，均呈增加趋势，这是因为临湖区城镇居民生活水平的提高和常住人口数量的增加，使临湖区城镇居民污染物产生量也增加，其变化规律和人口变化规律相似。

三、城镇生活污水中主要污染物排放量估算

1. 典型年份污染物削减量

由于污水处理厂投入运行的时间不一，并且还有二期扩建的情况，所以 1990 年以来污水处理厂在不同年份对污染物的削减量不一样。通过分析 1990 年以来污水处理厂的削减量，可以真实地反映城镇生活污水经过污水处理厂后的排放量。

由表 3-3-15 可知，2000 年以前临湖区没有建立城镇污水处理厂，城镇生活污水是直接排入环境的，城镇居民生活污水的产生量等于排放量。2000 年临湖区第一座污水处理厂朝阳污水处理厂投入使用，污染物开始被削减，2000～2010 年临湖区城镇污水污染物削减量基本等于南昌市污水处理厂的污染物削减量，随后各典型年份污染物的削减量逐年增加。2013 年对 COD 的削减量为 20 879.9 t，对 NH_3-N 的削减量为 4 730.9 t，对 TN 的削减量为 4 275.9 t，对 TP 的削减量为 454.1 t。2014 年还有污水处理厂在扩建，因此削减量还在增加。通过改善城镇污水管网，实行雨污分流的话，实际削减量将会大大增加，因此现有的城镇污水处理厂的潜力还比较大。

表 3-3-15　临湖区城镇污水处理厂典型年份削减量　（单位：t/a）

名称	2000 年				2005 年				2010 年		
	COD	NH_3-N	TN	TP	COD	NH_3-N	TN	TP	COD	NH_3-N	TN
南昌县污水处理厂									546.7	109.3	106.3
进贤县污水处理厂									309.7	33	71.8
德安县污水处理厂									2.3	8	8
星子县污水处理厂									60.1	1.2	3.6
永修县污水处理厂									161	9.5	9.5
都昌县污水处理厂									55.7	1.1	3.3
鄱阳县污水处理厂									63.5	9.3	6.7
余干县污水处理厂											
万年县污水处理厂									226.3	11.3	21
乐平市污水处理厂									93.6	24.8	26.2
丰城新区污水处理厂											
丰城老城区污水处理厂									85.5	36.1	16.2
红谷滩污水处理厂									2 623.9	574.2	751.8
象湖污水处理厂									1 604.1	153.9	81.5
朝阳污水处理厂	1 229.1	200.5	192.8	46.1	2 949.8	481.3	462.7	110.5	2 949.5	481.2	462.5
南昌青山湖污水处理有限公司					11 695.9	3 184.9	2 591.1	99	11 695.7	3 184.7	2 591.6

续表

名称	2000年				2005年				2010年		
	COD	NH_3-N	TN	TP	COD	NH_3-N	TN	TP	COD	NH_3-N	TN
南昌市四大污水处理厂总削减量	1 229.1	200.5	192.8	46.1	14 645.7	3 666.2	3 053.7	209.5	18 877.6	4 394.3	3 887.1
临湖区污水处理厂总削减量	1 229.1	200.5	192.8	46.1	14 645.7	3 666.2	3 053.7	209.5	20 477.9	4 637.9	4 159.7

名称	2012年				2013年				2014年			
	COD	NH_3-N	TN	TP	COD	NH_3-N	TN	TP	COD	NH_3-N	TN	TP
南昌县污水处理厂	548.7	107.3	104.3	28.7	550.7	110.4	109.3	31.7	551.7	111.3	108.3	27.7
进贤县污水处理厂	464.5	49.5	107.7	9.2	465.5	48.5	106.7	9.2	467.5	50.5	109.7	9.5
德安县污水处理厂	5.5	19.1	19.1	0.2	5.9	20.7	20.7	0.2	10.9	38.2	38.2	0.3
星子县污水处理厂	80.2	1.6	4.8	4.3	81.2	1.7	4.7	4.3	80.5	1.8	4.7	4.2
永修县污水处理厂	161.7	9.6	9.4	8.3	161.9	9.2	9.4	8.8	161.5	9.3	9.7	8.7
都昌县污水处理厂	74.2	1.5	4.5	4	74.2	1.5	4.5	4	148.4	3	8.9	8
鄱阳县污水处理厂	95.2	14	10.1	9.5	95.2	14	10.1	9.5	96.2	14.5	10.2	9.7
余干县污水处理厂	52.6	26.2	34.9	3.3	53.6	26.1	34.8	3.2	52.2	26.1	34.8	3.2
万年县污水处理厂	225.3	11.2	21.3	14.1	226.1	11.2	21.7	14.1	224.3	11.5	21.4	14.1
乐平市污水处理厂	140.4	37.2	39.4	6.3	140.4	37.2	39.4	6.3	175.6	46.5	49.2	7.9
丰城新区污水处理厂					45.2	7.6	8.4	4.2	108.5	18.3	20.1	10
丰城老城区污水处理厂	114	48.2	21.6	0.3	115	48.3	21.5	0.2	113	47.2	21.5	0.4
红谷滩污水处理厂	2 623.9	574.2	751.8	145.8	2 623.9	574.2	751.8	145.8	2 623.9	574.2	751.8	145.8
象湖污水处理厂	1 604.1	153.9	81.5	4.8	1 604.1	153.9	81.5	4.8	1 604.1	153.9	81.5	4.8
朝阳污水处理厂	2 949.7	481.2	462.6	110.7	2 950.2	482.3	462.6	111.5	2 949.4	481.9	462.4	110.5
南昌青山湖污水处理有限公司	11 695.6	3 184.9	2 591.1	99.1	11 695.9	3 184.9	2 591.1	99.7	11 695.5	3 184.2	2 591.7	99.3
南昌市四大污水处理厂总削减量	18 872.6	4 394.3	3 887.1	360.1	18 873.6	4 396.3	3 884.1	360.1	18 876.6	4 394.7	3 887.4	360.3
临湖区污水处理厂总削减量	20 834.2	4 721.7	4 265.9	449.9	20 879.9	4 730.9	4 275.9	454.1	21 057.5	4 769.9	4 319.4	465.7

2. 典型年份主要污染物排放量

排放量是指临湖区城镇居民产生的污染物总量减去城镇污水处理厂削减总量的值。城镇污水经过污水处理厂处理后，直接排放至水体的污染物排放量得到了改善。排放量主要包括城镇生活污水经污水处理厂处理后的污染物排放量与未经处理直接进入水体的总量。临湖区各县（市）城镇污水处理厂的运行，削减了城镇生活污水中污染物的排放，降低了临湖区城镇生活污水中污染物对鄱阳湖的影响。因此，在研究临湖区城镇生活污水中污染物的排放总量对鄱阳湖的影响过程中，应该扣除污水处理厂对生活污水中污染物的削减量，这样才能较为客观地反映临湖区城镇生活污水对鄱阳湖水质的影响。其计算方法如下：

$$Q = T - L$$

式中，Q 为排放量（t）；T 为产生量（t）；L 为实际削减量（t/a）。

典型年份排放量见表 3-3-16。

表 3-3-16　临湖区城镇生活污水中污染物典型年份产排放量　（单位：t/a）

年份	临湖区城镇总人口（人）	指标	产生量	削减量	排放量
1990	2 127 102	COD	34 518.4		34 518.4
		NH_3-N	3 363.0		3 363.0
		TN	3 635.3		3 635.3
		TP	1 851.8		1 851.8
1995	2 763 780	COD	41 318.0		41 318.0
		NH_3-N	4 054.5		4 054.5
		TN	4 576.4		4 576.4
		TP	2 207.0		2 207.0
2000	3 684 345	COD	50 507.4	1 229.1	49 278.3
		NH_3-N	4 977.3	200.5	4 776.8
		TN	5 875.9	192.8	5 683.1
		TP	2 685.2	46.1	2 639.1
2005	4 763 789	COD	64 607.3	14 645.7	49 961.6
		NH_3-N	6 369.8	3 666.2	2 703.6
		TN	7 559.3	3 053.7	4 505.6
		TP	3 432.8	209.5	3 223.3
2010	5 705 134	COD	74 148.8	20 477.9	53 670.9
		NH_3-N	7 343.8	4 637.9	2 705.9
		TN	8 914.4	4 159.7	4 754.7
		TP	3 929.7	436.0	3 493.6
2012	5 895 245	COD	76 835.2	20 834.2	56 000.9
		NH_3-N	7 606.8	4 721.7	2 885.1
		TN	9 219.5	4 265.9	4 953.6
		TP	4 072.8	449.9	3 622.9

由表 3-3-16 可知，1990～2012 年，临湖区城镇总人口数在增加，因此城镇居民生活污水污染物产生总量也随之增加，伴随而来的是污染物排放量也不断增加。

3. 主要污染物削减量年际变化

由于城镇污水处理厂的建设运行时间不统一，因此临湖区各城镇污水污染物的削减量也不一，并且有的污水处理厂随着城镇的发展进行了在改建和扩建，所以自 1990 年以来各污水处理厂的削减量是不一样的，由于城镇污水中 4 个指标 COD、NH_3-N、TN、TP 对河流水体影响较大，这里只对这 4 个指标进行分析。

由图 3-3-5 和图 3-3-6 可知，城镇污水处理厂 4 个指标的削减量自 1990 年以来一直在增长，其中 COD 消减量的增加幅度最大，并且在 2010 年时增加量开始平缓，这是由于 2010 年前后污水处理厂相继建成并正式运行。TN 和 NH_3-N 的增长曲线相似，并且接近。TP 的削减量变化较小。

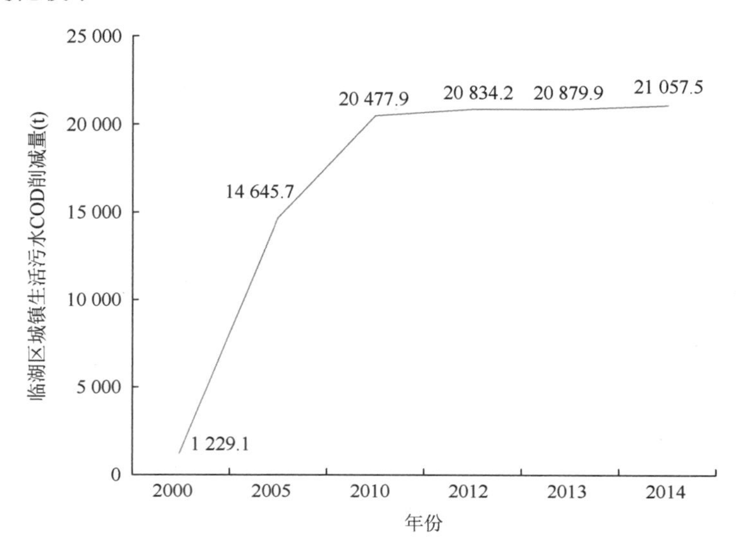

图 3-3-5　临湖区城镇生活污水 COD 削减量年度变化

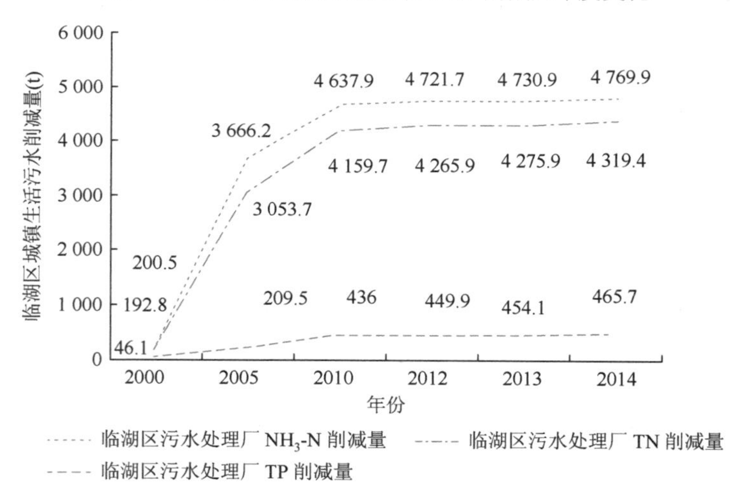

图 3-3-6　临湖区城镇生活污水削减量年度变化

4. 主要污染物排放量年际变化

临湖区污染物排放量随着城镇污水产生量和城镇生活污水处理厂削减量的变化而变

化。这里用 COD、NH_3-N、TN 和 TP 4 个指标来分析临湖区生活污水污染物排放量的变化趋势，具体如图 3-3-7～图 3-3-10 所示。

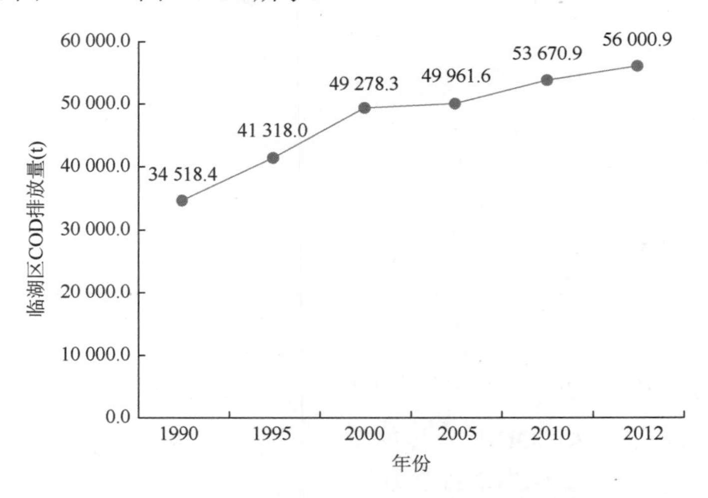

图 3-3-7　临湖区城镇生活污水 COD 排放量随时间的变化

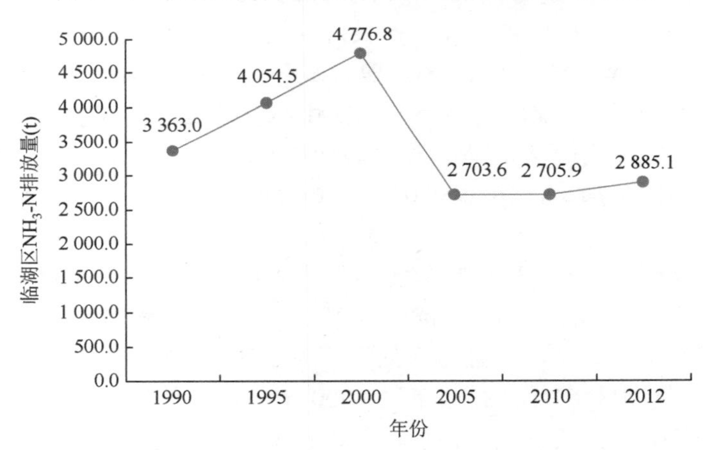

图 3-3-8　临湖区城镇生活污水 NH_3-N 排放量随时间的变化

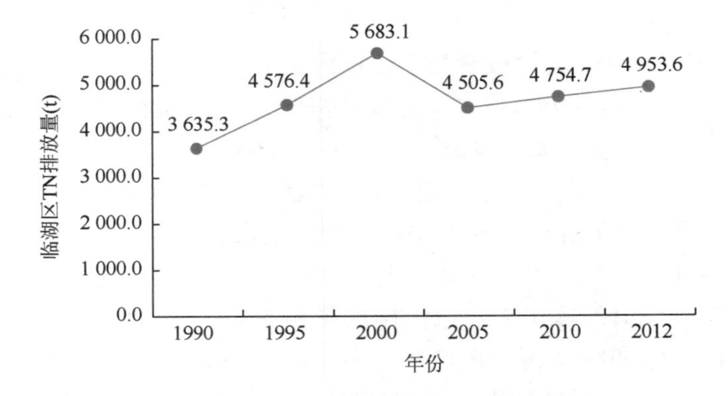

图 3-3-9　临湖区城镇生活污水 TN 排放量随时间的变化

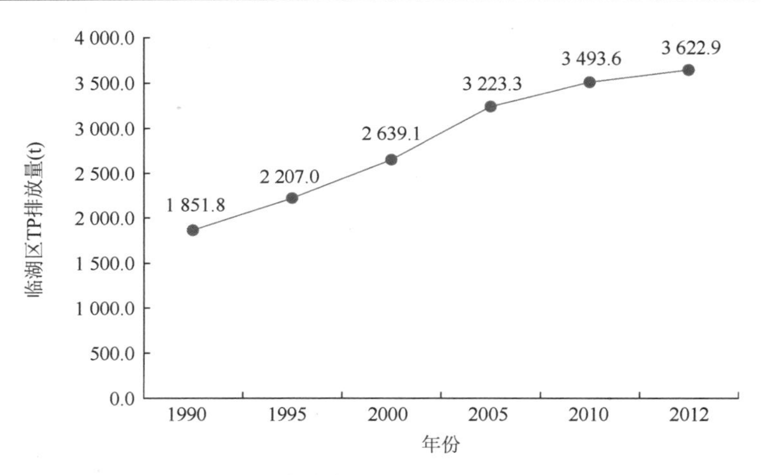

图 3-3-10　临湖区城镇生活污水 TP 排放量随时间的变化

临湖区自 1990 年以来 COD 排放量的变化规律是 1990～2000 年逐年增加，并且变化的斜率基本不变；2005 年 COD 排放量虽然增加，但是斜率却下降，2005～2012 年 COD 排放量继续增加，但是变化斜率下降。1990～2000 年增长快是因为 2000 年以前临湖区没有污水处理厂，排放量与人口增长规律相似；2000～2005 年减缓是因为 2005 年朝阳污水处理厂和南昌青山湖污水处理有限公司运行对南昌市居民污染物进行削减，并且两个污水处理厂对临湖区污水 COD 削减量达到总削减量的 69.94%；2005～2012 年增长快是因为临湖区常住人口增加较快，而临湖区污水处理厂对污染物削减量的增加率不及人口的增加率，2010～2012 年 COD 排放量变化率下降则是因为人口增长变得平缓。

临湖区自 1990 年以来 NH_3-N 排放量的变化规律是 1990～2000 年逐年增加，并且变化的斜率基本不变，但是 2000～2005 年 NH_3-N 排放量骤然减小，这是由于开始有污水处理厂建成并运行成功，并且污水处理厂对 NH_3-N 的削减效果比 COD 的要强，从而导致 2005 年临湖区 NH_3-N 排放量比 2000 年小，并且减小的幅度比 COD 更大。2005～2012 年 NH_3-N 排放量继续增加，斜率也增加，这是因为污水处理厂对 NH_3-N 削减量的增加率比不上临湖区城镇常住人口的增加率，2010～2012 年 NH_3-N 排放量由 2 705.9 t 增加到 2 885.1 t。

临湖区自 1990 年以来 TN 排放量的变化规律是 1990～2000 年逐年增加，并且变化的斜率基本不变，但是 2000～2005 年 TN 排放量骤然减小，2005～2012 年 TN 排放量继续增加，2010～2012 年 TN 排放量由 4 754.7 t 增加至 4 953.6 t。临湖区 TN 排放量的变化规律与 NH_3-N 的排放规律相似，但是临湖区居民生活污水中，TN 的浓度比 NH_3-N 的浓度要高（图 3-3-8），导致 TN 的产生量比 NH_3-N 的产生量大。

临湖区自 1990 年以来 TP 排放量的变化规律是 1990～2012 年逐年增加，并且变化的斜率有所增加，2010～2012 年 TP 排放量由 3 493.6 t 增加到 3 622.9 t。临湖区 TP 排放量的变化趋势和临湖区 TP 产生量相似（图 3-3-4），因为临湖区城镇居民生活污水 TP 的浓度（表 3-3-11）高，并且临湖区污水处理厂对 TP 的削减效果也不是很理想（图 3-3-6）。

第四节　临湖区城镇生活污水治理对策

（1）加强监管城市新建区雨污分流和污水管网的建设，完善老城区雨污分流和污水管网的改造，提高污水收集率。从节能减排来说，市县级城市雨污分流和污水管网的建设远远比污水处理厂的扩建更重要。乡镇污水的化粪池预处理和污水收集农业利用，比投入大量资金建设污水处理厂更重要。

（2）加强房地产建设中小区污水收集和预处理设施建设的监管。目前，建设部门对房地产建设的监管着重于房屋质量；环保部门的监管验收着重于工业企业，而对房地产的环保设施建设和运行状况的验收监管工作在县级及以下城镇基本没有开展。因此，建设部门和环保部门应加强房地产建设小区的验收工作，特别是对污水接管情况、化粪池的建设和质量的监管。

（3）加强对城市污水管网各级系统污水浓度的监控，及时了解污水收集系统的变化。

参考文献

陈凤桂，张虹鸥，吴旗韬，等. 2010. 我国人口城镇化与土地城镇化协调发展研究. 人文地理，（5）：53-58.
陈美球. 2003. 小城镇道路是我国城镇化进程中必不可少的重要途径. 中国农村经济，（1）：72-74.
陈锡文. 2013. 农业和农村发展：形势与问题. 南京农业大学学报（社会科学版），（1）：1-10.
范进，赵定涛. 2012. 土地城镇化与人口城镇化协调性测定及其影响因素. 经济学家，（5）：61-67.
李光勤. 2014. 土地城镇化与人口城镇化协调性及影响因素研究-基于省级面板数据的分析. 地方财政研究，（6）：39-44.
李子联. 2013. 人口城镇化滞后于土地城镇化之谜——来自中国省际面板数据的解释. 中国人口、资源与环境，（11）：94-101.
潘爱民，刘友金. 2014. 湘江流域人口城镇化与土地城镇化失调程度及特征研究. 经济地理，（5）：63-68.
杨丽霞，苑韶峰，王雪禅. 2013. 人口城镇化与土地城镇化协调发展的空间差异研究——以浙江省 69 县市为例. 中国土地科学，（11）：18-22.
袁志刚，解栋栋. 2010. 统筹城乡发展：人力资本与土地资本的协调再配置. 经济学家，（8）：77-83.
周永康，潘孝富. 2014. 就地城镇化与异地城镇化应并重发展. 光明日报，第 15 版.

第四章　临湖区工业废水污染状况

通过调查收集汇总整理污染源普查、环境统计、重点污染源监督性监测及现场监测，全面核算临湖区工业废水及其主要污染物排放量、排放途径。本次鄱考调查了区域内的重点企业，依据中华人民共和国环境统计制度的规定，非重点调查企业污染物排放量是以重点调查单位排放总量作为估算的对比基数，采取“比率估算”的方法，即按重点调查企业排放总量的变化趋势，等比或将比率略做调整，估算出非重点调查单位污染物排放量，并将估算数据分解到各县（区、市）。

第一节　重点工业企业基本情况

一、区 域 分 布

2010～2013 年，临湖区重点调查企业数分别为 435 家、487 家、514 家、532 家。5 个设区市中，重点调查企业数量从多到少依次为南昌市、九江市、景德镇市、上饶市和宜春市。临湖区重点调查企业数及其县区分布情况见表 3-4-1。

表 3-4-1　临湖区重点调查企业县区分布情况

设区市名称	县（区、市）名称	2010 年		2011 年		2012 年		2013 年	
		企业数（家）	比例（%）	企业数（家）	比例（%）	企业数（家）	比例（%）	企业数（家）	比例（%）
南昌市	东湖区	0	0.00	0	0.00	0	0.00	0	0.00
	西湖区	0	0.00	0	0.00	0	0.00	0	0.00
	青云谱区	10	2.30	11	2.26	10	1.95	11	2.07
	湾里区	6	1.38	6	1.23	5	0.97	5	0.94
	青山湖区	59	13.56	63	12.94	70	13.62	76	14.29
	南昌县	41	9.43	52	10.68	64	12.45	61	11.47
	新建县	42	9.66	53	10.88	72	14.01	74	13.91
	安义县	9	2.07	13	2.67	13	2.53	20	3.76
	进贤县	37	8.51	45	9.24	46	8.95	56	10.53
	合计	204	46.90	243	49.90	280	54.47	303	56.95
景德镇市	昌江区	13	2.99	16	3.29	19	3.70	18	3.38
	乐平市	43	9.89	48	9.86	46	8.95	46	8.65
	合计	56	12.87	64	13.14	65	12.65	64	12.03

续表

设区市名称	县（区、市）名称	2010年		2011年		2012年		2013年	
		企业数（家）	比例（%）	企业数（家）	比例（%）	企业数（家）	比例（%）	企业数（家）	比例（%）
九江市	庐山区	3	0.69	4	0.82	4	0.78	4	0.75
	九江县	0	0.00	0	0.00	0	0.00	0	0.00
	永修县	19	4.37	20	4.11	23	4.47	23	4.32
	德安县	25	5.75	22	4.52	19	3.70	18	3.38
	星子县	19	4.37	20	4.11	13	2.53	13	2.44
	都昌县	20	4.60	28	5.75	24	4.67	24	4.51
	湖口县	3	0.69	1	0.21	0	0.00	0	0.00
	共青城市	13	2.99	11	2.26	10	1.95	9	1.69
	合计	102	23.45	106	21.77	93	18.09	91	17.11
宜春市	丰城市	28	6.44	28	5.75	27	5.25	26	4.89
	合计	28	6.44	28	5.75	27	5.25	26	4.89
上饶市	余干县	3	0.69	5	1.03	6	1.17	6	1.13
	鄱阳县	28	6.44	26	5.34	25	4.86	24	4.51
	万年县	14	3.22	15	3.08	18	3.50	18	3.38
	合计	45	10.34	46	9.65	49	9.73	48	9.21
合计		435	100.00	487	100.00	514	100.00	532	100.00

二、行业分布

2010～2013年，重点调查企业行业分布情况见表3-4-2。

表3-4-2　临湖区重点调查企业行业分布情况

行业名称	2010年		2011年		2012年		2013年	
	企业数（家）	比例（%）	企业数（家）	比例（%）	企业数（家）	比例（%）	企业数（家）	比例（%）
煤炭开采和洗选业	13	2.99	13	2.67	14	2.72	4	2.63
有色金属矿采选业	7	1.61	7	1.44	7	1.36	7	1.32
非金属矿采选业	1	0.23	2	0.41	1	0.19	1	0.19
农副食品加工业	43	9.89	47	9.65	51	9.92	50	9.40
食品制造业	22	5.06	25	5.13	22	4.28	25	4.70
酒、饮料和精制茶制造业	17	3.91	17	3.49	19	3.70	18	3.38
烟草制品业	1	0.23	1	0.21	1	0.19	1	0.19
纺织业	26	5.98	21	4.31	21	4.09	23	4.32

续表

行业名称	2010年		2011年		2012年		2013年	
	企业数（家）	比例（%）	企业数（家）	比例（%）	企业数（家）	比例（%）	企业数（家）	比例（%）
纺织服装、服饰业	3	0.69	3	0.62	4	0.78	4	0.75
皮革、毛皮、羽毛及其制品和制鞋业	8	1.84	8	1.64	9	1.75	9	1.69
木材加工和木、竹、藤、棕、草制品业	5	1.15	4	0.82	4	0.78	4	0.75
造纸和纸制品业	27	6.21	21	4.31	20	3.89	21	3.95
印刷和记录媒介复制业	1	0.23	1	0.21	3	0.58	1	0.19
文教、工美、体育和娱乐用品制造业	8	1.84	2	0.41	3	0.58	3	0.56
石油加工、炼焦和核燃料加工业	1	0.23	1	0.21	1	0.19	2	0.38
化学原料和化学制品制造业	68	15.63	72	14.78	73	14.20	77	14.47
医药制造业	34	7.82	47	9.65	56	10.89	54	10.15
化学纤维制造业	4	0.92	3	0.62	4	0.78	4	0.75
橡胶和塑料制品业	4	0.92	4	0.82	5	0.97	6	1.13
非金属矿物制品业	52	11.95	70	14.37	72	14.01	76	14.29
黑色金属冶炼和压延加工业	3	0.69	2	0.41	2	0.39	2	0.38
有色金属冶炼和压延加工业	13	2.99	29	5.95	17	3.31	25	4.70
金属制品业	26	5.98	26	5.34	33	6.42	31	5.83
通用设备制造业	6	1.38	6	1.23	6	1.17	7	1.32
专用设备制造业	6	1.38	4	0.82	9	1.75	8	1.50
汽车制造业	10	2.30	14	2.87	16	3.11	17	3.20
铁路、船舶、航空航天和其他运输设备制造业	2	0.46	2	0.41	2	0.39	2	0.38
电气机械和器材制造业	15	3.45	21	4.31	23	4.47	21	3.95
计算机、通信和其他电子设备制造业	2	0.46	6	1.23	8	1.56	10	1.88
其他制造业	1	0.23	3	0.62	4	0.78	5	0.94
废弃资源综合利用业	1	0.23	1	0.21	1	0.19	1	0.19
金属制品、机械和设备修理业	2	0.46	2	0.41	2	0.39	2	0.38
电力、热力生产和供应业	3	0.69	2	0.41	1	0.19	1	0.19
合计	435	100.00	487	100.00	514	100.00	532	100.00

2010～2013 年 55%以上的重点调查企业分布在化学原料和化学制品制造业、非金属矿物制品业、医药制造业、农副食品加工业、金属制品业、食品制造业 6 个行业。

三、流 域 分 布

重点调查企业废水主要流入赣江、抚河、信江、饶河、修河、博阳河、潼津河、直排鄱阳湖。2010～2013 年，废水流入赣江流域的企业数占比均最高，具体分布情况见表 3-4-3。

表 3-4-3　临湖区重点调查企业废水排入流域分布情况

受纳水体	2010 年		2011 年		2012 年		2013 年	
	企业数（家）	比例（%）	企业数（家）	比例（%）	企业数（家）	比例（%）	企业数（家）	比例（%）
赣江	140	32.18	149	30.60	170	33.07	177	33.27
抚河	63	14.48	57	11.70	91	17.70	93	17.48
信江	3	0.69	5	1.03	6	1.17	6	1.13
饶河	90	20.69	98	20.12	100	19.46	98	18.42
修河	33	7.59	45	9.24	48	9.34	55	10.34
博阳河	38	8.74	33	6.78	29	5.64	27	5.08
潼津河	8	1.84	7	1.44	8	1.56	8	1.50
直排鄱阳湖	60	13.79	93	19.10	62	12.06	68	12.78
共计	435	100.00	487	100.00	514	100.00	532	100.00

2010～2013 年，重点调查企业废水流入赣江的企业数占重点调查企业总数的比率分别为 32.18%、30.60%、33.07%和 33.27%，流入饶河的企业数占重点调查企业总数的比率分别为 20.69%、20.12%、19.46%和 18.42%。

四、企业废水治理情况

2010～2013 年，临湖区拥有废水治理设施的重点调查企业主要集中在南昌和九江两市，无论是拥有设施数量及处理能力，还是运行费用和处理量均占其中绝大部分，剩余 3 个设区市逐年略有增长，但是所占比例不大。临湖区重点调查企业废水治理情况见表 3-4-4。

表 3-4-4　临湖区重点调查企业废水治理情况

设区市名称	年份	企业数（家）	废水治理设施数（套）	废水治理设施处理能力（t/d）	废水治理设施运行费用（万元）	工业废水处理量（万 t）
南昌市	2010	127	197	707 656	12 770	15 792
	2011	140	199	584 563	13 833	14 484
	2012	162	222	664 719	15 574	16 221
	2013	166	240	664 994	14 092	14 081
景德镇市	2010	33	46	82 839	3 117	2 387
	2011	58	84	68 762	4 076	2 671
	2012	61	72	96 535	8 755	2 256
	2013	58	72	243 570	7 872	3 181

续表

设区市名称	年份	企业数（家）	废水治理设施数（套）	废水治理设施处理能力（t/d）	废水治理设施运行费用（万元）	工业废水处理量（万 t）
九江市	2010	38	45	106 452	2 878	1 746
	2011	47	81	159 578	4 114	2 504
	2012	45	81	137 766	5 237	2 572
	2013	43	79	142 086	5 881	2 679
宜春市	2010	4	7	2 047	226	41
	2011	7	9	1 330	71	108
	2012	9	11	1 744	154	41
	2013	9	11	1 744	150	40
上饶市	2010	6	13	5 450	236	64
	2011	14	17	8 782	486	111
	2012	21	25	15 235	845	242
	2013	21	25	15 235	1 198	182
合计	2010	208	308	904 444	19 227	20 030
	2011	266	390	823 015	22 580	19 878
	2012	298	411	915 999	30 565	21 332
	2013	297	427	1 067 629	29 193	20 163

2010～2012 年，临湖区拥有废水治理设施的重点调查企业数逐年增加，2013 年与 2012 年基本持平。2010～2013 年，废水治理设施数逐年增加。废水治理设施处理能力除 2011 年下降外，后三年逐年增长，以 2010 年为基准比较，2013 年也呈增长趋势。2010～2012 年，废水治理设施运行费用逐年增长，2013 年较 2012 年略有下降。工业废水处理量有增有减。

第二节　重点工业企业主要污染物排放状况

一、废水量排放状况

1. 区域分布

2010～2013 年，重点调查企业废水排放量分别为 13 994 万 t、15 253 万 t、17 252 万 t、17 933 万 t。工业废水排放量从大到小依次为南昌市、九江市、景德镇市、宜春市和上饶市；临湖区 23 个县（区、市）中，南昌市青山湖区工业废水排放量最大，贡献率范围为 41.46%～47.64%，其次是景德镇市乐平市、庐山区。临湖区重点调查企业废水排放区域分布情况见表 3-4-5。

表 3-4-5　临湖区重点调查企业废水排放区域分布情况

设区市名称	县区名称	2010 年		2011 年		2012 年		2013 年	
		排放量（t）	贡献率（%）	排放量（t）	贡献率（%）	排放量（t）	贡献率（%）	排放量（t）	贡献率（%）
南昌市	东湖区	0	0.00	0	0.00	0	0.00	0	0.00
	西湖区	0	0.00	0	0.00	0	0.00	0	0.00
	青云谱区	4 613 340	3.30	4 815 105	3.16	5 991 110	3.47	4 701 838	2.62
	湾里区	577 617	0.41	904 343	0.59	970 912	0.56	917 250	0.51
	青山湖区	58 022 786	41.46	71 273 165	46.73	82 195 653	47.64	81 955 994	45.70
	南昌县	5 815 571	4.16	6 571 790	4.31	8 646 098	5.01	6 916 193	3.86
	新建县	1 029 928	0.74	1 306 865	0.86	1 857 635	1.08	1 676 056	0.93
	安义县	2 605 059	1.86	3 290 940	2.16	3 055 904	1.77	3 124 400	1.74
	进贤县	1 326 357	0.95	1 121 612	0.74	1 059 144	0.61	1 142 629	0.64
	合计	73 990 658	52.87	89 283 820	58.53	103 776 456	60.15	100 434 360	56.01
景德镇市	昌江区	5 798 982	4.14	6 456 005	4.23	6 753 357	3.91	9 961 873	5.56
	乐平市	23 992 441	17.14	18 536 148	12.15	20 047 031	11.62	28 564 285	15.93
	合计	29 791 423	21.29	24 992 153	16.38	26 800 388	15.53	38 526 158	21.48
九江市	庐山区	16 590 505	11.86	14 668 556	9.62	17 073 376	9.90	17 001 916	9.48
	九江县	0	0.00	0	0.00	0	0.00	0	0.00
	永修县	5 964 129	4.26	9 134 295	5.99	9 519 090	5.52	10 517 448	5.86
	德安县	1 921 353	1.37	2 533 300	1.66	2 141 142	1.24	1 885 440	1.05
	星子县	1 973 164	1.41	1 918 860	1.26	864 402	0.50	945 987	0.53
	都昌县	2 320 518	1.66	2 782 911	1.82	3 080 121	1.79	3 383 870	1.89
	湖口县	259 329	0.19	135 042	0.09	0	0	0	0
	共青城市	229 148	0.16	163 473	0.11	1 639 050	0.95	351 550	0.20
	合计	29 258 146	20.91	31 336 437	20.54	34 317 181	19.89	34 086 211	19.01
宜春市	丰城市	3 644 548	2.60	3 653 111	2.39	3 010 298	1.74	2 872 271	1.60
	合计	3 644 548	2.60	3 653 111	2.39	3 010 298	1.74	2 872 271	1.60
上饶市	余干县	101 818	0.07	123 510	0.08	1 309 310	0.76	523 922	0.29
	鄱阳县	2 399 693	1.71	1 895 589	1.24	2 098 850	1.22	1 645 110	0.92
	万年县	752 718	0.54	1 246 866	0.82	1 206 816	0.70	1 240 976	0.69
	合计	3 254 229	2.33	3 265 965	2.14	4 614 976	2.68	3 410 008	1.90
总计		139 939 004	100.00	152 531 486	100.00	172 519 299	100.00	179 329 008	100.00

2. 流域分布

2010～2013 年，赣江受纳工业废水排放量最大，贡献率为 48.44%～54.03%，在 2012 年受纳量最大，为 9 235 万 t；其次是饶河，贡献率为 17.28%～23.04%，在 2013 年受纳量最大，为 4 111 万 t。临湖区重点调查企业废水排放流域分布情况见表 3-4-6。

表 3-4-6 临湖区重点调查企业废水排放流域分布情况

受纳水体	2010 年		2011 年		2012 年		2013 年	
	排放量（t）	贡献率（%）	排放量（t）	贡献率（%）	排放量（t）	贡献率（%）	排放量（t）	贡献率（%）
赣江	67 787 453	48.44	82 407 748	54.03	92 353 881	53.53	90 852 482	50.66
抚河	6 812 770	4.87	5 703 757	3.74	9 452 292	5.48	7 533 169	4.20
信江	101 818	0.07	123 510	0.08	1 309 310	0.76	523 922	0.29
饶河	32 240 201	23.04	27 865 078	18.27	29 807 155	17.28	41 113 345	22.93
修河	8 718 467	6.23	12 960 228	8.50	13 700 020	7.94	14 562 644	8.12
博阳河	2 150 501	1.54	2 696 773	1.77	3 780 192	2.19	2 236 990	1.25
潼津河	703 633	0.50	269 530	0.18	298 899	0.17	298 899	0.17
直排鄱阳湖	21 424 161	15.31	20 504 862	13.44	21 817 550	12.65	22 207 557	12.38
合计	139 939 004	100.00	152 531 486	100.00	172 519 299	100.00	179 329 008	100.00

3. 行业分布

2010～2013 年在重点调查企业的 33 个行业中，造纸及纸制品业工业废水排放量最大，贡献率为 28.90%～36.74%，在 2013 年排放量最大，为 6 530 万 t；其次是化学原料和化学制品制造业，贡献率为 17.05%～24.52%，在 2010 年排放量最大，为 3 432 万 t。临湖区重点调查企业废水排放行业分布情况见表 3-4-7。

表 3-4-7 临湖区重点调查企业废水排放行业分布情况

行业名称	2010 年		2011 年		2012 年		2013 年	
	排放量（t）	贡献率（%）	排放量（t）	贡献率（%）	排放量（t）	贡献率（%）	排放量（t）	贡献率（%）
煤炭开采和洗选业	3 734 276	2.67	2 149 240	1.41	3 826 256	2.22	7 353 675	4.10
有色金属矿采选业	1 363 923	0.97	1 256 865	0.82	918 860	0.53	927 860	0.52
非金属矿采选业	81 450	0.06	47 392	0.03	25 012	0.01	25 000	0.01
农副食品加工业	1 914 086	1.37	1 741 499	1.14	3 581 313	2.08	3 434 329	1.92
食品制造业	970 979	0.69	792 660	0.52	895 745	0.52	869 421	0.48
酒、饮料和精制茶制造业	3 768 405	2.69	5 298 578	3.47	8 930 994	5.18	2 714 160	1.51
烟草制品业	91 095	0.07	114 990	0.08	114 990	0.07	222 960	0.12
纺织业	7 460 069	5.33	6 954 472	4.56	6 705 850	3.89	5 790 842	3.23
纺织服装、服饰业	241 451	0.17	285 700	0.19	293 600	0.17	295 600	0.16
皮革、毛皮、羽毛及其制品和制鞋业	435 402	0.31	619 272	0.41	721 750	0.42	1 000 284	0.56
木材加工和木、竹、藤、棕、草制品业	11 380	0.01	27 000	0.02	54 300	0.03	54 300	0.03

续表

行业名称	2010年		2011年		2012年		2013年	
	排放量（t）	贡献率（%）	排放量（t）	贡献率（%）	排放量（t）	贡献率（%）	排放量（t）	贡献率（%）
造纸和纸制品业	40 448 672	28.90	55 450 581	36.35	63 377 929	36.74	65 303 180	36.42
印刷和记录媒介复制业	170 027	0.12	175 200	0.11	172 200	0.10	219 600	0.12
文教、工美、体育和娱乐用品制造业	692 113	0.49	107 036	0.07	109 836	0.06	192 440	0.11
石油加工、炼焦和核燃料加工业	3 888 000	2.78	3 888 000	2.55	3 008 000	1.74	7 051 690	3.93
化学原料和化学制品制造业	34 317 687	24.52	32 738 715	21.46	30 993 313	17.97	30 569 968	17.05
医药制造业	6 352 913	4.54	6 887 166	4.52	6 873 493	3.98	9 781 075	5.45
化学纤维制造业	16 768 650	11.98	14 652 776	9.61	17 290 826	10.02	17 212 616	9.60
橡胶和塑料制品业	540 561	0.39	514 572	0.34	912 768	0.53	817 400	0.46
非金属矿物制品业	3 986 713	2.85	4 696 927	3.08	6 001 079	3.48	6 700 435	3.74
黑色金属冶炼和压延加工业	6 083 924	4.35	5 330 282	3.49	8 463 135	4.91	8 600 137	4.80
有色金属冶炼和压延加工业	437 754	0.31	2 227 550	1.46	1 756 789	1.02	2 190 926	1.22
金属制品业	1 573 515	1.12	609 323	0.40	1 185 462	0.69	1 023 358	0.57
通用设备制造业	483 049	0.35	413 417	0.27	501 592	0.29	494 474	0.28
专用设备制造业	58 361	0.04	88 851	0.06	179 897	0.10	156 740	0.09
汽车制造业	1 913 123	1.37	2 339 154	1.53	2 200 650	1.28	2 305 623	1.29
铁路、船舶、航空航天和其他运输设备制造业	1 231 341	0.88	1 293 333	0.85	1 174 541	0.68	1 070 651	0.60
电气机械和器材制造业	189 994	0.14	734 079	0.48	1 001 571	0.58	1 259 421	0.70
计算机、通信和其他电子设备制造业	266 200	0.19	656 572	0.43	769 920	0.45	1 249 978	0.70
其他制造业	15 984	0.01	104 001	0.07	181 505	0.11	167 151	0.09
废弃资源综合利用业	68 750	0.05	87 500	0.06	87 500	0.05	87 500	0.05
金属制品、机械和设备修理业	238 609	0.17	204 559	0.13	204 973	0.12	182 564	0.10
电力、热力生产和供应业	140 548	0.10	44 224	0.03	3 650	0.00	3 650	0.00
合计	139 939 004	100.00	152 531 486	100.00	172 519 299	100.00	179 329 008	100.00

二、COD 排放状况

1. 区域分布

2010～2013 年，临湖区重点调查企业 COD 排放量分别为 23 592 t、22 756 t、21 317 t、

21 836 t。5 个设区市中，COD 排放量从大到小依次为南昌市、景德镇市、九江市、上饶市、宜春市。南昌市以青山湖区排放量最大，景德镇市以乐平市排放量最大，九江市以庐山区排放量最大，上饶市以鄱阳县排放量最大。临湖区的 23 个县（区、市）中，青山湖区工业废水 COD 排放量最大，贡献率为 22.8%～31.33%，在 2010 年排放量最大，为 7 392 t。临湖区重点调查企业 COD 排放区域分布情况见表 3-4-8。

表 3-4-8　临湖区重点调查企业 COD 排放区域分布情况

设区市名称	县区名称	2010 年		2011 年		2012 年		2013 年	
		排放量（t）	贡献率（%）	排放量（t）	贡献率（%）	排放量（t）	贡献率（%）	排放量（t）	贡献率（%）
南昌市	东湖区	0	0.00	0	0.00	0	0.00	0	0.00
	西湖区	0	0.00	0	0.00	0	0.00	0	0.00
	青云谱区	807	3.42	822	3.61	811	3.80	967	4.43
	湾里区	273	1.16	274	1.20	281	1.32	348	1.59
	青山湖区	7 392	31.33	5 534	24.32	4 857	22.78	5 200	23.81
	南昌县	1 606	6.81	1 475	6.48	1 964	9.21	1 976	9.05
	新建县	857	3.63	666	2.93	612	2.87	705	3.23
	安义县	468	1.98	595	2.61	519	2.43	801	3.67
	进贤县	863	3.66	892	3.92	784	3.69	876	4.01
	合计	12 266	51.99	10 258	45.07	9 828	46.10	10 873	49.79
景德镇市	昌江区	1 494	6.33	1 925	8.46	1 679	7.88	2 032	9.31
	乐平市	3 451	14.63	3 477	15.28	3 074	14.42	3 197	14.64
	合计	4 945	20.96	5 402	23.74	4 753	22.30	5 229	23.95
九江市	庐山区	2 054	8.71	1 998	8.78	2 048	9.61	1 704	7.80
	九江县	0	0.00	0	0.00	0	0.00	0	0.00
	永修县	506	2.14	691	3.04	673	3.16	717	3.29
	德安县	238	1.01	302	1.33	270	1.27	265	1.21
	星子县	60	0.25	59	0.26	60	0.28	63	0.29
	都昌县	232	0.98	844	3.71	787	3.69	770	3.53
	湖口县	19	0.08	2	0.01	0	0.00	0	0.00
	共青城市	257	1.09	269	1.18	263	1.23	29	0.13
	合计	3 366	14.26	4 165	18.31	4 101	19.24	3 548	16.25
宜春市	丰城市	469	1.99	471	2.07	476	2.23	466	2.13
	合计	469	1.99	471	2.07	476	2.23	466	2.13
上饶市	余干县	46	0.19	50	0.22	311	1.46	147	0.67
	鄱阳县	1 686	7.15	1 521	6.68	1 392	6.53	1 266	5.80
	万年县	814	3.45	889	3.91	456	2.14	307	1.41
	合计	2 546	10.79	2 460	10.81	2 159	10.13	1 720	7.88
总计		23 592	100.00	22 756	100.00	21 317	100.00	21 836	100.00

2. 流域分布

2010～2013 年临湖区以赣江和饶河受纳重点调查企业 COD 负荷较大，赣江贡献率为 31.36%～41.93%，在 2010 年受纳量最大，为 9 893 t；饶河贡献率为 30.11%～34.06%，在 2011 年受纳量最大，为 7 750 t。临湖区重点调查企业 COD 排放流域分布情况见表 3-4-9。

表 3-4-9　临湖区重点调查企业 COD 排放流域分布情况

受纳水体	2010 年		2011 年		2012 年		2013 年	
	排放量（t）	贡献率（%）	排放量（t）	贡献率（%）	排放量（t）	贡献率（%）	排放量（t）	贡献率（%）
赣江	9 893	41.93	7 719	33.92	6 685	31.36	7 389	33.84
抚河	2 003	8.49	1 633	7.18	2 371	11.12	2 345	10.74
信江	46	0.19	50	0.22	311	1.46	147	0.67
饶河	7 103	30.11	7 750	34.06	6 489	30.44	6 690	30.64
修河	1 183	5.01	1 444	6.35	1 497	7.02	1 828	8.37
博阳河	495	2.10	571	2.51	533	2.50	294	1.35
潼津河	342	1.45	62	0.27	112	0.53	112	0.51
直排鄱阳湖	2 527	10.71	3 527	15.50	3 319	15.57	3 031	13.88
合计	23 592	100.00	22 756	100.00	21 317	100.00	21 836	100.00

3. 行业分布

2010～2013 年在重点调查企业的 33 个行业中，COD 排放量较大的行业依次为化学原料和化学制品制造业、医药制造业和纺织业。化学原料和化学制品制造业 COD 排放量最大，贡献率范围为 24.43%～27.39%，在 2012 年排放量最大，为 5 838 t；医药制造业贡献率范围为 8.03%～12.53%；纺织业贡献率范围为 8.89%～14.62%。临湖区重点调查企业 COD 排放行业分布情况见表 3-4-10。

表 3-4-10　临湖区重点调查企业 COD 排放行业分布情况

行业名称	2010 年		2011 年		2012 年		2013 年	
	排放量（t）	贡献率（%）	排放量（t）	贡献率（%）	排放量（t）	贡献率（%）	排放量（t）	贡献率（%）
煤炭开采和洗选业	312	1.32	427	1.88	409	1.92	309	1.42
有色金属矿采选业	72	0.31	129	0.57	142	0.67	143	0.65
非金属矿采选业	10	0.04	8	0.04	6	0.03	6	0.03

续表

行业名称	2010年		2011年		2012年		2013年	
	排放量（t）	贡献率（%）	排放量（t）	贡献率（%）	排放量（t）	贡献率（%）	排放量（t）	贡献率（%）
农副食品加工业	1 576	6.68	1 541	6.77	1 815	8.51	1 948	8.92
食品制造业	1 001	4.24	907	3.99	398	1.87	256	1.17
酒、饮料和精制茶制造业	1 525	6.46	1 542	6.78	1 332	6.25	1 209	5.54
烟草制品业	8	0.03	9	0.04	9	0.04	9	0.04
纺织业	3 450	14.62	2 024	8.89	1 902	8.92	1 997	9.15
纺织服装、服饰业	70	0.30	82	0.36	84	0.39	122	0.56
皮革、毛皮、羽毛及其制品和制鞋业	180	0.76	264	1.16	195	0.91	223	1.02
木材加工和木、竹、藤、棕、草制品业	22	0.09	17	0.07	17	0.08	17	0.08
造纸和纸制品业	2 239	9.49	2 286	10.05	2 434	11.42	2 165	9.91
印刷和记录媒介复制业	7	0.03	17	0.07	40	0.19	64	0.29
文教、工美、体育和娱乐用品制造业	323	1.37	4	0.02	7	0.03	7	0.03
石油加工、炼焦和核燃料加工业	619	2.62	819	3.60	819	3.84	1 410	6.46
化学原料和化学制品制造业	5 763	24.43	5 716	25.12	5 838	27.39	5 608	25.68
医药制造业	2 722	11.54	2 851	12.53	1 711	8.03	2 027	9.28
化学纤维制造业	2 063	8.74	1 996	8.77	2 069	9.71	1 725	7.90
橡胶和塑料制品业	27	0.11	46	0.20	32	0.15	30	0.14
非金属矿物制品业	196	0.83	351	1.54	353	1.66	504	2.31
黑色金属冶炼和压延加工业	310	1.31	487	2.14	515	2.42	515	2.36
有色金属冶炼和压延加工业	15	0.06	174	0.76	154	0.72	412	1.89
金属制品业	222	0.94	59	0.26	101	0.47	85	0.39
通用设备制造业	61	0.26	62	0.27	94	0.44	120	0.55
专用设备制造业	10	0.04	15	0.07	30	0.14	29	0.13
汽车制造业	636	2.70	528	2.32	475	2.23	550	2.52
铁路、船舶、航空航天和其他运输设备制造业	52	0.22	87	0.38	78	0.37	78	0.36
电气机械和器材制造业	68	0.29	230	1.01	144	0.68	151	0.69
计算机、通信和其他电子设备制造业	7	0.03	53	0.23	85	0.40	90	0.41
其他制造业	1	0	7	0.03	13	0.06	14	0.06
废弃资源综合利用业	3	0.01	4	0.02	4	0.02	4	0.02
金属制品、机械和设备修理业	16	0.07	12	0.05	11	0.05	8	0.04
电力、热力生产和供应业	6	0.03	2	0.01	1	0.00	1	0.00
合计	23 592	100.00	22 756	100.00	21 317	100.00	21 836	100.00

三、NH_3-N 排放状况

1. 区域分布

2010～2013 年，重点调查企业 NH_3-N 排放量分别为 2 398.4 t、2 300.5 t、2 208.3 t、2 403.8 t，排放量从大到小依次为南昌市、景德镇市、九江市、上饶市和宜春市；南昌市青山湖区排放量最大，景德镇市乐平市排放量最大，九江市庐山区排放量最大，上饶市鄱阳县排放量最大。23 个县（区、市）中，南昌市青山湖区 NH_3-N 排放量最大，贡献率范围为 52.49%～55.41%，在 2010 年排放量最大，为 1 328.9 t；其次是景德镇市昌江区和乐平市、九江市庐山区。临湖区重点调查企业 NH_3-N 排放区域分布情况见表 3-4-11。

表 3-4-11 临湖区重点调查企业 NH_3-N 排放区域分布情况

设区市名称	县区名称	2010 年		2011 年		2012 年		2013 年	
		排放量（t）	贡献率（%）	排放量（t）	贡献率（%）	排放量（t）	贡献率（%）	排放量（t）	贡献率（%）
南昌市	东湖区	0.0	0.00	0.0	0.00	0.0	0.00	0.0	0.00
	西湖区	0.0	0.00	0.0	0.00	0.0	0.00	0.0	0.00
	青云谱区	14.3	0.60	13.3	0.58	35.3	1.60	60.2	2.51
	湾里区	0.0	0.00	0.0	0.00	0.4	0.02	3.2	0.13
	青山湖区	1 328.9	55.41	1 270.9	55.25	1 220.5	55.27	1 261.8	52.49
	南昌县	38.7	1.61	59.0	2.56	63.2	2.86	123.9	5.15
	新建县	17.6	0.73	26.9	1.17	28.8	1.30	35.5	1.48
	安义县	2.1	0.09	8.0	0.35	6.4	0.29	24.4	1.02
	进贤县	20.7	0.86	23.4	1.02	24.0	1.09	39.9	1.66
	合计	1 422.3	59.30	1 401.5	60.93	1 378.6	62.43	1 548.9	64.44
景德镇市	昌江区	231.7	9.66	263.3	11.45	186.8	8.46	230.7	9.60
	乐平市	453.8	18.92	306.0	13.30	277.4	12.56	288.9	12.02
	合计	685.5	28.58	569.3	24.75	464.2	21.02	519.6	21.62
九江市	庐山区	198.3	8.27	196.8	8.55	208.8	9.46	208.9	8.69
	九江县	0.0	0.00	0.0	0.00	0.0	0.00	0.0	0.00
	永修县	6.0	0.25	33.5	1.46	35.5	1.61	33.5	1.39
	德安县	6.5	0.27	6.7	0.29	6.9	0.31	7.2	0.30
	星子县	1.1	0.05	0.8	0.03	0.8	0.04	1.8	0.07
	都昌县	2.9	0.12	0.8	0.03	0.9	0.04	1.3	0.05
	湖口县	1.8	0.07	0	0	0.0	0.00	0.0	0.00
	共青城市	11.5	0.48	15.9	0.69	17.2	0.78	2.4	0.10
	合计	228.1	9.51	254.5	11.06	270.1	12.24	255.1	10.60

续表

设区市名称	县区名称	2010年		2011年		2012年		2013年	
		排放量（t）	贡献率（%）	排放量（t）	贡献率（%）	排放量（t）	贡献率（%）	排放量（t）	贡献率（%）
宜春市	丰城市	6.5	0.27	6.4	0.28	9.3	0.42	9.1	0.38
	合计	6.5	0.27	6.4	0.28	9.3	0.42	9.1	0.38
上饶市	余干县	6.6	0.28	7.7	0.33	36.1	1.63	18.6	0.77
	鄱阳县	36.4	1.52	47.5	2.06	39.4	1.78	41.8	1.74
	万年县	13.0	0.54	13.6	0.59	10.6	0.48	10.7	0.45
	合计	56.0	2.34	68.8	2.98	86.1	3.89	71.1	2.96
总计		2 398.4	100.00	2 300.5	100.00	2 208.3	100.00	2 403.8	100.00

2. 流域分布

2010～2013年，以赣江受纳重点调查企业NH_3-N量最大，贡献率为56.32%～57.98%，在2010年受纳量最大，为1 377 t；其次是饶河，贡献率为23.25%～30.61%，在2010年受纳量最大，为734.2 t。临湖区重点调查企业NH_3-N排放流域分布情况见表3-4-12。

表3-4-12　临湖区重点调查企业NH_3-N排放流域分布情况

受纳水体	2010年		2011年		2012年		2013年	
	排放量（t）	贡献率（%）	排放量（t）	贡献率（%）	排放量（t）	贡献率（%）	排放量（t）	贡献率（%）
赣江	1 377.0	57.41	1 321.8	57.46	1 280.4	57.98	1 353.8	56.32
抚河	47.2	1.97	53.1	2.31	69.1	3.13	131.2	5.46
信江	6.6	0.28	7.7	0.33	36.1	1.63	18.6	0.77
饶河	734.2	30.61	629.7	27.37	513.5	23.25	571.4	23.77
修河	9.2	0.38	45.4	1.97	53.1	2.40	74.4	3.10
博阳河	18.0	0.75	22.6	0.98	24.1	1.09	9.6	0.40
潼津河	0.7	0.03	0.7	0.03	0.7	0.03	0.7	0.03
直排鄱阳湖	205.5	8.57	219.5	9.54	231.3	10.47	244.1	10.15
合计	2 398.4	100.00	2 300.5	100.00	2 208.3	100.00	2 403.8	100.00

3. 行业分布

2010～2013年，在临湖区重点调查企业的33个行业中，NH_3-N排放量较大的行业依次为化学原料和化学制品制造业、化学纤维制造业、石油加工炼焦和核燃料加工业、医药制造业。NH_3-N排放量最大的化学原料和化学制品制造业的贡献率为56.38%～66.92%，化学纤维制造业贡献率为8.27%～9.71%。临湖区重点调查企业NH_3-N排放行业分布情况见表3-4-13。

表 3-4-13　临湖区重点调查企业 NH_3-N 排放行业分布情况

行业名称	2010 年		2011 年		2012 年		2013 年	
	排放量（t）	贡献率（%）	排放量（t）	贡献率（%）	排放量（t）	贡献率（%）	排放量（t）	贡献率（%）
煤炭开采和洗选业	1.3	0.05	18	0.78	20.7	0.94	19.6	0.82
有色金属矿采选业	0.7	0.03	0.2	0.01	2.9	0.13	2.9	0.12
非金属矿采选业	1.4	0.06	1.2	0.05	0.8	0.04	0.8	0.03
农副食品加工业	35.6	1.48	62.7	2.73	67.7	3.07	118	4.91
食品制造业	18.7	0.78	13	0.57	12.4	0.56	8.6	0.36
酒、饮料和精制茶制造业	62.4	2.60	47.9	2.08	30.4	1.38	37.5	1.56
烟草制品业	0.0	0.00	0.0	0.00	0.0	0.00	0.2	0.01
纺织业	76.6	3.19	69.6	3.03	70.9	3.21	74.7	3.11
纺织服装、服饰业	9.1	0.38	11.3	0.49	11.8	0.53	11.9	0.50
皮革、毛皮、羽毛及其制品和制鞋业	9.5	0.40	20.3	0.88	20.7	0.94	25.9	1.08
木材加工和木竹藤棕草制品业	0.0	0.00	0.0	0.00	0.0	0.00	0.6	0.02
造纸和纸制品业	57.1	2.38	47.4	2.06	58.4	2.64	51.2	2.13
印刷和记录媒介复制业	0.1	0.00	0.1	0.00	1.1	0.05	2.1	0.09
文教、工美、体育和娱乐用品制造业	21.6	0.90	0.2	0.01	0.6	0.03	0.6	0.02
石油加工炼焦和核燃料加工业	87.8	3.66	107.8	4.69	107.8	4.88	158.6	6.60
化学原料和化学制品制造业	1 605.1	66.92	1 491.4	64.83	1 400.5	63.42	1 355.2	56.38
医药制造业	146.8	6.12	128.4	5.58	90.8	4.11	152.4	6.34
化学纤维制造业	198.3	8.27	196.8	8.56	214.5	9.71	214.5	8.92
橡胶和塑料制品业	1.0	0.04	2.8	0.12	2.5	0.11	2.4	0.10
非金属矿物制品业	1.5	0.06	10.3	0.45	9.0	0.41	35.4	1.47
黑色金属冶炼和压延加工业	41.5	1.73	34.9	1.52	12.9	0.58	19.7	0.82
有色金属冶炼和压延加工业	5.3	0.22	9.0	0.39	8.7	0.39	34.1	1.42
金属制品业	0.9	0.04	0.3	0.01	0.8	0.04	2.6	0.11
通用设备制造业	0.3	0.01	0.8	0.03	2.0	0.09	4.7	0.20
专用设备制造业	0.5	0.02	0.0	0.00	1.9	0.09	1.7	0.07
汽车制造业	0.0	0.00	0.5	0.02	9.4	0.43	16.8	0.70
铁路、船舶、航空航天和其他运输设备制造业	9.3	0.39	10.4	0.45	27.9	1.26	29.5	1.23
电气机械和器材制造业	3.2	0.13	7.6	0.33	10.7	0.48	11.4	0.47
计算机、通信和其他电子设备制造业	2.1	0.09	7.6	0.33	10.5	0.48	10	0.42
其他制造业	0.0	0.00	0.0	0.00	0.0	0.00	0.2	0.01
废弃资源综合利用业	0.0	0.00	0.0	0.00	0.0	0.00	0.0	0.00
金属制品、机械和设备修理业	0.0	0.00	0.0	0.00	0.0	0.00	0.0	0.00
电力、热力生产和供应业	0.7	0.03	0.0	0.00	0.0	0.00	0.0	0.00
总计	2 398.4	100.00	2 300.5	100.00	2 208.3	100.00	2 403.8	100.00

四、TP 排放状况

根据 2014 年国控重点污染源监督性监测结果，推算出各行业的 TP 排污系数，结合环境统计调查的企业产品产量，核算出工业废水 TP 排放量。2014 年，临湖区重点调查企业 TP 排放有 19 个行业的 469 家，TP 排放量为 167 720 kg。

1. 区域分布

2014 年，重点调查企业 TP 排放量从大到小依次为南昌市、景德镇市、九江市、上饶市和宜春市；南昌市青山湖区排放量最大，景德镇市乐平市排放量最大，九江市星子县排放量最大，上饶市万年县排放量最大。23 个县（区、市）中，南昌市青山湖区 TP 排放量最大，为 44 288 kg，贡献率为 26.41%。2014 年临湖区重点调查企业 TP 排放区域分布情况见表 3-4-14。

表 3-4-14　2014 年临湖区重点调查企业 TP 排放区域分布情况

设区市名称	县区名称	排放量（kg）	贡献率（%）
南昌市	东湖区	0	0.00
	西湖区	0	0.00
	青云谱区	32 154	19.17
	湾里区	3 243	1.93
	青山湖区	44 288	26.41
	南昌县	12 818	7.64
	新建县	29 766	17.75
	安义县	777	0.46
	进贤县	9 592	5.72
	合计	132 638	79.08
景德镇市	昌江区	6 043	3.60
	乐平市	7 951	4.74
	合计	13 994	8.34
九江市	庐山区	1 104	0.66
	九江县	0	0.00
	永修县	2 066	1.23
	德安县	2 401	1.43
	星子县	3 151	1.88
	都昌县	23	0.01
	湖口县	0	0.00
	共青城市	497	0.30
	合计	9 242	5.51

续表

设区市名称	县区名称	排放量（kg）	贡献率（%）
宜春市	丰城市	5 287	3.15
	合计	5 287	3.15
上饶市	余干县	863	0.51
	鄱阳县	2 458	1.47
	万年县	3 238	1.93
	合计	6 559	3.91
合计		167 720	100.00

2. 流域分布

2014 年，以赣江和饶河受纳重点调查企业 TP 排放量较大，赣江为 106 095 kg，贡献率为 63.26%；饶河为 19 121 kg，贡献率为 11.40%。2014 年临湖区重点调查企业 TP 排放流域分布情况见表 3-4-15。

表 3-4-15　2014 年临湖区重点调查企业 TP 排放流域分布情况

受纳水体	排放量（kg）	贡献率（%）
博阳河	2 898	1.73
抚河	15 956	9.51
赣江	106 095	63.26
饶河	19 121	11.40
潼津河	569	0.34
信江	863	0.51
修河	10 946	6.53
直排鄱阳湖	11 272	6.72
总计	167 720	100.00

3. 行业分布

2014 年，重点调查的 19 个行业中，食品制造业 TP 排放量最大，为 73 790 kg，贡献率为 44.00%；其次是电气机械及器材制造业，为 30 574 kg，贡献率为 18.23%。2014 年临湖区重点调查企业 TP 排放行业分布情况见表 3-4-16。

表 3-4-16　2014 年临湖区重点调查企业 TP 排放行业分布情况

行业名称	排放量（kg）	贡献率（%）
有色金属矿采选业	178	0.11
非金属矿采选业	10	0.01
农副食品加工业	11 785	7.03
食品制造业	73 790	44.00
饮料制造业	3 871	2.31
纺织业	1 403	0.84

续表

行业名称	排放量（kg）	贡献率（%）
纺织服装、鞋、帽制造业	118	0.07
木材加工及木、竹、藤、棕、草制品业	0	0.00
造纸及纸制品业	794	0.47
石油加工、炼焦及核燃料加工业	246	0.15
化学原料及化学制品制造业	11 799	7.03
医药制造业	29 571	17.63
化学纤维制造业	1 075	0.64
黑色金属冶炼及压延加工业	52	0.03
有色金属冶炼及压延加工业	816	0.49
金属制品业	6	0.00
通用设备制造业	1 603	0.96
交通运输设备制造业	29	0.02
电气机械及器材制造业	30 574	18.23
总计	167 720	100.00

五、TN 排放状况

根据 2014 年国控重点污染源监督性监测结果，推算出各行业的 TN 排污系数，结合环境统计调查的企业产品产量，核算出企业 TN 排放量。2014 年临湖区重点调查企业 TN 排放有 19 个行业的 449 家，工业 TN 排放量为 2 265.7 t。

1. 区域分布

2014 年，TN 排放量从大到小依次为南昌市、景德镇市、九江市、上饶市、宜春市；南昌市以青山湖区排放量最大，景德镇市以乐平市排放量最大，九江市以庐山区排放量最大，上饶市以鄱阳县排放量最大。临湖区的 23 个县（区、市）中，以南昌市青山湖区 TN 排放量 558 544 kg 为最大，贡献率为 24.65%。2014 年临湖区重点调查企业 TN 排放区域分布情况见表 3-4-17。

表 3-4-17 2014 年临湖区重点调查企业 TN 排放区域分布情况

设区市名称	县区名称	排放量（kg）	贡献率（%）
南昌市	东湖区	0	0.00
	西湖区	0	0.00
	青云谱区	128 704	5.68
	湾里区	74 468	3.29
	青山湖区	558 544	24.65
	南昌县	166 301	7.34
	新建县	238 575	10.53
	安义县	23 561	1.04
	进贤县	237 529	10.48
	合计	1 427 682	63.01

续表

设区市名称	县区名称	排放量（kg）	贡献率（%）
景德镇市	昌江区	159 321	7.03
	乐平市	215 026	9.49
	合计	374 347	16.52
九江市	庐山区	82 203	3.63
	九江县	0	0.00
	永修县	69 384	3.06
	德安县	70 132	3.10
	星子县	12 681	0.56
	都昌县	638	0.03
	湖口县	0	0.00
	共青城市	23 289	1.03
	合计	258 327	11.41
宜春市	丰城市	68 488	3.02
	合计	68 488	3.02
上饶市	余干县	19 945	0.88
	鄱阳县	78 288	3.46
	万年县	38 577	1.70
	合计	136 810	6.04
合计		2 265 654	100.00

2. 流域分布

2014 年，以赣江和饶河受纳重点调查企业 TN 排放量较大，赣江为 985 854 kg，贡献率为 43.51%；饶河为 468 961 kg，贡献率为 20.70%。2014 年临湖区重点调查企业 TN 排放流域分布情况见表 3-4-18。

表 3-4-18　2014 年临湖区重点调查企业 TN 排放流域分布情况

受纳水体	排放量（kg）	贡献率（%）
赣江	985 854	43.51
抚河	248 313	10.96
信江	19 925	0.88
饶河	468 961	20.70
修河	159 962	7.06
博阳河	93 421	4.12
潼津河	22 251	0.98
直排鄱阳湖	266 967	11.78
总计	2 265 654	100.00

3. 行业分布

2014 年在重点调查的 19 个行业中，医药制造业 TN 排放量最大，为 677 831 kg，贡献率为 29.92%；其次是化学原料及化学制品制造业，为 411 518 kg，贡献率为 18.16%。2014 年临湖区重点调查企业 TN 排放行业分布情况见表 3-4-19。

表 3-4-19　2014 年临湖区重点调查企业 TN 排放行业分布情况

行业名称	排放量（kg）	贡献率（%）
有色金属矿采选业	27 449	1.21
非金属矿采选业	132	0.01
农副食品加工业	339 430	14.98
食品制造业	278 214	12.28
饮料制造业	29 200	1.29
纺织业	22 708	1.00
纺织服装、鞋、帽制造业	1 698	0.07
木材加工及木、竹、藤、棕、草制品业	0	0.00
造纸及纸制品业	29 536	1.30
石油加工、炼焦及核燃料加工业	13 015	0.57
化学原料及化学制品制造业	411 518	18.16
医药制造业	677 831	29.92
化学纤维制造业	81 475	3.60
黑色金属冶炼及压延加工业	1 169	0.05
有色金属冶炼及压延加工业	40 756	1.80
金属制品业	0	0.00
通用设备制造业	37	0.00
交通运输设备制造业	0	0.00
电气机械及器材制造业	311 486	13.75
总计	2 265 654	100.00

第三节　重点工业企业主要污染物排放变化分析

一、废水量排放变化分析

2010～2013 年，临湖区重点调查企业废水排放总量分别为 13 994 万 t、15 262 万 t、17 252 万 t、17 933 万 t。4 年废水排放量逐年升高，2013 年与 2010 年相比，废水排放总量上升 28.2%。

1. 区域分布变化

在临湖区可比较的 20 个县（区、市）中，2011 年与 2010 年相比，有 13 个县（区、市）重点调查企业废水排放量上升、7个县（区、市）下降；2012年与2011年相比，有13县（区、市）废水排放量上升、7个县（区、市）下降；2013年与2012年相比，有8县（区、市）废水排放量上升、11个县（区、市）下降，1个县（区、市）无法比较；2013年与2010年相比，临湖区重点调查企业废水排放总量14个县（区、市）上升、6个县（区、市）下降。

2. 流域分布变化

与2010年相比，临湖区8条河流中，2011年有4条河流受纳的重点调查企业废水量上升，4条河流下降；2012年与2011年相比，所有河流受纳的废水量全部上升；2013年与2012年相比，有3条河流受纳废水量上升、5条河流下降或变化不大；2013年与2010年相比，有7条河流受纳废水量上升、1条河流下降。

3. 行业分布变化

在可比较的临湖区重点调查企业的33个行业中，2011年与2010年相比，有17个行业废水排放量上升、16个行业下降或无变化；2012年与2011年相比，有20个行业废水排放量上升、13个行业下降或无变化；2013年与2012年相比，有16个行业废水排放量上升、17个行业下降或无变化。2013年与2010年相比，有22个行业工业废水排放量上升、11个行业下降。

二、COD排放变化分析

2010～2013年，临湖区重点调查企业COD排放总量分别为23 592 t、22 756 t、21 317 t、21 836 t。2012年COD排放总量最低，2013年与2010年相比，COD排放总量下降7.44%。

1. 区域分布变化

在可比较的临湖区20个县（区、市）中，2011年与2010年相比，有13个县（区、市）重点调查企业COD排放量上升、7个县（区、市）下降；2012年与2011年相比，有6个县（区、市）COD排放量上升、14个县（区、市）下降；2013年与2012年相比，有11个县（区、市）COD排放量上升、8个县（区、市）下降、1个县（区、市）无法比较；2013年与2010年相比，有11个县（区、市）COD排放量上升、9个县（区、市）下降。

2. 流域分布变化

在临湖区8条河流中，2011年与2010年相比，有5条河流受纳的重点调查区域COD排放量上升、3条河流下降；2012年与2011年相比，有4条河流受纳COD排放量上升、4条河流下降；2013年与2012年相比，有3条河流受纳COD排放量上升、5条河流受纳量下降或无变化；2013年与2010年相比，有4条河流受纳COD排放量上升、4条河流下降。

3. 行业分布变化

在可比较的临湖区重点调查企业的33个行业中，2011年与2010年相比，有21个行业 COD 排放量上升、12 个行业下降；2012 年与 2011 年相比，有 15 个行业 COD 排放量上升、14 个行业下降、4 个行业无变化；2013 年与 2012 年相比，有 15 个行业 COD 排放量上升、10 个行业下降、8 个行业无变化；2013 年与 2010 年相比，有 18 个行业 COD 排放量上升、15 个行业下降。

三、NH_3-N 排放变化分析

2010～2013 年，临湖区重点调查企业 NH_3-N 排放量分别为 2 398.4 t、2 300.5 t、2 208.3 t、2 403.8 t。2012 年 NH_3-N 排放总量最低，2013 年与 2010 年相比，NH_3-N 排放总量上升 0.23%。

1. 区域分布变化

在可比较的临湖区 20 个县（区、市）中，2011 年与 2010 年相比，有 11 个县（区、市）重点调查企业 NH_3-N 排放量上升、8 个县（区、市）下降、4 个县（区、市）无变化；2012 年与 2011 年相比，有 11 个县（区、市）NH_3-N 排放量上升、6 个县（区、市）下降、2 个县（区、市）无变化；2013 年与 2012 年相比，有 15 个县（区、市）NH_3-N 排放量上升、5 个县（市、区）下降；2013 年与 2010 年相比，12 个县（区、市）NH_3-N 排放量上升、7 个县（区、市）下降、1 个县（区、市）无变化。

2. 流域分布变化

临湖区潼津河受纳 NH_3-N 排放量极小，基本无变化。在其余的 7 条河流中，2011 年与 2010 年相比、2012 年与 2011 年相比和 2013 年与 2012 相比均有 5 条河流受纳的重点调查区域 NH_3-N 排放量上升、2 条河流下降；2013 年与 2010 年相比，有 4 条河流受纳 NH_3-N 排放量上升、3 条河流下降。

3. 行业分布变化

在可比较的临湖区重点调查企业的 25 个行业中，2011 年与 2010 年相比，有 12 个行业 NH_3-N 排放量上升、13 个行业下降或无变化；2012 年与 2011 年相比，有 15 个行业 NH_3-N 排放量上升、9 个行业下降、1 个行业无变化；2013 年与 2012 年相比，有 15 个行业 NH_3-N 排放量上升、6 个行业下降、4 个行业无变化；2013 年与 2010 年相比，有 17 个行业 NH_3-N 排放量上升、8 个行业下降。

第四节　临湖区工业污染排放状况

一、工业废水排放量

2010～2013 年，临湖区工业废水排放量分别为 15 131 万 t、15 976 万 t、18 009 万 t 和 18 943 万 t，排放量由大到小的地区依次为南昌市、九江市、景德镇市、宜春市和上饶市，排放量较大的县（区、市）依次为青山湖区、乐平市和庐山区。临湖区工业废水排放量见表 3-4-20。

表 3-4-20　临湖区工业废水排放量

设区市名称	县区名称	2010年		2011年		2012年		2013年	
		排放量（万t）	贡献率（%）	排放量（万t）	贡献率（%）	排放量（万t）	贡献率（%）	排放量（万t）	贡献率（%）
南昌市	东湖区	0	0.00	0	0.00	0	0.00	0	0.00
	西湖区	0	0.00	0	0.00	0	0.00	0	0.00
	青云谱区	473	3.13	495	3.10	610	3.39	487	2.57
	湾里区	59	0.39	93	0.58	98	0.54	94	0.50
	青山湖区	6 167	40.76	7 326	45.86	8 494	47.17	8 489	44.81
	南昌县	652	4.31	676	4.23	888	4.93	714	3.77
	新建县	105	0.69	154	0.96	221	1.23	173	0.91
	安义县	266	1.76	337	2.11	315	1.75	320	1.69
	进贤县	135	0.89	116	0.73	122	0.68	132	0.70
	合计	7 857	51.93	9 197	57.57	10 748	59.68	10 409	54.95
景德镇市	昌江区	633	4.18	683	4.28	725	4.03	1 112	5.87
	乐平市	2 772	18.32	2 078	13.01	2 177	12.09	3 216	16.98
	合计	3 405	22.50	2 761	17.28	2 902	16.11	4 328	22.85
九江市	庐山区	1 755	11.60	1 512	9.46	1 739	9.66	1 733	9.15
	九江县	0	0.00	0	0.00	0	0.00	0	0.00
	永修县	648	4.28	942	5.90	969	5.38	1 068	5.64
	德安县	216	1.43	274	1.72	232	1.29	209	1.10
	星子县	201	1.33	203	1.27	92	0.51	100	0.53
	都昌县	251	1.66	297	1.86	330	1.83	360	1.90
	湖口县	28	0.19	14	0.09	0	0.00	0	0.00
	共青城市	23	0.15	17	0.11	164	0.91	36	0.19
	合计	3 122	20.63	3 259	20.40	3 526	19.58	3 506	18.51
宜春市	丰城市	410	2.71	396	2.48	334	1.85	323	1.71
	合计	410	2.71	396	2.48	334	1.85	323	1.71
上饶市	余干县	12	0.08	13	0.08	134	0.74	54	0.29
	鄱阳县	243	1.61	210	1.31	230	1.28	185	0.98
	万年县	82	0.54	140	0.88	135	0.75	138	0.73
	合计	337	2.23	363	2.27	499	2.77	377	1.99
合计		15 131	100	15 976	100	18 009	100	18 943	100

二、COD 排放量

2010～2013 年，临湖区工业 COD 排放量分别为 27 925 t、24 852 t、24 162 t 和 23 325 t，

排放量由大到小的地区依次为南昌市、景德镇市、九江市、上饶市和宜春市，排放量较大的县（区、市）依次为青山湖区、乐平市和昌江区。临湖区工业 COD 排放量见表 3-4-21。

表 3-4-21　临湖区工业 COD 排放量

设区市名称	县区名称	2010 年		2011 年		2012 年		2013 年	
		排放量（t）	贡献率（%）	排放量（t）	贡献率（%）	排放量（t）	贡献率（%）	排放量（t）	贡献率（%）
南昌市	东湖区	0	0.00	0	0.00	0	0.00	0	0.00
	西湖区	0	0.00	0	0.00	0	0.00	0	0.00
	青云谱区	922	3.30	907	3.65	887	3.67	1 002	4.30
	湾里区	349	1.25	302	1.22	305	1.26	355	1.52
	青山湖区	9 354	33.50	6 105	24.57	5 556	22.99	5 386	23.09
	南昌县	2 333	8.35	1 629	6.55	2 185	9.04	2 040	8.75
	新建县	1 040	3.72	735	2.96	701	2.90	729	3.13
	安义县	524	1.88	656	2.64	569	2.35	821	3.52
	进贤县	901	3.23	984	3.96	890	3.68	1 010	4.33
	合计	15 423	55.23	11 318	45.54	11 093	45.91	11 343	48.63
景德镇市	昌江区	1 750	6.27	2 199	8.85	1 949	8.07	2 268	9.72
	乐平市	4 068	14.57	3 835	15.43	3 686	15.26	3 600	15.43
	合计	5 818	20.83	6 034	24.28	5 635	23.32	5 868	25.16
九江市	庐山区	2 102	7.53	2 065	8.31	2 304	9.54	1 737	7.45
	九江县	0	0.00	0	0.00	0	0.00	0	0.00
	永修县	546	1.96	719	2.89	725	3.00	728	3.12
	德安县	271	0.97	326	1.31	302	1.25	294	1.26
	星子县	62	0.22	63	0.25	62	0.26	67	0.29
	都昌县	257	0.92	920	3.70	871	3.60	820	3.52
	湖口县	20	0.07	2	0.01	0	0.00	0	0.00
	共青城市	257	0.92	277	1.11	302	1.25	29	0.12
	合计	3 515	12.59	4 372	17.59	4 566	18.90	3 675	15.76
宜春市	丰城市	520	1.86	541	2.18	558	2.31	525	2.25
	合计	520	1.86	541	2.18	558	2.31	525	2.25
上饶市	余干县	50	0.18	53	0.21	321	1.33	152	0.65
	鄱阳县	1 707	6.11	1 623	6.53	1 490	6.17	1 420	6.09
	万年县	892	3.19	911	3.67	499	2.07	342	1.47
	合计	2 649	9.49	2 587	10.41	2 310	9.56	1 914	8.21
合计		27 925	100.00	24 852	100.00	24 162	100.00	23 325	100.00

三、NH_3-N 排放量

2010～2013 年，临湖区工业 NH_3-N 排放量分别为 2 606.9 t、2 484.0 t、2 457.1 t 和 2 515.9 t，排放量由大到小的地区依次为南昌市、景德镇市、九江市、上饶市和宜春市，排放量较大的县（区、市）依次为青山湖区、乐平市或昌江区。临湖区工业 NH_3-N 排放量见表 3-4-22。

表 3-4-22　临湖区工业 NH3-N 排放量

设区市名称	县区名称	2010 年		2011 年		2012 年		2013 年	
		排放量（t）	贡献率（%）	排放量（t）	贡献率（%）	排放量（t）	贡献率（%）	排放量（t）	贡献率（%）
南昌市	东湖区	0.0	0.00	0.0	0.00	0.0	0.00	0.0	0.00
	西湖区	0.0	0.00	0.0	0.00	0.0	0.00	0.0	0.00
	青云谱区	16.5	0.63	14	0.56	35.5	1.44	65.7	2.61
	湾里区	0.0	0.00	0.0	0.00	0.4	0.02	3.3	0.13
	青山湖区	1 402.6	53.80	1 335.9	53.78	1 343.8	54.69	1 269.1	50.44
	南昌县	52.9	2.03	62	2.50	69.8	2.84	132.3	5.26
	新建县	21	0.81	28.3	1.14	31.7	1.29	37.9	1.51
	安义县	2.5	0.10	8.4	0.34	6.7	0.27	25.5	1.01
	进贤县	22.6	0.87	24.6	0.99	28	1.14	40.5	1.61
	合计	1 518.1	58.23	1 473.2	59.31	1 515.9	61.69	1 574.3	62.57
景德镇市	昌江区	261.3	10.02	284.4	11.45	216.1	8.79	255.2	10.14
	乐平市	524.4	20.12	332.5	13.39	299.2	12.18	314.6	12.50
	合计	785.7	30.14	616.9	24.83	515.3	20.97	569.8	22.65
九江市	庐山区	203.6	7.81	228.2	9.19	236.1	9.61	236	9.38
	九江县	0.0	0.00	0.0	0.00	0.0	0.00	0.0	0.00
	永修县	6.4	0.25	38.2	1.54	38	1.55	36.1	1.43
	德安县	7.3	0.28	7.7	0.31	7.9	0.32	8.2	0.33
	星子县	1.2	0.05	0.9	0.04	0.9	0.04	2	0.08
	都昌县	3.2	0.12	0.9	0.04	1	0.04	1.5	0.06
	湖口县	1.8	0.07	21.9	0.88	0.0	0.00	0.0	0.00
	共青城市	11.5	0.44	17.5	0.70	18.6	0.76	2.7	0.11
	合计	235	9.01	315.3	12.69	302.5	12.31	286.5	11.39
宜春市	丰城市	6.8	0.26	6.7	0.27	9.9	0.40	10.1	0.40
	合计	6.8	0.26	6.7	0.27	9.9	0.40	10.1	0.40
上饶市	余干县	6.6	0.25	7.9	0.32	36.6	1.49	20.6	0.82
	鄱阳县	38.5	1.48	49.3	1.98	41.4	1.68	43	1.71
	万年县	16.2	0.62	14.7	0.59	35.5	1.44	11.6	0.46
	合计	61.3	2.35	71.9	2.89	113.5	4.62	75.2	2.99
合计		2 606.9	100	2 484.0	100.00	2 457.1	100	2 515.9	100

四、TP 排放量

2014 年，临湖区工业 TP 排放量为 183 278 kg，排放量由大到小的地区依次为南昌市、景德镇市、九江市、上饶市和宜春市，排放量较大的县（区、市）依次为青山湖区、新建县和进贤县。临湖区工业 TP 排放量见表 3-4-23。

表 3-4-23　2014 年临湖区工业 TP 排放量

设区市名称	县区名称	排放量（kg）	贡献率（%）
南昌市	东湖区	0	0.00
	西湖区	0	0.00
	青云谱区	34 814	19.00
	湾里区	3 499	1.91
	青山湖区	47 947	26.16
	南昌县	14 265	7.78
	新建县	32 823	17.91
	安义县	839	0.46
	进贤县	10 613	5.79
	合计	144 800	79.01
景德镇市	昌江区	6 809	3.72
	乐平市	8 828	4.82
	合计	15 637	8.53
九江市	庐山区	1 292	0.70
	九江县	0	0.00
	永修县	2 372	1.29
	德安县	2 601	1.42
	星子县	3 436	1.87
	都昌县	26	0.01
	湖口县	0	0.00
	共青城市	548	0.30
	合计	10 275	5.61
宜春市	丰城市	5 615	3.06
	合计	5 615	3.06
上饶市	余干县	946	0.52
	鄱阳县	2 472	1.35
	万年县	3 533	1.93
	合计	6 951	3.79
合计		183 278	100.00

五、TN 排放量

2014 年，临湖区工业 TN 排放量为 2 486 509 kg，排放量由大到小的地区依次为南昌市、景德镇市、九江市、上饶市和宜春市，排放量较大的县（区、市）依次为青山湖区、新建县和进贤县。临湖区工业 TN 排放量见表 3-4-24。

表 3-4-24　2014 年临湖区工业 TN 排放量

设区市名称	县区名称	排放量（kg）	贡献率（%）
南昌市	东湖区	0	0.00
	西湖区	0	0.00
	青云谱区	139 350	5.60
	湾里区	80 335	3.23
	青山湖区	604 686	24.32
	南昌县	185 080	7.44
	新建县	263 077	10.58
	安义县	25 437	1.02
	进贤县	262 817	10.57
	合计	1 560 782	62.77
景德镇市	昌江区	179 520	7.22
	乐平市	238 749	9.60
	合计	418 269	16.82
九江市	庐山区	96 192	3.87
	九江县	0	0.00
	永修县	79 659	3.20
	德安县	75 960	3.05
	星子县	13 828	0.56
	都昌县	733	0.03
	湖口县	0	0.00
	共青城市	25 666	1.03
	合计	292 038	11.74
宜春市	丰城市	72 733	2.93
	合计	72 733	2.93
上饶市	余干县	21 858	0.88
	鄱阳县	78 740	3.17
	万年县	42 089	1.69
	合计	142 687	5.74
合计		2 486 509	100.00

六、主要污染物变化情况分析

1. 废水排放量年度变化

2010～2013 年，临湖区工业废水排放量逐年上升，每年增幅在 5%以上。2013 年与

2010 年比较，临湖区工业废水排放量上升了 25.2%，其中南昌市、景德镇市、九江市和上饶市分别上升 32.5%、27.1%、12.3%和 11.9%，仅宜春市下降了 21.2%。

在临湖区可比较的 20 个县（区、市）中，2011 年与 2010 年相比，有 13 个县（区、市）工业废水排放量上升、7 个县（区、市）下降；2012 年与 2011 年相比，有 14 个县（区、市）工业废水排放量上升、6 个县（区、市）下降；2013 年与 2012 年相比，有 8 个县（区、市）工业废水排放量上升、12 个县（区、市）下降或无变化；2013 年与 2010 年相比，有 13 个县（区、市）工业废水排放量上升、7 个县（区、市）下降。

2. COD 排放年度变化

2010～2013 年，临湖区工业 COD 排放量逐年下降，降幅为 3%～10%。2013 年与 2010 年比较，临湖区工业 COD 排放量下降了 16.5%，其中南昌市和上饶市分别下降了 26.5%和 27.7%，景德镇市、九江市和宜春市分别上升了 0.9%、4.6%和 1.0%。

在临湖区可比较的 20 个县（区、市）中，2011 年与 2010 年相比，有 11 个县（区、市）工业 COD 排放量上升、9 个县（区、市）下降；2012 年与 2011 年相比，有 7 个县（区、市）工业 COD 排放量上升、13 个县（区、市）下降；2013 年与 2012 年相比，有 8 个县（区、市）工业 COD 排放量上升、12 个县（区、市）下降或无变化；2013 年与 2010 年相比，有 11 个县（区、市）工业 COD 排放量上升、9 个县（区、市）下降。

3. NH_3-N 排放年度变化

2010～2013 年，临湖区工业 NH_3-N 排放量前 2 年下降，2013 年上升，每年增幅或降幅不大，在 4%左右。2013 年与 2010 年比较，临湖区工业 NH_3-N 排放量下降了 3.5%，其中南昌市、九江市、宜春市和上饶市分别上升了 32.5%、21.9%、48.5%和 22.7%，只有景德镇市下降了 27.5%。

在临湖区可比较的 19 个县（区、市）中，2011 年与 2010 年相比，有 12 个县（区、市）工业 NH_3-N 排放量上升、7 个县（区、市）下降；2012 年与 2011 年相比，有 12 个县（区、市）工业 NH_3-N 排放量上升、7 个县（区、市）下降或无变化；2013 年与 2012 年相比，有 12 个县（区、市）工业 NH_3-N 排放量上升、7 个县（区、市）下降或无变化；2013 年与 2010 年相比，有 12 个县（区、市）工业 NH_3-N 排放量上升、7 个县（区、市）下降。

第五节　临湖区工业污染防治对策

一、面临的主要问题

1. 污染分布相对集中

临湖区重点企业数有一半以上集中在青山湖区、新建县、丰城市、南昌县、乐平市、进贤县。行业分布化学原料、化学制品制造业、非金属矿物制造业等污染相对较大的行业。

考察结果显示，临湖区以南昌市、景德镇市和九江市工业废水排放量较大，合计贡献率在95%以上；南昌市和景德镇市工业COD和NH_3-N排放量较大，合计贡献率分别达70%和80%。工业污染物排放量主要集中在青山湖区、昌江区、乐平市和庐山区，贡献率超过50%。

2. 赣江、饶河承污压力较大

临湖区赣江受纳工业废水排放量最大，贡献率范围为48.4%～54.0%；其次是饶河，贡献率范围为17.3%～23.0%。赣江受纳工业COD、工业NH_3-N、工业TP、工业TN分别为31.4%～41.9%、56.3%～58.0%、63.3%、11.4%，饶河分别为30.1%～34.1%、23.3%～30.6%、43.5%、20.7%。

总体上，赣江、饶河流域受纳工业污染物超过60%。

3. 高污染行业占比较大

工业废水排放量最大的行业是造纸及纸制品业，贡献率为28.9%～36.7%；其次是化学原料和化学制品制造业，贡献率为17.1%～24.5%。

工业COD排放量最大的行业是化学原料和化学制品制造业，贡献率为24.4%～27.4%；其次是医药制造业和纺织业，贡献率分别为8.0%～12.5%和8.9%～14.6%。

工业NH_3-N排放量最大的行业是化学原料和化学制品制造业，贡献率为56.4%～66.9%。其次是化学纤维制造业，贡献率为8.3%～9.7%。

工业TP排放量最大的食品制造业，贡献率为44.0%；其次是电气机械及器材制造业，贡献率为18.2%。TN排放量最大的行业是医药制造业，贡献率为29.9%；其次是化学原料及化学制品制造业，贡献率为18.2%。

总体上，临湖区工业废水排放的主要行业为造纸和纸制品业、化学原料和化学制品制造业及化学纤维制造业，合计贡献率为65%；工业COD排放的主要行业为化学原料和化学制品制造业、纺织业和医药制造业，合计贡献率为45%；工业NH_3-N排放主要行业为化学原料和化学制品制造业及化学纤维制造业，合计贡献率为65%以上。

4. 部分地区排污上升

2013年与2010年相比，临湖区工业废水排放量上升25.2%；工业COD排放量下降16.5%；工业NH_3-N排放量下降3.5%。在临湖区可比较的20个县（区、市）中，7个县（区、市）工业废水排放量下降，其余13个上升；11个县（区、市）工业COD排放量下降，其余9个上升；7个县（区、市）工业NH_3-N排放量下降，其余12个上升。

二、对　　策

（1）逐步调整临湖区工业布局和结构，严格审批制度。目前，临湖区工业主要集中在青山湖区、新建县、丰城市、南昌县、乐平市、进贤县等，其造成局部环境污染压力增大，因此合理的工业布局可以减少污染物的集中排放，分摊环境污染风险。对废水污染物排放量较大的区域采取严格的审批制度，控制废水污染物的排放。

（2）加大临湖区工业企业废水治理设施运行的监管力度，防止企业偷排、漏排。据调查，临湖区拥有废水治理设施的企业数、设施数、处理能力、运行费用均为增长，但工业废水处理量却是下降的，如果能提高废水处理量，将进一步削减污染物的排放量。

（3）出台相应政策，严禁在湖区边岸开设企业。考察结果显示，有 10%左右的工业污染物未经河流降解直接进入湖体，直接加重了对鄱阳湖的污染。现有企业也应采取相应措施，加大治理力度或采取搬迁等办法，减少污染物的直接入湖。

（4）严格赣江和饶河流域排污企业的管理，提升企业的废水治理水平，降低赣江和饶河流域工业污染物的受纳量，保证赣江和饶河污染物正常的降解能力。

（5）加强对化学原料和化学制品制造业、医药制造业、化学纤维制造业等行业的监管，利用产业政策关闭小企业，提升大型企业的管理水平，强化清洁生产审核，减少其污染物的排放。

（6）对临湖区重点排放县（区、市）青山湖区、昌江区、乐平市和庐山区的工业源加强监管，加大该区域的工业园区污水处理厂建设，并提升其处理效率和运行稳定性。

参 考 文 献

中华人民共和国环境保护部. 2013. 环境统计报表制度.

中华人民共和国环境保护总局. 2008. 第一次全国污染源普查工业污染源产排污系数手册.

第五章　临湖区污物负荷综合分析

本章主要对临湖区表层土壤 N、P 及重金属负荷（As、Cd、Cr、Cu、Hg、Ni、Pb、Zn）、农村生态环境与农业污染负荷、城镇生活污水污物负荷、工业污染负荷进行调研统计，并考虑区内污水处理厂建设、运行状况及其对入湖污染负荷的削减情况，综合分析临湖区污物负荷情况。

第一节　临湖区污物负荷分析及汇总估算

一、临湖区表层土壤 N、P 及重金属负荷空间信息估算分析

1. 表层土壤 N、P 负荷空间分布信息

根据土壤中 N、P 元素含量与作物生长的关系和有益程度，以及依据临湖区表层土壤中的 N、P 元素含量，将其划分为很富足、富足、适度、相对缺乏、缺乏、严重缺乏 6 种类型区。临湖区（景德镇市市辖区因无样品，所以未统计在内）表层土壤 N、P 负荷空间分布信息情况见表 3-5-1、图 3-5-1。

表 3-5-1　临湖区表层土壤（0～20 cm）N、P 元素特征情况估算表

N 元素特征	面积（km^2）	比例（%）	P 元素特征	面积（km^2）	比例（%）
很富足	2 573.94	11.78	很富足	3.13	0.01
富足	9 696.22	44.36	富足	9.63	0.04
适度	8 180.01	37.43	适度	307.76	1.41
相对缺乏	1 046.19	4.78	相对缺乏	3 063.65	14.02
缺乏	284.65	1.30	缺乏	17 662.69	80.81
严重缺乏	75.90	0.35	严重缺乏	810.05	3.71
合计	21 856.91	100.00	合计	21 856.91	100.00

注：景德镇市市辖区因无土壤样品参与分析，所以未统计在内。

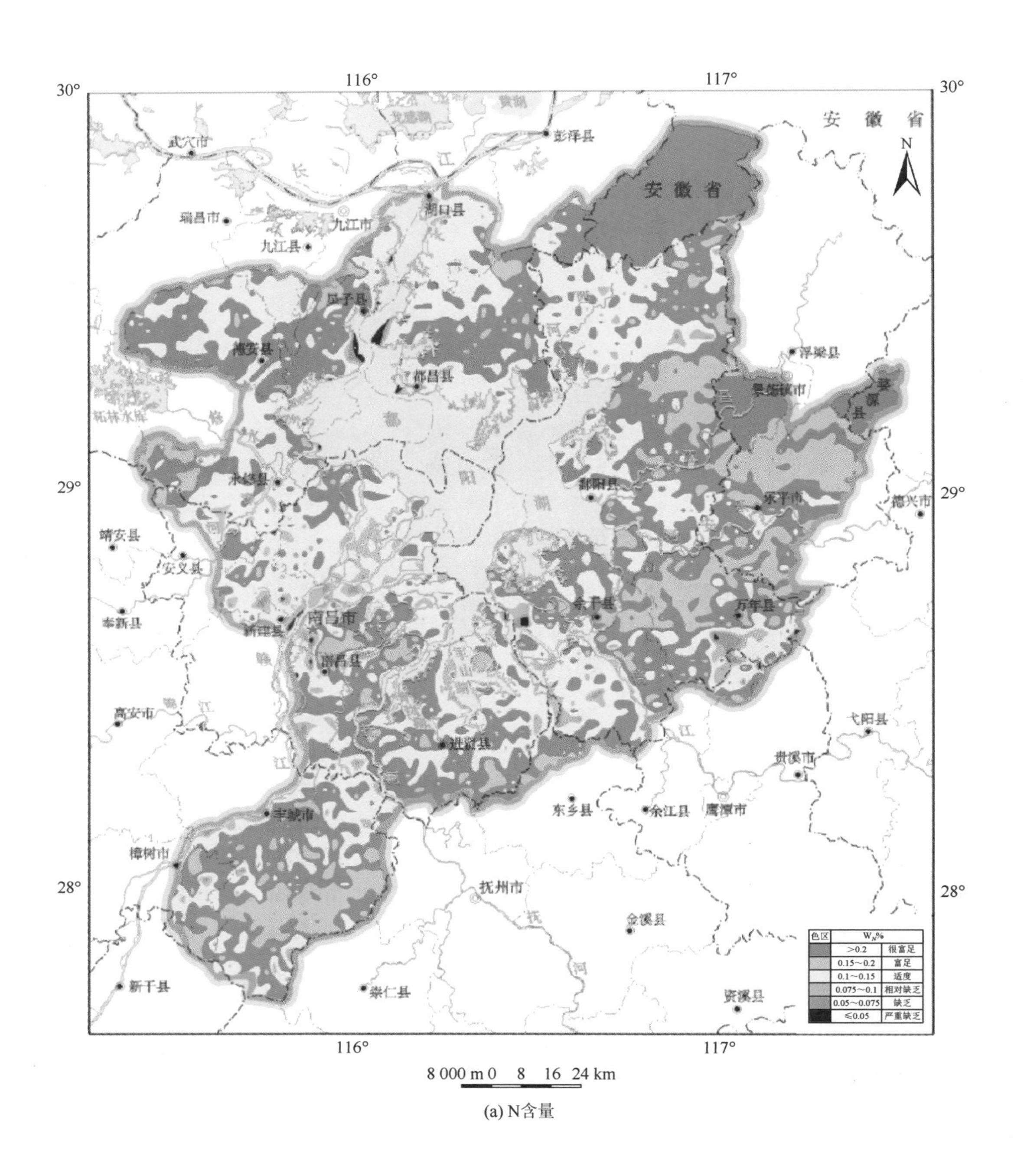
116°
117°
30°
29°
28°
安　徽　省
安徽省
N
武穴市
彭泽县
瑞昌市
九江市
九江县
湖口县
长
江
星子县
德安县
都昌县
浮梁县
景德镇市
婺
源
县
柘林水库
永修县
鄱阳县
乐平市
德兴市
靖安县
安义县
奉新县
余干县
万年县
新建县
南昌市
南昌县
高安市
进贤县
弋阳县
贵溪市
东乡县
余江县
鹰潭市
丰城市
樟树市
抚州市
金溪县
新干县
崇仁县
资溪县
色区
W_N%
>0.2
很富足
0.15～0.2
富足
0.1～0.15
适度
0.075～0.1
相对缺乏
0.05～0.075
缺乏
≤0.05
严重缺乏
8 000 m 0　8　16　24 km

(a) N含量

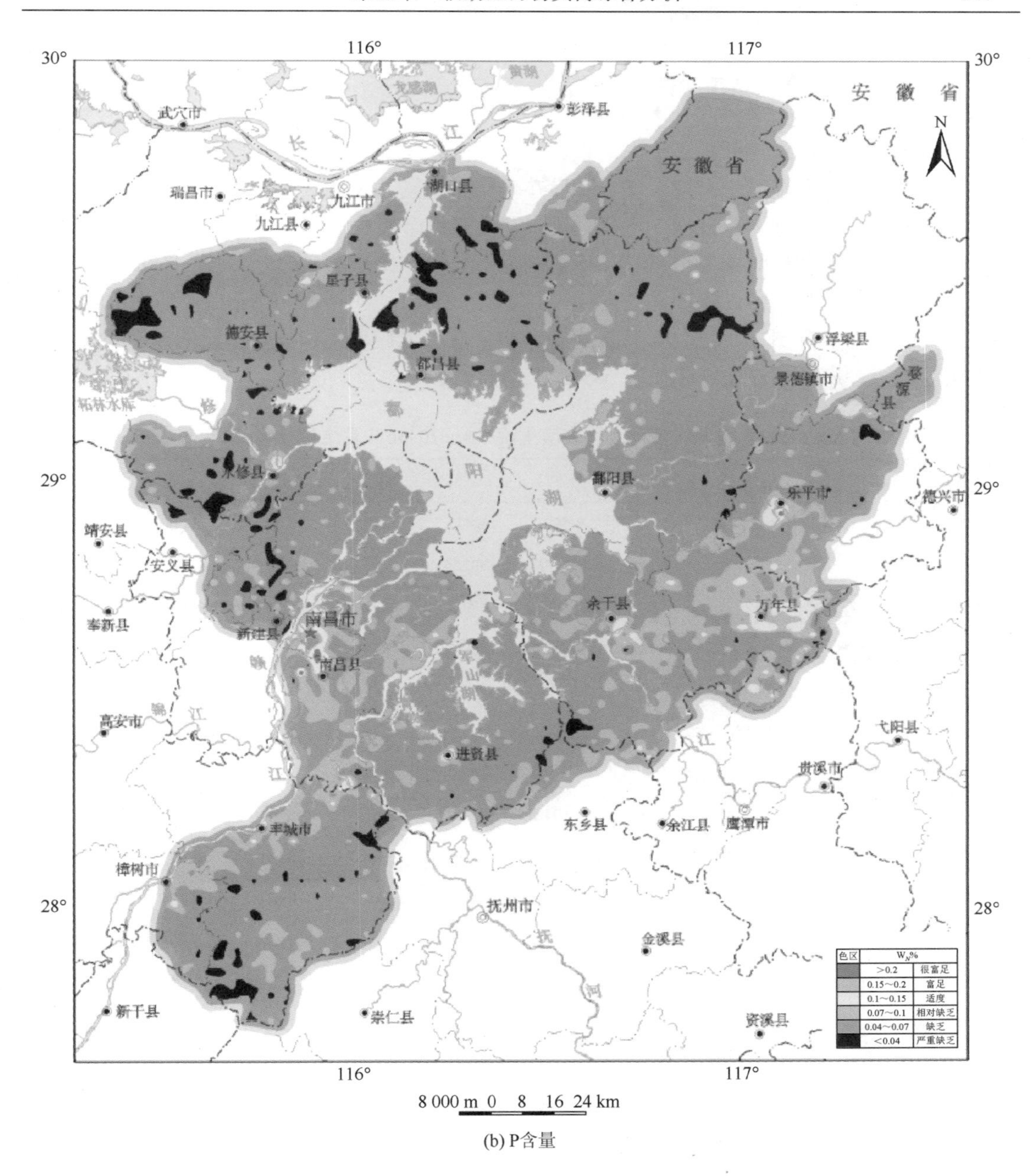

(b) P含量

图 3-5-1　临湖区表层土壤 N、P 含量丰缺现状评价示意图

总体上，临湖区表层土壤中 N 元素含量大部分区域很富足、富足或适度，只有 6.43% 的区域处于相对缺乏，相对缺乏地区主要分布在河流、鄱阳湖水体周边，主要是农业种植和水体冲刷的缘故；临湖区表层土壤中 P 元素含量大部分区域处于相对缺乏或缺乏，很富足、富足或适度的区域仅占研究区域的 1.46%，北半部区域的缺乏状况比南半部要严重。这为农业生产和农业面污染防治提供了基础信息。

2. 表层土壤重金属负荷空间分布信息

本篇第二章已经详细分析了临湖区重金属元素的表层土壤、深层土壤、地表水、浅层地下水、土壤重金属元素储量密度、储量和潜在供给量问题。本章仅对临湖区表层土壤重金属负荷空间分布信息进行简单分析，主要讨论当前地表重金属负荷情况。根据江西 1∶25 万多目标区域地球化学调查数据（2008 年），选取临湖区表层（0～20 cm）土壤样 4 702 件（景德镇市市辖区因无样品，所以未统计在内），对临湖区表层土壤中 As、Cd、Cr、Cu、Hg、Ni、Pb、Zn 8 种重金属元素的地球化学特征进行分析，按照地貌单元和行政单元估算的临湖区表层土壤 8 种重金属元素储量结果见表 3-5-2。

表 3-5-2　临湖区各行政区表层土壤（0～20 cm）重金属元素储量

县（区、市）	样本（件）	As（t）	Cd（t）	Cr（t）	Cu（t）	Hg（t）	Ni（t）	Pb（t）	Zn（t）
南昌市辖区	130	1 227.0	24.2	8 502.7	3 845.5	19.2	3 030.2	5 004.0	12 006.2
南昌县	413	3 305.8	86.2	26 310.2	10 254.4	62.0	10 169.4	16 372.5	35 235.8
新建县	221	2 127.3	42.4	15 102.3	5 509.8	21.4	5 559.0	7 844.2	17 828.6
安义县	57	462.0	6.7	4 277.5	1 461.4	4.8	1 464.9	1 666.8	4 237.8
进贤县	367	3 886.8	54.8	31 114.9	9 482.7	49.1	10 127.4	11 238.7	23 501.9
乐平市	320	2 968.1	81.9	25 686.5	11 129.0	49.3	8 829.2	11 844.3	27 305.6
九江市辖区	56	412.7	10.0	3 617.2	1 215.7	4.9	1 429.1	1 543.6	3 938.2
九江县	35	264.2	6.0	2 191.6	791.2	2.2	816.0	880.2	2 183.4
永修县	246	2 292.9	36.5	16 904.3	5 671.0	18.8	5 716.8	6 609.0	18 481.0
德安县	232	3 276.5	46.0	16 783.8	6 092.0	19.3	6 619.1	6 325.9	16 872.3
星子县	124	873.8	18.4	7 679.2	2 826.4	8.9	2 894.7	3 405.1	8 642.3
都昌县	358	3 783.2	53.6	24 111.7	8 361.4	26.8	8 789.0	9 345.1	23 303.7
湖口县	97	717.0	19.1	6 019.6	2 308.2	6.7	2 584.9	2 501.6	6 448.3
丰城市	489	5 478.6	78.2	36 772.2	13 912.6	59.3	12 674.9	17 187.3	35 793.0
余干县	416	4 629.7	87.7	32 718.8	13 258.5	36.8	11 414.0	15 709.9	33 599.5
鄱阳县	861	8 225.7	135.7	61 282.1	23 256.9	73.8	20 417.9	24 908.3	59 194.2
万年县	280	2 708.4	62.0	22 641.8	8 697.8	26.0	7 867.8	10 008.8	22 937.7
合计	4 702	46 639.7	849.4	341 716.4	128 074.5	489.3	120 404.3	152 395.3	351 509.5

土壤元素储量是指一定面积和深度土体中该元素的总量，元素储量计算模式为指数（线性）模型，随着深度增加，储量逐渐增大，储量密度也相应的逐层增加，但从临湖区域看，表、中、深三层土壤中元素储量密度变化特征却基本一致。因此，仅对表层土壤元素储量密度变化特征进行详细描述。通过分析每千克表层土壤中重金属的含量，结果显示，不同县（区、市）表层土壤重金属背景值变化幅度较大。总体上，南半部区域单位表层土

壤重金属储量高于北半部区域，余干县、乐平市土壤重金属元素背景值相对较高，而在湖口县、九江县、鄱阳县土壤背景值相对较低（图 3-2-22～图 3-2-29）。

参照《土壤环境质量标准（GB15 618—1995）》，并结合实际情况选取各指标分级临界值，结合表层土壤中 As、Cd、Cr、Cu、Hg、Ni、Pb、Zn 8 种重金属元素单指标评价，确定表层土壤单因子污染等级划分，详见本篇第二章第四节。根据 1∶25 万多目标区域地球化学调查资料，按单指标评价方法，计算各指标的环境质量指数，确定表层土壤各重金属元素负荷等级，并统计出重金属各等级土壤面积及所占比例，见表 3-5-3。

表 3-5-3　临湖区表层土壤重金属元素环境质量统计汇总表

土壤环境质量		Ⅰ类土壤	Ⅱ类土壤	Ⅲ类土壤	劣Ⅲ类土壤	汇总
As	面积（km^2）	18 851.74	1 151.63	186.40	110.83	20 300.6
	比例（%）	92.86	5.67	0.92	0.55	100
Cd	面积（km^2）	15 007.44	4 517.84	760.24	15.08	20 300.6
	比例（%）	73.94	22.25	3.74	0.07	100
Cr	面积（km^2）	18 753.43	1 519.93	26.87	0.37	20 300.6
	比例（%）	92.38	7.49	0.13	0.00	100
Cu	面积（km^2）	18 480.10	1 768.20	49.93	2.37	20 300.6
	比例（%）	91.03	8.71	0.25	0.01	100
Hg	面积（km^2）	18 194.62	2 008.24	92.80	4.94	20 300.6
	比例（%）	89.63	9.89	0.46	0.02	100
Ni	面积（km^2）	19 954.43	288.81	57.36	0	20 300.6
	比例（%）	98.29	1.43	0.28	0	100
Pb	面积（km^2）	15 835.41	4 465.19	0	0	20 300.6
	比例（%）	78.00	22.00	0	0	100
Zn	面积（km^2）	18 735.84	1 563.12	1.64	0	20 300.6
	比例（%）	92.29	7.70	0.01	0	100
综合环境质量	面积（km^2）	7 340.97	11 069.57	1 276.04	146.02	20 300.6
	比例（%）	37.01	55.82	6.43	0.74	100

统计可知，临湖区内Ⅰ类土壤面积为 7 340.97 km^2，占区域总面积的 37.01%；Ⅱ类土壤面积为 11 069.57 km^2，占区域总面积的 55.82%；Ⅲ类土壤面积为 1 276.04 km^2，占区域总面积的 6.43%；劣Ⅲ类土壤面积为 146.02 km^2，占区域总面积的 0.74%。

总之，因为受地球化学背景和人类活动影响，区内 7.17%的表层土壤都有不同程度的重金属污染，主要由土壤 As、Cd、Hg 等指标含量超标所致，集中在城镇密集区、鄱阳湖南部入湖口、乐安河流域等区域的土壤多为Ⅲ类和劣Ⅲ类土壤。临湖区表层土壤重金属元素总负荷分布信息如图 3-2-21 所示。大体上，临湖区南半部重金属负荷状况高于北半部，特别是五河入湖口区域比较富集，需要加强相关区域重金属污染治理修复工作。

二、临湖区农村及农业面源污染负荷估算分析

1. 农村及农业面源 TN、TP 排放总量

依据 2012 年的调查数据，对临湖区农村及农业面源 TN、TP 的产生量进行数据处理，估算出农村生活垃圾、农业生活污水、畜禽养殖、农田径流、水产养殖等污染物排放量，并将其简单相加构成农村及农业面源污染物总排放量，进而可以估算鄱阳湖“五河七口”控制断面以下的临湖区农村及农业面源污染 TN、TP 排放量情况。2012 年，临湖区农村及农业面源污染 TN 排放量为 40 433.54 t、TP 排放量为 5 422.85 t，各县（区、市）排放情况具体见表 3-5-4。

表 3-5-4　临湖区农村及农业面源 TN、TP 排放总量估算（2012 年）

考察区域		TN 排放		TP 排放	
		排放量（t）	占总量（%）	排放量（t）	占总量（%）
南昌市	南昌市辖区	871.88	2.16	118.39	2.18
	南昌县	5 414.64	13.39	719.39	13.27
	新建县	2 694.16	6.66	264.67	4.88
	安义县	629.77	1.56	94.51	1.74
	进贤县	5 139.80	12.71	655.83	12.09
景德镇市	昌江区	471.68	1.17	62.36	1.15
	乐平市	1 756.79	4.34	255.30	4.71
九江市	庐山区	252.73	0.63	54.67	1.01
	九江县	267.78	0.66	109.49	2.02
	永修县	1 084.31	2.68	200.17	3.69
	德安县	627.84	1.55	184.67	3.41
	星子县	813.25	2.01	142.00	2.62
	都昌县	2 685.46	6.64	398.86	7.36
	湖口县	857.74	2.12	175.79	3.24
	共青城市	371.03	0.92	56.23	1.04
宜春市	丰城市	4 172.40	10.32	511.45	9.43
上饶市	余干县	3 418.78	8.46	434.22	8.01
	鄱阳县	6 513.49	16.11	783.91	14.46
	万年县	2 390.01	5.91	200.94	3.71
合计		40 433.54	100.00	5 422.87	100.00

注：临湖区涉及的 23 个县（区、市）中，有些是全部包含，有些是部分包含，具体参考鄱阳湖临湖区范围。本章涉及的相关数据处理均以各县（区、市）在临湖区内的实际面积进行估算，后文全部类似。

依据 2012 年考察数据，从临湖区农业农村不同污染物排放负荷的贡献率看，TN 排放负荷中，生活污水占 7.5%，生活垃圾占 14.8%，农田径流占 23.4%，畜禽养殖占 46.2%，水产养殖占 8.1%。TP 排放负荷中，生活污水占 7.4%，生活垃圾占 11.3%，农田径流占 40.0%，畜禽养殖占 30.7%，水产养殖占 10.6%。

2. 农村及农业面源污染物入湖负荷

依据相关研究，农村及农业面源 TN、TP 污染物排入农田沟渠、水塘等，通过自然湿地拦截后能够自然消减 50%左右；考虑到湖泊水产养殖占水产养殖的比重达到 48%，而湖泊水产养殖产生的污染物全部入湖，其他池塘、水库、河沟等水产养殖在入湖过程自然消减 50%，所以水产养殖入湖量总体按照消减 25%计算。基于此，不考虑鄱阳湖“五河七口”以上通过河流输送的污染通量，以 2012 年的调查数据分析，估算“五河七口”以下临湖区农村及农业面源 TN、TP 可能进入鄱阳湖水体的负荷分别为 2.10×10^4 t 和 0.29×10^4 t。各县（区、市）TN、TP 排放情况具体见表 3-5-5。

表 3-5-5　临湖区农村及农业面源 TN、TP 入湖负荷估算（2012 年）

考察区域		TN 排放		TP 排放	
		排放量（t）	占总量（%）	排放量（t）	占总量（%）
南昌市	南昌市辖区	449.30	2.14	61.65	2.16
	南昌县	2 813.49	13.38	380.07	13.31
	新建县	1 384.16	6.58	139.24	4.88
	安义县	326.38	1.55	49.26	1.73
	进贤县	2 646.82	12.58	341.79	11.97
景德镇市	昌江区	238.02	1.13	31.57	1.11
	乐平市	887.32	4.22	129.42	4.53
九江市	庐山区	131.11	0.62	28.16	0.99
	九江县	143.04	0.68	56.47	1.98
	永修县	571.23	2.72	105.75	3.70
	德安县	318.81	1.52	93.20	3.26
	星子县	424.17	2.02	74.05	2.59
	都昌县	1 424.56	6.77	213.38	7.48
	湖口县	449.73	2.14	91.48	3.20
	共青城市	195.60	0.93	29.79	1.04
宜春市	丰城市	2 146.51	10.20	266.37	9.33
上饶市	余干县	1 843.88	8.77	239.38	8.39
	鄱阳县	3 422.85	16.27	419.23	14.69
	万年县	1 217.92	5.79	104.34	3.66
合计		21 034.91	100.00	2 854.58	100.00

依据 2012 年调查数据，从临湖区入湖农业农村不同污染物负荷的贡献率看，TN 入湖负荷中，各污染源的贡献率分别为生活污水 7.2%、生活垃圾 14.2%、农田径流 22.5%、畜禽养殖 44.4%、水产养殖 11.7%；TP 入湖负荷中，各污染源的贡献率分别为生活污水 7.1%、生活垃圾 10.7%、农田径流 38.0%、畜禽养殖 29.2%、水产养殖 15.0%。其中，农田径流、畜禽养殖是主要的污染负荷源头。

三、临湖区城镇生活污水污染负荷估算分析

1. 城镇生活污水污物产生量变化分析

根据调查估算，随着临湖区城镇居民人口的变化和生活水平的提高，小城镇常住城镇人口由 1990 年的 110.67 万人增加至 2012 年的 386.70 万人。通过选取 1990 年、1995 年、2000 年、2005 年、2010 年和 2012 年 6 个典型年份，分析临湖区城镇生活污水中 COD、NH_3-N、TN、TP4 种污染负荷产生量变化情况，见表 3-5-6。

表 3-5-6 临湖区城镇生活污水 COD、NH_3-N、TN、TP 负荷产生量时间变化情况（单位：t）

年份	COD	NH_3-N	TN	TP	合计
1990	34 518.4	3 363.0	3 635.3	1 851.8	43 368.5
1995	41 318.0	4 054.5	4 576.4	2 207.0	52 155.9
2000	50 507.4	4 977.3	5 875.9	2 685.2	64 045.8
2005	64 607.3	6 369.8	7 559.3	3 432.8	81 969.2
2010	74 148.8	7 343.8	8 914.4	3 929.7	94 336.7
2012	76 835.2	7 606.8	9 219.5	4 072.8	97 734.3

对表 3-5-6 分析可知，1990～2012 年，临湖区城镇生活污水中 COD、NH_3-N、TN、TP 负荷产生量变化情况基本类似，可大致分为 3 个阶段：1990～2005 年处于快速增长阶段；2005～2010 年增长速率有所减缓；2010～2012 年增长速度进一步缓和。其中，COD、NH_3-N、TN 负荷产生量增长斜率非常接近，TP 负荷产生量增长斜率略微平缓，但增长趋势大体一致。总体上，COD 产生总量由 1990 年的 34 518.4 t 上升到 2012 年的 76 835.2 t，年均增长 1 923.5 t，年均增长率为 5.6%；NH_3-N 产生总量由 1990 年的 3 363.0 t 上升到 2012 年的 7 606.8 t，年均增长 192.9 t，年均增长率为 5.7%；TN 产生总量由 1990 年的 3 635.3 t 上升到 2012 年的 9 219.5 t，年均增长 253.8 t，年均增长率为 7.0%；TP 产生总量由 1990 年的 1 851.8 t 上升到 2012 年的 4 072.8 t，年均增长 1 101.0 t，年均增长率为 5.5%。整个临湖区城镇生活污水总负荷产生量由 1990 年的 43 368.5 t 上升到 2012 年的 97 734.3 t，年均增长 2 471.2 t，年均增长率为 5.7%。从多年平均情况看，城镇生活污水主要污染负荷产生量是 COD，占负荷总量的 78.86%，其他 NH_3-N 负荷占 7.8%、TN 负荷占 9.2%、TP 负荷占 4.2%。

综上所述，从 4 种污染物产生量随时间的变化趋势可以看出，自 1990 年以来，临湖区城镇生活污水中 COD、NH_3-N、TN 和 TP 产生量的变化规律是相似的，主要是随着临湖区城镇居民生活水平的提高和常住人口数量的增加，城镇居民生活污染物产生量增加，但是从变化速率看，2010～2012 年常住人口增速减慢，相应的生活污水污染物总量增速下降。临湖区城镇生活污水污物产生负荷变化规律与区域人口变化规律一致。

2. 城镇生活污水中主要污物削减量

由于城镇污水处理厂的建设运行时间、规模不一，因此临湖区各城镇污水污染物的削减量也不一，并且随着城镇的发展，污水处理厂也在不断改建和扩建，所以各污水处理厂的削减量及其变化情况难以完全掌握。本次调查所得到的数据主要是2000年以后的相关理论分析和实际测算数据。根据调查，临湖区现有污水处理厂17个，考虑到城镇污水中COD、NH_3-N、TN、TP 4种污染物是河流水体的主要污物负荷，所以只对这4个指标削减情况进行分析。临湖区城镇生活污水污物负荷削减量时间变化情况具体见表3-5-7。

表3-5-7　临湖区城镇生活污水COD、NH_3-N、TN、TP负荷削减变化情况　（单位：t）

年份	COD	NH_3-N	TN	TP	合计
2000	1 229.1	200.5	192.8	46.1	1 668.5
2005	14 645.7	3 666.2	3 053.7	209.5	21 575.1
2010	20 477.9	4 637.9	4 159.7	436.0	29 711.5
2012	20 834.2	4 721.7	4 265.9	449.9	30 271.7
2013	20 879.9	4 730.9	4 275.9	454.1	30 340.8
2014	21 057.5	4 769.9	4 319.4	465.7	30 612.5

着城镇污水处理厂的建设和不断完善，污水处理能力不断增强，COD、NH_3-N、TN、TP 4种污染物负荷削减量不断增加，其中COD削减增加幅度最大，到2014年各污染物负荷削减量分别达到 21 057.5 t、4 769.9 t、4 319.4 t、465.7 t。从时间变化趋势上看，在2010年以后削减量开始趋于平缓，这是因为2010年前后各污水处理厂相继建成并正式运行。TN和NH_3-N的削减增长曲线相近，总磷的削减量变化较小。

根据调查数据分析，比较2012年的负荷产生量与负荷削减量，总体上削减了31%。具体到各个指标：COD削减了27.0%、NH_3-N削减了62.1%、TN削减了46.3%、TP削减了11.0%。不同指标负荷削减率差异较大，特别是COD、TP负荷的削减率相对比较低，需要高度重视。

3. 城镇生活污水污物排放量变化分析

临湖区城镇生活污水污染物排放量随着城镇污水产生量和城镇生活污水处理厂削减量的变化而变化，结合前文临湖区城镇生活污水污物产生量、削减量分析，可以大体估算出COD、NH_3-N、TN、TP 4个指标排放量情况及其变化趋势。具体见表3-5-8。

表3-5-8　临湖区城镇生活污水COD、NH_3-N、TN、TP负荷排放量变化情况　（单位：t）

年份	COD	NH_3-N	TN	TP	合计
1990	34 518.4	3 363.0	3 635.3	1 851.8	43 368.5
1995	41 318.0	4 054.5	4 576.4	2 207.0	52 155.9
2000	49 278.3	4 776.8	5 683.1	2 639.1	62 377.3
2005	49 961.6	2 703.6	4 505.6	3 223.3	60 394.1
2010	53 670.9	2 705.9	4 754.7	3 493.6	64 625.1
2012	56 000.9	2 885.1	4 953.6	3 622.9	67 462.5

临湖区城镇生活污水中污染负荷排放主要是 COD，其占排放总负荷的比重为 80%左右，取临湖区 2000 年、2005 年、2010 年、2012 年同一年份的城镇生活污水负荷产生量、削减量、排放量比较分析，COD、NH_3-N、TN、TP4 个指标削减率还有较大的提升空间。以 2012 年的情况分析，COD、NH_3-N、TN、TP4 个指标负荷削减率分别为 27.12%、62.07%、46.27%、11.05%。

四、临湖区工业污染负荷估算分析

1. 工业废水及主要污染物排放情况

2010～2014 年临湖区工业废水主要污染物排放情况见表 3-5-9。2014 年只监测了 TN 和 TP 排放量。

表 3-5-9　临湖区城镇生活污水 COD、NH_3-N、TN、TP 负荷排放量变化情况　（单位：t）

项目	2010	2011	2012	2013	2014
工业废水	15 131×10^4	15 976×10^4	18 009×10^4	18 943×10^4	—
COD	27 925	24 852	24 162	23 325	
NH_3-N	2 606.9	2 484.0	2 457.1	2 515.9	
TN	—	—	—	—	2 486.5
TP	—	—	—	—	183.2

调查期间工业废水排放量较大的县（区、市）依次为青山湖区、乐平市和庐山区，工业 COD 排放量较大的县（区、市）依次为青山湖区、乐平市和昌江区，工业 NH_3-N 排放量较大的县（区、市）依次为青山湖区、乐平市或昌江区，工业 TN 排放量较大的县（区、市）依次为青山湖区、新建县和进贤县，工业 TP 排放量较大的县（区、市）依次为青山湖区、新建县和进贤县。

2. 各县（区、市）污染负荷变化分析

2013 年与 2010 年相比，临湖区工业废水排放量上升 25.2%，其中，南昌市、景德镇市、九江市和上饶市分别上升 32.5%、27.1%、12.3%和 11.9%，宜春市下降 21.2%；工业 COD 排放量下降 16.5%，其中，南昌市和上饶市分别下降 26.5%和 27.7%，景德镇市、九江市和宜春市分别上升 0.9%、4.6%和 1.0%；工业 NH_3-N 排放量下降 3.5%，其中，南昌市、九江市、宜春市和上饶市分别上升 3.7%、21.9%、48.5%和 22.7%，景德镇市下降 27.5%。2013 年与 2010 年工业污染变化情况见表 3-5-10。

表 3-5-10　2013 年与 2010 年工业废水污染变化一览表　（单位：%）

设区市名称	县（区、市）名称	废水排放量变化	COD 排放量变化	NH_3-N 排放量变化
南昌市	青云谱区	3	8.7	298.2
	湾里区	59.3	1.7	∞
	青山湖区	37.7	–42.4	–9.5
	东湖区	—	—	—

续表

设区市名称	县（区、市）名称	废水排放量变化	COD 排放量变化	NH_3-N 排放量变化
南昌市	西湖区	—	—	—
	南昌县	9.5	−12.6	150.1
	新建县	64.8	−29.9	80.5
	安义县	20.3	56.7	920
	进贤县	−2.2	12.1	79.2
	合计	32.5	−26.5	3.7
景德镇市	昌江区	75.7	29.6	−2.3
	珠山区	—	—	—
	乐平市	16	−11.5	−40
	合计	27.1	0.9	−27.5
九江市	庐山区	−1.31	−17.4	15.9
	浔阳区	—	—	—
	九江县	—	—	—
	永修县	64.8	33.3	464.1
	德安县	−3.2	8.5	12.3
	星子县	−50.2	8.1	66.7
	都昌县	43.4	219.1	−53.1
	湖口县	−100	−100	−100
	共青城市	56.5	−88.7	−76.5
	合计	12.3	4.6	21.9
宜春市	丰城市	−21.2	1	48.5
上饶市	余干县	350	204	212.1
	鄱阳县	−23.9	−16.8	11.7
	万年县	68.3	−61.7	−28.4
	合计	11.9	−27.7	22.7
合计		25.2	−16.5	−3.5

五、临湖区各种污染负荷汇总估算分析

临湖区的土壤污染受区域地质背景、农村生态环境与农业面源污染、城镇生活污水污物、工业污染等诸多因素影响，是土地利用过程中富集的结果，同时也是区域地质背景的具体反映。因为各指标监测年份和削减情况不一，无法完全统计临湖区同一年各指标的污染负荷状况，因此选取了 2012 年临湖区农村及农业面源 TN、TP 入湖负荷，2012 年城镇生活污水 COD、NH_3-N、TN、TP 排放负荷，2012 年工业废水 COD 与 NH_3-N 排放负荷，2014 年工业废水 TN、TP 排放负荷，将农业、城镇、工业污染负荷进行汇总，可以大致反映临湖区总体的负荷情况。具体汇总情况见表 3-5-11。

表 3-5-11　临湖区农村农业、城镇、工业污染负荷排放汇总表　（单位：t）

区域		农村及农业面源污物排放量（2012 年）		城镇生活污物排放量（2012 年）				工业污物排放量（2012 年、2014 年）			
		TN	TP	COD	NH_3-N	TN	TP	COD	NH_3-N	TN	TP
南昌市	南昌市辖区	449	62	50 834	4 674	4 291	2 767	6 748	1 380	824.37	86.26
	南昌县	2 813	380	4 109	427	750	206	2 185	70	185.08	14.27
	新建县	1 384	139	680	64	119	34	701	32	263.08	32.82
	安义县	326	49	186	18	32	9	569	7	25.44	0.84
	进贤县	2 647	342	2 394	283	465	120	890	28	262.82	10.61
景德镇市	昌江区	238	32	—	—	—	—	1 949	216	179.52	6.81
	乐平市	887	129	3 119	365	602	157	3 686	299	238.75	8.83
九江市	庐山区	131	28	—	—	—	—	2 304	236	96.19	1.29
	九江县	143	56	102	10	18	5	0	0	0	0
	永修县	571	106	817	100	161	41	725	38	79.66	2.37
	德安县	319	93	478	61	96	24	302	8	75.96	2.60
	星子县	424	74	850	96	161	43	62	1	13.83	3.44
	都昌县	1 425	213	2 048	234	391	103	871	1	0.73	0.03
	湖口县	450	91	214	20	37	11	0	0	0	0
	共青城市	196	30	182	17	32	9	302	19	25.67	0.55
宜春市	丰城市	2 147	266	4 096	474	786	206	558	10	72.73	5.62
上饶市	余干县	1 844	239	2 082	238	398	105	321	37	21.86	0.95
	鄱阳县	3 423	419	3 468	384	651	174	1 490	41	78.74	2.47
	万年县	1 218	104	1 177	142	231	59	499	36	42.09	3.53
合计		21 035	2 855	76 835	7 607	9 220	4 073	24 162	2 457	2 486.51	183.28

注：因各项考察中调研范围略有差别，此表选取了共性较大的区域范围。因各地污水处理设备实际运行情况难以掌握，城镇生活污物、工业污物削减情况难以统计，这里直接用污物排放总量进行估算分析，分析临湖区可能产生的最大污染负荷。

1. 临湖区各县（区、市）污染总负荷占比

将各县（区、市）的农业面源污染、城镇生活污水、工业污水污染负荷简单累加，可得出临湖区各县（区、市）在污染总负荷中的贡献率情况，见表 3-5-12。

表 3-5-12　临湖区各县（区、市）农村农业、城镇、工业污染总负荷贡献率（单位：%）

县（市、区）	南昌市辖区	南昌县	新建县	安义县	进贤县	乐平市	九江县	永修县	德安县	星子县	都昌县	共青城市	湖口县	丰城市	余干县	鄱阳县	万年县
贡献率占比	50	8	2	1	5	6	0	2	1	1	4	0	1	6	4	7	2

在没有考虑景德镇市辖区、九江市辖区的情况下，临湖区各县（区、市）污染总负荷贡献率最大的是南昌市辖区占 50%，贡献率较大的有南昌县占 8%、鄱阳县占 7%、乐平市占 6%、丰城市占 6%（表 3-5-12）。

2. 临湖区各县（区、市）农村农业、城镇、工业污染负荷占比

临湖区农业、城镇、工业污染负荷中各县（区、市）贡献率情况见表 3-5-13。

表 3-5-13　农村农业、城镇、工业污染总负荷中临湖区各县（区、市）贡献率（单位：%）

考察区域		农村及农业面源污染排放量（2012 年）		城镇生活污物排放量（2012 年）				工业污物排放量（2012 年、2014 年）			
		TN	TP	COD	NH_3-N	TN	TP	COD	NH_3-N	TN	TP
南昌市	南昌市辖区	2.14	2.16	66.16	61.44	46.54	67.95	27.92	56.15	33.15	47.07
	南昌县	13.38	13.31	5.35	5.62	8.13	5.07	9.04	2.84	7.44	7.78
	新建县	6.58	4.88	0.89	0.84	1.29	0.84	2.90	1.29	10.58	17.91
	安义县	1.55	1.73	0.24	0.23	0.35	0.23	2.35	0.27	1.02	0.46
	进贤县	12.58	11.97	3.12	3.73	5.04	2.95	3.68	1.14	10.57	5.79
景德镇市	昌江区	1.13	1.11	—	—	—	—	8.07	8.79	7.22	3.72
	乐平市	4.22	4.53	4.06	4.80	6.53	3.85	15.26	12.18	9.60	4.82
九江市	庐山区	0.62	0.99	—	—	—	—	9.54	9.61	3.87	0.70
	九江县	0.68	1.98	0.13	0.13	0.19	0.13	0.00	0.00	0.00	0.00
	永修县	2.72	3.70	1.06	1.32	1.75	1.01	3.00	1.55	3.20	1.29
	德安县	1.52	3.26	0.62	0.80	1.04	0.59	1.25	0.32	3.05	1.42
	星子县	2.02	2.59	1.11	1.26	1.75	1.05	0.26	0.04	0.56	1.87
	都昌县	6.77	7.48	2.67	3.08	4.24	2.52	3.60	0.04	0.03	0.01
	湖口县	2.14	3.20	0.28	0.26	0.40	0.26	0.00	0.00	0.00	0.00
	共青城市	0.93	1.04	0.24	0.22	0.34	0.22	1.25	0.76	1.03	0.30
宜春市	丰城市	10.20	9.33	5.33	6.23	8.53	5.05	2.31	0.40	2.93	3.06
上饶市	余干县	8.77	8.39	2.71	3.13	4.31	2.57	1.33	1.49	0.88	0.52
	鄱阳县	16.27	14.69	4.51	5.04	7.06	4.27	6.17	1.68	3.17	1.35
	万年县	5.79	3.66	1.53	1.87	2.50	1.45	2.07	1.44	1.69	1.93
合计		100	100	100	100	100	100	100	100	100	100

注：因各项考察中调研范围略有差别，此表中景德镇市辖区、九江市辖区城镇生活污染未考虑。

3. 临湖区农村农业、城镇、工业污染占总负荷情况

通过对 2012～2014 年临湖区的农村农业、城镇、工业污染负荷进行比较分析，在临湖区的污染总负荷中，农村及农业面源污染负荷约为 15.8%，城镇生活污染负荷约为 64.8%，工业污染负荷约为 19.4%。可知，各县（区、市）的污染负荷与农业生产、城镇化率、工业生产有密切联系，在工业、农业污染逐步得到控制的情况下，城镇生活污水的污染负荷显得越来越严重。

4. TN、TP、COD、NH_3-N 污染负荷在总负荷中的占比

通过比较分析，在临湖区的污染总负荷中，COD 污染负荷约为 66.5%，NH_3-N 污染负荷约为 6.6%，TN 污染负荷约为 22.1%，TP 污染负荷约为 4.8%。可知，临湖区的污染负荷中主要是 COD、TN 所造成的污染。

第二节 临湖区污物负荷防治对策

1. 加强临湖区污染形成的源头防控

临湖区的污染源主要包括农村生活和农业生产污染、工业污染、城镇生活污染等，既有点源污染，也有面源污染。污染物主要为 TN、TP、COD、NH_3-N、重金属等指标。土壤及水体重金属污染的产生，有地球化学背景因素，也有土地不合理利用的原因；其他几项指标，有不合理利用问题和排放问题，也有农用物资不合理投入问题。对污染的治理首先就是要减少污染，从源头防控。

在临湖区的污染总负荷中，农村农业污染负荷约为 15.8%，城镇生活污染负荷约为 64.8%，工业污染负荷约为 19.4%；在主要考虑的污染负荷的 4 个指标中，COD 污染负荷约为污染负荷总量的 66.5%，TN 污染负荷约为 22.1%，NH_3-N 污染负荷约为 6.6%、TP 污染负荷约为 4.8%，污染负荷中主要是 COD、TN 所造成的污染。对污染的源头防控要注意这些污染类型和指标，对不同污染源各有侧重，有针对性的防控。

鉴于污染来源的产生有自然因素、人为因素和技术因素，要有针对性地形成对策。自然因素，如地形地貌、水土流失、自然降水等，宜加强生态建设和水利基础设施建设，降低由此带来的生态环境问题；人为因素涉及公众的环保理念意识和生产生活行为方式，要努力倡导公众在生产、生活、消费等诸多方面践行绿色理念，政府要加强引导，企业要有社会良心，个人要有生态美德；技术因素是生产工艺、实用技术方面存在的缺陷与不足，由此带来了污染排放问题。要通过技术创新提升相关生产工艺，加强农用投入品的合理投入和高效利用，淘汰落后的技术产业，减少污染排放。

2. 加强临湖区污染负荷的削减实效

从临湖区污染负荷削减情况看，主要有自然沉降削减、工业削减。自然削减的差异与地形地貌、水土流失、田间管理等因素有关，难以具体统计。但加强农村周边环境的整治，以及天然和人工湿地的修复治理，形成对各种污染负荷削减的一个自然隔离、缓冲、过渡带，构建一道生态屏障，对于改善农村生态环境、保护鄱阳湖“一湖清水”具有极其重要的意义。而工业削减主要依靠各县（区、市）污水处理厂的运行，以及企业的达标排放。目前，各县（区、市）基本完成污水处理厂建设，但运行情况和效果不太理想。从调研的 16 家污水处理厂的运行情况来看，城镇污水处理厂的实际处理量（污水量）已经达到最大负荷，2014 年 COD、NH_3-N、TN、TP 4 种污染物负荷削减量分别达到 21 057.5 t、4 769.9 t、4 319.4 t、465.7 t，总体上削减了 31%。具体到各个指标：COD 削减了 27.0%、NH_3-N 削减了62.1%、TN削减了46.3%、TP削减了11.0%。但这只是理论分析数据，大部分实际削减污染物的量远远小于理论削减量，主要是因为大部分城镇管道建设非常薄弱，城镇雨污管道没有区分，管道断裂、损坏等也使得雨水和地下水进入污水管线，影响污水处理设备的运行效果，对污染负荷的削减大打折扣。

另外，在重点调查的500多家企业中，只有300多家工业企业有废水治理设施，但依然有部分企业没有污水处理设施，废水直接流入鄱阳湖，或通过博阳河、潼津河进入鄱阳湖，不能实现达标排放。还存在有些企业为了降低生产成本，减少污染设备的运行费用，有设备而不正常运行，有偷偷排污行为，因此要加强监管，防范未然，对不负责任的企业要严格依法查处。

如何进一步强化污水处理，实现生产、生活污水的高比例达标排放，一方面要注重经费投入，完善管道等基础设施建设，提高污水处理设备的运行效率；另一方面，要形成新的污水处理服务机制，提高地方政府兴建的污水处理厂的使用效率，让没有财力兴建污水处理厂的企业付费处理，降低企业生产和处理成本，使污水处理走上全面规范的轨道。

3. 加强临湖区污染环境的生态治理

临湖区各种污染负荷“点-线-面”相互影响叠加，整个污染负荷“产-流-汇”极其复杂，各个环节对社会经济、生态环境造成的影响、破坏和灾害不尽相同，要有与其相宜的全程、全方位的应对机制和措施。一方面要在控制污染源头，削减污染负荷；另一方面，要对产业的污染负荷和被污染的生态环境进行治理，恢复环境的利用功能和生态功能。同时，加强环境管理执法，健全完善环境监测管理体系，提高管理水平和执法能力。

对于临湖区污染的生态环境治理，应把握好4个基本方向：一要合理规划城镇建设和工业产业布局。工业产业布局要适当与城镇发展规划建设相衔接，使得城镇或工业园区生态条件和基础设施能够承载相应的城镇人口和产业的发展需求，减轻人口集聚和工业生产对生态环境的破坏，减少水土流失、环境污染等问题。二要加强研发和普及污染环境治理的应用性技术和设备，特别是成本低廉、便于操作运行的相关污水处理设备和措施，如人工湿地污染处理技术、小型分散式污水处理设备的研究和开发，还要加大生态环境方面的研究体系建设和资金投入，保证研究有条件、有保障，出成果、出实效。三要加强城镇生态环境，特别是小流域的综合治理工作。小流域退化、侵占、破坏，最终影响到鄱阳湖的生态环境。因此，要综合谋划城乡生态工程建设，改善城镇、乡村周边环境，建立城乡生态走廊，加强生态保护地的建设等。既要重视“五河”的治理，也要确保小流域生态的生机和活力。四要加强污染环境治理综合管理决策支撑体系建设，还要有专门的部门、单位、人员编制，保证组织有保障、管理有机制、职责能到人。

4. 完善临湖区城镇规划和工业产业布局

合理规划城镇建设和工业产业布局非常重要。城镇规划方面，要加快生态建设和基础设施建设的统筹协调，能够承载相应的城镇人口，满足城镇生活污水处理的各种需求，减轻人口集聚带来的生态破坏、环境污染等问题。

工业产业布局方面，要与城镇发展规划建设相衔接。南昌市的污染负荷占到整个临湖区污染总负荷的 50%，使得局部环境比较恶劣，污染治理压力非常突出。目前，临湖区交通物流网络建设比较健全，环湖经济圈的建设基本形成。要发挥各县（区、市）工业园区的作用，在整个环湖经济圈中实现对工业产业的平衡布局，带动区域社会经济的平衡发展，分担区域内的污染负荷。

5. 完善临湖区城乡管线等基础设施建设和生态工程建设

调研过程发现，无论是城镇生活污水处理体系，还是工业企业污水处理体系，管道建设都非常薄弱，城镇雨污管道没有区分，管道断裂、损坏等也使得雨水和地下水进入污水管线，影响污水处理设备的运行效果，因此必须下大力气完善管网等基础设施建设。另外，临湖区内小流域退化、侵占、破坏严重，必然带来更多生态环境问题，要提早及时防范。要结合城乡生态工程建设，改善城镇、乡村周边环境，加强生态保护地的建设，建立城乡生态走廊等。

6. 完善环境教育体系和公众参与模式

临湖区的污染防控治理涉及土地利用、生产生活、基础设施建设、法制法规建设等诸多方面，但所有的策略措施最终都要落实到执行情况及其效果，无论是污染的产生和削减都与公众有着密切而必然的联系。公众参与包含政府的管理引导、企业的社会责任、公民的环保行为等方面。无论从哪个层面讲，公众的环保理念意识和生产生活行为方式对于临湖区的污染负荷有着重大的影响。要通过环境知识的普及提高公众对生态环境保护的理念和认知，努力倡导公众在生产、生活、消费等诸多方面践行绿色理念、环保时尚，推动临湖区生态优先、生态文明建设。

参 考 文 献

冯倩，许小华，刘聚涛，等. 2014. 鄱阳湖生态经济区畜禽养殖污染负荷分析. 生态与农村环境学报，30（2）：162-166.

贾娟娟，罗勇，张健，等. 2015. 鄱阳湖入湖主要污染物浓度变化趋势分析. 江西科学，33（3）：383-387.

雷艳红，严平，曹小华. 2013. 鄱阳湖流域重金属分布及防治措施. 九江学院学报（自然科学版），13（4）：7-9.

李琴，金斌松，陈家宽. 2012. 鄱阳湖流域的基本特征、面临威胁以及政府的保护行动. 鄱阳湖学刊，（2）：51-55.

廖艳彬. 2015. 明清鄱阳湖流域农田水利管理的类型. 江西师范大学学报（哲学社会科学版），48（2）：102-108.

刘发根，王仕刚，郭玉银，等. 2014. 鄱阳湖入湖、出湖污染物通量时空变化及影响因素. 湖泊科学，26（5）：641-650.

刘聚涛，游文荪，丁惠君. 2014a. 鄱阳湖流域农村水环境整治认知调查研究. 江西水利科学，40（3）：161-165.

刘聚涛，游文荪，丁惠君. 2014b. 鄱阳湖流域农村水环境污染防治对策研究. 江西水利科学，40（2）：97-100.

刘聚涛，钟家有，付敏，等. 2014c. 鄱阳湖流域农村生活区面源污染特征及其影响. 长江流域资源与环境，2（7）：1012-1018.

鲁友友，欧阳克蕙，翁贞林，等. 2012. 鄱阳湖生态经济区畜牧业污染现状及防治对策. 湖北农业科学，51（20）：4583-4585.

万莉，章洪涛，弓晓峰，等. 2015. 鄱阳湖流域养猪废水治理概况与进展. 南水北调与水利科技，13（4）：798-802.

王琦，张彩英，曹华斌，等. 2015. 鄱阳湖重金属污染对畜牧业的危害及防治. 畜牧科学，（1）：76-79.

第六章　临湖区环境状况及污染控制分区

本章依据临湖区典型水土环境实地调查数据，分析了临湖区生态系统功能，结合临湖区城镇化和产业结构发展、工农业和生活污染的排放状况，提出临湖区水污染控制分区，明确各分区的功能定位、污染控制重点，以及各分区污染控制对策。

第一节　临湖区水土环境状况

一、临湖区典型水体水质

1. 典型水体调查

考虑到临湖区水体的典型性，本次考察对水体采样点的布设选择了区间河流、天然湿地、农田排水、人工湿地、鄱阳湖子湖、城市水体、养殖水体及自然保护区等类型，兼顾开展土壤（底质）调查；生态样方调查则选择湿地、农田、山地、森林等多种地类。水体环境调查点位分别为博阳河、徐埠港、蓼花池、廿四联圩、艾溪湖、鄱阳东湖、军山湖、南矶山 8 个点位（图 3-6-1），调查指标包括 COD、TN、TP、NH_3-N、Cu、Pb、Zn、Cd、Cr，调查时间为 2012 年 10 月～2013 年 4 月。

2. 典型水体水质状况

TP 和 TN 是湖泊富营养化关键的营养盐指标，各调查点位水体 TP、TN 浓度见表 3-6-1 和图 3-6-2。

表 3-6-1　临湖区典型水体水环境状况　　（单位：mg/L）

点位	点位类型	TP	TN	COD	NH_3-N
南矶山	自然保护区	0.019	0.183	15.87	0.416
博阳河	区间河流	0.039	0.699	19.84	1.200
蓼花池	天然湿地	0.005	0.830	15.87	0.218
徐埠港	区间河流	0.012	0.251	11.90	0.225
廿四联圩	农田排水	0.196	1.755	24.70	0.087
艾溪湖	人工湿地	0.378	2.418	30.40	1.370
鄱阳东湖	城市水体	0.250	2.540	34.64	0.403
军山湖	养殖湖泊	0.132	1.083	7.75	1.075
Ⅲ类标准	—	0.05	1.00	20.0	1.00
Ⅳ类标准	—	0.10	1.50	30.0	1.50

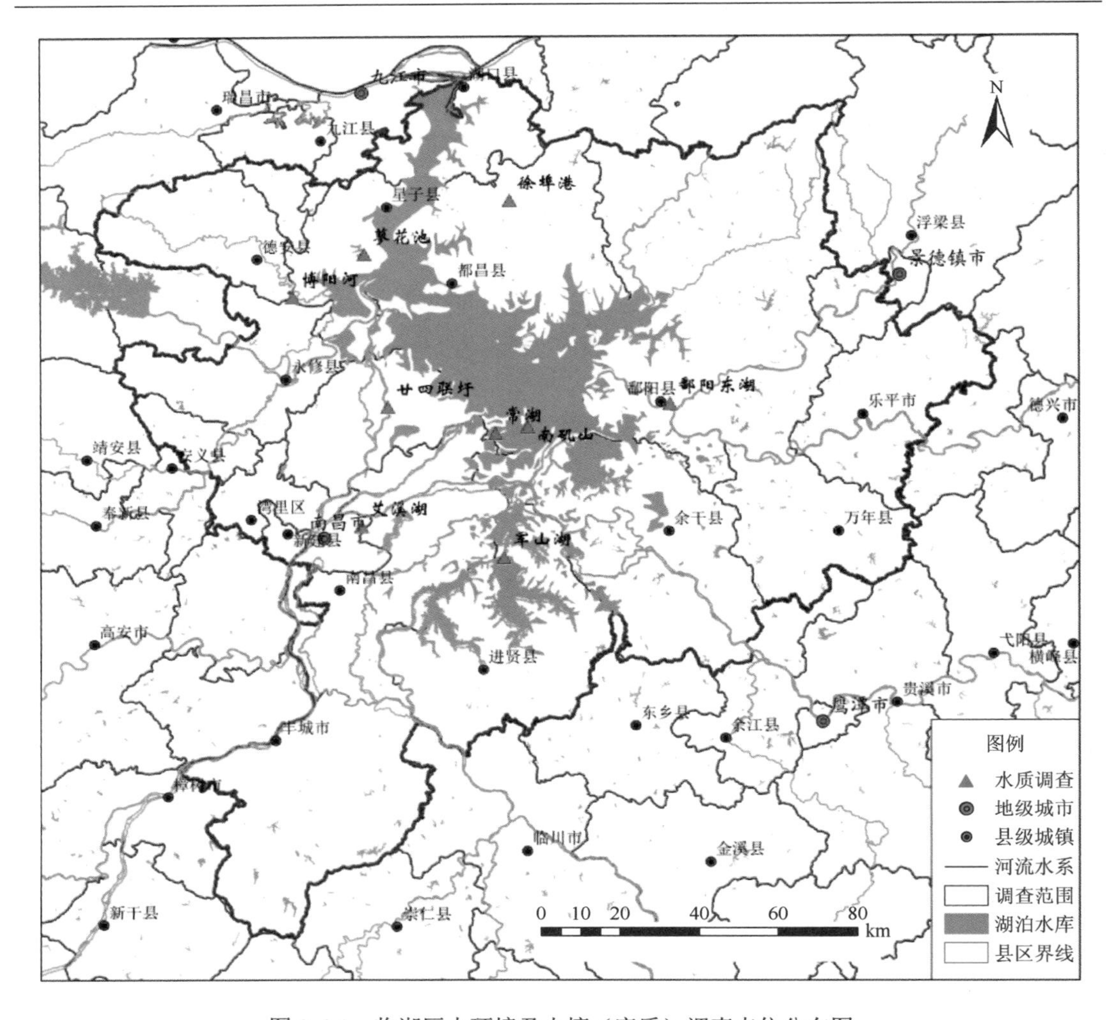

图 3-6-1　临湖区水环境及土壤（底质）调查点位分布图

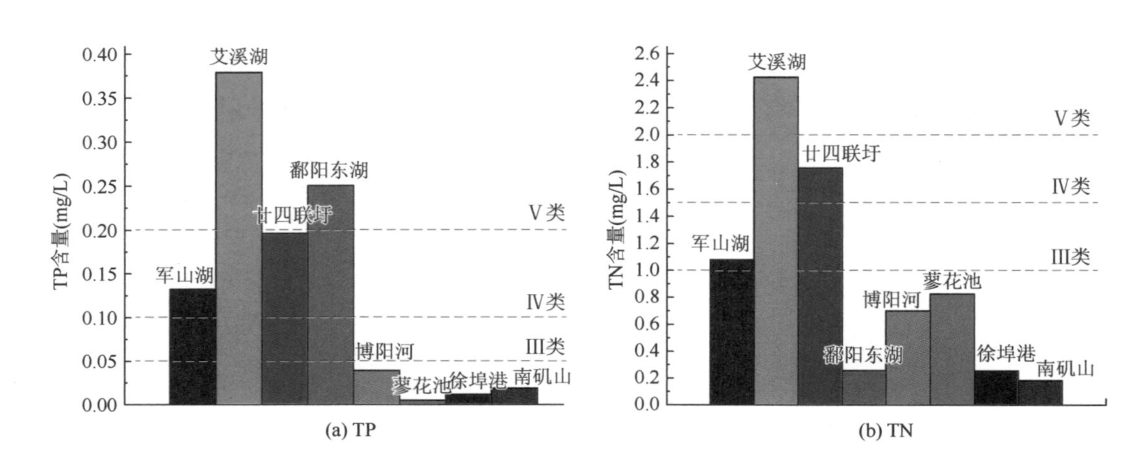

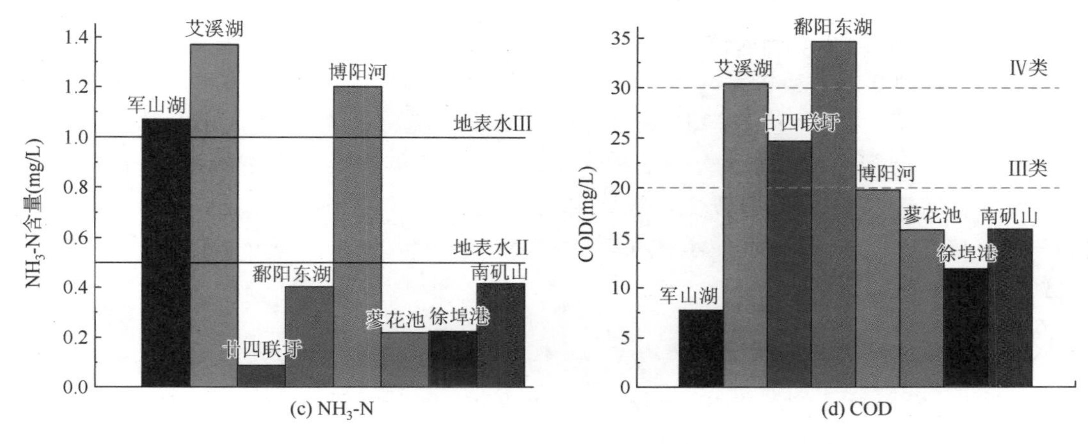

图 3-6-2　典型水体水环境状况分布图

在鄱阳湖枯水期，南昌市的城市内湖艾溪湖 TP 和 TN 浓度均达到劣 V 类，属于极端富营养化水平，应及时加以安全防范。水产养殖区的军山湖和廿四联圩退水营养盐浓度也达到 IV 类，应加强营养盐调控，防止营养盐流失最终汇入鄱阳湖。鄱阳东湖 TP 超标较严重，但 TN 浓度并不高，可能是由部分城镇生活污水排入，以及大量的沉积物磷释放所致。其他，如博阳河和徐埠港的 TP、TN 营养盐浓度均相对较低，维持在 III 类水平（湖泊标准）。

所有调查点位 NH_3-N 浓度均没有明显严重超标情况发生，但艾溪湖、军山湖及博阳河浓度略偏高，为 IV 类水质，而廿四联圩退水、徐埠港、蓼花池、鄱阳东湖和南矶山水体保持在 I～II 类水平。有机物污染方面，本次调查的两个城市内湖艾溪湖和鄱阳东湖均超过了地表水 IV 类标准，结合 TP、TN 数据分析，可能其与输入的生活污水有一定关系；在天然水体中，除廿四联圩为 IV 类水体外，其余调查点位总体上维持在 III 类水平。综上，N、P 等营养盐仍是鄱阳湖及临湖区的主要污染因子。

调查水体典型重金属含量见表 3-6-2。从各项水体重金属含量指标来看，目前鄱阳湖周边选点区域水体重金属污染并不严重，但是博阳河 Cr（VI）含量轻度超标，因 Cr 地球化学背景值通常极低，这可能与博阳河流域存在冶炼或矿产开采加工业有一定的关联。

表 3-6-2　临湖区典型水体重金属含量　（单位：mg/L）

采样点位	Cu	Zn	Cd	Cr（VI）	Pb
军山湖	未检出	0.018	未检出	0.038	未检出
艾溪湖	未检出	0.012	未检出	0.023	未检出
廿四联圩	未检出	0.027	未检出	0.041	未检出
鄱阳东湖	未检出	0.014	未检出	0.046	未检出
博阳河	未检出	0.016	未检出	0.053	未检出
蓼花池	未检出	0.025	未检出	0.025	未检出
徐埠港	未检出	0.011	未检出	0.042	未检出
南矶山	未检出	0.019	未检出	0.044	未检出

对临湖区典型河、湖水体营养盐及重金属污染状况调查评价的结果表明，区域城市湖泊（湿地）N、P 含量较高，属劣 V 类水体，TP 超标 0.2～0.8 倍；农田灌溉退水水质为 V 类，相对较差；典型养殖湖泊水体水质总体为 V 类，不容乐观；天然湖泊湿地、区间河流水质较好，N、P 含量均达到 III 类标准（湖泊标准）；区域典型河、湖水体重金属含量普遍较低，仅在部分区间河流（博阳河）检出 Cr（VI）超标 0.05 倍。总体上，临湖区水体承载了较大的 N、P 营养输入，部分水体亟待加强 N、P 营养盐的削减。

3. 临湖区水环境总体状况

收集了 2010～2012 年鄱阳湖常规水质监测数据，并选择 2012～2013 年的一个水文期（丰水期：2012 年 8 月 25 日，平水期：2012 年 11 月 15 日，枯水期：2013 年 1 月 25 日），对临湖区的典型水体，包括“五河”、区间河流、尾闾区域等开展地表水环境评价。

2010～2012 年，“五河”年均入湖 COD、NH_3-N、TN、TP 浓度分别为 8.31～15.04 mg/L、0.16～0.93 mg/L、0.69～2.20 mg/L、0.043～0.194 mg/L，除 TN 外，总体能够达到Ⅲ类水质标准。参照湖泊 TN 的 III 类标准，“五河”水质达标率仅为 32.8%。尽管“五河”入湖水质达到Ⅲ类标准（除 TN 外的 22 项，Ⅰ～Ⅱ类占 40%，III 类占 60%），但是入湖水质 N、P 浓度偏高，在一定程度上会影响鄱阳湖水质状况。

赣修尾闾、赣抚信尾闾和饶信尾闾 N、P 浓度总体呈现丰水期＜平水期＜枯水期的规律，COD 浓度表现为丰水期＜枯水期＜平水期，在丰、平、枯三期均达到地表水Ⅱ类水质标准。枯水期 TN 和 TP 的点位超标率分别为 81%和 67%，平均超标倍数分别达到 0.59 和 0.82。总体上，“五河”尾闾污染物浓度高于湖区平均水平，主要是因为“五河”尾闾地处“五河”入湖段，“五河”承载着江西省主要污染负荷，所以“五河”尾闾各污染物浓度相对较高。总体来看，赣抚信尾闾和饶信尾闾重点指标污染物浓度相对较高，赣修尾闾重点指标污染物浓度相对较低，从地理位置来看，赣抚信尾闾和饶信尾闾属于南部湖区，赣修尾闾属于北部湖区，从水质监测结果分析，由于赣江主支和柘林湖水质较好，因此北部湖区水质整体好于南部湖区。

鄱阳湖水系土塘河、漳田河、潼津河、徐埠港、博阳河、清丰山溪等区间河流丰、平、枯三期水质总体达到河流 III 类标准。区间河流 TN 浓度丰水期均值为（1.08±0.45）mg/L、平水期均值为（1.47±1.01）mg/L、枯水期均值为（1.84±0.45）mg/L，呈现枯水期＞平水期＞丰水期的趋势。TP 浓度丰水期均值为（0.07±0.04）mg/L、平水期均值为（0.07±0.02）mg/L、枯水期均值为（0.07±0.02）mg/L，丰、平、枯三期 TP 浓度变化不大。

二、土壤及底质污染状况

1. 调查点位及指标

土壤（底质）调查的点位布设与水体调查大体一致。调查的指标包括 N、P、Cu、Pb、Zn、Cd、Cr，重金属指标的调查时间是 2012 年 10 月～2013 年 4 月，N、P 的调查时间是 2014 年 6 月。

2. 土壤（底质）N、P 含量

对军山湖（底质）、廿四联圩（农田土壤）、鄱阳东湖（底质）、博阳河（周边农田土壤）、蓼花池（周边农田土壤）等进行 N、P 调查，结果见表 3-6-3。

表 3-6-3　鄱阳湖临湖区土壤（底质）N、P 含量　（单位：mg/kg）

序号	点位名称	点位类型	TN	TP
1	军山湖	底泥	731.53	144.74
2	廿四联圩	土壤	3 616.42	298.96
3	鄱阳东湖	底泥	3 327.05	1 093.76
4	博阳河	土壤	1 380.32	481.36
5	蓼花池	土壤	2 423.99	387.07

从表 3-6-3 可以看出，鄱阳湖临湖区土壤 N、P 含量的差别较大，其中农田土壤 N、P 相对稳定，而河湖底质波动较大。根据中国环境科学研究院等 2007～2009 年的调查结果，鄱阳湖区底质 N、P 的平均水平分别为 1 200～1 300 mg/kg、350～506 mg/kg，总体上丰水期要高于枯水期，“五河”尾闾区底质 N、P 水平分别为 1 200～1 600 mg/kg、420～500 mg/kg，P 在丰水期高而 N 在枯水期高。本书的研究表明，城市内湖（鄱阳东湖）由于营养富集，其 N、P 含量远远高出湖区和“五河”尾闾。然而，军山湖底泥 N、P 含量较低，是军山湖虽作为高密度养殖湖泊，但水质总体仍稳定的重要原因。

3. 土壤（底质）重金属含量

对 8 个调查点位开展的重金属调查结果见表 3-6-4。鄱阳湖周边湖区底泥沉积物中的 Pb、Cu、Cr 含量均没有超标情况发生，该 3 种重金属自然本底值较低；博阳河、蓼花池、廿四联圩、鄱阳东湖均没有检测到 Cr。博阳河周边农田土壤 Zn 超标较为严重，蓼花池周边土壤的 Zn 也超过了人体安全标准。而土壤（底质）Cd 的含量较为异常，调查区域所有点位的总 Cd 含量均超过土壤环境质量标准二级值（0.3 mg/kg），且军山湖、艾溪湖、廿四联圩、鄱阳东湖、博阳河超过三级标准值（1.0 mg/kg），应引起足够的重视。

表 3-6-4　临湖区典型土壤（底质）重金属含量　（单位：mg/kg）

点位	Pb	Cu	Zn	Cr	Cd
军山湖	29.39	7.51	38.23	100.04	3.05
艾溪湖	55.67	24.62	89.97	82.26	4.54
廿四联圩	48.35	15.91	63.94	39.39	6.76
鄱阳东湖	32.12	18.26	36.47	127.3	4.61
南矶山	28.44	19.98	46.12	—	—

续表

点位	Pb	Cu	Zn	Cr	Cd
博阳河	45.03	34.03	612.70	—	1.70
蓼花池	38.51	20.49	380.62	—	0.59
徐埠港	34.77	22.44	64.80	—	0.95
二级标准（pH<6.5）	300	100	250	300	0.30

第二节　临湖区生态系统状况

一、临湖区生态系统概况

1. 区域主要植被分类

在野外调查的基础上，参照《中国植被》和《江西森林》中的植被分类系统，鄱阳湖临湖区植被类型分为5种植被型、12种植被亚型、85个群系，见本章附录3-6-1。

2. 区域典型植被分布特征

临湖区生态系统多样性较高，总体水平较好。水生植被一般在水深 1～6 m，以水生草本植物为主；陆生植被以常绿针叶林和常绿阔叶林为主。水生植被主要是分布于内、外湖及池塘、沟渠水域环境中的水生植物，湖泊中的主要水生植物为苦草、眼子菜、绿藻、蓝绿藻，仅有小面积的芦苇。陆生植被是以分布在周边山地丘陵的苦槠、丝栗栲、钩栲、甜槠、青冈栎、木荷等为主的常绿阔叶林天然次生林；此外，还有杉、竹混交林，杉、马尾松及阔叶树混交林，常绿与落叶阔叶混交林和落叶阔叶林等；人工林大多为杉、马尾松及其他经济林树种。区域典型植被分布特征如下。

1）水生植被

官少飞等（1987）通过调查认为，临湖区水生植被主要是分布于内、外湖及池塘、沟渠水域环境中的水生植物。水深一般在 1～6 m。组成水生植物群落的种类以水鳖科、眼子菜科、茨藻科、睡莲科等沉水型和漂浮型的水生草本植物为主。

（1）浮水型植物群落。浮水型植物群落一般分布于湖区小型水体静水区域，水深多在3 m以内。[1]芡实群落（*Eurgale ferer*），槐叶萍、满江红群落（*Salvinia natans*，*Azolla imbricata*），浮萍、紫萍群落（*Lemna minor*，*Spirodela polrhiza*），¼大薸群落（*Pistiastratiotes*），½空心莲子草群落（*Altev-nantheravhiloxeroides*），¾凤眼莲群落（*Eichhornia cras-sipes*），菱群落（*Trapa* spp），眼子菜、浮叶眼子菜群落（*Nymphoides peltatum*），萍蓬草群落（*Nuphara pumilum*），水禾群落（*Hygrorgza aristata*），水禾为国家重点保护的单植物种属。

（2）沉水型植物群落。苦草群落（*Vallisneria spiralis*），马来眼子菜群落（*Potamogeton malaianus*），微齿眼子菜群落（*Potamogeton mackianus*），¼菹草、大茨藻群落（*Potamogeton crispus*，*Najas marina*），½狸藻群落（*Uiricularia* spp），¾茨藻群落（*Najas* spp.），聚草群

落（*Myriophyllum spicatum*），黑藻群落（*Hydrilla verticillata*），金鱼藻、小茨藻群落（*Ceratophyllum demersum*，*Najas minor*），水车前、异叶石龙群落（*Ottelia olismoides*，*Limmophyla heterophylla*）。

2）沼泽植被

沼泽植被是指分布于湖缘、池塘、沟渠或低洼地段水域周围的浅水区域季节性积水区，土壤则为淤积沼泽土或草甸沼泽土，有以莎草科、禾本科为主的植物群落，沼泽植被和水生植被之间有着一定的联系，一些植物种类往往互有分布，而且在一定条件下可以演替。

临湖区沼泽区主要位于江西省南昌市东北约 50 km 的鄱阳湖湖滨，跨永修、德安、星子、湖口、都昌、波阳、余干、进贤、南昌、新建和九江等县（区、市），是我国最大的淡水湖湖滨沼泽（朱海虹，1995），其可划分为 4 种类型，马来眼子菜 + 薹草治泽、水毛茛 + 蓼沼泽、薹草沼泽和芦苇 + 荻沼泽，面积约为 5.87 km^2，主要分布在海拔 12～18 m 的区域。

3）草甸植被

王婷和胡亮（2009）调查结果表明，生长着非地带性的草甸植物常见的有 19 种，分别隶属于 8 科。这些常见的植物中，以禾本科、莎草科、蓼科和菊科等植物最常见。由于洲滩高程不同，水热条件等也有差异，从而形成不同的土壤生长着不同的植物群落。位于湖滨海拔 17 m 以上的高滩地、河流三角洲，一般紧靠围堤或傍近山冈。由于人为干扰严重，天然植被多遭到破坏，多呈不连续的块状、条状分布，以生长湿中生和中生禾本科植物为特点，同时双子叶植物分布增多。鄱阳湖湖滩洲地的植物群落主要有薹草群丛、芦群丛、荻群丛、莎草科、禾本科、蓼科、菊科、毛茛科、千屈菜科、堇菜科、玄参科植物。在低地草甸中也镶嵌分布有以蓼子草（*Potygonum criopolitanum*）、水蓼、毛蓼（*P.barbotum*）、蒌蒿（*Artermisia selen gensis*）、节节草（*Rotala indica*）、下江委陵菜（*Potentilla limprichtii*）、蛇含委陵菜（*P.kleiniana*）、球根毛茛（*Ranur culus polii*）、牛毛毡（*Eleocharis yokoscensis*）、紫云英（*Astragalus sini-ca*）、天蓝苜蓿（*Medicago lupulina*）、通泉草（*Mazus japonica*）为建群种的 11 类草甸群落及小群落。

4）沙洲植被

沙洲植被主要分布在入湖三角洲及湖滨沙地，高程多在 16 m 左右，洪水季节有短期淹没，夏季地面温度较高，以冲积沙土为主，其中都昌、永修、南昌、鄱阳等地分布面积为 0.6～0.7 km^2。主要有美丽胡枝子群落（Form. *Lespedeza formosa*）、假俭草及长萼鸡眼草群落（Form. *Eremo-chloa ophiuroides*，*Kummerowia stipuloceae*）、茵陈蒿群落（Form.*Artemisia capillavis*）等（王婷和胡亮，2009）。

5）常绿阔叶林

常绿阔叶林分布于海拔 700 m 以下的山地，土壤为红壤和山地黄壤，构成常绿阔叶林的植物区系，主要有山毛榉科、樟科和山茶科的植物种类，常见的有苦槠、青栲、青冈、石栎、樟树等。此外，还有金缕梅科、木兰科、冬青科、山矾科等。林下灌木则主要有柃木属、杨桐属、山茶属、冬青属、杜鹃属、乌饭属、乌药属、紫金牛属、黄栀子属等常绿属种，草本层以蕨类、莎草科、禾本科、百合科为主；藤本植物主要为葡萄科、木通科、夹竹桃科、防己科、薯蓣科、桑科、葫芦科的一些种类。

6）常绿、落叶阔叶混交林

常绿-落叶阔叶混交林主要分布在评价区海拔 600～1 000 m，土壤以山地黄棕壤为主，地形相对平缓。因受人为活动影响，其多遭受破坏。总体看来，此类植被乔木层中主要层片的优势种不明显，胸径一般为 10～15 cm，当地居民称为杂木林，构成群落的常绿树种主要有细叶青冈、青冈栎、甜槠、石栎、白楠、紫楠、野黄桂、老鼠矢、黄丹木姜子等，有时也会出现少量针叶树和毛竹；落叶树种主要有锥栗、短柄枹、青榨槭、枫香、檫木、小叶白辛树、椴树、四照花、灯台树、白檀、白蜡树等。两种成分的比例及群落组成随着海拔和局部环境的变化而变化，在海拔相对低处和沟谷中，常绿成分往往占优势，向上和山坡则逐渐变为落叶成分占优势。偶见针叶树出现，如台湾松、马尾松等。

7）落叶阔叶林

落叶阔叶林又称“夏绿林”，其层次结构相对简单，季相分明。春季嫩绿，其中点缀着壳斗科植物的花序；夏季是一片苍绿；秋季则五彩斑澜；冬季落叶满目灰褐。评价区的落叶阔叶林分布极广，海拔 1 300 m 以下都有分布，主要集中在海拔 1 000～1 200 m，此区间的群落相对稳定。建群植物主要有锥栗、短柄枹、短毛椴、青榨槭、香果树、紫弹朴、鹅掌楸等，其他常见落叶树木还有四照花、灯台树、小叶白辛树、化香、泡花树、白蜡树、蜡瓣花、山樱花、蓝果树、槭属多种等，群落组成十分复杂，常呈落叶阔叶杂木林。

8）灌丛

该植被类型优势层为灌木层，常覆被稀疏马尾松，为典型的次生群落，广泛分布于海拔 500 m 以下的山地，以阻坡、半阻坡居多，物种组成中常绿成分增多，藤木植物种类也逐渐增加。

9）竹林

竹林主要有毛竹林、刚竹林，以及呈现灌丛状的庐山玉山竹群落、箬竹群落和庐山茶杆竹群落，毛竹林分布在海拔 900 m 以下，常形成纯林，也常与杉木和一些落叶乔木形成竹杉混交林、竹阔混交林。刚竹林较毛竹林分布得要高，可达到 1 300 m，多呈现斑块状分布。竹林结构简单，外貌整齐，季相苍翠碧绿，林下植物种类较少。庐山玉山竹则主要分布在 1 100 m 以上的山顶，群落内常出现少量台湾松。

10）草地

高山草甸在区域植被中占据极次要地位，呈小斑块状星散分布，其形成的原因复杂，在海拔 1 400 m 以上的汉阳峰山顶有小面积的群落，在一些岩石裸露土壤极为瘠薄的山顶也有斑块状分布，表现相对稳定，而山下草甸多是植被受到严重干扰后出现的，如反复砍伐，火烧、撂荒等，其以草本植物为主，建群植物多为禾本科种类，此外还有菊科、百合科、莎草科、桔梗科、龙胆科、天南星科、毛茛科、景天科等的一些中生性种类，以及一些蕨类植物。在草丛中常散生有小灌木和竹子。

二、临湖区生态系统 NPP 变化

1. 评价技术方法

采用净第一性生产力（net primary productivity，NPP）对临湖区生态系统质量的分布格局进行评价。NPP 的计算采用 CASA 模型，见式（3-6-1）：

$$\mathrm{NPP} = \mathrm{APAR}(t) \times \varepsilon(t) \quad (3\text{-}6\text{-}1)$$

式中，$\mathrm{APAR} = \mathrm{fPAR} \times \mathrm{PAR}$。使用的参数包括平均温度、蒸散量、日照时数、植被指数、反照率、植被类型、像元经纬度信息等。本次考察选择鄱阳湖临湖区 2001 年、2005 年、2010 年逐旬的 MODIS17 250 m 分辨率数据，并结合现场实际监测获取 NPP。选用奥德姆地球上生态系统各生产力等级评价标准划分等级，见表 3-6-5。

表 3-6-5　地球上生态系统生产力水平等级划分（奥德姆划分法）

评价等级	生产力判断标准（NPP）	生态类型举例
最低	＜0.5 g/(m^2·d)	荒漠和深海
较低	0.5～3.0 g/(m^2·d)	山地森林、热带稀树草原、某些农耕地、半干旱草原、深湖和大陆架
较高	3～10 g/(m^2·d)	热带雨林、农耕地和浅湖
最高	10～20 g/(m^2·d)，最高可达 25 g/(m^2·d)	少数特殊生态系统，如农业高产田、河漫滩、三角洲、珊瑚礁和红树林等

2. 评价结果

根据上述方法得到 2001 年、2005 年、2010 年自然植被净第一性生产力，结果如附图 3-6-1 所示。2001 年、2005 年、2010 年 3 个代表年份中，年 NPP 最大值为 1 198.98 g C/m^2，平均值为 706.62 g C/m^2，符合区域基本分布规律（丁明军等，2009）。

2001 年、2005 年、2010 年 3 个水平年 NPP 评价等级分布见表 3-6-6。2001 年，鄱阳湖临湖区年 NPP 最大值为 1 177.2 g C/m^2，平均值为 733.9 g C/m^2。临湖区生态系统本底的生产力水平处于 3.0 g/(m^2·d)以上的面积占调查区域总面积的 88.9%。2005 年，临湖区年 NPP 最大值为 1 198.8 g C/m^2，平均值为 768.2 g C/m^2。临湖区生态系统本底的生产力水平处于 0.5 g/(m^2·d)以上的面积占调查区域总面积的 89.7%。2010 年，临湖区年 NPP 最大值为 1 183.0 g C/m^2，平均值为 726.8 g C/m^2。临湖区生态系统本底的生产力水平处于 0.5 g/(m^2·d)以上的面积占调查区域总面积的 86.5%。

表 3-6-6　2001 年、2005 年、2010 年各年 NPP 等级评价

评价等级	NPP 判断标准 $[g/(m^2 \cdot d)]$	2001 年		2005 年		2010 年	
		面积（km^2）	比例（%）	面积（km^2）	比例（%）	面积（km^2）	比例（%）
最低	＜0.5	1 969.88	9.24	1 791.36	8.40	2 119.01	9.94
较低	0.5～3.0	17 828.53	82.7	17 105.95	80.20	17 401.90	81.6
较高	3～10	1 528.78	7.17	2 429.88	11.40	1 806.28	8.47
最高	10～20	0.00	0.00	0.00	0.00	0.00	0.00

3. 临湖区 NPP 时空变化特征

整体上，森林 NPP 5～9 月为旺盛生长期，基本可达到 8 g $C/(m^2 \cdot 10\ d)$以上。但在 6～8 月上旬，明显地 2010 年 NPP＜2005 年 NPP＜2001 年 NPP，但 8 月中旬至 9 月上旬，2010 年 NPP＞2005 年 NPP＞2001 年 NPP；灌木生态系统的 NPP 在 7 月上旬达到最大值，而在 9 月下旬也出现一个次高峰；草地生态系统的 NPP 总体上由 6 月下旬到 9 月中旬为生长高峰期，其余时段 NPP 基本较小；湿地生态系统的 NPP 与其他生态系统的 NPP 相比最小，但 2010 年累计湿地 NPP 较 2001 年、2005 年高；耕地生态系统的 NPP 与其他生态系统的 NPP 相比较高，且其高峰阶段由 5 月下旬一直持续到 9 月下旬。从鄱阳湖临湖区生态系统 2001 年、2005 年、2010 年年内与年际 NPP 旬平均值变化来看，11 月下旬至次年 3 月上旬各年 NPP 值变化不大，但 4 月上旬至 7 月下旬 2010 年 NPP＜2005 年 NPP＜2001 年 NPP，8 月上旬至 10 月下旬 2010 年 NPP＞2005 年 NPP＞2001 年 NPP。

在空间上，按照奥德姆划分法，临湖区湖体深水区及周边较深湖泊生产力属于最低水平，周边平原地区生产力属于较低水平，较高生产力主要分布在东部山区，景德镇市、鄱阳县和万年县东部，以及庐山区和新建县梅岭等地区。

三、临湖区景观生态演变

1. 评价方法

采用景观生态学的方法，以 2000 年、2005 年和 2010 年为时间点，结合遥感、地面调查，以及生态系统研究网络多年观测数据，调查与评价临湖区土地利用类型、分布、比例与空间格局变化。

评价所采用的遥感数据为 2000 年 9 月 23 日、2005 年 9 月 29 日、2010 年 3 月 19 日的 Landsat5 TM 遥感影像和 2010 年 3 月 11 日的环境一号卫星遥感影像，分辨率为 30 m。使用的软件包括 Definiens Professional 8.0 图像处理软件、地理信息系统软件 Arc/Info 10，基于 Arc/Info 平台的 Spatial Analysis 扩展模块、景观格局分析软件 Fragstats4.1 等。

2. 土地利用变化分析

2000 年、2005 年和 2010 年鄱阳湖临湖区一级土地利用构成特征见表 3-6-7。耕地为最大土地利用，2000 年为 8 122.5 km^2，占总面积的 35.8%；2005 年面积为 7 761.9 km^2，占总面积的 34.2%；2010 年为 7 591.2 km^2，占总面积的 33.5%。同时也可以看出，2000～2010 年，湿地面积逐渐减少，城镇用地面积比例逐年增加。

表 3-6-7　临湖区一级土地利用构成特征

年份	统计参数	森林	草地	湿地	耕地	城镇用地	其他
2000	面积（km^2）	6 866.0	118.6	5 911.7	8 122.5	1 607.7	82.0
	比例（%）	30.2	0.5	26.0	35.8	7.1	0.4
2005	面积（km^2）	6 942.7	141.7	5 840.4	7 761.9	1 902.8	86.1
	比例（%）	30.6	0.6	25.8	34.2	8.4	0.4
2010	面积（km^2）	6 952.3	138.3	5 829.1	7 591.2	2 080.2	81.1
	比例（%）	30.7	0.6	25.7	33.5	9.2	0.4

2000 年、2005 年和 2010 年临湖区二级土地利用构成特征见表 3-6-8。2000 年鄱阳湖临湖区耕地占地面积最大，总面积为 8 114.5 km^2，占总面积的 35.7%，湖泊次之，占 22.0%。2005 年鄱阳湖临湖区耕地占地面积最大，总面积为 7 752.7 km^2，占总面积的 34.2%。2010 年鄱阳湖临湖区耕地占地面积最大，总面积为 7 579.1 km^2，占总面积的 33.4%。2000～2010 年，沼泽、湖泊面积下降，居住地和交通/工矿用地明显增加。

表 3-6-8　鄱阳湖临湖区二级土地利用构成特征

类型	2000 年		2005 年		2010 年	
	面积（km^2）	比例（%）	面积（km^2）	比例（%）	面积（km^2）	比例（%）
阔叶林	1 793.2	7.9	1 798.0	7.9	1 792.7	7.9
林针叶林	3 811.8	16.8	3 872.4	17.1	3 888.7	17.2
针阔混交林	160.1	0.7	158.8	0.7	158.0	0.7
稀疏林	0.7	0.0	0.7	0.0	0.7	0.0
阔叶灌木林	1 086.4	4.8	1 099.0	4.8	1 098.3	4.8
稀疏灌木林	13.9	0.1	13.9	0.1	13.9	0.1
草地	118.6	0.5	141.7	0.6	138.3	0.6
沼泽	97.1	0.4	94.9	0.4	95.3	0.4
湖泊	4 999.2	22.0	4 931.8	21.7	4 924.6	21.7
河流	815.4	3.6	813.7	3.6	809.1	3.6
耕地	8 114.5	35.7	7 752.7	34.2	7 579.1	33.4
园地	8.0	0.0	9.1	0.0	12.0	0.1
居住地	1 312.9	5.8	1 505.4	6.6	1 622.2	7.2
城市绿地	59.9	0.3	85.3	0.4	85.6	0.4
交通/工矿用地	234.8	1.0	312.1	1.4	372.4	1.6
裸地	82.0	0.4	86.1	0.4	81.1	0.4

3. 土地利用格局演变特征

2000 年、2005 年和 2010 年临湖区一级生态系统景观尺度的 6 个景观指数[（斑块密度（PD）、最大斑块指数（LPI）、景观形状指数（LSI）、斑块平均面积（AREA_MN）、蔓延度指数（CONTAG）、香农多样性指数（SHDI）]计算结果见表 3-6-9。就鄱阳湖临湖区的一级土地利用整体土地利用变化而言，2000～2010 年 PD、LPI、LSI、CONTAG 4 个指数整体呈下降趋势，而 AREA_MN、SHDI 两个指数呈明显的上升趋势。这表明在 21 世纪初的 10 年内，临湖区的景观破碎度降低，破碎程度减少，单一性增加；斑块的几何形状趋向规则；景观多样性有所上升，景观系统的结构组成更加复杂。根据调研结果分析，说明在人口增长和经济发展的同时，以人类活动为主的综合因素导致临湖区土地利用格局发生了显著变化。

表 3-6-9　一级生态系统景观格局指数（景观尺度）

指数	2000 年	2005 年	2010 年
PD	2.66	2.49	2.29
LPI	21.27	20.94	20.66
LSI	163.95	161.88	158.63
AREA_MN	37.53	40.15	43.65
CONTAG	54.80	54.15	54.00
SHDI	1.32	1.34	1.35

2000 年、2005 年和 2010 年临湖区一级土地利用斑块尺度的 4 个景观指数（PD、LPI、LSI、AREA_MN）计算结果见表 3-6-10。

表 3-6-10　一级土地利用景观格局指数（斑块尺度）

年份	土地利用类型	PD	LPI	LSI	AREA_MN
2000	林地	0.52	3.42	142.12	57.43
	草地	0.12	0.02	73.37	5.58
	湿地	0.38	20.94	85.77	66.08
	耕地	0.48	2.07	210.18	73.77
	人工表面	0.94	0.89	230.18	8.83
	其他	0.05	0.06	42.87	9.79
2005	林地	0.57	3.44	145.56	52.29
	草地	0.10	0.02	67.86	5.21
	湿地	0.40	21.27	88.09	62.91
	耕地	0.51	2.26	215.36	71.81
	人工表面	1.00	0.47	235.19	7.06
	其他	0.07	0.06	49.10	6.34
2010	林地	0.49	3.25	137.90	61.46
	草地	0.11	0.02	71.21	5.94
	湿地	0.38	20.66	85.34	65.99
	耕地	0.42	1.98	206.31	81.73
	人工表面	0.86	1.59	220.83	10.63
	其他	0.03	0.06	38.31	13.43

从表 3-6-10 可以看出，各地类的 PD 呈现降低趋势，但人工表面的 PD 值显著大于其他地类，说明人类活动的破碎化程度较其他自然地类高。2000 年不同地类 PD 大小顺序为人工表面＞林地＞湿地＞耕地＞草地＞其他，而 2010 年变为人工表面＞湿地＞林地＞耕地＞草地＞其他，湿地 PD 值稳定，但林地破碎化程度下降较快，反映近 10 年来的植树造林工程使得林地景观完整性逐步提高；LPI 中，鄱阳湖湿地的存在，使得湿地 LPI 值远大于其他地类，10 年间，LPI 值排序为湿地＞林地＞耕地＞人工表面＞其他＞草地，排序未发生显著变化；在 LSI 方面，由于人类活动的参与，人工表面和耕地的 LSI 显著高于其他地类，斑块形状相对复杂，景观形状复杂程度方面，2000～2010 年变化不大，基本上是人工表面＞耕地＞林地＞湿地＞草地＞其他；AREA_MN 最大的为耕地，2000 年耕地＞湿地＞林地＞其他＞人工表面＞草地，2010 年耕地＞林地＞湿地＞其他＞人工表面＞草地。

四、临湖区生态环境质量状况

1. 评价内容和方法

采用《生态环境状况评价技术规范（试行）》（HJ/T192—2006），以美国陆地卫星 Landsat TM 和中国资源卫星遥感数据为基础，选择生物丰度指数、植被覆盖指数、水网密度指数、土地退化指数、环境质量指数 5 个指标分析临湖区生态环境质量变化，采用指标是生态环境状况指数（EI）。

按照《生态环境状况评价技术规范（试行）》（HJ/T192—2006）的规范，生物丰度指数、植被覆盖指数、水网密度指数、土地退化指数、环境质量指数的权重分别是 0.25、0.20、0.20、0.20、0.15。分级评价的基准采用 EI 和生态环境状况变幅（ΔEI）评价，评价依据见表 3-6-11。

表 3-6-11　临湖区生态环境质量状况评价分级标准及变幅分级

评价内容	评价级别	评价指数	评价状态和描述
生态环境质量状况	优	EI≥75	植被覆盖度高，生物多样性丰富，生态系统稳定
	良	55≤EI＜75	植被覆盖度较高，生物多样性较丰富
	一般	35≤EI＜55	植被覆盖度中等，生物多样性一般水平
	较差	20≤EI＜35	植被覆盖较差，严重干旱少雨，物种较少
	差	EI＜20	条件较恶劣
生态环境质量状况变幅	无明显	|ΔEI|≤2	生态环境状况无明显变化
	略有变化	2＜|ΔEI|≤5	2＜ΔEI≤5，生态环境状况略微变好
			−2＞ΔEI≥−5，生态环境状况略微变差
	明显变化	5＜|ΔEI|≤10	5＜ΔEI≤10，生态环境状况明显变好
			−5＞ΔEI≥−10，生态环境状况明显变差
	显著变化	|ΔEI|＞10	ΔEI＞10，生态环境状况显著变好
			ΔEI＜—10，生态环境状况显著变差

2. 评价结果

2005～2012 年，临湖区 EI 值为 71.24～80.49。各年度变化具体见表 3-6-12。

表 3-6-12　临湖区生态环境状况指数

年份	生物丰度指数	植被覆盖指数	水网密度指数	土地退化指数	环境质量指数	EI	质量级别
2005	66.61	64.09	68.23	12.92	93.01	74.48	良
2006	64.53	58.65	60.26	12.92	96.29	71.77	良
2007	61.72	57.13	64.50	12.92	93.78	71.24	良
2008	64.99	62.03	76.06	12.92	92.69	75.18	优
2009	66.13	62.89	74.37	12.92	91.31	75.10	优
2010	65.73	61.93	100.00	12.92	91.97	80.27	优
2011	66.41	62.69	81.07	12.92	91.88	76.55	优
2012	66.34	62.61	100.00	12.92	92.73	80.49	优

2005～2012 年，鄱阳湖临湖区生态环境质量级别以优、良为主，2005～2007 年生态环境质量为良，2008～2012 年为优，区域无一般、较差及差质量级别的县（区、市）。2012 年，临湖区生态环境质量级别为优的县（区、市）有 5 个，分别为乐平市、永修县、德安县、都昌县和万年县，其余县（区、市）均为良。

对临湖区 2005～2012 年 EI 值与生物丰度、植被覆盖、水网密度、土地退化、环境质量 5 个指数的变化值进行统计分析表明，水网密度指数对鄱阳湖临湖区 EI 值的影响最大，其余依次为生物丰度指数、植被覆盖指数、环境质量指数、土地退化指数；而对水网密度指数影响最大的是水资源量和年降水量。

在生态环境质量变化上，临湖区生态环境状况指数变化值 ΔEI 为负 3.48～4.93。其中，2007～2008 年、2009～2010 年、2011～2012 年略微变好，2006～2007 年、2008～2009 年无明显变化，2005～2006 年、2010～2011 年略微变差。

2005～2012 年，临湖区各县和市辖区生态环境状况指数变化幅度为负 9.2～10.07，各县和市辖区生态环境状况指数变化主要集中在“无明显变化”区间，占 48.41%；“略微变好”占 23.81%；“略微变差”占 14.29%；“明显变好”占 7.94%；“明显变差”占 4.76%；“显著变好”占 0.79%。临湖区各县和市辖区总体生态环境状况指数变化幅度不大。

第三节　临湖区污染控制分区

一、临湖区污染物排放情况

根据前面各类型污染物排放分析结果，临湖区 23 个县（区、市）污染物排放总量为 16.63 万 t，其中 COD 排放总量为 10.1 万 t，占排放总量的 61%，为主要污染物；其次为 TN，年排放总量为 4.62 万 t，占排放总量的 28%；NH_3-N 年排放量为 1.01 万 t，占排放总量的 6%；TP 年排放量为 0.91 万 t，占排放总量的 5%。

从各污染源类型占比分析，临湖区污染物排放总量以生活源为主，年排放量为10.12万t，占临湖区排放总量的61%；其次为工业源，年排放量为2.93万t，占比为18%；养殖业污染排名第三，年排放量为2.42万t，占比14%，种植业年排放量为1.16万t，占比7%。临湖区各县（区、市）各类型污染源主要污染物排放情况详见本篇第二章。

综合分析各县（区、市）污染排放，南昌市中心城区污染物排放量最大，年排放量达到7.23万t，占临湖区排放总量的43.49%；其次分别是南昌县、鄱阳县和丰城市，上述区域污染物排放总量占比达到65.09%。

二、临湖区污染控制带区划

1. 分区方法和依据

考虑到临湖区每个县（区、市）中存在多个污染源及其排放的多种污染物，为确定主要污染源和主要污染物，本次考察将等标污染负荷作为统一比较的尺度，对各污染源和各污染物的环境影响大小进行比较。等标污染负荷计算方法见式（3-6-2）：

等标污染负荷排放量 = $\sum i$ (污染物 i 的排放量/污染物 i 的环境质量标准限值)　（3-6-2）

依据前面各章节各类型污染物排放数据，利用式（3-6-2）计算得出鄱阳湖临湖区23个县（区、市）工业、城镇生活、畜禽养殖、水产养殖和农业种植业五大类污染源等标污染排放量，见表3-6-13。

表3-6-13　临湖区五大类污染源等标污染排放量一览表　（单位：10^6 m^3/a）

县（区、市）	工业	生活	畜禽养殖	水产养殖	种植	合计
南昌市中心城区	4 267	67 303	634	249	1 135	73 588
南昌县	649	7 238	8 906	2 055	4 772	23 619
新建县	986	1 306	4 401	700	1 619	9 013
安义县	77	309	1 028	206	1 114	2 734
进贤县	548	4 346	10 467	1 418	3 440	20 218
昌江区	629	92	751	41	680	2 193
乐平市	899	4 665	1 750	178	3 831	11 323
庐山区	473	70	245	85	813	1 686
九江县	0	157	97	175	2 126	2 555
永修县	201	1 317	789	568	3 153	6 029
德安县	151	823	857	90	2 907	4 828
星子县	87	1 271	1 044	314	1 703	4 419
都昌县	46	3 745	1 827	1 443	4 606	11 667
湖口县	0	472	448	369	3 043	4 333
共青城市	70	541	356	174	448	1 589
丰城市	223	6 453	6 262	1 093	4 692	18 724
余干县	93	3 788	2 754	2 320	4 182	13 138
鄱阳县	244	7 154	6 036	2 846	7 364	23 644
万年县	173	2 140	3 367	402	1 223	7 304
合计	9 817	113 189	52 019	14 727	52 851	242 603

从区域分布来看，临湖区南部包括南昌市中心城区、进贤县、新建县、南昌县和丰城市等 9 个县（区、市），其等标污染物负荷占比最大，达到 60%；其次为景德镇市和上饶市所辖的临湖区东部 5 个县（区、市），其等标污染负荷占比达到 24%；西北部的 9 个县（区、市）等标污染负荷占比为 16%。从污染源类型分析，城镇生活污染贡献率位列五大类污染源之首，其次为农业种植污染源、农业畜禽养殖污染源、水产养殖和工业污染源。

2. 临湖区污染控制带分区

根据控制目标相近和处理方式相近原则，综合考虑各类污染源对临湖区的污染排放负荷和影响，共划分为三大类型区域，分别是以工业和城镇生活为主要污染影响的工业与生活污染控制区域，以畜禽和水产养殖为主要污染影响的农业养殖污染控制区域，以农业种植业为主要污染影响的农业种植面源综合整治区域。

工业与生活污染控制区域——根据等标污染负荷计算结果，南昌市中心城区污染物排放贡献率最高，占比达到 58.18%，其次为南昌县，两者累积排放对区域水环境质量贡献率之和的占比超过 6 成，达到 64.6%，为主要污染贡献区，因此本次规划将上述县（区、市）划分为工业与生活污染重点控制区。

农业养殖污染控制区域——根据等标污染负荷计算结果，进贤县污染物排放贡献率最高，其次分别为南昌县、鄱阳县、丰城市和新建县。上述 5 个县（区、市）污染物排放累积排放对区域水环境质量贡献率之和的占比超过 6 成，达到 66.2%，属于主要污染贡献县（区、市），因此本次规划将上述 5 个县（区、市）划分为农业养殖污染重点控制区。

农业种植面源综合整治区域——根据临湖区 23 个县（区、市）农业种植污染源等标污染负荷计算结果，鄱阳县污染物排放贡献率最高，其次分别为南昌县、丰城市、都昌县、余干县、乐平市和进贤县。上述 7 个县（区、市）污染物累积排放对区域水环境质量贡献率之和的占比超过 6 成，达到 62.23%，属于主要污染贡献县（区、市），因此本次规划将上述 7 个县（区、市）划分为农业种植污染重点控制区。

同时，考虑到临湖区具有明显的圈层性，从里向外依次为湖泊—滩涂与沼泽—平原—丘陵—低山及中山，即环湖地带中间低周围高，构成向心状形态。与此相对应，各类生态经济区的产业发展也具有圈层分布的性质，产业开发力度由湖区向外逐级加大。结合临湖区的地理特征和产业分布特征，将上述三个大区进行叠加，最终形成了临湖区“一带六区”的划分格局。“一带”，即指临湖控制开发带，其范围以《鄱阳湖生态经济区规划》中滨湖控制开发带的范围为基础，涉及相应的临湖区范围；“六区”，即指根据各类型污染控制对象，按照等标污染负荷方法，在工业和城市生活、农业养殖、农业种植三大类型区域的基础上进行叠加，进一步细分为工、农、生活综合污染重点控制区、工业与生活污染重点控制区、农业养殖与种植污染重点控制区、农业养殖污染重点控制区、农业种植污染重点控制区和一般污染控制区。

临湖区各类型污染控制具体各分区概述见表 3-6-14。

表 3-6-14　鄱阳湖临湖区污染控制分区一栏表

分区名称及编号	分区概况	污染特征（污染源）	分区依据
临湖控制开发带（Ⅰ）	面积 2 813.24 km^2，涉及本次规范范围内南昌、九江、上饶 3 个设区市的 12 个滨湖县区所涵盖的部分乡镇	以农业养殖和种植面源污染为主	关于设立“五河一湖”及东江源头保护区的通知（赣府字[2009]36 号）
工、农、生活综合污染重点控制区（Ⅱ）	面积 1 552.15 km^2，主要涉及南昌县	工业污染、城镇生活污染、农业养殖和种植污染并存，并均在各类型污染源中占主导地位	工业和生活污染、农业养殖污染和农业种植污染等标排放均占比超过 60%的沿湖较大城市（镇）
工业与生活污染重点控制区（Ⅲ）	面积 710.87 km^2，主要涉及南昌市中心城区，包括东湖区、西湖区、青山湖区、青云谱区和湾里区 5 个县区	工业与生活污染并存，为该区域主要污染源	以工业和生活污染等标排放占比超过 60%的沿湖县（区、市）
农业养殖与种植污染重点控制区（Ⅳ）	面积 7 729.36 km^2，主要涉及鄱阳县、丰城市和进贤县	农业养殖与种植业污染为主要污染源	以农业养殖和种植业污染等标排放占比超过 60%的沿湖县（区、市）
农业养殖污染重点控制区（Ⅴ）	面积 876.39 km^2，主要涉及新建县	以农业养殖为该区域主要污染源类型	农业养殖污染负荷占比超过 6 成的沿湖县（区、市）
农业种植污染重点控制区（Ⅵ）	面积 3 233.87 km^2，主要涉及都昌县、余干县和乐平市	以农业种植为该区域主要污染源类型	种植面源污染一般治理县区
一般污染控制区（Ⅶ）	面积 6 515.83 km^2，主要涉及除上述临湖开发带和重点控制区以外的其他区域，涵盖南昌、九江、景德镇和上饶等剩余 10 个县（区、市）的部分区域	工业、生活、农业养殖和种植业污染影响一般的区域	工业和生活污染、农业养殖污染和农业种植污染等标排放占比均低于 40%的临湖县区

3. 污染控制分区保护对策

1）临湖控制开发带（Ⅰ）

临湖控制开发带工业发展要求：加快区域内工业产业结构调整和转型升级步伐，依法依规强制淘汰落后生产能力；区内严禁新建、改建和扩建任何工业企业，鼓励区内现有企业迁出异地改扩建；提高区内现有工业企业主要污染物排放标准，区内现有工业企业废水排放增加 TP、TN 污染物排放标准要求，要求 TN 污染物排放浓度低于 25 mg/L，TP 污染物排放浓度低于 1.0 mg/L。到 2020 年，在满足区域工业废水处理率和排放达标率均为 100%的前提下，区域工业企业废水排放达到一级 A 标准。

临湖区控制开发带城镇建设发展要求：严格控制区内人口规模，区内人口增长率应低于 8‰；原则上不再扩大现有城镇规模，区域内现有乡镇开发建设应做到增容减污，努力降低污染排放水平。到 2017 年，城镇生活污水集中处理率达到 98%以上，县城及乡镇集中式生活污水处理厂废水排放达到一级 A 标准，生活垃圾无害化处理率达到 95%以上。

湖滨保护带农业养殖发展要求：提倡发展绿色生态养殖模式，推行种养结合，走生态养殖之路；鼓励区内养殖企业搬迁异地改扩建，引导畜禽养殖业向畜禽粪尿消纳土地相对充足的农村地区转移；严格控制区内规模化畜禽养殖和集约化水产养殖数量和规模，原则上不再新建规模化畜禽养殖、集约化高密度网箱养殖项目；推广畜禽排泄物收集与再利用模式，现有规模化畜禽养殖和水产养殖场必须加强污水和粪便无害化处理，并做到增产减污要求。到 2017 年，区域畜禽养殖废弃物处理率达到 100%。

湖滨保护带农业种植发展要求：大力发展节约型农业、循环农业、生态有机无公害农业种植；区域内严格限制施肥量大的农业生产活动，严禁施用高毒、高残留农药，大力开展测土配方施肥，鼓励施用生态肥料，降低区域内农药化肥施用量，减少农业种植面源污染排放。

2）工、农、生活综合污染重点控制区（Ⅱ）

该区域主要涉及南昌县。根据工业与生活、农业养殖和农业种植业污染排放等标负荷，南昌县是唯一一个全面占据上述各污染重点治理区域的县区，且生活、农业养殖和种植业等标负荷比例处于较高水平。因此，该区域污染治理的重点应放在生活、农业养殖和种植业污染方向，同时加强南昌县小蓝工业园的污染治理力度。

该区域城镇生活污染重点治理方向：进一步完善南昌县城区和乡镇生活污水配套管网建设，扩大现有污水处理厂服务范围，提高区域生活污水集中处理率；加快区域雨污分流收集系统建设步伐，解决现有污水处理厂进水浓度偏低问题；开展南昌县生活垃圾填埋场标准化改造工程，加快区域乡镇及农村集中连片污水处理和垃圾收集设施建设，进一步提高县城及乡镇集中式污水处理厂排放标准和垃圾无害化处理率。到 2017 年，城镇生活污水集中处理率达到 98%以上，县城及乡镇集中式生活污水处理厂废水排放达到一级 A 标准，生活垃圾无害化处理率达到 95%，区域生活污染排放负荷得到进一步降低。

该区域农业养殖污染重点治理方向：在南昌县着力发展绿色生态养殖，按照“整体、协调、循环、再生”的原则，提倡发展“猪—沼—渔”“猪—沼—果”的生态立体养殖模式，使农、林、牧等各业之间相互支持，从源头削减养殖排放量。开展区域规模化畜禽养殖和集约化水产养殖污染治理，鼓励分散式养殖向规模化养殖转变，适度控制规模化养殖规模，养殖规模应能满足地方污粪消纳能力，区域养殖应做到增产减污。到 2017 年，区域畜禽养殖废弃物处理率达到 100%，全区基本实现规模化畜禽养殖污染处理全覆盖。

该区域农业种植污染重点治理方向：南昌县的农业种植污染负荷位居规划区前列。因此，应全面开展农田径流整治工程。在田间和滨水区域建立蓄水沟和滨水缓冲带，减少氮磷等污染物入湖负荷；进一步完善区域内农业生态环境和农产品安全监测网络体系，在大面积种植区域建立农业生态环境监测站，第一时间掌握农业面源污染动态；在区域内全面开展土肥检测和信息体系建设，先期开展测土配方施肥管理，降低农药化肥使用量；严禁使用剧毒、高毒、高残留或具有三致毒性（致癌、致畸、致突变）的农药，优化用肥结构，提倡使用畜禽粪便等有机肥，推广秸秆还田综合利用。到 2017 年，全面完成测土配方施肥检测工作，农药化肥使用量在 2015 年的基础上再减少 15%。

该区域工业污染重点治理方向：以南昌小蓝工业园为控制重点，优化产业结构和布局，从严控制“两高一资”项目，积极发展生态产业，推广低碳技术，加快传统产业技术升级，推进临空经济区的开发和建设，重点发展新能源汽车和大飞机制造等战略性新兴产业。实行严格的建设项目环境准入制度，区内现有企业要求增产减污，加大区内印染、化工、食品、有色金属等行业的水污染防治力度，对不能稳定达标排放的企业实行限期治理，治理期间应予限产、限排，对于逾期未完成治理任务的，要责令停产整治。对于电镀、化工、皮革加工等可能对集中式污水处理设施正常运行产生影响的行业（企业），必须建设独立的废水处理设施。对区域内重点污染源实施在线监控，做到废水全面达标排放。加强工业园区水污染控制及在线监控管理，鼓励园区企业中水回用，实施雨污分流，加快工业园区废水处理设施和管网系统建设，提高园区污水排放标准。到2017年，区域工业废水集中处理率达到100%，工业园污水处理厂废水排放达到一级A标准，工业企业排放达标率达到100%，区域工业污染排放负荷明显降低。

3）工业与生活污染重点控制区（Ⅲ）

该区域主要涉及南昌市中心城区，包括东湖区、西湖区、青山湖区、青云谱区和湾里区。其中，工业污染治理侧重青山湖区；生活污染治理侧重青山湖区、西湖区和东湖区。

该区域城镇生活污染重点治理方向：根据生活污染排放等标负荷，以南昌市青山湖区、西湖区和东湖区为治理侧重点，进一步完善城区生活污水配套管网建设，同时加快区域雨污分流收集系统建设步伐，解决现有污水处理厂进水浓度偏低问题。到2017年，城镇生活污水集中处理率达到98%以上，生活污水处理厂废水排放达到一级A标准，区域生活污染排放负荷进一步降低。

该区域工业污染重点治理方向：根据工业污染排放等标负荷，青山湖区为控制重点，从严控制“两高一资”项目，积极开展生态工业园建设，推广低碳技术，加快传统产业技术升级，重点发展光伏、新能源汽车及动力电池、半导体照明、文化及创意等战略性新兴产业。实行严格的建设项目环境准入制度，区内现有企业要求增产减污，加大区内造纸、印染、化工、氮肥制造、电镀、钢铁、有色金属等行业的水污染防治力度，对不能稳定达标排放的企业实行限期治理，治理期间应予限产、限排，逾期未完成治理任务的，责令停产整治。对于电镀、化工、皮革加工等可能对集中式污水处理设施正常运行产生影响的行业（企业），必须建设独立的废水处理设施。对区域内重点污染源实施在线监控，做到废水全面达标排放。加强工业园区水污染控制及在线监控管理，鼓励园区企业中水回用，实施雨污分流，加快工业园区废水处理设施和管网系统建设，提高园区污水排放标准。到2017年，区域工业废水集中处理率达到100%，工业园污水处理厂废水排放达到一级A标准，工业企业排放达标率达到100%，区域工业污染排放负荷明显降低。

4）农业养殖与种植污染重点控制区（Ⅳ）

该区域主要涉及鄱阳县、丰城市和进贤县。根据各污染源类型污染负荷占比，该区域治理以农业养殖和种植业为重点，并侧重农业养殖方向。

该区域农业养殖污染重点治理方向：进贤县的农业养殖污染负荷位居规划区第一，占比达到17.81%。因此，应以进贤县为侧重点，转变传统养殖模式，大力发展生态立体养殖。以区域内规模化畜禽养殖场作为污染治理重点，开展区域规模化畜禽养殖和集约化水产养殖污染治理，鼓励分散式养殖向规模化养殖转变，适度控制规模化养殖规模，养殖规模应能满足地方污粪消纳能力，区域养殖应做到增产减污。到2017年，区域畜禽养殖废弃物处理率达到100%，全区基本实现规模化畜禽养殖污染处理全覆盖。

该区域农业种植污染重点治理方向：鄱阳县的农业种植污染负荷位居规划区第一，占比达到 13.91%。因此，应以鄱阳县为侧重点，全面开展农田径流整治工程。建立蓄水沟和滨水缓冲带，减少氮磷等污染物入湖负荷；同时，也应进一步完善区域农业生态环境监测网络体系，开展测土配方施肥管理，降低农药化肥使用量；严禁使用剧毒、高毒高残留或具有三致毒性（致癌、致畸、致突变）的农药，优化用肥结构，提倡使用区内资源丰富的畜禽粪便等有机肥，推广秸秆还田综合利用。力争到 2017 年，全面完成测土配方施肥检测工作，农药化肥使用量在 2015 年的基础上再减少 15%。

5）农业养殖污染重点控制区（Ⅴ）

该区域主要涉及新建县。根据畜禽和水产养殖污染源类型污染负荷占比，该区域治理以畜禽养殖为重点方向。

该区域农业养殖污染重点治理方向：以畜禽养殖污染治理为重点。新建县的农业畜禽养殖污染负荷位居规划区第五，占比达到 8.46%。因此，应转变传统畜禽养殖模式，将传统的水冲粪转变为干清粪，从源头减排出发，因地制宜开展粪便综合处置、有机肥加工、生物发酵床、沼气处理、集中发酵堆肥和养殖专业户循环等多方案畜禽养殖污染治理模式。以区域内规模化畜禽养殖场作为污染治理重点，开展区域规模化畜禽养殖和集约化水产养殖污染治理，鼓励分散式养殖向规模化养殖转变，适度控制规模化养殖规模，养殖规模应能满足地方污粪消纳能力，区域养殖应做到增产减污。到 2017 年，区域畜禽养殖废弃物处理率达到 100%，全区基本实现规模化畜禽养殖污染处理全覆盖。

6）农业种植污染重点控制区（Ⅵ）

该区域主要涉及都昌县、余干县和乐平市。

该区域农业种植污染重点治理方向：余干县的农业种植污染负荷位居规划区第五，占比达到 8.68%。位居种植业污染负荷前列的分别是鄱阳县、南昌县、丰城市、进贤县。因此，农业种植污染治理方向也类同上述县（区、市），同样应加强农田径流整治工程，减少氮磷等污染物入湖负荷；同时，开展测土配方施肥管理，降低农药化肥使用量；严禁使用剧毒、高毒、高残留或具有三致毒性（致癌、致畸、致突变）的农药。到 2017 年，全面完成测土配方施肥检测工作，农药化肥使用量在 2015 年的基础上再减少 15%。

7）一般污染控制区（Ⅶ）

该区域主要涉及南昌市的安义县，九江市的湖口县、永修县、德安县、星子县、共青城市、九江县和庐山区，景德镇市的昌江区和上饶市的万年县 10 个县（区、市）。上述这些区域都存在工业、生活、农业养殖和种植业污染，但污染负荷占比不如前面重点治理区域，为一般控制区。

该区域工业污染治理方向：以星火工业园、共青城青年创业基地和姑塘工业园为控制重点，积极创建生态工业园区，突出地方产业特色和聚集优势。以工业园区为平台，以交通干线为脉络，依托南昌市省会城市的辐射带头作用、昌九一体化建设和九江沿江开发等契机，形成特色鲜明、优势突出、分工合理、配套完善的产业集群和块状经济雏形，如区内纺织服装产业可向共青城纺织服装产业基地集聚，有机硅企业向永修星火工业园集聚，化纤企业向九江化纤产业基地集聚等。实行严格的建设项目环境准入制度，在项目规划布局的源头上预防环境污染和生态破坏，鼓励发展综合污染治理能力强的大型、特大型企业，重点限制污染治理能力弱的中小型、分散型制浆造纸、纺织印染等企业发展，区内现有企业要求做到增产不增污；加强区内工业源污染监控，对区域内重点污染源实施在线监控，做到废水全面达标排放。加强工业园区水污染控制及在线监控管理，提高园区污水集中排放标准，加快工业园区废水处理设施和管网系统建设，实施雨污分流。力争到2020年，区域工业废水集中处理率达到100%，工业园污水处理厂废水排放达到一级A标准，工业企业排放达标率达到100%，有效减少区域工业污染排放负荷。

该区域城镇生活污染治理方向：以永修县和万年县为治理重点，应进一步完善城区生活污水配套管网建设，扩大现有污水处理厂服务范围，提高区域生活污水集中处理率；加快区域雨污分流收集系统建设步伐，解决现有污水处理厂进水浓度偏低问题；开展区域县级生活垃圾填埋场标准化改造和无害化等级评定工作，加快区域乡镇及农村集中连片污水处理和垃圾收集设施建设，进一步提高县城及乡镇集中式污水处理厂排放标准和垃圾无害化处理率。力争到2020年，城镇生活污水集中处理率达到98%以上，县城及乡镇集中式生活污水处理厂废水排放达到一级A标准，生活垃圾无害化处理率达到95%，区域生活污染排放负荷进一步降低。

该区域农业养殖污染治理方向：在保持鄱阳湖“一湖清水”的前提下，着力发展地方特色的生态养殖体系，在星子县等环鄱阳湖沿岸区域大力发展生态健康养殖，突出水产品加工业和创汇渔业，形成了以“一条鱼一个产业”为核心的“一县一品、数县一板块”的产业格局。加强区域规模化畜禽养殖和集约化水产养殖污染治理，鼓励分散式养殖向规模化养殖转变，区域养殖应做到增产不增污。力争到2020年，区域畜禽养殖废弃物处理率达到100%，全区实现规模化畜禽养殖污染处理全覆盖。

该区域农业种植污染治理方向：开展“沃土工程”和“农田径流整治工程”，积极开展测土配方施肥，调优肥料结构、调全肥料品种、调准施肥时间，可先期在湖口县、永修县等区内农业种植面源污染排放相对较大的区域开展实施，并逐步推广到整个区域。同时，要积极提倡施用有机肥。要发展绿肥种植、推广秸秆还田，改进和完善畜禽粪便处理措施。在开发农家有机肥的基础上，推广应用商品有机肥、有机无机复合肥、作物专用肥和生物肥，严格限制使用高毒农药。

第四节　临湖区环境污染控制及对策

1. 加大对鄱阳湖水质保护投入

目前对鄱阳湖水质保护的投入较少，各级政府应切实加大对鄱阳湖水质保护的投入，按照政府主导、市场推进、公众参与的原则，建立政府、企业、社会多元化环保投入机制，拓宽融资渠道，切实加大在水污染控制、生态系统保护等方面的投入。

2. 严格临湖区污染排放标准

严格排放标准，控制入湖 N、P 负荷。城市污水处理必须导入除 P 脱 N 的高度（深度）处理工艺。在我国，废水的排放标准以 COD 为主，对 N、P 的要求远远不够。要制定长远目标与规划，彻底控制点源面源污染，削减入湖外部负荷。要提升对临湖区城镇污水处理设施及其他污染排放单位排放标准，切实削减 N、P 营养盐入湖，重点对姑塘工业园、南昌市、共青城市、永修县、德安县、星子县、都昌县、鄱阳县城污水处理设施进行一级 A 提标改造。加强对周边农业生产活动的过程管理和污染控制，以“4R”理论指导农业生产活动和农业环境保护，开展农灌区农田退水生态处理。

3. 建立先进的环境监测预警体系

在鄱阳湖五河七口、10 条入湖河流河口和区内 25 个重要饮用水源地建设水质自动监测站，具备实时监测与污染事故预警能力。

建立农业面源污染监测体系。以第一次全国农业污染源普查数据库为基础，建立涵盖农业环境信息统计、田间监测、流域监测、水质监测及风险评价等为主要内容的农业面源污染监测、评估体系，及时、准确监测农业生产动态、化学投入品使用状况、田间尺度农业污染物输出负荷、流域尺度农业面源污染贡献率，全面、系统地评估江西省农业面源污染的现状和变化趋势。

4. 完善环境执法监督体系

完善环境监察机构标准化能力建设，区域内县（区、市）环境监察大队基本达到环境监察标准化建设要求。对区域内重点监控企业建设重点污染源自动监控网络，加快推进临湖区重点污染源自动监控现场端建设、数据传输网络建设，并与省、市、县环境保护局污染源自动监控平台联网，最终将重点工业污染源、工业园区污水处理厂及城市污水处理厂纳入远程连续监控，动态掌握重点污染源排污数据，为环境监督执法和污染减排提供及时、可靠的数据支撑。

5. 加强畜禽养殖污染防治

目前，临湖区域内部分规模化畜禽养殖场污染处置设施建设滞后问题仍然存在，大量畜禽养殖废水和粪便未经处理直接排入周边池塘或洼地，对周边生态环境和农村生活环境造成严重影响。建议在临湖区合理布局规模化畜禽禁养区、控养区和适养区。搬迁或关闭位于湖区、水源保护区等的规模化畜禽养殖企业，鼓励湖滨保护带内规模化畜禽养殖企业异地搬迁改扩建。

养殖场要科学规划、正确选址和合理布局，五河干流沿线 1 km 范围内严禁新建规模化养殖场，新建规模化养殖区应远离居民聚集区 1 km 以上，离公路 200 m 以上。强化对规模化畜禽养殖场的环境监管，加强污染综合整治，促进畜禽粪尿的综合利用，引导畜牧业从传统散养向规模化、集约化转变，推进畜禽规模化养殖场和生态养殖小区建设，实施规模化养殖场排污许可、排污申报和排放总量控制制度。建议可先期在南昌县、进贤县和万年县等重点区域建立“畜禽养殖零排放基地”，实施清洁生产及农牧结合的生态治理，推广“畜禽-果园”“畜禽-鱼塘”“畜禽-生化池”等生态模式，发展绿色食品，实现畜禽养殖污染物综合利用。

附录 3-6-1　鄱阳湖临湖区主要植被分类表

阔叶林

Ⅰ　常绿阔叶林

1　石栎群系（Form. *Lithocarpus glaber*）

2　苦槠群系（Form. *Castanopsis selerophylla*）

3　甜槠群系（Form. *Castanopsis eyrei*）

4　青冈群系（Form. *Cyclobalanopsis glauca*）

5　樟树群系（Form. *Cinnamomum camphora*）

6　白楠群系（Form. *Phoebe neurantha*）

7　紫楠群系（Form. *Phoebe sheareri*）

8　木荷群系（Form. *Schima* spp.）

9　杨梅叶蚊母树群系（Form. *Distylium myricoides*）

10　厚皮香群系（Form. *Ternstroemia gymnanthera*）

11　红楠群系（Form. *Machilus thunbergii*）

12　油茶群系（Form. *Camellia oleifera*）

13　小叶青冈群系（Form. *Cyclobalanopsis myrsinaefolia*）

14　云山青冈群系（Form. *Cyclobalanopsis nubium*）

15　米槠群系（Form. *Castanopsis carlesii*）

Ⅱ　常绿、落叶阔叶混交林

1　细叶青冈、小叶白辛树混交群系（Form. *Cyclobalanopsis myrsinaefolia*、*Pterostyrax corymbosus*）

2　细叶青冈、锥栗混交群系（Form. *Cyclobalanopsis myrsinaefolia*、*Castanea henryi*）

3　锥栗、甜槠、细叶青冈混交群系（Form. *Castanea henryi*、*C. eyrei*、*Cyclobalanopsis myrsinaefolia*）

4　甜槠、锥栗、短柄枹混交群系（Form. *Castanea eyrei*、*C. henryi*、*Quercus glandulifera var. brevipetiolata*）

5　青冈、锥栗、化香混交群系（Form. *Cyclobalanopsis glauca*、*Castanea henryi*、*Platycarya strobilacea*）

6　青冈、短柄枹混交群系（Form. *Cyclobalanopsis glauca*、*Quercus glandulifera var. brevipetiolata*）

7　石栎、短柄枹混交群系（Form. *Lithocarpus glaber*、*Quercus glandulifera var. brevipetiolata*）

8　樟树、枫香混交群系（Form. *Cinnamomum camphora*、*Liquidambar formosana*）

9 苦槠、枫香混交群系（Form. *Melia azedarach*、*Liquidambar formosana*）

III 落叶阔叶林

1 锥栗群系（Form. *Castanea henryi*）

2 短柄枹群系（Form. *Quercus glandulifera var. brevipetiolata*）

3 栓皮栎群落（Comm. *Quercus variabilis*）

4 紫弹朴群落系（Form. *Celtis biondii*）

5 雷公鹅耳枥群系（Form. *Carpinus viminea*）

6 青榨槭群系（Form. *Acer davidii*）

7 南酸枣群系（Form. *Choerospondias axillaris*）

8 香果树群系（Form. *Emmenopterys henryi*）

9 石灰花楸群落（Form. *Sorbus folgneri*）

10 枫香群系（Form. *Liquidambar formosana*）

11 化香群系（Form. *Platycarya strobilacea*）

12 小叶栎群系（Form. *Quercus chenii*）

13 构树群系（Form. *Broussonetia papyrifera*）

14 拟赤杨群系（Form. *Alniphyllum fortunei*）

IV 竹林

1 庐山玉山竹群系：（Form. *Yushania varians*）

2 刚竹群系（Form. *Phgllostachys viridis*）

3 毛竹群系：（Form. *Phyllostachys edulis*）

4 淡竹群系：（Form. *Phyllostachys glauca*）

5 水竹群系：（Form. *Phyllostachys heteroclada*）

针叶林

I 温性针叶林

1 台湾松群系（Form. *Pinus tainamensis*）

II 暖性针叶林

1 马尾松群系（Form. *Pinus massoniana*）

III 针阔混交林

1 台湾松、四照花、锥栗混交群系（Form. *Pinus tainamensis*、*Dendrobenthamia japonica var. chinensis*、*Castanea henryi*）

2 马尾松、甜槠混交林群系（Form. *Pinus massoniana*、*Castanopsis eyrei*）

3 杉木、青榨槭混交林群系（Form. *Cunninghamia lanceolata*、*Acer davidii*）

4 马尾松、小叶栎混交林群系（Form. *Pinus massoniana*、*Quercus chenii*）

灌丛和灌草丛

I 台湾松疏林灌丛

1 茅栗、杜鹃群落（Comm. *Castanea seguinii*、*Rhododendron simsii*）

2 豆梨、杜鹃、三桠乌药群落（Comm. *Pyrus calleryana*、*Rhododendron simsii*、*Lindera obtusiloba*）

3 短柄枹、三叶杜鹃、茅栗群落（Comm. *Quercus glandulifera var.brevipetiolata*、*Rhododendron mariesii*、*Castanea seguinii*）

II 灌丛

1 短柄枹、檵木、映山红群落（Comm. *Quercus glandulifera var.brevipetiolata*、*Loropetalum chinense*、*Rhododendron simsii*）

2 苦槠、青冈、檵木群落（Comm. *Castanopsis sclerophylla*、*Cyclobalanopsis glauca*、*Loropetalum chinense*）

3 篌竹群落（Comm. *Phyllostachys nidularia*）

4 山胡椒群落（Comm. *Lindera glauca*）

5 檵木群落（Comm. *Loropetalum chinense*）

III 草丛

1 芒草丛群落（Comm. *Miscantus sinansis*）

2 狼尾草群落（Comm. *Pennisetum alopecuroides*）

3 斑茅群落（Comm. *Saccharum arundinaceum*）

4 五节芒群落（Comm. *Miscanthus floridulus*）

5 野枯草群落（Comm. *Arundinella anomala*）

6 庐山景天草丛（Comm. *Sedum emarginatum*）

7 白茅群落（Comm. *Imperata cylindrica*）

8 野艾蒿群落（Comm. *Artemisia lavandulaefolia*）

湿地（水生植被）

1 金荞麦群落（Comm. *Fagopyrum dibotrys*）

2 萤蔺群落（Comm. *Scirpus juncoides*）

3 千金子群落（Comm. *Leptochloa chinensis*）

4 灯心草群落（Comm. *Juncus effusus*）

5 马来眼子菜群落（Comm. *Potamogeton malainus*）

6 牡蒿群落（Comm. *Artemisia japonica*）

7 鼠麴草群落（Comm. *Gnaphalium affine*）

8 薹草群落（Comm. *Carex* spp.）

人工群落

1 日本柳杉群落（Comm. *Cryptomeria japonica*）

2 日本扁柏群落（Comm. *Chamaecyparis obtusa*）

3 日本花柏群落（Comm. *Chamaecyparis pisifera*）

4 杉木群落（Comm. *Cunninghamia lanceolata*）

5 泡桐群落（Comm. *Paulownia fortunei*）

6 加杨群落（Comm. Populus×canadensis）

7 香椿群落（Comm. *Toona sinensis*）

8 湿地松群落（Comm. *Pinus elliottii*）

9 苗圃

10　果园
11　茶园
12　农地
注：表中列出的植被类型主要根据《中国植被》。

参 考 文 献

程时长，吴泗元. 1990. 鄱阳湖自然环境及现状. 海洋湖沼通报，(2)：35-48.
丁明军，郑林，李晓峰. 2009. 气候变化背景下鄱阳湖地区植被覆盖及生产力变化研究. 安徽农业科学，8：3641-4.
段华平，等. 2010. 农村环境污染控制区划方法与应用研究. 中国环境科学，30 (3)：426-432.
官少飞，郎青，张本. 1987. 鄱阳湖水生维管束植物生物量及其合理开发利用的初步建议. 水生生物学报，11 (3)：219-227.
胡海胜. 2007. 庐山自然保护区森林生态系统服务价值评估. 资源科学，29 (5)：28-33.
鄱阳湖研究编委会. 1988. 鄱阳湖研究. 上海：上海科学技术出版社.
王晶. 2013. 鄱阳湖生态经济区产业生态化研究. 江西财经大学硕士学位论文.
王婷，胡亮. 2009. 鄱阳湖植物类型及利用现状. 安徽农业科学，37 (17)：8255-8256.
颜昌宙，等. 2005. 湖滨带的功能及其管理. 生态环境，(2).
张本. 1989. 鄱阳湖自然资源及其特征. 自然资源学报，4 (4)：308-318.
周文斌，万金保，等. 2012. 鄱阳湖生态环境保护和资源综合开发利用研究. 北京：科学出版社.
朱海虹，张本. 1997. 鄱阳湖. 合肥：中国科学技术大学出版社.
朱海虹. 1995. 鄱阳湖湿地结构、功能及保护//中国湿地研究. 长春：吉林科学技术出版社.
邹露青. 2009. 鄱阳湖区农业产业结构调整研究. 江西师范大学硕士学位论文.

第四篇　鄱阳湖主湖区水环境质量状况

第一章　湖区水环境质量

第一节　入湖控制断面水环境质量状况

一、监测断面和频次

鄱阳湖入湖河流有 18 条，每条河流设置 1 个监测断面，共 18 个监测断面。在 18 个监测断面中，11 个断面为例行监测断面，监测时段为 2010～2014 年；7 个断面为补充监测断面，监测时段为 2014 年。17 个断面监测频次为两月监测 1 次，逢单月监测，全年共 6 次；1 个断面（梓坊断面）监测频次为每月监测 1 次，全年共 12 次。监测断面情况见表 4-1-1，分布情况如图 4-1-1 所示。

表 4-1-1　入湖河流监测断面表

序号	河流名称	断面名称	地理位置	地理坐标		监测频次
				经度	纬度	
1	赣江北支	大港	南昌市南昌县南新乡大港村渡口	116°01′48″E	28°50′41″N	江西省环境监测中心站例行监测断面。两月监测 1 次，逢单月监测，全年共 6 次
2	赣江中支	周坊	南昌市南昌县南新乡周坊	116°02′40″E	28°46′38″N	
3	赣江南支	吉里	南昌市南昌县吉里万家	116°07′42″E	28°46′42″N	
4	赣江主支	吴城赣江	九江市永修县吴城镇观鸟台沿赣江上游 100 m	116°01′00″E	29°11′16″N	
5	抚河东支	塔城	南昌市南昌县塔城乡	116°02′57″E	28°27′17″N	
6	抚河西支	新联	南昌市南昌县塘南乡新联村	116°14′46″E	28°43′28″N	
7	信江西支	瑞洪大桥	上饶市余干县瑞洪镇瑞洪大桥（余干县西大河）	116°25′48″E	28°43′02″N	
8	信江东支	布袋闸	上饶市余干县良种场渡口（余干县东大河）	116°44′44″E	28°46′22″N	
9	饶河	赵家湾	上饶市鄱阳县双港镇赵家湾村	116°38′24″E	29°01′43″N	
10	修河	吴城修河	九江市永修县吴城镇森林村	116°00′13″E	29°11′16″N	
11	博阳河	梓坊	九江市德安县聂桥镇梓坊村	115°40′27″E	29°21′49″N	江西省水文局例行监测断面。每月监测 1 次，全年共 12 次
12	池溪水	下艾村	南昌市进贤县池溪乡下艾村	116°23′38″E	28°23′47″N	江西省环境监测中心站补充监测断面。两月监测 1 次，逢单月监测，全年共 6 次
13	甘溪水	下万村	南昌市进贤县钟陵乡下万村—抚州市东乡县杨桥殿镇镇上万家	116°33′02″E	28°29′31″N	
14	九龙河	宋家	上饶市余干县大溠宋家—枫富联圩大门头宋家	116°31′46″E	28°33′31″N	
15	潼津河	庆丰村	上饶市鄱阳县潼丰联圩朗埠—柘港乡庆丰村	116°45′59″E	29°18′47″N	

续表

序号	河流名称	断面名称	地理位置	地理坐标		监测频次
				经度	纬度	
16	漳田河	独山	上饶市鄱阳县西河东联圩独山—银宝湖乡鸣山	116°37′6″E	29°16′47″N	江西省环境监测中心站补充监测断面。两月监测 1 次，逢单月监测，全年共 6 次
17	土塘河	曹家	九江市都昌县狮山乡老屋曹家—三叉港镇铁炉	116°26′45″E	29°19′34″N	
18	杨柳津河	尖角村	九江市永修县樟山圩恒丰农场马颈村—九合圩罩鸡圩尖角村	115°53′16″E	29°09′30″N	

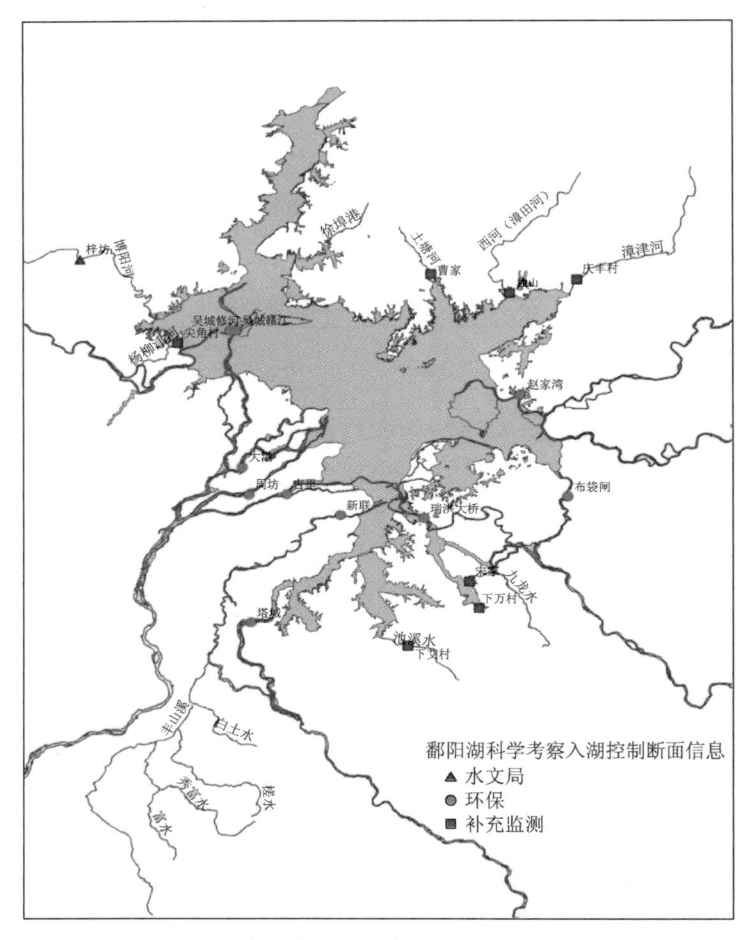

图 4-1-1　鄱阳湖入湖河流监测断面分布示意图

二、监测项目和方法

环境保护部门例行监测的 10 个断面监测项目为《地表水环境质量标准》（GB3838—2002）表 1 的 24 项；水利部门例行监测的 1 个断面（梓坊断面）监测项目为高锰酸盐指数、氨氮和总磷；根据鄱阳湖主要污染特征，本次鄱考新增的 7 个补充监测断面监测项目为化学需氧量、氨氮、总磷和总氮。监测项目情况见表 4-1-2，分析方法见表 4-1-3。

表 4-1-2　入湖河流监测断面监测项目表

序号	河流名称	断面名称	监测项目
1	赣江北支	大港	水温、pH、溶解氧、高锰酸盐指数、化学需氧量、五日生化需氧量、氨氮、总磷、总氮、铜、锌、氟化物、砷、汞、镉、铬（六价）、铅、总氰化物、挥发酚、石油类、阴离子表面活性剂、硫化物、粪大肠菌群
2	赣江中支	周坊	
3	赣江南支	吉里	
4	赣江主支	吴城赣江	
5	抚河东支	塔城	
6	抚河西支	新联	
7	信江西支	瑞洪大桥	
8	信江东支	布袋闸	
9	饶河	赵家湾	
10	修河	吴城修河	
11	博阳河	梓坊	高锰酸盐指数、氨氮、总磷
12	池溪水	下艾村	
13	甘溪水	下万村	
14	九龙河	宋家	化学需氧量、氨氮、总磷、总氮
15	潼津河	庆丰村	
16	漳田河	独山	
17	土塘河	曹家	
18	杨柳津河	尖角村	

表 4-1-3　监测项目分析方法表

序号	监测项目	分析方法	方法来源
1	水温	温度计法	GB 13195-1991
2	pH	玻璃电极法	GB 6920-1986
3	溶解氧	碘量法	GB 7489-1989
4	高锰酸盐指数		GB 11892-1989
5	化学需氧量	重铬酸盐法	GB 11914-1989
6	五日生化需氧量	稀释与接种法	GB 7488-1987
7	氨氮	纳氏试剂比色法	GB7479-1987
		水杨酸分光光度法	GB7481-1987
8	总磷	钼酸铵分光光度法	GB 11893-1989
9	总氮	碱性过硫酸钾消解紫外分光光度法	GB 11894-1989

续表

序号	监测项目	分析方法	方法来源
10	铜	2, 9-二甲基-1，10-菲啰啉分光光度法	GB 7473-1987
		二乙基二硫代氨基甲酸钠分光光度法	GB 7474-1987
		原子吸收分光光度法（螯合萃取法）	GB7475-1987
11	锌	原子吸收分光光度法	GB 7475-1987
12	氟化物	氟试剂分光光度法	GB 7483-1987
		离子选择电极法	GB 7484-1987
		离子色谱法	HJ/T84-2001
13	硒	2, 3-二氨基萘荧光法	GB 11902-1989
		石墨炉原子吸收分光光度法	GB/T15505-1995
14	砷	二乙基二硫代氨基甲酸银分光光度法	GB 7485-1987
		冷原子荧光法	《水和废水监测分析方法（第三版）》
15	汞	冷原子吸收分光光度法	GB 7468-1987
		冷原子荧光法	《水和废水监测分析方法（第三版）》
16	镉	原子吸收分光光度法（螯合萃取法）	GB 7475-1987
17	铬（六价）	二苯碳酰二肼分光光度法	GB 7467-1987
18	铅	原子吸收分光光度法螯合萃取法	GB 7475-1987
19	总氰化物	异烟酸-吡唑啉酮比色法	GB 7487-1987
		吡啶-巴比妥酸比色法	
20	挥发酚	蒸馏后 4-氨基安替比林分光光度法	GB 7490-1987
21	石油类	红外分光光度法	GB/T 6488-1996
22	阴离子表面活性剂	亚甲蓝分光光度法	GB 7494-1987
23	硫化物	亚甲基蓝分光光度法	GB/T 6489-1996
24	粪大肠菌群	多管发酵法、滤膜法	《水和废水监测分析方法（第三版）》

三、评 价 方 法

入湖河流监测断面水质类别评价标准为《地表水环境质量标准》（GB3838—2002），达标评价标准为Ⅰ～Ⅲ类标准。在监测断面评价项目中，10 个例行监测断面评价项目为《地表水环境质量标准》表 1 中除水温、总氮和粪大肠菌群外的 21 项；1 个水利部门例行监测断面（梓坊断面）评价项目为高锰酸盐指数、氨氮和总磷 3 项；7 个补充监测断面评价项目为化学需氧量、氨氮、总磷和总氮 4 项。

污染物浓度变化趋势分析采用 Spearman 秩相关系数法，当秩相关系数为负数时表示下降趋势，为正数时表示上升趋势，显著性水平取 0.05 可信度，当样本数等于 5、在 0.05 可信度水平时，秩相关系数绝对值大于 0.9 的具有显著性变化。

四、评价结果

1. 年度水环境质量

2010 年，11 个监测断面达标率（达到Ⅰ～Ⅲ类标准断面比例）为 81.8%，其中，赣江主支吴城赣江断面石油类超标，为Ⅳ类水质；饶河赵家湾断面总磷超标，为Ⅳ类水质。2011～2013 年，11 个监测断面达标率为 100%。2014 年，18 个监测断面达标率为 72.2%，其中，抚河西支新联断面氨氮超标，为Ⅳ类水质；池溪水下艾村断面氨氮和化学需氧量超标，为Ⅴ类水质；甘溪水下万村断面化学需氧量超标，为Ⅳ类水质；潼津河庆丰村断面氨氮超标，为Ⅳ类水质；杨柳津河尖角村断面化学需氧量超标，为Ⅳ类水质；监测评价结果见表 4-1-4。

表 4-1-4　鄱阳湖入湖河流监测断面监测评价结果表

序号	河流名称	断面名称	年份	水质类别	超标污染物及超标倍数
1	赣江北支	大港	2010	Ⅲ	
			2011	Ⅲ	
			2012	Ⅱ	
			2013	Ⅲ	
			2014	Ⅲ	
2	赣江中支	周坊	2010	Ⅲ	
			2011	Ⅱ	
			2012	Ⅱ	
			2013	Ⅲ	
			2014	Ⅲ	
3	赣江南支	吉里	2010	Ⅲ	
			2011	Ⅲ	
			2012	Ⅲ	
			2013	Ⅲ	
			2014	Ⅲ	
4	赣江主支	吴城赣江	2010	Ⅳ	石油类（1.18 倍）
			2011	Ⅱ	
			2012	Ⅱ	
			2013	Ⅱ	
			2014	Ⅱ	
5	抚河东支	塔城	2010	Ⅱ	
			2011	Ⅲ	
			2012	Ⅱ	
			2013	Ⅱ	
			2014	Ⅱ	

续表

序号	河流名称	断面名称	年份	水质类别	超标污染物及超标倍数
6	抚河西支	新联	2010	Ⅲ	
			2011	Ⅲ	
			2012	Ⅲ	
			2013	Ⅲ	
			2014	Ⅳ	氨氮（0.01 倍）
7	信江西支	瑞洪大桥	2010	Ⅱ	
			2011	Ⅲ	
			2012	Ⅱ	
			2013	Ⅲ	
			2014	Ⅱ	
8	信江东支	布袋闸	2010	Ⅱ	
			2011	Ⅲ	
			2012	Ⅱ	
			2013	Ⅲ	
			2014	Ⅲ	
9	饶河	赵家湾	2010	Ⅳ	总磷（0.29 倍）
			2011	Ⅲ	
			2012	Ⅳ	
			2013	Ⅲ	
			2014	Ⅲ	
10	修河	吴城修河	2010	Ⅲ	
			2011	Ⅱ	
			2012	Ⅱ	
			2013	Ⅱ	
			2014	Ⅱ	
11	博阳河	梓坊	2010	Ⅱ	
			2011	Ⅱ	
			2012	Ⅱ	
			2013	Ⅱ	
			2014	Ⅱ	
12	池溪水	下艾村	2014	Ⅴ	氨氮（0.60）、化学需氧量（0.24）
13	甘溪水	下万村	2014	Ⅳ	化学需氧量（0.06）
14	九龙河	宋家	2014	Ⅱ	
15	潼津河	庆丰村	2014	Ⅳ	氨氮（0.28）
16	漳田河	独山	2014	Ⅲ	
17	土塘河	曹家	2014	Ⅱ	
18	杨柳津河	尖角村	2014	Ⅳ	化学需氧量（0.03）

2. 年内丰、平、枯水期水环境质量

2010～2014 年年内丰、平、枯水期水质达标率中，2010 年丰（5～8 月）、平（3～4 月、9～10 月）、枯（1～2 月、11～12 月）水期达标率均为 72.7%；2011 年和 2013 年丰、平、枯水期水质达标率均为 100%；2012 年丰水期和平水期水质达标率均为 100%，枯水期为 90.9%；2014 年丰水期水质达标率为 77.8%，平水期和枯水期均为 83.3%。年内丰平枯水期水质状况见表 4-1-5、表 4-1-6。

表 4-1-5　2010～2014 年不同水期水质达标率表　（单位：%）

年份	全年	丰水期	平水期	枯水期
2010	81.8	72.7	72.7	72.7
2011	100	100	100	100
2012	100	100	100	90.9
2013	100	100	100	100
2014	72.2	77.8	83.3	83.3

表 4-1-6　2010～2014 年鄱阳湖入湖河流年内丰、平、枯水期水质表

河流名称	断面名称	年份	丰水期		平水期		枯水期	
			水质类别	超标污染物	水质类别	超标污染物	水质类别	超标污染物
赣江北支	大港	2010	II		II		III	
		2011	II		II		III	
		2012	II		II		II	
		2013	III		III		III	
		2014	III		II		II	
赣江中支	周坊	2010	III		III		III	
		2011	II		II		III	
		2012	II		II		III	
		2013	III		III		II	
		2014	III		III		II	
赣江南支	吉里	2010	III		III		IV	氨氮
		2011	III		III		III	
		2012	II		II		III	
		2013	III		III		III	
		2014	IV	氨氮	III		II	
赣江主支	吴城赣江	2010	IV	石油类	IV	石油类	IV	石油类
		2011	II		II		II	
		2012	II		II		III	
		2013	II		II		II	
		2014	II		II		III	

续表

河流名称	断面名称	年份	丰水期		平水期		枯水期	
			水质类别	超标污染物	水质类别	超标污染物	水质类别	超标污染物
抚河东支	塔城	2010	Ⅱ		Ⅱ		Ⅲ	
		2011	Ⅲ		Ⅲ		Ⅲ	
		2012	Ⅱ		Ⅱ		Ⅲ	
		2013	Ⅱ		Ⅱ		Ⅱ	
		2014	Ⅲ		Ⅲ		Ⅱ	
抚河西支	新联	2010	Ⅲ		Ⅲ		Ⅲ	
		2011	Ⅲ		Ⅲ		Ⅲ	
		2012	Ⅲ		Ⅲ		Ⅲ	
		2013	Ⅲ		Ⅲ		Ⅲ	
		2014	Ⅳ	氨氮	Ⅲ		Ⅲ	
信江西支	瑞洪大桥	2010	Ⅱ		Ⅱ		Ⅱ	
		2011	Ⅱ		Ⅱ		Ⅲ	
		2012	Ⅲ		Ⅲ		Ⅱ	
		2013	Ⅲ		Ⅲ		Ⅲ	
		2014	Ⅱ		Ⅱ		Ⅱ	
信江东支	布袋闸	2010	Ⅱ		Ⅱ		Ⅲ	
		2011	Ⅲ		Ⅲ		Ⅲ	
		2012	Ⅱ		Ⅱ		Ⅱ	
		2013	Ⅲ		Ⅲ		Ⅲ	
		2014	Ⅲ		Ⅱ		Ⅲ	
饶河	赵家湾	2010	Ⅳ	总磷、石油类	Ⅳ	总磷、石油类	劣Ⅴ	氨氮、总磷
		2011	Ⅲ		Ⅲ		Ⅲ	
		2012	Ⅲ		Ⅲ		劣Ⅴ	化学需氧量、氨氮、总磷
		2013	Ⅲ		Ⅲ		Ⅳ	化学需氧量
		2014	Ⅲ		Ⅱ		Ⅲ	
修河	吴城修河	2010	Ⅳ	石油类	Ⅳ	石油类	Ⅲ	
		2011	Ⅱ		Ⅱ		Ⅱ	
		2012	Ⅱ		Ⅱ		Ⅱ	
		2013	Ⅱ		Ⅱ		Ⅱ	
		2014	Ⅱ		Ⅱ		Ⅱ	
博阳河	梓枋	2010	Ⅱ		Ⅱ		Ⅱ	
		2011	Ⅱ		Ⅱ		Ⅱ	
		2012	Ⅱ		Ⅱ		Ⅱ	
		2013	Ⅲ		Ⅱ		Ⅱ	

续表

河流名称	断面名称	年份	丰水期		平水期		枯水期	
			水质类别	超标污染物	水质类别	超标污染物	水质类别	超标污染物
池溪水	下艾村	2014	Ⅱ		Ⅱ		Ⅱ	
甘溪水	下万村	2014	Ⅳ	化学需氧量	Ⅳ	化学需氧量	劣Ⅴ	化学需氧量、氨氮
九龙河	宋家	2014	Ⅳ	化学需氧量、氨氮	Ⅳ	化学需氧量	Ⅲ	
潼津河	庆丰村	2014	Ⅱ		Ⅱ		Ⅱ	
漳田河	独山	2014	Ⅱ		Ⅳ	氨氮	劣Ⅴ	氨氮
土塘河	曹家	2014	Ⅲ		Ⅲ		Ⅲ	
杨柳津河	尖角村	2014	Ⅲ		Ⅱ		劣Ⅴ	化学需氧量、总磷

2010～2014 年不同河流断面水质状况中，丰水期有 7 个河流断面出现超标；平水期有 6 个河流断面出现超标；枯水期有 8 个河流断面出现超标，其中饶河赵家湾断面 5 年枯水期都超标。枯水期水质比丰水期和平水期水质差，并出现劣Ⅴ类水质断面。

3. 主要污染物浓度分析

1）化学需氧量浓度分析

2014 年，池溪水下艾村断面、甘溪水下万村断面和杨柳津河尖角村断面化学需氧量浓度均值较高；2014 年与 2010 年相比，赣江北支、赣江南支、赣江主支、信江西支、修河和博阳河化学需氧量浓度年均值有所下降，其余 5 条河流上升，其中，赣江南支下降幅度最大，下降 19.9%，赣江中支上升幅度最大，上升 26.4%。2010～2014 年入湖河流化学需氧量浓度变化见表 4-1-7。

表 4-1-7　入湖河流化学需氧量浓度年均值变化表

序号	河流名称	断面名称	2010～2014 年浓度年均值范围（mg/L）	2014 年相比 2010 年变化（%）
1	赣江北支	大港	9.73～13.87	–10.2
2	赣江中支	周坊	9.38～12.27	26.4
3	赣江南支	吉里	10.33～12.90	–19.9
4	赣江主支	吴城赣江	9.00～11.42	–8.4
5	抚河东支	塔城	9.69～15.23	4.2
6	抚河西支	新联	13.95～15.32	8.2
7	信江西支	瑞洪大桥	8.76～11.23	–5.3
8	信江东支	布袋闸	7.41～12.05	1.3
9	饶河	赵家湾	11.00～14.48	18.0
10	修河	吴城修河	9.00～11.42	–11.5

续表

序号	河流名称	断面名称	2010～2014 年浓度年均值范围（mg/L）	2014 年相比 2010 年变化（%）
11	博阳河	梓坊	14.40～16.61	−9.2
12	池溪水	下艾村	24.75	
13	甘溪水	下万村	21.10	
14	九龙河	宋家	12.00	
15	潼津河	庆丰村	10.49	
16	漳田河	独山	11.62	
17	土塘河	曹家	13.33	
18	杨柳津河	尖角村	20.67	

从 2010～2014 年化学需氧量浓度年均值来看，没有出现浓度年均值偏高或偏低的集中年份。18 条河流中，赣江北支在 2012 年浓度年均值最高、2014 年最低；赣江中支在 2012 年最高、2010 年最低；赣江南支在 2010 年最高、2014 年最低；赣江主支在 2011 年最高、2014 年最低；抚河东支在 2011 年最高、2013 年最低；抚河西支在 2014 年最高、2013 年最低；信江西支在 2013 年最高、2011 年最低；信江东支在 2013 年最高、2011 年最低；饶河在 2013 年最高、2010 年最低；修河在 2011 年最高、2014 年最低；博阳河在 2013 年最高、2011 年最低；其余 7 条河流只有 2014 年数据。

从河流分布来看，池溪水、甘溪水和杨柳津河 2014 年化学需氧量浓度均值明显高于其余 15 条河流，其余 15 条河流化学需氧量浓度年均值之间没有明显差别。

在 2010～2014 年不同水期化学需氧量浓度均值中，2010～2013 年平水期化学需氧量浓度均值高于丰水期和枯水期，2014 年丰水期和枯水期浓度均值高于其他年份。赣江北支、赣江中支和赣江南支平水期化学需氧量浓度均值高于丰水期和枯水期，饶河枯水期均值高于丰水期和平水期，7 个补充河流断面丰水期或枯水期较高，其余河流断面不同水期浓度均值无明显规律。不同水期状况见表 4-1-8 和表 4-1-9。

表 4-1-8 2010～2014 年不同水期化学需氧量浓度表 （单位：mg/L）

年份	丰水期	平水期	枯水期
2010	10.50	13.40	11.00
2011	11.83	12.27	10.18
2012	9.97	13.50	12.43
2013	10.30	13.51	11.81
2014	12.51	11.98	13.32

表 4-1-9 2010～2014 年鄱阳湖入湖河流不同水期化学需氧量浓度表 （单位：mg/L）

河流名称	断面名称	年份	丰水期	平水期	枯水期
赣江北支	大港	2010	8.42	19.40	10.15
		2011	8.80	12.75	7.50
		2012	10.50	19.40	12.25
		2013	8.50	19.50	11.50
		2014	10.50	10.90	7.78

续表

河流名称	断面名称	年份	丰水期	平水期	枯水期
赣江中支	周坊	2010	8.54	11.90	9.37
		2011	10.60	12.65	8.28
		2012	10.80	13.66	15.25
		2013	8.50	17.50	10.75
		2014	12.50	14.60	8.53
赣江南支	吉里	2010	9.86	10.00	18.90
		2011	11.25	16.35	8.55
		2012	9.67	14.75	11.80
		2013	9.00	14.50	9.50
		2014	6.50	9.50	15.00
赣江主支	吴城赣江	2010	8.67	12.00	10.50
		2011	11.50	11.50	10.00
		2012	7.00	8.50	9.50
		2013	9.50	8.50	10.00
		2014	8.75	9.00	9.25
抚河东支	塔城	2010	9.87	17.00	7.09
		2011	15.05	17.55	16.60
		2012	9.35	13.75	11.50
		2013	11.50	15.00	6.85
		2014	12.80	14.60	8.60
抚河西支	新联	2010	13.10	19.90	12.87
		2011	18.20	16.20	13.08
		2012	14.40	18.10	16.10
		2013	15.50	19.50	9.90
		2014	14.90	14.80	16.30
信江西支	瑞洪大桥	2010	10.77	10.30	10.08
		2011	8.38	9.35	8.07
		2012	5.43	11.39	8.75
		2013	10.20	11.15	13.65
		2014	11.90	8.60	9.20
信江东支	布袋闸	2010	12.04	12.90	8.66
		2011	10.28	6.41	5.54
		2012	12.02	13.48	9.81
		2013	9.65	12.45	14.05
		2014	14.80	7.00	11.80
饶河	赵家湾	2010	10.33	12.00	11.50
		2011	11.70	7.70	13.65
		2012	7.07	14.00	20.20
		2013	7.11	8.23	20.65
		2014	10.30	9.60	19.00
修河	吴城修河	2010	10.33	9.00	10.50
		2011	12.50	13.00	10.50
		2012	11.50	10.50	9.50
		2013	9.50	10.50	10.50
		2014	9.50	8.75	8.75

续表

河流名称	断面名称	年份	丰水期	平水期	枯水期
博阳河	梓枋	2010	13.56	13.04	11.38
		2011	11.90	11.46	10.24
		2012	11.99	11.03	12.08
		2013	14.38	11.78	12.57
池溪水	下艾村	2014	13.46	14.23	16.68
甘溪水	下万村	2014	23.55	22.35	28.35
九龙河	宋家	2014	25.80	22.20	15.30
潼津河	庆丰村	2014	10.99	12.00	13.00
漳田河	独山	2014	11.94	9.22	10.30
土塘河	曹家	2014	9.74	9.66	15.50
杨柳津河	尖角村	2014	16.00	14.00	10.00

2）氨氮浓度分析

2014 年，池溪水和潼津河氨氮浓度均值较高，2014 年与 2010 年相比，赣江南支、信江西支、信江东支、饶河和博阳河氨氮浓度年均值均有所下降，其余 6 条河流上升，其中，赣江南支下降幅度最大，下降 32.3%，赣江主支上升幅度最大，上升 68.3%。2010～2014 年，入湖河流氨氮浓度变化见表 4-1-10。

表 4-1-10　入湖河流氨氮浓度年均值变化表

序号	河流名称	断面名称	2010～2014 年 浓度年均值范围（mg/L）	2014 年相比 2010 年变化（%）
1	赣江北支	大港	0.26～0.59	61.6
2	赣江中支	周坊	0.19～0.53	44.1
3	赣江南支	吉里	0.47～0.96	−32.3
4	赣江主支	吴城赣江	0.27～0.45	68.3
5	抚河东支	塔城	0.26～0.41	42.3
6	抚河西支	新联	0.66～1.01	50.1
7	信江西支	瑞洪大桥	0.30～0.45	−4.8
8	信江东支	布袋闸	0.27～0.63	−7.4
9	饶河	赵家湾	0.65～0.98	−5.0
10	修河	吴城修河	0.16～0.29	7.6
11	博阳河	梓坊	0.12～0.32	−17.4
12	池溪水	下艾村	1.55	
13	甘溪水	下万村	0.56	
14	九龙河	宋家	0.22	
15	潼津河	庆丰村	1.28	
16	漳田河	独山	0.74	
17	土塘河	曹家	0.23	
18	杨柳津河	尖角村	0.44	

从 2010～2014 年氨氮浓度均值来看，没有出现浓度均值偏高或偏低的集中年份。18 条河流中，赣江北支和赣江中支在 2013 年浓度均值最高、2012 年最低；赣江南支在 2010 年最高、2012 年最低；赣江主支在 2014 年最高、2010 年最低；抚河东支在 2014 年最高、2012 年最低；抚河西支在 2014 年最高、2012 年最低；信江西支在 2011 年最高、2014 年最低；信江东支在 2011 年最高、2012 年最低；饶河在 2012 年最高、2014 年最低；修河在 2012 年最高、2010 年最低；博阳河在 2010 年最高、2013 年最低。

从河流分布来看，池溪水 2014 年氨氮浓度均值最高，其次为潼津河；赣江南支、抚河西支、饶河和漳田河浓度均值相对较高；修河、博阳河、九龙河和土塘河浓度均值相对较低。

在 2010～2014 年不同水期氨氮浓度均值中，枯水期浓度均值高于丰水期和平水期，2014 年丰水期和枯水期浓度均值高于其他年份。2010～2014 年，不同河流断面氨氮浓度均值中，赣江主支、信江西支、饶河和修河枯水期均值高于丰水期和平水期，抚河东支和抚河西支丰水期均值高于平水期和枯水期，7 个补充河流断面丰水期或枯水期较高，其余河流断面不同水期浓度均值无明显规律。不同水期状况见表 4-1-11 和表 4-1-12。

表 4-1-11 2010～2014 年不同水期氨氮浓度表 （单位：mg/L）

年份	丰水期	平水期	枯水期
2010	0.36	0.26	0.60
2011	0.45	0.52	0.49
2012	0.34	0.41	0.58
2013	0.53	0.45	0.52
2014	0.54	0.44	0.65

表 4-1-12 2010～2014 年鄱阳湖入湖河流不同水期氨氮浓度表 （单位：mg/L）

河流名称	断面名称	年份	丰水期	平水期	枯水期
赣江北支	大港	2010	0.28	0.43	0.34
		2011	0.23	0.51	0.27
		2012	0.18	0.37	0.34
		2013	0.79	0.30	0.52
		2014	0.71	0.48	0.37
赣江中支	周坊	2010	0.34	0.33	0.38
		2011	0.05	0.41	0.31
		2012	0.14	0.21	0.19
		2013	0.79	0.57	0.46
		2014	0.58	0.58	0.35
赣江南支	吉里	2010	0.90	0.19	1.43
		2011	0.67	0.92	0.89
		2012	0.44	0.47	0.51
		2013	0.87	0.72	0.59
		2014	1.01	0.52	0.42

续表

河流名称	断面名称	年份	丰水期	平水期	枯水期
赣江主支	吴城赣江	2010	0.19	0.14	0.45
		2011	0.43	0.37	0.37
		2012	0.25	0.38	0.52
		2013	0.34	0.37	0.45
		2014	0.30	0.42	0.64
抚河东支	塔城	2010	0.26	0.13	0.29
		2011	0.66	0.27	0.24
		2012	0.31	0.32	0.31
		2013	0.39	0.28	0.48
		2014	0.67	0.26	0.32
抚河西支	新联	2010	0.71	0.35	0.78
		2011	0.88	0.79	0.66
		2012	0.73	0.78	0.7
		2013	0.87	0.61	0.74
		2014	1.14	0.95	0.93
信江西支	瑞洪大桥	2010	0.23	0.36	0.41
		2011	0.45	0.52	0.66
		2012	0.32	0.30	0.27
		2013	0.42	0.46	0.56
		2014	0.31	0.19	0.39
信江东支	布袋闸	2010	0.27	0.45	0.55
		2011	0.65	0.67	0.58
		2012	0.25	0.31	0.26
		2013	0.64	0.6	0.54
		2014	0.30	0.30	0.49
饶河	赵家湾	2010	0.39	0.06	1.41
		2011	0.38	0.67	0.92
		2012	0.67	0.87	2.77
		2013	0.33	0.74	1.00
		2014	0.54	0.45	0.94
修河	吴城修河	2010	0.11	0.07	0.27
		2011	0.26	0.26	0.17
		2012	0.24	0.29	0.43
		2013	0.19	0.16	0.25
		2014	0.09	0.18	0.24
博阳河	梓坊	2010	0.32	0.33	0.3
		2011	0.30	0.31	0.29
		2012	0.18	0.19	0.10
		2013	0.17	0.11	0.10

续表

河流名称	断面名称	年份	丰水期	平水期	枯水期
池溪水	下艾村	2014	0.19	0.34	0.26
甘溪水	下万村	2014	0.98	0.38	3.29
九龙河	宋家	2014	1.19	0.31	0.18
潼津河	庆丰村	2014	0.26	0.23	0.18
漳田河	独山	2014	0.44	1.04	2.35
土塘河	曹家	2014	0.51	0.79	0.92
杨柳津河	尖角村	2014	0.26	0.2	0.22

3）总磷浓度分析

2010 年饶河和 2014 年杨柳津河总磷浓度均值较高，2014 年与 2010 年相比，信江西支和信江东支分布上升 7.1%和 89.3%，其余 16 条河流均有所下降，其中修河下降幅度最大、下降 69.7%。监测结果评价见表 4-1-13。

表 4-1-13 入湖河流总磷浓度年均值变化表

序号	河流名称	断面名称	2010～2014 年浓度年均值范围（mg/L）	2014 年相比 2010 年变化（%）
1	赣江北支	大港	0.074～0.102	–13.8
2	赣江中支	周坊	0.079～0.105	–4.6
3	赣江南支	吉里	0.105～0.163	–31.5
4	赣江主支	吴城赣江	0.042～0.128	–55.9
5	抚河东支	塔城	0.066～0.097	–6.7
6	抚河西支	新联	0.093～0.140	–16.6
7	信江西支	瑞洪大桥	0.042～0.103	7.1
8	信江东支	布袋闸	0.047～0.112	89.3
9	饶河	赵家湾	0.073～0.258	–64.8
10	修河	吴城修河	0.041～0.138	–69.7
11	博阳河	梓坊	0.036～0.065	–38.2
12	池溪水	下艾村	0.099	
13	甘溪水	下万村	0.098	
14	九龙河	宋家	0.055	
15	潼津河	庆丰村	0.065	
16	漳田河	独山	0.059	
17	土塘河	曹家	0.038	
18	杨柳津河	尖角村	0.164	

从 2010～2014 年总磷浓度均值来看，多条河流 2010 年浓度均值较高、2012 年或 2013 年较低。18 条河流中，赣江北支在 2010 年浓度均值最高、2012 年最低；赣江中支

在 2010 年最高、2011 年最低；赣江南支在 2010 年最高、2012 年和 2013 年最低；赣江主支在 2010 年最高、2013 年最低；抚河东支在 2010 年最高、2011 年最低；抚河西支在 2011 年最高、2013 年最低；信江西支在 2013 年最高、2012 年最低；信江东支在 2014 年最高、2013 年最低；饶河在 2010 年最高、2013 年最低；修河在 2010 年最高、2013 年最低；博阳河在 2011 年最高、2014 年最低。

从河流分布来看，饶河 2010 年总磷浓度均值最高；赣江南支 2010 年和 2011 年、抚河西支 2010 年和 2011 年、饶河 2011 年、修河 2010 年的浓度均值相对较高；修河、博阳河、九龙河和土塘河浓度均值相对较低。

在 2010～2014 年不同水期总磷浓度均值中，枯水期浓度均值高于丰水期和平水期，2010 年丰水期和枯水期浓度均值高于其他年份，2011 年平水期浓度均值高于其他年份。在 2010～2014 年不同河流断面总磷浓度均值中，饶河枯水期均值高于丰水期和平水期，其余河流断面不同水期浓度均值高低无明显规律。不同水期状况见表 4-1-14 和表 4-1-15。

表 4-1-14 2010～2014 年不同水期总磷浓度表 （单位：mg/L）

年份	丰水期	平水期	枯水期
2010	0.105	0.079	0.156
2011	0.073	0.082	0.102
2012	0.063	0.062	0.089
2013	0.088	0.077	0.072
2014	0.073	0.078	0.089

表 4-1-15 2010～2014 年鄱阳湖入湖河流不同水期总磷浓度表 （单位：mg/L）

河流名称	断面名称	年份	丰水期	平水期	枯水期
赣江北支	大港	2010	0.090	0.067	0.138
		2011	0.089	0.110	0.132
		2012	0.077	0.064	0.063
		2013	0.145	0.080	0.092
		2014	0.095	0.081	0.090
赣江中支	周坊	2010	0.105	0.046	0.134
		2011	0.052	0.091	0.122
		2012	0.084	0.090	0.108
		2013	0.125	0.100	0.078
		2014	0.085	0.127	0.090
赣江南支	吉里	2010	0.152	0.126	0.200
		2011	0.119	0.182	0.142
		2012	0.098	0.118	0.100
		2013	0.110	0.110	0.095
		2014	0.125	0.115	0.095

续表

河流名称	断面名称	年份	丰水期	平水期	枯水期
赣江主支	吴城赣江	2010	0.113	0.100	0.165
		2011	0.045	0.045	0.075
		2012	0.045	0.045	0.040
		2013	0.044	0.047	0.040
		2014	0.047	0.064	0.059
抚河东支	塔城	2010	0.079	0.100	0.114
		2011	0.081	0.090	0.081
		2012	0.095	0.083	0.085
		2013	0.080	0.060	0.075
		2014	0.074	0.120	0.079
抚河西支	新联	2010	0.102	0.105	0.141
		2011	0.192	0.138	0.130
		2012	0.101	0.057	0.151
		2013	0.100	0.085	0.082
		2014	0.108	0.111	0.072
信江西支	瑞洪大桥	2010	0.050	0.088	0.091
		2011	0.043	0.044	0.077
		2012	0.044	0.049	0.044
		2013	0.140	0.125	0.103
		2014	0.065	0.083	0.078
信江东支	布袋闸	2010	0.047	0.071	0.072
		2011	0.042	0.043	0.063
		2012	0.039	0.041	0.062
		2013	0.085	0.097	0.091
		2014	0.130	0.095	0.110
饶河	赵家湾	2010	0.203	0.080	0.430
		2011	0.052	0.043	0.172
		2012	0.032	0.043	0.249
		2013	0.045	0.069	0.063
		2014	0.060	0.085	0.128
修河	吴城修河	2010	0.160	0.040	0.155
		2011	0.045	0.045	0.055
		2012	0.040	0.045	0.040
		2013	0.039	0.041	0.043
		2014	0.039	0.040	0.047
博阳河	梓枋	2010	0.056	0.048	0.074
		2011	0.048	0.072	0.076
		2012	0.044	0.049	0.036
		2013	0.054	0.034	0.025

续表

河流名称	断面名称	年份	丰水期	平水期	枯水期
池溪水	下艾村	2014	0.030	0.030	0.040
甘溪水	下万村	2014	0.060	0.100	0.140
九龙河	宋家	2014	0.180	0.030	0.090
潼津河	庆丰村	2014	0.060	0.050	0.050
漳田河	独山	2014	0.070	0.060	0.070
土塘河	曹家	2014	0.070	0.080	0.030
杨柳津河	尖角村	2014	0.037	0.036	0.040

4）总氮浓度分析

2014 年，抚河西支和潼津河总氮浓度均值较高。2014 年与 2010 年相比，赣江南支、赣江主支、信江西支、修河和博阳河总氮浓度年均值均下降，其余 6 条河流有不同程度的上升，其中，赣江南支下降幅度最大、下降 28.4%，赣江北支上升幅度最大、上升 73.8%。2010～2014 年总氮监测结果见表 4-1-16。

表 4-1-16　入湖河流总氮浓度年均值变化表

序号	河流名称	断面名称	2010～2014 年 浓度年均值范围（mg/L）	2014 年相比 2010 年变化（%）
1	赣江北支	大港	1.152～2.003	73.8
2	赣江中支	周坊	1.463～2.063	21.8
3	赣江南支	吉里	1.558～3.148	−28.4
4	赣江主支	吴城赣江	0.748～1.198	−8.4
5	抚河东支	塔城	1.073～1.353	13.1
6	抚河西支	新联	1.690～2.919	72.7
7	信江西支	瑞洪大桥	0.947～1.282	−7.9
8	信江东支	布袋闸	0.888～1.690	66.9
9	饶河	赵家湾	1.433～2.211	36.6
10	修河	吴城修河	0.610～0.727	−13.8
11	博阳河	梓坊	0.450～1.105	−16.3
12	池溪水	下艾村	4.725	
13	甘溪水	下万村	1.519	
14	九龙河	宋家	0.873	
15	潼津河	庆丰村	2.398	
16	漳田河	独山	1.732	
17	土塘河	曹家	0.715	
18	杨柳津河	尖角村	1.115	

从 2010～2014 年总氮浓度均值来看，赣江北支在 2014 年浓度均值最高、2010 年最低；赣江中支在 2014 年最高、2012 年最低；赣江南支在 2011 年最高、2012 年最低；赣江主支在 2010 年最高、2012 年最低；抚河东支在 2011 年最高、2010 年最低；抚河西支在

2014 年最高、2010 年最低；信江西支在 2010 年最高、2013 年最低；信江东支在 2013 年最高、2010 年最低；饶河在 2012 年最高、2010 年最低；修河在 2010 年最高、2014 年最低；博阳河在 2010 年最高、2013 年最低。

从河流分布来看，池溪水 2014 年总氮浓度最高，赣江南支 2010 年和 2011 年，抚河西支 2014 年浓度均值较高，修河、博阳河、九龙河和土塘河历年浓度均值较低。

在 2010～2014 年不同水期总氮浓度均值中，枯水期浓度均值高于丰水期和平水期，2014 年丰水期和枯水期浓度均值高于其他年份，2011 年平水期浓度均值高于其他年份。2010～2014 年不同河流断面总氮浓度均值中，赣江主支、抚河西支和饶河枯水期均值高于丰水期和平水期，抚河东支丰水期均值高于平水期和枯水期，7 个补充河流断面丰水期或枯水期较高，其余河流断面不同水期浓度均值无明显规律。不同水期状况见表 4-1-17 和表 4-1-18。

表 4-1-17　2010～2014 年不同水期总氮浓度均值表　（单位：mg/L）

年份	丰水期	平水期	枯水期
2010	1.232	1.194	1.674
2011	1.477	1.678	1.718
2012	1.381	1.393	1.555
2013	1.377	1.599	1.545
2014	1.530	1.460	2.110

表 4-1-18　2010～2014 年鄱阳湖入湖河流不同水期总氮浓度表　（单位：mg/L）

河流名称	断面名称	年份	丰水期	平水期	枯水期
赣江北支	大港	2010	1.220	1.120	1.065
		2011	1.565	1.550	1.685
		2012	1.630	1.705	0.952
		2013	1.620	1.840	2.190
		2014	2.020	2.060	1.930
赣江中支	周坊	2010	1.600	1.240	2.060
		2011	1.935	2.470	2.065
		2012	1.245	1.645	1.279
		2013	1.860	2.265	1.725
		2014	1.940	2.160	2.090
赣江南支	吉里	2010	2.153	1.670	3.835
		2011	2.420	3.140	3.885
		2012	1.250	1.865	1.560
		2013	2.365	2.200	2.200
		2014	2.450	1.810	1.400
赣江主支	吴城赣江	2010	0.943	0.150	2.105
		2011	0.615	0.710	1.285
		2012	0.755	0.775	0.745
		2013	0.740	0.760	0.805
		2014	0.910	1.230	1.160

续表

河流名称	断面名称	年份	丰水期	平水期	枯水期
抚河东支	塔城	2010	1.175	1.090	0.854
		2011	1.770	1.460	1.195
		2012	1.255	1.032	1.074
		2013	1.290	1.300	1.295
		2014	1.350	1.050	1.250
抚河西支	新联	2010	1.580	1.640	1.880
		2011	1.965	2.070	2.075
		2012	1.945	2.110	2.710
		2013	1.680	2.225	1.870
		2014	2.150	3.040	3.570
信江西支	瑞洪大桥	2010	1.127	1.630	1.342
		2011	1.450	1.202	1.113
		2012	2.160	0.758	1.086
		2013	0.818	1.409	0.814
		2014	1.060	1.110	1.370
信江东支	布袋闸	2010	0.837	0.922	0.947
		2011	1.210	1.223	1.585
		2012	1.008	1.145	1.259
		2013	1.695	2.015	1.360
		2014	1.480	1.720	1.250
饶河	赵家湾	2010	0.943	1.760	2.005
		2011	1.215	2.250	1.710
		2012	1.800	2.160	4.150
		2013	1.080	1.373	2.480
		2014	1.690	1.370	2.820
修河	吴城修河	2010	0.743	0.720	0.650
		2011	0.620	0.710	0.585
		2012	0.760	0.740	0.740
		2013	0.625	0.605	0.715
		2014	0.380	0.720	0.730
池溪水	下艾村	2014	2.150	1.300	10.730
甘溪水	下万村	2014	2.690	1.000	0.870
九龙河	宋家	2014	1.130	0.760	0.740
潼津河	庆丰村	2014	1.820	1.640	3.740
漳田河	独山	2014	2.080	1.300	1.820
土塘河	曹家	2014	0.690	0.780	0.680
杨柳津河	尖角村	2014	0.870	0.820	1.660

第二节　湖区水环境质量状况

一、监测点位和频次

1. 湖流与水质同步监测水期选择

共开展五次湖流与水质同步监测。时间按照先后顺序依次为2010年10月9～12日、2010年12月19～20日、2010年12月28～29日、2012年5月17～18日、2013年3月11～12日。

根据鄱阳湖的水位变化规律，选择2012年5月17～18日（星子站平均水位为17.08 m）、2010年10月9～12日（星子站平均水位为14.38 m）、2013年3月11～12日（星子站平均水位为9.94 m），分别代表丰水期、平水期和枯水期。

2. 湖流与水质同步监测湖区断面布设

（1）监测断面：采用网格法，横向沿湖盆南北向每5 km布设一个断面，遇河流入湖口、水利枢纽工程闸址等特殊湖域则适当调整，测区范围为东经115°39′～117°12′，北纬28°12′～29°45′，全湖共布设断面34个。

（2）监测垂线：漫滩水位（星子站水位 13 m）以上，充分考虑湖盆形态、主航道走向、湖流特征，考虑监测垂线与常规监测垂线的一致性、测点分布的均匀性原则，在监测断面上共布设监测垂线68条。漫滩水位以下，则将垂线转移到主航道或深水区。

根据监测垂线，将鄱阳湖进行水域分区：入江水道区（包含1～18号、21～22号垂线）、西部湖汊（包含19～20号、23～24号、30～31号、37号垂线）、主湖区（包含25～26号、32～34号、38～52号、54～57号、59～61号垂线）、东北部湖汊（包含27～29号、35～36号垂线）、东部湖汊（包含53号、58号垂线）、南部湖汊（包含62～68号垂线）6个区域。

断面及垂线布设如图4-1-2所示。

3. 常规水资源动态监测断面布设

湖区设立监测断面18处：昌江口、乐安河口、信江东支、鄱阳、龙口、康山、赣江南支、抚河口、信江西支、棠荫、瓢山、都昌、渚溪口、蚌湖、赣江主支、修河口、星子、蛤蟆石。

出湖设立出湖控制断面湖口，布设垂线3条，具体位置如图4-1-3所示。

4. 监测频次

1982年起，江西省水文局建立了专门的水质实验室，开展了鄱阳湖水环境（水质）监测，积累了大量资料。但限于技术、经费等，20世纪90年代的监测项目不全，监测数据不连续。为了切实加强鄱阳湖监测，江西省水文局从 2007 年 9 月正式启动了鄱阳湖水资源动态监测，监测频次为每月一次，一直开展至今。监测范围包括 8 个入湖重要水文站，18 处湖区监测断面及湖口出湖控制断面。

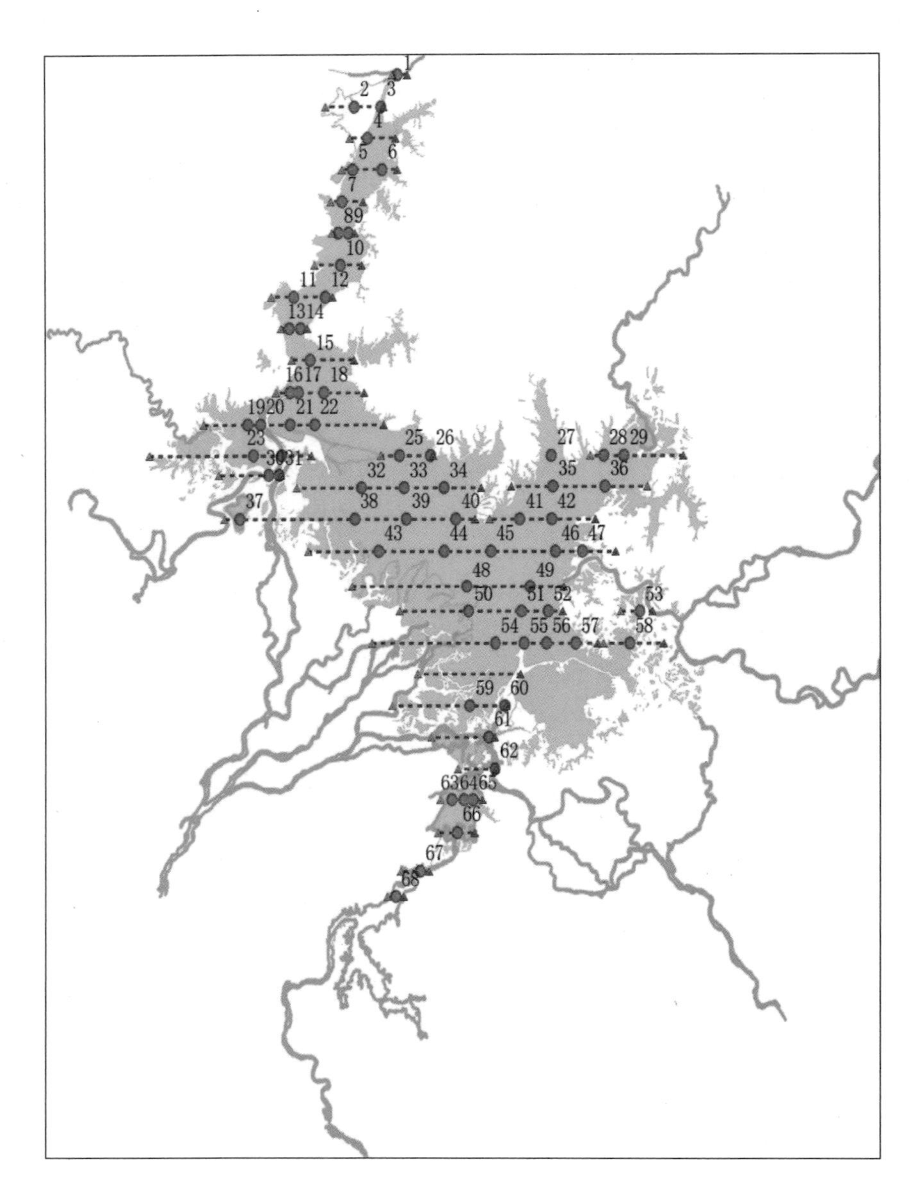

图 4-1-2　湖区监测断面及垂线

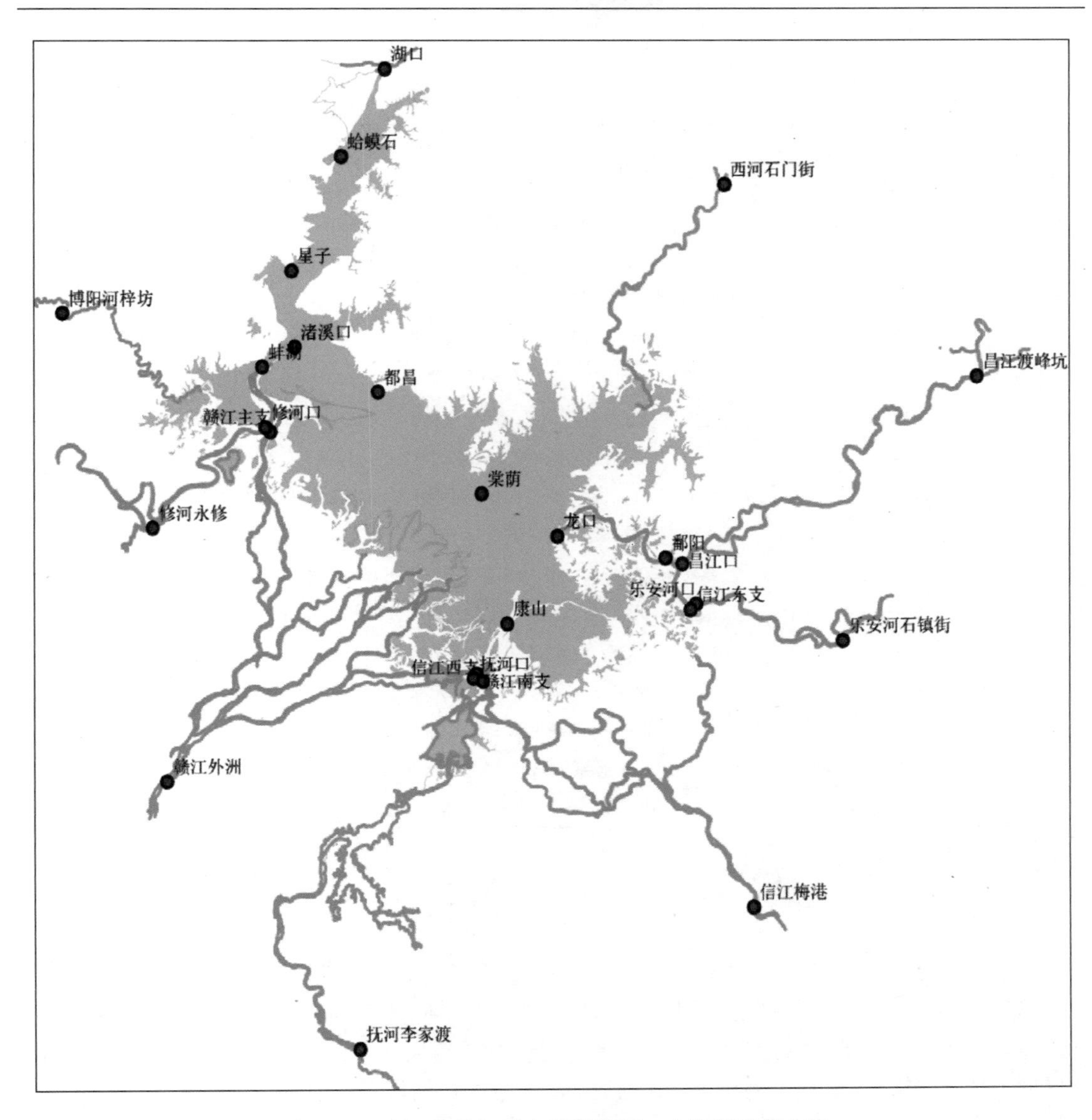

图 4-1-3　鄱阳湖常规动态监测湖区、出湖断面分布图

二、监测项目和方法

水质监测项目包括水温、pH、溶解氧、高锰酸盐指数、氨氮、总磷、总氮、氟化物、六价铬、氰化物、挥发性酚、铜、铅、锌、镉、砷、汞、硒、叶绿素 a、透明度。各项目检测标准（方法）名称及编号详见表 4-1-19。

表 4-1-19　水质监测项目检测标准（方法）名称及编号

序号	项目名称	检测标准（方法）名称及编号
1	水温	水质水温的测定温度计或颠倒温度计测定法（GB 13195-1991）
2	pH	水质 pH 的测定玻璃电极法（GB 6920-1986）

续表

序号	项目名称	检测标准（方法）名称及编号
3	溶解氧	水质溶解氧的测定碘量法（GB 7489-1987）
4	高锰酸盐指数	水质高锰酸盐指数的测定（GB 11892-1989）
5	氨氮	水质氨氮的测定纳氏试剂分光光度法（GB/T 7479-1987）
6	总磷	水质总磷的测定钼酸铵分光光度法（GB 11893-1989）
7	总氮	水质总氮的测定碱性过硫酸钾消解紫外分光光度法（GB 11894-1989）
8	氟化物	水中无机阴离子的测定（离子色谱法）（SL 86—1994）
9	六价铬	水质六价铬的测定二苯碳酰二肼分光光度法（GB 7467-1987）
10	氰化物	水质氰化物的测定第二部分氰化物的测定（GB/T 7487-1987）
11	挥发性酚	水质挥发性酚的测定 4-氨基安替比林分光光度法（GB/T 7490-1987）
12	铜	水质铜、锌、铅、镉的测定原子吸收分光光度法（GB 7475-1987）
13	铅	水质铜、锌、铅、镉的测定原子吸收分光光度法（GB 7475-1987）
14	锌	水质铜、锌、铅、镉的测定原子吸收分光光度法（GB 7475-1987）
15	镉	水质铜、锌、铅、镉的测定原子吸收分光光度法（GB 7475-1987）
16	砷	水质砷的测定原子荧光光度法（SL327.1—2005）
17	汞	水质汞的测定原子荧光光度法（SL327.2—2005）
18	硒	水质硒的测定原子荧光光度法（SL327.3—2005）
19	叶绿素	叶绿素的测定（分光光度法）（SL 88—1994）
20	透明度	透明度的测定（透明度计法、圆盘法）（SL 87—1994）

三、评 价 方 法

按照《地表水环境质量评价办法》相关技术的要求，根据《地表水环境质量标准》（GB3838—2002），采用单因子评价法对鄱阳湖不同水期、不同典型年各站点水质指标进行分析评价。水质评价指标为《地表水环境质量标准》表 1 中除水温、总氮、粪大肠菌群以外的 21 项指标。水温、总氮、粪大肠菌群作为参考指标单独评价（河流总氮除外）。

根据《地表水资源质量评价技术规程》（SL395—2007），采用营养状态指数法，选取湖区富营养化主要特征指标进行评价，分析湖区营养状态。营养状态评价指标为叶绿素 a（chla）、总磷（TP）、总氮（TN）、透明度（SD）和高锰酸盐指数（COD_{Mn}）共 5 项。湖区、出湖自 2011 年开始开展叶绿素 a、总氮、透明度 3 项指标的监测，1985～2010 年的富营养化评分值通过总磷、高锰酸盐指数、三氮（氨氮、硝酸盐氮、亚硝酸盐氮）进行运算。

运用“季节性 Kendall 趋势检验”方法，对 2002～2013 年各站点水质监测数据进行检验，判断各站点的水质变化趋势。用季节性 Kendall 趋势检验方法判断水质趋势时，序列长度一般以 5～12 年为宜。为保证趋势分析的可靠性，根据鄱阳湖水质监测参数的连续性、同步性、可靠性，以及影响水质变化的代表性，确定水质变化趋势分析时段为 2002～2013 年。趋势分析参数为总磷、氨氮、高锰酸盐指数、总氮，其中总氮分析时段为 2011～2013 年。

四、评 价 结 果

1. 水质类别评价

按照《地表水环境质量评价办法》，对1985～2013年鄱阳湖水环境质量进行评价，成果显示，鄱阳湖水质总体呈下降趋势。1985～2013年鄱阳湖全年水质优于或符合Ⅲ类水占15.0%～100%，平均为83.2%；劣于Ⅲ类水占0.0～85.0%，平均为16.8%。非汛期水质优于或符合Ⅲ类水占8.7%～100%，平均为72.9%；劣于Ⅲ类水占0.0～91.3%，平均为27.1%。汛期水质优于或符合Ⅲ类水占24.0%～100%，平均为88.5%；劣于Ⅲ类水占0.0～76.0%，平均为11.5%。4～9月富营养化评分值为35～49，属于中营养，见表4-1-20。

表4-1-20 1985～2013年鄱阳湖水环境质量评价成果

年份	水期	Ⅰ类、Ⅱ类占比（%）	Ⅲ类占比（%）	劣Ⅲ类占比（%）	营养化评价		主要超标项目
					评分值	营养化程度	
	全年	88.3	11.7				
1985	非汛期	88.4	11.5	0.1	35	中营养	氨氮
	汛期	89.8	10.2				
	全年	92.3	7.6	0.1			
1986	非汛期	92.3	7.6	0.1	37	中营养	氨氮
	汛期	99.9	0.1				
	全年	77.4	22.6				
1988	非汛期	59.8	26.3	13.8	47	中营养	总磷
	汛期	91.3	8.7				
	全年	74.9	25.1				
1990	非汛期	59.5	31.9	8.7	45	中营养	总磷
	汛期	93.7	6.3				
	全年	88.7	11.3				
1992	非汛期	74.5	14.3	11.3	46	中营养	总磷
	汛期	100.0	0.0				
	全年	89.9	10.1				
1994	非汛期	89.9	10.1		42	中营养	
	汛期	83.7	16.3				
	全年	58.0	42.0				
1996	非汛期	51.9	48.1		41	中营养	
	汛期	72.4	27.6				
	全年	81.1	18.9				
1998	非汛期	84.6	15.4		40	中营养	总磷
	汛期	73.1	20.8	6.1			

续表

年份	水期	Ⅰ类、Ⅱ类占比（%）	Ⅲ类占比（%）	劣Ⅲ类占比（%）	营养化评价		主要超标项目
					评分值	营养化程度	
	全年	62.8	37.0	0.2			
2000	非汛期	64.6	35.1	0.3	39	中营养	氨氮
	汛期	70.2	29.8				
	全年	42.1	57.8	0.1			
2002	非汛期	42.1	57.8	0.1	42	中营养	总磷
	汛期	53.5	46.5				
	全年	67.1	32.4	0.5			
2003	非汛期	67.1	32.4	0.5	45	中营养	总磷
	汛期	81.2	18.6	0.2			
	全年	58.8	32.3	8.9			
2004	非汛期	58.8	18.3	22.9	45	中营养	总磷、氨氮
	汛期	72.8	19.5	7.7			
	全年	52.5	32.6	14.9			
2005	非汛期	52.5	32.6	14.9	48	中营养	总磷、氨氮
	汛期	52.5	47.1	0.4			
	全年	57.8	24.3	17.9			
2006	非汛期	50.2	31.9	17.9	49	中营养	总磷、氨氮
	汛期	64.2	24.5	11.4			
	全年		15.0	85.0			
2007	非汛期		8.7	91.3	48	中营养	总磷、氨氮
	汛期		48.9	51.1			
	全年		63.9	36.1			
2008	非汛期		40.7	59.3	45	中营养	总磷、氨氮
	汛期		99.3	0.7			
	全年		67.8	32.2			
2009	非汛期		34.1	65.9	46	中营养	总磷、氨氮
	汛期		77.7	22.3			
	全年		71.3	28.7			
2010	非汛期		8.7	91.3	44	中营养	总磷、氨氮
	汛期	8.4	69.6	22.0			
	全年		37.9	62.1			
2011	非汛期		9.0	91.0	49	中营养	总磷、氨氮
	汛期		24.0	76.0			

续表

年份	水期	Ⅰ类、Ⅱ类占比（%）	Ⅲ类占比（%）	劣Ⅲ类占比（%）	营养化评价		主要超标项目
					评分值	营养化程度	
2012	全年		70.6	29.4	46	中营养	总磷、氨氮
	非汛期		37.8	62.2			
	汛期		79.8	20.2			
2013	全年		64.2	35.8	49	中营养	总磷、氨氮
	非汛期		52.3	47.7			
	汛期		76.2	23.8			

20 世纪 80 年代，江西省以农业生产为主体，工业较落后，废污水排放也相对偏少。水质以Ⅰ类、Ⅱ类水为主，并呈缓慢下降趋势，全年水质Ⅰ类、Ⅱ类水占 74.9%～92.3%，平均为 85%；Ⅲ类水占 7.6%～25.1%，平均为 14.9%；劣Ⅲ类水占 0.1%，主要超标项目为氨氮，污染区域主要分布于赣江南支口。非汛期水质Ⅰ类、Ⅱ类水占 59.5%～92.3%，平均为 75%；Ⅲ类水占 7.6%～31.9%，平均为 19.3%；劣Ⅲ类水占 0.1%～13.8%，主要超标项目为氨氮，污染区域主要分布于赣江南支口、信江西支口、康山、龙口和蚌湖。汛期水质Ⅰ类、Ⅱ类水占 89.8%～99.9%，平均为 93.7%；Ⅲ类水占 0.1%～10.2%，平均为 6.3%。

20 世纪 90 年代至 2002 年，江西省工业发展已有起步，废污水排放量相对增加。水质仍以Ⅰ类、Ⅱ类水为主，全年水质Ⅰ类、Ⅱ类水占 42.1%～89.9%，平均为 70%；Ⅲ类水占 10.1%～57.9%，平均为 29.9%；劣Ⅲ类水占 0.1%，主要超标项目为氨氮和总磷，污染区域主要分布于信江东支口和赣江南支口。非汛期水质Ⅰ类、Ⅱ类水占 42.1%～89.9%，平均为 67.9%；Ⅲ类水占 10.1%～57.9%，平均为 30.1%；劣Ⅲ类水占 0.1%～11.3%，主要超标项目为氨氮、总磷，污染区域主要分布于赣江南支口、信江西支口和都昌。汛期水质Ⅰ类、Ⅱ类水占 53.5%～100%，平均为 75.5%；Ⅲ类水占 0%～46.5%，平均为 23.5%；劣Ⅲ类水占 0.1%，主要超标项目为总磷，污染区域主要分布于蛤蟆石。

2003～2007 年，长江上游来水减少，省内降水偏少，湖区低水位下降，该期间江西经济发展迅速，工业化加快，废污水排放量增加，水质急剧下降。2008～2013 年，长江上游来水增多，省内降水偏多，湖区水位上升，该期间社会经济保持可持续发展，对污水排放进行有效控制，水质状况有所好转。全年水质Ⅲ类水占 15.0%～99.5%，平均为 68.0%；汛期水质Ⅲ类水占 24.0%～99.8%，平均为 78.6%；非汛期水质Ⅲ类水占 8.7%～99.5%，平均 51.4%。主要污染物为总磷、氨氮、总氮，污染的重点区域分布于东部湖域的乐安河口、信江东支口、鄱阳，主湖区的龙口、瓢山、康山，南部湖域的信江西支口等水域。

图 4-1-4～图 4-1-6 为鄱阳湖水环境质量评价成果，水质评价指标为《地表水环境质量标准》（GB3838—2002）表 1 中除水温、总氮、粪大肠菌群以外的 21 项指标。鄱阳湖自 2011 年开始开展总氮项目的监测，因为总氮为鄱阳湖的主要污染物之一，所以对 2011～2013 年总氮参与评价的鄱阳湖水环境质量情况进行统计，成果见表 4-1-21。

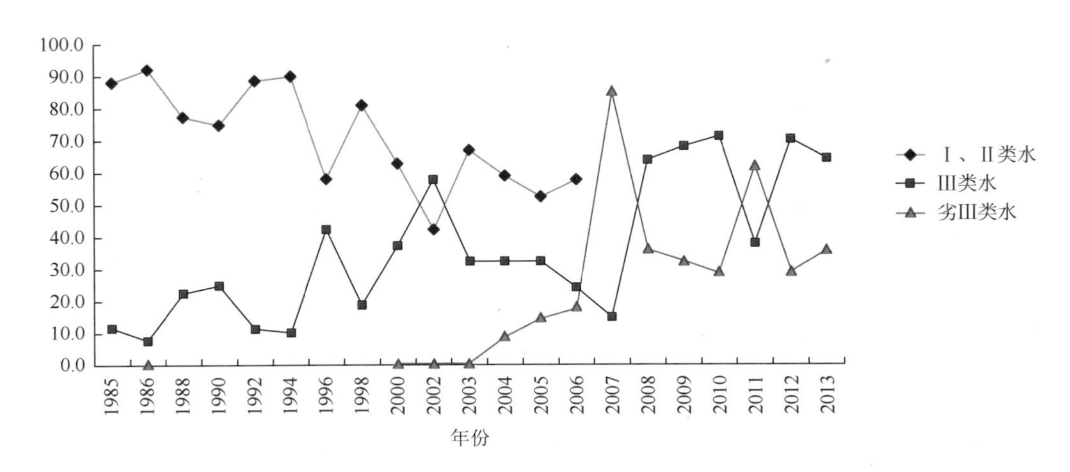

图 4-1-4　1985～2013 年鄱阳湖全年水质变化趋势图

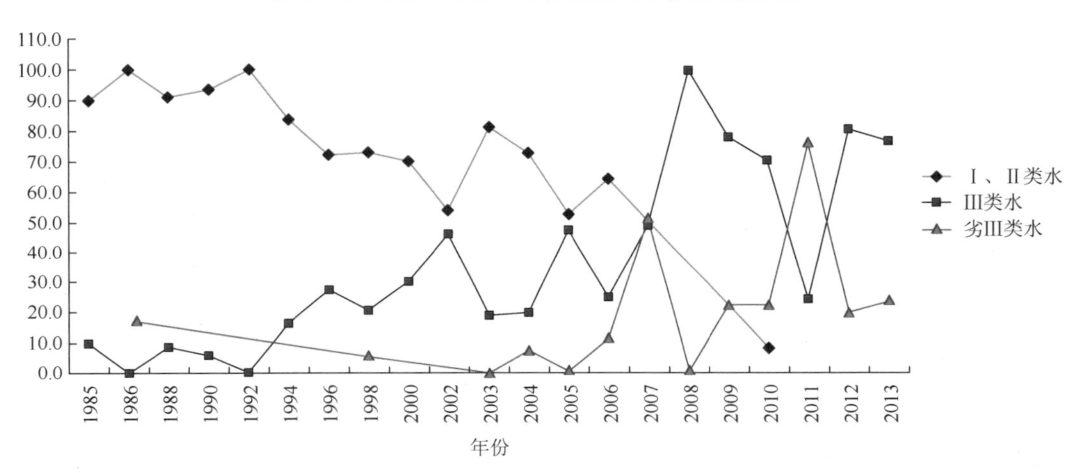

图 4-1-5　1985～2013 年鄱阳湖汛期水质变化趋势图

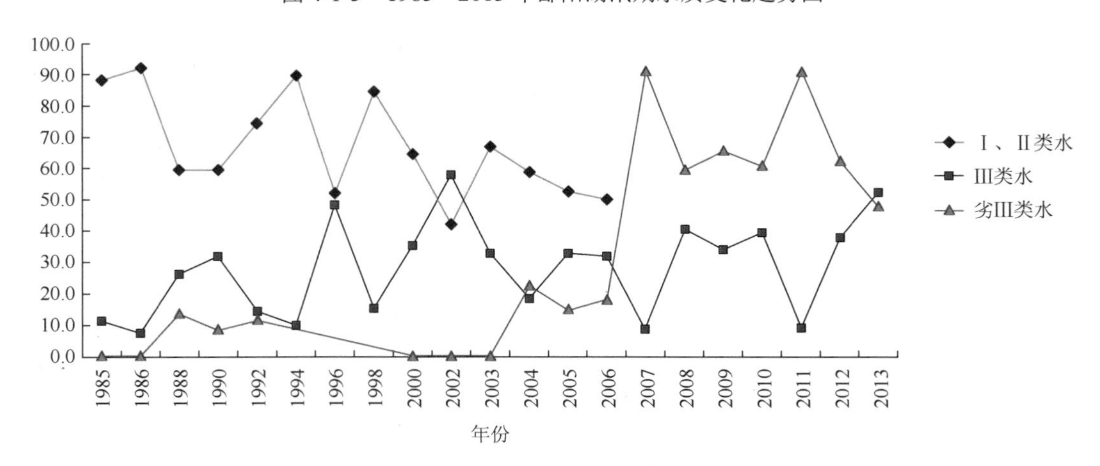

图 4-1-6　1985～2013 年鄱阳湖非汛期水质变化趋势图

表 4-1-21　2011～2013 年鄱阳湖水环境质量评价成果（总氮参评）

年份	水期	Ⅰ、Ⅱ类占比（%）	Ⅲ类占比（%）	劣Ⅲ类占比（%）	营养化评价		主要超标项目
					评分值	营养化程度	
2011	全年	—	0.3	99.7	49	中营养	总磷、总氮、氨氮
	非汛期	—	0.2	99.8			
	汛期	—	0.3	99.7			
2012	全年	—	16.1	83.9	46	中营养	总磷、总氮、氨氮
	非汛期	—	10.0	90.0			
	汛期	—	51.6	48.4			
2013	全年	—	0.0	100	49	中营养	总磷、总氮、氨氮
	非汛期	—	0.0	100			
	汛期	—	0.0	100			

由 2011～2013 年鄱阳湖水环境质量评价成果可见，总氮参与水质类别评价后，2011～2013 年鄱阳湖全年符合Ⅲ类水的比例分别下降了 37.6%、54.5%、64.2%，汛期比例分别下降了 23.7%、28.2%、76.2%，非汛期比例分别下降了 8.8%、27.8%、52.3%。

2013 年总氮参与水质类别评价后，鄱阳湖全年、汛期、非汛期水质均劣于Ⅲ类水，符合Ⅲ类水的比例下降幅度最大。总氮对湖区、出湖均有不同程度的污染影响，其中影响程度最大的区域位于北部湖域；在东部湖域和主湖区，水体主要受总磷、氨氮的污染影响。

2012 年符合Ⅲ类水的比例下降幅度居中，东部湖域、主湖区和入江水道区水体主要受总磷、氨氮的污染影响。

2011 年符合Ⅲ类水的比例下降幅度相对较小，总氮的污染影响区域主要位于北部湖域、南部湖域。

2. 主要污染物及分担率

按照《地表水环境质量评价办法》，分析断面水质超过《地表水环境质量标准》（GB3838—2002）Ⅲ类水限值时，先按照不同指标对应水质类别的优劣，选择水质类别最差的前三项指标作为主要污染物。当不同指标对应的水质类别相同时计算超标倍数，将超标指标按其超标倍数大小排列，取超标倍数最大的前三项为主要污染物。用综合污染指数法得出各主要污染物的分担率。

$$\text{超标倍数}=\frac{\text{某指标的浓度值}-\text{该指标的III类水质标准}}{\text{该指标的III类水质标准}}$$

2002～2013 年鄱阳湖主要污染物为总磷、氨氮、总氮，其中 2011 年才开始对总氮开展监测。总磷超标倍数为 0.1～8.9，氨氮超标倍数为 0.1～3.0，总氮超标倍数为 0.1～4.6，总磷、氨氮、总氮的最大值均出现在 2013 年东部湖域的乐安河口断面，见表 4-1-22。

表 4-1-22　2002～2013 年鄱阳湖主要污染物超标倍数

断面名称	2002 年			2003 年			2004 年			2005 年			2006 年			2007 年		
	总磷	氨氮	总氮	总磷	氨氮	总氮	总磷	氨氮	总氮	总磷	氨氮	总氮	总磷	氨氮	总氮	总磷	氨氮	总氮
昌江口													0.8			0.1		
乐安河口							0.5	0.1						0.1		0.1		
信江东支							1.2	0.1		0.9			1.2			0.5		
鄱阳				0.4			0.1			0.5			0.3			0.6	0.5	
龙口										0.7			0.6					
瓢山										0.4			0.5					
康山							0.1			0.5			0.4			0.3		
赣江南支	0.1			0.1			0.9	1.1		0.7	0.5		0.3			0.2		
抚河口																		
信江西支							0.2			0.3			0.7			1.4		
棠荫										0.4						0.2		
都昌										0.4			1.2			0.2		
渚溪口																0.1		
蚌湖																0.1		
赣江主支							0.2			0.3			1.3	0.5		0.1		
修河口																		
星子																		
蛤蟆石													0.5			0.7		
湖口																0.3		

断面名称	2008 年			2009 年			2010 年			2011 年			2012 年			2013 年		
	总磷	氨氮	总氮	总磷	氨氮	总氮	总磷	氨氮	总氮	总磷	氨氮	总氮	总磷	氨氮	总氮	总磷	氨氮	总氮
昌江口				0.2			0.2			0.3		0.2	0.2		0.4			0.7
乐安河口		1.2		1.6	0.1		3.7			7.9	2.8	4.2	2.2	1.4	1.9	8.9	3.0	4.6
信江东支	1.1			1.6			1.8			1.3		0.6	3.8			1.0		0.7
鄱阳	0.4	0.2		0.7			3.4			4.2	0.8	2.2	1.3	0.1	1.0	2.3	1.4	2.9
龙口	0.3			0.6			2.3			3.3	0.6	1.8	1.3	0.1	1.2	1.9	1.2	2.9
瓢山							1.1			3.2	0.4	2.3	0.6		0.2	0.7	0.7	1.8
康山	0.3			0.9			0.8			0.6		0.3			0.4	0.2		0.5
赣江南支		0.1		0.1			0.9	0.1		0.4	0.2	1.8	0.2		1.2	0.4		0.9
抚河口															0.4	0.1		0.5
信江西支	1.1			2.1			0.8			1.9			0.3		0.3	0.8		0.5
棠荫				0.5			0.5			1.5			0.6		0.2	0.7	0.7	1.8
都昌				0.1			1.7			1.0		0.7	0.3		0.6	0.6		0.9
渚溪口	0.1			0.7			0.9			0.7		0.4			0.5	0.2		0.9
蚌湖										0.1		0.5	0.1		0.6	0.1		0.9
赣江主支				0.1			0.1			0.1					0.7	0.1		1.1
修河口																		0.2
星子				0.3			0.6			0.8		1.0	0.5		0.1	0.5		0.7
蛤蟆石							0.6			0.9		0.5	0.3			0.8		0.7
湖口	0.3			0.3			0.6			0.6		1.3	0.3		0.3	0.5		0.6

用综合污染指数法得出主要污染物总磷、氨氮、总氮的分担率。从各年度分析结果可见，总磷的分担率最高，为39.5%～100%，最大值出现在2002年、2003年；氨氮的分担率为0.5%～29.4%，最大值出现在2008年；总氮的分担率为34.6%～46.8%，最大值出现在2013年，见表4-1-23。

表4-1-23　2002～2013年鄱阳湖主要污染物分担率

年份	分担率（%）		
	总磷	氨氮	总氮
2002	100.0		
2003	100.0		
2004	71.1	28.9	
2005	91.1	8.9	
2006	92.9	7.1	
2007	90.7	9.3	
2008	70.6	29.4	
2009	99.0	1.0	
2010	99.5	0.5	
2011	56.0	9.3	34.6
2012	50.8	6.8	42.4
2013	39.5	13.8	46.8

将各分析断面按照布设位置划分为东部湖域、主湖区、南部湖域、北部湖域、入江水道区、出湖6处水域。对主要污染物分担率分析可见，2002～2013年总磷的分担率最大，为62.5%；最大值出现在入江水道区，分担率为68.4%，最小值出现在北部湖域，分担率为56.2%。总氮的分担率为27.8%；最大值出现在北部湖域，分担率为41.2%，最小值出现在东部湖域，分担率为22.4%。氨氮的分担率为9.6%；最大值出现在东部湖域，分担率为13.6%，最小值出现在北部湖域，分担率为2.6%，见表4-1-24。

表4-1-24　2002～2013年鄱阳湖各水域主要污染物分担率

分析水域	单项污染指数			分担率（%）		
	总磷	氨氮	总氮	总磷	氨氮	总氮
东部湖域	55.3	11.8	19.4	63.9	13.6	22.4
主湖区	26.0	3.7	13.4	60.3	8.6	31.1
南部湖域	14.0	1.8	5.6	65.4	8.4	26.2
北部湖域	10.9	0.5	8.0	56.2	2.6	41.2
入江水道区	6.5		3.0	68.4		31.6
出湖	3.2		2.2	59.3		40.7
汇总	115.9	17.8	51.6	62.5	9.6	27.8

2011 年才开始对总氮开展监测，所以再分析 2011～2013 年主要污染物分担率情况。2011～2013 年总磷的分担率最大，为 48.4%；最大值出现在入江水道区，分担率为 55.9%，最小值出现在北部湖域，分担率为 29.2%。总氮的分担率为 41.0%；最大值出现在北部湖域，分担率为 70.8%，最小值出现在东部湖域，分担率为 31.1%。氨氮的分担率为 10.6%；最大值出现在东部湖域，分担率为 15.2%，最小值出现在南部湖域，分担率为 2.0%。其与 2002～2013 年分析的主要结论基本一致，见表 4-1-25。

表 4-1-25　2011～2013 年鄱阳湖各水域主要污染物分担率

分析水域	单项污染指数			分担率（%）		
	TP	NH_3-N	TN	TP	NH_3-N	TN
东部湖域	33.4	9.5	19.4	53.6	15.2	31.1
主湖区	14.6	3.7	13.4	46.1	11.7	42.3
南部湖域	4.1	0.2	5.6	41.4	2.0	56.6
北部湖域	3.3		8.0	29.2		70.8
入江水道区	3.8		3.0	55.9		44.1
出湖	1.7		2.2	43.6		56.4
汇总	60.9	13.4	51.6	48.4	10.6	41.0

从整体来看，总磷为鄱阳湖影响最大的主要污染物，其次为总氮和氨氮。从各水域污染情况来看，东部湖域污染最为严重，各水域污染情况由大至小排序为入江水道区＞东部湖域＞主湖区＞南部湖域＞出湖＞北部湖域。

3. 营养状况评价

按照《地表水环境质量评价办法》，选取湖泊营养状态评价指标，对鄱阳湖 2002～2013 年湖库营养状态进行评价，评价结论见表 4-1-26。

表 4-1-26　2002～2013 年鄱阳湖水体富营养化状态一览表

年份	营养化评价	
	评分值	营养状态
2002	42	中营养
2003	45	中营养
2004	45	中营养
2005	48	中营养
2006	49	中营养
2007	48	中营养
2008	45	中营养
2009	46	中营养
2010	44	中营养
2011	49	中营养
2012	46	中营养
2013	49	中营养

由表 4-1-26 可以看出，鄱阳湖水环境质量总体呈现下降趋势，富营养化评分值从 2002 年的 42 增至 2013 年的 49，富营养化水平呈逐年上升趋势，营养盐总体保持在中营养水平。

2013 年鄱阳湖富营养化评分值为 49，属于中营养水平。由表 4-1-27 可见，鄱阳湖东部湖域为轻度富营养状态，其他区域基本为中营养状态，富营养化评分值按照从大到小排序为东部湖域＞南部湖域＞主湖区＞入江水道区＞湖口＞北部湖域。水生生物消耗水中的氮磷，不利于湖区大面积产生富营养化，所以湖区尚未出现大面积富营养化。

表 4-1-27 2013 年鄱阳湖水体富营养化状态一览表

断面名称	分区	2013 年营养状态
昌江口	东部湖域	中营养
乐安河口	东部湖域	轻度富营养
信江东支	东部湖域	轻度富营养
鄱阳	东部湖域	轻度富营养
龙口	主湖区	轻度富营养
瓢山	主湖区	中营养
康山	主湖区	中营养
赣江南支	南部湖域	中营养
抚河口	南部湖域	中营养
信江西支	南部湖域	中营养
棠荫	主湖区	中营养
都昌	主湖区	中营养
渚溪口	北部湖域	中营养
蚌湖	北部湖域	中营养
赣江主支	北部湖域	中营养
修河口	北部湖域	中营养
星子	入江水道区	中营养
蛤蟆石	入江水道区	轻度富营养
湖口	湖口	中营养

五、趋 势 分 析

分析数据选用 2002～2013 年鄱阳湖常规水资源动态监测成果，分析断面包括 18 个湖区监测断面、1 个出湖控制断面。趋势分析参数为总磷、氨氮、高锰酸盐指数、总氮。2011 年才开始对总氮开展监测，其趋势分析时段为 2011～2013 年。

评价结论中“高度显著上升、显著上升、无趋势、显著下降和高度显著下降”分别以

“++、+、0、–、––”表示。总磷、氨氮、高锰酸盐指数、总氮呈上升趋势表示水体水质有所下降，呈下降趋势表示水体水质趋于改善。

1. 2002～2013 年鄱阳湖水质状况

2002～2013 年，鄱阳湖全年水质优于或符合III类水占 15.0%～99.5%，平均为 70.7%，最大值出现在 2002 年，最小值出现在 2007 年，2007～2013 年未出现 I 类、II 类水，见表 4-1-28、图 4-1-7。

表 4-1-28　2002～2013 年鄱阳湖水环境质量评价成果

年份	水期	I 类、II 类占比（%）	III类占比（%）	劣III类占比（%）
2002	全年	42.1	57.8	0.1
2003	全年	67.1	32.4	0.5
2004	全年	58.8	32.3	8.9
2005	全年	52.5	32.6	14.9
2006	全年	57.8	24.3	17.9
2007	全年		15.0	85.0
2008	全年		63.9	36.1
2009	全年		67.8	32.2
2010	全年		71.3	28.7
2011	全年		37.9	62.1
2012	全年		70.6	29.4
2013	全年		64.2	35.8

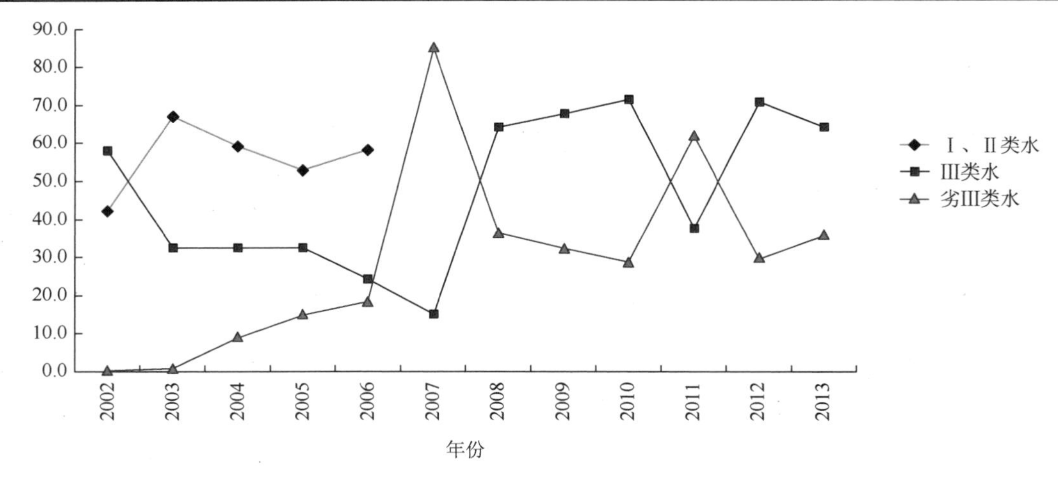

图 4-1-7　2002～2013 年鄱阳湖全年水质变化趋势图

根据鄱阳湖湖区监测断面所处位置，将湖区 18 个水质监测断面划分为东部湖域、主湖区、南部湖域、北部湖域、入江水道区 5 处水域，湖口断面代表出湖水域。分别对 2002～2013 年鄱阳湖 6 处水域的水质状况进行评价，其中单独对总氮参数进行评价，成果见表 4-1-29。

表 4-1-29　2002～2013 年鄱阳湖各水域水质评价成果表

年份	东部湖域			主湖区			南部湖域			北部湖域			入江水道区			出湖		
	水质评价类别	主要污染物	总氮单独评价类别	水质评价类别	主要污染物	总氮单独评价类别	水质评价类别	主要污染物	总氮单独评价类别	水质评价类别	主要污染物	总氮单独评价类别	水质评价类别	主要污染物	总氮单独评价类别	水质评价类别	主要污染物	总氮单独评价类别
2002	Ⅲ			Ⅲ			Ⅲ			Ⅲ			Ⅲ			Ⅲ		
2003	Ⅲ			Ⅲ			Ⅲ			Ⅱ			Ⅲ			Ⅲ		
2004	Ⅳ	总磷		Ⅲ			Ⅳ	总磷、氨氮		Ⅲ			Ⅲ			Ⅲ		
2005	Ⅳ	总磷		Ⅳ	总磷		Ⅳ	总磷		Ⅲ			Ⅲ			Ⅲ		
2006	Ⅳ	总磷		Ⅳ	总磷		Ⅳ	总磷		Ⅳ	总磷		Ⅳ	总磷		Ⅲ		
2007	Ⅳ	总磷		Ⅳ	总磷		Ⅳ	总磷		Ⅳ	总磷		Ⅳ	总磷		Ⅳ	总磷	
2008	Ⅴ	氨氮、总磷		Ⅳ	总磷		Ⅳ	总磷		Ⅲ			Ⅲ			Ⅳ	总磷	
2009	Ⅳ	总磷		Ⅳ	总磷		Ⅳ	总磷		Ⅳ	总磷		Ⅳ	总磷		Ⅳ	总磷	
2010	Ⅴ	总磷		Ⅴ	总磷		Ⅳ	总磷		Ⅳ	总磷		Ⅳ	总磷		Ⅳ	总磷	
2011	劣Ⅴ	总磷、氨氮	劣Ⅴ	Ⅴ	总磷	劣Ⅴ	Ⅳ	总磷	Ⅴ	Ⅳ	总磷	Ⅴ	Ⅳ	总磷	Ⅴ	Ⅳ	总磷	劣Ⅴ
2012	Ⅴ	总磷	Ⅴ	Ⅳ	总磷	Ⅴ	Ⅳ	总磷	Ⅴ	Ⅲ		Ⅳ	Ⅳ	总磷	Ⅳ	Ⅳ	总磷	Ⅳ
2013	Ⅴ	总磷、氨氮	劣Ⅴ	Ⅳ	总磷、氨氮	劣Ⅴ	Ⅳ	总磷	Ⅴ	Ⅳ	总磷	Ⅴ	Ⅳ	总磷	Ⅴ	Ⅳ	总磷	Ⅴ

由成果可见，2002 年、2003 年全湖水质总体良好，未出现不符合Ⅲ类水的情况，其中 2003 年北部湖域达到Ⅱ类水标准。2004～2013 年全湖水质总体呈现下降趋势，从 2011 年开始部分水域出现劣Ⅴ类水的情况，主要污染物为总磷、氨氮。

从各水域来看，东部水域水质较差，按评价次数进行统计，Ⅲ类水占 16.7%，Ⅳ类、Ⅴ类、劣Ⅴ类水分别占 41.7%、33.3%、8.3%，且各水域仅东部水域出现劣Ⅴ类水的情况。北部湖域水质相对较好，Ⅱ类、Ⅲ类水分别占 8.3%、41.7%，Ⅳ类水占 50.0%。从主要污染物分布情况来看，南部湖域、北部湖域、入江水道区、出湖水域主要污染物基本为总磷，水质相对较差的东部湖域、主湖区还存在氨氮超标的情况。自 2011 年开展总氮项目监测以来，各湖域基本劣于Ⅲ类水标准，东部湖域、主湖区总氮污染情况相对更为严重。

2. 全湖变化趋势分析

根据 2002～2013 年鄱阳湖 18 个湖区监测断面、1 个出湖控制断面监测成果，对全湖总磷、氨氮、高锰酸盐指数变化趋势进行分析，成果见表 4-1-34。其中，总氮监测时间段为 2011～2013 年，时间小于季节性 Kendall 趋势检验法方法的适用最小时间 5 年，总氮另作统计。

由表 4-1-30 可知，鄱阳湖主要污染物总磷、氨氮均呈高度显著上升趋势，变化率分别为 9.79%、10.30%。2002～2013 年高锰酸盐指数未出现劣于Ⅲ类水的情况，但整体也呈显著上升趋势，变化率为 0.96%。

表 4-1-30　鄱阳湖全湖主要污染物变化趋势分析成果表

水质项目名称	浓度变化趋势	变化率（%）	显著水平（%）	评价结论
总磷	0.004 7	9.79	0.00	高度显著上升
氨氮	0.037 1	10.30	0.00	高度显著上升
高锰酸盐指数	0.025 0	0.96	1.84	显著上升

对全湖 2002～2013 年总磷、氨氮、高锰酸盐指数（18 个湖区监测断面、1 个出湖控制断面）年平均值变化趋势进行分析。可见，2002～2010 年，全湖总磷浓度呈持续上升趋势，2006 年以后全湖总磷平均值均维持在 0.050 mg/L 以上。2010～2013 年出现波动性变化，2013 年总磷平均值达到Ⅳ类水标准，其变化与年际间鄱阳湖水量变化存在一定关联，如图 4-1-8 所示。

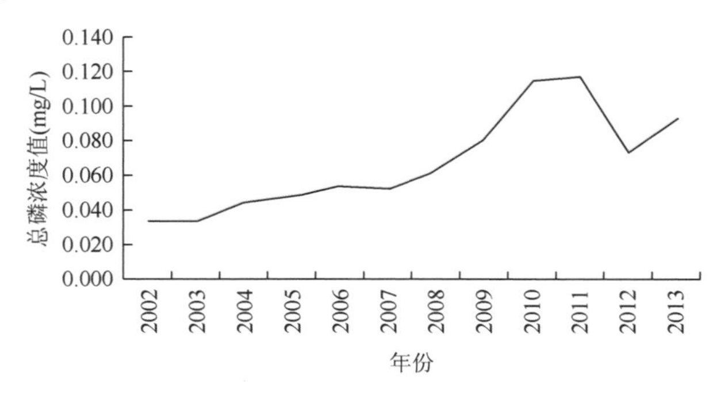

图 4-1-8　鄱阳湖全湖总磷年平均值变化趋势图

2002～2013 年全湖氨氮整体呈现上升趋势，2002～2010 年全湖氨氮平均值均保持在Ⅲ类水标准，2011～2013 年全湖氨氮平均值均保持在Ⅳ类水标准，如图 4-1-9 所示。

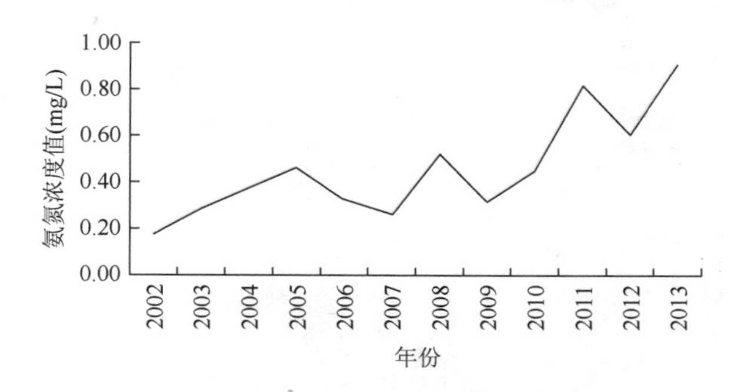

图 4-1-9　鄱阳湖全湖氨氮年平均值变化趋势图

2002～2013 年全湖高锰酸盐指数整体呈波浪性上升，12 年间全湖高锰酸盐指数平均值均保持在Ⅱ类水标准，未出现不符合Ⅲ类水的情况，年平均值的最小值出现在 2002 年、2003 年、2007 年，如图 4-1-10 所示。

图 4-1-10　鄱阳湖全湖高锰酸盐指数年平均值变化趋势图

2011～2013 年全湖总氮年平均值分别为 2.06 mg/L、1.50 mg/L、2.07 mg/L，均劣于Ⅲ类水标准。

3. 湖区变化趋势分析

1）总磷

鄱阳湖湖区总磷上升趋势较为明显，18 个湖区监测断面中，乐安河口、鄱阳、龙口、瓢山、抚河口、信江西支、棠荫、都昌、星子 9 处断面总磷呈高度显著上升趋势，变化率为 3.77%～10.91%，显著水平最高为 0.97%。昌江口、信江东支、渚溪口、蚌湖、修河口、蛤蟆石 6 处断面总磷呈显著上升趋势，变化率为 4.21%～7.30%，显著水平为 1.89%～4.59%。康山、赣江南支、赣江主支 3 处断面总磷无明显升降趋势，变化率为 0.52%～2.08%，显著水平为 46.05%～79.07%，如图 4-1-11、表 4-1-31 所示。

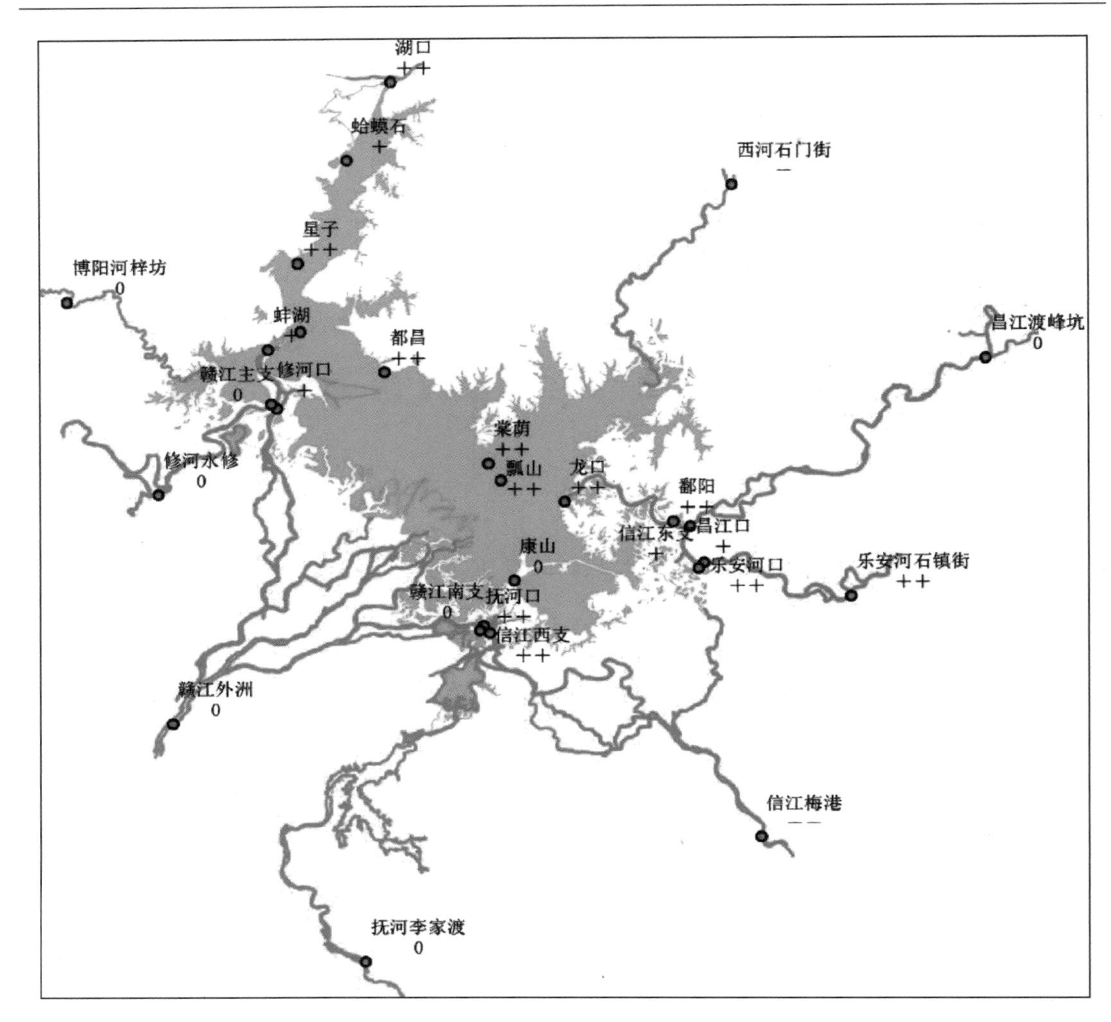

图 4-1-11　鄱阳湖总磷变化趋势成果图

表 4-1-31　鄱阳湖湖区总磷变化趋势分析成果表

水质断面名称	浓度变化趋势	变化率（%）	显著水平（%）	评价结论
昌江口	0.001 7	4.21	2.79	+
乐安河口	0.006 0	10.91	0.76	++
信江东支	0.005 4	7.30	4.59	+
鄱阳	0.004 8	5.55	0.53	++
龙口	0.006 2	8.74	0.02	++
瓢山	0.003 6	7.26	0.40	++
康山	0.001 1	2.08	46.05	0
赣江南支	0.000 6	1.09	71.07	0
抚河口	0.001 7	3.77	0.37	++
信江西支	0.003 4	5.71	0.79	++
棠荫	0.005 8	9.91	0.00	++

续表

水质断面名称	浓度变化趋势	变化率（%）	显著水平（%）	评价结论
都昌	0.003 5	6.14	0.97	++
渚溪口	0.002 4	4.80	1.89	+
蚌湖	0.002 0	5.26	2.48	+
赣江主支	0.000 2	0.52	79.07	0
修河口	0.001 5	4.76	3.19	+
星子	0.003 7	6.48	0.01	++
蛤蟆石	0.003 6	6.77	4.02	+

对2002～2007年、2008～2013年湖区监测断面的总磷平均浓度进行统计并绘图比对，图中湖区监测断面按照由东至南最终汇至湖口进行排序。

由图4-1-12可见，2008～2013年18个湖区监测断面的总磷浓度都较2002～2007年有明显增大。乐安河口断面2008～2013年增大最为显著，主要受其上游入湖控制断面乐安河石镇街断面影响，在2008年后石镇街断面总磷发生了跳跃性增长。

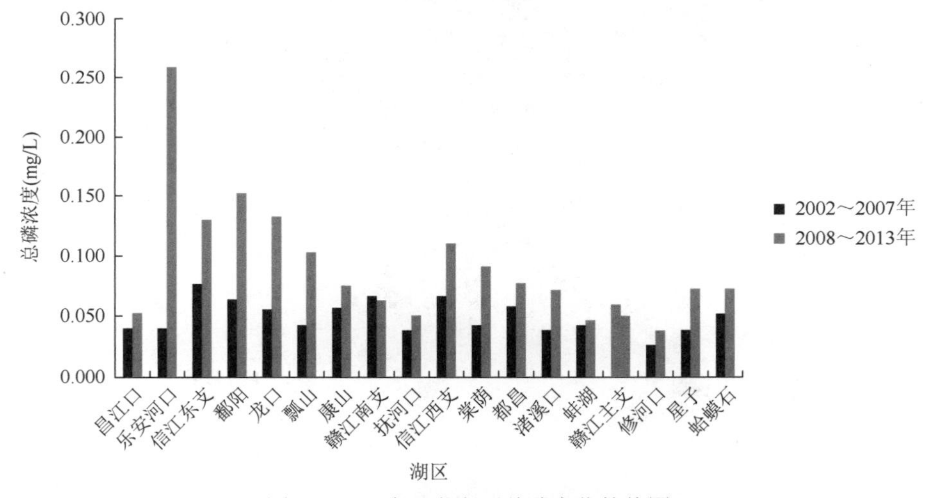

图4-1-12　鄱阳湖湖区总磷变化趋势图

2013年湖区总磷最大值位于东部湖域的乐安河口断面，年平均值为0.495 mg/L。其次为东部湖域的鄱阳断面，年平均值为0.167 mg/L。最小值位于北部湖域的修河口断面，年平均值为0.034 mg/L。

从区域来看，东部湖域的总磷浓度值最大，其次为南部湖域，2008～2013年总磷浓度值增加较为明显的也在这两处湖域，北部湖域最小。

东部湖域总磷浓度增大可能主要受乐安河企业扩张的影响。南部湖域总磷浓度增大主要受渔业发展、饲料和化肥投放增加的影响。

2）氨氮

湖区氨氮上升趋势也较为明显，鄱阳、瓢山、康山、抚河口、棠荫、都昌、渚溪口、蚌湖、修河口、星子、蛤蟆石11处断面氨氮呈高度显著上升趋势，变化率为7.93%～15.94%，显著水平最高为 0.84%。乐安河口、龙口、赣江主支 3 处断面氨氮呈显著上升趋势，变化率为 4.69%～8.75%，显著水平为 4.28%～7.71%。昌江口、信江东支、赣江南支、信江西支 4 处断面氨氮无明显升降趋势，变化率为–3.33%～3.83%，显著水平为 24.81%～85.30%，如图 4-1-13、表 4-1-32 所示。

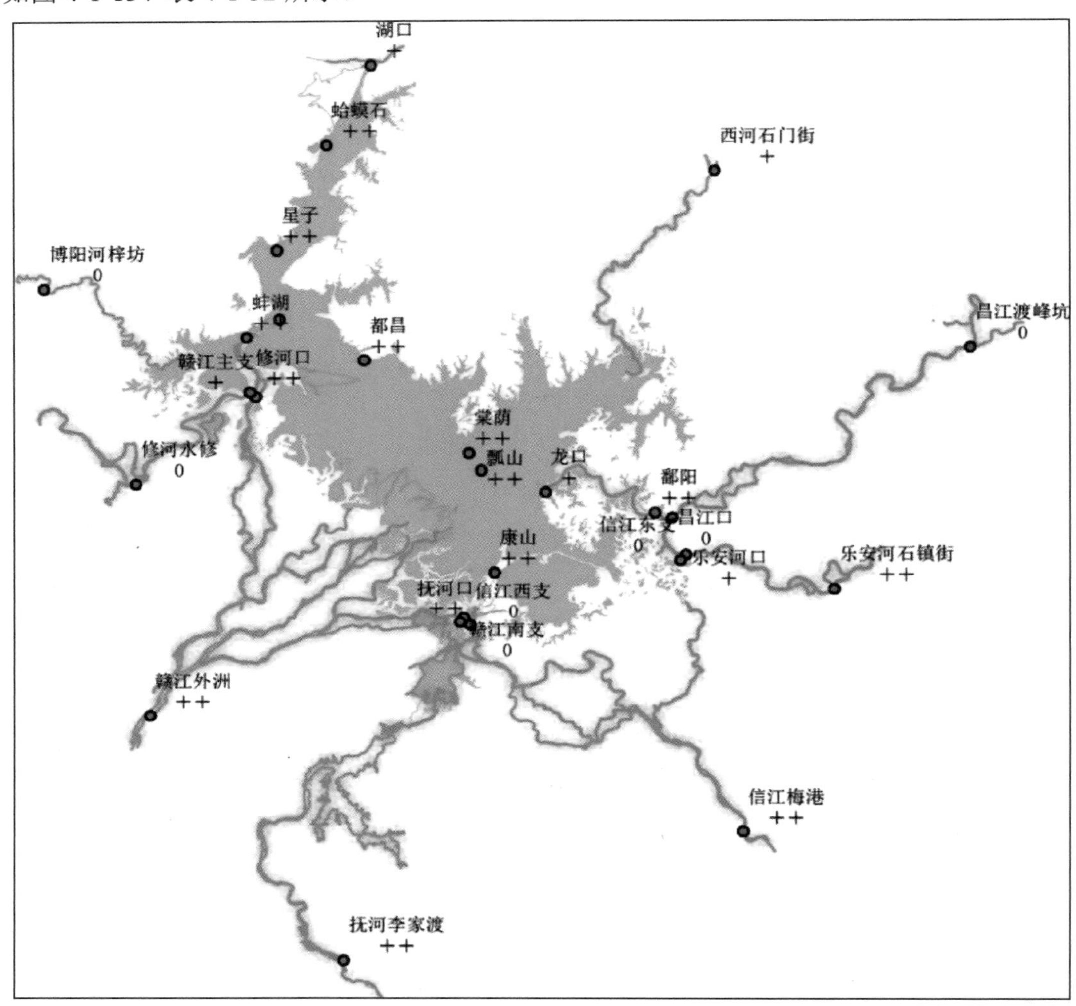

图 4-1-13　湖区氨氮变化趋势成果图

表 4-1-32　湖区氨氮变化趋势分析成果表

水质断面名称	浓度变化趋势	变化率（%）	显著水平（%）	评价结论
昌江口	0.012 6	3.83	28.26	–
乐安河口	0.051 5	4.69	7.71	+
信江东支	–0.010 0	–3.33	24.81	–
鄱阳	0.061 8	7.93	0.84	++
龙口	0.038 9	6.70	7.29	+
瓢山	0.047 7	13.08	0.01	++

续表

水质断面名称	浓度变化趋势	变化率（%）	显著水平（%）	评价结论
康山	0.040 0	12.90	0.10	++
赣江南支	−0.003 3	−0.68	85.30	−
抚河口	0.040 0	11.59	0.01	++
信江西支	0.010 0	4.76	11.14	−
棠荫	0.042 5	13.49	0.08	++
都昌	0.040 6	14.24	0.01	++
渚溪口	0.048 6	15.94	0.00	++
蚌湖	0.031 9	13.31	0.01	++
赣江主支	0.028 0	8.75	4.28	+
修河口	0.017 7	12.68	0.56	++
星子	0.041 6	12.61	0.00	++
蛤蟆石	0.033 3	10.41	0.10	++

湖区监测断面氨氮变化情况与总磷类似，2008～2013 年氨氮浓度都较 2002～2007 年有明显增大。乐安河口断面 2008～2013 年氨氮增大最为显著，主要受上游入湖重要水文站乐安河石镇街 2008 年后氨氮跳跃性增长的影响（图 4-1-14）。

2013 年湖区氨氮最大值位于东部湖域的乐安河口断面，年平均值为 4.02 mg/L。其次为东部湖域的鄱阳断面，年平均值为 2.39 mg/L。最小值位于北部湖域的修河口断面，年平均值为 0.24 mg/L。

从区域来看，东部湖域的氨氮浓度值最大，其次为南部湖域，2008～2013 年氨氮增加较为明显的也在这两处湖域。

东部湖域氨氮浓度增大可能主要受乐安河企业扩张的影响。南部湖域氨氮浓度增大主要受渔业发展、饲料和化肥投放增加的影响。

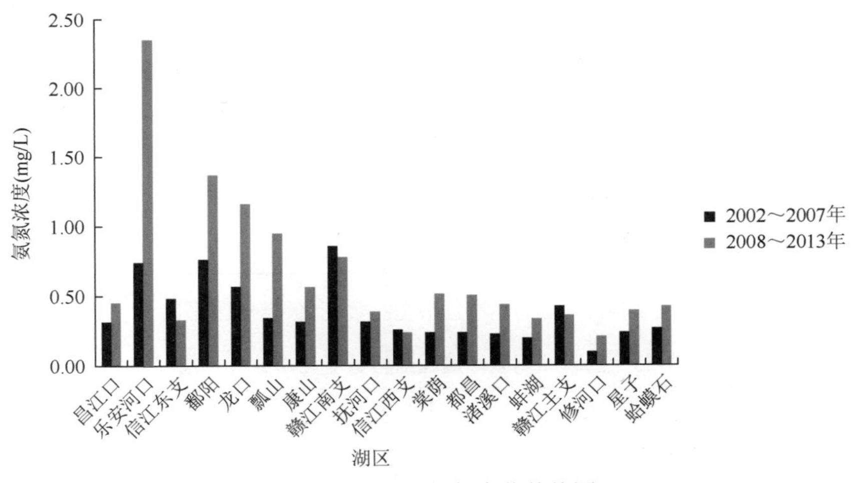

图 4-1-14　湖区氨氮变化趋势图

3）高锰酸盐指数

瓢山、抚河口断面高锰酸盐指数呈高度显著上升趋势，变化率为 2.04%～3.17%，显著水平为 0.03%%～0.55%。棠荫、都昌、蚌湖断面高锰酸盐指数呈显著上升趋势，变化率为 1.89%～2.82%，显著水平为 4.21%～4.74%。昌江口、乐安河口、信江东支、鄱阳、龙口、康山、赣江南支、信江西支、渚溪口、赣江主支、修河口、星子、蛤蟆石 13 处断面高锰酸盐指数无明显升降趋势，变化率为–2.00%～2.26%，显著水平为 10.82%～95.67%，如图 4-1-15、表 4-1-33 所示。

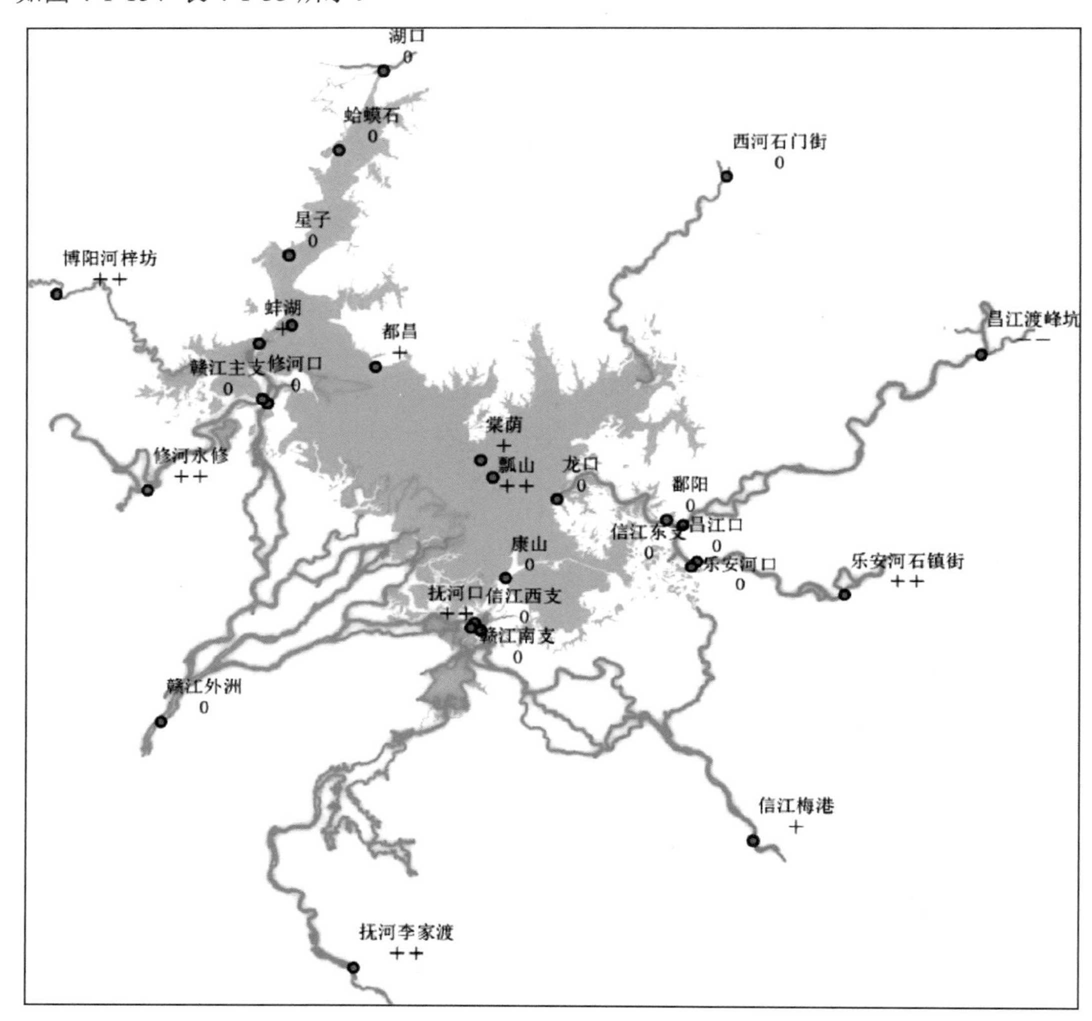

图 4-1-15 鄱阳湖高锰酸盐指数变化趋势成果图

表 4-1-33 鄱阳湖湖区高锰酸盐指数变化趋势分析成果表

水质断面名称	浓度变化趋势	变化率（%）	显著水平（%）	评价结论
昌江口	0.020 0	0.77	91.21	–
乐安河口	0.058 3	2.16	71.19	–
信江东支	–0.050 0	–2.00	35.41	–
鄱阳	0.040 0	1.54	23.14	–
龙口	0.060 0	2.26	10.82	–
瓢山	0.057 1	2.04	0.55	++

续表

水质断面名称	浓度变化趋势	变化率（%）	显著水平（%）	评价结论
康山	0.020 0	0.77	46.33	–
赣江南支	0.050 0	1.79	10.84	–
抚河口	0.085 7	3.17	0.03	++
信江西支	0.000 0	0.00	70.12	–
棠荫	0.050 0	1.92	4.21	+
都昌	0.050 0	1.89	4.74	+
渚溪口	0.022 2	0.89	33.87	–
蚌湖	0.084 5	2.82	4.44	+
赣江主支	0.000 0	0.00	78.95	–
修河口	0.000 0	0.00	73.42	–
星子	0.025 0	1.00	27.30	–
蛤蟆石	0.004 5	0.18	95.67	–

湖区监测断面2002～2013年高锰酸盐指数浓度基本保持在Ⅱ类水限值以内。昌江口、信江东支、鄱阳、赣江主支、星子、蛤蟆石6处断面，2008～2013年高锰酸盐指数浓度较2002～2007年有所减小。其他12处断面高锰酸盐指数浓度都不同程度的增大，其中抚河口增大较为明显，主要受其上游抚河李家渡断面2009～2012年高锰酸盐指数浓度跳跃性增大的影响（图4-1-16）。

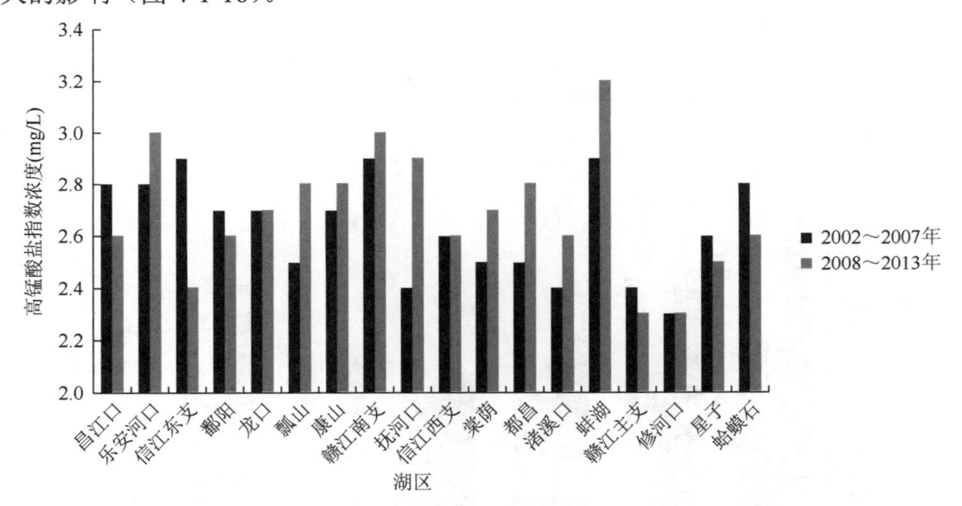

图4-1-16　湖区高锰酸盐指数变化趋势图

2013年湖区高锰酸盐指数浓度最大值位于东部湖域的乐安河口断面，年平均值为4.0 mg/L。其次为北部湖域的蚌湖断面，年平均值为3.6 mg/L。最小值位于北部湖域的修河口断面，年平均值为2.4 mg/L。

从区域来看，东部湖域的高锰酸盐指数浓度最大，其次为南部湖域，2008～2013年高锰酸盐指数浓度增加较为明显的也在这两处湖域，北部湖域最小。

4）总氮

2011～2013年鄱阳湖总氮呈上升趋势。各年份年平均降水量、地表水资源量由小到大排序为 2011 年＜2013 年＜2012 年，2012 年属于丰水年份，2011 年、2013 年属于枯水年份。

东部湖域总氮浓度较大，2013 年东部湖域的乐安河口断面总氮浓度最大，年平均值为 5.65 mg/L，主要是受乐平工业园工业废水的影响。其次为东部湖域的鄱阳断面、主湖区的龙口断面，2013 年平均值分别为 3.90 mg/L、3.94 mg/L。最小处位于主湖区的棠荫断面，年平均值为 1.35 mg/L。（图 4-1-17，图 4-1-18）

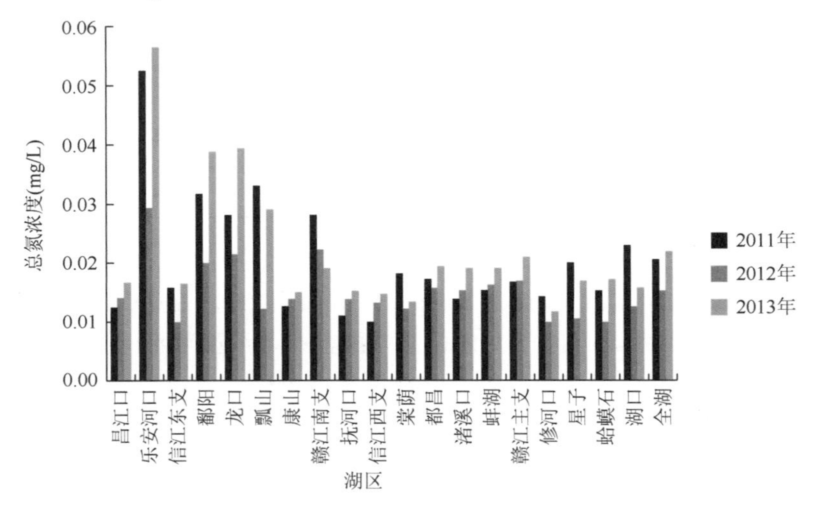

图 4-1-17　2011～2013 年鄱阳湖总氮变化趋势图

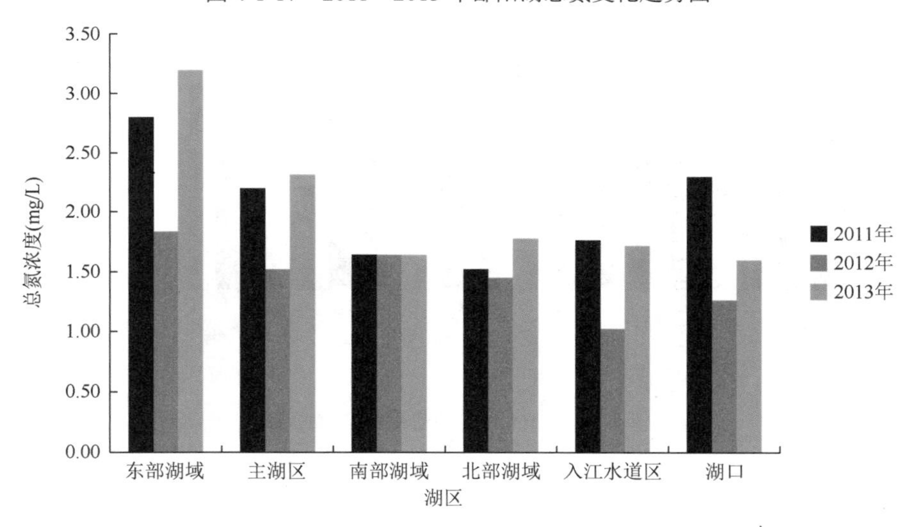

图 4-1-18　2011～2013 年鄱阳湖总氮区域变化趋势图

东部湖域的乐安河口断面，年际间总氮浓度变化幅度最大，最大差值为 2.71 mg/L。其次为东部湖域的鄱阳断面、主湖区的龙口断面，年际间差值分别为 1.89 mg/L、1.78 mg/L。

4. 出湖控制断面变化趋势分析

鄱阳湖出湖控制湖口断面，总磷呈高度显著上升趋势，氨氮呈显著上升趋势，高锰酸盐指数无明显升降趋势。出湖水体水质类别多维持在Ⅲ类、Ⅳ类，汛期水质保持在Ⅲ类、Ⅳ类，非汛期多为Ⅳ类、Ⅴ类（表 4-1-34）。

表 4-1-34　湖口各项参数变化趋势分析成果表

水质断面名称	浓度变化趋势	变化率（%）	显著水平（%）	评价结论
总磷	0.003 2	7.05	0.00	++
氨氮	0.022 0	7.53	1.33	+
高锰酸盐指数	0.016 7	0.67	88.98	0

对鄱阳湖入湖、湖区、出湖湖口3项分析参数进行年均统计，并同期比较，如图4-1-19～图 4-1-21 所示。

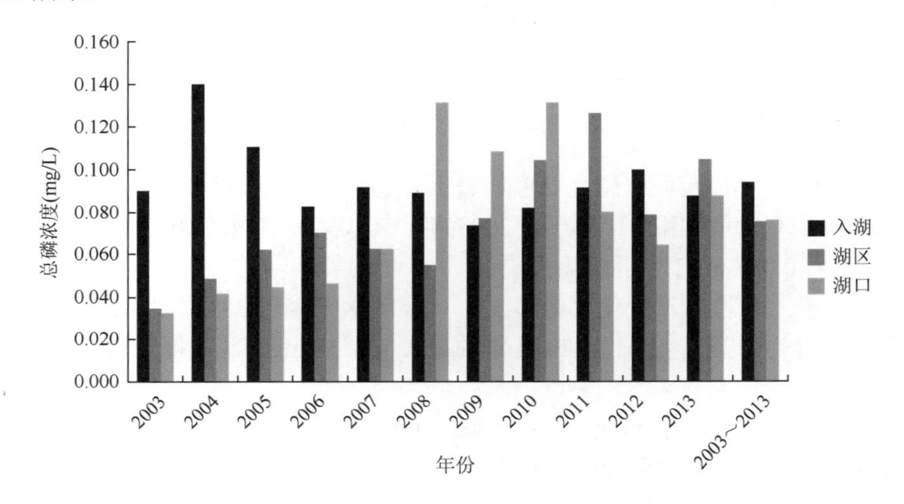

图 4-1-19　鄱阳湖入湖、湖区、湖口总磷变化趋势图

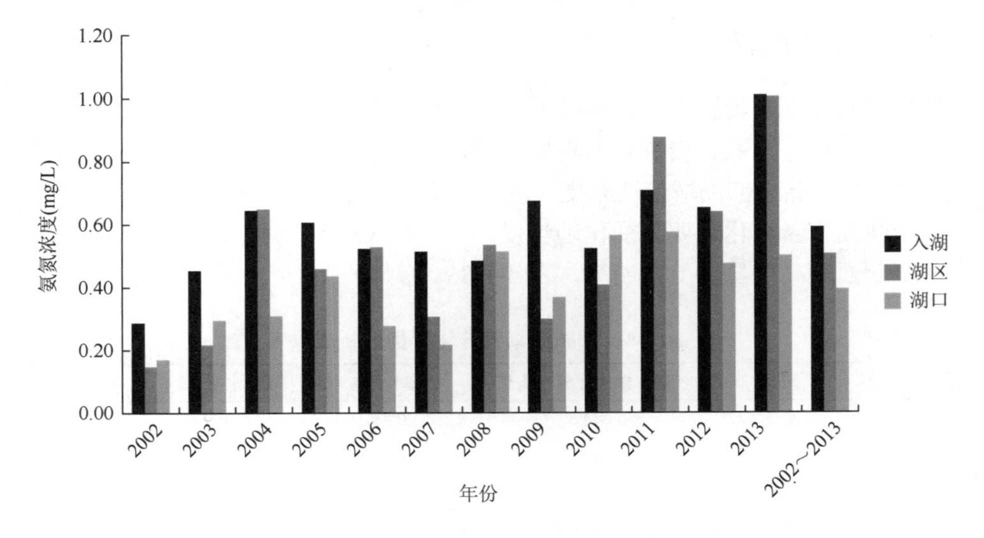

图 4-1-20　鄱阳湖入湖、湖区、湖口氨氮变化趋势图

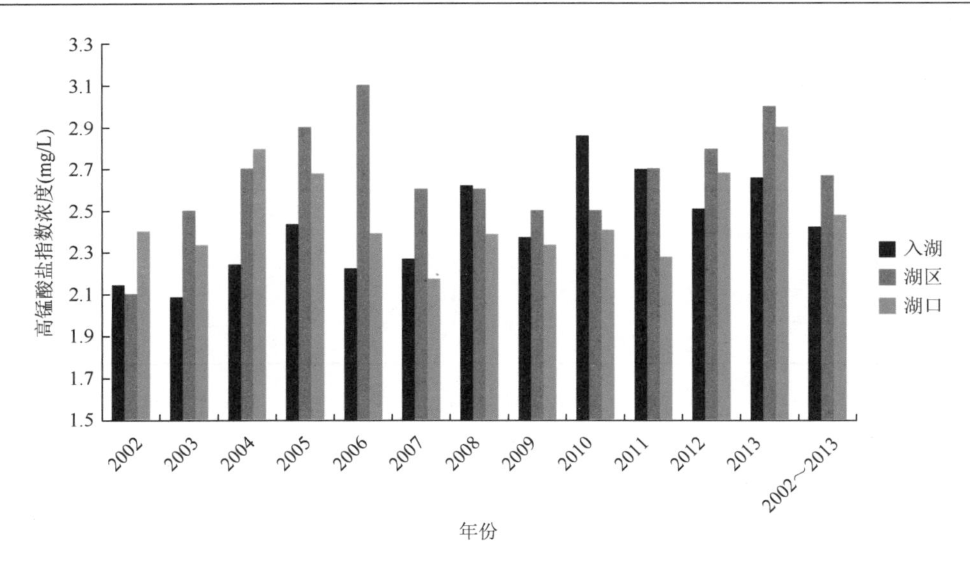

图 4-1-21　鄱阳湖入湖、湖区、湖口高锰酸盐指数变化趋势图

2003～2013 年湖口断面总磷呈高度显著上升趋势，变化率为 7.05%。由 2003 年的最小值 0.032 mg/L（评价为Ⅲ类）上升至 2008 年、2010 年的最大值 0.132 mg/L（评价为Ⅴ类），2013 年为 0.088 mg/L（评价为Ⅳ类）。

氨氮呈显著上升趋势，变化率为 7.53%，显著水平为 1.33%。由 2002 年的最小值 0.17 mg/L（评价为Ⅱ类），上升至 2011 年的最大值 0.58 mg/L（评价为Ⅲ类），2013 年为 0.50 mg/L（评价为Ⅱ类）。

高锰酸盐指数无明显升降趋势，变化率为 0.67%，显著水平为 88.98%。2002～2013 年湖口高锰酸盐指数浓度均保持在Ⅱ类水限值内，2007 年为最小值 2.2 mg/L，2013 年达到最大值 2.9 mg/L。

5. 富营养化趋势分析

尽管目前鄱阳湖是我国大水体中唯一没有发生富营养化的湖泊，但近年来，江西工业化、城镇化快速推进，氮、磷等营养物质大量涌入湖泊，鄱阳湖水质正处于下降趋势。

从整体来看，除东部湖域信江东支、主湖区康山、南部湖域赣江南支、北部湖域赣江主支等 4 个断面富营养化无明显变化趋势以外，其他 15 个断面富营养化均呈上升趋势，其中有 9 个断面呈高度显著上升趋势，表 4-1-35。

表 4-1-35　鄱阳湖富营养化趋势分析成果表

断面名称	分区	富营养化评分平均值	变化率（%）	显著水平（%）	评价结论
昌江口	东部湖域	44.3	0.85	4.76	+
乐安河口	东部湖域	47.0	2.42	3.81	+
信江东支	东部湖域	49.5	1.01	21.66	0
鄱阳	东部湖域	50.0	1.20	0.97	++
龙口	主湖区	49.0	2.04	0.00	++

续表

断面名称	分区	富营养化评分平均值	变化率（%）	显著水平（%）	评价结论
瓢山	主湖区	47.0	2.13	0.01	++
康山	主湖区	47.5	0.23	31.12	0
赣江南支	南部湖域	47.5	0.53	19.74	0
抚河口	南部湖域	45.5	1.65	0.01	++
信江西支	南部湖域	48.5	1.03	8.65	+
棠荫	主湖区	46.8	1.90	0.01	++
都昌	主湖区	48.0	1.39	0.53	++
渚溪口	北部湖域	47.0	1.06	1.04	+
蚌湖	北部湖域	46.0	1.30	0.12	++
赣江主支	北部湖域	45.5	0.00	70.55	0
修河口	北部湖域	41.5	1.00	1.24	+
星子	入江水道区	46.5	1.61	0.01	++
蛤蟆石	入江水道区	47.0	0.73	8.10	+
湖口	湖口	45.5	1.10	0.00	++

2002～2013 年富营养化评分平均值按照从大到小排序为东部湖域＞主湖区＞南部湖域＞入江水道区＞湖口＞北部湖域。富营养化评分值最大为东部湖域的鄱阳断面，评分值为 50；最小为北部湖域的修河口断面，评分值为 41.5。

东部湖域：富营养化评分值为 44.3～50.0，鄱阳断面的富营养化状况呈高度显著上升趋势，昌江口、乐安河口断面呈显著上升趋势，信江东支断面无明显变化趋势。

主湖区：富营养化评分值为 46.8～49.0，龙口、瓢山、棠荫、都昌断面均呈高度显著上升趋势，康山断面无明显变化趋势。

南部湖域：富营养化评分值为 45.5～48.5，抚河口断面呈高度显著上升趋势，信江西支断面呈显著上升趋势，赣江南支断面无明显变化趋势。

入江水道区：富营养化评分值为 46.5～47.0，星子断面均呈高度显著上升趋势，蛤蟆石断面呈显著上升趋势。

湖口：富营养化评分值为 45.5，湖口断面均呈高度显著上升趋势。

北部湖域：富营养化评分值为 41.5～47.0，蚌湖断面呈高度显著上升趋势，渚溪口、修河口断面呈显著上升趋势，赣江主支断面无明显变化趋势。

通过对参与富营养化评价的主要特征指标进行分析，得出总磷、高锰酸盐指数为鄱阳湖富营养化的主要影响因子。其中，总磷、总氮、高锰酸盐指数的变化趋势，见（三）湖区变化趋势分析。

1）叶绿素 a

对 2011～2013 年瓢山、康山、棠荫、都昌、蚌湖、星子、湖口的叶绿素 a 的监测成果进行分析，鄱阳湖叶绿素 a 整体呈上升趋势，入江水道区的星子断面略有下降趋势。

2013 年，北部湖域的蚌湖断面叶绿素 a 最大，其次为主湖区的都昌断面，最小处位于南部湖域的康山断面。

年际间叶绿素 a 增幅最大的为主湖区的都昌断面，其次为主湖区的瓢山、康山断面。

2）透明度

2011～2013 年鄱阳湖湖区各监测断面透明度平均值按照从大到小排序为南部湖域>北部湖域>东部湖域>湖口>入江水道区。

2013 年北部湖域的修河口断面透明度最大，入江水道区的蛤蟆石断面、湖口断面透明度最小。

东部湖域、北部湖域、入江水道区透明度均呈上升趋势。北部湖域的赣江主支断面年际间增幅最大，其次为北部湖域的渚溪口断面。

第三节　典型年水环境质量状况

一、典型丰水年（2010 年）

2010 年鄱阳湖水质Ⅲ类水占 71.3%，劣于Ⅲ类水占 28.7%，主要污染物为总磷、氨氮；4～9 月富营养化评分值为 44，属于中营养，如图 4-1-22 所示。

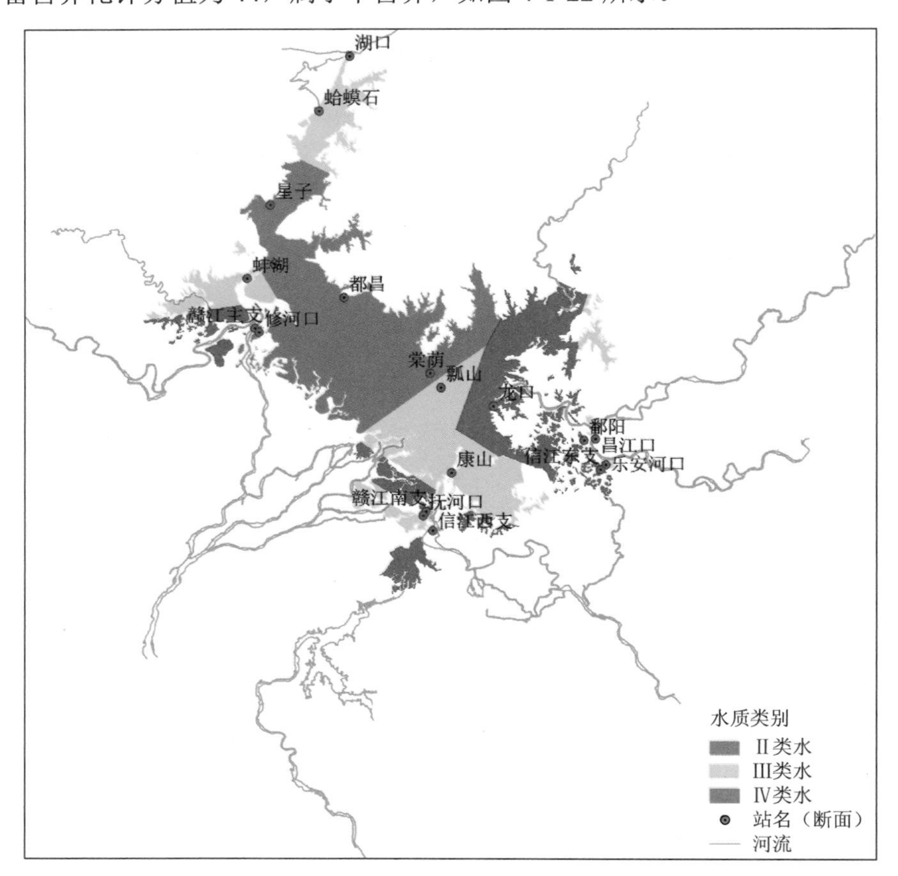

图 4-1-22　2010 年典型丰水年鄱阳湖水质监测断面水质类别图

1. 湖区和出湖水质状况

2010 年鄱阳湖湖区及出湖监测断面评价结果及主要污染物见表 4-1-36。

表 4-1-36　2010 年湖区及出湖监测成果评价表

时间	昌江口		乐安河口		信江东支		鄱阳		龙口	
	水质类别	主要污染物	水质类别	主要污染物	水质类别	主要污染物	水质类别	主要污染物	水质类别	主要污染物
2010 年 1 月	V	总磷、氨氮	劣V	总磷、氨氮	V	总磷	劣V	总磷、氨氮	劣V	总磷、氨氮
2010 年 2 月							劣V	总磷、氨氮	劣V	总磷、氨氮
2010 年 3 月	III		III		IV	总磷	III		IV	总磷
2010 年 4 月							V	总磷	V	总磷
2010 年 5 月	III		IV	总磷	劣V	总磷	V	总磷	V	总磷
2010 年 6 月							V	总磷	II	
2010 年 7 月	II		III		III		III		III	
2010 年 8 月							III		II	
2010 年 9 月	III		III		V	总磷	III		III	
2010 年 10 月							V	总磷		
2010 年 11 月	III		劣V	氨氮、总磷	III		V	总磷	IV	总磷
2010 年 12 月	IV	总磷	V	总磷	V	总磷	IV	总磷	V	总磷

时间	瓢山		康山		赣江南支		抚河口		信江西支	
	水质类别	主要污染物	水质类别	主要污染物	水质类别	主要污染物	水质类别	主要污染物	水质类别	主要污染物
2010 年 1 月	劣V	总磷、氨氮	V	总磷	III		III		V	总磷
2010 年 2 月	IV	总磷、氨氮	劣V	总磷	V	总磷、氨氮	IV	总磷	V	总磷
2010 年 3 月	IV	总磷	V	总磷	劣V	总磷、氨氮	IV	总磷	V	总磷
2010 年 4 月	IV	总磷	IV	总磷						
2010 年 5 月	IV	总磷	IV	总磷	III		III		IV	总磷
2010 年 6 月	II		IV	总磷	V	总磷	III		II	
2010 年 7 月	II		III		III		III		III	
2010 年 8 月	III		IV	总磷	III		II		II	
2010 年 9 月	III		IV	总磷	III		IV	总磷	IV	总磷
2010 年 10 月	III		IV	总磷	IV	氨氮、总磷	III		V	总磷
2010 年 11 月			IV	总磷	IV	总磷	III		III	
2010 年 12 月			V	总磷	劣V	氨氮、总磷	V	总磷	V	总磷

续表

时间	棠荫		都昌		渚溪口		蚌湖		赣江主支	
	水质类别	主要污染物	水质类别	主要污染物	水质类别	主要污染物	水质类别	主要污染物	水质类别	主要污染物
2010年1月	Ⅴ	总磷	劣Ⅴ	总磷、氨氮	Ⅴ	总磷	Ⅳ	总磷	Ⅳ	总磷
2010年2月	Ⅳ	总磷	劣Ⅴ	总磷	Ⅴ	总磷、氨氮	Ⅴ	总磷	Ⅲ	
2010年3月	Ⅳ	总磷	Ⅳ	总磷	Ⅳ	总磷	Ⅳ	总磷	Ⅳ	总磷
2010年4月	Ⅳ	总磷	Ⅴ	总磷	Ⅳ	总磷	Ⅱ		Ⅳ	总磷
2010年5月	Ⅲ		Ⅲ		Ⅱ		Ⅱ		Ⅲ	
2010年6月	Ⅱ		Ⅱ		Ⅲ		Ⅱ		Ⅳ	总磷
2010年7月	Ⅲ		Ⅲ		Ⅱ		Ⅲ		Ⅲ	
2010年8月	Ⅱ		Ⅱ		Ⅲ		Ⅱ		Ⅱ	
2010年9月	Ⅲ		Ⅳ	总磷	Ⅲ		Ⅲ		Ⅲ	
2010年10月	Ⅳ	总磷	Ⅳ	总磷	Ⅲ		Ⅳ	总磷	Ⅲ	
2010年11月	Ⅴ	总磷	Ⅳ	总磷	Ⅴ	总磷	Ⅳ	总磷	Ⅳ	总磷
2010年12月	Ⅲ		Ⅳ	总磷	Ⅳ	总磷	Ⅳ	总磷	Ⅳ	总磷

时间	修河口		星子		蛤蟆石		湖口	
	水质类别	主要污染物	水质类别	主要污染物	水质类别	主要污染物	水质类别	主要污染物
2010年1月	Ⅴ	总磷	Ⅴ	总磷	Ⅴ	总磷	Ⅴ	总磷
2010年2月	Ⅳ	总磷	Ⅳ	总磷			Ⅳ	总磷
2010年3月	Ⅲ		Ⅳ	总磷	Ⅳ	总磷	Ⅳ	总磷
2010年4月	Ⅲ		Ⅲ		Ⅲ		Ⅳ	总磷
2010年5月	Ⅲ		Ⅳ	总磷	Ⅲ		Ⅲ	
2010年6月	Ⅱ		Ⅱ				Ⅱ	
2010年7月	Ⅲ		Ⅲ		Ⅲ		Ⅲ	
2010年8月	Ⅲ		Ⅲ		Ⅲ		Ⅲ	
2010年9月	Ⅲ		Ⅳ	总磷	Ⅳ	总磷	Ⅲ	
2010年10月	Ⅲ		Ⅳ	总磷			Ⅳ	总磷
2010年11月	Ⅳ	总磷	Ⅴ	总磷	Ⅴ	总磷	Ⅴ	总磷
2010年12月	Ⅲ		Ⅲ		Ⅳ	总磷	Ⅳ	总磷

1）湖区2010年水质状况

根据监测资料，按监测评价次数统计，湖区18个监测断面全年共监测192次，Ⅰ～Ⅲ类水占45%，主要污染物为总磷、氨氮。其中，Ⅱ类水占11%，Ⅲ类水占33%，Ⅳ类水占30%，Ⅴ类水占19%，劣Ⅴ类水占7%。

5～9 月Ⅰ～Ⅲ类水比例较高；7 月最高，Ⅰ～Ⅲ类水占 100%；2 月最低，Ⅰ～Ⅲ类水占 7%（图 4-1-23）。

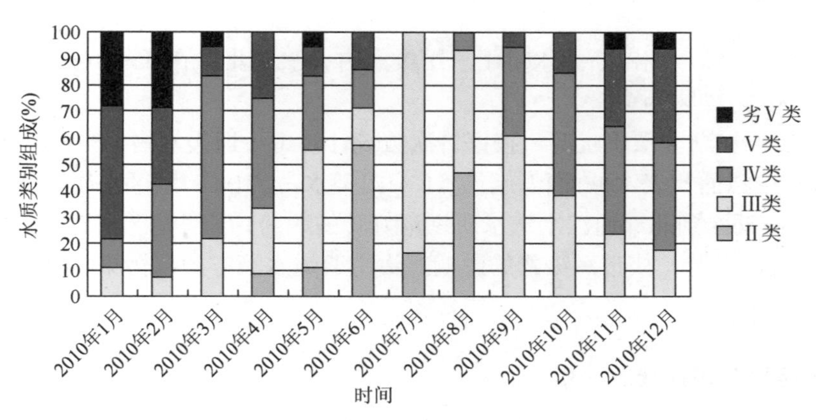

图 4-1-23　2010 年各月份水质类别组成图

按湖区监测断面代表水域面积统计，2010 年湖区Ⅰ～Ⅲ类水占 71%，主要污染物为总磷、氨氮。其中，汛期Ⅰ～Ⅲ类水占 78%，非汛期Ⅰ～Ⅲ类水占 9%，远低于汛期（表 4-1-37）。

表 4-1-37　2010 年湖区Ⅰ～Ⅲ类水面积比例表

年份	水期	Ⅰ～Ⅲ类水面积比例（%）	劣于Ⅲ类水面积比例（%）	主要污染物
2010	全年	71	29	总磷、氨氮
	汛期	78	22	总磷、氨氮
	非汛期	9	91	总磷、氨氮

2）出湖 2010 年水质状况

2010 年鄱阳湖出湖断面湖口水质监测成果及流量见表 4-1-38。

表 4-1-38　2010 年出湖流量及水质类别统计表

时间	出湖流量（m^3/s）	出湖水质类别	主要污染物
2010 年 1 月	1 840	Ⅴ	总磷
2010 年 2 月	3 320	Ⅳ	总磷
2010 年 3 月	12 900	Ⅳ	总磷
2010 年 4 月	6 220	Ⅳ	总磷
2010 年 5 月	10 200	Ⅲ	
2010 年 6 月	13 000	Ⅱ	
2010 年 7 月	11 500	Ⅲ	
2010 年 8 月	7 780	Ⅲ	
2010 年 9 月	2 850	Ⅲ	
2010 年 10 月	6 930	Ⅳ	总磷
2010 年 11 月	2 340	Ⅴ	总磷
2010 年 12 月	4 870	Ⅳ	总磷

按监测评价次数统计，出湖湖口断面全年共监测 12 次，Ⅰ～Ⅲ类水占 42%，集中在 5～9 月；其他月份均劣于Ⅲ类水，主要污染物为总磷。其中，Ⅳ类水占 42%，Ⅴ类水占 16%。

按监测水量统计，湖口断面水量Ⅰ～Ⅲ类水占 54%，集中在 5～9 月；其他月份均劣于Ⅲ类水，主要污染物为总磷。

综上，2010 年湖区水质状况，按评价次数统计，Ⅰ～Ⅲ类水占 45%，主要污染物为总磷、氨氮；按断面代表水域面积统计，Ⅰ～Ⅲ类水占 71%。湖区水质基本呈现沿主航道方向，从东南湖区到北部通江水道水质逐渐好转的趋势，表明湖区水质主要受上游来水（入湖河流、航道上游）挟带污染物的影响，沿主航道水流方向，污染物逐渐稀释，水质好转。

2. 丰水期富营养化状况分析

参照《地表水资源质量评价技术规程》（SL395—2007），选取富营养化主要特征指标对鄱阳湖富营养化状况进行评价，鄱阳湖 2010 年营养化评分值为 44，属于中营养。

从湖区各监测断面营养化分值来看（表 4-1-39），区域高值出现在信江东支、乐安河口、鄱阳、龙口等区域。由监测数据来看，信江、乐安河等入湖口富营养化状况比湖区更为严重。富营养化评分值按水域分区由大到小排序为东部湖域＞南部湖域＞主湖区＞入江水道区＞出湖＞北部湖域，最大值出现在东部湖域的鄱阳。鄱阳湖富营养化主要受入湖水体所挟带的氮磷污染物的影响，氮磷是引起富营养化的主要因素。

表 4-1-39 鄱阳湖 2010 年水体富营养化状态一览表

断面名称	分区	富营养化评分值	营养状态
昌江口	东部湖域	42	中营养
乐安河口	东部湖域	44	中营养
信江东支	东部湖域	48	中营养
鄱阳	东部湖域	50	中营养
龙口	主湖区	48	中营养
瓢山	主湖区	42	中营养
康山	主湖区	46	中营养
赣江南支	南部湖域	49	中营养
抚河口	南部湖域	45	中营养
信江西支	南部湖域	43	中营养
棠荫	主湖区	43	中营养
都昌	主湖区	43	中营养
渚溪口	北部湖域	44	中营养
蚌湖	北部湖域	37	中营养
赣江主支	北部湖域	43	中营养

续表

断面名称	分区	富营养化评分值	营养状态
修河口	北部湖域	42	中营养
星子	入江水道区	44	中营养
蛤蟆石	入江水道区	42	中营养
湖口	出湖	42	中营养

二、典型平水年（2005 年）

鄱阳湖 2005 年水质优于Ⅲ类水占 52.5%，Ⅲ类水占 32.6%，劣于Ⅲ类水占 14.9%，主要污染物为总磷；4～9 月富营养化评分值为 49，属于中营养，如图 4-1-24 所示。

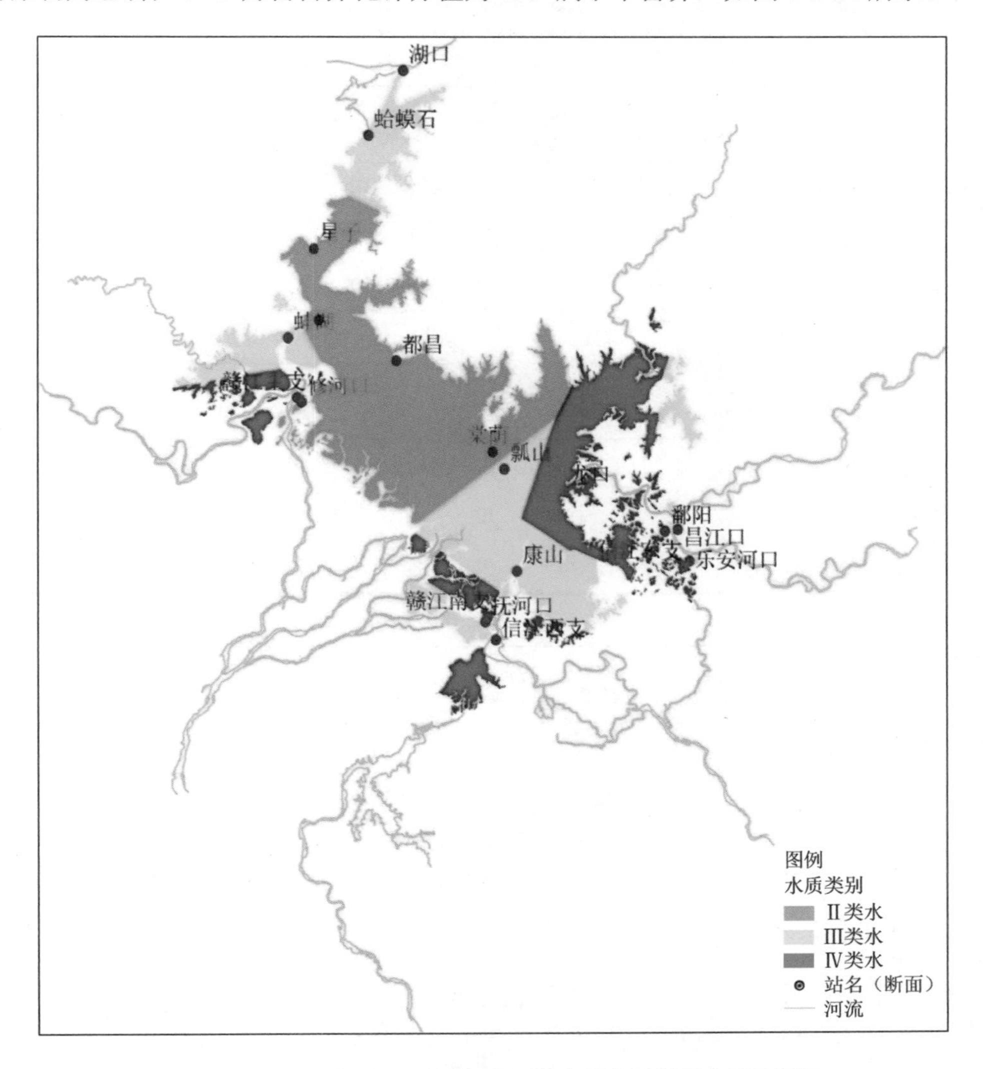

图 4-1-24 2005 年典型平水年鄱阳湖水质监测断面水质类别图

1. 湖区和出湖水质状况

2005 年湖区及出湖监测断面评价结果见表 4-1-40。

表 4-1-40　2005 年湖区及出湖监测成果评价表

时间	昌江口		乐安河口		信江东支		鄱阳		龙口	
	水质类别	主要污染物	水质类别	主要污染物	水质类别	主要污染物	水质类别	主要污染物	水质类别	主要污染物
2005 年 3 月	Ⅲ		Ⅲ		Ⅲ		Ⅵ	挥发性酚	Ⅲ	
2005 年 7 月	Ⅲ		Ⅲ		Ⅲ		Ⅵ	总磷	Ⅲ	
2005 年 11 月	Ⅲ		Ⅴ	氨氮	Ⅴ	总磷	Ⅴ	总磷、氨氮	Ⅴ	总磷

时间	瓢山		康山		赣江南支		抚河口		信江西支	
	水质类别	主要污染物	水质类别	主要污染物	水质类别	主要污染物	水质类别	主要污染物	水质类别	主要污染物
2005 年 3 月	Ⅲ		Ⅲ		Ⅴ	氨氮、总磷	Ⅲ		Ⅲ	
2005 年 7 月	Ⅲ		Ⅲ		Ⅴ	氨氮、总磷	Ⅲ		Ⅲ	
2005 年 11 月	Ⅴ	总磷、氨氮	Ⅴ	总磷	Ⅵ	总磷	Ⅵ	总磷	Ⅵ	总磷

时间	棠荫		都昌		渚溪口		蚌湖		赣江主支	
	水质类别	主要污染物	水质类别	主要污染物	水质类别	主要污染物	水质类别	主要污染物	水质类别	主要污染物
2005 年 3 月	Ⅲ		Ⅲ		Ⅲ		Ⅲ		Ⅵ	总磷
2005 年 7 月	Ⅲ		Ⅵ	总磷	Ⅲ		Ⅲ		Ⅲ	
2005 年 11 月	Ⅴ	总磷	Ⅵ	总磷	Ⅲ		Ⅲ		Ⅵ	总磷

时间	修河口		星子		蛤蟆石		湖口	
	水质类别	主要污染物	水质类别	主要污染物	水质类别	主要污染物	水质类别	主要污染物
2005 年 3 月	Ⅲ		Ⅲ		Ⅲ		Ⅲ	
2005 年 7 月	Ⅲ		Ⅲ		Ⅲ		Ⅲ	
2005 年 11 月	Ⅱ		Ⅵ	总磷	Ⅲ		Ⅲ	

1）湖区水质状况

按评价次数统计，湖区 18 个监测断面全年共监测 54 次，Ⅰ～Ⅲ类水占 64%，主要污染物为总磷、氨氮。其中，Ⅱ类水占 2%，Ⅲ类水占 62%，Ⅳ类水占 19%，Ⅴ类水占 17%。

7月Ⅰ～Ⅲ类水所占比例最高，为82%；11月最低，Ⅰ～Ⅲ类水占28%。

按断面代表水域面积统计，湖区Ⅰ～Ⅲ类水面积占85%，主要污染物为总磷、氨氮。

2）出湖水质状况

鄱阳湖出湖湖口断面，按监测评价次数统计，Ⅰ～Ⅲ类水占100%。

2. 平水期富营养化状况分析

2005年鄱阳湖营养化评分值为48，属于中营养。

从湖区各监测断面富营养化评分值来看（表4-1-41），区域高值出现在信江东支、鄱阳、龙口、赣江南支、信江西支等区域。由监测数据可以看出，信江、赣江等入湖口富营养化状况比湖区更为严重。南部湖域赣江南支、入江水道区蛤蟆石达到轻度富营养。富营养化评分值按水域分区由大到小排序为南部湖域＞出湖＞主湖区＞北部湖域＞入江水道区＞东部湖域，最大值出现在南部湖域的赣江南支。氮磷是引起富营养化的主要因素。

表4-1-41　2005年鄱阳湖水体富营养化状态一览表

断面名称	分区	富营养化评分值	营养状态
昌江口	东部湖域	43	中营养
乐安河口	东部湖域	47	中营养
信江东支	东部湖域	48	中营养
鄱阳	东部湖域	49	中营养
龙口	主湖区	49	中营养
瓢山	主湖区	49	中营养
康山	主湖区	50	中营养
赣江南支	南部湖域	57	轻度富营养
抚河口	南部湖域	49	中营养
信江西支	南部湖域	50	中营养
棠荫	主湖区	46	中营养
都昌	主湖区	49	中营养
渚溪口	北部湖域	49	中营养
蚌湖	北部湖域	49	中营养
赣江主支	北部湖域	49	中营养
修河口	北部湖域	44	中营养
星子	入江水道区	42	中营养
蛤蟆石	入江水道区	52	轻度富营养
湖口	出湖	49	中营养

三、典型枯水年（2003 年）

2003 年鄱阳湖水质优于Ⅲ类水占 67.1%，Ⅲ类水占 32.4%，劣于Ⅲ类水占 0.5%，主要污染物为总磷；4～9 月富营养化评分值为 45，属于中营养，如图 4-1-25 所示。

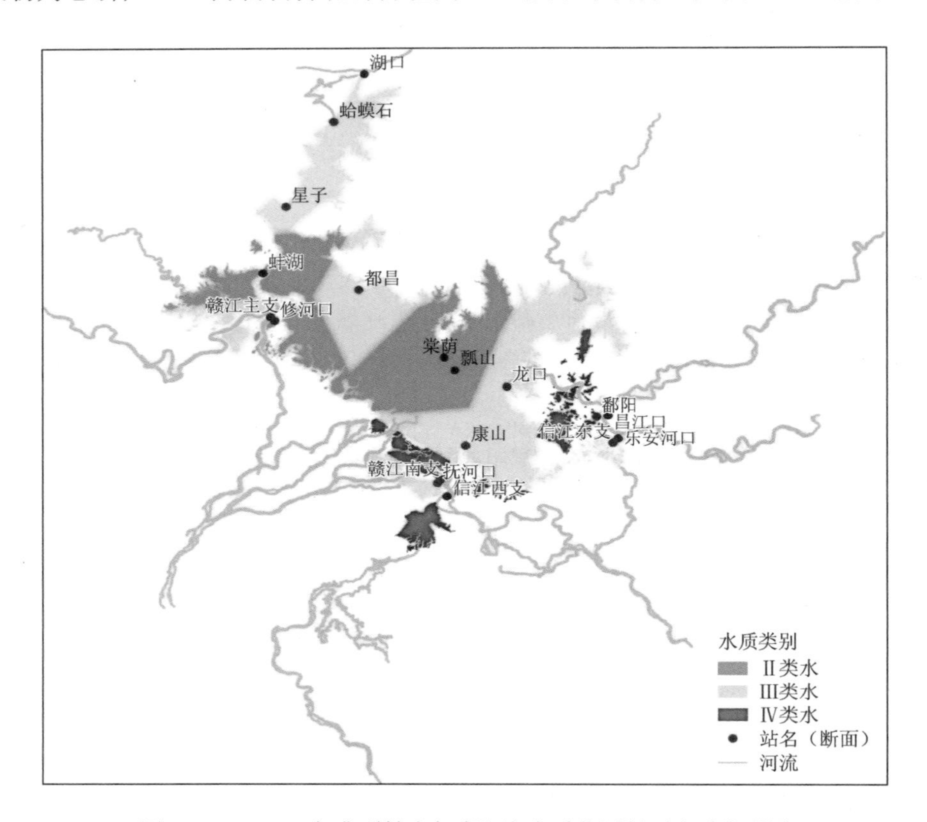

图 4-1-25　2003 年典型枯水年鄱阳湖水质监测断面水质类别图

1. 湖区和出湖水质状况

2003 年鄱阳湖湖区及出湖监测断面评价成果见表 4-1-42。

表 4-1-42　2003 年湖区及出湖监测成果评价表

时间	昌江口		乐安河口		信江东支		鄱阳		龙口	
	水质类别	主要污染物	水质类别	主要污染物	水质类别	主要污染物	水质类别	主要污染物	水质类别	主要污染物
2003 年 3 月	Ⅱ		Ⅱ		Ⅱ		Ⅲ		Ⅲ	
2003 年 7 月	Ⅱ		Ⅱ		Ⅲ		Ⅵ	总磷	Ⅱ	
2003 年 11 月	Ⅲ		Ⅵ	总磷	Ⅵ	总磷	Ⅵ	总磷	Ⅵ	总磷

续表

时间	瓢山		康山		赣江南支		抚河口		信江西支	
	水质类别	主要污染物	水质类别	主要污染物	水质类别	主要污染物	水质类别	主要污染物	水质类别	主要污染物
2003 年 3 月	II		III		VI	总磷	III		III	
2003 年 7 月	II		III		III		III		III	
2003 年 11 月	II		III		VI	总磷	III		III	

时间	棠荫		都昌		渚溪口		蚌湖		赣江主支	
	水质类别	主要污染物	水质类别	主要污染物	水质类别	主要污染物	水质类别	主要污染物	水质类别	主要污染物
2003 年 3 月	II		III		III		II		III	
2003 年 7 月	II		II		II		II		III	
2003 年 11 月	II		III		II		II		III	

时间	修河口		星子		蛤蟆石		湖口	
	水质类别	主要污染物	水质类别	主要污染物	水质类别	主要污染物	水质类别	主要污染物
2003 年 3 月	II		III		III		II	
2003 年 7 月	II		III		III		II	
2003 年 11 月	II		III		III		II	

1）湖区水质状况

按监测评价次数统计，湖区 18 个监测断面全年共监测 54 次，Ⅰ～Ⅲ类水占 87%，主要污染物为总磷。其中，Ⅱ类水占 39%，Ⅲ类水占 48%，Ⅳ类水占 13%。

具体到 3 月、7 月、11 月水质类别组成可见，7 月Ⅰ～Ⅲ类水所占比例最高，Ⅰ～Ⅲ类水占 94%；11 月最低，Ⅰ～Ⅲ类水占 72%。

按断面代表水域面积统计，Ⅰ～Ⅲ类水占 99%，主要污染物为总磷。

2）出湖水质状况

鄱阳湖出湖断面湖口，按监测评价次数统计，Ⅰ～Ⅲ类水占 100%。

2. 枯水期富营养化状况分析

2003 年鄱阳湖富营养化评分值为 45，属于中营养。

从湖区各监测站点营养化评分值来看（表 4-1-43），区域高值出现在信江东支、鄱阳、龙口等区域。由监测数据来看，信江入湖口富营养化程度比湖区更严重。富营养化评分值按水域分区由大到小排序为南部湖域＞东部湖域＞入江水道区＞出湖＞主湖区＞北部湖域，最大值出现在东部湖域的鄱阳。氮磷是引起富营养化的主要因素。

表 4-1-43　2003 年鄱阳湖水体富营养化状态一览表

断面名称	分区	富营养化评分值	营养状态
昌江口	东部湖域	46	中营养
乐安河口	东部湖域	45	中营养
信江东支	东部湖域	47	中营养
鄱阳	东部湖域	50	中营养
龙口	主湖区	45	中营养
瓢山	主湖区	44	中营养
康山	主湖区	43	中营养
赣江南支	南部湖域	48	中营养
抚河口	南部湖域	47	中营养
信江西支	南部湖域	47	中营养
棠荫	主湖区	44	中营养
都昌	主湖区	44	中营养
渚溪口	北部湖域	44	中营养
蚌湖	北部湖域	43	中营养
赣江主支	北部湖域	44	中营养
修河口	北部湖域	40	中营养
星子	入江水道区	45	中营养
蛤蟆石	入江水道区	47	中营养
湖口	出湖	45	中营养

四、典型年成果比对

对 2010 年（丰水年）、2005 年（平水年）、2003 年（枯水年）水环境质量评价成果进行比对分析。经比对分析得出，全年、丰水期、枯水期Ⅰ～Ⅲ类水比例 2003 年（枯水年）＞2005 年（平水年）＞2010 年（丰水年）（表 4-1-44）。

表 4-1-44　典型年鄱阳湖水环境质量评价成果（%）

年份	水期	Ⅰ类、Ⅱ类占比	Ⅲ类占比	劣Ⅲ类占比	主要污染物
2003（枯水年）	全年	67.1	32.4	0.5	总磷
	非汛期	67.1	32.4	0.5	
	汛期	81.2	18.6	0.2	
2005（平水年）	全年	52.5	32.6	14.9	总磷、氨氮
	非汛期	52.5	32.6	14.9	
	汛期	52.5	47.1	0.4	
2010（丰水年）	全年		71.3	28.7	总磷、氨氮
	非汛期		8.7	91.3	
	汛期	8.4	69.6	22.0	

主要入湖河流Ⅰ～Ⅲ类水比例，各月份水质评价成果按评价次数、水量统计，2010年（丰水年）均为最大，2005年（平水年）、2003年（枯水年）Ⅰ～Ⅲ类水比例相当，入湖主要污染物均为氨氮、总磷（表4-1-45）。

表4-1-45　典型年鄱阳湖水环境质量评价成果比对表

典型年	湖区Ⅰ～Ⅲ类水比例（%）		主要污染物
	按评价次数统计	按断面代表水域面积统计	
2010年（丰水年）	45	71	总磷、氨氮
2005年（平水年）	64	85	总磷、氨氮
2003年（枯水年）	87	99	总磷
典型年	出湖Ⅰ～Ⅲ类水比例（%）		湖口全年水质类别
	按评价次数统计	按评价水量统计	
2010年（丰水年）	42	54	Ⅲ
2005年（平水年）	100	100	Ⅲ
2003年（枯水年）	100	100	Ⅲ

湖区Ⅰ～Ⅲ类水比例，各月份水质评价成果按评价次数、断面代表水域面积统计，2003年（枯水年）>2005年（平水年）>2010年（丰水年），湖区主要污染物为总磷、氨氮。

出湖湖口控制断面3个典型年全年水质类别均为Ⅲ类水，出湖Ⅰ～Ⅲ类水比例2005年（平水年）、2003年（枯水年）均为100%，2010年（丰水年）最低，主要污染物为总磷。

富营养化评分值由大到小排序为2005年（平水年）>2003年（枯水年）>2010年（丰水年），均属中营养。

从整体来看，主要入湖河流水质状况与入湖水量基本成正比关系，入湖水量多则河流水质状况较好。湖区、出湖水质状况与水量无明显对应关系，需对入湖点源、面源等污染情况做进一步的深入调查分析。

第四节　沉积物环境质量状况

沉积物作为水环境中污染物的主要蓄积库，可以反映河流、湖泊受污染的状况。为了考察鄱阳湖沉积物环境质量状况，对鄱阳湖水域沉积物进行了采样监测。

一、监测点位和监测频次

1. 监测点位

根据鄱阳湖的不同地貌单元，沉积物监测布点原则尽可能覆盖整个湖面，主要包括湖区、碟形湖、赣江支流、修河、抚河、信江、饶河及一些较小的区间河流，基本覆盖鄱阳湖流域内各种地貌单元。各点位/断面均采集表层沉积物。监测点位如图4-1-26所示。

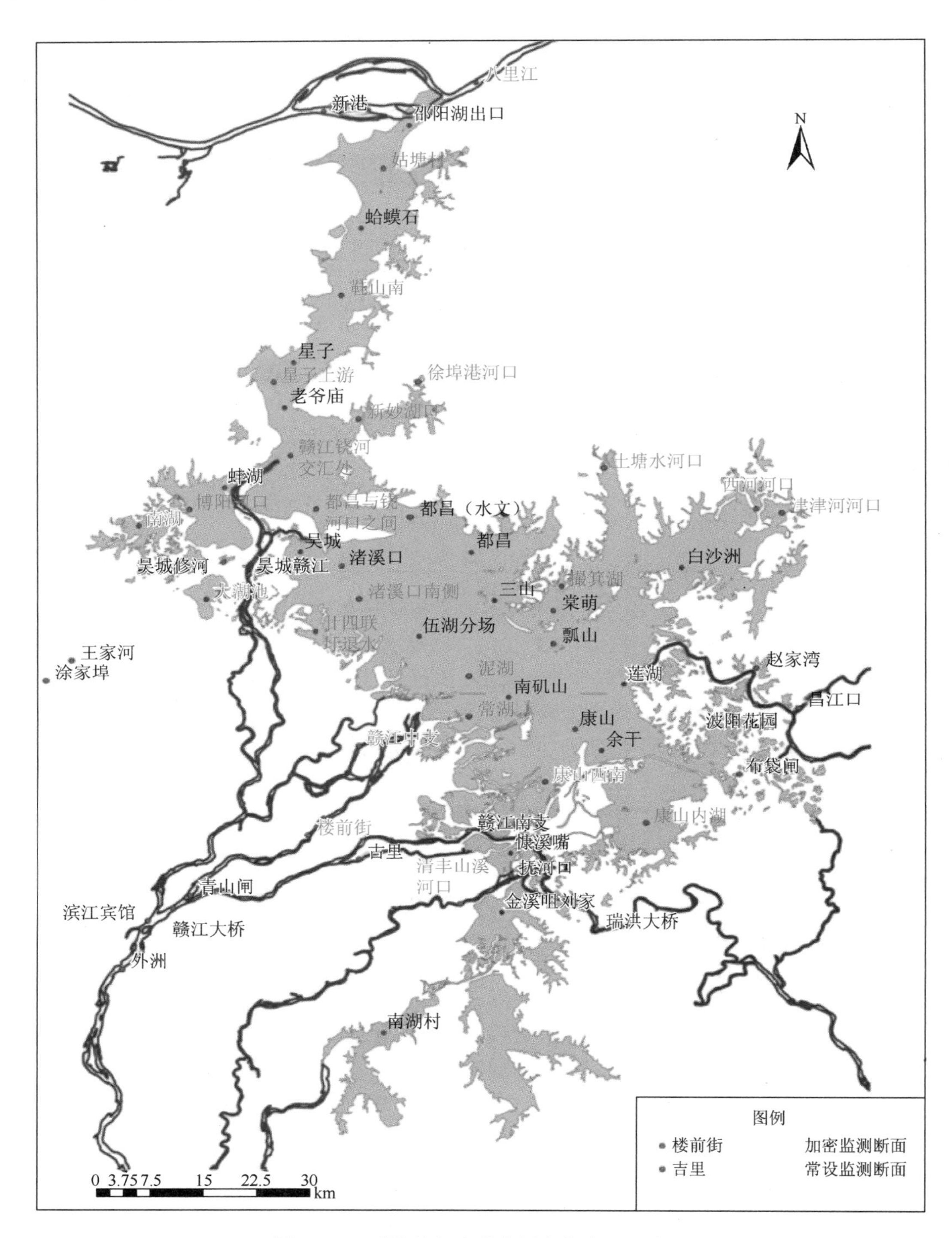

图 4-1-26　鄱阳湖沉积物监测点位/断面示意图

48 个监测点位主要分布在湖区的南昌市、九江市和上饶市 3 个市 10 个县区境内，其中南昌市有 11 个监测点位/断面，九江市有 24 监测点位/断面，上饶市有 13 点位/断面。

2. 监测频次

本次鄱考对湖区内 48 个点位/断面进行了一次采样监测，具体采样时间为 2012 年 8 月 20～29 日，为湖区丰水期。

二、监测项目和方法

本次鄱考沉积物监测项目主要为重金属和有机污染物的相关指标，具体监测项目见表 4-1-46。项目监测分析方法见表 4-1-47。

表 4-1-46　鄱阳湖沉积物监测项目一览表

序号	监测项目	备注
1	pH	—
2	镉	以元素量计
3	汞	以元素量计
4	砷	以元素量计
5	铜	以元素量计
6	铅	以元素量计
7	铬	以元素量计
8	锌	以元素量计
9	镍	以元素量计
10	六六六	4 种异构体总量
11	滴滴涕	4 种异构体总量

表 4-1-47　监测方法、测试仪器及方法来源

序号	项目	测试方法	方法来源	测试仪器	检测限（mg/kg）
1	水分	重量法	GB7172—1987	AB104-N 电子天平	—
2	pH	玻璃电极法	NY/T1377—2007	雷磁 PHSJ-3F 型实验室 pH 计	—
3	镉	石墨炉原子吸收法	GB/T 17141—1997	PE800 原子吸收仪	0.01
4	汞	冷原子吸收光度法	GB/T 17136—1997	WCG-208 型微分测汞仪	0.005
5	砷	原子荧光法	GB/T22105.2—2008	AFS-933 原子荧光光度计	0.01
6	铜	火焰原子吸收光度法	GB/T17138—1997	PE800 原子吸收仪	1.0
7	铅	火焰原子吸收法	GB/T 17140—1997	PE800 原子吸收仪	0.2
8	铬	火焰原子吸收光度法	GB/T17137—1997	PE800 原子吸收仪	5.0
9	锌	火焰原子吸收光度法	GB/T17138—1997	PE800 原子吸收仪	0.5
10	镍	火焰原子吸收光度法	GB/T17139—1997	PE800 原子吸收仪	5.0
11	α-六六六	气相色谱法	GB/T14550—2003	Agilent7890A-1	0.49×10^{-4}
12	β-六六六	气相色谱法	GB/T14550—2003	Agilent7890A-1	0.80×10^{-4}
13	γ-六六六	气相色谱法	GB/T14550—2003	Agilent7890A-1	0.74×10^{-4}
14	δ-六六六	气相色谱法	GB/T14550—2003	Agilent7890A-1	0.18×10^{-3}

续表

序号	项目	测试方法	方法来源	测试仪器	检测限（mg/kg）
15	*p*，*p*'-DDE	气相色谱法	GB/T14550—2003	Agilent7890A-1	0.17×10^{-3}
16	*p*，*p*'-DDT	气相色谱法	GB/T14550—2003	Agilent7890A-1	4.87×10^{-3}
17	*o*，*p*'-DDT	气相色谱法	GB/T14550—2003	Agilent7890A-1	1.9×10^{-3}
18	*p*，*p*'-DDD	气相色谱法	GB/T14550—2003	Agilent7890A-1	0.48×10^{-3}

注：pH 无量纲，水分单位为%。

三、评价标准和方法

1. 评价标准

目前，国内外还没有一个关于河流、湖泊沉积物的环境质量标准，现在多采用区域土壤环境背景值和参照《土壤环境质量标准》（GB15618—1995）中的二级标准进行评价。各监测项目具体评价指标值见表 4-1-48。

表 4-1-48　鄱阳湖沉积物环境质量评价参照标准

序号	项目		一级	二级			三级	鄱阳湖土壤背景值	毒性系数
			自然背景	＜6.5	6.5～7.5	＞7.5	＜6.5		
1	镉≤		0.20	0.30	0.30	0.60	1.0	0.75	30
2	汞≤		0.15	0.30	0.50	1.0	1.5	0.064	40
3	砷	水田≤	15	30	25	20	30	13.37	10
4		旱地≤	15	40	30	25	40		
5	铜	农田等≤	35	50	100	100	400	4.75	5
6		果园≤	—	150	200	200	400		
7	铅≤		35	250	300	350	500	12.5	5
8	铬	水田≤	90	250	300	350	400	29.65	2
9		旱地≤	90	150	200	250	300		
10	锌≤		100	200	250	300	500	47.75	1
11	镍≤		40	40	50	60	200	—	—
12	六六六≤		0.05		0.50		1.0	—	—
13	滴滴涕≤		0.05		0.50		1.0	—	—

注：本次鄱考沉积物评价砷、铬按水田限值评价，铜按农田限值评价。

2. 评价方法与分级

1）土壤环境质量标准评价法

参照环境保护部《全国土壤污染状况评价技术规定》（环发［2008］39 号）文件，鄱阳湖沉积物环境质量采用单项污染指数法，计算方法为

$$P_{ip}=\frac{C_i}{S_{ip}}$$

式中，P_{ip}为土壤中污染物i的单项污染指数；C_i为调查点位土壤中污染物i的实测浓度；S_{ip}为污染物i的评价标准值或参考值（本次鄱考用评价标准值进行计算）。

根据P_{ip}（P_{ip}为土壤中污染物i的单项污染指数）的大小，可将土壤污染程度划分为五级，见表4-1-49。

表4-1-49　土壤环境质量评价分级

等级	P_{ip}值大小	污染评价
Ⅰ	$P_{ip} \leqslant 1$	无污染
Ⅱ	$1 < P_{ip} \leqslant 2$	轻微污染
Ⅲ	$2 < P_{ip} \leqslant 3$	轻度污染
Ⅳ	$3 < P_{ip} \leqslant 5$	中度污染
Ⅴ	$P_{ip} > 5$	重度污染

2）土壤背景值评价法

用鄱阳湖土壤背景值作为评价参考标准进行对比评价。

3）生态风险指数法

采用瑞典科学家Hakanson提出的潜在生态风险指数法对鄱阳湖沉积物中的重金属进行评价。该方法从重金属生物毒性角度出发，综合考虑沉积物重金属含量、种类，以及水体对重金属污染的敏感度等，定量划分与评价单个和多种重金属污染物的潜在生态危害程度比单纯采用重金属元素污染程度能更好地反映重金属元素的潜在危害。其计算公式如下：

$$\mathrm{RI} = \sum_{i=1}^{n} E_r^i$$

$$E_i^r = T_r^i C_f^i$$

$$C_f^i = C^i / C_n^i$$

式中，RI为综合潜在生态风险指数；E_i^r为单项潜在生态风险指数；T_r^i为重金属i的毒性响应系数；C_f^i为重金属的富集系数；C^i为沉积物重金属i浓度实测值；C_n^i为计算所需的参照值。生态风险评价指数和分级标准见表4-1-50。

表4-1-50　单项和综合潜在生态风险评价指数与分级标准

E_i^r	单项潜在生态风险等级	RI	综合潜在生态风险等级
$E_i^r < 40$	轻微	$\mathrm{RI} < 120$	轻微
$40 \leqslant E_i^r < 80$	中等	$120 \leqslant \mathrm{RI} < 240$	中等
$80 \leqslant E_i^r < 160$	强	$240 \leqslant \mathrm{RI} < 480$	强
$160 \leqslant E_i^r < 320$	很强	$\mathrm{RI} \geqslant 480$	很强
$E_i^r \geqslant 320$	极强	—	—

四、沉积物环境质量状况

1. 污染现状

鄱阳湖 48 个监测点位/断面沉积物监测结果统计情况见表 4-1-51。

表 4-1-51 鄱阳湖沉积物监测结果

序号	监测项目	范围（mg/kg）	平均值（mg/kg）	超标率（土壤质量%）	超标率（土壤背景%）	变异系数（%）	最大值点位/断面
1	pH	5.35～8.66	6.60	—	—	—	—
2	镉	0.01_L～2.56	0.58	52	0	97	星子上游
3	汞	0.023～0.255	0.092	0	30	67	白沙洲
4	砷	9.31～52.6	16.4	6	18	40	博阳河口
5	铜	3～114	36	12	87	78	莲湖
6	铅	46.9～116	72.0	0	83	26	鄱阳花园
7	铬	6～90	41.3	0	28	46	星子上游
8	锌	10.1～288	117.6	10	59	56	赵家湾
9	镍	6～15	40	29	—	—	莲湖
10	六六六	0.000 08～2.092	0.218	10	—	—	星子上游
11	滴滴涕	未检出～0.049	0.006	0	—	—	博阳河口

鄱阳湖 48 个沉积物样品监测结果表明，用土壤环境质量标准作参考，评价镉、砷、铜、锌、镍、六六六 6 个项目，其均出现了不同程度的超标，其中镉超标率为 52%、砷超标率为 6%、铜超标率为 12%、锌超标率为 10%、镍超标率为 29%、六六六超标率均 10%。其中，镉、镍、铜超标比例最高，镉中、重度污染比例达到 12%。汞、铅、铬、滴滴涕 4 个项目未出现超标现象。

用鄱阳湖土壤背景值作参考，评价汞、砷、铜、铅、镉和锌 6 个项目，其均出现超标，超标率分别为 30%、18%、87%、83%、28%和 59%。

从各种重金属含量的空间变异系数可以看出（表 4-1-51），沉积物镉的空间变异系数最大，为 97%，表明镉的空间分布不均匀，离散性相对较大；铜的变异系数次之，为 71%；汞、铬、锌和砷的变异系数为 33%～71%；铅的变异系数最小，为 26%。

2. 空间分布

鄱阳湖沉积物 7 种重金属元素含量空间分布存在明显差异。沉积物中汞、铜和铅的含量主要是湖区东南部偏高，而镉的含量是湖区西北部和东南部偏高，铬的含量是湖区西北部和东部偏高。砷和锌的含量分布相对均匀，含量偏高的区域较少。镍的含量主要是湖区西部、西南部和东部偏高。六六六的含量主要是北部和东南部偏高。具体情况如图 4-1-27～图 4-1-35 所示。

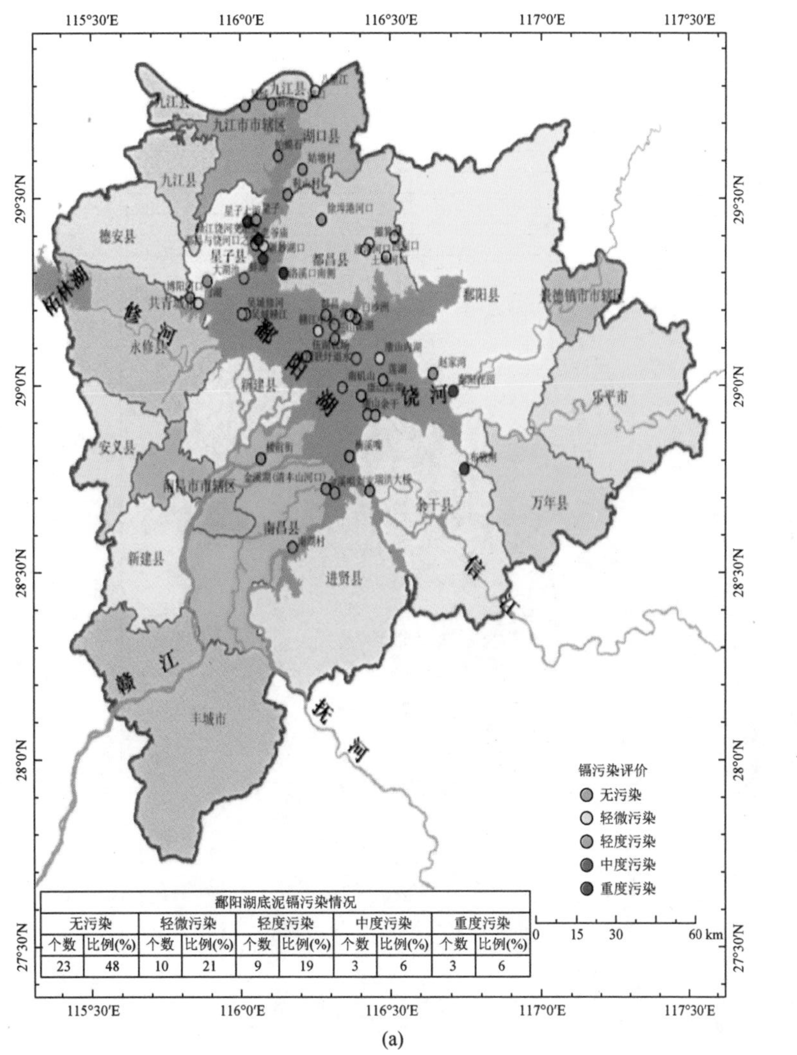

鄱阳湖底泥镉污染情况									
无污染		轻微污染		轻度污染		中度污染		重度污染	
个数	比例(%)	个数	比例(%)	个数	比例(%)	个数	比例(%)	个数	比例(%)
23	48	10	21	9	19	3	6	3	6

(a)

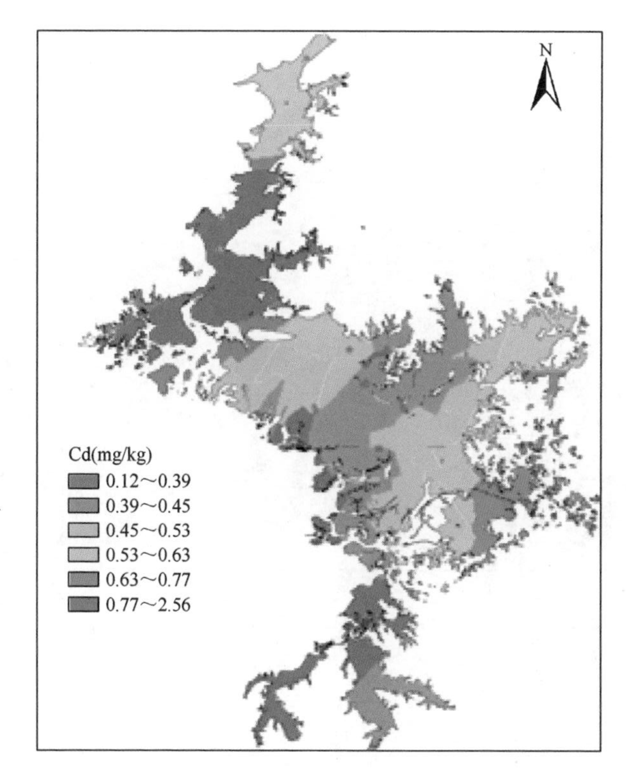

(b)

图 4-1-27　鄱阳湖沉积物镉污染分布图

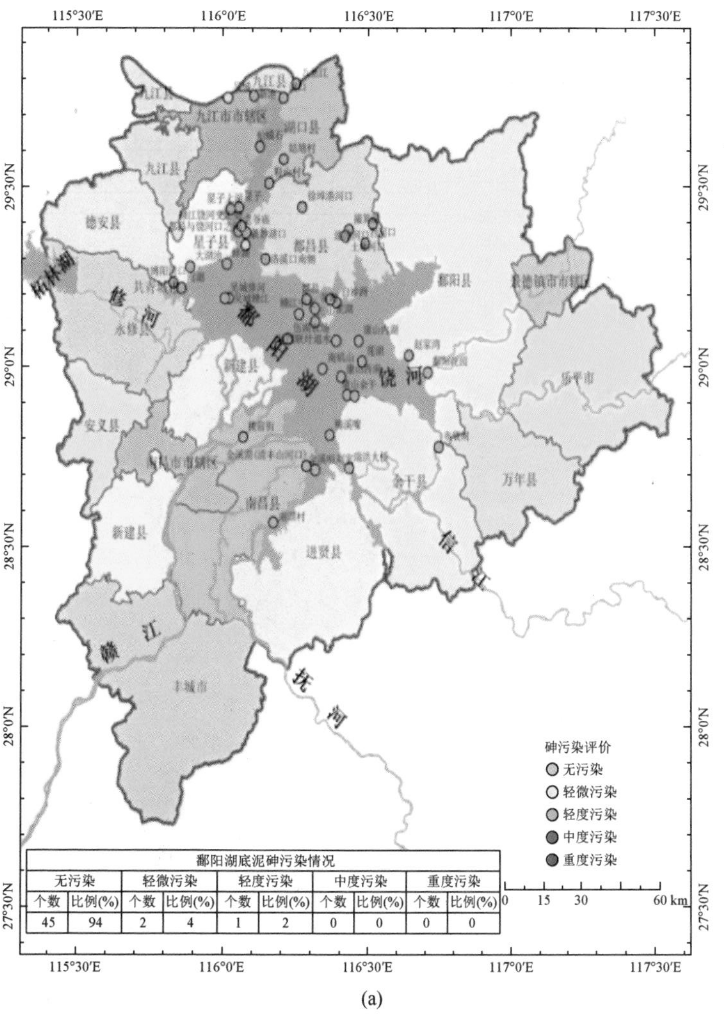

鄱阳湖底泥砷污染情况									
无污染		轻微污染		轻度污染		中度污染		重度污染	
个数	比例(%)	个数	比例(%)	个数	比例(%)	个数	比例(%)	个数	比例(%)
45	94	2	4	1	2	0	0	0	0

(a)

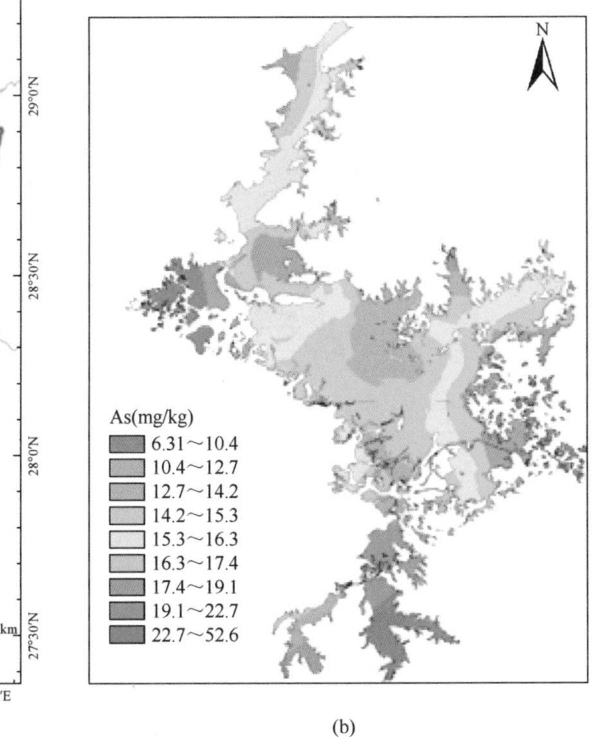

(b)

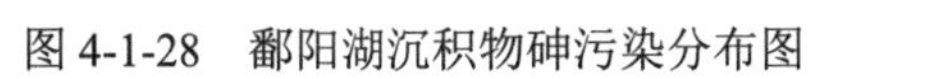

图 4-1-28　鄱阳湖沉积物砷污染分布图

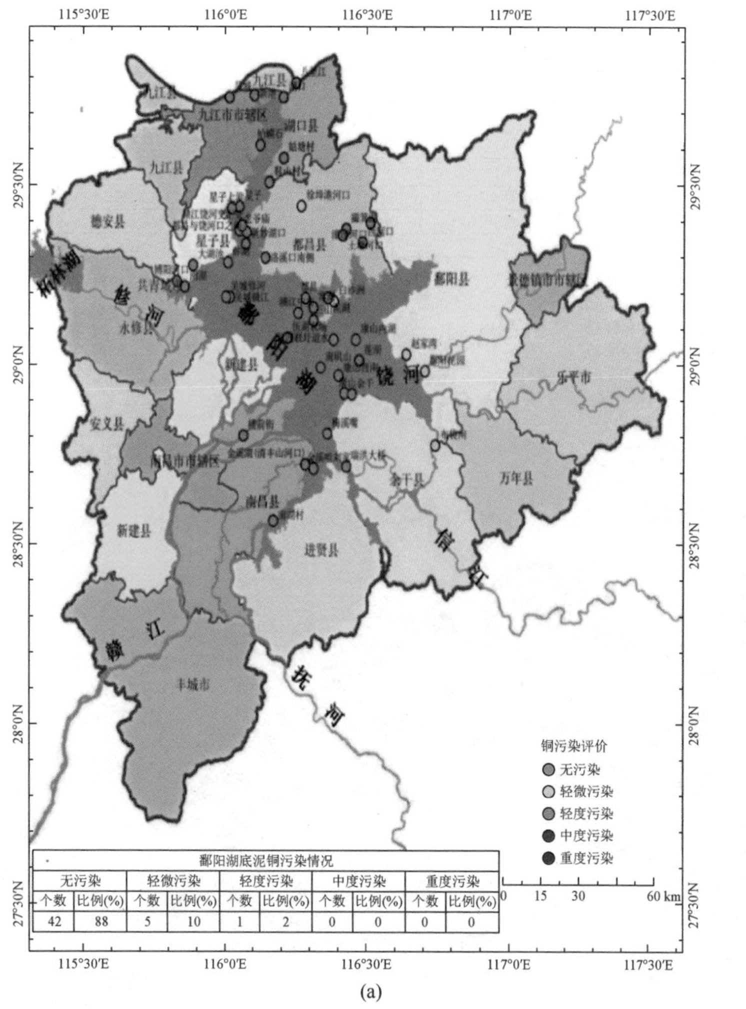

鄱阳湖底泥铜污染情况									
无污染		轻微污染		轻度污染		中度污染		重度污染	
个数	比例(%)	个数	比例(%)	个数	比例(%)	个数	比例(%)	个数	比例(%)
42	88	5	10	1	2	0	0	0	0

(a)

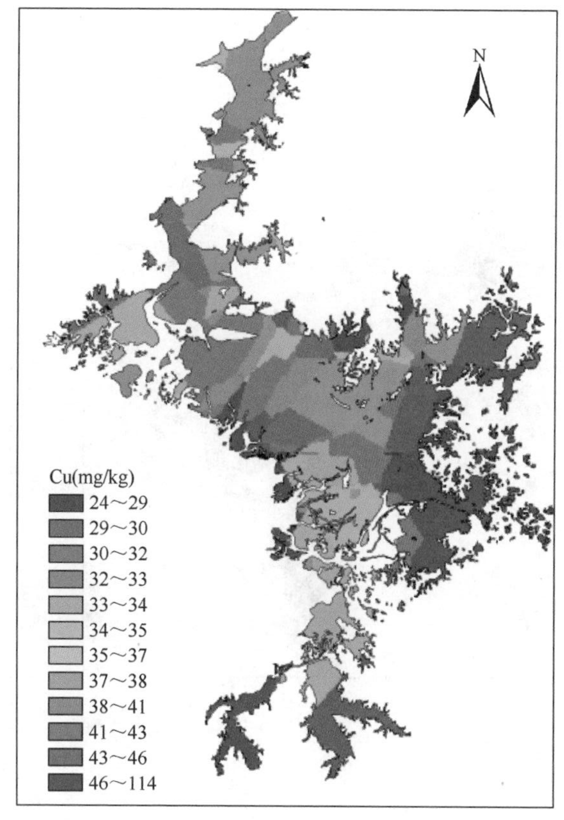

(b)

图 4-1-29　鄱阳湖沉积物铜污染分布图

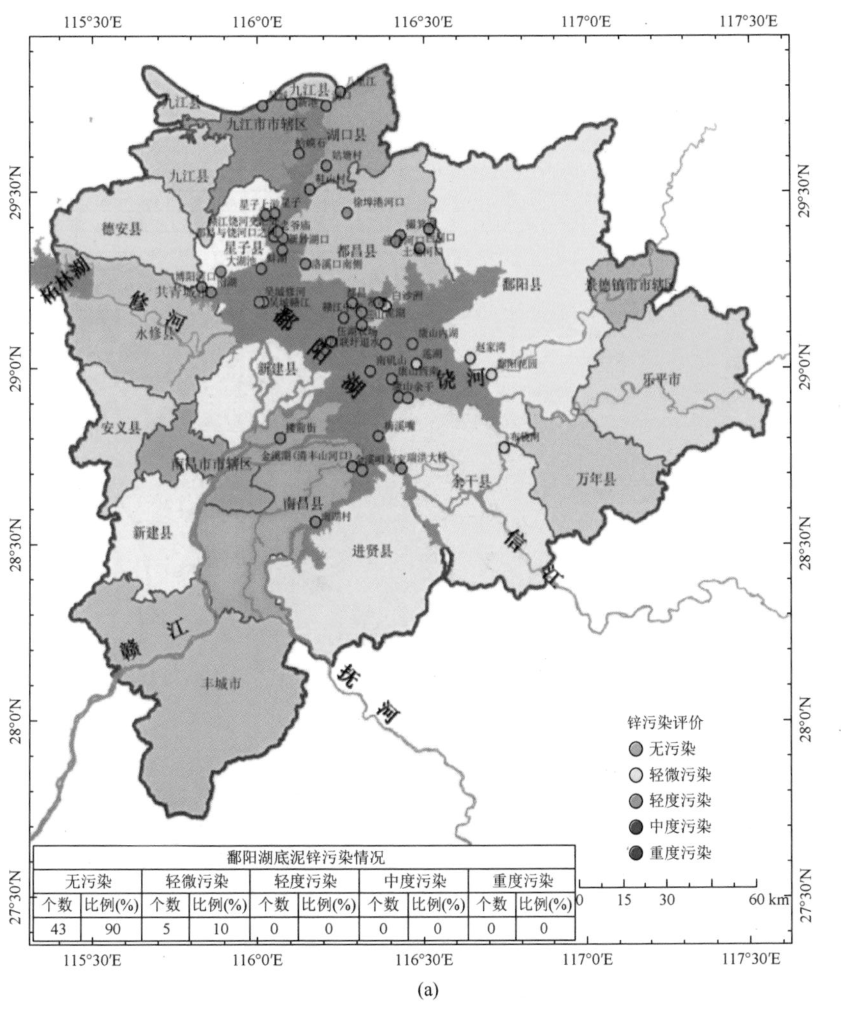

鄱阳湖底泥锌污染情况

无污染		轻微污染		轻度污染		中度污染		重度污染	
个数	比例(%)	个数	比例(%)	个数	比例(%)	个数	比例(%)	个数	比例(%)
43	90	5	10	0	0	0	0	0	0

(a)

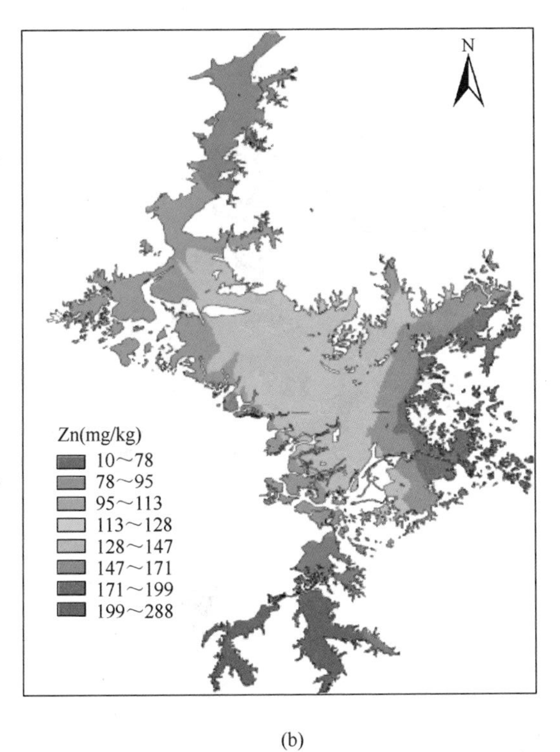

(b)

图 4-1-30　鄱阳湖沉积物锌污染分布图

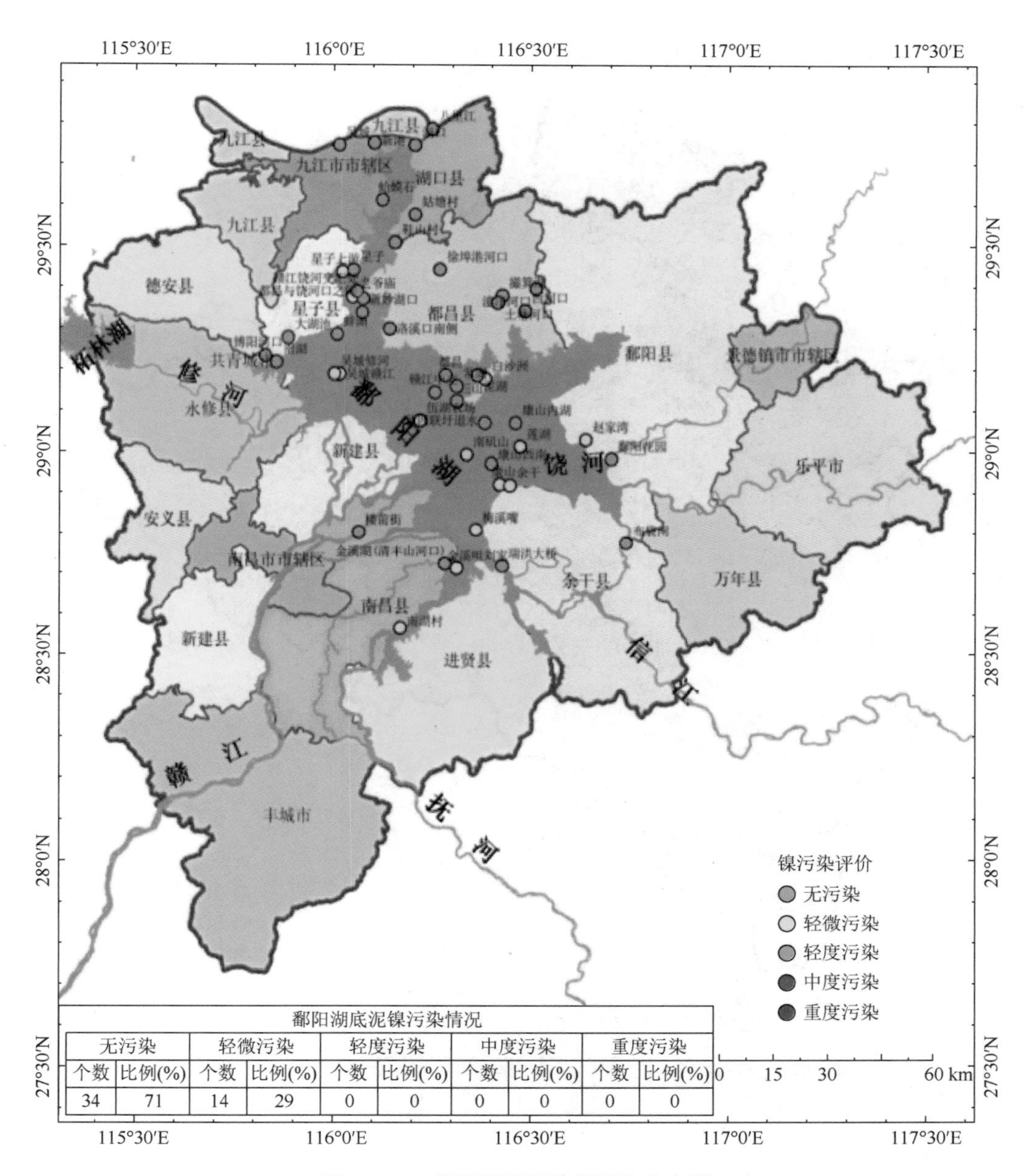

鄱阳湖底泥镍污染情况									
无污染		轻微污染		轻度污染		中度污染		重度污染	
个数	比例(%)	个数	比例(%)	个数	比例(%)	个数	比例(%)	个数	比例(%)
34	71	14	29	0	0	0	0	0	0

图 4-1-31　鄱阳湖沉积物镍污染分布图

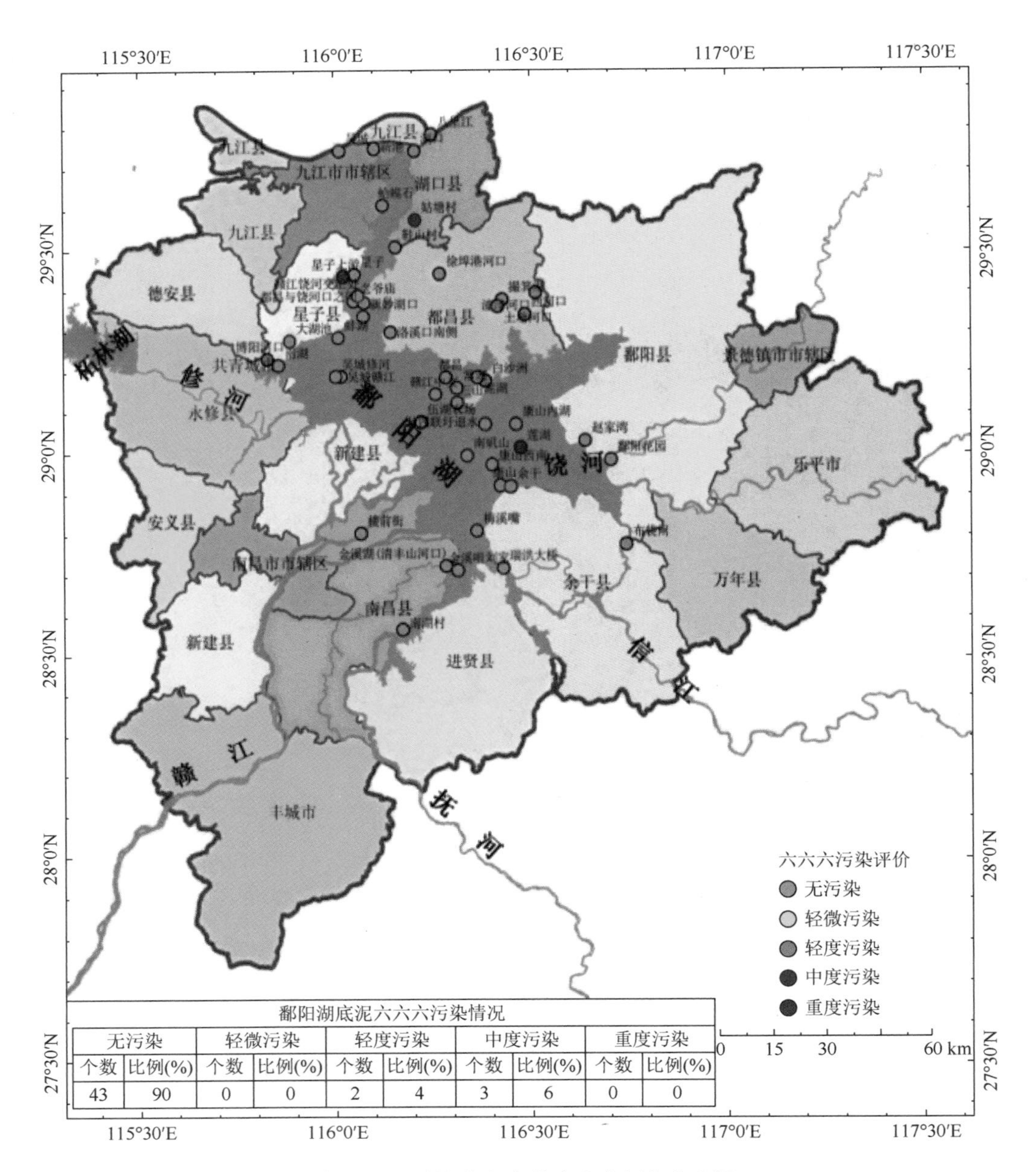

鄱阳湖底泥六六六污染情况									
无污染		轻微污染		轻度污染		中度污染		重度污染	
个数	比例(%)	个数	比例(%)	个数	比例(%)	个数	比例(%)	个数	比例(%)
43	90	0	0	2	4	3	6	0	0

图 4-1-32　鄱阳湖沉积物六六六污染分布图

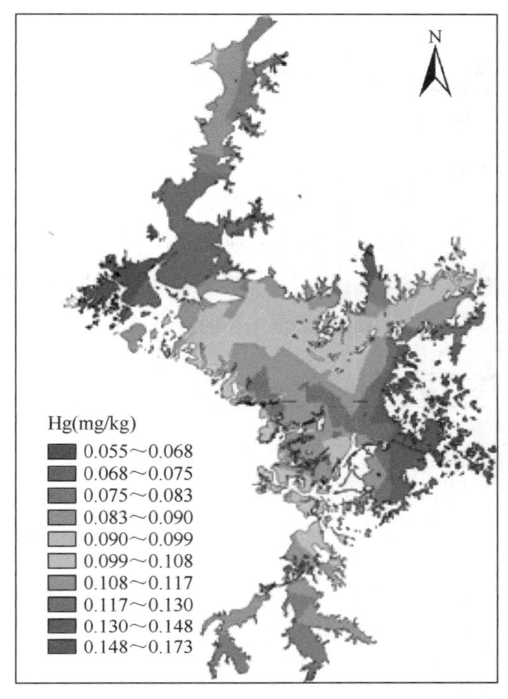

图 4-1-33　鄱阳湖沉积物汞污染分布图

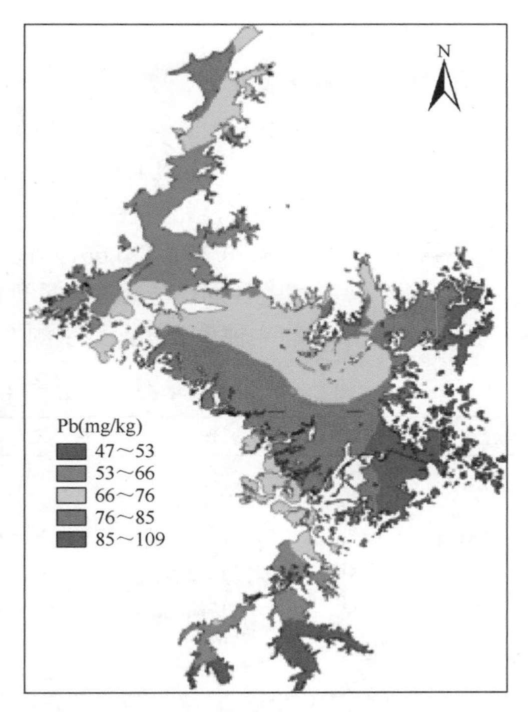

图 4-1-34　鄱阳湖沉积物铅污染分布图

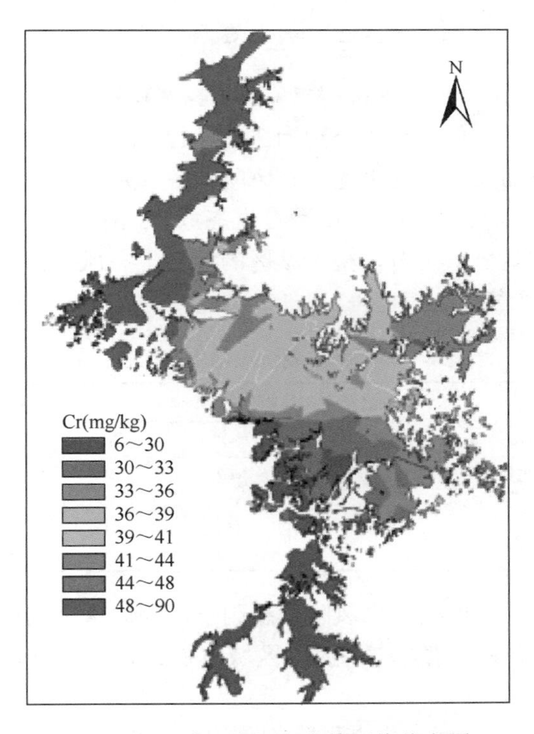

图 4-1-35　鄱阳湖沉积物铬污染分布图

3. 相关性分析

鄱阳湖沉积物中各重金属元素含量及其之间的比率具有相对的稳定性，当沉积物来源相同或者相似时，各个元素具有显著的相关性。鄱阳湖沉积物 7 种重金属元素的相关性见表 4-1-52。从表 4-1-52 中可以看出，汞、铜、铅和锌两两元素间相关性很强，并且均呈现极显著相关（$P<0.01$），相关性系数均大于 0.5，尤其是锌和铜、铅和汞、锌和汞的相关性系数分别为 0.791、0.760 和 0.661，说明这 4 种重金属元素的来源相同或相似。铬和汞、铜、铅、锌的相关性弱，与铅甚至呈负相关性，但与镉和砷具有显著的相关性，说明铬与汞、铜、铅、锌 4 种重金属元素来源不同，但与铬和砷的来源相同或相似。

表 4-1-52 鄱阳湖沉积物重金属元素间相关性

重金属	Cd	Hg	As	Cu	Pb	Cr	Zn
Cd	1						
Hg	0.076	1					
As	0.236	0.341	1				
Cu	0.351*	0.583*	0.386**	1			
Pb	–0.142	0.760*	0.137	0.443*	1		
Cr	0.478*	0.023	0.400*	0.256	–0.224	1	
Zn	0.422*	0.661**	0.491*	0.791*	0.546*	0.234	1

*表示 $P<0.05$；**表示 $P<0.01$。

五、重金属生态风险评价

通过 Hakanson 生态风险指数评价得出（表 4-1-53），鄱阳湖沉积物重金属镉、砷、铅、铬和锌的平均单项潜在生态危害系数分别为 22.6、12.8、28.8、2.78 和 2.42，均小于 40，属于轻微生态危害；铜和汞元素的平均生态风险指数分别为 51.2 和 59.0，介于 40～80，属于中等生态危害。鄱阳湖沉积物重金属潜在生态危害顺序为汞＞铜＞铅＞镉＞砷＞铬＞锌；从综合潜在生态风险分析来看，整个湖区的综合生态风险指数介于 46.4～476.3，平均值为 165.4，属于中等潜在生态危害。

表 4-1-53 鄱阳湖沉积物生态风险指数

项目	单项潜在生态风险指数							综合潜在生态风险指数
	Cd	Hg	As	Cu	Pb	Cr	Zn	
最大值	102.4	159	39.3	120	43.6	6.07	5.67	476.3
最小值	0.4	18.7	4.7	4.0	18.9	0.4	0.21	46.4
平均值	22.6	59.0	12.8	51.2	28.8	2.78	2.42	165.4

由于汞、铜、铅是最主要的生态风险贡献因子，因此重金属单项潜在生态危害以汞、铜、铅为重点进行分析。综合潜在生态风险区域与汞、铜、铅的单项生态风险具有极其明显的生态风险特征。

由图 4-1-36 可知，综合潜在生态风险指数的分布与汞、铜、铅的单项潜在生态风险指数分布基本一致，即中等和强生态风险区域均在湖区东南部。从所有点位综合生态风险数值也可以看出，生态风险最高的点位为湖区东南部的莲湖、赵家湾和昌江口，这些点均位于鄱阳湖和饶河交汇处。

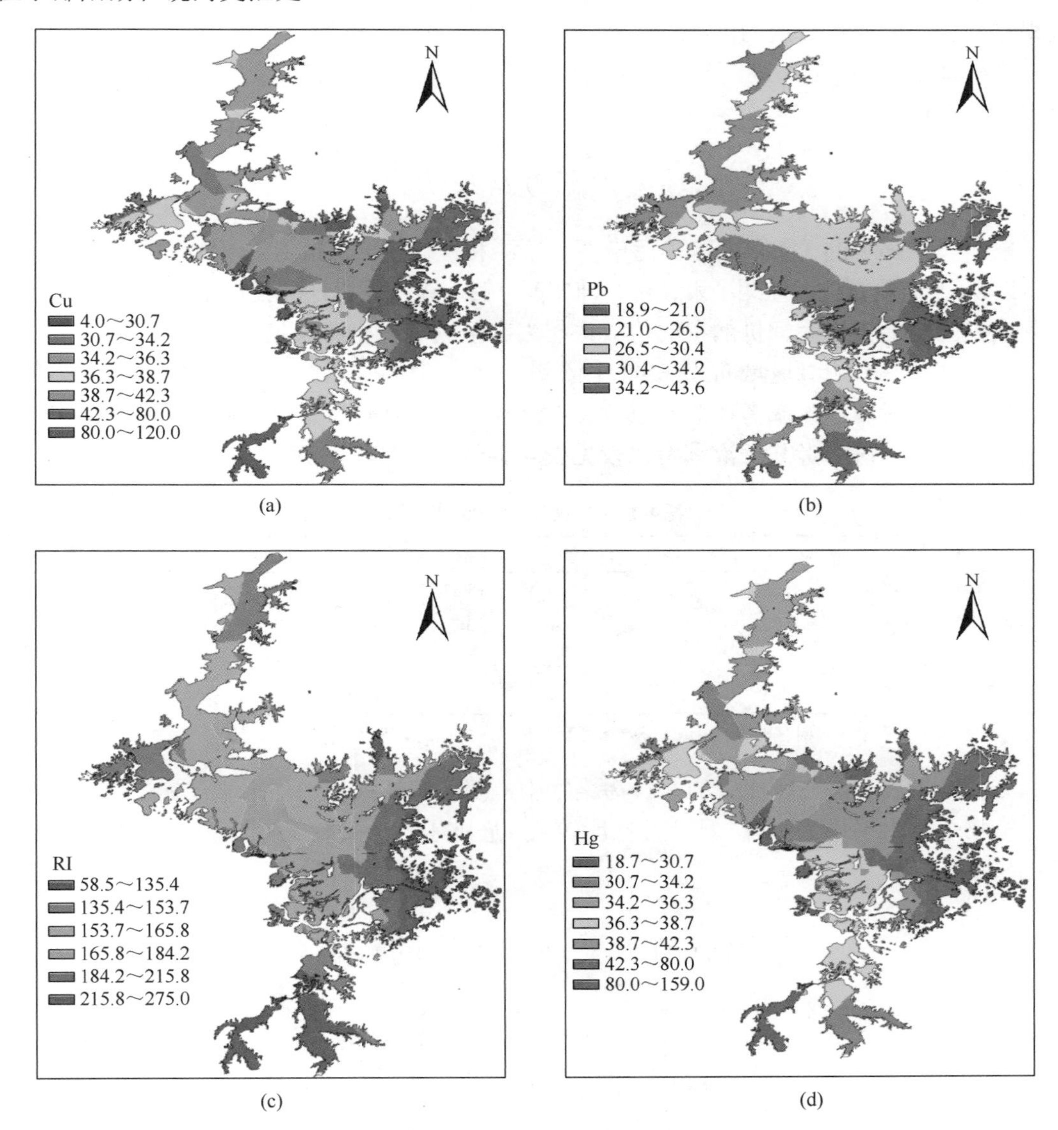

图 4-1-36　鄱阳湖沉积物重金属生态风险指数

铜、汞和铅等重金属，以及综合生态风险最高的区域均位于湖区东南部，即鄱阳湖和饶河交汇处。饶河有南北二支，南支称乐安河，北支称昌江，两河在鄱阳县汇合后注入鄱阳湖。经实地调查和资料统计显示，乐安河上游的德兴矿集区在长约 20 km、宽约 10 km 的三角区域内有 3 个大型矿场、10 多个矿床，尤其以超大型铜厂斑岩矿床最有名，已探明铜储量占中国铜储量的 17.5%，铅锌有数百万吨。乐安河中下游还分布有德兴铜矿、银山铅锌厂、花桥金矿、涌山煤矿、冶炼厂、建材化工和制药等行业。根据江西省环境监测中心站重点行业企业污染源调查得出，2006～2012 年乐安河流域企业每年排放含重金属工业废水均超过 300 万 t，主要的重金属为铜、汞、铅、镉、锌和砷 6 项，这些含重金属工业废水排入乐安河后，会优先吸附在颗粒物上，随河水一起流入鄱阳湖，最终使鄱阳湖沉积物成为乐安河重金属的汇集处。

考察结果表明，鄱阳湖沉积物铜、汞和铅等生态风险最高的重金属主要来自于乐安河流域的工业排放。

六、两次鄱考结果的比较

根据一次鄱考的《鄱阳湖水体污染调查监测和评价研究》报告，一次鄱考在鄱阳湖湖区布设 50 个监测点位，监测了汞、铬、砷、铜、铅、锌、镉和有机氯 8 种污染物。用 50 个监测点位的平均值作为评价的参比值（也作为鄱阳湖沉积物背景值）。

本次鄱考在鄱阳湖区域布设了 48 个监测点位，监测项目比一次鄱考增加了 pH、镍。考虑到二次鄱考和一次鄱考在监测点位、分析方法等方面均不完全一致，所以仅对总体情况进行比较。二次鄱考与一次鄱考比较见表 4-1-54。

表 4-1-54　两次鄱考结果比较

监测项目	汞	铬	砷	铜	铅	锌	镉	有机氯
一次鄱考结果（mg/kg）	0.052	35.30	13.23	15.83	18.28	53.91	1.38	0.151
二次鄱考结果（mg/kg）	0.092	41.3	16.4	36	72.0	117.6	0.58	0.224
增加值（mg/kg）	0.040	6.0	3.2	20	53.7	63.69	–0.80	0.073
增加率（%）	76.9	17.0	24.0	127.4	293.9	118.1	–58.0	48.3

注：一次鄱考报告中未说明有机氯的组成，本次鄱考仅包括六六六和滴滴涕。

比较结果表明，在所比较的 8 种污染物中，鄱阳湖沉积物平均水平仅镉下降，其他 7 种污染物平均水平均为上升，且上升幅度较大。尤其是铅、铜、锌分别上升 293.9%、127.4%和 118.1%。

第五节　采沙对水质的影响

一、监测方案

近年来，鄱阳湖采沙活动频繁，底泥搅动剧烈，致湖水浑浊，同时增大了底泥中污染物的释放量。为分析采沙对湖区水质的影响，在江西省水利厅的统一调度下，于采沙期间、采沙停止后 7 天、采沙停止后 16 天开展了 3 次水质对比监测。

1. 监测时间

江西省水利厅于 2010 年 12 月 12～30 日对鄱阳湖湖区实施禁止采沙行动。采沙期间的监测时期为 2010 年 11 月 11～17 日，星子站平均水位为 10.06 m；采沙停止后 7 天的监测时期为 2010 年 12 月 19～20 日，星子站平均水位为 10.54 m；采沙停止后 16 天的监测时期为 2010 年 12 月 28～29 日，星子站平均水位为 10.39 m。由于对比监测时鄱阳湖处于低水期，在此情况下分析采沙对湖区水质的影响可能具有一定的局限性。

2. 监测站点

由于水位条件的制约，在鄱阳湖各主要入湖河流的入湖口、湖区主航道等代表性水域，共在湖区布设 17 个站点、出湖口布设 1 个站点进行水质监测。同时，在赣江（外洲）、抚河（李家渡）、信江（梅港）、昌江（渡峰坑）、乐安河（石镇街）、修河（永修）、西河（石门街）、博阳河（梓坊）8 个入湖重要水文站进行水质水量同步监测，监测项目与表 4-1-19 中相同。

二、入湖重要水文站水质状况

开展 3 次监测时，入湖河流水质均较好，Ⅰ～Ⅲ类水占入湖总水量的 92.2%～94.5%，3 次监测的入湖水质并无明显差异。8 条入湖河流中，乐安河（石镇街）3 次水质均超标，为Ⅳ类～劣Ⅴ类水，主要污染物为氨氮、总磷；其他 7 条入湖河流水质均达标（图 4-1-37，表 4-1-55）。

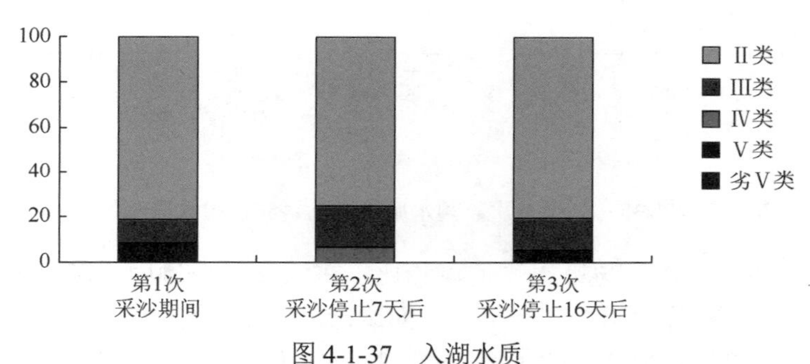

图 4-1-37　入湖水质

表 4-1-55　主要入湖河流水质状况

序号	河流	水文站名称	第 1 次采沙期间		第 2 次采沙停止 7 天后		第 3 次采沙停止 16 天后	
			水质类别	主要污染物	水质类别	主要污染物	水质类别	主要污染物
1	赣江	外洲	Ⅱ		Ⅱ		Ⅱ	
2	抚河	李家渡	Ⅱ		Ⅱ		Ⅱ	
3	信江	梅港	Ⅱ		Ⅲ		Ⅲ	
4	昌江	渡峰坑	Ⅲ		Ⅱ		Ⅲ	
5	乐安河	石镇街	劣Ⅴ	氨氮、总磷	Ⅳ	氨氮、总磷	劣Ⅴ	氨氮
6	修河	永修	Ⅲ		Ⅱ		Ⅱ	
7	西河	石门街	Ⅱ		Ⅲ		Ⅱ	
8	博阳河	梓坊	Ⅱ		Ⅲ		Ⅱ	

三、水质受采沙影响的分析

低枯水位时航运条件受限制，鄱阳湖区采沙主要集中在入江水道区域，所以本书针对入江水道（渚溪口–湖口水域）的水质变化进行分析。根据三次监测成果，分析湖区高锰酸盐指数、氨氮、总磷、透明度等水质指标的空间分布特征。其中，第 2 次监测前期，鄱阳湖区恰有 1 次强降水过程，初期雨水挟带大量面源污染入湖。

从图 4-1-38 可以看出，湖区大部分站点第 2 次监测时的高锰酸盐指数浓度均高于第 1 次和第 3 次，表明第 2 次监测受前期强降水挟带大量面源有机污染物入湖的影响，水质相对较差。与第 1 次相比，第 3 次东水道（昌江口至都昌等 11 个站点）来水的高锰酸盐指数浓度变化不大，西水道（蚌湖、赣江主支、修河口）来水的高锰酸盐指数浓度相对较低，入江水道（渚溪口—湖口水域）也有所降低，其可能受西水道来水及采沙停止的双重影响而降低。

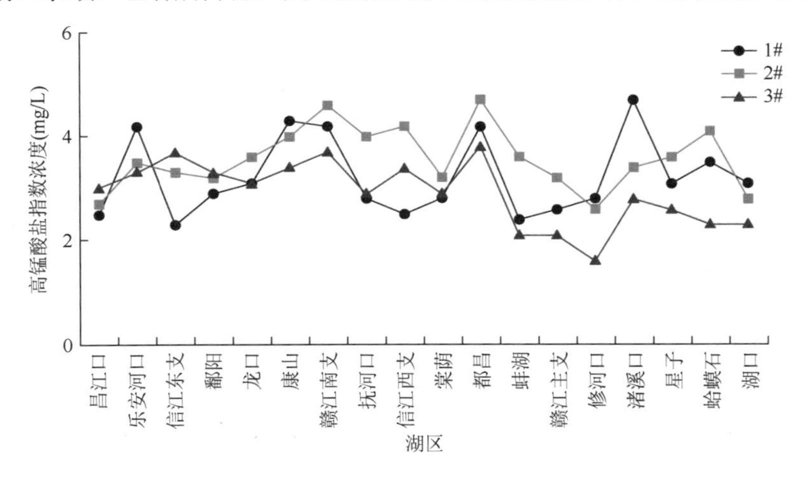

图 4-1-38　湖区三次监测水质指标高锰酸盐指数监测值

从图 4-1-39 可以看出，与第 1 次监测相比，在第 2 次监测中，湖区大部分站点氨氮浓度均高于第一次，充分说明受到降水挟带面源污染的不利影响；第 3 次与第 1 次相比，主要入湖河流入湖口氨氮浓度大致相近，特别是入江水道的上游来水（都昌、渚溪口、西水道）氨氮浓度相当，而星子—湖口水域（主要停采区）的氨氮浓度下降明显（降幅为 0.18～0.46 mg/L），说明采沙停止 16 天后该水域氨氮浓度明显降低。

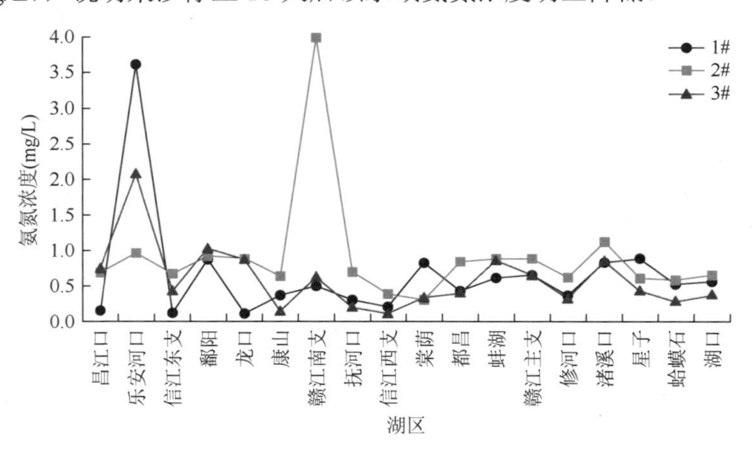

图 4-1-39　湖区三次监测水质指标氨氮监测值

从图 4-1-40 可以看出，第 2 次监测与第 1 次相比，东水道（昌江口至都昌等 11 个站点）总磷浓度升高，西水道（蚌湖、赣江主支、修河口）总磷浓度略降 0.016～0.032 mg/L，而入江水道（渚溪口—湖口水域）总磷均明显下降，降幅达 0.079～0.112 mg/L，表明停止采沙后，相应湖域总磷浓度明显下降（因时属冬季农业休耕期，总磷面源污染积累较少，本次监测受降水挟带入湖影响较小）。第 3 次监测与第 1 次相比，湖区水质变化规律基本同上。

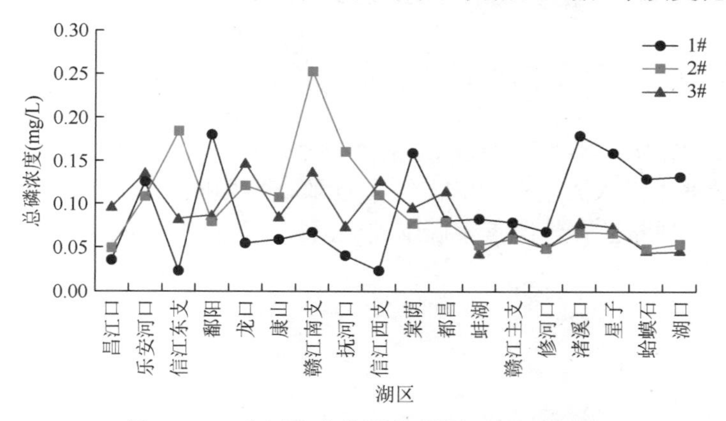

图 4-1-40　湖区三次监测水质指标总磷监测值

图 4-1-41 为湖区透明度监测结果，受监测数据不全影响，仅分析入江水道区（渚溪口—湖口水域）。第 2 次、第 3 次的入江水道（渚溪口—湖口水域）透明度比第 1 次均有明显提高，星子水域第 3 次的透明度比第 1 次最大提高 15 cm，表明停止采沙后，相应湖域水体透明度明显好转。

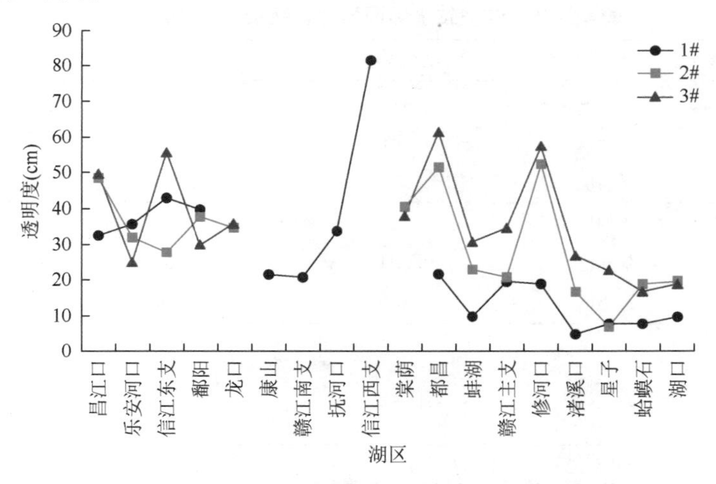

图 4-1-41　湖区三次监测的水质指标透明度监测值

总之，三次低水位时期的比对监测结果表明，采沙会对鄱阳湖水质产生负面影响，停止采沙 16 天后，相应湖域入江水道区（渚溪口—湖口水域）水质明显好转，水质类别上升 1～2 个等级，高锰酸盐指数浓度下降明显，下降幅度为 0.5～3.1 mg/L，平均下降 1.4 mg/L；氨氮浓度下降明显，下降幅度为 0.18～0.52 mg/L，平均下降 0.35 mg/L；总磷浓度下降明显，下降幅度为 0.085～0.132 mg/L，平均下降 0.097 mg/L；透明度值增大，增大幅度为 9～53 cm，平均增大 21 cm。另外，由第 2 次及第 3 次的总磷、透明度指标变化规律反映出，停采 7 天后与停采 16 天后的水质指标浓度变幅基本稳定，说明采沙停止后，相应水域水质恢复较为迅速，采沙活动持久的不利影响较为有限。

第六节　严重洪、枯水及连续枯水对水环境质量影响

一、五河控制站水文水环境特征及响应关系

选取 2004 年作为鄱阳湖五河控制站的严重枯水典型年、2010 年作为鄱阳湖典型站点五河控制站的严重洪水典型年、2014 年作为鄱阳湖五河控制站的平水典型年，从严重洪、枯水年水环境质量总体情况考察鄱阳湖五河控制站的严重洪、枯水对水环境质量的影响。

1. 赣江

1）水环境特征

表 4-1-56 对赣江入湖控制水文站外洲站 2004 年、2010 年和 2014 年溶解氧、氨氮和总磷的最高值、最低值和平均值进行了统计分析。通过与《地表水环境质量标准》（GB3838—2002）对比发现，2004 年、2010 年和 2014 年溶解氧含量都达到或优于Ⅱ类水质标准，氨氮浓度都达到或优于Ⅲ类水质标准，总磷浓度也都达到或优于Ⅲ类水质标准。

表 4-1-56　外洲站水环境质量、特征水位和流量表

指标		2004 年	2010 年	2014 年
溶解氧（mg/L）	平均值	8.4	8.6	8.4
	最低值	6.6	6.4	7.1
	最高值	11	11.6	10.6
氨氮（mg/L）	平均值	0.2	0.26	0.18
	最低值	0.11	0.025	0.05
	最高值	0.3	0.54	0.29
总磷（mg/L）	平均值		0.058	0.074
	最低值		0.005	0.022
	最高值		0.096	0.129
水位（m）	最高水位	17.48	21.85	18.71
	最低水位	12.28	10.6	9.57
	平均水位	14.11	14.83	13.3
流量（m^3/s）	最大流量	6 270	21 500	11 300
	最小流量	265	476	526
	平均流量	1 360	2 950	2 170

2）水位与水环境因子的关系

根据 2004 年、2010 年和 2014 年赣江外洲站的水位和水体各环境因子的监测值，通过 SPSS17.0 拟合水体各环境因子与水位的关系曲线。总体来看，赣江外洲站水体的氨

氮浓度和总磷浓度与水位变化的回归方程趋势线拟合程度不好，2004 年和 2014 年水体溶解氧含量与水位变化的回归方程趋势线拟合程度较好，溶解氧含量随水位的上升而降低。表 4-1-57 是外洲站水体 2004 年和 2014 年溶解氧含量与水位变化的拟合模式、拟合度判定系数 r，以及方差分析 F 的检验结果。表中显示，各回归方程的 F 检验相伴概率（P 值）均小于 0.01 的极显著水平，且拟合度（$r>0.5$）较好，说明 2004 年和 2014 年外洲站水体溶解氧含量与水位变化密切相关。

表 4-1-57　外洲站水体各环境因子与水位回归方程的显著性检验表

年份	水环境因子	拟合方法	r 值	F 值	P 值
2004	溶解氧	线性	0.914	31.275	0.003
2014	溶解氧	线性	0.893	44.063	0.000

2. 抚河

1）水环境特征

表 4-1-58 对抚河入湖控制水文站李家渡站 2004 年、2010 年和 2014 年溶解氧、氨氮和总磷的最高值、最低值和平均值进行了统计分析。通过与《地表水环境质量标准》（GB3838—2002）对比发现，2004 年溶解氧含量劣于Ⅲ类水质标准的比例为 16.7%，2010 年和 2014 年溶解氧浓度都达到或优于Ⅱ类水质标准；2004 年氨氮浓度都达到或优于Ⅲ类水质标准，2010 年氨氮浓度劣于Ⅲ类水质标准比例为 8.3%，2014 年氨氮浓度都达到或优于Ⅱ类水质标准；2010 年和 2014 年总磷浓度都达到或优于Ⅲ类水质标准。

表 4-1-58　李家渡站水环境质量、特征水位和流量表

指标		2004 年	2010 年	2014 年
溶解氧（mg/L）	平均值	7.1	8.4	8.6
	最低值	2.1	6	7.1
	最高值	11.3	11.6	10.2
氨氮（mg/L）	平均值	0.19	0.41	0.17
	最低值	0.08	0.1	0.06
	最高值	0.55	2.01	0.33
总磷（mg/L）	平均值		0.064	0.07
	最低值		0.023	0.03
	最高值		0.127	0.129
水位（m）	最高水位	26.65	31.74	27.89
	最低水位	21.86	22.11	20.41
	平均水位	22.66	23.88	21.89
流量（m^3/s）	最大流量	2 870	11 100	6 110
	最小流量	2.00	4.78	8.02
	平均流量	193	671	451

2）水位与水环境因子的关系

根据 2004 年、2010 年和 2014 年抚河李家渡站的水位和水体各环境因子的监测值，通过 SPSS17.0 拟合水体各环境因子与水位的关系曲线。总体来看，2004 年、2010 年和 2014 年抚河李家渡站水体的溶解氧含量、氨氮浓度和总磷浓度与水位变化的回归方程趋势线拟合程度不好，没有显著关系。

3. 信江

1）水环境特征

表 4-1-59 对信江入湖控制水文站梅港站 2004 年、2010 年和 2014 年溶解氧、氨氮和总磷的最高值、最低值和平均值进行了统计分析。通过与《地表水环境质量标准》（GB3838—2002）对比发现，2004 年、2010 年和 2014 年溶解氧含量都达到或优于Ⅲ类水质标准；2004 年氨氮浓度劣于Ⅲ类水质标准的比例为 8.3%，2010 年和 2014 年氨氮浓度都达到或优于Ⅲ类水质标准；2004 年总磷浓度劣于Ⅲ类水质标准的比例为 41.7%，2010 年总磷浓度都达到或优于Ⅲ类水质标准，2014 年总磷浓度劣于Ⅲ类水质标准的比例为 8.3%。

表 4-1-59　梅港站水环境质量、特征水位和流量表

指标		2004 年	2010 年	2014 年
溶解氧（mg/L）	平均值	7.9	7.6	7.5
	最低值	5.4	5.2	5.8
	最高值	10.6	10.0	10.5
氨氮（mg/L）	平均值	0.3	0.36	0.31
	最低值	0.025	0.17	0.14
	最高值	1.46	0.97	0.53
总磷（mg/L）	平均值	0.333	0.092	0.118
	最低值	0.087	0.037	0.045
	最高值	1.16	0.19	0.309
水位（m）	最高水位	15.71	27.1	22.15
	最低水位	15.71	14.34	13.82
	平均水位	15.71	16.76	15.52
流量（m^3/s）	最大流量	4 630	13 800	5 400
	最小流量	21.9	80	59.5
	平均流量	300	969	605

2）水位与水环境因子的关系

根据 2004 年、2010 年和 2014 年信江梅港站的水位和水体各环境因子的监测值，通过 SPSS17.0 拟合水体各环境因子与水位的关系曲线。总体来看，信江梅港站水体的溶解氧含量和总磷浓度与水位变化的回归方程趋势线拟合程度不好，2004 年和 2010 年水体氨氮浓度与水位变化的回归方程趋势线拟合程度较好，氨氮浓度随水位的上升呈先降低后升高的趋势。表 4-1-60 是梅港站水体 2004 年和 2010 年氨氮浓度与水位变化的拟合模式、拟合度判定系数 *r*，以及方差分析 *F* 的检验结果。表 4-1-60 显示，各回归方程的 *F* 检验相伴概率（*P* 值）均小于 0.01 的极显著水平，且拟合度（*r*>0.5）较好，说明 2004 年和 2010 年梅港站水体氨氮浓度与水位变化密切相关。

表 4-1-60　梅港站水体各环境因子与水位回归方程的显著性检验表

年份	水环境因子	拟合方法	*r* 值	*F* 值	*P* 值
2004	氨氮	二次多项式	0.756	8.352	0.009
2010	氨氮	二次多项式	0.840	14.159	0.002

4. 饶河

1）水环境特征

表 4-1-61 对昌江入湖控制水文站渡峰坑站 2004 年、2010 年和 2014 年溶解氧、氨氮和总磷的最高值、最低值和平均值进行了统计分析。通过与《地表水环境质量标准》（GB3838—2002）对比发现，2004 年溶解氧含量劣于Ⅲ类水质标准的比例为 33.3%，2010 年和 2014 年溶解氧含量都达到或优于Ⅲ类水质标准；2004 年和 2014 年氨氮浓度劣于Ⅲ类水质标准的比例为 16.7%，2010 年氨氮浓度都达到或优于Ⅲ类水质标准；2004 年和 2010 年总磷浓度都达到或优于Ⅲ类水质标准，2014 年总磷浓度劣于Ⅲ类水质标准的比例为 16.7%。

表 4-1-61　渡峰坑站水环境质量、特征水位和流量表

指标		2004 年	2010 年	2014 年
溶解氧（mg/L）	平均值	4.7	7.6	8.7
	最低值	2.0	5.8	5.4
	最高值	6.8	11.1	10.5
氨氮（mg/L）	平均值	0.75	0.39	0.76
	最低值	0.13	0.10	0.025
	最高值	1.61	0.93	3.76
总磷（mg/L）	平均值	0.095	0.081	0.073
	最低值	0.027	0.028	0.017
	最高值	0.168	0.119	0.273
水位（m）	最高水位	25.47	31.10	26.46
	最低水位	21.47	21.32	21.48
	平均水位	22.14	22.46	22.27
流量（m^3/s）	最大流量	1 870	6 430	2 720
	最小流量	4.79	15.7	5.74
	平均流量	85.1	237	146

2）水位与水环境因子的关系

根据 2004 年、2010 年和 2014 年昌江渡峰坑站的水位和水体各环境因子的监测值，通过 SPSS17.0 拟合水体各环境因子与水位的关系曲线。总体来看，昌江渡峰坑站水体的氨氮浓度和总磷浓度与水位变化的回归方程趋势线拟合程度不好，2014 年水体溶解氧含量与水位变化的回归方程趋势线拟合程度较好，溶解氧含量随水位上升呈先升高后降低的趋势。表 4-1-62 是渡峰坑站水体 2014 年溶解氧含量与水位变化的拟合模式、拟合度判定系数 r，以及方差分析 F 的检验结果。表 4-1-63 显示，回归方程的 F 检验相伴概率（P 值）均小于 0.01 的极显著水平，且拟合度（r>0.5）较好，说明 2014 年渡峰坑站水体溶解氧含量与水位变化密切相关。

表 4-1-62　渡峰坑站水体各环境因子与水位回归方程的显著性检验表

年份	水环境因子	拟合方法	r 值	F 值	P 值
2014	溶解氧	三次多项式	0.909	27.384	0.000

5. 修河

1）水环境特征

A. 虬津站

表 4-1-63 对修河干流入湖控制水文站虬津站 2004 年、2010 年和 2014 年溶解氧、氨氮和总磷的最高值、最低值和平均值进行了统计分析。通过与《地表水环境质量标准》（GB3838—2002）对比发现，2004 年、2010 年和 2014 年溶解氧含量都达到或优于 II 类水质标准；2004 年、2010 年和 2014 年氨氮浓度都达到或优于 II 类水质标准；2010 年和 2014 年总磷浓度都达到或优于 II 类水质标准。

表 4-1-63　虬津站水环境质量、特征水位和流量表

指标		2004 年	2010 年	2014 年
溶解氧（mg/L）	平均值	9.5	8.4	8.1
	最低值	7.8	6.3	6.4
	最高值	10.5	9.7	9.2
氨氮（mg/L）	平均值	0.11	0.18	0.06
	最低值	0.025	0.025	0.025
	最高值	0.14	0.36	0.12
总磷（mg/L）	平均值		0.04	0.013
	最低值		0.02	0.005
	最高值		0.06	0.038
水位（m）	最高水位	18.44	19.37	21.67
	最低水位	14.28	13.86	13.8
	平均水位	15.35	15.91	15.18

续表

指标		2004 年	2010 年	2014 年
流量（m^3/s）	最大流量	1 110	1 520	3 120
	最小流量	4.98	9.90	7.47
	平均流量	175	311	224

B. 万家埠站

表 4-1-64 对修河支流潦河入湖控制水文站万家埠站 2004 年、2010 年和 2014 年溶解氧、氨氮和总磷的最高值、最低值和平均值进行了统计分析。通过与《地表水环境质量标准》（GB3838—2002）对比发现，2004 年、2010 年和 2014 年溶解氧含量都达到或优于Ⅱ类水质标准；2004 年和 2014 年氨氮浓度都达到或优于Ⅱ类水质标准，2010 年氨氮浓度劣于Ⅲ类水质标准的比例为 8.3%；2010 年和 2014 年总磷浓度都达到或优于Ⅲ类水质标准。

表 4-1-64　万家埠站水环境质量、特征水位和流量表

指标		2004 年	2010 年	2014 年
溶解氧（mg/L）	平均值	8.6	8.5	8.5
	最低值	6.5	6.0	6.7
	最高值	10.9	10.8	10.6
氨氮（mg/L）	平均值	0.13	0.33	0.18
	最低值	0.025	0.025	0.09
	最高值	0.26	1.17	0.34
总磷（mg/L）	平均值		0.094	0.074
	最低值		0.042	0.042
	最高值		0.196	0.133
水位（m）	最高水位	23.78	25.03	23.10
	最低水位	19.51	18.34	17.29
	平均水位	19.90	19.36	18.39
流量（m^3/s）	最大流量	1 130	2 310	1 540
	最小流量	16.4	15.5	18.7
	平均流量	64.4	136	138

2）水位与水环境因子的关系

A. 虬津站

根据 2004 年、2010 年和 2014 年修河干流虬津站的水位和水体各环境因子的监测值，通过 SPSS17.0 拟合水体各环境因子与水位的关系曲线。总体来看，修河干流虬津站水体的溶解氧含量和氨氮浓度与水位变化的回归方程趋势线拟合程度不好，2014 年水体总磷浓度与水位变化的回归方程趋势线拟合程度较好，总磷浓度随水位上升呈先降低后升高的趋势。表 4-1-65 是虬津站水体 2014 年总磷浓度与水位变化的拟合模式、拟合度判定系数

r，以及方差分析 F 检验结果。表 4-1-66 显示，回归方程的 F 检验相伴概率（P 值）均小于 0.01 的极显著水平，且拟合度（$r>0.5$）较好，说明 2014 年虬津站水体总磷浓度与水位变化密切相关。

表 4-1-65　虬津站水体各环境因子与水位回归方程的显著性检验表

年份	水环境因子	拟合方法	r 值	F 值	P 值
2014	总磷	二次多项式	0.771	9.084	0.007

B. 万家埠站

总体来看，修河支流潦河万家埠站水体的氨氮浓度和总磷浓度与水位变化的回归方程趋势线拟合程度不好，2014 年水体溶解氧含量与水位变化的回归方程趋势线拟合程度较好，溶解氧含量随水位上升而降低。表 4-1-66 是万家埠站水体 2014 年溶解氧含量与水位变化的拟合模式、拟合度判定系数 r，以及方差分析 F 的检验结果。表中显示，回归方程的 F 检验相伴概率（P 值）均小于 0.01 的极显著水平，且拟合度（$r>0.5$）较好，说明 2014 年万家埠站水体溶解氧含量与水位变化密切相关。

表 4-1-66　万家埠站水体各环境因子与水位回归方程的显著性检验表

年份	水环境因子	拟合方法	r 值	F 值	P 值
2014	溶解氧	线性	0.719	12.752	0.005

二、鄱阳湖严重洪、枯水水环境特征分析

利用相关研究所建立的水环境数学模型计算得出的具有时间连续性的水质参数和水文特征，开展相关统计分析，旨在揭示鄱阳湖湖区水环境对水文情势变化的响应关系。

根据模型计算过程，已初步得到随时空变化的鄱阳湖湖区各类水质指标、湖区水位，以及随时间变化的五河入湖流量、湖区面积及湖区库容等水文水环境要素。湖区不同站点受五河不同来水条件的影响主要体现在以下方面：①五河在不同的洪枯期对湖区水文情势的影响不尽相同；②五河来水到达湖区不同站点的传播时间不同；③湖流受风场的影响明显，流场复杂多变。如果将上游五河入湖流量纳入影响水环境的自变量可能造成响应关系的混乱，不利于对研究结果作出合理解释。因此，本书将枯水年与平水年（2004～2008 年）鄱阳湖典型站点的水质指标，以及水位、湖区面积和库容作为研究对象。

利用智能判别分析方法——决策树模型进行研究。与经典统计模型相比，决策树模型主要有以下优势。

（1）模型容量大：树模型会在所有的自变量中按贡献的大小依次挑出自变量进入分析，可以自动处理大量的自变量，不用担心无关无量纲纳入模型后干扰模型效果的问题。

（2）适用范围广：许多树模型算法均为非参数方法，没有太多的适用条件限制，应用范围更广，也更适合于对各种复杂的联系进行分析。

1. 鄱阳湖典型站点 COD_{Mn} 的决策树模型

图 4-1-42 列出了星子、都昌、棠荫和康山 4 个典型站点的 COD_{Mn} 水质分类树形图。

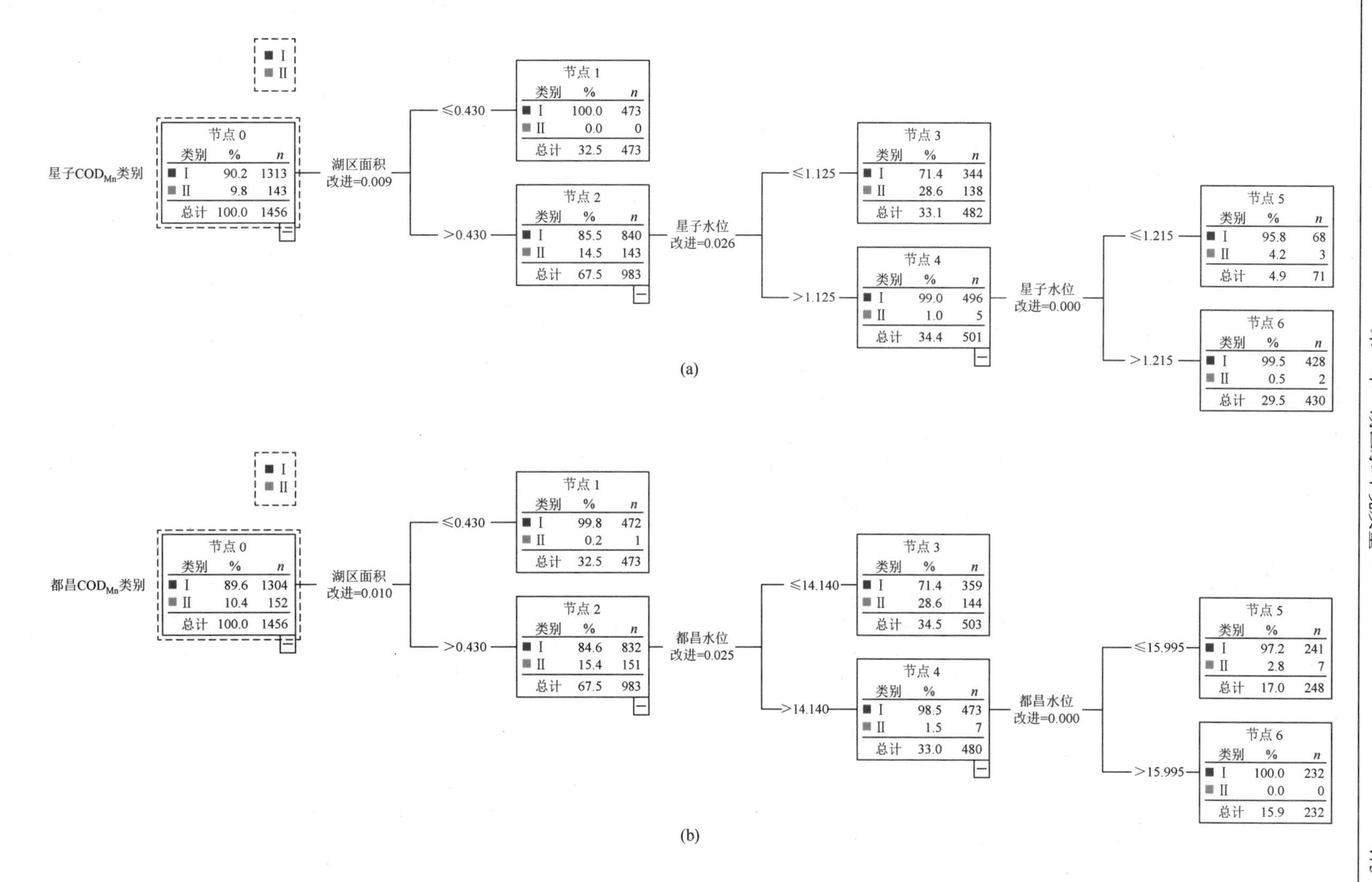
I
II
星子COD$_{Mn}$类别
节点 0
类别 % n
I 90.2 1313
II 9.8 143
总计 100.0 1456
湖区面积
改进=0.009
≤0.430
>0.430
节点 1
类别 % n
I 100.0 473
II 0.0 0
总计 32.5 473
节点 2
类别 % n
I 85.5 840
II 14.5 143
总计 67.5 983
星子水位
改进=0.026
≤1.125
>1.125
节点 3
类别 % n
I 71.4 344
II 28.6 138
总计 33.1 482
节点 4
类别 % n
I 99.0 496
II 1.0 5
总计 34.4 501
星子水位
改进=0.000
≤1.215
>1.215
节点 5
类别 % n
I 95.8 68
II 4.2 3
总计 4.9 71
节点 6
类别 % n
I 99.5 428
II 0.5 2
总计 29.5 430
(a)
I
II
都昌COD$_{Mn}$类别
节点 0
类别 % n
I 89.6 1304
II 10.4 152
总计 100.0 1456
湖区面积
改进=0.010
≤0.430
>0.430
节点 1
类别 % n
I 99.8 472
II 0.2 1
总计 32.5 473
节点 2
类别 % n
I 84.6 832
II 15.4 151
总计 67.5 983
都昌水位
改进=0.025
≤14.140
>14.140
节点 3
类别 % n
I 71.4 359
II 28.6 144
总计 34.5 503
节点 4
类别 % n
I 98.5 473
II 1.5 7
总计 33.0 480
都昌水位
改进=0.000
≤15.995
>15.995
节点 5
类别 % n
I 97.2 241
II 2.8 7
总计 17.0 248
节点 6
类别 % n
I 100.0 232
II 0.0 0
总计 15.9 232
(b)

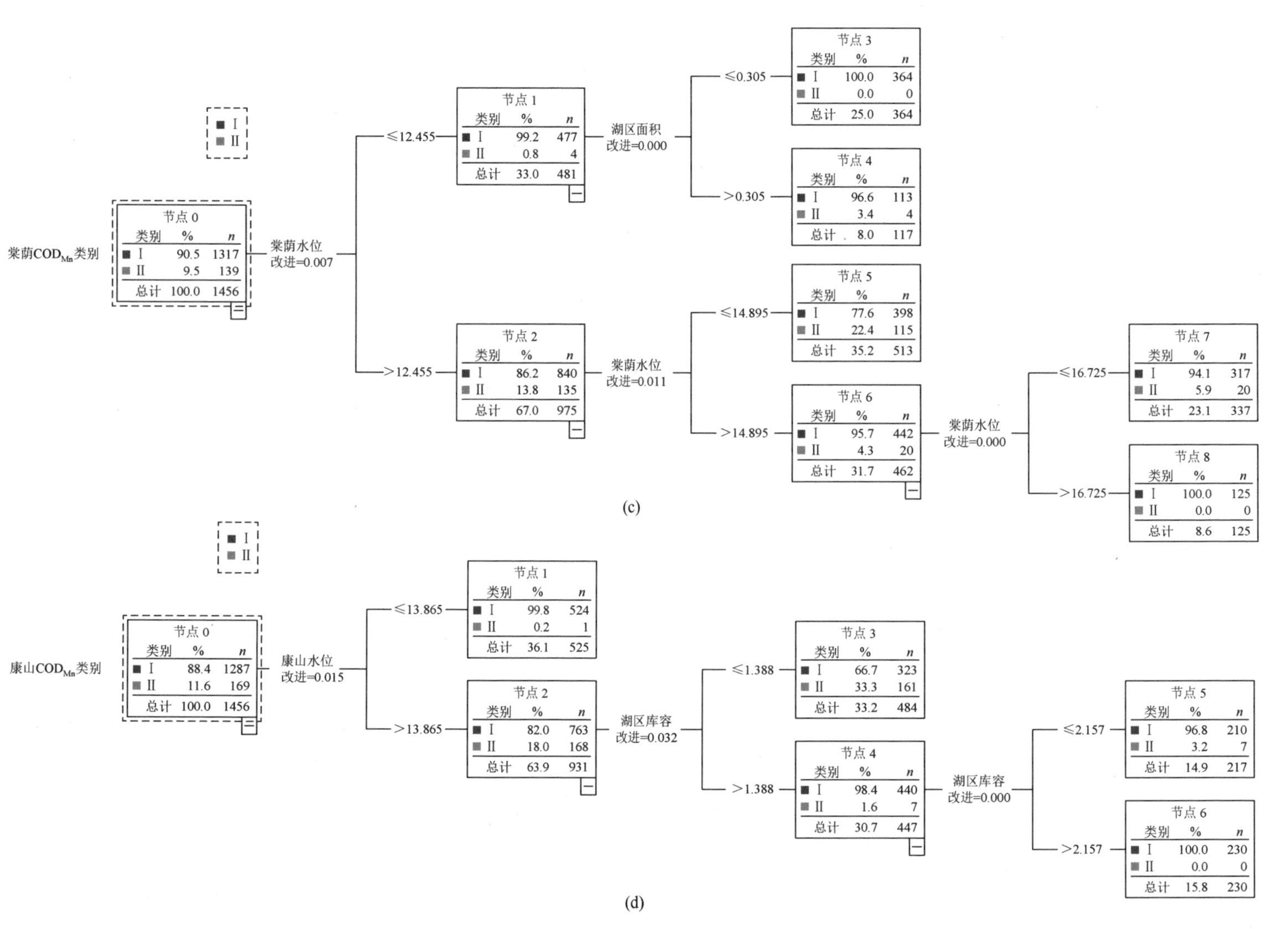

图 4-1-42　湖区典型站点COD_{Mn}水质分类树型图

以图 4-1-42（a）为例，节点 0 处显示目标变量 COD_{Mn} 数据序列满足Ⅰ类标准的样本有 1 313 个，占总样本的 90.2%；满足Ⅱ类标准的样本有 143 个，占总样本的 9.8%。下一步根据湖区面积进行判别：叶节点 1 中表明，当湖区面积≤0.430（标准化值，实际约为 680 km^2）时，所有 473 个样本 COD_{Mn} 均满足Ⅰ类标准。剩下 983 个样本进入下一次判别，当星子水位≤1.125（标准化值，实际约为 13.71 m）时，有 344 个样本 COD_{Mn} 满足Ⅰ类标准（占叶节点 3 总样本的 71.4%），有 138 个样本 COD_{Mn} 满足Ⅱ类标准（占叶节点 3 总样本的 28.6%），在其他节点上的分析也同样如此。

从图 4-1-42（a）还可以得出，通过 3 个枝节点、4 个叶节点，即对星子站 COD_{Mn} 水质类别进行判别。枝节点上的判别标准为湖区面积 0.430、星子水位 1.125，以及星子水位 1.215。叶节点的判别结果为：①湖区面积≤0.430 时，100%的概率满足Ⅰ类标准；②湖区面积＞0.430、星子水位≤1.125 时，样本有 71.4%的概率满足Ⅰ类标准，28.6%的概率满足Ⅱ类标准；③湖区面积＞0.430，1.125＜星子水位≤1.215 时，样本有 95.8%的概率满足Ⅰ类标准，4.2%的概率满足Ⅱ类标准；④湖区面积＞0.430、星子水位＞1.215 时，样本有 99.5%的概率满足Ⅰ类标准，0.5%的概率满足Ⅱ类标准。

当鄱阳湖出现严重洪水时，星子水位超过 19.10 m，为多年平均水位的 1.56 倍，湖区面积超过 3 000 km^2，远大于图 4-1-49（a）中的枝节点 1 和枝节点 3 的判别标准，因此星子 COD_{Mn} 有 99.5%的概率满足Ⅰ类标准，0.5%的标准满足Ⅱ类标准。同理，从图 4-1-42（b）和 4-1-42（c）中可以看出，都昌、棠荫 COD_{Mn} 均满足Ⅰ类标准。由于康山水位高于星子水位，超过 13.865[图 4-1-42（d），枝节点 1]，而且当星子水位超过 19 m 时，库容超过 200 亿 m^3，为多年平均库容的 4.5 倍，超过图 4-1-42（d）中枝节点 3 库容 2.157 倍的标准，所以康山满足Ⅰ类标准[图 4-1-42（d），叶节点 6]。

当鄱阳湖出现严重枯水时，星子水位低于 7.93 m，湖区面积介于多年平均面积的 0.1～0.4，库容在多年平均库容的 0.1～0.15。通过图 4-1-42（a），4-1-42（b），4-1-42（d）的枝节点 1 和叶节点 1 可以看出，星子 COD_{Mn} 满足Ⅰ类标准，都昌和康山 COD_{Mn} 有 99.8%的概率满足Ⅰ类标准，0.2%的概率满足Ⅱ类标准；通过图 4-1-42（c）的枝节点 1 和枝节点 3 可以判断出棠荫 COD_{Mn} 也满足Ⅰ类标准。

2. 鄱阳湖典型站点 DO 的树结构模型

图 4-1-43 列出了星子、都昌、棠荫和康山 4 个典型站点的 DO 水质分类树形图。

从节点 0 中可以看出，DO 出现 1 个Ⅳ类和 4 个Ⅴ类水质样本，这与模型运行初始浓度条件设置为 0.005 有关，随着模型的运行，初始条件的影响逐渐减弱，总体而言，湖区 DO 以Ⅰ类标准为主，占样本数 80%以上的，Ⅱ类标准的样本低于 20%。

DO 水质标准判别树形图比 COD_{Mn} 的分枝简单，通过站点水位、湖区面积或者湖区库容计算 2～3 步即可完成 DO 的判别，但存在解释性较差的现象，Ⅰ类标准和Ⅱ类标准在终端叶节点中重叠较多，即不能很好地区分Ⅰ类和Ⅱ类。这与 DO 的特性有关，由水质评价一章分析可知，DO 与温度存在显著的线性负相关。

当鄱阳湖出现严重洪水时，星子水位超过 19 m，为多年平均水位的 1.56 倍，远大于图 4-1-43（a）中枝节点 1 的判别标准，因此星子 DO 有 56.6%的概率满足Ⅰ类标准，41.3%

的概率满足Ⅱ类标准，1.0%的概率满足Ⅲ类标准，1.2%的概率满足Ⅴ类标准。棠荫 DO 有 43.2%的概率满足Ⅰ类标准，55.3%的概率满足Ⅱ类标准，0.5%的概率满足Ⅳ类标准，1.0%的概率满足Ⅴ类标准[图 4-1-43（c），叶节点 2]；当星子水位超过 19 m 时，库容为多年平均库容的 4.5 倍，湖区库容超过图 4-1-43（b）枝节点 1 库容 1.683 倍和枝节点 2 库

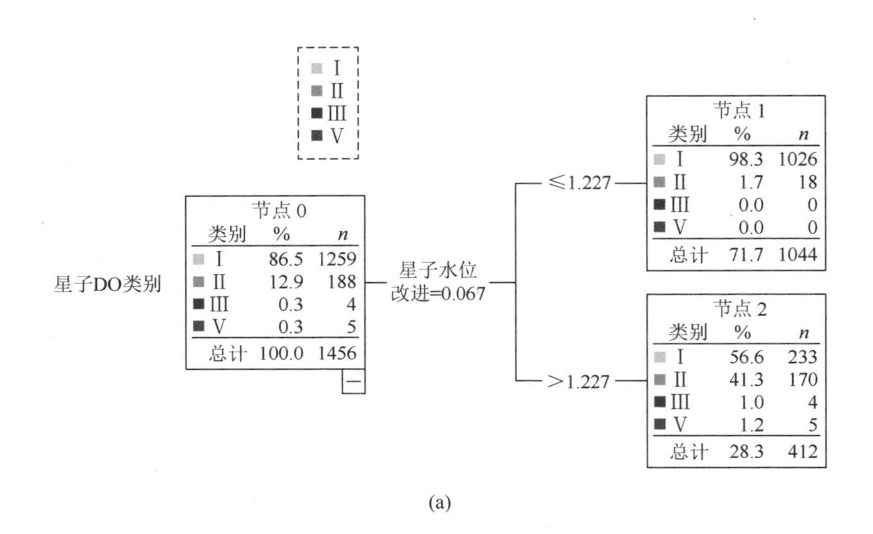

(a)

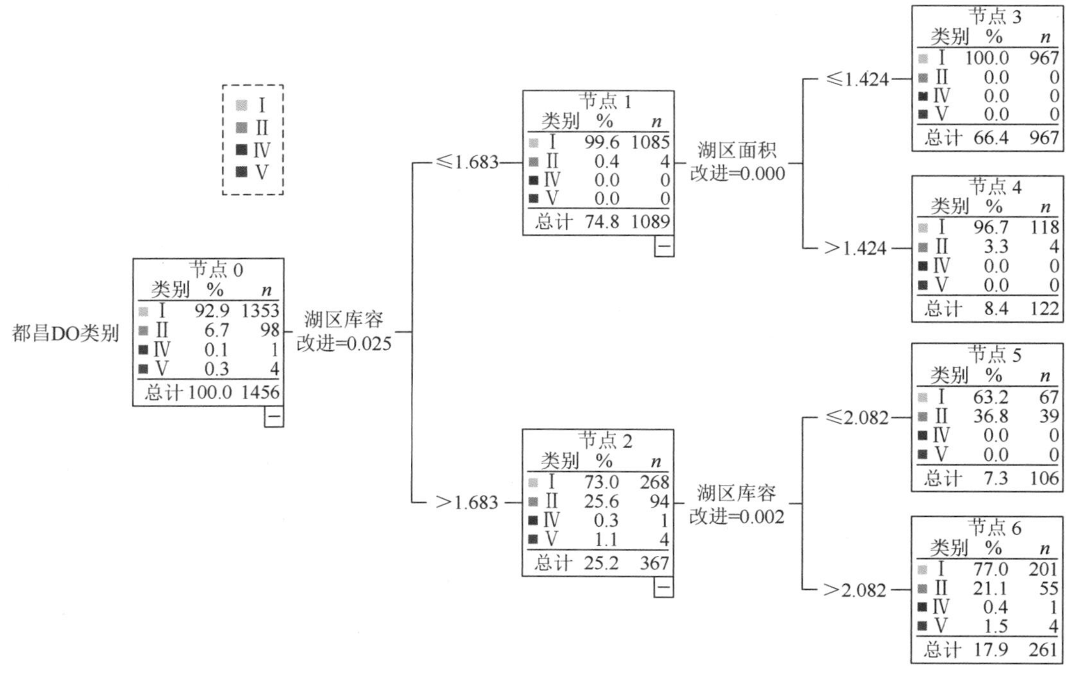

(b)

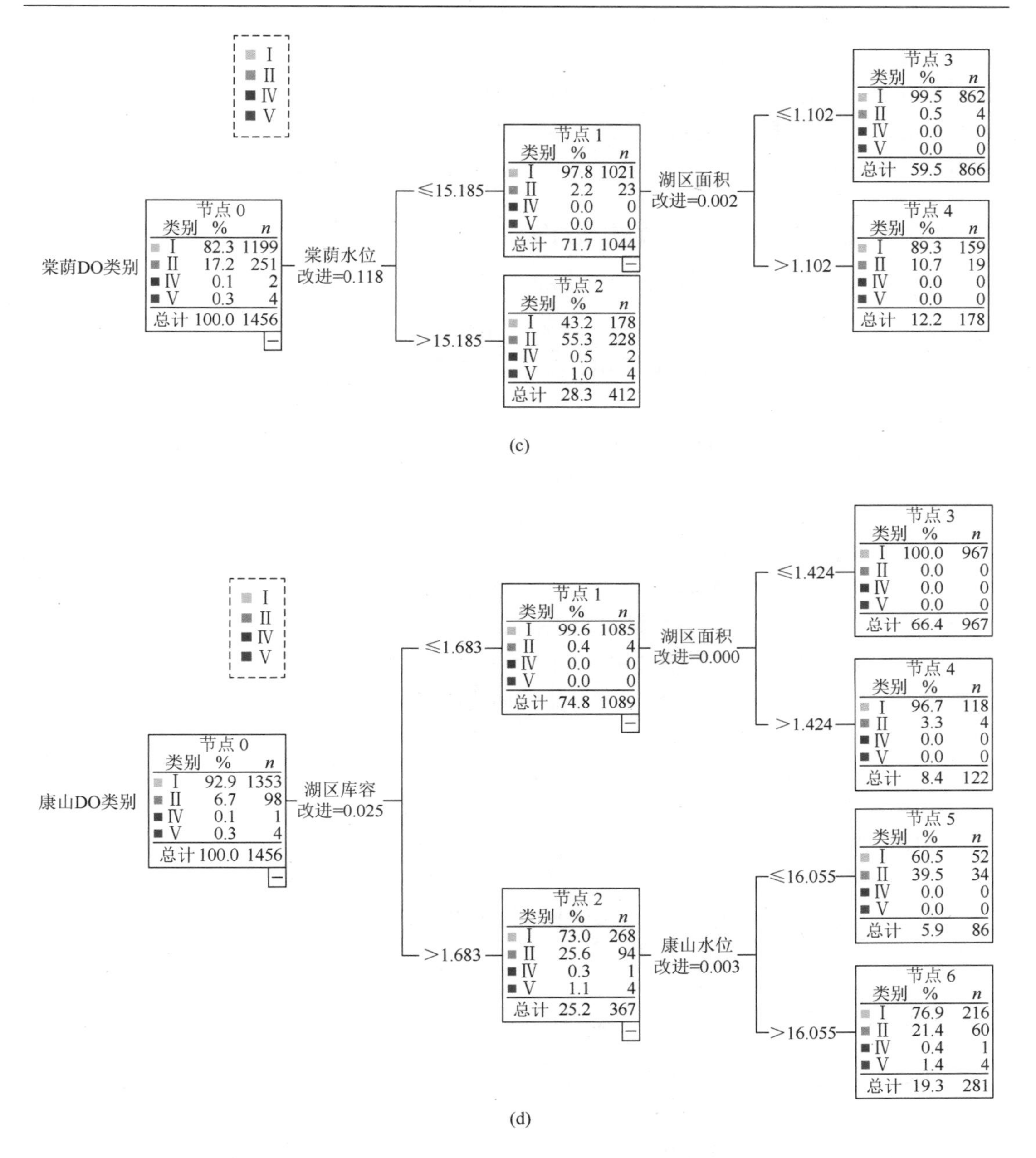

图 4-1-43　湖区典型站点 DO 水质分类树型图

容 2.082 倍的标准，都昌 DO 有 77.0%的概率满足Ⅰ类标准，21.1%的概率满足Ⅱ类标准，0.4%的概率满足Ⅳ类标准，1.5%的概率满足Ⅴ类标准[图 4-1-43（b），叶节点 6]；康山 DO 有 76.9%的概率满足Ⅰ类标准，21.4%的概率满足Ⅱ类标准，0.4%的概率满足Ⅳ类标准，1.4%的概率满足Ⅴ类标准[图 4-1-43（d），叶节点 6]。DO 在严重洪水条件下出现Ⅳ类和Ⅴ类标准主要受模型初始条件的干扰，随着模型运行稳定，DO 浓度逐渐回到正常范围内，不再出现劣III类标准的情况。

当鄱阳湖出现严重枯水时，通过图 4-1-43（b），图 4-1-43（d）的枝节点 1、枝节点 2 和叶节点 3 可以看出，都昌和康山的 DO 都满足Ⅰ类标准；星子 DO 有 98.3%的概率满足Ⅰ类标准，1.7%的概率满足Ⅱ类标准；棠荫 DO 有 99.5%的概率满足Ⅰ类标准，0.5%的概率满足Ⅱ类标准。

3. 鄱阳湖典型站点 NH_3-N 的树结构模型

图 4-1-44 列出了星子、都昌、棠荫和康山 4 个典型站点的 NH_3-N 水质分类树形图。

湖区 NH_3-N 普遍满足Ⅲ类标准，样本所占百分比在 98%以上。星子和都昌分别仅有 2 个和 4 个样本的 NH_3-N 浓度劣于Ⅲ类标准，棠荫有 24 个样本的 NH_3-N 浓度处于Ⅳ类和Ⅴ类标准以内。

从 NH_3-N 水质分类树形图中可以看出，Ⅱ类和Ⅲ类标准样本重叠性较高，通过进一步分类统计，Ⅱ类判别准确度高于 95%，而Ⅲ类判别准确度较低，树模型判别准确度在 70%以上。

当鄱阳湖出现严重洪水时，各站水位、湖区面积和库容远大于图 4-1-44（a）中的枝节点 1、枝节点 2、枝节点 3 和枝节点 4 的判别标准，因此星子 NH_3-N 有 52.1%的概率满足Ⅱ类标准，46.5%的概率满足Ⅲ类标准，1.4%的概率满足Ⅳ类标准。都昌 NH_3-N 有 53.9%的概率满足Ⅱ类标准，46.1%的概率满足Ⅲ类标准。棠荫 NH_3-N 有 15.6%的概率满足Ⅰ类标准，79.3%的概率满足Ⅱ类标准，4.9%的概率满足Ⅲ类标准，0.2%的概率满足Ⅳ类标准。康山 NH_3-N 有 43.6%的概率满足Ⅱ类标准，56.4%的概率满足Ⅲ类标准。严重洪水期时湖区 NH_3-N 仅有不足 2%的概率出现Ⅳ类标准的现象，基本满足Ⅲ类标准。

当鄱阳湖出现严重枯水时，通过图 4-1-44（a），图 4-1-44（b）的枝节点 1 和叶节点 1 可以看出，星子 NH_3-N 有 3.2%的概率满足Ⅱ类标准，96.8%的概率满足Ⅲ类标准；都昌 NH_3-N 有 8.8%的概率满足Ⅱ类标准，91.2%的概率满足Ⅲ类标准。棠荫和康山 NH_3-N 满足Ⅲ类标准。

4. 鄱阳湖典型站点 TP 的树结构模型

图 4-1-45 列出了星子、都昌、棠荫和康山 4 个典型站点的 TP 水质分类树形图。

TP 是湖区重要的污染物质，在树模型判别中也有所体现。虽然 4 个典型站点中 TP 样本以Ⅲ类标准为主，但是Ⅳ类和Ⅴ类样本所占的比例较大，尤其是Ⅳ类标准样本在星子、都昌占了近 30%的比例，甚至在棠荫所占的比例高达 64%。

磷元素在自然界的循环过程非常复杂，主要涉及 3 种状态的磷，分别为浮游植物磷、有机磷和无机（正磷酸盐）磷。有机磷分为颗粒的和可溶解的，无机磷也分为颗粒的和可溶解的。磷在各种形态间可以互相转化，主要有以下几个过程。

（1）浮游植物生长：当浮游植物生长时，吸收溶解无机磷，合成浮游植物生物量。

（2）浮游植物死亡：当浮游植物内源呼吸和死亡时，浮游植物中磷元素返回为非活性有机物质和无机物质。

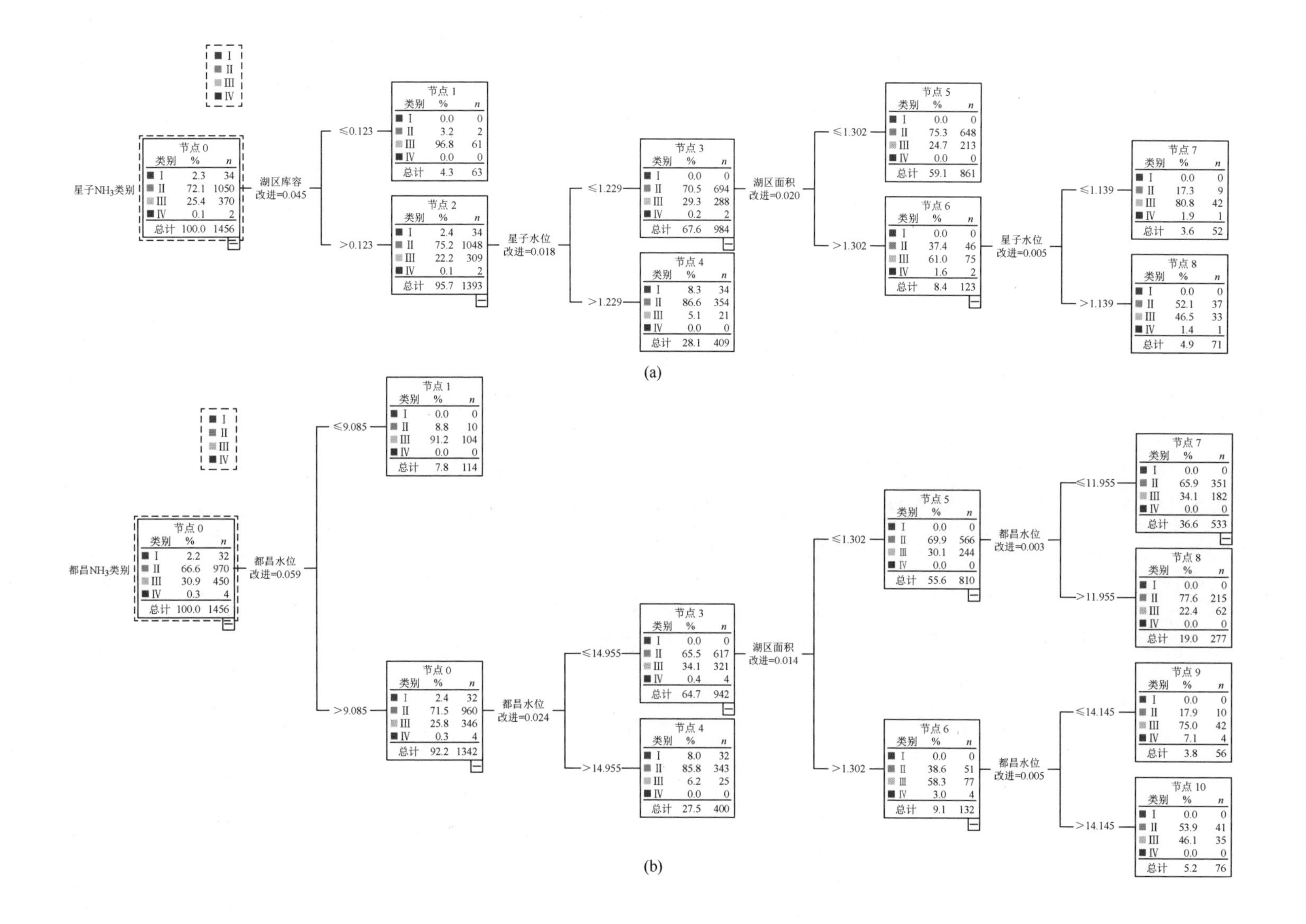
I II III IV
星子NH3类别
节点 0
类别 % n
I 2.3 34
II 72.1 1050
III 25.4 370
IV 0.1 2
总计 100.0 1456
湖区库容
改进=0.045
≤0.123
>0.123
节点 1
类别 % n
I 0.0 0
II 3.2 2
III 96.8 61
IV 0.0 0
总计 4.3 63
节点 2
类别 % n
I 2.4 34
II 75.2 1048
III 22.2 309
IV 0.1 2
总计 95.7 1393
星子水位
改进=0.018
≤1.229
>1.229
节点 3
类别 % n
I 0.0 0
II 70.5 694
III 29.3 288
IV 0.2 2
总计 67.6 984
节点 4
类别 % n
I 8.3 34
II 86.6 354
III 5.1 21
IV 0.0 0
总计 28.1 409
湖区面积
改进=0.020
≤1.302
>1.302
节点 5
类别 % n
I 0.0 0
II 75.3 648
III 24.7 213
IV 0.0 0
总计 59.1 861
节点 6
类别 % n
I 0.0 0
II 37.4 46
III 61.0 75
IV 1.6 2
总计 8.4 123
星子水位
改进=0.005
≤1.139
>1.139
节点 7
类别 % n
I 0.0 0
II 17.3 9
III 80.8 42
IV 1.9 1
总计 3.6 52
节点 8
类别 % n
I 0.0 0
II 52.1 37
III 46.5 33
IV 1.4 1
总计 4.9 71
(a)
I II III IV
都昌NH3类别
节点 0
类别 % n
I 2.2 32
II 66.6 970
III 30.9 450
IV 0.3 4
总计 100.0 1456
都昌水位
改进=0.059
≤9.085
>9.085
节点 1
类别 % n
I 0.0 0
II 8.8 10
III 91.2 104
IV 0.0 0
总计 7.8 114
节点 0
类别 % n
I 2.4 32
II 71.5 960
III 25.8 346
IV 0.3 4
总计 92.2 1342
都昌水位
改进=0.024
≤14.955
>14.955
节点 3
类别 % n
I 0.0 0
II 65.5 617
III 34.1 321
IV 0.4 4
总计 64.7 942
节点 4
类别 % n
I 8.0 32
II 85.8 343
III 6.2 25
IV 0.0 0
总计 27.5 400
湖区面积
改进=0.014
≤1.302
>1.302
节点 5
类别 % n
I 0.0 0
II 69.9 566
III 30.1 244
IV 0.0 0
总计 55.6 810
节点 6
类别 % n
I 0.0 0
II 38.6 51
III 58.3 77
IV 3.0 4
总计 9.1 132
都昌水位
改进=0.003
≤11.955
>11.955
节点 7
类别 % n
I 0.0 0
II 65.9 351
III 34.1 182
IV 0.0 0
总计 36.6 533
节点 8
类别 % n
I 0.0 0
II 77.6 215
III 22.4 62
IV 0.0 0
总计 19.0 277
都昌水位
改进=0.005
≤14.145
>14.145
节点 9
类别 % n
I 0.0 0
II 17.9 10
III 75.0 42
IV 7.1 4
总计 3.8 56
节点 10
类别 % n
I 0.0 0
II 53.9 41
III 46.1 35
IV 0.0 0
总计 5.2 76
(b)

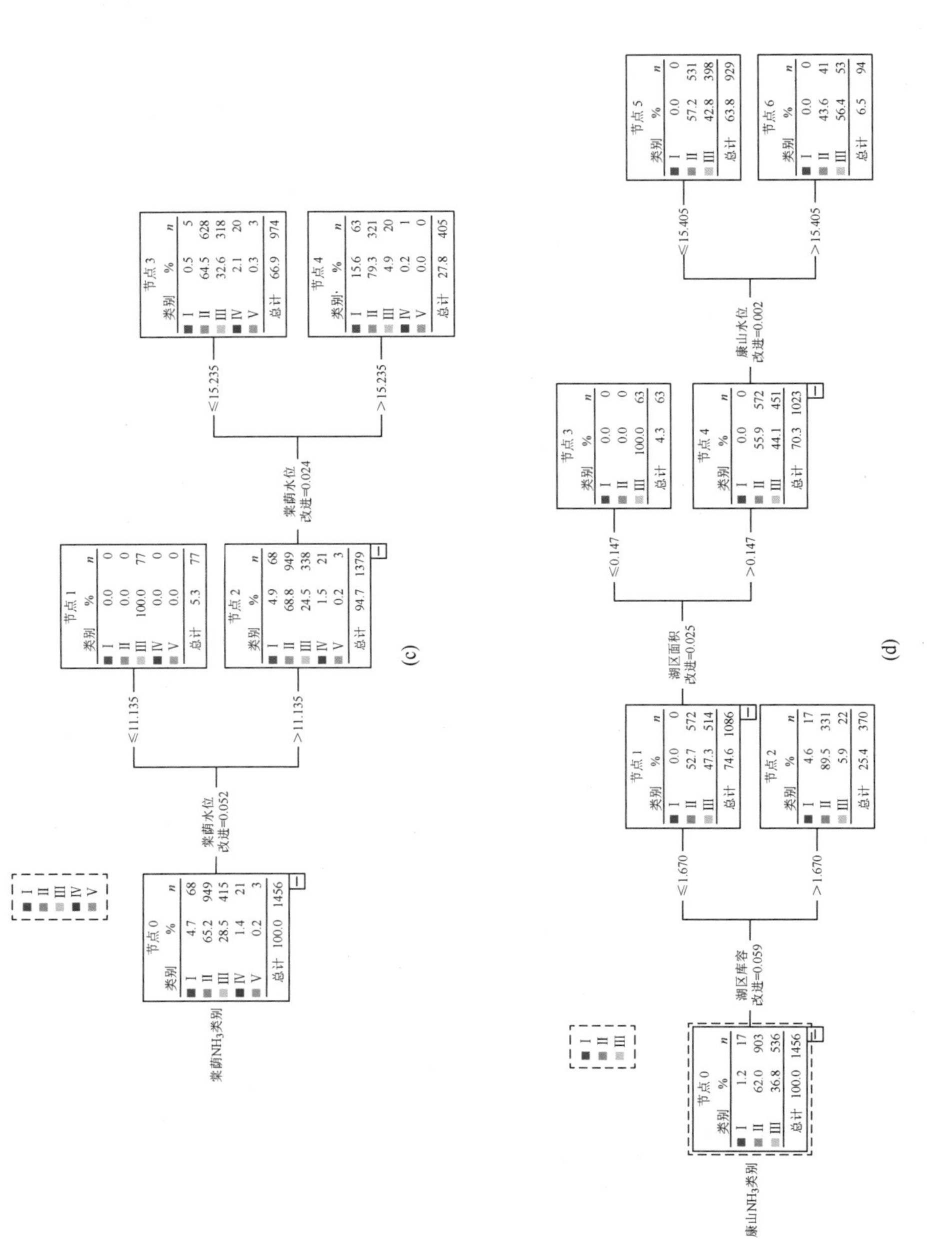

图 4-1-44　湖区典型站点 NH_3-N 水质分类树型图

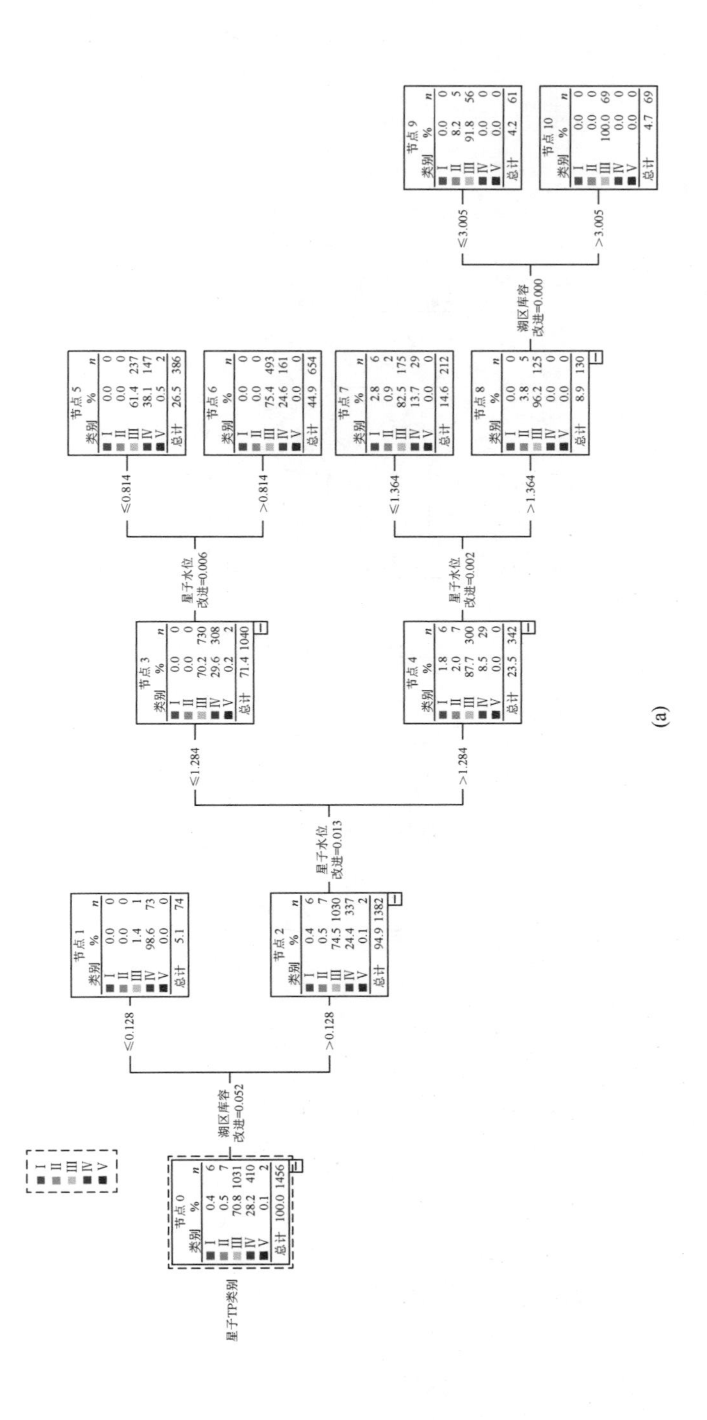
I
II
III
IV
V
星子TP类别
节点 0
类别 % n
I 0.4 6
II 0.5 7
III 70.8 1031
IV 28.2 410
V 0.1 2
总计 100.0 1456
湖区库容
改进=0.052
≤0.128
>0.128
节点 1
类别 % n
I 0.0 0
II 0.0 0
III 1.4 1
IV 98.6 73
V 0.0 0
总计 5.1 74
节点 2
类别 % n
I 0.4 6
II 0.5 7
III 74.5 1030
IV 24.4 337
V 0.1 2
总计 94.9 1382
星子水位
改进=0.013
≤1.284
>1.284
节点 3
类别 % n
I 0.0 0
II 0.0 0
III 70.2 730
IV 29.6 308
V 0.2 2
总计 71.4 1040
节点 4
类别 % n
I 1.8 6
II 2.0 7
III 87.7 300
IV 8.5 29
V 0.0 0
总计 23.5 342
星子水位
改进=0.006
≤0.814
>0.814
星子水位
改进=0.002
≤1.364
>1.364
节点 5
类别 % n
I 0.0 0
II 0.0 0
III 61.4 237
IV 38.1 147
V 0.5 2
总计 26.5 386
节点 6
类别 % n
I 0.0 0
II 0.0 0
III 75.4 493
IV 24.6 161
V 0.0 0
总计 44.9 654
节点 7
类别 % n
I 2.8 6
II 0.9 2
III 82.5 175
IV 13.7 29
V 0.0 0
总计 14.6 212
节点 8
类别 % n
I 0.0 0
II 3.8 5
III 96.2 125
IV 0.0 0
V 0.0 0
总计 8.9 130
湖区库容
改进=0.000
≤3.005
>3.005
节点 9
类别 % n
I 0.0 0
II 8.2 5
III 91.8 56
IV 0.0 0
V 0.0 0
总计 4.2 61
节点 10
类别 % n
I 0.0 0
II 0.0 0
III 100.0 69
IV 0.0 0
V 0.0 0
总计 4.7 69

(a)

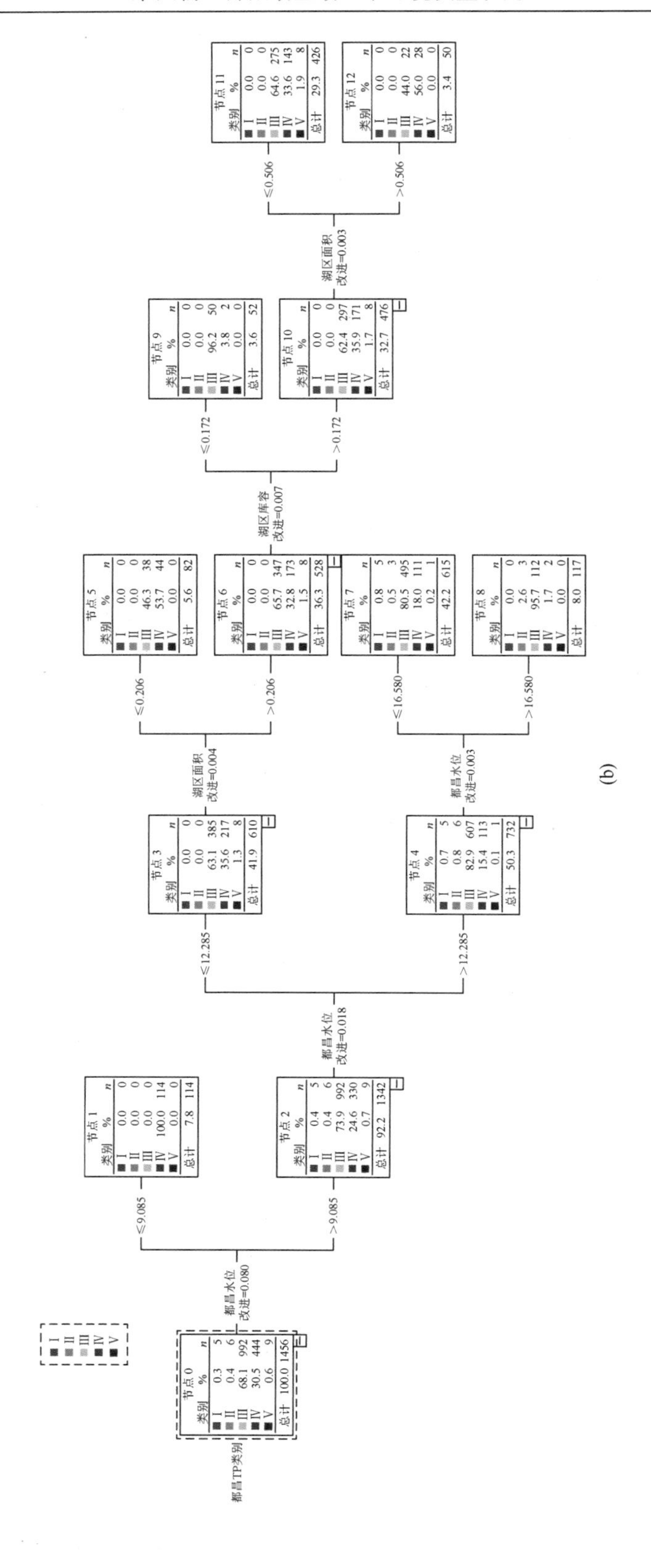
都昌TP类别
I II III IV V
节点 0
类别 % n
I 0.3 5
II 0.4 6
III 68.1 992
IV 30.5 444
V 0.6 9
总计 100.0 1456
都昌水位
改进=0.080
≤9.085
>9.085
节点 1
类别 % n
I 0.0 0
II 0.0 0
III 0.0 0
IV 100.0 114
V 0.0 0
总计 7.8 114
节点 2
类别 % n
I 0.4 5
II 0.4 6
III 73.9 992
IV 24.6 330
V 0.7 9
总计 92.2 1342
都昌水位
改进=0.018
≤12.285
>12.285
节点 3
类别 % n
I 0.0 0
II 0.0 0
III 63.1 385
IV 35.6 217
V 1.3 8
总计 41.9 610
节点 4
类别 % n
I 0.7 5
II 0.8 6
III 82.9 607
IV 15.4 113
V 0.1 1
总计 50.3 732
湖区面积
改进=0.004
≤0.206
>0.206
都昌水位
改进=0.003
≤16.580
>16.580
节点 5
类别 % n
I 0.0 0
II 0.0 0
III 46.3 38
IV 53.7 44
V 0.0 0
总计 5.6 82
节点 6
类别 % n
I 0.0 0
II 0.0 0
III 65.7 347
IV 32.8 173
V 1.5 8
总计 36.3 528
节点 7
类别 % n
I 0.8 5
II 0.5 3
III 80.5 495
IV 18.0 111
V 0.2 1
总计 42.2 615
节点 8
类别 % n
I 0.0 0
II 2.6 3
III 95.7 112
IV 1.7 2
V 0.0 0
总计 8.0 117
湖区库容
改进=0.007
≤0.172
>0.172
节点 9
类别 % n
I 0.0 0
II 0.0 0
III 96.2 50
IV 3.8 2
V 0.0 0
总计 3.6 52
节点 10
类别 % n
I 0.0 0
II 0.0 0
III 62.4 297
IV 35.9 171
V 1.7 8
总计 32.7 476
湖区面积
改进=0.003
≤0.506
>0.506
节点 11
类别 % n
I 0.0 0
II 0.0 0
III 64.6 275
IV 33.6 143
V 1.9 8
总计 29.3 426
节点 12
类别 % n
I 0.0 0
II 0.0 0
III 44.0 22
IV 56.0 28
V 0.0 0
总计 3.4 50

(b)

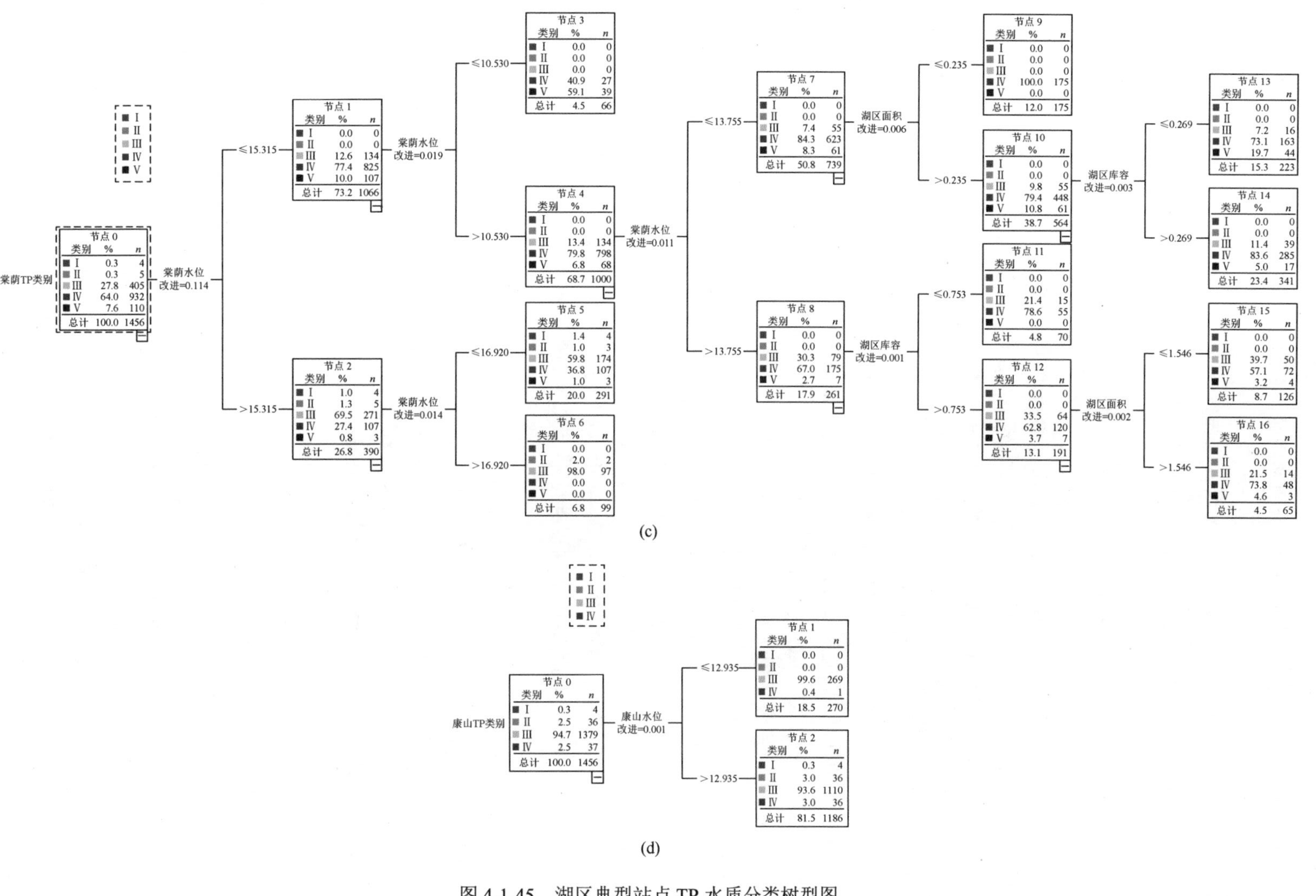

图 4-1-45 湖区典型站点 TP 水质分类树型图

（3）矿化：非活性有机磷在被浮游植物利用前，必须经过矿化（腐化作用）或细菌降解转化成无机磷。

（4）吸附：在水体中，溶解的无机磷和悬浮颗粒物质之间存在吸附和解析作用。带有吸附无机磷的悬浮颗粒的沉降对于水体中磷的减少是一个重要过程，但对于底泥来说，则是一个磷的来源。

（5）沉淀：由于物质的沉降规律复杂，所以有机颗粒磷和无机磷的沉降由沉降速度和颗粒部分来决定。

从 TP 水质分类树形图可以看出，它是所选取的 4 种污染物质中最为复杂的，除了康山仅用康山水位 12.935 m 就完成了树模型判别外，在其他 3 个站点都用了 4 个枝节点完成判别，叶节点在星子和都昌站用了 5 个、在棠荫站用了 6 个才完成判别。在星子和都昌站判别Ⅳ类标准的正确百分比在 50%以下，在棠荫站判别Ⅱ类、Ⅲ类、Ⅳ类标准的正确百分比分别为 67%、86%、36%。

当鄱阳湖出现严重洪水时，满足图 4-1-45（a）中的枝节点 1、枝节点 2、枝节点 3 和枝节点 4 的判别标准，因此星子 TP 满足Ⅲ类标准。都昌 TP 有 2.6%的概率满足Ⅱ类标准，95.7%的概率满足Ⅲ类标准，1.7%的概率满足Ⅳ类标准。棠荫 TP 有 2.0%的概率满足Ⅱ类标准，98.0%的概率满足Ⅲ类标准。康山 TP 有 3.0%的概率满足Ⅱ类标准，93.6%的概率满足Ⅲ类标准，3.0%的概率满足Ⅳ类标准。

当鄱阳湖出现严重枯水时，通过图 4-1-45（a），图 4-1-45（b），图 4-1-45（d）的枝节点 1 和叶节点 1 可以看出，星子 TP 有 1.4%的概率满足Ⅲ类标准，98.6%的概率仅达到Ⅳ类标准；都昌 TP 有 100%的概率劣于Ⅲ类标准；康山 TP 有 99.6%的概率满足Ⅲ类标准，0.4%的概率满足Ⅳ类标准。从图 4-1-45（c）的枝节点 1、枝节点 2 和叶节点 3 可以看出，棠荫 TP 有 40.9%的概率达到Ⅳ类标准，59.1%的概率劣于Ⅳ类标准，相当于 100%不达标。

鄱阳湖严重枯水时枯水期 TP 普遍不达标有着多方面的原因：①国家地表水环境质量标准对湖库总磷的要求高，Ⅲ类标准仅为 0.05 mg/L。鄱阳湖处于严重枯水时，呈明显的河道型分布，水流流速加快，换水周期变短，若用湖库判别标准评价河道型鄱阳湖显然不尽合理。②水环境数学模型对 TP 的计算精度较低，对浮游植物降解磷元素，以及磷元素沉淀等作用的敏感性不强，导致 TP 模拟结果偏高。③水量偏低，使得 TP 的稀释效应有限、浓度升高。

三、小　　结

严重枯水年代表年 2004 年五河控制站溶解氧含量达到或优于Ⅲ类水质标准的比例为 91.8%，劣于Ⅲ类水质标准的比例为 8.2%；氨氮浓度达到或优于Ⅲ类水质标准的比例为 95.8%，劣于Ⅲ类水质标准的比例为 4.2%。

严重洪水代表年 2010 年五河控制站溶解氧含量全部达到或优于Ⅲ类水质标准；氨氮浓度达到或优于Ⅲ类水质标准的比例为 97%，劣于Ⅲ类水质标准的比例为 3%；总磷浓度全部达到或优于Ⅲ类水质标准。

平水年代表年2014年五河控制站溶解氧含量全部达到或优于III类水质标准；氨氮浓度达到或优于III类水质标准的比例为97.2%，劣于III类水质标准的比例为2.8%；总磷浓度达到或优于III类水质标准的比例为95.8%，劣于III类水质标准的比例为4.2%。

根据2004年、2010年和2014年赣江外洲站的水位和水体各环境因子的监测值，通过SPSS17.0拟合水体各环境因子与水位的关系曲线。结果显示，2004年外洲站水体溶解氧含量、梅港站水体氨氮浓度与水位变化密切相关；2010年梅港站水体氨氮浓度与水位变化密切相关。2014年，外洲站、渡峰坑、万家埠水体溶解氧含量，以及虬津站水体总磷浓度与水位变化密切相关。

通过决策树模型建立了水文特征与水环境参数的联系性，利用湖区典型站点水位、湖区面积和湖区库容能够较为准确地区分湖区高锰酸盐指数、溶解氧、氨氮和总磷的水质类别，整体准确率一般在90%以上。利用决策树模型对极端洪水、极端枯水鄱阳湖水环境开展了评价，总磷是枯水期水环境质量的限制性因子。建议下一步制定鄱阳湖河相、湖相判别标准，为国家地表水环境质量标准在季节性湖泊中的合理应用提供支撑。

第二章　入湖污染负荷

第一节　河 流 入 湖

一、入湖量计算方法

1. 污染物入湖量

月入湖量（t）＝污染物浓度监测值（mg/L）×河流水量（m^3/s）×天数×0.086 4。

年入湖量（t）＝12 个月的污染物月入湖量之和（t）。

其中，梓枋断面只有高锰酸盐指数浓度值，化学需氧量浓度值取其高锰酸盐指数浓度值的 4 倍。

2. 入湖量负荷比

一条河流污染物通量负荷比＝（某污染物通量÷4 项污染物通量之和）×100%。

一项污染物通量河流负荷比＝（某河流通量÷18 条河流通量之和）×100%。

二、污染物入湖量分析

1. 化学需氧量入湖量

2010～2014 年，入湖量最高的河流为赣江主支，其次为饶河，最低为博阳河；各河流入湖量均表现为 2010 年和 2012 年高，2011 年、2013 年和 2014 年低。2010～2014 年，各河流化学需氧量入湖量负荷比范围为 0.1%～34.4%，河流负荷比最高的是赣江主支，负荷比范围为 23.1%～34.4%，最低为博阳河，负荷比为 0.1%～34.4%。2010～2014 年，化学需氧量入湖量和负荷比分析见表 4-2-1。

表 4-2-1　2010～2014 年化学需氧量入湖量与负荷比

河流	2010 年		2011 年		2012 年		2013 年		2014 年	
	入湖量（t）	负荷比（%）	入湖量（t）	负荷比（%）	入湖量（t）	负荷比（%）	入湖量（t）	负荷比（%）	入湖量（t）	负荷比（%）
赣江北支	91 068	4.6	17 770	2.0	110 012	5.4	54 825	4.2	49 045	3.4
赣江中支	221 085	11.2	90 937	10.1	286 470	14.1	165 547	12.7	190 588	13.0
赣江南支	179 381	9.1	31 828	3.5	146 970	7.2	67 811	5.2	80 068	5.5
赣江主支	465 968	23.7	308 987	34.4	470 046	23.1	374 768	28.8	352 793	24.1

续表

河流	2010 年		2011 年		2012 年		2013 年		2014 年	
	入湖量（t）	负荷比（%）	入湖量（t）	负荷比（%）	入湖量（t）	负荷比（%）	入湖量（t）	负荷比（%）	入湖量（t）	负荷比（%）
抚河东支	246 951	12.5	72 266	8.0	238 526	11.7	98 924	7.6	170 673	11.7
抚河西支	31 320	1.6	17 362	1.9	30 699	1.5	17 775	1.4	28 950	2.0
信江西支	244 245	12.4	88 431	9.8	215 666	10.6	153 991	11.8	147 823	10.1
信江东支	86 326	4.4	23 245	2.6	85 048	4.2	50 230	3.9	50 649	3.5
修河干流	136 916	7.0	81 524	9.1	147 912	7.3	109 947	8.4	99 906	6.8
饶河	263 697	13.4	165 929	18.5	301 735	14.8	206 273	15.8	205 288	14.0
博阳河	2 303	0.1	793	0.1	1 964	0.1	1 542	0.1	6 619	0.5
池溪水	—	—	—	—	—	—	—	—	1 452	0.1
甘溪水	—	—	—	—	—	—	—	—	4 338	0.3
九龙河	—	—	—	—	—	—	—	—	2 456	0.2
潼津河	—	—	—	—	—	—	—	—	10 953	0.7
漳田河	—	—	—	—	—	—	—	—	24 006	1.6
土塘河	—	—	—	—	—	—	—	—	3 165	0.2
杨柳津河	—	—	—	—	—	—	—	—	32 462	2.2
合计	1 969 261	100	899 070	100	2 035 049	100	1 301 632	100	1 461 234	

注：下艾村等 7 个断面无 2010～2013 年水质监测数据。

2010 年，11 条河流化学需氧量入湖总量为 1 969 261 t、负荷比为 0.1%～23.7%，其中，入湖量较高的河流有赣江主支、饶河、抚河东支、信江西支和赣江中支，占 11 条河流总入湖量的 73.2%；2011 年 11 条河流化学需氧量入湖总量为 899 070 t、负荷比为 0.1%～34.4%，其中，入湖量较高的河流有赣江主支、饶河、赣江中支、信江西支和修河干流，占 11 条河流总入湖量的 81.8%；2012 年 11 条河流化学需氧量入湖总量为 2 035 049 t、负荷比为 0.1%～23.1%，其中，入湖量较高的河流有赣江主支、饶河、赣江中支、抚河东支和信江西支，占 11 条河流总入湖量的 74.3%；2013 年 11 条河流化学需氧量入湖总量为 1 301 632 t、负荷比为 0.1%～28.8%，其中，入湖量较高的河流有赣江主支、饶河、赣江中支、信江西支和修河干流，占 11 条河流总入湖量的 77.6%；2014 年 18 条河流化学需氧量入湖总量为 1 461 234 t、负荷比为 0.1%～24.1%，其中，入湖量较高的河流有赣江主支、饶河、赣江中支和抚河东支，占 18 条河流总入湖量的 62.8%。

2. 氨氮入湖量

2010～2014 年，入湖量总体较高的河流为饶河和赣江主支，最低的为博阳河。2010～2014 年，各河流氨氮入湖量负荷比范围为 0.1%～30.6%。2010～2014 年，河流负荷比最高的是饶河，负荷比为 16.1%～30.6%，最低的为博阳河，负荷比为 0.1%～0.3%。2010～2014 年，氨氮入湖量和负荷比分析见表 4-2-2。

表 4-2-2　2010～2014 年氨氮入湖量和负荷比

河流	2010 年		2011 年		2012 年		2013 年		2014 年	
	入湖量（t）	负荷比（%）	入湖量（t）	负荷比（%）	入湖量（t）	负荷比（%）	入湖量（t）	负荷比（%）	入湖量（t）	负荷比（%）
赣江北支	2 700	3.7	520	1.4	2 074	2.9	2 451	4.5	2 624	4.1
赣江中支	8 360	11.3	1 959	5.2	4 448	6.3	7 419	13.7	8 106	12.8
赣江南支	13 345	18.1	2 185	5.8	5 778	8.1	4 486	8.3	5 045	7.9
赣江主支	12 636	17.2	10 481	28.0	16 596	23.4	12 570	23.2	17 796	28.0
抚河东支	6 185	8.4	1 617	4.3	5 335	7.5	3 874	7.1	5 860	9.2
抚河西支	1 492	2.0	818	2.2	1 411	2.0	991	1.8	1 892	3.0
信江西支	7 319	9.9	4 521	12.1	7 888	11.1	6 018	11.1	4 400	6.9
信江东支	3 048	4.1	1 984	5.3	1 962	2.8	2 484	4.6	1 633	2.6
修河干流	2 137	2.9	1 816	4.9	4 341	6.1	2 724	5.0	1 909	3.0
饶河	16 249	22.1	11 437	30.6	20 997	29.6	11 198	20.6	10 225	16.1
博阳河	201	0.3	73	0.2	99	0.1	50	0.1	130	0.2
池溪水	—	—	—	—	—	—	—	—	91	0.1
甘溪水	—	—	—	—	—	—	—	—	115	0.2
九龙河	—	—	—	—	—	—	—	—	45	0.1
潼津河	—	—	—	—	—	—	—	—	1 337	2.1
漳田河	—	—	—	—	—	—	—	—	1 529	2.4
土塘河	—	—	—	—	—	—	—	—	55	0.1
杨柳津河	—	—	—	—	—	—	—	—	691	1.1
合计	73 672	100	37 412	100	70 931	100	54 265	100	63 483	

2010 年，11 条河流氨氮入湖总量为 73 672 t、负荷比为 0.1%～23.7%，其中，入湖量较高的河流有饶河、赣江南支、赣江主支、赣江中支和信江西支，占 11 条河流总入湖量的 78.6%；2011 年，11 条河流氨氮入湖总量为 37 412 t、负荷比为 0.2%～30.6%，其中，入湖量较高的河流有饶河、赣江主支、信江西支和赣江南支，占 11 条河流总入湖量的 76.5%；2012 年，11 条河流氨氮入湖总量为 70 931 t、负荷比为 0.1%～29.6%，其中，入湖量较高的河流有饶河、赣江主支、信江西支和赣江南支，占 11 条河流总入湖量的 72.3%；2013 年，11 条河流氨氮入湖总量为 54 265 t、负荷比为 0.1%～23.2%，其中，入湖量较高的河流有赣江主支、饶河、赣江中支和信江西支，占 11 条河流总入湖量的 68.6%；2014 年，18 条河流氨氮入湖总量为 63 483 t、负荷比为 0.1%～28.0%，其中，入湖量较高的河流有赣江主支、饶河、赣江中支和抚河东支。

3. 总磷入湖量

2010～2014 年，入湖量总体较高的河流为饶河和赣江主支，较低的为博阳河。2010～2014 年，各河流总磷入湖量负荷比范围为 0.1%～26.7%。2010～2014 年，总磷入湖量和负荷比分析见表 4-2-3。

表 4-2-3　2010～2014 年总磷入湖量与负荷比

河流	2010 年		2011 年		2012 年		2013 年		2014 年	
	入湖量（t）	负荷比（%）	入湖量（t）	负荷比（%）	入湖量（t）	负荷比（%）	入湖量（t）	负荷比（%）	入湖量（t）	负荷比（%）
赣江北支	859	3.5	153	2.7	583	5.0	382	4.8	439	4.1
赣江中支	2 472	10.2	591	10.4	1 906	16.5	1 280	16.0	1 608	15.2
赣江南支	2 272	9.4	389	6.9	1 282	11.1	647	8.1	855	8.1
赣江主支	6 081	25.1	1 511	26.7	2 144	18.6	1 562	19.5	2 195	20.7
抚河东支	2 087	8.6	314	5.5	1 428	12.4	717	8.9	1 280	12.1
抚河西支	256	1.1	162	2.9	219	1.9	118	1.5	182	1.7
信江西支	1 634	6.7	526	9.3	960	8.3	1 410	17.6	1 119	10.6
信江东支	463	1.9	154	2.7	340	2.9	378	4.7	502	4.7
修河干流	1 863	7.7	363	6.4	629	5.4	465	5.8	466	4.4
饶河	6 193	25.6	1 485	26.2	2 036	17.6	1 038	13.0	1 440	13.6
博阳河	38	0.2	16	0.3	26	0.2	16	0.2	18	0.2
池溪水	—	—	—	—	—	—	—	—	6	0.1
甘溪水	—	—	—	—	—	—	—	—	20	0.2
九龙河	—	—	—	—	—	—	—	—	11	0.1
潼津河	—	—	—	—	—	—	—	—	68	0.6
漳田河	—	—	—	—	—	—	—	—	122	1.2
土塘河	—	—	—	—	—	—	—	—	9	0.1
杨柳津河	—	—	—	—	—	—	—	—	258	2.4
合计	24 219	100	5 664	100	11 553	100	8 012	100	10 598	

2010 年，11 条河流总磷入湖总量为 24 219 t、负荷比为 0.2%～25.6%，其中，入湖量较高的河流有饶河、赣江主支、赣江中支、赣江南支和抚河东支，占 11 条河流总入湖量的 78.9%；2011 年，11 条河流总磷入湖总量为 5 664 t、负荷比为 0.3%～26.7%，其中，入湖量较高的河流有赣江主支、饶河、赣江中支和信江西支，占 11 条河流总入湖量的 72.6%；2012 年，11 条河流总磷入湖总量为 11 553 t、负荷比为 0.2%～18.6%，其中，入湖量较高的河流有赣江主支、饶河、赣江中支、抚河东支和赣江南支，占 11 条河流总入湖量的 76.1%；2013 年，11 条河流总磷入湖总量为 8 012 t、负荷比为 0.2%～19.5%，其

中，入湖量较高的河流有赣江主支、信江西支、赣江中支和饶河，占 11 条河流总入湖量的 66.0%；2014 年，18 条河流总磷入湖总量为 10 596 t、负荷比为 0.1%～20.7%，其中，入湖量较高的河流有赣江主支、赣江中支、饶河、抚河东支和信江西支，占 18 条河流总入湖量的 72.1%。

4. 总氮入湖量

2010～2014 年，入湖量总体较高的河流为赣江主支，其次为饶河，博阳河最低。2010～2014 年，各河流总氮入湖量负荷比为 0.1%～24.5%。2010～2014 年总氮入湖量和负荷比分析分别见表 4-2-4。

表 4-2-4　2010～2014 年总氮入湖量和负荷比

河流	2010 年		2011 年		2012 年		2013 年		2014 年	
	入湖量（t）	负荷比（%）	入湖量（t）	负荷比（%）	入湖量（t）	负荷比（%）	入湖量（t）	负荷比（%）	入湖量（t）	负荷比（%）
赣江北支	9 687	3.9	2 986	2.8	12 304	5.5	7 483	5.1	10 092	5.2
赣江中支	39 933	15.9	14 923	13.9	34 144	15.3	25 388	17.3	33 132	17.0
赣江南支	36 632	14.6	8 317	7.8	18 970	8.5	13 901	9.5	14 614	7.5
赣江主支	56 785	22.6	26 253	24.5	37 026	16.5	28 170	19.2	42 727	22.0
抚河东支	23 014	9.2	6 424	6.0	22 060	9.9	11 754	8.0	17 210	8.9
抚河西支	3 739	1.5	2 541	2.4	4 449	2.0	2 536	1.7	5 506	2.8
信江西支	29 938	11.9	12 145	11.4	28 487	12.7	12 993	8.8	17 602	9.1
信江东支	6 933	2.8	4 203	3.9	8 218	3.7	7 045	4.8	6 693	3.4
修河干流	9 539	3.8	4 927	4.6	10 748	4.8	7 830	5.3	6 771	3.5
饶河	34 361	13.7	24 120	22.5	47 163	21.1	29 760	20.3	30 991	15.9
博阳河	402	0.2	146	0.1	198	0.1	100	0.1	260	0.1
池溪水	—	—	—	—	—	—	—	—	277	0.1
甘溪水	—	—	—	—	—	—	—	—	312	0.2
九龙河	—	—	—	—	—	—	—	—	179	0.1
潼津河	—	—	—	—	—	—	—	—	2 504	1.3
漳田河	—	—	—	—	—	—	—	—	3 578	1.8
土塘河	—	—		—	—	—	—	—	170	0.1
杨柳津河	—	—		—	—	—	—	—	1 751	0.9
合计	250 963	100	106 985	100	223 769	100	146 960	100	194 369	100

2010 年，11 条河流总氮入湖总量为 250 963 t、负荷比为 0.2%～22.6%，其中，入湖量较高的河流有赣江主支、赣江中支、赣江南支、饶河和信江西支，占 11 条河流总入湖

量的 78.8%；2011 年，11 条河流总氮入湖总量为 106 985 t、负荷比为 0.1%～24.5%，其中，入湖量较高的河流有赣江主支、饶河、赣江中支和信江西支，占 11 条河流总入湖量的 72.4%；2012 年，11 条河流总氮入湖总量为 223 767 t、负荷比为 0.1%～21.1%，其中，入湖量较高的河流有饶河、赣江主支、赣江中支、信江西支和抚河东支，占 11 条河流总入湖量的 75.4%；2013 年，11 条河流总氮入湖总量为 146 960 t、负荷比为 0.1%～20.3%，其中，入湖量较高的河流有饶河、赣江主支、赣江中支、赣江南支和信江西支，占 11 条河流总入湖量的 75.0%；2014 年，18 条河流总氮入湖总量为 185 597 t、负荷比为 0.1%～23.1%，其中，入湖量较高的河流有赣江主支、赣江中支、饶河、信江西支和抚河东支，占 18 条河流总入湖量的 72.9%。

三、污染物负荷比

2010 年，11 条入湖河流中 4 项污染物负荷比最高的均为化学需氧量，其占 4 项污染物的负荷比为 77.4%～91.9%；其次为总氮，其负荷比为 6.4%～15.8%；氨氮的负荷比为 1.4%～6.9%；负荷比最低的为总磷，其负荷比为 0.1%～5.9%，化学需氧量是各河流的主要入湖污染物。2010 年，各入湖河流 4 项污染物入湖量负荷比如图 4-2-1 所示。

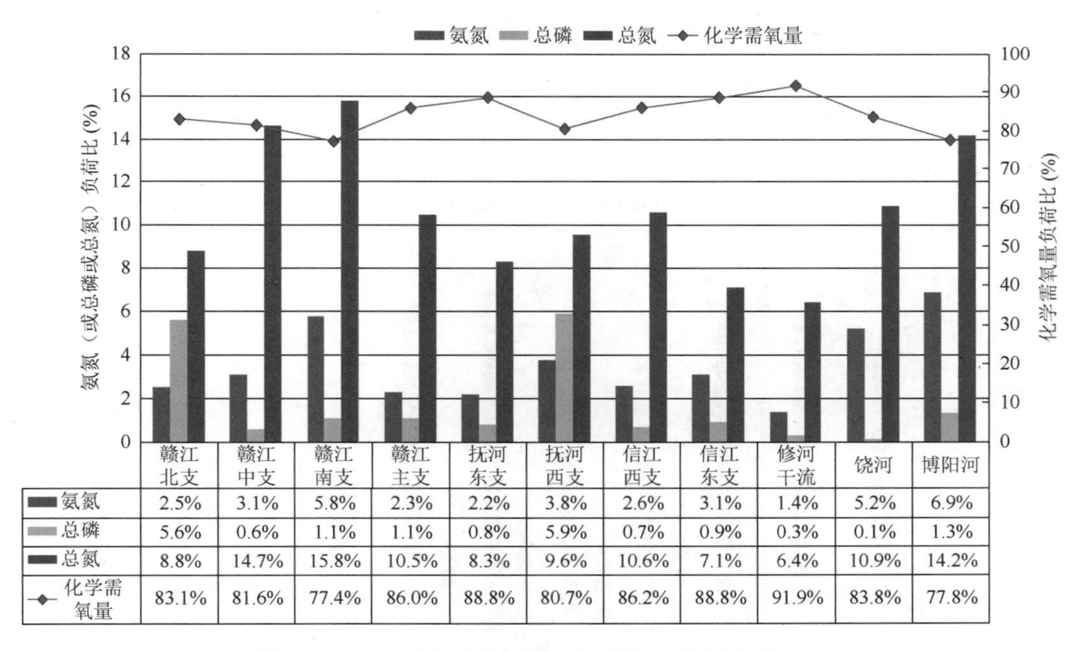

	赣江北支	赣江中支	赣江南支	赣江主支	抚河东支	抚河西支	信江西支	信江东支	修河干流	饶河	博阳河
氨氮	2.5%	3.1%	5.8%	2.3%	2.2%	3.8%	2.6%	3.1%	1.4%	5.2%	6.9%
总磷	5.6%	0.6%	1.1%	1.1%	0.8%	5.9%	0.7%	0.9%	0.3%	0.1%	1.3%
总氮	8.8%	14.7%	15.8%	10.5%	8.3%	9.6%	10.6%	7.1%	6.4%	10.9%	14.2%
化学需氧量	83.1%	81.6%	77.4%	86.0%	88.8%	80.7%	86.2%	88.8%	91.9%	83.8%	77.8%

图 4-2-1　2010 年入湖河流 4 项污染物入湖量负荷比图

2011 年，11 条入湖河流中 4 项污染物负荷比最高的均为化学需氧量，其占 4 项污染物的负荷比为 74.2%～92.2%；其次为总氮，其负荷比为 5.6%～19.4%；氨氮的负荷比为 1.8%～8.3%；负荷比最低的为总磷，其负荷比为 0.1%～6.6%，化学需氧量是各河流的主要入湖污染物。2011 年，各入湖河流 4 项污染物入湖量负荷比如图 4-2-2 所示。

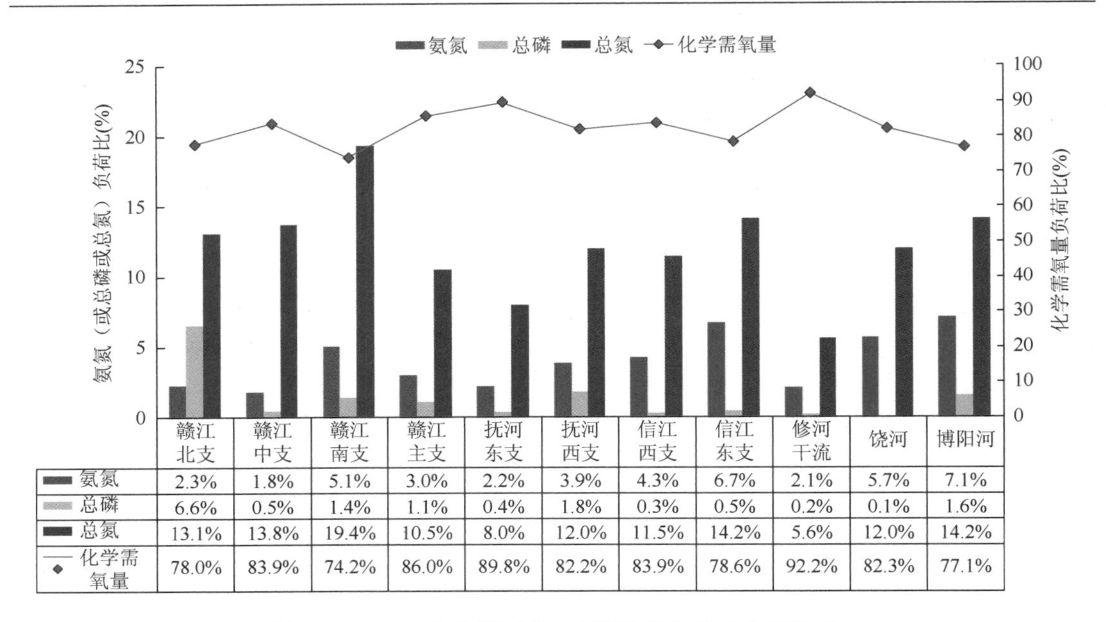

	赣江北支	赣江中支	赣江南支	赣江主支	抚河东支	抚河西支	信江西支	信江东支	修河干流	饶河	博阳河
氨氮	2.3%	1.8%	5.1%	3.0%	2.2%	3.9%	4.3%	6.7%	2.1%	5.7%	7.1%
总磷	6.6%	0.5%	1.4%	1.1%	0.4%	1.8%	0.3%	0.5%	0.2%	0.1%	1.6%
总氮	13.1%	13.8%	19.4%	10.5%	8.0%	12.0%	11.5%	14.2%	5.6%	12.0%	14.2%
化学需氧量	78.0%	83.9%	74.2%	86.0%	89.8%	82.2%	83.9%	78.6%	92.2%	82.3%	77.1%

图 4-2-2　2011 年入湖河流 4 项污染物入湖量负荷比图

2012 年，11 条入湖河流中 4 项污染物负荷比最高的均为化学需氧量，其占 4 项污染物的负荷比为 81.1%～90.6%；其次为总氮，其负荷比为 6.6%～12.7%；氨氮的负荷比为 1.4%～5.7%；负荷比最低的为总磷，其负荷比为 0.1%～3.4%，化学需氧量是各河流的主要入湖污染物。2012 年，各入河流 4 项污染物入湖量负荷比如图 4-2-3 所示。

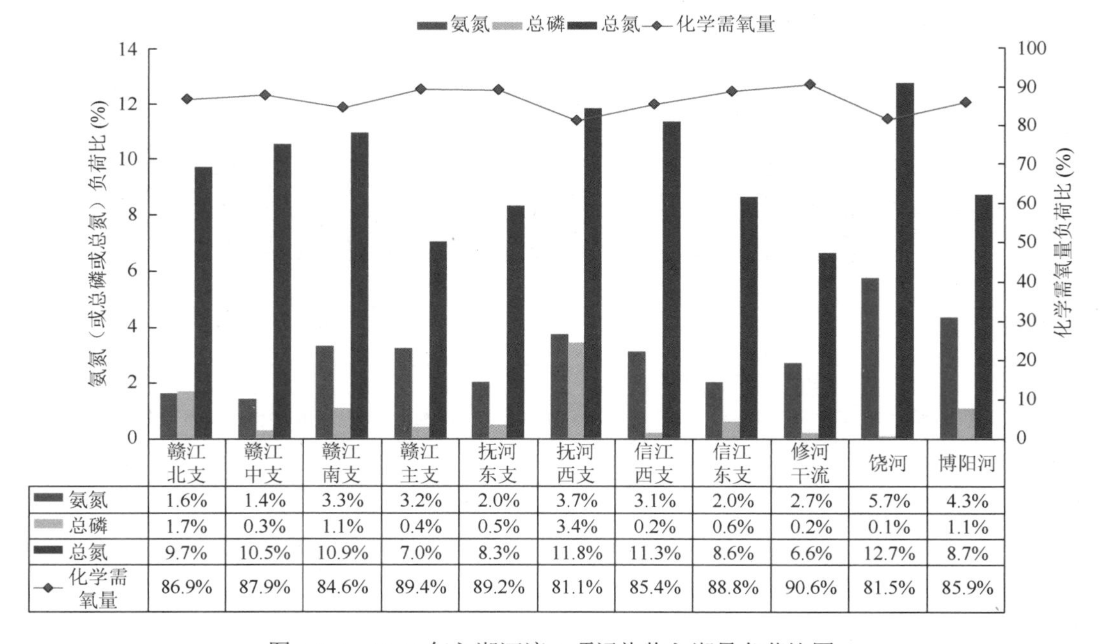

	赣江北支	赣江中支	赣江南支	赣江主支	抚河东支	抚河西支	信江西支	信江东支	修河干流	饶河	博阳河
氨氮	1.6%	1.4%	3.3%	3.2%	2.0%	3.7%	3.1%	2.0%	2.7%	5.7%	4.3%
总磷	1.7%	0.3%	1.1%	0.4%	0.5%	3.4%	0.2%	0.6%	0.2%	0.1%	1.1%
总氮	9.7%	10.5%	10.9%	7.0%	8.3%	11.8%	11.3%	8.6%	6.6%	12.7%	8.7%
化学需氧量	86.9%	87.9%	84.6%	89.4%	89.2%	81.1%	85.4%	88.8%	90.6%	81.5%	85.9%

图 4-2-3　2012 年入湖河流 4 项污染物入湖量负荷比图

2013 年，11 条入湖河流中 4 项污染物负荷比最高的均为化学需氧量，其占 4 项污染物的负荷比为 77.5%～91.0%；其次为总氮，其负荷比为 6.5%～15.9%；氨氮的负荷比为 2.3%～5.1%；负荷比最低的为总磷，其负荷比为 0.1%～2.9%，化学需氧量是各河流的主要入湖污染物。2013 年，各入湖河流 4 项污染物入湖量负荷比如图 4-2-4 所示。

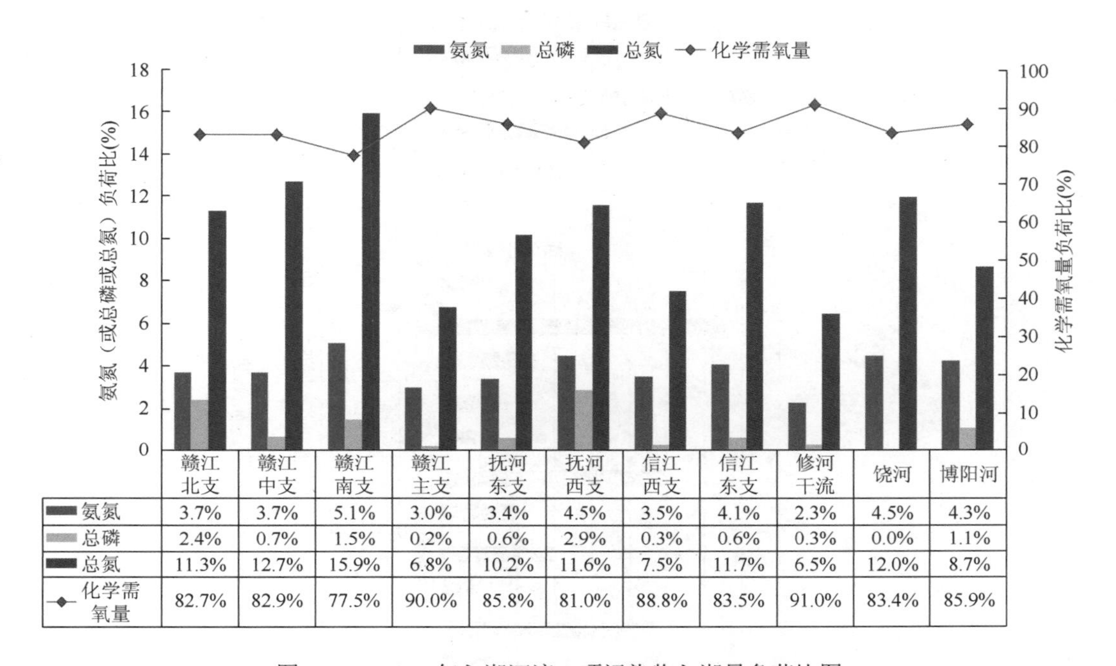

	赣江北支	赣江中支	赣江南支	赣江主支	抚河东支	抚河西支	信江西支	信江东支	修河干流	饶河	博阳河
氨氮	3.7%	3.7%	5.1%	3.0%	3.4%	4.5%	3.5%	4.1%	2.3%	4.5%	4.3%
总磷	2.4%	0.7%	1.5%	0.2%	0.6%	2.9%	0.3%	0.6%	0.3%	0.0%	1.1%
总氮	11.3%	12.7%	15.9%	6.8%	10.2%	11.6%	7.5%	11.7%	6.5%	12.0%	8.7%
化学需氧量	82.7%	82.9%	77.5%	90.0%	85.8%	81.0%	88.8%	83.5%	91.0%	83.4%	85.9%

图 4-2-4　2013 年入湖河流 4 项污染物入湖量负荷比图

2014 年，18 条入湖河流中 4 项污染物负荷比最高的均为化学需氧量，其占 4 项污染物的负荷比为 73.7%～94.2%；其次为总氮，其负荷比为 3.7%～16.8%；氨氮的负荷比为 1.6%～9.0%；负荷比最低的为总磷，其负荷比为 0.3%～0.9%，化学需氧量是各河流的主要入湖污染物。2014 年，各入湖河流 4 项污染物入湖量负荷比如图 4-2-5 所示。

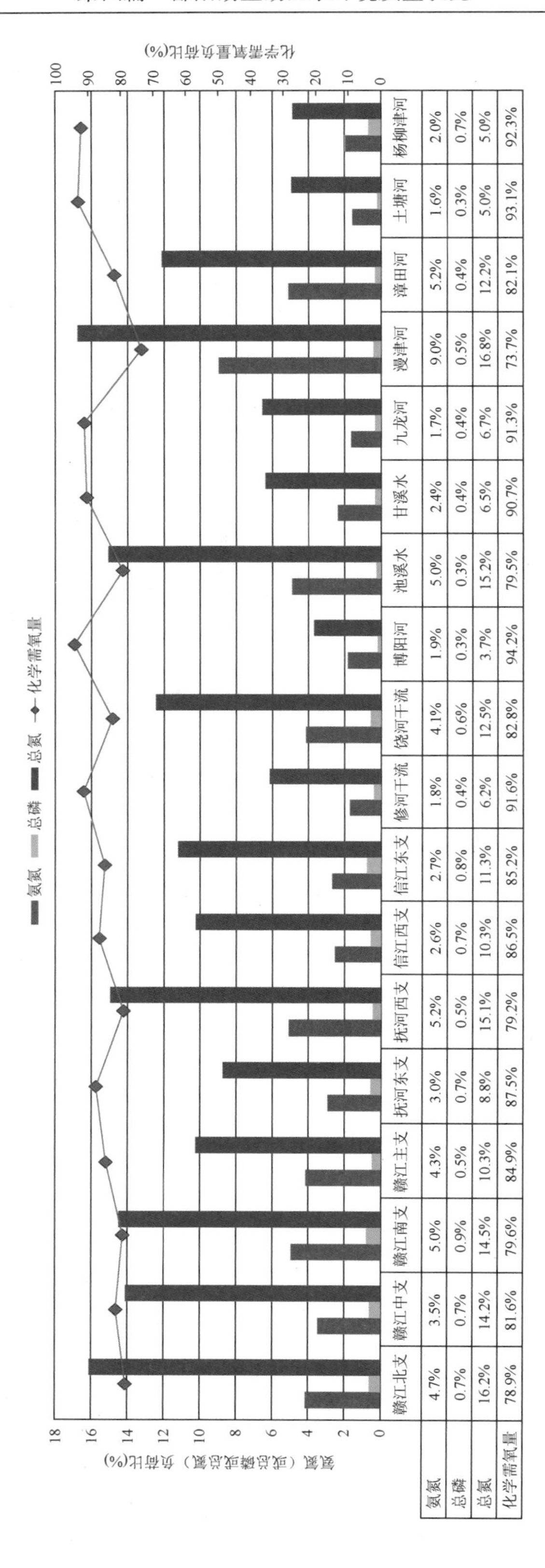

	赣江北支	赣江中支	赣江南支	赣江主支	抚河东支	抚河西支	信江西支	信江东支	修河干流
氨氮	4.7%	3.5%	5.0%	4.3%	3.0%	5.2%	2.6%	2.7%	1.8%
总磷	0.7%	0.7%	0.9%	0.5%	0.7%	0.5%	0.7%	0.8%	0.4%
总氮	16.2%	14.2%	14.5%	10.3%	8.8%	15.1%	10.3%	11.3%	6.2%
化学需氧量	78.9%	81.6%	79.6%	84.9%	87.5%	79.2%	86.5%	85.2%	91.6%

	饶河干流	博阳河	池溪水	甘溪水	九龙河	漫津河	漳田河	土塘河	杨柳津河
氨氮	4.1%	1.9%	5.0%	2.4%	1.7%	9.0%	5.2%	1.6%	2.0%
总磷	0.6%	0.3%	0.3%	0.4%	0.4%	0.5%	0.4%	0.3%	0.7%
总氮	12.5%	3.7%	15.2%	6.5%	6.7%	16.8%	12.2%	5.0%	5.0%
化学需氧量	82.8%	94.2%	79.5%	90.7%	91.3%	73.7%	82.1%	93.1%	92.3%

图 4-2-5 2014 年入湖河流 4 项污染物入湖量负荷比图

第二节　直排工业污染源入湖污染物

一、工业污染源调查

直排工业污染源调查主要来源于环境统计年报数据，调查了工业源的区域分布、行业分布、化学需氧量和氨氮入湖量等（原工业源未开展总磷、总氮监测调查，2014 年重点污染源增加总磷、总氮监测）。

1. 行业分布情况

2010～2014 年，鄱阳湖直排工业污染源分别有 69 家、99 家、66 家、65 家和 116 家。直排工业污染源分布于 50 家不同行业，其中建筑用石加工行业的污染源数量最多。2010～2014 年，建筑用石加工行业污染源数量分别有 29 家、31 家、26 家、27 家和 27 家，占所有直排工业污染源的 58%、62%、52%、54%和 23%。2014 年，黏土砖瓦及建筑砌块制造行业污染源数量有 40 家，占所有直排污染源的 35%。直排工业污染源行业分布情况见表 4-2-5。

表 4-2-5　2010～2014 年鄱阳湖直排工业污染源行业分布情况　（单位：家）

行业名称	2010 年	2011 年	2012 年	2013 年	2014 年
白酒制造		1	1		
笔制造	1				
玻璃纤维及制品制造	1	1	1	1	1
豆制品制造	1				
防水建筑材料制造	1	1	1		1
复混肥料制造		1	1	1	1
谷物磨制		1		1	1
合成纤维		1	1	1	1
化纤织造加工				2	
化学农药制造		1	2	2	2
机制纸及纸板制造	2	2	4	2	4
建筑、家具用金属配件制造			1	1	
建筑陶瓷制品制造	1				
建筑用石加工	29	31	26	27	27
金属表面处理及热处理加工		13			
金属船舶制造	1	1	1	1	1
金属结构制造			1		2
米、面制品制造	1	1	1	1	1
棉纺纱加工	3	1	1	1	1
模具制造		1	1	1	1

续表

行业名称	2010 年	2011 年	2012 年	2013 年	2014 年
建筑污染源	1	1	1	1	
其他未列明非金属矿采选		1			4
汽车零部件及配件制造		3	2	2	1
球类制造		1			
人造纤维	2	2	2	2	2
日用及医用橡胶制品制造		1	1	1	1
肉制品及副产品加工		1	1		
生物化学农药及微生物农药制造	1				
牲畜屠宰	2	2	2	3	4
食用植物油加工			1	1	1
手工具制造	1				
手工纸制造	1			1	
水泥制造	2	2	2	2	6
饲料加工		1	1	1	4
碳酸饮料制造	1				
特种陶瓷制品制造	1	1	1		
铜冶炼		1			1
涂料制造	1				
卫生材料及医药用品制造	1	3	1	2	1
无机酸制造	1	1	1		1
香料、香精制造		1	1	1	
颜料制造		2	1	1	1
医疗诊断、监护及治疗设备制造	1	1	1		
有机化学原料制造	2	2			
有色金属合金制造		4			1
鱼糜制品及水产品干腌制加工	3	3	1	1	2
黏土砖瓦及建筑砌块制造	1	1			40
针织或钩针编织物织造				1	
中成药生产	1	1	1	1	1
其他	5	5	2	2	1
合计	69	99	66	65	116

2. 区域分布情况

直排工业污染源主要分布于进贤县、新建县、南昌县、庐山区、都昌县、星子县、湖口县和余干县 8 个县（区），其中进贤县、都昌县、星子县和庐山区数量最多，其他县（区）数量较少。2010～2014 年，进贤县直排工业污染源分别有 20 家、45 家、24 家、25 家和

30 家；都昌县分别有 19 家、27 家、24 家、24 家和 50 家；星子县分别有 19 家、19 家、11 家、10 家和 16 家；庐山区分别有 10 家、4 家、4 家、3 家和 15 家。

二、污染物入湖量分析

1. 化学需氧量入湖量

1）区域分布

2010～2014 年，每年鄱阳湖直排工业污染源化学需氧量分别为 2 111 t、2 867 t、1 497 t、3 028 t 和 2 307.7 t（表 4-2-6）。从区域上看，2010 年，进贤县直排鄱阳湖化学需氧量最多，其他依次为庐山区、星子县和都昌县，4 个县（区）分担率分别为 43.1%、33.2%、17.9%和 5.9%；2011 年，庐山区直排鄱阳湖化学需氧量最多，其他依次为都昌县、进贤县、余干县、星子县、新建县和湖口县，7 个县（区）分担率分别为 55.5%、23.4%、16.8%、2.2%、1.6%、0.4%和 0.1%；2012 年，直排鄱阳湖化学需氧量庐山区最多，其他依次为都昌县、进贤县、余干县、星子县和新建县，6 个县（区）分担率分别为 60.0%、23.0%、12.3%、2.9%、1.7%和 0.1%；2013 年，直排鄱阳湖化学需氧量庐山区最多，其他依次为都昌县、进贤县、星子县和新建县，5 个县（区）分担率分别为 56.3%、25.4%、16.1%、2.1%和 0.3%；2014 年，直排鄱阳湖化学需氧量庐山区最多，其他依次为都昌县、进贤县、星子县和南昌县，5 个县（区）分担率分别为 73.8%、13.2%、9.8%、2.9%和 0.3%（表 4-2-6）。

表 4-2-6　2010～2014 年直排工业化学需氧量入湖量与分担率

年份	县区名称	化学需氧量（t）	分担率（%）
2010	都昌县	123.7	5.9
	进贤县	910	43.1
	庐山区	700.6	33.2
	星子县	377	17.9
	合计	2 111	—
2011	都昌县	844	23.4
	湖口县	1.9	0.1
	进贤县	607	16.8
	庐山区	1 998.8	55.5
	星子县	57.7	1.6
	余干县	78.1	2.2
	新建县	15.9	0.4
	合计	2 867	—
2012	都昌县	785	23.0
	进贤县	420.8	12.3
	庐山区	2 047	60.0

续表

年份	县区名称	化学需氧量（t）	分担率（%）
2012	新建县	2.82	0.1
	星子县	58.6	1.7
	余干县	98	2.9
	合计	1 497	—
2013	都昌县	768	25.4
	进贤县	486	16.1
	庐山区	1 704	56.3
	新建县	8.08	0.3
	星子县	62.3	2.1
	合计	3 028	—
2014	都昌县	304.2	13.2
	进贤县	227.6	9.8
	庐山区	1 703.2	73.8
	南昌县	6.82	0.3
	星子县	65.86	2.9
	合计	2 307.7	13.2

2）行业分布

2010年，人造纤维（纤维素纤维）制造、建筑用石加工、棉纺纱加工3个行业直排化学需氧量最大，分担率分别为32.83%、19.8%和5.25%；2011年，人造纤维（纤维素纤维）制造、机制纸及纸板制造和颜料制造3个行业化学需氧量入湖量最大，分担率分别为38.31%、25.09%和9.48%；2012年，人造纤维（纤维素纤维）制造、机制纸及纸板制造和建筑用石加工3个行业化学需氧量入湖量最大，分担率分别为59.96%、17.61%和6.45%；2013年，人造纤维（纤维素纤维）制造、机制纸及纸板制造和建筑用石加工3个行业化学需氧量入湖量最大，分担率分别为56.19%、17.22%和8.48%；2014年，人造纤维（纤维素纤维）制造、建筑用石加工和鱼糜制品及水产品干腌制加工3个行业化学需氧量入湖量最大，分担率分别为73.74%、11.66%和3.76%（表4-2-7）。

3）主要污染源

2010年，在所有直排污染源中化学需氧量入湖量排名前三的依次为中粮（江西）米业有限公司、赛得利（江西）化纤有限公司和九江金源化纤有限公司；3家污染源的分担率分别为34.85%、21.37%和11.60%（表4-2-8）。

2011～2013年，每年排名前三的直排污染源均为赛得利（江西）化纤有限公司、九江金源化纤有限公司和都昌县向阳纸业有限公司。赛得利（江西）化纤有限公司3年的

表 4-2-7　2010～2014 年直排工业化学需氧量入湖量与分担率

2010 年			2011 年			2012 年			2013 年			2014 年		
行业名称	入湖量（t）	分担率（%）	行业名称	入湖量（t）	分担率（%）	行业名称	入湖量（t）	分担率（%）	行业名称	入湖量（t）	分担率（%）	行业名称	入湖量（t）	分担率（%）
人造纤维（纤维素纤维）制造	696	32.83	人造纤维（纤维素纤维）制造	998	38.31	人造纤维（纤维素纤维）制造	2 046	59.96	人造纤维（纤维素纤维）制造	1 702	56.19	人造纤维（纤维素纤维）制造	1 701.714	73.74
建筑用石加工	419.8	19.8	机制纸及纸板制造	653.687	25.09	机制纸及纸板制造	601	17.61	机制纸及纸板制造	521.6	17.22	建筑用石加工	269.153	11.66
棉纺纱加工	111.2	5.25	颜料制造	247	9.48	建筑用石加工	220	6.45	建筑用石加工	257	8.48	鱼糜制品及水产品干腌制加工	86.662	3.76
碳酸饮料制造	42	1.98	建筑用石加工	191.228	7.34	白酒制造	98	2.87	牲畜屠宰	97	3.2	卫生材料及医药用品制造	81.2	3.52
机制纸及纸板制造	30	1.42	肉制品及副产品加工	113.64	4.36	颜料制造	91	2.67	颜料制造	91	3	牲畜屠宰	70.213	3.04
有机化学原料制造	27.8	1.31	卫生材料及医药用品制造	106	4.07	肉制品及副产品加工	85.62	2.51	中成药生产	89.9	2.97	机制纸及纸板制造	18.28	0.79
牲畜屠宰	11.1	0.52	白酒制造	78.1	3	卫生材料及医药用品制造	81.2	2.38	卫生材料及医药用品制造	81.2	2.68	化学药品原料药制造	16.52	0.72
手工纸制造	7.2	0.34	中成药生产	74.233	2.85	中成药生产	79.9	2.34	化纤织造加工	51.4	1.7	中成药生产	15.99	0.69
水泥制造	3.4	0.16	鱼糜制品及水产品干腌制加工	32	1.23	化学农药制造	36.425	1.07	鱼糜制品及水产品干腌加工	38.857	1.28	日用及医用橡胶制品制造	9.73	0.42
鱼糜制品及水产品干腌加工	3.4	0.16	金属表面处理及热处理加工	26.6	1.02	鱼糜制品及水产品干腌制加工	26.599	0.78	化学农药制造	36.425	1.2	其他铁路运输设备制造	6.82	0.3
豆制品制造	3.15	0.15	香料、香精制造	15.93	0.61	牲畜屠宰	10.29	0.3	其他	13.39	0.44	中乐器制造	6.44	0.28

续表

2010年			2011年			2012年			2013年			2014年		
行业名称	入湖量（t）	分担率（%）	行业名称	入湖量（t）	分担率（%）	行业名称	入湖量（t）	分担率（%）	行业名称	入湖量（t）	分担率（%）	行业名称	入湖量（t）	分担率（%）
禽类屠宰	2.54	0.12	有机化学原料制造	13	0.5	汽车零部件及配件制造	8.9	0.26	手工纸制造	9	0.3	其他未列明制造业	6.4	0.28
中乐器制造	2.31	0.11	其他	11.537	0.44	中乐器制造	4.84	0.14	食用植物油加工	6.45	0.21	模具制造	3.52	0.15
其他塑料制品制造	2.184	0.1	汽车零部件及配件制造	11.314	0.43	其他	4.42	0.13	针织或钩针编织物织造	5.54	0.18	棉纺纱加工	3.12	0.14
笔的制造	1.12	0.05	牲畜屠宰	9.6	0.37	棉纺纱加工	3.12	0.09	中乐器制造	4.84	0.16	复混肥料制造	3.07	0.13
米、面制品制造	1.071	0.05	谷物磨制	5.876	0.23	香料、香精制造	2.82	0.08	化学药品原料药制造	3.82	0.13	颜料制造	1.68	0.07
卫生材料及医药用品制造	0.8	0.04	球类制造	2.45	0.09	日用及医用橡胶制品制造	2.16	0.06	棉纺纱加工	3.12	0.1	食用植物油加工	1.45	0.06
建筑陶瓷制品制造	0.78	0.04	棉纺纱加工	2.06	0.08	无机酸制造	1.632	0.05	香料、香精制造	2.54	0.08	合成纤维单（聚合）体制造	1.15	0.05
医疗诊断、监护及治疗设备制造	0.51	0.02	有色金属合金制造	1.9	0.07	防水建筑材料制造	1.4	0.04	水泥制造	2.3	0.08	无机酸制造	1.04	0.05
玻璃纤维及制品制造	0.362 1	0.02	黏土砖瓦及建筑砌块制造	1.859	0.07	水泥制造	1.37	0.04	日用及医用橡胶制品制造	2.2	0.07	金属船舶制造	0.92	0.04
黏土砖瓦及建筑砌块制造	0.2	0.01	金属船舶制造	1.64	0.06	食用植物油加工	1.17	0.03	谷物磨制	2.17	0.07	汽车零部件及配件制造	0.72	0.03
中成药生产	0.151	0.01	无机酸制造	1.5	0.06	金属船舶制造	0.87	0.03	无机酸制造	1.737	0.06	玻璃纤维及制品制造	0.66	0.03
涂料制造	0.136	0.01	防水建筑材料制造	1.369	0.05	复混肥料制造	0.774	0.02	防水建筑材料制造	1.52	0.05	米、面制品制造	0.284	0.01
特种陶瓷制品制造	0.106	0.01	水泥制造	1.2	0.05	化学药品原料药制造	0.7	0.02	金属船舶制造	0.87	0.03	水泥制造	0.203	0.01

续表

2010年			2011年			2012年			2013年			2014年		
行业名称	入湖量（t）	分担率（%）	行业名称	入湖量（t）	分担率（%）	行业名称	入湖量（t）	分担率（%）	行业名称	入湖量（t）	分担率（%）	行业名称	入湖量（t）	分担率（%）
手工具制造	0.09	0	复混肥料制造	0.774	0.03	合成纤维单（聚合）体制造	0.602 5	0.02	复混肥料制造	0.774	0.03	防水建筑材料制造	0.2	0.01
生物化学农药及微生物农药制造	0.022	0	模具制造	0.674	0.03	玻璃纤维及制品制造	0.56	0.02	玻璃纤维及制品制造	0.56	0.02	化学农药制造	0.18	0.01
金属船舶制造	3.774	0.18	铜冶炼	0.657	0.03	饲料加工	0.38	0.01	建筑、家具用金属配件制造	0.4	0.01			
其他	739	34.86	玻璃纤维及制品制造	0.58	0.02	建筑、家具用金属配件制造	0.36	0.01	饲料加工	0.38	0.01			
			兽用药品制造	0.5	0.02	米、面制品制造	0.264	0.01	米、面制品制造	0.264	0.01			
			化学农药制造	0.36	0.01	模具制造	0.228	0.01	合成纤维单（聚合）体制造	0.248	0.01			
			米、面制品制造	0.317	0.01				黏土砖瓦及建筑砌块制造	0.232	0.01			
			特种陶瓷制品制造	0.13	0				模具制造	0.228	0.01			
			合成纤维单（聚合）体制造	0.084	0				金属结构制造	0.04	0			
			日用及医用橡胶制品制造	0.031	0									
			饲料加工	0.019	0									

表 4-2-8　2010～2014 年直排鄱阳湖化学需氧量污染源分担率

2010 年		2011 年		2012 年		2013 年		2014 年	
污染源名称	分担率（%）	污染源名称	分担率（%）	污染源名称	分担率（%）	污染源名称	分担率（%）	污染源名称	分担率（%）
中粮（江西）米业有限公司	34.85	赛得利（江西）化纤有限公司	28.14	赛得利（江西）化纤有限公司	34.08	赛得利（江西）化纤有限公司	38.52	赛得利（江西）化纤有限公司	50.53
赛得利（江西）化纤有限公司	21.37	九江金源化纤有限公司	27.25	九江金源化纤有限公司	25.86	九江金源化纤有限公司	17.69	九江金源化纤股份有限公司	23.21
九江金源化纤有限公司	11.60	都昌县向阳纸业有限公司	18.14	都昌县向阳纸业有限公司	17.14	都昌县向阳纸业有限公司	17.23	江西洪达医疗器械集团有限公司	3.52
九江磊鑫石材有限公司	5.71	南昌一品轩笔业画材有限公司	4.99	江西惠斯春酒业有限公司	2.87	南昌市蓝珀笔业画材有限公司	3.01	江西洪富肠衣集团有限公司	2.72
南昌市威信纺织品有限公司	3.71	江西洪富肠衣集团有限公司	3.15	南晶蓝珀笔业画材有限公司	2.67	江西中成药业集团有限公司	2.97	江西鄱湖都昌水产食品有限公司	2.02
星子县创进石材厂	2.33	江西惠斯春酒业有限公司	2.17	江西洪富肠衣集团有限公司	2.51	江西洪富肠衣集团有限公司	2.83	江西省春天食品有限公司	1.73
星子县创进石材厂	2.33	江西洪达医疗器械集团有限公司	2.10	江西洪达医疗器械有限公司	2.38	江西洪达医疗器械有限公司	2.68		
江西李渡酒业有限公司	1.99	江西中成药业集团有限公司	2.06	江西中成药业集团有限公司	2.34	江西鄱湖都昌水产食品有限公司	1.28		
星子县华林赣北板材厂	1.91	南昌蓝珀笔业画材有限公司	1.86	上海威敌生化（南昌）有限公司	1.07	上海威敌生化（南昌）有限公司	1.20		
星子启宏纺织有限公司	1.57					南昌市威信纺织品有限公司	1.19		
都昌向阳纸业有限公司	1.42								
南昌市兴赣科技实业有限公司	1.31								

注：由于污染源数量众多，该表格仅列化学需氧量排放分担率大于 1%的污染源。

分担率分别为 28.14%、34.08%和 38.52%；九江金源化纤有限公司 3 年的分担率分别为 27.25%、25.86%和 17.69%；都昌县向阳纸业有限公司 3 年的分担率分别为 18.14%、17.14%和 17.23%。

2014 年，在所有直排污染源中化学需氧量入湖量排名前三的依次为赛得利（江西）化纤有限公司、九江金源化纤有限公司和江西洪达医疗器械集团有限公司，3 家污染源的分担率分别为 50.53%、23.21%和 3.52%。

2. 氨氮入湖量

1）区域分布

2010～2014 年每年工业污染源直排鄱阳湖氨氮量分别为 74.2 t、220.3 t、232.2 t、244.2 t 和 221.3 t（表 4-2-9）。从区域分布来看，2010 年，直排鄱阳湖氨氮量庐山区最多，其他依次为进贤县、星子县和都昌县，4 个县（区）分担率分别为 75.7%、12.7%、10.5%和 1.1%；2011 年，直排鄱阳湖氨氮量庐山区最多，其他依次为进贤县、都昌县、星子县和余干县，5 个县（区）分担率分别为 89.5%、9.6%、0.4%、0.4%和 0.2%；2012 年，直排鄱阳湖氨氮量庐山区最多，其他依次为进贤县、都昌县、星子县、余干县和新建县，6 个县（区）分担率分别为 90.0%、9.0%、0.4%、0.4%、0.3%和 0.01%；2013 年，直排鄱阳湖氨氮量庐山区最多，其他依次为进贤县、星子县、都昌县和新建县，5 个县（区）分担率分别为 56.3%、25.4%、16.1%、2.1%和 0.3%；2014 年，直排鄱阳湖氨氮量庐山区最多，其他依次为进贤县、星子县和都昌县，4 个县（区）分担率分别为 94.2%、4.4%、0.8%、和 0.6%（表 4-2-9）。

表 4-2-9　2010～2014 年直排工业氨氮入湖量与分担率

年份	县区名称	氨氮（t）	分担率（%）
2010	都昌县	0.79	1.1
	进贤县	9.4	12.7
	庐山区	56.2	75.7
	星子县	7.8	10.5
	合计	74.2	
2011	都昌县	0.856	0.4
	湖口县	—	—
	进贤县	21.1	9.6
	庐山区	197	89.5
	星子县	0.8	0.4
	余干县	0.54	0.2
	新建县	0.02	0.0
	合计	220.3	

续表

年份	县区名称	氨氮（t）	分担率（%）
2012	都昌县	0.89	0.4
	进贤县	20.8	9.0
	庐山区	209	90.0
	新建县	0.02	0.01
	星子县	0.83	0.4
	余干县	0.68	0.3
	合计	232.2	
2013	都昌县	1.24	0.5
	进贤县	31.6	12.9
	庐山区	209	85.6
	新建县	0.53	0.2
	星子县	1.83	0.7
	合计	244.2	
2014	都昌县	1.28	0.6
	进贤县	9.84	4.4
	庐山区	208.3	94.2
	星子县	1.88	0.8
	合计	221.3	

2）行业分布

2010 年，人造纤维（纤维素纤维）制造、棉纺纱加工和牲畜屠宰 3 个行业氨氮直排量最大，分担率分别为 74.87%、14.84%和 1.60%；2011 年，人造纤维（纤维素纤维）制造、肉制品及副产品加工和颜料制造 3 个行业入湖量最大，分担率分别为 89.55%、4.42%和 4.09%；2012 年，人造纤维（纤维素纤维）制造、肉制品及副产品加工和颜料制造 3 个行业入湖量最大，分担率分别为 89.89%、4.43%、2.81%；2013 年，人造纤维（纤维素纤维）制造、牲畜屠宰和颜料制造 3 个行业入湖量最大，分担率分别为 85.32%、7.79%和 3.49%；2014 年，人造纤维（纤维素纤维）制造、牲畜屠宰和化学药品原料药制造 3 个行业入湖量最大，分担率分别为 94.09%、2.86%和 0.69%。具体情况见表 4-2-10。

3）主要污染源

2010 年，在所有直排污染源中排名前三的依次为九江金源化纤有限公司、赛得利（江西）化纤有限公司和星子启宏纺织有限公司，3 家污染源的分担率分别为 53.63%、21.75%和 7.42%（表 4-2-11）。

表 4-2-10　2010～2014 年各行业直排工业氨氮入湖量与分担率

2010 年			2011 年			2012 年			2013 年			2014 年		
行业名称	入湖量（t）	分担率（%）	行业名称	入湖量（t）	分担率（%）	行业名称	入湖量（t）	分担率（%）	行业名称	入湖量（t）	分担率（%）	行业名称	入湖量（t）	分担率（%）
人造纤维（纤维素纤维）制造	56	74.87	人造纤维（纤维素纤维）制造	197	89.55	人造纤维（纤维素纤维）制造	208	89.89	人造纤维（纤维素纤维）制造	208	85.32	人造纤维（纤维素纤维）制造	208.160	94.09
棉纺纱加工	11.1	14.84	肉制品及副产品加工	9.72	4.42	肉制品及副产品加工	10.25	4.43	牲畜屠宰	19	7.79	牲畜屠宰	6.321	2.86
牲畜屠宰	1.2	1.60	颜料制造	9	4.09	颜料制造	6.5	2.81	颜料制造	8.5	3.49	化学药品原料药制造	1.530	0.69
中乐器制造	1.155	1.54	兽用药品制造	1	0.45	化学农药制造	2.831	1.22	化学农药制造	2.831	1.16	建筑用石加工	1.345	0.61
水泥制造	1.1	1.47	牲畜屠宰	0.773	0.35	鱼糜制品及水产品干腌制加工	0.747 3	0.32	建筑用石加工	1.27	0.52	鱼糜制品及水产品干腌制加工	1.079	0.49
其他	0.75	1.00	鱼糜制品及水产品干腌加工	0.6	0.27	白酒制造	0.68	0.29	鱼糜制品及水产品干腌制加工	1.091 7	0.45	复混肥料制造	1.020	0.46
鱼糜制品及水产品干腌加工	0.7	0.94	白酒制造	0.54	0.25	牲畜屠宰	0.51	0.22	化学药品原料药制造	0.7	0.29	其他未列明制造业	0.550	0.25
金属船舶制造	0.629	0.84	有机化学原料制造	0.427	0.19	机制纸及纸板制造	0.37	0.16	化纤织造加工	0.6	0.25	中乐器制造	0.323	0.15
禽类屠宰	0.525	0.70	棉纺纱加工	0.34	0.15	中乐器制造	0.36	0.16	针织或钩针编织物织造	0.51	0.21	模具制造	0.270	0.12
其他塑料制品制造	0.498	0.67	复混肥料制造	0.337	0.15	建筑用石加工	0.27	0.12	中乐器制造	0.36	0.15	颜料制造	0.150	0.07
卫生材料及医药用品制造	0.42	0.56	化学农药制造	0.202	0.09	化学药品原料药制造	0.233	0.10	复混肥料制造	0.337	0.14	合成纤维单（聚合）体制造	0.140	0.06

续表

2010年			2011年			2012年			2013年			2014年		
行业名称	入湖量（t）	分担率（%）	行业名称	入湖量（t）	分担率（%）	行业名称	入湖量（t）	分担率（%）	行业名称	入湖量（t）	分担率（%）	行业名称	入湖量（t）	分担率（%）
豆制品制造	0.27	0.36	谷物磨制	0.176	0.08	无机酸制造	0.128 7	0.06	谷物磨制	0.2	0.08	棉纺纱加工	0.080	0.04
有机化学原料制造	0.195	0.26	建筑用石加工	0.043	0.02	棉纺纱加工	0.08	0.03	无机酸制造	0.135 4	0.06	无机酸制造	0.080	0.04
米、面制品制造	0.107 1	0.14	其他	0.023	0.01	金属船舶制造	0.04	0.02	水泥制造	0.1	0.04	食用植物油加工	0.070	0.03
建筑陶瓷制品制造	0.09	0.12	香料、香精制造	0.02	0.01	香料、香精制造	0.02	0.01	棉纺纱加工	0.08	0.03	金属船舶制造	0.045	0.02
医疗诊断、监护及治疗设备制造	0.042 5	0.06	水泥制造	0.009	0.001	玻璃纤维及制品制造	0.01	0.001	金属船舶制造	0.04	0.02	水泥制造	0.020	0.01
中成药生产	0.025	0.03	日用及医用橡胶制品制造	0.005	0.001	米、面制品制造	0.01	0.001	香料、香精制造	0.02	0.01	化学农药制造	0.020	0.01
生物化学农药及微生物农药制造	0.021 8	0.03				水泥制造	0.009 4	0.00	粘土砖瓦及建筑砌块制造	0.017	0.01	玻璃纤维及制品制造	0.015	0.01
涂料制造	0.002 3								玻璃纤维及制品制造	0.01	0.00	防水建筑材料制造	0.015	0.01
									米、面制品制造	0.01	0.00	米、面制品制造	0.012	0.01

表 4-2-11　2010～2014 年各污染源直排工业氨氮分担率

2010 年		2011 年		2012 年		2013 年		2014 年	
污染源名单	分担率（%）	污染源名单	分担率（%）	污染源名单	分担率（%）	污染源名单	分担率（%）	污染源名单	分担率（%）
九江金源化纤有限公司	53.63	赛得利（江西）化纤有限公司	65.93	赛得利（江西）化纤有限公司	69.41	赛得利（江西）化纤有限公司	66.00	赛得利（江西）化纤有限公司	72.76
赛得利（江西）化纤有限公司	21.75	九江金源化纤有限公司	23.56	九江金源化纤有限公司	20.57	九江金源化纤有限公司	19.56	九江金源化纤股份有限公司	21.31
星子启宏纺织有限公司	7.42	江西洪富肠衣集团有限公司	4.42	江西洪富肠衣集团有限公司	4.42	江西洪富肠衣集团有限公司	7.34	江西洪富肠衣集团有限公司	2.52
南昌市威信纺织品有限公司	7.39	南昌一品轩笔业画材有限公司	3.64	南晶蓝珀笔业画材有限公司	2.80	南昌市蓝珀笔业画材有限公司	3.48		
九江思麦博运动器械有限公司	1.56			上海威敌生化（南昌）有限公司	1.22	上海威敌生化（南昌）有限公司	1.16		
南昌新世纪水泥有限公司	1.16								
江西省进贤县生猪定点屠宰厂	1.09								

注：由于污染源数量众多，该表格仅列氨氮入湖量分担率大于 1%的污染源。

2011～2014 年，每年排名前三的直排污染源均为赛得利（江西）化纤有限公司、九江金源化纤有限公司和江西洪富肠衣集团有限公司。赛得利（江西）化纤有限公司 4 年的分担率分别为 65.93%、69.41%、66.00%和 72.76%；九江金源化纤有限公司 4 年的分担率分别为 25.56%、20.57%、19.56%和 21.31%；江西洪富肠衣集团有限公司 4 年的分担率分别为 4.42%、4.42%、7.34%和 2.52%。

3. 总磷入湖量

1）区域分布

2014 年，工业污染源直排鄱阳湖总磷量为 13.41 t。从区域分布来看，2014 年，直排鄱阳湖总磷量进贤县最多，其他依次为星子县、庐山区、都昌县和新建县，5 个县（区）分担率分别为 63.0%、23.6%、12.7%、0.3%和 0.2%（表 4-2-12）。

表 4-2-12　2014 年直排工业总磷入湖量与分担率

年份	县区名称	总磷（t）	分担率（%）
2014	都昌县	0.05	0.3
	进贤县	8.45	63.0

续表

年份	县区名称	总磷（t）	分担率（%）
2014	庐山区	1.71	12.7
	新建县	0.03	0.2
	星子县	3.17	23.6
	合计	13.41	

2）行业分布

2014 年，医药制造业、农副食品加工业和食品制造业 3 个行业入湖量最大，分担率分别为 36.57%、25.45%和 23.02%。具体情况见表 4-2-13。

表 4-2-13　2014 年各行业直排工业总磷入湖量与分担率

行业名称	入湖量（t）	分担率（%）
医药制造业	4.902	36.57
农副食品加工业	3.412	25.45
食品制造业	3.086	23.02
化学纤维制造业	1.212	9.04
化学原料及化学制品制造业	0.618	4.61
纺织业	0.107	0.80
造纸及纸制品业	0.038	0.28
有色金属冶炼及压延加工业	0.030	0.22

3）主要污染源

2014 年，在所有直排污染源中排名前三的依次为江西中成药业集团有限公司、江西嘉鸿食品工业有限公司和江西洪富肠衣集团有限公司，3 家污染源的分担率分别为 36.4%、23.0%和 19.1%。具体情况见表 4-2-14。

表 4-2-14　2014 年各污染源直排工业总磷分担率

污染源名单	分担率（%）
江西中成药业集团有限公司	36.4
江西嘉鸿食品工业有限公司	23.0
江西洪富肠衣集团有限公司	19.1
赛得利（江西）化纤有限公司	7.4
中粮（江西）米业有限公司	4.3
江西大唐化学有限公司	3.7
九江金源化纤有限公司	1.7
江西茂昌实业有限公司	1.3

注：由于污染源数量众多，该表格仅列总磷入湖量分担率大于 1%的污染源。

4. 总氮入湖量

1）区域分布

2014 年，工业污染源直排鄱阳湖总氮量为 340.34 t。从区域分布来看，2014 年，直排鄱阳湖总氮量进贤县最多，其他依次为庐山区、星子县、都昌县和新建县，5 个县（区）分担率分别为 63.5%、32.0%、3.9%、0.5%和 0.2%（表 4-2-15）。

表 4-2-15　2014 年直排工业总氮入湖量与分担率

年份	县区名称	总氮（t）	分担率（%）
2014	都昌县	1.54	0.5
	进贤县	216.02	63.5
	庐山区	109.06	32.0
	新建县	0.55	0.2
	星子县	13.18	3.9
	合计	340.34	

2）行业分布

2014 年，医药制造业、农副食品加工业和化学纤维制造业 3 个行业入湖量最大，分担率分别为 33.01%、28.88%和 26.98%。具体情况见表 4-2-16。

表 4-2-16　2014 年各行业直排工业总氮入湖量与分担率

行业名称	入湖量（t）	分担率（%）
医药制造业	112.362	33.01
农副食品加工业	98.303	28.88
化学纤维制造业	91.835	26.98
化学原料及化学制品制造业	21.548	6.33
食品制造业	11.634	3.42
纺织业	1.716	0.50
有色金属冶炼及压延加工业	1.518	0.45
造纸及纸制品业	1.421	0.42

3）主要污染源

2014 年，在所有直排污染源中排名前三的依次为江西中成药业集团有限公司、赛得利(江西)化纤有限公司和江西洪富肠衣集团有限公司，3 家污染源的分担率分别为 32.9%、22.0%和 21.6%。具体情况见表 4-2-17。

表 4-2-17　2014 年各污染源直排工业总氮分担率

污染源名单	分担率（%）
江西中成药业集团有限公司	32.9
赛得利（江西）化纤有限公司	22.0
江西洪富肠衣集团有限公司	21.6
江西大唐化学有限公司	5.1
九江金源化纤有限公司	4.9
中粮（江西）米业有限公司	4.8
江西嘉鸿食品工业有限公司	3.4
江西茂昌实业有限公司	1.4
世纪阳光（江西）生态科技有限公司	1.1

注：由于污染源数量众多，该表格仅列总氮入湖量分担率大于 1%的污染源。

第三节　直排生活污染源入湖污染物

一、生活污染源调查

直排生活污染源调查主要来源于环境统计，主要考察直排生活化学需氧量和氨氮入湖量。

2010 年直排生活污染源主要分布于都昌县和星子县，2011 年主要分布于星子县、都昌县、湖口县和共青城市，2012 年主要分布于星子县、都昌县和湖口县，2013 年主要分布于进贤县、星子县、都昌县和湖口县，2014 年主要分布于进贤县、星子县、都昌县和湖口县。

二、污染物入湖量分析

1. 化学需氧量入湖量

2010～2014 年，直排生活化学需氧量入湖量分别为 22.7 t、381.7 t、295 t、517 t 和 567.8 t。2010 年，直排生活化学需氧入湖量远低于后四年，主要原因有两点：①2010 年直排生活污水处理厂数量和污水直排量均远远低于 2011 年、2012 年、2013 年和 2014 年；②2010 年污水管道收集情况不如 2011 年、2012 年、2013 年和 2014 年完善。

从区域上来看，2010 年，星子县和都昌县直排化学需氧量分担率分别为 59.5%和 40.5%；2011 年，直排化学需氧量入湖量最多的县为都昌县，其他依次为星子县、共青城市和湖口县，4 个县（区）分担率分别为 30.0%、25.4%、24.5%和 20.1%；2012 年，直排化学需氧量最多的县为都昌县，其他依次为星子县和湖口县，3 个县（区）的分担率分别为 39.7%、30.8%和 29.5%；2013 年，直排化学需氧量最多的县为进贤县，其他依次为都昌县、星子县和湖口县，分担率分别为 45.6%、22.1%、17.6%和 14.7%；2014 年，直排化学需氧量最多的县为进贤县，其他依次为都昌县、星子县和湖口县，分担率分别为44.6%、20.0%、19.0%和16.3%（表4-2-18）。

表4-2-18 2010～2014年直排生活化学需氧量入湖量与分担率

年份	县区名称	化学需氧量（t）	分担率（%）
2010	星子县	13.5	59.5
	都昌县	9.2	40.5
	合计	22.7	—
2011	星子县	96.9	25.4
	都昌县	114.8	30.0
	湖口县	76.6	20.1
	共青城市	93.4	24.5
	合计	381.7	—
2012	星子县	91	30.8
	都昌县	117	39.7
	湖口县	87	29.5
	合计	295	—
2013	进贤县	236	45.6
	星子县	91	17.6
	都昌县	114	22.1
	湖口县	76	14.7
	合计	517	—
2014	进贤县	253.4	44.6
	星子县	108.1	19.0
	都昌县	113.6	20.0
	湖口县	92.7	16.3
	合计	567.8	—

2. 氨氮入湖量

2010～2014年，直排生活氨氮入湖量分别为4.5 t、70.8 t、61.2 t、85.4 t和94.1 t。从区域分布上来看，2010年，星子县和都昌县直排氨氮分担率分别为60%和40%；2011年，直排氨氮最多的县为都昌县，其他依次为星子县、共青城市和湖口县，4个县（区）分担率分别为32.5%、27.4%、20.9%和19.2%；2012年，直排氨氮最多的县为都昌县，其他依次为星子县和湖口县，3个县（区）的分担率分别为38.2%、36.4%和25.3%；2013年，直排氨氮最多的县为进贤县，其他依次为都昌县、星子县和湖口县，分担率分别为30.8%、27.0%、26.1%和16.0%；2014年，直排氨氮最多的县为进贤县，其他依次为星子县、都昌县和湖口县，分担率分别为 29.9%、28.1%、24.5%和 17.5%（表 4-2-19）。

表 4-2-19　2010～2013 年直排生活污染源氨氮量及其分担率

年份	县区名称	氨氮（t）	分担率（%）
2010	星子县	2.7	60
	都昌县	1.8	40
	合计	4.5	
2011	星子县	19.4	27.4
	都昌县	23	32.5
	湖口县	13.6	19.2
	共青城市	14.8	20.9
	合计	70.8	—
2012	星子县	22.3	36.4
	都昌县	23.4	38.2
	湖口县	15.5	25.3
	合计	61.2	—
2013	进贤县	26.3	30.8
	星子县	22.3	26.1
	都昌县	23.1	27
	湖口县	13.7	16
	合计	85.4	—
2014	进贤县	28.2	29.9
	星子县	26.4	28.1
	都昌县	23.1	24.5
	湖口县	16.5	17.5
	合计	94.1	—

3. 总磷入湖量

2014 年，直排生活总磷入湖量为 8.2 t。从区域分布上来看，2014 年直排总磷最多的县为星子县，其他依次为进贤县和湖口县，分担率分别为 36.0%、32.0%和 32.0%（表 4-2-20）。

表 4-2-20　2014 年直排生活污染源总磷量及其分担率

年份	县区名称	总磷（t）	分担率（%）
2014	进贤县	2.6	32.0

续表

年份	县区名称	总磷（t）	分担率（%）
2014	星子县	3.0	36.0
	湖口县	2.6	32.0
	合计	8.2	

4. 总氮入湖量

2014年直排生活总氮入湖量为207.8 t。从区域分布上来看，2014年直排总氮最多的县为星子县，其他依次为进贤县、都昌县和湖口县，分担率分别为32.5%、27.6%、20.9%和19.0%（表4-2-21）。

表4-2-21　2014年直排生活污染源总氮量及其分担率

年份	县区名称	总氮（t）	分担率（%）
2014	进贤县	57.3	27.6
	星子县	67.5	32.5
	都昌县	43.5	20.9
	湖口县	39.6	19.0
	合计	207.8	

第四节　湖滨面源入湖污染物

一、污染物入湖量分析

1. 入湖量计算方法

污染物入湖量（t）＝污染物排放量/流失量（t）×入湖系数。

其中，污染物排放量/流失量数据来源于全国环境统计数据；入湖系数暂取0.3。入湖系数是滨湖区距湖边3 km缓冲区面积与湖滨区面积的比值。

2. 化学需氧量入湖量

2010年，鄱阳湖13个湖滨县（区）化学需氧量入湖量为27 612 t、2011年为28 297 t、2012年为26 530 t、2013年为26 263 t、2014年为25 979 t。鄱阳湖湖滨县区化学需氧量入湖量见表4-2-22。

表4-2-22　2010～2014年湖滨区化学需氧量入湖量

设区市名称	县区名称	年份	畜禽养殖排放量（t）	入湖量（t）
南昌市	南昌县	2010	12 127	8 489
		2011	11 665	8 165
		2012	11 398	7 978

续表

设区市名称	县区名称	年份	畜禽养殖排放量（t）	入湖量（t）
南昌市	南昌县	2013	13 559	9 492
		2014	13 359	9 352
	新建县	2010	5 429	3 800
		2011	5 615	3 930
		2012	4 721	3 305
		2013	3 721	2 605
		2014	3 671	2 570
	进贤县	2010	8 826	6 178
		2011	9 179	6 425
		2012	10 107	7 075
		2013	8 846	6 192
		2014	8 832	6 183
九江市	庐山区	2010	517	362
		2011	263	184
		2012	470	329
		2013	477	334
		2014	464	325
	九江县	2010	793	555
		2011	1 252	876
		2012	1 115	781
		2013	1 061	743
		2014	1 053	737
	永修县	2010	1 693	1 185
		2011	1 501	1 050
		2012	1 252	876
		2013	1 299	909
		2014	1 312	918
	德安县	2010	1 624	1 137
		2011	1 954	1 368
		2012	1 578	1 105
		2013	1 577	1 104
		2014	1 567	1 097

续表

设区市名称	县区名称	年份	畜禽养殖排放量（t）	入湖量（t）
九江市	星子县	2010	501	350
		2011	294	206
		2012	476	333
		2013	484	338
		2014	524	367
	都昌县	2010	1 414	990
		2011	1 881	1 317
		2012	923	646
		2013	869	608
		2014	872	610
	湖口县	2010	399	280
		2011	936	655
		2012	338	236
		2013	284	199
		2014	284	199
	共青城市	2010	675	473
		2011	370	259
		2012	324	227
		2013	324	227
		2014	324	227
上饶市	余干县	2010	3 178	2 225
		2011	3 214	2 250
		2012	3 117	2 182
		2013	3 019	2 113
		2014	2 994	2 096
	鄱阳县	2010	2 270	1 589
		2011	2 301	1 611
		2012	2 083	1 458
		2013	1 999	1 399
		2014	1 857	1 300
合计		2010	39 445	27 612
		2011	40 424	28 297
		2012	37 900	26 530
		2013	37 519	26 263
		2014	37 114	25 979

3. 氨氮入湖量

2010 年，鄱阳湖 13 个湖滨县（区）氨氮入湖量为 3 526 t、2011 年为 3 519 t、2012 年为 3 218 t、2013 年为 3 122 t、2014 年为 3 037 t。鄱阳湖湖滨县（区）氨氮入湖量见表 4-2-23。

表 4-2-23　2010～2014 年湖滨区氨氮入湖量

设区市名称	县区名称	年份	种植业流失量（t）	畜禽养殖排放量（t）	入湖量（t）
南昌市	南昌县	2010	180	1 456	1 145
		2011	180	1 311	1 044
		2012	146	506	456
		2013	149	565	500
		2014	183	1 098	897
	新建县	2010	146	488	444
		2011	17	39	39
		2012	38	154	135
		2013	47	153	140
		2014	146	418	395
	进贤县	2010	149	580	510
		2011	11	176	131
		2012	25	39	45
		2013	208	236	311
		2014	149	650	559
九江市	庐山区	2010	13	59	50
		2011	57	93	105
		2012	3	61	45
		2013	140	182	226
		2014	17	50	47
	九江县	2010	57	129	130
		2011	233	257	343
		2012	180	1 200	966
		2013	146	438	409
		2014	38	123	113
	永修县	2010	99	140	168
		2011	149	660	566
		2012	17	61	54
		2013	38	137	123
		2014	47	87	94
	德安县	2010	27	116	100
		2011	47	91	97

续表

设区市名称	县区名称	年份	种植业流失量（t）	畜禽养殖排放量（t）	入湖量（t）
九江市	德安县	2012	11	100	78
		2013	25	46	50
		2014	11	96	75
	星子县	2010	23	40	44
		2011	208	133	238
		2012	57	51	76
		2013	3	46	34
		2014	25	43	48
	都昌县	2010	80	206	200
		2011	140	160	210
		2012	233	219	317
		2013	183	1 128	918
		2014	208	119	228
	湖口县	2010	58	68	88
		2011	146	438	409
		2012	149	660	566
		2013	17	61	54
		2014	57	39	67
	共青城市	2010	23	82	73
		2011	38	125	114
		2012	47	87	94
		2013	11	96	75
		2014	3	46	34
上饶市	余干县	2010	140	185	227
		2011	25	46	50
		2012	208	126	233
		2013	57	39	67
		2014	140	132	190
	鄱阳县	2010	233	260	345
		2011	3	46	34
		2012	140	144	199
		2013	233	209	310
		2014	233	182	290
合计		2010	1 228	3 809	3 526
		2011	1 255	3 772	3 519
		2012	1 255	3 342	3 218
		2013	1 257	3 203	3 122
		2014	1 258	3 081	3 037

4. 总磷入湖量

2010 年，鄱阳湖 13 个湖滨县（区）总磷入湖量为 1 626 t、2011 年为 1 702 t、2012 年为 1 565 t、2013 年为 1 542 t、2014 年 1 335 t。鄱阳湖湖滨县区总磷入湖量见表 4-2-24。

表 4-2-24　2010～2014 年湖滨区总磷入湖量

设区市名称	县区名称	年份	种植业流失量（t）	畜禽养殖排放量（t）	入湖量（t）
南昌市	南昌县	2010	131	558	482
		2011	131	574	493
		2012	99	204	212
		2013	86	301	270
		2014	131	350	336
	新建县	2010	99	175	192
		2011	7	18	18
		2012	37	46	58
		2013	44	54	68
		2014	99	91	133
	进贤县	2010	86	264	245
		2011	14	88	71
		2012	11	25	25
		2013	61	89	105
		2014	86	263	244
九江市	庐山区	2010	7	18	18
		2011	48	24	50
		2012	11	27	27
		2013	84	77	113
		2014	7	12	14
	九江县	2010	37	45	58
		2011	167	105	191
		2012	131	589	504
		2013	99	116	150
		2014	37	26	44
	永修县	2010	44	48	64
		2011	86	333	293
		2012	7	15	15
		2013	37	33	49
		2014	44	29	51
	德安县	2010	14	82	67
		2011	44	36	56

续表

设区市名称	县区名称	年份	种植业流失量（t）	畜禽养殖排放量（t）	入湖量（t）
九江市	德安县	2012	14	42	39
		2013	11	14	18
		2014	14	66	56
	星子县	2010	11	20	22
		2011	61	67	90
		2012	48	16	45
		2013	11	13	17
		2014	11	16	19
	都昌县	2010	61	72	93
		2011	84	60	101
		2012	167	102	188
		2013	131	593	507
		2014	61	19	56
	湖口县	2010	48	21	49
		2011	99	116	150
		2012	86	288	261
		2013	7	20	19
		2014	48	17	45
	共青城市	2010	11	38	34
		2011	37	33	49
		2012	44	38	58
		2013	14	42	39
		2014	11	16	19
上饶市	余干县	2010	84	86	119
		2011	11	14	18
		2012	61	67	90
		2013	48	16	45
		2014	84	94	124
	鄱阳县	2010	167	95	184
		2011	11	13	17
		2012	84	60	101
		2013	167	102	188
		2014	167	109	193
合计		2010	801	1 521	1 626
		2011	801	1 630	1 702
		2012	801	1 434	1 565
		2013	801	1 401	1 542
		2014	801	1 106	1 335

5. 总氮入湖量

2010 年，鄱阳湖 13 个湖滨县区总氮入湖量为 13 562 t、2011 年为 14 003 t、2012 年为 13 737 t、2013 年为 13 645 t、2014 年为 12 512 t。鄱阳湖湖滨县区总氮入湖量见表 4-2-25。

表 4-2-25　2010～2014 年湖滨总氮入湖量

设区市名称	县区名称	年份	种植业流失量（t）	畜禽养殖排放量（t）	入湖量（t）
南昌市	南昌县	2010	1 179	3 667	3 392
		2011	1 179	3 745	3 447
		2012	1 004	1 632	1 845
		2013	996	2 202	2 239
		2014	1 179	3 335	3 160
	新建县	2010	1 004	1 456	1 722
		2011	100	139	167
		2012	485	297	548
		2013	530	410	659
		2014	1 004	860	1 304
	进贤县	2010	996	1 917	2 040
		2011	218	401	434
		2012	124	146	189
		2013	645	525	819
		2014	996	1 978	2 082
九江市	庐山区	2010	100	143	170
		2011	633	157	553
		2012	124	153	194
		2013	773	669	1 009
		2014	100	91	133
	九江县	2010	485	287	541
		2011	1 926	792	1 903
		2012	1 179	3 805	3 489
		2013	1 004	1 308	1 618
		2014	485	215	490
	永修县	2010	530	415	662
		2011	996	2 418	2 390
		2012	100	102	141
		2013	485	344	581
		2014	530	264	556
	德安县	2010	218	385	422
		2011	530	401	652

续表

设区市名称	县区名称	年份	种植业流失量（t）	畜禽养殖排放量（t）	入湖量（t）
九江市	德安县	2012	218	247	326
		2013	124	119	170
		2014	218	310	370
	星子县	2010	124	116	168
		2011	645	396	729
		2012	633	172	563
		2013	124	109	163
		2014	124	89	149
	都昌县	2010	645	455	770
		2011	773	706	1 036
		2012	1 926	758	1 879
		2013	1 179	3 876	3 538
		2014	645	124	539
	湖口县	2010	633	145	545
		2011	1 004	1 308	1 618
		2012	996	2 151	2 203
		2013	100	144	171
		2014	633	117	525
	共青城市	2010	124	218	239
		2011	485	344	580
		2012	530	427	670
		2013	218	247	326
		2014	124	78	141
上饶市	余干县	2010	773	747	1 064
		2011	124	119	170
		2012	645	397	730
		2013	633	172	563
		2014	773	809	1 108
	鄱阳县	2010	1 926	685	1 828
		2011	124	109	163
		2012	773	706	1 036
		2013	1 926	754	1 876
		2014	1 926	867	1 955
合计		2010	10 636	8 738	13 562
		2011	8 738	11 266	14 003
		2012	8 738	10 886	13 737
		2013	8 738	10 755	13 645
		2014	8 738	9 136	12 512

二、污染负荷比

1. 污染物负荷比

2010～2014 年，4 种污染物中，化学需氧量污染负荷最大，负荷比范围为 58.9%～60.6%；其次为总氮，负荷比范围为 29.2%～30.6%；总磷负荷比最小，负荷比范围为 3.1%～3.6%；氨氮负荷比范围为 7.0%～7.6%。污染物负荷比分析见表 4-2-26。

表 4-2-26　农业源入湖污染负荷比

年份	指标项	化学需氧量	氨氮	总磷	总氮
2010	入湖量（t）	27 612	3 526	1 626	13 562
	负荷比（%）	59.6	7.6	3.5	29.3
2011	入湖量（t）	28 297	3 519	1 702	14 003
	负荷比（%）	59.5	7.4	3.6	29.5
2012	入湖量（t）	26 530	3 218	1 565	13 737
	负荷比（%）	58.9	7.1	3.5	30.5
2013	入湖量（t）	26 263	3 122	1 542	13 645
	负荷比（%）	58.9	7.0	3.5	30.6
2014	入湖量（t）	25 979	3 037	1 335	12 512
	负荷比（%）	60.6	7.1	3.1	29.2

2. 县（区）污染负荷比

以 2010 年典型年分析，湖滨县（区）污染物负荷比数据见表 4-2-27。13 个湖滨县（区）中，南昌县的化学需氧量、氨氮、总磷和总氮负荷比最大，其次为进贤县、新建县。

表 4-2-27　2010 年湖滨（县）区农业面源污染负荷比

设区市名称	县区名称	化学需氧量		氨氮		总磷		总氮	
		入湖量（t）	负荷比(%)	入湖量（t）	负荷比(%)	入湖量（t）	负荷比(%)	入湖量（t）	负荷比(%)
南昌市	南昌县	8 489	30.7	1 145	32.5	482	29.6	3 392	25.0
	新建县	3 800	13.8	444	12.6	192	11.8	1 722	12.7
	进贤县	6 178	22.4	510	14.5	245	15.1	2 040	15.0
九江市	庐山区	362	1.3	50	1.4	18	1.1	170	1.3
	九江县	555	2.0	130	3.7	58	3.6	541	4.0
	永修县	1 185	4.3	168	4.8	64	3.9	662	4.9
	德安县	1 137	4.1	100	2.8	67	4.1	422	3.1

续表

设区市名称	县区名称	化学需氧量		氨氮		总磷		总氮	
		入湖量（t）	负荷比(%)	入湖量（t）	负荷比(%)	入湖量（t）	负荷比(%)	入湖量（t）	负荷比(%)
九江市	星子县	350	1.3	44	1.2	22	1.4	168	1.2
	都昌县	990	3.6	200	5.7	93	5.7	770	5.7
	湖口县	280	1.0	88	2.5	49	3.0	545	4.0
	共青城市	473	1.7	73	2.1	34	2.1	239	1.8
上饶市	余干县	2 225	8.1	227	6.4	119	7.3	1 064	7.8
	鄱阳县	1 589	5.8	345	9.8	184	11.3	1 828	13.5

第五节　水产养殖入湖污染物

根据2009年污染源普查更新调查数据，鄱阳湖13个湖滨县(区)鱼养殖量为63 697 t，虾养殖量为1 841 t，蟹养殖量为493 t，贝养殖量为11 471 t，其他养殖量为3 537 t，其中，南昌县、新建县、都昌县和鄱阳县鱼类养殖量较大，湖口县贝类养殖量大。

一、污染物入湖量分析

污染物入湖量来源于2010～2014年环境统计年报数据。

1. 化学需氧量入湖量

2010～2014年，鄱阳湖水产养殖化学需氧量入湖量分别为7 233 t、7 472 t、7 472 t、7 653 t和7 287.3 t。鄱阳湖水产养殖化学需氧量入湖量见表4-2-28。

表4-2-28　2010～2014年水产养殖化学需氧量入湖量

设区市名称	县区名称	年份	入湖量（t）
南昌市	南昌县	2010	3 623
		2011	3 623
		2012	3 623
		2013	3 802
		2014	3 801
	新建县	2010	699
		2011	699
		2012	699
		2013	699
		2014	699
	进贤县	2010	367
		2011	367

续表

设区市名称	县区名称	年份	入湖量（t）
南昌市	进贤县	2012	367
		2013	367
		2014	367
九江市	庐山区	2010	52
		2011	160
		2012	160
		2013	160
		2014	16.3
	九江县	2010	138
		2011	158
		2012	158
		2013	158
		2014	158
	永修县	2010	150
		2011	369
		2012	369
		2013	369
		2014	264
	德安县	2010	111
		2011	270
		2012	270
		2013	270
		2014	270
	星子县	2010	82
		2011	231
		2012	231
		2013	231
		2014	231
	都昌县	2010	786
		2011	263
		2012	263
		2013	263
		2014	200
	湖口县	2010	106
		2011	254
		2012	254
		2013	254
		2014	200

续表

设区市名称	县区名称	年份	入湖量（t）
九江市	共青城市	2010	39
		2011	0
		2012	0
		2013	3
		2014	3
上饶市	余干县	2010	328
		2011	328
		2012	328
		2013	328
		2014	328
	鄱阳县	2010	750
		2011	750
		2012	750
		2013	750
		2014	750
合计		2010	7 233
		2011	7 472
		2012	7 472
		2013	7 653
		2014	7 287.3

2. 氨氮入湖量

2010～2014 年，鄱阳湖水产养殖氨氮入湖量分别为 86 t、85 t、85 t、91 t 和 91 t。鄱阳湖水产养殖氨氮入湖量见表 4-2-29。

表 4-2-29　2010～2014 年鄱阳湖水产养殖氨氮入湖量

设区市名称	县区名称	年份	入湖量（t）
南昌市	南昌县	2010	21
		2011	21
		2012	21
		2013	27
		2014	26
	新建县	2010	5
		2011	5
		2012	5
		2013	5
		2014	5

续表

设区市名称	县区名称	年份	入湖量（t）
南昌市	进贤县	2010	4
		2011	4
		2012	4
		2013	4
		2014	4
九江市	庐山区	2010	1
		2011	7
		2012	7
		2013	7
		2014	7
	九江县	2010	2
		2011	2
		2012	2
		2013	2
		2014	2
	永修县	2010	3
		2011	4
		2012	4
		2013	4
		2014	4
	德安县	2010	1
		2011	3
		2012	3
		2013	3
		2014	3
	星子县	2010	1
		2011	6
		2012	6
		2013	6
		2014	6
	都昌县	2010	23
		2011	8
		2012	8
		2013	8
		2014	8
	湖口县	2010	1
		2011	3
		2012	3
		2013	3
		2014	3

续表

设区市名称	县区名称	年份	入湖量（t）
九江市	共青城市	2010	1
		2011	0
		2012	0
		2013	0
		2014	0
上饶市	余干县	2010	11
		2011	11
		2012	11
		2013	11
		2014	11
	鄱阳县	2010	12
		2011	12
		2012	12
		2013	12
		2014	12
合计		2010	86
		2011	85
		2012	85
		2013	91
		2014	91

3. 总磷入湖量

2010～2014 年，鄱阳湖水产养殖总磷入湖量分别为 170 t、170 t、170 t、163 t 和 163 t。鄱阳湖水产养殖总磷入湖量见表 4-2-30。

表 4-2-30　2010～2014 年鄱阳湖水产养殖总磷入湖量

设区市名称	县区名称	年份	入湖量（t）
南昌市	南昌县	2010	76
		2011	76
		2012	76
		2013	76
		2014	76
	新建县	2010	14
		2011	14
		2012	14
		2013	14
		2014	14

续表

设区市名称	县区名称	年份	入湖量（t）
南昌市	进贤县	2010	8
		2011	8
		2012	8
		2013	8
		2014	8
九江市	庐山区	2010	1
		2011	1
		2012	1
		2013	1
		2014	1
	九江县	2010	5
		2011	5
		2012	5
		2013	5
		2014	5
	永修县	2010	7
		2011	7
		2012	7
		2013	0
		2014	0
	德安县	2010	2
		2011	2
		2012	2
		2013	2
		2014	2
	星子县	2010	2
		2011	2
		2012	2
		2013	2
		2014	2
	都昌县	2010	20
		2011	20
		2012	20
		2013	20
		2014	20
	湖口县	2010	2
		2011	2
		2012	2
		2013	2
		2014	2

续表

设区市名称	县区名称	年份	入湖量（t）
九江市	共青城市	2010	1
		2011	1
		2012	1
		2013	1
		2014	1
上饶市	余干县	2010	14
		2011	14
		2012	14
		2013	14
		2014	14
	鄱阳县	2010	18
		2011	18
		2012	18
		2013	18
		2014	18
合计		2010	170
		2011	170
		2012	170
		2013	163
		2014	163

4. 总氮入湖量

2010～2014 年，鄱阳湖水产养殖总氮入湖量分别为 896 t、896 t、896 t、870 t 和 870 t。鄱阳湖水产养殖总氮入湖量见表 4-2-31。

表 4-2-31　2010～2014 年鄱阳湖水产养殖总氮入湖量

设区市名称	县区名称	年份	入湖量（t）
南昌市	南昌县	2010	401
		2011	401
		2012	401
		2013	401
		2014	401
	新建县	2010	69
		2011	69
		2012	69
		2013	69
		2014	69

续表

设区市名称	县区名称	年份	入湖量（t）
南昌市	进贤县	2010	41
		2011	41
		2012	41
		2013	41
		2014	41
九江市	庐山区	2010	5
		2011	5
		2012	5
		2013	5
		2014	5
	九江县	2010	28
		2011	28
		2012	28
		2013	28
		2014	28
	永修县	2010	26
		2011	26
		2012	26
		2013	0
		2014	0
	德安县	2010	12
		2011	12
		2012	12
		2013	12
		2014	12
	星子县	2010	10
		2011	10
		2012	10
		2013	10
		2014	10
	都昌县	2010	107
		2011	107
		2012	107
		2013	107
		2014	107
	湖口县	2010	11
		2011	11
		2012	11
		2013	11
		2014	11

续表

设区市名称	县区名称	年份	入湖量（t）
九江市	共青城市	2010	7
		2011	7
		2012	7
		2013	7
		2014	7
上饶市	余干县	2010	79
		2011	79
		2012	79
		2013	79
		2014	79
	鄱阳县	2010	101
		2011	101
		2012	101
		2013	101
		2014	101
合计		2010	896
		2011	896
		2012	896
		2013	870
		2014	870

二、污染负荷比

1. 污染物负荷比

2010～2014年，4项污染物中，化学需氧量污染负荷比最大，负荷比范围为86.3%～87.2%；其次为总氮，负荷比范围为9.9%～10.7%；氨氮负荷比最小，负荷比范围为1.0%～1.1%；总磷负荷比范围为1.9%～2.0%。污染负荷比分析见表4-2-32。

表4-2-32　鄱阳湖水产养殖入湖污染物负荷比一览表

年份	指标项	化学需氧量	氨氮	总磷	总氮
2010	入湖量（t）	7 231	86	170	897
	负荷比（%）	86.3	1.0	2.0	10.7
2011	入湖量（t）	7 472	86	170	897
	负荷比（%）	86.7	1.0	2.0	10.4
2012	入湖量（t）	7 472	86	170	897
	负荷比（%）	86.7	1.0	2.0	10.4

续表

年份	指标项	化学需氧量	氨氮	总磷	总氮
2013	入湖量（t）	7 654	92	163	871
	负荷比（%）	87.2	1.0	1.9	9.9
2014	入湖量（t）	7 287.3	92	163	871
	负荷比（%）	86.6	1.1	1.9	10.4

2. 县（市、区）污染负荷比

以2010年典型年分析，湖滨县（市、区）污染物负荷比数据见表4-2-33。13个湖滨县（区）中，南昌县的化学需氧量、总磷和总氮负荷比最大，其次为都昌县、鄱阳县；都昌县的氨氮负荷比最大，其次为南昌县、鄱阳县。

表4-2-33 2010年鄱阳湖水产养殖污染负荷比统计表

设区市名称	县区名称	化学需氧量		氨氮		总磷		总氮	
		入湖量（t）	负荷比（%）	入湖量（t）	负荷比（%）	入湖量（t）	负荷比（%）	入湖量（t）	负荷比（%）
南昌市	南昌县	3 623	50.1	21	24.4	76	44.7	401	44.7
	新建县	699	9.7	5	5.8	14	8.2	69	7.7
	进贤县	367	5.1	4	4.7	8	4.7	41	4.6
九江市	庐山区	52	0.7	1	1.2	1	0.6	5	0.6
	九江县	138	1.9	2	2.3	5	2.9	28	3.1
	永修县	150	2.1	3	3.5	7	4.1	26	2.9
	德安县	111	1.5	1	1.2	2	1.2	12	1.3
	星子县	82	1.1	1	1.2	2	1.2	10	1.1
	都昌县	786	10.9	23	26.7	20	11.8	107	11.9
	湖口县	106	1.5	1	1.2	2	1.2	11	1.2
	共青城市	39	0.5	1	1.2	1	0.6	7	0.8
上饶市	余干县	328	4.5	11	12.8	14	8.2	79	8.8
	鄱阳县	750	10.4	12	14.0	18	10.6	101	11.3

第六节 降水降尘入湖污染物

一、降水监测断面和频次

鄱阳湖降水数据监测依托鄱阳湖水质自动监测站，分别在九江县和上饶市布设蛤蟆石、吴城和康山3个点位；监测项目为化学需氧量、氨氮、总磷和总氮；监测时间和频次为2014年每月监测1次，全年共监测12次；采样方法以1个月为周期，每次降水后采样器内收集的降水转移至洁净的聚乙烯塑料瓶中并密封。鄱阳湖降水监测点位情况见表4-2-34。

表 4-2-34 鄱阳湖降水监测点位

设区市名称	县区名称	点位名称	经纬度	点位位置
九江市	庐山区	蛤蟆石	29°36′37″N 116°07′31″E	鄱阳湖蛤蟆石水质自动监测站
	永修县	吴城	29°11′16″N 116°00′13″E	吴城赣江水质自动监测站
上饶市	余干县	康山	28°53′24.9″N 116°25′2.5″E	鄱阳湖康山水质自动监测站

二、降水入湖量计算方法

1. 污染物入湖量

月入湖量（t）＝污染物浓度监测值（mg/L）×降水量（mm）×鄱阳湖面积（km^2）×10^{-3}

年入湖量（t）＝12 个月的污染物月入湖量之和（t）。

注：污染物浓度监测值与降水量均取 3 个点位月均值参与计算。

2. 入湖量负荷比

污染物入湖量负荷比＝（某污染物入湖量÷4 项污染物入湖量之和）×100%。

三、降水污染物入湖量与负荷比

2014 年，化学需氧量入湖总量为 33 390.3 t，其中 7 月入湖量最高（16 599.3 t），12 月入湖量最低（38.4 t）；2014 年，化学需氧量负荷比为 77.1%，1～12 月，化学需氧量负荷比范围为 63.6%～80.0%，其中 7 月负荷比最高，8 月负荷比最低。

2014 年，氨氮入湖总量为 2 849.1 t，其中 7 月入湖量最高（1 118.1 t），12 月入湖量最低（4.5 t）；2014 年，氨氮负荷比为 6.6%，1～12 月，氨氮负荷比范围为 3.5%～14.5%，其中 1 月负荷比最高，11 月负荷比最低。

2014 年，总磷入湖总量为 215.2 t，其中 7 月入湖量最高（73.5 t），1 月入湖量最低（0.2 t）；2014 年总磷负荷比为 0.5%，1～12 月，总磷负荷比范围为 0.2%～4.3%，其中 10 月负荷比最高，3 月负荷比最低。

2014 年，总氮入湖总量为 6 875.2 t，其中 7 月入湖量最高（2 970.1 t），12 月入湖量最低（8.4 t）；2014 年，总氮负荷比为 15.9%，1～12 月，总氮负荷比范围为 8.5%～22.9%，其中 8 月负荷比最高，3 月负荷比最低。

2014 年，各月份 4 项污染物入湖量与负荷比见表 4-2-35。

表 4-2-35 2014 年 4 项污染物降水入湖量与负荷比

月份	化学需氧量		氨氮		总磷		总氮	
	入湖量（t）	负荷比（%）	入湖量（t）	负荷比（%）	入湖量（t）	负荷比（%）	入湖量（t）	负荷比（%）
1	51.5	64.7	11.5	14.5	0.2	0.3	16.3	20.5
2	198.6	72.2	25.6	9.3	0.7	0.3	50.1	18.2

续表

月份	化学需氧量		氨氮		总磷		总氮	
	入湖量（t）	负荷比（%）	入湖量（t）	负荷比（%）	入湖量（t）	负荷比（%）	入湖量（t）	负荷比（%）
3	1 619.9	86.2	95.4	5.1	4.5	0.2	158.9	8.5
4	929.8	79.9	98.4	8.5	4.1	0.3	131.9	11.3
5	4 145.9	79.3	258.1	4.9	19.7	0.4	802.8	15.4
6	2 364.1	70.7	262.2	7.8	10.3	0.3	708.9	21.2
7	16 599.3	80.0	1 118.1	5.4	73.5	0.4	2 970.1	14.3
8	2 701.9	63.6	561.4	13.2	14.8	0.3	972.7	22.9
9	2 125.5	75.2	261.0	9.2	9.0	0.3	429.2	15.2
10	1 140.5	74.3	85.0	5.5	66.2	4.3	244.1	15.9
11	1 475.0	76.2	67.8	3.5	12.0	0.6	381.9	19.7
12	38.4	74.5	4.5	8.8	0.3	0.5	8.4	16.2
合计	33 390.3	77.1	2 849.1	6.6	215.2	0.5	6 875.2	15.9

2014 年 1～12 月 4 项污染物负荷比最高的均为化学需氧量，其负荷比为 63.6%～80.0%；其次为总氮，其负荷比为 8.5%～22.9%；氨氮的负荷比为 3.5%～14.5%；负荷比最低的为总磷，其负荷比为 0.2%～4.3%，化学需氧量是各月份的主要入湖污染物。

四、降尘监测断面和频次

鄱阳湖降尘监测分别在九江县和上饶市布设鞋山、吴城和康山 3 个点位，监测项目为化学需氧量、氨氮、总磷和总氮；监测时间和频次为 2014 年每季度监测 1 次，全年共监测 4 次。鄱阳湖降尘监测点位情况见表 4-2-36。

表 4-2-36　鄱阳湖降尘监测点位

设区市名称	县区名称	点位名称	经纬度	点位位置
九江市	湖口县	鞋山	29°39′35″N 116°10′5″E	鄱阳湖中的鞋山岛
	永修县	吴城	29°11′16″N 116°00′13″E	吴城赣江水质自动站
上饶市	余干县	康山	28°53′24.9″N 116°25′2.5″E	康山乡康山大堤康山水质自动站

五、降尘入湖量计算方法

1. 污染物入湖量

季入湖量（t）＝污染物浓度监测值（mg/kg）×降尘量（t/km^2）×鄱阳湖面积（km^2）×10^{-6}

年入湖量（t）＝4 个季度的污染物月入湖量之和（t）。

注：污染物浓度监测值与降尘量均取 3 个点位季均值参与计算。

2. 入湖量负荷比

污染物入湖量负荷比＝（某污染物入湖量÷4 项污染物入湖量之和）×100%。

六、降尘污染物入湖量与负荷比

2014 年，化学需氧量入湖总量为 27.1 t，其中第三季度入湖量最高（10.3 t），第一季度入湖量最低（1.6 t）；2014 年，化学需氧量总负荷比为 72.7%，第一至第四季度，化学需氧量负荷比范围为 71.5%～73.7%，其中第二季度负荷比最高，第三季度负荷比最低。

2014 年，氨氮入湖总量为 3.0 t，其中第三季度入湖量最高（1.2 t），第一季度入湖量最低（0.2 t）；2014 年氨氮总负荷比为 8.0%，第一至第四季度，氨氮负荷比范围为 7.8%～8.1%，其中第三、第四季度负荷比最高，第二季度负荷比最低。

2014 年，总磷入湖总量为 1.2 t，其中第三季度入湖量最高（0.5 t），第一季度入湖量最低（0.1 t）；2014 年，总磷总负荷比为 3.3%，第一至第四季度，总磷负荷比范围为 3.1%～3.3%，其中第一、第三、第四季度负荷比最高，第二季度负荷比最低。

2014 年，总氮入湖总量为 6.0 t，其中第三季度入湖量最高（2.5 t），第一季度入湖量最低（0.3 t）；2014 年，总氮总负荷比为 6.0%，第一至第四季度，总氮负荷比范围为 15.2%～17.1%，其中第三季度负荷比最高，第四季度负荷比最低。

2014 年，各季度 4 项污染物入湖量与负荷比见表 4-2-37。

表 4-2-37 2014 年 4 项污染物降尘入湖量与负荷比

季度	化学需氧量		氨氮		总磷		总氮	
	入湖量（t）	负荷比（%）	入湖量（t）	负荷比（%）	入湖量（t）	负荷比（%）	入湖量（t）	负荷比（%）
一	1.6	73.1	0.2	7.9	0.1	3.3	0.3	15.8
二	8.6	73.7	0.9	7.8	0.4	3.1	1.8	15.3
三	10.3	71.5	1.2	8.1	0.5	3.3	2.5	17.1
四	6.7	73.4	0.7	8.1	0.3	3.3	1.4	15.2
合计	27.1	72.7	3.0	8.0	1.2	3.3	6.0	16.0

2014 年第一至第四季度 4 项污染物负荷比最高的均为化学需氧量，其负荷比为 71.5%～73.7%；其次为总氮，其负荷比为 15.2%～17.1%；氨氮的负荷比为 7.8%～8.1%；负荷比最低的为总磷，其负荷比为 3.1%～3.3%，化学需氧量是各季度的主要入湖污染物。

第七节 入湖污染总量分析

对 2010～2013 年鄱阳湖河流入湖、直排工业污染、直排生活污染、湖滨面源和水产养殖 5 种入湖污染途径进行分析，由于 2014 年新增加了降雨降尘监测，因此，2014 年对包含上述入湖污染途径的 6 种途径进行分析。

一、污染物入湖总量

1. 化学需氧量入湖总量

2010～2014 年，化学需氧量入湖总量分别为 2 006 238 t、938 088 t、2 070 843 t 和 1 339 094 t 和 1 497 055 t。6 种入湖途径中，河流入湖分担率最高，占 95.8%～98.3%，其次为湖滨面源，分担率为 1.4%～3.0%，其余 3 种入湖途径分担率均不足 1%。2010～2014 年，化学需氧量 6 种入湖途径入湖量及其分担率见表 4-2-38。

表 4-2-38　2010～2014 年化学需氧量入湖量与分担率

入湖途径	2010 年		2011 年		2012 年		2013 年		2014 年	
	入湖量（t）	分担率（%）	入湖量（t）	分担率（%）	入湖量（t）	分担率（%）	入湖量（t）	分担率（%）	入湖量（t）	分担率（%）
河流入湖	1 969 261	98.1	899 070	95.8	2 035 049	98.3	1 301 632	97.2	1 461 234	97.6%
直排工业污染	2 111	0.1	2 867	0.3	1 497	0.1	3 028	0.2	2 307	0.2%
直排生活污染	23	0.001	382	0.041	295	0.01	517	0.03	221	0.0%
湖滨面源	27 612	1.4	28 297	3.0	26 530	1.3	26 263	2.0	25 979	1.7%
水产养殖	7 231	0.4	7 472	0.8	7 472	0.4	7 654	0.6	7 287	0.5%
降雨降尘	—	—	—	—	—	—	—	—	27.1	0.01%
合计	2 006 238		938 088		2 070 843		1 339 094		1 497 055	

2. 氨氮入湖总量

2010～2014 年，氨氮入湖总量分别为 77 362 t、41 243 t、74 471 t、57 728 t 和 69 775 t。6 种入湖途径中，河流入湖分担率最高，占 90.7%～95.2%，其次为湖滨面源（4.3%～8.5%），直排工业污染、直排生活污染和水产养殖分担率均不足 1%。2010～2014 年，6 种入湖途径氨氮入湖量及其分担率见表 4-2-39。

表 4-2-39　2010～2014 年不同入湖途径氨氮入湖量与分担率

入湖途径	2010 年		2011 年		2012 年		2013 年		2014 年	
	入湖量（t）	分担率（%）	入湖量（t）	分担率（%）	入湖量（t）	分担率（%）	入湖量（t）	分担率（%）	入湖量（t）	分担率（%）
河流入湖	73 672	95.2	37 412	90.7	70 931	95.2	54 265	94.0	63 483	91.1
直排工业污染	74.2	0.1	220.3	0.5	232.2	0.3	244.2	0.4	221.3	0.3
直排生活污染	4.5	0.005 2	7.0	0.009	5.3	0.01	6.5	0.01	94	0.1
湖滨面源	3 526	4.6	3 519	8.5	3 218	4.3	3 122	5.4	3 037	4.4
水产养殖	86	0.1	85	0.2	85	0.1	91	0.2	91	0.1
降雨降尘									2 849.1	4.1
合计	77 362.7		41 243		74 471		57 728		69 775.4	

3. 总磷入湖总量

2010～2014 年总磷入湖总量分别为 26 015 t、7 536 t、13 288 t、9 717 t 和 12 117.6 t。各种入湖途径中，河流入湖分担率最高，占 75.2%～93.1%，其次为湖滨面源（6.3%～22.6%）、水产养殖入湖途径分担率（0.7%～2.3%）。2010～2014 年，各种污染物入湖途径总磷入湖量及其分担率见表 4-2-40。

表 4-2-40　2010～2014 年总磷入湖量与分担率

入湖途径	2010 年		2011 年		2012 年		2013 年		2014 年	
	入湖量（t）	分担率（%）	入湖量（t）	分担率（%）	入湖量（t）	分担率（%）	入湖量（t）	分担率（%）	入湖量（t）	分担率（%）
河流入湖	24 219	93.1	5 664	75.2	11 553	86.9	8 012	82.5	10 598	87.5
直排工业污染	—	—	—	—	—	—	—	—	13.4	0.1
直排生活污染	—	—	—	—	—	—	—	—	8.2	0.1
湖滨面源	1 626	6.3	1 702	22.6	1 565	11.8	1 542	15.9	1 335	11.0
水产养殖	170	0.7	170	2.3	170	1.3	163	1.7	163	1.3
降雨降尘	—	—	—	—	—	—	—	—	215.2	1.8
合计	26 015		7 536		13 288		9 717		12 117.6	

注：直排污染、工业生活无总磷数据。

4. 总氮入湖总量

2010～2014 年，总氮入湖总量分别为 271 039 t、127 758 t、244 224 t、167 395 t 和 208 305 t。各种入湖途径中，河流入湖分担率最高，占 87.8%～94.5%，其余依次为湖滨面源（5.1%～11.5%）、水产养殖（0.3%～0.7%）和降雨降尘（0.001%）。2010～2014 年，各种污染物入湖途径总氮入湖量及其分担率见表 4-2-41。

表 4-2-41　2010～2014 年总氮入湖量与分担率

入湖途径	2010 年		2011 年		2012 年		2013 年		2014 年	
	入湖量（t）	分担率（%）	入湖量（t）	分担率（%）	入湖量（t）	分担率（%）	入湖量（t）	分担率（%）	入湖量（t）	分担率（%）
河流入湖	250 963	94.5	106 985	87.8	223 767	93.9	146 960	91.0	194 369	93.0
直排工业污染	—	—	—	—	—	—	—	—	340	0.17
直排生活污染	—	—	—	—	—	—	—	—	207	0.1
湖滨面源	13 562	5.1	14 003	11.5	13 737	5.8	13 645	8.5	12 512	6.3
水产养殖	896	0.3	896	0.7	896	0.4	870	0.5	870	0.4
降雨降尘	—	—	—	—	—	—	—	—	6	0.001
合计	271 039		127 758		244 224		167 395		208 305	

注：2010～2013 年工业污染、直排生活无总氮数据。

二、污染负荷比

2010～2014 年，污染物入湖总量中，化学需氧量污染负荷比最大，负荷比范围为 83.8%～86.4%，其中 2012 年负荷比最大，2014 年负荷比最小；其次为总氮，负荷比范围为 9.9%～11.7%，其中 2014 年最大，2012 年最小；氨氮污染负荷比范围为 3.1%～3.9%，其中 2014 年最大，2012 年最小；总磷污染负荷比最小，负荷比范围为 0.6%～1.1%，其中 2010 年最大，2012～2014 年负荷比最小。

三、变化趋势分析

2010～2014 年，鄱阳湖污染物入湖总量呈波动变化，2010 年和 2012 年处于高值，2011 年处于最低值，由于污染入湖总量变化受河流入湖量变化影响较大，河流入湖量主要受河流水量影响，2010 年和 2012 年为丰水年，水量相对其他年份较大。

2014 年与 2010 年相比，污染入湖总量均有不同程度下降，其中，河流入湖量均下降，主要受水量下降影响；直排工业、生活污染入湖量上升较大，直排工业污染入湖量上升主要受人造纤维（纤维素纤维）制造业污染入湖量上升影响，直排生活污染入湖量上升主要是由于湖滨区（县）生活污水由分散随意排放发展为集中收集处理后排放，统计到的生活污水数量增加，生活污水处理厂由 2010 年的 8 家增加到 2014 年的 17 家，生活污水集中处理后排放量增加 3.2 倍。湖滨面源污染入湖量中化学需氧量、氨氮、总磷和总氮均下降，化学需氧量和氨氮入湖量下降主要受农业畜禽养殖污染物总量减排影响；水产养殖污染入湖量中化学需氧量和氨氮略有上升、总磷和总氮略有下降。2014 年与 2010 年鄱阳湖污染物入湖量变化情况见表 4-2-42。

表 4-2-42　2014 年与 2010 年污染物入湖量对比　　（单位：%）

入湖途径	化学需氧量	氨氮	总磷	总氮
河流入湖	–25.8	–13.8	–56.2	–22.6
直排工业污染	9.3	198	—	—
直排生活污染	860.8	2 252	—	—
湖滨面源	–5.9	–13.8	–17.9	–7.7
水产养殖	0.7	5.8	–4.1	–2.9
入湖总量	–25.4	–17.0	–53.4	–23.1

第三章　加强湖区水环境保护对策

1. 加强主要河流污染物排放控制

从研究结果来看，化学需氧量、氨氮、总磷和总氮4项污染物主要通过赣江主支、赣江中支、赣江南支、赣江北支、信江西支和饶河6条河道进入鄱阳湖。因此，必须控制鄱阳湖流域6条主要河道污染物入湖量。

根据“五河”流域的社会经济状况和水污染特点，以及对鄱阳湖水环境的影响，河流污染治理应该坚持统一规划、突出重点、标本兼治、分布实施的原则，采取多种措施进行综合治理。

首先，应重点加强“五河”流域生活、工业污染源和农村面源污染控制。各城镇应根据经济社会发展规划，因地制宜地建立生活污水处理厂，提高生活污水处理率，最大限度地降低城镇生活污水对“五河”水质的影响。其次，应科学布局污水处理厂选址，应按污水汇流集中到各污染源产生点距离最小的原则优化选择，这样既可以减少污水管道建设，又能保证处理后的中水就近利用。最后，开展节水型城镇建设，提倡绿色消费、节约用水。

2. 严格控制工业、生活污水直排鄱阳湖

2010～2013年，鄱阳湖每年直排生活、工业污染源氨氮排放量为78～250 t，化学需氧量排放量为 2 132～3 545 t。虽然直排生活、工业污染源排放量与污染物河道入湖相比很小，但仍不可忽视。鄱阳湖周边分布着大量城镇和工业企业，城镇生活污水和工业废水相当大一部分未经处理直接排入鄱阳湖。根据对入湖河流的监测，小河流的水质污染严重，应加强城镇污染的集中控制，加快城镇污水处理厂的建设进程，完善污水收集管网，提高污水处理效率和处理深度，建议加快建设鄱阳湖滨湖区重点乡镇污水处理设施；巩固工业污染源达标成果，加强管理，杜绝偷排现象发生，提高工业废水集中处理水平。同时，应逐步调整鄱阳湖全流域工业结构，实施清洁生产，坚持总量控制管理，减少污染物入湖总量。

3. 加强湖滨区畜牧业污染源治理，控制种植业肥料施入

鄱阳湖湖滨区必须重视对畜牧业污染源的控制，对其产生的废水采取合适的污水处理措施进行治理，保证污水除氮脱磷的处理效果或者保证废水不外排；加强对家禽养殖场的管理，推行对家禽粪便、废饲料的资源化利用；积极推行干湿分离，做到少用、不用水冲圈，粪便清扫后堆积发酵，为农业生产提供有机肥；实现雨污分流，粪水通过专门管道进入化粪池。粪水的处理主要有两条途径：一是田间施肥。猪场紧靠菜地、农田、果园，采

用泥浆泵将粪水直接向地喷施。二是肥水养鱼。分离出污水进行生物处理，经多级过滤后进入沉淀池，将上层粪水排入鱼池。

农业种植污染源的控制可以通过建设生态农业工程、大力推广农业新技术来实现。通过改进施肥方式，如限制肥料的施入及施肥时间，可以避免氮肥的过量供应。另外，灌溉制度，以及合理种植农作物、推广新型复合肥和缓效肥料等措施可控制肥料的使用量，减少农业面源污染。

4. 优化水产养殖模式，走生态养殖发展道路

多数水产养殖，尤其是集约化投饵养殖产生的废物主要是残饵、排泄物和分泌物及治疗剂。水产养殖过程中投放大量外源性饵料，待残饵进入水体，导致有机负荷增加，发生富营养化。水产养殖的残饵是造成养殖环境与天然水域有机物、氮、磷等污染的因素之一，也是造成鄱阳湖水域富营养化的因素之一。

改变鄱阳湖水域水产养殖方式，最好做到投加天然饵料或无人工投加，减少人工投加饵料带来的影响或将其养殖废水纳入废水处理的范围，鱼类和蟹类养殖厂应加快生态养殖转型步伐，在养殖水域种植鱼和蟹等的可食用藻类，并将其作为天然饵料，从而减少人工饵料的投加。这样不仅有利于湖泊的水资源保护，也有利于当地养殖业的健康发展。此外，养殖过程中可根据鄱阳湖当地蟹、虾、蚌与经济鱼类的生态生理特征，将水产健康养殖和污染生态控制技术有效集成，进行合理的轮养、套养，以减少水产养殖污染，提高池塘养殖经济效益，达到更好的水生态修复效果，走可持续健康的水产养殖道路。

5. 加强鄱阳湖水环境监测，完善监测监管机制

应以水功能区为单元，整合各方面的监测力量，进行鄱阳湖水环境监测。要对地表水体的污染物质及渗透到地下水中的污染物质进行经常性的监测，掌握水质现状及其发展规律；要对排放的各类废水进行监视性监测，为污染源管理和排污收费提供依据；要对水环境污染事故进行应急监测，从而为分析判断事故原因、危害及采取对策提供依据。

在监测内容上，应增加生物、沉积物、放射性监测等，在监测项目上，应增加常规监测项目外的监测项目，如生物毒性、有机污染物监测。同时要统筹鄱阳湖水环境监测监管，建设鄱阳湖生态环境监测站，对鄱阳湖生态环境开展全面、系统的长期监测、监管，确保鄱阳湖生态安全。

第五篇　鄱阳湖生物资源及其动态变化

第一章　浮游生物资源及其动态变化

第一节　鄱阳湖浮游植物、浮游动物种类、数量（密度）

一、浮游植物的种类及生物量

2009—2013 年鄱阳湖浮游植物隶属于 7 门 67 属 132 种，其中绿藻门 34 属 64 种，占总藻类数的百分比为 48.5%；硅藻门 17 属 30 种，占总藻类数的 22.7%；蓝藻门 6 属 22 种，占总藻类数的 16.7%；裸藻门 4 属 7 种，占 5.3%；甲藻门和隐藻门分别为 3 属 4 种和 2 属 4 种，均占鄱阳湖浮游植物总藻类数的 3.0%；金藻门种类数最少，仅见 1 属 1 种。不计浮游植物生物量百分比小于 1%的种类，2012～2013 年，硅藻门生物量百分比最高，可达 45%；其次为蓝藻（24%）和隐藻（11%），绿藻生物量百分比为 8%。浮游植物种类组成与河流种类似，以绿藻门和硅藻门为主，蓝藻门和裸藻门次之，隐藻门、甲藻门和金藻门种类较少。绿藻门常见属有栅藻、盘星藻、十字藻、纤维藻、丝藻、新月藻、鼓藻等；硅藻门常见属有直链藻属、小环藻、脆杆藻、针杆藻、舟形藻、异极藻、布纹藻、羽纹藻；蓝藻门常见属有微囊藻、鱼腥藻、束丝藻、颤藻。总体而言，鄱阳湖浮游植物的优势种为硅藻，其次为隐藻门和绿藻门，蓝藻占浮游植物总生物量的比例有逐年增加的趋势（表 5-1-1）。

表 5-1-1　鄱阳湖浮游植物的种类分布状况

门	总种类数	优势种	生物量（mg/L）	细胞数（cell/L）
蓝藻门	22	*Anabaena azotica*，*Phormidiumaerugineo-coeruleum*	0.546	9.1×10^{6}
硅藻门	30	*Aulacoseira granulate*，*Surirellarobusta*	2.298	3.8×10^{7}
绿藻门	64	*Scenedesmusqauuadricda*，*Eudorinaelegans*	0.490	8.2×10^{6}
隐藻门	4	*Cryptomonasovata*	0.428	7.1×10^{6}
裸藻门	7	*Englenaacus*	0.075	1.2×10^{6}
甲藻门	4	*Ceratiumhirundinella*	0.027	4.5×10^{5}
金藻门	1	*Dinobryonaceae* sp.	0.026	4.3×10^{5}

注：所用数据为 2013 年常规监测浮游植物平均值。

二、大型浮游动物的种类及生物量

鄱阳湖大型浮游动物主要包括枝角类和桡足类。枝角类包括溞属、基合溞属、象鼻溞属、裸腹溞属、秀体溞属，桡足类包括剑水蚤目、哲水蚤目、无节幼体，具体见表 5-1-2。

表 5-1-2　鄱阳湖浮游甲壳动物的种类分布情况（年均）

门	种类	拉丁名	数量（L^{-1}）	生物量（mg/L）
枝角类	溞属	Daphnia spp.	0.02	0.16
	象鼻溞属	Bosmina spp.	3.43	6.51
	秀体溞属	Diaphanosoma spp.	0.47	2.70
	裸腹溞属	Moina spp.	1.48	2.85
	基合溞属	Bosminopsis spp.	4.94	3.37
桡足类	剑水蚤目	Cyclops spp.	1.42	14.03
	哲水蚤目	Calanoida spp.	0.39	2.50
	无节幼体	nauplius	0.69	0.27
其他	其他	others	0.02	0.20

第二节　鄱阳湖浮游植物、浮游动物时空变化

一、鄱阳湖浮游植物的时空变化

2009～2013 年鄱阳湖浮游植物具有逐年增加的趋势，2009～2013 年浮游植物平均生物量分别为 0.66 mg/L、5.00 mg/L、5.13 mg/L、51.56 mg/L、57.92 mg/L。2012 年之后的浮游植物生物量显著增加，2012 年 10 月的浮游植物平均生物量达到 94.91 mg/L（图 5-1-1）。

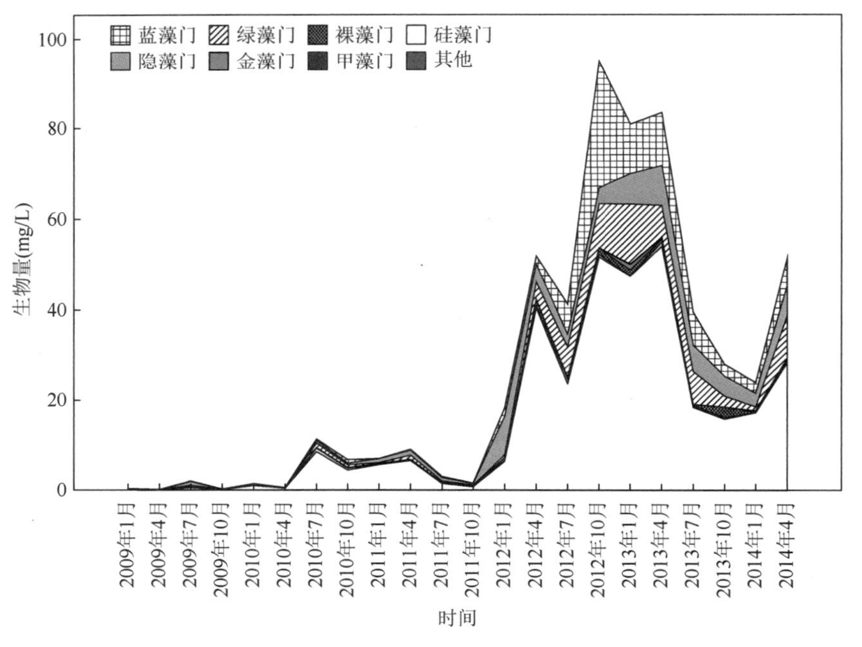

图 5-1-1　2009～2013 年鄱阳湖浮游植物各门藻类生物量

从空间分布来看，鄱阳湖 4 个湖区浮游植物生物量从多到少的顺序是中部大湖区＞南

部上游区＞北部通江区（Wu et al.，2013）。每个湖区的优势种也略有不同，中部大湖区的优势种是隐藻，而南部上游区和北部通江区的优势种是硅藻（图 5-1-2）。

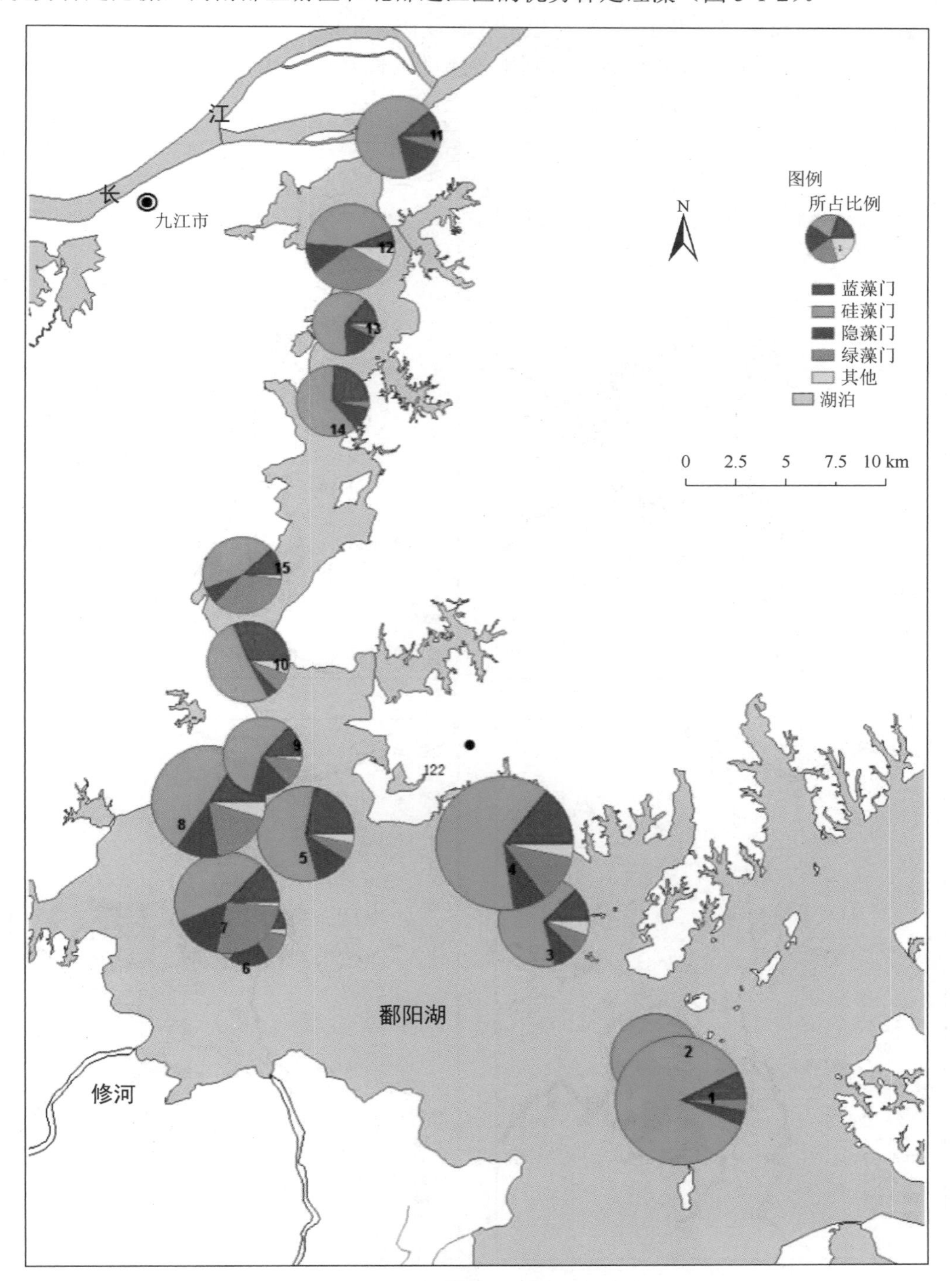

图 5-1-2　鄱阳湖浮游植物空间分布的饼图

所用数据为 2013 年浮游植物平均值

鄱阳湖各门类浮游植物空间分布特征有显著差异。硅藻主要分布在都昌、周溪及波阳等东部湖湾；蓝藻主要分布在相对静水水域，如周溪内湾及南部康山尾闾区；隐藻主要出现在鄱阳湖最南部湖汊（军山湖）。与以上 3 种藻明显不同，绿藻主要分布在鄱阳湖主湖区。由此可见，营养盐富集的湖区，有利于各藻类生长繁殖；水流相对较缓且营养盐浓度较高的湖区，蓝藻生物量较高（图 5-1-3）。

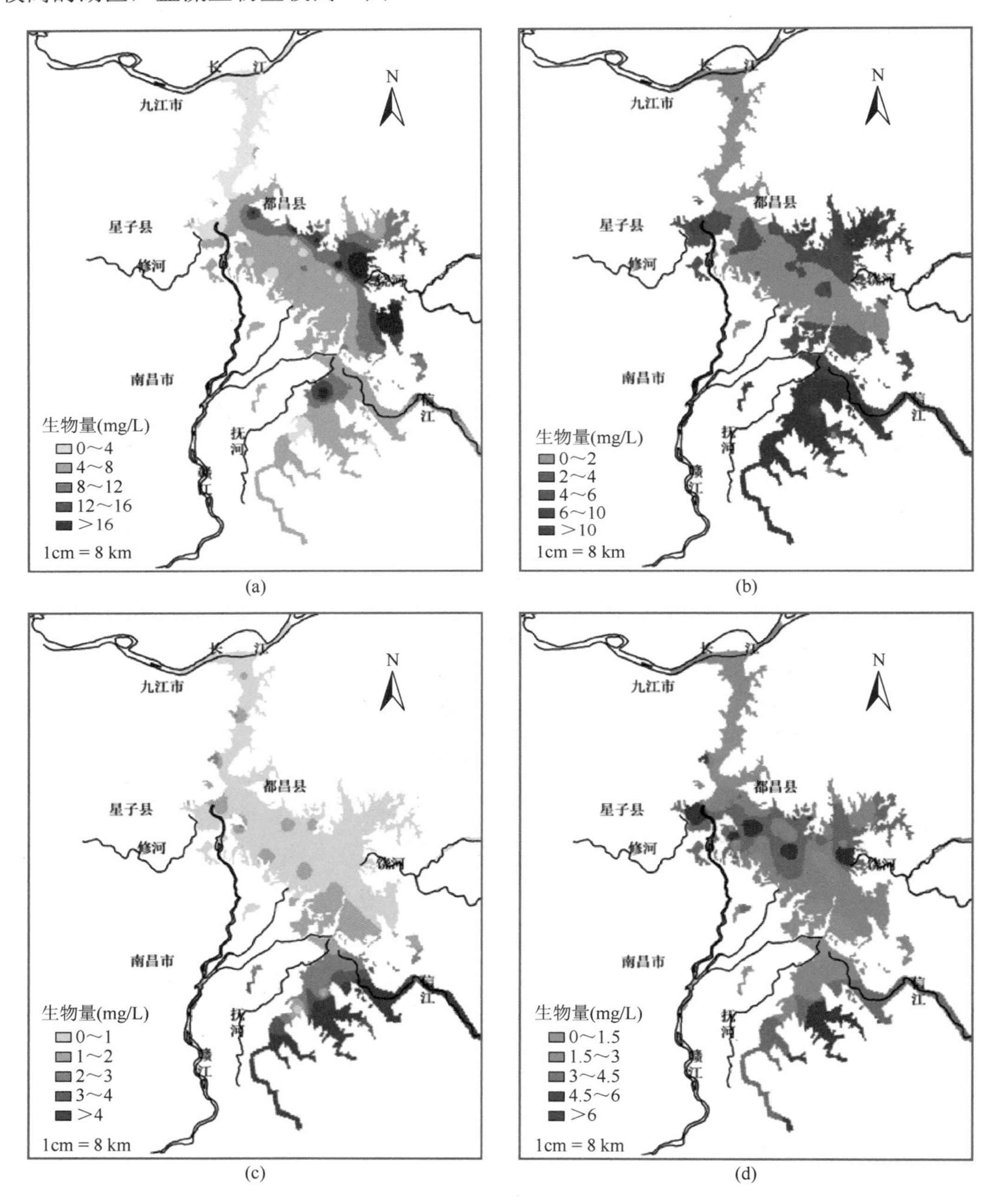

图 5-1-3　2012 年 7 月鄱阳湖（a）硅藻、（b）蓝藻、（c）隐藻和（d）绿藻生物量插值图

二、大型浮游动物的时空分布

鄱阳湖浮游甲壳动物总丰度呈现出夏季＞秋季＞春季＞冬季的趋势，两季节之间变化的差异性均达到极显著水平（$P<0.001$）。鄱阳湖枝角类浮游甲壳动物的年均丰度约占浮游甲壳动物总丰度的 81%，其中基合溞占 38%、象鼻溞占 27%、裸腹溞占 12%、秀体溞占 4%。而枝角类浮游甲壳动物的数量只在夏季高于桡足类，其余季节均以桡足类的数量占优势。冬季，桡足类密度是枝角类密度的 6.3 倍；而夏季恰恰相反，枝角类的密度是桡足类密度的 6.3 倍。春季和秋季，桡足类密度分别是枝角类的 1.7 倍和 1.6 倍。鄱阳湖浮游甲壳动物丰度百分比超过 10%的优势类群在夏季为哲水蚤、象鼻溞、基合溞和裸腹溞；其余季节为哲水蚤、剑水蚤、无节幼体和象鼻溞。除夏季之外，枝角类浮游动物均以象鼻溞所占比例最高，分别是冬季 95.45%、春季 87.31%和秋季 91.93%；夏季，象鼻溞属的数量仅占全部枝角类的 30.28%，而基合溞、裸腹溞和秀体溞的比例分别为 49.96%、14.93% 和 4.73%（图 5-1-4）。

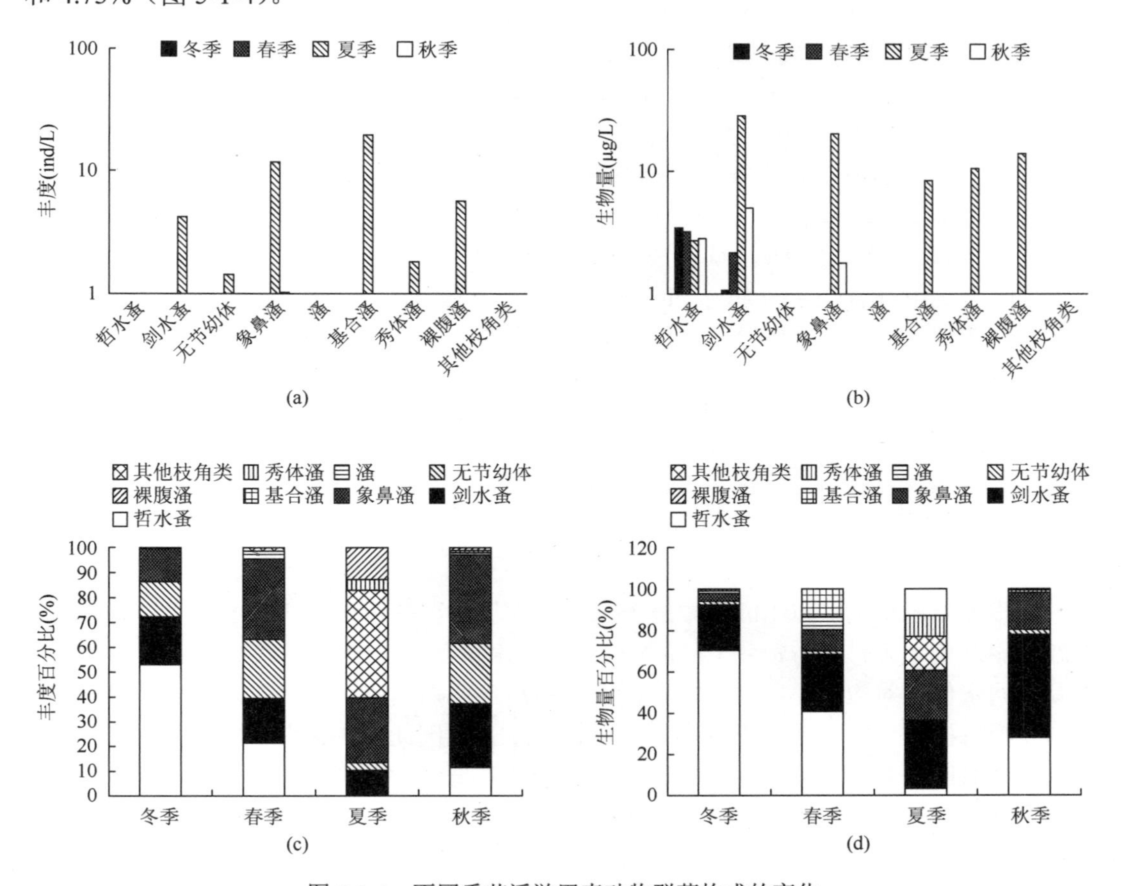

图 5-1-4　不同季节浮游甲壳动物群落构成的变化

浮游甲壳动物丰度（a）与生物量（b）的季节变化；（a）、（b）纵轴刻度经对数转换

鄱阳湖浮游甲壳动物生物量的季度变化与密度的季度变化趋势基本一致。四季的平

均生物量分别为冬季 4.72 μg/L、春季 7.22 μg/L、夏季 82.07 μg/L 和秋季 9.96 μg/L。由于个体之间的大小差异，生物量的构成与密度的构成有巨大的不同。枝角类年均生物量约占总生物量的 54%，其余 46%为桡足类。其中，以剑水溞的相对生物量最高，占 34%，其次依次为象鼻溞 21%、基合溞 13%、哲水蚤 11%、裸腹溞 10%、秀体溞 8%、溞 1%和无节幼体 1%。冬季，桡足类生物量占总生物量的 94%，其中哲水蚤占 70%、剑水蚤占 22%；春季这一比例变为了 70%，其中哲水蚤 41%、剑水蚤 27%；秋季这一比例是 80%，其中哲水蚤 28%、剑水蚤 50%。夏季是枝角类生物量超过桡足类生物量的唯一季节，其群落构成为剑水蚤 33%、象鼻溞 24%、基合溞 17%、裸腹溞 13%、秀体溞 10%，其余均低于 10%。

王金秋等（2003）在鄱阳湖区 8 个断面 24 个采样站共观察到各类浮游动物 150 种，其中轮虫动物物种最为丰富，为 96 种，占总种数的 64%，且单位体积的数量也呈明显优势，说明轮虫动物是该湖区浮游动物的优势类群；其次为原生动物，24 个采样站中原生动物、轮虫动物、枝角类、桡足类这 4 类浮游动物个体数量分布的差异极大。鄱阳湖浮游动物的数量有明显的季节变动，尤属轮虫的变动最大。

鄱阳湖浮游甲壳动物年均丰度最高的位置在抚河河口，达到 85.2 ind/L。除此之外，湖口、龙口、康山 3 个站点的年均密度也很高，分别为 31.93 ind/L、23.53 ind/L、16.93 ind/L。年均丰度最低的位置依次为蚌湖口 0.58 ind/L、修河河口 0.7 ind/L、赣江北支河口 1.1 ind/L。年均密度最高与最低的点均出现在河口或湖口地区，且差别巨大。与此类似，鄱阳湖南北湖区浮游甲壳动物丰度的差异十分显著，北部湖区年均丰度是南部湖区的 2.12 倍。从构成上看，抚河河口、龙口、康山、湖口丰度较高的 4 个河口主要由基合溞、象鼻溞和剑水蚤构成。而蚌湖口、修河河口、赣江北支河口 3 个丰度较低的河口主要是由剑水溞和象鼻溞构成。而两大湖区的群落构成较为类似，枝角类主要由象鼻溞、基合溞、裸腹溞、秀体溞构成；桡足类主要由剑水蚤和哲水蚤构成。

第三节　水文过程变化对鄱阳湖藻类动态变化的影响

鄱阳湖浮游植物（以 Chl a 浓度表示）与水位呈显著正相关（图 5-1-5）。具体表现为鄱阳湖水位上升，浮游植物 Chl a 浓度增加；水位回落，Chl a 浓度减少。原因一，鄱阳湖不同水位期对应了不同季节，水位上升和高水位期正值春末夏初之际，水温的增加有利于浮游植物，特别是喜温耐高光强的植物生长，因此 Chl a 浓度增加；水位回落和低水位期对应秋冬季，此时水温较低，只有少数喜低温的藻类生长，因此，Chl a 浓度减少[图 5-1-5（a）]。原因二，高水位期，氮、磷营养盐浓度被稀释，特别是氮浓度的减少[图 5-1-5（b）和图 5-1-5（c）]促进了固氮藻类生长，使 Chl a 浓度增加；另外，高水位期，氮、磷营养盐浓度的减少也是藻类生长大量利用的结果[图 5-1-5（b）和图 5-1-5（c）]。原因三，高水位期，鄱阳湖水体透明度增加，有利于浮游植物进行光合作用，Chl a 浓度增加（图 5-1-6）。

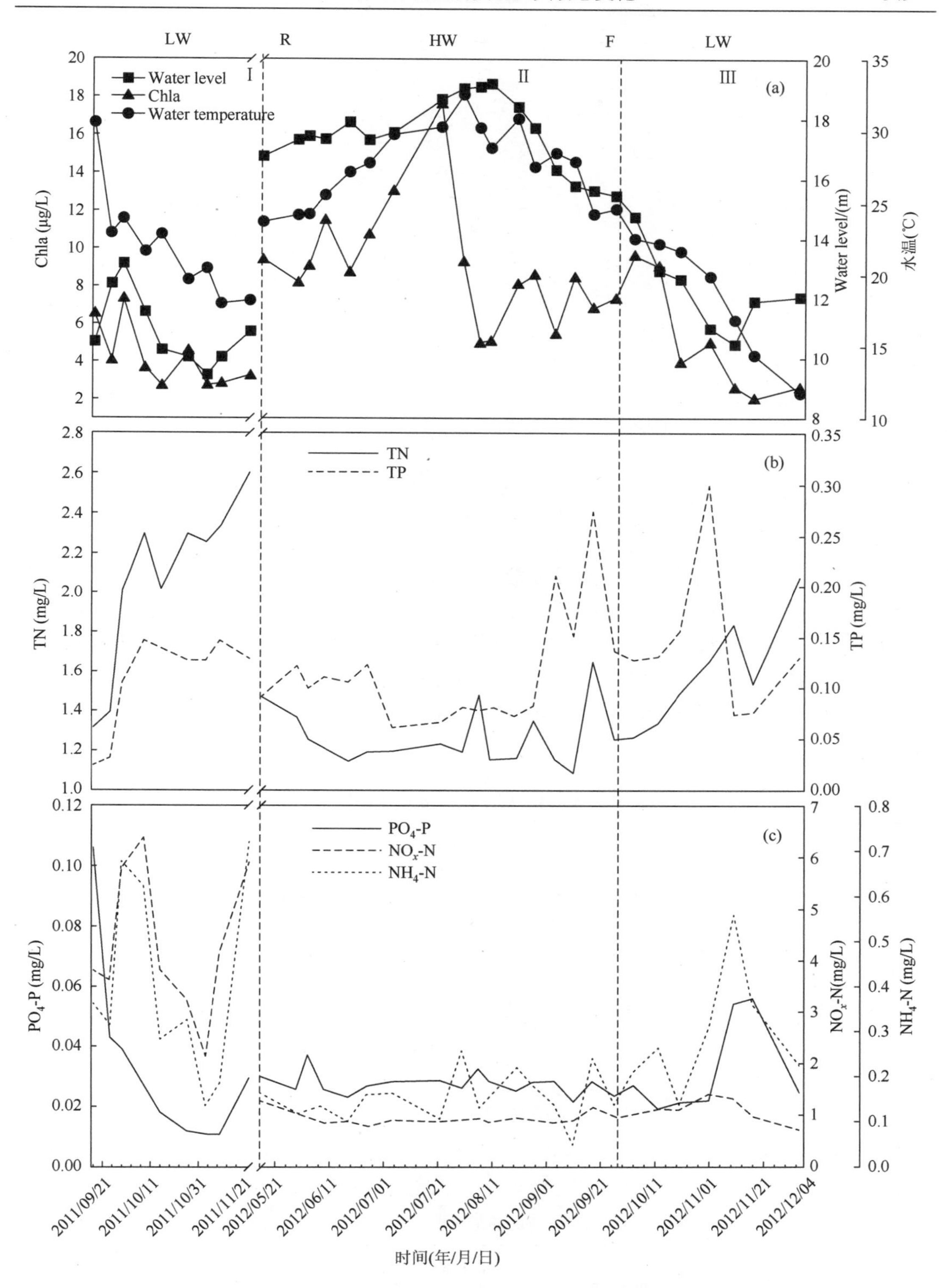

图 5-1-5 鄱阳湖浮游植物 Chl a 浓度、水位、水温及营养盐浓度变化趋势

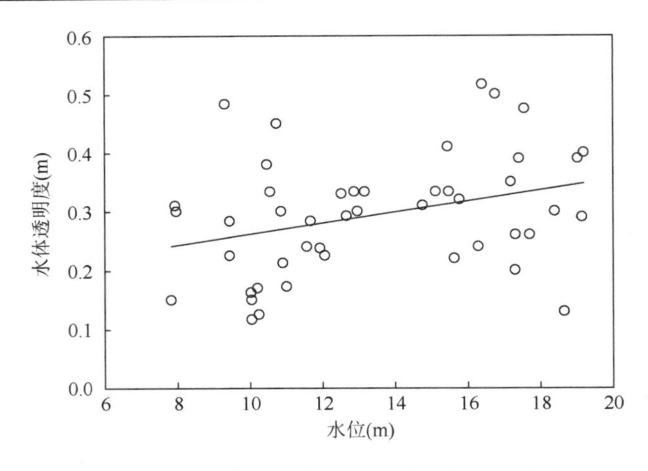

图 5-1-6　鄱阳湖水位与水体透明度的关系图

第四节　鄱阳湖水华蓝藻种类、生物量及其时空分布特征

鄱阳湖水华蓝藻的优势种主要是微囊藻和鱼腥藻，主要分布区域是营养盐浓度相对较高且水流较缓的周溪内湾及南部康山尾闾区，在蚌湖湖口及都昌水域也有零星分布。2000 年以前，未发现记载鄱阳湖蓝藻水华事件，2000 年以后，鄱阳湖局部水域蓝藻水华事件增加（表 5-1-3），且蓝藻生物量呈明显增加趋势（图 5-1-7）。2012 年蓝藻生物量百分比峰值出现时间如下：50%～60%的峰值出现在 7～8 月，另一个峰值 30%出现在 9～10 月（图 5-1-8）。

表 5-1-3　鄱阳湖蓝藻水华事件

时间	地点	范围	监测单位	数据来源
2000 年	蚌湖、大湖池、永修河邹县段	各采样点水样藻类总数计数均超过 200 万个/L 的警告量标准	江西省疾病预防控制中心	卫生研究，2003，32（3）：192-194
2007 年 10 月	湖口到都昌主航道	发现大群体蓝藻，群体直径 0.2～0.5 mm	科技部重点项目“全国湖泊水质、水量和生物资源调查”长江片区野外调查	科学时报，2007 年 10 月 22 日
2009 年 8 月	星子水域	藻细胞密度超过 10^8 万个/L，初具水华发生条件	江西省水文局	江西新闻网 http://jiangxi.jxnews.com.cn/system/2009/08/13/011181160.shtml
2011 年 8 月和 10 月	大湖面、周溪内湾、赣江南支，抚河、信江西支	发现大量肉眼可见的大群体，直径 2 mm，判定为水华蓝藻中的旋折平裂藻	鄱阳湖站鄱阳湖常规采样调查	湖泊科学，2012，24（4）：643-646
2012 年 10 月	战备湖、常湖岸边	距离岸边 1～2 m 水域发现大量蓝藻聚集，长约 10 km，多呈松散状漂浮，厚约 0.5 cm	鄱阳湖南矶山湿地国家级自然保护区日常巡护工作	南昌晚报，2012 年 10 月 18 日

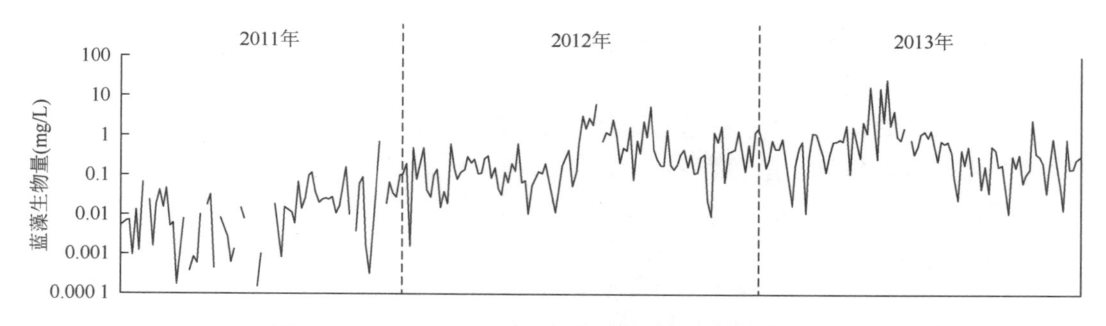

图 5-1-7　2011～2013 年鄱阳湖蓝藻生物量趋势变化图

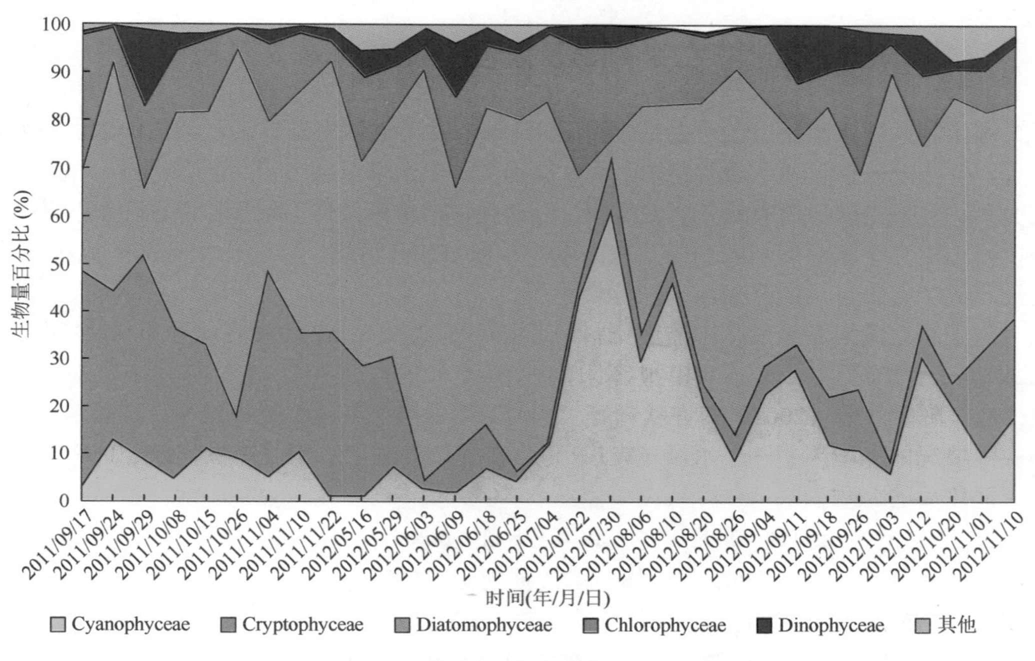

图 5-1-8　2011～2012 年鄱阳湖浮游植物生物量百分比变化趋势图

第五节　水华蓝藻发生重点湖区及发生、发展与暴发评估

一、鄱阳湖水华蓝藻分布现状

2007 年现场调查结果显示，在鄱阳湖湖口县至都昌县的主湖区均发现大群体的水华蓝藻，肉眼清晰可见，群体直径为 0.2～0.5 mm，主要是水华鱼腥藻，分布范围几乎涉及鄱阳湖近半湖面，持续时间也超过两个月（每年 9～11 月）。2009～2011 年的研究结果表明，鄱阳湖水华蓝藻种类较多，主要包括微囊藻、鱼腥藻、平列藻等，其生物量较低，平均约占鄱阳湖浮游藻类总生物量的 10%。2012 年蓝藻生物量百分比峰值出现时间为：50%～60%的峰值出现在 7～8 月，另一个峰值 30%出现在 9～10 月。夏季大水面时期水华蓝藻在多个湖区有分布，局部形成肉眼可见的水华群体，其分布区域主要集中在都昌县

城以南约 20 km^2 的饶河水域。2013 年鄱阳湖蓝藻水华分布区域较前几年有大范围增加，鄱阳湖湖泊湿地观测研究站夏季采样发现，在都昌、军山湖、康山湖、撮箕湖、战备湖等湖区水面均有肉眼可见的大群体蓝藻聚集。参考鄱阳湖的历史调查资料，湖区在 15 年前就有水华蓝藻种类分布，有学者发现，蓝藻在 2000 年已成为鄱阳湖的优势藻种。

鄱阳湖出现水华蓝藻的原因：局部的高营养盐输入、秋季退水形成的局部静水状况和秋季合适的温度条件等导致蓝藻快速生长。历史资料证明，鄱阳湖秋季水位较低，流域的污染物都集中到主航道内，周边几个大型养殖性水体（新妙湖、军山湖、南北湖、陈家湖等）为了秋冬季渔业养殖捕捞而降低水位，将富含营养物的养殖污水直接排入鄱阳湖。

二、蓝藻水华在鄱阳湖区发生、发展与暴发风险评估

鄱阳湖蓝藻水华暴发的可能性：鄱阳湖暂时未发现类似太湖等浅水湖泊的大面积蓝藻水华，主要由于鄱阳湖是通江湖泊，水体交换快，丰水季节会带走大量营养盐，枯水季节湖面只有几条主航道内有水，类似河流，流速快，水体浑浊，不利于蓝藻的生长聚集。但是在鄱阳湖几个相对静止的湖区（东南湖湾、老爷庙附近湖区、康山大圩和南矶湿地等）已经形成了肉眼可见的蓝藻水华漂浮聚集层。

由于缺乏鄱阳湖水面基础监测资料，而且鄱阳湖具有独特的湖底地形和水文条件，现有的蓝藻生长模型难以准确模拟鄱阳湖主湖区水华蓝藻的生长状况。利用刘元波等（1998）、陈宇炜等（2001）和许秋瑾等（2001）的藻类生长模型研究结果，选择符合鄱阳湖实际情况的环境因子——水温（WT）和总磷（TP）进行水华蓝藻生物量（TB）模拟计算，简化后的公式为

$$\ln(\mathrm{TB}+1)=0.74\times\ln(\mathrm{WT}+1)+6.28\times\ln(\mathrm{TP}+1)-2.77$$

经过计算，以及与 2009 年现场实测数据的比较分析，可以得到水华蓝藻在鄱阳湖建闸控枯以后的时空分布趋势。

表 5-1-4 反映的是鄱阳湖蓝藻水华在鄱阳湖不同湖区不同时期的分布趋势预测。结果显示，最近 5 年在鄱阳湖的东南湖湾、老爷庙附近湖区、康山大圩、南矶湿地和入湖河口尾闾区等最有可能出现蓝藻水华，当总磷浓度达到 0.2 mg/L 的湖区，将有可能蓝藻生物量超过 1.12 mg/L，这与太湖、巢湖等蓝藻水华暴发严重的湖泊的蓝藻生物量相当。当水文气象条件合适时，将有可能发生蓝藻水华。不过，由于水华蓝藻聚集的湖区面积很小，再加上鄱阳湖水情波动较大，营养盐浓度相对较低，蓝藻水华的危害暂时不严重。5 年之内可能暂时不会有水华蓝藻占优的情况。鄱阳湖主湖区营养盐较少，在相当长的一段时间内主湖区将不会见到大面积蓝藻水华暴发的现象。

表 5-1-4　鄱阳湖蓝藻水华趋势预测

湖区	2014～2020 年		2020～2030 年		2030～2040 年		2040～2060 年	
	可能出现的月份	蓝藻生物量（mg/L）	可能出现的月份	蓝藻生物量（mg/L）	可能出现的月份	蓝藻生物量（mg/L）	可能出现的月份	蓝藻生物量（mg/L）
东南湖湾	7～10	<1	5～10	<2	5～11	<3	5～11	<4
康山大圩	7～10	<1	5～10	<2	5～11	<3	5～11	<4

续表

湖区	2014～2020 年		2020～2030 年		2030～2040 年		2040～2060 年	
	可能出现的月份	蓝藻生物量（mg/L）	可能出现的月份	蓝藻生物量（mg/L）	可能出现的月份	蓝藻生物量（mg/L）	可能出现的月份	蓝藻生物量（mg/L）
中部大湖区	无	<0.8	无	<1	无	<2	无	<2.5
南矶湿地区	7～10	<1	5～10	<2	5～11	<3	5～11	<4
北部通江	无	<0.3	无	<0.8	无	<1.3	无	<1.8
河口尾闾区	7～10	<1	5～10	<1.5	5～10	<2	5～10	<2.5

结合图 5-1-3（b）和图 5-1-2 分析鄱阳湖蓝藻潜在危害性：①鄱阳湖局部尾闾区营养盐输入加重，更有利于富营养化指示种蓝藻的生长繁殖；②改变鄱阳湖的水文条件，对蓝藻的空间分布格局可能会产生影响。以三峡水库为例，如果三峡水库进入 10 月的蓄水期后，鄱阳湖中部湖区都昌站，以及南部湖区康山和波阳的水文条件均受到不同程度的影响，此时鄱阳湖加速下泄，可能会影响南部湖区和中部湖区营养盐和藻类向北部或其他湖区的迁移聚集，从而使其空间分布格局发生变化。

第六节 防 治 对 策

湖泊富营养化和蓝藻水华是全世界共同面临的重大环境问题之一。在太湖和许多富营养化湖泊，夏季发生的蓝藻水华漂浮在水面，堆积在岸边，并在高温下分解，形成恶臭。如果水华在水源地取水口附近大量集聚就有可能引起水源地的水质恶化，危及供水安全。蓝藻水华具有重大危害，但目前还缺少有效的治理手段。因此，必须认识蓝藻水华形成的基本规律，发展敏感湖区，尤其是水源地和重点景观湖区蓝藻水华发生的预测预报技术，提高环境管理部门的决策能力，并及时采取应急措施。目前，鄱阳湖在部分湖区已经发现有水华蓝藻聚集现象，并且具有逐年严重的趋势。本次鄱考，针对以上分析的鄱阳湖坍水华蓝藻的时空分布特征以及蓝藻水华暴发的风险评估，提出了相应的蓝藻水华控制对策。

一、蓝藻水华形成的基本条件

为探讨鄱阳湖蓝藻水华形成的可能性与研究相应的控制对策，首先必须了解蓝藻的基本生长条件和水华形成的过程。据太湖、巢湖和滇池等对蓝藻水华的中长期研究结果，可以基本估计出鄱阳湖形成蓝藻水华的条件。

（1）水华蓝藻生长条件：包括光照、温度、营养盐浓度和生态系统结构的调控（鱼类和浮游动物的捕食行为等）。国内外的研究表明，磷对蓝藻的生长起着关键的限制作用，当总磷浓度为 0.1～0.8 mg/L 时，水华蓝藻最适宜生长。同时，氮的含量将有可能影响水华蓝藻的优势种类，当氮磷比低于 15 时，固氮蓝藻（鱼腥藻、束丝藻等）将可能成为优势种。当氮磷比高于 30 时，非固氮蓝藻（微囊藻、颤藻等）将会成为优势水华蓝藻。在淡水生态系统中，浮游动物和鱼类对小型群体的水华蓝藻的早期（春季）捕食有可能控制夏季蓝藻水华的暴发，其他种类藻类的竞争（硅藻等）也可能抑制蓝藻的过度繁殖。

（2）水华蓝藻迁移和聚集成灾条件：水动力条件是水华蓝藻迁移和聚集成灾最主要的因素。当水华蓝藻生长到一定时候，大群体水华蓝藻将可能形成并且在静水湖面聚集，湖流和小风能使得蓝藻快速迁移并在回流静水湖区堆积，呈现蓝藻水华暴发的现象。

二、鄱阳湖蓝藻水华控制对策

短期（5～10 年）内大湖面不会有蓝藻水华发生，但长期的营养盐积累使得蓝藻水华暴发的风险永远存在。能够减缓富营养化和蓝藻水华暴发的对策：流域污染负荷的控制必须严格实施，相关的研究也需要长期监测资料和研究的支持，当湖区总磷浓度控制在 0.1 mg/L 以内时，水华蓝藻的快速生长将受到抑制，水华暴发的可能性将大大降低；在条件有限的情况下，首先控制磷素营养盐的排放，能够延缓鄱阳湖成库后水华蓝藻（特别是鱼腥藻）的暴发；严密监测湖区水流较缓且营养盐输入较高的区域，精确掌握湖区营养盐积累的长期变化过程，一旦发现湖区营养盐（特别是磷）的浓度达到水华蓝藻的最适宜状态，建议加大水利枢纽工程下泄流量，加速湖区营养盐的输出，降低水华蓝藻生长和聚集的可能性。

假如鄱阳湖水利枢纽工程建成后，鄱阳湖全年长时间呈现超过 3 000 km^2 的大湖面，水文情势的改变导致水深加大，水体透明度增加，水下光照条件改善，蓝藻和其他藻类生长条件大大改善，当透明度增加 1 m 后，蓝藻生长量将比目前增加 1 倍以上。水华蓝藻的基本生长温度为 22～35℃，也就是说，鄱阳湖春季末期至秋季中期的大部分时间都有蓝藻生长的可能。鄱阳湖原有的蓝藻水华生长和分布状况将有很大变化。鄱阳湖东南湖湾、南矶湿地和河口尾闾区最容易成为蓝藻水华聚集和暴发的场所。鄱阳湖水利枢纽建成后，将会增加蓝藻水华暴发的风险，对于抑制蓝藻水华暴发风险的措施除以上几点外，还要对闸坝调度方案进行深入研究，尽量避开高温季节下闸截流，降低高温季节水流变缓的可能性，也就使得水华蓝藻生长和聚集的可能性降低。

参考文献

白雪，许其功，赵越，等. 2012. 五大连池水体氮和磷代谢相关的微生物类群分异特性. 环境科学研究，25（1）：51-56.

韩永和，章文贤，庄志刚，等. 2013. 耐盐好氧反硝化菌 A-13 菌株的分离鉴定及其反硝化特性. 微生物学报，53（1）：47-58.

胡绵好，袁菊红，常会庆，等. 2009. 凤眼莲-固定化氮循环细菌联合作用对富营养化水体原位修复的研究. 环境工程学报，3（12）：2163-2169.

马梅，童中华，王怀瑾，等. 1997. 乐安江水和沉积物样品的生物毒性评估. 环境化学，16（2）：167-171.

王国惠. 1996. 东湖细菌生理类群的分布与主要环境因素的相关性. 华北水利水电学院学报，17（4）：48-53.

吴根福，宣晓冬，汪富三. 1999. 杭州西湖水体中微生物生理群生态分布的初步研究. 生态学报，19（3）：435-439.

闫韫. 2008. 布吉河生物修复过程中氮循环功能菌群分布研究. 哈尔滨工业大学硕士学位论文.

杨小龙，李文明，陈燕，等. 2011. 一株好氧反硝化菌的分离鉴定及其除氮特性. 微生物学报，51（8）：1062-1070.

第二章　植物资源及其动态变化

第一节　高等植物类群、种类及区系

植物资源考察共设调查样线 13 条，设固定监测样带 6 条，定位观测样地 3 个，调查样点 7 000 余个，分春、夏、秋三季考察和采集标本；采用 Flora of China、植物群落学方法确定植物种类和群落类型。

一、鄱阳湖高等植物区系组成

鄱阳湖湿地共有高等植物 109 科 308 属 551 种，其中，苔藓植物有 16 科 24 属 31 种，蕨类植物只有 14 科 15 属 18 种，未见裸子植物分布，被子植物种类最多，是鄱阳湖湿地的优势类群，有 79 科 269 属 502 种（表 5-2-1）。

表 5-2-1　鄱阳湖湿地高等植物区系组成

分类群		科数	比例（%）	属数	比例（%）	种数	比例（%）
苔藓植物	苔类植物	2	1.83	3	0.97	6	1.09
	藓类植物	14	12.84	21	6.82	25	4.54
	总计	16	14.68	24	7.79	31	5.63
蕨类植物		14	12.84	15	4.87	18	3.27
被子植物	双子叶植物	60	55.05	187	60.71	348	63.16
	单子叶植物	19	17.43	82	26.62	154	27.95
	总计	79	72.48	269	87.34	502	91.11
总计		109	100.00	308	100.00	551	100.00

二、苔藓植物

1. 种类组成及区系地理成分

湖区湿地苔藓植物调查共采集标本 500 余份，通过鉴定，共有苔藓植物 16 科 24 属 31 种，其中，苔纲植物 2 科 3 属 6 种，藓纲植物 14 科 21 属 25 种。

参照吴征镒（1993）的区系地理分析方法，并结合鄱阳湖湿地苔藓植物的实际，鄱阳湖苔藓植物可分为 9 个分布区类型（表 5-2-2）。其中，东亚分布 10 种，所占比例最大，为 38.46%；其次为北温带成分 7 种；再次为热带亚洲成分 3 种。世界广布种也较多，有 5 种。与鄱阳湖湿地维管植物的区系（蕨类植物 $R/T=0.78$；种子植物 $R/T=0.94$）相比，鄱阳湖湿地苔藓植物（$R/T = 0.24$）呈现更多的温带属性。这说明苔藓植物的分布与维管植物有明显的差异，可能与苔藓植物相对独立的进化路线有关。

表 5-2-2　鄱阳湖湿地苔藓植物区系成分统计

区系成分	种数	占总种数比例（%）	R/T
世界广布成分*	5	—	—
泛热带成分	1	3.85	热带属性共 5 种
热带亚洲至热带大洋洲成分	1	3.85	
热带亚洲成分	3	11.54	
北温带成分	7	26.92	温带属性共 9 种
东亚及北美间断成分	1	3.85	
旧世界温带成分	2	7.69	
东亚成分	10	38.46	
日本-喜马拉雅成分	（3）	（11.54）	
中国-喜马拉雅成分	（2）	（7.69）	
中国-日本成分	（5）	（19.23）	
中国特有成分	1	3.85	
合计	31	100	$R/T = 0.24$

* 世界分布种不计入百分比。

2. 生活型组成与空间分布

将枯水季湖区由岸到水边分为 3 条主要生境带：湖岸高滩地带、草洲沼泽带和泥滩水域带。3 条生境带中，湖岸高滩地带相对较狭窄，但苔藓植物的种类最为丰富，共收集苔藓 26 种，其中 4 种（黄牛毛藓、长蒴藓、花状湿地藓和红蒴立碗藓）在草洲带也有分布，独有种 22 种；草洲带共收集苔藓 9 种，除与高滩地有 4 种重叠分布外，另有 2 种也分布于泥滩水域区带，独有种 3 种；泥滩水域区带仅收集 2 种苔类，且在草洲带也有分布，没有独特种。从物种的分布来看，尽管红蒴立碗藓（*Physcomitrium eurystomum*）和长蒴藓（*Trematodon longicollis*）在高滩地带也有分布，但它们是各型草洲地中典型分布的苔藓类群，常布满于草洲中具裸露、湿润的浅沟壁土层上，一般水退后 20 天左右可观察到它们绿色原丝体和少量配子体植株；另外，在近水稀草草洲上，土壤易干涸开裂，在裂口上缘内侧壁上也经常会有这两种藓类。而钱苔属（*Riccia*）4 种及浮苔（*Ricciocarpus natans*）呈零星分布，也通常出现在泥滩和草洲裸露的地表。

生活型是苔藓植物生长型和群集方式及其对外界环境的长期综合反映。鄱阳湖湿地苔藓植物的生活型可分为一年生型、交织型、矮丛集型、高丛集型和平铺型 5 种，分别占 22.58%、22.58%、38.71%、9.68%和 6.45%。其中，矮丛集型种类最多，有 12 种；其次为一年生型和交织型，各 7 种；再次为高丛集型，有 3 种；平铺型最少，仅 2 种。喜光的矮丛集型苔藓大量存在，但集中于高滩草洲以上区带分布，一般水退后 20～30 天就出现幼小配子体。这种生活型结构反映了鄱阳湖湿地大部分地区的植被特点，即仅局部残存次生林木的生境特征；而其中一定比例的交织型、高丛集型和平铺型苔藓植物的存在则指示了河流湿地局部小生境阴湿的特征。

鄱阳湖草洲地带多有红蒴立碗藓和长蒴藓分布，这与它们的生活型特征密切相关，这一区带苔藓的生活型多为一年生型，它们的生活史常能在较短时间内完成，这一点也在随后进行的土壤培养实验中得到验证，在土壤培养 3 个月后，即可发现大量红蒴立碗藓的孢子体；而长蒴藓的孢子体相对红蒴立碗藓来得稍晚，但两者出现的时段有较大的重叠。也正是由于长蒴藓孢子体成熟稍晚，集中出现在 5 月的上、中旬，如果遇上水位上升较早年份，其孢子体成熟将受到影响，因此，长蒴藓在草洲上的分布相比红蒴立碗藓的分布较少一些。

钱苔属和浮苔属相对以上两种藓类来讲，在野外和土壤培养过程中尚未发现大量孢子体成熟现象，仅在钱苔个别植株中发现有包裹于叶状体二叉分枝基部的孢蒴，产生黑色孢子。这些类群相对藓类有着更强的耐水浸淹能力，它们常被用来作为水族箱中的活体装饰材料，在浅水下也可保持旺盛生长。同时，如浮苔发展出适应漂浮的结构特征。但可能是由于这些苔类植物产孢结构出现更晚，且水位上升以后影响了配子体植株进一步发育成成熟的孢子体，结果导致这些苔类主要以配子体分枝的方式进行营养繁殖，繁殖效率相对藓类更低，以至于其在草洲地上以零星分布状态存在。

三、蕨类植物

1. 种类组成及区系地理成分

调查采集蕨类植物标本 200 余份，鉴定蕨类植物 14 科 15 属 18 种，列入国家保护的物种有 3 种，其中中华水韭（*Isoëtes sinensis*）为国家 I 级保护植物，水蕨（*Cerato pteristha-lictroides*）和粗梗水蕨（*C. pteridoides*）为国家 II 级保护植物。各分布型中（表 5-2-3），东亚分布的种数最多，共 5 种，其次为热带亚洲分布类型，共 3 种，其他分布类型的物种均不过 2 种。*R/T* 比值为 0.78，与鄱阳湖西岸的庐山蕨类植物（*R/T* = 0.23）相比，鄱阳湖蕨类植物呈现更多的热带属性；与分布环境相似的鄱阳湖苔藓植物相比（*R/T* = 0.24），蕨类植物也具有显著的热带分布属性。但较本区域的种子植物（*R/T* 0.94）低了不少，表明鄱阳湖湿地蕨类植物区系同样具有明显的南北植物汇合的过渡性质。鄱阳湖湿地蕨类，特别是水生蕨类植物中，单型及寡型科属较多，如卷柏科、海金沙科、水韭科、水蕨科、槐叶苹科、满江红科 6 科为单属科。

表 5-2-3　鄱阳湖湿地蕨类植物区系组成

分布区类型	种数	占总种数（%）	*R/T*
世界分布*	2	—	—
泛热带分布	1	6.25	
热带亚洲-热带美洲间断分布	1	6.25	
旧世界热带分布	1	6.25	热带属性共 7 种
热带亚洲-热带大洋洲分布	1	6.25	
热带亚洲分布	3	18.75	

续表

分布区类型	种数	占总种数（%）	R/T
北温带分布	1	6.25	温带属性共 9 种
旧世界温带分布	2	12.5	
东亚分布	5	31.25	
中国特有	1	6.25	
总计	18	100	R/T 0.78

* 世界广布种不计入百分比。

2. 生态型组成及群落分布

鄱阳湖湿地蕨类植物的生态类型中，属湿中生植物类型的蕨类有 14 种，占总种数的 78%；附生于湿树干的槲蕨（*Drynaria fortunei*）和湿壁上的石蕨（*Saxiglossum angustissimum*）鲜见，为森林中的附生类型，但本书也将其纳入湿中生植物范畴。属沼生类型的有 4 种，属挺水类型、漂浮类型的各 3 种，属浮叶类型的有两种，未见沉水类型的蕨类植物。

调查发现，鄱阳湖湿地蕨类植物主要分布于近岸、圩堤上或圩堤内等水位变化相对较小的区域。而在堤外各型草洲及外延的泥滩地中很少有蕨类植物分布，只在丰水期近岸高草洲中偶见少量漂浮的槐叶苹、满江红及水蕨，水位下落后有海金沙、节节草等零星分布于其他湿地草洲中。

鄱阳湖湿地主要蕨类植物群落类型有以下几种。

（1）槐叶苹 + 满江红群落：广布鄱阳湖沿岸各地，生长在池塘、湖边及稻田等小型水体的静水区域中。秋季满江红的叶片由绿色变成红色，与黄绿色的槐叶苹镶嵌排列。盖度大时可达 95%以上，很少伴生沉水植物。盖度小时，可随水漂浮混入近水的挺水植物带中。群落内常混生有浮萍、紫背浮萍，有时还可见少量水鳖等。槐叶苹和满江红也常各自构成单优势群落，均可作饲料和绿肥。

（2）萍群落：常见于静水池塘或农田中，是鄱阳湖周边常见的农田杂草，一般呈零散分布，面积很小，或混生于水生植物群落中。

（3）水蕨群落：常见于堤内农田水沟、池塘。本次调查在康山和吴城均有发现，种群沿水体边缘呈条线分布，植株数少，盖度不过 25%。20 世纪 60 年代以来，由于围垦、养殖等人类活动的影响，水蕨在湖区的分布范围和种群数量正日趋减少。

（4）节节草群落：常分布于近水或浅水，在草洲上常伴生于其他群落中，在高滩地常与白茅相邻，常伴生蓼科植物、鸭跖草、马唐及雀稗等。

（5）芒萁群落：芒萁是典型的酸性土壤的指示植物，在鄱阳湖近岸红壤低山丘陵林缘与湿地交界地段连续成片分布，形成“纯植丛”。芒萁的种间竞争能力较高可能在于其利用退化生境剩余资源能力较强，也可能由于其次生代谢产物的释放而排挤其他植物生长。芒萁根状茎匍匐横生于红壤表层，生长快速，在丘陵弃耕地的演替过程中，芒萁取代杂草形成先锋植物群落。

四、种 子 植 物

1. 种类组成

据调查，鄱阳湖湿地共有种子植物 79 科 269 属 502 种，全部由被子植物组成，其中双子叶植物 60 科 187 属 348 种，单子叶植物 19 科 82 属 154 种（表 5-2-4）。

表 5-2-4　鄱阳湖湿地被子植物组成

区域	类群	科数	属数	种数
鄱阳湖湿地	双子叶植物	60	187	348
	单子叶植物	19	82	154
	总计	79	269	502
江西省	双子叶植物	154	1 014	4 024
	鄱阳湖湿地的比例（%）	38.96	18.44	8.65
	单子叶植物	66	295	546
	鄱阳湖湿地的比例（%）	28.79	27.80	28.21
	总计	220	1 309	4 570
	鄱阳湖湿地的比例（%）	35.91	20.55	10.98

2. 科属区系地理

1）科的大小分析

科的大小可以分为 6 组（表 5-2-5）。含种数超过 50 种的科是禾本科（Graminaceae）（36/51，属数/种数），所含种数为 21～50 种的科有 4 科，分别为菊科（Compositae）（24/40）、莎草科（Cyperaceae）（9/34）、蓼科（Polygonaceae）（4/34）等。这 5 科是鄱阳湖湿地植物区系的优势科，其中莎草科、蓼科、禾本科部分种类是鄱阳湖湿地植物群落的建群种和优势种。含种数在 5～10 种的小科，其科数、属数和种数均约占总数的 1/4。寡种科和单种科分别有 27 科和 22 科，共占总科数的 62.03%，而这两组的总属数和总种数分别仅占总数的 27.14%、21.71%。从科的组成来看，鄱阳湖植物区系主要由寡种科和单种科构成。

表 5-2-5　鄱阳湖湿地植物科的分组

分组	科数	比例（%）	属数	比例（%）	种数	比例（%）
大科（含 50 种以上）	1	1.27	38	14.13	52	10.36
中等科（含 21～50 种）	4	5.06	55	20.45	136	27.09
较小科（含 11～20 种）	6	7.59	38	14.13	82	16.33
小科（含 5～10 种）	19	24.05	65	24.16	123	24.50
寡种科（含 2～4 种）	27	34.18	51	18.96	87	17.33
单种科（仅含 1 种）	22	27.85	22	8.18	22	4.38
总计	79	100.00	269	100.00	502	100.00

2）科的区系组成分析

对鄱阳湖被子植物科的分布区类型进行统计分析，共可分为 7 个分布型 4 个变型（表 5-2-6）。

表 5-2-6　鄱阳湖湿地被子植物科的分布区类型

分布区类型及亚型	数量	占总数的比例（%）
1. 世界广布	44	55.70
2. 泛热带分布	18	22.78
2-2. 热带亚洲—热带非洲—热带美洲（南美洲）	1	1.27
2S. 以南半球为主的泛热带	3	3.80
3. 东亚（热带、亚热带）及热带南美间断	1	1.27
4. 旧世界热带	1	1.27
4-1. 热带亚洲、非洲和大洋洲间断或星散分布	1	1.27
8. 北温带	2	2.53
8-4. 北温带和南温带间断分布	6	7.59
9. 东亚及北美间断	1	1.27
10. 旧世界温带	1	1.27
总计	79	100.00

世界广布的科最多，含有 44 科，占总科数的 55.70%，表明鄱阳湖湿地植物具有极强的隐域性。这些科中包括了本区的大科和中等科，如禾本科、菊科、莎草科等。绝大部分的水生和沼生植物科也属于这一分布类型，如水鳖科（Hydrocharitaceae）、茨藻科（Najadaceae）、泽泻科（Alismataceae）等，这些大都是小科或单属科，由于水生环境相对稳定，这些科中有的非常古老，其演化历程极为缓慢。其余一些中小科，如车前科（Plantaginaceae）、马齿苋科（Portulacaceae）等是温带、寒带植物区系的基础，是泛古大陆起源的典型代表。此外，还有唇形科（Labiatae）、蔷薇科（Rosaceae）、玄参科（Scrophulariaceae）等科。

泛热带分布有 22 科，有起源于泛古大陆而没有特定出生地的大戟科（Euphorbiaceae）、荨麻科（Urticaceae）；有起源于古北大陆东部，并迅速扩散到泛古大陆而向泛热带分布的夹竹桃科（Apocynaceae）；有古南大陆起源，向泛热带扩散的鸭跖草科（Commelinaceae）；有可能起源于古北大陆东部而逐渐扩散到古南大陆西部的萝摩科（Asclepiadaceae）、爵床科（Acanthaceae）、葫芦科（Cucurbitaceae）；有可能起源于泛古大陆的沟繁缕科（Elatinaceae）。热带亚洲-热带非洲-热带美洲分布，有鸢尾科（Iridaceae）。另以南半球为主的泛热带有 3 科：商陆科（Phytolacaceae）、番杏科（Aizoaceae）、石蒜科（Amaryllidaceae）。东亚（热带、亚热带）及热带南美间断有马鞭草科（Verbenaceae）。旧世界热带分布的有两科，是胡麻科（Pedaliaceae）及水蕹科（Aponogetonaceae）。

北温带分布有 8 科，都是从白垩-古近纪以来，在古北大陆上从东到西逐渐产生。正型有 2 科，包括由古北大陆东部起源和分化的百合科（Liliaceae）及金丝桃科（Hypericaceae）。

北温带和南温带间断分布有 6 科，如杨柳科（Salicaceae）、灯心草科（Juncaceae）、牻牛儿苗科（Geraniaceae）等。东亚及北美间断分布有 1 科，即三白草科（Saururaceae）。旧世界温带分布有 1 科，即菱科（Trapaceae）。

3）属的大小分析

根据鄱阳湖湿地被子植物属的大小，将其分为 5 组。其中，含种数 20 种以上的有 1 属，即蓼属（*Polygonum*）；含种数 10～20 种的中等属有 2 属，如菱属（*Trapa*）和薹草属（*Carex*）。这 3 属的物种分别是鄱阳湖湿地植物群落的构建种和优势种。含 5～9 种的小属及其所含总数占总数的比例均比较小，单种属最多，寡种属所含种数最多（表 5-2-7），表明鄱阳湖湿地被子植物区系分化，这主要是由于鄱阳湖节律性的干湿交替促使了植物的分化。

表 5-2-7　鄱阳湖湿地植物属的分组

分组	属数	比例（%）	种数	比例（%）
大属（20 种以上）	1	0.37	27	5.38
中等属（10～20 种）	2	0.74	23	4.58
小属（5～9 种）	14	5.20	81	16.14
寡种属（2～4 种）	76	28.25	195	38.84
单种属（仅含 1 种）	176	65.43	176	35.06
总计	269	100.00	502	100.00

4）属的区系组成分析

鄱阳湖湿地被子植物属的分布区类型可分为 14 个正型 4 个变型（表 5-2-8）。世界广布有 61 属，这些属中，有较多的水生和沼生植物，如眼子菜属（*Potamogeton*）、金鱼藻属（*Ceratophyllum*）、狐尾藻属（*Myriophyllum*）等，这是由于水中环境条件更为稳定，天然障碍少的缘故。其次是草本植物随人植物，如碎米荠属（*Cardamine*）、苋属（*Amaranthus*）、繁缕属（*Stellaria*）等，这些都是早期的随人杂草，随人定居而广布。再次是鄱阳湖湿地草洲的主要成分，如薹草属（*Carex*），以及高滩草甸的主要成分，如黄芩属（*Scutellaria*）、豆瓣菜属（*Nasturtium*）、水苏属（*Stachys*）等。

表 5-2-8　鄱阳湖湿地植物属的分布区类型

分布区类型及亚型	数量	占总数比例(%)	中国属数	占中国该类型比例（%）
1. 世界分布*	61		100	61.00
2. 泛热带分布	65	31.25	287	22.65
3. 热带亚洲和热带美洲间断分布	6	2.88	80	7.50
4. 旧世界热带分布	15	7.21	159	9.43
4-1. 热带亚洲、非洲和大洋洲间断	1	0.48	18	5.56
5. 热带亚洲和热带大洋洲分布	8	3.85	217	3.69
6. 热带亚洲至热带非洲分布	2	0.96	120	1.67

续表

分布区类型及亚型	数量	占总数比例(%)	中国属数	占中国该类型比例（%）
7. 热带亚洲（印度、马来西亚）分布	9	4.33	413	2.18
8. 北温带分布	45	21.63	145	31.03
8-4. 北温带和南温带间断（泛温带）	3	1.44	131	2.29
9. 东亚和北美间断分布	9	4.33	130	6.92
10. 旧世界温带分布	26	12.50	136	19.12
10-1. 地中海、西亚（或中亚）和东亚间断	1	0.48	28	3.57
11. 温带亚洲	4	1.92	61	6.56
12. 地中海、西至中亚分布	1	0.48	113	0.88
12-4. 地中海至热带非洲和喜马拉雅间断	1	0.48	7	14.29
14. 东亚分布	8	3.85	70	11.43
14SJ. 中国-日本	3	1.44	111	2.70
15. 中国特有分布	1	0.48	248	0.40
总计	269			

* 世界分布种不计入百分比。

泛热带分布有 65 属，各属的起源也比较复杂，有不少是从热带亚州、热带美洲起源而扩大的，如白酒草属（*Conyza*）、马鞭草属（*Verbena*）、半边莲属（*Lobelia*）等。另一大来源是泛温带起源扩大而来的，如画眉草属（*Eragrostis*）、稗属（*Echinochloa*）、马唐属（*Digitaria*）等。热带亚洲和热带美洲间断分布的有 6 属，主要有凤眼蓝属（*Eichhornia*）、庭菖蒲属（*Sisyrinchium*）、地榆属（*Sanguisorba*）等。旧世界热带分布有 16 属，主要有水筛属（*Blyxa*）、水竹叶属（*Murdannia*）、雨久花属（*Monochoria*）等。热带亚州和热带大洋洲分布有 8 属，主要有大豆属（*Glycine*）、蜈蚣草属（*Eremochloa*）、结缕草属（*Zoysia*）等。热带亚洲至热带非洲分布有 2 属，如芒属（*Miscanthus*）、莠竹属（*Microstegium*）。热带亚州（印度、马来西亚）分布有 9 属，主要有盾果草属（*Thyrocarpus*）、水禾属（*Hygroryza*）、芋属（*Colocasia*）等。

北温带分布有 48 属，主要有蓼属（*Polygonum*）、委陵菜属（*Potentilla*）、婆婆纳属（*Veronica*）等。其变型为北温带和南温带间断分布，或称泛温带分布，共有 3 属，如柳属（*Salix*）、杨属（*Populus*）、紫堇属（*Corydalis*）。东亚和北美间断分布共有 9 属，主要有胡枝子属（*Lespedeza*）、三白草属（*Saururus*）、莲属（*Nelumbo*）等。旧世界温带分布共有 26 属，主要有菱属（*Trapa*）、鹅绒藤属（*Cynanchum*）、苜蓿属（*Medicago*）等。该分布区类型还有一变型，即地中海、西亚（或中亚）和东亚间断分布只有 1 属，为窃衣属（*Torilis*）。温带亚洲分布有 4 属，如黄鹌菜属（*Youngia*）、枫杨属（*Pterocarya*）、马兰属（*Kalimeris*）等。地中海、西至中亚分布有 1 属，如豌豆属（*Vicia*）。该分布区类型还有一变型，即地中海至热带非洲和喜马拉雅间断分布有 1 属，如牻牛儿苗属（*Erodium*）。东亚分布有 8 属，如紫苏属（*Perilla*）、芡属（*Euryale*）、斑种草属（*Bothriospermum*）等。该分布区类型还有一变型，即中国-日本分布，有 3 属，如萝藦属（*Metaplexis*）、南荻属（*Triarrhena*）、半夏属（*Pinellia*）等。中国特有分布有 1 属，如虾须草属（*Sheareria*）。

一般将上述 2～7 类型看作热带性质类型，8～15 类型看作温带性质类型。本植物区系中属于热带性质的有 106 属，而属于温带性质的有 102 属，本区植物区系性质的温热比为 0.96，与江西省植物区系的温热比相当，表明本区植物区系具有江西省植物区系特征的烙印。

3. 区系特征

1）鄱阳湖湿地植物区系是隐域性特征的典型代表，同时又具有其地带性烙印

鄱阳湖湿地被子植物区系含有大量的世界广布成分，如世界广布科的数量达 44 科之多，占到本植物区系总科数的 55.70%，世界广布属也有 61 属之多。具有较高世界广布成分比重是一个植物区系隐域性的表征。同时，本植物区系还在一定程度上表现出地带性的特征，如本区植物区系性质的温热比为 0.96，接近于 1，与本植物区系地处我国中亚热带区的地理位置高度吻合，表现出植物区系由热带性质向温带性质过渡的特征。

2）鄱阳湖湿地植物区系成分起源广泛，与世界各植物区系联系密切，成分复杂

从科的水平来看，本区植物区系似乎较简单，其实不然，科的区系成分中，最大比重的世界广布成分来源复杂，有起源于泛古大陆而扩大至全球分布的桑科、马钱科、堇菜科等，也有起源于古北大陆东部向马德雷区集中早期分化的蔷薇科，还有第二次泛古大陆形成后开始发生和分化并扩展至全泛古大陆的马齿苋科等。从属的区系组成来讲，也可证明本区植物区系的复杂性，我国种子植物区系的 15 个类型在本区有 14 个分布，仅缺中亚分布类型，并且从属的起源来看，更可看出其起源广泛，以及与各植物区系联系密切的特点。湿地植被中的主要植物群落建群种多为世界广布种，如薹草群落、芦苇群落、眼子莱群落等。

3）由于鄱阳湖湿地独特的水文条件，造就其区系既有不少古老成分，又有较分化的特点

鄱阳湖每年都具有明显的洪峰，以及由洪峰维持的高水位期和洪峰过后的湖水归槽、水落滩出的枯水期。如此形成的鄱阳湖湿地季节性干湿交替，使得鄱阳湖湿地环境兼具稳定与不稳定的特征，环境稳定是指其有部分区域常年水淹不干而形成一个较为稳定的水生环境，环境不稳定是指其干湿交替使得鄱阳湖草洲季节性出露。这种水文条件形成的环境造就了鄱阳湖植物区系既有不少古老成分，如本植物区系有不少非常古老而演化历程极为缓慢的水生植物科属，同时也有分化明显的特征，从植物区系组成来看，本植物区系有大量的寡种科属和单种科属，如单种科和寡种科占总科数的 61.73%，单种属和寡种属占总属数的比例竟可达 93.68%。

4）双子叶植物的种类更多，而单子叶植物的个体数量更庞大，特有成分稀少

从鄱阳湖湿地种子植物区系组成来看，未见有裸子植物分布。而被子植物中，双子叶植物从各个分类阶元均多于单子叶植物，如双子叶植物有 60 科 187 属 348 种，而单子叶植物仅为 19 科 82 属 154 种，双子叶植物在各个分类阶元的数目都是单子叶植物的 2～3 倍。

但是，在鄱阳湖湿地植物中，植物群落的优势种和构建种大部分是单子叶植物，而且洲滩植被主要以莎草科和禾本科为优势，水生植物以水鳖科等种类为优势。同时，本区植物区系的特有成分稀少，科水平未见特有成分，属水平仅有虾须草属、南荻属是中国特有属。

5）珍稀濒危保护植物较少

野生的有中华水韭（*Isoetes sinensis*）、水蕨（*Ceratopteris thalictroides*）、粗梗水蕨（*Ceratopteris pterioides*）、乌苏里狐尾藻（*Myriophyllum ussuriensis*）、野大豆（*Glycine saja*）、野菱（*Trapa incise* var. *quadricauda*）。栽培植物有莼菜（*Brasenia schreberi*）、莲（*Nelumbo nucifera*）。特有属种匮乏。湖区内没有特有科属，此与湿地植被的典型隐域性质有关。中国特有种有 3 种，分别是南荻（*Triarrhena lutariorpara*）、宽叶金鱼藻（*Ceratophyllum inflarum*）、短四角菱（*Trapa quadrispinosa*）。

6）江西新记录种

沟繁缕科三蕊沟繁缕（*Elatine triandra*）、水茫草（*Limosella aquatica*）、圆基长鬃蓼（*Polygonum longisetum* var. *rotundatum*）、日本薹草（*Carex japonica*）。

第二节　湿地植物群落的类型及其空间分布

一、湿地植被分类系统

根据湿地的定义和鄱阳湖湿地的特点，植被调查范围为鄱阳湖多年平均最高水位覆盖的区域，以及受湖泊水生态影响较大的周边地段，即黄海 20 m 高程以下的湖盆区，不包括湖中的岛屿与圩堤。

采用群落生态学方法对植物群落斑块逐个开展样方调查，样方面积为 1 m×1 m，记录群落数量特征，包括群落物种组成、高度、盖度、多度、生物量等，同时记录群落环境因子，拍摄群落照片，并记录 GPS 坐标点。共调查样方 7 000 余个。

按《中国植被》的划分方法进行群落类型的划分，主要依据植物群落的植物种属成分、水生态因子的生境特点、群落的外貌特征、群落的动态特征等，群落的分类等级系统为植被型组（vegetation type group）—植被型（vegetation type）—植被亚型（vegetation subtype）—群系组（formation group）—群系（formation）—群丛组（association group）—群丛（association）。

因此，鄱阳湖湿地植被可划分为 1 个植被型组，4 个植被型，60 个群系，88 个群丛（表 5-2-9）。

表 5-2-9　鄱阳湖湿地植被分类系统

植被型	植被亚型	群系（组）	群丛中文名	群丛学名
Ⅰ. 草丛沼泽植被型	（Ⅰ）禾草高草湿地亚型	1. 芦苇群系	芦苇群丛	Ass. *Phragmites australis*
			芦苇-南荻群丛	Ass. *Phragmites australis-Triarrhena lutarioriparia*
			芦苇-薹草群丛	Ass. *Phragmites australis-Carex* spp.

续表

植被型	植被亚型	群系（组）	群丛中文名	群丛学名
Ⅰ. 草丛沼泽植被型	（Ⅰ）禾草高草湿地亚型	1. 芦苇群系	芦苇-蒌蒿群丛	Ass. *Phragmites australis-Artemisia selengensis*
		2. 假鼠妇草群系	宽叶假鼠妇草群丛	Ass. *Glyceria leptolepis*
		3. 南荻群系	南荻群丛	Ass. *Triarrhena lutarioriparia*
			南荻-薹草群丛	Ass.*Triarrhena lutarioriparia-Carex* spp.
			南荻-蒌蒿群丛	Ass. *Triarrhena lutarioriparia-Artemisia selengensis*
			南荻-芦苇群丛	Ass. *Triarrhena lutarioriparia-Phragmites australis*
		4. 菰群系	菰群丛	Ass. *Zizania caduciflora*
		5.虉草群系	虉草群丛	Ass. *Phalaris arundinacea*
			虉草-薹草群丛	Ass. *Phalaris arundinacea-Carex* spp.
			虉草-蓼子草群丛	Ass. *Phalaris arundinacea-Polygonum criopolitanum*
	（Ⅱ）禾草低草湿地亚型	6. 李氏禾群系	李氏禾群丛	Ass. *Leersia japonica*
		7. 野古草群系	野古草-狗牙根群丛	Ass. *Arundinella hirta-Cynodon dactylon*
			野古草-薹草群丛	Ass. *Arundinella hirta-Carex* spp.
		8. 糠稷群系	糠稷群丛	Ass. *Panicum bisulcatum*
		9. 白茅群系	白茅群丛	Ass. *Imperata cylindrica var. major*
		10. 稗草群系	稗草群丛	Ass. *Echinochloa* spp.
		11. 狗尾草群系	狗尾草群丛	Ass. *Setaria* spp.
		12. 狗牙根群系	狗牙根群丛	Ass. *Cynodon dactylon*
		13. 假俭草群系	假俭草群丛	Ass. *Eremochloa ophiuroides*
		14. 牛鞭草群系	牛鞭草群丛	Ass. *Hemarthria altissima*
	（Ⅲ）莎草湿地亚型	15. 薹草群系（组）	薹草群丛	Ass. *Carex* spp.
			薹草-虉草群丛	Ass. *Carex* spp.-*Phalaris arundinacea*
			薹草-蓼子草群丛	Ass. *Carex* spp.-*Polygonum criopolitanum*
			薹草-下江委陵菜群丛	Ass. *Carex* spp.-*Potentilla limprichtii*
			薹草-蒌蒿群丛	Ass. *Carex* spp.-*Artemisia selengensis*
			薹草-蚕茧蓼群丛	Ass. *Carex* spp.-*Polygonum japonicum*
			薹草-针蔺群丛	Ass. *Carex* spp.-*Eleocharis congesta* spp. *japonica*
			薹草-南荻群丛	Ass. *Carex* spp.-*Triarrhena lutarioriparia*
		16. 荸荠群系	针蔺群丛	Ass. *Eleocharisjaponica*
			野荸荠群丛	Ass. *Carex* spp.-*Triarrhena lutarioriparia*
			刚毛荸荠群丛	Ass. *Eleocharis valleculosa*

续表

植被型	植被亚型	群系（组）	群丛中文名	群丛学名
Ⅰ. 草丛沼泽植被型	（Ⅲ）莎草湿地亚型	16. 荸荠群系	牛毛毡群丛	Ass. *Eleocharis yokoscensis*
		17. 莎草群系	香附莎草群丛	Ass. *Cyperus rotundus*
			聚穗莎草＋碎米莎草群丛	Ass. *Cyperus glomeratus* + C. *iria*
		18. 飘拂草群系	二岐飘拂草群丛	Ass. *Fimbristylis dichotoma*
	（Ⅳ）杂类草湿地亚型	19. 狭叶香蒲群系	香蒲群丛	Ass. *Typha orientalis*
		20. 水烛群系	水烛群丛	Ass. *Typha angustifolia*
		21. 下江委陵菜群系	下江委陵菜群丛	Ass. *Potentilla limprichtii*
		22. 水田碎米荠群系	水田碎米荠群丛	Ass. *Cardamine lyrata*
		23. 蓼子草群系	蓼子草群丛	Ass. *Polygonum criopolitanum*
		24. 蚕茧蓼群系	蚕茧蓼群丛	Ass. *Polygonum japonicum*
		25. 酸模叶蓼群系	酸模叶蓼群丛	Ass. *Polygonum lapathifolium*
		26. 竹叶小蓼群系	竹叶小蓼群丛	Ass. *Polygonum minus*
		27. 丛枝蓼群系	丛枝蓼群丛	Ass. *Polygonum posumbu*
		28. 疏花蓼群系	疏花蓼群丛	Ass. *Polygonum praetermissum*
		29. 水蓼群系	水蓼群丛	Ass. *Polygonum hydropiper*
		30. 齿果酸模群系	齿果酸模群丛	Ass. *Rumex dentatus*
		31. 蒌蒿群系	蒌蒿群丛	Ass. *Artemisia selengensis*
		32. 细叶艾群系	细叶艾群丛	Ass. *Artemisia lancea*
		33. 芫荽菊群系	芫荽菊群丛	Ass. *Cotula amthemoides*
		34. 紫云英群系	紫云英群丛	Ass. *Astragalus sinicus*
		35. 半边莲群系	半边莲群丛	Ass. *Lobelia chinensis*
			还亮草群丛	Ass. *Delphinium anthriscifolium*
Ⅱ. 水生植被型	（Ⅴ）漂浮植物亚型	36. 紫萍群系	紫萍＋浮萍群丛	Ass. *Spirodela polyrrhiza* + *Lemna minor*
		37. 凤眼莲群系	凤眼莲群丛	Ass. *Eichhornia crassipes*
		38. 水鳖群系	水鳖群丛	Ass. *Hydrocharis asiatica*
		39. 满江红群系	满江红＋槐叶蘋群丛	Ass. *Azolla imbricata* + *Salvinia natans*
	（Ⅵ）浮叶植物亚型	40. 菱群系	菱群丛	Ass. *Trapa* spp.
		41. 荇菜群系	荇菜群丛	Ass. *Nymphoides peltatum*
		42. 芡实群系	芡实群丛*	Ass. *Euryale ferox*
		43. 莲群系	莲群丛*	Ass. *Nelumbo nucifera*
		44. 空心莲子草群系	空心莲子草群丛	Ass. *Alternanthera philoxeroides*
		45. 水龙群系	水龙群丛	Ass. *Ludwigia adscendens*
	（Ⅶ）沉水植物亚型	46. 苦草群系	苦草群丛	Ass. *Vallisneria* spp.
			苦草—轮叶黑藻群丛	Ass. *Vallisneria* spp.-*Hydrilla verticillata* var. *roxburghii*
		47. 竹叶眼子菜群系	竹叶眼子菜群丛	Ass. *Potamogeton malaianus*

续表

植被型	植被亚型	群系（组）	群丛中文名	群丛学名
Ⅱ. 水生植被型	（Ⅶ）沉水植物亚型	47. 竹叶眼子菜群系	竹叶眼子菜—苦草群丛	Ass. *Potamogeton malaianus-Vallisneria* spp.
		48. 菹草群系	菹草群丛	Ass. *Potamogeton crispus*
			菹草—穗花狐尾藻群丛	Ass. *Potamogeton crispus-Myriophyllum spicatum*
			菹草—苦草群丛	Ass. *Potamogeton crispus-Vallisneria* spp.
		49. 穗状狐尾藻群系	穗状狐尾藻群丛	Ass. *Myriophyllum spicatum*
		50. 轮叶黑藻群系	轮叶黑藻群丛	Ass. *Hydrilla verticillata*
			轮叶黑藻—苦草群丛	Ass. *Hydrilla verticillata-Vallisneria* spp.
		51. 水车前群系	水车前群丛	Ass. *Ottelia alismoides*
		52. 茨藻群系	茨藻群丛	Ass. *Najas* spp.
		53. 黄花狸藻群系	黄花狸藻群丛	Ass. *Utricularia* aurea
Ⅲ. 沙生植被型		54. 单叶蔓荆群系	单叶蔓荆群丛	Ass. *Vitex rotundifolia*
		55. 柳叶白前群系	柳叶白前群丛	Ass. *Cynanchum stauntonii*
		56. 芫花叶白前群系	芫花叶白前群丛	Ass. *Cynanchum glaucescens*
		57. 球柱草群系	球柱草群丛	Ass. *Bulbostylis barbata*
Ⅳ. 人工植被	（Ⅷ）人工林	58. 加拿大杨林	加拿大杨群丛	Ass. *Populus*×*canadensis*
		59. 乌桕林	乌桕群丛	Ass. *Sapium sebiferum*
		60. 旱柳林	旱柳群丛	Ass. *Salix matsudana*
	（Ⅸ）耕地		水稻田	
			旱地	

* 为半天然、半人工群落。

二、主要植物群落特征

1. 沼泽植被

1）芦苇群落（Form. *Phragmites australis*）

芦苇群落广泛分布于温带和亚热带的湖边和河流岸边，对水分的适应幅度较大，最适积水深度为 30 cm，最适 pH 范围为 6.0～7.0，耐碱不耐酸。该群落在鄱阳湖面积较大，主要分布于湖区南部洲滩，以赣江和信江三角洲最为集中，其分布高程较高，一般在 14 m 以上，土壤 pH 为 5.0～7.5，丰水期植株部分露出水面，呈现典型挺水群落特征。本群系可分为 4 个群丛。

A. 芦苇群丛（Ass. *Phragmites australis*）

该群丛在鄱阳湖分布有 265 个群落斑块，总面积为 10 419 hm^2，群落盖度为 85%～

95%，以芦苇为优势种，群落高度为1.5～2.5 m，植株生长受湿地水文条件影响，枯水年较丰水年生长要好，长势较好的洲滩有磨盘洲、大沙荒、锂鱼洲、皇帝帽等地，枯水年群落高可达4 m，河道两侧洲滩地长势要好于碟形湖洲滩。群落伴生种各处略有差异，主要有薹草（*Carex* spp.）、南荻（*Triarrhena lutarioriparia*）、小飞蓬（*Conyza canadensis*）等。

B. 芦苇-南荻群丛（Ass. *P. australis-T. lutarioriparia*）

该群丛在鄱阳湖分布有63个群落斑块，总面积为2 880 hm^2，群落盖度为90%～95%，该群落主要分布于高滩地上，常出现于碟形湖四周，呈较窄的条带状分布。以芦苇为优势种，南荻为共建种，常见群落高为1.5～2.0 m，伴生种主要有薹草（*Carex* spp.）、下江委陵菜（*Potentilla limprichtii*）、蒌蒿、水田碎米荠（*Cardamine lyrata*）等。

C. 芦苇-薹草群丛（Ass. *P. australis-Carex* spp.）

该群丛在鄱阳湖分布有118个群落斑块，总面积为3 129 hm^2，群落明显分为两层，上层优势种为芦苇，盖度为40%左右，高为1.5～2 m，下层优势种为薹草，盖度可达80%，高为40～60 cm，常出现在碟形湖四周的芦苇群落与薹草群落的过渡地段，呈条形分布，群落内常见的伴生种有丛枝蓼、下江委陵菜等。

D. 芦苇-蒌蒿群丛（Ass. *P. australis-Artemisia selengensis*）

该群丛在鄱阳湖分布有6个群落斑块，总面积为58 hm^2，主要分布于南部河道两侧，在康山河东侧面积较大。群落分两层，上层仅见芦苇，盖度为30%～40%，下层优势种为蒌蒿，盖度为85%～90%，局部达到100%，高为60～70 cm，群落内常见有薹草、水蓼伴生，偶见狼把草入侵。

2）*南荻群落*（Form. *Triarrhena lutarioriparia*）

南荻群落在鄱阳湖主要分布在"五河"三角洲滩地上，面积较大，总面积达到7 500 hm^2以上，占湖区总面积的2.13%，分布高程略高于薹草，在碟形湖中呈环带状分布，受微地形变化的影响，常与薹草群落相间交错，群落一般由6～10种湿生植物组成。在湖区主要有4个群丛。

A. 南荻群丛（Ass. *T. lutarioriparia*）

该群丛面积较大，湖区共有116个斑块，总面积为2 868.4 hm^2，群落外貌整齐，南荻为优势种，占居群落上层，群落高度为140～160 cm，盖度为90%～98%。群丛中常见有丛枝蓼（*Polygonum posumbu*）、旱苗蓼、蒌蒿、下江委陵菜、灰化薹草（*Carex cinerascens*）、红穗薹草（*C. argyi*）等伴生。

B. 南荻-薹草群丛（Ass. *T. lutarioriparia-Carex* spp.）

该群丛面积较大，为南荻群落与薹草群落的过渡类型，湖区调查到98个斑块，总面积达到4 435 hm^2，群落分为两层，上层以南荻为优势种，下层以薹草（*Carex* spp.）为优势种，群落盖度为80%～90%，伴生种为水田碎米荠、下江委陵菜、水蓼等。

C. 南荻-蒌蒿群丛（Ass. *T. lutarioriparia-A. selengensis*）

该群丛在湖区面积较小，仅有3个斑块5.48 hm^2，主要分布于河道两侧的滩地上，群落盖度达 90%，南荻居上层，生长稀疏，蒌蒿生长茂密，高达 70 cm，伴生种有薹草、蚕茧蓼（*Polygonum japonicum*）、泥花草等。

D. 南荻-芦苇群丛（Ass. *T. lutarioriparia-P. australis*）

该群丛分布广泛，一般在河道两边较常见。群落盖度为 85%～98%，垂直结构较复杂：芦苇高为 2.0 m 左右，处在最上层，较为稀疏，种群密度为 4～5 株/m^2，其下是南荻，平均高为 1.5 m，成片聚生，呈斑块状分布；下层以薹草（*Carex* spp.）为主，高度为 40 cm 左右，较为密集。该群丛也是物种最丰富的类型之一，一般由 9～12 种植物组成，常见的有红穗薹草、灰化薹草、丛枝蓼、水蓼、蒌蒿、水田碎米荠、下江委陵菜、矮牵牛（*Petuniax hybrida*）、球果蔊菜（*Rorippa globosa*）、虉草（*Phalaris arundinacea*）、牛毛毡（*Heleocharis yokoscensis*）等。

3）*菰群落*（Form. *Zizania caduciflora*）

菰群落主要分布于三角洲洲滩洼地中，总面积为 206 hm^2，地表常年积水，枯水季节水深一般为 30～50 cm，丰水季节菰只有部分叶露在出面，冬季植株死亡呈灰白色。在南矶山的下深湖、三泥湾和泥湖有大面积分布。群落优势种单一，植丛密集，生物量大，高度为 180 cm 左右，盖度达到 95%以上。群落边缘有丛枝蓼、水蓼、旱苗蓼分布。群落中还可见少量的漂浮植物，如紫萍（*Spirodela polyrrhiza*）、浮萍（*Lemna minor*），沉水植物有穗花狐尾藻（*Myriophyllum spicatum*）等。

4）*虉草群落*（Form. *Phalaris arundinacea*）

虉草群落主要分布于高程为 13.0～14.0 m 的滩地上，以河相沉积和河湖相沉积为主，土壤含沙量一般较高，在九江、星子蓼花、吴城、南矶山的东湖、白沙湖、三泥湾、泥湖、康山河两边滩地、中支三角洲前缘等各处邻近通江水体的滩地上有大面积分布。4～5 月群落发育完整，草绿色，群落生物量大，可达 6 000 g/m^2 以上。在湖区常见有 3 个群丛类型。

A. 虉草群丛（Ass. *P. arundinacea*）

该群丛在湖区分布广、面积大，有 354 个群落斑块，总面积达到 22 256 hm^2，群落盖度不一，盖度从 15%到 70%不等，主要由洲滩出露时间决定，出露越晚盖度越小，虉草从退水开始生长，至第二年 4～5 月生长最盛，高可达 80 cm，群落内伴生种有蓼子草（*Polygonum criopolitanum*）、薹草（*Carex* spp.）、沼生水马齿（*Callitriche palustris*）、看麦娘、齿果酸模（*Rumex dentatus*）、肉根毛茛（*Ranunculus polii*）等。

B. 虉草-薹草群丛（Ass. *P. arundinacea-Carex* spp.）

该群丛出现于虉草群落与薹草群落之间，为过渡性类型，分布高程要高于虉草群丛，湖区总面积达到 8 130 hm^2，群丛分为两层，第一层是虉草，高约为 80 cm，盖度达 80%。群落第二层主要由多种薹草（*Carex* spp.）、蒌蒿和下江委陵菜、肉根毛茛、稻槎菜（*Lapsana apogonoides*）、紫云英（Astragalus sinicus）、看麦娘组成，高度仅为 10～20 cm。

C. 虉草-蓼子草群丛（Ass. *P. arundinacea-P. criopolitanum*）

该群丛分布于以河相沉积为主的河道两侧，居于蓼子草群落与虉草群落之间，呈条带状分布，分布高程要低于虉草群落，过渡类型，在星子蓼花洲、北部湖心洲滩地、都昌附近都有大面积分布，总面积达 30 628 130 hm^2，群落下层主要是蓼子草占优势，红穗薹草也有一定的优势度，其他还有水田碎米荠、泽珍珠菜（*Lysimachia candida*）、水蓼、菊叶委陵菜等伴生。

5）狗牙根群落（Form. *Cynodon dactylon*）

狗牙根群落遍布湖区四周，主要在河道两侧的高滩地上，以及水淹时间一般不超过 30 d 的三角洲高滩地上，呈条带状分布，带宽为 10～50 m，湿地退化常形成该类型群落，分布高程为 14.5～17 m。共 391 种斑块，总面积为 4 987.23 hm^2，组成群落的植株矮小，群落高为 10～15 cm，盖度为 90%～100%，伴生种有雀舌草（*Stellaria uliginosa*）、积雪草（*Centella asiatica*）、泥湖菜（*Hemistepta lyrata*）等。

6）薹草群落（Form. *Carex* spp.）

薹草群落是鄱阳湖分布最广、面积最大的群落类型。薹草属植物在湖区分布有十余种，都以克隆繁殖为主，密丛性生长，群落盖度大，结构简单，由 5～7 种湿生植物组成。薹草有两个生长时期，即春草和秋草，可渡过短期的水下休眠期，若水淹时长超过 4 个月，薹草可以在水下完成分解过程。湖区主要群丛类型如下。

A. 灰化薹草群丛（Ass. *C. cinerascens*）

该群丛在南矶山湿地国家级自然保护区内呈集中连片大面积分布，几乎遍布整个湿地洲滩。该类型群落高度一般在 60～80 cm，盖度为 95%～100%。群落外貌整齐，组成物种较少。主要伴生种有下江委陵菜、水田碎米荠、水蓼，以及多种薹草（*Carex* spp.），如红穗薹草、卵穗薹草、单性薹草（*Carex unisexualis*）等。而在余干大塘和永修、都昌矶山、官司洲、王家洲等地，只见呈斑块状分布的纯植丛，盖度几乎达 100%。在梅西湖还发现灰化薹草 + 水蓼群丛和灰化薹草 + 野艾–刚毛荸荠群丛。在令公洲也发现了灰化薹草 + 水田碎米荠–下江委陵菜 + 肉根毛茛群丛。

B. 红穗薹草群丛（Ass. *C. argi*）

该群丛主要分布在河湖相沉积的前缘地段，呈条带状分布，植株稍低矮，群落高为 30～40 cm，在星子蓼花有呈大面积成片分布。

C. 糙叶薹草群丛（Ass. *C. scabrifolia*）

该群丛外貌与灰化薹草相似，主要分布于大汉湖北面和都昌矶山、中湖池、沙湖池、蚌湖等各湖洲草地。其下限接近蓼子草群丛，上限可分布到堤脚低平地带。植株密集丛生，高 10～30 cm，5 月开花结幼果，整个外貌为深绿色，生长茂密，投影盖度为 85%，表土生根层达 5 cm 以上，相当发达。群落中还杂生有菊叶委陵菜、水田碎米荠、稻槎菜及天胡荽等。该环境是鸟类的栖息场地，嫩草、薹草果可为鸟类提供食物。

D. 芒尖薹草群丛（Ass. *C. doniana*）

该群丛主要出现于洲滩上小面积的积水低洼地中，南北均可见，呈斑块状分布，水深为 10～30 cm。群落中芒尖苔稍高而硬直，小片聚生，盖度约占 20%。

E. 卵穗薹草群丛（Ass. *C. duriuscula*）

该群体分布于碟形湖的低滩地上，在蚌湖等处有分布，土壤含水量饱和，地下水埋深不超过 10 cm，卵穗薹草植株高为 30～35 cm，密集生长，群落盖度为 90%，外貌深绿色。群落内混生有肉根毛茛、四叶葎（*Galium bungei*）、稻槎菜等。地表生根层富有弹性，厚达 5 cm 以上。该环境是鸟类的栖息、觅食的场地。

2. 水生植被

鄱阳湖水生植被发育，尤其是沉水植被和浮叶植被类型多样，在湖泊生态系统中具有极其重要的生态效益，它们在净化水体、为鱼类和鸟类提供食物、产卵场所等方面发挥着巨大的作用。

1）菱群落（Form. *Trapa* spp.）

该群落是鄱阳湖区分布最广、面积最大的浮叶植物群落。其常在水流扰动不强、水面开阔的水域形成单优群落，或与马来眼子菜、穗花狐尾藻等沉水植物形成共优群落，植株长度可达 3 m，在 8 月末盖度和生物量达到最大，并于 9 月枯萎死亡。分布于沙湖、南湖及象湖、康山大湖、军山湖、珠湖等众多碟形湖泊中，水深一般为 1～3 m，透明度为 50～80 cm。菱的种类一般由细果野菱、四角刻叶菱（*Tapa incisa*）、四瘤菱（*T. maminifera*）、八瘤菱（*T. octotubercual*）、四角菱（*T. quadrispinosa*）、短四角菱（*T. quadrispinosa* var. *yongxiuensis*）等组成上层。下层一般由狐尾藻、金鱼藻（*Ceratophyllum demersum*）、菹草、黑藻（*Hydrilla verticillata*）及苦草所组成。该群落经济价值较高。

2）荇菜群落（Form. *Nymphoides peltatum*）

荇菜群落是湖区分布广、面积大的浮叶植物群落，在碟形湖、三角洲洼地、人控湖汊内都可见到其大面积的分布，群落内物种多样性较高。9～11 月开花，水面一片金黄，极具观赏性。

A. 荇菜-马来眼子菜-金鱼藻＋黑藻＋密齿苦草群丛（Ass. *N. peltatum-Potamogeton malaianus-C. demersum + H. verticillata + V. denseserrulata*）

该群体主要分布于常湖、三泥湾、白沙湖等的水体中。该群落盖度在 6～7 月达到 70%～90%。群落中伴生种有小茨藻（*Najas minor*）、穗花狐尾藻、大茨藻（*N. marina*）、黄花狸藻（*Utricularia aurea*）、细果野菱等。该类型群落中的植物大多为草食性鱼类的饵料。

B. 荇菜＋野菱群丛（Ass. *N. peltatum + T.incisa*）

该群体主要分布在常湖、三泥湾、凤尾湖等水体中。该类型群落在 8～9 月盖度最大，达到 90%～100%。群落下层常见伴生种有苦草、轮叶黑藻、狐尾藻、菹草等，还可见有浮萍、满江红（*Azolla pinnata* ssp. *asiatica*）漂浮于水面。

3）芡实群落（Form. *Euryale ferox*）

偶见芡实群落分布于湖区周边丰水季节水深不超过1.5 m的小水体中，芡实占居水面，盖度为30%～50%，此外还常见有细果野菱、田字萍等，下层主要有穗花狐尾藻、菹草等，盖度为50%。

4）莲群落（Form. *Nelumbo nucifera*）

莲群落分布于湖区各岛屿附近的一些常年有水的池塘中，以及人控湖汊和水位相对稳定的湖泊浅水区域，在康山大湖、军山湖等处均有大面积分布。其多为半人工、半天然群落，群落外貌变化较大。伴生种水面有细果野菱（*Trapa incisa* var. *quadricaudata*）、槐叶蘋（*Salvinia natans*）、满江红等，水下有轮叶黑藻、菹草、金鱼藻等。

5）苦草群落（Form. *Vallisneria* spp.）

苦草群落是鄱阳湖沉水植被中分布最广、面积最大的群落类型，主要有以下3个群丛。

A. 苦草群丛（Ass. *V. spiralis*）

该群丛分布范围较广，群落的覆盖度在8～9月最大，一般为10%～30%，部分地段可达50%以上，个别达80%以上，是鄱阳湖水体中分布面积最大的沉水植物群落类型。群落其他常见的种类还有轮叶黑藻、狐尾藻、大茨藻等。其地下冬芽是越冬候鸟白鹤、白枕鹤等水禽的主要饵料。

B. 亚洲苦草群丛（Ass. *V. asiatica*）

该群丛分布于南山附近的水沟中，面积小，群落内几乎无其他伴生种。其优势种的形态特征与苦草十分相似，但植株明显大于苦草，叶片更宽，且匍匐茎为光滑的圆形。

C. 刺苦草群丛（Ass. *V. spinulosa*）

该群丛分布于湖泊、湖滩洼地，水深1.5～3 m的水域有大面积分布。群落内建群种单一，偶有马来眼子菜、狐尾藻、轮叶黑藻等伴生。5～8月为密齿苦草的营养生长期，群落盖度达30%～70%，8～10月为花果期。在湖滩碟碟形洼地中，密齿苦草几乎遍布水体。其根茎为珍禽水鸟越冬期的重要食料，幼嫩叶为鱼类所喜食。

6）菹草群落（Form. *Potamogetron crispus*）

该群丛分布于常年积水、面积较小的洼地中。该群落盖度大，最高可达90%。以菹草 + 穗花狐尾藻群丛（Ass. *P. crispus* + *M. spicatum*）最为常见，菹草、穗花狐尾藻为群落优势种，伴生种有少量水马齿（*Callitriche stagnalis*）、大茨藻、微齿眼子菜（*P. maackianus*）等。

此外，湖区还应有的沉水植物群落有竹叶眼子菜群落（Form. *P. malaianus*）、穗花狐尾藻群落（Form. *M. spicatum*）、金鱼藻群落（Form. *C. demersum*）、轮叶黑藻群落（Form.

H. verticillata）、茨藻群落（Form. *Najas* spp.）、水车前群落（Form. *Ottelia alismoides*）。其中，建群种水车前对水体污染甚为敏感，被称为水质指示植物（indicator）。

7）轮叶黑藻群落（Form. *Hydrilla verticillata*）

该群丛分布于湖泊、河流水深 1～2 m 的水域。水底表层土壤为浅灰色淤泥或沙质壤土。群落内伴生菰，外缘有旱苗蓼。浮水、沉水植物有槐叶蘋、满江红、狸藻，以及少量菹草、马来眼子菜、聚草等。5 月为营养生长茂盛期，草绿间绿褐色。群落盖度达 85%以上，6～9 月菹草、黑藻、小茨藻依次进入花期，12 月以后植株枯萎渐腐烂，水体透明度下降。该类型群落为主要的水下景观之一，植物根茎为鱼类饵料。常见群丛类型为轮叶黑藻 + 穗花狐尾藻 + 大茨藻群丛（Ass. *H. verticillata* + *Myriophyllum spicatum* + *N. marina*），常在底质和水文条件较均一的湖区呈带状分布，群落内常见马来眼子菜、金鱼藻等，分布高程为 10～13 m。

三、枯水期（秋冬季）湿地植物群落分布面积与高程

在全湖尺度上，薹草是枯水期面积最大的植被类型，以薹草属植物为建群种的群落面积占到总面积的 20.9%，其次是虉草群系，占 9.6%，蓼子草群落也占据重要地位，占总积的 5.794%。泥滩、沙滩等稀疏植丛地段在枯水季节的鄱阳湖也是一类最为重要的生境类型，泥滩面积占到 6.12%（表 5-2-10）。

表 5-2-10　鄱阳湖秋冬季湿地面积统计

群落类型	斑块数量（个）	面积（hm^2）	面积比（%）	最大斑块面积（hm^2）	平均斑块面积（hm^2）
芦苇群落	265	10 417.48	3.013	661.46	39.31
芦苇-南荻群落	63	2 879.35	0.833	356.99	45.70
芦苇-薹草群落	118	3 129.18	0.905	369.81	26.52
芦苇-蒌蒿群落	6	57.62	0.017	46.53	9.60
宽叶假鼠妇草群落	1	2.30	0.001	2.32	2.30
南荻群落	116	2 865.44	0.829	327.28	24.70
南荻-薹草群落	98	4 433.55	1.282	900.46	45.24
南荻-蒌蒿群落	3	5.47	0.002	3.66	1.82
南荻-芦苇群落	19	237.70	0.069	37.01	12.51
菰群落	18	205.56	0.059	71.88	11.42
虉草群落	354	22 240.44	6.432	6 299.24	62.83
虉草-薹草群落	145	8 065.64	2.333	1 404.77	55.63
虉草-蓼子草群落	61	3 047.03	0.881	435.32	49.95
野古草-狗牙根群落	36	245.66	0.071	72.74	6.82
野古草-薹草群落	31	373.63	0.108	59.66	12.05

续表

群落类型	斑块数量（个）	面积（hm^2）	面积比（%）	最大斑块面积（hm^2）	平均斑块面积（hm^2）
糠稷群落	3	6.32	0.002	2.48	2.11
白茅群落	5	4.54	0.001	2.45	0.91
稗草群落	2	6.11	0.002	4.01	3.06
狗尾草群落	1	1.48	0.000	1.47	1.48
狗牙根群落	391	4 978.53	1.440	149.11	12.73
假俭草群落	18	307.33	0.089	127.26	17.07
牛鞭草群落	14	168.14	0.049	78.36	12.01
薹草群落	1 072	42 726.60	12.356	1 814.03	39.86
薹草-虉草群落	200	10 993.62	3.179	1 042.74	54.97
薹草-蓼子草群落	139	9 778.04	2.828	709.49	70.35
薹草-下江委陵菜群落	51	1 742.25	0.504	374.14	34.16
薹草-蒌蒿群落	51	699.81	0.202	295.49	13.72
薹草-南荻群落	95	6 324.21	1.829	800.48	66.57
针蔺群落	1	19.19	0.006	19.19	19.19
野荸荠群落	7	118.85	0.034	62.22	16.98
牛毛毡群落	2	18.76	0.005	15.96	9.38
香附莎草群落	9	90.97	0.026	21.84	10.11
聚穗莎草＋碎米莎草群落	3	59.23	0.017	56.00	19.74
二岐飘拂草群落	2	13.99	0.004	11.95	7.00
香蒲群落	3	5.73	0.002	2.95	1.91
水烛群落	1	0.18	0.000	0.17	0.18
下江委陵菜群落	4	68.74	0.020	61.71	17.19
水田碎米荠群落	18	481.05	0.139	274.36	26.72
蓼子草群落	182	20 033.70	5.794	4 240.50	110.08
蚕茧蓼群落	18	686.19	0.198	233.94	38.12
酸模叶蓼群落	44	2 734.52	0.791	687.46	62.15
竹叶小蓼群落	1	0.71	0.000	0.71	0.71
丛枝蓼群落	3	30.32	0.009	23.26	10.11
水蓼群落	13	174.40	0.050	88.72	13.42
齿果酸模群落	3	7.57	0.002	6.88	2.52
蒌蒿群落	55	414.93	0.120	194.30	7.54
细叶艾群落	3	4.65	0.001	2.52	1.55
芫荽菊群落	1	0.60	0.000	0.59	0.60

续表

群落类型	斑块数量（个）	面积（hm²）	面积比（%）	最大斑块面积（hm²）	平均斑块面积（hm²）
菖蒲群落	2	2.15	0.001	2.09	1.07
裸柱菊群落	1	1.21	0.000	1.22	1.21
菱群落	43	360.13	0.104	89.74	8.38
荇菜群落	3	0.41	0.000	0.31	0.14
芡实群落	1	10.32	0.003	10.31	10.32
莲群落	87	442.85	0.128	93.44	5.09
空心莲子草群落	3	2.75	0.001	1.27	0.92
水龙群落	2	64.53	0.019	56.47	32.27
苦草群落	1	0.22	0.000	0.22	0.22
菹草群落	1	0.44	0.000	0.44	0.44
柳叶白前群落	3	34.88	0.010	33.50	11.63
芫花叶白前群落	6	31.38	0.009	11.63	5.23
加拿大杨林	67	3 078.39	0.890	249.96	45.95
乌桕林	3	28.62	0.008	18.90	9.54
旱柳林	2	15.22	0.004	8.21	7.61
水稻	40	796.15	0.230	134.59	19.90
园地	20	845.19	0.244	141.36	42.26
南荻、薹草复合体	17	1 282.41	0.371	368.95	75.44
狗牙根、牛鞭草、假俭草复合体	18	593.65	0.172	186.97	32.98
野古草、薹草复合体	2	31.40	0.009	27.36	15.70
虉草、薹草复合体	12	699.01	0.202	430.75	58.25
芦苇、薹草复合体	21	1 299.58	0.376	396.01	61.88
泥滩	565	22 862.54	6.612	2 781.75	40.46
沙滩	238	3 380.27	0.978	486.62	14.20
水塘	1 119	9 289.75	2.687	505.21	8.30
河道	42	66 722.08	19.296	64 799.47	1 588.62
碟形湖（洼地）水体	233	65 574.48	18.964	15 301.85	281.44
总面积	6 410	345 782.97	（含岛屿、公路面积）		

根据鄱阳湖 1∶10 000 的 DEM 进行统计，10～15 m 是湖区面积最大的高程区间，总面积为 2 760.24 km^2，占全湖总面积的 79.83%，其中面积最大的高程区间是 11～12 m，占到全湖总面积的 23.52%（图 5-2-1）。湿地植物对水分需求不一，各自有着不同的水分生态位，形成了特定的水位-高程-植被分布模式，根据本次植被调查数据对湖区植被图与

DEM进行空间叠加，分析不同高程-植被格局，结果显示，不同植被类型集中分布区的高程不同，充分体现了植被与高程-水分因子的关系。

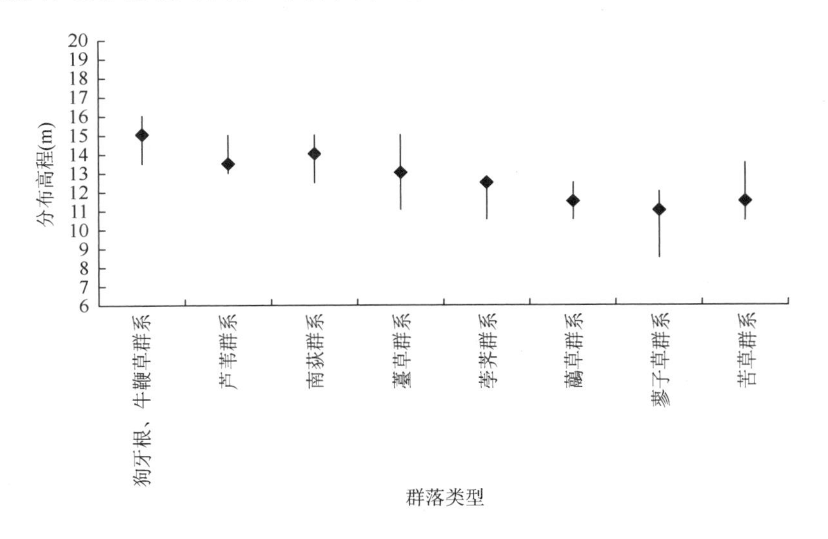

图 5-2-1　主要植物群落沿高程的分布规律

鄱阳湖湿地植物群落沿高程梯度可划分出5个植被带。

（1）湿中生植被带（16～18 m）：分布于枯水期陆滩。该处无积水，但土壤潮湿，汛期短，水深在0.5 m以内，如河岸、湖滨、堤脚、江心洲等小面积地段。由于生境变化，植物种类组成复杂，既适于水环境又可耐陆生，或生活周期中某阶段适于水环境，而另一阶段则适于陆生环境。因此，在植物群落的组成成分中，如须根发达、具匍匐茎、具肉质根或多不定根的植物均可出现。

（2）湿沼生植被带（14.2～16 m）：可分为3个小的条带①沼泽；②稀疏草洲；③茂密草洲。其分布于枯水期仍有斑块状积水的滩地。该地段在汛期水深0.5～1 m。带内出现的种子植物可在浅水环境中生长发育，其花、果枝挺出水面，植株花序或花序梗发达或具较长的小花梗。

（3）挺水植被带（13.8～14.2 m）：分布于汛期水深1～1.5 m的湖缘、河边等地段。在视觉断面上，该植被带多分布于湖盆向湖岸延伸的倾斜坡面或河流的吃水坡岸。该地段淤泥深厚、肥沃。植株多为高禾类，根状茎发达，不定根易发生。主要群落类型有菰群丛、芦苇群丛、南荻群丛。

（4）浮叶植被带（13.5～14 m）：分布于汛期水深1.5～2 m的浅水水域，主要处于湖泊的边缘。常见的组成植物有荇菜、芡、菱属、水鳖等。其叶浮于水面，根系和茎沉于水体，花露出水面开放，果于水下生长发育。群落上层有挺水植物，如莲，下层有沉水植物，如苦草、聚草、黑藻等。

（5）沉水植被带（13.8 m以下）：分布于汛期水深1～6 m的水域。在保护区内该植物带占总面积的10%～15%。该水域水体清澄，群落总盖度达80%以上。主要植物组成有苦草、黑藻、聚草、大茨藻、小茨藻、数种眼子菜、金鱼藻等。

四、丰水期（夏季）水生植物群落类型、面积及分布

丰水期（夏季 4～8 月）水位上涨，大面积的洲滩淹没于水下，鄱阳湖湿地植被发生动态变化，浮叶植物、沉水植物萌发，水生植被占据主导地位，2014 年 8 月（水位黄海 14～15 m）对鄱阳湖全湖水生植被进行采样调查，丰水期鄱阳湖植被与枯水期植被呈现出明显不同的分布格局。

丰水期鄱阳湖呈大型湖泊形态，星子站水位为 14 m 时，水域景观占据了湖泊 90%以上的面积。植被以沉水植被为主，主要植被类型、特征、面积及分布见表 5-2-11。

表 5-2-11　鄱阳湖丰水期植被组成

植被类型	植物群落	面积（km^2）	特征及分布
挺水植被	芦苇群落	160	呈片状或条带状分布于 14 m 以上的滩地上，群落高达 2.5 m，盖度达 80%，群落内常可见南荻、薹草伴生
	菰群落	141	成片分布于湖区西南部，以南矶山湿地国家级自然保护区为最密集，植株长可达 4 m。分布高程为 12～13 m
	南荻群落	46	呈带状分布于 14 m 以上的滩地，与芦苇群落相邻，群落盖度大
	酸模叶蓼群落	1	小面积斑块状出现，植株长可达 3 m，群落盖度小
浮叶植被	菱群落	30	成片分布于湖汊、碟形湖内，群落内常可见狐尾藻、荇菜伴生
	荇菜群落	18	以宽带状分布于各碟形湖内，高程在 12.5～13 m 最多
	芡实群落	1.5	小面积分布于湖区各处湖汊内
沉水植被	轮叶黑藻群落	260	大面积分布于主湖区，群落内常见有苦草、大茨藻、眼子菜伴生
	苦草群落	550	大面积分布于碟形湖水体中，西南部和大莲子湖最为集中
	眼子菜群落	60	撮箕湖、东湖分布较为集中，见有金鱼藻、苦草伴生
	聚草群落	30	以大伍湖及主湖区最为集中
	水田碎米荠群落	5	分布于河道两侧的滩地上。以都昌保护区分布最为集中
	茨藻群落	3	小片分布，以赣江北支两侧 11.5 m 左右滩地最为常见
	水车前群落	0.45	分布于南矶山的战略湖、常湖、南深湖、北甲湖
水下休眠植被	薹草群落	375	在水淹时间不长的情况下，薹草群落仍在水下保存，主要分布于 12.5～14 m 的滩地
	南荻群落	125	短期水淹条件下可见，淹水时间长则地上部分死亡

注：水下休眠植物区域为水陆生植物交替区，即植物波动带，据推算面积约 500 km，湿生植物（薹草等）约占 75%，挺水植物（芦荻蓼菰等）约占 25%。

五、典型湿地植物群落特征与空间分布

鄱阳湖湿地植被以草丛沼泽植被和水生植被为主，由各种湿生植物、沼生植物、水生植物组成，群落层次结构简单，物种组成丰富度较低，优势种优势度高。受湖泊小地形、微地形、水位变化、地下水埋深、土壤结构等因素的影响，湿地植被表现出有规律的水平结构。最为典型的植物群落有以下 8 种。

1）狗牙根群落

单层结构，群落高为20～30 cm，分布于圩堤附近、河道两侧的高滩地上，主要分布在高程 13.5～16 m 的范围内。地段年连续水淹时间一般不超过 30 d，群落盖度大，达到90%～100%，伴生种有假俭草、牛鞭草、泥湖菜、马兰、天胡荽、粟米草等，在一些群落中常可见少量南荻的低矮植株和单性薹草分布（图 5-2-2，表 5-2-12，图 5-2-3，图 5-2-4），说明该群落可能由南荻-薹草群落退化形成。与此群落相似的还有假俭草群落、牛鞭草群落。

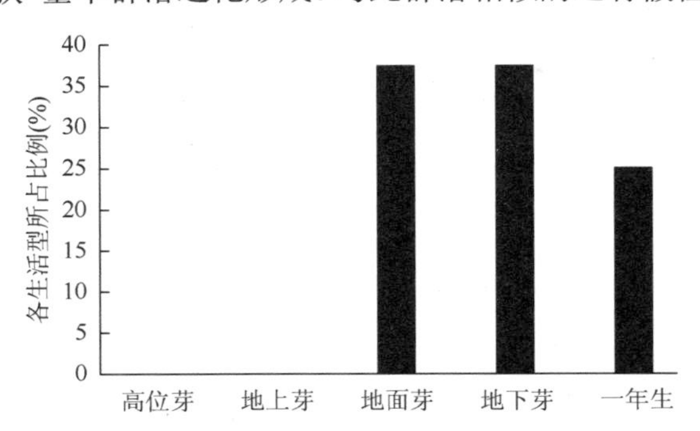

图 5-2-2　狗牙根群落生活型谱

表 5-2-12　狗牙根群落的数量特征

物种	高度（cm）	频度	生活型	多优度-群聚度	聚生多度
狗牙根	7～10	E	G	4-4	cop3.soc
合萌	10	B	T	1-1	cop1.gr
水蓼	12～15	C	T	1-1	cop1.gr
蒌蒿	9～12	C	H	2-1	cop1.gr
牛鞭草	8～10	C	G	2-2	cop1.gr
薹草	12～15	D	G	2-2	cop2.gr
下江委陵菜	5	B	H	2-2	cop1.gr
虉草	19	B	H	2-2	cop1.gr

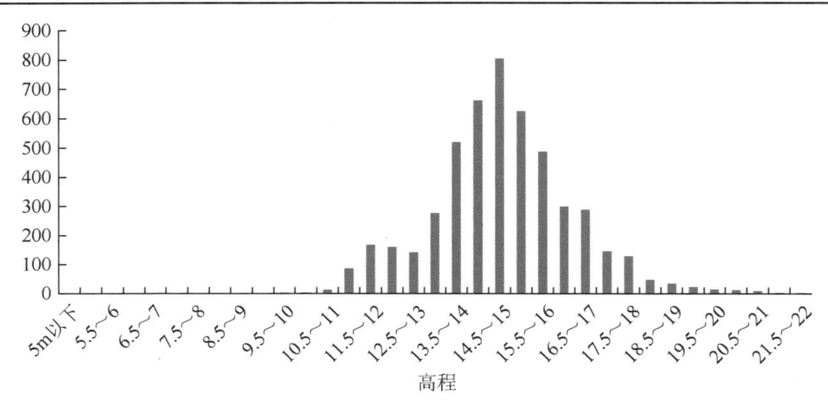

图 5-2-3　狗牙根群落的分布高程

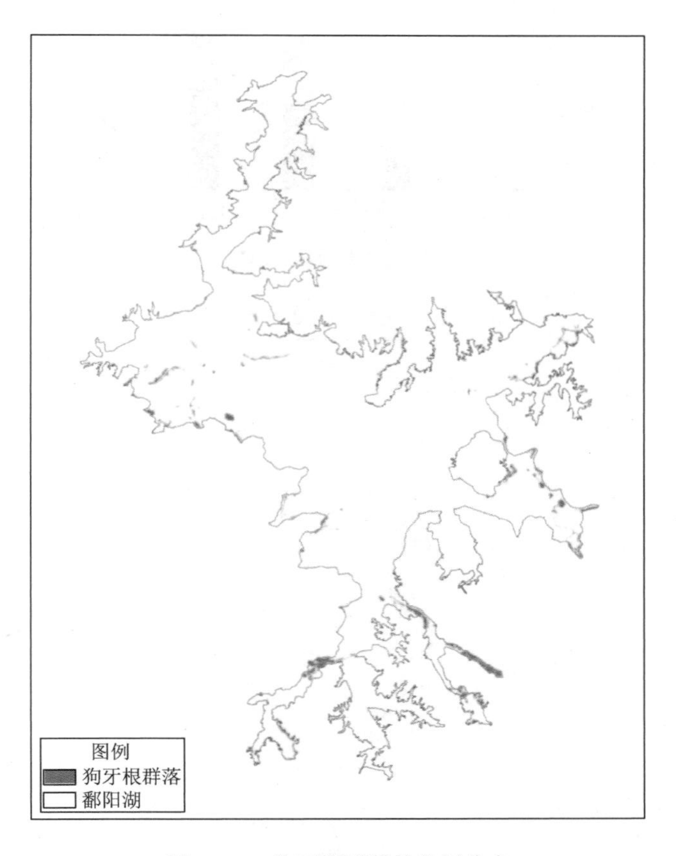

图 5-2-4　狗牙根群落的空间分布

2）芦苇、南荻群落

鄱阳湖以芦苇为主的纯植丛已不多见，以芦苇为建群种的群落主要分布在圩堤的堤坝上，沿圩堤呈现条带状分布，集中成片地分布在湖区西南角的磨盘洲、大沙荒等处，其分布高程较高，一般在 13 m 以上，其分布可能受到高水位的影响，丰水季节是芦苇的主要生长季节，挺水植物生长必须露出水面才能进行光合作用，如果完全被水淹则不利于芦苇的生长。常见的是芦苇和南荻共建形成的群落，在分布格局上，芦苇出现的微地形往往要略高于南荻。以南荻为建群植物的群落分布面积较大，分布高程略高于薹草，主要在 13.5～14.5 m，其常与薹草群落相互交织在一起呈镶嵌结构，但出现南荻群落斑块的地方，微地形往往要高出四周薹草群落 5～10 cm，其群落高 140～160 cm，群落内伴生种的优势度略有变化，总体特点是较高处群丛内蒌蒿、红足蒿、丛枝蓼较多，而较低处出现比较多的是薹草。该群落结构相对复杂，可以分为三层：第一层为芦苇，高 180～220 cm，盖度为 20%；第二层高 120～150 cm，主要为南荻，盖度达到 90%；第三层高 40～50 cm，盖度为 30%～40%，主要有薹草、蓼、蒌蒿、菱陵菜等（图 5-2-5，表 5-2-13，图 5-2-6，表 5-2-14，图 5-2-7，图 5-2-8）。

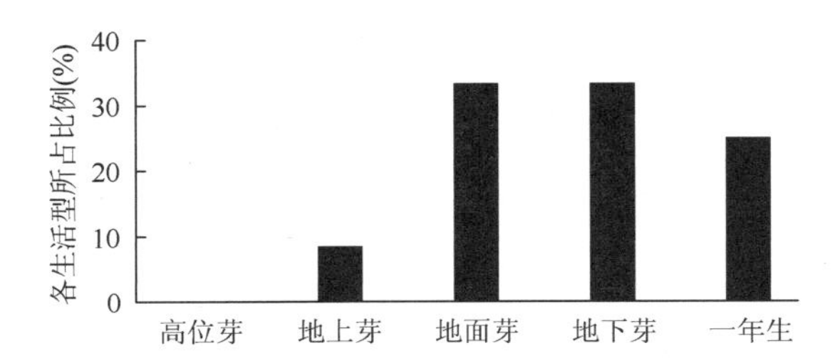

图 5-2-5 芦苇群落的生活型谱

表 5-2-13 芦苇群落的数量特征

物种	高度（cm）	频度	生活型	多优度-群聚度	聚生多度
芦苇	60～200	E	H	4-4	cop3.soc
糙叶薹草	65	B	G	1-1	cop1.gr
齿果酸模	4	C	T	1-2	cop1.gr
狗牙根	15	B	G	2-2	cop2.gr
灰化薹草	15～60	C	G	3-2	cop2.gr
蓼子草	2	B	H	1-1	cop1.gr
球果焯菜	7	B	C	1-1	cop1.gr
鼠麴草	3	B	T	1-1	cop1.gr
碎米荠	2	B	T	1-1	cop1.gr
薹草	8	C	G	3-3	cop2.soc
下江委陵菜	15	B	H	2-1	cop1.gr
繭草	10～35	B	H	1-1	cop1.gr

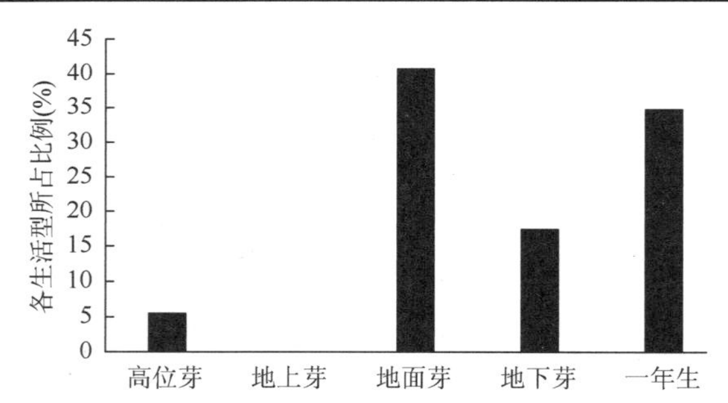

图 5-2-6 南荻群落的生活型谱

表 5-2-14 南荻群落的数量特征

物种	高度	频度	生活型	多优度-群聚度	聚生多度
南荻	40～100	E	G	4-4	cop3.soc
阿齐薹草	45	B	H	2-1	cop1.gr
蚕茧蓼	30	B	G	1-1	cop1.gr
焯菜	4.5	B	T	2-2	cop1.gr
红穗薹草	65	B	H	2-1	cop1.gr
灰化薹草	40～70	C	H	3-3	cop2.soc
蒌蒿	20	B	T	1-1	cop1.gr

续表

物种	高度	频度	生活型	多优度-群聚度	聚生多度
芦苇	250	B	P	2-1	cop1.gr
母草	27	B	T	2-1	cop1.gr
七层楼	20	B	H	1-1	cop1.gr
鼠麴草	30	B	H	1-1	cop1.gr
水蓼	55	B	T	2-1	cop1.gr
水田碎米荠	32	B	T	2-1	cop1.gr
薹草	5	B	H	1-1	cop1.gr
细叶猪殃殃	30	B	T	1-1	cop1.gr
野胡萝卜	5	B	T	1-1	cop1.gr
藨草	30	B	H	1-1	cop1.gr

3）薹草群落

薹草（*Carex* spp.）群落是鄱阳湖区面积最大、分布最广的群落类型，组成群落的薹草种类较多，常常是多种薹草混生在一起，群落的优势种主要有灰化薹草、红穗薹草、芒尖薹草、单性薹草、糙叶薹草、弯喙薹草、日本薹草等。各类薹草群落在空间公布上存在一定规律，其与水分因子相关。一般规律是三角洲前沿和碟形湖近水处主要出现的是红穗薹草和弯喙薹草、洲滩低洼处常出现的是芒尖薹草、面积最广的是灰化薹草和糙叶薹草，而较高处以单性薹草为主。薹草群落高 40～80 cm，盖度大，常可达 100%，结构简单，一般由 6～8 种植物组成，常见伴生种有下江委陵菜、水田碎米荠、水蓼、蚕茧草、糠稷、紫花地丁、七重楼等（图 5-2-9，表 5-2-15，图 5-2-10）。

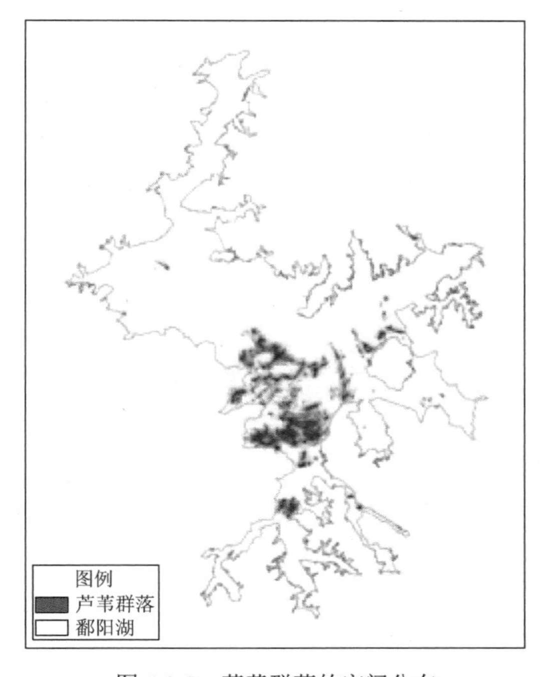

图 5-2-7　芦苇群落的空间分布

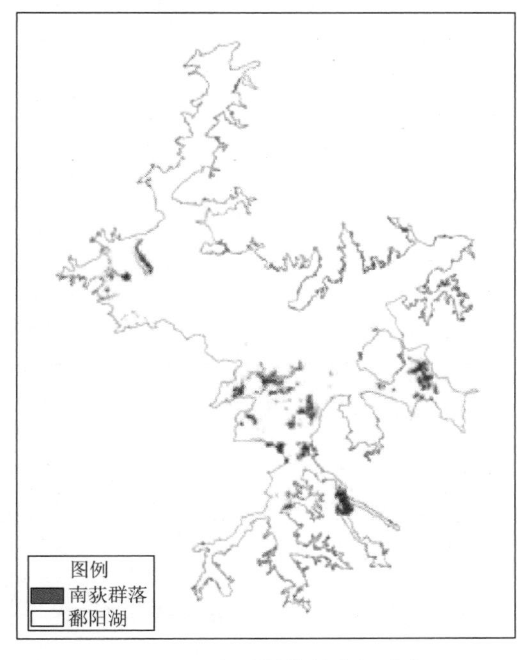

图 5-2-8　南荻群落的空间分布

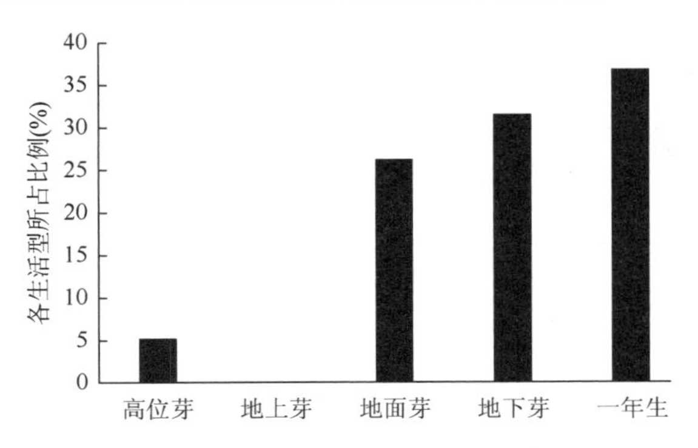

图 5-2-9　薹草群落的生活型谱

表 5-2-15　薹草群落的数量特征

物种	高度	频度	生活型	多优度-群聚度	聚生多度
灰化薹草	30～55	E	H	3-4	cop3.soc
薹草 sp	15	C	H	3-3	cop2.soc
禾本科 sp	70	B	G	1-1	cop1.gr
阿齐薹草	30	B	H	1-1	cop1.gr
稻槎菜	15～30	D	T	1-1	cop1.gr
藜蒿	60	B	G	2-1	cop1.gr
蓼子草	4	B	T	1-1	cop1.gr
芦苇	150	B	P	2-1	cop1.gr
母草	12	B	T	1-1	cop1.gr
泥花草	5	C	G	1-1	cop1.gr
疏蓼	15	B	G	1-1	cop1.gr
水蓼	37	B	T	2-1	cop1.gr
水田碎米荠	15～35	E	T	2-2	cop1.gr
菵草	20～40	D	T	1-1	cop1.gr
细叶猪殃殃	25～32	B	T	1-1	cop1.gr
下江委陵菜	14	B	G	2-1	cop1.gr
虉草	55～60	C	H	2-1	cop1.gr
紫云英	20～35	B	G	1-1	cop1.gr

4）具刚毛荸荠群落

该群落是鄱阳湖沼泽中主要的类型，物种组成复杂，波动性大，丰水季节是沉水植物的发源地，枯水季节呈现沼泽景观，水分饱和，群落高 20～30 cm，盖度为 70%～80%，结构简单，只有一层。

5）虉草-蓼子草-水田碎米荠群落

该群落主要分布于北部低洲滩上和南部三角洲前沿地段，分布高程为 12～12.5 m，土

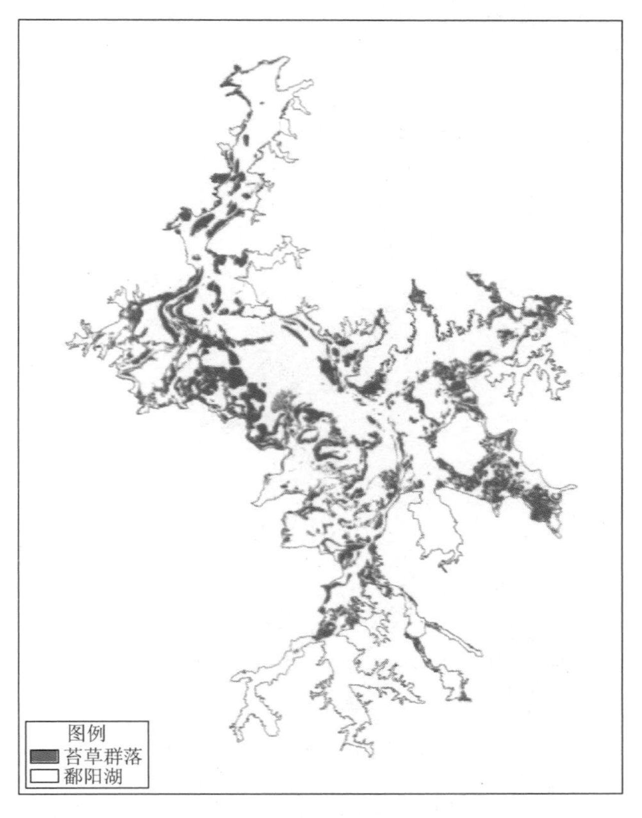

图 5-2-10　薹草群落的空间分布

壤含沙量较高，群落高 60～80 cm，盖度为 60%～80%，群落内常见伴生种有蓼子草、红穗薹草、皱叶酸模、水田碎米荠等。群落结构一般分为两层：第一层高 60～80 cm，第二层高 20 cm 左右（图 5-2-11）。

6）蓼子草群落

该群落主要分布在河道两侧的滩地上，盖度达 40%左右，高 5～10 cm，单层结构，常见伴生种有稻槎菜、细籽焊菜、看麦娘等（图 5-2-12）。

7）荇菜-竹叶眼子菜-轮叶黑藻＋苦草群落

该群落主要分布于碟形湖水体边缘或洲滩上小面积的洼地内，以荇菜为建群种，占据群落上层，为浮叶植物，群落内常可见竹叶眼子菜、轮叶黑藻、苦草等，表现出水下成层现象。11 月荇菜开花，水面一片黄色，极具美学价值。

8）苦草（spp.）群落

苦草是鄱阳湖分布面积最大的沉水植物群落，主要分布在南部水域，苦草种类有 3 种：苦草、刺苦草、密齿苦草，常常多种苦草混生，群落结构简单，一般只有一层，群落内常伴生有轮叶黑藻、黄花狸藻、菹草、大茨藻等。

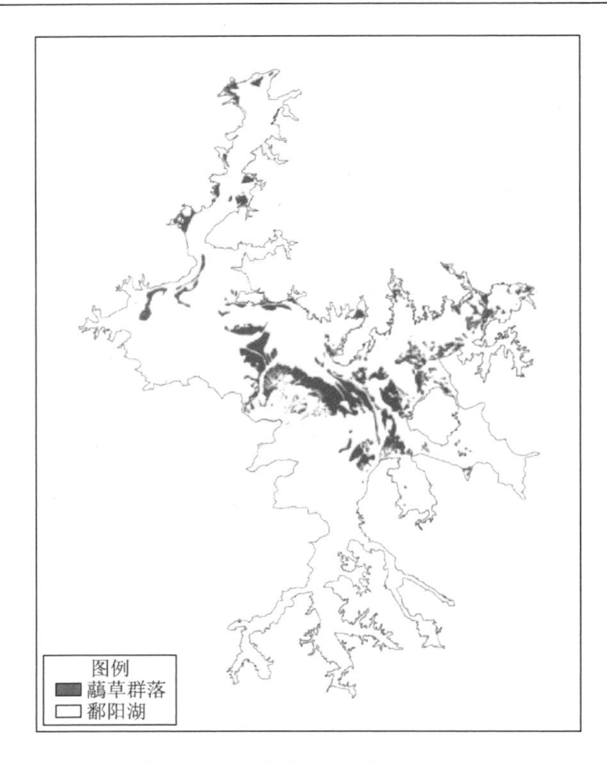

图 5-2-11　虉草群落的空间分布

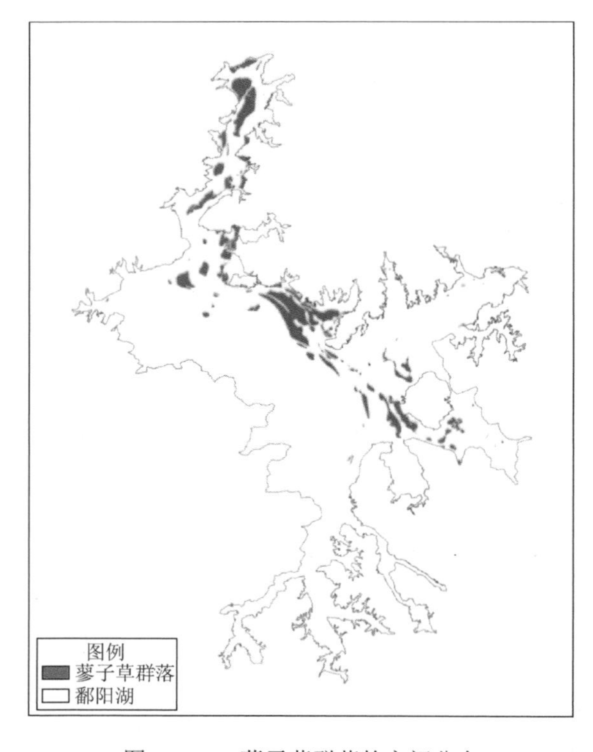

图 5-2-12　蓼子草群落的空间分布

第三节　典型植物群落生物量及动态

鄱阳湖湿地植被由草本植物组成，大多数植物在一年内完成其生活史过程，受季节性水位变化影响，部分植物有着两个生长季，使得湿地植物群落的生物量表现出强烈的时间动态。

一、典型湿地植物的生物量积累过程

在南矶山湿地国家级自然保护区设定3个定位观测样地：矶山岛附近的白沙湖、三泥湾、石湖，用以观测典型湿地植物的生物量积累过程。在 3 个样地中随机采集待测植物10株，每10 d采集一次，洗净后，分地上、地下部分分别称量其湿重。

测量了 4 种典型湿地植物的生物量累积动态变化，从这 4 种多年生植物生物量变化曲线来看，它们都经历了两次生长期，以冬季为分割点。冬季来临之前，植物在出露洲滩后进入了一个较为平稳的生长阶段。进入冬季，气温变低，植物停止生长，枝叶基本受冻而枯死。春天到来，气温回升，植物迎来了第二个快速生长期，生物量迅速增加。5 月底 6 月初，鄱阳湖水位上升，淹没植物，植物地表部分淹死而生物量迅速下降（图 5-2-13）。

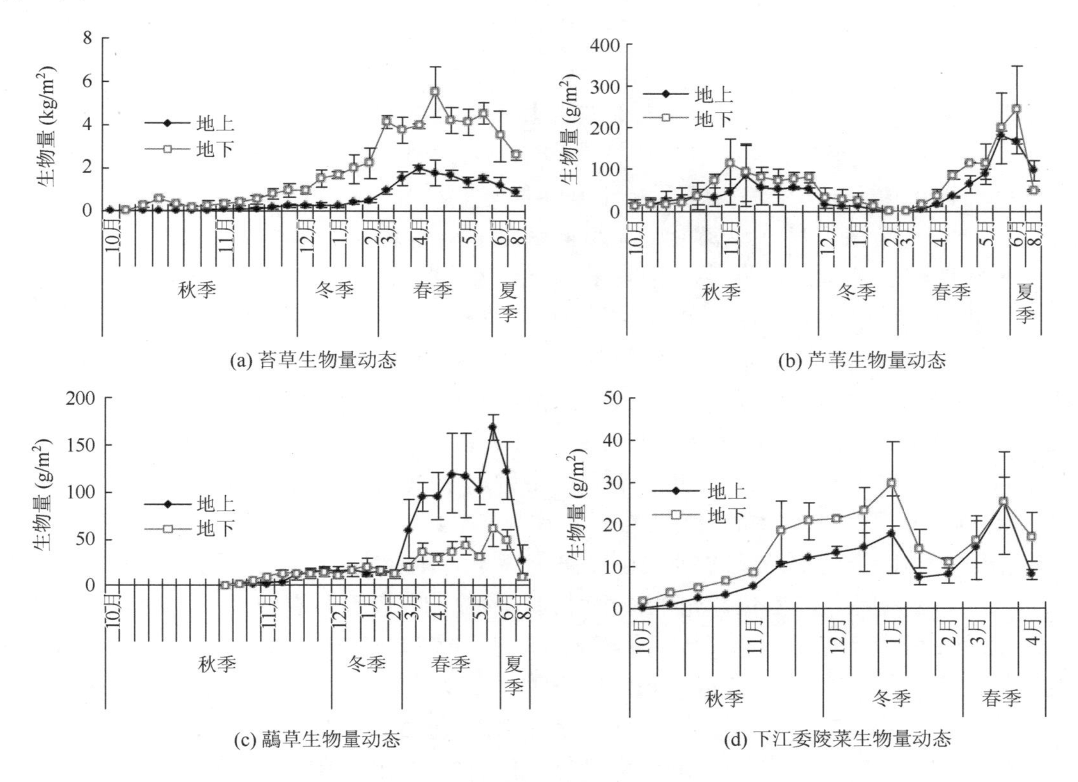

(a) 苔草生物量动态　(b) 芦苇生物量动态

(c) 虉草生物量动态　(d) 下江委陵菜生物量动态

图 5-2-13　典型湿地植物的生物量累积过程

二、典型植物群落的生物量动态

2011～2013 年在北部洲滩设置定位观测样带，长期定位观测代表性洲滩，从上到下沿高程依次环状分布蒌蒿带、灰化薹草带、虉草带与泥滩带。

2011 年，地表生物量以蒌蒿带最高（2 024.9 g/m^2），其次为灰化薹草带（1 689.8 g/m^2）与虉草带（1 315.4 g/m^2），而以泥滩带显著最低，最高值仅为 365.3 g/m^2（表 5-2-16）。不同植被带地表生物量显示了较高的季节差异性，其中蒌蒿带、虉草带与泥滩带地表生物量高于秋季，其中虉草带降幅最为显著，可能是因为蒌蒿及虉草洪水期后大部分枯死的原因；灰化薹草带则显示了相反的趋势，秋季地表生物量最高达 1 689.8 g/m^2，高于春季最高值 1 264.4 g/m^2。

表 5-2-16　2011 年鄱阳湖典型洲滩植被带地表生物量与群落多样性

项目	地表生物量（g/m^2）		群落生物多样性	
	春季	秋季	春季	秋季
蒌蒿带	2 024.9	1 764.6	0.461	0.274
灰化薹草带	1 264.4	1 689.8	0.206	0.275
虉草带	1 315.4	361.1	0.297	0.326
泥滩带	365.3	240.8	1.272	0.839

群落生物多样性春季与秋季均以泥滩带显著最高，分别为 1.272 与 0.839（表 5-2-16）；其次为蒌蒿带，其春季群落生物多样性达到 0.461；灰化薹草带春季与秋季群落生物多样性仅分别为 0.206 与 0.275，均明显低于其他群落带。

2012 年，蒌蒿带秋季地表生物量为 4 532.2 g/m^2，远高于春季的 2 563.5 g/m^2，也显著高于其他植被带。2012 年洪水期较早，导致蒌蒿带春季地表生物量低于秋季，此外，相对于其他植被带，蒌蒿带以蒌蒿为优势种，植株较高，单株生物量也远高于其他植被带，因此其地表生物量较高。灰化薹草带与虉草带春季地表生物量分别为 1 687.3 g/m^2 和 2 057.2 g/m^2，秋季则分别为 725.3 g/m^2 和 653.2 g/m^2，春季地表生物量高于秋季，与蒌蒿带呈相反趋势。与 2011 年相比，灰化薹草带春季地表生物量相对较高，但灰化薹草带秋季地表生物量低于 2011 年，而虉草带则高于 2011 年。泥滩带春季地表生物量为 865.4 g/m^2，明显高于秋季的 225.4 g/m^2，这与 2011 年的趋势相同。与灰化薹草带与虉草带相似，2012 年泥滩带春季地表生物量远高于 2011 年，这也与优势种高度年际变化趋势一致，可能是气候变化，如气温相对较高的原因。蒌蒿带春季地下生物量与灰化薹草带差异较小，但明显高于其他两种群落带，分别为 846.3 g/m^2 和 723.5 g/m^2；但秋季蒌蒿带地下生物量高达 1 539.4 g/m^2，显著高于其他群落带。虉草带与泥滩带春季地下生物量分别为 454.2 g/m^2 和 158.3 g/m^2，秋季则分别为 204.7 g/m^2 和 81.2 g/m^2，春季地下生物量高于秋季，与蒌蒿带呈相反趋势，但与两种植被带地表生物量变化趋势一致（表 5-2-17）。

表 5-2-17　2012 年鄱阳湖典型洲滩植被带生物量与群落生物多样性

项目	地表生物量（g/m^2）		地下生物量（g/m^2）		群落生物多样性（Shannon-Wiener index）	
	春季	秋季	春季	秋季	春季	秋季
蒌蒿带	2 563.5	4 532.2	846.3	1 539.4	0.321	0.457
灰化薹草带	1 687.3	725.3	723.5	532.5	0.267	0.571
虉草带	2 057.2	653.2	454.2	158.3	1.265	1.237
泥滩带	865.4	225.4	204.7	81.2	1.536	1.638

群落生物多样性均以泥滩带显著最高，分别为 1.536（春季）与 1.638（秋季）；其次为虉草带，为 1.265（春季）和 1.237（秋季）；灰化薹草带春季群落生物多样性仅为 0.267，与 2011 年相近，明显低于其他群落带，而秋季则以蒌蒿带群落生物多样性最低，为 0.457。

2013 年，蒌蒿带春季地表生物量为 2 317.8 g/m^2，与 2012 年的 2 563.5 g/m^2 相近；秋季地表生物量上升到 2 973.2 g/m^2，但显著低于 2012 年的 4 532.2 g/m^2。灰化薹草带与虉草带春季地表生物量分别为 1 883.2 g/m^2 和 1 257.9 g/m^2，其中灰化薹草带略高于 2012 年的 1 687.3 g/m^2，而虉草带则相反，明显低于 2012 年的 2 057.2 g/m^2；秋季两种植被群落带地表生物量则分别上升为 2 137.5 g/m^2 和 1 853.8 g/m^2，高于春季地表生物量，与 2012 年相比也显著较高。泥滩带春季地表生物量为 383.5 g/m^2，低于 2012 年 865.4 g/m^2，这与 2012 年泥滩带春季以羊蹄酸模为优势种有关；秋季泥滩带地表生物量上升为 753.2 g/m^2，明显高于 2012 年秋季的 225.4 g/m^2，这也与泥滩带年际优势种更替有关。相比较而言，蒌蒿带生物多样性最高，蒌蒿植株较高，单株生物量较重，因此地表生物量较高。春季地下生物量以蒌蒿带最高，为 763.5 g/m^2，其次为灰化薹草带（723.5 g/m^2）与虉草带（446.7 g/m^2），而以泥滩带最低（105.3 g/m^2），秋季地下生物量显示了相似的趋势，以蒌蒿带最高（1 057.5 g/m^2），而以泥滩带最低（231.4 g/m^2）。就季节差异而言，2013 年各群落带秋季地表生物量高于春季，且与 2012 年变化趋势不一致（表 5-2-18）。

表 5-2-18　2013 年鄱阳湖典型洲滩植被带生物量与群落生物多样性

项目	地表生物量（g/m^2）		地下生物量（g/m^2）		群落生物多样性（Shannon-Wiener index）	
	春季	秋季	春季	秋季	春季	秋季
蒌蒿带	2 317.8	2 973.2	763.5	1 057.5	0.375	0.337
灰化薹草带	1 883.2	2 137.5	723.5	917.3	0.227	0.154
虉草带	1 257.9	1 853.8	446.7	663.2	1.083	0.537
泥滩带	383.5	753.2	105.3	231.4	1.334	1.378

群落生物多样性均以泥滩带显著最高，分别为 1.334（春季）与 1.378（秋季），这与 2012 年和 2011 年相似；其次为虉草带，为 1.083（春季）和 0.537（秋季），低于 2012 年的 1.265（春季）和 1.237（秋季）。灰化薹草带春季群落生物多样性为 0.227，秋季仅为 0.154，与 2011 年和 2012 年相近，明显低于其他群落带。2013 年蒌蒿带群落生物多样性季节变化不明显，分别为 0.375（春季）和 0.337（秋季）。

第四节　湿地植被波动与演替

在水生态因子等的驱动下，鄱阳湖湿地植被发生着有规律的变化，包括随水位波动而进行的植被的年内波动和年际波动，也包括发生在局部地段的植物群落的演替。引起植物群落波动的因素很多，从根本上说，主要来自两个方面：一是短期的或周期性的环境变化，如气候、水文等的变化；二是构成群落的植物自身遗传因素的不同。并且，深刻受到鄱阳湖湿地生态水文过程变化的影响，鄱阳湖湿地植被存在着年内的季节性波动和年际波动两种不同形式。

一、湿地植被的季节性波动

年内季节性波动主要是植物发育节律作用及其与水位变化过程的耦合结果。鄱阳湖湿地植物群落的年内波动主要表现在生物量波动、优势种波动、群落组成数量结构的波动、草洲季相的波动等几个方面。

（1）生物量波动：受植物生长发育节律的影响，湿地植物群落生物量在年内处在变化中，不同群落其变化规律存在差异，本章第三节说明了几个典型植物的生物量变化。

（2）优势种波动：该波动主要发生在水陆交汇处，受干湿交替生境的影响，该地段植物群落会出现组成结构上的变化，优势种存在着季节性的波动。其体现在丰水季节该地段主要是沉水植物占优势，轮叶黑藻、苦草等沉水植物占优势，枯水季节沉水植物地上部分死亡，代之以沼生植物占优势，如刚毛荸荠、水蓼、水田碎米荠、弯喙薹草、虉草等。

（3）群落组成数量结构的波动：湿地植物群落种类组成不复杂，一般为 5～8 种，最多也不超过 12 种，种类组成一般相对稳定，但由于植物生长期的差异，在不同季节群落组成的数量结构，群落内各物种的优势度组成有一定的波动性。这种波动在不同群落内存在差异，以面积最大的薹草群落为例，薹草群落一般由薹草（*Carex* spp.）、下江委陵菜、水田碎米荠等组成，薹草占绝对优势，为群落建群种，而其他物种的优势度在年内会发生变化，春天水田碎米荠优势度较高，秋天各种蓼科植物优势度较高，冬季糠稷优势度上升。

（4）草洲季相的波动：季相变化主要受植物生长节律的影响，如花期的不同步使草洲在不同季节表现出不同景象。

二、湿地植被的演替及趋势预测

1. 湿地植被演替的一般规律

从长时间尺度的地质历史时期来看，鄱阳湖湿地形成以内外地质作用为主，构造沉降起决定作用。大量研究已证实，鄱阳湖是一个年轻的湖泊，其形成历史并不长，是典型的河成湖，现时湖泊是草甸沼泽化、陆域湖泊化的产物。在中时间尺度上，由于湖区人为活动加剧，流域植被破坏严重，水土流失产生大量泥沙，泥沙淤积成为了鄱阳湖湖泊洲滩湿地植被发育的主要影响因素，而泥沙的不均匀淤积也引起鄱阳湖湿地植被发育与演替的空间分异格局的形成。湖泊沼泽化成为主要的表现形式。而在短时间尺度上，湿地生态水文过程的变化是导致鄱阳湖湿地植物演替的主要原因，近年来突出表现为水量不足，水位下降，持续低水位时间不断延长，相应洲滩出露时长加长，湿地生态性缺水，从而使湿地植被相应发生演替。

2. 影响鄱阳湖湿地植被演替的因素

鄱阳湖湿地植被动态变化显著，影响因素复杂，其中最为重要的是水生态因子的波动，还有人类活动的影响。

1）水位变化

鄱阳湖水位明显的季节变化使得沉水、浮水、挺水的多年生和一年生植被共生于同一片区域，湿生植被演替过程不断反复，构成了鄱阳湖湿地植被演替的复杂性。

鄱阳湖周年水位变化大，每年 4～11 月为汛期，12 月至次年 3 月为枯水期，水位的季节变化促进了湖滩草洲的发展，大面积草洲处于反复干湿交替的生境中。不同年份水位也有变化，水位的年际变化使各处洲滩湿地在不同年份受淹时间不等，出露时间和时长存在差异，从而使鄱阳湖水生植物的波动、演替具有年内和年际变化。

2）人为干扰

鄱阳湖跨南昌、新建、进贤、余干、鄱阳、都昌、湖口、九江、星子、德安和永修等县（市），人口稠密，随着经济的发展，人类活动的干扰对鄱阳湖湿地植被的不利影响越来越明显，其主要表现在围垦放牧、无序养殖和采砂活动。

（1）围垦放牧：围湖造田使鄱阳湖湿地面积缩减，许多物种的特有生境逐步丧失，造田之后的耕种阻断了洲滩湿生植被向中生、旱生植被演替的过程。洲滩放牧，尤其是过度放牧对洲滩湿地植物的践踏和对多年生植被的过度啃食，减少了植被多样性，破坏了群落完整性，使得洲滩湿地植被演替过程减缓，甚至发生逆向演替。

（2）无序养殖：鄱阳湖的内湖、子湖、河湾等共同构成了鄱阳潮湿地。近年来，许多子湖、内湖开始养殖虾蟹，过多的围网养殖在一定程度上隔绝了鄱阳湖与周边子湖水生、湿生植被的繁殖体库交流。无序的捕捞养殖不仅能造成水生植物退化，还可能造成水生植物逆向演替。

（3）采沙活动：采沙活动使水生植物种子库得到彻底破坏，使水生植物生长和恢复受阻。同时，沙子的无序堆放和干旱时风力对湖床的侵蚀易造成湖边洲滩沙化。考察发现，都昌县邻水沙化土地上植被多以散生的莎草属、飘拂草属、蔗草属植被为主，仅在部分已固定的沙地上生长着单叶蔓荆、球柱草群落，当地湿地植被演替脱离了原有的轨迹，逐渐向沙生植被演替。

根据对鄱阳湖湿地发育的过程分析，湿地植被自然演替过程可总结如下（图 5-2-14）。

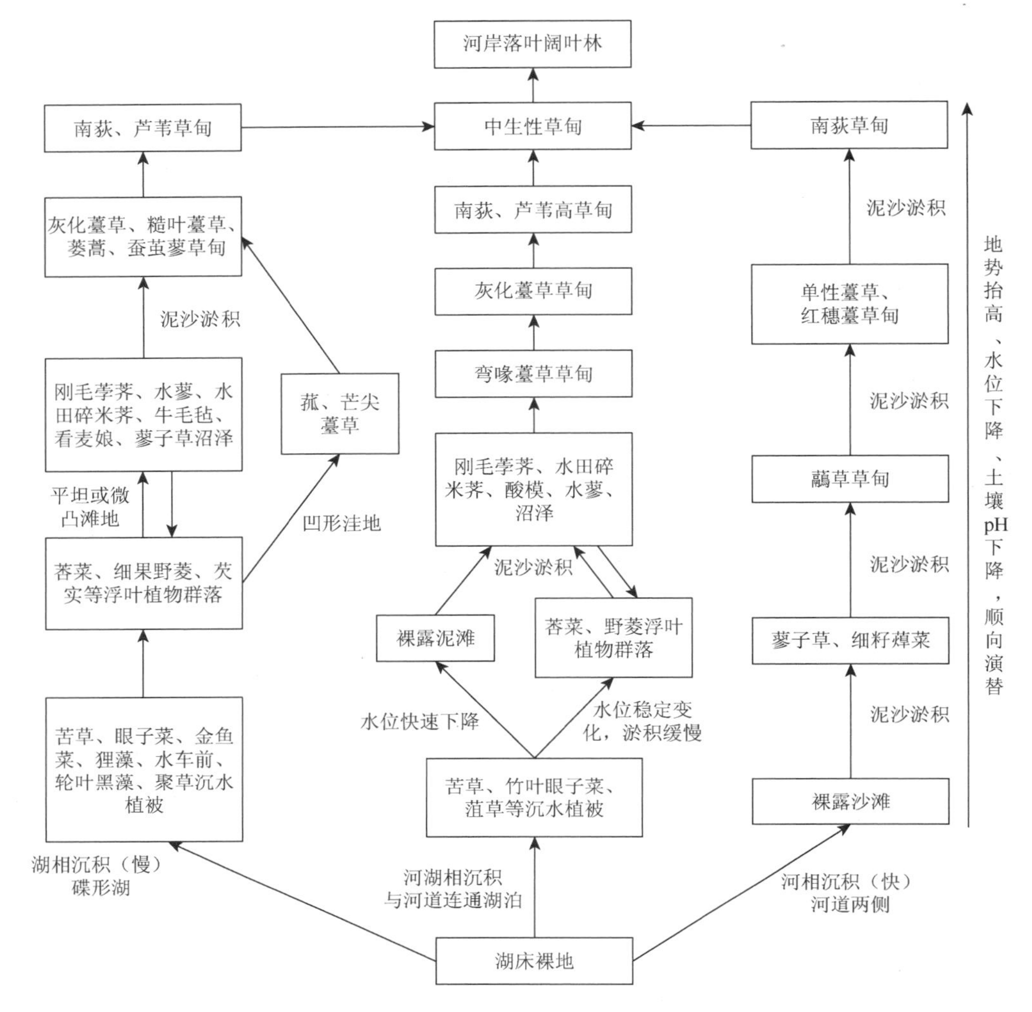

图 5-2-14　鄱阳湖湿地植物群落自然演替过程

3. 鄱阳湖未来湿地植被演替趋势预测

以上过程只是鄱阳湖湿地植被自然演替的一般性规律，然而湿地植被的动态是极其复杂的，并不总会按设计好的路线进行。近年来，鄱阳湖水位变化中出现了异常的持续低水位，洲滩平均提前1～2个月出露，出露面积大为增加，与此同时，人为活动强度不断加大，这深深地影响着湿地植被的生长与发育，植被出现了一系列的变化。其主要表现如下。

（1）丰水期维持时间缩短，水位下降提前，使局部地段过早出露，水淹时间一年中不足2个月，有的年份仅有20天左右。土壤含水量低，不能满足湿地植物的生态需水，湿地植物群落出现矮化、种群数量下降、群落生物量锐减等变化，大量的中生性草本植物侵入，双子叶植物比重上升，外来入侵种数量增加。植被由湿地类型向中生性草甸演替，常见的群落类型有狗牙根群落、牛鞭草群落、假俭草群落、野古草群落、糠稷群落、白茅群落等，群落伴生种常见有天胡荽、鸡眼草、半边莲、水蜈蚣、马唐等，外来入侵种有野老鹳草、一年蓬、裸柱菊、空心莲子草等。群落中还保留有少量矮化的南荻、薹草（*Carex* spp.）等典型湿生植物。目前该变化主要出现在防洪堤、人工圩堤、岛屿附近的高滩地上，还有河道两侧的高滩地上，高程主要集中在15.5 m（黄海高程，下同）以上，湖区南部略高于北部。

（2）由于流域来水水量减少，加上长江水位下降，在双重因素的影响下，鄱阳湖枯水水位出现了偏低的现象，低水位的出现使原本在枯水季节能维持50～100 cm的区域出露成为泥滩地，大量的沉水植物由于长时间的出露而死亡，湿生的草本植物由于大多以根茎繁殖，尚未能占据该地段，呈现出裸露泥滩地的景观。一些根茎埋深较深的物种在水位上升后还能萌发生长，而另一些相对脆弱的常见物种，其繁殖体不适应这一水文变化而大量死亡，种群数量下降，有的种数量越来越少，在湖区成为稀有种，如黄花狸藻、水车前、茨藻等。这一变化使得鄱阳湖水生植被面积减少，群落物种多样性下降，对鱼类生长和鸟类栖息带来不利影响。该地段主要出现于松门山以南的主湖区，高程为10.5～11.5 m。

（3）受三峡蓄水的影响，湖口水位提前1个多月开始下降，使鄱阳湖提前下泄流量，水位也提前下降，洲滩提前出露，草洲发育时间相应加长，使草洲向三角洲前缘、向碟形湖湖心推进，群落生物量有所增加。

（4）人控湖汊、三角洲碟形湖受到人为活动的影响较大，主要是水产养殖，尤其是中华绒毛蟹的养殖，对水生植被破坏极大，经调查，养殖中华绒毛蟹三年以上的水体，高等水生维管植物几乎完全被破坏，沉水植物几乎灭绝，严重影响了湖泊生态功能。此外，凡是有采砂活动的区域，水生植物已难觅踪影。至于湖区居民的“斩秋湖”行为，笔者认为该活动是历史的延续，早已作为影响因子融入到湿地生态系统中，不会带来新的变化。

第五节　30年来鄱阳湖湿地植物与植被的变化及原因分析

一、水生植物组成的变化及其影响因素

1. 历年鄱阳湖水生植物调查结果

（1）20世纪70年代鄱阳湖水生植物种类记载：1974年，江西省农业局水产资源调查队、江西省水产科学研究所编写的《鄱阳湖水产资源调查报告》（P27-P29）中记载了鄱阳湖水生植物有22科36种。

（2）20世纪80年代第一次科学考察鄱阳湖水生植物种类记载：1985年，官少飞等编写的《鄱阳湖水生维管束植物调查》中，记载鄱阳湖有水生植物38科74属102种，并发表新种鄱阳湖茨藻1种，加上《鄱阳湖湖滩草洲资源及其开发利用》中记载的，鄱阳湖共有40科82属114种。

（3）20世纪90年代鄱阳湖保护区水生植物调查记载，1998年鄱阳湖自然保护区组织了保护区科学考察，南昌大学万文豪调查保护区范围内高等植物，调查范围包括吉山、吴城、东风圩。

（4）2003年南矶山湿地国家级自然保护区科学考察，南昌大学葛刚记载维管束植物115科304属443种（含种以下单位），调查范围包括南山、矶山两个岛屿。

2. 两次鄱考水生植物组成的比较分析

1）水生植物物种数量

从表 5-2-19 可以看出，本次调查种类明显多于第一次科学考察，分析其原因主要有 3 个方面。

表 5-2-19　两次鄱考高等植物种类组成比较

植物类群	苔藓植物			蕨类植物			种子植物		
	科	属	种	科	属	种	科	属	种
一次鄱考		未调查		3	3	3	37	79	111
二次鄱考	16	24	31	14	15	18	79	269	502

（1）调查范围可能存在不一致，二次鄱考以黄海高程 20 m 划定边界，包括了受洪水期短期水淹的近防洪堤、岛屿的高滩地，总面积为 3 475 km^2，而一次鄱考未能调查该地段，其调查范围在 15 m 以下，总面积为 2 797 km^2。

（2）二次鄱考深度要比一次鄱考更加深入。从调查方法上看，一次鄱考所有物种均来自于样方调查，而未开展全面的物种多样性调查，本次调查工作专门组织了物种多样性调查，在全湖尺度开展了大范围的标本采集，从调查时间上看，一次鄱考只在丰水期的 9 月进行了调查，而二次鄱考分春、夏、秋三季开展，调查更加深入。

（3）从二次鄱考采集到的大量中生性植物物种来看，近年来鄱阳湖水位下降，低枯水位历时延长，丰水期时间缩短，使一些耐短期水淹的中生性植物得以侵入湿地，增加了植物物种多样性，尤其是在 15 m 以上的高滩地上，从一次鄱考植被类型未记录狗芽根群落也可以证明这一点。

2）水生植物生态类型组成

从图 5-2-15 可以看出，将二次鄱考的典型湿地植物（216 种）与一次鄱考（114 种）

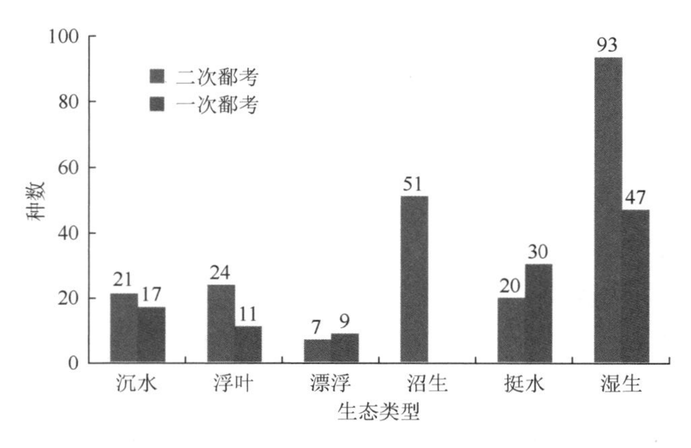

图 5-2-15　两次鄱考水生植物生态类型变化

相比，在生态类型划分上虽存在标准不统一的现象，但从已有数据看，一次鄱考的物种在本次调查中除合并1种、修改鉴定错误2种外，只有1种是本次调查未调查到的，即菊叶委陵菜，其他物种均在二次鄱考中见到。对生态类型划分上的差异比较分析后认为，一次鄱考在类型划分上存在一定的不合理性，如将空心莲子草定为漂浮植物显然不合理，同时也说明鄱阳湖生境变化大，对植物的生态属性认识存在一定的困难。

3）湿地植物优势种的变化

一次鄱考结果认为，鄱阳湖水生植物中的优势种是马来眼子菜、苦草、黑藻、芦苇、荻、荇菜、小茨藻、薹草、菱、聚草、金鱼藻、菰、水蓼和大茨藻14种。

二次鄱考结果表明，鄱阳湖优势度最高的物种有薹草（*Carex* spp.）、虉草、蓼子草、苦草、黑藻、菹草、狗牙根、南荻、菰、牛鞭草、天胡荽、菱（*Trap* spp.）；其次是水田碎米荠、穗状狐尾藻、荇菜、蒌蒿、稻槎菜、日本看麦娘、芦苇、针蔺、野胡萝卜、小茨藻等。

从优势种的变化来看，最为显著的是马来眼子菜、金鱼藻、大茨藻已不再是优势物种了，沉水植物中菹草成为了优势物种。而本次调查查明的虉草、蓼子草等一批优势物种在一次鄱考中并未成为优势种，分析其原因，认为一次鄱考调查的时间是9月，为鄱阳湖的丰水期，因而一次鄱考枯水期鄱阳湖的优势种群未能阐明。

二、湿地植被类型与分布的变化及影响因素

1. 历次鄱阳湖植被调查结果分析

在一次鄱考中，官少飞（1987）研究，鄱阳湖水生植被面积为2 262 km^2，占全湖总面积的80.8%。随着水深的变化，植被沿岸边向湖心呈不规则的环带状分布，鄱阳湖是一个由多个子湖组成的大型湖泊，在枯水期水生植被的环状分布常被隔断，再加上季节性枯洪水位的变化，导致了湿生植物带的发展，抑制了挺水植物带的蔓延。

在鄱阳湖水生植物中，分布面积最广的是马来眼子菜。它几乎遍布全湖，分布高程为9～14 m，但在不同湖区，植株的密度则有所不同，一般在11～12 m处最密。其次是苦草、黑藻、荇菜、小茨藻、穗花狐尾藻、金鱼藻、大茨藻等，主要分布在10～13 m高程上，且以11～12 m处最密。薹草是鄱阳湖草洲上到处可见的植物，分布高程为13～15 m，是草洲植被中最主要的植物。芦苇、荻主要分布在14～16 m的洲地或河流边岸，菰、水蓼则多分布在13～14 m的浅水洼地中，菱是鄱阳湖常见的浮叶植物种类，主要分布在高程为11～13 m、风浪较小的湖汊中。漂浮植物一般分布在挺水植物丛中。

20世纪80年代，按各种植物的分布面积、出现频度和生物量来衡量，马来眼子菜、苦草、罴藻、芦苇、荻、荇菜、小茨藻、薹草、菱、穗花狐尾藻、金鱼藻、菰、水蓼、大茨藻14种植物为组成鄱阳湖水生植被的优势种类。按生活型可划分为4个植物带，在不同的植物带中，有着不同的植物种类和群丛（官少飞，1987）。

A. 湿生植物带

主要分布在–15～13 m 高程的洲滩上，这里汛期水深一般为 0.5～2.5 m，面积为 428 km^2（合 64.2 万亩①），约占全湖总植被面积的 18.9%。其主要种类是一些既能生长在浅水又能生长在湿地的两栖性植物，如薹草、蓼子草、稗草、牛毛毡及芦苇、荻等。其包括的群丛是薹草群丛和一部分芦苇 + 荻群丛。

B. 挺水植物带

主要分布在–15～12 m 高程的浅滩上，汛期水深一般为–3.5～0.5 m，面积约为 185 km^2（合 27.8 万亩），占全湖总植被面积的 8.2%，是湖中分布面积最少的植物带。其主要种类是一些仅有植株基部或下部浸于水中，而上部挺出水面的植物，如芦苇、荻、菰、水蓼、旱苗蓼、莲和菖蒲等。其包括的群丛有芦苇 + 荻群丛和芦苇 + 菰群丛。

C. 浮叶植物带

主要分布在 11～13 m 高程的湖底上，汛期水深一般为 2.5～4.5 m，面积为 52 km^2（合 78.7 万亩），占全湖总植被面积的 23.2%。其主要种类是一些植株扎根于湖底泥中，但叶片浮于水面的植物，如菱、荇菜、金银莲花、芡实等。在这个植物带中，同时分布着大量的沉水植物，如马来眼子菜、苦草、黑藻、小茨藻、穗花狐尾藻、金鱼藻等。其包括的群丛有荇菜-马来眼子菜-金鱼藻 + 黑藻 + 苦草群丛、菱 + 荇菜-黑藻 + 苦草群丛和荇菜-马来眼子菜 + 聚草-黑藻 + 苦草群丛。

D. 沉水植物带

主要分布在–12～9 m 高程的湖底上，汛期水深一般为–6.5～3.5 m，面积约为 1 124 km^2（合 168.6 万亩），占全湖植被总面积的 49.7%，是湖中分布最大的植物带。其主要种类为沉水植物，如马来眼子菜、黑藻、苦草、小茨藻、大茨藻、穗花狐尾藻、金鱼藻等。其包括的群丛有马来眼子菜-黑藻 + 小茨藻 + 苦草群丛、马来眼子菜-黑藻 + 苦草群丛、马来眼子菜群丛。

漂浮植物在鄱阳湖未成为一个独立的植物带，而只是稀疏分布在 12～14 m 高程的挺水植物带中，主要种类是一些整个植株都漂浮在水面的植物，如槐叶萍、满江红、紫萍、大藻、凤眼莲等。

在考察报告中记载了 9 种湿生（水生）植物群丛，主要包括薹草群丛、芦苇 + 荻群丛、芦苇 + 菰群丛、荇菜-马来眼子菜-金鱼藻 + 黑藻 + 苦草群丛、菱 + 荇菜-黑藻 + 苦草群丛、荇菜-马来眼子菜 + 聚草-黑藻 + 苦草群丛、马来眼子菜-黑藻 + 小茨藻 + 苦草群丛、马来眼子菜-黑藻 + 苦草群丛和马来眼子菜群丛，并绘制了约 1∶50 万小比例尺的植被分布图，记载了以上 9 个群丛的空间分布。

（1）薹草群丛（Ass. *Carex* spp.)：该群丛面积为 428 km^2，占全湖总植被面积的 18.9%。其主要分布在 13～15 m 高程的洲滩上，枯水期为陆地，汛期为浅水滩。该群丛的分布区常被芦苇 + 荻群丛所隔断，断断续续地沿湖岸分布。其分布范围和形状则随河流、港汊和湖盆的形状而有差异，一般呈不规则环带状或片状。

（2）芦苇 + 荻群丛（*Phragmites communis* + *Miscanthus sacchariflorus* association）：该

① 1 亩≈666.7 m^2。

群丛面积为 147 km^2，占全湖总植被面积的 6.5%。其主要分布在湖岸湿地、河流边岸和赣江尾闾三角洲地带。其分布高程一般为 14～16 m，是本湖分布高程最高的群丛，多呈不完全连续的片状或带状，与薹草群丛、芦苇、菰群丛交错分布。

（3）芦苇 + 菰群丛（*Phragmites communis* + *Zizania latifolia* association）：该群丛面积为 38 km^2，占全湖总植被面积的 1.7%。其主要分布在信江尾闾到南山一带洲滩的碟形洼地上，分布高程为 12.5～13.5 m，多呈明显的环带状分布，其上、下缘分别与湿生植物、浮叶植物及沉水植物交错分布。该群丛盖度为 50%～70%，主要伴生种有水蓼、薹草、旱苗蓼等。

（4）荇菜-马来眼子菜 + 金鱼藻 + 黑藻 + 苦草群丛（*Nymphoides peltata-Potamogeton malaianus* + *Ceratophyllum demersum* + *Hydrille verticillata* + *Vallisneria spiralis* association）：该群丛面积为 143 km^2，占全湖总植被面积的 6.3%。其主要分布在鄱阳湖西部的蚌湖、大湖池、中湖池等水体中，分布高程为 11～13 m。

（5）菱 + 荇菜-黑藻 + 苦草群丛（*Trppa bispinosa* + *Nymphoides peltata–Hydrille verticillata* + *Vallisneria spiralis* association）：该群丛面积为 29 km^2，占全湖总植被面积的 1.3%，是全湖分布面积最小的群丛。一般分布在风浪较小、高程在 12～13 m 的湖汊中。其覆盖度在 8～9 月最大，达到 70%～90%，是全湖覆盖度较大的群丛之一，伴生种有小茨藻、穗状狐尾藻、大茨藻、黄化狸藻等，是鱼类的主要索饵场。

（6）荇菜-马来眼子菜 + 穗花狐尾藻 + 黑藻 + 苦草群丛（Ass. *Nymphoides peltata-Potamogeton malaianus* + *Myriophyllum spicatum* + *Hydrille verticillata* + *Vallisneria spiralis*）：该群丛面积为 353 km^2，占全湖总植被面积的 15.6%。其主要分布在鄱阳湖西南部高程为 11～13 m 的水体中，覆盖度达到 60%～80%。

（7）马来眼子菜-黑藻 + 小茨藻 + 苦草群丛（*Potamogeton malaianus–Hydrille verticillata* + *Najas minor* + *Vallisneria spiralis* association）：该群丛面积为 88 km^2，占全湖总植被面积的 3.9%。其主要分布在鄱阳湖东部的莲子湖一带水体中，分布高程为 11～13 m。

（8）马来眼子菜 + 黑藻 + 苦草群丛（*Potamogeton malaianus* + *Hydrille verticillata* + *Vallisneria* spiralis association）：该群丛面积为 511 km^2，占全湖总植被面积的 22.6%。其分布范围较广，分布高程为 10～12 m。

（9）马来眼子菜群丛（*P.malaianus association*）：该群丛面积为 525 km^2，占全湖总植被面积的 23.2%，是全湖分布面积最大的群丛。其分布范围很广，分布高程一般在 9～12 m，是全湖分布高程最低的群丛。

除上述 9 种群丛外，《鄱阳湖湖滩草洲资源及其开发利用》报告中还记录了有芒-薹草群丛（15～16 m）、荻群丛（15～16 m，高度 3 m）、蓼子草群丛（13 m 以下）、蒌蒿群丛、水蓼群丛、牛毛毡群丛，面积都不大。

从一次鄱考报告中可以看出，鄱阳湖植被中典型的水生植被占有较大面积，尤其是以马来眼子菜为优势种的群落面积占全湖的 49.7%，几乎覆盖了全湖的一半，苦草仅作为共建种出现在群落中，从群落物种组成看，均在 8 种左右。

2. 2003 年前后对鄱阳湖植被的考察情况

20 世纪 90 年代末至 21 世纪初，针对鄱阳湖植的一些研究工作主要有鄱阳湖自然保护区的科学考察、南矶山湿地国家级自然保护区的科学考察，以及简永兴等（2001）、王江林和万慧霖（2000）等的调查，该阶段的调查工作相比一次鄱考要细致、尺度更小、调查范围也更广。

该时期鄱阳湖湿地水生（湿生）植被依其生态环境和群落特征被划分为水生植被、沼生植被、草甸植被、沙洲植被四大类型 60 余个群系（水生植被：莲群落、芦苇群落、菰群落、香蒲群落等；沼生植被：莲群落、芦苇群落、菰群落等；草甸植被：薹草群落、稿草群落、狗牙根群落、群落等；沙洲植被：单叶蔓荆群落、美丽胡枝子群落、茵陈蒿群落等）。该时期开始利用遥感技术开展一系列的制图工作，类型划分主要是从景观尺度上，记录的主要植物群落如下。

1）水生植被

主要分布于内、外湖及池塘、沟渠水域环境中的水生植物水深一般为 1～6 m。组成水生植物群落的种类以水鳖科、眼子菜科、茨藻科、睡莲科的沉水和浮叶植物为主，共 22 个群落类型（简永兴等，2001）。根据水生植物的生活型，可以将其分为以下植物群落。

（1）沉水植物群落：主要包括苦草群落（*V.natans* association）、马来眼子菜群落（*P.malaianus* association）、微齿眼子菜群落（*P.maackianus* association）、菹草群落（*P. crispus* association）、大茨藻群落（*P.crispus* association）、黄花狸藻群落（*U.autea* association）、小茨藻群落（*N.minor* association）、穗花狐尾藻群落（*M.spicatum* association）、轮叶黑藻群落（*H.verticillata* association）、金鱼藻 + 小茨藻群落（*C.demersum* + *N.minor* association）、水车前 + 异叶石龙尾群落（*O.alismoides* + *L.heterophylla* association）。

（2）漂浮型及浮叶型植物群落：一般分布于湖区小型水体静水区域，水深多在 3 m 以内，主要包括芡实群落（*E.ferux* association）、槐叶苹 + 满江红群落（*S.natans* + *A. imbricate* association）、浮萍 + 紫萍群落（*L.minor* + *S. polyrhiza* association）、大薸群落（*P.strarioies* association）、空心莲子草群落（*A. philoxeroides* association）、凤眼莲群落（*E.crassipes* association）、菱群落（*T.bispinosa* association）、眼子菜群落（*P.distinctus* association）、荇菜群落（*N.peliata* association）、苹蓬草群落（*N. pumilum* association）和水禾群落（*H.aristata* association）。

2）沼生植被

沼生植被分布于湖缘、池塘、沟渠或低洼地段水域周围的浅水区域季节性积水区，土壤则为淤积沼泽土或草甸沼泽土，由以莎草科、禾本科为主的植物群落组成，沼生植被和水生植被之间有着一定的联系，一些植物种类往往互有分布，而且在一定条件下可以发生演替（简永兴等，2011）。该类型的群落在鄱阳湖区范围的洪水季节被淹没，枯水季节出露，优势群落有 15 类：莲群落（*N.nucifera* association）、芦苇群落（*P.communis* association）、菰群落（*Z.latifolia* association）、香蒲群落（*T.angustifolia* association）、灯芯草群落（*J.effusus* association）、藨草群落（*S.triqueter* association）、荆三棱群落（*S.yagara* association）、水芹群落（*O.ljavonica* association）、丁香蓼 + 莲子草群落（*L.prostrata* + *A.sessilis* association）、石龙芮群落（*R.sceleraeus* association）、丛枝蓼 + 两栖蓼群落（*P.caespitosum* + *P.amphibium* association）、水蓼群落（*P.hydropiper* association）、荸荠群落（*H.plantagineiformis* association）、泽泻群落（*A.plantago-aquanca* association）、慈菇 + 芋群落（*S.sagittifolia* + *C.esculenta* association）。

3）草甸植被

草甸植被主要分布于湖滨高低水位消落地段及入湖五河河口淤积而形成的洲滩。土壤多为沼泽草甸土及浅色草甸土。其多以中生、湿生及湿中生的莎草科、禾本科、蓼科、菊科、毛茛科、千屈菜科、堇菜科、玄参科植物为主。其可划分为湖滨低地草甸及湖滨高滩地、三角洲草甸两类。

（1）湖滨低地草甸：低地草甸分布于海拔 10～16 m 外湖正常草滩地带。每年枯水期 8 月至第一年 5 月湖水水位正常时低地草甸出露，如以 14 m 高程计，面积约为 11 600 hm^2。土壤为沼泽草甸土。植被多沿湖呈环带状分布，面积广，生物量高达 3 000 kg/hm^2，草层种类较多，根系发达、叶体繁茂，再生能力强，水淹而不死，水退而复生。其主要有薹薹草群落（*C.tristachya* association）、虉草群落和南荻群落（*T.lutarioriparia* association）（简永兴等，2001）。

（2）湖滨高滩地、三角洲草甸：位于湖滨海拔 17 m 以上的高滩地、河流三角洲，一般紧靠围堤或傍近山冈。由于人为干扰严重，天然植被多遭到破坏，多呈不连续的块状、条状分布，面积不大，但两季受淹。淹浸时间较短，多为浅色草甸土。以生长湿中生和中生禾本科植物为特点，同时双子叶植物分布增多，产草量较低。主要包括糠稷群落（*P.bisulcatum* association）、虉草群落（*P.arundinacea* association）、狗牙根群落（*C.dactylon* association）、牛鞭草群落（*H.sibirica* association）、白茅群落（*I.cylindrica* association）、结缕草群落（*Z.japonica* association）。

4）沙洲植被

沙洲植被主要分布于入湖三角洲及湖滨沙地，高程多在 16 m 左右，洪水季节有短期淹没，夏季地面酷热，以冲积沙土为主。在都昌、永修、南昌、鄱阳等地有 0.6 万～0.7 万 hm^2 的沙洲植被。主要群落有单叶蔓荆群落（*Vitex rotundifolia* association）、美丽胡枝子群落（*Lespedeza formosa* association）、茵陈蒿群落（*Artemisia capillaries* association）、假俭草 + 长萼鸡眼草群落（*Eremochloa ophiuroides* + *Kummerowia stipulacea* association）。

3. 二次鄱考植被调查结果

根据 2010～2013 年的调查结果，鄱阳湖湿地植被可划分为两个植被型（湿地植被型、沙地植被型），两个植被亚型6个群系组（草丛沼泽湿地亚型：包括禾草群系组、莎草群系组、杂草群系组；水生湿地亚型：包括漂浮植物群系组、浮叶植物群系组、沉水植物群系组），55个群系。鄱阳湖湿地植被优势群落主要包括以下8种：狗牙根群落（*C.dactylon* association）、南荻＋芦苇群落（*T.lutarioriparia*＋*P.communis* association）、薹草群落（*C.tristachya* association）、具刚毛荸荠群落（*E.valleculosa* association）、虉草＋蓼子草＋水田碎米荠群落（*P.arundinacea*＋*P.criopolitanum*＋*C.lyrata* association）、蓼子草群落（*P.criopolitanum* association）、荇菜-马来眼子菜＋轮叶黑藻＋苦草群落（*N.peltata*-*P.malaianus*＋*H.verticillata*＋*V.natans* association）、苦草群落（*V.natans* association）。采用实测方法绘制了1∶50 000数字化植被图。

鄱阳湖湿地植被优势群落如下。

（1）狗牙根群落（*C.dactylon* association）：该群落分布范围较广，主要分布在年连续水淹时间一般不超过35 d的圩堤附近、河道两侧的高滩地上，群落高20～30 cm，群落盖度大，达到90%～100%，单层结构。群落面积为50 km^2，占总面积的1.44%。

（2）南荻＋芦苇群落（*T.lutarioriparia*＋*P.communis* association）：鄱阳湖以芦苇为主的群落面积不大，纯群落少见，以芦苇为建群种的群落主要分布在圩堤的堤坝上，沿圩堤呈条带状分布，集中成片地分布在湖区西南角的磨盘洲、大沙荒等处，丰水季节是芦苇的主要生长季节，挺水植物生长必须露出水面进行光合作用，完全被水淹没不利于生长。常见的是芦苇和南荻共建形成的群落。其分布高程为13.0～14.5 m，以芦苇或南荻为优势种的群落面积为240 km^2，占总面积的6.95%。

（3）薹草群落（*Carex* spp.association）：薹草群落是鄱阳湖区面积最大、分布最广的群落类型，常常是多种薹草混生在一起组成群落。薹草群落高40～60 cm，盖度大，常可达100%，结构简单。以薹草为优势种的群落面积为723 km^2，占总面积的20.8%。

（4）具刚毛荸荠群落（*E.valleculosa* association）：该群落是鄱阳湖沼泽中的主要类型，物种组成复杂，波动性大，丰水季节是沉水植物的发源地，枯水季节呈现沼泽景观，水分饱和，群落高20～30 cm，盖度为70%～80%，结构简单，只有一层。

（5）虉草-蓼子草-水田碎米荠群落（*P.arundinacea*＋*P.criopolitanum*＋*C.lyrata* association）：该群落主要分布于北部低洲滩上和南部三角洲前沿地段，分布高程多在13～15 m，土壤含沙量较高，群落高60～80 cm，盖度为60%～80%。以虉草为优势种的群落面积有333.5 km^2，占总面积的9.6%。

（6）蓼子草群落（*P.criopolitanum* association）：该群落主要分布在河道两侧的滩地上，盖度为40%左右，高5～10 cm，单层结构。群落面积为200 km^2，占总面积的5.79%。

（7）荇菜-马来眼子菜＋轮叶黑藻＋苦草群落（*N. peltata*-*P.malaianus*＋*H.verticillata*＋*V.natans* association）：该群落主要分布于碟形湖水体边缘或洲滩上小面积洼地内，以荇菜为建群种，占据群落上层，为浮叶植物，群落内常可见马来眼子菜、轮叶黑藻、苦草等，表现出水下成层现象。

（8）苦草群落（*V.natans*. association）：苦草群落是鄱阳湖分布面积最大的沉水植物群落，主要分布在南部水域，苦草种类有3种：苦草、密齿苦草、大苦草，常常多种苦草混生，群落结构简单，一般只有一层，群落内常可见伴生有黄花狸藻、菹草、眼子菜等。

2. 前后两次鄱考间鄱阳湖湿地植被演变

1）湿地植被类型与优势种群变化

比较 20 世纪 80 年代一次鄱考中对植被的调查成果，在植被类型上，前后二次鄱考的优势植物群落类型总体是一致的，出现的变化主要有：①洲滩植被中，一次鄱考未提到中生性草甸，也未记录有大面积的狗芽根、牛鞭草群落，而本次调查发现有大面积的狗牙根群落，大量的中生植物侵入湿地，这一变化与近 10 年来鄱阳湖水位下降有着密切联系。②水生植被中，一次鄱考记录面积最大的是马来眼子菜群落，但本次鄱考，马来眼子菜仅零星出现，未见有以马来眼子菜为优势种的群落；一次鄱考未将菰群落作为优势类型，菰作为伴生种出现在芦苇群落中，分布于湖泊南端的信江尾闾，而本次鄱考发现菰已成为鄱阳湖面积较大的一个类群，近年天扩张迅速，已扩张至湖泊中心，神塘湖、泥湖等地均为菰群落所覆盖；一次鄱考未提到茎三棱等挺水群落，也未记录以苦草为单优势种的群落类型，本次鄱考发现，茎三棱是春季湖泊十分常见的挺水群落类型，而苦草常在湖泊中以单优势种存在。

在植被优势种和群落丰富度上，除上述提到的马来眼子菜的变化之外，本次鄱考发现，在沉水植物中，菹草逐渐成为优势种，其分布面积有扩大的趋势，菰正在迅速侵占沉水植物的空间。

在一次鄱考记录的水生植物群落物种组成上，群落的物种丰富度为 8～9 种，而本次调查发现群落组成很少超过 5 种，大多只有 3～4 种。群落的物种多样性水平明显下降。

2）湿地植被分布面积

据官少飞（1987）调查，鄱阳湖湿地植被总面积为 2 262 km^2，占全湖面积的 80.8%。其中，湿生植物约占全湖总面积的 18.9%，挺水植物约占 8.2%，浮叶植物约占 23.2%，沉水植物约占全湖总面积的 49.7%（官少飞，1987）。2013 年调查显示，鄱阳湖湿地植被总面积为 1 661 km^2，其中，湿生、挺水植物分布面积约为 1 463 km^2，占全湖总面积的 42%。

总的来说，鄱阳湖湿地植被总面积在减小。湿生、挺水植被分布面积、出现频度均有所增加。其中，薹草分布面积增加较明显，由 20 世纪 80 年代的 428 km^2 增加到 2013 年的 723 km^2；芦苇、荻分布面积由 185 km^2 增加到 240 km^2；同时，浮叶、沉水分布面积的增长有所下降，如菱分布面积的增长由 29 km^2 下降到 3.6 km^2，而马来眼子菜则由几乎遍布全湖减少到在部分碟形湖、浅水区域小面积分布。

3）湿地植被分布高程

随着湖底淤积抬升、枯水期上游来水减小，鄱阳湖湿地植被分布高程变化较大，总趋势是由高水位区域向湖底低水位区域延伸，部分挺水、湿生植被向低水位区域和高水位区域拓展，沉水、浮叶植被分布高程下限降低。

相较于 20 世纪 80 年代，2013 年薹草群丛分布高程扩展幅度较大，由 13～15 m 扩展到 10～15.5 m，分布区域分别向高低水位区延伸 3 m 和 2 m；芦苇 + 南荻群丛由 14～16 m 拓展到 13～17 m，分别向高、低水位区延伸出 1 m；狗牙根群丛分布下限降低到 13.5 m 附近；蓼子草、虉草等在泥滩地上生长较好的种群分布高程下限也降低到 10 m 附近。但金鱼藻、黑藻、苦草、马来眼子菜等沉水植物分布高程下限 10 m 没有明显变化，但分布上限普遍降低 1 m，区域逐渐向湖中心退缩（表 5-2-20）。

表 5-2-20　20 世纪 80 年代和 2013 年鄱阳湖植被变化及高程分布

<table>
<tr><th>高程（m）</th><th>8</th><th>9</th><th>10</th><th>11</th><th>12</th><th>12.5</th><th>13</th><th>13.5</th><th>14</th><th>15</th><th>16</th><th>17</th></tr>
<tr><td rowspan="9">20 世纪 80 年代</td><td></td><td></td><td></td><td></td><td></td><td></td><td colspan="4">薹草群丛</td><td></td><td></td></tr>
<tr><td></td><td></td><td></td><td></td><td></td><td></td><td></td><td></td><td colspan="3">芦苇 + 荻</td><td></td></tr>
<tr><td></td><td></td><td></td><td></td><td></td><td colspan="3">芦苇 + 菰群丛</td><td></td><td></td><td></td><td></td></tr>
<tr><td></td><td></td><td></td><td colspan="4">荇菜–马来眼子菜 + 金鱼藻 + 黑藻 + 苦草群丛</td><td></td><td></td><td></td><td></td><td></td></tr>
<tr><td></td><td></td><td></td><td></td><td colspan="3">菱 + 荇菜–黑藻 + 苦草群丛</td><td></td><td></td><td></td><td></td><td></td></tr>
<tr><td></td><td></td><td></td><td colspan="4">荇菜–马来眼子菜 + 穗花狐尾藻 + 黑藻 + 苦草群丛</td><td></td><td></td><td></td><td></td><td></td></tr>
<tr><td></td><td></td><td></td><td colspan="4">马来眼子菜–黑藻 + 小茨藻 + 苦草群丛</td><td></td><td></td><td></td><td></td><td></td></tr>
<tr><td></td><td></td><td colspan="3">马来眼子菜 + 黑藻 + 苦草群丛</td><td></td><td></td><td></td><td></td><td></td><td></td><td></td></tr>
<tr><td></td><td colspan="4">马来眼子菜群丛</td><td></td><td></td><td></td><td></td><td></td><td></td><td></td></tr>
<tr><td rowspan="8">2013 年</td><td></td><td></td><td></td><td></td><td></td><td></td><td></td><td></td><td colspan="4">狗牙根群落</td></tr>
<tr><td></td><td></td><td></td><td></td><td></td><td></td><td colspan="6">芦苇 + 荻</td></tr>
<tr><td></td><td></td><td></td><td colspan="8">薹草群落</td><td></td></tr>
<tr><td colspan="12">具刚毛荸荠群落</td></tr>
<tr><td colspan="3"></td><td colspan="4">荇菜–马来眼子菜群落</td><td></td><td></td><td></td><td></td><td></td></tr>
<tr><td colspan="2"></td><td colspan="5">小茨藻 + 金鱼藻群落</td><td></td><td></td><td></td><td></td><td></td></tr>
<tr><td colspan="2"></td><td colspan="10">黑藻 + 苦草群落</td></tr>
<tr><td></td><td></td><td colspan="4">蓼子草–虉草群落</td><td></td><td></td><td></td><td></td><td></td><td></td></tr>
</table>

参考文献

葛刚，李恩香，吴和平，等. 2010. 鄱阳湖国家级自然保护区的外来入侵植物调查. 湖泊科学，22（1）：93-97.

葛刚，吴兰. 2006. 南矶湿地国家级自然保护区种子植物区系. 南昌大学学报（理科版），01.

官少飞. 1987. 鄱阳湖水生植被. 水生生物学报，11（1）：9-21.

官少飞. 1990. 鄱阳湖水生植物区系的植物地理学特征. 湖泊科学，2（1）：44-49.

官少飞. 1991. 江西省湖泊的水生维管束植物. 江西科学，9（1）：49-53.

官少飞，张天火. 1989. 江西水生高等植物. 上海：上海科学技术出版社.

简永兴，李仁东，王建波，等. 2001. 鄱阳湖滩地水生植物多样性调查及滩地植被的遥感研究. 植物生态学报，25（5）：581-587.

郎惠卿. 1997. 中国湿地植被. 北京：科学出版社.

刘信中，等. 2005. 江西南矶湿地自然保护区科学考察研究. 北京：科学出版社.

刘永，郭怀成，周丰，等. 2006. 湖泊水位变动对水生植被的影响机理及其调控方法. 生态学报，26（9）：3117-3126.

彭映辉，简永兴，李仁东. 2003. 鄱阳湖平原湖泊水生植物群落的多样性. 中南林学院学报，23（4）：22-27.
王江林，万慧霖. 2000. 鄱阳湖湿地植被的生物多样性及其保护和利用. 环境与开发，15（4）：19-20. .
吴英豪，纪伟涛. 2002. 江西鄱阳湖国家级自然保护区研究. 北京：中国林业出版社.
张本. 1988. 鄱阳湖研究. 上海：上海科学技术出版社.
朱海虹，张本，等. 1997. 鄱阳湖. 合肥：中国科学技术大学出版社.

第三章　底栖动物资源及其动态变化

第一节　底栖动物种类、丰度及分布

1. 种类组成

综合近 3 年的调查结果，就鄱阳湖主湖区定量数据进行分析，采集到底栖动物 83 种（表 5-3-1），分别隶属于环节动物门、软体动物门和节肢动物门。其中，环节动物门检出 2 纲 2 目 2 科 5 种，占底栖动物总种数的 14.3%；软体动物门检出 2 纲 5 目 8 科 25 种，占底栖动物总种数的 71.4%；节肢动物门检出 2 纲 3 目 5 科 5 种，占底栖动物总种数的 14.3%。

表 5-3-1　鄱阳湖大型底栖动物种类组成及分布

种类	都昌水域	湖口水域	余干水域	鄱阳水域	鄱阳湖自然保护区
环节动物门 Annelida					
多毛纲 Polychaeta					
Ⅰ沙蚕科 Nereididae					
疣吻沙蚕 *Tylorrhynchus heterochaeta*					+
Ⅱ齿吻沙蚕科 Nephtyidae					
寡鳃齿吻沙蚕 *Nephtys oligobanchia*					+
寡毛纲 Oligochaeta					
Ⅲ仙女虫科 Naididae					
参差仙女虫 *Nais variabilis*					+
仙女虫 *Nais* sp.					+
多突癞皮虫 *Slavina appendiculata*					+
癞皮虫 *Slavina* sp.					+
杆吻虫 *Stytaria* sp.					+
毛腹虫 *Chaetogaster* sp.					+
头鳃虫 *Branchiodrilus* sp.					+
Ⅳ颤蚓科 Tubificidae					
霍甫水丝蚓 *Limnodrilus hoffmeisteri*	+	+	+	+	+
水丝蚓 *Limnodrilus* sp.					+
苏氏尾鳃蚓 *Branchiura sowerbyi*	+	+	+	+	+

续表

种类	都昌水域	湖口水域	余干水域	鄱阳水域	鄱阳湖自然保护区
管水蚓 *Aulodrilus* sp.					+
盘丝蚓 *Bothrioneurum* sp.					+
淡水单孔蚓 *Monopylephorus limosus*					+
中华颤蚓 *Tubifex sinicus*	+	+	+	+	+
V 带丝蚓科 Lumbriculidae					
带丝蚓属一种 *Lumbriculus* sp.					+
蛭纲 Hirudinea					
Ⅵ舌蛭科 Glossiphonidae					
扁舌蛭 *Glossiphonia complanata*	+	+		+	+
宽身舌蛭 *Glossiphonia lata*			+		
Ⅶ鱼蛭科 Ichthyobdellidae					
湖蛭属一种 *Limnotrachelobdella* sp.					+
Ⅷ医蛭科 Hirudinidae					
日本医蛭 *Hirudo nipponia*					+
软体动物门 Mollusca					
腹足纲 Gastropoda					
Ⅸ田螺科 Viviparidae					
中国圆田螺 *Cipangopaludina chinensis*					+
中华圆田螺 *Cipangopaludina cathayensis*					+
铜锈环棱螺 *Bellamya aeruginosa*	+	+	+	+	+
梨形环棱螺 *Bellamya purificata*	+	+	+	+	+
方形环棱螺 *Bellamya quadrata*	+			+	+
球河螺 *Rivularia globosa*			+	+	
耳河螺 *Rivularia auriculata*			+	+	+
卵河螺 *Rivularia ovum*					+
X 豆螺科 Bithyniidae					
长角涵螺 *Alocinma longicornis*	+			+	
赤豆螺 *Bithynia fuchsiana*			+	+	+
槲豆螺 *Bithynia misella*					+
大沼螺 *Parafossarulus eximius*	+		+	+	+
纹沼螺 *Parafossarulus striatulus*	+	+	+	+	+
中华沼螺 *Parafossarulus sinensis*	+			+	+
曲旋沼螺 *Parafossarulus anomalospiralis*					+
Ⅺ肋蜷科 Pleuroceridae					

续表

种类	都昌水域	湖口水域	余干水域	鄱阳水域	鄱阳湖自然保护区
方格短沟蜷 *Semisulcospira cancellata*	+	+	+	+	+
格氏短沟蜷 *Semisulcospira gredleri*					+
Ⅻ椎实螺科 Lymnaeidae					
耳萝卜螺 *Radix auricularia*				+	+
折叠萝卜螺 *Radix plicatula*				+	
椭圆萝卜螺 *Radix swinhoei*					+
狭萝卜螺 *Radix lagotis*					+
XIII扁蜷螺科 Planorbidae					
凸旋螺 *Gyraulus convexiusculus*			+	+	
尖口圆扁螺 *Hippeutis cantori*			+	+	
大脐圆扁螺 *Hippeulis umbilicalis*					+
瓣鳃纲 Lamellibranchia					
XIV贻贝科 Mytilidae					
淡水壳菜 *Limnoperna lacustris*	+	+			+
XV蚌科 Unionidae					
圆顶珠蚌 *Unio douglasiae*	+	+	+	+	+
中国尖嵴蚌 *Acuticosta chinensis*				+	
圆头楔蚌 *Cuneopsis heudei*					+
扭蚌 *Arconaia lanceolata*		+			
棘裂嵴蚌 *Schistodesmus spineus*					
短褶矛蚌 *Lanceolaria grayana*	+		+		
洞穴丽蚌 *Lamprotula caveata*		+			+
三角帆蚌 *Hyriopsis cumingii*				+	+
褶纹冠蚌 *Cristaria plicata*					+
蚶形无齿蚌 *Anodonta arcaeformis*				+	+
椭圆背角无齿蚌 *Anodonta woodiana elliptica*					+
XVI蚬科 Corbiculidae					
河蚬 *Corbicula fluminea*	+	+	+	+	+
节肢动物门 Arthropoda					
昆虫纲 Insecta					
XVII蜉蝣科 EpHemeridae					
蜉蝣 *EpHemera* sp.	+	+	+		
XVIII二尾蜉科 Siphlonuridae					
二尾蜉 *Siphlonurus* sp.					+
XIX四节蜉科 Baetidae					
二翼蜉 *Cloeon dipterum*					+

续表

种类	都昌水域	湖口水域	余干水域	鄱阳水域	鄱阳湖自然保护区
XX 箭蜓科 Gomphidae					
箭蜓 *Gomphus* sp.	+	+	+	+	
XXI 伪蜓科 Corduliidae					
虎蜻 *Epitheca marginata*					+
XXII 蜻科 Libellulidae					
黄蜻 *Pantala* sp.					+
XXIII 田鳖科 Belostomatidae					
田鳖 *Lethocerus deyrollei*					+
XXIV 龙虱科一种 Dytiscidae					+
XXV 豉虫科一种 Gyrinidae					+
XXVI 蠓科一种 Ceratopogonidae					+
XXVII 虻科一种 Tabanidae					+
XXVIII 摇蚊科 Chironomidae					
花纹前突摇蚊 *Procladius choreus*					+
粗腹摇蚊 *Pelopia* sp.					+
长跗摇蚊 *Tanytarsus* sp.					+
小突摇蚊 *Micropsectra* sp.					+
隐摇蚊 *Cryptochironomus* sp.					+
环足摇蚊 *Cricotopus* sp.					+
雕翅摇蚊 *Glyptotendipes* sp.					+
菱跗摇蚊 *Clinotanypus* sp.					+
摇蚊 *Cironmus* sp.	+			+	
羽摇蚊 *Tendipes plumosus*					+
红羽摇蚊 *Tendipes plumosus-reductus*					+
甲壳纲 Crustacea					
XXIV 匙指虾科 Atyidae					
中华米虾 *Caridina denticulate sinensis*	+	+			
XX 长臂虾科 Palaemonidae					
日本沼虾 *Macrobrachium nipponense*	+				+

2. 分布特征

从鄱阳湖不同水域来看，鄱阳湖自然保护区水域含修河和赣江段，物种数较多，为83种，该水域生境复杂、多样化，河流与湖泊周年交替，是底栖动物重要的栖息场所。鄱阳水域物种数为26种，该水域水草丰富，适宜中小型螺类栖息，沼螺、豆螺和椎实螺类很丰富。都昌水域和余干水域底栖动物分别为21种、20种，二者种类组成较相似，该水域生境相对稳定，相比鄱阳水域，水草少，一些喜欢附着于水草上的螺类很少。湖口水域采集得到的底栖动物种类较少，为16种，究其原因可能是该水域为主航道，水较深，且常年有挖沙船只在作业，其生境破坏严重。

从生境特点来看，保护区为典型的碟形浅水湖泊，无论是物种、生物量还是密度均高于河道和主体湖。

3. 优势种及常见种

从定量采集的结果来看，鄱阳湖大型底栖动物的优势种为河蚬（39.9%）、苏氏尾鳃蚓（11.7%），常见种为梨形环棱螺（7.7%）、长角涵螺（7.3%）、铜锈环棱螺（6.7%）和方格短沟蜷（4.1%）等。

在枯水期，鄱阳湖大型底栖动物优势种为河蚬（47.9%）和苏氏尾鳃蚓（13.1%），常见种为梨形环棱螺（8.3%）、铜锈环棱螺（8.0%）、纹沼螺（4.3%）等。不同水域的优势种略有差异。都昌水域的优势种为河蚬（43.2%）和苏氏尾鳃蚓（20.3%）；湖口水域的优势种为苏氏尾鳃蚓（31.4%）、河蚬（19.8%）、方格短沟蜷（14.0%）；余干水域的优势种为河蚬（58.2%）、苏氏尾鳃蚓（12.8%）；鄱阳水域的优势种为河蚬（55.8%）、梨形环棱螺（14.1%）、铜锈环棱螺（12.3%）。

在丰水期，鄱阳湖大型底栖动物优势种为长角涵螺（23.4%）、河蚬（22.0%），常见种为苏氏尾鳃蚓（8.4%）、摇蚊幼虫（7.2%）、梨形环棱螺（5.9%）、方格短沟蜷（5.6%）等。都昌水域的优势种为河蚬（21.2%）、苏氏尾鳃蚓（18.3%）、铜锈环棱螺（11.5%）、大沼螺（10.6%）；湖口水域的优势种为河蚬（35.0%）、方格短沟蜷（21.3%）、苏氏尾鳃蚓（20.0%）；鄱阳水域的优势种为河蚬（40.2%）、长角涵螺（19.6%）、摇蚊幼虫（10.6%）。

与谢钦铭和李云（1995）、王洪铸（2007）的调查结果相比较，鄱阳湖的优势种已经发生了改变。谢钦铭调查的优势种是背瘤丽蚌、洞穴丽蚌、天津丽蚌、三角帆蚌等；王洪铸的调查主要涉及主体湖和河道，优势种是河蚬与沼螺等。

4. 大型底栖动物丰度

鄱阳湖底栖动物平均密度为348.64 ind./m^2，生物量为65.24 g/m^2。但不同季节、不同断面相差甚远。

第二节　底栖动物群落结构的时空变化

一、枯水期大型底栖动物现存量

2012年12月共采集28个断面（86个采样点），各断面大型底栖动物平均密度与生物量如图5-3-1所示。

位于长江河道中3个断面（长江口、新港、八里江）的平均密度（17.778 ind./m^2）和生物量（0.251 g/m^2）非常低，八里江断面甚至完全没有采集到底栖动物，主要原因应该是长江的流速过大，不适宜大部分底栖动物生存。星子到都昌段（星子、老爷庙、渚溪口、小矶山、都昌断面）采砂严重，且靠近县城（星子县、都昌县），往来船只多，生境遭人为破坏严重，因此底栖动物的平均密度（35.307 ind./m^2）和平均生物量（25.069 g/m^2）均较低。

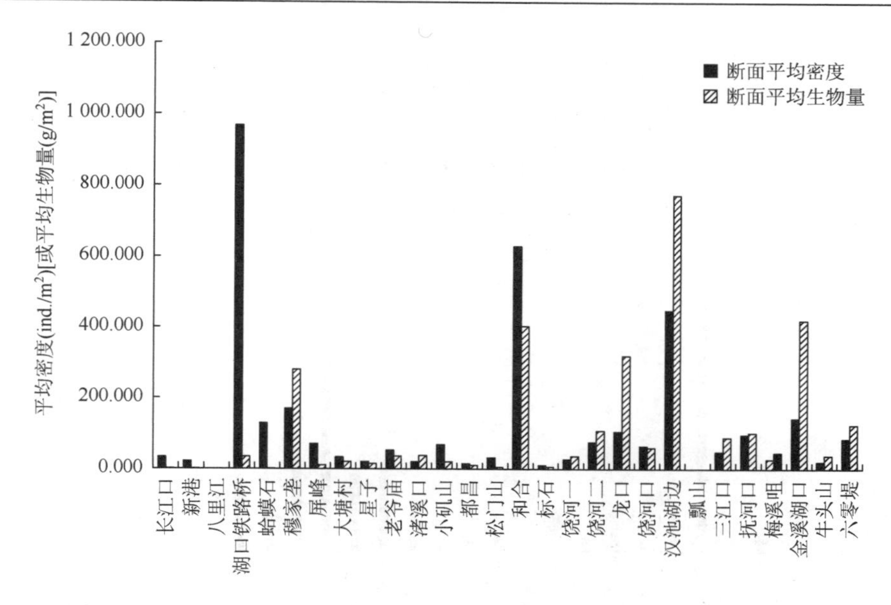

图 5-3-1　2012 年 12 月各断面平均密度（ind./m^2）与平均生物量（g/m^2）

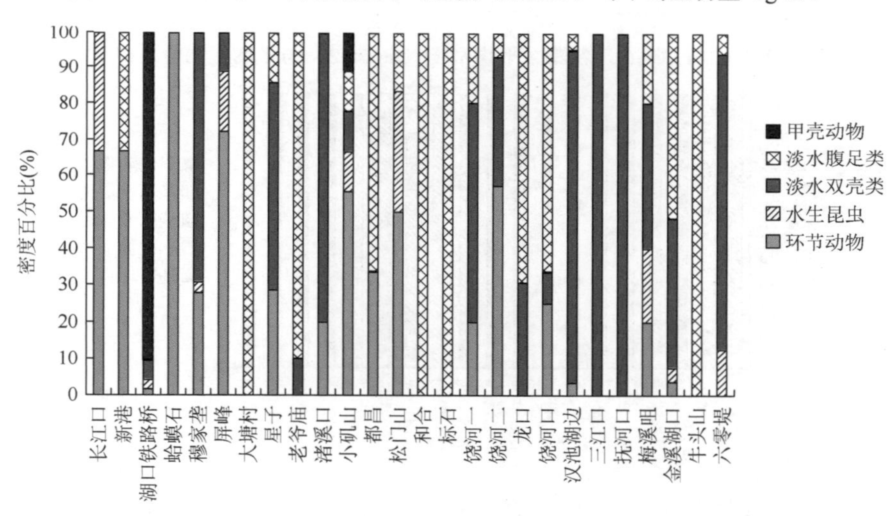

图 5-3-2　2012 年 12 月各断面不同类群底栖动物密度百分比

平均底栖动物密度较高的断面有湖口铁路桥、和合和汉池湖边 3 个断面，底栖动物密度分别达到 972.000 ind./m^2、629.333 ind./m^2、448.000 ind./m^2。从这 3 个断面底栖动物构成来看，它们都是这些断面的某一类底栖动物特别多，但该断面的平均生物量不高，主要是因为寡毛类重量非常小，平均重仅约 0.001 7 g/尾；和合断面采得大量沼螺属种类，个体平均重 0.448 g，和合断面平均密度和平均生物量均较高；汉池湖边断面发现大量河蚬（*Corbicula fluminea*），河蚬在所有采得的底栖动物中平均个体重量最大，约 1.821 g，汉池湖边断面由于河蚬占底栖动物的主要部分，其平均生物量大于平均密度。穆家垄、龙口、金溪湖口等断面都是个体重量较大的河蚬和螺类较多的断面。

二、丰水期大型底栖动物现存量

2013 年 6 月共采集 20 个断面（61 个采样点），各断面大型底栖动物平均密度与生物量如图 5-3-3 所示。

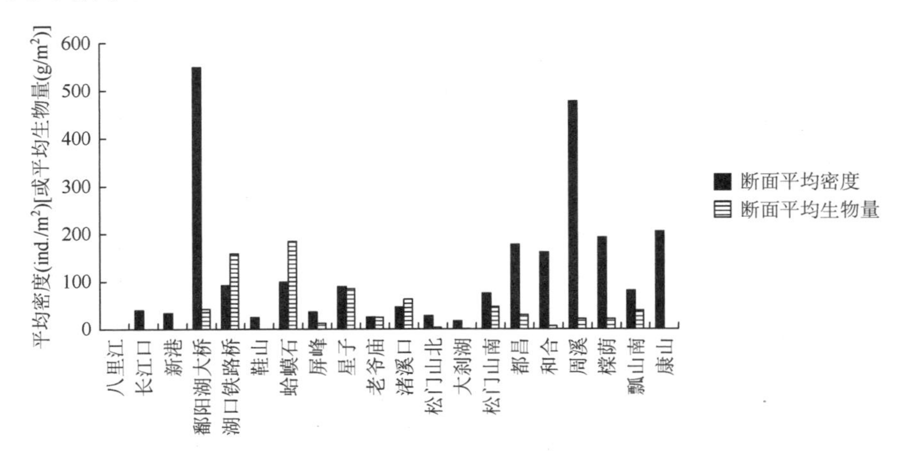

图 5-3-3　2013 年 6 月各断面平均密度（ind./m2）与平均生物量（g/m^2）

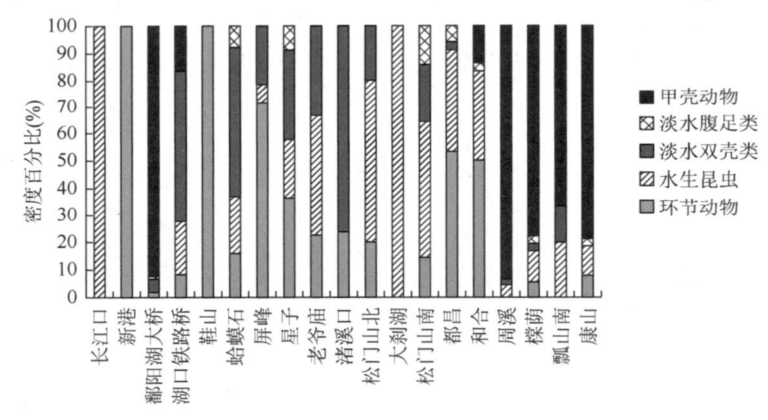

图 5-3-4　2013 年 6 月各断面不同类群底栖动物密度百分比

位于长江河道的 3 个断面（长江口、新港、八里江）平均密度和生物量依然很低。在湖口附近水域再次发现大量钩虾（春季为湖口铁路桥断面，冬季为鄱阳湖大桥断面），推测该水域较为适宜钩虾的生存，其原因需进一步研究调查。

2013 年 6 月，在底栖动物平均密度柱形远长于平均生物量柱形的几个断面中，鄱阳湖大桥、周溪、棠荫、康山断面中发现大量钩虾；都昌、和合断面均以水生昆虫和环节动物为主。这几类底栖动物单体重量都较小，因此虽然平均密度大，但平均生物量却很小。湖口铁路桥、蛤蟆石断面河蚬较多，因此虽平均密度不大，但平均生物量很大。

在各类群底栖动物中，环节动物和水生昆虫分布最广，在 15 个断面均有分布。尤其是水生昆虫，在冬季采样中仅 36%的断面有分布，到了春季大量繁殖，在 75%的断面中均有分布。大型底栖动物不同类群间的形态差异显著，个体重量相差很大，因此不同断面的平均密度和平均生物量很大程度上取决于该断面底栖动物的类群组成，如以河蚬或螺类为主的断面的平均生物量相对较大，而以水生昆虫、环节动物为主的断面的平均生物量相对较小。

不同类群底栖动物间的生活习性的差异也很大，有固着型、穴居型、游泳型等的分类，按功能摄食类群分又有撕食者、收集者、捕食者等，这些因素都影响底栖动物的分布，不同底栖动物类群对环境因子有各自的偏好。

三、环境因子对底栖动物的影响

二次鄱考共 147 个采样点，测得相对应的环境因子数据 147 组。流速范围以 0～4 m/s 为主，占总数的 80%；水深范围以 0～8 m 为主，占总数的 88.1%；淤泥和泥沙底质较多，占总数的 64.8%，硬泥和砾石底质较少，仅占总数的 19.7%；透明度分布较为平均，最小值为 15 cm，最大值为 110 cm，其中 30～70 cm 占总数的 63.9%；水温主要体现在冬、春两季的温度差异，分布在两段范围内；盐度、pH、溶解氧数据范围较小；叶绿素最小值和最大值差距较大，但 85%以上的样点在小于 10 ug/L 的范围内，梯度较小；浊度主要分布在小于 38NTU + 的范围内，占总数的 73.5%。

定量结果显示，环节动物偏好适中的流速，较高的水深，淤泥、泥沙的底质；淡水腹足类偏好较低流速、水深，不同底质的现存量差别不显著；水生昆虫偏好适中的流速，浅水区域水生昆虫的现存量较高，泥沙底质是其较为偏好的底质。透明度对于以上类群的现存量均无太大影响。

淡水蚌类偏好较低的流速和水深；淤泥、泥沙、硬泥底质的现存量较高，细沙底质中的现存量较小；透明度在 50～70 cm 时现存量最高。

无齿蚌偏好低流速的水环境；不同水深范围对于无齿蚌的现存量影响不大；淤泥、硬泥、泥沙底质的无齿蚌现存量较大，细沙底质的现存量明显小于其他底质；透明度与现存量的关系同样呈现中间高两边低的情况，在 30～50 cm 范围内达到最高。

随着流速和水深的增加，圆顶珠蚌的现存量均逐渐减少；淤泥和硬泥底质中的现存量较高；随着透明度的升高，圆顶珠蚌的现存量也升高。

四、鄱阳湖大型底栖动物资源现状评价

近 30 年来，由于环境变化及人类活动对鄱阳湖的干扰愈加频繁，底栖动物的资源状况也发生明显变化。表 5-3-2 是 1981～2013 年鄱阳湖底栖动物现存量的变化。由此次调查结果可以看出，鄱阳湖底栖动物平均密度较低，为 348.64 ind./m^2。就密度而言，此次春秋两季调查的底栖动物密度明显低于以前的结果；从生物量来看，本次调查结果不比以前低，表明从 20 世纪 80 年代到 2012 年的近 30 年间，鄱阳湖大型底栖动物的栖息密度在逐渐减少，特别是软体动物的栖息密度大幅度下降。鄱阳湖大型底栖动物的栖息密度大大减少，但是生物量基本不变，表明底栖动物的群落结构已在发生变化；一些个体较小的种类，如沼螺、长角涵螺等，其数量在减少，而个体较大的种类所受影响较小。这种变化的发生可能与人为活动、鄱阳湖的环境改变有关，如水位下降、水草减少等。近年来，大规模的采砂已经破坏了鄱阳湖的生态环境，对底栖动物资源的影响不可低估。

表 5-3-2　鄱阳湖底栖动物密度和生物量变化

时间		种类数	生物量（g/m²）	密度（ind./m²）
1984～1985 年		32（螺蚌）	55（9～321）螺； 7（0.4～25）蚌	13（13～549）螺； 25（0.1～4.8）蚌
2012～2013 年		68（螺蚌）	33.74（螺） 4.08±3.96 蚌	51.27（螺） 0.28±0.22 蚌
1991～1992 年		95	246.43	721
1997～1999 年		51	146.7	596
2007～2008 年		35	245.94	221.95
2012～2013 年		72	65.24	348.64
南矶湿地国家级自然保护区 2004 年	泥湖	51	1 480.16	592
	常湖		706.09	1 504
	山南湖		52.63	80
	东湖		417.75	1 648
	菱湖		537.83	1 936

资料来源：鄱阳湖研究，1992；谢钦名，1995；王洪铸，1999；作者，2008，2012～2013。

第三节　蚌类资源现状、评价和保护

淡水蚌类是重要的、大型的底栖动物，被认为是最易受到威胁的水生生物类群之一。其生物量和密度往往在底栖动物中占优势，在淡水生态系统中有重要作用；蚌类强大的滤食功能及其生理分泌物可去除水体中大量的藻类、污染物和悬浮颗粒，在水体自然净化过程中极为重要；蚌类运动缓慢，生活区域相对固定，对环境变化敏感，是环境监测重要的生物指标，同时，蚌类经济价值也非常可观。淡水蚌生活史独特，其钩介幼虫以鱼为寄主，在鱼体表完成变态过程，成为幼蚌。幼蚌从鱼体脱落沉入水底，营埋栖生活。不同种类的淡水蚌类对寄主鱼的选择机制各不相同，并且它们对寄主鱼生存状况的影响也不一样。大型双壳类的定量无法靠小面积的彼得生采泥器来实现，所以至今其现存量资料不多。

一、种类与分布

综合历史资料，鄱阳湖已记录蚌类 53 种，隶属于 12 属。2011～2013 年调查记录到 12 属 45 种。从种类组成看，优势种为圆顶珠蚌和洞穴丽蚌。鄱阳湖有我国特有蚌类 30 种。从历次调查结果可以看出，鄱阳湖淡水蚌类的群落结构存在一定的时间差异。林振涛（1962）报道鄱阳湖的淡水蚌类有 12 属 22 种，张玺和李世成（1965）调查结果有 15 属 43 种（仅蚌科，下同），吴小平等（1994）等则发现有 13 属 43 种，而 2011～2013 年调查有 12 属 45 种（表 5-3-3）。后面三次调查的种类数虽然很接近，但种类组成不同，且优势种和物种的分布区有明显的变化，群落结构也发生了变化。1965 年有背瘤丽蚌、洞穴丽蚌、天津丽蚌、圆顶珠蚌、真柱矛蚌、鱼尾楔蚌、扭蚌和背角无齿蚌 8 个优势种；2012 年洞穴丽蚌、圆顶珠蚌为优势种（表 5-3-4）。

表 5-3-3　鄱阳湖淡水蚌类种类组成历次调查结果比较

资料来源	林振涛（1962）	张玺和李世成（1965）	吴小平等（1994）	笔者（2011～2013）
属	16	15	13	12
种	22	43	43	45

表 5-3-4　鄱阳湖淡水蚌类种类组成与分布

种类	HX	XD	DP	PP	PK	WC	NJ	Total	RA	ESC
1. 圆顶珠蚌 *U.douglasiae*（Gray）	I	II	I	V	IV	II	V	V	43.79	
2. 真柱矛蚌 *L.eucylindrica*（Lin）				I			I	I	0.29	√
3. 短褶矛蚌 *L.grayana*（Lea）	I	I	※	I	I	I	II	II	2.03	
4. 三型矛蚌 *L.triformis*（Heude）				I				I	0.05	√
5. 剑状矛蚌 *L.gladiola*（Heude）		I						I	0.05	
6. 中国尖嵴蚌 *A.chinensis*（Lea）		※		I	II	I	II	III	3.1	√
7. 卵形尖嵴蚌 *A.ovata*（Simpson）						I		I	0.05	√
8. 射线裂脊蚌 *S.lampreyanus*（Baird et Adams）				I	I	I	※	I	0.63	√
9. 棘裂嵴蚌 *S.spinosus*（Simpson）		I		I	I	I	I	I	0.92	√
10. 褶纹冠蚌 *C.plicata*（Heude）	I	I		I	I	I	I	II	1.65	
11. 球形无齿蚌 *A.globosula*（Heude）	IV		※	I	I	I	I	IV	7.22	√
12. 椭圆背角无齿蚌 *A.woodiana elliptica*（Heude）				I			I	I	0.53	
13. 圆背角无齿蚌 *A.woodiana pacifica*（Heude）		I	※	II	I	I	II	III	4.31	
14. 背角无齿蚌 *A.woodiana oodiana*（Lea）		I	※	I	I	※	I	II	1.41	
15. 河无齿蚌 *A.fluminea*（Heude）		I						I	0.15	√
16. 光滑无齿蚌 *A.lucida*（Heude）							I	I	0.05	√
17. 蚶形无齿蚌 *A.arcaeformis*（Heude）	III	II	I	II	I	I	II	IV	8.62	
18. 具角无齿蚌 *A.angula*（Tchang et al.）					※				0	√
19. 舟形无齿蚌 *A.eascaphys*（Heude）	I	I						II	1.5	
20. 鱼形背角无齿蚌 *A.woodiana piscatorum*（Heude）		I						I	0.05	
21. 圆头楔蚌 *C.heudei*（Heude）				I	I		I	I	0.92	√
22. 巨首楔蚌 *C.capitata*（Heude）							I	I	0.05	√
23. 微红楔蚌 *C.rufestcens*（Heude）						I		I	0.1	√
24. 鱼尾楔蚌 *C.pisciculus*（Heude）	I			I			I	I	0.44	√
25. 矛形楔蚌 *C.celtiformis*（Heude）		I						I	0.05	√
26. 三角帆蚌 *H.cumingii*（Lea）		※					1	1	0.05	√
27. 扭蚌 *A.lanceolata*（Lea）	I	II	※	I	※	I	I	III	2.47	√
28. 洞穴丽蚌 *L.caveata*（Heude）	II	I	I	IV	II	I	III	V	17.48	√

续表

种类	HX	XD	DP	PP	PK	WC	NJ	Total	RA	ESC
29. 多瘤丽蚌 *L.polysticta*（Heude）		※		Ⅰ	※			Ⅰ	0.24	√
30. 失衡丽蚌 *L.tortuosa*（Lea）	※	※			※				0	√
31. 猪耳丽蚌 *L.rochechouarti*（Heude）	Ⅰ	Ⅰ			Ⅰ		Ⅰ	Ⅰ	0.39	√
32. 刻裂丽蚌 *L.scripta*（Heude）	Ⅰ	Ⅰ		Ⅰ	※			Ⅰ	0.24	√
33. 背瘤丽蚌 *L.leai*（Gray）	Ⅰ	※	※				※	Ⅰ	0.29	√
34. 角月丽蚌 *L.cornuum-lunae*（Heude）							Ⅰ	Ⅰ	0.05	√
35. 绢丝丽蚌 *L.fibrosa*（Heude）					Ⅰ		Ⅰ	Ⅰ	0.58	√
36. 天津丽蚌 *L.tientsinensis*（Crosse et Debeaux）	※	※		※	※				0	√
37. 楔形丽蚌 *L.bazini*（Heude）		Ⅰ						Ⅰ	0.15	√
38. 环带丽蚌 *L.zonata*（Heude）				※					0	√
39. 橄榄蛏蚌 *S.oleivora*（Heude）	※	※							0	√
40. 龙骨蛏蚌 *S.carinatus*（Heude）					※				0	√
41. 三角蛏蚌										
42. 高顶鳞皮蚌 *L.languilati*（Heude）	Ⅰ		※	※	※			Ⅰ	0.05	√
43. 翼鳞皮蚌										
44. 偏侧拟齿蚌 *P.secundus*（Heude）	Ⅰ							Ⅰ	0.05	√
45. 中国淡水蛭										

注：Ⅰ表示 1～19 个；Ⅱ表示 20～49 个；Ⅲ表示 50～99 个；Ⅳ表示 100～199 个；Ⅴ表示 200 个以上；※表示空壳；RA 表示相对丰度；ESC 表示中国特有种。HX（湖口-星子）；XD（星子-都昌）；DP（都昌-瓢山）；PP（瓢山-鄱阳）；PK（鄱阳-康山）；WC（吴城区域）；NJ（南矶山区域）。

二、生物量和密度

全湖密度和生物量分别为（0.28±0.22）ind./m^2 和（4.08±3.96）g/m^2。鄱阳湖不同采样区域淡水蚌类的生物量和密度相差较大（图 5-3-5）。从 30 个断面定量采样结果来看，ⅩⅩⅧ断面（信江尾）生物量最大，为 116.15 g/m^2；这与其底质为淤泥有关，淤泥底质水体有机物丰富多样，有利于淡水蚌类的滤食，同时淤泥底质有利于蚌类的躲避。而且，该断面采集到的蚌类种类以丽蚌属为优势种群。Ⅵ断面（矶山湖，0.12 g/m^2）、Ⅷ断面（都昌，0.15 g/m^2）、Ⅺ断面（都昌-瓢山，0.03 g/m^2），这几个采样点生物量极小，可能与靠近生活区、水体污染严重、当地频繁的人为活动造成的生境破碎有关。就密度而言，Ⅲ断面（星子）密度最高，为 17.54 ind./m^2，这与其物种相对单一，但数量巨大有关。ⅩⅩⅣ断面（梁山村）次之，为 15.42 ind./m^2。ⅩⅥ断面（龙口）、ⅩⅦ断面（西河尾）和ⅪⅩ断面（饶河码头）生物量和密度因蚌耙未耙到样本，都为 0，这可能与这些采集点有的为细沙底质，龙口（ⅩⅥ）断面为硬泥底质，水流湍急，生境破坏严重，处处为人类挖沙挖泥的痕迹。ⅩⅦ断面（西河尾）为卵石和粗沙底质，水流湍急，挖沙严重。XIX断面（饶河码头），人为活动频繁，蚌类栖息地遭到严重破坏，水体污染严重。

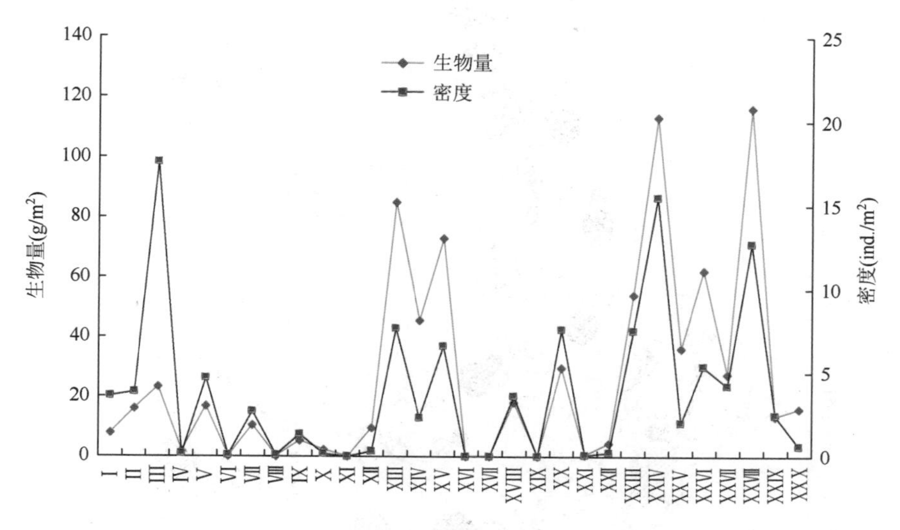

图 5-3-5　鄱阳湖各采样点淡水蚌类密度和生物量

三、蚌类重要分布区

将30个采样断面划分为12个湖区，湖区划分如下：湖口（蛤蟆石，屏峰）、星子（星子）、星子-都昌（老爷庙，渚溪口，矶山湖）、都昌（都昌，都昌造船厂、都昌印山）、吴城、南矶山、都昌-瓢山、鄱阳（鄱阳饶河一、鄱阳饶河二、鄱阳饶河三、龙口、西河尾、鄱阳饶河四、饶河码头、湖心区、鄱阳白沙洲）、瓢山-康山（瓢山一康山）、余干（瑞洪六零堤、梁山村、牛头山、龙船洲、同年港口、信江尾）、军山湖、青岚湖共12个湖区。

在12个湖区，蚌类丰度差异较大：①蛤蟆石-屏峰，有10属18种；②星子，有9属16种；③老爷庙-渚溪口-矶山湖，有7属15种；④都昌，有7属15种；⑤吴城，有9属14种；⑥南矶山，有10属23种；⑦都昌-瓢山，有6属10种；⑧鄱阳饶河，有11属32种；⑨瓢山-康山，有11属28种；⑩余干信江，有11属28种；⑪青岚湖，有11属35种；⑫军山湖，有9属16种。由以上结果可知，青岚湖区、余干信江区、南矶山湖区、鄱阳饶河口的淡水蚌类属数和种数较多，均超过9属23种，其中青岚湖区最多，达到11属35种，分别占全湖淡水蚌类属数和种数的91.67%和87.5%；都昌-瓢山湖区最少，只有6属10种，分别占全湖淡水蚌类属数和种数的50%和25%（图5-3-6）。

四、鄱阳湖几种重要淡水蚌类的主要分布区

对7种常见种、濒危种类和经济物种在鄱阳湖30个断面中的分布进行分析。这7种淡水蚌类包括常见种圆顶珠蚌，濒危及少见种橄榄蛏蚌、龙骨蛏蚌和高顶鳞皮蚌，经济种背流丽蚌、猪耳丽蚌和三角帆蚌。圆顶珠蚌作为最常见物种，分布最广泛，是鄱阳湖区最

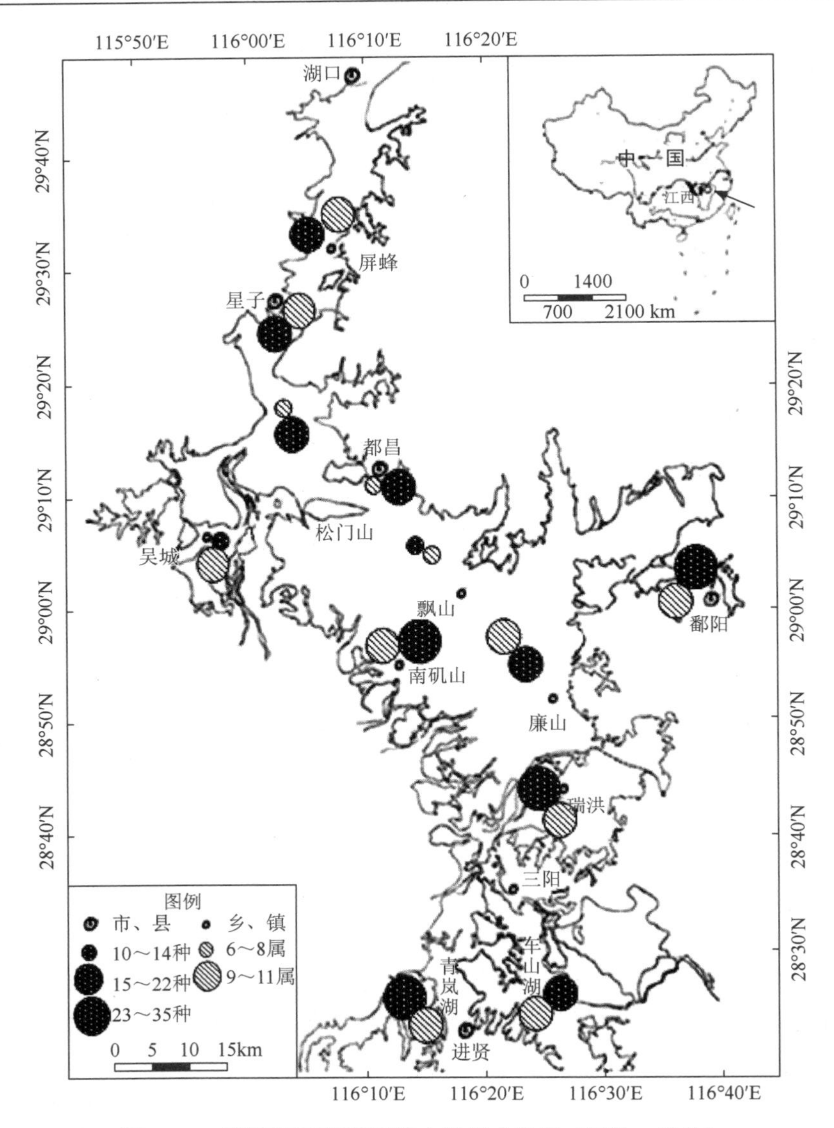

图 5-3-6　鄱阳湖不同湖区淡水蚌类丰富度（属数、种数）

大的优势种，这与它们极强的环境适应能力是相符的。蛏蚌属分布区小。猪耳丽蚌和背瘤丽蚌为鄱阳湖重要的经济蚌种，也是我国特有种，贝壳坚厚，为制造珠核、钮扣及工艺品的好原料；三角帆蚌是我国重要的淡水育珠蚌种。因此，我们选取这 7 种蚌重点讨论它们在鄱阳湖区的分布，为蚌类保护提供资料（图 5-3-7）。

五、淡水蚌类的种群结构

对鄱阳湖蚌类若干物种种群个体大小（壳长）进行分析，做出种群结构图，以反映种群结构状况，从中可以看出，舟形无齿蚌、褶纹冠蚌、背瘤丽蚌、鱼尾楔蚌、猪耳丽蚌、扭蚌、中国尖嵴蚌、真柱矛蚌、洞穴丽蚌、背角无齿蚌、圆背角无齿蚌、刻裂丽蚌、绢丝丽

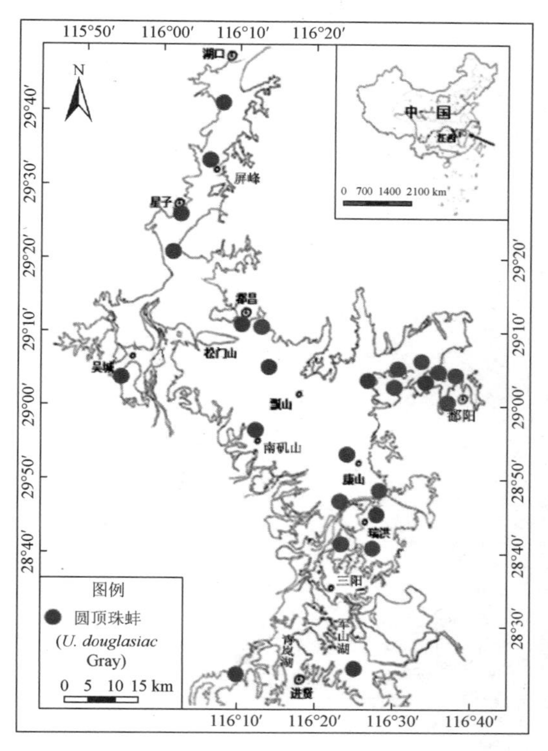
115°50′ 116°00′ 116°10′ 116°20′
116°10′ 116°20′ 116°30′ 116°40′
29°40′ 29°30′ 29°20′ 29°10′ 29°00′ 28°50′ 28°40′ 28°30′
N
湖口
屏峰
星子
都昌
松门山
吴城
瓢山
南矶山
鄱阳
康山
瑞洪
三阳
军山湖
青岚湖
进贤
中国
0 700 1400 2100 km
图例
圆顶珠蚌
(*U. douglasiac* Gray)
0 5 10 15 km

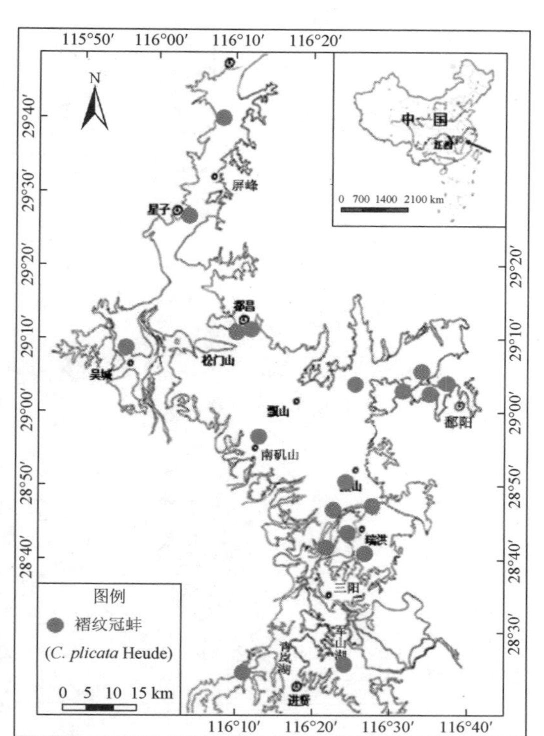
115°50′ 116°00′ 116°10′ 116°20′
116°10′ 116°20′ 116°30′ 116°40′
29°40′ 29°30′ 29°20′ 29°10′ 29°00′ 28°50′ 28°40′ 28°30′
N
屏峰
星子
都昌
松门山
吴城
瓢山
南矶山
鄱阳
瑞洪
三阳
军山湖
青岚湖
进贤
中国
0 700 1400 2100 km
图例
褶纹冠蚌
(*C. plicata* Heude)
0 5 10 15 km

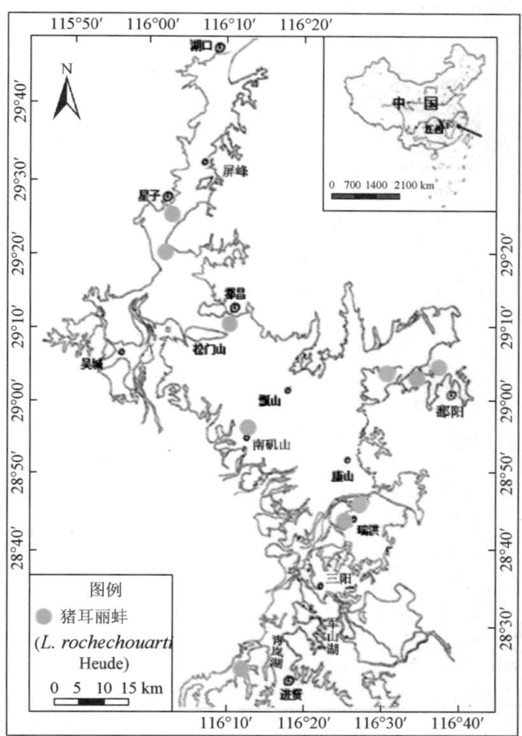
115°50′ 116°00′ 116°10′ 116°20′
116°10′ 116°20′ 116°30′ 116°40′
29°40′ 29°30′ 29°20′ 29°10′ 29°00′ 28°50′ 28°40′ 28°30′
N
湖口
屏峰
星子
都昌
松门山
吴城
瓢山
南矶山
鄱阳
康山
瑞洪
三阳
军山湖
青岚湖
进贤
中国
0 700 1400 2100 km
图例
猪耳丽蚌
(*L. rochechouarti* Heude)
0 5 10 15 km

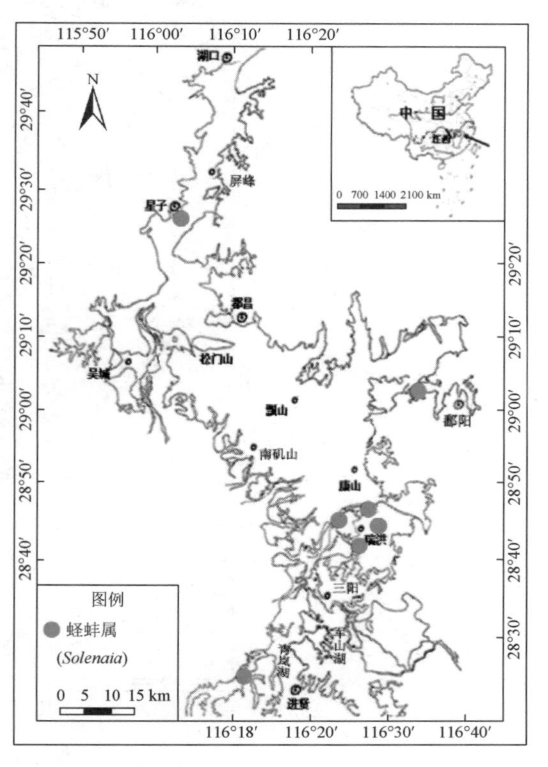
115°50′ 116°00′ 116°10′ 116°20′
116°18′ 116°20′ 116°30′ 116°40′
29°40′ 29°30′ 29°20′ 29°10′ 29°00′ 28°50′ 28°40′ 28°30′
N
湖口
屏峰
星子
都昌
松门山
吴城
瓢山
南矶山
鄱阳
康山
瑞洪
三阳
军山湖
青岚湖
进贤
中国
0 700 1400 2100 km
图例
蛏蚌属
(*Solenaia*)
0 5 10 15 km

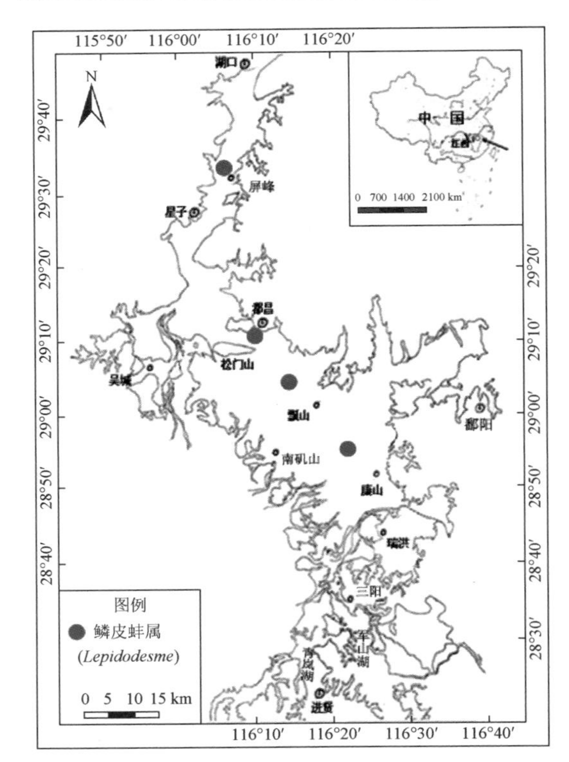

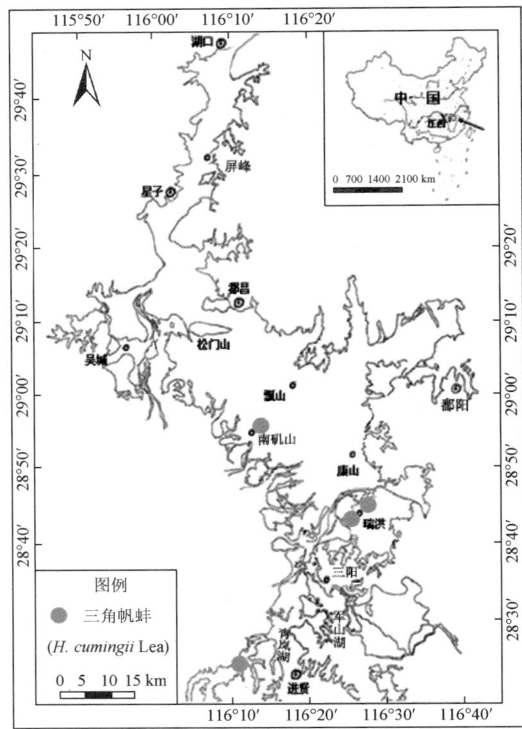

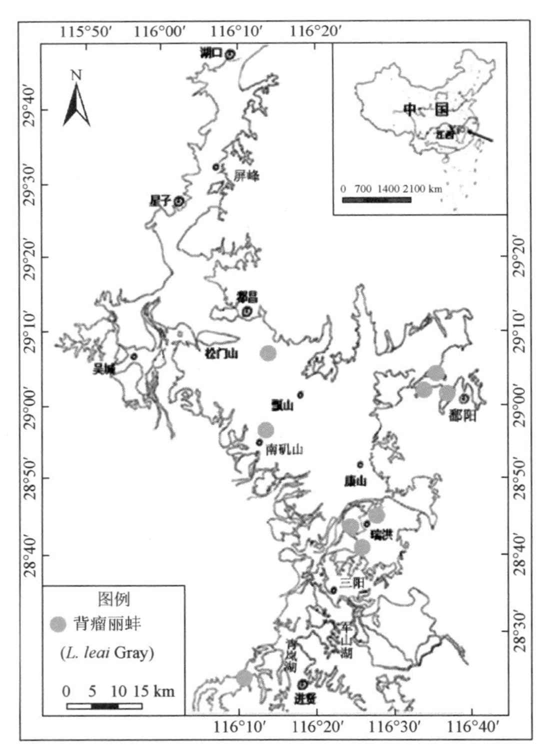

图 5-3-7　鄱阳湖 7 种蚌的主要分布区

蚌和圆头楔蚌的标本规格偏小，多为幼体，说明它们的种群结构属于增长型。短褶矛蚌、射线裂脊蚌、蚶形无齿蚌和圆顶珠蚌的标本规格适中，多为成熟个体，说明它们的种群结构属于稳定型。多瘤丽蚌、椭圆背角无齿蚌、球形无齿蚌和棘裂脊蚌的标本规格较大，多为老年个体，说明它们的种群结构属于衰退型（图 5-3-8～图 5-3-10）。

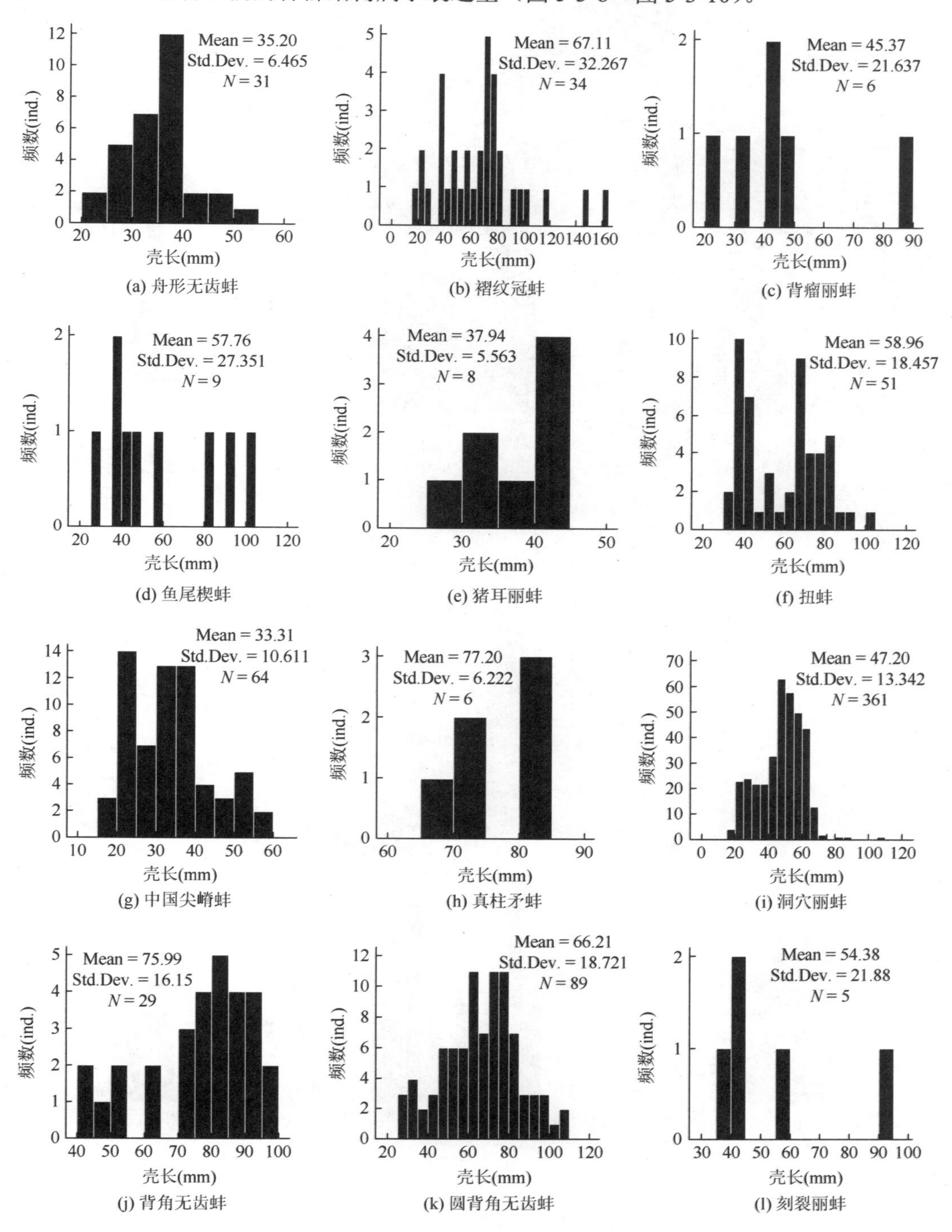

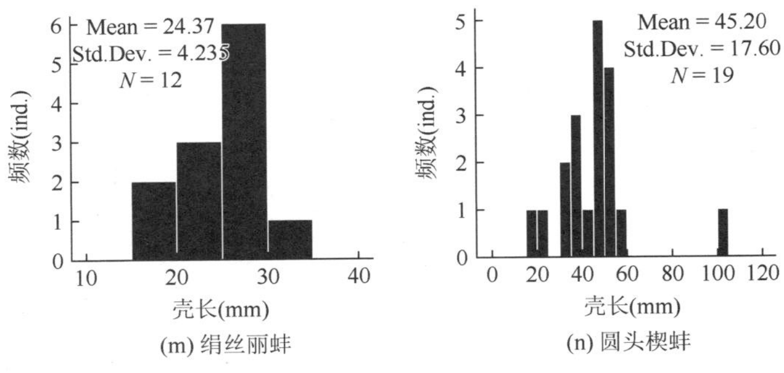

(m) 绢丝丽蚌　　(n) 圆头楔蚌

图 5-3-8　鄱阳湖淡水蚌类种群结构（增长型）

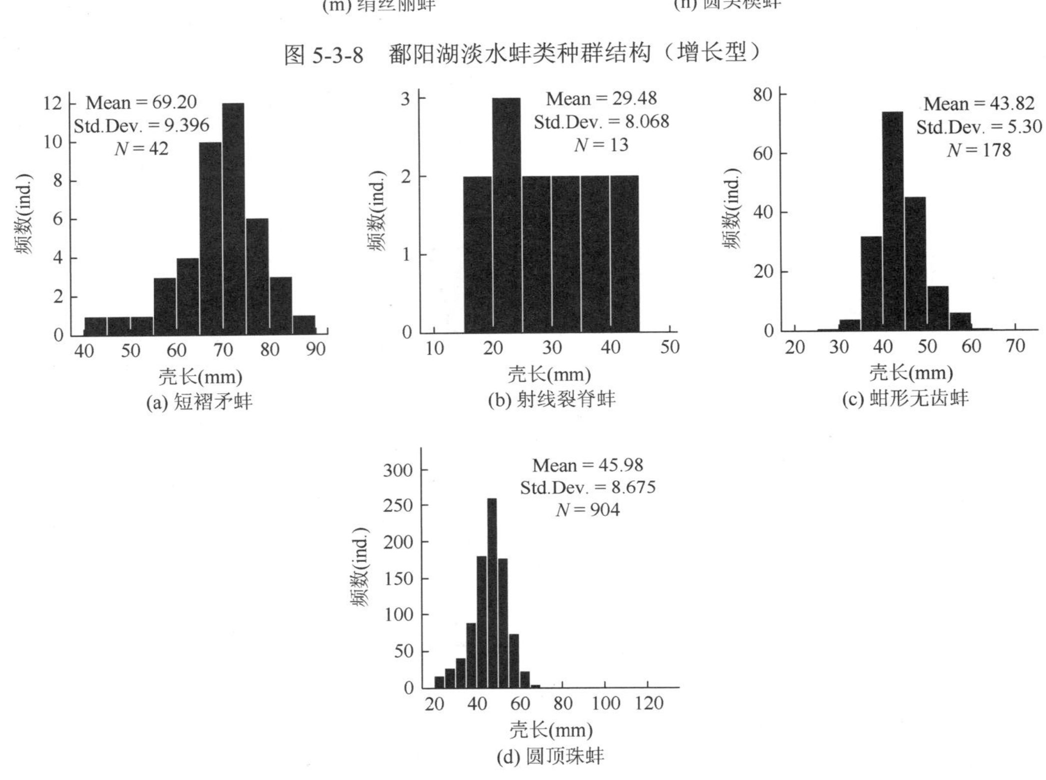

(a) 短褶矛蚌　　(b) 射线裂脊蚌　　(c) 蚶形无齿蚌

(d) 圆顶珠蚌

图 5-3-9　鄱阳湖淡水蚌类种群结构（稳定型）

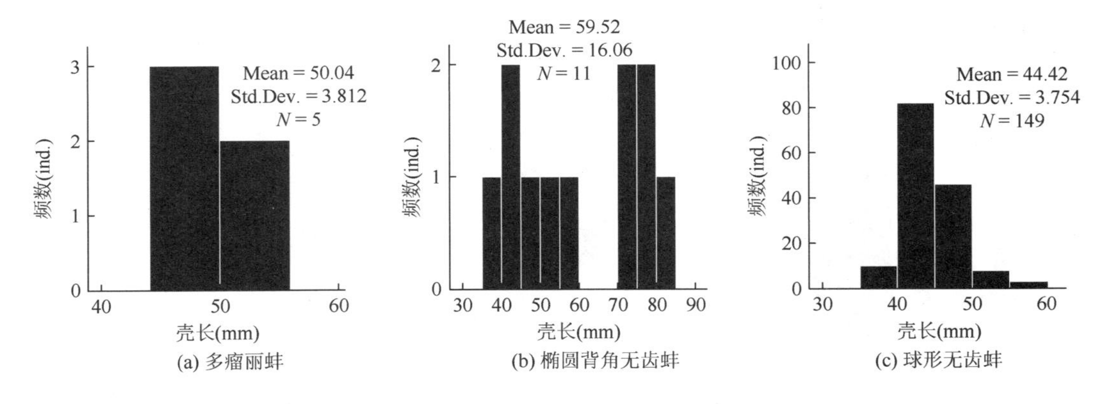

(a) 多瘤丽蚌　　(b) 椭圆背角无齿蚌　　(c) 球形无齿蚌

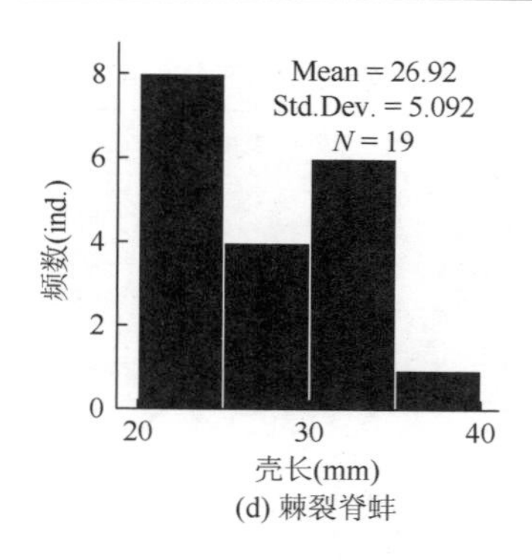

(d) 棘裂脊蚌

图 5-3-10　鄱阳湖淡水蚌类种群结构（衰退型）

六、鄱阳湖蚌类濒危状况及优先保护物种

淡水蚌类被认为是目前最受威胁的生物类群之一，面临着全球范围的衰退现状（Lydeard et al.，2004；Strayer et al.，2008；Hagg et al.，2003）。许多学者或组织基于地区保护的目的，对北美、欧洲的淡水蚌类濒危状况进行了评估。Williams 等（1993）综合众多学者的淡水蚌类生物学、保护和分布的研究资料，评估了 297 种北美蚌类的濒危状况，其中 71.1%的淡水蚌类被认为受威胁；世界自然保护联盟（IUCN）基于其物种濒危等级和标准收录了 503 种淡水蚌类的濒危状况，但这些蚌类多数是北美和欧洲的物种，其中数据缺乏的有 96 种；IUCN 也同时收录了 39 种中国的淡水蚌类的濒危状况，其中极危 2 种、易危 5 种、近危 1 种、无危 19 种，数据缺乏 12 种。

参考相关评估方法，结合已有资料，利用层次分析法评估鄱阳湖淡水蚌类濒危等级；另外，依据评估结果，综合考虑保护成本、经济价值等因素（李典谟和徐汝梅，2005），确定鄱阳湖淡水蚌类的保护优先次序，为鄱阳湖淡水蚌类的保护提供参考。

在评估的 54 种蚌中，极危 25 种，占总数的 46.30%，包括龙骨蛏蚌、河蛏蚌、薄壳丽蚌、三巨瘤丽蚌、巴氏丽蚌、天津尖丽蚌、环带尖丽蚌、拟尖丽蚌、江西楔蚌、光滑无齿蚌、巨首楔蚌、微红楔蚌、矛形楔蚌、三型矛蚌、三槽尖嵴蚌、勇士尖嵴蚌、翼鳞皮蚌、偏侧拟齿蚌、金黄雕刻蚌、尖锄蚌、具角无齿蚌、雕刻珠蚌、鱼形背角无齿蚌、失衡尖丽蚌和橄榄蛏蚌。濒危 5 种，占总数的 9.26%，包括刻裂尖丽蚌、舟形无齿蚌、猪耳丽蚌、角月丽蚌和剑状矛蚌。易危 14 种，占总数的 25.93%，包括高顶鳞皮蚌、多瘤丽蚌、椭圆背角无齿蚌、河无齿蚌、黄色蚶形无齿蚌、卵形尖嵴蚌、棘裂脊蚌、短褶矛蚌、射线裂脊蚌、鱼尾楔蚌、三角帆蚌、圆背角无齿蚌、圆头楔蚌和背瘤丽蚌。近危 7 种，占总数的 12.96%，包括绢丝尖丽蚌、褶纹冠蚌、中国尖嵴蚌、球形无齿蚌、真柱矛蚌、扭蚌和蚶形无齿蚌。无危 3 种，占总数的 5.56%，包括背角无齿蚌、洞穴丽蚌和圆顶珠蚌。

总的来看，鄱阳湖的 54 种淡水蚌类，濒危以上级别的淡水蚌类共有 30 种，占总数的 55.56%。受到干扰的物种有 51 种之多，占总数的 94.45%。相对未受干扰的物种仅有 3 种，仅占总数的 5.56%（表 5-3-5）。

表 5-3-5　鄱阳湖的 54 种淡水蚌类评估结果

蚌类名	濒危系数	濒危等级	IUCN（2012 年）	优先保护系数	优先保护等级
龙骨蛏蚌	0.961 9	极危	—	1.000 0	特级
河蛏蚌	0.961 9	极危	—	1.000 0	特级
薄壳丽蚌	0.961 9	极危	—	0.977 8	一级
三巨瘤丽蚌	0.961 9	极危	CR	0.977 8	一级
巴氏丽蚌	0.961 9	极危	DD	0.977 8	一级
天津尖丽蚌	0.961 9	极危	DD	0.977 8	一级
环带尖丽蚌	0.961 9	极危	DD	0.977 8	一级
拟尖丽蚌	0.961 9	极危	—	0.977 8	一级
江西楔蚌	0.961 9	极危	—	0.965 5	一级
光滑无齿蚌	0.961 9	极危	—	0.964 0	一级
巨首楔蚌	0.961 9	极危	LC	0.957 0	一级
微红楔蚌	0.961 9	极危	VU	0.957 0	一级
矛形楔蚌	0.961 9	极危	LC	0.957 0	一级
三型矛蚌	0.961 9	极危	DD	0.895 4	二级
三槽尖嵴蚌	0.961 9	极危	—	0.895 4	二级
勇士尖嵴蚌	0.961 9	极危	—	0.895 4	二级
翼鳞皮蚌	0.961 9	极危	—	0.895 4	二级
偏侧拟齿蚌	0.961 9	极危	—	0.895 4	二级
金黄雕刻蚌	0.961 9	极危	—	0.895 4	二级
尖锄蚌	0.961 9	极危	NT	0.895 4	二级
具角无齿蚌	0.961 9	极危	—	0.874 6	二级
雕刻珠蚌	0.961 9	极危	—	0.867 7	二级
鱼形背角无齿蚌	0.961 9	极危	—	0.866 2	二级
失衡尖丽蚌	0.939 6	极危	VU	0.963 0	一级
橄榄蛏蚌	0.939 6	极危	—	0.946 1	一级
刻裂尖丽蚌	0.887 4	濒危	—	0.928 3	一级
舟形无齿蚌	0.887 4	濒危	DD	0.816 7	二级
猪耳丽蚌	0.865 2	濒危	VU	0.913 5	一级
角月丽蚌	0.854 6	濒危	—	0.906 4	一级
剑状矛蚌	0.854 6	濒危	LC	0.815 6	二级
高顶鳞皮蚌	0.821 8	易危	DD	0.802 2	二级
多瘤丽蚌	0.818 6	易危	VU	0.882 5	二级
椭圆背角无齿蚌	0.818 6	易危	—	0.860 2	二级
河无齿蚌	0.818 6	易危	LC	0.779 3	三级
黄色蚶形无齿蚌	0.818 6	易危	—	0.770 9	三级

续表

蚌类名	濒危系数	濒危等级	IUCN（2012年）	优先保护系数	优先保护等级
卵形尖嵴蚌	0.810 0	易危	LC	0.794 4	三级
棘裂脊蚌	0.799 5	易危	LC	0.698 1	三级
短褶矛蚌	0.781 4	易危	—	0.766 9	三级
射线裂脊蚌	0.781 4	易危	LC	0.747 6	三级
鱼尾楔蚌	0.780 1	易危	LC	0.836 1	二级
三角帆蚌	0.765 0	易危	LC	0.795 2	三级
圆背角无齿蚌	0.744 2	易危	—	0.795 3	三级
圆头楔蚌	0.744 2	易危	LC	0.750 6	三级
背瘤丽蚌	0.725 0	易危	LC	0.781 0	三级
绢丝尖丽蚌	0.690 5	近危	LC	0.766 5	三级
褶纹冠蚌	0.690 5	近危	DD	0.737 3	三级
中国尖嵴蚌	0.690 5	近危	LC	0.714 9	三级
球形无齿蚌	0.656 2	近危	—	0.671 3	三级
真柱矛蚌	0.636 8	近危	DD	0.679 2	三级
扭蚌	0.600 9	近危	LC	0.655 3	三级
蚶形无齿蚌	0.584 5	近危	LC	0.615 1	三级
背角无齿蚌	0.495 3	无危	LC	0.614 4	三级
洞穴丽蚌	0.493 6	无危	LC	0.576 9	暂缓
圆顶珠蚌	0.444 3	无危	—	0.515 0	暂缓

第四节　保护对策

近十几年来，极端天气状况频发，加上上游三峡和葛洲坝水利枢纽工程的建设，导致鄱阳湖枯水时间不断延长，水位连年创新低，底栖动物和其他水生动物的生境面积不断减少，种群受到威胁。对于底栖动物而言，蚌螺在鄱阳湖最为丰富，其生态功能巨大。由于蚌特殊的生活史和鱼有关，持续低水位对蚌床（蚌类重要生境，分布于特定的区域和水位带）的破坏巨大。目前，鄱阳湖无序的、大规模的挖沙现象严重破坏底栖动物（也包括其他水生生物）栖息地，降低水体透光性和溶氧量，降低浮游生物的生产量，污染水体，影响底栖动物的栖息、摄食和繁殖。过度捕捞使得淡水蚌类种群结构呈现明显的衰退现象。不当的捕捞方式严重破坏生境。近年来，持续低水位不仅造成蚌床出露严重，而且低水位使得渔民对螺类蚌类的捕捞强度明显加大。针对这些问题，建议采取相关应对措施。

（1）优先保护濒危物种和重要分布区。通过调查、论证，划定两三处自然保护区，实施栖息地保护措施。

（2）保护生境，提出生境修复措施。恢复植被，减少泥沙淤积，降低浑浊度。

（3）采取适当措施使枯水季节维持适当水位，有效保护贝类栖息地。

（4）严格控制过度捕捞、不当捕捞及生境破坏，导致资源衰退严重，必须建立有效措施，加强保护，合理利用。

参 考 文 献

林振涛. 1962. 鄱阳湖的蚌类. 动物学报，14（2）：249-260.

刘勇江，欧阳珊，吴小平. 2008. 鄱阳湖双壳类分布及现状. 江西科学，26（2）：280-283.

刘月英，张文珍，王耀先，等. 1979. 中国经济动物志：淡水软体动物. 北京：科学出版社.

欧阳珊，詹诚，陈堂华，等. 2009. 鄱阳湖大型底栖动物物种多样性及资源现状评价. 南昌大学学报：工科版，31（1）：9-13.

鄱阳湖研究编委会. 1988. 鄱阳湖研究. 上海：上海科学技术出版社.

吴和利，欧阳珊，詹诚，等. 2008. 鄱阳湖夏季淡水螺类群落结构. 江西科学，26（1）：97-101.

吴小平，欧阳珊，胡起宇. 1994. 鄱阳湖的双壳类. 南昌大学学报：理科版，18（3）：249-252.

谢钦铭，李云. 1995. 鄱阳湖底栖动物生态研究及其底层鱼产力的估算. 江西科学，13（3）：161-170.

熊六凤，欧阳珊，陈堂华，等. 2011. 鄱阳湖区淡水蚌类多样性格局. 南昌大学学报：理科版，35（3）：288-295.

张玺，李世成. 1965. 鄱阳湖及其周围水域的双壳类包括一新种. 动物学报，17（3）：309-319.

Haag W R，et al. 2003. Variation in fecundity and other reproductive traits in freshwater mussels. Freshwater Biology，48：2118-2130.

Lydeard C，Cowie R H，Ponder W F，et al . 2004. The global decline of nonmarine molluscs. Bioscience，54：321-329.

Strayer E E，Gargominy O，Ponder W F. 2008. Global diversity of gastropods（Gastropoda；Mollusca）in freshwater. Hydrobiologia，595：149-166.

Wang H Z，Xu Q Q，Cui Y D，et al. 2007. Macrozoobenthic community of Poyang Lake，the largest freshwater lake of China，in the Yangtze floodplain. Limnology，8（1）：65-71.

Williams J D，et al. 1993. Conservation status of freshwater mussels of the United States and Canada. Fisheries，18（9）：6-22.

第四章　鱼类资源及其动态变化

第一节　鄱阳湖鱼类（含虾蟹）种类、区系分布和种群结构

一、鄱阳湖鱼类种类、区系分布和种群结构

鄱阳湖汇纳赣江、抚河、信江、饶河、修水五河之水，经调蓄后，于湖口注入长江。由于复杂的生境，鄱阳湖孕育出相当复杂的淡水生物群落，鱼类资源丰富。该湖既是江湖洄游性鱼类重要的摄食和育肥场所，也是某些过河口洄游性鱼类的繁殖通道，为长江流域重要的鱼类及水生生物栖息地，对长江鱼类种质资源保护及种群的维持具有重大意义。

鱼类资源调查的主要方法：一是设采集点，使用定置网、电网、刺网等工具进行渔获物捕捞，并结合市场、码头周年采样进行分类鉴定；二是主要鱼类（定居性鱼类）在繁殖期的产卵场、越冬期及幼鱼集中的索饵场，随即抽取 4 个面积为 0.25 m^2 样方的不同分布密度基质进行调查；三是在屏峰山至湖口监测断面，采用定置网每月定点监测 2 次（上旬、下旬），每次连续监测 2 天，对所有洄游性鱼类进行分类鉴定。

1. 鱼类种类

鱼类分类地位、中文名和学名的确定依据最新的鱼类分类学资料，主要参照《中国淡水鱼类检索》（朱松泉，1995）、《中国动物志——硬骨鱼纲鲤形目》（陈宜瑜等，1998；乐佩奇等，2000）、《中国动物志——硬骨鱼纲鲇形目》（褚新洛等，1999）和《拉汉世界鱼类名典》（伍汉霖等，1999），并参考《太湖鱼类志》（倪勇和朱成德，2005）厘定相关物种的有效性。

至 2013 年鄱阳湖已累计记录鱼类 134 种（剔除同物异名的种类）。2012～2013 年对鄱阳湖主湖区鱼类资源进行考察，共监测到鱼类 89 种。为了便于比较，将以前报道过的和本次调查到的鱼类一并列入表 5-4-1。

表 5-4-1　鄱阳湖鱼类名录

鱼类名录（中文名/拉丁名）	1990 年之前	1997 年冬至 2000 年春	2012～2013 年
鲟科 Acipenseridae			
1. 中华鲟 *Acipenser sinensis*	△		▲ +
2. 白鲟 *Psephurus gladius*	△		
鲱科 Clupeidae			
3. 鲥 *Macrura reevesii*	△	△	

续表

鱼类名录（中文名/拉丁名）	1990 年之前	1997 年冬至 2000 年春	2012～2013 年
鳀科 Engraulidae			
4. 刀鲚 *Coilia ectenes*	△	△	▲++（++→+）
5. 短颌鲚 *C. brachygnathu*	△	△	▲+++（+++→++）
鳗鲡科 Anguillidae			
6. 鳗鲡 *Anguilla japonica*	△	△	▲+
胭脂鱼科 Catostomidae			
7. 胭脂鱼 *Myxocyprinus asiaticus*	△		▲+
鲤科 Cyprinidae			
鱼丹亚科 Danioniae			
8. 宽鳍鱲 *Zacco platypus*	△	△	
9. 马口鱼 *Opsariichthys bidens*	△	△	▲+
雅罗鱼亚科 Leuciscinae			
10. 尖头鱼岁 *Phoxinus oxycephalas*	△		
11. 青鱼 *Mylopharyngododon piceus*	△	△	▲++（++→+）
12. 草鱼 *Ctenopharyngodon idellus*	△	△	▲+++（+++→++）
13. 赤眼鳟 *Squaliobarbus curriculus*	△	△	▲++
14. 鳤 *Ochetobius elongatus*	△	△	▲+
15. 鯮 *Luciobrama macrocephalus*	△	△	
16. 鳡 *Elopichthys bambusa*	△	△	▲+
鲌亚科 Culterinae			
17. 飘鱼 *Pseudolaubuca sinensis*	△	△	▲++
18. 寡鳞飘鱼 *Pseudolaubuca engraulis*	△	△	▲++
19. 似鲚 *Toxabramis swinhonis*	△	△	▲++
20. 䱗（鰷鲦）*Hemiculter leucisculus*	△	△	▲+++
21. 贝氏䱗鲦 *H. bleekeri*	△	△	▲+++
22. 红鳍原鲌 *Culterichthys erythropterus*	△	△	▲+++
23. 翘嘴鲌 *Culter alburnus*	△	△	▲+++
24. 蒙古鲌 *C. mongolicus*	△	△	▲++
25. 达氏鲌 *C. dabryi*	△	△	▲++
26. 尖头鲌 *C. oxycephalus*	△	△	
27. 拟尖头鲌 *C. oxycephaloides*	△	△	
28. 鳊 *Parabramis pekinensis*	△	△	▲++
29. 鲂 *Megalobrama skolkovii*	△	△	▲++
30. 团头鲂 *M. amblycephala*	△	△	▲++
鲴亚科 Xenocyprinae			
31. 银鲴 *Xenocypris argentea*	△	△	▲++
32. 黄尾鲴 *X. davidi*	△	△	▲++
33. 细鳞鲴 *X. microlepis*	△	△	▲++
34. 似鳊 *Pseudobrama simoni*	△	△	▲+

续表

鱼类名录（中文名/拉丁名）	1990年之前	1997年冬至2000年春	2012～2013年
鲢亚科 Hypophthalmichthyinae			
35. 鲢 *Hypophthalmichthys molitrix*	△	△	▲+++
36. 鳙 *Aristichthysnobilis*	△	△	▲+++（+++→++）
鮈亚科 Gobioninae			
37. 唇䱻 *Hemibarbus labeo*	△		▲+
38. 花䱻 *H. maculatus*	△	△	▲++
39. 似刺鳊鮈 *Paracanthobrama guichenoti*	△	△	▲+
40. 麦穗鱼 *Pseudorasbora parva*	△	△	▲++
41. 长麦穗鱼 *P. elongata*	△		▲+
42. 华鳈 *Sarcocheilichthys sinensis*	△	△	▲+
43. 小鳈 *S. parvus*	△	△	▲+
44. 江西鳈 *S. kiangsiensis*	△	△	▲++
45. 黑鳍鳈 *S. nigripinnis*	△	△	▲++
46. 短须颌须鮈 *Gnathopogon imberbis*	△		
47. 银鮈 *Squalidus argentatus*	△	△	▲+
48. 亮银鮈 *Squalidus nitens*		△	
49. 点纹银鮈 *Squalidus wolterdstorffi*	△	△	
50. 铜鱼 *Coreius heterodon*	△	△	▲+
51. 吻鮈 *Rhinogobio typus*	△	△	▲+
52. 圆筒吻鮈 *R. cylindricns*	△		▲+
53. 棒花鱼 *Abbottina rivularis*	△	△	▲++
54. 福建小鳔鮈 *Microphysogobio fukiensis*	△		
55. 蛇鮈 *Saurogobio dabryi*	△	△	▲++
56. 长蛇鮈 *S. dumerili*	△	△	▲++
57. 光唇蛇鮈 *S. gymnocheilus*	△		▲+
鳅鮀亚科 Gobiotinae			
58. 宜昌鳅鮀 *Gobiobotia filifer*	△		
鱊亚科 Acheilognathinae			
59. 无须鱊 *Acheilognathus gracilis*	△	△	
60. 大鳍鱊 *A. macropterus*	△	△	▲++
61. 兴凯鱊 *A. chankaensis*	△	△	▲++
62. 越南鱊 *A. tonkinensis*	△	△	▲+
63. 短须鱊 *A. barbatulus*		△	
64. 寡鳞鱊 *A. hypselonotus*	△		
65. 巨口鱊 *A. tabiro*	△		
66. 长身鱊 *A. elongatus*	△		

续表

鱼类名录（中文名/拉丁名）	1990 年之前	1997 年冬至 2000 年春	2012～2013 年
鱊亚科 Acheilognathinae			
67. 革条副鱊*Paracheilognathus himategus*	△		
68. 彩副鱊*P. imberbis*	△	△	
69. 高体鳑鲏 *Rhodeus ocellatus*	△	△	▲++
70. 彩石鳑鲏 *R. lighti*	△	△	▲+
71. 方氏鳑鲏 *R. fangi*		△	
鲃亚科 Barbinae			
72. 光倒刺鲃 *Spinibarbus hollandi*	△	△	
73. 台湾光唇鱼 *Acrossocheilus formosanus*	△		
74. 光唇鱼 *A. fasciatus*	△		
75. 稀有白甲鱼 *Onychostoma rarus*	△		
鲤亚科 Cyprininae			
76. 鲤 *Cyprinus carpio*	△	△	▲+++
77. 鲫 *Carassius acratus*	△	△	▲+++
鳅科 Cobitidae			
78. 花斑副沙鳅 *Parabotia fasciata*	△		▲+
79. 武昌副沙鳅 *P. banarescui*	△	△	▲+
80. 长薄鳅 *Leptobotia elongate*	△		▲+
81. 紫薄鳅 *L. purpurea*	△	△	▲+
82. 花鳅 *Cobitis taenia*	△		
83. 中华花鳅 *C. sinensis*	△	△	▲+
84. 大斑花鳅 *C. macrostigma*	△	△	▲+
85. 泥鳅 *Misgurnus anguillicaudatus*	△	△	▲++
86. 大鳞副泥鳅 *Paramisgurnus dabryanus*	△		
平鳍鳅科 Homalopteridae			
87. 犁头鳅 *Lepturichthys fimbriata*	△		
鲇科 Siluridae			
88. 鲇 *Silurus asotus*	△	△	▲+++
89. 南方鲇 *Silurus meridionalis*	△	△	▲+++
胡子鲇科 Clariidae			
90. 胡子鲇 *Clarias fuscus*	△	△	▲+
银鱼科 Salangidae			
91 大银鱼 *Protosalanx hyalocranius*	△	△	▲++
92. 寡齿新银鱼 *Neosalanx oligodontis*	△	△	
93. 太湖新银鱼 *Neosalanx taihuensis*	△	△	▲++
94. 短吻间银鱼 *Hemisalanx brachyrostralis*	△	△	▲++

续表

鱼类名录（中文名/拉丁名）	1990 年之前	1997 年冬至 2000 年春	2012～2013 年
鲿科 Bagridae			
95. 黄颡鱼 *Pelteobagrus fulvidraco*	△	△	▲+++
96. 长须黄颡鱼 *Pelteobagrus eupogon*	△	△	▲++
97. 瓦氏黄颡鱼 *P. vachelli*	△	△	▲++
98. 光泽黄颡鱼 *P. nitidus*	△	△	▲++
99. 长吻鮠*Leiocassis longirostris*	△	△	▲+
100. 粗唇鮠*L. crassirostris*	△		▲+
101. 圆尾拟鲿 *Pseudobagrus tenuis*	△	△	
102. 乌苏里拟鲿 *P. ussuriensis*	△		
103. 细体拟鲿 *P. pratti*	△	△	
104. 白边拟鲿 *P. albomarginatus*	△		▲+
105. 凹尾拟鲿 *P. emarginatus*	△		
106. 大鳍鳠*Mystus macropterus*	△	△	
钝头鮠科 Amblycipitidae			
107. 黑尾鉠*Liobagrus nigricauda*	△	△	
108. 司氏鉠*L. styani*	△	△	
109. 鳗尾鉠*L. anguillicauda*	△		
110. 白缘鉠*L. marginatus*	△		
鮡科 Sisoridae			
111. 中华纹胸鮡*Glyptothorax sinense*	△	△	
鳉科 Cyprinodontidae			
112. 中华青鳉 *Oryzias latipes sinensis*	△	△	▲+
鱵科 Hemirlmmphidae			
113. 间下鱵*Hyporhamphus intermedius*	△	△	▲++
合鳃鱼科 Symbranchidae			
114. 黄鳝 *Monopterus albus*	△	△	▲++
鮨科 Serranidae			
115. 长身鳜 *Coreosiniperca roulei*	△	△	▲++
116. 鳜 *Siniperca chuatsi*	△	△	▲+++（+++→++）
117. 大眼鳜 *S. kneri*	△	△	▲++
118. 波纹鳜 *S. undulatus*	△	△	
119. 斑鳜 *S. scherzeri*	△	△	▲++
塘鳢科 Eleotridae			
120. 褐塘鳢 *Eleotris fusca*	△		
121. 沙塘鳢 *Odontobutis obscura*	△	△	▲+
122. 小黄黝鱼 *Micropercops swinhonis*	△	△	▲+

续表

鱼类名录（中文名/拉丁名）	1990 年之前	1997 年冬至 2000 年春	2012～2013 年
鰕虎鱼科 Gobiidae			
123. 黏皮鲻鰕虎鱼 *Mugilogobius myxodermus*		△	
124. 子陵吻鰕虎鱼 *Rhinogobius giuroiuns*	△	△	▲ +
125. 波氏吻鰕虎鱼 *R. cliffordpopei*	△	△	
斗鱼科 Belontiidae			
126. 圆尾斗鱼 *Mocropodus chinensis*	△	△	▲ +
127. 叉尾斗鱼 *M. opercularis*	△		▲ +
鳢科 Channidae			
128. 乌鳢 *Channa argus*	△	△	▲ ++
129. 月鳢 *C. asiatica*	△	△	▲ +
刺鳅科 Mastacembelidae			
130. 中华刺鳅 *Mastacembelus sinensis*	△	△	▲ +
舌鳎科 Cynoglossidae			
131. 窄体舌鳎 *Cynoglossus gracilis*	△		▲ +
132. 短吻舌鳎 *C. trigrammus*	△		
鲀科 Tetraodontidae			
133. 弓斑多纪鲀 *Takifugu ocellatus*	△		
134. 暗色多纪鲀 *T. fasciatus*	△		

注：“▲”表示本次采集到的标本，“△”表示文献记录有分布；“+++”表示优势种，“++”表示常见种，“+”表示偶见种；括号表示考察期间物种优势度的变化。

2. 鱼类区系分布

鄱阳湖历年鱼类调查显示，至今已累计记录鱼类 134 种（剔除同物异名的种类，厘定相关物种的有效性），隶属于 12 目 26 科；其中，鲤科鱼类 71 种，占总种类数的 53.0%；鲿科 12 种，占总种类数的 9.0%；鳅科 8 种，占总种类数的 6.0%；鮨科 5 种，占总种类数的 3.7%；银鱼科和钝头鮠科各 4 种，分别占 3.0%；塘鳢科和虾虎鱼科各 3 种，分别占 2.2%；鳀科、鲇科、斗鱼科、鳢科、舌鳎科、鲀科各 2 种，分别占 1.5%；鲟科、匙吻鲟科、鲱科、鳗鲡科、胭脂鱼科、平鳍鳅科、鲱科、胡子鲇科、青鳉科、鱵科、合鳃鱼科、刺鳅科各 1 种，分别占 0.8%，见表 5-4-1。

2012～2013 年监测到 89 种鱼类，隶属于 11 目 20 科。其中，鲤科鱼类最多，有 48 种，占鱼类种类数的 53.9%；鲿科、鳅科各 7 种，占 7.9%；鮨科 4 种，占 4.5%；银鱼科 3 种，占 3.4%；鳀科、斗鱼科、鳢科、鲇科和塘鳢科各 2 种，均占 2.2%；鲟科、鳗鲡科、胭脂鱼科、鰕虎科、胡子鲇科、青鳉科、鱵科、合鳃鱼科、刺鳅科、舌鳎科各 1 种，均占 1.1%。主要优势种为鲤、鲫、鲶、黄颡鱼、鳜、鲢等。

3. 鱼类种群结构

2012～2013 年对鄱阳湖青鱼、草鱼、鲢、鳙、鲤、鲫、黄颡鱼、鳜、短颌鲚、翘嘴鲌、鲇鱼、鳊、粗唇鮠13 种主要经济鱼类进行了年龄鉴定，结果如图 5-4-1、图 5-4-2 所示。

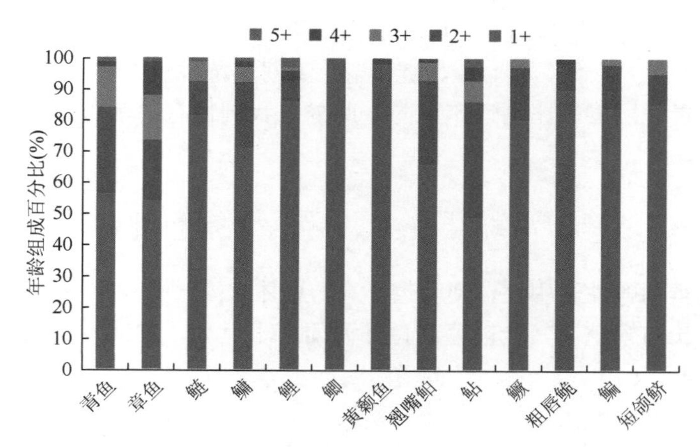

图 5-4-1 2012 年鄱阳湖渔获物年龄组成百分比

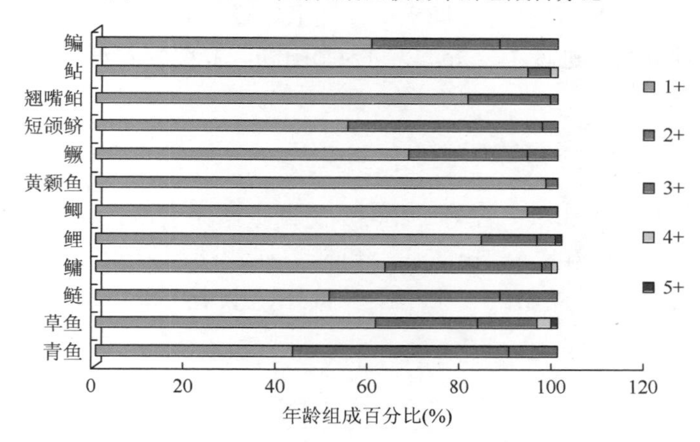

图 5-4-2 2013 年鄱阳湖渔获物年龄组成百分比

从图 5-4-1 可以看出，2012 年鄱阳湖湖区主要经济鱼类的年龄结构以 1 龄、2 龄为主，占 73%～100%。其中，鲤、鲫、黄颡鱼、鳜、翘嘴红鲌、鳊、粗唇鮠，以及短颌鲚 1 龄鱼占 60%以上，四大家鱼 1 龄鱼占 50%以上。3 龄鱼占 2%～15%，4 龄鱼占 1%～11%，5 龄鱼主要是四大家鱼，占 1%～3%，今年监测到 5 龄鯮鱼，占 3%。

从图 5-4-2 可以看出，2013 年鄱阳湖湖区主要经济鱼类的年龄结构是以 1 龄、2 龄为主，占 83%～100%，与 2012 年相比，低龄鱼比例有所增加。其中，草鱼、鳙、鲤、鲫、黄颡鱼、鳜、翘嘴鲌及鳊 1 龄鱼占 60%以上，2 龄鱼占 2%～47%，3 龄鱼占 2%～13%，4 龄鱼占 1%～3%，5 龄鱼仅占 1%；四大家鱼除青鱼（43%）外，其他鱼类 1 龄鱼占 50%以上；3 龄鱼占 2%～13%，4 龄鱼占 1%～3%，5 龄鱼仅占 1%，2013 年监测到的高龄鱼非常少。

根据调查，目前鄱阳湖主要鱼类低龄化、小型化、低质化严重。结合鄱阳湖 2006～2011 年的调查（江西省水产科学研究所，2006，2007，2008，2009，2010，2011），青、草、鲢、鳙、鲤、鲫、鲇、鳜、翘嘴鲌、黄颡鱼、短颌鲚、鳊等以1龄鱼为主的比例逐年上升，而2龄、3龄、4龄鱼的比例则逐年减少，5龄、6龄鱼的比例很小。主要鱼类逐年低龄化、小型化、低质化趋势明显。群体结构变化主要表现为江河（湖）洄游性和河海洄游性的鱼类，如“四大家鱼”青、草、鲢、鳙等江湖洄游性鱼类在渔获物中所占的比例越来越少，尤其是青鱼所占的比例逐年下降。此外，我国特有的名贵经济鱼类鲥鱼已有20年没有被监测到。

二、鄱阳湖虾蟹种类、区系分布和种群结构

鄱阳湖水质呈弱碱性至中性，硬度也不高，总体水质较好，水生植物极为丰富，适于虾蟹类的自然生长与繁殖。其素以盛产鱼虾而闻名于世界，2008～2012年鄱阳湖虾平均年捕捞量约为4.9万t。

但近些年由于鄱阳湖水位持续低下、草洲覆盖面积减小、栖息地破坏、无节制捕捞等因素，虾蟹的资源量日趋减少，品质下降。为了了解鄱阳湖虾蟹类资源的现状，在鄱阳湖区鄱阳、都昌、星子，以及瑞洪等不同水域开展了虾蟹类资源调查，对虾蟹在鄱阳湖区的生长情况及捕捞种群结构进行了分析，以期为鄱阳湖区虾蟹种质资源保护、可持续利用及渔业管理提供参考。

1. 虾蟹种类

根据李长春（1990）和洪一江等（2003）的调查结果表明，鄱阳湖区有虾类14种，分别是日本沼虾、贪食沼虾、韩氏沼虾、粗糙沼虾、江西沼虾、九江沼虾、春沼虾、安徽沼虾、细螯沼虾、秀丽白虾、中华小长臂虾、中华新米虾、细足米虾和克氏原螯虾（表5-4-2）。

表5-4-2　鄱阳湖虾蟹名录

名称	名称
1. 日本沼虾（*Macrobrachium nipponensis*）	9. 细螯沼虾（*Macrobrachiumn superbum*）
2. 江西沼虾（*Macrobrachium jiangxiense*）	10. 秀丽白虾（*Exopalaemon modestus*）
3. 粗糙沼虾（*Macrobrachium asperulun*）	11. 中华小长臂虾（*Palaemonetes sinensis*）
4. 九江沼虾（*Macrobrachium kiukianense*）	12. 中华新米虾（*Neocaridina denticulate sinensis*）
5. 贪食沼虾（*Macrobrachiumn lar*）	13. 细足米虾（*Cambarus nilotica gracilipe*）
6. 韩氏沼虾（*Macrobrachiumn hendersoni*）	14. 克氏原螯虾（*Cambarus，clarkil* Girard）
7. 春沼虾（*Macrobrachiumn vernustum*）	15. 中华绒螯蟹（*Eriocheir sinensis*）
8. 安徽沼虾（*Macrobrachiumn anhuiense*）	16. 束腰蟹（*Somanniathelphusa*）

本次调查采到的虾蟹类标本经初步鉴定，虾类8种、蟹2种，分别是日本沼虾、九江沼虾、贪食沼虾、江西沼虾、粗糙沼虾、秀丽白虾、克氏原螯虾、细足米虾、中华绒螯蟹

和束腰蟹，本次调查未采集到韩氏沼虾、春沼虾、安徽沼虾、中华小长臂虾、中华新米虾、细螯沼虾，以及其他蟹类。

2. 虾蟹区系分布

洪一江等（2003）调查结果表明，瑞昌赤湖内以日本沼虾为主，可达85%～95%，种群结构和数量比较稳定；可采集到贪食沼虾，该种主要分布在永修、德安、星子、湖口、九江和都昌等水域，但数量较少，一般不超过10%，在永修和星子水域最高时可达30%～35%；九江沼虾仅见于九江、湖口及都昌部分水域。其余各种占少量，其中韩氏沼虾占1%～5%，江西沼虾占2%～8%，春沼虾占0.5%～1.0%，粗糙沼虾占0.1%～0.8%，安徽沼虾占1%～2%。

采样水体中数量较大的沼虾种类主要有3种，它们是日本沼虾、贪食沼虾和九江沼虾，其中日本沼虾为鄱阳湖优势种，在全湖区均有分布，且呈现均匀状态，贪食沼虾的分布也比较广，但其种群在沼虾属中所占比重远低于日本沼虾，九江沼虾仅分布于九江地区的湖口、星子、都昌等水域。未见到其他种类在全湖分布，仅在少量水域采集到样品，且数量很少。采样水体中数量较大的沼虾种类主要有3种，它们是日本沼虾、贪食沼虾和九江沼虾，它们在不同水域中的数量和比例有所不同，其中日本沼虾为70%～95%，贪食沼虾为5%～30%，九江沼虾在10%以内（表5-4-3）。

表5-4-3　鄱阳湖3种主要沼虾所占比例　（单位：%）

水域	日本沼虾	贪食沼虾	九江沼虾
星子	70～80	18～30	＜0.3
都昌	72～95	5～7	2～4
湖口	50～60	15	10
鄱阳	70～85	15～20	0
瑞洪	75～95	5～10	0

3. 虾蟹种群结构

1）克氏原螯虾捕捞种群体长结构

都昌、鄱阳、余干瑞洪水域成体克氏原螯虾体长达到11.0 cm以上的占渔获物群体数量的0.12%，9.0～10.9 cm的占12.3%，7.5～8.9 cm的占55.85%，6.0～7.4 cm的占29.24%，6.0 cm以下的占2.49%，见表5-4-4和图5-4-3。

表5-4-4　鄱阳湖湖区克氏原螯虾体长分组情况

体长组（cm）	样品尾数	百分比（%）
4.0～4.4	2	0.12
4.5～4.9	3	0.18

续表

体长组（cm）	样品尾数	百分比（%）
5.0～5.4	9	0.53
5.5～5.9	28	1.66
6.0～6.4	70	4.16
6.5～6.9	139	8.26
7.0～7.4	283	16.82
7.5～7.9	335	19.90
8.0～8.4	345	20.50
8.5～8.9	260	15.45
9.0～9.4	130	7.72
9.5～9.9	57	3.39
10.0～10.4	12	0.71
10.5～10.9	8	0.48
11.0～11.4	2	0.12
合计	1683	

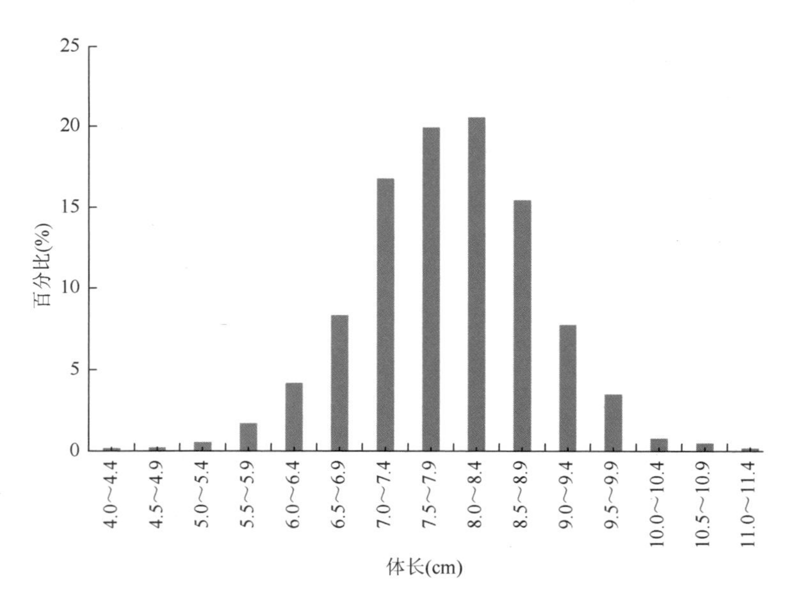

图 5-4-3　鄱阳湖区克氏原螯虾各体长组出现频率

2）日本沼虾捕捞种群体长结构

4～11 月，湖区都昌、鄱阳、余干瑞洪水域成体青虾体长达到 7.0 cm 以上的占渔获物群体数量的 0.5%，5.0～6.9 cm 的占 9.47%，3.0～4.9 cm 的占 37.69%，2.0～2.9 cm 的为 47.95%，2 cm 以下的占 4.29%（表 5-4-5 和图 5-4-4）。

表 5-4-5 鄱阳湖湖区日本沼虾体长分组情况

体长组（cm）	样品尾数	百分比（%）
1.5～1.9	86	4.29
2.0～2.4	442	22.03
2.5～2.9	520	25.92
3.0～3.4	252	12.56
3.5～3.9	120	10.97
4.0～4.4	146	7.28
4.5～4.9	220	6.88
5.0～5.4	138	5.98
5.5～5.9	46	2.29
6.0～6.4	14	0.7
6.5～6.9	10	0.5
7.0～7.4	6	0.3
7.5～7.9	4	0.2
8.0～8.4	2	0.1
合计	2 006	

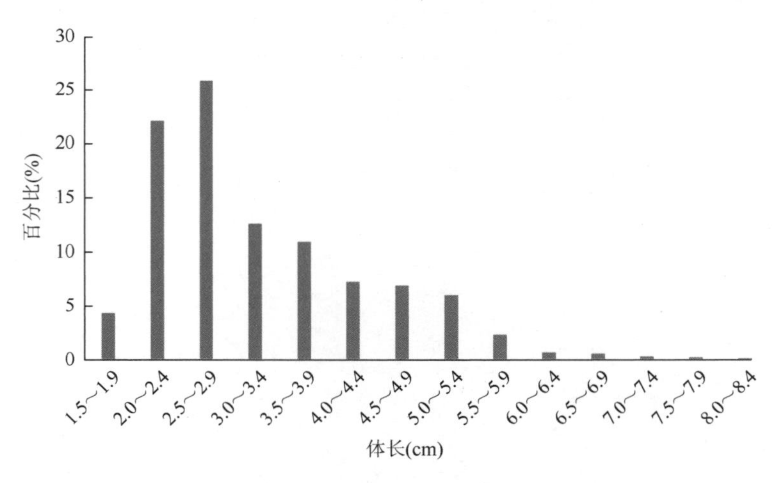

图 5-4-4 鄱阳湖区日本沼虾各体长组出现频率

第二节 主要经济鱼类的产卵场、索饵场和越冬场的面积、分布

一、主要经济鱼类的产卵场的面积、分布

鄱阳湖鱼类的优势种群是鲤科的鲤鱼和鲫鱼，在鄱阳湖渔获物中所占比例接近一半。这与由鄱阳湖水情变化特点而形成的“洪水茫茫一片水连天，枯水沉沉一线滩无边”的特

殊景观有着直接关系。这种季节性湖泊的特点促成了湖滩草洲的发展，为鲤鱼、鲫鱼提供了良好的繁殖生态条件，十分有利于产卵和幼鱼的生长。

（1）1963～1964 年，中国科学院南京地理与湖泊研究所进行了鄱阳湖水产资源普查①，查实鄱阳湖南部鲤鱼主要产卵场有 33 处，见表 5-4-6。

表 5-4-6　鄱阳湖鲤鱼产卵场分布及面积

序号	产卵场名称	面积（km^2）	评价
1	团湖	2.98	良好
2	深湖	4.04	良好
3	南湖	6	良好
4	石桑池	8.41	良好
5	李记湖	3.87	良好
6	程家池	15	良好
7	长湖子	4.66	良好
8	云湖	2.47	良好
9	南疆湖	3.11	良好
10	七斤湖	0.91	良好
11	北口湾	6.1	良好
12	流水湖	13.3	良好
13	二公脑洲	3.2	良好
14	东湖	40.9	良好
15	大沙坊湖	15.84	较好
16	边湖	1.84	较好
17	北甲里	7.3	较好
18	林充湖	18.9	较好
19	西湖	10	较好
20	王罗湖	7.3	较好
21	鲫鱼湖	3.2	较好
22	新湖	3.86	较好
23	晚湖	1.75	较好
24	汉池湖	18.9	较好
25	常湖	4.36	较差
26	三湖	10.3	较差
27	草湾湖	6.12	较差
28	三洲湖	2.52	较差

① 中国科学院南京地理与湖泊研究所（1965 年）：《鄱阳湖南部鲤鱼产卵场综合调查研究》（内部资料）。

续表

序号	产卵场名称	面积（km^2）	评价
29	堑公湖	1.31	较差
30	矾山湖	2.5	较差
31	曲尺湖	4	较差
32	莲子湖	22.3	较差
33	大鸣池	13.58	较差
合计		270.79	

注：湖泊名称统一以《江西省地图集》（2008年）名称为准，下同。

从表5-4-6可以看出，33个湖泊总面积为270.79 km^2，其中，团湖、深湖、南湖、石桑池、李记湖、程家池、长湖子、云湖、南疆湖、七斤湖、北口湾、流水湖、二公脑洲、东湖14个湖为良好的产卵场；大沙坊湖、边湖、北甲里、林充湖、西湖、王罗湖、鲫鱼湖、新湖、晚湖、汉池湖10个湖为较好的产卵场；常湖、三湖、草湾湖、三洲湖、堑公湖、矾山湖、曲尺湖、莲子湖、大鸣池9个湖为较差的产卵场。

（2）20世纪70年代初，由于围垦筑圩，水文变化，捕捞强度增加，禁渔期、禁渔区执行不严，湖区自然环境发生变化，导致南部鲤鱼产卵场也随之发生变迁。1973年3月～1974年10月，江西省农业局水产资源调查队、江西省水产科学研究所对鄱阳湖水产资源进行了全面的调查，发表了《鄱阳湖水产资源调查报告》（内部资料），获得了南部产卵场变迁情况的第一手资料[①]。根据调查，原石桑池、李记湖等5个产卵场已被围垦破坏，另外增加了4个产卵场，即茄子湖、上加湖、通子湖、傍湖；还有些湖条件由好变差或者由差转好。鄱阳湖南部鲤鱼产卵场还有31个，比1965年调查时减少了2个。其中，良好的产卵场有北口湾、鲫鱼湖、北甲湖、新湖、三湖、云湖、南湖、汉池湖、北口湖、林充湖、下水湾湖、流水湖12个湖；较好的产卵场有东湖、矾山湖、大沙坊湖、常湖、西湖、莲子湖、茄子湖、上加湖、七斤湖、南疆湖、程家池等11个湖；较差的产卵场有团湖、边湖、蚌湖、曲尺湖、草湾湖、通子湖、王罗湖、三洲湖8个湖，见表5-4-7。

表5-4-7　鄱阳湖鲤鱼产卵场的分布

序号	产卵场名称	评价
1	北口湾	良好
2	鲫鱼湖	良好
3	北甲湖	良好
4	新湖	良好
5	三湖	良好
6	云湖	良好
7	南湖	良好

① 江西省农业局水产资源调查队、江西省水产科学研究所（1974年）：《鄱阳湖水产资源调查报告》（铅印本）。

续表

序号	产卵场名称	评价
8	汉池湖	良好
9	北口湖	良好
10	林充湖	良好
11	下水湾湖	良好
12	流水湖	良好
13	东湖	较好
14	矶山湖	较好
15	大沙坊湖	较好
16	常湖	较好
17	西湖	较好
18	莲子湖	较好
19	茄子湖	较好
20	上茄湖	较好
21	七斤湖	较好
22	南疆湖	较好
23	程家池	较好
24	团湖	较差
25	边湖	较差
26	蚌湖	较差
27	曲尺湖	较差
28	草湾湖	较差
29	通子湖	较差
30	王罗湖	较差
31	三洲湖	较差

（3）1983 年 3 月～1985 年 12 月，江西鄱阳湖国家级自然保护区管理局和江西省科学院生物资源研究所对整个鄱阳湖鲤鱼产卵场进行了调查研究，共查明鄱阳湖鲤鱼产卵场有 29 处，面积为 417.86 km^2，见表 5-4-8（卢松，1989）。

表 5-4-8　鄱阳湖鲤鱼产卵场的分布及面积

序号	产卵场名称	面积（km^2）
1	东湖	41.33
2	常湖	7.77
3	北甲湖	6.53
4	上深湖	2.67
5	下深湖	5.37
6	三湖	16.33

续表

序号	产卵场名称	面积（km²）
7	大沙坊湖	14.17
8	团湖	2.98
9	边湖	2.33
10	南湖	3.42
11	北口湾	6.00
12	林充湖	12.40
13	鲫鱼湖	3.20
14	沙湖	5.33
15	蚌湖	64.93
16	程家池	15.00
17	草湾湖	11.80
18	王罗湖	9.27
19	三洲湖	3.33
20	六潦湖	8.00
21	金溪湖	2.67
22	晚湖	3.02
23	大莲子湖	58.75
24	汉池湖	52.80
25	太阳湖	3.52
26	西湖渡	2.35
27	南姜湖	26.67
28	中湖池	1.92
29	大湖池	24.00
合计		417.86

（4）2013 年 3～5 月对鄱阳湖鲤、鲫产卵场进行了现场考察，结合 1∶250 000 鄱阳湖地形图绘制出各产卵场的分布图并计算出其面积。调查得出，目前鄱阳湖鲤、鲫鱼产卵场有 33 处，分别是北口湾、鲫鱼湖、程家池、三洲湖、大沙坊湖、三湖、团湖、北甲湖、东湖、上深湖、下深湖、常湖、蚌湖、莲子湖、汉池湖、大湖池、象湖、沙湖、西湖渡、南湖、林充湖、草湾湖、王罗湖、六潦湖、晚湖、太阳湖、南疆湖、大鸣湖、中湖池、边湖、云湖、外珠湖、金溪湖，总面积为 379.2 km²（2013 年 3～5 月鄱阳湖星子站平均水位为 12.52 m），见表 5-4-9 和图 5-4-5。

表 5-4-9　鄱阳湖鲤、鲫鱼产卵场分布及面积

序号	产卵场名称	面积（km²）
1	东湖	30.73
2	常湖	6.78
3	北甲湖	5.68

续表

序号	产卵场名称	面积（km^2）
4	上深湖	0.36
5	下深湖	0.96
6	三湖	8.80
7	大沙坊湖	14.03
8	团湖	9.64
9	边湖	3.56
10	南湖	3.62
11	北口湾	4.61
12	林充湖	6.49
13	鲫鱼湖	2.26
14	沙湖	2.97
15	蚌湖	34.45
16	程家池	7.08
17	草湾湖	6.00
18	王罗湖	5.40
19	三洲湖	2.50
20	六潦湖	0.97
21	金溪湖	48.33
22	晚湖	1.97
23	大莲子湖	51.90
24	汉池湖	24.84
25	太阳湖	1.37
26	西湖渡	6.55
27	南疆湖	21.98
28	中湖池	2.44
29	大湖池	17.39
30	外珠湖	31.08
31	大鸣湖	11.01
32	象湖	1.42
33	云湖	2.03
合计		379.2

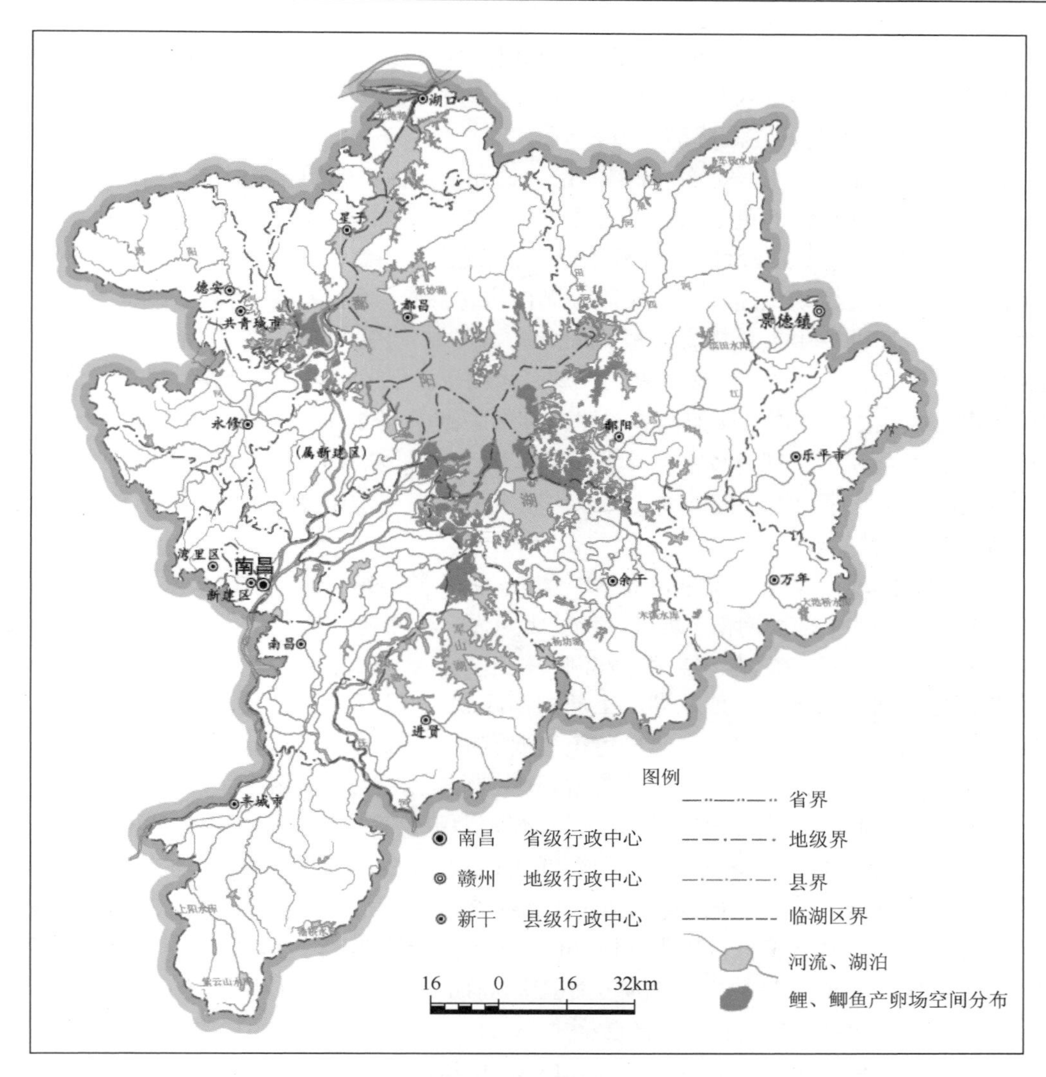

图 5-4-5　鄱阳湖鲤、鲫鱼产卵场分布示意图

二、索饵场的面积、分布

青、草、鲢、鳙——四大家鱼属于江湖洄游性鱼类，它们的亲鱼在江河流水中产卵繁殖，卵顺水漂流发育，孵化后的仔鱼随着泛滥的洪水进入沿江饵料生物丰富的湖泊（如鄱阳湖）中摄食生长，产卵后的多数亲鱼也进入湖泊中摄食育肥，湖泊中成长的补充群体和肥育的亲鱼在冬季水位下降时，又回到长江干流深水处越冬。鄱阳湖是长江四大家鱼的重要索饵场、育肥场和栖息地（常剑波和曹文宣，1999）。

鄱阳湖也是河海洄游性鱼类鲥和刀鲚的育幼场。每年的 5～6 月鲥鱼由长江经鄱阳湖，沿赣江达新干至吉安江段产卵，其中新干至峡江是长江鲥鱼的主要产卵场，产卵时间为每年的 6～7 月，产卵场内孵化出的鲥鱼幼鱼顺着赣江而下流入鄱阳湖，在鄱阳湖区南部觅食，至秋季水温下降时，经湖口进入长江，冬季由长江回到海里生长（刘绍平等，2002；

邱顺林等，1998），例如，历史资料显示，永修县吴城松门山以北的蜈蚣山一带是鲥鱼幼鱼的主要索饵场。刀鲚进入鄱阳湖繁殖后代，6～9 月其幼鱼在鄱阳湖中进行肥育，直至秋季（一般在 10 月初）出湖降河入海。

鄱阳湖草洲资源丰富，分布在海拔 12～17 m，湖区的饵料生物大量繁衍，每当草洲被淹没时会为各种食性的鱼类摄食肥育提供所需的丰富饵料。对于草食性鱼类而言，可以直接提供食物；对于其他食性鱼类而言，可以间接提供饵料。同时，产卵后的江湖洄游性成鱼及其大量鱼苗、幼鱼陆续进入鄱阳湖湖区进行摄食、肥育，湖泊定居性鱼类的成鱼、幼鱼和鱼苗也在湖泊中生长肥育。根据朱海虹和张本（1997）的研究，北口湾、鲫鱼湖、程家池、三江口、三洲湖、大沙坊湖、三湖、团湖、北甲湖、东湖、常湖、蚌湖、汉池湖、大莲子湖、大池湖、沙湖、吉池湖、王埠湖等鄱阳湖季节性湖泊是鲤、鲫等喜草上产卵鱼类优良的产卵场和幼鱼肥育场；青岚湖、金溪湖、外珠湖、土塘湖（西湖）是银鱼优良的产卵场；汉池湖、康山河、青岚湖、大沙坊湖等是鄱阳湖主要经济鱼类繁殖、幼鱼育肥场和亲鱼越冬的良好场所。

本次调查发现，鄱阳湖现有鱼类索饵场 35 处，共 390 km^2（平均水位为 14.78 m），主要分布在东部、中部和南部，如北口湾、鲫鱼湖、程家池、三江口、三洲湖、大沙坊湖、三湖、团湖、北甲湖、东湖、常湖、蚌湖、汉池湖、大莲子湖、大池湖、沙湖、吉池湖、王埠湖、青岚湖、金溪湖、外珠湖、土塘湖（西湖），以及永修吴城、松山以北的蜈蚣山一带等。据调查鉴定，鄱阳湖索饵场鱼类主要有鲤、鲫、青鱼、草鱼、鲢、鳙、鳜、鲶、鲌、短颌鲚、刀鲚等，其中鲤、鲫幼鱼占 60%以上，如图 5-4-6 和表 5-4-10 所示。

分析表明，鄱阳湖鱼类索饵场的面积与鄱阳湖水位变化密切相关，如 2006 年 6～9 月的平均水位为 13.64 m，较 2005 年同期低 3.1 m，较 2004 年和 2005 年同期平均水位低 15.94 m 和 16.39 m，索饵场面积较 2005 年减少 26.5%。尤其是三峡蓄水 175 m 后，鄱阳湖水位连续几年长时间偏低，鱼类索饵场的面积减少更加显著。2013 年鄱阳湖 6～9 月的平均水位为 14.78 m，2012 年、2009 年鄱阳湖同期平均水位分别为 17.38 m 和 15.34 m，2012 年索饵期平均水位比 2013 年高 2.6 m，比 2009 年高 2.04 m，2012 年索饵场面积约为 449 km^2，较 2009 年增加了 10.3%，而 2013 年比 2012 年减少了 13.1%。

三、越冬场的面积、分布

因习性的原因，某些鱼类到冬天会避寒而集群到适合的水域过冬，这些鱼类冬季栖息的水域就称为越冬场，基于这种认识，认为鄱阳湖历史上的禁港港段实际上就是湖区鱼类的越冬场。这次调查的就是目前鄱阳湖湖区所有禁港的 6 个港湾及其他一些港湾。

1. 鄱阳湖禁港的历史情况

禁港，是鄱阳湖渔业生产的一大特点，它的形成与鄱阳湖的水文特点密切相关，因为鄱阳湖在每年 9 月直至翌年 2 月，由于长江水退，流域来水显著减少，以至水位下降，在这冬枯季节，沙洲显著，湖水落槽，上游来水都汇集在东西两大水道，最后通过湖口流入长江，禁港就是根据鱼类潜伏深潭越冬的规律，于每年中秋节前后选择港湾深潭、背北风的港段施禁，待到冬季小寒前后，再择日期集中渔船、渔具入港捕鱼，称开港。据记载，

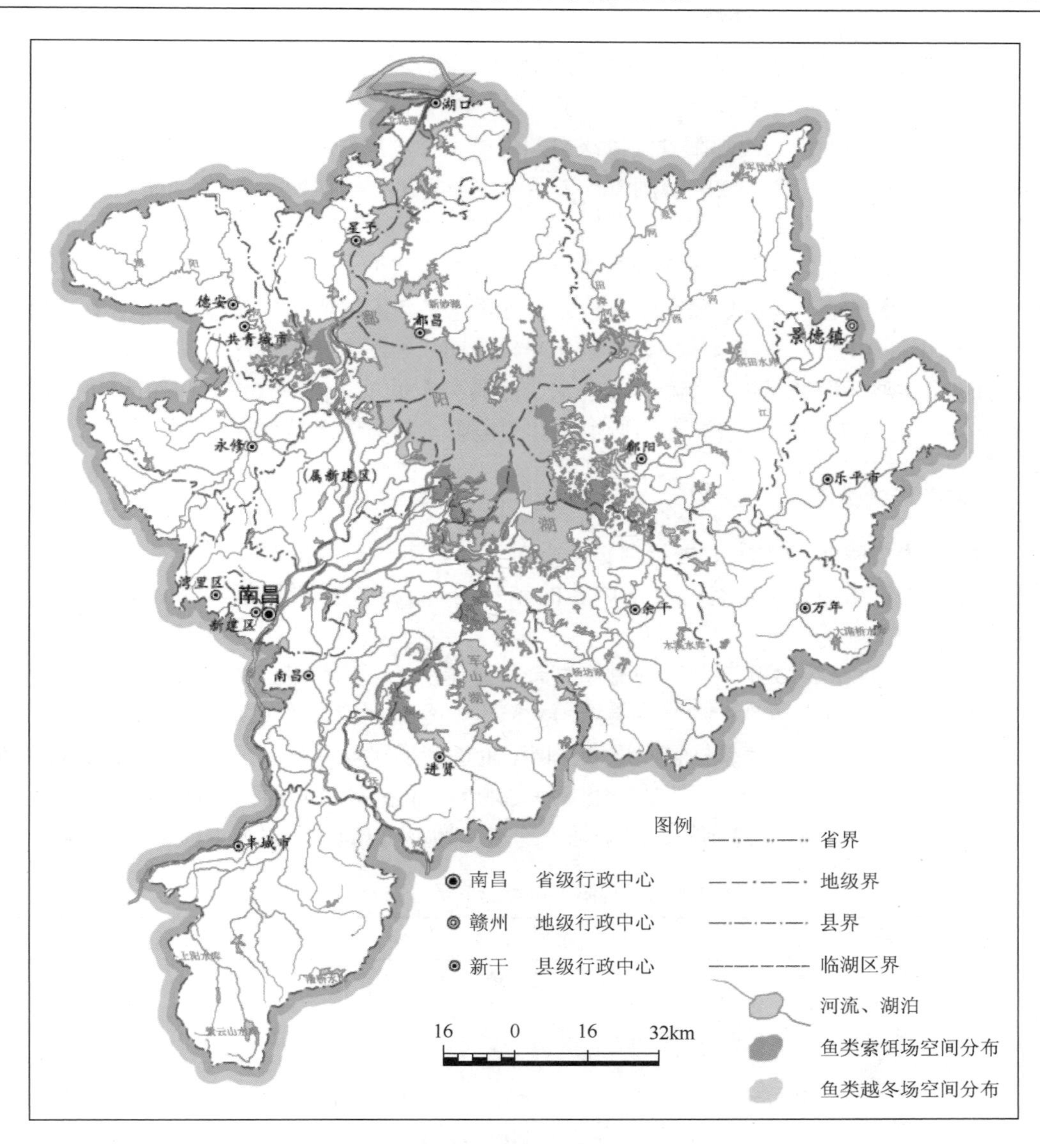

图 5-4-6　鄱阳湖鱼类索饵场、越冬场分布示意图

表 5-4-10　鄱阳湖湖区鱼类索饵场规模及分布情况表

地点	索饵场（处）	面积（hm^2）	索饵鱼主要种类	鲤鲫占比（%）
鄱阳湖南部	14	200.2	鲤、鲫、鲶、青鱼、草鱼、鲢、短颌鲚、黄颡鱼	75
鄱阳湖东部	8	67.5	鲤、鲫、鲶、青鱼、草鱼、鲢、鳙	70
鄱阳湖中部	6	62.8	鲤、鲫、鲢、鳙、短颌鲚、鲇	68
鄱阳湖西部	4	38.4	鲤、鲫、短颌鲚、鲇、黄颡鱼	62
鄱阳湖北部	3	21.1	刀鲚、短颌鲚、鲢、鳙、鲤、鲫、黄颡鱼、鳊	45

1961 年前全湖区原有禁港 118 段，水面约 84 570 亩，1961 年尚有禁港 52 段，水面约 76 500 亩，尽管后来湖区因围垦、筑坝、河流改造，以及水质污染等，改变了相当数量禁港原来的

环境状况，使禁港逐年减少，但一些较好的禁港即使到 1973 年，开港渔船之多、渔产量之高，仍不亚于当年。此后，由于鱼类资源进一步衰退，以至 20 世纪 70 年代末期以来，禁港段急剧减少。80 年代中期，江西鄱阳湖国家级自然保护区管理局对星子县的麻头池、南门港；都昌县的屏峰、大目港；余干县的上泗潭、下泗潭、财神港、梅溪咀；新建县的龙潭子；南昌县的猫儿潭、老港、焦里港及鄱阳县的本港等 6 县共 14 段禁港进行了实地考察。目前，鄱阳湖水域共有 6 个港段包括余干县下泗潭港、鄱阳县洪家穴港、星子县谢司港、永修县令公洲港、新建县龙潭子港、南昌县猫儿潭港被划为冬季禁港休渔区，每年轮流对其中两个进行休渔。每年 10 月 10 日至次年 4 月 10 日为冬季禁港期，其间在禁渔港区及其两端各向外延伸 50 m 的鱼类主要洄游通道内，禁止一切船只、渔具和人员以任何形式进入捕捞或停泊，禁止采砂、砂石转驳等破坏渔业资源和渔业生态环境或影响鱼类安全越冬的作业。

2. 越冬场的分布

鄱阳湖鱼类越冬场大多数处于河道弯曲处，并且港内有深潭。随着挖沙、水位变化等因素，有些越冬场会消失，有些会形成新的越冬场，越冬的鱼类以鲤、鲫、鲴、鲌、鳜等定居性鱼类为主。

2012 年 11 月～2013 年 2 月，对鄱阳湖余干县瑞洪镇下泗潭港；鄱阳县黄沙港、洪家穴港、胡家港；星子县谢司港；永修县吴城镇大湾港、令公洲港、芦潭港；新建县龙潭子港、沙港、朱港、陈德旗港；南昌县猫儿潭港、坝下港进行了现场调查，在 1∶250 000 鄱阳湖地形图的基础上，通过 ArcMap 软件制作出各越冬场的分布并计算其面积，总面积为 11.26 km^2（2012 年 11 月～2013 年 2 月鄱阳湖星子站平均水位为 14.1 m），见表 5-4-11 和图 5-4-6。

表 5-4-11　鄱阳湖鱼类越冬场分布及面积

序号	越冬场名称	面积（km^2）
1	洪家穴港	0.31
2	坝下港	0.96
3	猫儿潭港	0.90
4	黄沙港	0.95
5	胡家港	0.77
6	下泗潭港	0.58
7	谢司港	1.23
8	沙港	0.52
9	朱港	1.25
10	陈德旗港	0.52
11	芦潭港	0.46
12	大湾港	1.64
13	令公洲港	0.85
14	龙潭子港	0.33
合计		11.26

第三节　鄱阳湖通江水道洄游鱼类

一、洄游鱼类的种类、组成及类型

洄游性鱼类按洄游方式，可分为以下两类。

1. 江河（湖）洄游性鱼类

它们在湖中生长发育，但必须到江河适宜的流水中产卵繁殖，进行江湖之间的洄游活动；青鱼、草鱼、鲢、鳙、鳡、鯮、鳤、胭脂鱼、赤眼鳟等均属于这一类型，其中前四种是我国淡水养殖的主要对象，在鄱阳湖渔业中有着重要意义。

2. 河海洄游性鱼类

中华鲟、刀鲚、鲥、窄体舌鳎、弓斑多纪鲀、暗色多纪鲀和鳗鲡是鄱阳湖原来能见到的海淡水洄游性鱼类。前六种具有溯河洄游习性，它们在海水中生长、发育，性成熟后必须到淡水中繁殖产卵；后一种恰好与前者相反，属于江河洄游类型，性成熟后必须到海水中繁殖产卵，幼鱼溯河到湖泊中生长、发育。

本次调查洄游鱼类有 9 种（表 5-4-12）。其中，江湖洄游性鱼类 8 种，如青鱼、草鱼、鲢、鳙、鳡、赤眼鳟、鳊和胭脂鱼等；河海洄游性鱼类 1 种，为刀鲚。

表 5-4-12　通江水道洄游鱼类组成

序号	鱼名	体重（g）	数量（尾）	体重（%）	数量（%）
1	刀鲚	217.5	5	0.03	0.18
2	青鱼	14 774.5	5	2.24	0.18
3	草鱼	106 391.3	505	16.16	17.95
4	鲢	419 065.8	1 924	63.64	68.4
5	鳙	88 566	83	13.45	2.95
6	赤眼鳟	2 874.5	14	0.44	0.5
7	鳡	13 509	24	2.05	0.85
8	鳊	13 012.2	252	1.98	8.96
9	胭脂鱼	32.5	1	0	0.04
总计		65 8443.3	2 813	100	100

通长江水道的洄游鱼类以鲢为主，在渔获物中生物量比例（数量和体重）均居首位。从表 5-4-12 可知，以数量百分比为例，大小依次为鲢（68.4%）、草鱼（17.95%）、鳊（8.96%）、鳙（2.95%）、鳡（0.85%）、赤眼鳟（0.5%）、青鱼（0.18%）、胭脂鱼（0.04%）；而体重百分比，其大小依次为鲢（63.64%）、草鱼（16.16%）、鳙（13.25%）、青鱼（2.24%）、鳡（2.05%）、鳊（1.98%）、赤眼鳟（0.44%）和胭脂鱼（0）。

二、四大家鱼渔获物组成

由表 5-4-12 可知，本次调查的渔获物中，鲢无论在数量还是在体重上均占很大比例，分别占四大家鱼总量的 76.44%和 66.65%；其次为草鱼，分别占 20.06%和 16.92%；鳙次之，分别占 3.40%和 14.08%；青鱼最少，仅为 2.35%和 0.20%。由此可见，鄱阳湖水道的四大家鱼以鲢为主，其次为草鱼和鳙，青鱼较少。

三、四大家鱼的洄游路线及时间

四大家鱼在鄱阳湖通江水道上的洄游路线及时间如下：从 6 月中下旬开始，四大家鱼幼鱼陆续通过湖口水域，进入鄱阳湖水道，至鄱阳湖主湖区，持续至 10 月（在鄱阳湖主湖区索饵、育肥）；在 11 月又陆续从鄱阳湖区通过水道至长江越冬直至翌年 2 月，而有部分四大家鱼在水道深水区越冬。

第四节　鄱阳湖主要渔具渔法、渔获物调查

一、主要渔具渔法

根据以往的资料（张堂林和李钟杰，2007）和本次调查，已经初步查明有 40 余种（表 5-4-13）。

表 5-4-13　鄱阳湖渔具渔法名录

类别	渔具名称	类别	渔具名称
电捕鱼	单船电拖网	淹网类	撒网
	双船电拖网		麻罩
	电瓶捕鱼	钩卡类	饵钩
刺网类	浮刺网		毛钩
	沉刺网		卡钩
	拖刺网		挂钩
	单层刺网		拖钩
	三层刺网		甩钩
张（定置）网类	桩张网		滚钩
	锚张网	投刺类	鱼叉
	套张网		灯叉
	手罾		镣
拖网类	银鱼拖网		泥鳅针叉
	毛鱼拖网	抓耙	抓耙（耙子）
	虾拖网	窝漕类	把场（打把）
围网类	围网		迷魂阵

续表

类别	渔具名称	类别	渔具名称
敷网类	扳罾（大罾）	笼豪类	花篮
	障网		鳜篓子
操网类	虾拖		鳝篓子
	虾撮		裤络（裤形篓子）
	罾子		组络（流水篓子）
	夹杆子		虾豪（虾笼、虾篓子）
	赶罾	禽兽类	鸬鹚

目前，在鄱阳湖捕捞鱼类的网具和渔法主要是定置网、电拖网、刺网、鸬鹚、地笼、围网和扳罾等。鱼类捕捞产量以定置网和电拖网为主。

二、渔获物调查

2012～2013 年渔获物组成如下。

1. 定置张网渔获物组成

网目 0.25～1.0 cm 定置张网渔获物几乎都是小型鱼、低质鱼，甚至是鱼苗（表 5-4-14）。

表 5-4-14 2012～2013 年鄱阳湖网目 0.25～1.0 cm 定置张网渔获物组成

鱼名	尾数	重量（kg）	尾数（%）	重量（%）
鳊、鲂	713	24.07	4.91	27.44
鲨	5 209	20.29	35.89	23.13
鳑鲏	3 715	13.46	25.60	15.35
鲌类	174	3.8	1.20	4.33
短颌鲚	851	3.27	5.86	3.73
鲤	23	2.21	0.16	2.52
鲫	1 205	1.99	8.30	2.27
其他	2 624	18.62	18.08	21.23
合计	14 514	87.71	100.00	100.00

网目 2 cm 定置张网渔获物中，鲤、鲶、鲫、黄颡鱼、鳜和“四大家鱼”以当龄鱼为主（图 5-4-7，图 5-4-8）。渔获物均低龄化、小型化和低质化。

网目 2.5～3.0 cm 定置张网渔获物主要为鲢、草鱼、鳙、鲤、鲇、鳜、鳡等大中型鱼类，从捕捞规格看，鲢、草鱼、鳙、鲤、鲇、鳜、鳡等大中型经济鱼类主要为 1 龄鱼，甚至是鱼苗（表 5-4-15）。

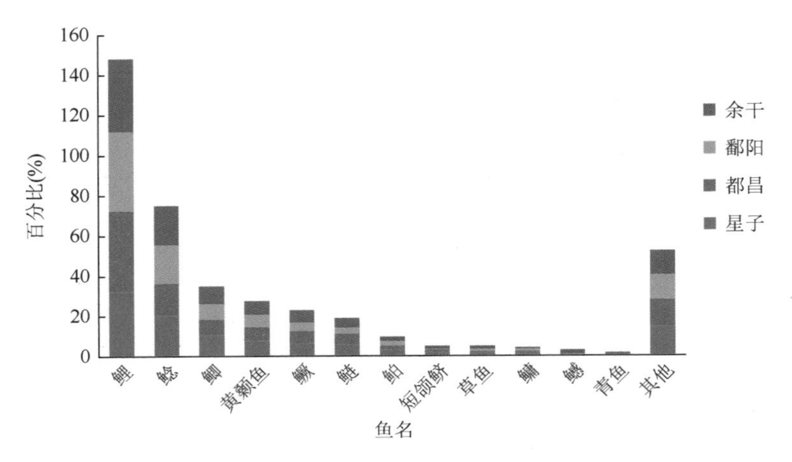

图 5-4-7　2012 年鄱阳湖网目 2 cm 定置张网渔获物组成重量百分比

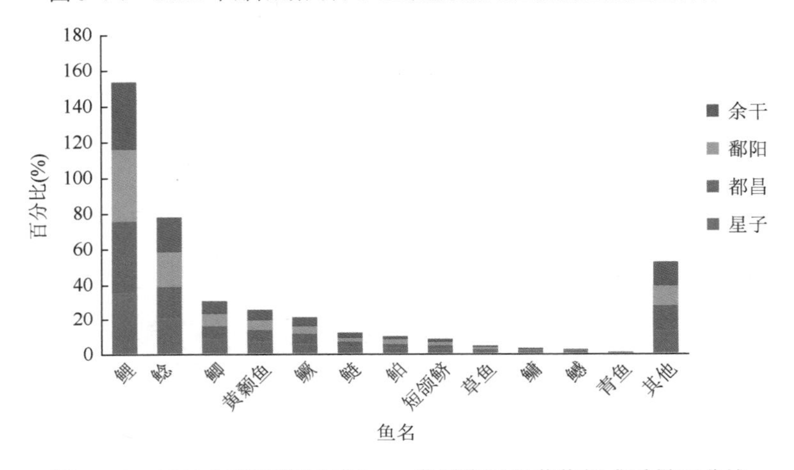

图 5-4-8　2013 年鄱阳湖网目 2 cm 定置张网渔获物组成重量百分比

表 5-4-15　2012～2013 年鄱阳湖网目 2.5～3.0 cm 定置张网渔获物组成

鱼名	尾数	重量（kg）	尾数（%）	重量（%）
鲢	2 513	658.5	12.68	22.06
草鱼	949	568.61	4.79	19.05
鲤	2 577	555.12	13.00	18.60
鳙	192	338.01	0.97	11.32
鳜	1 452	269.48	7.32	9.03
鲇	1 688	232.79	8.51	7.80
鲫	1 788	74.6	9.02	2.50
鳊	808	74.46	4.08	2.49
黄颡鱼	1 757	38.17	8.86	1.28
鳡	35	23.12	0.18	0.77
鲌类	66	7.46	0.33	0.25
其他	5 999	144.83	30.26	4.85
合计	19 824	2 985.15	100.00	100.00

2. 电拖网渔获物组成

网目在 1.0～1.5 cm 电拖网渔获物主要为鲇、鲤、短颌鲚、鲫等定居型性鱼类。纵观所有渔获物，青、草、鲢、鳙“四大家鱼”难觅踪影；从平均规格看，网目 1.0～1.5 cm 电拖网渔获物鱼类绝大部分是低龄鱼（主要为 1 龄鱼）、小鱼，甚至是鱼苗（表 5-4-16）。

表 5-4-16 2012～2013 年鄱阳湖密网电拖网（网目 1.0～1.5 cm）渔获物组成

鱼名	尾数	重量（kg）	尾数（%）	重量（%）
鲇	1 693	489.61	12.81	43.08
鲤	1 342	350.72	10.16	30.86
鳜	258	54.72	1.95	4.82
鳊、鲂	221	53.19	1.67	4.68
鲫	1 144	46.19	8.66	4.06
短颌鲚	1 580	22.81	11.96	2.01
草鱼	88	19.5	0.66	1.73
鲌类	80	15.57	0.61	1.37
黄颡鱼	1 523	10.51	11.53	0.92
乌鳢	30	4.8	0.23	0.42
䱗	1 563	4.68	11.83	0.41
其他	3 691	64.14	27.93	5.64
合计	13 213	1 136.44	100.00	100.00

网目在 2～4 cm 电拖网渔获物主要为鲤、鲇、鲌类、鲢、草鱼、鳜和鲫鱼；从调查分析看，“四大家鱼”中的青、鳙鱼都不是渔获物的主要鱼类（无论是重量百分比，还是尾数百分比）。从平均规格可见，网目 2～4 cm 电拖网渔获物中，主要鱼类鲤、鲇、鲌类、鳜、鲫和短颌鲚相当一部分是低龄鱼（主要为 1 龄鱼），甚至是鱼苗（表 5-4-17）。

表 5-4-17 2012～2013 年鄱阳湖稀网电拖网（网目 2～4 cm）渔获物组成

鱼名	尾数	重量（kg）	尾数（%）	重量（%）
鲤	1 124	388.1	14.50	34.71
鲇	1 502	272.09	19.38	24.33
鲌类	425	106.44	5.48	9.52
鲢	71	85.23	0.92	7.62
草鱼	53	56.85	0.68	5.09
鳜	207	55.25	2.67	4.94
鲫	1 271	33.53	16.40	3.00
鳊、鲂	91	28.1	1.17	2.51
鳙	12	15	0.16	1.34

续表

鱼名	尾数	重量（kg）	尾数（%）	重量（%）
乌鳢	21	10.3	0.27	0.92
短颌鲚	934	10.03	12.05	0.90
鳡	4	5.99	0.06	0.54
黄颡鱼	152	5.2	1.96	0.47
其他	1 883	46	24.30	4.11
合计	7 750	1 118.11	100.00	100.00

3. 刺网渔获物组成

刺网类渔获物组成中，主要大中类型鱼类规格普遍偏小，相当一部分是低龄鱼（小鱼），甚至是鱼苗（表 5-4-18）。

表 5-4-18　2012～2013 年鄱阳湖刺网（网目 3.5～10 cm）渔获物组成

鱼名	尾数	重量（kg）	尾数（%）	重量（%）
鲢	291	111.98	6.28	21.51
鲤	298	85.91	6.43	16.50
鳜	334	68.74	7.21	13.20
鲇	134	15.9	2.89	3.05
鳊、鲂	173	28.65	3.73	5.50
短颌鲚	641	21.35	13.84	4.10
鲌类	355	102.25	7.66	19.64
鲫	111	6.18	2.40	1.19
䱗	553	8.99	11.94	1.73
鳙	21	33.7	0.45	6.47
草鱼	23	8.48	0.50	1.63
黄颡鱼	75	9.14	1.62	1.76
其他	1 624	19.37	35.05	3.72
合计	4 633	520.64	100.00	100.00

4. 鸬鹚渔获物组成

鸬鹚大多在电拖网附近作业，捕捞被电击晕或逃窜的鱼类；捕捞的优势种多为鲴类、飘鱼、黄颡鱼等小型鱼类，常见种有鲇、鳜、鲤和草鱼，偶见种为鳊、赤眼鳟等。90%以上是小型鱼类、低龄鱼（小鱼），甚至是鱼苗。

5. 地笼渔获物组成

地笼渔获物组成以虾类和小型鱼类为主，通常主要用来捕捞虾类，其中虾类占 96%以上；鱼类很少，通常在 4%以下。鱼类以小型、低质鱼类为主。

通过对主要网具和渔法（定置网、电拖网、刺网、鸬鹚、地笼）渔获物组成的分析，2012～2013 年鄱阳湖渔获物主要为鲤、鲫、鲇、黄颡鱼、鲢、鳙、草、翘嘴鲌、鳜、短颌鲚等，甚至部分以小型鱼类为主。渔获物“三化”（小型化、低龄化、低质化）严重，甚至是鱼苗。

从历史资料和 2012 年～2013 年的调查可以看出，捕捞种群年龄结构有逐年偏低的趋势，个体小型化严重，按照主要渔业资源的利用度（杨富亿等，2011），根据目前鄱阳湖经济鱼类的捕捞种群资源量及其质量动态，以及种群生物学现状，可以认为鄱阳湖的自然渔业处在过度开发期，其自然渔业功能呈衰退趋势。

三、渔业产量变动

根据鄱阳湖区 11 个县（市）的渔业统计资料（崔奕波和李钟杰，2005；江西省水产科学研究所，2006，2007，2008，2009，2010，2011），如图 5-4-9 所示。

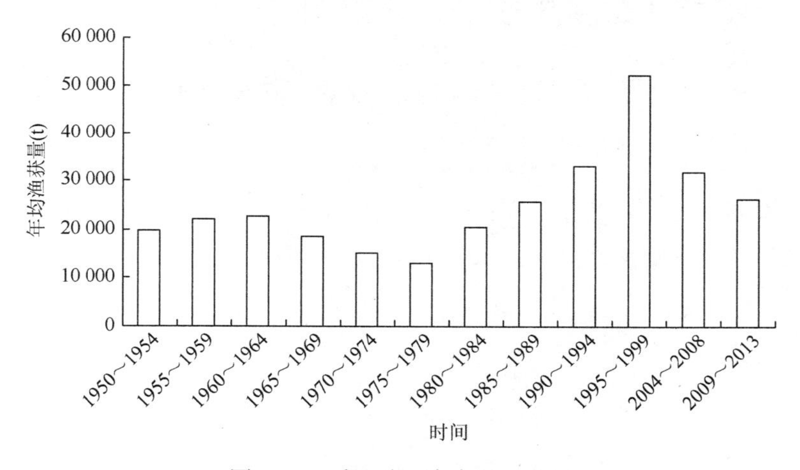

图 5-4-9　鄱阳湖历年年均渔获量

由图 5-4-9 可见，鄱阳湖的平均年渔获量在 20 世纪 70 年代最少，90 年代最多。90 年代的渔获量较高是因为 90 年代鄱阳湖地区洪水频发，养殖工程损毁，养殖鱼类大量逃逸，捕捞强度增加，而非自然资源量增加。

由图 5-4-9 可以看出，2000 年以后，鄱阳湖年渔获量呈下降趋势，也表明鄱阳湖经济鱼类种群资源量呈下降趋势。

第五节　保护对策

（1）高度重视保护鄱阳湖的主要经济鱼类、珍稀及濒危鱼类的生境，建立鄱阳湖鱼类生境保护区。

以保护鄱阳湖水生生物资源为主线，对保护区内的经济鱼类、珍稀濒危鱼类等进行常年监测，并开展相关的科学研究和科学规划，加强保护区周边社区的宣传教育工作；建立鄱阳湖鱼类生境保护区，适度控制人类活动对鱼类的干扰，尽量恢复其栖息地的自然属性，这无疑是保护其资源的一个有效措施。

（2）开展人工增殖放流和种质资源的恢复。

人工增殖放流是恢复天然渔业资源的重要手段之一，通过有计划地开展人工放流经济鱼类种苗，可以增加经济鱼类资源中低、幼龄鱼类数量，扩大群体规模，储备足够量的繁殖后备群体，从根本上解决天然经济鱼类资源量不足的问题，以遏制渔业资源的衰退。建议提高每年投放的鱼类种苗的规格，连续、集中开展部分区域的鱼类种群恢复工作，同时积极开展相关种质资源恢复的研究，研究建立鄱阳湖水生珍稀濒危物种驯养、繁殖和救护等技术体系。

（3）加强鱼类资源、水生生物资源和生物资源多样性调查与评估。

重点开展洄游性鱼类洄游路线的动态监测，以及珍稀鱼类的栖息地保护，加强鱼类及濒危珍稀水生动物生物学、生态学、行为学、遗传学研究，为保护区的发展提供理论依据和技术支撑。开展相关恢复生态学研究。

（4）制订合理捕捞措施，严禁酷渔滥捕。

鄱阳湖鱼类资源的下降与过度捕捞密切相关，在鄱阳湖全面实施捕捞许可证制度，逐年降低捕捞强度计划，从法治的层面制定出限制网目尺寸、限捕规格和限额捕捞许可制度；或者分段实施 2～5 年、5～10 年休渔期。坚决取缔目前盛行的“电拖网”和小网目的有害网具，对严重违反《水产资源保护条例》和《渔业法》的现象进行严厉打击，切实保护鱼类资源。建立和完善禁渔期制度，设立主要经济鱼类繁殖保护区，确定禁渔区等措施，强化渔政管理。

（5）制定科学合理的采砂规划。

制定鄱阳湖采砂规划，确定可采区、可采期、禁采区和禁采期。严禁在鱼类“三场”及洄游通道采沙挖泥，杜绝无序采沙行为对鱼类栖息地造成的生态破坏。

（6）规范在建与已建工程管理，评估待建工程影响，降低其对环境的影响。

以往涉水工程建设使长江和“五河”四大家鱼产卵场遭到破环或变迁，导致进入鄱阳湖育肥的四大家鱼鱼苗大大减少；同时，涉水工程建设切断了鱼类洄游通道，导致鄱阳湖洄游性鱼类急剧减少。为此，对涉水工程要进行严格评估，研究涉水工程对鄱阳湖渔业资源及环境的影响。

（7）严格控制大量吸螺采蚌。

大量吸螺采蚌不但吸走了大量螺蚌，也严重破坏了湖底的水草和水质，导致鱼虾数量急剧减少。

（8）加强污染治理，严格控制入湖污染。

鄱阳湖河流的中上游与鄱阳湖周边的排污单位和企业要坚决执行达标排放；严格执行入湖的污染物质总量控制，提高城镇生活污水集中处理率；同时，大力推广生态农业，鼓励使用农家肥，减少化肥、农药的施用量，保护水生生境质量。

（9）建立预警体系与评估研究。

建立鄱阳湖生态环境监测和水生生物资源信息网络，及时对鄱阳湖生态环境和水生生物进行预警与评估研究。

参 考 文 献

《鄱阳湖研究》编委会. 1988. 鄱阳湖研究. 上海：上海科学技术出版社.

常剑波，曹文宣. 1999. 通江湖泊的渔业意义及其资源管理对策. 长江流域资源与环境，8（2）：153-157.

陈景星. 1980. 中国沙鳅亚科鱼类系统分类的研究. 动物学研究，1（1）：3-26.

陈景星. 1981. 中国花鳅亚科鱼类系统分类的研究//中国鱼类学会. 鱼类学论文集（第一辑）. 北京：科学出版社：21-32.

陈文静，张燕萍，赵春来，等. 2012. 近年长江湖口江段鱼类群落组成及多样性. 长江流域资源与环境，21（6）：684-691.

陈宜瑜，等. 1998. 中国动物志-硬骨鱼纲. 鲤形目（中）. 北京：科学出版社.

褚新洛，郑葆珊，戴定远，等. 1999. 中国动物志-硬骨鱼纲鲇形目. 北京：科学出版社.

崔奕波，李钟杰. 2005. 长江流域湖泊的渔业资源与环境保护. 北京：科学出版社.

管卫兵，陈辉辉，丁华腾，等. 2010. 长江口刀鲚洄游群体生殖特征和条件状况研究. 海洋渔业，32（1）：73-81.

郭治之. 1964. 鄱阳湖鱼类调查报告. 江西大学学报（自然科学版），（2）：121-130.

郭治之，刘瑞兰. 1995. 江西鱼类研究. 南昌大学学报（理科版），19（4）：222-232.

贺刚，方春林，余智杰，等. 2011. 雌性克氏原螯虾的生长与性腺发育模型的研究. 江西省水产科技，3：19-21.

洪一江，胡成钰，官少飞. 2003. 鄱阳湖沼虾资源的初步调查. 水利渔业，23（3）：38-39.

胡茂林. 2009. 鄱阳湖湖口水位、水环境特征分析及其对鱼类群落与洄游的影响. 南昌大学博士学位论文.

胡茂林，吴志强，刘引兰. 2011. 鄱阳湖湖口水域四大家鱼幼鱼出现的时间过程. 长江流域资源与环境，20（5）：534-539.

胡茂林，吴志强，刘引兰. 2011. 鄱阳湖湖口水域鱼类群落结构及种类多样性. 湖泊科学，23（2）：246-250.

胡茂林，吴志强，刘引兰，等. 2009. 长江瑞昌江段四大家鱼鱼苗捕捞现状. 水生生物学报，33（1）：136-139.

黄晓平，龚雁. 2007. 鄱阳湖渔业资源现状与养护对策研究. 江西水产科技，（4）：2-6.

黄羽. 2009. 鄱阳湖流域克氏原螯虾的资源状况及长江中下游克氏原螯虾遗传多样性研究. 南昌大学硕士学位论文.

江西省水产科学研究所. 2006. 长江三峡工程生态与环境监测系统.

江西省水产科学研究所. 2007. 长江三峡工程生态与环境监测系统.

江西省水产科学研究所. 2008. 长江三峡工程生态与环境监测系统.

江西省水产科学研究所. 2009. 长江三峡工程生态与环境监测系统.

江西省水产科学研究所. 2010. 长江三峡工程生态与环境监测系统.

江西省水产科学研究所. 2011. 长江三峡工程生态与环境监测系统.

乐佩奇，等. 2000. 中国动物志-硬骨鱼纲. 鲤形目（下）. 北京：科学出版社.

卢松. 1989. 鄱阳湖鲤鱼产卵场的调查. 湖泊渔业，（3）：22-31.

倪勇，朱成德. 2005. 太湖鱼类志. 上海：上海科学技术出版社.

鄱阳湖渔业资源调查队. 1974. 鄱阳湖渔业资源调查. 北京：农业出版社.

钱新娥，黄春根，王亚民，等. 2002. 鄱阳湖渔业资源现状及其环境监测. 水生生物学报，26（6）：612-617.

邱顺林，黄木桂，陈大庆. 1998. 长江鲥鱼资源现状和衰退原因的研究. 淡水渔业，28（1）：18-21.

唐建清，宋胜磊，吕佳，等. 2007. 克氏原螯虾种群生长模型及生态参数的研究. 南京师大学报（自然科学版），26（1）：96-100.

王军花. 2011. 鄱阳湖日本沼虾生物学与种质资源研究. 南昌大学硕士学位论文.

王苏民，窦鸿身. 1998. 中国湖泊志. 北京：科学出版社.

邬国锋，崔丽娟，纪伟涛. 2009. 基于时间序列MODIS影像的鄱阳湖丰水期悬浮泥沙浓度反演及变化. 湖泊科学，21（2）：288-297.

伍汉霖，邵广昭，赖春福. 1999. 拉汉世界鱼类名典. 台北：水产出版社.

熊晓英，胡细英. 2002. 鄱阳湖渔业资源开发及其可持续利用. 江西水产科技，4.

杨爱辉，陈马康，谭玉钧. 1994. 青虾生长规律与群体组成的研究. 湖泊科学，6（4）：325-332.

张本. 1989. 鄱阳湖自然资源及其特征. 自然资源学报，4（4）：308-318.

张堂林，李钟杰. 2007. 鄱阳湖鱼类资源及渔业利用. 湖泊科学，19（4）：434-444.

张希. 2011. 鄱阳湖水系青鱼、草鱼、鲢、鳙形态度量学分析. 南昌大学硕士学位论文.

张忠平. 1997. 关于鄱阳湖青虾的调查与思考. 江西水产科技，4：1-3.
中国科学院南京地理研究所. 1965. 鄱阳湖南部鲤鱼产卵场综合调查研究.
朱海虹，张本. 1997. 鄱阳湖. 合肥：中国科学技术大学出版社.
朱其广. 2011. 鄱阳湖通江水道鱼类夏秋季群落结构变化和四大家鱼幼鱼耳石与生长的研究. 南昌大学硕士学位论文.
朱松泉. 1995. 中国淡水鱼类检索. 南京：江苏科学出版社.
邹节新，汪雁，钟永亮，等. 2014. 鄱阳湖克氏原螯虾的分布现状及其群体外部形态聚类分析. 长江流域资源与环境，23（3）：415-421.

第五章　鸟类资源及其动态变化

第一节　鄱阳湖区鸟类资源现状

一、鸟类种类组成

本次考察共记录到鸟类236种，隶属于15目52科，其中䴙䴘目1科3种，约占调查区鸟类总种数的1.27%；鹈形目2科2种，占总数的0.85%；鹳形目3科17种，约占7.20%；雁形目1科24种，约占10.17%；隼形目2科11种，约占4.66%；鸡形目1科4种，约占1.69%；鹤形目3科14种，约占5.93%；鸻形目7科38种，约占16.10%；鸽形目1科4种，约占1.69%；鹃形目1科6种，约占2.54%；鸮形目1科1种，约占0.42%；佛法僧目2科6种，约占2.54%；戴胜目1科1种，约占0.42%；䴕形目1科1种，约占0.42%；雀形目25科104种，约占44.07%（表5-5-1）。

表5-5-1　鄱阳湖鸟类各目的科、种分布统计表

序号	目	科数	种数
1	䴙䴘目 Podicipediformes	1	3
2	鹈形目 Pelecaniformes	2	2
3	鹳形目 Ciconiiformes	3	17
4	雁形目 Anseriformes	1	24
5	隼形目 Falconiformes	2	11
6	鸡形目 Galliformes	1	4
7	鹤形目 Gruiformes	3	14
8	鸻形目 Charadriifomes	7	38
9	鸽形目 Columbiformes	1	4
10	鹃形目 Cuculiformes	1	6
11	鸮形目 Strigiformes	1	1
12	佛法僧目 Coraciiformes	2	6
13	戴胜目 Upupiformes	1	1
14	䴕形目 Piciformes	1	1
15	雀形目 Passeriformes	25	104
合计		52	236

根据1988年国务院批准的国家重点保护野生动物名录，调查区的鸟类资源中，国家

重点保护鸟类有27种，其中国家Ⅰ级重点保护鸟类有4种，即黑鹳（*Ciconia nigra*）、东方白鹳（*Ciconia boyciana*）、白鹤（*Grus leucogeranus*）和白头鹤（*Grus monacha*）。国家Ⅱ级重点保护鸟类23种，包括卷羽鹈鹕（*Pelecanus crispus*）、小天鹅（*Cygnus columbianus*）、白额雁（*Anser albifrons*）、鸳鸯（*Aix galericulata*）、黑翅鸢（*Elanus caeruleus vociferous*）、白腹鹞（*Circus spilonotus spilonotus*）、白尾鹞（*Circus cyaneus*）、凤头鹰（*Accipiter trivirgatus*）、日本松雀鹰（*Accipiter gularis*）、松雀鹰（*Accipiter virgatus affinis*）、雀鹰（*Accipiter nisus*）、普通鵟（*Buteo buteo*）、红隼（*Falco tinnunculus*）、灰背隼（*Falco columbarius*）、游隼（*Falco peregrinus*）、白鹇（*Lophura nycthemera*）、白枕鹤（*Grus vipio*）、灰鹤（*Grus grus*）、花田鸡（*Coturnicops exquistus*）、小青脚鹬（*Tringa guttifer*）、褐翅鸦鹃（*Centropus sinensis*）、小鸦鹃（*Centropus bengalensis*）、短耳鸮（*Asio flammeus*）。

同时，中国特有鸟类有2种，鸡形目雉科的灰胸竹鸡（*Bambusicola thoracica*）和雀形目山雀科的黄腹山雀（*Parus venustulus*）。

二、鸟类区系分析

在地理区系构成上，鄱阳湖鸟类组成具有明显的东洋界和古北界特征，东洋种共78种，占总种数的33.05%。同时，该区古北种达119种，占总种数的50.42%。古北界种类比例明显大于东洋界种类，这体现了鄱阳湖作为重要的鸟类越冬地所具有的动物区系的特殊性。此外，该区共有广布种39种，占总种数的16.53%。

所有统计的鸟类居留类型中冬候鸟所占的比例最大，达100种，占总种数的42.37%；留鸟81种，占总种数的34.32%；夏候鸟43种，占总种数的18.22%；旅鸟（包括迷鸟或偶见鸟）12种，占总种数的5.08%。从物种组成上说明鄱阳湖区鸟类的地理分布特征呈现出多种区系成分混杂的现象。

三、鸟类种群数量与分布

2013年1月18日，环鄱阳湖水鸟同步调查共统计到水鸟总数量为26万多只，其中鄱阳湖保护区、南矶山湿地国家级自然保护区和都昌县及鄱阳县，数量均超过2万只，其中都昌县和鄱阳县数量超过6万只，是越冬水鸟主要的分布区（表5-5-2）。

表5-5-2　2013年度环鄱阳湖水鸟同步调查数量统计表

	鹭类	东方白鹳	白琵鹭	小天鹅	雁鸭类	白鹤	白枕鹤	灰鹤	白头鹤	所有种总数量
鄱阳湖保护区	226	517	1 047	3 042	25 932	1 349	265	665	40	39 348
南矶山湿地保护区	1 340	127	18	3 806	39 577	554	0	8	0	46 579
都昌县	274	4	0	2 796	46 238	24	0	200	0	67 934
湖口县	36	0	19	0	124	0	0	0	0	898
庐山区	39	0	0	0	18	0	0	0	0	248
星子县	9	0	230	33	2 163	0	0	0	0	2 836

续表

	鹭类	东方白鹳	白琵鹭	小天鹅	雁鸭类	白鹤	白枕鹤	灰鹤	白头鹤	所有种总数量
共青城市	296	0	0	8	443	10	0	101	135	993
九江县	118	0	6	8 380	6 507	4	0	1	0	15 490
瑞昌市	293	0	135	98	7 523	0	0	0	0	8 049
彭泽县	683	0	79	42	1 982	0	0	0	0	4 262
新建县	38	0	644	0	590	957	0	0	0	2 446
南昌县	2 270	268	0	34	2 912	0	0	0	0	5 762
进贤县	4	0	0	299	1 279	0	0	0	0	2 104
余干县	164	0	400	1 869	2 188	308	0	439	21	6 885
鄱阳县	282	25	24	29 418	28 259	18	78	430	4	61 173
合计	6 072	941	2 602	49 825	165 735	3 224	343	1 844	200	265 007

第二节　鄱阳湖区鸟类资源动态[①]

一、鄱阳湖区鸟类物种变化

1. 鸟类种类变化

与一次鄱考相比，本次考察增加了三趾鹑科、水雉科、燕鸻科、戴胜科、蜂虎科、啄木鸟科、山椒鸟科、王鹟科、扇尾莺科、攀雀科和长尾山雀科共 11 个科。种数增加了 86 种，增加种类最多的是鹬科，11 种，其次是鹭科、鸫科和画眉科，各 6 种，莺科增加 5 种，秧鸡科、鸥科、鹎科和椋鸟科各增加 4 种。第一次考察曾经有记录的鸨科、草鸮科和夜鹰科 3 个科在本次考察中未有记录，此外，鸭科、鸦科和鹟科种数有所减少，分别减少了 3 种、3 种和 1 种（表 5-5-3）。本次考察记录到的鸟类中有 114 种在一次鄱考中未记录到，不过也有 28 种在一次鄱考记录的鸟类在本次考察中没有记录到（表 5-5-4）。

表 5-5-3　第一、第二次鄱考各目科鸟类种数变动情况对照表 1)

序号	目	科	第一次考察种数	本次考察种数	增减种数
1	鹛鹕目	鹛鹕科	2	3	1
2	鹈形目	鹈鹕科	1	1	0
		鸬鹚科	1	1	0
3	鹳形目	鹭科	8	14	6
		鹳科	2	2	0
		鹮科	1	1	0

① 鄱阳湖越冬水鸟资源调查每年只进行一次，且时间不固定，调查覆盖的范围有限，加上越冬水鸟本身是流动的、不固定，因此，每年水鸟的数量都会有较大的起伏。

续表

序号	目	科	第一次考察种数	本次考察种数	增减种数
4	雁形目	鸭科	27	24	−3
5	隼形目	鹰科	5	8	3
		隼科	2	3	1
6	鸡形目	雉科	2	4	2
7	鹤形目	☆三趾鹑科		1	1
		鹤科	4	4	0
		△鸨科	1		−1
		秧鸡科	5	9	4
8	鸻形目	☆水雉科		1	1
		反嘴鹬科	1	2	1
		☆燕鸻科		1	1
		鸻科	3	5	2
		鹬科	6	17	11
		鸥科[2)]	4	8	4
		燕鸥科[3)]	3	4	1
9	鸽形目	鸠鸽科	3	4	1
10	鹃形目	杜鹃科	3	6	3
11	鸮形目	△草鸮科	1		−1
		鸱鸮科	1	1	0
12	△夜鹰目	△夜鹰科	1		−1
13	☆戴胜目	☆戴胜科		1	1
14	佛法僧目	翠鸟科	4	5	1
		☆蜂虎科		1	1
15	☆鴷形目	☆啄木鸟科		1	1
16	雀形目	百灵科	1	2	1
		燕科	2	2	0
		鹡鸰科	5	7	2
		☆山椒鸟科		4	4
		鹎科	2	6	4
		伯劳科	2	3	1
		黄鹂科	1	1	0
		卷尾科	1	2	1
		椋鸟科	2	6	4
		鸦科	9	6	−3
		鸫科	7	13	6

续表

序号	目	科	第一次考察种数	本次考察种数	增减种数
16	雀形目	鹟科[4)]	2	1	–1
		☆王鹟科		2	2
		画眉科	3	9	6
		鸦雀科[5)]	1	1	0
		☆扇尾莺科		5	5
		莺科	5	10	5
		绣眼鸟科	1	1	0
		☆攀雀科		1	1
		☆长尾山雀科		1	1
		山雀科	2	2	0
		雀科[6)]	2	2	0
		梅花雀科[7)]	1	2	1
		燕雀科[8)]	2	5	3
		鹀科[9)]	8	10	2
合计			150	236	86

1）表中加“☆”表示新增的目或科，加“△”表示在本次考察未记录到该目或科的鸟类。
2）一次鄱考归在鸥形目下。
3）一次鄱考归在鸥形目鸥科下。
4）原鹟科包括鸫亚科、画眉亚科、莺亚科和鹟亚科，这些亚科现在已经全部提升为科。
5）一次鄱考归在鹟科画眉亚科下。
6）一次鄱考中归在文鸟科下。
7）一次鄱考中归在文鸟科下。
8）一次鄱考中归在雀科下。
9）一次鄱考中归在雀科下。

表 5-5-4 两次鄱考增加或减少的种类名录[1)]

序号	中文名	拉丁名	区系	居留型	保护级别
一	䴙䴘目	Podicipediformes			
（一）	䴙䴘科	Podicipedidae			
1	黑颈䴙䴘	*Podiceps nigricollis*	广	冬	
二	鹳形目	Cicofiiformes			
（二）	鹭科	Ardeidae			
2	黄嘴白鹭	*Egretta eulophotes*	广	旅	
3	牛背鹭	*Bubulcus ibis*	广	夏	省
4	绿鹭	*Butorides striatus*	广	夏	省
5	紫背苇鳽	*Ixobrychus eurhythmus*	古	夏	
6	栗苇鳽	*Ixobrychus cinnamomeus*	广	夏	

续表

序号	中文名	拉丁名	区系	居留型	保护级别
7	黑苇鳽	*Dupetor flavicollis*	东	夏	省
三	雁形目	Anseriformes			
（三）	鸭科	Anatidae			
8	雪雁	*Anser caerulescens*	古	迷	省
（1）	翘鼻麻鸭	*Tadorna tadorna*	古	冬	省
（2）	斑背潜鸭	*Aythya marila nearctica*	古	冬	省
（3）	斑脸海番鸭	*Melanitta fusca stejnegeri*	古	冬	省
（4）	斑头秋沙鸭	*Mergellus albellus*	古	冬	省
四	隼形目	Falconiformes			
（四）	鹰科	Accipitridae			
9	黑翅鸢	*Elanus caeruleus vociferus*	广	留	II
（5）	黑鸢	*Milvus migrans lineatus*	广	冬	II
10	白腹鹞	*Circus spilonotus spilonotus*	广	冬	II
11	凤头鹰	*Accipiter trivirgatus*	东	冬	II
12	日本松雀鹰	*Accipiter gularis*	古	冬	II
13	松雀鹰	*Accipiter virgatus affinis*	广	留	II
（6）	金雕	*Aquila chrysaetos daphanea*	古	冬	I
（五）	隼科	Falconidae			
（7）	红脚隼	*Falco amurensis*	冬	古	II
14	灰背隼	*Falco columbarius*	古	冬	II
15	游隼	*Falco peregrinus*	古	冬	II
五	鸡形目	Galliformes			
（六）	雉科	Phasianidae			
16	灰胸竹鸡	*Bambusicola thoracica*	东	留	省
17	白鹇	*Lophura nycthemera*	东	留	II
六	鹤形目	Gruiformes			
（七）	三趾鹑科	Turnicidae			
18	黄脚三趾鹑	*Turnix tanki*	东	留	
（八）	秧鸡科	Rallidae			
19	灰胸秧鸡	*Gallirallus striatus*	东	夏	省
20	普通秧鸡	*Mergus merganser*	古	冬	
21	红脚苦恶鸟	*Amaurornis akool*	东	留	
22	红胸田鸡	*Porzana fusca*	广	夏	
（九）	鸨科	Otidae			
（8）	大鸨	*Otis tarda dybowskii*	冬	古	I

续表

序号	中文名	拉丁名	区系	居留型	保护级别
七	鸻形目	Charadriiformes			
（十）	水雉科	Jacanidae			
23	水雉	*Hydrophasianus chirurgus*	东	夏	省
（十一）	反嘴鹬科	Recurvirostridae			
24	黑翅长脚鹬	*Himantopus himantopus*	古	冬	
（十二）	鸻科	Charadriidae			
25	长嘴剑鸻	*Charadrius placidus*	古	冬	
26	环颈鸻	*Charadrius alexandrinus*	广	留	
（十三）	燕鸻科	Glareolidae			
27	普通燕鸻	*Glareola maldivarum*	广	夏	
（十四）	鹬科	Scolopacidae			
28	丘鹬	*Scolopax rusticola*	古	冬	
29	针尾沙锥	*Gallinago stenura*	古	冬	
30	黑尾塍鹬	*Limosa limosa*	古	冬	
（9）	小杓鹬	*Numenius minutus*	古	冬	II
（10）	中杓鹬	*Numenius phaeopus variegatus*	古	冬	
31	大杓鹬	*Numenius madagascariensis*	古	冬	
32	红脚鹬	*Tringa totanus*	古	冬	
33	泽鹬	*Tringa stagnatilis*	古	冬	
34	青脚鹬	*Tringa nebularia*	古	冬	
35	小青脚鹬	*Tringa guttifer*	古	冬	II
36	白腰草鹬	*Tringa ochropus*	古	冬	
37	林鹬	*Tringa glareola*	古	旅	
38	矶鹬	*Actitis hypoleucos*	古	冬	
39	长趾滨鹬	*Calidris subminuta*	古	冬	
40	黑腹滨鹬	*Calidris alpina*	古	冬	
（十五）	鸥科	Laridae			
41	银鸥	*Larus argentatus*	古	冬	省
42	小黑背银鸥	*Larus fuscus*	古	冬	
43	黄腿银鸥	*Larus cachinnans*	古	冬	
44	黑嘴鸥	*Larus saundersi*	古	冬	省
（十六）	燕鸥科	Sternidae			
（11）	红嘴巨燕鸥	*Hydroprogne caspia*	广	冬	省
45	白额燕鸥	*Sterna albifrons*	广	夏	
46	灰翅浮鸥	*Chlidonias hybridus*	广	夏	

续表

序号	中文名	拉丁名	区系	居留型	保护级别
八	鸽形目	Columbiformes			
（十七）	鸠鸽科	Columbidae			
47	灰斑鸠	*Streptopelia decaocto xanthocycla*	广	留	省
九	鹃形目	Cuculiformes			
（十八）	杜鹃科	Cuculidae			
48	大鹰鹃	*Cuculus sparverioides sparverioides*	东	夏	省
（12）	四声杜鹃	*Cuculus micropterus micropterus*	广	夏	省
（13）	中杜鹃	*Cuculus saturatus saturatus*	夏	广	省
49	乌鹃	*Surniculus lugubris*	东	夏	省
50	噪鹃	*Eudynamys scolopacea chinensis*	广	夏	省
51	褐翅鸦鹃	*Centropus sinensis*	东	留	II
52	小鸦鹃	*Centropus bengalensis*	东	留	II
十	鸮形目	Strigiformes			
（十九）	草鸮科	Tytonidae			
（14）	东方草鸮	*Tyto longimembris chinensis*	广	留	II
（二十）	鸱鸮科	Strigidae			
（15）	斑头鸺鹠	*Glaucidium cuculoides whitelyi*	东	夏	II
53	短耳鸮	*Asio flammeus*	古	冬	II
十一	夜鹰目	Caprimulgiformes			
（二十一）	夜鹰科	Caprimulgidae			
（16）	普通夜鹰	*Caprimulgus indicus jotaka*	广	夏	
十二	佛法僧目	Coraciiformes			
（二十二）	翠鸟科	Alcedinidae			
54	冠鱼狗	*Megaceryle lugubris guttulata*	广	留	省
（二十三）	蜂虎科	Meropidae			
55	蓝喉蜂虎	*Merops viridis*	东	夏	
十三	戴胜目	Upupiformes			
（二十四）	戴胜科	Upupidae			
56	戴胜	*Upupa epops*	广	留	省
十四	䴕形目	Piciformes			
（二十五）	啄木鸟科	Picidae			
57	斑姬啄木鸟	*Picumnus innominatus chinensis*	东	留	
十五	雀形目	Passeriformes			
（二十六）	百灵科	Alaudidae			
58	云雀	*Alauda arvensis*	古	冬	

续表

序号	中文名	拉丁名	区系	居留型	保护级别
（二十七）	鹡鸰科	Motacillidae			
（17）	田鹨	*Anthus richardi richardi*	广		
59	树鹨	*Anthus hodgsoni*	古	冬	
60	水鹨	*Anthus spinoletta*	古	冬	
61	黄腹鹨	*Anthus rubescens*	古	冬	
（二十八）	山椒鸟科	Campephagidae			
62	暗灰鹃鵙	*Coracina melaschistos intermedia*	东	夏	
63	小灰山椒鸟	*Pericrocotus cantonensis*	东	夏	
64	灰山椒鸟	*Pericrocotus divaricatus*	古	旅	
65	灰喉山椒鸟	*Pericrocotus solaris*	东	留	
（二十九）	鹎科	Pycnotidae			
66	黄臀鹎	*Pycnonotus xanthorrhous*	东	留	
67	白喉红臀鹎	*Pycnonotus aurigaster*	东	留	
68	绿翅短脚鹎	*Sypsipetes mcclellandii*	东	留	
69	黑短脚鹎	*Hypsipetes leuceocephalus*	东	留	
（三十）	伯劳科	Laniidae			
70	楔尾伯劳	*Lanius sphenocercus*	古	冬	省
（三十一）	卷尾科	Dicruridae			
71	灰卷尾	*Dicrurus leucophaeus leucophaeus*	东	夏	省
（三十二）	椋鸟科	Sturnidae			
72	黑领椋鸟	*Sturnus sinensis*	东	留	
73	灰背椋鸟	*Sturnia sinensis*	东	夏	
74	丝光椋鸟	*Sturnus sericeus*	东	留	
75	紫翅椋鸟	*Sturnus vulgaris poltaratskyi*	古	旅	
（三十三）	鸦科	Corvidae			
76	灰树鹊	*Dendrocitta formosae*	东	留	
（18）	达乌里寒鸦	*Corvus dauuricus*	古	冬	
（19）	秃鼻乌鸦	*Corvus frugilegus pastinator*	古	留	
（20）	小嘴乌鸦	*Corvus corone orientalis*	古	冬	
（21）	白颈鸦	*Corvus pectoralis*	东	冬	
（三十四）	鸫科	Turdidae			
77	蓝喉歌鸲	*Luscinia svecicus*	古	冬	
78	红胁蓝尾鸲	*Tarsiger cyanurus*	古	冬	
79	黑喉石䳭	*Saxicola torquata*	广	冬	
80	蓝矶鸫	*Monticola solitarius*	东	留	

续表

序号	中文名	拉丁名	区系	居留型	保护级别
81	白眉地鸫	*Zoothera sibirica*	古	旅	
（22）	虎斑地鸫	*Zoothera dauma aurea*	广	夏	
82	白眉鸫	*Turdus obscurus*	古	旅	
83	白腹鸫	*Turdus pallidus*	古	冬	
（三十五）	鹟科	Muscicapidae			
（23）	红喉姬鹟	*Ficedula albicilla*	古	旅	
（三十六）	王鹟科	Monarchinae			
84	紫寿带	*Terpsiphone atrocaudata*	古	旅	
85	寿带	*Terpsiphone paradisi incei*	东	夏	
（三十七）	画眉科	Timaliidae			
86	小黑领噪鹛	*Garrulax monileger*	东	留	
87	黑领噪鹛	*Garrulax pectoralis*	东	留	
88	画眉	*Garrulax canorus*	东	留	省
89	红头穗鹛	*Stachyras rusiceps*	东	留	
90	灰眶雀鹛	*Alcippe morrisonia*	东	留	
91	栗耳凤鹛	*Yuhina castaniceps torqueola*	东	留	
（三十八）	扇尾莺科	Cisticolidae			
92	棕扇尾莺	*Cisticola juncidis*	东	留	
93	金头扇尾莺	*Cisticola exilis*	东	留	
94	黑喉山鹪莺	*Prinia atrogularis*	东	留	
95	黄腹山鹪莺	*Prinia flaviventris*	东	留	
96	纯色山鹪莺	*Prinia inornata*	东	留	
（三十九）	莺科	Sylviidae			
97	强脚树莺	*Cettia fortipes*	东	留	
98	棕褐短翅莺	*Bradypterus luteoventris*	东	留	
99	细纹苇莺	*Acrocephalus sorghophilus*	古	旅	
（24）	小蝗莺	*Locustella certhiola certhiola*	古	夏	
100	黑眉苇莺	*Acrocephalus bistrigiceps*	古	冬	
101	巨嘴柳莺	*Phylloscopus schwarzi*	古	旅	
102	黄眉柳莺	*Phylloscopus inornatus*	古	夏	
103	栗头鹟莺	*Seicercus castaniceps*	古	冬	
（25）	极北柳莺	*Phylloscopus borealis xanthodryas*	古	夏	
（四十）	攀雀科	Remizidae			
104	中华攀雀	*Remiz consobrinus*	古	冬	
（四十一）	长尾山雀科	Aegithalidae			

续表

序号	中文名	拉丁名	区系	居留型	保护级别
105	红头长尾山雀	*Aegithalos concinnus*	东	留	
（四十二）	梅花雀科	Estrildidae			
106	斑文鸟	*Lonchura punctulata*	东	留	
（四十三）	燕雀科	Fringillidae			
107	燕雀	*Fringilla montifringilla*	古	冬	
108	黄雀	*Carduelis spinus*	古	冬	
109	黑头蜡嘴雀	*Eophona personata*	古	冬	
（四十四）	鹀科	Emberizidae			
110	凤头鹀	*Melophus lathami*	东	留	
111	白眉鹀	*Emberiza tristrami*	古	冬	
112	栗耳鹀	*Emberiza fucata*	古	冬	
113	小鹀	*Emberiza pusilla*	古	冬	
（26）	黄胸鹀	*Emberiza aureola aureola*	古	夏	
（27）	栗鹀	*Emberiza rutila*	古	冬	
（28）	黍鹀	*Emberizacalandra*	古	迷	
114	苇鹀	*Emberiza pallasi polaris*	古	冬	

1）表中序号带括号的鸟类为一次鄱考有记录，而本次鄱考未记录到的种；不带括号的种为一次鄱考未记录到，而本次鄱考有记录的种。

2. 居留型

与一次鄱考相比，本次考察记录到的鸟类中繁殖鸟和非繁殖鸟的比例明显不同。一次鄱考中繁殖鸟的比例为 42%，明显低于非繁殖鸟的比例，而本次考察中繁殖鸟的比例明显增加，超过了非繁殖鸟的比例，由 42%上升到了 52.54%，而非繁殖鸟的比例则由 58%下降到了 47.46%（表 5-5-5）。

表 5-5-5　第一、第二次鄱考鄱阳湖鸟类居留型对照表

居留型	一次鄱考		本次鄱考	
	种数	比例（%）	种数	比例（%）
繁殖鸟	63	42.00	124	52.54
非繁殖鸟	87	58.00	112	47.46

3. 区系特征

在 124 种繁殖鸟中，古北种所占的比例变化不大，但东洋种所占的比例明显增加，由 53.97%上升到了 61.29%，广布种所占比例则由 33.33%下降到了 25.81%（表 5-5-6）。

表 5-5-6　第一、第二次鄱考鄱阳湖繁殖鸟区系组成对照表

区系	一次鄱考		本次考察	
	种数	比例（%）	种数	比例（%）
东洋种	34	53.97	76	61.29
广布种	21	33.33	32	25.81
古北种	8	12.70	16	12.90

从越冬候鸟的分布来看，一次鄱考的 4 个区域仍然是越冬候鸟的主要越冬地，其中鄱阳湖保护区已经成为鄱阳湖越冬候鸟不可替代的重要越冬地，同时，都昌县新妙湖一带、鄱阳县珠湖一带，以及九江县的赛城湖也是越冬候鸟的重要栖息地。

4. 珍稀鸟类

从珍稀濒危鸟类的数量来看，鸳鸯在一次鄱考时就不常见，而且现在主要分布在五河流域，如婺源和宜黄等地，其数量明显高于一次鄱考时的 40 只；金雕在一次鄱考时就不超过 10 只，数量稀少，濒临灭绝；大鸨因为全球气候变化，越冬地北迁而不在鄱阳湖越冬；黑鹳数量与一次鄱考相差不大。除上述种类外，其他珍稀、濒危种类的数量与一次鄱考相比都有大幅度的增加，如白鹤由 1 600 只增加到 4 000 多只，增加了近 2 倍；小天鹅由 6 000 多只增加到了 11 万多只，增加了近 20 倍；灰鹤的数量由 100 只增加到了 1 万多只，增加了 100 多倍；东方白鹳由 300 增加到 4 400 只，增加了 10 倍（表 5-5-7）。

表 5-5-7　一、二次鄱考越冬珍禽数量对照表

鸟类名称	一次鄱考最高数量（只）	本次考察数量（只）
小天鹅	6 000	49 800
白鹤	1 609	3 200
白枕鹤	2 200	340
白头鹤	90	200
灰鹤	100	1 800
东方白鹳	300	940
黑鹳	＜10	7
大鸨	200	本次考察未记录到
鸳鸯	不常见	6
金雕	约 10	本次考察未记录到

二、鄱阳湖鸟类数量变化

每年在鄱阳湖越冬的水鸟数量波动比较大，2005 年 12 月数量最高，达到 70 多万只，其次是 2014 年 1 月，数量为 64 万多只；1999 年 1 月数量最低，数量只有 13 多万只，其次是 2010 年 2 月，数量为 17 多万只（图 5-5-1）。

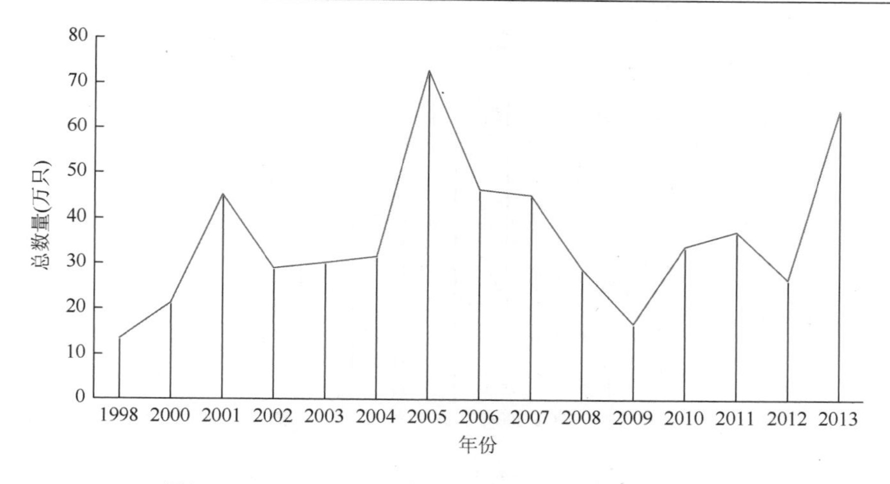

图 5-5-1　1998～2013 年鄱阳湖越冬水鸟总数量变化图

三、珍稀和优势鸟类种群数量变化

1. 珍稀鸟类种群数量变化

1）白鹤

除 1998 年、2000 年和 2008 年、2009 年外，鄱阳湖越冬白鹤数量在 2 700～4 000 只波动，总体比较稳定（图 5-5-2），1998 年和 2008 年有两次剧烈波动，可能与当年的极端天气情况有关。

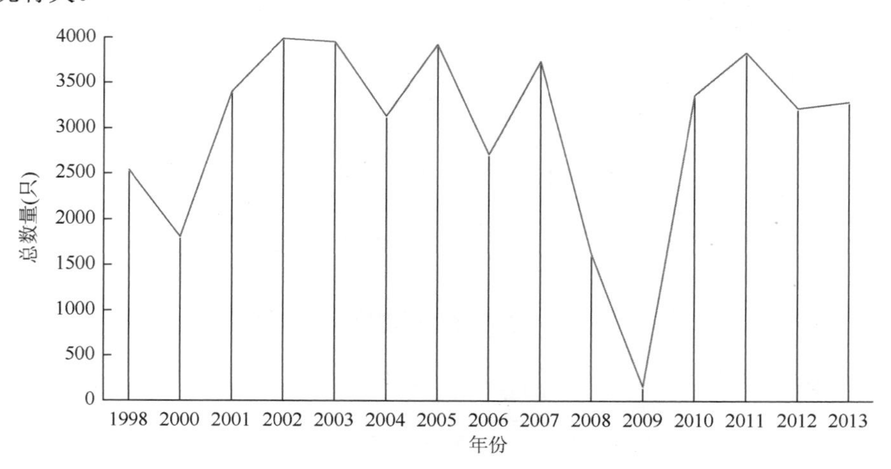

图 5-5-2　1998～2013 年鄱阳湖白鹤数量变化图

2）东方白鹳

1998～2013 年鄱阳湖东方白鹳数量波动很大，2011 年数量最高，接近 4 500 只，2009 年最低，不到 500 只（图 5-5-3）。

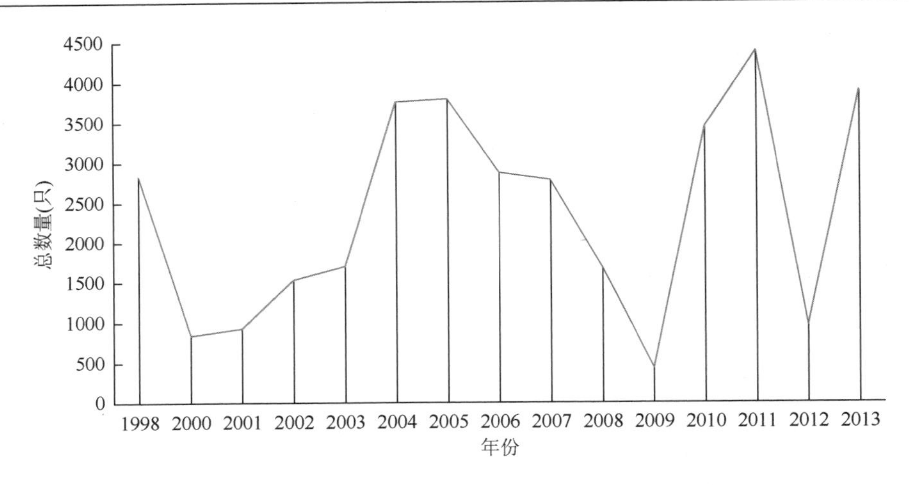

图 5-5-3　1998～2013 年鄱阳湖东方白鹳数量变化图

3）白琵鹭

1998 年以来，鄱阳湖白琵鹭每 4 年呈周期性起伏波动，2013 年数量最高，达到 10 000 只，2009 年最低，约 1 500 只（图 5-5-4）。

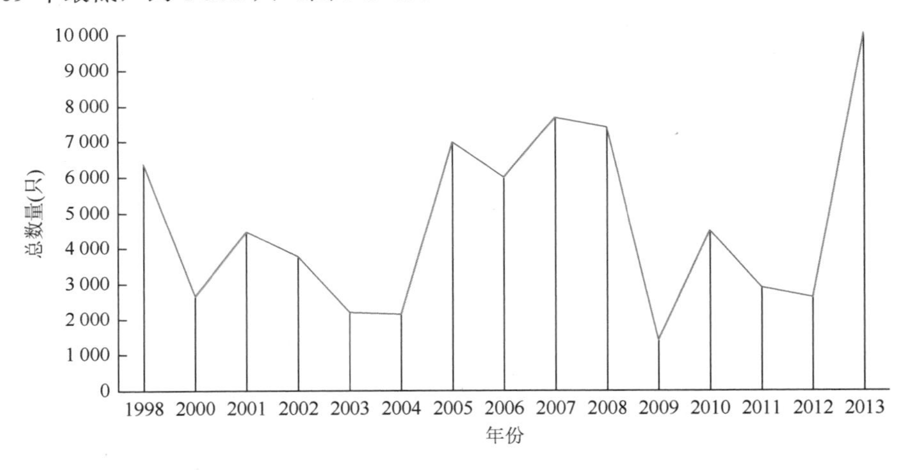

图 5-5-4　1998～2013 年鄱阳湖白琵鹭数量变化图

4）小天鹅

1998 年以来，鄱阳湖小天鹅数量一直起伏不定，但总体呈上升趋势，2013 年数量最高，2005 年其次，数量均超过 11 万只，1998 年数量最低，不到 2 万只（图 5-5-5）。

5）白枕鹤

1998 年以来，鄱阳湖越冬白枕鹤的数量很不稳定，特别是 2003 年以来，总体呈下降趋势，其中 2003 年数量最高，约 3 400 只，2013 年最低，只有 200 多只（图 5-5-6）。

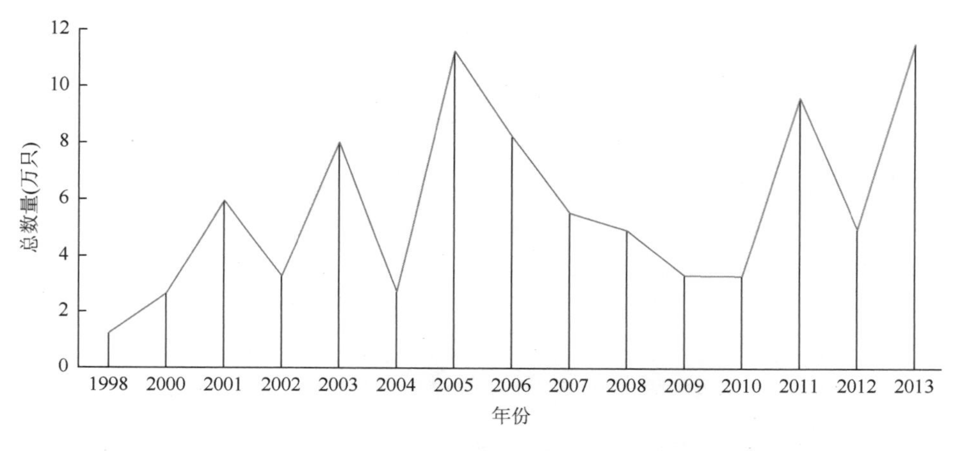

图 5-5-5　1998～2013 年鄱阳湖小天鹅数量变化图

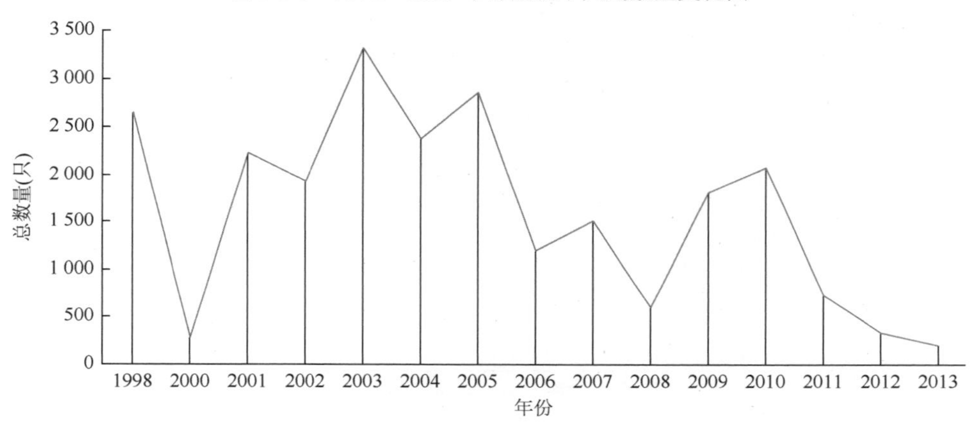

图 5-5-6　1998～2013 年鄱阳湖白枕鹤数量变化图

6）灰鹤

1998 年以来，鄱阳湖越冬灰鹤数量呈比较稳定的上升趋势，由 2000 年最低数量不到 100 只上升到 2011 年的 12 000 多只（图 5-5-7）。

7）白头鹤

1998 年以来，除 2000 年外，鄱阳湖越冬白头鹤的数量在 200～700 只波动，2010 年数量最高，超过 650 只，2000 年最低，不到 100 只（图 5-5-8）。

2. 优势鸟类种群数量变化

1）雁鸭类

1998 年以来，鄱阳湖越冬雁鸭的数量在 9 万～34 万只波动，2013 年数量最高，约 34 万只；其次是 2001 年和 2005 年，约 27.5 万只；1998 年和 2009 年数量最低，约 9 万只（图 5-5-9）。

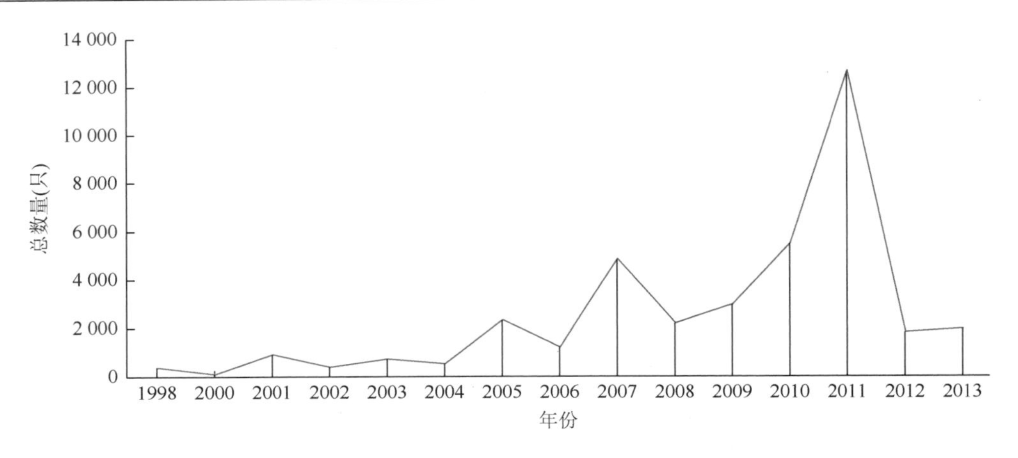

图 5-5-7　1998～2013 年鄱阳湖灰鹤数量变化图

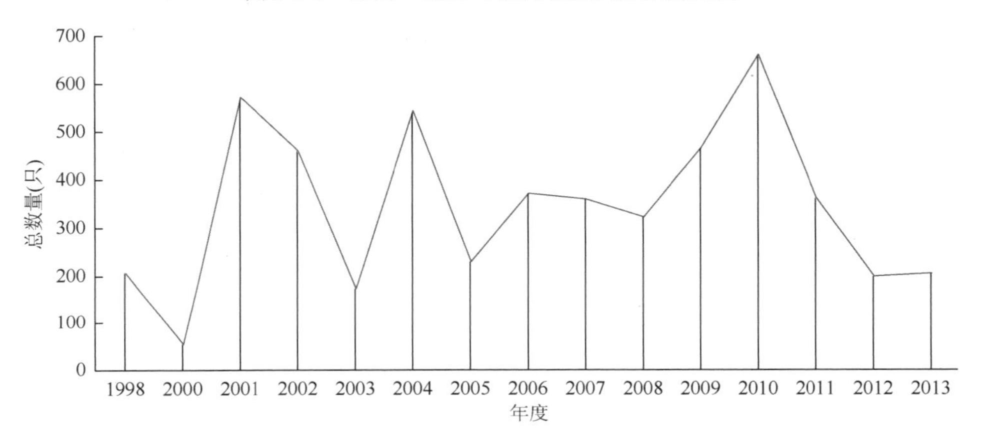

图 5-5-8　1998～2013 年鄱阳湖白头鹤数量变化图

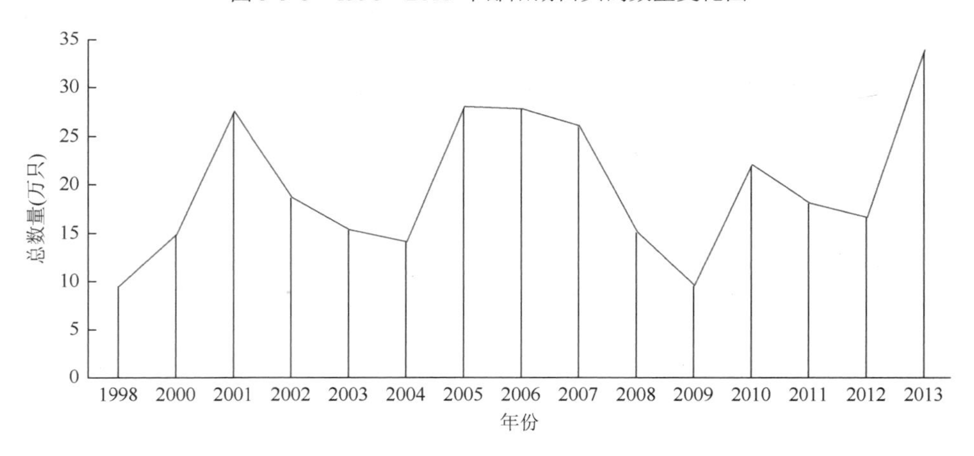

图 5-5-9　1998～2013 年鄱阳湖雁鸭类数量变化图

2）鸻鹬类

1998 年以来，除 1998 年、2000 年、2005 年及 2013 年以外，鄱阳湖鸻鹬类数量在

2.5 万～8 万只波动，2005 年数量最高，达到 30 万只，2013 年其次，约 15 万只，1998 年数量最低，不到 3 000 只，2000 年也只有 5 000 多只（图 5-5-10）。

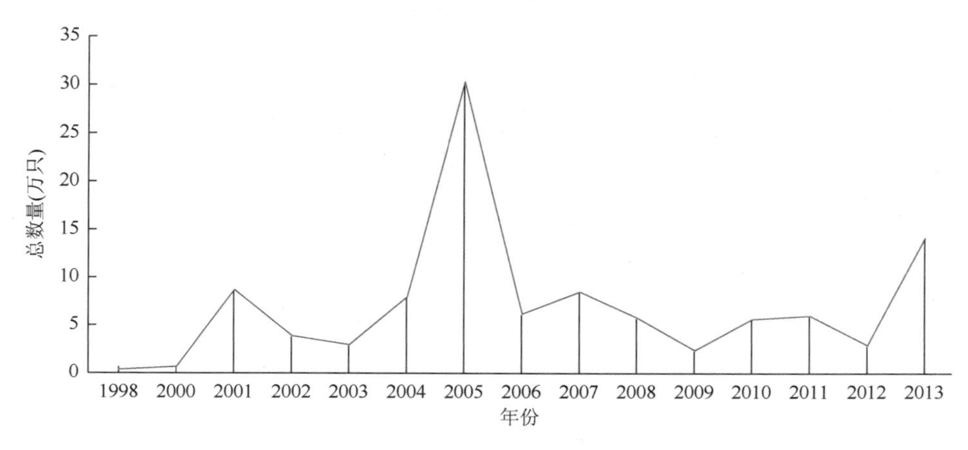

图 5-5-10　1998～2013 年鄱阳湖鸻鹬类数量变化图

第三节　鄱阳湖鸟类分布动态

一、鸟类空间分布格局

鄱阳湖鸟类调查主要分为夏季繁殖鸟调查和冬季水鸟调查，夏季繁殖鸟调查采用样线法，侧重于种类调查，而冬季水鸟调查则采用直接计数法，侧重于数量调查，因此本书分析的鄱阳湖鸟类空间分布，主要以冬季水鸟为例。

根据 1998 年以来鄱阳湖水鸟同步调查的结果，鄱阳湖有 27 个湖 60 次越冬水鸟数量超过 2 万只，其中鄱阳湖保护区大湖池 9 次，大汊湖 6 次，蚌湖 4 次，沙湖 3 次，梅西湖和中湖池各 1 次，共 24 次；南矶山湿地国家级自然保护区常湖 3 次，南矶泥湖、神塘湖各 1 次，共 5 次；九江市都昌县黄金嘴 3 次，输湖 2 次，花庙湖、龙潭湖、泗山、下坝湖、新妙湖各 1 次，共 10 次；九江县赛城湖 1 次；上饶市鄱阳县珠湖 8 次，汉池湖 3 次，企湖 2 次，大莲子湖 1 次，共 14 次；余干县林充湖、南疆湖各 1 次；南昌市新建县茶湖、大伍湖各 1 次；南昌县三湖 1 次，进贤县金溪湖 1 次（表 5-5-8，图 5-5-11）。

表 5-5-8　1998～2013 年鄱阳湖越冬水鸟数量超过 2 万只的湖泊统计表

市	县	湖名	数量超过 2 万只次数
	鄱阳湖保护区	蚌湖	4
		大汊湖	6
		大湖池	9
		梅西湖	1
		沙湖	3
		中湖池	1

续表

市	县	湖名	数量超过 2 万只次数
南矶山湿地国家级自然保护区		常湖	3
		南矶泥湖	1
		神塘湖	1
九江市	都昌县	花庙湖	1
		黄金嘴	3
		龙潭湖	1
		输湖	2
		泗山	1
		下坝湖	1
		新妙湖	1
	九江县	赛城湖	1
上饶市	鄱阳县	大莲子湖	1
		汉池湖	3
		企湖	2
		珠湖	8
	余干县	林充湖	1
		南疆湖	1
南昌市	进贤县	金溪湖	1
	南昌县	三湖	1
	新建县	茶湖	1
		大伍湖	1
合计			60

鄱阳湖保护区、南矶山湿地国家级自然保护区、都昌候鸟保护区，以及鄱阳县珠湖、汉池湖和企湖为越冬水鸟的重点分布区，九江县赛城湖、鄱阳县大莲子湖、余干县林充湖和南疆湖、新建县茶湖和大伍湖、南昌县三湖、进贤县金溪湖为一般分布区，其余区域为偶见分布区。

二、越冬候鸟的分布格局及动态

1. 分布现况

2012～2013 年鄱阳湖越冬水鸟调查表明，鄱阳湖越冬水鸟主要分布于鄱阳湖保护区、都昌县、南矶山湿地国家级自然保护区，以及新建县和鄱阳县，其中水鸟数量超过 2 万只的湖有 10 个，分别是鄱阳湖保护区的大湖池、大汊湖，新建县的茶湖，南矶山湿地国家级自然保护区的神塘湖，都昌县的下坝湖、龙潭湖、花庙湖、黄金嘴，以及鄱阳县的大莲子湖和珠湖（表 5-5-9，图 5-5-12）。

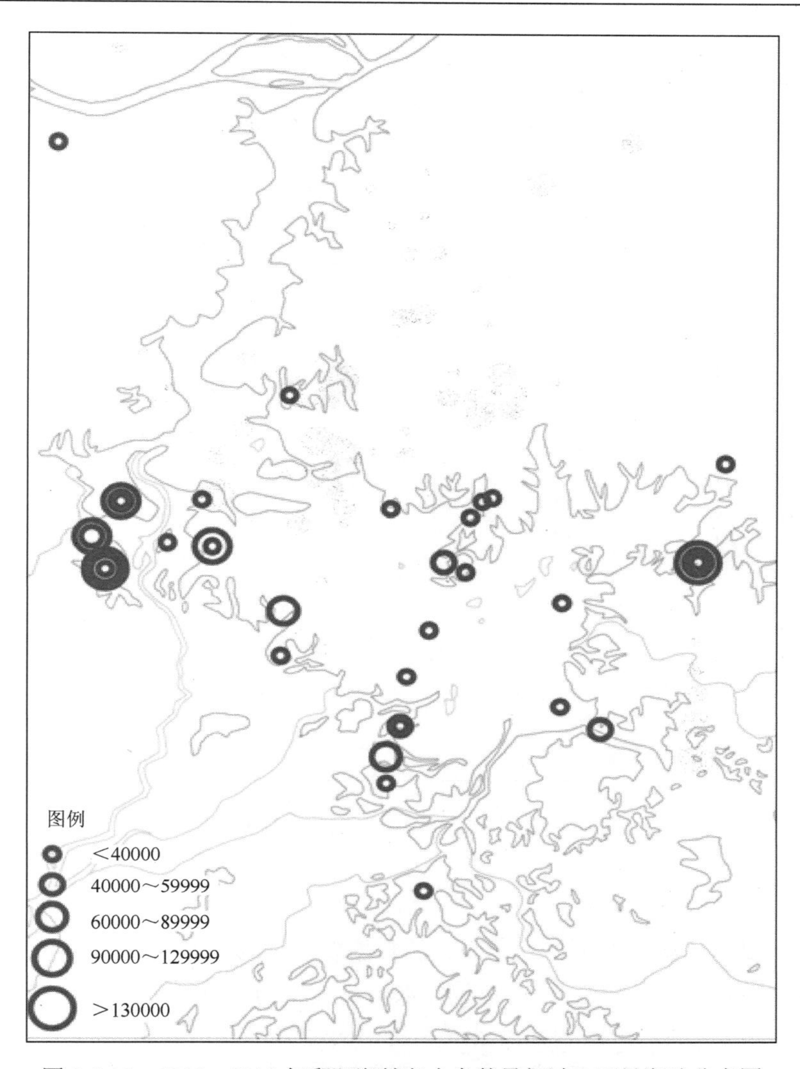

图 5-5-11　1998～2013 年鄱阳湖越冬水鸟数量超过 2 万只湖泊分布图

表 5-5-9　2012～2013 年鄱阳湖越冬水鸟数量超过 2 万只的湖泊统计表

所属区县	湖名	调查日期	数量
鄱阳湖保护区	大湖池	2014/1/10	126 429
	大汊湖	2014/1/10	32 377
新建县	茶湖	2014/1/10	79 503
南矶山湿地国家级自然保护区	神塘湖	2013/1/18	23 102
都昌县	下坝湖	2014/1/10	40 120
	龙潭湖	2014/1/10	38 215
	花庙湖	2014/1/10	25 430
	黄金嘴	2014/1/10	24 112
	黄金嘴	2013/1/18	20 742
鄱阳县	大莲子湖	2013/1/18	41 024
	珠湖	2014/1/10	30 491

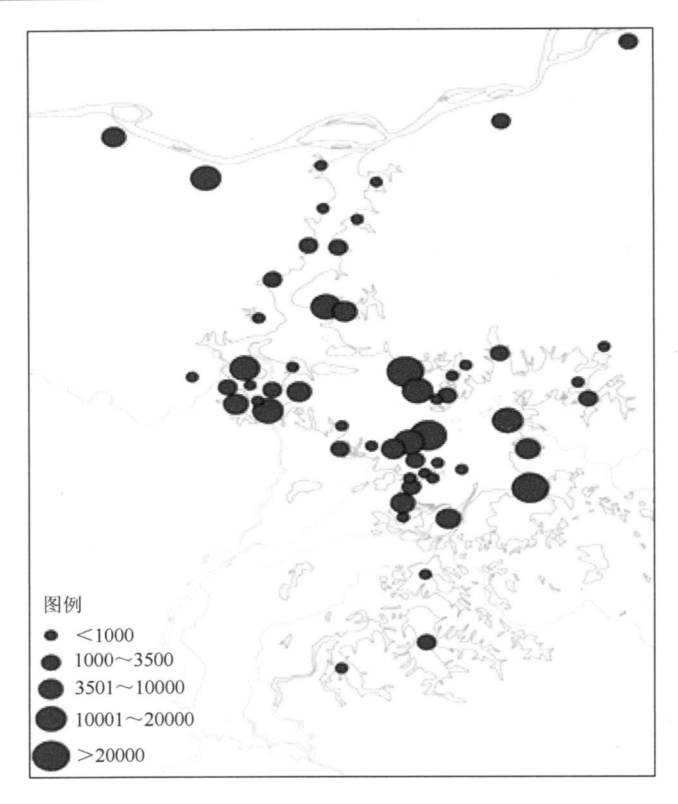

图 5-5-12　2012 年鄱阳湖越冬水鸟分布图

2. 分布动态

1998～2013 年环鄱阳湖水鸟同步调查的数据表明，鄱阳湖保护区的 9 个湖，尤其是大湖池、沙湖、蚌湖和大汊湖，一直是越冬水鸟最主要的栖息地，其他地方的水鸟则有向南矶山湿地国家级自然保护区和都昌县周溪集中的趋势，同时，鄱阳县的珠湖和大莲子湖，新建县的茶湖，以及九江县的赛城湖也一直都是越冬水鸟的重要栖息地，新建县的大伍湖有时水鸟也比较多，2005 年曾经达到 3 万多只，但数量不太稳定。

三、珍稀和优势物种的分布动态

1. 珍稀鸟类的分布动态

1）白鹤

鄱阳湖保护区的 9 个子湖，尤其是大湖池、沙湖、蚌湖、大汊湖是鄱阳湖越冬白鹤最主要的栖息地，白鹤数量大且比较稳定。1998～2003 年共青城市的南湖，2004～2008 年进贤县的金溪湖和余干县的程家池，2009～2013 年新建县的大伍湖，其最高统计数量都达到或超过 500 只，是白鹤重要的栖息地，但这些湖泊的白鹤数量低于鄱阳湖保护区的几个湖泊，且不太稳定。此外，2004～2008 年，鄱阳县的珠湖白鹤数量也都超过了

100 只，大莲子湖虽然数量没超过 100 只，但大部分年份都有白鹤分布，也是白鹤重要的越冬地。

2）东方白鹳

东方白鹳数量最高也最稳定的湖泊是鄱阳湖保护区的湖泊，尤其是大湖池、沙湖、大汉湖和蚌湖，最高统计数量都超过了 1 000 只。此外，余干县的林充湖东方白鹳最高数量达到 600 只，南矶山湿地国家级自然保护区常湖的数量达到 500 多只。

3）白琵鹭

鄱阳湖保护区的大湖池和沙湖是鄱阳湖白琵鹭最重要的栖息地，最高统计数量为 1 000 只以上的绝大部分都出现在大湖池，大湖池最高数量甚至达到 8 000 多只，其次是沙湖。此外，1998 年余干县的林充湖白琵鹭最高统计数量达到 2 000 只，2002 年南矶山湿地国家级自然保护区常湖的白琵鹭数量超过 2 000 只，是白琵鹭重要的越冬地。

4）小天鹅

鄱阳湖保护区的大湖池和大湖池，进贤县的金溪湖，新建县的茶湖，以及鄱阳县的大莲子湖和珠湖的小天鹅最高统计数量都超过了 2 万只，是小天鹅最主要的栖息地。此外，2001 年余干县的南疆湖，2007 年九江县的赛城湖，2008 年都昌县的输湖和鄱阳县的汉池湖，2011 年都昌县的盘湖和泗山水域，2013 年进贤县的金溪湖，小天鹅的最高统计数量也都超过了 1 万只，是小天鹅重要的越冬地。

5）白枕鹤

鄱阳湖保护区的蚌湖是鄱阳湖越冬白枕鹤最重要的越冬地，最高数量近 2 800 只，数量超过 500 只的记录也大多出现在蚌湖。此外，1998 年、2001 年鄱阳县汉池湖的白枕鹤数量均超过 1 000 只，2002 年鄱阳县的企湖，2010 年鄱阳湖保护区的朱市湖和南矶山湿地国家级自然保护区的上段湖数量都超过 500 只，是白枕鹤重要的越冬地。

6）灰鹤

灰鹤在鄱阳湖分布的变化比较大，鄱阳湖保护区的大湖池、大汉湖和蚌湖一直是灰鹤重要的越冬地，但数量不是很大，不超过 700 只；从 2005 年开始，鄱阳县珠湖和企湖的灰鹤数量急剧上升，超过了鄱阳湖保护区的几个湖；而近几年来，都昌县黄金嘴附近水域的灰鹤数量更是达到了 6 000 只，成为了灰鹤最主要的越冬地。

7）白头鹤

鄱阳湖保护区的蚌湖、梅西湖和共青城市的南湖，以及南矶山湿地国家级自然保护区的泥湖是鄱阳湖越冬白头鹤最重要的越冬地，数量多次超过 100 只。此外，1998 年余干县的林充湖，2004 年余干县的程家池，2010 年余干县的南湖，数量都超过 100 只，是白头鹤重要的越冬地。

2. 优势鸟类空间分布

1）雁鸭类

雁鸭类在鄱阳湖区广泛分布，1998 年以来，鄱阳湖越冬雁鸭的数量在 9 万～34 万只波动，2013 年数量最高，约 34 万只，其次是 2001 年和 2005 年，约 27.5 万只，1998 年和 2009 年数量最低，约 9 万只。

2）鸻鹬类

鸻鹬类广泛分布于鄱阳湖区。1998 年以来，除 1998 年、2000 年、2005 年，以及 2013 年外，鄱阳湖鸻鹬类数量在 2.5 万～8 万只波动，2005 年数量最高，达到 30 万只，2013 年其次，约 15 万只，1998 年数量最低，不到 3 000 只，2 000 年也只有 5 000 多只。

第四节　国家级自然保护区鸟类资源动态

一、江西鄱阳湖国家级自然保护区

1. 种类

2013 年 1 月 18 日考察共记录到水鸟 48 种，隶属于 5 目 11 科，其中鸊鷉目 1 科 2 种，约占该地鸟类总种数的 4.17%；鹳形目 3 科 7 种，约占 14.58%；雁形目 1 科 15 种，约占 31.25%；鹤形目 2 科 7 种，约占 14.58%；鸻形目 4 科 17 种，约占 35.42%（表 5-5-10）。

表 5-5-10　2013 年 1 月 18 日考察水鸟各目的科种分布

序号	目	科数	种数
1	鸊鷉目 Podicipediformes	1	2
2	鹳形目 Ciconiiformes	3	7
3	雁形目 Anseriformes	1	15
4	鹤形目 Gruiformes	2	7
5	鸻形目 Charadriifomes	4	17
合计		11	48

在地理区系构成上，鄱阳湖保护区越冬水鸟组成具有明显的古北种特征，古北种共 36 种，占总种数的 75%。（表 5-5-11）。

表 5-5-11　2013 年 1 月 18 日考察记录到的水鸟名录

序号	中文名	拉丁名	区系	居留型	保护级别
一	鸊鷉目	Podicipediformes			
（一）	鸊鷉科	Podicipedidae			
1	小鸊鷉	*Tachybaptus ruficllis*	广	留	省

续表

序号	中文名	拉丁名	区系	居留型	保护级别
2	凤头䴙䴘	*Podiceps cristatus*	古	留	省
二	鹳形目	Cicofiiformes			
（二）	鹭科	Ardeidae			
3	苍鹭	*Ardea cinerea*	广	留	省
4	大白鹭	*Ardea alba modesta*	广	夏	省
5	中白鹭	*Egretta intermedia*	东	夏	
6	白鹭	*Egretta garzetta*	东	夏	省
（三）	鹳科	Ciconiidae			
7	黑鹳	*Ciconia nigra*	古	冬	I
8	东方白鹳	*Ciconia boyciana*	古	冬	I
（四）	鹮科	Threskiornithidae			
9	白琵鹭	*Platalea leucorodia*	古	冬	
三	雁形目	Anseriformes			
（五）	鸭科	Anatidae			
10	小天鹅	*Cygnus columbianus*	古	冬	II
11	鸿雁	*Anser cygnoides*	古	冬	省
12	豆雁	*Anser fabalis*	古	冬	省
13	白额雁	*Anser albifrons*	古	冬	II
14	灰雁	*Anser anser*	古	冬	省
15	赤麻鸭	*Tadorna ferruginea*	古	冬	省
16	赤颈鸭	*Anas penelope*	古	冬	省
17	罗纹鸭	*Anas falcata*	古	冬	
18	绿翅鸭	*Anas crecca*	古	冬	省
19	绿头鸭	*Anas platyrhynchos*	古	冬	省
20	斑嘴鸭	*Anas poecilorhyncha*	东	冬	省
21	针尾鸭	*Anas acuta*	古	冬	省
22	琵嘴鸭	*Anas clypeata*	古	冬	省
23	红头潜鸭	*Aythya ferina*	古	冬	省
24	凤头潜鸭	*Aythya fuligula*	古	冬	省
四	鹤形目	Gruiformes			
（六）	鹤科	Gruidae			
25	白鹤	*Grus leucogeranus*	古	冬	I
26	白枕鹤	*Grus vipio*	古	冬	II
27	灰鹤	*Grus grus*	古	冬	II
28	白头鹤	*Grus monacha*	古	冬	I

续表

序号	中文名	拉丁名	区系	居留型	保护级别
（七）	秧鸡科	Rallidae			
29	红脚苦恶鸟	*Amaurornis akool*	东	留	
30	黑水鸡	*Gallinala chloropus*	广	留	
31	白骨顶	*Fulica atra*	古	冬	
五	鸻形目	Charadriiformes			
（八）	反嘴鹬科	Recurvirostridae			
32	反嘴鹬	*Recurvirostra avosetta*	古	冬	省
（九）	鸻科	Charadriidae			
33	凤头麦鸡	*Vanellus vanellus*	古	冬	省
34	灰头麦鸡	*Vanellus cinereus*	东	夏	省
35	金眶鸻	*Charadrius dubius*	广	夏	
36	环颈鸻	*Charadrius alexandrinus*	广	留	
（十）	鹬科	Scolopacidae			
37	扇尾沙锥	*Gallinago gallinago*	古	冬	
38	黑尾塍鹬	*Limosa limosa*	古	冬	
39	白腰杓鹬	*Numenius arquata*	古	冬	省
40	鹤鹬	*Tringa erythropus*	广	冬	
41	红脚鹬	*Tringa totanus*	古	冬	
42	青脚鹬	*Tringa nebularia*	古	冬	
43	白腰草鹬	*Tringa ochropus*	古	冬	
44	林鹬	*Tringa glareola*	古	旅	
45	矶鹬	*Actitis hypoleucos*	古	冬	
46	黑腹滨鹬	*Calidris alpina*	古	冬	
（十一）	鸥科	Laridae			
47	西伯利亚银鸥	*Larus vegae*	古	冬	
48	红嘴鸥	*Larus ridibundus*	古	冬	

根据 1988 年国务院批准的国家重点保护野生动物名录，调查地区的鸟类资源中，有国家重点保护鸟类 8 种，其中国家Ⅰ级重点保护鸟类 4 种，即黑鹳（*Ciconia nigra*）、东方白鹳（*Ciconia boyciana*）、白鹤（*Grus leucogeranus*）和白头鹤（*Grus monacha*）。国家Ⅱ级重点保护鸟类 4 种，即小天鹅（*Cygnus columbianus*）、白额雁（*Anser albifrons*）、白枕鹤（*Grus vipio*）和灰鹤（*Grus grus*）。

2. 珍稀鸟类的分布及动态

1）白鹤

2013 年 1 月 18 日，鄱阳湖保护区的白鹤主要分布在大汉湖，其次是蚌湖，大湖池和沙湖只有少量分布。

鄱阳湖保护区白鹤最高数量出现在2011年，达到4 000多只，其他年份除2004年、2008年及2011年外，数量在2 300～3 200只波动，总体比较稳定（图5-5-13），而白鹤两次剧烈下降都与特殊水文气象现象有关，如2008年冰冻雪灾。

2）东方白鹳

2013年1月18日，鄱阳湖保护区的东方白鹳主要分布在大湖池和蚌湖，其次是大汉湖和沙湖，朱市湖也有少量分布。

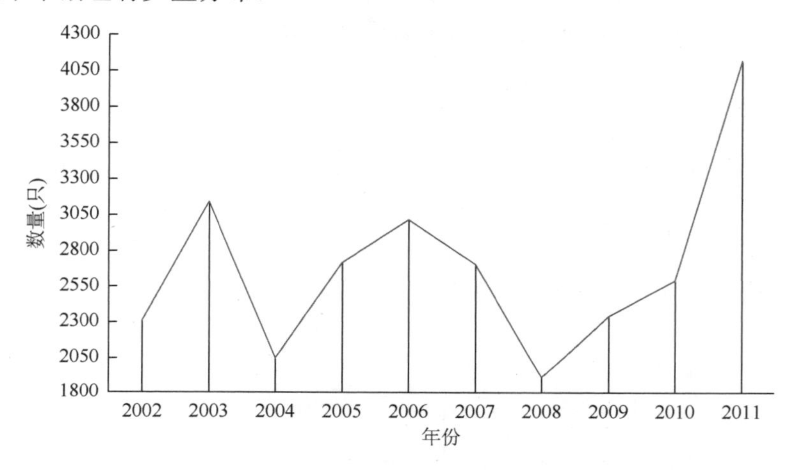

图5-5-13　2002～2011年度鄱阳湖保护区白鹤数量变化曲线

鄱阳湖保护区越冬东方白鹳最高数量出现在2010年，接近3 500只，其他年份除2004年只有不到1 000只外，其余年份数量都比较稳定，在1750～2750只波动（图5-5-14）。

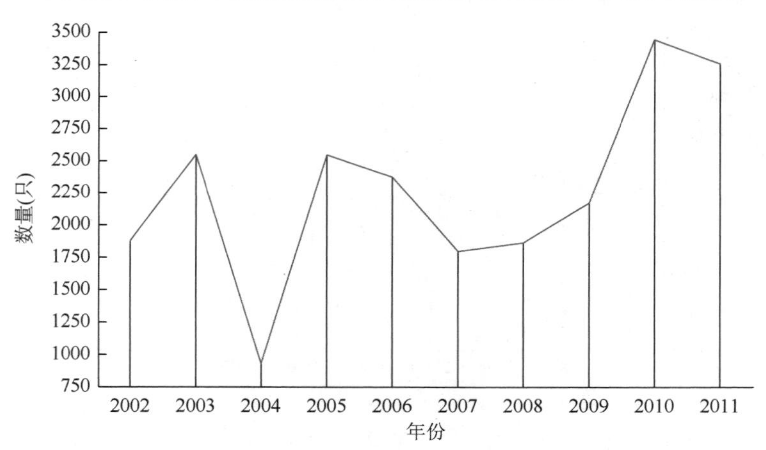

图5-5-14　2002～2011年鄱阳湖保护区东方白鹳数量变化曲线

3）白琵鹭

2013年1月18日，鄱阳湖保护区的白琵鹭集中分布在大湖池和沙湖，大汉湖只有少量分布。

2002 年以来，鄱阳湖保护区的白琵鹭呈周期性起伏波动，总体呈明显的上升趋势，2011 年度数量最高，达到近 12 000 只，2007 年最低，不到 5 000 只（图 5-5-15）。

4）小天鹅

2013 年 1 月 18 日，鄱阳湖保护区的小天鹅集中分布在大汉湖和沙湖，中湖池只有少量分布。

2002 年以来，鄱阳湖保护区小天鹅数量呈周期性起伏波动，总体略呈下降趋势，2004 年数量最高，超过 60 000 只，2010 年数量最低，不到 10 000 只（图 5-5-16）。

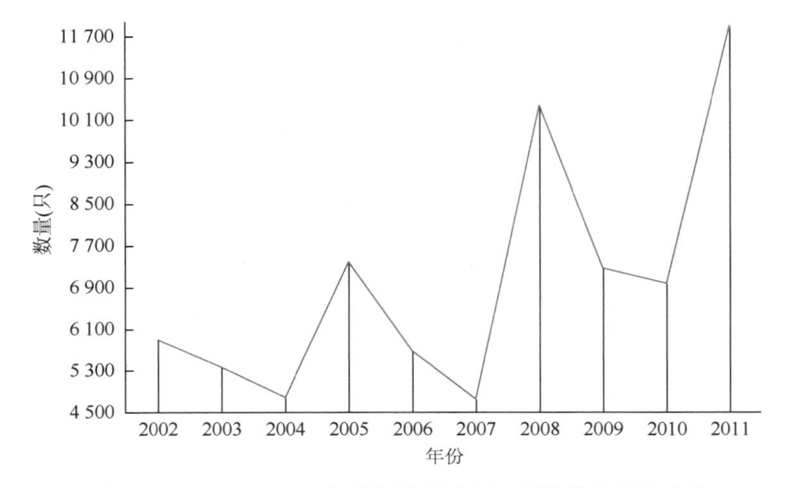

图 5-5-15　2002～2011 年鄱阳湖保护区白琵鹭数量变化曲线

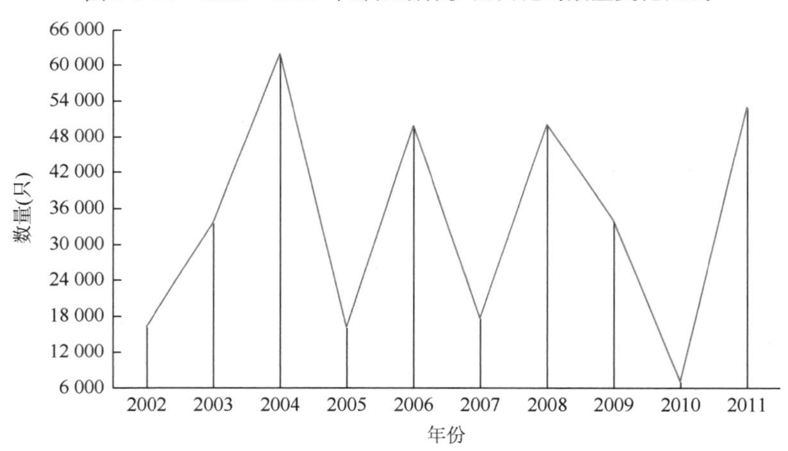

图 5-5-16　2002～2011 年鄱阳湖保护区小天鹅数量变化曲线

3. 优势鸟类的分布及动态

1）鹭类

2013 年 1 月 18 日，鄱阳湖保护区的 9 个湖都有鹭类分布，其中大汉湖最多，蚌湖、沙湖和梅西湖其次，大湖池只有少量分布。

2）雁鸭类

2013 年 1 月 18 日，除常湖池和梅西湖外，其余 7 个湖均有雁鸭类分布，其中象湖数量最高，蚌湖其次，接着是沙湖、大湖池和中湖池，大湖池和朱市湖雁鸭类比较少。

4. 与一次鄱考的对照分析

1）越冬候鸟种类

由于本次考察鄱阳湖保护区只负责区内越冬水鸟，因此只比较两次考察鹈鹕目、鹈形目、鹳形目、雁形目、鹤形目和鸻形目 6 个目的越冬水鸟种类数。从记录到的越冬水鸟种类数来看，本次考察记录到水鸟 48 种，而一次鄱考则有 69 种。两次考察均有记录的有 41 种，在一次鄱考中未记录到的有 7 种，其中鹤形目秧鸡科 1 种，鸻形目鸻科 1 种、鹬科 5 种；在一次鄱考记录到而在本次考察未记录到的有 28 种，其中鸭科最多，有 9 种，鹭科和鸥科其次，各 5 种（表 5-5-12）。

表 5-5-12　两次鄱考增加或减少的种类名录[1)]

序号	中文名	拉丁名	区系	居留型	保护级别
一	鹈形目	Pelecaniformes			
（一）	鹈鹕科	Pelecanidae			
（1）	卷羽鹈鹕[2)]	*Pelecanus crispus*	古	冬	II
（二）	鸬鹚科	Phalacrocoracidae			
（2）	普通鸬鹚	*Phalacrocorax carbo sinensis*	冬	广	省
二	鹳形目	Cicofiiformes			
（三）	鹭科	Ardeidae			
（3）	草鹭	*Ardea purpurea manilensis*	留	广	省
（4）	池鹭	*Ardeola bacchus*	夏	广	省
（5）	夜鹭	*Nycticorax nycticorax nycticorax*	夏	广	
（6）	黄斑苇鳽	*Ixobrychus sinensis*	夏	广	
（7）	大麻鳽	*Botaurus stellaris stellaris*	冬	广	省
三	雁形目	Anseriformes			
（四）	鸭科	Anatidae			
（8）	小白额雁	*Anser erythropus*	冬	古	省
（9）	翘鼻麻鸭	*Tadorna tadorna*	冬	古	省
（10）	鸳鸯	*Aix galericulata*	冬	古	II
（11）	赤膀鸭	*Anas strepera strepera*	冬	古	省
（12）	花脸鸭	*Anas formosa*	冬	古	省
（13）	青头潜鸭	*Aythya baeri*	冬	古	省
（14）	斑背潜鸭	*Aythya marila nearctica*	冬	古	省
（15）	斑头秋沙鸭	*Mergellus albellus*	冬	古	省

续表

序号	中文名	拉丁名	区系	居留型	保护级别
(16)	普通秋沙鸭	*Mergus merganser merganser*	冬	古	省
四	鹤形目	Gruiformes			
(五)	秧鸡科	Rallidae			
(17)	花田鸡	*Coturnicops exquisitus*	冬	古	II
1	红脚苦恶鸟	*Amaurornis akool*	东	留	
(18)	白胸苦恶鸟	*Amaurornis phoenicurus phoenicurus*	夏	东	
(19)	董鸡	*Gallicrex cinerea*	夏	东	
(六)	鸨科	Otidae			
(20)	大鸨	*Otis tarda dybowskii*	冬	古	I
五	鸻形目	Charadriiformes			
(七)	鸻科	Charadriidae			
2	环颈鸻	*Charadrius alexandrinus*	广	留	
(八)	鹬科	Scolopacidae			
(21)	大沙锥	*Gallinago megala*	冬	古	
(22)	小杓鹬	*Numenius minutus*	冬	古	II
(23)	中杓鹬	*Numenius phaeopus variegatus*	冬	古	
3	黑尾塍鹬	*Limosa limosa*	古	冬	
4	青脚鹬	*Tringa nebularia*	古	冬	
5	白腰草鹬	*Tringa ochropus*	古	冬	
6	林鹬	*Tringa glareola*	古	旅	
7	矶鹬	*Actitis hypoleucos*	古	冬	
(九)	鸥科	Laridae			
(24)	黑尾鸥	*Larus crassirostris*	冬	古	
(25)	普通海鸥	*Larus canus kamtschatschensis*	冬	古	
(26)	红嘴巨燕鸥[3)]	*Hydroprogne caspia*	冬	广	省
(27)	普通燕鸥	*Sterna hirundo hirundo*	夏	古	
(28)	白额燕鸥	*Sterna albifrons sinensis*	夏	广	

①表中序号带括号的鸟类为一次鄱考有记录，而本次鄱考未记录到的种；不带括号的种为一次鄱考未记录到，而本次鄱考有记录的种。

②一次鄱考名录中为斑嘴鹈鹕。

③一次鄱考名录中为红嘴巨鸥。

2）越冬珍禽种群数量

由于一次鄱考只有鹤类和鹳类珍禽的数量，因此只对鹤类和鹳类珍禽的数量进行对比。本次考察中，灰鹤的数量明显高于一次鄱考，东方白鹳略高于一次鄱考，白鹤、黑鹳略低于一次鄱考，白枕鹤和白头鹤明显低于一次鄱考（表 5-5-13）。

表 5-5-13　两次鄱考越冬珍禽数量对照表

序号	鸟类名称	一次考察最高数量	本次考察数量	增减比例（%）
1	白鹤	1 784	1 349	−24.38
2	白枕鹤	2 200	265	−87.95
3	白头鹤	210	40	−80.95
4	灰鹤	109	665	510.09
5	东方白鹳	403	517	28.29
6	黑鹳	8	7	−12.50

3）讨论

虽然前面对两次鄱考中越冬候鸟的种类和数量进行了比较，但由于两次考察时间跨度、空间范围，以及考察的侧重点等不一样，因此两次考察的数据对比存在很大的局限性，具体分析如下。

第一，时间跨度不一样，本次考察只用 2012 年一年的数据，而一次鄱考的数据不但包含了 1985～1986 年鄱阳湖保护区珍禽越冬生态考察的数据，而且还包含了 1981 起江西省考察队对鄱阳湖区的考察数据，时间跨度长达 5 年。

第二，考察范围不一样，本次考察所用数据只限于鄱阳湖保护区内的 9 个湖，而一次鄱考的数据则用了整个鄱阳湖区，包括山地丘陵地区的数据，特别是鸟类。

第三，2013 年 1 月 18 日鄱阳湖越冬候鸟的数量与分布不正常。从 2002～2011 年越冬水鸟总数量和珍稀候鸟种群数量动态变化的数据可以看出，鄱阳湖保护区内 9 个湖泊越冬候鸟数量在 13.76 万～31.62 万只，白鹤数量也在 2 300～4 500 只波动。根据近年来鄱阳湖保护区的监测，2010～2011 年共记录到越冬水鸟 54 种（表 5-5-14），单日最高总数量为 10.79 万只，其中珍稀濒危物种最高数量如下：白鹤 2 600 多只，白头鹤 800 多只，白枕鹤 1 300 多只，灰鹤 2 000 多只，东方白鹳接近 3 500 只，黑鹳 12 只；2011～2012 年共记录到越冬水鸟 70 种（表 5-5-14），单日最高总数量为 28.32 万只，其中珍稀濒危物种最高数量如下：白鹤 4 300 多只，白头鹤接近 800 多只，白枕鹤 1 600 多只，灰鹤 500 多只，东方白鹳接近 3 200 多只，黑鹳 7 只，均明显高于本次调查数据。这两年的监测数据说明，鄱阳湖保护区内越冬水鸟的种数变化不大，除灰鹤数量略低于一次鄱考外，白鹤、白头鹤、灰鹤、东方白鹳和黑鹳均明显高于一次鄱考时的数量，同时也说明 2012 年鄱阳湖保护区越冬候鸟种类和数量均明显有异于正常年份，因此该年份的数据不适用于进行两个阶段越冬候鸟种类和数量的比较。

表 5-5-14　鄱阳湖保护区两次鄱考和近两年监测鸟类名录对照表

序号	中文名	拉丁名	一次鄱考	本次考察	2010 年	2011 年
一	䴙䴘目	Podicipediformes				
（一）	䴙䴘科	Podicipedidae				
1	小䴙䴘	*Tachybaptus ruficollis poggei*	√	√	√	√
2	凤头䴙䴘	*Podiceps cristatus cristatus*	√	√	√	√
二	鹈形目	Pelecaniformes				
（二）	鹈鹕科	Pelecanidae				

续表

序号	中文名	拉丁名	一次鄱考	本次考察	2010 年	2011 年
3	卷羽鹈鹕	*Pelecanus crispus*	√			√
（三）	鸬鹚科	Phalacrocoracidae				
4	普通鸬鹚	*Phalacrocorax carbo sinensis*	√		√	√
三	鹳形目	Ciconiiformes				
（四）	鹭科	Ardeidae				
5	苍鹭	*Ardea cinerea jouyi*	√	√	√	√
6	草鹭	*Ardea purpurea manilensis*	√			√
7	大白鹭	*Ardea alba modesta*	√	√	√	√
8	中白鹭	*Egretta intermedia intermedia*	√	√	√	√
9	白鹭	*Egretta garzetta garzetta*	√	√	√	√
10	牛背鹭	*Bubulcus ibis coromandus*			√	√
11	池鹭	*Ardeola bacchus*	√		√	√
12	夜鹭	*Nycticorax nycticorax nycticorax*	√		√	√
13	黄斑苇鳽	*Ixobrychus sinensis*	√			
14	大麻鳽	*Botaurus stellaris stellaris*	√		√	√
（五）	鹳科	Ciconiidae				
15	黑鹳	*Ciconia nigra*	√	√	√	√
16	东方白鹳	*Ciconia boyciana*	√	√	√	√
（六）	鹮科	Threskiornithidae				
17	白琵鹭	*Platalea leucorodia leucorodia*	√	√	√	√
四	雁形目	Anseriformes				
（七）	鸭科	Anatidae				
18	小天鹅	*Cygnus columbianus bewickii*	√	√	√	√
19	鸿雁	*Anser cygnoides*	√	√	√	√
20	豆雁	*Anser fabalis middendorffi*	√	√	√	√
21	白额雁	*Anser albifrons frontalis*	√	√	√	√
22	小白额雁	*Anser erythropus*	√		√	√
23	灰雁	*Anser anser rubrirostris*	√	√	√	√
24	斑头雁	*Anser indicus*			√	
25	雪雁	*Anser caerulescens caerulescens*				√
26	赤麻鸭	*Tadorna ferruginea*	√	√	√	√
27	翘鼻麻鸭	*Tadorna tadorna*	√			√
28	鸳鸯	*Aix galericulata*	√			
29	赤颈鸭	*Anas penelope*	√	√	√	√
30	罗纹鸭	*Anas falcata*	√	√	√	√
31	赤膀鸭	*Anas strepera strepera*	√			√
32	花脸鸭	*Anas formosa*	√			√
33	绿翅鸭	*Anas crecca crecca*	√	√	√	√
34	绿头鸭	*Anas platyrhynchos platyrhynchos*	√	√	√	√

续表

序号	中文名	拉丁名	一次鄱考	本次考察	2010年	2011年
35	斑嘴鸭	*Anas poecilorhyncha zonorhyncha*	√	√	√	√
36	针尾鸭	*Anas acuta*	√	√	√	√
37	琵嘴鸭	*Anas clypeata*	√	√	√	√
38	红头潜鸭	*Aythya ferina*	√	√		√
39	青头潜鸭	*Aythya baeri*	√		√	√
40	凤头潜鸭	*Aythya fuligula*	√	√	√	√
41	斑背潜鸭	*Aythya marila nearctica*	√			√
42	斑头秋沙鸭	*Mergellus albellus*	√			
43	红胸秋沙鸭	*Mergus serrator*				√
44	普通秋沙鸭	*Mergus merganser merganser*	√		√	√
45	中华秋沙鸭	*Mergus squamatus*				√
五	鹤形目	Gruiformes				
（八）	鹤科	Gruidae				
46	蓑羽鹤	*Anthropoides virgo*			√	
47	白鹤	*Grus leucogeranus*	√	√	√	√
48	沙丘鹤	*Grus canadensis canadensis*				√
49	白枕鹤	*Grus vipio*	√	√	√	√
50	灰鹤	*Grus grus lilfordi*	√	√	√	√
51	白头鹤	*Grus monacha*	√	√	√	√
（九）	秧鸡科	Rallidae				
52	花田鸡	*Coturnicops exquisitus*	√			
53	秧鸡	*Rallus spp.*				√
54	红脚苦恶鸟	*Amaurornis akool coccineipes*		√	√	√
55	白胸苦恶鸟	*Amaurornis phoenicurus phoenicurus*	√			√
56	董鸡	*Gallicrex cinerea*	√			
57	黑水鸡	*Gallinula chloropus chloropus*	√	√	√	√
58	白骨顶	*Fulica atra atra*	√	√	√	√
（十）	鸨科	Otidae				
59	大鸨	*Otis tarda dybowskii*	√			
六	鸻形目	Charadriiformes				
（十一）	反嘴鹬科	Recurvirostridae				
60	黑翅长脚鹬	*Himantopus himantopus himantopus*				√
61	反嘴鹬	*Recurvirostra avosetta*	√	√	√	√
（十二）	鸻科	Charadriidae				
62	凤头麦鸡	*Vanellus vanellus*	√	√	√	√
63	灰头麦鸡	*Vanellus cinereus*	√	√	√	√
64	金眶鸻	*Charadrius dubius curonicus*	√	√		√
65	环颈鸻	*Charadrius alexandrinus dealbatus*		√	√	√
（十三）	鹬科	Scolopacidae				

续表

序号	中文名	拉丁名	一次鄱考	本次考察	2010 年	2011 年
66	大沙锥	*Gallinago megala*	√			
67	扇尾沙锥	*Gallinago gallinago gallinago*	√	√	√	√
68	黑尾塍鹬	*Limosa limosa melanuroides*		√	√	√
69	小杓鹬	*Numenius minutus*	√			
70	中杓鹬	*Numenius phaeopus variegatus*	√			
71	白腰杓鹬	*Numenius arquata orientalis*	√	√		√
72	鹤鹬	*Tringa erythropus*	√	√	√	√
73	红脚鹬	*Tringa totanus terrignotae*	√	√		√
74	泽鹬	*Tringa stagnatilis*			√	
75	青脚鹬	*Tringa nebularia*		√	√	√
76	白腰草鹬	*Tringa ochropus*		√	√	√
77	林鹬	*Tringa glareola*		√		√
78	矶鹬	*Actitis hypoleucos*		√	√	√
79	尖尾滨鹬	*Calidris acuminata*	√			
80	黑腹滨鹬	*Calidris alpina centralis*		√	√	√
（十四）	鸥科	Laridae				
81	黑尾鸥	*Larus crassirostris*	√			
82	普通海鸥	*Larus canus kamtschatschensis*	√			
83	西伯利亚银鸥	*Larus vegae*	√	√	√	√
84	红嘴鸥	*Larus ridibundus*	√	√	√	√
85	黑嘴鸥	*Larus saundersi*	√			
（十五）	燕鸥科	Sternidae				
86	普通燕鸥	*Sterna hirundo hirundo*	√			
87	白额燕鸥	*Sterna albifrons sinensis*	√			
88	灰翅浮鸥	*Chlidonias hybrida hybrida*				√
种数	合计	69	48	54	70	

表中“√”表示该次考察或该年度监测记录到该种鸟类。

此外，一次鄱考主要侧重于鹤类和鹳类珍禽的越冬数量和栖息地考察，而本次考察侧重于越冬候鸟的数量和动态调查，两次鄱考的数据并不适合用来进行种类和种群数量的对比。

二、江西鄱阳湖南矶湿地国家级自然保护区

1. 种类

2013～2014 年冬季监测共记录鸟类 11 目 24 科 63 种，其中水鸟 48 种，包括鹈鹕目 1 科 2 种、䴙形目 1 科 1 种、鹳形目 3 科 8 种、雁形目 1 科 17 种、鹤形目 2 科 7 种、隼形目 2 科 2 种、鸡形目 1 科 2 种、鸻形目 5 科 9 种、鸽形目 1 科 1 种、佛法僧目 1 科 3 种、雀形目 6 科 11 种（图 5-5-17）。从类群来看，水鸟以雁形目、鸻形目、鹳形目和鹤形

目为主，分别占鸟类总种数的27.0%、14.3%、12.7%、11.1%。其他鸟类以雀形目为主，占鸟类总种数的17.5%。

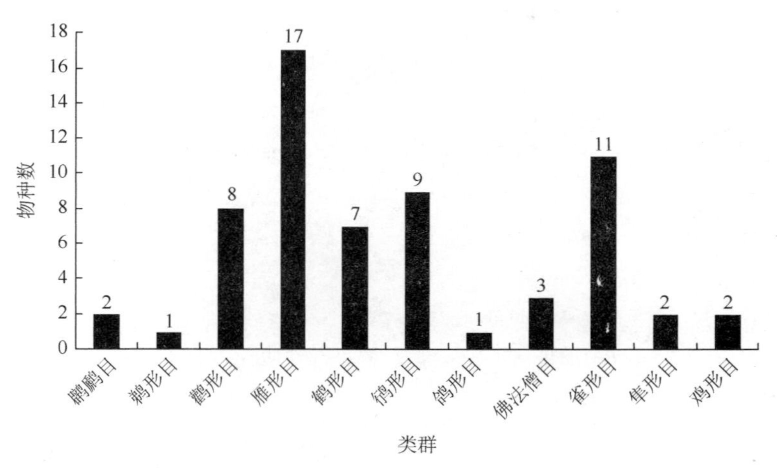

图5-5-17　不同类群鸟类的物种数

在63种鸟类中，有国家一级保护鸟类3种，包括东方白鹳、白鹤和白头鹤；国家二级保护鸟类7种，包括白琵鹭、灰鹤、白枕鹤、小天鹅、白额雁、白尾鹞（*Circus cyaneus*）和游隼（*Falco peregrinus*）；被列入《中日保护候鸟及其栖息环境协定》的有39种，包括小䴙䴘（*Tachybaptusruficollis*）、凤头䴙䴘（*Podicepscristatus*）、大白鹭（*Ardea alba*）、小白额雁（*Ansererythropus*）、花脸鸭（*A. formosa*）、罗纹鸭（*A. falcata*）、红头潜鸭（*Aythyaferina*）、日本鹌鹑（*Coturnix japonica*）、普通秧鸡（*Rallusaquaticus*）、黑水鸡（*Gallinulachloropus*）等；被列入《中澳保护候鸟及其栖息环境的协定》的有5种，包括大白鹭、琵嘴鸭（*Anaspoecilorhyncha*）、青脚鹬（*Tringanebularia*）、白翅浮鸥（*Chlidoniasleucopterus*）和白鹡鸰（*Motacilla alba*）；被列入“三有”保护动物名录的鸟类有50种（表5-5-15）。

表5-5-15　鄱阳湖南矶湿地国家级自然保护区鸟类监测物种名录

中文名	拉丁名	居留型	区系从属	保护级别	中日	中澳	三有
一䴙䴘目	Podicipediformes						
（一）䴙䴘科	Podicipedidae						
小䴙䴘	*Tachybaptus ruficollis*	留	广				√
凤头䴙䴘	*Podiceps cristatus*	冬、留	古		√		√
二鹈形目	Pelecaniformes						
（二）鸬鹚科	Phalacrocoracidae						
普通鸬鹚	*Phalacrocorax carbo*	冬	广				√
三鹳形目	Ciconiiformes						
（三）鹭科	Ardeidae						
苍鹭	*Ardea cinerea*	留、冬	东				√

续表

中文名	拉丁名	居留型	区系从属	保护级别	中日	中澳	三有
草鹭	*Ardea purpurea*	夏	东		√		√
大白鹭	*Ardea alba*	夏	广		√	√	√
白鹭	*Egretta garzetta*	夏	东				√
中白鹭	*Egretta intermedia*	夏	东		√		√
夜鹭	*Nycticorax nycticorax*	夏	广		√		√
（四）鹳科	Ciconiidae						
东方白鹳	*Ciconia boyciana*	冬、留	古	I	√		
（五）鹮科	Threskiornithidae						
白琵鹭	*Platalealeucorodia*	冬	古	II	√		
四雁形目	Anseriformes						
（六）鸭科	Anatidae						
小天鹅	*Cygnus columbianus*	冬	古	II	√		
鸿雁	*Ansercygnoides*	冬	古		√		√
豆雁	*Anserfabalis*	冬	古		√		√
白额雁	*Anseralbifrons*	冬	古	II	√		
小白额雁	*Ansererythropus*	冬	古		√		√
灰雁	*Anseranser*	冬	古				√
赤麻鸭	*Tadornaferruginea*	冬	古		√		√
针尾鸭	*Anasacuta*	冬	古		√		√
绿翅鸭	*Anascrecca*	冬	古		√		√
花脸鸭	*Anasformosa*	冬	古		√		√
罗纹鸭	*Anasfalcata*	冬	古		√		√
绿头鸭	*Anasplatyrhynchos*	冬，留	古		√		√
斑嘴鸭	*Anaspoecilorhyncha*	留、冬	古				√
赤膀鸭	*Anasstrepera*	冬、旅	广		√		√
赤颈鸭	*Anas Penelope*	冬	古		√		√
琵嘴鸭	*Anasclypeata*	冬	古		√	√	√
红头潜鸭	*Aythyaferina*	冬	古		√		√
五隼形目	Falconiformes						
（七）鹰科	Accipitridae						
白尾鹞	*Circus cyaneus*	冬、旅	古	II	√		
（八）隼科	Falconidae						
游隼	*Falco peregrinus*	冬	广	II			
六鸡形目	Galliformes						
（九）雉科	Phasianidae						

续表

中文名	拉丁名	居留型	区系从属	保护级别	中日	中澳	三有
日本鹌鹑	*Coturnix japonica*	留	东		√		√
环颈雉	*Phasianuscolchicus*	留	古				√
七鹤形目	Gruiformes						
（十）鹤科	Gruidae						
灰鹤	*Grusgrus*	冬	古	II	√		
白头鹤	*Grusmonacha*	冬	古	I	√		
白枕鹤	*Grusvipio*	冬	古	II	√		
白鹤	*Grusleucogeranus*	冬	古	I			
（十一）秧鸡科	Rallidae						
普通秧鸡	*Rallusaquaticus*	冬	古		√		√
黑水鸡	*Gallinulachloropus*	夏、留	广		√		√
白骨顶	*Fulicaatra*	冬	古				√
八鸻形目	Charadriiformes						
（十二）反嘴鹬科	Recurvirostridae						
黑翅长脚鹬	*Himantopushimantopus*	旅	古		√		√
反嘴鹬	*Recurvirostraavosetta*	冬	古		√		√
（十三）鸻科	Charadriidae						
凤头麦鸡	*Vanellusvanellus*	冬	古		√		√
（十四）鹬科	Scolopacidae						
鹤鹬	*Tringaerythropus*	冬	古		√		√
青脚鹬	*Tringanebularia*	冬	古		√	√	√
（十五）鸥科	Laridae						
银鸥	*Larusargentatus*	冬	古		√		√
红嘴鸥	*Larusridibundus*	冬	古		√		√
（十六）燕鸥科	Sternidae						
灰翅浮鸥	*Chlidoniashybrida*	夏	广				√
白翅浮鸥	*Chlidoniasleucopterus*	夏	古			√	√
九鸽形目	Columbiformes						
（十七）鸠鸽科	Columbidae						
珠颈斑鸠	*Streptopeliachinensis*	留	广				√
十佛法僧目	Coraciiformes						
（十八）翠鸟科	Alcedinidae						
斑鱼狗	*Cerylerudis*	留	东				
普通翠鸟	*Alcedoatthis*	留	广				√
白胸翡翠	*Halcyon smyrnensis*	留	东				

续表

中文名	拉丁名	居留型	区系从属	保护级别	中日	中澳	三有
十一雀形目	Passeriformes						
（十九）百灵科	Alaudidae						
小云雀	*Alaudagulgula*	留	东				√
（二十）鹡鸰科	Motacillidae						
白鹡鸰	*Motacilla alba*	留	古		√	√	√
黄腹鹨	*Anthusrubescens*	冬	古				√
水鹨	*Anthusspinoletta*	冬	古		√		√
（二十一）伯劳科	Laniidae						
棕背伯劳	*Laniusschach*	留	东				√
（二十二）椋鸟科	Sturnidae						
八哥	*Acridotherescristatellus*	留	东				√
丝光椋鸟	*Sturnussericeus*	留	东				√
黑领椋鸟	*Gracupicanigricollis*	留	东				√
（二十三）鸫科	Turdidae						
北红尾鸲	*Phoenicurusauroreus*	冬	古		√		√
乌鸫	*Turdusmerula*	留	东				
（二十四）燕雀科	Fringillidae						
金翅雀	*Carduelissinica*	留	古				√

2. 珍稀鸟类的分布及动态

1）越冬初期

2013 年 10 月记录的鸟类主要是植食性游禽和杂食性游禽，分别为 9 875 只和 2 056 只，占总数量的 77.4%和 16.1%。这意味着在越冬初期，南矶湿地国家级自然保护区鸟类以雁鸭类和秧鸡科鸟类为主。雁鸭类中可以确定的物种仅有鸿雁、豆雁、灰雁和斑嘴鸭；秧鸡科鸟类主要有黑水鸡和白骨顶，其中白骨顶数量最多，达 1 544 只。

2013 年 10 月南矶湿地国家级自然保护区水鸟呈聚集型分布，在上段湖、饭湖和下北甲湖中的水鸟数量占本次调查水鸟总数量的 83.7%。

2013 年 11 月记录的鸟类仍然以植食性游禽和杂食性游禽为主，分别为 43 548 只和 4 402 只，占总数量的 85.3%和 8.6%。此时，南矶湿地国家级自然保护区鸟类数量是 10 月的 4.1 倍，仍以雁鸭类和秧鸡科鸟类为主，但食软体动物类鸟类数量增加。雁鸭类中除了鸿雁、豆雁和灰雁外，小天鹅数量增加到 160 只；杂食性游禽主要包括秧鸡科的白骨顶和䴙䴘科的小䴙䴘与凤头䴙䴘，其中白骨顶数量最多，达 3 681 只。食软体动物类涉禽以鹤鹬为主，数量达 1 743 只，其次是凤头麦鸡，达 400 只。

2013 年 11 月 8 日，南矶湿地国家级自然保护区水鸟较 10 月相对分散，没有一个湖泊中水鸟数量超过 40.0%，但总体仍呈聚集型分布。水鸟主要集中在草皮角湖和上段湖，分别占总数的 39.1%和 29.6%。其次是下北甲湖、三湖、下茶湖和北深湖，分别占总数的 6.6%、6.0%、4.5%和 3.9%。

2013 年 11 月下旬监测记录的鸟类构成与 11 月初期的鸟类构成基本相似，仍然以植食性游禽和杂食性游禽为主，分别为 112 647 只和 8 006 只，占总数量的 90.5%和 6.4%。此时，南矶湿地国家级自然保护区鸟类数量是 10 月的 10.1 倍，以雁鸭类和秧鸡科鸟类为主，食软体动物类鸟类次之。

南矶湿地国家级自然保护区水鸟在 2013 年 11 月 21 日的分布与 2013 年 11 月 8 日相似，水鸟主要集中在草皮角湖和上段湖，分别占总数的 30.2%和 24.6%。其次是泥湖、三泥湾和三湖，分别占总数的 13.8%、7.5%和 5.3%。最后是饭湖、上北甲湖、下北甲湖和北深湖，水鸟数量为 2 000～5 000 只，均少于总数的 4.5%，其水鸟数量之和占总数的 13.3%。

2）越冬中期

2013 年 12 月上旬监测记录的鸟类构成以植食性游禽和食软体动物类涉禽为主，分别为 171 844 只和 9 253 只，占总数量的 89.7%和 4.8%；其次是杂食性游禽和食鱼类涉禽，分别占总数的 2.4%和 2.0%。此时，南矶湿地国家级自然保护区鸟类数量是 10 月的 15.4 倍，以雁鸭类和鸻鹬类为主。雁鸭类中小天鹅的数量增加到 47 164 只，豆雁数量增加到 33 138 只，鸿雁和灰雁数量也超过了 10 000 只，白额雁为 5 856 只。食软体动物类涉禽主要为白琵鹭和鹤鹬，数量分别为 3 326 只和 2 697 只。

虽然南矶湿地国家级自然保护区水鸟在 2013 年 12 月 13 日的分布整体仍呈聚集型分布，但是较前期进一步分散。水鸟数量最多的湖泊为上段湖，占水鸟总数的 23.1%。其次是红星湖，占 17.1%；东江湖、北深湖、上北甲湖水鸟数量分别占水鸟总数的 10.6%、10.8%和 11.5%。

2014 年 1 月上旬监测记录的鸟类构成以植食性游禽和食软体动物类涉禽为主，分别为 106 580 只和 10 844 只，占总数量的 86.5%和 8.8%。其次是食鱼类涉禽，为 3 652 只，占总数量的 3.0%。最后是杂食性游禽，为 2 114 只，占 1.7%。植食性涉禽的数量仅 74 只，占 0.1%。此时，南矶湿地国家级自然保护区鸟类数量较 12 月减少 68 000 余只，仍然以雁鸭类和鸻鹬类为主。小天鹅的数量较 12 月减少，为 15 514 只，豆雁数量减少到 15 983 只，鸿雁数量增加到 30 466 只，灰雁和白额雁数量减少明显，分别为 500 只和 698 只。食软体动物类涉禽主要为反嘴鹬和鹤鹬，数量分别为 3 000 只和 1 548 只。

食鱼类涉禽主要为苍鹭和东方白鹳，分别为 3 256 只和 396 只。杂食性游禽以白骨顶为主，达 2 036 只；秧鸡科除了白骨顶外，还记录到黑水鸡，仅 1 只。小䴙䴘的数量也仅记录到 77 只。植食性涉禽中，灰鹤 36 只、白鹤 27 只、白头鹤 11 只。

南矶湿地国家级自然保护区水鸟在 2014 年 1 月 10 日的分布较前期进一步分散，没有任何一个湖泊中的水鸟数量超过总数的 17.0%。水鸟数量较多的湖泊为下茶湖、上茶湖、上段湖和战备湖，分别占总数的 16.2%、14.2%、11.3%和 13.3%。其次是草皮角湖和赣江尾闾，占水鸟总数的 8.2%和 7.6%。

2014 年 1 月下旬监测记录的鸟类构成也是以植食性游禽和食软体动物类涉禽为主，

分别为 72 650 只和 15 734 只，占总数的 78.7%和 17.0%；食鱼类涉禽、杂食性游禽和食鱼类游禽数量均在 1 000 只左右，各占约 1.5%。植食性涉禽的数量为 229 只，占 0.2%。此时，南矶湿地国家级自然保护区鸟类数量较 12 月减少 99 141 余只，仍然以雁鸭类和鸻鹬类为主。小天鹅的数量较月初剧烈减少，仅 2 507 只；豆雁数量减少到 15 983 只，鸿雁为 3 900 只，灰雁仅 130 只。食软体动物类涉禽主要为鹤鹬和白琵鹭，数量分别为 6 364 只和 443 只。

食鱼类涉禽主要为苍鹭和东方白鹳，分别为 1 127 只和 489 只。杂食性游禽主要是白骨顶和小䴙䴘，分别为 688 只和 414 只；植食性涉禽中，灰鹤 15 只、白鹤 202 只、白头鹤 12 只。

南矶湿地国家级自然保护区水鸟在 2014 年 1 月 23 日的分布同样较鸟类越冬初期分散。水鸟数量最多的是上段湖和战备湖，分别为 25 490 只和 15 868 只，各占水鸟总数的 27.6%和 17.2%。其次是草皮角湖、下茶湖和三泥湾，分别占水鸟总数的 10.2%、9.3%和 7.7%；最后是常湖、泥湖、下段湖和赣江尾闾，分别在 4.9%、4.8%、3.3%和 3.1%。

3）越冬末期

2014 年 3 月监测记录的鸟类构成以植食性游禽和食软体动物类涉禽为主，分别为 20 929 只和 1 740 只，占总数量的 86.8%和 7.2%；食鱼类涉禽、杂食性游禽分别为 718 只和 591 只，各占 3.0%和 2.5%。植食性涉禽 144 只，占 0.6%。此时，南矶湿地国家级自然保护区鸟类仍然以雁鸭类和鸻鹬类为主。小天鹅仅记录到 7 只、鸿雁 3 664 只、豆雁 9 026 只。食软体动物类涉禽主要为鹤鹬，为 1 351 只，白琵鹭仅记录到 60 只。

食鱼类涉禽主要为苍鹭和东方白鹳，分别为 510 只和 188 只。杂食性游禽主要是白骨顶、小䴙䴘和凤头䴙䴘，分别为 341 只、106 只和 144 只；植食性涉禽中，灰鹤 15 只、白鹤 121 只、白头鹤 8 只。

南矶湿地国家级自然保护区水鸟在 2014 年 3 月 14 日的分布较越冬中期更为集中（图 5-5-40），在 27 个湖泊中有 9 个湖泊未观察到水鸟，另有 6 个湖泊中水鸟数量不到 210 只。水鸟主要集中在上段湖和南深湖，各占水鸟总数的 32.1%和 21.1%。其次是凤尾湖和泥湖，分别占水鸟总数的 13.2%和 9.4%。

3. 优势鸟类的分布及动态

1）白鹤

白鹤是国家一级保护动物，被 IUCN 列为极度濒危物种。南矶湿地国家级自然保护区 2013～2014 年冬季除了在 2013 年 10 月的监测中未观察到白鹤个体外，其他 6 次监测中均记录到白鹤。白鹤种群数量最大监测值为 711 只，出现在 2013 年 12 月。在越冬初期白鹤数量最少，2013 年 11 月白鹤数量最大值为 130 只；越冬中期种群数量达到最大值；越冬后期白鹤数量最大值为 2014 年 1 月 23 日记录的 202 只。

白鹤在南矶湿地主要分布在 9 个湖泊中，分别为上北甲湖、北深湖、常湖、战备湖、泥湖、东湖口、上茶湖、下茶湖和赣江尾闾（表 5-5-16）。其中，下茶湖观察到白鹤的次数最多，在 7 次监测中有 6 次在该湖记录到白鹤，并且在该湖最多记录到 434 只白鹤，这也是本年度监测中单一湖泊分布的白鹤数量的最大值。记录频次较高的湖泊还有东湖口 4 次，最大数量为 176 只。其他湖泊均记录到白鹤 1～2 次，其中北深湖群体较大，为 157 只。

表 5-5-16　2013～2014 年南矶湿地国家级自然保护区冬季白鹤的分布

湖泊	最大数量（只）	最小数量（只）	次数
上北甲湖	2	2	1
北深湖	157	25	2
常湖	2	2	1
东湖口	176	1	4
赣江尾闾	27	23	2
泥湖	9	9	1
上茶湖	18	13	2
下茶湖	434	3	5
战备湖	80	80	1

2）灰鹤

灰鹤是国家二级保护动物。南矶湿地国家级自然保护区 2013～2014 年冬季除了在 10 月的监测中未观察到灰鹤个体外，其他 6 次监测中均有记录。2013 年 11 月初记录到 125 只灰鹤，11 月末记录到 338 只，为本年度灰鹤种群数量的最大值；12 月记录到灰鹤 180 只，其后灰鹤数量逐渐减少；2014 年 1 月仅记录到 36 只灰鹤，越冬末期仅记录到 15 只灰鹤。

灰鹤在南矶湿地国家级自然保护区的 12 个湖泊中均有分布（表 5-5-17），这些湖泊包括白沙湖、三湖、三泥湾、上段湖、上北甲湖、下北甲湖、东湖口、上茶湖、下茶湖、赣江中支、草皮角湖和太子河道。其中，在下茶湖和东湖口观察到灰鹤的次数最多，7 次调查中有 4 次在这两个湖中记录到灰鹤，而且在 2013 年 11 月 21 日在东湖口记录到 300 只灰鹤，是本年度水鸟监测中单一湖泊灰鹤数量的最大值。在草皮角湖有 3 次调查观察到灰鹤，但数量较少，最大数量为 10 只，最小数量为 5 只。白沙湖、上北甲湖、赣江中支、三湖、上段湖和太子河道均只记录到 1 次灰鹤，且数量较少。

表 5-5-17　2013～2014 年冬季南矶湿地国家级自然保护区灰鹤的分布

湖泊	最大数量（只）	最小数量（只）	次数
上茶湖	41	7	2
下茶湖	40	18	4
白沙湖	5	5	1
草皮角湖	10	5	3

续表

湖泊	最大数量（只）	最小数量（只）	次数
上北甲湖	4	4	1
下北甲湖	3	2	2
赣江中支	18	18	1
东湖口	300	71	4
三湖	1	1	1
三泥湾	5	5	2
上段湖	42	42	1
太子河道	9	9	1

3）白头鹤

南矶湿地国家级自然保护区 2013～2014 年冬季在 2013 年 10 月和 11 月初的监测中未观察到白头鹤个体，在其后的 5 次监测中均有记录。11 月末记录到 10 只白头鹤，12 月记录到 42 只白头鹤，是本年度水鸟监测中白头鹤种群数量的最大值；其后白头鹤数量相对稳定，后期的 3 次调查白头鹤数量均在 10 只左右。

白头鹤在南矶湿地国家级自然保护区 7 个湖泊中有分布记录（表 5-5-18），这些湖泊包括三泥湾、下北甲湖、东湖口、上茶湖、下茶湖、赣江尾闾和红星湖。其中，在下北甲湖白头鹤的记录次数最多，7 次调查中有 3 次记录到白头鹤，但数量较少，最小数量为 8 只，最大数量为 12 只；在其他 6 个湖泊中均只有 1 次白头鹤记录。白头鹤最大群体出现在下茶湖，有 29 只个体；最小群体出现在三泥湾，只有 2 只个体。

表 5-5-18　2013～2014 年冬季南矶湿地国家级自然保护区白头鹤的分布

湖泊	最大数量（只）	最小数量（只）	次数
东湖口	10	10	1
下北甲湖	12	8	3
赣江尾闾	3	3	1
上茶湖	5	5	1
下茶湖	29	29	1
红星湖	6	6	1
三泥湾	2	2	1

4）白枕鹤

南矶湿地国家级自然保护区 2013～2014 年冬季的 7 次调查中，仅在 2013 年 11 月 21 日和 2012 年 12 月 13 日记录到白枕鹤。11 月末记录到 11 只白枕鹤，12 月记录到 12 只白枕鹤。白枕鹤栖息地的湖泊包括下北甲湖和下茶湖（表 5-5-19）。

表 5-5-19　2013～2014 年冬季南矶湿地国家级自然保护区白枕鹤的分布

湖泊	最大数量（只）	最小数量（只）	次数
下北甲湖	11	11	1
下茶湖	12	12	1

5）东方白鹳

东方白鹳是国家一级保护动物，被 IUCN 列为濒危物种。2013～2014 年冬季，南矶湿地国家级自然保护区主要在越冬中后期记录到东方白鹳。在 2013 年 10 月和 11 月的 3 次调查中未记录到东方白鹳个体。东方白鹳种群数量最大监测值为 1 510 只，出现在 12 月。越冬后期东方白鹳数量减少，数量为 188～489 只。

东方白鹳在南矶湿地国家级自然保护区 7 个湖泊中有分布记录（表 5-5-20），这些湖泊包括白沙湖、北深湖、南深湖、常湖、饭湖、泥湖和赣江尾闾等。其中，在白沙湖、北深湖和常湖的记录次数最多，7 次调查中有 3 次记录到东方白鹳，群体数量也较大；在其他 5 个湖泊中均只有 1 次东方白鹳记录。东方白鹳最大群体出现在常湖，234 只个体，其次是泥湖，213 只个体，再次是饭湖和白沙湖，分别为 194 只和 126 只个体；最小群体出现在赣江尾闾，只有 8 只个体。

表 5-5-20　2013～2014 年冬季南矶湿地国家级自然保护区东方白鹳的分布

湖泊	最大数量（只）	最小数量（只）	平均数量（只）	次数
白沙湖	126	8	48	3
北深湖	69	16	44	3
常湖	234	95	166	3
饭湖	194	194	194	1
赣江尾闾	8	8	8	1
南深湖	16	16	16	1
泥湖	213	213	213	1
三湖	4	4	4	1
三泥湾	5	3	4	2
上北甲湖	255	255	255	1
上茶湖	2	2	2	1
上段湖	164	5	66	4
下茶湖	600	600	600	1
战备湖	130	112	121	2

6）白琵鹭

白琵鹭是国家二级保护动物。在南矶湿地国家级自然保护区 2013～2014 年冬季的 7 次调查中，在 2013 年 10 月和 11 月的调查中未观察到白琵鹭个体，其后的 5 次调查中均有记录。11 月末记录到 200 只白琵鹭，12 月数量最多，记录到 3 326 只个体，其后数量减少，2014 年 1 月数量少于 800 只。2014 年 3 月的调查中仅记录到 60 只个体。

白琵鹭在南矶湿地国家级自然保护区 11 个湖泊中有分布记录（表 5-5-21），这些湖泊包括常湖、饭湖、凤尾湖、赣江尾闾、南深湖、泥湖、上北甲湖、下北甲湖、上段湖、下茶湖和战备湖。其中，在凤尾湖的记录次数最多，7 次调查中有 3 次记录到白琵鹭，但数量不多，最大数量为 87 只，最小数量为 20 只；在常湖和战备湖均在 2 次调查中记录到白琵鹭，战备湖白琵鹭群体较大，平均数量为 284 只，常湖群体较小，平均数量为 14 只；其他 8 个湖泊均仅在某 1 次调查中记录到白琵鹭。白琵鹭最大群体出现在上段湖，有 2 200 只；其次是上北甲湖，有 1 000 只个体；最小群体出现在下茶湖，仅有 7 只个体。

表 5-5-21　2013～2014 年冬季南矶湿地国家级自然保护区白琵鹭的分布

湖泊	最大数量（只）	最小数量（只）	平均数量（只）	次数
常湖	16	11	14	2
饭湖	31	31	31	1
凤尾湖	87	20	59	3
赣江尾闾	400	400	400	1
南深湖	33	33	33	1
泥湖	95	95	95	1
上北甲湖	1 000	1 000	1 000	1
上段湖	2 200	2 200	2 200	1
下北甲湖	200	200	200	1
下茶湖	7	7	7	1
战备湖	340	227	284	2

第五节　鄱阳湖鸟类保护管理对策

（1）加强鄱阳湖候鸟常态化调查监测。

鄱阳湖是国际重要湿地、全球重要生态区，也是当今世界上重要的候鸟越冬地，鄱阳湖地区越冬期集中了全球大比例的濒危鸟类，如约占全球 90%以上的白鹤、50%的白枕鹤和 60%的鸿雁迁来鄱阳湖越冬。但到目前为止，对鄱阳湖区候鸟的监测还仅限于短时间、小范围或单物种的监测研究，缺乏全面、系统、科学的数据积累。为此，建议针对鄱阳湖区候鸟，制定一个可稳定重复的系统调查方案，长期监测鄱阳湖地区的鸟类动态，并定期发布调查报告。

（2）改变传统渔业模式，保护候鸟栖息地。

鄱阳湖区传统渔业生产方式，如“定置网”“斩秋湖”等捕捞方式还没有得到有效制止，新的、更具破坏性的渔业生产方式，如螃蟹养殖、围湖养殖等又不断在湖区出现。进入 11 月、12 月，内湖的各子湖泊水位迅速下降，尽管在短期内能提供给鸟类充足的食物和适宜的生境，但水位下降至底点后，所有的生境将遭受彻底的破坏，水鸟被迫重新选择适栖地，自然生存环境受到了严重干扰。例如，在北深湖的调查发现，湖泊放水在调查前的一周，湖泊内小天鹅栖息的数量逐渐增加，三周后达到 20 000 余只，但水位到达底点后，小天鹅在 2～3 天内全部消失。湖泊承包者为获取最大利益，采取一切手段竭泽而渔，致使湿地资源遭受破坏。野生动物主管部门不具备任何一个湖泊的所有权或经营权，无法有效管理栖息地。2013 年，南矶湿地国家级自然保护区以有偿方式取得湖泊经营权，让利转租或自行组织渔业生产（经营权转让），达到保护区可以自主调节湖池水位、满足水鸟生境需求的目的，并取得预期效果。为此，建议从保护候鸟的角度出发，对国家级自然保护区内的所有湖泊施行管理，采取保护区承包市场运作、政府划拨、生态渔业补偿等方式获取湖泊管理权，保护候鸟的栖息环境。

（3）开展野生动物疫源疫病监测主动预警，维护公共卫生安全。

每年 10 月左右会有几十万只珍稀濒危候鸟从周边国家，特别是俄罗斯、蒙古等国家迁徙到此越冬栖息，一直到翌年 3～4 月才离开。根据有关专家分析，野生鸟类迁徙传播高致病性禽流感的可能性极大，而鄱阳湖又是跨国野生迁徙鸟类的集中分布地和迁徙地，一旦暴发高致病性禽流感疫情，不但危及野生鸟类资源和家禽家畜养殖业，还将对公共卫生安全带来严重危害。为此，建议加大鄱阳湖区野生动物疫源疫病站点建设力度：一是增加 2～3 处野生动物疫源疫病监测站；二是进一步完善已有监测站点的监测设施设备，在此基础上开展野生动物疫源疫病主动监测预警；三是提高监测管理水平，切实保护江西省野生动物资源和维护公共卫生安全。

（4）健全保护区系统，填补保护空缺。

在对历年数据分析整理的基础上，对鄱阳湖区各湖泊重要性进了评估。在鄱阳湖 80 个子湖泊中，虽然 70.1%的湖泊被涵盖在自然保护区内，但位于国家级自然保护区内的湖泊仅占 22.5%，省级自然保护区内的湖泊占 18.8%，县级占 28.8%。在重要性排序前 30 的湖泊中，只有 12 个位于鄱阳湖国家级自然保护区内和南矶湿地国家级自然保护区内，即仅 40.0%的湖泊被涵盖在国家级自然保护区范围内。得分排序第 4 位的企湖对珍稀濒危水鸟的保护非常重要，但没有被纳入保护区系统。建议将企湖等候鸟主要分布的湖泊纳入国家级或省级自然保护区管理。

参 考 文 献

傅道言，丁铁明，胡平喜，等. 1989. 鄱阳湖山地丘陵的鸟类调查. 江西科学，7（2）：32-43.

杭馥兰，常家传. 1997. 中国鸟类名称手册. 北京：中国林业出版社.

江西省林业厅《江西省鄱阳湖鸟类资源的调查》课题组. 1986. 江西省鄱阳湖鸟类资源的调查.

江西省鄱阳湖鸟类考察队. 1988. 江西省鄱阳湖地区的鸟类区系组成及分析. 四川动物，7（1）：23-25.

刘信中，樊三宝，胡斌华. 2006. 江西南矶山湿地自然保护区综合科学考察. 北京：中国林业出版社.

刘观华，金杰锋，等. 2013. 江西鄱阳湖国家级自然保护区自然资源 2012-2013 年监测报告. 上海：复旦大学出版社.

钱法文，李言阔，陆军，等. 2013. 鄱阳湖都昌候鸟自然保护区丰水期和枯水期鸟类多样性. 动物学杂志，48（4）：537-547.

王作义，等. 1987. 鄱阳湖候鸟保护区珍禽越冬生态考察报告. 南昌：江西科学技术出版社.

吴英豪，纪伟涛. 2002. 江西鄱阳湖国家级自然保护区研究. 北京：中国林业出版社.

谢光勇，李言阔，李佳，等. 2014. 鄱阳湖都昌候鸟自然保护区夏季鸟类群落结构. 四川动物，33（1）：139-143.

应钦，孙志勇，张微微，等. 2014. 鄱阳湖吴城半岛鸟类群落组成及多样性分析. 江西农业大学学报，（1）：199-208.
张本，等. 1988. 鄱阳湖研究. 上海：上海科学技术出版社.
朱奇，刘观华，吴建东，等. 2012. 江西鄱阳湖国家级自然保护区自然资源 2010 年监测年报. 上海：复旦大学出版社.
朱奇，刘观华，金杰锋，等. 2013. 江西鄱阳湖国家级自然保护区自然资源 2011-2012 年监测报告. 上海：复旦大学出版社.
郑光美. 2011，中国鸟类分类与分布名录（第二版）. 北京：科学出版社.

第六章　其他水生动物资源及其动态变化

第一节　鄱阳湖钉螺种群分布及时空动态消长变化

鄱阳湖区是我国血吸虫病严重的流行区之一，原有螺草洲面积120余万亩，病人达35万人，新中国成立后历经各种灭螺措施，消灭了大面积的洲滩钉螺，至一次鄱考期间（1982～1984年），湖区有螺面积压缩至72万亩，病人约20万人，年均急性感染的约600余人，但在水位未被控制的草洲上，仍普遍孳生着钉螺。1998年，鄱阳湖区由于遭遇百年不遇的洪水，草洲长时间水淹，钉螺向外扩散，再次造成疫情回升，21世纪初期血防形势十分严峻，严重影响湖区居民的健康和社会经济的发展。

一、钉螺种群分布特征

过去草洲钉螺分布是密螺带、多螺带和稀螺带，即二线三带的原生态状带，钉螺在湖区呈片状、面状、聚集性的分布，洲滩上的水沟、坑洼等特殊地形的钉螺密度和感染钉螺密度均较高。在钉螺密度较高或邻近居民点的洲滩，感染螺密度更高。活螺密度和感染螺密度分布呈显著的正相关，与负二项分布和Poeya-Eggenberger分布拟合良好，洲滩感染螺呈聚集性分布。

但自2004年2月10日国务院成立了血吸虫病防治工作领导小组后，加强了对血防工作的领导，加大了对血防的投入，并相继批转了血防综合治理重点项目规划纲要和全国预防控制血吸虫病中长期规划纲要（2004～2015年），同时也加大了灭螺的投入，特别是对附近居民点及人、畜经常出没的草洲和地域进行集中性和突击性灭螺，使钉螺分布的原有规律受到影响，加上气候因素，使钉螺的密度大幅度下降。2011年是鄱阳湖区60年一遇的干旱年，春水上涨迟，秋季退水早，持续干旱时间长达9月之久，2011年冬和2012年春当地血防人员在草洲上进行了螺情调查，鄱阳湖草洲上几乎查不到钉螺，说明干旱对钉螺的生长发育和分布有重要的影响作用。但并不是说，干旱可以使钉螺种群消灭或消失。查不出钉螺并不等于没有钉螺，原因是我们常规的查螺法是50 m一线，20 m一点，即在1 000 m^2的范围内（1.5亩）查取0.11 m^2面积的草洲的钉螺，也就是说，查的面积是草洲面积的万分之一，查的面积太小；另外，也可能是调查的时间、地点、气温不适合钉螺活动。由于多种因素，现在草洲的钉螺多呈散在的、点状的分布，这也给查螺工作带来了极大的困难。

本次鄱考在鄱阳湖南、中、北选择了三处草洲，除按一般方式查螺外，还对特殊地形进行连续3年的调查，都发现了点状或线状，甚至片状的螺群区，在中部永修县吴城的观察点上，每0.11 m^2（即一框）螺数最多达216只，在北部的星子县梅溪湖和南部新建县南矶山东湖边洲的某些特殊地形，每框（0.11 m^2）均可查到 100 只以上。由于钉螺繁殖力强，繁殖速度快，在气候适宜的年份内又可大量繁殖和扩散，所以在钉螺密度较低的草洲上查螺时对特殊地形的全面搜查显得特别重要。

二、鄱阳湖有螺面积的变化

由于人为因素和自然因素的变化，长期以来，鄱阳湖草洲或有螺草洲的具体数据很难准确确定，特别是有螺草洲的面积更难以具体定量，在一次鄱考时（1982 年），确定鄱阳湖区洲滩（主要是指草洲）面积为 81 527.3 hm^2，其中有螺面积为 63 095 hm^2，朱宏富等（2002）在《鄱阳湖调蓄功能与防灾综合治理研究》一书中也引用此近似值，有螺草洲面积占总洲滩面积的 88.8%，有螺草洲为 420 块，2001～2002 年江西省血地办再次调查时，共调查草洲 539 块，但有螺面积已上升到 76 548 hm^2，到 2005 年达到 78 657 hm^2，直到 2012 年还基本上保持了这个面积，可以说是有增无减（图 5-6-1），其原因是多方面的（包括 1998 年以后退田还湖的面积）。

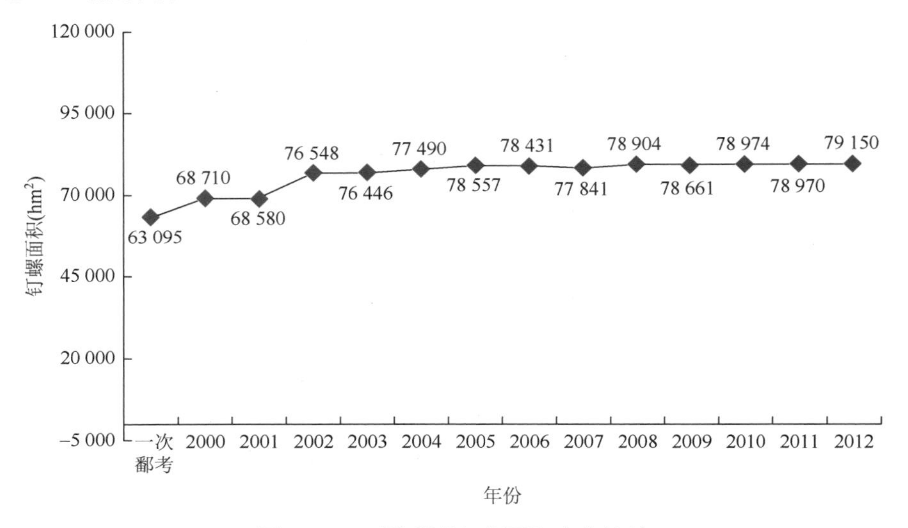

图 5-6-1　两次鄱考钉螺面积变化比较

由图 5-6-1 可以看出，两次鄱考鄱阳湖区的有螺面积没有太大变化，还略微有点增加，由 63 095 hm^2 增至 79 150 hm^2。由此可以看出，现有的灭螺措施可以降低钉螺密度，却很难减少有螺面积。而“封洲禁牧综合措施”却能很快地降低钉螺的感染率，达到有螺无病的目的。

三、侏儒螺的发现

鄱阳湖草洲的钉螺属肋壳钉螺，其个体大小可因草洲高程、水淹时间、植被覆盖度、土壤湿度和环境的不同而略有差别，一般常年雨量的年份，草洲水淹 5～7 个月，钉螺的壳高多为 7.5～9.5 mm，平均为 9 mm 左右（张绍基等，1985）。1976～1978 年，鄱阳湖草洲比较干旱，在新建昌邑山上高程（15.7 m）的螺群体高平均为 6.11 mm，中高程（14.7 m）的螺高平均为 7.92 mm（王溪云等，1977）。2000 年 11 月中旬在都昌县范垅洲等 3 块草洲，共测量钉螺 31 186 只，壳高在 5.5 mm 以下者占总数的 15.38%，2001 年 11 月在相同的 3 块草洲共测量钉螺 72 697 只，壳高在 5.5 mm 以下者占总数的 7.26%（王小红等，2002），分析其原因是 2001 年的气温和草洲植被覆盖度优于 2000 年。

2012 年 5 月 3～8 日对星子县的梅溪湖、十里湖，永修县吴城 3 个试验地进行调查，各地随机抽取 100～200 只活螺进行测量，结果见表 5-6-1 和图 5-6-2。

表 5-6-1　鄱阳湖区 3 块草洲同期钉螺壳高比较表

壳高（mm）	梅溪湖（测量螺数 200）			吴城（测量螺数 100）			十里湖（测量螺数 100）		
	数量（只）	构成比（%）	平均只重（mg）	数量（只）	构成比（%）	平均只重（mg）	数量（只）	构成比（%）	平均只重（mg）
4.0 以下	38	19.0	6.25	0	0	0	0	0	0
4.0～4.9	45	22.5	10.22	0	0	0	0	0	0
5.0～5.9	68	34.0	12.35	2	2.0	18.11	0	0	0
6.0～6.9	39	19.5	22.05	16	16.0	30.11	0	0	0
7.0～7.9	10	4.0	33.66	25	25.0	45.23	0	0	0
8.0～8.9	0	0	0	37	37.0	51.05	30	30.0	52.15
9.0～9.9	0	0	0	17	17.0	62.52	48	48.0	63.13
10.0 以上	0	0	0	3	3.0	72.63	22	22.0	77.52
平均壳高（mm）	5.11			7.77			9.19		
平均只重（mg）	14.80			41.50			67.20		

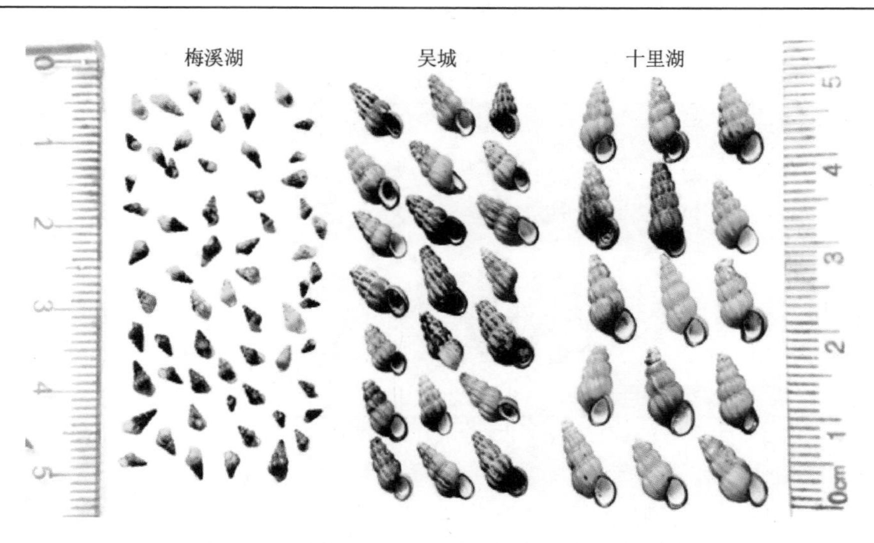

图 5-6-2　鄱阳湖 3 块草洲钉螺外形大小比较图

由表 5-6-1 可知，梅溪湖的钉螺壳高在 5 mm 以下者占总数的 41.5%，壳高 6 mm 以下者竟占总数的 75.5%，而且同一壳高的体重也不及同类的 2/3，这种成片发现的肋壳小螺在国内从未见诸报道，本书称为侏儒螺。

梅溪湖侏儒螺的成因，除 2011 年鄱阳湖地区遭受 60 年一遇的大旱外，也是由当地特殊的地理环境和气候因素所致。2012 年 5 月 4 日，共查螺 50 框，钉螺密度为 41～216 只/框，共捕螺 3 283 只，一龄螺占总数的 97.44%，自然死亡螺占 27.87%。其中，二龄螺占 5.66%。

2012 年由于鄱阳湖气候趋于正常，梅溪湖螺群生长发育逐渐恢复，2012 年 11 月调查发现 100 只平均壳高为 7.45 mm，平均只重为 40.2 mg；2013 年 12 月，100 只平均壳高为 7.76 mm，平均只重为 45.6 mg；但与吴城和十里湖同期钉螺的壳高和只重仍有明显差异。

四、干旱对钉螺产卵力的影响

为了观察对耐过大旱气候年之后余存活螺的产卵繁殖能力，还特地进行了残存活螺的产卵能力试验，并以吴城草洲钉螺为对照。将梅溪湖的钉螺（受干旱影响较大）按不同的壳高在实验室内进行分组产卵试验，结果表明，壳高 5.0 mm 以下的钉螺（以下称为侏儒螺）均无产卵能力，5～7 mm 的钉螺，其产卵量也不及对照螺（吴城特殊地带受干旱影响较小）的 1/5，而且在 30 d 的产卵期内，其自然死亡率也高出 3.5～4.8 倍。而未能产卵的侏儒螺，在同期内其自然死亡率也比对照组高 1.7～3 倍。同时发现，2 龄老螺也具有很高的产卵能力，其产卵高出同一地点 1 龄螺的 4 倍，但比对照螺约少 1/2，其自然死亡数与同期 6～7 mm 以上的 2 组相似，这是过去文献未曾报道过的，详见表 5-6-2。

表 5-6-2　干旱对钉螺产卵力的观察比较（2012 年 5 月 8 日～6 月 8 日）

组别	壳高（mm）	螺数（只）	螺卵及幼螺总数	其中幼螺			每只螺产卵均数*	成螺自然死亡	
				活螺数	死螺数	螺卵数		死亡数	死亡率（%）
1	4.0 以下	50	0	0	0	0	0	16	32
2	4.0～4.9	50	0	0	0	0	0	27	54
3	5.0～5.9	50	21	14	3	4	0.84	32	64
4	6.0～6.9	50	37	22	7	8	1.48	43	86
5	7.0 及以上	50	113	57	43	13	4.52	44	88
6	2 龄老螺	33	267	162	73	32	16.18	28	84
对照	吴城 1 龄螺	50	753	355	318	80	30.12	9	18

*每组螺按其 1/2 的♀螺数计算，为每只螺的产卵均数。

五、鄱阳湖区血吸虫病急感人数的动态变化

血吸虫病人群急性感染人数的多少，不仅可以说明血吸虫病疫情的强弱和疫情的控制程度，也能说明疫情对人民生命危害和对社会经济破坏的程度，20 世纪 80 年代中期，鄱阳湖区血吸虫病急感病人最高的年份曾达 3 000 余例，一次鄱考期间，1982～1984 年 3

年间共发生 1 889 例，平均每年达 630 例。2004 年以后，国务院血吸虫病防治工作领导小组采取了一些紧急措施，湖区血吸虫病人由 20 余万人降至 7.3 万人，2006 年颁布血吸虫病防治条例，严禁人畜接触有螺草洲和疫水，2007 年国务院办公厅又发特急明电，指令全国湖区疫区全面推广“封洲禁牧”措施，鄱阳湖区由南向北，自 2005 年开始实施封洲禁牧以机代牛，使疫情直线下降，2012 年以后急感人数已趋近于零。近几年来，急感人数变化如图 5-6-3 所示。

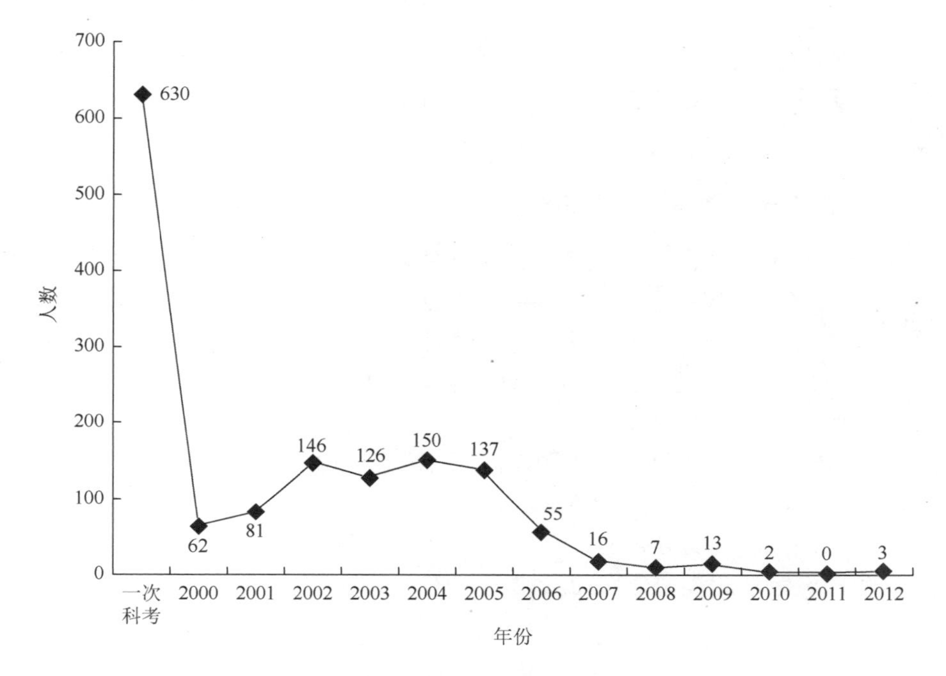

图 5-6-3　鄱阳湖近十余年急性血吸虫病人变化

从图 5-6-3 可以看出，鄱阳湖血吸虫病已接近全面控制阶段，由于钉螺是一种水陆两栖的低等底栖生物，是血吸虫病的传播媒介，要想彻底消灭，难度很大，而且也影响生态环境，只要疫区群众努力切断病源，尽管有螺面积并未减少，但阳性钉螺没有了，达到有螺无害，血吸虫病的传播也就自然阻断了。

第二节　鄱阳湖江豚资源状况

1. 鄱阳湖江豚分布、重点水域种群数量及行为

江豚考察安排在湖口、都昌、鄱阳、余干一线，以截线法和直接计数法为主，连续两年对进行调查，同时根据搜索到的关于江豚目击事件的可靠新闻或消息，以及历史文献记载的有关于鄱阳湖江豚，调查分析其历史分布。定点观测鄱阳湖星子水域（29°26′38.18″N，116°2′58.83″E）、鄱阳湖龙口水域（29°00′39.63″N，116°29′15.40″E）。考察期间，以每日 8:00～18:00 左右为观测时间段。该时间段内，对调查湖段约 2 000 m 长的水域进行持

续地轮流搜索。主要用肉眼观测，辅以 8×42 的 KOWA 双筒望远镜。将 8:00～18:00 的观测时间分为 10 个时间段。

数据处理采用可见系数法。其中，可见系数 $R=r_0\times r_1\times r_2$。$r_1$、$r_2$ 取值为 0.9。由于本次考察中，观测者距动物的距离≤1 000 m，采用下式计算种群数量

$$N=\sum_{i=0}^{n}\frac{S_i}{r_1r_2r_{0i}}$$

式中，S_i 为每次发现江豚数量观察值；N 为校正后的种群数量；r_{0i} 为相应的每次发现江豚数量的静态可见系数（肖文和张先锋，2002），并参考魏卓等（2002，2003）对江豚行为进行判定。

2. 鄱阳湖江豚分布及其集中分布区

通过对文献资料的总结（肖文等，2002；杨建等，2000）和根据 2009 年冬季考察分布数据的结果（未发表），归纳出 1997～1999 年和 2009 年鄱阳湖江豚的分布区域，以及其集中分布水域。本书统计了历史上鄱阳湖江豚的目击事件，一共记录了目击事件 71 次，约 600 余头次，从历史上看，鄱阳湖江豚的历史分布区域及其主要分布水域如图 5-6-4 所示。

图 5-6-4（a）为 1997～1999 年鄱阳湖江豚分布图；（杨建等，2000；肖文等，2002）；图 5-6-4（b）为 2009 年冬季江豚分布图；图 5-6-4（c）为本次鄱考根据 2006～2014 年目击事件统计得出的江豚历史分布图。其中，点和实线分别表示发现江豚的地点和江豚的分布区域，灰色圈表示江豚集中分布的水域。

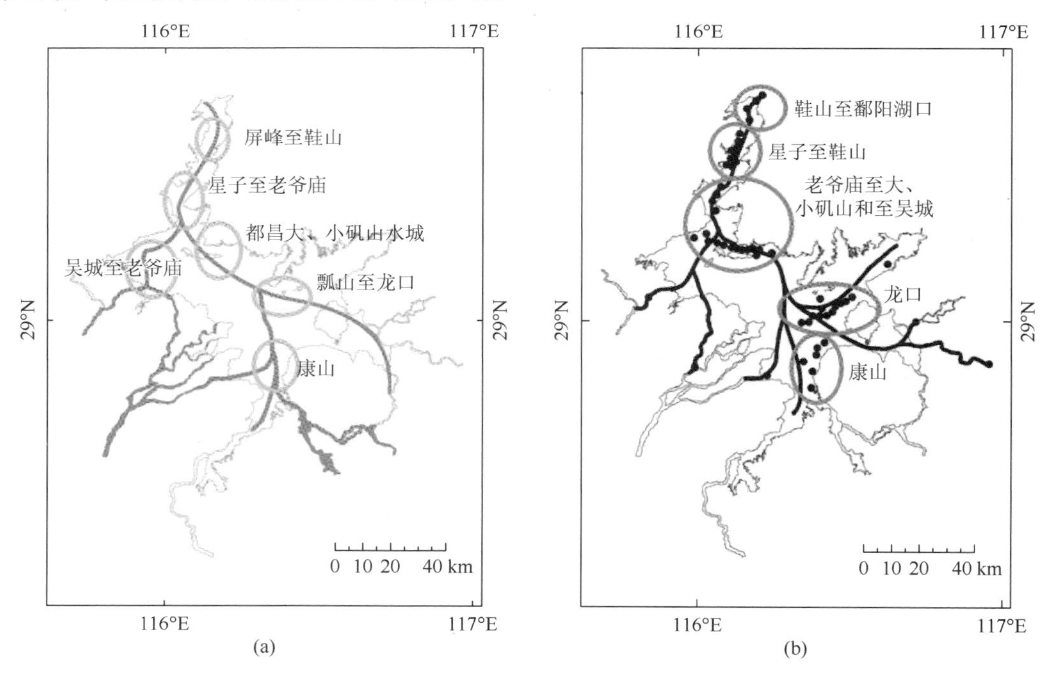

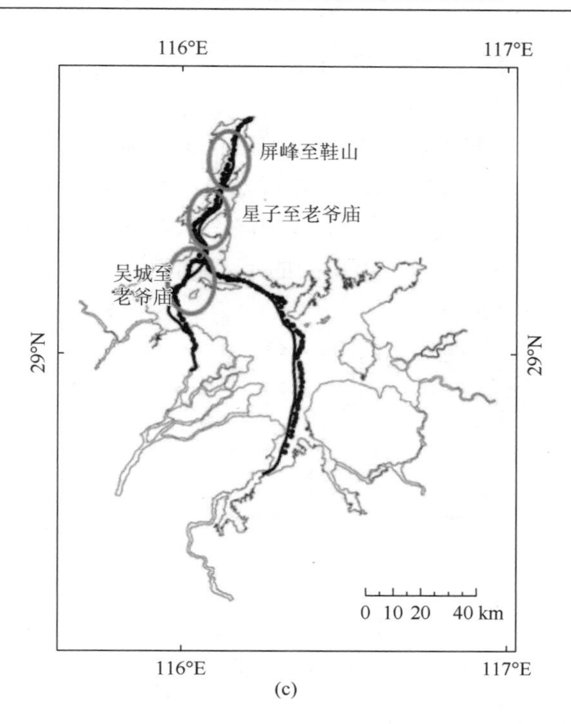

(c)

图 5-6-4　不同年份江豚分布及其集中分布区

3. 枯水期江豚重点分布水域种群数量

通过对江豚重点分布水域（星子水域、龙口水域）长时间的定点考察，采用可见系数法对数据进行处理，最终得出重点分布水域江豚的种群数量，如图 5-6-5 所示。星子水域江豚种群数量为（28.9±13.412）头次，$df = 9$；鄱阳龙口水域江豚数量为（50.88±20.945）头次，$df = 6$（置于 95%置信区间）。龙口水域的江豚种群数量约 50 头左右，星子水域约 29 头左右，该数据与 2011 年对鄱阳湖江豚监测的数据（中国科学水生生物研究所，未发表）进行对照，大致吻合。两个水域江豚白天出现的规律也有差异，推测与人为干扰有关。

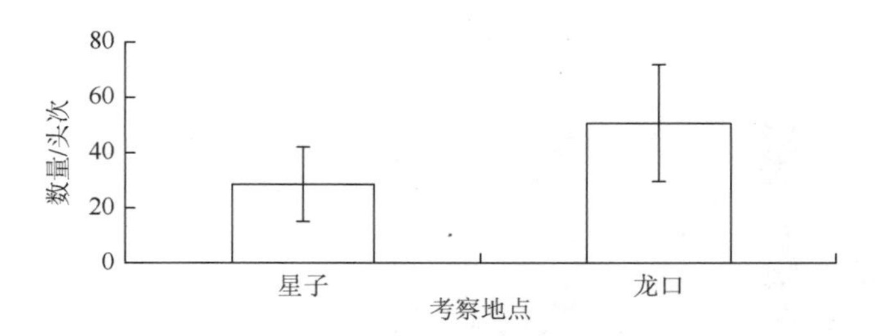

图 5-6-5　星子水域和龙口水域枯水期江豚种群数量

4. 重要湖段江豚白天出现规律

根据白天时段，对江豚出现江段的时间进行描述，发现图 5-6-6 的规律。在星子湖段，白天江豚出现最多的时段为“2”和“7”时段，即 9：00～10：00 和 14：00～15：00；而在鄱阳龙口段，则在“1”“5”“10”段出现活动高峰，对应的时间段为 8：00～9：00，12：00～13：00，17：00～18：00。究其原因，星子水域可认为是江豚迁移的“走廊水域”。早晨和中午，江豚从老爷庙水域至湖口方向进行相互迁移和觅食。而刚好在时段“2”（9：00～10：00）和时段“7”（14：00～15：00）时到达星子水域。因此，该时段在星子湖段发现的江豚数量较多。而不同的是，鄱阳龙口水域是省级江豚自然保护区，是江豚非常重要的自然栖息地。

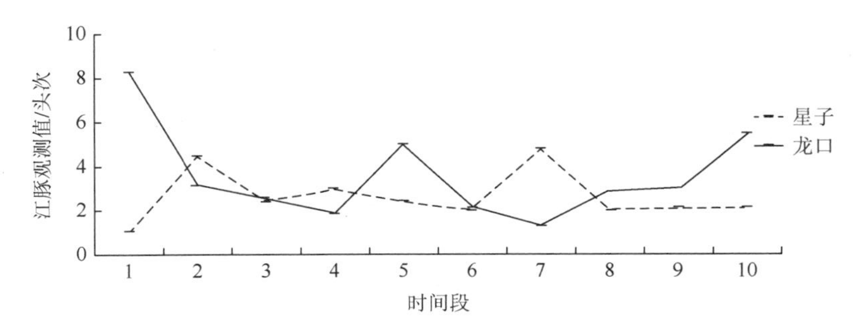

图 5-6-6　江豚每日观测值时段变化

5. 江豚动物行为特征

本次鄱考统计到重点水域江豚发生行为一共 4 203 次。其中，星子水域 1 061 次，日均发生动物行为 106 次；龙口水域 3 142 次，日均发生动物行为 393 次，如图 5-6-7 所示。在星子段水域，江豚每头次日均发生 5 次动物行为，而龙口为 12 次；星子段水域由于渔业资源越来越匮乏，江豚在该地并不进行长时间的逗留或者摄食行为，并且在星子第 2 次的调查中发现，经由该水域进行专门的迁移行为次数增加到 158 次，而第 1 次为 42 次。在鄱阳龙口段水域，江豚使摄食行为几乎成为绝对优势行为。由于此处大面积的洲滩为鱼类提供了良好的索饵和繁殖场所，该水域的渔业资源比星子段水域较为丰富，江豚经常在经过该段水域时发生长时间的逗留进行摄食，并出现较多次数的玩耍和抚幼行为。

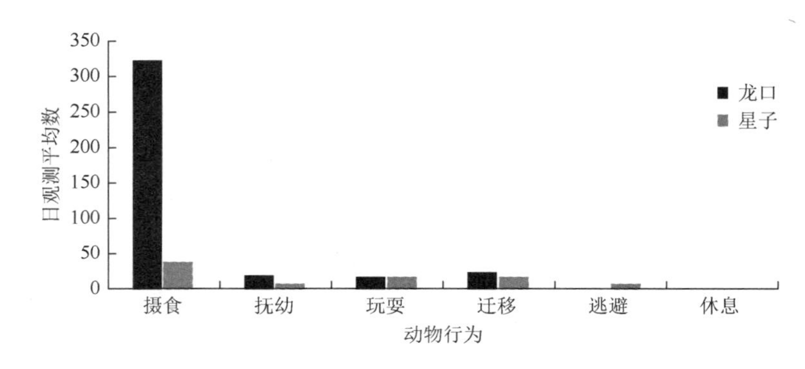

图 5-6-7　江豚在两水域每日发生的动物行为

参 考 文 献

王溪云，胡林生，周诗云，等. 1977. 湖区钉螺生态研究之三——干旱对草洲钉螺生存影响的观察. 江西省血吸虫病防治研究资料选编（内部刊物）.

王小红，王溪云，邹慧，等. 2002. 鄱阳湖草洲植被与钉螺血吸虫感染性年间变异的分析. 中国血吸虫病防治杂志，14（5）：342-346.

张绍基，刘志德，胡林生，等. 1985. 鄱阳湖草滩钉螺生态的研究. 血吸虫病研究（1956-1985），江西省血吸虫病研究委员会编印.

第七章　微生物资源及其动态变化

第一节　鄱阳湖水体和底泥微生物（细菌）资源及其多样性

鄱阳湖具有独特的生态系统，五河流域汇聚一湖形成了独特的微生态环境和微生物资源。微生物是生物群落中非常重要的一个分支，是地球物质循环系统中的塔基，在该系统中，微生物群落结构是湿地生态功能的基础，它们与湖泊沉积物、湿地土壤的化学性质、团聚体的形成，以及污染物的降解等密切相关，对物质循环和能量流动发挥着巨大作用。

鄱阳湖是一个过水型湖泊，蓄水量差异极大，随着水文的变化，湿地植被环境也发生根本性改变，微生物作为自然生态系统的基本组分，履行着主要分解者的作用，推动着自然界养分元素的生物地球化学循环过程。在鄱阳湖枯水期洲草大量生长的季节，硝化细菌提供氮营养，而在丰水期，反硝化细菌把 NO_2 氧化为 NO_3 转化为 N_2O 和 N_2，可缓解湖水的富营养化，同时，在降解环境废物包括有机污染物、化学农药污染和钝化重金属等方面，微生物也具有重要作用。

近年来，随着分子生物学技术的发展，人们建立了许多不依赖于微生物分离培养的分析方法，对各种生态环境中的微生物多样性获得更系统和全面的了解。先后出现了聚合酶链式反应（polymeric chain reaction，PCR）-变性梯度凝胶电泳（denaturing gradient get electrophoresis，DGGE）分析法和 DNA 高通量测序分析法，它们都是根据 16 S 或 18 SrDNA 基因（编码细菌或真菌 16 S 或 18 S 核糖体的核糖核酸亚基的基因）多变区特异性引物对样品总 DNA 进行扩增。前一种方法的 PCR 产物需要人工通过 DGGE 分离、拍照、DNA 条带的切胶回收、亚克隆和对克隆子的测序，再借助相关软件分析样品的多样性；而后一种方法的 PCR 产物只需通过整体的预处理就可直接全部测序，借助电脑自动分析；按照 97%的相似性，对非重复序列（不含单序列）进行操作分类单位（operational taxonomic units，OTU）聚类，去除嵌合体，而得到 OTU 的代表序列。按照众数原则，采用 RDP（ribosomal database project，RDP）classifier 贝叶斯算法对 97%相似水平的 OTU 代表序列进行分类学分析和注释。它们都能获取环境中总的微生物系统发育信息，这对于获得微生物群落信息、分离和鉴定特定环境中新的微生物物种具有重要意义，特别是最新的高通量测序技术在菌群结构分析上的运用，使研究环境中全部微生物成为可能。

2012 年 7 月在鄱阳湖核心湖区选择了具有代表性的 15 个采样点，见表 5-7-1。

采集上述 15 个水体样和对应的 15 个底泥样，分别收集和浓缩样品总微生物，并分别提取各自的总 DNA，置–30℃保存。通过 PCR-DGGE 方法对这些样品进行多样性分析。同时，从中选取 5 个水样，11 号、14 号、104 号、22 号和 80 号（依次编为 S3、S4、S14、

表 5-7-1 采样点地理位置（GPS 点位）及水文、气象指标

样点	地理位置名称	GPS 点位（经纬度）		星子站水位（m）	风速（m/s）	风向	水深（m）	透明度（m）	水温（℃）	浊度（NTU）	水草情况	备注
1	瓢山	116.4005°E	29.05416°N	17.15	2.4	SW	4.9	0.2	31.76	139.4	零星漂浮苦草	淤泥底，水体浑浊
5	小矶山附近	116.09904°E	29.23085°N	#	5.2	S	11.3	0.15	31.27	174.8	无	大量采砂船，沙底
11	石钟山对岸	116.21288°E	29.74754°N	#	2.9	ENE	10.8	0.2	26.59	117	无水草	距长江口较近
14	戴家湖湖口	116.13°E	29.5088°N	17.69	3.8	S	12.7	0.3	29.7	51.4	无	刚下过中雨，淤泥底
17	乐安河	116.7159°E	28.90827°N	17.89	#	#	3.7	0.3	29.96	41.6	无	沙泥底
21	赣江南支湖口	116.35943°E	28.80474°N	17.89	3.6	SW	7.2	0.1	28.26	340.2	洲滩有芦苇白杨树生长	漂浮苦草，狐尾藻，淤泥底
22	抚河入湖口	116.35712°E	28.79914°N	17.89	3.3	SSW	5.4	0.1	28.35	328.2	有芦苇生长，苦草漂浮	周围有围网
47	虬门，撮箕湖	116.41762°E	29.153582°N	17.18	4.9	SE	5	0.9	31.72	11.1	大量漂浮水草	淤泥底，水上有少量泡沫，无定性底栖
54	汉池湖北	116.48016°E	29.11214°N	17.15	6.2	S	4.2	0.6	30.85	16.7	零星飘浮苦草和茭草	淤泥底，河蚬，螺
80	撮箕湖最东侧	116.56935°E	29.20969°N	17.25	6.2	SSW	4.8	0.8	31.46	11.4	底栖有苦草，零星漂浮苦草	淤泥底，大野湖西南面
82	平池湖	116.46687°E	29.26141°N	17.18	6.5	S	4	0.9	31.48	16.7	零星漂浮苦草	无底栖定性，围网
85	南矶乡与莲湖乡大湖面	116.40079°E	29.01190°N	17.15	4.3	SSW	4.4	0.4	31.77	50.6	零星飘浮苦草和茭草	淤泥底，水体混蚀
89	大伍湖湖口	116.16450°E	29.04124°N	17.13	5.1	SW	3.1	0.6	31.26	16.6	芦苇，荇菜	芦苇从中采样，附近有芦苇和渔网
102	赣江南支最北面的分支下游 6KM	116.31622°E	28.93633°N	18.47	#	#	5.6	0.7	29.98	18.8	两岸芦苇	淤泥底
104	常五湖湖口	116.34191°E	28.95833°N	18.47	#	#	6.5	1	29.86	8.6	两侧芦苇茭草	淤泥底，细沙

S7 和 S10）和对应的泥样（依次编号为 N3、N4、N14、N7 和 N10）DNA，进行电泳检测和 PCR 检测，符合 DNA 高通量测序后，送相关生物公司进行 Illumina Miseq 高通量测序和细菌群落多样性分析，高通量测序和细菌群落多样性分析结果如下。

一、微生物种群

从 10 个样品的细菌 16 SrDNA V4 区的高通量测序中共得到 321 919 条优化序列，对非重复序列（不含单序列）进行 OTU 聚类，去除嵌合体，得到 1 407 个 OTU 的代表序列。按照众数原则，采用 RDP classifier 贝叶斯算法对 1 407 个 97%相似水平的 OTU 代表序列进行分类学分析和注释，然后统计其在门类别上的构成，并形成柱状图，丰度低于 1%的部分合并为 other 在图中显示，如图 5-7-1 所示，同时分析在各个水平上的菌群结构。

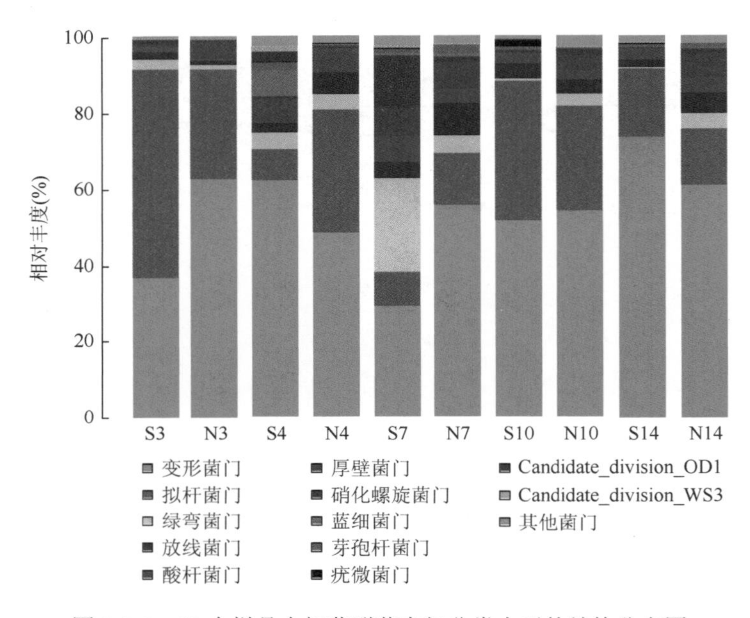

图 5-7-1　10 个样品中细菌群落在门分类水平的结构分布图

结果显示，这 1 407 个 OTU 属于 33 个菌群门类，丰度大于 1%的有 12 个门，分别为变形菌门（Proteobacterice）、拟杆菌门（Bacteroidetes）、绿弯菌门（Chloroflexi）、放线菌门（Actinobacteria）、酸杆菌门（Acidobacteria）、厚壁菌门（Firmicutes）、硝化螺旋菌门（Nitrospirae）、蓝细菌（Cyanobacteria）、芽单胞菌门（Gemmatimonadetes）、疣微菌门（Verrucomicrobia）、Candidate division OD1、Candidate division WS3 和其他丰度低于 1%的 21 个门，见表 5-7-2。

10 个样品中细菌群落在属水平上包含 421 个属，生物量大于 1%的有 76 个属，小于 1%的有 345 个属（图中合并为 other），其构成所形成的柱状图如图 5-7-2 和表 5-7-3 所示。

表 5-7-2 10 个样品中细菌群落在门分类水平上的组成及生物量 （单位：OUT）

Taxon	S3	N3	S4	N4	S7	N7	S10	N10	S14	N14
变形菌门（Proteobacteria）	12 717	18 531	18 013	13 010	4 261	15 274	15 880	14 220	19 618	10 144
拟杆菌门（Bacteroidetes）	18 839	8 379	2 253	8 708	1 277	3 677	11 187	7 178	4 720	2 412
厚壁菌门（Firmicutes）	373	1 518	26	110	1 120	2 049	141	1 076	85	1 094
酸杆菌门（Actinobacteria）	783	283	730	1 544	652	2 347	1 214	960	528	940
绿弯菌门（Chloroflexi）	792	394	1 299	1 051	3 540	1 272	146	780	81	660
放线菌门（Acidobacteria）	307	70	1 797	1 630	941	940	801	674	731	600
硝化螺旋菌门（Nitrospirae）	335	46	160	145	1 997	335	99	364	31	183
芽单胞菌门（Gemmatimonadetes）	40	23	593	58	144	582	150	115	183	161
梭杆菌门（Fusobacteria）	15	29	1	50	40	136	1	89	4	124
蓝细菌（Cyanobacteria）	14	0	1 979	115	85	275	120	19	11	80
绿菌门（Chlorobi）	8	6	263	48	24	86	52	128	63	56
WCHB1-60	4	2	0	48	6	18	130	242	65	27
未分类细菌（Bacteria_unclassified）	40	3	5	20	50	85	0	18	1	26
浮霉菌门（Planctomycetes）	7	0	198	34	9	93	36	4	67	18
无培养 TM7（Candidate_division_TM7）	26	1	26	13	42	12	40	206	175	14
无培养_OP8（Candidate_division_OP8）	2	105	0	197	9	120	0	40	0	14
疣微菌门（Verrucomicrobia）	24	7	58	26	37	16	582	3	129	11
无培养 WS3（Candidate_division_WS3）	16	1	433	2	89	20	6	1	8	9
热袍菌门（Thermotogae）	10	11	0	35	76	6	0	70	0	4
无培养 OD1（Candidate_division_OD1）	3	0	742	29	1	27	32	5	29	4
异常球菌-栖热菌门（Deinococcus-Thermus）	0	3	0	8	0	19	12	4	0	4
螺旋菌门（Spirochaetae）	21	0	0	0	113	11	0	0	0	0
纤维杆菌门（Fibrobacteres）	4	6	5	11	6	5	17	3	1	0
衣原体门（Chlamydiae）	2	0	20	1	3	0	0	0	25	0
迷踪菌门（Elusimicrobia）	3	0	38	0	3	0	0	0	0	0
TA06	1	0	0	0	2	3	0	0	0	0
装甲菌门（Armatimonadetes）	3	1	142	9	0	4	16	5	2	0
BD1-5	0	0	0	3	0	1	0	3	0	0
Candidate_division_BRC1	5	0	12	0	0	0	7	0	1	0
Candidate_division_WS6	0	11	0	0	0	0	0	0	0	0
黏胶球形菌门（Lentisphaerae）	0	0	4	0	0	0	0	0	0	0
SM2F11	0	0	13	0	0	0	1	0	4	0
TM6	0	0	54	0	0	0	0	0	15	0

二、细菌生物多样性分析

1. 相似性分析

以戴斯系数（Dice coefficient，CS）量化表征不同样品之间的相似程度，CS 值越大，表明相似性越高、差异越小。为更直观地反映各样品间微生物组成的相似性高低，对 10 个样的总 DNA 高通量测序结果进行了相似性分析，结果见表 5-7-4。

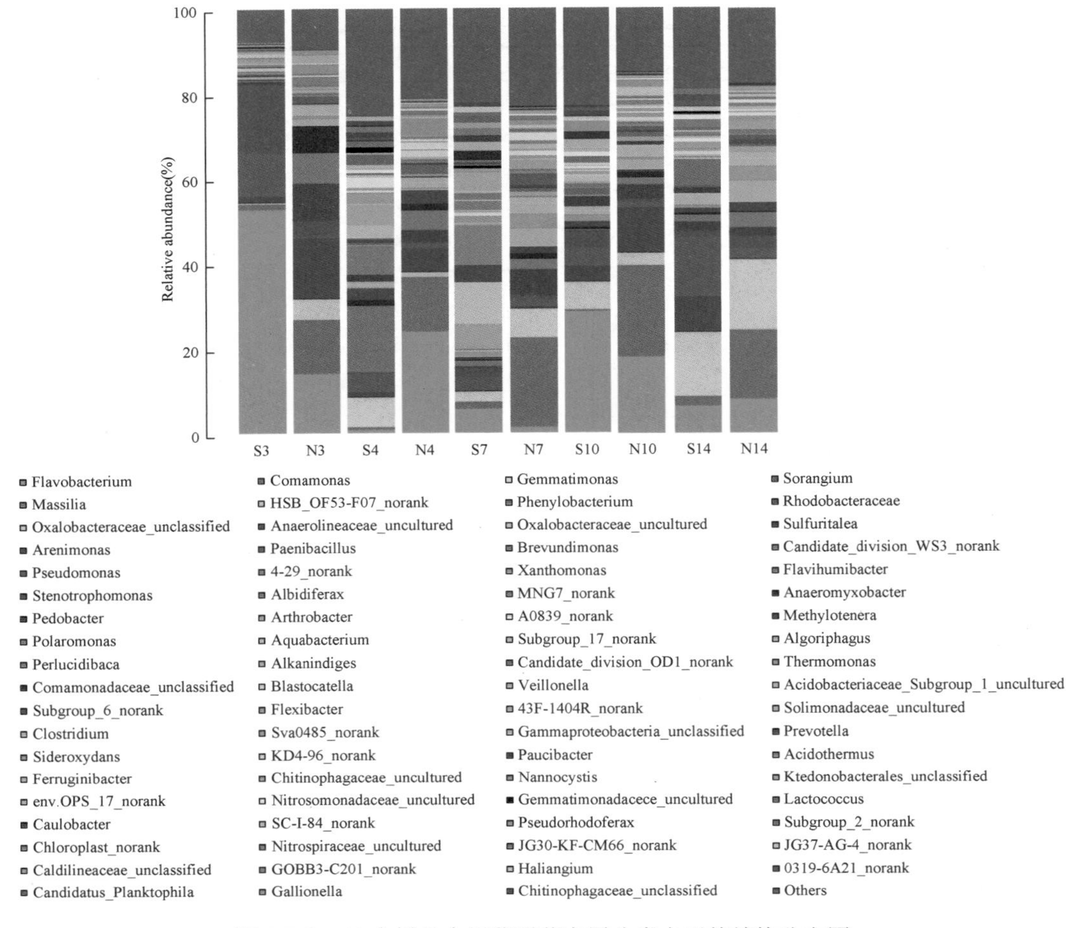

图 5-7-2　10 个样品中细菌群落在属分类水平的结构分布图

菌属中文译名见表 5-7-3

各样品细菌群落相似性系数各不相同，跨度较大，其中相似性最大的两个点为 N3 与 S4（石钟山对岸离长江 1 km 的底泥与戴家湖湖口水样），相似性系数达到了 93.133 9%，这说明这两个样地的底泥和水体的细菌群落组成很接近。

而相似性系数最低的两个点是 N14（常五湖湖口的底泥）和 N7（抚河入湖口的底泥），只有 37.501 5%，说明这两点的细菌群落组成差异很大。

另外，其他区域的相似性跨度虽然比较大，在 39.92%～89.87%变化，但是相似度超过 60%的两两对比结果有 38 组，占 38/45；相似度低于 40%的两两对比结果只有 2 组，占 2/45；介于 40%～60%的只有 5 组，占 5/45，说明整个鄱阳湖的细菌群落的相似性还是比较显著的，也说明鄱阳湖的生态环境还是比较健康的。

2. 聚类分析

对 10 个样品的细菌群落进行了聚类分析，结果如图 5-7-3 所示。

表 5-7-3　10 个样品中细菌群落在属分类水平上的组成及所占比例

Taxon	S3	N3	S4	N4	S7	N7	S10	N10	S14	N14
其他属（Others）	0.074054	0.094869	0.251767	0.21457	0.221312	0.229307	0.229671	0.148434	0.1896	0.173591
草酸杆菌科数据库未定属	0.002907	0.050017	0.0713	0.009589	0.023887	0.066282	0.064917	0.030831	0.151447	0.164365
铜绿假单胞菌（Pseudomonas）	0.098069	0.007305	0.042995	0.008326	0.027466	0.01554	0.040724	0.011066	0.13903	0.023515
沙单孢菌（Arenimonas）	0.015991	0.14193	0.013234	0.056755	0.004681	0.005362	0.039159	0.106651	0.082289	0.000904
丛毛单胞菌属（Comamonas）	2.91E-05	0	0	0	0	0	0	0	0.066561	0
黄杆菌属（Flavobacterium）	0.525848	0.14142	0.009285	0.237539	0.058994	0.013351	0.286078	0.182241	0.062046	0.082183
马赛菌（Massilia）	0.01352	0.125178	0.004123	0.128229	0.013974	0.210995	0.002674	0.211508	0.022915	0.161471
Ferruginibacter	0.00314	0.004723	0.004019	0.008883	6.88E-05	0.021413	0.007271	0.021979	0.02235	0.015255
土地杆菌（Pedobacter）	0.006542	0.088447	0.000693	0.031072	0.004612	0.062014	0.002739	0.034456	0.02156	0.020018
单胞菌属（Brevundimonas）	0.002006	0.003466	0.001663	0.000335	0.013836	3.65E-05	0.001761	0	0.01919	0
红细菌科数据库未定属（Rhodobacteraceae）	0.00032	0.000272	0.00097	0.000632	6.88E-05	0.000365	0.002576	7.63E-05	0.017948	0.000301
数据库未定属（Chitinophagaceae）	0.001279	0.001495	0.005266	0.004943	0.000895	0.004414	0.003945	0.0058	0.014825	0.002593
寡养单胞菌（Stenotrophomonas）	0.166628	0.03296	0.001732	0.0042	0.023267	0.011491	0.040463	0.008318	0.014185	0.030389
Perlucidibaca	0.000145	0	0.151989	0	0	0	9.78E-05	0	0.013094	0
柄杆菌属（Caulobacter）	0.007734	0.001903	0.017427	0.002713	0.000551	0.001167	0.022498	0.007326	0.012793	0.000181
纤维堆囊菌（Sorangium）	0.000756	0.000306	0.000935	0.000335	0.003717	0.001021	0.005608	0.00042	0.011702	0.000422
无分类信息子群 6（Subgroup_6_norank）	0.002704	0.000646	0.024529	0.034269	0.007916	0.018823	0.012912	0.006563	0.011589	0.020742
无分类信息 A0839（A0839_norank）	0.000349	0	0.008107	0	0.000207	0.000109	0.012423	3.82E-05	0.011363	0
Flavihumibacter	0.002588	0.000374	0.000208	0.001933	6.88E-05	0.001313	0.000456	0.002862	0.010912	0.000241
无分类信息 GOBB3-C201（GOBB3-C201_norank）	0.001308	0.023344	0.001039	0.001896	0	0	0.001043	0.000496	0.01046	6.03E-05
嗜盐囊菌属（Haliangium）	0.000116	0.000136	0.00097	0.000892	0.000757	0.000255	0.01089	0.000267	0.009745	0.000181
类似牙球菌属（Blastocatella）	0.000581	0.001087	0.002564	0.016763	0.000482	0.002554	0.003815	0.011218	0.009595	0.000904
铁氧化菌属（Sideroxydans）	0.000349	0.00581	0.003984	0.00394	0.01301	0.035895	0.015096	0.005418	0.008165	0.035635
屈挠杆菌属（Flexibacter）	0.001105	0	0.025118	7.43E-05	0.001308	0.000328	0.009716	7.63E-05	0.007412	0.001085
SC-I-84_norank	0.000814	0.000272	0.002737	0.004163	0.000826	0.010433	0.003195	0.007555	0.006999	0.010009

续表

Taxon	S3	N3	S4	N4	S7	N7	S10	N10	S14	N14
无培养亚硝化单胞菌科（Nitrosomonadaceae_）	0.000436	6.80E-05	0.023108	0.001375	0.002616	0.001824	0.004467	0.001488	0.006735	0.00211
丛毛单胞菌科未定属（Comamonadaceae）	0.000756	0.064764	0.015279	0.014235	0.000688	0.012148	0.006488	0.011333	0.005682	0.003316
env.OPS_17_norank	8.72E-05	0.019878	0.008003	0.013938	0.00062	0.015613	0.013009	0.007021	0.004101	0.016159
Albidiferax	5.81E-05	0.007305	0.001628	0.007136	0.000688	0.009485	0.011999	0.007021	0.003725	0.011697
无培养芽单胞菌科（Gemmatimonadaceae_）	0.000843	0	0.01216	0.000409	0.007779	0.000657	0.001206	0.000954	0.00365	0.000965
极地单胞菌属（Polaromonas）	0.004158	0.073327	0.004504	0.046125	0.014662	0.022252	0.000424	0.01782	0.003462	0.034851
新细菌（Phenylobacterium）	0.001774	0.002548	0.002287	0.001858	0.001239	0.005727	0.013662	0.003396	0.003462	0.00404
芽单胞菌属（Gemmatimonas）	0.00032	0.000782	0.000693	0.001747	0.002134	0.020574	0.003587	0.003434	0.003198	0.008743
韧皮杆菌（Candidatus_Planktophila）	0.00032	3.40E-05	0.007483	0.020851	0.000138	0.008828	0.017052	0.008967	0.002182	0.004824
水杆菌属（Aquabacterium）	0.001599	0.000272	0.028132	0.00026	0.000275	0.000182	0.014966	3.82E-05	0.002182	0.001929
MNG7_norank	0.000407	0.000985	0.000346	0.012637	0.000688	0.012439	0.000554	0.002289	0.002107	0.003799
热单胞菌属（Thermomonas）	0.000174	0.013456	3.46E-05	0.000483	0.000344	0	0	0	0.001317	0
噬几丁质杆菌属（Chitinophagaceae_unclassified）	0.000378	0.00017	0.003049	0.003085	6.88E-05	3.65E-05	0.011836	0.003396	0.001279	0
JG30-KF-CM66_norank	0.000959	0.001631	0.013858	0.00171	0.00117	0.002991	9.78E-05	0.000878	0.001242	0.000301
Candidate_division_OD1_norank	8.72E-05	0	0.025707	0.001078	6.88E-05	0.000985	0.001043	0.000191	0.001091	0.000241
Paucibacter	0.000116	3.40E-05	0.001005	0.000781	0.000275	0.000401	0.019433	0.000382	0.001016	0.000482
无分类信息子群 7（Subgroup_17_norank）	0.000581	0.00017	0.010913	0.005278	0.002409	0.004414	0.0045	0.001183	0.000903	0.003738
伪红育菌属（Pseudorhodoferax）	0.000204	0.019402	0.000901	0.000781	0.000138	0.000401	0.000228	0.000687	0.00064	0.000844
无培养厌氧绳菌科（Anaerolineaceae）	0.003954	0.002582	0.008453	0.004386	0.039857	0.005654	0.000391	0.006983	0.000564	0.011396
华杆菌科（Solimonadaceae_uncultured）	0	0	0.010394	0	0	0	0	0	0.000564	0
Sva0485_norank	0.001192	0.00632	0.00045	0.003159	0.015764	0.008718	0.000261	0.011257	0.000489	0.010552
KD4-96_norank	0.005902	0.004383	3.46E-05	0.004757	0.005025	0.020355	0.000685	0.002366	0.000301	0.019295
节细菌属（Arthrobacter）	0.000843	0.000476	0.007518	0.014347	0.007847	0.009849	0.000196	0.002862	0.000301	0.006693
Candidate_division_WS3_norank	0.000465	3.40E-05	0.015001	7.43E-05	0.006127	0.00073	0.000196	3.82E-05	0.000301	0.000543
43F-1404R_norank	0.000901	0.000951	0.000901	0.005947	0.010739	0.003064	0.001565	0.004083	0.000263	0.01019

续表

Taxon	S3	N3	S4	N4	S7	N7	S10	N10	S14	N14
无培养暖绳菌科（Caldilineaceae_）	0.004914	0.001393	0.000831	0.006133	0.057961	0.011053	0.000848	0.01202	0.000226	0.013506
黄单胞菌（Xanthomonas）	0.000174	0	0.067766	0.000149	0.002272	0.001532	0.002119	0.000267	0.000188	0.000241
无培养硝化螺旋菌科（Nitrospiraceae_）	0.002035	0.001393	0.00045	0.00394	0.02251	0.007515	0.000587	0.010112	0.000188	0.006994
硫酸卡那霉素菌（Sulfuritalea）	0	0.000612	3.46E-05	0.003159	0	0.013132	3.26E-05	0.017934	0.000188	0.001387
无分类信息叶绿体（Chloroplast_norank）	0	0	0.015036	0.000632	0.000138	0.000146	0.003554	0.000458	0.000188	0.000181
厌氧粘细菌（Anaeromyxobacter）	0.001919	0	0.000208	0.000558	0.022097	0.003247	9.78E-05	0.000305	0.000151	0.003557
梭状芽孢杆菌（Clostridium）	5.81E-05	0.01648	3.46E-05	0.001561	0.000482	0.041294	0	0.02507	7.53E-05	0.051311
无培养草酸杆菌科（Oxalobacteraceae_）	5.81E-05	3.40E-05	0.001871	0.000706	0.000344	0.008791	0	0.022933	7.53E-05	0.007115
0319-6A21_norank	0.000494	3.40E-05	3.46E-05	0.000186	0.010739	0.000255	9.78E-05	0	7.53E-05	0.000181
4-29_norank	0.005728	0	6.93E-05	0.00026	0.09293	0.001277	6.52E-05	0.000153	3.76E-05	0.001266
变形菌门未定属（Gammaproteobacteria_y）	0.00567	0	0.000139	0	0.044744	0	0	0	3.76E-05	0
韦荣球菌属（Veillonella）	0.00125	0	0.00246	7.43E-05	0	0.000109	0.022269	3.82E-05	3.76E-05	0
类芽胞杆菌属（Paenibacillus）	0.007705	0	0	0	0.098713	0.001313	0	0.000153	0	0.001809
HSB_OF53-F07_norank	0	0.016922	0	0.001078	0	0.028782	0	0.008662	0	0.008984
热酸菌属（Acidothermus）	0	0	0.049404	0	0	0	0	0	0	0
无培养酸杆菌科 1 号子群（Acidobacteriaceae）	8.72E-05	3.40E-05	3.46E-05	0.041442	0.000344	0.000109	0	0	0	0.000181
Ktedonobacterales_unclassified	0	0	0.000277	0	0	0.000182	0.02253	0	0	0
侏囊菌属（Nannocystis）	0.003925	0.000442	0.012715	0.000186	6.88E-05	0.000146	0.00013	0	0	0.001146
嗜甲基菌（Methylotenera）	5.81E-05	0.017057	0	0.001301	0	0	0	0	0	0
普雷沃菌属（Prevotella）	0.001512	6.80E-05	0	0	0.021477	0.000255	0	7.63E-05	0	0.000241
JG37-AG-4_norank	0.002442	0	3.46E-05	0	0.014387	0	9.78E-05	0	0	0
Subgroup_2_norank	0.001483	0	0	0	0.016039	0.000109	0	0.000114	0	6.03E-05
披毛菌属（Gallionella）	0.001134	0	0	3.72E-05	0.014318	0.000438	0	3.82E-05	0	0.000784
乳酸乳球菌（Lactococcus）	0.001425	0	3.46E-05	0	0.012941	0	0	0	0	0
噬冷菌属（Algoriphagus）	0.001308	0	3.46E-05	3.72E-05	0.012391	0.000146	0	0	0	0.000181
烷烃降解菌（Alkanindiges）	0.001221	0	3.46E-05	7.43E-05	0.01184	0.000365	0	0	0	0.000121

表 5-7-4　10 个样品细菌群落结构的相似性矩阵表

	S3	N3	S4	N4	S7	N7	S10	N10	S14	N14
S3	0	0.765 713	0.875 528	0.787 504	0.797 452	0.871 601	0.719 17	0.773 473	0.749 667	0.794 866
N3	0.765 713	0	0.931 339	0.501 552	0.846 201	0.625 764	0.808 225	0.451 764	0.759 27	0.637 904
S4	0.875 528	0.931 339	0	0.891 251	0.896 664	0.891 571	0.783 891	0.894 349	0.791 479	0.898 737
N4	0.787 504	0.501 552	0.891 251	0	0.858 695	0.532 83	0.795 511	0.399 205	0.742 749	0.622 568
S7	0.797 452	0.846 201	0.896 664	0.858 695	0	0.818 406	0.866 788	0.834 498	0.857 954	0.775 197
N7	0.871 601	0.625 764	0.891 571	0.532 83	0.818 406	0	0.862 4	0.419 844	0.820 087	0.375 015
S10	0.719 17	0.808 225	0.783 891	0.795 511	0.866 788	0.862 4	0	0.784 117	0.693 172	0.800 548
N10	0.773 473	0.451 764	0.894 349	0.399 205	0.834 498	0.419 844	0.784 117	0	0.736 02	0.545 974
S14	0.749 667	0.759 27	0.791 479	0.742 749	0.857 954	0.820 087	0.693 172	0.736 02	0	0.845 006
N14	0.794 866	0.637 904	0.898 737	0.622 568	0.775 197	0.375 015	0.800 548	0.545 974	0.845 006	0

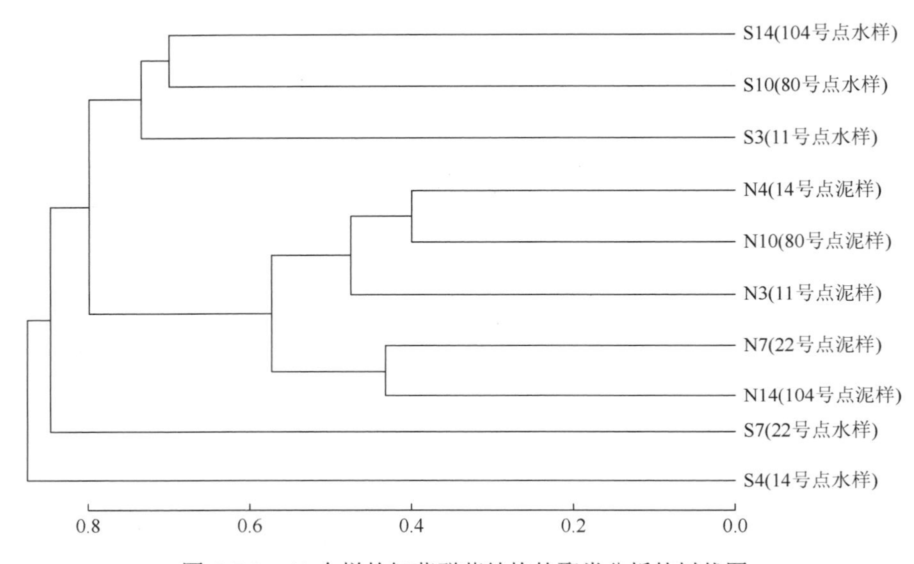

图 5-7-3　10 个样的细菌群落结构的聚类分析的树状图

从图 5-7-3 可以看出，5 个泥样（N3、N4、N7、N10 和 N14）的细菌群落可归为一个大类，5 个水样的细菌群落 S3、S10 和 S14 归为一类，而 S4 和 S7 各自独立为一类。这说明流动的水相细菌菌落随流水变动，而底泥泥样的细菌菌落相对稳定。

3. *α*-多样性

α-多样性是指一个特定区域或生态系统内的多样性，多样性指数是反映丰富度和均匀度的综合指标，与以下两个因素有关：①种类数目，即丰富度；②种类中个体分配上的均匀性，常用的度量指数如下。

群落丰富度（community richness）指数：包括 Chao 指数（用 Chao I 算法估计样品中所含 OTU 数目的指数，它在生态学中常用来估计物种总数）和 ACE 指数（用来估计群落中 OTU 数目的指数），两者都代表群落丰富度，只是算法不同。Chao/ACE 指数越大，说明群落丰富度越高。

群落多样性（community diversity）指数：包括 Shannon 指数（香农指数，H′）和 Simpson

指数（辛普森指数，D），两者都是用来估算样品中微生物多样性的，香农指数越大，说明群落多样性越高，而辛普森指数越大，说明群落多样性越高，此处的辛普森指数，$D=1-\Sigma P_i^2$ 式中 P_i 为第 i 个 OTU 所含的序列数占群落中总的 OTU 数的比例。

测序深度指数（coverage）：是指各样本文库的覆盖率，其数值越高，则样本中序列被测出的概率越高，而没有被测出的概率越低。该指数反映本次测序结果是否代表了样本中微生物的真实情况。

根据 10 个样品 OTU 列表中各样品物种丰度的情况，应用软件 Mothur 中的 summary.single 命令，计算 4 种常用的生物多样性指数，结果见表 5-7-5。

表 5-7-5　10 个样品的细菌多样性指数

样品号	OTU	ACE	Chao	Coverage	Shannon 指数	Simpson 指数
S3	602	691 –664 728	686 –655 734	0.996 337	2.71 （2.68，2.73）	0.790 5 （0.794 1，0.786 9）
N3	405	522 –485 576	512 –471 579	0.996 262	3.54 （3.52，3.55）	0.938 9 （0.940 ，0.937 8）
S4	639	685 –668 711	691 –668 731	0.997 367	4.78 （4.76，4.81）	0.965 （0.966 2，0.963 8）
N4	695	764 –742 796	772 –743 819	0.995 8	4.23 （4.21，4.26）	0.932 5 （0.934 6，0.930 4）
S7	633	757 –722 805	758 –715 823	0.989 812	5.02 （4.99，5.04）	0.982 8 （0.983 5，0.982）
N7	785	848 –828 877	856 –829 900	0.995 878	4.7 （4.68，4.72）	0.966 1 （0.967 1，0.965）
S10	585	645 –625 677	657 –627 707	0.997 033	4.56 （4.54，4.58）	0.970 2 （0.970 9，0.969 4）
N10	669	755 –729 792	779 –739 841	0.995 116	4.05 （4.02，4.07）	0.937 8 （0.939 3，0.936 3）
S14	514	599 –571 641	606 –569 666	0.996 237	4.25 （4.23，4.28）	0.955 7 （0.956 9，0.954 5）
N14	620	763 –724 816	768 –719 842	0.990 413	4.19 （4.16，4.22）	0.947 8 （0.949 5，0.946 1）

从表 5-7-5 可以看出，10 个样本的测序深度指数都在 0.989 以上，说明本次测序结果代表了样本中微生物的真实情况。

2012 年 7 月的鄱阳湖各采样点水样和泥样群落丰富度（Chao/ACE）、香农指数指数和辛普森指数各不相同，其中，抚河入湖口底泥（N7）的细菌群落丰度最高，达到 856/848，而其对应水样的细菌群落丰富度在 5 个水体样中也是最高的，达 758/757；最低的为石钟山对岸离长江 1 km 的底泥（N3），丰富度为 512/522，而其对应的水体细菌群落的丰富度却不是水体样中最小的，为 686/691，比其底泥样的还要大，这是 5 对样品中唯一一对水样细菌丰度大于其底泥样的；石钟山对岸离长江 1 km 处的水样（S3）其细菌群落的辛普森指数最低（0.790 5）、同时香农指数最低（2.71），说明该采样点的细菌群落多样性最低，可能是该处被污染物污染而导致某些菌群迅速陡增，丰富度增加而均匀度降低，还导致了水样细菌丰度大于其底泥样的细菌丰度；抚河入湖口处的水样（S7）其细菌群落的辛普森指数最高（0.982 8）、同时香农指数最高（5.02），说明该采样点的细菌群落多样性最高；S3 与 S7 两样品的香农指数相差 85.23%，说明鄱阳湖已经存在一定程度的水污染。但同时也可以看出，虽然 S3 的细菌群落多样性最差，反映出它可能遭受了污染，但这种污染还是流过性污染，因为其对应底泥 N3 的细菌群落香农指数虽然受到了一些影响，但相对较轻，仍有 3.54，辛普森指数也有 0.938 9。

5 个采样点中抚河入湖口处（S7 和 N7）的细菌群落多样性最好，应该是 5 个采样点中水环境相对最稳定的一个点；S3 和 N3 的细菌群落多样性，综合来说在 5 个采样点中最差，应该是该点水环境相对最不稳定。其它 3 个采样点 6 个样的细菌群落多样性香农指数、辛普森指数和丰富度指数都比较接近，水环境稳定性处于两点之间。

4. 细菌群落多样性 Rank-Abundance 曲线

该曲线可用于同时解释样品多样性的两个方面，即样品所含物种的丰富程度和均匀程度。物种的丰富程度由曲线在横轴上的长度来反映，曲线越宽，表示物种的组成越丰富；物种组成的均匀程度由曲线的形状来反映，曲线越平坦，表示物种组成的均匀程度越高，见图 5-7-4。

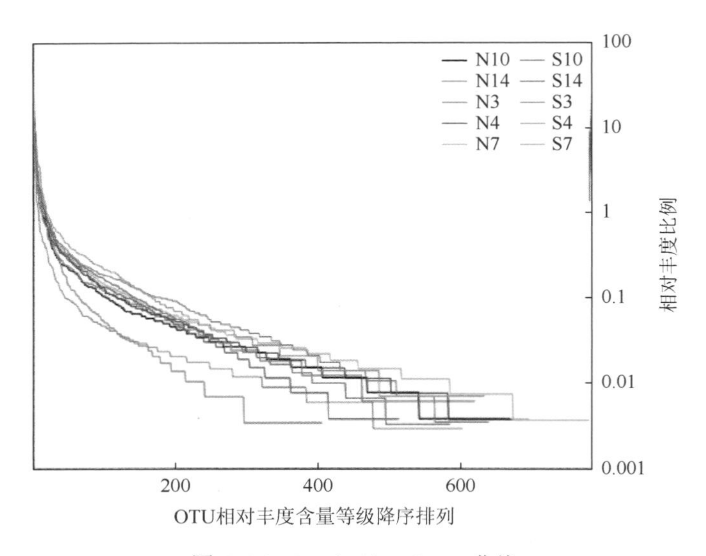

图 5-7-4　Rank-Abundance 曲线

由图 5-7-4 可以看出，石钟山对岸离长江 1 km 的水样和泥样（S3 和 N3）两条曲线比较特别，特别是 S3 曲线平坦性最差，说明其均匀度相对最差，所以也表现在 Simpson 指数最小、Shannon 指数也是最低，这与前面的分析相吻合。

5. 细菌群落系统发育树

通过 Mega3.1 分子进化遗传分析软件对 10 个样品中生物量排前的 100 个细菌菌属进行分析，得出了细菌群落系统发育树，如图 5-7-5 所示。

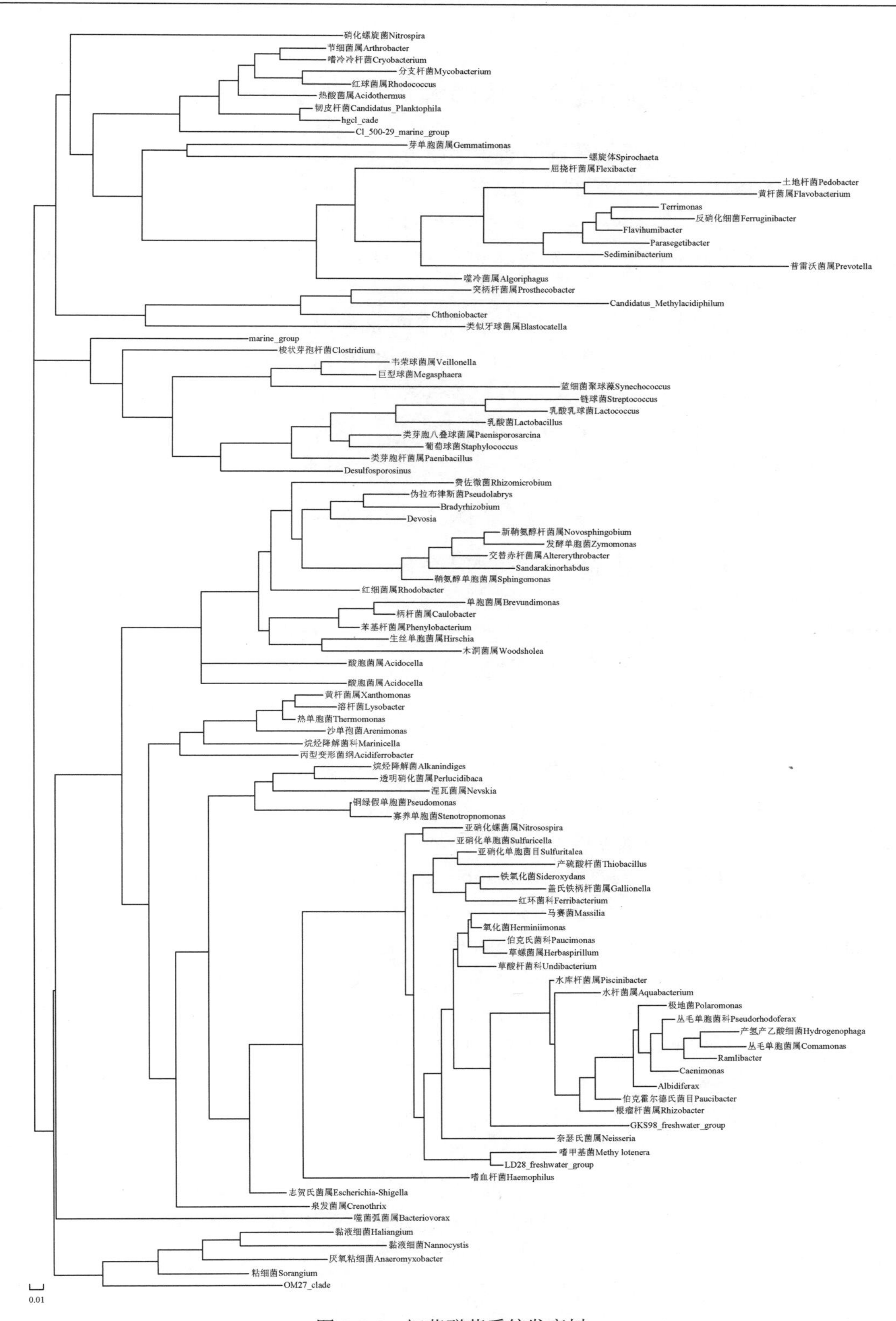

图 5-7-5　细菌群落系统发育树

第二节　鄱阳湖水体和底泥的优势菌群和空间分布特征

上述高通量测序法分析细菌群落的多样性是对样品所含细菌群落的全部结构进行分析，而采用 PCR-DGGE 方法，由于 DGGE 电泳的分辨率及人眼的分辨率有限（银染条件下只能分辨 10 ng 以上的 DNA 量），只能选择颜色较深的 DNA 条带（相对生物量较大的菌群，即优势菌群）进行切胶回收 DNA 和测序分类，所以 PCR-DGGE 方法比较适用于样品的优势菌群分析。

本次调查以 16 SrDNA 基因 V3 区特异性的 F338 和 R518 为引物对，进行 PCR 扩增，扩增产物做适当的稀释后作为模板，再用 GC-F338 和 R518 引物对水体和底泥样品总 DNA 进行 PCR 扩增，扩增产物通过变性梯度凝胶电泳（DGGE）分析，观察各样品的 DNA 条带数和浓度，使用 Quantity_One_v450 软件观察地分析各样品细菌多样性和丰富度，建立各 DNA 条带的亚克隆文库和进行测序、分类学分析和注释。

一、鄱阳湖水体的优势菌群特征

15 条泳道代表了 15 个样品，每条 DNA 条带代表着一种细菌群落，条带的深浅对应着细菌群落的生物量，共有 90 条代表条带（即 OTU），通过 Mega3.1 分子进化遗传分析软件分析，得出了水样细菌菌群系统发育树，如图 5-7-7 所示。

从图 5-7-6 和图 5-7-7 可以看出，覆盖鄱阳湖 15 个区域水体中的细菌群落，其种群丰度比较相似，优势菌群数在 61～44 个，只有 1 号采样点瓢山区域的种群数最少，优势菌群数只有 30 个种类。

15 个区域的细菌群落多样性指纹图各不相同，各区域之间差异明显，主要是它们之间某些细菌菌群组成不同或各种菌之间的生物量相差很大，这可能是由每个区域的水文环境条件都不相同所致。但是各区域的细菌群落多样性指纹图的下游部分基本都相同或相似，也就是说，除了鞘脂杆菌纲（Sphingobacteria）、普雷沃氏菌属（*Prevotella maculosa*）和黄杆菌属（*Flavobacrium saliperosum*）之外，大部分菌在 15 个区域基本都存在，只是丰度不同，如对于 β-变形菌门（beta proteobacterium）菌来说，瓢山区域水体中的生物量是最大的，对 Altererythrobacter marensis 菌来说石钟山对岸采样点水体中的生物量是最大的，对于草酸杆菌科（Oxalobacteraceae）来说，平池湖、南矶乡与莲湖乡之间大湖面往北 5 km 处、南矶山赣江南支的最北面的分支再往下游 6 km 处和南矶山五常湖湖口 4 处都表现出较大的生物量。

从 15 条区域的细菌群落多样性指纹图横向比对中可以看出，各指纹图中，条带比较粗和泳动距离相同的条带只有一条，从其丰度来看，它们是各菌群多样性的主导菌群之一，为噬胞菌属（*Uncultured Cytophaga*）（30 号菌），这种菌也可以说是鄱阳湖丰水期水体中最具代表性且生物量比较高的细菌种群；通过比对泳动距离，还有很多条带的泳动距离是相同的，说明这些样品含有同一种细菌，只是它们的粗细有差别，说明它们所含这种细菌的生物量有差别，这也是鄱阳湖细菌群落多样性的一部分。

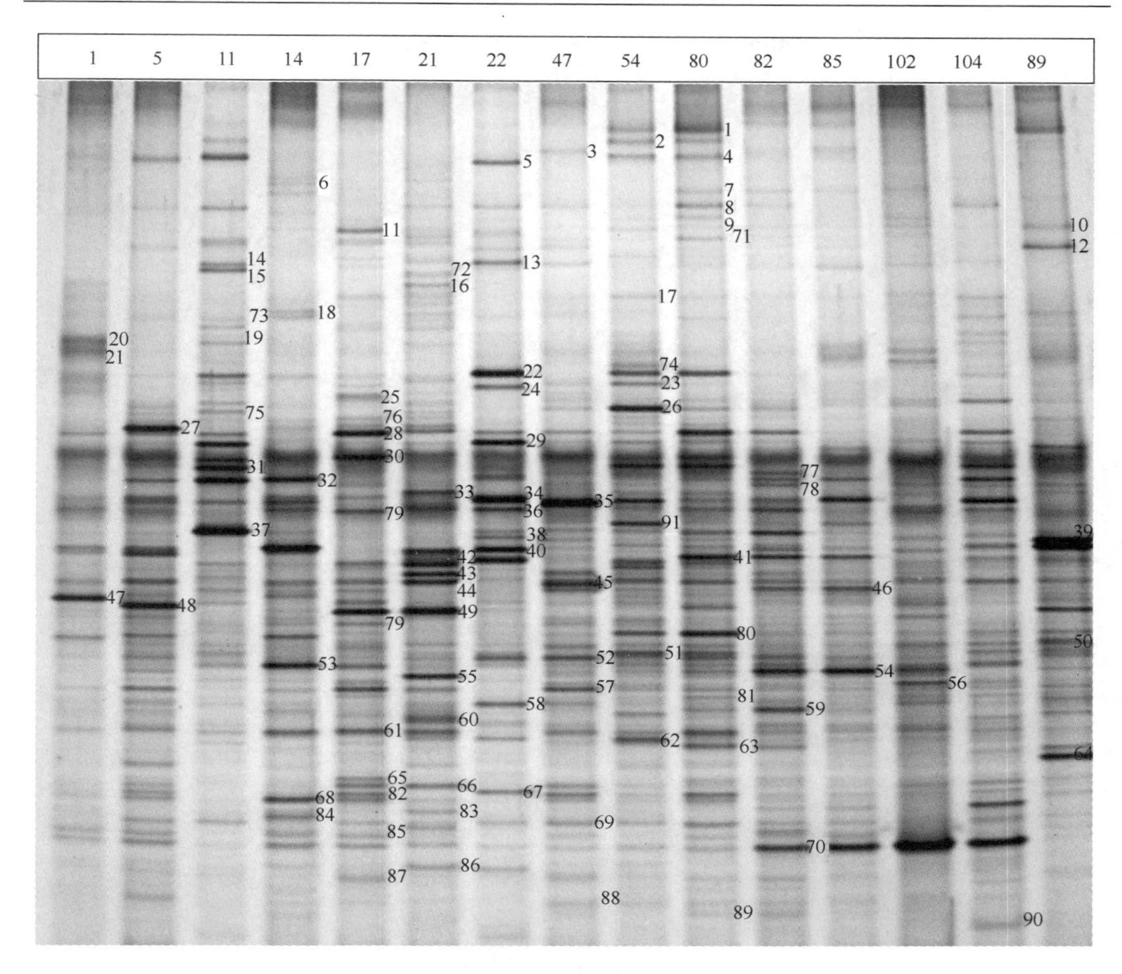

图 5-7-6 为鄱阳湖水体细菌 PCR-DGGE 多样性指纹图谱

二、鄱阳湖底泥的优势菌群特征

图 5-7-8 为鄱阳湖底泥细菌 PCR-DGGE 多样性指纹图谱。

按上述水样的观察方法，共有 71 条代表条带（即 OTU）。底泥样细菌菌群系统发育树如图 5-7-9 所示。

从图 5-7-8 和图 5-7-9 可以看出，覆盖鄱阳湖 15 个区域底泥中的细菌群落的种群丰度比较相似，都为 52～68，只有 47 号虬门采样点、54 号汉池湖北和 80 号撮箕湖和撮箕湖最东侧与都昌候鸟保护区交界处 3 个采样点区域的种群丰度稍少，菌群数为 40～48。15 个区域的细菌群落多样性指纹图各不相同，从中可以看出，各个区域的优势菌群组成各不相同，这是由每个地方的水文环境条件都不相同所致。

82 号采样点是鄱阳湖区底泥中细菌群落种群丰度最高且生物数量也最高的区域；而 85 号、54 号和 80 号 3 处采样点总体细菌生物量较少。

红环菌科（Rhodocyclaceae）和 Propionivibrio militaris 菌在南矶山赣江南支最北面的分支再

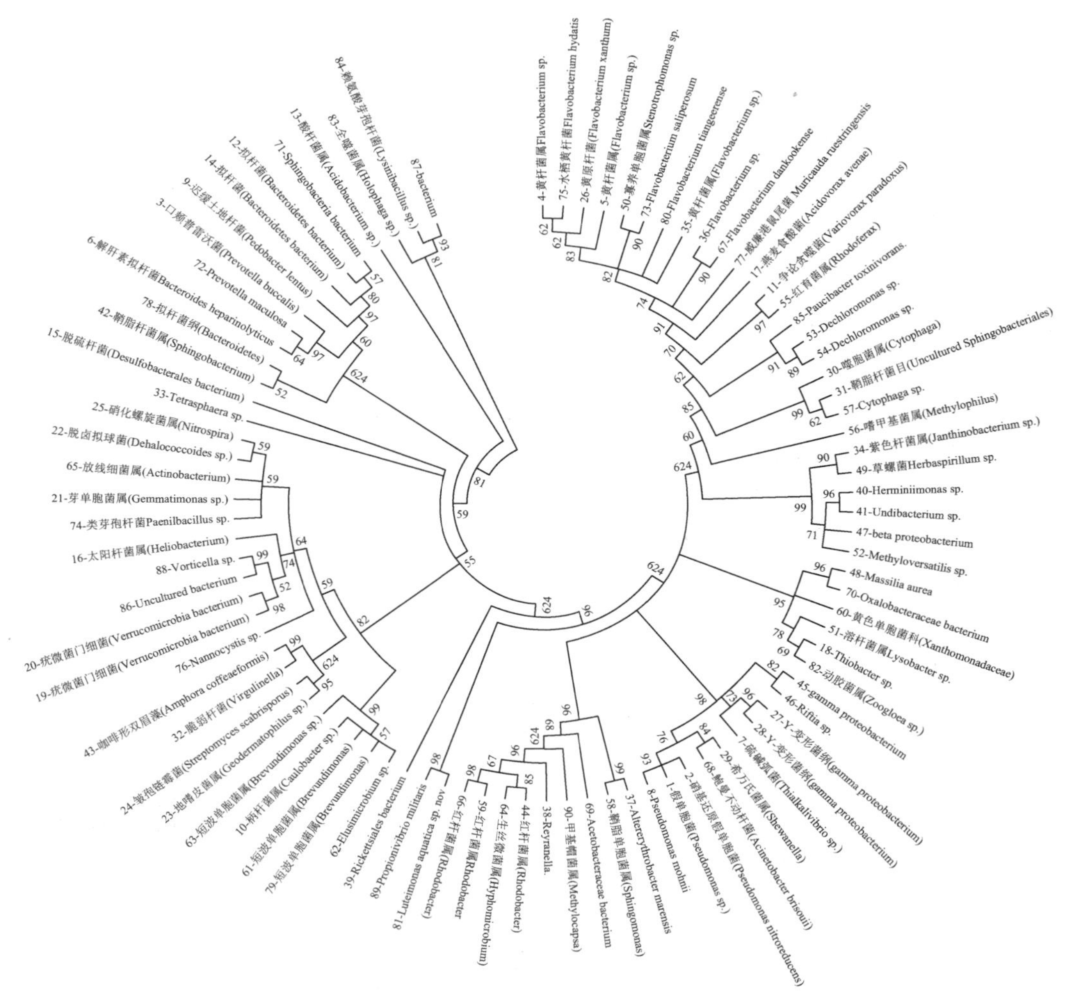

图 5-7-7　鄱阳湖水体细菌系统发育树

往下游 6 km 处（102 号采样点）的生物量最大；从毛单胞菌科（Comamonadaceae）和 Polaromonas naphthalenivorans 菌在瓢山区域（1 号采样点）底泥泥样中生物量最大，而对于无培养梭菌属（*Uncultured Clostridium*），又称梭状芽孢杆菌属或厌氧芽孢杆菌属来说，南矶乡与莲湖乡之间大湖面往北 5 km 处区域（85 号采样点）底泥中该菌生物量最大，各自成为该区域的优势菌群。

从 15 条细菌 PCR-DGGE 多样性指纹图横向比对中可以看出，各指纹图中条带丰度比较高和泳动距离相同的条带，也就是它们的主导菌群基本是相同的，即新疆黄杆菌（*Flavobacterium xinjiangense*）、鞘脂杆菌属（*Sphingobacterium*）和 Ferruginibacter lapsinanis，这 3 三种菌也可以说是鄱阳湖底泥中最具代表性的，且生物量最高的细菌种类，只是两两之间的条带丰度（生物量）有差异；通过比对泳动距离，还有很多条带的泳动距离是相同的，说明它们含有同一种细菌，只是它们的丰度（生物量）有差别，说明它们所含同一种细菌的生物量有差别，这也是鄱阳湖细菌群落多样性的一部分。

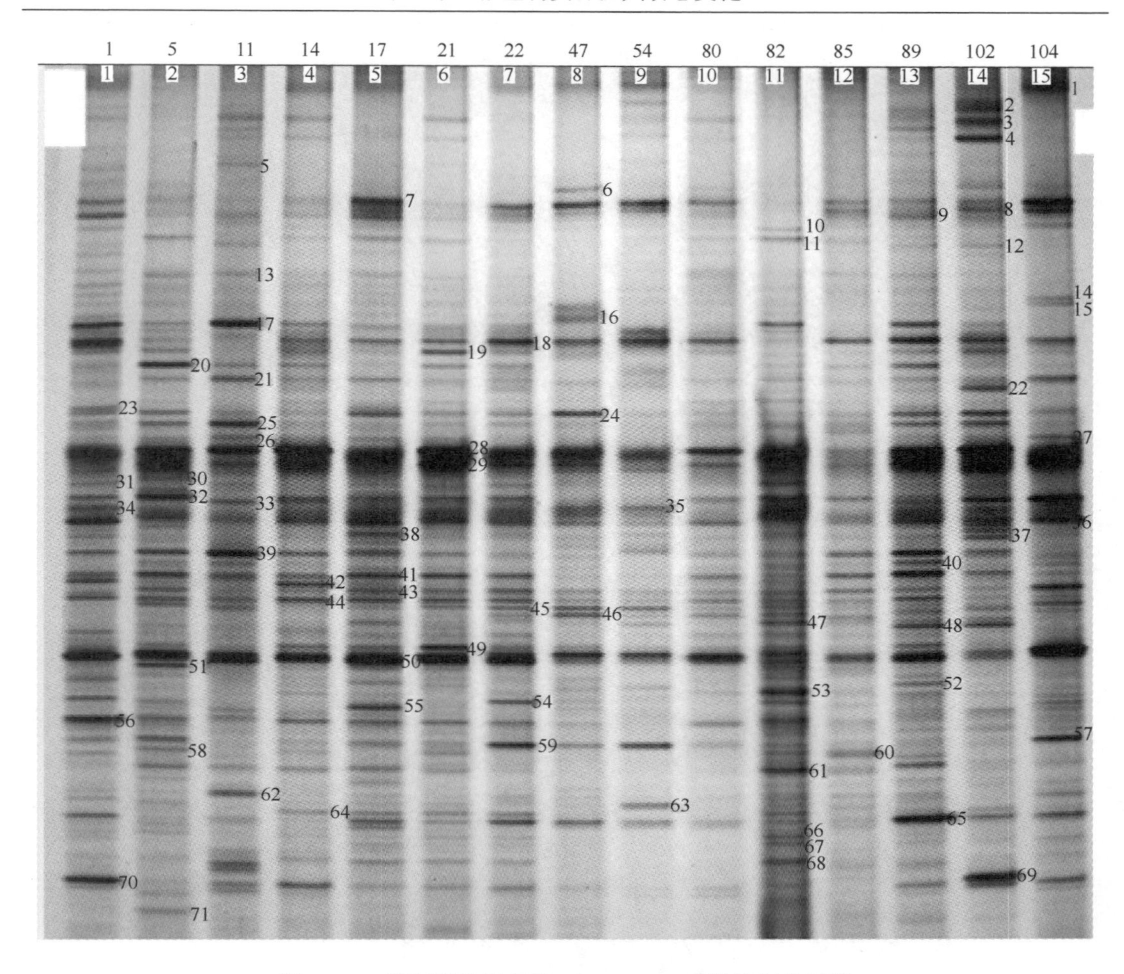

图 5-7-8　鄱阳湖底泥细菌 PCR-DGGE 多样性指纹图谱

三、细菌菌群的空间分布特征

1. 种群丰度

从各点种群丰度分析，底泥细菌种群丰度较水体的丰富，但大多差异不大，其中，1 号瓢山的底泥与水体细菌种群丰度差异最大，达 33 种之多；5 号小矶山附近和 89 号大伍湖湖口处的底泥与水体细菌种群丰度也有较大的差异；同一样点水体细菌种群丰度较底泥的高，且差异较大的区域有 47 号虬门撮箕湖、54 号汉池湖北和 80 号撮箕湖最东侧与都昌候鸟保护区交界处，水体细菌种群丰度较底泥多出 10 余种。

从均匀度指数（Pielou's index）分析，1 号瓢山水体和底泥的细菌种群均匀度指数差异最大，其次是 22 号抚河入湖口和 80 号撮箕湖最东侧与都昌候鸟保护区交界处；1 号瓢山水体和底泥的细菌种群均匀度指数也是最低的，水体和底泥均匀度指数最高的均为 104 号南矶山五常湖湖口。大多数底泥的细菌种群均匀度指数均高于水体，这与鄱阳湖作为一个过水型湖泊有较大的关系，水体常年处在流动状态中，水位、水流、水质、水温等变化，

图 5-7-9　鄱阳湖底泥细菌系统发育树

使微生物菌群也处于一种变化中。而底泥其环境相对稳定，所以菌群的数量和种群均匀度指数均高于水体。

鄱阳湖水体的细菌多样性总体上比其相应的泥样要少，丰水期水样中最具代表性且生物量比较高的细菌种类只有一种无培养噬胞菌属（*Uncultured cytophaga*），而同期底泥泥样中最具代表性且生物量很高的细菌种类却有新疆黄杆菌（*Flavobacterium xinjiangense*）、鞘脂杆菌属（*Sphingobacterium*）和 *Ferruginibacter lapsinanis* 3 种菌。此外，15 个泥样的细菌群落多样性指纹图之间的差异度不是很大，相反，15 个水样之间的差异度却很大，这是否可理解为底泥相对稳定，使其所含细菌菌群种类和生物量在自然条件下不太容易变化。而水体所含细菌菌群种类和生物量容易随着水流的更替变化而变化，经过自然沉静后的细菌菌群种类和生物量相对于底泥也会少些，这导致了水体中细菌种类变化较大，并且种类相同且数量比较大的只有一种。

2. 菌群多样性

从各采样点水体和底泥细菌群落多样性指数（表 5-7-6、表 5-7-7）的比较可以看出，水体细菌群落 Shannon 指数、Simpson 指数和均匀度指数最低的是 89 号大伍湖湖口和 1 号瓢山，而底泥细菌群落上述指数最低的也是其中的 1 号瓢山，究其原因，可能是瓢山的细菌多样性指数呈现一种水体与底泥立体方位的低，但是这个区域底泥和水体的菌群丰度却相差了一倍多，生物多样性指数虽然与种群丰度有关，但是各种间个体分配的均匀性却是决定因素，各种之间，个体分配越均匀，H'值和 D 值就越大，所以瓢山区域细菌群落多样性指数偏低的重要因素之一应该是细菌种群个体数分布不均匀，底泥和水体的菌群丰度相差了一倍多，可能是底泥菌群数量相对于水体的要稳定很多，水体中的菌群数量随着相关性高的环境因子，如：水位、水流、水质、水温和外来物的变化，而引起其数量或种类的变化，也许在瓢山区域采样时段，该水体正受到某种特殊水质的影响而使得一些种群消失了，菌群丰富度陡降，而某些适应菌群数量徒增从而导致数量分布不均匀，多样性指数降低。大伍湖湖口水体也是属于上述水环境变化的特例，但是大伍湖湖口水体菌群多样性只是水体部分受到了影响，说明这种水体环境的变化是一种流过性变化，时间短，几乎不构成对其底部底泥细菌菌群的影响，聚类分析结果也印证了上述分析。这种微生物群落结构主要受湖泊不同微域生境改变的影响，显示了微生物群落对湖泊生境的适应性。

表 5-7-6　水样的细菌群落多样性指数

泳道	采样点	种群丰度（S）	Shannon 指数（H'）	Simpson 指数（D）	Pielou 均匀度指数（E）
1	瓢山	30	2.79	$D=0.916$	0.81
2	小矶山附近	48	3.4	$D=0.952$	0.88
3	石钟山对岸	51	3.49	$D=0.960$	0.89
4	戴家湖湖口	46	3.45	$D=0.960$	0.9
5	乐安河	51	3.43	$D=0.952$	0.88
6	赣江南支入湖口	49	3.47	$D=0.960$	0.89
7	抚河入湖口	46	3	$D=0.897$	0.78
8	虬门，撮箕湖	58	3.52	$D=0.962$	0.89
9	汉池湖北	59	3.79	$D=0.974$	0.93
10	撮箕湖最东侧与都昌候鸟保护区交界处	61	3.76	$D=0.971$	0.91
11	平池湖	59	3.58	$D=0.962$	0.88
12	南矶乡与莲湖乡之间大湖面往北 5 km	52	3.41	$D=0.952$	0.86
13	南矶山赣江南支的最北面的分支再往下游 6 km	54	3.53	$D=0.958$	0.88
14	南矶山五常湖湖口	44	3.81	$D=0.975$	0.95
15	大伍湖湖口	55	2.17	$D=0.790$	0.57

表 5-7-7　泥样的细菌群落多样性指数

泳道	采样点	种群丰度（*S*）	Shannon 指数（*H'*）	Simpson 指数（*D*）	Pielou 均匀度指数（*E*）
1	瓢山	63	2.43	$D = 0.711$	0.59
2	小矶山附近	64	3.85	$D = 0.975$	0.93
3	石钟山对岸	52	3.64	$D = 0.968$	0.92
4	戴家湖湖口	55	3.60	$D = 0.965$	0.90
5	乐安河	58	3.60	$D = 0.962$	0.89
6	赣江南支入湖口	50	3.65	$D = 0.969$	0.93
7	抚河入湖口	58	3.80	$D = 0.974$	0.93
8	虬门，撮箕湖	40	3.13	$D = 0.944$	0.85
9	汉池湖北	48	3.56	$D = 0.964$	0.92
10	撮箕湖最东侧与都昌候鸟保护区交界处	45	3.05	$D = 0.931$	0.80
11	平池湖	61	3.69	$D = 0.963$	0.90
12	南矶乡与莲湖乡之间大湖面往北 5 km	57	3.76	$D = 0.933$	0.93
13	大伍湖湖口	68	3.87	$D = 0.970$	0.92
14	南矶山赣江南支的最北面的分支再往下游 6 km	62	3.81	$D = 0.971$	0.92
15	南矶山五常湖湖口	54	3.72	$D = 0.970$	0.93

3. 特有菌种

有些菌属几乎为某些样品的细菌群落所特有，如丛毛单胞菌属（*Comamonas*）丰度为 1 769，只在 S14（南矶山五长湖湖口水体）中含有，对应的底泥几乎都没有，这是否可解释为丛毛单胞菌属（*Comamonas*）是一种流过性菌群，取样时正好遇到该水域具有适应该菌生长的条件（如氮元素含量很高）。还有 Alkanindiges，丰度为 1 426，只在 S4（戴家湖湖口水体）中含有，说明取样时该水域的条件正好有利于该菌属的生长。其他区域也各有一些特殊的优势菌种。

第三节　鄱阳湖功能微生物（细菌）资源

一、2012 年丰水期鄱阳湖功能细菌数量分布特征

鄱阳湖是我国最大的淡水湖，拥有丰富的水资源和生物资源，具有蓄洪、航运、灌溉、水产养殖和旅游等多方面功能。随着社会和经济的发展，人为活动导致的湖泊污染已成为一个严重的环境问题。其中，湖泊富营养化是目前水环境中一个主要的问题，也是危害最大的环境问题之一。据章茹等研究报道，我国有 63.3%的湖泊已经达到富营养化水平。水体富营养化是多种原因共同作用的结果，其中氮、磷营养盐是公认的重要影响因子，当流

入湖泊水体中的氮、磷营养盐物质过多时，会使藻类异常增殖。20 世纪 70 年代以来，鄱阳湖湖泊中有机物和营养盐迅速增加，再加上不合理的渔业利用，大量投放草食性鱼类使沉水植物群落在短期内遭受破坏，加速了湖泊水体的富营养化进程。

细菌代谢活动是湖泊生境中营养循环的重要环节，细菌既是营养物质的分解者和转化者，又是物质和能量的储存者，同时还是食物链中重要的生产者。由于细菌既可将有机质（有机碳）分解转化为溶解性有机碳，并进一步矿化为营养盐供浮游植物利用，又可吸收合成自身成分，并通过浮游动物的摄食进入上一营养级，因此细菌是水生食物链的基本环节。

在 4 种参与氮循环的细菌中，硝化细菌数量最高，所有水样数量超过 3 000 MPN/100 mL，不同采样点差异较小（表 5-7-8）。氨化细菌含量也较高，平均为 975.11 MPN/100 mL；亚硝化细菌和反硝化细菌含量相对较低，平均为 45.68 MPN/100 mL 和 127.51 MPN/100 mL。测定水体中解磷细菌和有机磷农药降解菌，少数样品数量在 20～80 个/mL，多数水体中检测不到解磷细菌，也没有富集到降解甲胺磷等农药的细菌。初步鉴定分离的异养细菌，这些菌株中假单胞菌（*Pseudomonas*）较多，其次为芽孢杆菌（*Bacillus*）和肠杆菌（*Enterobacteriaceae*），还有产碱杆菌属（*Alcaligenes*）、微球菌属（*Micrococcus*）、色杆菌属（*Chromobacterium*）、黄杆菌属（*Flavobacterium*）和黄单孢菌属（*Xanthomonas*）等。

表 5-7-8　2012 年鄱阳湖丰水期水体中功能细菌比较

地理位置名称	氨化细菌（MPN/100 mL）	亚硝化细菌（MPN/100 mL）	反硝化细菌（MPN/100 mL）	异养细菌（10^3 CFU/mL）
长江口	＞3 000	460	290	360.00
棠荫	1 100	2.5	43	93.33
棠荫与都昌之间	＞3 000	6.2	15	6.00
都昌	240	3	23	24.09
小矶山附近	1 100	2.5	93	360.00
吴城，望湖亭南修水口	460	2.5	9.2	4.00
吴城，赣江主支	43	3.6	15	30.00
蚌湖湖口	43	3.6	43	6.00
新池乡上洋澜村东	1 100	9.2	29	8.00
老爷庙边	1 100	3.6	3.6	64.67
石钟山对岸，距离长江口 1 km 左右	＞3 000	75	150	180.00
鞋山西侧	1 100	23	11	135.33
沙子交易处西岸水泥厂处	240	38	93	300.00
戴家湖湖口	240	38	11	220.00
星子石油码头	460	2.5	3	84.33
信江东支	＞3 000	20	23	75.00
乐安河	460	460	290	18.00
昌江	1 100	9.2	1 100	47.67

续表

地理位置名称	氨化细菌（MPN/100 mL）	亚硝化细菌（MPN/100 mL）	反硝化细菌（MPN/100 mL）	异养细菌（10^3 CFU/mL）
饶河中段	240	21	93	60.78
赣江南支入湖口	1 100	460	23	80.00
抚河入湖口	240	6.2	64	200.00
信江入湖口	＞3 000	6.2	160	37.67
梅嘴三江交汇处	460	28	290	45.32
大汊湖北岸，赣江西支河道入湖处	1 100	2.5	11	52.00
松门山南	＞3 000	2.5	23	56.67
松门山上边村南 1 km，老龙头	＞3 000	2.5	15	350.00
大莲子湖	＞3 000	3	150	69.00
信江中游梅港黄金埠	＞3 000	210	38	200.01
抚河中游李渡	＞3 000	7.2	3.6	180.00
大田咀	460	64	2.5	6.00
输湖	75	6.2	2.5	400.12
大沔池外	93	9.4	93	230.64
南矶山北大湖面东侧	240	2.5	240	400.23
南矶山北大湖面西侧	240	2.5	2.5	118.33
虬门，撮箕湖	43	2.5	43	68.00
石牌湖湖口	93	240	93	300.00
石牌湖中部	93	2.5	38	300.00
长山北 500 m	＞3 000	2.5	64	56.00
鸡门山与对面山之间	93	2.5	93	23.33
汉池湖北	1 100	9.4	9.2	120.00
汉池湖东	＞3 000	2.5	3	225.22
大湖中心	240	2.5	2.5	160.00
大湖面，大汊湖东 5 km	15	2.5	3.6	134.89
松门山南 3 km	240	2.5	9.2	5.67
大矶山附近	460	43	93	4.00
新妙湖大坝草滩边缘	240	7.4	3.6	300.00
石油码头对岸距离 2 km	240	2.5	3	370.00
戴家湖湖湾内	240	210	43	52.67
南北湖外湾	150	21	240	217.53
鞋山湖	240	16	93	200.56
青山湖外湾	240	15	23	450.51
梅溪湖	460	3	1 100	400.11
赣江中支朱港农场	1 100	15	93	45.67

续表

地理位置名称	氨化细菌（MPN/100 mL）	亚硝化细菌（MPN/100 mL）	反硝化细菌（MPN/100 mL）	异养细菌（10^3 CFU/mL）
秋水广场	>3 000	75	43	300.09
潦河，万埠老大桥	460	9.2	1 100	200.00
修水虬津修河中游U形渠管厂内	1 100	3.6	1 100	120.45
博阳河德安县城桥	>3 000	20	23	76.00
撮箕湖最东侧与都昌候鸟保护区交界处	460	6.1	38	190.00
万户镇聂家乡之间	460	2.5	43	6.00
平池湖	240	6.2	2.5	22.00
尖峰岭南汉池湖	460	240	43	48.54
南矶乡东4 km，东湖	>3 000	290	23	200.00
南矶乡与莲湖乡之间大湖面往北5 km	29	9.4	93	88.87
下湖	240	9.4	2.5	280.00
距南港1 km	75	9.4	2.5	350.87
小滩湖东3 km	460	3.6	1 100	138.12
大汉湖中	150	2.5	9.2	148.31
花庙湖	240	9.4	2.5	8.67
黄家湾西3 km	240	64	23	74.54
蚌湖湖口	460	2.5	2.5	300.59
松古山杨家咀所在洲滩北1 km	93	3	160	165.67
十里湖内，流星山背后	210	3	35	230.76
白洋湖西800 m	460	11	9.2	65.82
青岚湖	>3 000	93	240	230.92

将鄱阳湖水质基础数据与氮循环功能微生物以及大肠杆菌菌群进行相关性分析，溶氧量（DO）与亚硝化细菌成极显著正相关，电导率与氨化细菌成极显著正相关，与亚硝化细菌则成显著负相关。总氮含量与水体中大肠杆菌、氨化细菌和亚硝化细菌均成极显著正相关。此外，温度、pH等也是不可忽视的因素。大肠杆菌与氨化细菌、亚硝化细菌和反硝化细菌均是极显著正相关。分析结果表明，鄱阳湖水体中功能细菌分布与环境因素之间有明显相关性。

二、7个入湖口细菌和水质特征关系

赣、抚、信、饶、修“五河”入湖口是鄱阳湖的关键生态部位，入湖水系污染物会在这里得到集中体现，而微生物作为湖口生态系统中对环境因子最为敏感的成员，其群落结构和功能变化可以快速、准确、全面地反映入湖水系的健康状况。

在 7 个入湖口中，乐安河总氮、总磷最高，富营养化最严重，其次为饶河，饶河中总磷非常高，与乐安河密切相关。抚河和修河的总氮和总磷最低，富营养化也是最轻。比较不同湖口中细菌数量，乐安河中异养细菌和亚硝化细菌最高，信江反硝化细菌最低。抚河和修河水质较好。赣江的总磷和总氮数量较高，但是不同细菌数量较低。（表 5-7-9）

表 5-7-9　2013 年鄱阳湖丰水期七个入湖湖口水样测定结果

湖口名称	总磷（mg/L）	总氮（mg/L）	异养细菌（10^3 CFU/mL）	大肠杆菌（MPN/100 mL）	亚硝化细菌（MPN/100 mL）	反硝化细菌（MPN/100 mL）
信江	0.230	0.744	142	2.5	23	2.5
抚河	0.253	0.259	21	240	2.5	2.5
乐安河	0.798	6.807	275	2.5	240	2.5
昌江	0.348	0.896	83	9.2	23	28
修河	0.324	0.320	22	75	2.5	2.5
赣江	0.798	0.653	15	23	2.5	21
饶河	0.561	3.321	48	23	3.6	240

测定底泥中细菌，分析发现，总氮、铵态氮和硝态氮三者之间没有相关性，总氮高，硝态氮和铵态氮不高。在 7 个入湖湖口测定中，昌江入湖湖口底泥中总氮数量最高，其次是乐安河。比较总磷和无机磷，乐安河最高，结合水体测定结果，乐安河属于富营养化最严重的湖口。底泥中总氮和总磷数量高，水体中总氮和总磷也高，刺激了水体中异养细菌和亚硝化细菌的生长繁殖，但是底泥中细菌生长最低，异养细菌数量在一定程度上受到抑制。饶河底泥中总氮和总磷也较高，与水体中总氮和总磷一致（表 5-7-10）。

表 5-7-10　2013 年鄱阳湖丰水期 7 个入湖湖口底泥测定结果

湖口名称	总氮（g/kg）	NH_4-N(mg/kg)	NO_3-N(mg/kg)	总磷（g/kg）	无机磷（g/kg）	异养细菌（10^4 CFU/mL）
信江	0.712	48.3	0.52	0.396	0.316	158
抚河	0.774	51.1	0.57	0.246	0.167	152
乐安河	1.060	52.5	3.26	0.409	0.337	110
昌江	1.183	37.1	0.86	0.240	0.199	221
修河	0.825	42.7	0.96	0.226	0.151	163
赣江	0.711	47.6	0.59	0.244	0.171	121
饶河	0.942	81.9	0.67	0.330	0.249	120

2013 年丰水期比较 7 个入湖湖水和底泥特征，饶河和信江蓝藻最严重，氮、磷富营养化最严重的是乐安河和饶河，氮、磷富营养化最轻的湖口是修河和抚河。

第四节　鄱阳湖季节性水位变化对功能微生物（细菌）的影响

鄱阳湖地处东亚季风区，气候温和，雨量充沛，属于亚热带温暖湿润气候。湖区多年平均降水量为 1 700 mm 左右，年际变化幅度较大，多雨时达 2 300 mm，而少雨仅有 1 150 mm。降水分配也极不均匀，汛期占全年降水量的 50%左右，造就鄱阳湖成为一个典型的季节性涨水湖泊，具有“高水是湖，低水似河”独特的自然地理景观。

分析 2012 年鄱阳湖丰水期和枯水期细菌差异，氨化细菌、亚硝化细菌差异明显，7 月夏季丰水期明显高于冬季枯水期，3 类细菌数量分别比冬季高出 21.5 倍、21.4 倍和 11.5 倍（表 5-7-11）。一方面，随着夏季的到来，大量含氮有机物随雨水进入湖泊，为微生物的生长和繁殖提供丰富的底物；另一方面，夏季温度升高，微生物的繁衍迅速。温度是影响大肠杆菌、氨化细菌和亚硝化细菌数量和分布的主要因素。反硝化细菌的变化同其他 3 类细菌不同，冬季数量不仅没有下降，反而比夏季高出 5.3 倍。有研究认为，反硝化细菌与温度和藻类数量呈显著正相关，当温度升高时，异养细菌大量繁殖，使有机物得以降解，无机物大量释放，致使藻类浓度升高，但环境中氧的浓度也大幅度下降，有利于反硝化细菌繁殖。

表 5-7-11　鄱阳湖丰水期和枯水期水体中功能细菌比较

项目	氨化细菌（MPN/100 mL）		亚硝化细菌（MPN/100 mL）		反硝化细菌（MPN/100 mL）	
	2012/0-07	2013/0-01	2012/0-07	2013/0-01	2012/0-07	2013/0-01
1	1 100	11	2.5	23	43	93
2	240	7.4	3	2.5	23	460
3	1 100	11	2.5	2.5	93	460
4	1 100	6.1	9.2	2.5	29	240
5	>3 000	3	75	3	150	1 100
6	240	6.2	38	2.5	93	460
7	240	11	38	7.2	11	150
8	460	15	2.5	7.2	3	460
9	>3 000	15	20	2.5	23	460
10	240	15	21	2.5	93	460
11	1 100	460	460	2.5	23	240
12	460	11	28	2.5	290	93
平均	1 023.33	47.64	58.31	5.03	72.83	389.67

比较不同年份功能细菌，氨化细菌变化复杂，总体上 2013 年比 2012 年高出 10.45%。亚硝化细菌下降趋势明显。反硝化细菌具有明显上升的趋势，2013 年上升 533.44%（表 5-7-12）。

表 5-7-12　2012 年和 2013 年鄱阳湖丰水期功能细菌数量比较

项目	氨化细菌（MPN/100 mL）		亚硝化细菌（MPN/100 mL）		反硝化细菌（MPN/100 mL）	
	2012/0-07	2013/0-01	2012/0-07	2013/0-01	2012/0-07	2013/0-01
1	>3 000	>3 000	460	93	290	240
2	460	>3 000	2.5	23	9.2	>3 000
3	43	>3 000	3.6	2.5	43	23
4	>3 000	>3 000	75	2.5	150	460
5	460	240	460	15	290	1 100
6	1 100	460	9.2	9.2	1 100	>3 000
7	240	>3 000	6.2	23	64	>3 000
8	>3 000	1 100	6.2	23	160	11
9	>3 000	11	3.0	9.2	150	>3 000
10	240	>3 000	2.5	3	2.5	2.5
11	460	210	43	2.5	93	>3 000
12	150	150	21	3.6	240	>3 000
13	1 100	75	15	23	93	16
14	>3 000	>3 000	75	2.5	43	240
15	1 100	1 100	3.6	2.5	1 100	>3 000
16	>3 000	2.5	20	43	23	36
17	460	2.5	2.5	2.5	43	>3 000
18	210	>3 000	3	2.5	35	93
19	460	>3 000	11	2.5	9.2	240
20	>3 000	2.5	93	23	240	3
平均	1 374.15	1 517.68	65.77	15.55	208.90	1 323.23

根据江西省气象局统计资料，2012 年 6 月下旬江西省遭遇汛期最强连续暴雨过程，降水突破历史，江西省平均年降水量为 2 174.9 mm，仅次于 1998 年同期。2013 年相对偏少，平均年降水量小于 1 700 mm。2013 年降水量下降，造成污染物浓度上升，对鄱阳湖中各种功能细菌产生不同影响。人类活动对鄱阳湖影响多种多样，主要包括以下方面：①工业、农业和生活点源污染。每年工业废水排放总量在 20 000 万 t 以上，城镇生活污水在 38 000 万 t 以上，废水直接进入鄱阳湖，加重了鄱阳湖富营养化。②农村面源污染。2012 年，全流域农药用量为 1×10^6 t，其中有 60%～70%逐渐水体和土壤，农药也有 80%～90%进入土壤和水体，导致鄱阳湖水质下降。③水产养殖。这是造成鄱阳湖水质下降和富营养化的重要因素。在大闸蟹、贝壳，以及鱼类养殖中，投放的饲料和排放的粪便直接进入鄱阳湖。

第五节　微生物多样性保护对策建议

（1）建设“鄱阳湖特色微生物菌种保藏中心”，为科研和生产提供微生物菌种资源保存、研究和开发利用为一体的共享服务的专业平台。该中心主要从事具有江西“山江湖”特色的微生物菌种资源分离、收集、鉴定、选育、保藏、交换和应用研究。同时，整合江西省内微生物资源，建立开放共享平台，为科研、教学及产业部门提供资源和技术，服务社会。

（2）目前，国内对饲料添加剂、生物肥料中的微生物菌种使用有严格的申报和审批程序，但对环保和水产养殖中使用微生物制剂管理不严格，水产养殖大量使用功能微生物添加剂，甚至引进外来菌种，极易造成水体原有菌群结构失衡，应加强管理，建议尽量使用土著功能菌原位修复。

（3）微生物对维持鄱阳湖湿地自然生态系统平衡起着至关重要的作用，本次鄱考，共发现、培养 50 多种具有净化水质的有益微生物，建议进一步加强研究，尽快开发功能性微生物制剂，通过政策的引导，在环保和水产养殖中推广应用。

（4）统筹生态系统监测与资源开发利用，构建鄱阳湖生态系统微生物监测指标体系，系统分析与氮、磷、有机污染物等污染相关的关键性指示细菌的种类，为检测鄱阳湖湿地和水体的质量提供预警和指示。

参考文献

曹义虎. 2004. 关于鄱阳湖资源深度开发中几个问题的思考. 江西水产科技，1（1）：2-7.

刘新春，吴成强，张昱，等. 2005. PCR-DGGE 法用于活性污泥系统中微生物菌群结构变化的解析. 生态学报，25（4）：842-847.

王国祥. 1999. 太湖人工生态系统中氮循环细菌分布. 湖泊科学，（2）：160-164.

王晓鸿，鄢帮有，吴国琛. 2006. 山江湖工程. 北京：科学出版社.

夏涵，府伟灵，陈鸣，等. 2005. 快速提取细菌 DNA 方法的研究. 现代预防医学，32（5）：571-573.

Aller R C，Hall P D，Rude P D，et al. 1998. Biogeochemical heterogeneity and suboxic diagenesis in hemipelagic sediments of the Panama Basin. Deep Sea Research，45：133-165.

Cole J R，Wang Q，Cardenas E，et al. 2009. The ribosomal database project：improved alignments and new tools for rRNA analysis. Nucleic Acids Research，37（Database Issue）：D141.

Sambrook J，Fritsch E F，Maniatis T. 2002. Molecular Cloning：A Laboratory Manual. Beijing：Science Press.

Spring S，Svhulze R，Overmann J，et al. 2000. Identification and characterization of ecologically significant prokaryotes in the sediment of freshwaterlakers：molecular and cultivation studies. FEMS Microbiology，24：573-590.

Stockner J G，Antia N J. 1986. Algal picoplankton from marine and fresh water ecosystem：a multidisciplinary perspective. Can J Fish Aquat Sci，43：2470-2503.

Walliams P J，Le B. 1981. Incorporation of micro heterotrophic process into the classical paradigm of 5 plank tonic food web. Kieler Meresforschungen，5（1）：1-28.

Xing D F，Ren N Q，Song J X，et al. 2006. Community of activated sludge based on different targeted sequence of 16 S rDNA by denaturing gradient gel electrophoresis. Environmental Science，27（7）：1424-1428.

第八章　生物资源及其生态水文过程动态变化

第一节　鄱阳湖碟形洼地的生境特征

一、鄱阳湖碟形洼地及其分布

当赣江、抚河、饶河、信江、修河进入鄱阳湖时，由于泥沙沉积，发育形成入湖河口三角洲。在形成河口三角洲的过程中，泥沙在河流主流两旁淤积，远离河道的水域形成水下砂堤，一部分逐步封闭成碟形洼地（部分半封闭，形成浅水湖湾）。鄱阳湖枯水季节水落滩出，在洲滩中出现众多大小不等的季节性子湖泊，其形如碟，故称为“碟形湖”或“碟形洼地”。

当地居民利用天然沙堤将洼地堆土封口加高成矮堤，便成为相对稳定的碟形湖。为了便于冬季放水抓鱼，又在碟形湖与主湖区之间建起了排水沟和排水闸（或低坝），经过人工改造，在鄱阳湖里形成了众多的碟形湖。春季碟形湖内开始蓄水，其水位随鄱阳湖通江水体水位上涨，直至被通江水体淹没，秋冬季退水后又成为“湖中湖”；如果没有人为干扰，碟形湖水位高低取决于降水、蒸发和下渗，由于秋季少雨，底泥致密，碟形湖水位相对稳定；仅当人为开闸放水时，水位才会急剧下降。

在鄱阳湖入湖河口三角洲上这种季节性的碟形湖很多，其中江西鄱阳湖国家级自然保护区内较大的有 10 个，南矶山湿地国家级自然保护区内有 23 个。碟形湖湖底平坦，湖底高程多为 12～14 m，南部碟形湖湖底高程要略高于北部。枯水季节与通江水体分离，存在一定的水位差。碟形湖通过排水闸与周边水体连通，闸底板高程一般比湖底最低点低 40～50 cm，四周较湖底高出 2～4 m，一般为 16～17 m。

严格地说，鄱阳湖碟形洼地和湖湾是鄱阳湖两种不同类型的湿地，但碟形洼地和湖湾后沿往往被当作一种湿地类型，碟形洼地是封闭的湖湾，而湖湾后沿是不封闭或半封闭的碟形洼地，如江西鄱阳湖国家级自然保护区的 9 个湖泊，实际上蚌湖和大汊湖是不封闭的，属湖湾。

鄱阳湖主要湿地生境—碟形洼地或湖湾最主要的有 35 个（＞1 km^2），这 35 个碟形洼地或湖湾的名称和分布如图 5-8-1 所示。这 35 个碟形湖或湖湾，总面积为 415.651 km^2，总容积为 $4.793\,6\times10^8$ m^3。最大的是撮箕湖，面积为 83.685 km^2，最小的是珠池湖，面积仅为 1.138 km^2。

二、碟形洼地的地貌特征

碟形洼地和湖湾两者都是生物多样性最丰富的区域，是鄱阳湖最重要的湿地类型，是鄱阳湖各自然保护区的核心区。这个区域是鄱阳湖湿地最复杂、湿地类型最多样化的区域，

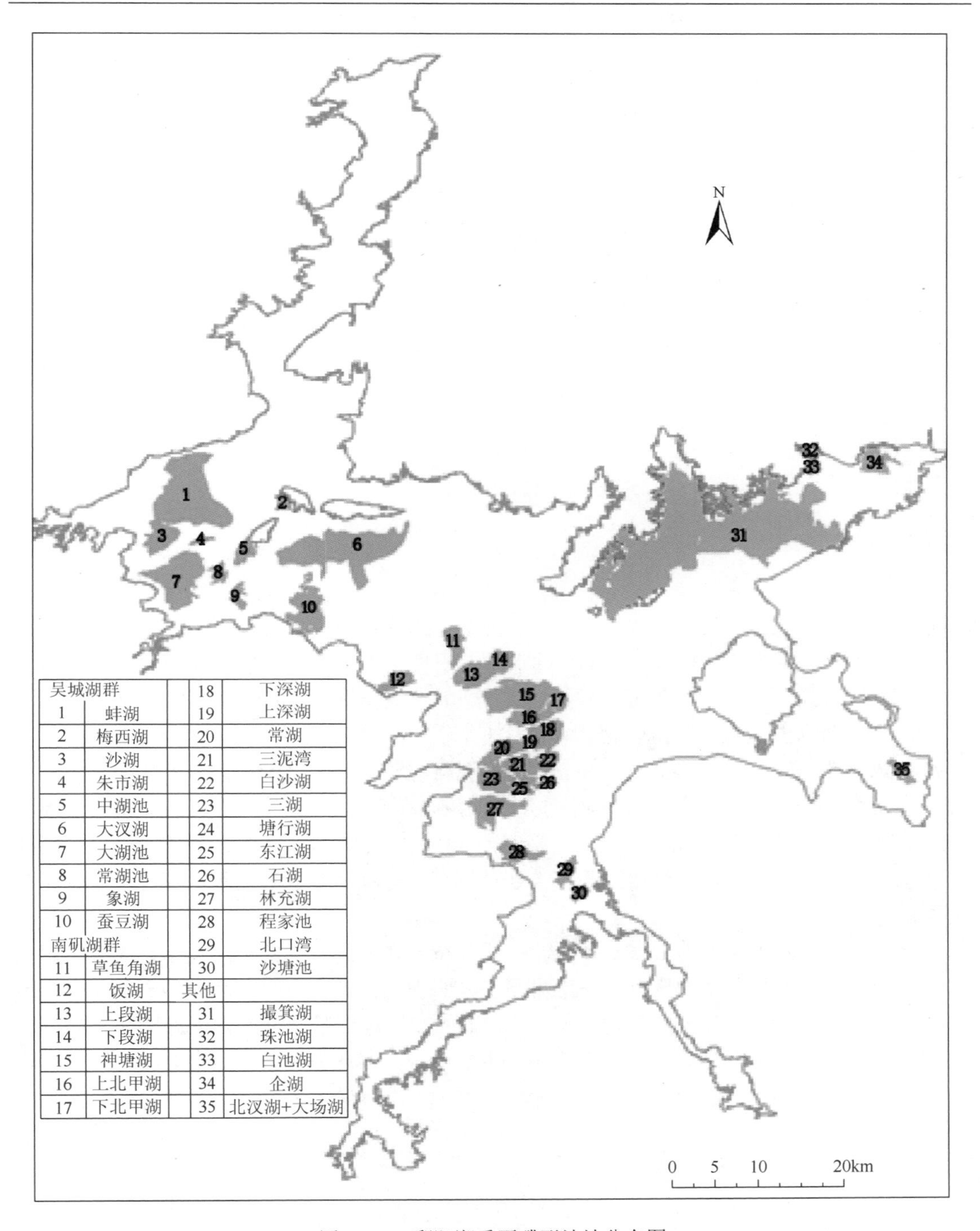

图 5-8-1 鄱阳湖重要碟形洼地分布图

深水、浅水、沼泽、泥滩、草滩等各类湿地生境依高程分布，为湿地植物繁衍提供了优越的环境，适宜漂浮植物、浮叶植物、沉水植物、挺水植物、湿生植物等生长，植被多呈环带状分布。此外，湖中还有丰富的浮游生物、底栖生物和鱼类生长，也是越冬候鸟主要觅食和栖息的场所。碟形洼地、湖湾、洲滩前缘的生境类型依水位可归纳为两大类，即浅水洼地和滩地。其生境特征分述如下。

1. 浅水洼地

浅水洼地为分布于三角洲低洼处和三角洲前缘，季节性出露的小型湖泊和三角洲前缘未封闭或半封闭的湖湾，湖底高程多在 12～17 m。当水位降至 17 m 时，这些小湖泊和湖湾开始渐次显现，随水位继续下降，降至 14 m 水位左右时，大部分小型湖泊和湖湾都显露出来。浅水洼地湖床平坦，泥沙淤积严重，沉积物较厚，枯水季节大量泥滩出露，湖底高程多在 11.5～13.5 m，常年积水区水深不超过 1.5 m，一般在 10～80 cm，水体清澈。沉水植被发育，是鱼类主要的索饵场和鲤、鲫等产黏性卵的鱼类的产卵场，也是冬候鸟越冬的主要栖息地和觅食场所；冬季出露的沼泽滩地发育稀疏的沼生植被，以薹草、虉草、蓼子草、芦荻群落为主，是多种以底栖动物为食的鸟类觅食和栖息场所。

2. 滩地

滩地是退水后地形洼地和三角洲前缘出露的部分。刚出露的部分，一般形成泥滩。随着出露时间的延长，泥滩上会发育疏密不同的湿生植被。

泥滩：分布高程为 10.5～15.5 m，枯水季节出现于三角洲前沿，碟形洼地近水的狭长地段。出露时间较短，北部泥滩无植被，南部见有大量沉水植物和丝状藻类的残体覆盖，有大量底栖动物，汛期大量沉水植物在此生长，常见雁类在此地段休憩。

稀疏草滩：分布高程为 11.5～16 m，界于泥滩与茂密草洲之间，主要出现于三角洲前缘，环带状出现于碟形湖中。出露时间介于泥滩与茂密草洲之间，枯水季节地下水埋深 0.1～0.25 m，群落盖度为 30%～60%，高度为 30～40 cm，为鸟类的觅食场所，也是钉螺的栖息场所，主要植物为单性薹草群落、虉草群落、弯喙薹草群落、刚毛荸荠群落、芫荽菊群落等。

茂密草洲：分布高程为 13.5～18 m，广泛分布于碟形湖四周的高滩地上，南部三角洲最为集中，也常见与薹草镶嵌分布。地势平缓，面积大，年均出露时间为 165～271 d，地下水埋深 0.3～0.5 m，植被盖度大，是多种鸟类的夜栖地。汛期是产黏性卵的鲤、鲫等鱼类的重要产卵场，是钉螺分布的高密度区。主要植物为灰化薹草群落、糙叶薹草群落、红穗薹草群落、芒尖薹草群落、蚕茧蓼群落、芦苇群落、南荻群落、蒌蒿-红足蒿群落等。

三、碟形洼地植物群落特征

选取鄱阳湖国家自然保护区的常湖池、南矶山国家自然保护区的战备湖和北深湖作为碟形洼地的研究区域。每个碟形洼地设置 3 条样带，每个高程区间（等高线为 1 m）设置一个取样点。样带设置的条件包括以下内容：①等高线区间的间隔比较均匀；②可达性，即方便取样；③每个样带间隔在 150 m 以上；④人类活动干扰的程度较少，一般民众和游客不易到达。在取样点处，用事先做好的 1 m^2 的不锈钢圈圈住，在 1 m^2 的样方内，收集植物的地上生物量、物种数和物种高度。

通过定位观测，发现以下内容：①南矶山碟形湖植物群落的生物量沿着高程变化呈现较为明显的规律，生物量最大的区域主要为15～16 m，其次是16 m以上，其他区域生物量较小。15～16 m 区域，植物群落的建群种主要是芦苇、南荻等，因而具有较大的生物量。生物量较大的区域，生物多样性普遍较低（表5-8-1）。②吴城碟形湖的常湖池生物量随高程变化呈现较为明显的规律，生物量主要集中在 15～17 m，其中，春季的生物量明显低于冬季生物量。15 m以下，植物群落的建群种主要是薹草，15 m以上，植物群落的建群种有南荻、水蓼、芦苇和菰等（表5-8-2）。

表5-8-1　南矶山碟形洼地植物群落调查数据

高程（m）	群落构成	建群种
＜13	未调查	无
13～14	薹草、慈姑、看麦娘、虉草、水蓼、萍、（小叶）猪殃殃、稻槎菜等	薹草
14～15	薹草、看麦娘、水蓼、蒿sp.、水田碎米荠、虉草、蓼子草等	薹草或虉草
15～16	芦苇、南荻、薹草、水蓼、蒿sp.、母草等	芦苇或南荻
＞16	狗牙根、假俭草、结缕草、蓬、蒿sp.、蓼sp.、等	狗牙根

表5-8-2　吴城碟形洼地植物群落调查数据

高程（m）	群落构成	建群种
＜13	薹草、慈姑、萍、（小叶）猪殃殃、水田碎米荠、稻槎菜等	薹草
13～14	薹草、看麦娘、虉草、萍、（小叶）猪殃殃、稻槎菜等	薹草
14～15	薹草、看麦娘、水蓼、蒿sp.、虉草、蓼子草等	薹草或虉草
15～16	薹草、南荻、水蓼、蒿sp.、母草、芦苇等	薹草或南荻
＞16	南荻、芦苇、薹草、菰、水蓼、蒿sp.、稗sp.、牛鞭草等	薹草、南荻或芦苇

四、洲滩前缘植物群落特征

选取鄱阳湖国家自然保护区的蚌湖、泗洲头，南矶山国家自然保护区的东湖作为洲滩前缘的研究区域。每个洲滩前缘都设置3条样带，每个高程区间（等高线为1 m）设置一个取样点。样带设置的条件包括以下内容：①等高线区间的间隔比较均匀；②可达性，即方便取样；③每个样带间隔在150 m以上；④人类活动干扰的程度较少，一般民众和游客不易到达。在取样点处，用事先做好的1 m^2的不锈钢圈圈住，在1 m^2的样方内，收集植物的地上生物量、物种数和物种高度。通过定位观测，发现以下内容：①南矶山洲滩前缘东湖植物群落生物量的分布随高程的变化呈现明显的规律性，其中生物量主要分布区域为13～14 m，其次是 14～15 m（表 5-8-3）；②吴城洲滩前缘以蚌湖和泗洲头为试验样地，生物量主要分布在高程14～15 m，冬季生物量高于春季。14～16 m高程区域植物群落的建群种主要是南荻、芦苇或篙（表5-8-4）。

表 5-8-3　南矶山洲滩前缘植物群落调查数据

高程（m）	群落构成	建群种
＜13	未调查	无
13～14	薹草、蓼 sp.、菰、芦苇、荇、（小叶）猪殃殃、稻槎菜等	薹草
14～15	薹草、蓼、蒿 sp.、水田碎米荠、繭草、蓼子草等	薹草
15～16	蒿 sp.、蓬、鸡眼草、野豌豆、紫云英、地念、蓼 sp.等	蒿或蓬
＞16	狗牙根、假俭草、结缕草、蓬 sp.、蒿 sp.、鸡眼草、野豌豆、紫云英、野菊花等	狗牙根

表 5-8-4　吴城洲滩前缘东湖植物群落调查数据

高程（m）	群落构成	建群种
＜11	未调查	无
11～12	薹草、蓼 sp.、荇、（小叶）猪殃殃、稻槎菜等	薹草
12～13	薹草、蓼 sp.、荇、（小叶）猪殃殃、稻槎菜等	薹草
13～14	薹草、蓼 sp.、荇、（小叶）猪殃殃、稻槎菜等	薹草
14～15	薹草、南荻、芦苇、蒿 sp.、水田碎米荠、繭草、蓼子草等	薹草或南荻
15～16	南荻、芦苇、薹草、蒿 sp.、水田碎米荠、蓼 sp.等	南荻或芦苇
＞16	狗牙根、假俭草、结缕草、蓬 sp.、蒿 sp.、野菊花等	假俭草

归纳上述对鄱阳湖碟形洼地和洲滩前缘植物特征的考察，有如下几点认识。

（1）鄱阳湖洲滩前缘和碟形洼地植物生物量、格利森（Gleason）物种多样性和群落结构沿着水位梯度呈现较为显著的变化规律。但是，碟形洼地和洲滩前缘以及鄱阳湖南部和北部区域的变化略有差异。

（2）在洲滩前缘区域，生物量最高区域是高程 14～15 m 的生物带，建群种主要是南荻，伴生物种主要有芦苇、蓼 sp.、蒿 sp.等。14 m 以下及 1 m 以上，生物量呈递减趋势。15 m 以上，Gleason 物种多样性指数增大，14 m 以下，Gleason 生物多样性指数减少。14 m 以下的建群种主要是薹草，伴生繭草、蓼 sp.。在碟形洼地，生物量最高区域是高程 15～16 m 的生物带，建群种主要是南荻或芦苇，伴生物种主要有蒿 sp.、蓼 sp.，16 m 以上，Gleason 生物多样性指数增大，15 m 以下，Gleason 生物多样性指数减少，建群种主要是薹草，伴生蓼 sp.、繭草等。

（3）单位面积生物量比较，碟形洼地单位面积生物量要比洲滩前缘的单位面积生物量略高。Gleason 生物多样性指数比较，洲滩前缘的生物多样性指数略高于碟形洼地的生物多样性指数，南部区域的生物多样性指数要比北部区域的生物多样性指数略高。

（4）从目前的考察结果来看，鄱阳湖湿地洲滩前缘和碟形洼地的植物群落结构变化比较复杂，水位是影响植物群落结构改变的主要因素，但不是唯一主导因素，鄱阳湖植物群落结构的演替规律本次考察难以得知，需要进一步深入开展定位性、长期性和控制性的试验。

第二节　不同水位下鄱阳湖湿地生境景观变化

一、数据准备与生境景观分类

1. 数据选择与处理

使用从中国资源地面卫星中心获取的中国环境一号卫星（1 A/1 B）数据来进行不同水位下鄱阳湖湿地生境景观空间格局特征分析。与长期水文监测数据相比较，发现 2010 年能代表正常情况下鄱阳湖水位涨退过程特征。根据研究区覆盖范围、卫星成像质量和 2010 年水位特征等条件，最终用于本研究的遥感影像（表 5-8-5），共 20 景。

表 5-8-5　不同水位下鄱阳湖天然湿地生境景观分析采用的遥感影像

水文过程		监测时间（2010 年）	星子水位（吴淞高程）(m)	备注
涨水过程至退水过程	枯水期	1 月 13 日	7.90	特征点
		2 月 21 日	9.72	特征点
		3 月 11 日	12.87	波峰
		3 月 28 日	10.85	波谷
	丰水期	4 月 27 日	16.53	波峰
		5 月 7 日	14.67	波谷
		5 月 24 日	17.25	波峰
		7 月 18 日	20.16	最高峰
		8 月 12 日	18.79	特征点
		8 月 18 日	17.9	特征点
		9 月 18 日	16.85	特征点
		10 月 4 日	15.48	特征点
		10 月 17 日	13.6	特征点
		10 月 31 日	12.57	特征点
	枯水期	11 月 8 日	11.21	特征点
		11 月 12 日	10.23	特征点
		11 月 25 日	8.92	特征点
		12 月 9 日	8.05	特征点
		12 月 21 日	10.88	特征点
		12 月 31 日	9.91	特征点

2. 湿地生境景观分类体系

由于湿地和水域、陆地之间没有明显边界，加上不同学科对湿地的研究重点不同，造成湿地的定义一直存在分歧。在狭义上，湿地一般被认为是陆地与水域之间的过渡地带。《关于特别是作为水禽栖息地的国际重要湿地公约》（简称国际湿地公约）在广义上对湿地进行了界定：湿地是指天然或人工、常久或暂时的沼泽地、湿原、泥炭地或水域地带，带有静止或流动的淡水、半咸水或咸水水体者，包括低潮时水深不超过 6 m 的水域（倪晋仁等，1998；Moore，2008）。本书与《国际湿地公约》一致，采用湿地的广义定义。

根据鄱阳湖湿地的实际情况和《国际湿地公约》的定义，本书根据生境景观的不同，将鄱阳湖湿地大体分为 3 个一级分类：水域、水陆过渡区、陆地洲滩，在一级分类之下将水域细分为深水（水深 40 cm 以上）和浅水，洲滩又细分为泥滩、沙滩和草洲，水陆过渡区包含紧邻水域的泥滩与沙滩（图 5-8-2，表 5-8-6）。鄱阳湖适宜鸟类取食的浅水区域水深为 40～60 cm（胡振鹏，2012；吴建东等，2013）。

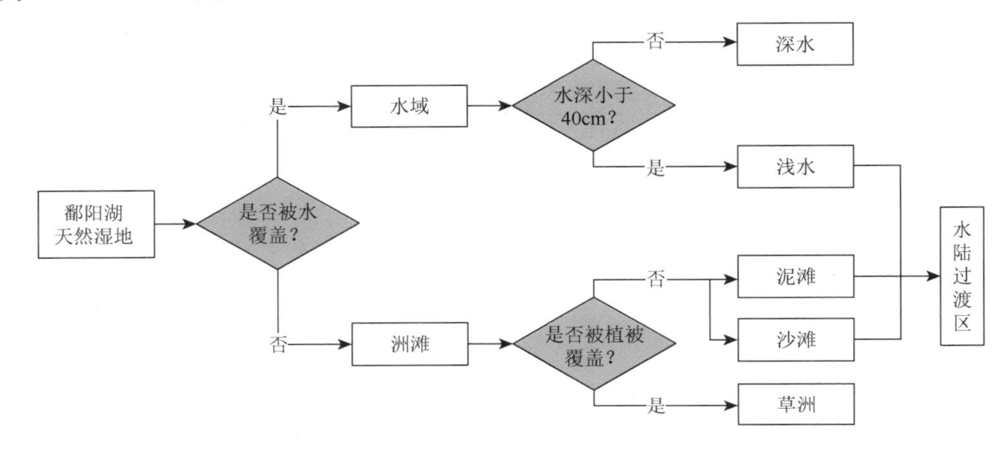

图 5-8-2　鄱阳湖区天然湿地分类体系图

表 5-8-6　鄱阳湖天然湿地的景观分类系统

湿地类	湿地型和组	景观表征（景观类型）
天然湿地	湖泊湿地	水体
	永久性深水湖泊湿地	水体
	永久性浅水湖泊湿地	水体
	季节性淹水湖泊湿地	水体
	河流湿地	水体
	永久性河流	水体
	沼泽湿地	草洲或浅水
	芦苇 + 荻高草丛沼泽湿地	草洲或浅水
	薹草矮草丛沼泽湿地	草洲或浅水
	草甸湿地	草洲
	杂类草草甸湿地	草洲
	泥滩	泥滩
	沙滩	沙滩

二、生境景观类型的结构特征

表 5-8-7 是 2010 年随着水位的季节性变化水体、草洲、泥滩和沙滩 4 类湿地生境的景观数量结构变化，图 5-8-3 展示了这 4 类湿地生境的景观面积构成随季节的变化过程。

表 5-8-7　2010 年鄱阳湖不同水位下的各类景观数量结构变化

时间	水体（km^2）	浅水（km^2）	深水（km^2）	草洲（km^2）	泥滩（km^2）	沙地（km^2）	星子水位（吴淞高程，m）	都昌水位（吴淞高程，m）
01/13	815.74	396.114	419.623	1 454.36	991.11	40.89	7.90	8.54
02/21	1 488.20	677.800	810.402	1 023.32	746.20	44.38	9.72	11.02
03/11	2 558.62	543.057	2 015.560	631.96	91.04	20.49	12.87	13.82
03/28	1 677.47	683.825	993.642	1 227.45	384.70	12.48	10.85	11.98
04/27	3 048.63	127.832	2 920.794	169.68	71.60	12.20	16.53	16.68
05/07	2 565.71	431.304	2 134.402	499.82	216.02	20.55	14.67	14.9
05/24	3 035.39	58.965	2 976.424	229.73	17.76	19.22	17.25	17.4
07/18	3 114.24	5.625	3 108.615	111.80	68.91	7.15	20.16	20.15
08/12	3 105.56	10.480	3 095.078	76.88	114.14	5.53	18.79	18.78
0 818	3 088.63	29.357	3 059.276	111.03	92.97	9.46	17.9	17.88
09/18	3 051.58	135.035	2 916.541	194.93	45.82	9.77	16.85	16.81
10/04	2 841.74	270.977	2 570.765	289.30	159.42	11.64	15.48	15.49
10/17	2 536.49	596.305	1 940.189	389.03	360.69	15.88	13.6	13.68
10/31	1 524.15	573.832	950.320	595.58	1 159.77	22.59	12.57	12.6
11/08	1 281.30	519.640	761.660	695.37	1 287.39	38.04	11.21	11.26
11/12	1 048.36	445.990	602.368	1 069.80	1 150.71	33.23	10.23	10.33
1 125	793.33	376.794	416.540	1 621.23	862.60	24.94	8.92	9.13
1 209	784.27	358.440	425.830	1 575.26	903.86	38.72	8.05	8.41
12/21	1 623.64	668.766	954.876	1 208.71	437.28	32.47	10.88	11.81
12/31	1 047.89	460.262	587.624	1 624.59	614.78	14.84	9.91	10.42

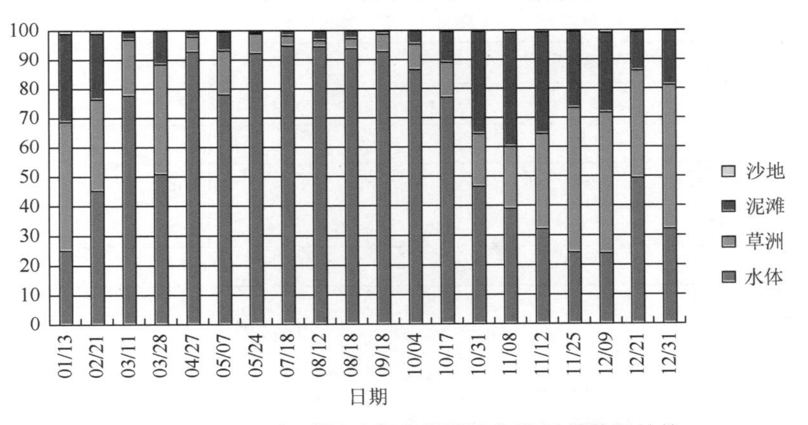

图 5-8-3　2010 年不同时期各类湿地生境景观数量结构

湿地生境景观类型数量结构的变化是湿地空间格局变化的一种表现形式，水体、草洲和泥滩是鄱阳湖天然湿地生境景观最重要的 3 种类型。一般地，鄱阳湖天然湿地的水面面积随着水位的升高而增大，泥滩、草洲、沙滩的面积随着水位的升高呈下降趋势，但是由于受到出露季节、出露时间长短、气温、人类干扰等因素的影响，后三者面积与水位变化存在不一致性（表 5-8-7 和图 5-8-3）。

在洪水期，各类型的面积排序一般是水体＞草洲＞泥滩＞沙滩，生境景观类型以水体为主。当星子水位高于 11 m 以后，水体占整个天然湿地的一半；当星子水位高于 16 m 以后，水面可以占到整个天然湿地的 90%以上。一般地，鄱阳湖天然湿地的水面面积随着水位的升高而增大，在星子水位 9～16 m 水面面积增减幅度较大，以 9 m 和 16 m 为拐点，低于 9 m 后水面面积减幅降低，高于 16 m 以后水面面积增加减缓（图 5-8-4）。

在枯水期，水位下降，湖水归入河道，湖体面积缩小，湿地生境景观类型以草洲和泥滩为主，二者的面积之和约占天然湿地总面积的 2/3；当星子水位低于 9 m 后，草洲和泥滩的面积可以占到整个天然湿地总面积的 80%以上（表 5-8-7 和图 5-8-3）。湿地草洲是各种鸟类、兽类和昆虫的栖息场所，具有重要的湿地生物多样性保护价值，研究其动态变化规律对湿地保护和管理具有重要意义。

沙地在鄱阳湖天然湿地景观中所占比重很小，不足 2%。一般情况下，沙地在枯水期会出露较大面积，但是受到人类采沙强度和自然冲淤的影响，其面积与水位的线性相关关系不是特别显著（$R^2 = 0.61$）。

鄱阳湖天然湿地生境景观各类型的面积随着水位变化均呈现出一定的规律性，通过 Pearson 相关分析发现（表 5-8-8），水体面积与水位值呈正相关关系，泥滩、草洲、沙地的面积与水位均呈负相关关系，即三者的面积随着水位的升高而降低；其中，水体面积、草洲面积与水位的相关关系非常显著（Pearson 相关系数绝对值高达 0.92 以上），泥滩次之（Pearson 相关系数为–0.810），沙地面积与水位的相关关系略差（Pearson 相关系数为–0.786），这可能是因为沙地出露在受水位变化影响的同时，还受到采沙活动和自然冲淤的影响。

表 5-8-8　水位与各类湿地景观面积的相关分析

		水体	草洲	泥滩	沙地	都昌水位	星子水位
都昌水位	Pearson 相关性	0.960**	–0.921**	–0.810**	–0.786**	1	0.995**
	显著性	0	0	0	0		0
	N	20	20	20	20	20	20
星子水位	Pearson 相关性	0.948**	–0.930**	–0.775**	–0.790**	0.995**	1
	显著性	0	0	0	0	0	
	N	20	20	20	20	20	20

**表示在 0.01 水平（双侧）上显著相关。

三、生境景观指数的变化特征

应用 Fragstate4.0 景观指数表征模型，输入 2010 年不同水位条件下湿地生境景观解译结果(20 景栅格数据)，计算出鄱阳湖天然湿地生境的景观指数，结果见表 5-8-9 和图 5-8-6。计算结果表明，随着水位的季节性涨落，鄱阳湖天然湿地生境景观发生了非常明显的变化。

表 5-8-9　2010 年不同水位条件下的鄱阳湖天然湿地的景观指数变化（景观尺度）

日期	斑块数量（NP）	景观破碎度（*F*）	平均斑块面积（MPS）	最大斑块指数（LPI）	蔓延度指数（CONTAG）	散布与并列指数（IJI）	香农多样性指数（SHDI）	香农均度指数（SHEI）	聚集度指数（AI）	星子水位（m）	都昌水位（m）
01/13	5 239	1.58	63.10	13.34	48.76	51.75	1.13	0.81	92.41	7.90	8.54
02/21	5 876	1.78	56.25	35.29	49.31	65.46	1.12	0.81	93.01	9.72	11.02
03/11	4 172	1.26	79.24	74.20	71.25	64.63	0.65	0.47	96.42	12.87	13.82
03/28	3 710	1.12	89.08	40.71	57.63	62.85	0.99	0.71	95.78	10.85	11.98
04/27	1 922	0.58	171.99	92.00	85.58	65.57	0.34	0.24	98.41	16.53	16.68
05/07	3 735	1.13	88.46	72.32	68.98	66.39	0.69	0.50	96.05	14.67	14.90
05/24	2 059	0.62	160.55	91.14	85.68	63.77	0.33	0.24	98.25	17.25	17.40
07/18	1 890	0.57	174.90	93.84	88.50	61.97	0.27	0.19	98.64	20.16	20.15
08/12	1 862	0.56	177.55	93.62	88.06	59.72	0.28	0.20	98.58	18.79	18.78
08/18	2 381	0.72	138.83	93.04	87.07	61.49	0.30	0.22	98.36	17.90	17.88
09/18	1 674	0.51	197.48	92.00	86.27	66.57	0.32	0.23	98.56	16.85	16.81
10/04	2 754	0.83	120.02	82.50	77.64	66.47	0.51	0.37	97.47	15.48	15.49
10/17	3 693	1.12	89.51	71.22	67.83	65.27	0.73	0.52	96.10	13.60	13.68
10/31	3 823	1.16	86.36	29.08	53.45	48.39	1.07	0.77	94.45	12.57	12.60
11/08	4 895	1.48	67.46	20.91	50.72	52.93	1.11	0.80	93.74	11.21	11.26
1 112	4 904	1.48	67.41	14.07	49.12	54.94	1.15	0.83	93.51	10.23	10.33
1 125	4 014	1.21	82.35	15.05	52.68	55.06	1.08	0.78	94.50	8.92	9.13
1 209	4 794	1.45	68.93	13.30	51.84	60.02	1.10	0.80	94.58	8.05	8.41
1 221	4 879	1.48	67.76	41.08	54.31	66.56	1.03	0.75	94.42	10.88	11.81
1 231	5 726	1.73	57.74	23.75	52.12	56.19	1.06	0.76	93.08	9.91	10.42

（1）在涨水过程中（大致为 2010 年 1～7 月）：随着水位的上涨，水面面积扩张，湿地景观斑块数量逐步减少，斑块密度（PD）和景观破碎度（*F*）也不断减小，*F* 从 1.58 减小到 0.56；其中，水体平均斑块面积（MPS）增大最为明显，从 70.3 骤增至 2 595.2（图 5-8-6），其斑块破碎度也急剧减少，从 0.35 减至 0.04(图 5-8-7)。对比各景观类型的最大斑块指数(LPI)的变化，水体的 LPI 从 13.34 增至 93.84，远大于草洲、泥滩、沙地的最大斑块指数，表明丰水期鄱阳湖天然湿地景观的优势类型是水体（图 5-8-8）。由于水面的扩张，景观蔓延度指数(CONTAG)不断增大，从 48.76 增至 88.50。由于整体斑块数量的减少，香农多样性指数(SHDI)和香农均匀度指数（SHEI）则随着水位的上升逐步减小，表明景观异质性水平降低。

（2）在退水过程中（大致为 2010 年 8～12 月），随着水位的下降，湿地斑块数量明显增多，斑块密度（PD）增大，斑块总边缘长度逐步增大，景观形状指数增大，景观破碎

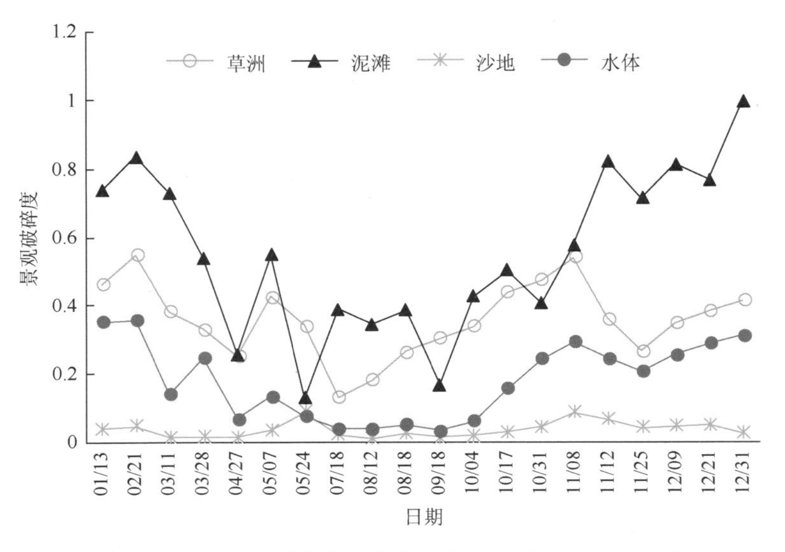

图 5-8-4　2010 年鄱阳湖天然湿地各景观类型破碎度变化

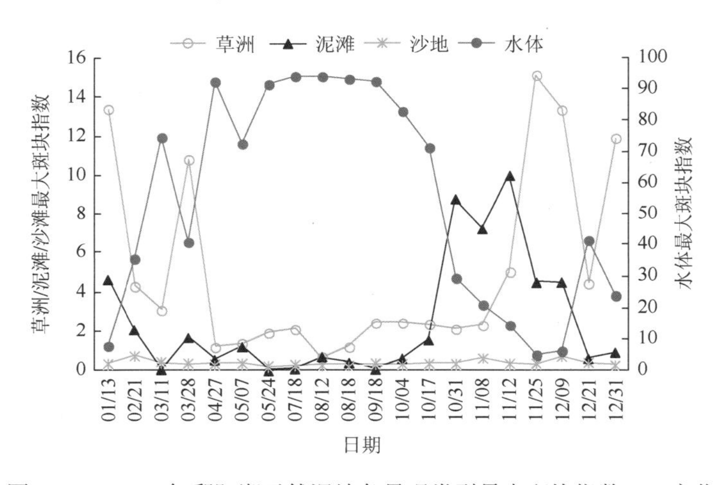

图 5-8-5　2010 年鄱阳湖天然湿地各景观类型最大斑块指数 LPI 变化

度 *F* 增大。水体的最大斑块指数 LPI 从 93.84 减少到 4.42～7.40，草洲的最大斑块指数（LPI）从 3.07 增至 13.34，但是整体上这二者的 LPI 大于泥滩、沙地的 LPI，这表明枯水期鄱阳湖天然湿地景观的优势类型是草洲和水体（图 5-8-5）。景观的蔓延度指数随水位的下降而减少，斑块破碎度随水位的下降而逐渐增大，多样性指数（SHDI 和 SHEI）随水位下降而增大，表明湿地斑块更加破碎，不同类型的斑块镶嵌更加严重，景观异质性水平更高。

（3）为了进一步分析水位变化对湿地生境景观的影响，笔者分别绘制了各个景观指数与水位变化的散点图（图 5-8-6～图 5-8-11），分析了各景观指数与水位的相关关系（表 5-8-10）。从 2010 年全年情况看，景观斑块数（NP）、破碎度（*F*）、香农多样性指数（SHDI）、香农均度指数（SHEI）与水位呈明显负相关关系，Pearson 相关系数分别为–0.888、–0.887、–0.953、–0.953，这表明随着湖泊水位的降低，水体面积不断缩小，草洲、泥滩和沙滩面积增大，斑块数量逐步增多，鄱阳湖天然湿地生境景观呈现多种斑块类型密集的格局，景观的破碎化程度增加，多样性也呈增大的趋势；平均斑块面积（MPS）、最大斑块指数（LPI）、蔓延度指数（CONTAG）、聚集度指数（AI）与水位呈显著正相关，Pearson相关系数分别为 0.881、0.952、0.953、0.924，这表明随着湖泊水位的上升，湖泊水面不断扩张，斑块数量逐步减少，平均斑块面积不断增大，水体成为了鄱阳湖天然湿地生境景观中的优势斑块类型，并形成了良好的连接性，景观的破碎化程度显著减小。

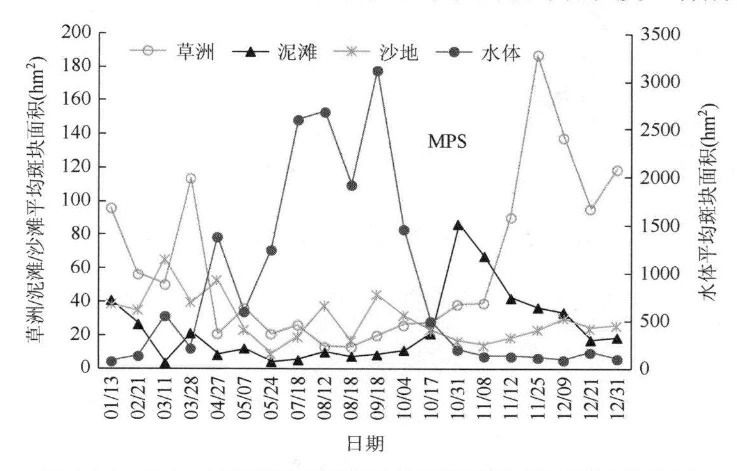

图 5-8-6 2010 年鄱阳湖天然湿地各景观类型平均斑块面积变化

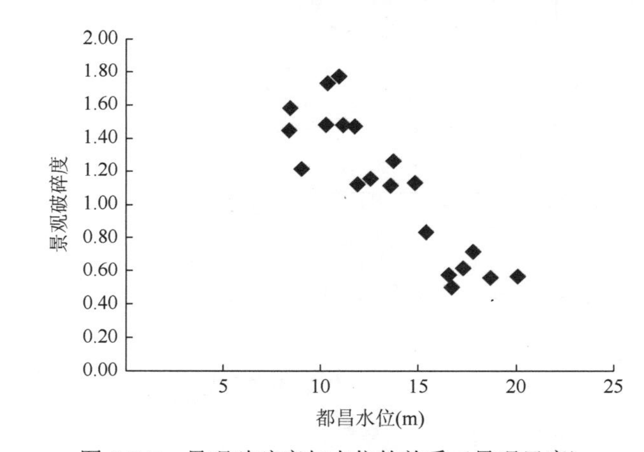

图 5-8-7 景观破碎度与水位的关系（景观尺度）

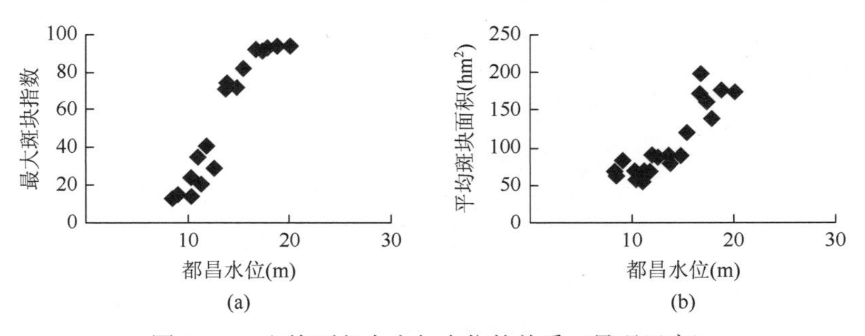

图 5-8-8 斑块面积大小与水位的关系（景观尺度）

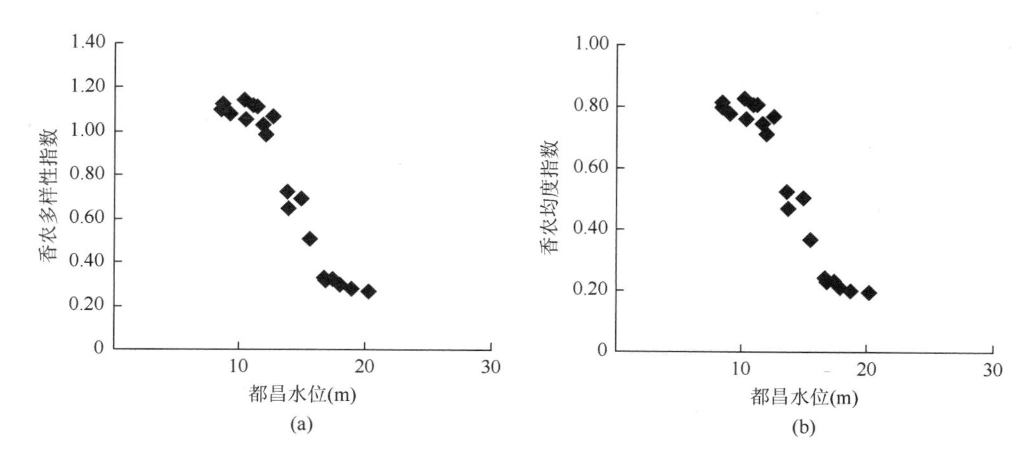

图 5-8-9　景观多样性指数与水位的关系（景观尺度）

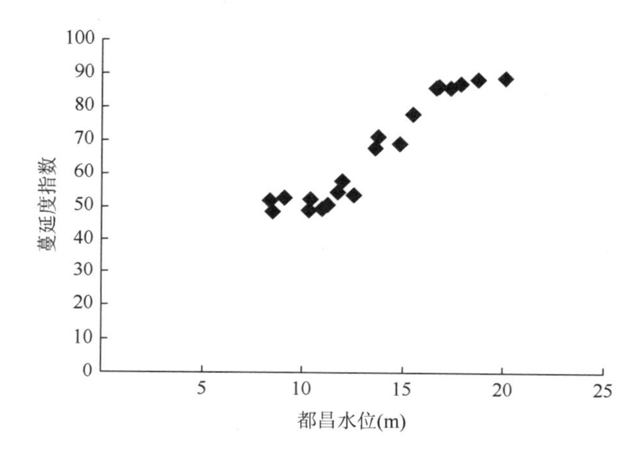

图 5-8-10　景观蔓延度指数与水位的关系（景观尺度）

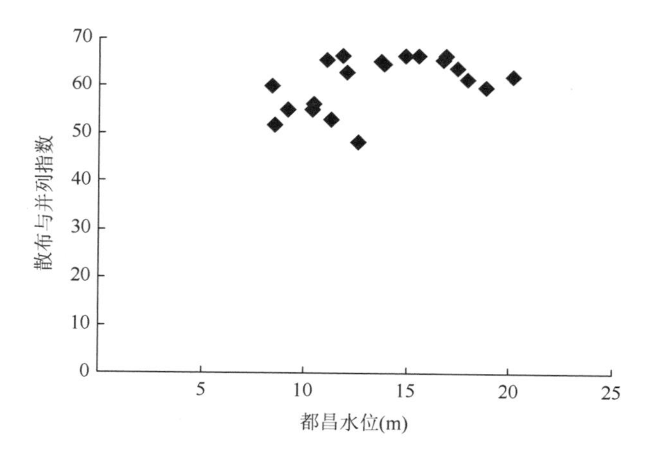

图 5-8-11　散布与并列指数与水位的关系（景观尺度）

表 5-8-10　景观指数与水位的 Pearson 相关分析

		都昌水位	NP	*F*	LPI	MPS	CONTAG	IJI	SHDI	SHEI	AI
都昌水位	Pearson 相关性	1	—0.888**	—0.887**	0.952**	00.881**	0.953**	0.478*	—0.953**	—0.953**	0.924**
	显著性（双侧）		0	0	0	0	0	0.033	0	0	0
	N	20	20	20	20	20	20	20	20	20	20
NP	Pearson 相关性	—0.888**	1	1.000**	—0.865**	—0.957**	−0.934**	—0.379	0.922**	0.923**	—0.962**
	显著性（双侧）	0		0	0	0	0	0.099	0	0	0
	N	20	20	20	20	20	20	20	20	20	20
PD	Pearson 相关性	−0.887**	1.000**	1	−0.864**	−0.957**	−0.934**	−0.377	0.922**	0.923**	−0.962**
	显著性（双侧）	0	0		0	0	0	0.101	0	0	0
	N	20	20	20	20	20	20	20	20	20	20
LPI	Pearson 相关性	0.952**	−0.865**	−0.864**	1	0.844**	0.969**	0.660**	−0.971**	−0.971**	0.940**
	显著性（双侧）	0	0	0		0	0	0.002	0	0	0
	N	20	20	20	20	20	20	20	20	20	20
MPS	Pearson 相关性	0.881**	−0.957**	−0.957**	0.844**	1	0.926**	0.375	−0.920**	−0.921**	0.919**
	显著性（双侧）	0	0	0	0		0	0.103	0	0	0
	N	20	20	20	20	20	20	20	20	20	20
CONTAG	Pearson 相关性	0.953**	−0.934**	−0.934**	0.969**	0.926**	1	0.534*	−0.999**	−0.999**	0.975**
	显著性（双侧）	0	0	0	0	0		0.015	0	0	0
	N	20	20	20	20	20	20	20	20	20	20
IJI	Pearson 相关性	0.478*	−0.379	−0.377	0.660**	0.375	0.534*	1	−0.538*	−0.533*	0.554*
	显著性（双侧）	0.033	0.099	0.101	0.002	0.103	0.015		0.014	0.015	0.011
	N	20	20	20	20	20	20	20	20	20	20
SHDI	Pearson 相关性	−0.953**	0.922**	0.922**	−0.971**	−0.920**	−0.999**	−0.538*	1	1.000**	−0.966**
	显著性（双侧）	0	0	0	0	0	0	0.014		0	0
	N	20	20	20	20	20	20	20	20	20	20
SHEI	Pearson 相关性	−0.953**	0.923**	0.923**	−0.971**	−0.921**	−0.999**	−0.533*	1.000**	1	−0.965**
	显著性（双侧）	0	0	0	0	0	0	0.015	0		0
	N	20	20	20	20	20	20	20	20	20	20
AI	Pearson 相关性	0.924**	−0.962**	−0.962**	0.940**	0.919**	0.975**	0.554*	−0.966**	−0.965**	1
	显著性（双侧）	0	0	0	0	0	0	0.011	0	0	
	N	20	20	20	20	20	20	20	20	20	20

**表示在 0.01 水平（双侧）上显著相关；*表示在 0.05 水平（双侧）上显著相关。

第三节　鄱阳湖水文过程及其动态变化

一、鄱阳湖水文过程变化基本特征

鄱阳湖是一个受上游入水和下游出水双重制约的水环境动态变化的湖泊，其水文过程受流域气候变化的影响，年内年际呈现明显的变化。鄱阳湖水文过程主要包括涨水过程、高水位维持过程、退水过程，这 3 个过程由于各年水文要素不同，表现出明显的时空差异，导致湿地水环境的时空动态变化。

1. 涨水过程、高水位维持过程、退水过程中的时间差异

各年涨水过程、高水位维持过程、退水过程在时间起止、水位高低、维持时间等均存在明显的差异化，以 2009～2013 年 5 年为例，其差异如下（表 5-8-11，图 5-8-15）。

表 5-8-11　星子站 2009～2013 年各年涨水、高水位维持、退水过程时间与水位表

年份	涨水过程（>13 m）		高水位维持（≥16 m）		退水过程（<16 m）	
	时间（月/日）	水位（m）	时间（月/日）	水位（m）	时间（月/日）	水位（m）
2009	4/24～7/03 7/04～8/11	13.10～14.82 15.11～16.87	7/07～9/04 （59 d）	16.12～16.05 最高 17.16	9/05～12/31	15.99～7.33
2010	3/12～4/13 4/13～4/23	13.02～13.03 13.03～16.04	4/23～10/01 （155 d）	16.04～15.97 最高 20.28	10/01～12/20 –12.31	15.97～8.72 –10.00
2011	6/11～6/18	13.06～16.29	6/18～7/08 （20 d）	16.29～16.00 最高 17.41	7/09～12/31	15.83～8.10
2012	4/29～5/13 5/14～6/27	14.19～15.99 16.20～17.85	5/14～9/07 （117 d）	16.20～16.01 最高 19.64	9/08～11/12 11/18～12/31	15.91～10.70 12.02～10.66
2013	5/14～5/21 5/22～7/29	14.04～15.90 16.01～16.05	5/22～7/29 （68 d）	16.01～16.05 最高 16.91	7/30～8/10 8/11～9/04	15.97～15.04 14.96～13.14

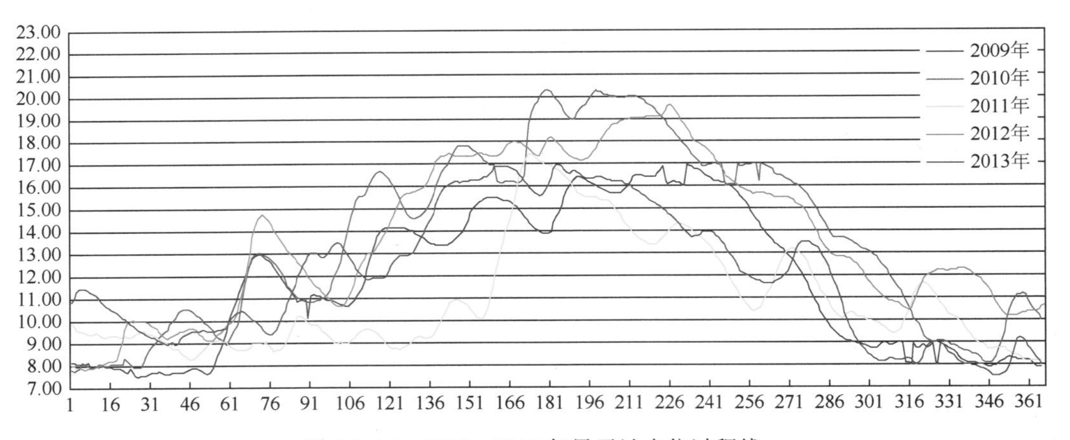

图 5-8-12　2009～2013 年星子站水位过程线

涨水过程：水位[①]从 13～16 m，如近 5 年（2009～2013 年）起始时间分别为 6 月 25 日、4 月 13 日、6 月 11 日、5 月 14 日、5 月 22 日，过程分别为 9 d、26 d、7 d、67 d、2 d。

高水位维持过程：16 m 以上高水位维持天数分别为 59 d、155 d、20 d、117 d、68 d；5 年最高水位（20.28 m，2 010.06.28）差分别为 3.12 m、0 m、2.87 m、0.64 m、3.37 m，同比进入高水位时间相差达 32～74 d。

退水过程也存在明显差异，2011 年 7 月 9 日开始退水，退水期长达 175 d，2010 年 10 月 1 日退水，退水期仅 81 d。

2. 随水位过程变化各类湿地表现出明显的空间差异

采用“3 S”技术，对 2010 年全年水位过程进行解析，从湿地景观斑块的变化，反映出各类湖泊湿地出现明显的空间差异，各类湿地空间结构出现明显的变化（图 5-8-16，图 5-8-17，表 5-8-12）。

涨水过程：随着水位的上涨，水面面积的扩张，湿地景观斑块数量逐步减少，斑块密度 PD 和景观破碎度 *F* 也不断减小，*F* 从 1.58 减小到 0.56；其中，水体平均斑块面积增大最为明显，其斑块破碎度也急剧减少，从 0.35 减至 0.04。对比各景观类型的最大斑块指数 LPI 变化，水体的 LPI 从 13.34 增至 93.84，远大于草洲、泥滩、沙地的最大斑块指数。由于整体斑块数量的减少，香农多样性指数 SHDI 和香农均匀度指数 SHEI 则随着水位的上升逐步减小，表明景观异质性水平降低。退水过程：随着水位的下降，湿地斑块数量明显增多，斑块密度 PD 增大，斑块总边缘长度逐步增大，景观形状指数增大，景观破碎度 *F* 增大。水体的最大斑块指数 LPI 从 93.84 减少到 4.42～7.40，草洲的最大斑块指数 LPI 从 3.07 增至 13.34，但是整体上二者的 LPI 大于泥滩、沙地的 LPI，表明枯水期鄱阳湖天

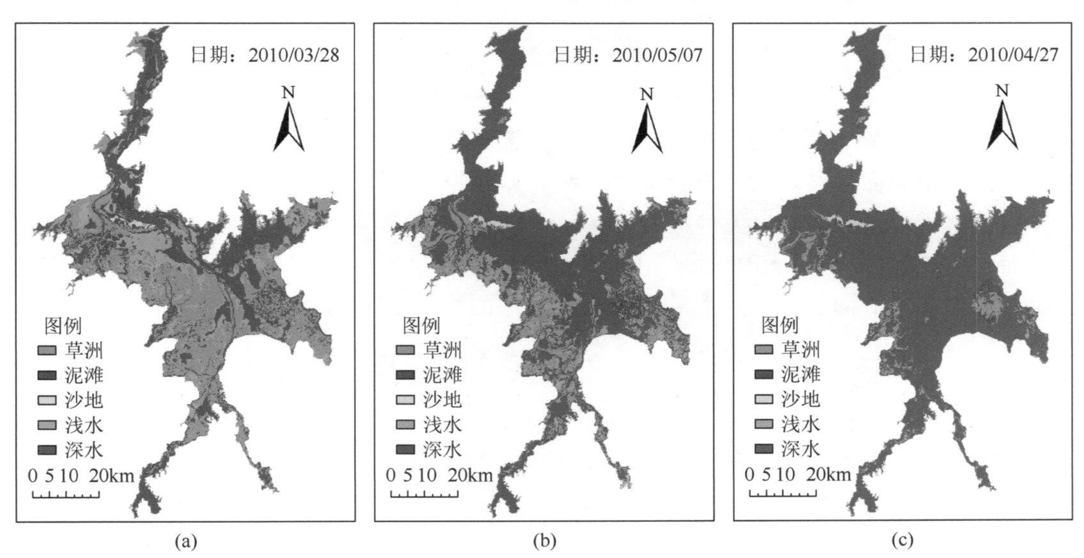

图 5-8-13 2010 年 3 月 28 日～5 月 7 日 10.85 m—14.67 m—16.53 m 涨水过程景观斑块变化图

① 本文高程均为吴淞高程，对应国家 85 基准高程值：星子-1.86、吴城-2.25.

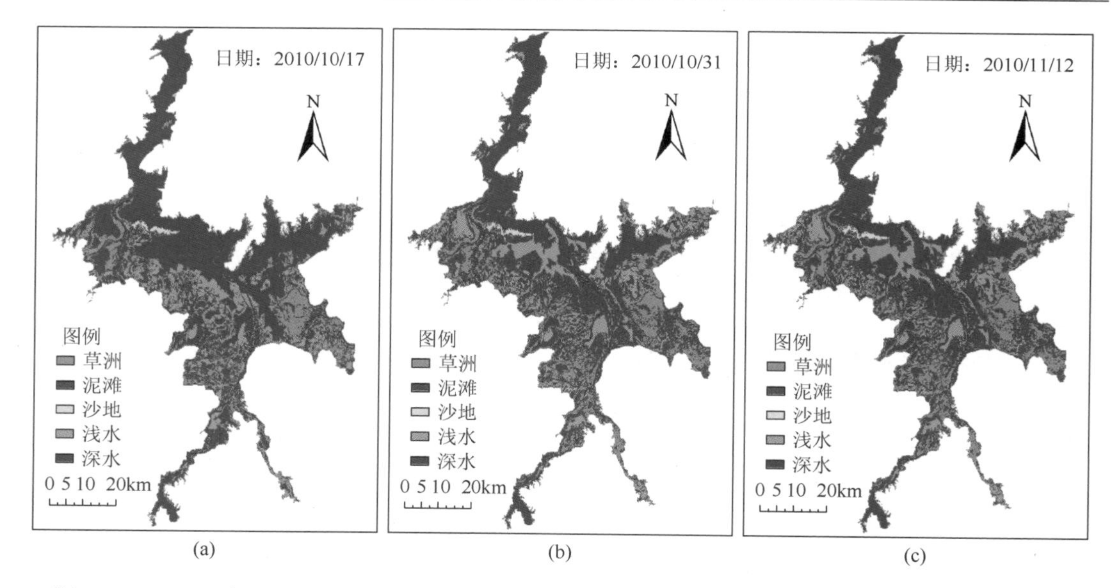

图 5-8-14　2010 年 10 月 17 日～11 月 12 日 13.60 m—12.57 m—10.23 m 退水过程景观斑块变化图

表 5-8-12　2010 年鄱阳湖不同水位下的各类景观数量结构变化吴淞高程

星子水位（m）	水体（km^2）	深水（km^2）	浅水（km^2）	草洲（km^2）	泥滩（km^2）	沙地（km^2）	都昌水位（m）
10.85	1 677.47	993.642	683.825	1 227.45	384.70	12.48	11.98
14.67	2 565.71	2 134.402	431.304	499.82	216.02	20.55	14.9
16.53	3 048.63	2 920.794	127.832	169.68	71.60	12.20	16.68
13.60	2 536.49	1 940.189	596.305	389.03	360.69	15.88	10.17
12.57	1 524.15	950.320	573.832	595.58	1 159.77	22.59	12.6
10.23	1 048.36	602.368	445.990	1 069.80	1 150.71	33.23	10.33

然湿地景观的优势类型是草洲和水体。景观的蔓延度指数随水位的下降而减少，斑块破碎度随水位的下降而逐渐增大，表明湿地斑块更加破碎，不同类型的斑块镶嵌更加严重，景观异质性水平更高。

当水位高于 16 m 以上时，水域面积占鄱阳湖天然面积 85%以上，而当水位低于 10 m 时，草洲和泥滩的面积可以占到整个天然湿地总面积的 80%以上。

二、鄱阳湖年水文过程变化的异同和类型

通过对 30 多年来各年水文过程的研究，各年水文过程有共同性，也有特异性，以 16～17 m 以上水位为高水位，13～14 m 以下为低水位，水文过程的异同主要表现在以下方面。

1. 共同性或类似性

鄱阳湖涨水过程、高水位维持过程、退水过程中，未出现 21 m 以上高水位，未出现 8 m 以下极枯水位；6 月 30 日前，大于 15 m 水位的小于等于 45 d，全年 16 m 以上

高水位维持在 100 d 以内，退水时间为 9 月底 10 月初，枯水位一般在 10 m 左右。30 年日水文过程变化表明，大部分年份都具有这样的类似性，把这样的水文过程年称为常年型。当然常年型水文过程各年涨水、高水位维持、退水过程中也相对存在差异，如涨退水过程时间早晚的差异、退水过程水位高低的差异等，这些差异对生物的影响在后文中将作进一步分析。

2. 特异性

鄱阳湖水文过程是入出湖水量动态平衡的时空过程，受上下游水文过程变化的影响，一些年份出现偏离常年型的变化，形成水文过程的特异性。水文过程的特异性主要是长期高水位潴水和长期（或连续多年）低枯水（生态缺水），称为潴水型和低枯水型。直观表现就是湿地不同时间出现较长时间的淹水或干旱期，对湿地生境、生物生存及湿地生态系统整体造成损害，近 20 年，由于气候变化和上下游控制工程的作用，水文过程特异性出现的频率呈增加趋势。

1）潴水型

潴水型特征：年水文过程中出现 100 d 以上连续高水位过程，湿地长期淹水 1.5～5 m 深，称为潴水型（表 5-8-13）。根据 4～6 月汛期潴水时间可分为 3 种。

表 5-8-13　星子站涨水过程潴水特征值表

年份	第一阶段涨水过程		第二阶段涨水过程		潴水过程时间（d）		备注
	时间（月/日）	水位 15 m 以下	时间（月/日）	水位 15 m 以上	水位 15 m 以上	水位 16 m 以上	
1998	3/01～3/12 3/12～3/31	13.57～15.56 15.56～15.06	5/16～6/17 6/17～8/02	15.29～16.01 16.01～22.50	173	142	洪水年潴水
2005	3/01～5/16 5/16～5/19	12.87～13.92 14.74～15.06	5/19～5/26 5/27～9/24	15.06～15.90 16.18～16.15	128	120	汛后期潴水
2010	3/01～3/12 3/12～4/17	9.06～13.02 13.02～15.07	4/17～4/23 6/30～9/30	15.07～16.04 20.20～16.05	161	144	汛早期潴水
2012	3/01～3/08 3/08～5/03	9.93～13.09 13.09～15.24	5/03～5/14 5/14～8/13	15.24～16.20 16.01～19.64	103	92	汛早期潴水

（1）汛早期潴水型，4 月水位短时间（5～15 d）快速上涨，出现 15～16 m 以上较高水位，此后 6 月 30 日前维持 55～60 d，全年维持 100 d 以上，如 1989 年、1992 年、2002 年、2010 年、2012 年，1989 年 4 月 22～10 月 14 日，≥15 m 水位 172 d，≥16 m 水位 110 d，≥17 m 水位 71 d；1992 年 3 月 25 至 8 月 18 日，≥15 m 水位 146 d，≥16 m 水位 99 d，≥17 m 水位 64 d，其余年份见表 2。

（2）大洪水年潴水型，如 1983 年、1998 年、1999 年。涨水过程出现 21 m 高水位，如 1983 年、1995 年、1996 年、1998 年、1999 年 5 年，占 16.67%，≥16 m 以上水位超过 100 d，≥18 m 以上水位 60 d。

（3）汛后期潴水型，如 1989 年、1993 年、1995 年、2000 年、2005 年。2000 年≥15 m

水位从6月12日维持至11月12日，长达154 d，其中≥16 m水位104 d，11月12日（15.14 m）开始退水，11月26日退至13.0 m以下；1993年6月22日至10月13日≥16 m水位114 d；1995年6月3日至9月8日≥16 m水位98 d；2005年≥15 m水位从5月19日维持至10月2日，长达128 d，其中≥16 m水位120 d，10月20日退至13.0 m以下。

30多年潴水型年有1983年、1989年、1992年、1993年、1995年、1998年、1999年、2000年、2002年、2005年、2010年、2012年，共12年，星子站不同时期潴水年水位过程特征值及过程线（表5-8-13，图5-8-18）如下。

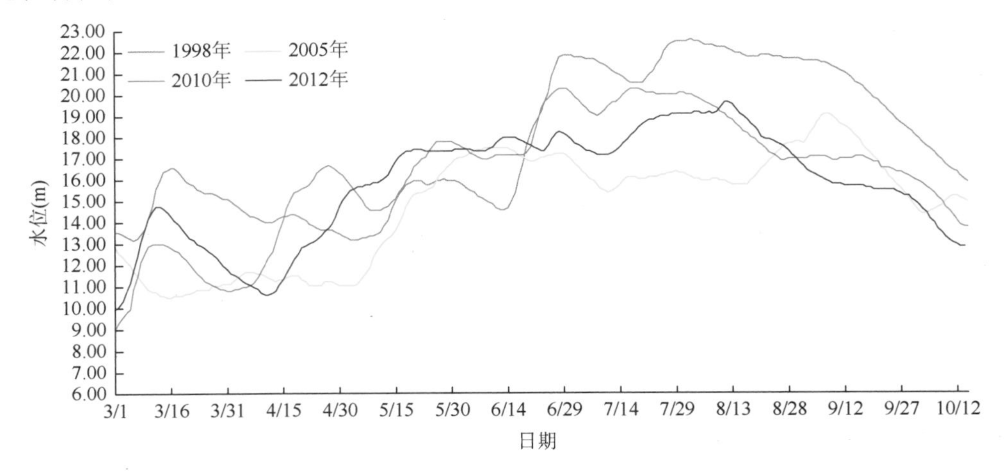

图5-8-15　1998年、2005年、2010年、2012年水位过程线图

2）低枯水型（或生态缺水型）

与常年型水文过程相比，近10年来水文过程连续多年出现长期低于12 m水位、10 m水位，以及出现8 m以下极枯水位，如2004年、2006年、2007年、2008年、2009年、2011年6年，≤8 m以下水位2004年61 d，2006～2007年35 d，2007～2008年50 d，2009年24天，2011年9 d。枯水期水位低于12 m，2003年、2004年、2006年、2007年、2009年、2011年分别达185 d、179 d、288 d、178 d、175 d、217 d，低于10 m的分别达142 d、104 d、158 d、145 d、146 d、187 d（表5-8-14、图5-8-19）。

表5-8-14　星子站近10年低枯水位特征值表

时段	枯水位		低枯水位		极枯水位	
	时间（月/日）	＜12 m天数（d）	时间（月/日）	＜10 m天数（d）	时间（月/日）	＜8 m天数（d）
2003～2004	10/31～05/03	185	11/07～3/28	142	12/31～03/01	61
2004～2005	10/26～05/09	179	11/09～02/14	104	—	—
2005～2006	11/07～04/13	158	12/06～02/28	85	02/11～02/15	5
2006～2007	08/22～06/05	288	09/28～03/04	158	12/30～01/22	35
2007～2008	10/18～04/13	178	10/31～03/24	145	12/04～02/18	50
2008～2009	10/23～04/21	154	12/12～03/01	79	2009/01/1～9	9

续表

时段	枯水位		低枯水位		极枯水位	
	时间（月/日）	<12 m 天数（d）	时间（月/日）	<10 m 天数（d）	时间（月/日）	<8 m 天数(d)
2009～2010	10/03～04/09	175	10/11～03/05	146	12/08～01/15	24
2010～2011	11/05～06/09	217	11/14～05/19	187	—	—
2011～2012	10/07～04/17	170	10/27～03/01	125	2012/01/2～10	9
2012～2013	10/25～03/26	152	2013/01/22～03/01	38	—	—
2013	10，14-12，31	88	10/19～12/31	72	2013/12/3～19	17

注：鄱阳湖 12 m 水位是河湖相的分界水位，12 m 以下鄱阳湖表现为河相，12 m 以上由河相逐步转化为湖相，低于 10 m 水位碟形洼地处于严重缺水或干枯状态。

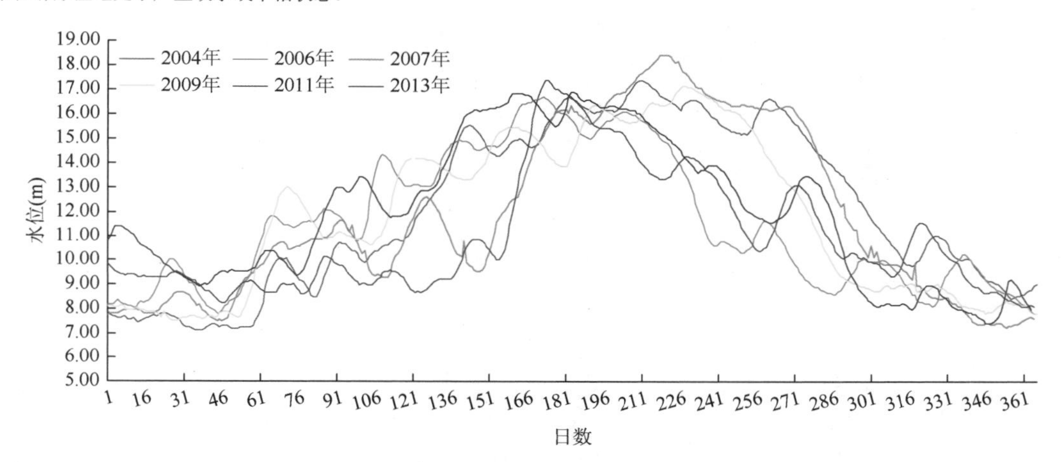

图 5-8-16　星子站枯水年日水位过程线

根据低枯水出现时间，可分为汛前期低枯水型，退水期低枯水型，或两者兼有（图 5-8-19）。

汛前期低枯水型：涨水时间滞后，至 5 月中下旬始入汛期，汛前期水位长期在 12 m 以下波动，又称为春夏连旱，如 2004 年、2007 年、2011 年。

退水期低枯水型：退水过程早，10 月上中旬至次年涨水前期长期出现 12 m 以下枯水位，如 2007 年、2009 年、2011 年、以及 2013 年。

上述低枯水型年退水时间为 7～9 月初，均早于常年型（一般 10 月稳定退水），2006、2011 年、2013 年退水过程更早，7 月即开始退水，2006 年 7 月 28 日后，稳定退水，8 月 22 日水位退至 12 m 以下，9 月 27 日退至 10 m 以下，2011 年 7 月 9 日后，稳定退水，9 月 5 日水位退至 12 m 以下，10 月 27 日退至 10 m 以下，2013 年 7 月 3 日稳定退水，9 月 12 日退至 12 m 以下，10 月 19 日退至 10 m 以下。

3）其他特异型

汛前期 2 月中旬至 3 月上旬出现涨水（水位 16～17 m），即所谓的桃花汛。但涨水时间不长（10～15 d），很快退至 14～15 m，如 1992 年、1998 年，是洪水年的前兆。

退水后期10月中旬出现水位回潮至15 m左右，如1997年、2008年。

以上类型水文过程出现年份不多，或伴随其他类型出现，并且时间不长。

三、伴随水位过程变化的相关水文要素的年变化过程

1. 水温变化过程

水温度过程变化：温度是一切生物生长、繁殖的必要条件，根据鄱阳湖星子站（由于吴城站无水温实测资料，以附近星子站资料表达）近5年观测资料，鄱阳湖各年日水温在3月10日左右开始大于等于10℃（2010年偏晚至4月20日），4月6日左右稳定大于等于15℃（2011年、2013年偏早7 d），4月27日稳定大于等于20℃。一般情况大于等于10℃进入植物有效积温期，≥15℃为植物萌芽期，稳定≥20℃为植物生长期和鱼类繁殖期。此后，水温上升，7月下旬～8月达最高值30.5℃（5年平均），而后下降，至12月9日降至10℃以下（图5-8-20）。

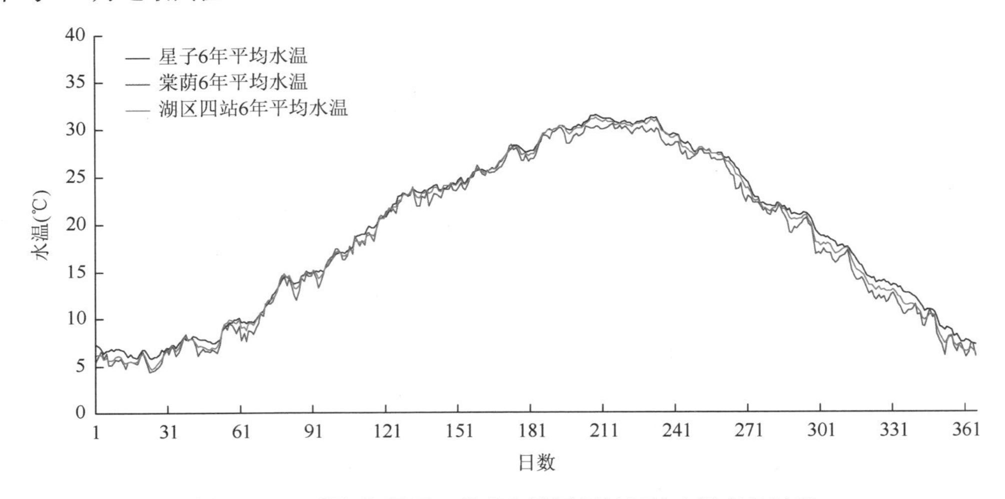

图5-8-17　鄱阳湖星子、棠荫和湖区四站平均水温变化过程

2. 入湖水泥沙含量与水体透明度变化过程

鄱阳湖水体透明度主要受泥沙含量的影响，多年平均情况：一般3～5月入湖来水、来沙加大，湖水透明度为10～35 cm，4～5月透明度最低。6月后虽然入湖来水、来沙量最大，但水位迅速上涨，湖水漫滩后湖面扩大，流速变小，来沙迅速沉积，湖水透明度开始加大，逐渐由30～40 cm，增大至80～100 cm，东北湖湾可达120 cm。7月以后，除星子以下入江水道受采砂和长江水倒灌影响，含沙量增大外，湖区其他各地没有明显变化（图5-8-21）。

由于湖泊水体透明度只有随机的实测资料，为探明湖水含沙量与透明度的关系，本书进行了模拟实验：采集了湖中新沉积的泥沙，经烘干后，分别称取20 g、30 g、40 g、50 g、60 g、80 g、100 g等，调湿加入1 m^3水中混匀，测量其沉降速率和透明度。再根据入湖水泥沙含量实测数据，推算湖水透明度，结果见表5-8-15。

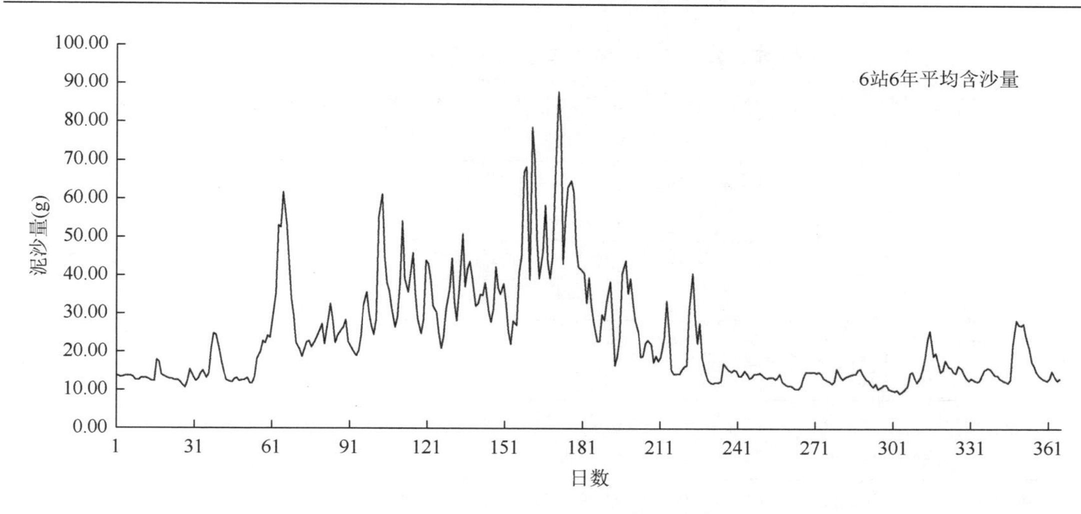

图 5-8-18　鄱阳湖各控制站 6 年平均入湖泥沙量过程图

表 5-8-15　吴城湖区各年水体透明度表　　（单位：cm）

年份	1 月	2 月	3 月	4 月	5 月	6 月	7 月
2009	80～100	60～80	40～80	30～50	40～60	40～50	20～50
2010	40～50	40～60	30～60	15～30	15～30	10～40	40～80
2011	40～80	80～100	60～80	30～60	40～50	40～80	40～80
2012	40～80	60～80	15～80	30～50	30～50	30～50	60～80
2013	60～80	60～80	60～80	40～60	30～50	40～60	60～80

从表 5-8-15 可以看出，2009 年 3～6 月鄱阳湖入湖水量和泥沙量中等偏低，与其他平水年相似，湖水透明度一般在 40～60 cm，最大为 80 cm；2010 年 3～6 月入湖水量和泥沙量较大，湖水透明度一般在 15～40 cm，6 月下旬后，达 40～80 cm；2011 年 3～6 月入湖水量和泥沙量较小，湖水透明度一般在 40～60 cm，6 月后来水来沙量增大，短期内透明度降至 20～30 cm，7 月后升至 40～80 cm，2012 年 3～6 月入湖水量和泥沙量较大，湖水透明度一般在 30～50 cm，6 月下旬后，达 60～80 cm；2013 年 3～6 月入湖水量和泥沙量较少，湖水透明度一般在 60～40 cm，6 月下旬后，达 60～80 cm。

3. 随水位变化的湖泊湿地水深梯度变化过程

以吴城湖区湖群大湖池为代表，考察近 5 年大湖池水深梯度变化，2009 年与 2013 年水位过程和水深梯度变化大体相同，属常年型，而 2010 年与 2012 年大体相同，属潴水型，2011 年为枯水型。现仅列出 2009 年、2010 年、2011 年 3 个代表年涨退水水位过程与水深梯度变化，见表 5-8-16，图 5-8-22。

表 5-8-16　2009 年、2010 年和 2011 年吴城湖区大湖池涨退水-水深梯度变化

2009 年涨退水过程[(月/日)、水位(m)]		2010 年涨退水过程[(月/日)、水位(m)]		2011 年涨退水过程[(月/日)、水位(m)]	
水深梯度变化（m）		水深梯度变化（m）		水深梯度变化（m）	
03/05～04/21	13.24～13.94	03/06～04/07	13.63～13.32	03/01～05/17	10.77～11.99
0.00～0.50		0.00～0.50			
04/22～05/29	14.08～14.96	04/08～04/12	14.01～14.83	05/18～06/06	12.14～12.18
0.50～1.00		0.50～1.00			
05/30～06/20	15.38～15.09	04/13～04/15	15.47～16.16	06/07～06/11	13.65～14.78
1.00～1.50		1.00～1.50		0.00～0.50	
06/21～07/01	14.94～14.87	04/15～04/21	16.16～16.83	06/12～06/15	15.10～15.81
0.50～1.00		2.00～2.50		1.00～1.50	
07/02～07/04	15.12～15.71	04/22～04/29	17.05～17.14	06/16～07/03	16.47～17.02
1.00～1.50		2.50～3.00		2.00～3.00	
07/05～08/09	16/10～16/95	04/30～05/18	16.96～16.88	07/04～07/10	16.92～16.08
2.00～2.50		2.00～2.50		2.50～1.50	
08/10～08/24	17.06～17.04	05/19～06/20	17.23～17.97	07/11～07/26	15.96～15.14
2.50～3.00		≥3.00		1.50～1.00	
08/25～09/08	16.98～16.05	06/21～08/20	18.54～18.00	07/27～08/26	14.94～14.06
2.50～2.00		≥4.00		1.00～0.50	
09/09～09/14	15.93～15.09	08.21～09.21	17.87～17.05 m	08/27～10/31	13.95～10.80
1.50～1.00		3.50～2.50		0.50～0.00	
09/15～09/20	14.75～14.00	09/22～10/03	16.99～16.08		
1.00～0.50		2.50～2.00			
09/21～10/31	13.91～10.18	10/04～10/09	15.96～15.08		
0.50～0.00		2.00～1.00			
		10/10～10/22	14.88～14.01		
		1.00～0.50			
		10/23～11/01	13.92～13.08		
		0.50～0.00			

注：吴城湖区以大湖池为代表，其他湖泊湖底高程和控制高程多在 14.25～17.25 m，水深为自然状态的水位和梯度变化，参照大湖池实测水深，误差±0.1 m，下同。

根据实测资料，大湖池湖底高程为 14.25 m，0.5 m 等高线依次为 14.25 m、14.75 m、15.25 m、15.75 m、16.25 m、16.75 m、17.25 m，相应的水深梯度为 0.00 m、0.50 m、1.00 m、1.50 m、2.00 m、2.50 m、3.00 m。据此考察大湖池近 5 年来涨退水过程发生时间和水位，则可知大湖池水深梯度变化。现仅列出 2009 年、2010 年、2011 年 3 个典型年涨退水水位过程与水深梯度变化，结果表明，3 个典型年涨、退水水深梯度出现明显差异，2010 年（2012 年）水位偏高，水深梯度变化大，2011 年水位偏枯，水深梯度变化小，2009 年（2013 年）除退水后期水位偏枯外，介于两者之间。

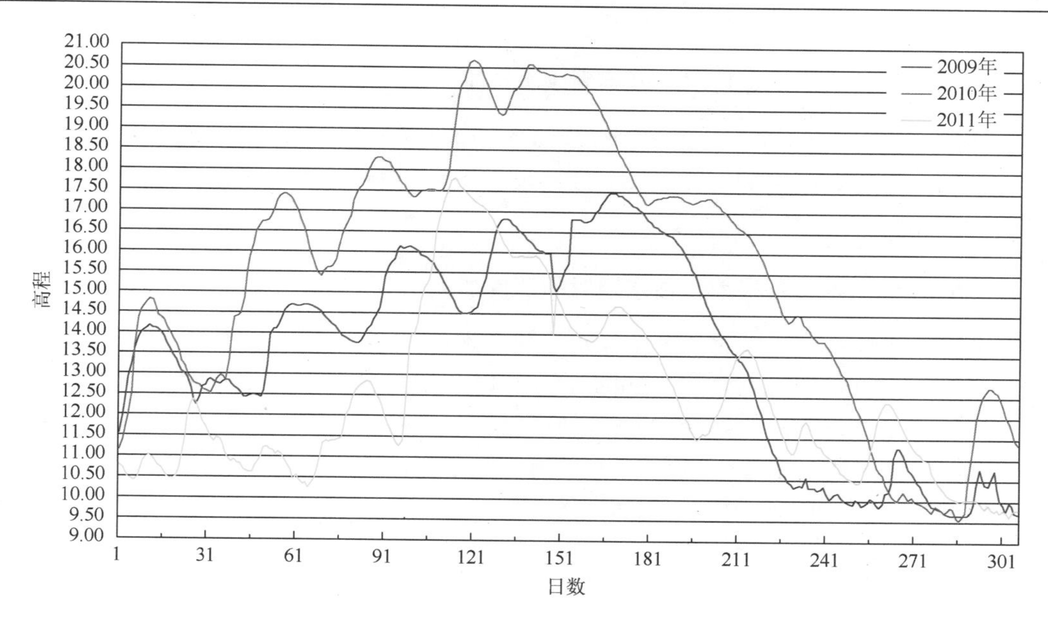

图 5-8-19　2009 年、2010 年、2011 年水位过程线与水深梯度过程变化

四、30 年来鄱阳湖水文过程变化的特征和趋势

1. 不同时期各类型水文过程年发生概率

从 1980 年以来，鄱阳湖水文过程以 10 年为一个单元，出现常年型年（80%）—潴水型年（50%）—枯水型年（50%）的周期性变化，近 5 年出现平（枯）水年与潴水年交替变化的水文过程。

1980～1989 年仅 1983 年水文过程为洪水年，1988 年出现倒灌，1989 年为潴水年，其余均为常年型；1990～1999 年，鄱阳湖平均入出水量大（平均超过 2 000×10^8 m^3），潴水型（含洪水）年 9 年；2000～2009 年枯水型年 5 年，潴水型 2 年，2009～2013 年，2010 年、2012 两年为潴水型年，隔年发生。

2. 水文过程出现潴水型年的频率增高

1980～1989 年 2 年，1990～1999 年 5 年，2000～2013 年 5 年，近 5 年达 2 年。1980～2013 年，1992 年以前 12 年潴水型年仅 2 年，发生频率为 16.67%，1992 年以后 23 年潴水型年为 10 年，发生频率为 43.48%。

3. 近期非大（洪）水年出现长期潴水的新情况

按通常所说洪水年和平水年，其水文过程均可出现不同起始时间的长期潴水，一般认为洪水年出现长期潴水是正常的，而平水年出现长期潴水是不正常的，从 30 多年看前 30 年未发生，只是近年才发生的，近 5 年出现 2 年平水年长期潴水的新情况，如 2010 年、2012 年，并且隔年发生。

4. 近 10 年枯水（生态缺水）型年高频率发生

2000 年后，枯水（生态缺水）型年高频率发生，达 6 年之多，长时间（200 d/a）枯水位（低于 12 m），长时间（100 d/a）低枯水位（低于 10 m）、极枯水位（低于 8 m）年频现（表 8-14）。

5. 近 10 年退水过程提前，枯水期时间跨度加大

30 年后期退水过程提前，出现退水［从高水位（17 m）］过程较早的年份有 2003 年、2004 年、2006 年、2007 年、2009 年、2011 年、2013 等年，退水时间分别为 8 月 7 日、8 月 4 日、7 月 20 日、8 月 23 日、8 月 20 日、6 月 28 日、7 月 3 日。6～7 年枯水期（＜12 m）时间达 6 个月，低枯水（＜10 m）时间 4 个月以上，并出现极枯水位（＜8 m）（表 5-8-14）。

第四节　鄱阳湖主要生物生长特性及对水文过程的响应

一、湿地植物生物特性及对水文过程的响应

1. 湿地植物生物特性及随水文过程的波动

鄱阳湖湿地植物从生态学角度，为了表述的方便，根据湿地植物自身要求的水分生态位，按其分布高程和对水环境的适应性，将其划分为水生植物、湿生植物和陆生植物，但前二者之间没有严格的界限。这里水生植物指在水中分布、繁殖的植物，湿生植物指能在水中，也能在陆地生长繁殖的植物，陆生植物指只能在陆地生长繁殖的植物。

据考察，鄱阳湖湿地植被有优势群落 8 种，依地势和水分由低到高分别是水生植物：高程 13.5～15 m，苦草群落、荇菜-竹叶眼子菜-轮叶黑藻＋苦草群落；湿生植物：高程 14.5～17 m，蓼子草群落、虉草-蓼子草-水田碎米荠群落、刚毛荸荠群落、薹草群落、芦苇＋南荻群落；陆生植物：高程 17～19 m，狗牙根群落。

湿地植物大多以根茎为繁殖体，有一年生和多年生植物，其萌发、生长和所有的植物一样，需要适宜的温度，具有不同的生长发育节律，主要有春天萌发，至夏季涨水时枯死，如蒌蒿等；春天萌发，冬季枯萎，如马来眼子菜、苦草、菰、芦苇、南荻等；秋季（水退后）开始生长，冬季枯死，如丛枝蓼、蚕茧蓼、蓼子草等；春、秋二季萌发生长，如薹草；秋季开始生长，第二年涨水时枯死，如虉草、水田碎米荠、下江委陵菜等；多年生植物全年生长，如狗牙根、假俭草、牛鞭草等。植物生长节律的形成是自身遗传因素与环境选择综合作用的产物。对于湿地植物优势种群，因具有不同的水分生态位，其生长与分布直接受水分因子的影响。

各类湿地植物受水环境约束，不同水深梯度生长和分布情况可表述为水深 3 m 左右的裸地上，生长着沉水植物密齿苦草群落；水位降低，湖底抬高，水深 1.5～2.5 m 时，密齿苦草群落中开始出现金鱼藻、菹草、穗花狐尾藻等沉水植物，并逐渐取代密齿苦草成为优势种；至水深 1～2 m 时，马来眼子菜、轮叶黑藻、茨藻等沉水植物开始占据优势，并开

始出现浮叶植物菱、芡实，随浮叶植物占据优势后，沉水植物因光照不足开始衰退，最终形成纯浮叶植物群落；水深不足 1 m 时，浮叶植物群落中开始出现菰、莲、水毛花等大型挺水植物，随着挺水植物占据群落冠层，郁闭度达到一定程度时，菱、芡实等浮叶植物开始从群落中消失。随着湖床出露水面，仅有浅表水时，薹草属、荸荠属、慈姑属一些能耐受短期淹没的挺水小草本开始出现，群落内水流缓慢，漂浮植物出现并在部分区域成为优势种，当湖床继续抬高，湖床完全出露，芦、荻等大型多年生中生禾本植物成为优势种，取代薹草、荸荠；湖床继续干旱，滩地则多为狗牙根、马唐、白羊草等耐旱草本覆盖。

湿地植物随水文过程在水的淹露变化中生长生活，在一般情况下，也就是常年型水文过程中，湿地植被受不同程度的淹露影响，植物群落出现逐年或逐季的变化，即各类植物生长产生可逆性的波动，鄱阳湖湿地植物已适应这种长期的波动变化。

2. 湿地植物对潴水型和枯水型水文过程的响应

1）水生植物

如前所述，潴水型水文过程是一个长时间维持高水位的过程，也就是长期淹水较深的过程，这个过程发生得较早，如 4 月上中旬，则与水生植物的萌发或幼苗生长期耦合，将严重影响幼苗成长。即使发生得较晚，幼苗已成长，若长时间水淹深度为 3 m 以上，同样严重影响幼苗成长，甚至死亡，如 1983 年、1998 年等大洪水年的情况就是这样。

鄱阳湖水生植物主要是沉水植物、浮叶植物和漂浮植物。沉水植物一般有匍匐茎、球茎、根茎或繁殖芽，作为繁殖体常埋在 15～20 cm 泥中越冬。水生植物一般生长在 0.5～2 m 的水中，如水体透明度高在 2～3 m 水中也能生长，水中植株可长至 1.2～1.5 m 高。但在潴水型水文过程中，水位迅速升高，来水来沙量增加，水体透明度降低，由于长时间光照不足或完全失去光照，因而生长不良或完全死亡。据曹昀研究，鄱阳湖典型的沉水植物苦草、黑藻、菹草在清水和浊水中生长的模拟实验表明，苦草在清水环境水深 1.2～1.4 m，能正常生长，但在浊水环境中，水深 1 m 左右，生长不良，1.2～1.4 m 深，60 d 全部死亡（图 5-8-23），黑藻与苦草类似，1～1.2 m 浊水环境中 60 d 死亡。水生植物长期淹水 5～6 m 深也会生长不良或完全死亡，1983 年、1998 年两个大洪水年的情况就是这样。

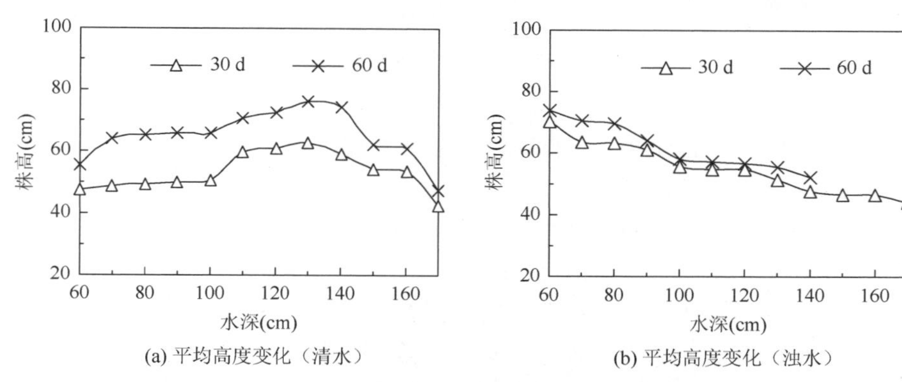

(a) 平均高度变化（清水）　(b) 平均高度变化（浊水）

图 5-8-20　苦草在不同水深条件下的生长情况

在枯水型水文过程中，较长时间枯水，原生长水生植物的低洼滩地长期出露，形成大面积泥滩，水生植物枯萎死亡，见表 5-8-2，当水位退至 12.57 m 时，泥滩达 1 159.77 km^2，水生植物枯萎死亡，水生植物枯萎死亡后不会再次萌发和生长，不过第二年水文条件适宜，土壤中残存的繁殖体还能萌发生长。

2）湿生植物

湿生植物种类繁多，分布广泛，是适宜水陆交替的湿生环境的植物，包括既能在水中生长又能在陆地生长的挺水植物，如芦苇、南荻等。湿生植物的陆生性比水生性强，在离水较远的潮湿地带也能正常生长。湿地植物群落，随水文过程植物群落出现逐年或逐季的波动变化，植物群落在水的淹露波动中，由于具有不同的生长发育节律，其生产力、群落数量特征值（物种的数量比、优势种的重要值）、物质和能量的平衡等，都可能发生相应的变化。而在淹水较深时生长不良，完全淹没则不能生长，水体透明度低、淹没时间过长、淹水过深也会死亡，如薹草水淹时间太长大部分死亡。

鄱阳湖湿生植物生长过程都要经历淹水和出露阶段，不同湿生植物对淹水和出露的反应不同，据葛刚等研究，随着水位梯度的变化，湿生植物群落的丰富度指数、香农多样性指数、Hill 指数在常年型水文过程均呈下降趋势，而潴水型和枯水型水文过程均呈先下降后升高的“V”字形变化趋势。水位梯度中间，主要是以薹草群落、南荻群落等为优势的植物群落，对长期稳定的水淹响应，这一区域的植物群落常由单优群落构成，因此这一区域具有较低的物种丰富度和多样性指数。

因此，在潴水型水文过程中，长期淹水环境，因光照不足（水体透明度低），决定了湿地植物不同淹水深度下的长势和存亡；在枯水型水文过程中，长期干旱环境，湿地长时间大面积出露，湿地生态性缺水，使部分植物枯萎或死亡，导致湿地植被群落结构发生相应演替。

二、各生活类型鱼类对水文过程的响应

1. 鄱阳湖鱼类生活习性

鄱阳湖鱼类主要有 4 种生活类型：即定居性鱼类、江湖洄游性鱼类、河海洄游性鱼类、河流性鱼类。据本次鄱考，这 4 种类型鱼类无论种类比，还是重量比，定居性鱼类和江湖洄游性鱼类均占主导地位。从渔获物看，鄱阳湖经济鱼类捕捞群体组成是以鲤、鲫、鲇等中、小型种类为主体，以草鱼、鲢和鳙等大型种类为次主体。下面仅涉及这两类鱼。

（1）江河（湖）洄游性鱼类：它们在湖中生长发育，但必须到江河适宜的流水中产卵繁殖，进行江（河）湖之间的洄游活动。据考察，目前江湖洄游性鱼类有 8 种，如青鱼、草鱼、鲢、鳙、鳡、赤眼鳟、鳊和胭脂鱼等，其中前 4 种是我国淡水养殖的主要对象，即所谓“四大家鱼”，在鄱阳湖渔业中有着重要意义。

（2）定居性鱼类：亲鱼在湖中越冬，次年在湖中产卵繁殖，幼鱼为在湖中育肥成长的鱼类，以鲤科鱼类为主。本次科考期间共记录的鱼类有 89 种，隶属于 11 目 20 科；其中，鲤科鱼类有 48 种，占鱼类种数的 53.9%，是整个水域最丰富的类群。

定居性鱼类产卵繁殖期为3～6月，幼鱼育肥和生长期为6～9月，这两个生长期是决定鄱阳湖定居性鱼类资源和产量的关键时期。

2. 主要鱼类对水文过程的响应

1）江河湖洄游性鱼类

江河湖洄游性鱼类与鄱阳湖湖口的水位有关，这个水位的高低决定了洄游通道是否有足够的洄游空间，鱼类洄游是否通畅。7～8月为鄱阳湖的丰水期，也即湖口水位的上升期，有的年份还会出现长江水倒灌现象，使得此阶段湖口的水位升高，流量偏小，有利于长江四大家鱼幼鱼游入鄱阳湖通江水道。

据监测，湖口水域出现四大家鱼幼鱼的时间，从6月开始，主要集中在7～8月，其中7月中下旬至8月底为青鱼、草鱼和鲢的高峰期；而鳙的高峰期在7月。到了11～12月，在湖口水域基本上捕不到青鱼、草鱼和鲢，而鳙在9月就基本上捕不到了。

从鄱阳湖水文过程看，不论那一种类型，6月后均进入丰水期，维持时间最少3个月，江湖洄游通道维持16 m以上水位，洄游性鱼类有足够的洄游空间，鱼类洄游的自然通道是通畅的，影响洄游性鱼类资源数量的原因主要是长江鱼苗的数量、人类活动对洄游通道的干扰，以及入湖后洄游性鱼类的索饵育肥场的水环境。

入湖后洄游性鱼类如遇上低枯水位，如前述退水早，7～8月退水，9～10月进入低枯水期，索饵育肥场面积萎缩，水位偏低，则不利于洄游性鱼类索饵育肥和生长。

2）定居性鱼类

据考察，鄱阳湖定居性鱼类繁殖、生长最重要的时期是每年的3～9月，3～6月为产卵繁殖期，6～9月为索饵育肥期。

因此，3～9月水文条件是定居性鱼类繁殖生长是否正常的关键时期，这一时期水位高低（或者说水深梯度）决定定居性鱼类产卵场范围的大小、幼鱼育肥生长索饵育肥场的大小。鄱阳湖定居性鱼类鲤科鱼类，如鲤鱼、鲫鱼等，是产黏性卵的鱼类，产的卵需要附着在水草上才能孵化出苗，这是鲤科鱼类的繁殖特性，根据这一特性，鲤科鱼类繁殖期（3～6月）既需要一定水位，又需要与水位相应的水草，才有利于鱼类产卵繁殖；幼鱼育肥期（6～9月）也需要一定的水位，保证有足够的索饵育肥场。

从前述鄱阳湖水文过程看，潴水型水文过程，有利于定居性鱼类繁殖、育肥和生长，而枯水型水文过程，若汛前期低枯水，产卵场面积萎缩，将导致产卵量减少，汛后期退水过早，出现低枯水环境，与洄游性鱼类同样，索饵育肥场面积萎缩，水位偏低，不利于鱼类索饵育肥和生长。

此外，水文过程变化导致鱼类饵料生物（草料、微生物等）的生长和数量的变化，如水草受损或死亡、水位过低浮游生物减少等，这也对鱼类资源数量和产量产生严重影响。

三、以水禽为主的鸟类对水位的适应性

候鸟到鄱阳湖越冬是由于冬季鄱阳湖湿地具有适宜它们生活的条件，广阔的湿地有大

片浅水水域、茂盛的草洲，尤其是众多水草丰美的碟形洼地，既能满足候鸟的栖息，又提供充足的食物。鄱阳湖进入枯水期水位下降，洲滩出露，当水位降至 17 m 时，洲滩上的碟形湖开始显现，降至 14 m 时，碟形湖几乎全部显现，这些碟形湖成为冬候鸟的最佳生境，因此碟形湖的水位高低便成为影响冬候鸟生境条件的关键因素。

以水禽为主的冬候鸟，开始入迁鄱阳湖的时间一般在每年的 9 月底 10 月初，10 月中下旬为迁入高峰期，10 月至翌年 3 月为在湖中栖息、觅食的生活时期。因此，10 月初至翌年 3 月鄱阳湖退水过程及其水位过程变化是影响冬候鸟入迁、栖息、觅食的关键时期，10 月为冬候鸟入迁时期，水位 15 m 左右，碟形湖水深 0.5～2 m，部分碟形湖甚至未完全出露，影响候鸟（特别是白鹤等涉禽）入迁；而 10 月后，水位快速降至 10 m 以下，11 月初至翌年 1～2 月，水位在 8～10 m 波动，最低降至 8 m 以下，碟形湖水深 0.50 m 以下，甚至干枯，将影响冬候鸟的栖息觅食，鄱阳湖越冬候鸟数量减少。

据鄱阳湖国家级自然保护区管理局长期观察，枯水期一个碟形湖水位逐渐下降，碟形湖向下渐次形成浅水和泥滩带，不断满足候鸟取食的需求，是冬候鸟维持栖息和觅食的重要条件。碟形湖中水位逐渐下降，取决于一是外湖的水位，如果外湖水位与湖中的水位等高，湖中的水位不会下降；如果外湖水位低，自然情况下，只能靠渗漏或蒸发。由于鄱阳湖的大多数碟形湖已被人为控制，水位的下降取决于人为放水扑鱼，如外湖水位逐渐下降，渔民逐渐放水扑鱼，则有利于候鸟栖息觅食，如外湖水位低枯，渔民快速把水放干，候鸟立即飞离。

四、其他生物

1. 底栖动物对水文过程的响应

影响蚌类多样性的因素很多，主要包括水流速度、底质、水草、水深、营养盐和水位（水深）等。尤其是水位的变化往往引起与底栖动物生存相关的其他因素的变化。

根据定量采集获得的淡水蚌类，分析不同底质、水深、水流速度以及透明度对蚌类种类及生物量的影响，表明从 20 世纪 80 年代到 2012 年的近 30 年间，鄱阳湖大型底栖动物的栖息密度在逐渐减少，特别是软体动物的栖息密度大幅度下降。鄱阳湖大型底栖动物的栖息密度大大减少，但是生物量基本不变，表明底栖动物的群落结构已在发生变化；一些个体较小的种类，如沼螺、长角涵螺等，其数量在减少，而个体较大的种类受影响较小。这种变化的发生与鄱阳湖水环境的改变和人为活动有关，如水位下降、生态缺水，以及水草减少等，加上近年来大规模的采砂，破坏了底栖动物的生态环境。

近 10 年，长期的低水位改变了鄱阳湖的水生态环境，入湖水量减少，难以保证螺、蚌类底栖动物的最小生态需水量，尤其是大面积水域底泥出露，形成泥滩，不仅浮游生物和水草减少，破坏了底栖动物的食物链，而且大大压缩了底栖动物生存空间，部分干旱严重的区域，可导致底栖动物生长不良或死亡。

另外，长期的低水位使江湖水体交换不畅，削弱了湖泊对污染的稀释净化能力，使鄱阳湖湖区部分水体污染加重，难以保持良好的水质，也使部分对水质敏感的底栖动物难以生存；同时，长期的低水位，洲滩分割，出现大量浅水洼地，吸引周围群众大量吸螺采蚌，不但吸走了大量螺蚌，也严重破坏了湖底的水草和水质，还导致鱼虾数量急剧减少。

2. 浮游生物对水文过程的响应

鄱阳湖浮游植物（以 Chla 浓度表示）与水位关系呈显著正相关。具体表现为鄱阳湖水位上升，浮游植物 Chla 浓度增加；水位回落，Chla 浓度减少。原因一，鄱阳湖不同水位期对应了不同季节，水位上升和高水位期，正值春末夏初之际，水温的增加有利于浮游植物，特别是喜温耐高光强的种类生长，因此 Chla 浓度增加；水位回落和低水位期，对应秋冬季，此时水温较低，只有少数喜低温的藻类生长，Chla 浓度减少。原因二，高水位期，氮、磷营养盐浓度被稀释，特别是氮浓度减少，从而促进了固氮藻类生长，Chla 浓度增加；另外，高水位期，氮、磷营养盐浓度的减少也是藻类生长大量利用的结果（图 3.3.1 B 和 C）。原因三，高水位期，鄱阳湖水体透明度增加，有利于浮游植物的光合作用，Chla 浓度增加。

3. 钉螺对水文过程的响应

钉螺是血吸虫的中间寄主，生活在近水滩地草丛、沟边洼地杂草中，一般的淹露交替对其影响不大，钉螺个体发育正常。在潴水型水文过程钉螺随水位升高，钉螺向靠岸高滩地扩展，20 年来鄱阳湖潴水型水文过程多发，钉螺分布面积略有增加，由 63 095 hm^2 增至 79 150 hm^2。

潴水型水文过程多发过后，连续出现低枯水型水文过程，由于气候干旱，或涨水过迟，或退水过早，水位低枯，洲滩长期出露，地面干裂、草洲植被枯萎，生长环境长期缺水，导致成年钉螺无法寻找潮湿泥土产卵，产出的螺卵也不易孵化，即使孵化了，幼螺也大量死亡，只有极少数钉螺发育正常，大部分的钉螺个体发育不良，体长 6 mm 以下者占 77.5%（称为侏儒螺），自然死亡率达 31.3%。

此外，钉螺分布发生了变化，由原来呈片状、聚集性分布，转变为点状、线状、散在性分布形式，以及特殊环境下的钉螺“窝居”分布。

第五节　鄱阳湖水文过程对湿地生态系统的影响

一、水文过程对生物的节制作用研究

本次重点考察了 2009～2013 年水文过程变化，以及湿地生物随水文过程的动态变化，以吴城湖区（国家级自然保护区）为例，探讨了水文过程对湿地生物的节制作用。

1. 近 5 年吴城湖区水文过程的特征

1）吴城湖区日水位过程概况

根据江西省水文局 5 年实测资料，吴城湖区日水位过程线如图 5-8-24。

2）水位过程变化的基本特征和类型

通过对该湖区 5 年水位过程变化的特征分析，参照前述研究，可将其归纳为 3 种类型。

常年型：也可以称为平水型，如 2009 年、2013 年，未出现 21 m 以上高水位，6 月 30 日前大于 15 m 水位，≤45 天，16 m 以上高水位维持在 100 天以内，退水时间为 9 月底 10 月初。

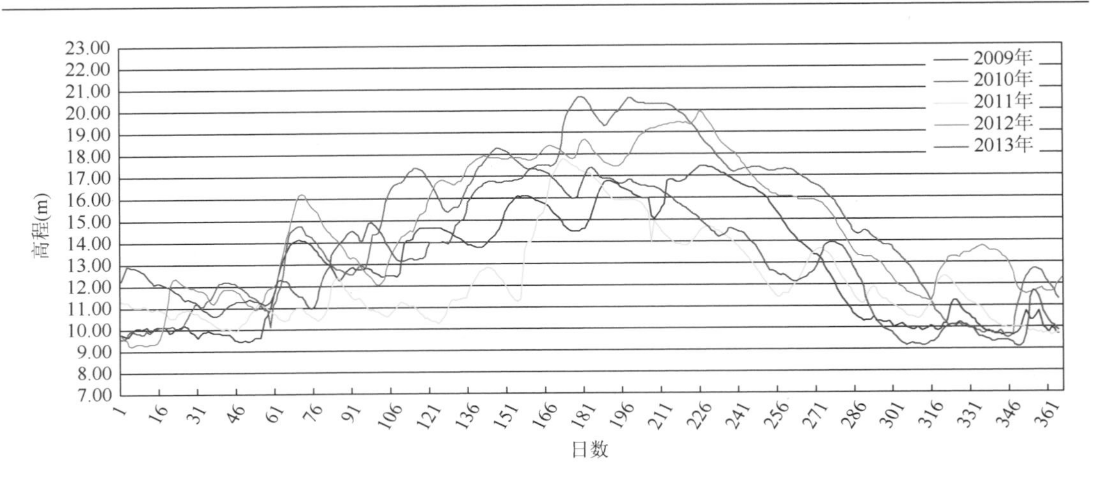

图 5-8-21　2009～2013 年吴城日水位过程图

生态缺水型：也可以称为枯水型，2011 年，吴城站水位低于 12 m 达 236 天，低于 8 m 以下的极端水位达 9 天。

潴水型：即水位过程出现高水位长时间潴留。2010 年、2012 年，为涨水前期潴水型，4 月（或 5 月上旬）水位短时间（5～15 天）快速上涨，出现 16 m 以上较高水位，此后 6 月 30 日前维持 50～60 天，全年维持 5～6 个月，见表 5-8-17。

表 5-8-17　吴城涨水过程潴水特征值表

年份	第一阶段涨水过程		第二阶段涨水过程		潴水过程时间（天）	
	时间（月/日）	水位（15 m 以下）	时间（月/日）	水位（15 m 以上）	水位（15 m 以上）	水位（16 m 以上）
2010	3/01～4/12	11.14～14.83	4/13～4/14 4/15～5/18 5/19～9/21	15.47～15.85 16.16～16.88 17.23～17.05	4.13～10.09 179	4.15～10.03 161
2012	3/01～3/07 3/19～4/24	12.15～14.92 14.97～14.65	3/08～3/18 4/25～4/29 4/30～5/12 5/13～9/01	15.41～15.20 15.08～15.37 16.11～16.81 17.03～17.14	4.25～10.03 162	4.30～9.18 142

2. 水文过程与生物生长过程耦合的关键时期

根据生物习性及其对水文过程响应的研究，水文过程与生物生长耦合的关键时期如下。

1）湿地植物：潴水期

4～9 月水文条件是湿生、水生植物能否正常生长的关键时期，这一时期水温是适宜的，起决定作用的是水深梯度和水体透明度，也就是在水淹深度大、淹水时间长、水体透明度低的情况下，水生植物能否正常萌发生长？湿生植物能否全部渡过淹水期？

2）鱼类：汛前汛后水位维持时期

据鱼类资源考察，鄱阳湖定居性鱼类繁殖、生长时期是每年的 3～9 月，3～6 月为产卵繁殖期，6～9 月为索饵育肥期。洄游性鱼类洄游和在湖泊索饵育肥时期为 5～9 月。

因此，3～9 月水文条件是鱼类繁殖、洄游、生长是否正常的关键时期，这一时期水位高低（或者说水深梯度）决定鱼类产卵场的范围大小、洄游通道是否通畅，水体透明度是否影响饵料生物（草料、微生物等）的生长和数量等。

3）鸟类：10 月后退水期至枯水期

鄱阳湖以水禽为主的冬候鸟开始入迁鄱阳湖的时间一般在每年的 9 月底 10 月初，10 月中下旬为迁入高峰期，10 月至翌年 3 月为在湖中栖息、觅食、生活时期。

因此，10 月初至翌年 3 月鄱阳湖退水过程及其水位过程变化是影响冬候鸟入迁、栖息、觅食的关键时期，10 月为冬候鸟入迁时期，水位为 14～15 m，碟形湖水深 0.5～2 m，部分碟形湖甚至未完全出露，影响候鸟（特别是白鹤等涉禽）入迁；而 10 月后，水位快速降至 10 m 以下，11 月初至翌年 1～2 月，水位在 8～10 m 波动，碟形湖水深 0.50 m 以下，最低降至 8 m 以下，将影响冬候鸟的栖息觅食，鄱阳湖越冬候鸟数量减少。

3. 水文过程对生物生长的节制作用考察研究

2009～2013 年 5 年中，2012 年水文过程与 2010 年类似，相同时期出现潴水现象，2013 年水文过程与 2009 年类似，植物生长情况也基本一样，因此以 2009 年、2010 年、2011 年 3 年为典型年，通过 3 年水文过程变化的特点，结合 3 年生物生长繁殖的考察资料，重点研究在水文变化与生物生长耦合的关键过程中，水文要素的变化对生物生长的节制作用。

1）对水生、湿生植物的节制作用

2009 年、2010 年、2011 年 3 年水文要素的变化和生物生长过程归纳如下。

2009 年水文过程属常年型，水位为平水年。4～6 月碟形湖水深 0.50～1.50 m，泥沙含量偏低，水体透明度较高，有利于水生植物冬芽萌发、幼苗生长，直至成株（1～1.2 m），7 月 5 日后，水深虽然达到 2.5～3.0 m，但淹水时间仅 18 天，且水体透明度高，水生植物正常生长，顺利完成其生活史。早春生长的滩地湿生植物，如薹草、芦苇、南荻等短期水淹后，地上部分枝叶枯黄，5 月后进入休眠期的薹草很快恢复生长，芦苇、南荻等分蘖芽继续生长。全年水生、湿生植物萌芽、生长、成熟基本正常。

2010 年水文过程属涨水前期潴水型，水位为平水年。汛前滩地早春植物正常萌发出苗，4 月 15～21 日，碟形湖水位迅速上涨至水深 2.00 m 以上，泥沙含量也升高，水体透明度降低，水生植物萌芽和幼苗生长受到抑制。4 月 21 日后水位继续上涨至 9 月下旬，水深维持在 2.50～4.00 m（或 4.00 m 以上），长达 150～160 天，水生植物和部分滩地植物死亡。直至 10 月上旬，水深降至 2.00 m 以下，部分渡过水淹期休眠后的薹草和芦苇、南荻等的分蘖芽恢复或重新生长。全年水生植物几无，部分滩地植物稀少，种群结构改变，碟形湖湿地生物量普遍较低。

2011 年水文过程属于全年性生态缺水型。6 月 11 日前严重缺水，碟形湖水位低于 14.78 m，水深 0.5 m 以下，水生植物萌发生长范围受到限制，但湿地植物生长繁茂，6 月 11 日至 7 月 3 日水位升高，水生植物生长范围扩大并迅速生长，湿生植物虽然受水淹，但时间短，2.5 m 以上水淹不足 10 d，7 月 10 日左右，1.0～1.5 m 水深维持近 30 天，水生植物生长完成其生活史。湿生植物恢复生长，进入繁盛期，生物量普遍较高，此后，直至成熟、开花、结果，或衰退、生长冬芽、秋芽。

2012 年水文过程与 2010 年类似，相同时期出现潴水现象（表 5-8-13），2013 年水文过程与 2009 年类似，植物生长情况也基本一样，在此不一一陈述。

从 5 年的考察发现，水生、湿生植物的萌发、生长、死亡与水文过程密切相关，尤其是水生植物，从 4 月萌发开始，遇上 16 m 及以上水位（水深 2.0～2.5 m 及 2.5 m 以上），水体透明度低于 50 cm，3 个月及以上，绝大部分会死亡；湿生植物 3 个月及以上大部分枯萎，其中一部分也会死亡。

以苦草为例，调查 5 年来秋季苦草消长情况，苦草 2009 年平水年、2011 年上半年生态缺水型年和 2013 年平水年生长基本正常，而 2010 年、2012 年涨水前期潴水型年，苦草基本死亡，见表 5-8-18。

表 5-8-18　2009-2013 年大湖池、沙湖和梅西湖苦草及冬芽平均密度

年份	大湖池		沙湖		梅西湖	
	苦草密度（个/m^2）	冬芽密度（个/m^2）	苦草密度（个/m^2）	冬芽密度（个/m^2）	苦草密度（个/m^2）	冬芽密度（个/m^2）
2009	9.84	5.34	67.47	5.00	97.13	13.21
2010	0.00	0.20	0.00	0.01	0.00	0.51
2011	21.20	5.82	54.00	15.30	38.90	21.30
2012	5.10	0.75	0.32	0.20	0.00	0.00
2013	40.02	22.24	1.22	0.33	13.44	1.87

从 3 个典型年主要植物群落生物量也表现出明显差异（图 5-8-25），2010 年潴水年生物量普遍较低，2011 年枯水年生物量普遍较高，2009 年一般，反映了潴水型年对湿地植物生长的节制作用。

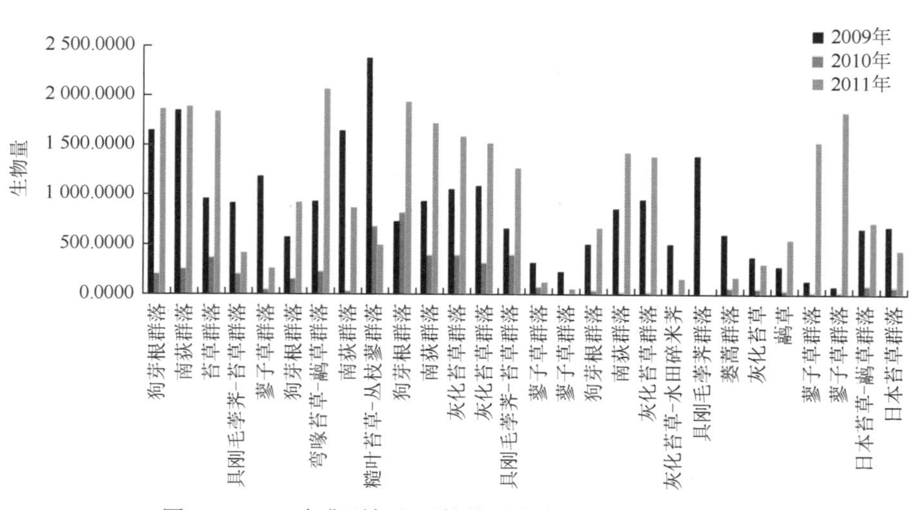

图 5-8-22　3 个典型年主要植物群落生物量动态（葛刚）

2）对鱼类繁殖育肥的节制作用

5 年来对鄱阳湖鱼类产卵场面积的考察发现，鱼类繁殖、生长主要受 3～6 月（产卵期）和 6～9 月（索饵期）两个水位过程的影响。

2013 年 3～6 月平均水位为 14.64 m，2009 年同期平均水位为 14.14 m，产卵场有效面积分别为 379.19 km^2 和 332 km^2，鲤、鲫产卵量分别为 45.5 亿粒和 41.6 亿粒，产卵场有效面积和产卵量 2013 年比 2009 年分别增加了 14%和 9%。

2013 年鄱阳湖 6～9 月的平均水位为 14.78 m，2012 年、2009 年鄱阳湖同期平均水位分别为 17.38 m 和 15.34 m，2012 年索饵期平均水位比 2013 年的 14.78 m 高 2.6 m，比 2009 年高 2.04 m，2012 年索饵场面积为 449 余平方千米，较 2013 年增加 13.1%，较 2009 年增加 10.3%。

各年水文过程的变化，导致鱼类产卵场、产卵量、索饵场面积的变化，直接影响该年鱼类产量，2010 年、2012 年两年出现潴水，3～9 月水位偏高，2009 年、2011 年、2013 年 3 年，3～9 月水位偏低，2010 年、2012 年鱼类产卵场、产卵量、索饵场面积大于其他各年。据统计，各年捕捞产量分别为 2009 年 2.35 万 t，2010 年 3.02 万 t，2011 年 2.23 万 t，2012 年 2.85 万 t，2013 年 2.57 万 t。

3）对冬候鸟入迁和栖息的节制作用

冬候鸟栖息、觅食与越冬期（10 月至翌年 3 月）水位过程密切相关，尤其是与退水过程水位密切相关。

2009 年水文过程虽属常年型（平水年），但退水过程属缺水型。该年 9 月 9 日开始退水（16 m），9 月 21 日退至 14 m 以下，10 月 8 日退至 12 m 以下，退水过程偏早，10 月冬候鸟入迁时水位偏低，加之 11 月 4 日至翌年 1 月 26 日，水位在 10～8 m 低水位之间波动，碟形湖水深低于 0.50 m，大部分水深仅 0.1～0.2 m，甚至无积水，不利于冬候鸟栖息、觅食，由于适合候鸟栖息觅食的水环境少，该年冬候鸟数量较低（约 17 万只），为近五年最少的一年。

2010 年属涨水前期潴水型，但退水过程正常。该年 10 月 4 日退水至 16 m 以下，10 日退至 15 m 以下，维持至 22 日，11 月 1 日前水位维持在 13～14 m，有利于冬候鸟入迁。此后，直到到翌年 3 月 31 日，水位在 10～12 m 波动，碟形湖水深 0.50～1.00 m，适合水禽等冬候鸟栖息、觅食，该年冬候鸟数量较大（约 34 万只）。

2011 年属全年性生态缺水型，该年 7 月 11 日退水（16 m 以下），7 月 27 日退至 15 m 以下，直至 10 月 31 日水位维持在 13～14 m，碟形湖水深 0.50～1.00 m，有利于冬候鸟入迁，此后，直至翌年 3 月 1 日，水位在 10～12 m 波动，碟形湖水深维持在 0.50 m 左右，10 m 以下水位只有 10 余天，有利于候鸟栖息、觅食，该年候鸟数量约 37 万只。次年 3 月 14 日开始涨水，至 29 日，水位达到 16.11 m，但对候鸟影响不大，此时候鸟已陆续迁飞。

二、30 年水文过程与生物群落的变化

1. 对湿地植物植被的影响

鄱阳湖的植物（植被）是湿地最重要的生物，是湿地生态系统最主要的初级生产者和

系统金字塔的基础。湿地植物的发芽、生长、成熟、死亡受到当年水文过程的节制，年复一年的节制作用，导致几十年来，湿地植被出现结构性的变化，不仅水生、湿生两大类型植被分布高程、范围出现显著变化，而且水生、湿生两类植被均出现植物物种、种群类型、优势种群、群落组成等明显的改变，尤其是水生植物的改变更为显著。现仅将本次考察发现植物或植被受水文过程影响发生的变化，归纳于下。

1）优势种、种群的变化

1983 年，以马来眼子菜为优势种的群落面积占全湖的 49.7%，苦草仅作为共建种出现在群落中，未记录以苦草为单优势种的群落类型。未记录菰群落为单优势类型，仅为芦苇群落伴生种，未记录茎三棱等挺水群落，未提到中生性草甸，也未记录有大面积的狗芽根、牛鞭草群落。

2013 年，马来眼子菜仅零星出现，未见有以马来眼子菜为优势种的群落，而苦草常以单优势种存在，菹草逐渐取代马来眼子菜成为优势种。菰已成为面积较大的一个类群，茎三棱已是春季十分常见的挺水群落类型，以虉草为优势种的群落面积占总面积的 9.6%，并发现有大面积的狗牙根、牛鞭草群落，大量的中生植物侵入。

2）植被分布高程、范围及群落组分的变化

根据 2010～2013 年植物资源考察资料，对照 1984～1987 年第一次鄱考文献，植被分布范围、高程及群落组分的变化，归纳于表 5-8-19。

表 5-8-19　1984～2013 年植物（植被）变化

植被面积变化（km²）占比（%）增减（+、−）		分布高程变化（85 基准 m）	优势种群变化	群落组成变化
总面积：2 262 100%	总面积：1 661，−601	10-16→10-17 上延 1 m	1983 年，以马来眼子菜为优势种的群落面积占全湖的 49.7%，苦草仅作为共建种出现在群落中，未记录以苦草为单优势种的群落类型。未记录菰群落为单优势种类型，仅为芦苇群落为伴生种，未记录茎三棱等挺水群落，未提到中生性草甸，也未记录有大面积的狗芽根、牛鞭草群落。2013 年，马来眼子菜仅零星出现，未见有以马来眼子菜为优势种的群落，而苦草常以单优势种存在，菹草逐渐取代马来眼子菜成为优势种。菰已成为面积较大的一个类群，茎三棱已是春季十分常见的挺水群落类型，以虉草为优势种的群落面积占总面积的 9.6%，并发现有大面积的狗牙根、牛鞭草群落，大量的中生植物侵入	1984 年群落组成都在 8 种 2013 年很少超过 5 种，大都在 3～4 种
湿生挺水植物：613，27.1% 其中，湿生植物 428，18.9%挺水植物 185，8.2%	湿生挺水植物：703，42.3%＋90， 其中，湿生植物 355，21.3%挺水植物 348，21%	13-15→10-15.5 薹草上下延生＋3、＋0.5 14-16→13-17 芦荻上下延生 1 m， 水蓼、虉草下延 1 m		
浮叶沉水植物：1 649，72.9% 其中，浮叶植物 525，23.2%，沉水植物 1 124，49.7%	浮叶沉水植物 958，57.7% −691 其中，浮叶植物 49.5，3%沉水植物 908.5，54.7%	11-13→11-13 10-12→10-13 上限降低 1 m		

资料来源：根据植物资源及其动态变化课题成果编制。

1983 年，以马来眼子菜为优势种的群落面积占全湖的 49.7%，苦草仅作为共建种出现在群落中，未记录以苦草为单优势种的群落类型。未记录菰群落为单优势种类型，仅为芦苇群落为伴生种，未记录茎三棱等挺水群落，未提到中生性草甸，也未记录有大面积的狗芽根、牛鞭草群落。

2013 年，马来眼子菜仅零星出现，未见有以马来眼子菜为优势种的群落，而苦草常以单优势种存在，菹草逐渐取代马来眼子菜成为优势种。菰已成为面积较大的一个类群，茎三棱已是春季十分常见的挺水群落类型，以藕草为优势种的群落面积占总面积的 9.6%，并发现有大面积的狗牙根、牛鞭草群落，大量的中生植物侵入。

2. 对湿地鱼类的影响

鄱阳湖渔业是长江流域淡水渔业的重要组成部分，鄱阳湖捕捞渔业是传统的资源性水产业，排除人为因素的干扰，其产量受制于鄱阳湖水产资源和水环境条件。因此，水文过程变化对鄱阳湖捕捞渔业有重要影响。

水文要素对鄱阳湖渔业的影响主要是水体的水位、水量，正如湖区渔民说的，水大鱼多。鄱阳湖水文过程中最重要的是 3～6 月和 6～9 月这两个时间段的水位和水量，前者决定了产卵场的面积和产卵量，后者决定了幼鱼索饵、育肥场的大小和生长环境。从前述水文过程分析，20 年来，1995 年、1996 年、1997 年、1998 年、1999 年、2002 年这一阶段，均出现 20 m 以上的高水位，鄱阳湖鱼类产卵场、索饵育肥面积都较大，为鱼类提供了广阔的生存空间，鄱阳湖捕捞产量也较高。而 2003 年后至今，除 2010 年、2012 年出现短期 20 m、19 m 高水位外，其他年份 3～9 月水位都较低，鱼类产卵和育肥受到影响，产量也低。2010 年、2012 年虽出现较高水位，并出现 16 m 以上的潴水期，虽然鱼产量有所回升，但由于 2003～2009 年及 2011 年连续多年的枯水年，已导致鄱阳湖包括亲鱼在内的渔业资源的衰退，而渔业资源受损衰退不是短期内能够恢复的。

根据江西水产研究所对 1997～2013 年鱼类产卵场变化的考察和对 1949～2013 年鄱阳湖捕捞产量的统计，以及本书对 30 年水文过程变化的考察研究，清楚地表明当年的水情和连续多年的水情对鄱阳湖渔业资源和鱼产量的影响（图 5-8-26，表 5-8-20）。

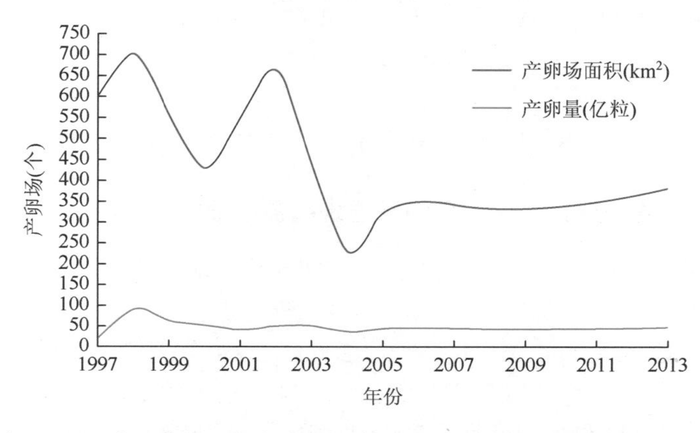

图 5-8-23　鄱阳湖鲤、鲫鱼产卵场变化图（鱼类资源考察课题提供）

表 5-8-20　鄱阳湖捕捞产量　（单位：10^4 t）

年份	1996	1997	1998	1999	2000	2001	2002	2003	2004
产量	5.89	4.70	7.19	4.74	3.59	3.01	3.93	3.35	3.20
年份	2005	2006	2007	2008	2009	2010	2011	2012	2013
产量	3.60	2.86	2.80	3.33	2.35	3.02	2.23	2.85	2.57

资料来源：鱼类资源考察课题提供。

3. 对湿地冬候鸟的影响

本书仅讨论受到国际关注的以水禽为主的冬候鸟。冬候鸟入迁和栖息主要受秋冬退水过程，也即 10 月至翌年 3 月水位过程变化的影响。

通过 1998～2013 年鄱阳湖越冬水鸟数量（本篇第五章）和同年水文过程的分析，退水过程对候鸟栖息的影响因素主要是两个方面，一是退水时间早晚，以及退水过程的快慢。退水时间较晚，水位过高，不利于候鸟入迁和栖息，退水时间太早，退水过快，后期易出现水位过低，也不利于候鸟栖息。二是退水水位的高低，以及退水过程水位维持时间。10 月初至 10 月底或 11 月初，最佳栖息水位为 13～14 m，11 月初至 12 月初，最佳水位为 10～12 m，此后，到候鸟飞离，水位不低于 8 m，或短时间（3-5 天）低于 8 m，不影响候鸟栖息。

本书对 15 年来几个典型年作如下具体分析：

1998 年、1999 年、2000 年，分别是 10 月 13 日、10 月 12 日、10 月 11 日开始退水，10 月 29 日前（2000 年 11 月 18 日前）水位高于 15 m，影响候鸟入迁，这几年水鸟数量都较少。

2009 年退水时间虽较早，但退水过程较快，10 月 22 日退至 9 m 以下，维持至 2010 年 2 月 1 日，时间长达 92 d，其中 8 m 以下水位维持 31 d，该年水鸟数量很少，仅 17 万只。

2005 年与前述退水过程不同，退水虽早，但退水过程平稳并较长时间维持在 9 m 以上，则有利于冬候鸟入迁、栖息、觅食。2005 年 9 月 20 退水，9 月 31 日退至 15 m 以下，10 月 22 日退至 14 m 以下，10 月 28 日退至 13 m 以下，10 月 29 日至 12 月 5 日水位维持在 10～12 m，12 月 6 日至翌年 3 月水位基本保持在 8 m 以上，2005 年水鸟数量达到 70 万只。

三、水文过程变化对鄱阳湖生态系统的影响

1. 30 年水文过程的变化已造成鄱阳湖湿地植被明显的改变

30 多年来，鄱阳湖水文过程出现 4 个周期性变化，即常年型（平水型）年为主-洪水潴水型年为主-生态缺水型年（枯水型年）为主-平水潴水隔年交替，其中 1990～1999 年连续多年出现洪水潴水型年 4 年，达 40%，2000～2009 年连续多年出现枯水型年 5 年，达 50%，以及近 5 年平水潴水隔年交替变化。特别要指出的是，近 20 多年来，鄱阳湖出现 12 年潴水型水文过程和 7 年低枯水型水文过程，长期连续潴水型和连续枯水的水文过程变化，导致各具自身生物学特性的植物进行选择性生存和生长，也就是适者生存，导致

一些植物物种消失（或暂时性消失），一些植物物种成为优势种，并进而导致湿地植被群落结构的变化，也导致植被分布（分布高程、分布范围）的变化。

2. 近10多年水文过程的变化已造成鄱阳湖渔业资源的衰退

仅10年来出现的生态缺水（型枯水型）年，鱼类产卵期（3～6月）出现较低水位，导致鱼类产卵场面积萎缩、产卵量减少；鱼类育肥期（6～9 月）出现较低水位，导致鱼类索饵育肥场面积缩小。由于多年 r 这种水文状况，造成天然饵料（饵料生物），以及亲鱼数量减少，导致渔业资源衰退，也加剧了捕捞的竞争，从而形成了一种恶性循环。

3. 水文过程的变化改变了底栖动物的种群结构、密度和分布

近10年来，长期的低水位改变了鄱阳湖的水生态环境，入湖水量减少，难以保证螺、蚌类底栖动物的最小生态需水量，尤其是大面积水域底泥出露，形成泥滩，不仅浮游生物和水草减少，破坏了底栖动物的食物链，而且大大压缩了底栖动物的生存空间，部分干旱严重的区域，导致底栖动物生长不良或死亡，大型底栖动物的栖息密度在逐渐减少，特别是软体动物的栖息密度大幅度下降。

4. 近15年来水文过程的变化已造成鄱阳湖冬候鸟数量的大幅度波动

如前所述，冬候鸟的入迁和栖息与鄱阳湖退水过程密切相关，从15年水鸟数量的变化（如不考虑人为因素）看，退水过程水文状况是候鸟数量波动的主要原因。退水过程在下述情况下将影响冬候鸟的入迁、栖息和觅食：退水过程太晚（10月下旬或11月上旬），水位较高（15 m左右），或者退水太早（7～8月、9月初）、太快（10月中下旬退至12 m左右，并于11月中下旬退至9 m或以下，并维持30 d以上）。从15年水鸟数量看，不同年的水文过程，水鸟数量多的年份达70万只以上，而少的年份不到20万只。

5. 鄱阳湖水文过程的动态变化导致鄱阳湖生态系统变化

一是湿地类型和植被的波动和演替。这种波动和演替导致鄱阳湖生态系统生物组分的周期性变化和组分内涵的改变。湿地类型的演替是湿地发生发展的正向演替（对湖泊是逆向演替），它意味着湿地生态系统的扩展和湖泊水域生态系统的萎缩。当然湿地类型的演替是一个漫长的过程，自然状况下是一个不可逆转的过程。

二是生物组分的改变。鄱阳湖生态系统由生物和水环境组成，如上，由于水文过程的变化，已导致鄱阳湖植物或植被组分的改变，各种植物在系统中生态位的变化，植被群落种类、分布的变化，也就是植物或植被结构的改变，加上鱼类数量、年龄、组成的改变，已导致鄱阳湖生态系统的改变，系统组分趋向简单化，生物多样性降低。

三是由于初级生产者（水生植物、浮游植物等）数量和生物量的减少，造成鱼类、候鸟、底栖动物等消费者食物减少，不仅影响这些动物生长生存，还导致一些动物食物结构的改变，如白鹤，会食用不喜食的草类根茎和芽。

四是水文过程的变化直接导致鸟类、底栖动物（含钉螺）等动物栖息数量、分布、甚至优势种群的变化。

参考文献

程飞，吴清江，谢松光. 2010. 水文生态学研究进展及应用前景. 长江流域资源与环境，19（1）：98-106.
胡振鹏，葛刚，刘成林. 2010. 鄱阳湖湿地植物生态系统结构及湖水位对其影响研究. 长江流域资源与环境，19（6）：597-605.
胡振鹏，葛刚，刘成林. 2014. 越冬候鸟对鄱阳湖水文过程的响应. 自然资源学报，29（10）：1770-1779.
胡振鹏. 2012. 白鹤在鄱阳湖越冬生境特性及其对湖水位变化的响应. 江西科学，30（1）：30-35，120.
雷声，张秀平，许新发. 2010. 基于遥感技术的鄱阳湖水体面积及容积动态监测与分析. 水利水电技术，41（11）：83-86.
李伟，刘贵华，熊秉红，等. 2004. 1998 年特大洪水后鄱阳湖自然保护区主要湖泊水生植被的恢复. 武汉植物学研究，22（4）：301-306.
李言阔，单继红，马建章，等. 2014. 气候因子和水位变化对鄱阳湖东方白鹳越冬种群数量的影响. 生态学杂志，33（4）：1061-1067.
刘成林，谭胤静，林联盛，等. 2011. 鄱阳湖水位变化对候鸟栖息地的影响. 湖泊科学，23（1）：129-135.
刘观华，金杰锋，等. 2013. 江西鄱阳湖国家级自然保护区自然资源 2012～2013 年监测报告. 上海：复旦大学出版社.
刘信中，樊三宝，胡斌华. 2006. 江西南矶山湿地自然保护区综合科学考察. 北京：中国林业出版社.
刘信中，叶居新，等. 2000. 江西湿地. 北京：中国林业出版社.
米红，张文璋. 2000. 实用现代统计分析方法与 SPSS 应用. 北京：当代中国出版社.
倪晋仁，殷康前，赵智杰. 1998. 湿地综合分类研究：Ⅰ. 分类. 自然资源学报，13（3）：214-221.
鄱阳湖研究编委会. 1988. 鄱阳湖研究. 上海：上海科学技术出版社.
鄱阳湖渔业资源调查队. 1974. 鄱阳湖渔业资源调查. 北京：农业出版社.
谭胤静，谭晦如，严玉平. 2015. 鄱阳湖生态系统退化状况及对我们的警示. 江西科学，33（2）：266-230.
谭胤静，于一尊，丁建南，谭晦如. 2015. 鄱阳湖水文过程对湿地生物的节制作用. 湖泊科学，27（6）：997-1003.
王苏斌，郑海涛，邵谦谦. 2003. SPSS 统计分析. 北京：机械工业出版社.
王晓鸿，樊哲文，崔丽娟，等. 2004. 鄱阳湖湿地生态系统评估. 北京：科学出版社.
邬建国. 2000. 景观生态学：格局、过程、尺度与等级. 北京：高等教育出版社.
吴建东，李凤山，Burnham J. 2013. 鄱阳湖沙湖越冬白鹤的数量分布及其与食物和水深的关系. 湿地科学，11（3）：305-312.
肖复明，张学玲，蔡海生. 2010. 鄱阳湖湿地景观格局时空演变分析. 人民长江，41（19）：56-59.
徐卫明，段明. 2013. 鄱阳湖水文情势变化及其成因分析. 江西水利科技，39（3）：161-163.
袁方凯，李言阔，李凤山，等. 2014. 年龄、集群、生境及天气对鄱阳湖白鹤越冬期日间行为模式的影响. 生态学报，34（10）：2608-2616.
张丽丽，殷峻，蒋云钟，等. 2012. 鄱阳湖自然保护区湿地植被群落与水文情势关系. 水科学进展，23（6）：766-774.
张全军，于秀波，胡斌华. 2013. 鄱阳湖南矶湿地植物群落分布特征研究. 资源科学，35（1）：42-49.
章茹，孔萍，蒋元勇，等. 2014. 近 50 年鄱阳湖流域降水时空特征及其对水文过程的驱动. 南昌大学学报（理科版），38（4）268-272.
中国科学院南京地理研究所. 1965. 鄱阳湖南部鲤鱼产卵场综合调查研究.
朱海虹，张本，等. 1997. 鄱阳湖：水文·生物·沉积·湿地·开发整治. 合肥：中国科学技术大学出版社.
朱奇，刘观华，金杰锋，等. 2013. 江西鄱阳湖国家级自然保护区自然资源 2011～2012 年监测报告. 上海：复旦大学出版社.
Mcgarigal K，Cushman S A，Ene E. 2012. FRAGSTATS v4：Spatial Pattern Analysis Program for Categorical and Continuous Maps. Computer software program produced by the authors at the University of Massachusetts，Amherst. http://www.umass.edu/landeco/research/fragstats/fragstats.html.
Moore P D. 2008. WETLANDS（Revised Edition）. New York：Facts On File.
Norusis M J. 2012. IBM SPSS Statistics 19 Statistical Procedures Companion. Prentice Hall.